6 Handbuch der gefährlichen Güter

Bearbeitet und gestaltet im Auftrag der
Wasserschutzpolizeidirektion Baden-Württemberg von

Günter Hommel
Dipl.-Verwaltungswirt-Polizei (FH)
Erster Polizeihauptkommissar a. D.

unter Mitarbeit von
Sicherheitschemiker Professor Dr. Herbert F. Bender
Sicherheitschemiker Dr. Helmut Schnierle
Landesbranddirektor Albrecht Broemme
Professor Dr. Herbert Barth
Professor Dr. Ursula Gundert-Remy
Professor Dr. Ursula Stephan

Merkblätter 2072–2502

Zweite, neubearbeitete Auflage

Springer

Günter Hommel
Dipl.-Verwaltungswirt-Polizei (FH)
Erster Polizeihauptkommissar a. D.

Am Ebertsrott 12 B, 69126 Heidelberg
Deutschland

ISBN 978-3-642-47725-6 ISBN 978-3-642-18642-4 (eBook)
DOI 10.1007/978-3-642-18642-4

Bibliografische Information Der Deutschen Bibliothek
Die Deutsche Bibliothek verzeichnet diese Publikation in der Deutschen Nationalbibliografie; detaillierte bibliografische Daten sind im Internet über <http://dnb.ddb.de> abrufbar.

Gesamtherstellung: Brühlsche Universitätsdruckerei, 35396 Gießen
Herstellung der Plastikordner: Lux-Plastic oHG, 82413 Murnau
Gedruckt auf säurefreiem Papier SPIN 10967034 51/3141 hs 543210

Vorwort zum Handbuch der gefährlichen Güter

Dieses Handbuch, ursprünglich für den internen Dienstbetrieb der Wasserschutzpolizei Baden-Württemberg bestimmt, erfaßt die wichtigsten zu transportierenden gefährlichen Güter in Merkblättern. Hinweise auf ihre Reaktion im Falle eines Freiwerdens sowie Vorschläge für die Unfallbekämpfung, Erste Hilfe und ärztliche Versorgung am Unfallort werden gegeben. Zweck des Handbuches ist es in erster Linie, der Polizei, der Feuerwehr und sonstigen Stellen, zu deren Aufgabe das Tätigwerden bei Unfällen mit gefährlichen Gütern gehört, Hilfe beim Einsatz zu sein. Darüber hinaus ist es für die private Wirtschaft, die sich mit der Erzeugung, der Lagerung und dem Transport von gefährlichen Gütern befaßt, wichtig.

Im ersten Band sind 414 gefährliche Güter erfaßt, die im zweiten Band auf 802 erweitert, im dritten Band auf 1205 fortgeführt, im vierten Band auf 1612, im fünften Band auf 2071 und im sechsten Band auf 2502 ergänzt wurden. Aufgenommen wurden Stoffe, deren Transport im europäischen Raum bei Kontrollen ermittelt wurde, oder von denen in Europa und den USA bekannt ist, daß sie in größerem Umfang transportiert werden. Aufgrund umfangreicher Änderungen in den Transportvorschriften für die Seeschiffahrt, Eisenbahn, Straße und Luftfahrt war es unumgänglich die Erläuterungen und Synonymliste neu zu bearbeiten und dem jeweils gültigen Stand anzugleichen. Außerdem wurden die naturwissenschaftlichen Erkenntnisse für die Bereiche Gewässerverunreinigung, Medizin- und Sicherheitschemie fortgeschrieben. Von 1994 bis 1997 wurde die Harmonisierung der internationalen Regelwerke und nachfolgend der nationalen Verordnungen für den Transport gefährlicher Güter auf allen Verkehrsebenen vorläufig beendet. Dabei traten so starke Änderungen ein, daß Neufassungen erforderlich wurden. Neben der inhaltlichen Nachführung des Erläuterungsbandes war es daher unerläßlich, einen Zusatzband mit den Fundstellen der Transport- und Gefahrenklassen für die Merkblätter aller fünf Bände zu erarbeiten. Auf diesem Wege konnte die praktikable Anwendung gesichert werden, ohne daß eine sofortige Neubearbeitung aller Merkblätter vorgenommen werden mußte. Ab 1997 konnte dann eine kontinuierliche Neubearbeitung der Einzelbände in Angriff genommen werden, die auch eine Fundstellenaufnahme für den Gefahrstoffbereich ermöglichte. Dadurch wurde die unmittelbare Anwendung der Informationen auch im innerbetrieblichen Bereich gewährleistet.
Im Jahre 1999 wurden nach mehrjährigen Vorbereitungen die „Recommendations on the Transport of Dangerous Goods" der Vereinten Nationen, die bisher international und national als Richtlinie für die verschiedenen Verkehrsträger dienten in „Model Regulations" umgewandelt. Dadurch soll eine unmittelbare Übernahme für alle Verkehrsebenen gewährleistet und eine möglichst vollständige Harmoniesierung erreicht werden. Zugleich erfolgte eine Strukturreform die für alle Verkehrsträger im Jahre 2001 vollzogen wird. Für die verschiedenen Verkehrsebenen wurden Übergangsfristen von 12 bis 18 Monaten eingeräumt in denen jeweils das alte und das neue Recht wahlweise angewandt werden konnte. Von Januar bis Oktober 2003 wurden (basierend auf der 12. Ausgabe des Orange Book der UN) für alle Verkehrsträger Ergänzungs- und Änderungsverordnungen verkündet und neue Übergangsfristen in Kraft gesetzt. Für diese Zeit war es daher erforderlich, einen Zusatzband mit den neuen Fundstellen und der neuen Zitierweise der Stoffe für alle Bände einzuführen, um die Anwendung des neuen Rechts zu ermöglichen. Der Herausgeber ist sich bewußt, daß diese Zusammenstellung zu erweitern sein wird, schon im Hinblick auf die rasche Entwicklung auf dem Gebiet der chemischen Forschung und Produktion.

Das Handbuch ist eine Gemeinschaftsarbeit von Wissenschaft und Praxis. Es ist unter Verwendung der einschlägigen Literatur von Dipl.-Verwaltungswirt-Polizei (FH) Günter Hommel, Erster Polizeihauptkommissar a. D., ehemaliger Leiter der Informationszentrale gefährliche Güter – Umweltschutz – bei der Wasserschutzpolizeidirektion Baden-Württemberg, bearbeitet und gestaltet worden.

Mitarbeiter sind für die Sachgebiete

Chemie:	Professor Dr. rer. nat. Herbert F. Bender Sicherheitschemiker bei der BASF Aktiengesellschaft, Ludwigshafen Gefahrstoffe, Ergonomie, Arbeitsschutz, Forschung – DUS/TD – M940
	Dr. rer. nat. Helmut Schnierle ehemaliger Sicherheitschemiker bei der Hoechst Aktiengesellschaft, Frankfurt am Main, Sicherheitsüberwachung
Brandschutz:	Landesbranddirektor Dipl. Ing. Albrecht Broemme Leiter der Berliner Feuerwehr
Gewässerverunreinigung:	Professor Dr. rer. nat. Herbert Barth ehemaliger Hygienebeauftragter des Klinikums und biologischer Sachbearbeiter beim Hygiene-Institut der Universität Heidelberg
Medizin:	Professor Dr. med. Ursula Gundert-Remy Bundesinstitut für gesundheitlichen Verbraucherschutz und Veterinärmedizin, Berlin
	Professor Dr. sc. nat. Ursula Stephan Gefahrstoff-Büro Prof. Stephan und Dr. Strobel GbR, Halle (Saale) Mitglied der Störfallkommission beim Bundesminister für Umwelt, Naturschutz und Reaktorsicherheit

Die Hinweise des Handbuchs wurden unter Auswertung aller den Bearbeitern bekannten Quellen nach dem gegenwärtigen Stand wissenschaftlicher Erkenntnis gewissenhaft erarbeitet. Herausgeber, Bearbeiter und Mitarbeiter können jedoch keine Haftung für Schäden übernehmen, die auf die Anwendung des Werkes zurückzuführen sind.

Korrespondierende Mitarbeiter sind:

Für die Sachgebiete Dokumentation und Organisation:	Ingeborg Hommel, ehemalige Geschäftsführerin, Gesellschaft für Umweltsicherheit mbH (GfU), Heidelberg Sara Urabayen Mihura. Licenciada en Geografia e Historia, Heidelberg
Chemie:	Professor Dr. Dieter Hellwinkel Organisch-Chemisches Institut der Universität Heidelberg Dr. Henri-Jean Cristau Maître de Recherche au C.N.R.S., Université des Sciences et Techniques de Languedoc, Ecole Nationale Supérieure de Chimie, Laboratoire de Chimie Organique, Montpellier, Frankreich Dr. B. Dietrich Université Louis Pasteur, Institut de Chimie, Strasbourg, Frankreich Olivier Kervella Ingenieur ENSBANA, Technical Administrative Officer, Cargoes Section Maritime Safety Division, International Maritime Organization (IMO), London Professor Ing. Chem. Hans Gockel Institut für angewandte Chemie, Stuttgart Eckhard Baum Referent für Chemikalienrecht, Clariant Service GmbH, Sulzbach am Taunus Chemist Robert E. Lenga, Technical Services Department, Aldrich Chemical Company, Inc., Milwaukee, Wisconsin 53201, USA
Transportvorschriften:	Capt. Hubert E. H. S. Wardelmann ehem. Deputy Director, Head Cargoes Section, Maritime Safety Division, International Maritime Organization (IMO) London Erster Polizeihauptkommissar Ernst Georg Lenz Sachgebietsleiter Umweltschutz und Transport gefährlicher Güter, Wasserschutzpolizeidirektion Baden-Württemberg, Mannheim Geschäftsführer Günther Hasel, Logar-Logistik Management, Gefahrgutberatung, Gefahrgutausbildung Baden-Baden
Vergiftungs-Unfall-Zentren:	Frau Direktor Dr. Martine Mostin Centre Anti-Poisons, Brüssel, Belgien Priv. Doz. Dr. G. Heinemeyer Bundesinstitut für gesundheitlichen Verbraucherschutz und Veterinärmedizin, Berlin
Krankenhäuser für Schwerbrandverletzte:	E. Pfaue Freie und Hansestadt Hamburg Behörde für Arbeit, Gesundheit und Soziales
Gewässerverunreinigung:	Prof. Dr. Jürgen Hahn Fachbereich V des Umweltbundesamtes, Institut für Wasser-, Boden- und Lufthygiene Vorsitzender der Kommission Bewertung wassergefährdender Stoffe
Sofortinformations-systeme:	A. A. Stockwell, Assistant Divisional Officer London Fire Brigade, London
Gasanalysentechnik und Atemschutz:	Bernd Mußmann, vereidigter Sachverständiger für Analytik für gasförmige Gefahrstoffe; Produktmanager Drägerröhrchen, Drägerwerk AG, Lübeck Dipl. Ing. Manfred Pätzold, Geschäftsbereich Meßtechnik, Auergesellschaft GmbH, Berlin Dr. rer. nat. Klaus Ammann, Leiter Abt. Entwicklung AR Filterstoffe und Anwendungstechnik, Drägerwerk AG, Lübeck
Erste Hilfe:	Rettungsinspektor Korpsinstruktur Aage Rørmark Redningsteknisk Institut, Fra Interrescue's Nationalcenter, Kopenhagen, Dänemark
Medizin:	Dipl. Biol. Dr. rer. nat. Ute Strobel Gefahrstoff-Büro Prof. Stephan und Dr. Strobel GbR, Halle (Saale)
Brandschutz:	Branddirektor Dipl.-Chem. Harald Herweg Berliner Feuerwehr

Herausgeber und Bearbeiter danken denen, die das Erscheinen dieses Werkes durch ihren Rat und die Hilfe bei der Literaturbeschaffung sowie durch die Überlassung wertvoller Unterlagen gefördert haben. Besonderer Dank gilt vor allem

The Provost Marshal General US Army
Major General Karl W. Gustafon, Washington, DC 20315, USA;
The Provost Marshal USAREUR and Seventh Army
Brigadier General Harley L. Moore, Jr., APO 09403;
Colonel Norton J. German, Landstuhl;
Epidemiologist Lieutenant Colonel Richard E. Ellis, Landstuhl;
Sanitary Engineering Major John P. Piercy, Landstuhl;
Chemist Major Oscar Ramirez, Landstuhl;
Dr. med. Hans Berninger, Landstuhl;
Ministerialrat Weinmann, Bonn;
Ministerialrat Bauer, Bonn;
Regierungsdirektor Dr. Diesel, Bonn;
Regierungsdirektor Dr. Hole, Bonn;
Oberamtsrat Quester, Bonn;
Oberamtsrat Busch, Bonn;
Oberamtsrat Ridder, Bonn;
Direktor Bergbold, Mannheim;
Professor Dr.-Ing. Schön, Braunschweig;
Werksarzt Dr. med. Zapp, Ludwigshafen;
Obering. Dipl.-Ing. Nimptsch, Ludwigshafen;
Dipl.-Chem. Dr. rer. nat. Krutz, Dortmund;
Professor Dr. rer. nat. Müller, Heidelberg;
Professor Dr. rer. nat. Förstner, Hamburg;

National Fire Protection Association, Boston, MA 02110, USA;
Manufacturing Chemists' Association, Washington, DC, USA.
Hauptverband der gewerblichen Berufsgenossenschaften e. V., Bonn,
und die angeschlossenen Berufsgenossenschaften,
insbesondere die Berufsgenossenschaft der chemischen Industrie.
„Mineralölwirtschaftsverband e.V." und der
„Verband der chemischen Industrie e. V." in der Bundesrepublik Deutschland und den zahlreichen angeschlossenen Mitgliedsfirmen und Herstellerbetrieben; sowie vielen chemischen Betrieben aus dem Ausland insbesondere aus den Vereinigten Staaten von Amerika, der Schweiz, den Niederlanden, Frankreich und Großbritannien.

Ein herzlicher Dank gebührt dem Springer-Verlag für die Hilfe und Unterstützung bei der Lösung zahlreicher schwieriger Probleme.

Frühere Mitarbeiter des Autorenteams waren:

Für die Sachgebiete

Chemie:	Direktor Dr. phil. Hans-Joachim Frost Sicherheitschemiker, Leiter des Bereichs Umwelt der BASF Aktiengesellschaft Ludwigshafen, Dr.-Ing. Otto Rommel Sicherheitschemiker bei der BASF Aktiengesellschaft Ludwigshafen, Direktor. Dr. rer. nat. Hans Georg Peine Sicherheitschemiker, Leiter des Bereichs Umwelt der BASF Aktiengesellschaft Ludwigshafen, Dr. rer. nat. Friedrich Franz Wiese Sicherheitschemiker bei der BASF Aktiengesellschaft Ludwigshafen Industrial-Hygienist Peter Allan Huber BASF Aktiengesellschaft Ludwigshafen Dipl.-Chemiker Dr. Hans-Wilhelm Marquart WV-LE Umweltschutz, Bayer AG, Leverkusen Dr. rer. nat. Sabine Dorf, Dipl. Chemikerin bei der Bayer Aktiengesellschaft, Leverkusen; WV Umweltschutz, Produktsicherheit
Brandschutz:	Branddirektor a. D. Dr.-Ing. Gert Magnus † ehemaliger Leiter der Branddirektion Mannheim und Leiter der Forschungsstelle für Brandschutztechnik an der Universität Karlsruhe (TH)
Gewässerverunreinigung:	Professor Dr. med. Friedrich Wilhem Brauss † Direktor des Hygiene-Instituts der Universität Heidelberg Dipl.-Chemiker Akademischer Rat Dr. rer. nat. Wolfgang Heyne † Chemischer Sachbearbeiter beim Hygiene-Institut der Universität Heidelberg
Medizin:	Professor em. Dr. med. Oskar Eichler † em. Direktor des Pharmakologischen Instituts der Universität Heidelberg, Mitglied der Schutzkommission beim Bundesminister des Innern Professor Dr. med. Ellen Weber † Leiterin der Abteilung für klinische Pharmakologie der Medizinischen Klinik (Ludolf-Krehl-Klinik) der Universität Heidelberg Priv.-Doz. Dr. med. Christoph Gleiter Abteilung für klinische Pharmakologie der Universität Göttingen

Frühere korrespondierende Mitarbeiter des Autorenteams waren:

Für die Sachgebiete

Dokumentation und Organisation:	Dr. phil. Klaus Hommel (MA), Heidelberg
Chemie:	Dr. rer. nat. Helmut Suberg Dipl. Biochemiker bei der Bayer Aktiengesellschaft, Leverkusen, WV Umweltschutz, Produktsicherheit Dipl.-Chemiker Dr. Günter Lorenz WV Umweltschutz, Produktsicherheit, Bayer AG, Leverkusen Dipl.-Chemiker Dr. Heinz Hornig PH Produktion, Bayer AG, Leverkusen Dipl.-Chemiker Hans-Joachim Marcinowski Internationale Studiengruppe der Mineralölgesellschaften zur Reinhaltung von Luft und Wasser in Westeuropa, Den Haag, Niederlande Dipl.-Chemiker Dr. Christian de Lorent Esso AG, Hamburg, Zentrale Dipl.-Chemiker Dr. Günter Hansen Düngemittel-Produktion, BASF Aktiengesellschaft Ludwigshafen Dipl.-Chem. Dr. Klaus Ehl Abt. Sicherheitsüberwachung Hoechst AG, Frankfurt/M. Dipl.-Chemiker Dr. Uwe Jens Möller, Leiter des Zentrallabors Esso AG, Hamburg Dipl.-Chemiker Dr. P. Eger Aldrich-Chemie GmbH & Co. KG, Steinheim, Albuch Ing.-Chem. Klaus Beutel Doro Chemical Europe S.A., Technical Service & Development, Horgen, Schweiz

Transportvorschriften:

Mr. B. Hoekstra
Ministerie van Verkeer en Waterstaat, Directoraat-Generaal van het Verkeer, Afdeling Gevaarlijke Stoffen, Den Haag, Niederlande
Dipl.-Chem. Dr. Gernot Reininger
Bundesanstalt für Arbeitsschutz und Unfallforschung, Dortmund
Oberamtsrat Heinz Quester
Bundesminister für Verkehr, Abteilung Straßenverkehr, Ref. StV. 8, Bonn
Industriekaufmann Emil Landwehr
BASF Aktiengesellschaft, Ludwigshafen, Verkehrsabteilung
Industriekaufmann Hans Jörns
BASF Aktiengesellschaft, Ludwigshafen, Verkehrsabteilung
Erster Polizeihauptkommissar Thomas Köber
Sachgebietsleiter Umweltschutz und Transport gefährlicher Güter, Wasserschutzpolizeidirektion Baden-Württemberg, Mannheim
Mr. Drs. J. C. C. Overmars
Ministerie van Verkeer en Waterstaat, Directoraat-Generaal van het Verkeer, Afdeling Gevaarlijke Stoffen, Den Haag, Niederlande
Ing. Franz Gautschi
Eidgenössisches Amt für Wasserwirtschaft, Bern, Schweiz
Dipl.-Chem. Dr. Gerhard Bambach, BASF AG, Ludwigshafen
Dipl.-Chem. Dr. Dr. O. Messer
Council of Europe (Europarat), Deputy Director of Economic and Social Affairs, Strasbourg, Frankreich
Kapitän Roland Mattner
Kapitän Michael von Gadow
Vereidigte unabhängige Sachverständige für gefährliche Güter, Bremen.

Vergiftungs-Unfall-Zentren:

Professor Dr. Pietrulla †
Max-von-Pettenkofer-Institut des Bundesgesundheitsamtes, Berlin
Frau Direktor Dr. M. Goverts
Centre Anti-Poisons, Brüssel, Belgien

Gewässerverunreinigung:

Dipl.-Chemiker Regierungsdirektor Dr. H. Lüssem
Obmann der LAWA Arbeitsgruppe wassergefährdender Flüssigkeiten in Landesanstalt für Gewässerkunde und Gewässerschutz Nordrhein-Westfalen, Duisburg

Gasanalysentechnik und Atemschutz:

Obering. Dipl.-Ing. Kurt Leichnitz, Drägerwerk AG, Lübeck
Dipl.-Ing. Hans Joachim Pielot, Auergesellschaft GmbH, Berlin
Dr. A. van der Smissen, Drägerwerk AG, Lübeck
Dipl. Ing. Jördes Behling
Geschäftsbereich Meßtechnik, Auergesellschaft GmbH, Berlin

Medizin:

Dr. med. Gunhild Frey, Thoraxklinik der LVA Baden, Heidelberg-Rohrbach

Gesamtinhaltsverzeichnis

Band „Erläuterungen und Synonymliste“

Formel: $CH_2-CH(NCO)=CH_2$ / $(CH_3)_2C-CH_2-(CH_3)C(CH_2-NCO)$ **Summen-Formel:** C12–H18–N2–O2 **UN-Nr. 2290**

Merkblatt

917

Stoffname

Deutsch

Isophorondiisocyanat
3-Isocyanatomethyl-3,5,5-trimethylcyclohexyl-isocyanat
Isophorondiamin-diisocyanat
5-Isocyanato-1-(isocyanatomethyl)-1,3,3-trimethyl (9Cl) cyclohexan
IPDI

Englisch

Isophoronediisocyanate
3-Isocyanatomethyl-3,5,5-trimethylcyclohexylisocyanate
Isophorone diamine diisocyanate
IPDI
5-Isocyanato-1-(isocyanatomethyl)-1,3,3-trimethyl-(9Cl) cyclohexane
Methylene(3,5,5-trimethyl-3,1-cyclo-hexylene)ester isocyanic acid

Französisch

Diisocyanate d'isophorone
IPDI
Isocanate d'isocyanatométhyl-3 triméthyl-3,5,5 cyclohexyle

Spanisch

Diisocianato de isoforona
Isoforondiisocianato

Gefahren-Diamant

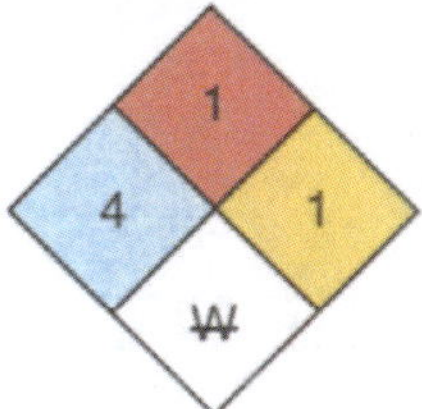

Hazchem-Code: 2X

Technische Daten

Siedepunkt	158 °C**
Dampfdruck in mbar bei 20 °C	0,0004
Dampfdichteverhältnis, Luft = 1	7,68
Schmelzpunkt	–60 °C
Mischbarkeit mit Wasser	sehr geringfügig*
Spez. Gewicht, Wasser = 1	1,058–1,064
Molare Masse	222,32

Feuerbekämpfungsdaten

Flammpunkt	155 °C
Zündfähiges Gemisch, Vol.-%	0,7–4,5
Zündtemperatur	430 °C
Thermische Zersetzung	Beginn ab ca. 260 °C

* Reagiert temperaturabhängig in kaltem Wasser, langsam in heißem Wasser sehr heftig unter starker Wärmeentwicklung und Bildung von Kohlendioxid(gas) sowie giftigen Isocyanatdämpfen u. a.
** Siedebeginn bei 13 mbar.

Gefahrgut:
IMDG-Code: UN-Nr. 2290
Marine pollutant
ICAO/IATA DGR: UN-Nr. 2290
ADR/RID/ADNR: UN-Nr. 2290
Gefahrzettel (Label) Nr. 6.1
Richtige Versandbezeichnung (PSN):
Land/BinSch: 2290 Isophorondiisocyanat
See/Luft: Isophorone diisocyanate

Klassifizierung:
Kl. 6.1 Verp. Gr. III EMS: **F**-A; **S**-A
Kl. 6.1 Verp. Gr. III
Kl. 6.1 Klassifiz. Code T1 Verp. Gr. III

Gefahrstoff:
CAS Nr.: 4098-71-9 RTECS-Nr.: NQ 9370000
EG-Nr.: 223-861-6 INDEX-Nr.: 615-008-00-5
EG-Einstufung: ja
Symbol: T+, N
R-Sätze: 23-36/37/38-42/43-51/53
S-Sätze: (1/2)-26-28-38-45-61
D-Lagerklasse (VCI)-Nr.: 6.1A

Erscheinungsbild: Farblose bis leicht gelbliche Flüssigkeit; scharfer, stechender Geruch.

Verhalten bei Freiwerden und Vermischen mit Luft: Sehr giftige, umweltgefährliche und brennbare Flüssigkeit. Wegen des sehr niedrigen Dampfdruckes ist die Bildung von giftigen Dämpfen und die damit verbundene Gesundheitsgefährdung bei Raumtemperaturen (20 °C) nicht sehr stark. Bei Erhitzung bilden sich giftige und explosionsfähige Gemische mit Luft. Entzündung durch heiße Oberflächen, Funken oder offene Flammen. Bei Brand oder sehr starker Erhitzung (zum Beispiel durch Umgebungsbrände oder heiße Oberflächen) erfolgt Zersetzung unter Bildung giftiger und ätzender nitroser Gase, Kohlenmonoxid, Cyanwasserstoff (Blausäure) und isocyanathaltiger Dämpfe.

Verhalten bei Freiwerden und Vermischen mit Wasser: Der Stoff ist geringfügig schwerer als Wasser und sinkt langsam ab. Er reagiert mit Wasser abhängig von der Temperatur. In kaltem Wasser langsam, in warmem Wasser heftig, in heißem Wasser sehr heftig. Als Reaktionsprodukte bilden sich Kohlendioxid, Isophorondiamin und Isocyanatdämpfe sowie Polyharnstoff (Polyurea) der eine wasserunlösliche, hochschmelzende Ummantelung um das Produkt bildet. Die entstehende Reaktionshitze und die Menge der Reaktionsprodukte ist abhängig von der Reaktionsgeschwindigkeit. Spurenstoffe im Wasser wie Chlorid, Tenside, Eisen, Zink, Flüssigseifen, wasserlösliche Lösemittel u. a. können auch in kaltem Wasser zu heftigen Reaktionen führen.

Gesundheitsgefährdung: Die bei Erhitzung enstehenden Dämpfe reizen und schädigen stark die Schleimhäute der Atemwege, die Lunge, die Augen sowie die Haut. Asthmaähnliche Zustände. Lungenödem – auch mit Verzögerung bis zu 2 Tagen – möglich. Kontakt mit der Flüssigkeit ruft sehr starke Reizung der Augen und der Haut hervor. Gefahr bleibender Augenschäden. Der Stoff hat allergisierende Wirkung. Bei Brand oder Erhitzung bis zur Zersetzung Bildung von isocyanathaltigen Dämpfen und nitrosen Gasen (s. auch Merkblatt 150).
Symptome: Tränenfluß, Brennen der Nasen- und Rachenschleimhäute sowie der Haut; Reizhusten, Atemnot wie bei Asthma, Engegefühl auf der Brust, rasselnde Atmung.
Nach Einatmen oder Hautkontakt in jedem Fall – auch bei Ausbleiben der Symptome – den Arzt aufsuchen. Nach Kontakt der Substanz mit den Augen ist in jedem Fall ein Augenarzt aufzusuchen.

Geruchsschwelle = Luftgrenzwert =

Bemerkungen: Der Stoff reagiert sehr heftig bei Kontakt oder Mischung mit Alkoholen, Mercaptanen, Aminen, Amiden und Methanen unter sehr starker Wärmeentwicklung und Bildung von Kohlendioxid und giftigen Isocyanatdämpfen. In geschlossenen Behältern kann dabei erhebliche Drucksteigerung erfolgen und Berstgefahr entstehen. Viele Kunststoffe und Gummisorten werden von Isocyanaten angegriffen und verspröden nach kurzer Zeit. Versprödete Schläuche müssen sofort ausgewechselt werden. Bei Hochdruckschläuchen werden aus Sicherheitsgründen metallarmierte Schläuche aus resistenten Kunststoffen (meistens aus Polytetrafluorethylen) eingesetzt. Stahl, Eisen sowie die anderen üblichen Metalle, Glas, Keramik und resistente Kunststoffe (wie zum Beispiel Polytetrafluorethylen) sind beständig und als Behältermaterial geeignet.

Sicherheitsmaßnahmen für Fahrzeugbesatzung, Polizei und Rettungskräfte:
Polizei und Feuerwehr alarmieren.
Im Gefahrenbereich Maschine stoppen. Umluftunabhängiges (schweres) Atemschutzgerät und volle Schutzkleidung tragen. Bei Erhitzung der Flüssigkeit offenes Feuer löschen, nicht rauchen, Zündung abstellen.
Wasserschutzpolizei und Feuerwehr: Beim Retten nicht ins Wasser springen. Bei Erhitzung der Flüssigkeit im Nahbereich kein Boot mit Ottomotor einsetzen. Bei Dieselantrieb Sicherheitsschaltung veranlassen.

Schutz- und Einsatzmaßnahmen: Alle unbeteiligten Personen nach Luv (gegen den Wind) entfernen. Achtung, falls freiwerdendes Gut in die Kanalisation oder in Abwasserleitungen von Schiffen gerät, kann je nach Temperatur und Grad der Verunreinigung des Abwassers, sehr heftige Reaktion unter starker Wärmeentwicklung und Bildung von Kohlendioxid(gas) sowie giftigen Isophorondiamin- und Isocyanatdämpfen und Feststoffbildung an den Kanalisationswänden erfolgen. Gefahr der Verstopfung! Es können sich explosionsfähige und giftige Gemische mit Luft über der Abwasseroberfläche bilden. Experten hinzuziehen. Auf Wasserstraßen Schiffahrtssperre. An Land gefährdetes Gebiet absperren. In Wohn- und Industriegebieten Anwohner warnen. Große Sicherheitszone bilden. Bei größeren Mengen ausgelaufenen Gutes Katastrophenalarm prüfen.

Konzentrationsmessung explosionsfähiger bzw. giftiger Dämpfe siehe Tabelle (Anhang 6 der Erläuterungen).

Zuständige Behörden unterrichten.

Bekämpfung der Unfallfolgen:
Feuer: Bei kleinem Brandherd Löschpulver, Kohlensäure oder Schaum. Bei großem Brandherd Wassersprühstrahl oder Schaum. Bei Hitzeeinwirkung Behälter mit Wassersprühstrahl kühlen und nach Möglichkeit aus der Gefahrenzone ziehen. Achtung, es darf kein Wasser in den Tank gelangen, da sonst heftige Reaktion erfolgen kann. Wenn Wasser eingedrungen ist, entsteht für geschlossene Behälter Berstgefahr. Behälter nicht fest verschließen. Verschluß locker auflegen, damit die sich bildenden Gase entweichen können.
Leckage: Leck schließen, wenn ohne Risiko möglich.
Fließendes Gewässer: Trink-, Brauch- und Kühlwasserentnehmer verständigen. Erforderlichenfalls Uferzonen räumen.
Stehendes Gewässer: Absperren, sofort Fahrzeuge im gefährdeten Gebiet räumen. Erforderlichenfalls Uferzonen räumen.
An Land: Kanalisation abdichten. Auffangen, eindeichen und abpumpen. In Behältern mit lose aufgelegtem Deckel abtransportieren. Mit Sand oder Erde aufgesaugtes Produkt in verschließbare Metallbehälter füllen und nach Übergießen mit Salmiakgeist auf eine sichere Deponie transportieren. Behälter mit lose aufgelegtem Deckel stehen lassen, damit Gase entweichen können. Rückstände auf Verkehrsflächen mit 3 bis 10%iger Ammoniaklösung unschädlich machen, der auch bis zu 40% Ethanol beigemischt werden. Schwer zugängliche Fahrzeugteile mit Sprühmischung aus 40% Ethanol, 50–59% Wasser und 1–10% Ammoniaklösung reinigen. Experten hinzuziehen.

Gewässerverunreinigung:
GefStoffV/EG: Gefahrensymbol: N Umweltgefährlich, R 51/53: Giftig für Wasserorganismen, kann in Gewässern längerfristig schädliche Wirkungen haben.
Gesamtbewertung nach Unfall: Gruppe III, in stehenden Gewässern sehr hohe, in fließenden Gewässern je nach Vermischung mittlere bis hohe toxische Wirkung, nach Brand Gruppe IV, hohe bis sehr hohe (extrem hohe) toxische Wirkung unabhängig von der Turbulenz des Gewässers (siehe auch Erläuterungen Abschnitt 16.4/5).
Einzelwerte siehe Anhang 9 der Erläuterungen.
Wassergefährdungsklasse 2 – wassergefährdender Stoff

Erste Hilfe:
Verletzte an die frische Luft bringen, bequem lagern, beengende Kleidungsstücke lockern. Bei Atemstörung Sauerstoffzufuhr, ggf. Beatmung. Benetzte Kleidungsstücke, Schuhe und Strümpfe sofort ausziehen, entfernen und vernichten. Betroffene Körperstellen anhaltend mit Wasser spülen. Bei Augenkontakt die Augen 15 Minuten mit Wasser spülen. Augenlider dazu mit Daumen und Zeigefinger aufspreizen und gleichzeitig das Auge nach allen Seiten bewegen lassen. Arzt zum Unfallort rufen. Verletzte nicht auskühlen lassen. Bei Erbrechen zumindest Kopf in Seitenlage bringen. Verletzte nur liegend transportieren. Bei Gefahr der Bewußtlosigkeit Lagerung und Transport in stabiler Seitenlage. Es empfiehlt sich, auch während der Erste-Hilfe-Leistung volle Schutzkleidung zu tragen.

Hinweise für den Arzt:
Symptomatische Behandlung. Cave Schäden der Cornea! Wenn Spritzer in die Augen gelangen, sofort kräftig spülen. Unverzüglich Augenarzt hinzuziehen! Codein gegen Reizhusten. Bei Reizung der Atemwege 5–10 Hübe oder mehr/h eines Dosier-Aerosols mit Beclometason (z. B. Sanasthmyl Glaxo oder Viarox Essex Pharma) oder mit Dexamethason (z. B. Auxiloson Thomae).
Cave Lungenödem nach (oft symptomenarmer) Latenzzeit bis zu 2 Tagen! Zur Prophylaxe sofort Beclometason oder Dexamethason als Dosier-Aersol. Anfangs bis zu 4 Hübe, dann alle 3 min. einen Hub, bis Packung geleert ist, weiter mit 1 Hub/h. Dazu Prednisolongaben i. v. 250 mg sofort, bis zu 1000 mg am ersten Tag, geringe Dosisverminderungen am 2. und 3. Tag. Bei thermischer Zersetzung: starke Erhöhung der Vergiftungsgefahr! Siehe unter Kohlenmonoxyd (Merkblatt 116) und unter nitrosen Gasen (Merkblatt 150).

Formel: $(CH_3)_2CH(CH_2)_3C(CH_3)(OH)C_2H_5$ Summen-Formel: C10–H22–O UN-Nr.

Merkblatt

2502

Stoffname

Deutsch

3,7-Dimethyl-3-octanol
3,7-Dimethyloctan-3-ol
2,6-Dimethyl-6-octanol
Tetrahydrolinalol

Englisch

3,7-Dimethyl-3-octanol
2,6-Dimethyl-6-octanol
Linalool tetrahydride
Tetrahydrolinalool

Französisch

3,7-Diméthyloctane-3-ol

Spanisch

3,7-Dimetiloctan-3-ol

Gefahren-Diamant

1 / 1 / 0

Hazchem-Code:

Technische Daten

Siedepunkt	71–73 °C bei 8 mbar
Dampfdruck in mbar bei 20 °C	
Dampfdichteverhältnis, Luft = 1	5,46
Schmelzpunkt	
Mischbarkeit mit Wasser	sehr geringfügig
Spez. Gewicht, Wasser = 1	0,826
Molare Masse	158,29

Feuerbekämpfungsdaten

Flammpunkt	76 °C
Zündfähiges Gemisch, Vol.-%	
Zündtemperatur	

Gefahrgut:
IMDG-Code: UN-Nr. *
ICAO/IATA DGR: UN-Nr. *
ADR/RID/ADNR: UN-Nr. *
Gefahrzettel (Label) Nr.
Richtige Versandbezeichnung (PSN):
Land/BinSch:
See/Luft:

Klassifizierung:
Kl. Verp. Gr. EMS: **F-** ; **S-**
Kl. Verp. Gr.
Kl. Klassifiz. Code Verp. Gr.

* Kein Gefahrgut im Sinne der Vorschriften.

Gefahrstoff:
CAS Nr.: 78-69-3
RTECS-Nr.: RH 0905000
EG-Nr.: 201-133-9
INDEX-Nr.:
EG-Einstufung: nein
Symbol: Xi*
R-Sätze: 36/37 /38*
S-Sätze: 26-36*
D-Lagerklasse (VCI)-Nr.:

* Herstellerangaben

Erscheinungsbild: Farblose Flüssigkeit, blumiger Geruch.

Verhalten bei Freiwerden und Vermischen mit Luft: Reizende und brennbare Flüssigkeit mit relativ hohem Flammpunkt von 76 °C. Bei starker Erhitzung bilden sich reizende und explosionsfähige Gemische mit Luft. Sie sind schwerer als Luft und kriechen am Boden entlang. Entzündung durch heiße Oberflächen, Funken oder offene Flammen. Bei Erhitzung bis zur Zersetzung (z. B. durch Umgebungsbrände oder heiße Oberflächen) und bei Brand bilden sich giftige und ätzende Gase bzw. Dämpfe, die im Wesentlichen aus reizendem Rauch und Dämpfen bestehen und Kohlenmonoxid(gas) sowie Kohlendioxid(gas) enthalten.

Verhalten bei Freiwerden und Vermischen mit Wasser: Der Stoff ist leichter als Wasser und schwimmt auf der Oberfläche. Er löst sich nur geringfügig in Wasser. Es bilden sich reizende und schwach wassergefährdende Gemische mit Wasser, die auch bei Verdünnung noch wirksam sind.

Gesundheitsgefährdung: Die Flüssigkeit und ihre Dämpfe/Aerosole reizen die Haut und die Schleimhäute der Augen und der oberen Atemwege. Bei hoher Expositionen treten die sog. unspezifischen Vergiftungssymptome auf.
Symptome: Rötung und Brennen der Augen und der Haut, Juckreiz, Übelkeit, Benommenheit, Schwindel, Erbrechen, Durchfall.
Nach Einatmen oder Hautkontakt in jedem Fall – auch bei Ausbleiben der Symptome – den Arzt aufsuchen.
Nach Kontakt der Substanz mit den Augen ist in jedem Fall ein Augenarzt aufzusuchen.

Geruchsschwelle =

Luftgrenzwert =

Bemerkungen:

Sicherheitsmaßnahmen für Fahrzeugbesatzung, Polizei, Feuerwehr und Rettungskräfte:
Polizei und Feuerwehr alarmieren.
Im Gefahrenbereich sofort umluftunabhängiges (schweres) Atemschutzgerät und volle Schutzkleidung tragen. Bei Erhitzung der Flüssigkeit Zündung abstellen, Maschine stoppen, nicht rauchen, offenes Feuer löschen, kein elektrisches Gerät und keinen Schalter mit Funkenbildung betätigen.
Wasserschutzpolizei und Feuerwehr: Bei Erhitzung des Stoffes kein Boot mit Ottomotor einsetzen. Bei Dieselantrieb Sicherheitsschaltung veranlassen. Beim Retten nicht ins Wasser springen.

Schutz- und Einsatzmaßnahmen: Alle unbeteiligten Personen nach Luv (gegen den Wind) entfernen. Achtung, falls freiwerdendes Gut in die Kanalisation oder in Abwasserleitungen von Schiffen gerät, entstehen reizende und schwach wassergefährdende Gemische mit Abwasser. In Wohn- und Industriegebieten Anwohner warnen. Große Sicherheitszone bilden.

Konzentrationsmessung explosionsfähiger bzw. giftiger Dämpfe siehe Tabelle (Anhang 6 der Erläuterungen).

Zuständige Behörden unterrichten.

Bekämpfung der Unfallfolgen:
Feuer: Bei kleinem Brandherd Löschpulver, Wassersprühstrahl, Kohlensäure oder Schaum. Bei großem Brandherd Schaum oder Wassersprühstrahl. Behälter mit Wassersprühstrahl kühlen und nach Möglichkeit aus der Gefahrenzone ziehen. Achtung, das Löschwasser ist giftig und umweltgefährlich. Es muß aufgefangen werden und darf nicht unbehandelt in die Kanalisation, in Gewässer oder in das Grundwasser gelangen.
Leckage: Leck schließen, wenn ohne Risiko möglich.
Fließendes Gewässer: Trink-, Brauch- und Kühlwasserentnehmer verständigen.
Stehendes Gewässer: Absperren. Fahrzeugbesatzungen im gefährdeten Gebiet warnen.
An Land: Kanalisation abdichten. Auffangen, eindeichen und abpumpen. In Wohn- und Industriegebieten alle tiefliegenden Räume abdichten. Alle Zündquellen beseitigen. Restmengen mit nicht brennbarem, saugfähigem Material wie z. B. trockener Erde, Sand, Kieselgur, Universalbinder oder Vermiculit abdecken und an sichere Deponie zur Vernichtung transportieren.

Gewässerverunreinigung:
GefStoffV/EG:
Gesamtbewertung nach Unfall: Gruppe III, in stehenden Gewässern sehr hohe, in fließenden Gewässern je nach Vermischung mittlere bis hohe toxische Wirkung (siehe auch Erläuterungen Abschnitt 16.4/5).
Einzelwerte siehe Anhang 9 der Erläuterungen.
Wassergefährdungsklasse: 1 – schwach wassergefährdender Stoff.

Erste Hilfe:
Verletzte an die frische Luft bringen, bequem lagern, beengende Kleidungsstücke lockern. Bei Atemstörung Sauerstoffzufuhr, ggf. Beatmung. Benetzte Kleidungsstücke, Schuhe und Strümpfe sofort ausziehen, entfernen und vernichten. Betroffene Körperstellen anhaltend mit Wasser spülen und anschließend mit sterilem Verbandmaterial abdecken. Bei Augenkontakt die Augen 15 Minuten mit Wasser spülen. Augenlider dazu mit Daumen und Zeigefinger aufspreizen und gleichzeitig das Auge nach allen Seiten bewegen lassen. Verletzte nicht auskühlen lassen. Bei Erbrechen zumindest Kopf in Seitenlage bringen. Verletzte nur liegend transportieren. Bei Gefahr der Bewußtlosigkeit Lagerung und Transport in stabiler Seitenlage.

Hinweise für den Arzt:
Symptomatische Behandlung. Augen sorgfältig spülen. Bei anhaltenden Beschwerden Augenarzt hinzuziehen!

Formel:	Summen-Formel: $C_{12}H_{14}N_2$	UN-Nr. 2781

Merkblatt

971

Stoffname

Deutsch

Paraquat
1,1'-Dimethyl-4,4'-bipyridylium dikation
1,1'-Dimethyl-4,4'-dipyridinium
Methylviologen

Englisch

Paraquat
N,N'-Dimethyl-4,4'-bipyridinium
1,1'-Dimethyl-4,4'-dipyridilium
Methylviologen

Französisch

Paraquat
1,1'-Diméthyl-4,4'-dipyridinium
N,N-Diméthyl-4,4'-dipyridinium

Spanisch

Paraquat
1,1-Dimetil-4,4'-bipiridilio
N,N-Dimetil-4,4'-dipiridilio

Gefahren-Diamant

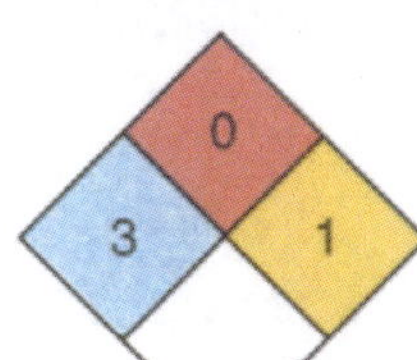

Hazchem-Code: 2X

Technische Daten

Siedepunkt	>340 °C Zersetzung
Dampfdruck in mbar bei 20 °C	
Dampfdichteverhältnis, Luft = 1	
Schmelzpunkt	
Mischbarkeit mit Wasser	teilweise*
Spez. Gewicht, Wasser = 1	1,5 bei 25 °C
Molare Masse	186,3

Feuerbekämpfungsdaten

Flammpunkt	>90 °C
Zündfähiges Gemisch, Vol.-%	
Zündtemperatur	

* 700 g/l bei 20 °C.

Gefahrgut:

	Klassifizierung:	
IMDG-Code: UN-Nr. 2781	Kl. 6.1	Verp. Gr. II EMS: **F**-A; **S**-A
Marine pollutant		
ICAO/IATA DGR: UN-Nr. 2781	Kl. 6.1	Verp. Gr. II
ADR/RID/ADNR: UN-Nr. 2781	Kl. 6.1	Klassifiz. Code T7 Verp. Gr. II

Gefahrzettel (Label) Nr. 6.1
Richtige Versandbezeichnung (PSN):
Land/BinSch: **2781 Bipyridilium-Pestizid, fest, giftig (Paraquat)**
See/Luft: **Bipyridilium pesticide, solid, toxic (Paraquat)**

Gefahrstoff:

CAS Nr.: 4685-14-7 RTECS-Nr.: DW 1960000
EG-Nr.: 225-141-7 INDEX-Nr.: 613-006-00-9
EG-Einstufung: ja
Symbol: T
R-Sätze: 24/25-36/37/38
S-Sätze: (1/2)-22-36/37/39-45
D-Lagerklasse (VCI)-Nr.: 6.1 BS

Erscheinungsbild: Hellgelbe Kristalle oder kristallines Pulver.

Verhalten bei Freiwerden und Vermischen mit Luft: Giftiger und brennbarer fester Stoff. Bei Aufwirbelung des Staubes bilden sich giftige und explosionsfähige Gemische mit Luft. Bei Brand oder Erhitzung bis zur Zersetzung (z. B. durch Umgebungsbrände oder heiße Oberflächen) erfolgt Zersetzung unter Bildung von giftigen und ätzenden Gasen und Dämpfen, die im Wesentlichen aus nitrosen Gasen (Stickstoffoxiden) bestehen und auch Kohlendioxid und Kohlenmonoxid enthalten.

Verhalten bei Freiwerden und Vermischen mit Wasser: Der Stoff ist schwerer als Wasser und sinkt unter. Er löst sich in der ca. 1,3-fachen Menge Wasser. Es bilden sich giftige und wassergefährdende Gemische mit Wasser, die auch bei Verdünnung noch wirksam sind.

Gesundheitsgefährdung: Die Einwirkung von Dämpfen und Staub führt zu Reizung und Verätzung der Augen, der Atemwege, der Lunge und der Haut. die lebensgefährliche Wirkung kommt jedoch nach Aufnahme der Substanz durch Einatmung von Dämpfen und Staub oder über die Haut zustande. Schon weniger als 10 mg/kg Körpergewicht können für den Menschen tödlich sein. Die Vergiftung läuft in drei Phasen ab: 1. Bald einsetzende lokale Verätzungen, zentralnervöse Erscheinungen, Magen-Darmstörungen, Lungenödem, 2. Leber- und Nierenschäden, seltener Herzschädigung. 3. Nach Tagen Entwicklung schwerster, häufig tödlicher Lungenveränderungen (Lungenfibrose). Gelegentlich rasch zunehmende Blutarmut und Knochenmarkschädigung.
Symptome: Zunächst schmerzfreie Blasen- und Geschwürbildung sowie Entzündungen an den betroffenen Schleimhaut- und Hautpartien sowie Geschwüre am Auge. Husten, Kopfschmerzen, Gliederschmerzen, Muskelschwäche, selten: Lähmungen, Erregungszustände, Zittern, Übelkeit, Koliken und andere Magen-Darmstörungen, Atemnot. Nach Tagen: Husten, blutiger Auswurf, Atemnot, Tod.
Nach Einatmen oder Hautkontakt in jedem Fall – auch bei Ausbleiben der Symptome – den Arzt aufsuchen.
Nach Kontakt der Substanz mit den Augen ist in jedem Fall ein Augenarzt aufzusuchen.

Geruchsschwelle =
Luftgrenzwert =

Bemerkungen: Bei Kontakt des Stoffes mit starken Oxidationsmitteln kann heftige Reaktion eintreten. Der Stoff greift Metalle an. Die meisten Formulierungen enthalten einen Korrosionsschutzzusatz.
Chemische Gruppenzugehörigkeit: Bipyridylium
Verwendungszweck: Herbizid

Sicherheitsmaßnahmen für Fahrzeugbesatzung, Polizei, Feuerwehr und Rettungskräfte:
Polizei und Feuerwehr alarmieren.
Im Gefahrenbereich Maschine stoppen, umluftunabhängiges (schweres) Atemschutzgerät und volle Schutzkleidung tragen. Bei Erhitzung des Stoffes oder bei Brand **im Gefahrenbereich** Maschine stoppen, Zündung abstellen, offenes Feuer löschen, nicht rauchen, kein elektrisches Gerät und keinen Schalter mit Funkenbildung betätigen.
Wasserschutzpolizei und Feuerwehr: Bei Erhitzung des Stoffes kein Boot mit Ottomotor einsetzen. Bei Dieselantrieb Sicherheitsschaltung veranlassen. Nach dem Einsatz Kühlwasserkreislauf überprüfen. Beim Retten nicht ins Wasser springen.

Schutz- und Einsatzmaßnahmen: Alle unbeteiligten Personen nach Luv (gegen den Wind) entfernen. Achtung, falls freiwerdendes Gut in die Kanalisation oder in Abwasserleitungen von Schiffen gerät, entstehen giftige und wassergefährdende Gemische mit Abwasser. In Wohn- und Industriegebieten Anwohner warnen. Große Sicherheitszone bilden.

Konzentrationsmessung explosionsfähiger bzw. giftiger Dämpfe siehe Tabelle (Anhang 6 der Erläuterungen).

Zuständige Behörden unterrichten.

Bekämpfung der Unfallfolgen:
Feuer: Bei kleinem Brandherd Löschpulver, Wassersprühstrahl, Köhlensäure oder alkoholbeständiger Schaum. Bei großem Brandherd alkoholbeständiger Schaum oder Wassersprühstrahl. Behälter mit Wassersprühstrahl kühlen und nach Möglichkeit aus der Gefahrenzone ziehen. Achtung, das Löschwasser ist giftig und umweltgefährlich. Es muß aufgefangen werden und darf nicht unbehandelt in die Kanalisation, in Gewässer oder in das Grundwasser gelangen.
Leckage: Leck schließen, wenn ohne Risiko möglich. Experten hinzuziehen.
Fließendes Gewässer: Trink-, Brauch- und Kühlwasserentnehmer verständigen. Experten hinzuziehen.
Stehendes Gewässer: Absperren. Fahrzeugbesatzungen im gefährdeten Gebiet warnen.
An Land: Kanalisation abdichten. Auffangen, eindeichen und abbergen. In Wohn- und Industriegebieten alle tiefliegenden Räume abdichten. Alle Zündquellen beseitigen. Restmengen mit nicht brennbarem, saugfähigem Material wie z. B. trockener Erde, Sand, Kieselgur, Universalbinder oder Vermiculit abdecken und an sichere Deponie zur Vernichtung transportieren.

Gewässerverunreinigung:
Gesamtbewertung nach Unfall:
Einzelwerte siehe Anhang 9 der Erläuterungen.
Einstufung des Stoffes nach Beirat Lagerung und Transport wassergefährdender Stoffe:

Erste Hilfe:
Verletzte an die frische Luft bringen, bequem lagern, beengende Kleidungsstücke lockern. Bei Atemstörung Sauerstoffzufuhr, ggf. Beatmung. Benetzte Kleidungsstücke, Schuhe und Strümpfe sofort ausziehen und entfernen. Betroffene Körperstellen sofort anhaltend mit Wasser spülen und anschließend mit sterilem Verbandmaterial abdecken. Bei Augenkontakt die Augen sofort 10–15 Minuten mit Wasser spülen. Augenlider dazu mit Daumen und Zeigefinger aufspreizen und gleichzeitig das Auge nach allen Seiten bewegen lassen. Arzt zum Unfallort rufen. Verletzte nicht auskühlen lassen. Nur liegender Transport erlaubt. Bei Gefahr der Bewußtlosigkeit Lagerung und Transport in stabiler Seitenlage. Achtung, die Helfer und Retter sollten auch während der Erste-Hilfe-Leistung volle Schutzkleidung tragen.

Hinweise für den Arzt:
Wirksame Antidot ist nicht bekannt. Bei oraler Aufnahme: Magenspülung, ggf. nach Intubation; wenn Ingestionszeitpunkt länger zurückliegt nur noch Absaugen des Mageninhaltes (cave Perforation aufgrund der Ätzwirkung!). Zur Magenspülung ... 7% wäßrige Suspension von Bentonit SF (bzw. Füller's Earth) empfohlen, sowie 1–2 Std. wiederholen der Bentonitgabe sowie von Abführmaßnahmen. Erfolg nicht dokumentiert. Forcierte Diurese (Harn darf nicht alkalisch werden!), Hämoperfusion, Hämodialyse bei Nierenversagen. Glukokortikoide hochdosiert sowie Immunsuppressiva versuchen gegen die Lungenfibrose.

Formel: Summen-Formel: C12–H14–N2·Cl2 UN-Nr. 2781

Merkblatt

971a

Stoffname

Deutsch	*Englisch*	*Französisch*
Paraquatdichlorid	**Paraquat dichloride**	**Dichlorure de paraquat**
1,1'-Dimethyl-4,4'-bipyridiniumdichlorid	1,1-Dimethyl-4,4'-bipyridinium dichloride	
1,1'-Dimethyl-4,4'-dipyridiniumdichlorid	4'-Bipyridilium dichloride	
Paraquatchlorid	Methyl viologen dichloride	
Methylviologendichlorid		

Spanisch

Dicloruro de paracuat
Paraquat-dicloruro

Gefahren-Diamant

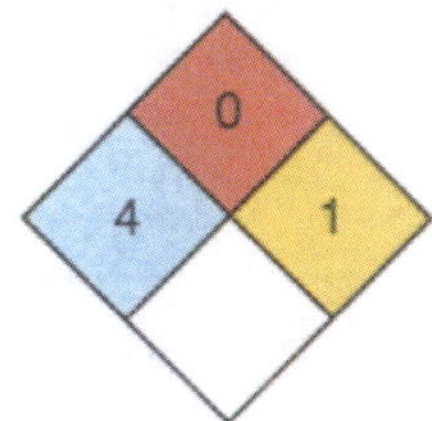

Hazchem-Code: 2X

Technische Daten	
Siedepunkt	nicht destilierbar
Dampfdruck in mbar bei 20 °C	<1**
Dampfdichteverhältnis, Luft = 1	8,88
Schmelzpunkt	>300 °C
Mischbarkeit mit Wasser	vollständig
Spez. Gewicht, Wasser = 1	1,24–1,26
Molare Masse	257,16

Feuerbekämpfungsdaten

Flammpunkt	nicht brennbar
Zündfähiges Gemisch, Vol.-%	nicht brennbar
Zündtemperatur	nicht brennbar

* Zersetzung ab 300 °C.
** 10^{-5} mbar.

Gefahrgut:	**Klassifizierung:**	
IMDG-Code: UN-Nr. 2781	Kl. 6.1	Verp. Gr. II EMS: **F**-A; **S**-A
Marine pollutant		
ICAO/IATA DGR: UN-Nr. 2781	Kl. 6.1	Verp. Gr. II
ADR/RID/ADNR: UN-Nr. 2781	Kl. 6.1	Klassifiz. Code T7 Verp. Gr. II

Gefahrzettel (Label) Nr. 6.1
Richtige Versandbezeichnung (PSN):
Land/BinSch: **2781 Bipyridilium-Pestizid, fest, giftig (Paraquat-dichlorid)**
See/Luft: **Bipyridilium-pesticide, solid, toxic (Paraquat-dichloride)**

Gefahrstoff:
CAS Nr.: 1910-42-5 RTECS-Nr.: DW 2275000
EG-Nr.: 217-615-7 INDEX-Nr.: 613-090-00-7
EG-Einstufung: ja
Symbol: T+, N
R-Sätze: 24/25-26-36/37/38-48/25-50/53
S-Sätze: (1/2)-22-28-36/37/39-45-60-61
D-Lagerklasse (VCI)-Nr.: 6.1

Erscheinungsbild: Farblose bis hellgelbe Kristalle oder kristallines Pulver.

Verhalten bei Freiwerden und Vermischen mit Luft: Sehr giftiger, umweltgefährdender, nicht brennbarer fester Stoff. Bei Aufwirbelung des Staubes bilden sich giftige, umweltgefährdende, nicht brennbare Staub/Luftgemische. Bei sehr starker Erhitzung (zum Beispiel durch Umgebungsbrände oder heiße Oberflächen) erfolgt Zersetzung unter Bildung giftiger und ätzender Dämpfe, die im wesentlichen aus nitrosen Gasen (Stickstoffoxiden) und Chlorwasserstoff(gas) bestehen und auch Kohlenmonoxid(gas) sowie Kohlendioxid(gas) enthalten.

Verhalten bei Freiwerden und Vermischen mit Wasser: Der Stoff ist schwerer als Wasser und sinkt unter. Er löst sich vollständig in Wasser. Es bilden sich giftige Gemische mit Wasser, die auch bei großer Verdünnung noch wirksam sind. Die wäßrigen Lösungen haben eine stark alkalische Reaktion.

Gesundheitsgefährdung: Die Einwirkung von Dämpfen und Staub führt zu Reizung und Verätzung der Augen, der Atemwege, der Lunge und der Haut. Die lebensgefährliche Wirkung kommt jedoch nach Aufnahme der Substanz durch Einatmung von Dämpfen und Staub oder über die Haut zustande. Schon weniger als 10 mg/kg Körpergewicht können für den Menschen tödlich sein. Die Vergiftung läuft in drei Phasen ab: 1. Bald einsetzende lokale Verätzungen, zentralnervöse Erscheinungen, Magen-Darmstörungen, Lungenödem, 2. Leber- und Nierenschäden, seltener Herzschädigung. 3. Nach Tagen Entwicklung schwerster, häufig tödlicher Lungenveränderungen (Lungenfibrose). Gelegentlich rasch zunehmende Blutarmut und Knochenmarkschädigung.
Symptome: Zunächst schmerzfreie Blasen- und Geschwürsbildung sowie Entzündungen an den betroffenen Schleimhaut- und Hautpartien sowie Geschwüre am Auge. Husten, Kopfschmerzen, Gliederschmerzen, Muskelschwäche, selten: Lähmungen, Erregungszustände, Zittern, Übelkeit, Koliken und andere Magen-Darmstörungen, Atemnot. Nach Tagen: Husten, blutiger Auswurf, Atemnot, Tod.
Nach Einatmen oder Hautkontakt in jedem Fall – auch bei Ausbleiben der Symptome – den Arzt aufsuchen.
Nach Kontakt der Substanz mit den Augen ist in jedem Fall ein Augenarzt aufzusuchen.

Geruchsschwelle = Luftgrenzwert = 0,1 mg/m³ E (MAK), Spitzenbegrenzung = 1 =

Bemerkungen: Bei Kontakt des Stoffes mit starken Oxidationsmitteln kann heftige Reaktion eintreten. Der Stoff greift Metalle an. Die meisten Formulierungen enthalten einen Korrosionsschutzzusatz.

Sicherheitsmaßnahmen für Fahrzeugbesatzung, Polizei und Rettungskräfte:
Polizei und Feuerwehr alarmieren.
Im Gefahrenbereich Maschine stoppen. Sofort umluftunabhängiges (schweres) Atemschutzgerät und volle Schutzkleidung tragen.
Wasserschutzpolizei und Feuerwehr: Beim Retten nicht ins Wasser springen.

Schutz- und Einsatzmaßnahmen: Alle unbeteiligten Personen nach Luv (gegen den Wind) entfernen. Achtung, falls freigewordenes Gut in die Kanalisation oder in Abwasserleitungen von Schiffen gerät, entstehen giftige und umweltgefährdende Gemische mit Abwasser. Experten hinzuziehen. Auf Wasserstraßen Schiffahrtssperre. An Land gefährdetes Gebiet absperren. In Wohn- und Industriegebieten Anwohner warnen. Bei starker Erhitzung entstehen giftige Dämpfe sowie gegebenenfalls stark reizende Zersetzungsprodukte. In diesem Fall große Sicherheitszone bilden. Bei größeren Mengen freigewordenen Gutes Katastrophenalarm prüfen und gegebenenfalls gefährdetes Gebiet evakuieren.

Konzentrationsmessung explosionsfähiger bzw. giftiger Dämpfe siehe Tabelle (Anhang 6 der Erläuterungen).

Zuständige Behörden unterrichten.

Bekämpfung der Unfallfolgen:
Feuer: Stoff brennt selbst nicht, Löschmaßnahmen auf Umgebungsbrände ausrichten. Achtung, bei sehr starker Erhitzung erfolgt Zersetzung unter Bildung giftiger Gase und Dämpfe. Behälter mit Wassersprühstrahl kühlen und nach Möglichkeit aus der Gefahrenzone ziehen.
Leckage: Leck schließen, wenn ohne Risiko möglich. Experten hinzuziehen.
Fließendes Gewässer: Trink-, Brauch- und Kühlwasserentnehmer verständigen. Experten hinzuziehen.
Stehendes Gewässer: Absperren. Fahrzeugbesatzungen im gefährdeten Gebiet warnen. Experten hinzuziehen.
An Land: Kanalisation abdichten. Auffangen, eindeichen, abbergen und in geschlossenem Behälter abtransportieren. Restmengen (insbesondere wäßrige Lösungen) mit saugfähigem Material wie trockener Erde, Sand, gemahlenem Kalkstein, Kieselgur, Universalbindemittel bedecken und in geschlossenem Behälter an sicheren Deponieort transportieren.

Gewässerverunreinigung:
GefStoffV/EG: Gefahrensymbol: N Umweltgefährlich, R 51/53: Giftig für Wasserorganismen, kann in Gewässern längerfristig schädliche Wirkungen haben.
Gesamtbewertung nach Unfall: Gruppe III, in stehenden Gewässern sehr hohe, in fließenden Gewässern je nach Vermischung mittlere bis hohe toxische Wirkung. Nach Brand, Gruppe IV, hohe bis sehr hohe (extrem hohe) toxische Wirkung unabhängig von der Turbulenz des Gewässers (siehe auch Erläuterungen Abschnitt 16.4/5).
Einzelwerte siehe Anhang 9 der Erläuterungen.
Wassergefährdungsklasse 1 – schwach wassergefährdender Stoff

Erste Hilfe:
Verletzte an die frische Luft bringen. Bei Atemstörung Sauerstoffzufuhr, ggf. Beatmung. Benetzte Kleidungsstücke, Schuhe und Strümpfe sofort ausziehen, in einen Behälter (Sack) versorgen. Betroffene Körperstellen anhaltend mit Wasser und Seife spülen. Bei Augenkontakt die Augen 15 Minuten mit Wasser spülen. Augenlider dazu mit Daumen und Zeigefinger aufspreizen und gleichzeitig das Auge nach allen Seiten bewegen lassen. Für die Retter: Schutzkleidung und Gasmaske empfohlen. Verletzte nicht auskühlen lassen. Bei Erbrechen zumindest Kopf in Seitenlage bringen. Verletzte nur liegend transportieren. Bei Gefahr der Bewußtlosigkeit Lagerung und Transport in stabiler Seitenlage.

Hinweise für den Arzt:
Bei Haut- und Augenkontakt: anhaltend mit Wasser spülen. Systemische Aufnahme durch die Haut möglich. Nach Ingestion Mund spülen. Verätzungen der Speiseröhre ggf. endoskopisch kontrollieren. Kontrolle von Nieren- und Leberwerten. Sekundäre Giftelimination nicht erfolgreich. Spätkomplikationen: Lungenfibrose mit möglicher Todesfolge. Akut auftretende Konvulsionen (nach sehr hohen Dosen): Diazepam.

Formel: | **Summen-Formel:** C23–H26–O3 | **UN-Nr. 3082 n.o.s.***

Merkblatt

1912

Stoffname

Deutsch

d-Phenothrin
3-Phenoxybenzyl-(1R, 3R; 1R, 3S)-2,2-dimethyl-3-(2-methyl-prop-1-enyl) cyclopropan-carboxyl
3-Phenoxybenzyl-(±)-cis, trans-chrysanthemat
Phenothrin ((1RS)-cis, trans-Isomer)

Englisch

d-Phenothrine
3-Phenoxybenzyl-(1R, 3R; 1R, 3S)-2,2-dimethyl-3-(2-methyl-prop-1-enyl) cyclopropan carboxylate
m-Phenoxybenzyl 2,2-dimethyl-3-(2-methylpropenyl) cyclopropane-carboxylate

Französisch

d-Phénothrine
2-Diméthyl-3-(méthylpropényl) cyclopropanecarboxylate de 3-phénoxybenzyle

Spanisch

d-Fentotrina
2-Dimetil-3-(metilpropenil) ciclopropanocarboxilato de 3-fenoxibencilo

Gefahren-Diamant

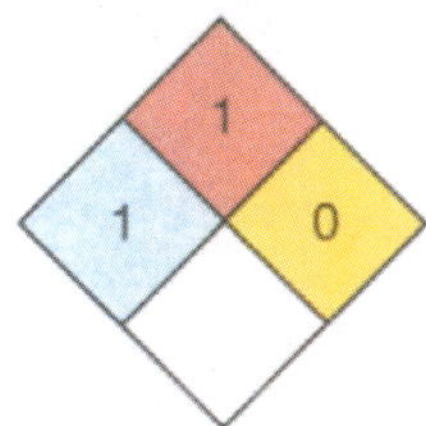

Hazchem-Code:
2 X

Technische Daten

Siedepunkt	> 290 °C
Dampfdruck bei 20 °C	< 10 Pa
Dampfdichteverhältnis, Luft = 1	
Schmelzpunkt	
Mischbarkeit mit Wasser	sehr geringfügig*
Spez. Gewicht, Wasser = 1	1,061
Molare Masse	350,46

Feuerbekämpfungsdaten

Flammpunkt	107 °C
Zündfähiges Gemisch, Vol.-%	
Zündtemperatur	

* 2 mg/l bei 25 °C.

Gefahrgut:

	Klassifizierung:		
IMDG-Code: UN-Nr. 3082 n.o.s.	Kl. 9	Verp. Gr. III	EMS: **F**-A; **S**-F
Marine pollutant			
ICAO/IATA DGR: UN-Nr. 3082 n.o.s.	Kl. 9	Verp. Gr. III	
ADR/RID/ADNR: UN-Nr. 3082 n.a.g.	Kl. 9	Klassifiz. Code M6 Verp. Gr. III	

Gefahrzettel (Label) Nr. 9
Richtige Versandbezeichnung (PSN):
Land/BinSch: **3082 Umweltgefährdender Stoff, fest, n.a.g. (d-Phenothrin)**
See/Luft: **Environmentally hazardous substance, solid, n.o.s. (d-Phenothrine)**

Gefahrstoff:
CAS Nr.: 26002-80-2 RTECS-Nr.:GZ1975000
EG-Nr.: 247-404-5 INDEX-Nr.:
EG-Einstufung: nein
Symbol: Xn *
R-Sätze: 20/21/22 *
S-Sätze: 13 *
D-Lagerklasse (VCI)-Nr.:

* Herstellerangaben

Erscheinungsbild: Hellgelbe Kristalle oder kristallines Pulver, geruchslos.

Verhalten bei Freiwerden und Vermischen mit Luft: Gesundheitsschädlicher und brennbarer fester Stoff mit relativ hohem Flammpunkt von 107 °C. Bei Aufwirbelung des Pulvers oder Staubes bilden sich gesundheitsschädliche und explosionsfähige Gemische mit Luft. Entzündung durch heiße Oberflächen, Funken oder offene Flammen. Bei Brand oder starker Erhitzung erfolgt Zersetzung unter Bildung von giftigen und ätzenden Gasen und Dämpfen, die auch Kohlenmonoxid sowie Kohlendioxid enthalten.

Verhalten bei Freiwerden und Vermischen mit Wasser: Der Stoff ist schwerer als Wasser und sinkt unter. Er löst sich nur geringfügig in Wasser. Es bilden sich giftige Gemische mit Wasser, die auch bei starker Verdünnung noch wirksam sind.

Gesundheitsgefährdung: Die Substanz ist gesundheitsschädlich beim Einatmen, Verschlucken und nach Hautaufnahme und wirkt vor allem auf das periphere und das zentrale Nervensystem. Die Stäube und die Nebel reizen die Augen und die Haut. Bei Überexposition kann es auch zum Lungenödem – mit Verzögerung bis zu 2 Tagen – kommen. Es kann ferner zu Herz-, Kreislauf- und Magen-Darm-Beschwerden und zu Unempfindlichkeitsreaktionen der Haut kommen.
Symptome: Brennen und Rötung der Augen und der Haut, Husten, Tränenfluss, Blutdruckabfall, Übelkeit, Erbrechen, Bauchschmerzen, Durchfall, Bewußtseinstrübung, Koma.
Nach Einatmen oder Hautkontakt in jedem Fall – auch bei Ausbleiben der Symptome – den Arzt aufsuchen.

Geruchsschwelle = | Luftgrenzwert = 5 mg/m³ E (MAK) (für Pyrethrum), Spitzenbegrenzung 4

Bemerkungen:
Chemische Gruppenzugehörigkeit: Pyrethroid.
Verwendungszweck: Insektizid.
Der Stoff ist löslich in Hexan, Methylalkohol, Ethylalkohol, Aceton und Xylol.

Sicherheitsmaßnahmen für Fahrzeugbesatzung, Polizei, Feuerwehr und Rettungskräfte:
Polizei und Feuerwehr alarmieren.
Im Gefahrenbereich umluftunabhängiges (schweres) Atemschutzgerät und volle Schutzkleidung tragen. Bei Erhitzung des Stoffes oder bei Brand **im Gefahrenbereich** Maschine stoppen, Zündung abstellen, offenes Feuer löschen, nicht rauchen, kein elektrisches Gerät und keinen Schalter mit Funkenbildung betätigen.
Wasserschutzpolizei und Feuerwehr: Bei Erhitzung des Stoffes kein Boot mit Ottomotor einsetzen. Bei Dieselantrieb Sicherheitsschaltung veranlassen. Nach dem Einsatz Kühlwasserkreislauf überprüfen. Beim Retten nicht ins Wasser springen.

Schutz- und Einsatzmaßnahmen: Alle unbeteiligten Personen nach Luv (gegen den Wind) entfernen. Achtung, falls freiwerdendes Gut in die Kanalisation oder in Abwasserleitungen von Schiffen gerät, können sich giftige Gemische mit Abwasser bilden. Auf Wasserstraßen Schiffahrtssperre. An Land gefährdetes Gebiet absperren. In Wohn- und Industriegebieten Anwohner warnen. Bei starker Erhitzung des Stoffes und größeren Mengen freiwerdenden Gutes große Sicherheitszone bilden.

Konzentrationsmessung explosionsfähiger bzw. giftiger Dämpfe siehe Tabelle (Anhang 6 der Erläuterungen).

Zuständige Behörden unterrichten.

Bekämpfung der Unfallfolgen:
Feuer: Bei kleinem Brandherd Wassersprühstrahl, Löschpulver oder Kohlensäure. Bei großem Brandherd Schaum oder Wassersprühstrahl. Behälter mit Wassersprühstrahl kühlen und nach Möglichkeit aus der Gefahrenzone ziehen. Achtung, das Löschwasser ist giftig und umweltgefährlich. Es muß aufgefangen werden und darf nicht unbehandelt in die Kanalisation, in Gewässer oder in das Grundwasser gelangen.
Leckage: Leck schließen, wenn ohne Risiko möglich.
Fließendes Gewässer: Trink-, Brauch- und Kühlwasserentnehmer verständigen.
Stehendes Gewässer: Absperren. Alle Zündquellen beseitigen. Fahrzeugbesatzungen im gefährdeten Gebiet warnen.
An Land: Kanalisation abdichten. Auffangen, eindeichen und abbergen. In Wohn- und Industriegebieten alle tiefliegenden Räume abdichten, alle Zündquellen beseitigen. Restmengen mit nicht brennbarem, saugfähigem Material wie z. B. trockener Erde, Sand, gemahlenem Kalkstein, Kieselgur, Universalbinder oder Vermiculit abdecken und in geschlossenem Behälter an sicheren Deponieort zur Vernichtung transportieren.

Gewässerverunreinigung:
Gesamtbewertung nach Unfall: Gruppe IV, hohe bis sehr hohe (extrem hohe) toxische Wirkung unabhängig von der Turbulenz des Gewässers (siehe auch Erläuterungen Abschnitt 16.4/5).
Einzelwerte siehe Anhang 9 der Erläuterungen.
Wassergefährdungsklasse:

Erste Hilfe:
Verletzte an die frische Luft bringen, bequem lagern, beengende Kleidungsstücke lockern. Bei Atemstörung Sauerstoffzufuhr, ggf. Beatmung. Benetzte Kleidungsstücke, Schuhe und Strümpfe sofort ausziehen, entfernen und vernichten. Betroffene Körperstellen anhaltend mit Wasser spülen und anschließend mit sterilem Verbandmaterial abdecken. Bei Augenkontakt die Augen 15 Minuten mit Wasser spülen. Augenlider dazu mit Daumen und Zeigefinger aufspreizen und gleichzeitig das Auge nach allen Seiten bewegen lassen. Verletzte nicht auskühlen lassen. Bei Erbrechen zumindest Kopf in Seitenlage bringen. Verletzte nur liegend transportieren. Bei Gefahr der Bewußtlosigkeit Lagerung und Transport in stabiler Seitenlage.

Hinweise für den Arzt:
Symptomatische Behandlung.

Formel: CH_3, C_3H_7 > P (=O, –F)

Summen-Formel: C4–H10–F–O2–P

UN-Nr.

Merkblatt

2282

Gefahren-Diamant: 4 (blau), 1 (rot), 1 (gelb)

Hazchem-Code:

Stoffname

Deutsch

Sarin
Methylfluorphosonsäure-isopropylester
Fluorphosphonsäuremethyl-isopropylester
Isopropylmethanfluorphosphonat
1-Methylethylmethylphosphono-fluoridat
Isopropylmethylfluorphosphonat
Isopropylmethylphosphono-fluoridat

Tarn- und Decknamen siehe Merkblatt 2282a

Englisch

Sarin
Methylphosphonofluoridic acid isoprophyl ester
Isopropoxymethylphosphoryl fluoride
Isopropyl methane fluoro-phosphonate
Isopropyl methyl fluorophosphate
Isopropyl methylphosphono-fluoridate
Methylfluoro phosphoric acid isopropyl ester
Methylphosphonofluoridic acid 1-methylethyl ester

Französisch

Sarin
Isopropyl-méthylfluor-phosphonate

Spanisch

Sarin
Isopropil-metilfluorfosfonato

Technische Daten

Siedepunkt	147 °C*
Dampfdruck in mbar bei 20 °C	1,97
Dampfdichteverhältnis, Luft = 1	4,84
Schmelzpunkt	–58 °C
Mischbarkeit mit Wasser	vollständig
Spez. Gewicht, Wasser = 1	1,1
Molare Masse	140,11

Feuerbekämpfungsdaten

Flammpunkt
Zündfähiges Gemisch, Vol.-%
Zündtemperatur
} Brennbare Flüssigkeit

* Rasche thermische Zersetzung unter Bildung von Kohlendioxid, Wasser, Phosphorpentoxid, Phosphorsäure

Gefahrgut:*
IMDG-Code: UN-Nr.
Marine pollutant
ICAO/IATA DGR: UN-Nr.
ADR/RID/ADNR: UN-Nr.
Gefahrzettel (Label) Nr.
Richtige Versandbezeichnung (PSN):
Land/BinSch:
See/Luft:
* Transport erfolgt nach Sondervorschriften

Klassifizierung:
Kl. Verp. Gr. EMS: **F-** ; **S-**
Kl. Verp. Gr.
Kl. Klassifiz. Code Verp. Gr.

Gefahrstoff:
CAS Nr.: 107-44-8 RTECS-Nr.: TA 8400000
EG-Nr.: INDEX-Nr.:
EG-Einstufung: nein
Symbol: T+*
R-Sätze: 26/27/28*
S-Sätze: 13-45*

* Expertenvorschlag

Erscheinungsbild: Farblose bis gelbbraune Flüssigkeit, fast geruchlos bis leicht fruchtig.

Verhalten bei Freiwerden und Vermischen mit Luft: Extrem giftige, extrem nervenschädigende, umweltgefährliche und brennbare Flüssigkeit mit relativ hohem Flammpunkt. Bei starker Erhitzung bilden sich extem giftige, extrem nervenschädigende, umweltgefährliche und explosionsfähige Gemische mit Luft. Sie sind schwerer als Luft und kriechen am Boden entlang. Entzündung durch heiße Oberflächen, Funken oder offene Flammen. Bei Erhitzung bis zur Zersetzung (z. B. durch Umgebungsbrände oder heiße Oberflächen) und bei Brand bilden sich giftige und ätzende Gase bzw. Dämpfe, die im Wesentlichen aus Phosphorpentoxid, Phosphorsäure sowie Fluorwasserstoff bestehen.

Verhalten bei Freiwerden und Vermischen mit Wasser: Der Stoff ist schwerer als Wasser und sinkt unter. Er löst sich vollständig mit Wasser. Es bilden sich sehr giftige, nervenschädigende und umweltgefährliche Gemische mit Wasser, die auch bei starker Verdünnung noch wirksam sind. Im Wasser erfolgt langsame Hydrolyse. Es bilden sich Fluorwasserstoff und Pinacolylmethylphosphonat. Hydrolyse stark pH-Wert abhängig. Wird beschleunigt durch Wasserstoffperoxid, Hypochlorit und Kupferchelate.

Gesundheitsgefährdung: Rasche Vergiftung durch Einatmen der Dämpfe/Aerosole und durch Aufnahme über die unverletze (besser über die verletzte) Haut. Aufnahme auch über die Schleimhäute der Augen. Es kommt zur Hemmung der Cholinesterase und zu Störungen der Funktion des Zentralnervensystems und des peripheren Nervensystems. Lungenödem möglich. Leichte Vergiftungen bereits ab 1 mg x min/m^3 (ab 15 min tödlich!). Pupillenverengung bereits ab 0,5 mg x min/m^3. Minimaldosis (Risikogrenze für Truppen/USA): 3 mg x min/m^3, ICt_{50}: 40–55 mg x min/m^3; LCt_{100}: 70–100 mg x min/m^3 (Tod nach 10–20 min); LCt_{100}: 150–180 mg x min/m^3, (Verhältnis LCt_{50}/LCt_5: <2). Perkutane Toxizität (Mensch): 30–50 mg/kg KM, LD: 1700 mg. Sarintropfen auf der Haut führen zur raschen tödlichen Vergiftung, wenn sie nicht innerhalb von 2 min auf der Haut entgiftet werden können. 0,01 ml Sarin auf das Auge aufgebracht, führen sofort zum Tode. Bei Siedetemperatur: 147 °C beginnt die Zersetzung, heißes Sarin ist entzündbar und verbrennt zu CO_2/H_2O. Phosphorpentoxid (s. auch Merkblatt 673), Phosphorsäure (s. auch Merkblatt 160), Fluorwasserstoff (s. auch Merkblatt 92)
Symptome: Pupillenverengung, die mehrere Tage bis Wochen anhalten kann; starkes Schwitzen, starker Speichelfluss, Schwindelgefühl, starke Kopfschmerzen, Verlangsamung der Sprache, Angstgefühl, Muskelkrämpfe, Bewußtlosigkeit, Tod.
Nach Einatmen oder Hautkontakt in jedem Fall – auch bei Ausbleiben der Symptome – den Arzt aufsuchen.
Nach Kontakt der Substanz mit den Augen ist in jedem Fall ein Augenarzt aufzusuchen.

Geruchsschwelle = Luftgrenzwert =

Bemerkungen: Der Stoff ist löslich in Alkoholen, Estern, Ketonen, Toluol, Benzol und Halogenalkanen. Stahl wird nur geringfügig angegriffen. Dämpfe werden leicht absorbiert von Textilien, Wolle, Holz, porösen Ziegeln, Beton u. a. Dadurch wird Verschleppung tödlicher Konzentrationen durch Kleidung möglich.
In der Chemikalienliste des Chemiewaffenübereinkommens (CWÜ) von 1993 über das Verbot der Entwicklung, Herstellung, Lagerung und des Einsatzes chemischer Waffen sowie über die Vernichtung solcher Waffen ist der Stoff bzw. die Stoffgruppe enthalten.

Sicherheitsmaßnahmen für Fahrzeugbesatzung, Polizei, Feuerwehr und Rettungskräfte:
Polizei und Feuerwehr alarmieren.
Im Gefahrenbereich Maschine stoppen. Sofort volle Schutzkleidung und umluftunabhängiges (schweres) Atemschutzgerät tragen. Bei starker Erhitzung oder Brand, nicht rauchen, offenes Feuer löschen, kein elektrisches Gerät und keinen Schalter mit Funkenbildung betätigen.
Wasserschutzpolizei und Feuerwehr: Beim Retten nicht ins Wasser springen. Bei starker Erhitzung kein Boot mit Ottomotor einsetzen. Bei Dieselantrieb Sicherheitsschaltung veranlassen. Nach dem Einsatz Kühlwasserkreislauf überprüfen.

Schutz- und Einsatzmaßnahmen: Alle unbeteiligten Personen nach Luv (gegen den Wind) entfernen. Achtung, falls freiwerdendes Gut in die Kanalisation oder in Abwasserleitungen von Schiffen gerät, bilden sich extrem giftige, nervenschädigende und umweltgefährliche Gemische mit Abwasser und kann über der Oberfläche Vergiftungsgefahr entstehen. Experten hinzuziehen. Auf Wasserstraßen Schiffahrtssperre. An Land gefährdetes Gebiet absperren. Große Sicherheitszone bilden. In Wohn- und Industriegebieten Anwohner warnen. Gefährdetes Gebiet ggf. evakuieren.

Konzentrationsmessung explosionsfähiger bzw. giftiger Dämpfe siehe Tabelle (Anhang 6 der Erläuterungen).

Zuständige Behörden unterrichten.

Bekämpfung der Unfallfolgen:
Feuer: Bei kleinem Brandherd Löschpulver, Wassersprühstrahl, Kohlensäure oder Schaum. Bei großem Brandherd Schaum oder Wassersprühstrahl. Behälter mit Wassersprühstrahl kühlen und nach Möglichkeit aus der Gefahrenzone ziehen. Achtung, das Löschwasser ist giftig und umweltgefährlich. Es muß aufgefangen werden und darf nicht unbehandelt in die Kanalisation, in Gewässer oder in das Grundwasser gelangen.
Leckage: Leck schließen, wenn ohne Risiko möglich.
Fließendes Gewässer: Trink-, Brauch- und Kühlwasserentnehmer verständigen.
Stehendes Gewässer: Absperren. Fahrzeugbesatzungen im gefährdeten Gebiet warnen.
An Land: Kanalisation abdichten. Auffangen, eindeichen und abpumpen. In Wohn- und Industriegebieten alle tiefliegenden Räume abdichten. Alle Zündquellen beseitigen. Restmengen mit nicht brennbarem, saugfähigem Material wie z. B. trockener Erde, Sand, Kieselgur, Universalbinder oder Vermiculit abdecken und an sichere Deponie zur Vernichtung transportieren.

Gewässerverunreinigung:
GefStoffV/EG:
Gesamtbewertung nach Unfall: Gruppe IV, hohe bis sehr hohe (extrem hohe) toxische Wirkung unabhängig von der Turbulenz des Gewässers (siehe auch Erläuterungen Abschnitt 16.4/5).
Einzelwerte siehe Anhang 9 der Erläuterungen.
Wassergefährdungsklasse:

Erste Hilfe:
Selbstschutz beachten. Verletzte an die frische Luft bringen. Bei Atemstörung Sauerstoffzufuhr, ggf Beatmung. Benetzte Kleidungsstücke, Schuhe und Strümpfe sofort ausziehen, in einen dichtschließenden Behälter (Sack) versorgen. Betroffene Körperstellen anhaltend mit Wasser und Seife spülen. Bei Augenkontakt die Augen 15 Minuten mit Wasser spülen. Augenlider dazu mit Daumen und Zeigefinger aufspreizen und gleichzeitig das Auge nach allen Seiten bewegen lassen. Für die Retter: Schutzkleidung und Gasmaske empfohlen. Verletzte nicht auskühlen lassen. Bei Erbrechen zumindest Kopf in Seitenlage bringen. Verletzte nur liegend transportieren. Bei Gefahr der Bewußtlosigkeit Lagerung und Transport in stabiler Seitenlage (siehe auch Merkblatt 2282a).

Hinweise für den Arzt:
Erforderlichenfalls endotracheale Intubation. Atropingabe 2 mg i. v. oder, wenn nicht anders möglich i. m. Aufgrund der Erfahrung (Tokyo) höhere Dosen oftmals nicht notwendig, wenn doch, nicht mehr als 15 bis 20 mg. Lokal Augentropfen (0,25% bis 1%). Pralidoxim, Obidoxim (Toxogonin®) oder HI 6 (bisher nur in einigen Ländern zugelassen). Die Gabe von Pralidoxim und Obidoxim ist nicht unumstritten, HI 6 ist besser wirksam. Benzodiazepine bei Konvulsionen.

Merkblatt

2282a

Tarn- und Decknamen

D: Sarin, Nervenkampfstoff Sarin, T-46, T-Stoff, Trilon 46, G-Kampfstoff Sarin, T144, Grün Ring, GB

GB: Sarin, T210G, TL1618, IMPF, MFI, GB

USA: Sarin, Sarin II, T144, T2106, TL1618, EA 1208, GB, IMPF, Nerve Agent Sarin, MEI

F: Sarin

ESP: Sarin

UdSSR: Sarin, Izopropil-metilftorfosfonat

Allgemeines

Der Stoff Sarin wurde 1938 von dem deutschen Chemiker G. Schrader im Rahmen der Forschung für neue Pflanzenschutzmittel entdeckt. Der Name Sarin leitet sich ab von den 4 Chemikern, die an der Synthetisierung der Substanz beteiligt waren: **S**chrader, **A**mbros, **R**üdiger, von der L**in**de. Die Substanz gehört zu den **G**. Kampfstoffen, die im Weltkrieg II entwickelt und hergestellt wurden. **„G"** ergibt sich aus der englischen Bezeichnung **G**ermany. Bis Ende des Krieges wurden etwa 70 Tonnen hergestellt. Die im Bau befindlichen Anlagen für eine Massenproduktion in der Nähe von Breslau wurden nicht fertiggestellt. Sie gingen bei Kriegsende in den Besitz der UDSSR über. Russland soll insgesamt 32 000 Tonnen an Chemiewaffen (Sarin, Soman, VX) besitzen und gelagert haben. Die USA sollen ca. 5500 Tonnen Sarin, 6000 Tonnen Senfgas und 2000 Tonnen VX in Utah gelagert haben. Angeblich sind dies 44% der amerikanischen Chemiewaffen.
Sarin ist nie im Krieg eingesetzt worden. Aufgrund von Feststellungen, daß Zersetzungsstoffe

a) bei Birjinni (Irak) gefunden wurden, besteht der begründete Verdacht, daß die irakische Regierung im August 1988 Sarin gegen die Kurden eingesetz hat.
b) Mitglieder der Aum-Sekte versuchten im Juni 1994 drei Richter mit Sarin zu töten. Die schwer erkrankten Richter konnten den Anschlag überleben. Ursache war ein Zivilprozess gegen die Sekte.
c) Die Aum-Sekte führte am 20. 3. 1994 in der U-Bahn von Tokio einen zweiten Anschlag mit Sarin durch. Dabei starben 12 Menschen und wurden 5500 weitere Personen geschädigt. Es wurden in drei unterschiedlichen U-Bahnlinien sogenannte Kampfhandlungen durchgeführt und 15 Stationen kontaminiert.

Einsatz

Flüssigkeiten, Dämpfe, Aerosole

Einsatzmittel

Artilleriegranaten, Mörsergeschosse, Raketenwerfer, Landminen, Bomben und Sprühtanks.

Personenentgiftung

Die Bergung aus dem Gefahrenherd hat sehr schnell zu erfolgen, da höchste Eile geboten ist. Sanitäter und Helfer tragen Schutzbekleidung.
Für den Geschädigten stehen folgende Maßnahmen im Vordergrund:

- Entfernen der gesamten Kleidung und Ausrüstung des Geschädigten. Danach können Sanitäter und Helfer die Schutzkleidung ablegen.
- Beim Auftreten einer Vergiftungssymptomatik ist sofort eine Atropininjektion mit dem Autoinjektor (2 mg) i. m. zu applizieren.
- Spülung der Augen mit einer 3–4%igen Natriumhydrogencarbonatlösung.
- Reinigung der Wunden mit einer 3–4%igen Natriumhydrogencarbonatlösung.
- steht eine Dusche zur Verfügung, ist der gesamte Körper gründlich mit Wasser und Seife bzw. einem Waschmittel zu reinigen.

Für den Transport muß der Geschädigte in Wärmedecken eingehüllt werden.

Vor dem weiteren Abtransport mit einem Krankenwagen oder einem Hubschrauber in ein Krankenhaus hat unbedingt eine vollständige Entgiftung des gesamten Körpers zu erfolgen. Bei Unterlassung der Dekontamination würden die Kampfstoffausdunstungen der kontaminierten Haare und der kontaminierten Kleidung das Personal des Transportfahrzeuges gefährden. Außerdem hat vor dem Abtransport ein Arzt die erste ärztliche Hilfe zu erweisen.

Durch diese Hilfemaßnahmen wird die Schädigung der Haut wesentlich verringert, und durch die frühzeitige Gabe von Antidoten werden die systemischen Schädigungen der inneren Organe verhindert.

Entgiftung/Dekontamination von Sachen und Geräten

Selbstschutz beachten, Schutzkleidung und Schutzmaske tragen, bzw. Schutzmaske griffbereit halten. Nach dem Arbeiten Schutzkleiung dekontaminieren, ebenso Geräte und Materialien, die für die Entgiftung/Dekontamination verwendet wurden (mindestens 24 Stunden in Entgiftungslösung belassen, nachfolgend gründlich abspülen, Verbrennung zuführen; unter „Feldbedingungen" mit Wasser und Seifenlösung reinigen).
Entgiftungslösungen erst unmittelbar vor der Aufnahme der Arbeiten herstellen.

Geeignet sind Lösungen von:
10% Natriumhydroxid in 30%igem Methanol oder Spiritus
oder 20% Natriumhydroxid in Wasser
oder 15% Ammoniak in Wasser
oder gesättigte Natriumhypochloritlösung durch Einleiten von Chlor in Natronlauge unter Kühlung
oder 3%ige alkalische Wasserstoffperoxidlösung
oder 10% Natriumcresolat oder -phenolat in 50%igem Methanol oder Spiritus
oder katalytische Zersetzung durch Aquohydrokomplexe der seltenen Erden oder Cu(II)-chelatkomplexe
Pyrolyse: oberhalb 200°C zerfällt Sarin mit einer Halbwertszeit von 3 Minuten.

Dekontamination von Gebäuden

Gebäude und Bauten aus Holz, Ziegelsteinen, Beton, Mörtel, Zement können infolge ihrer hohen Porösität sowohl Gase/Dämpfe als auch Flüssigkeiten aufnehmen und in tiefere Schichten verteilen, so dass i.a. nur Abriss und nachfolgende Verbrennung möglich sind.
Als erste Maßnahme können evtl. Waschverfahren mit alkalischer Seifenlösung (Zusatz von Schmierseife) angewandt werden.
Leichte oberflächliche Behaftungen können mit Chlorkalk, der alle 24 Stunden erneuert wird, abgedeckt werden. Austretende Gase und Dämpfe werden so teilweise entgiftet.

Entgiftung/Dekontamination im Gelände

Betroffene Geländeabschnitte, Straßen, Plätze u.ä. absperren, Menschen und Nutztiere evakuieren.
Bei oberflächlichen Kontaminationen reicht es meist aus, 10–20 cm Boden abzutragen, mit Brennstoff zu übergießen und abzubrennen.
Bei extremen Kontaminationen muß bis zu 1 m Boden ausgehoben und einer geordneten Verbrennung mit Nachverbrennung zugeführt werden.
Das Abbrennen von Grasflächen ist eine erste Maßnahme, führt aber meist nicht zur vollständigen Entgiftung.
Abdecken des Geländes mit alkalischen Schlacken oder mit Chlorkalk/Sand ist als Sofortmaßnahme geeignet, bietet jedoch keinen ausreichenden Schutz gegen austretende Gase und Dämpfe.
Mehrmaliges Abschwemmen mit viel Wasser und Abdecken mit einer Sperrschicht ist eine erste Maßnahme, die sich vor allem für weniger toxische Stoffe eignet.
(Auch nach Jahrzehnten können Kampfstoffe im Boden konserviert werden, selbst unter Wasserlachen [Loste] und ihre vollständige Aktivität behalten!)

Dekontamination von Leder und Textilien

Kontaminierte Kleidungsstücke, Textilien und Lederwaren mit Entgiftungspuder oder Entgiftungslösung besprühen, ggf. in Seifenlauge (unter Zusatz von Schmierseife) kochen, anschließend einer geordneten Verbrennung zuführen.

Formel: $(CH_3)_3$–C–CH–O–P(=O)(CH_3)–F | **Summen-Formel:** C7–H16–F–O2–P | **UN-Nr.**

Merkblatt

2283

Stoffname

Deutsch	*Englisch*	*Französisch*
Soman	**Soman**	**Soman**
Methylfluorphosphorsäure-pinakolylester	3,3-Dimethyl-2-butanol methylphosphonofluoridate	Pinacolylmethylfluor-phosphonate
Methylfluorphosphonsäure-1,2,2,-trimethylpropylester	Fluoromethyl(1,2,2-trimethyl-propoxy) phosphine oxide	
1,2,2-Trimethylpropylmethyl-phosphonofluoridat	Methylphosphonofluoridic acid 3,3 dimethyl-2-butyl ester	*Spanisch*
Pinacolylmethylphosphono-fluoridat	Pinacoloxymethylphosphoryl fluoride	**Soman**
	Pinacolyloxy methylphosphoryl fluoride	Pinacolilmetilfluorfosfonato

Gefahren-Diamant

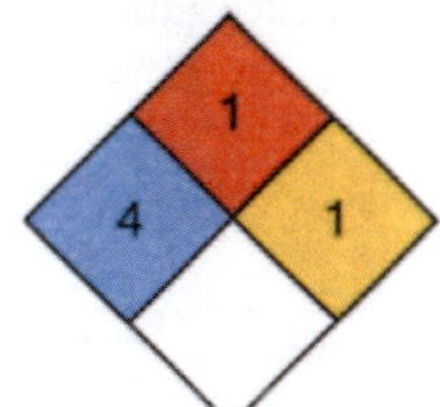

Hazchem-Code:

Tarn- und Decknamen siehe Merkblatt 2283a

Technische Daten

Siedepunkt	167 °C*
Dampfdruck in mbar bei 20 °C	0,35
Dampfdichteverhältnis, Luft = 1	6,29
Schmelzpunkt	–70 bis –80 °C
Mischbarkeit mit Wasser	geringfügig**
Spez. Gewicht, Wasser = 1	1,0131
Molare Masse	182,20

Feuerbekämpfungsdaten

Flammpunkt
Zündfähiges Gemisch, Vol.-%
Zündtemperatur
} Brennbare Flüssigkeit

* Zersetzung
** 10 g/l, langsame Hydrolyse

Gefahrgut:*

IMDG-Code: UN-Nr. — Kl. — Verp. Gr. — EMS: **F-** ; **S-**
ICAO/IATA DGR: UN-Nr. — Kl. — Verp. Gr.
ADR/RID/ADNR: UN-Nr. — Kl. — Klassifiz. Code — Verp. Gr.
Gefahrzettel (Label) Nr.
Richtige Versandbezeichnung (PSN):
Land/BinSch:
See/Luft:

* Transport erfolgt nach Sondervorschriften

Klassifizierung:

Gefahrstoff:

CAS Nr.: 96-64-0 — RTECS-Nr.: TA 8750000
EG-Nr.: — INDEX-Nr.:
EG-Einstufung: nein
Symbol: T+*
R-Sätze: 26/27/28*
S-Sätze: 13-45*

* Expertenvorschlag

Erscheinungsbild: Farblose bis gelbbraune Flüssigkeit

Verhalten bei Freiwerden und Vermischen mit Luft: Extrem giftige, extrem nervenschädigende, umweltgefährliche und brennbare Flüssigkeit mit relativ hohem Flammpunkt. Bei starker Erhitzung bilden sich gesundheitsschädliche, umweltgefährliche und explosionsfähige Gemische mit Luft. Sie sind schwerer als Luft und kriechen am Boden entlang. Entzündung durch heiße Oberflächen, Funken oder offene Flammen. Bei Erhitzung bis zur Zersetzung (z. B. durch Umgebungsbrände oder heiße Oberflächen) und bei Brand bilden sich giftige und ätzende Gase bzw. Dämpfe, die im Wesentlichen aus Phosphorpentoxid, Phosphorsäure sowie Fluorwasserstoff(gas) bestehen und auch Kohlenmonoxid(gas) sowie Kohlendioxid(gas) enthalten.

Verhalten bei Freiwerden und Vermischen mit Wasser: Der Stoff ist geringfügig schwerer als Wasser und sinkt langsam unter. Er löst sich nur geringfügig in Wasser. Es bilden sich extrem giftige, extrem nervenschädigende und umweltgefährliche Gemische mit Wasser, die auch bei starker Verdünnung noch wirksam sind. Mit Wasser erfolgt langsame Hydrolyse zu Fluorwasserstoff und Pinacolylmethylphosphonat. Die Hydrolyse wird beschleunigt bei Anwesenheit oder Zugabe von Säuren und Alkalien (Laugen).

Gesundheitsgefährdung: Die Vergiftung ähnelt der des Sarins (s. auch Merkblatt 2282), die Aufnahme der Substanz durch Einatmen, Verschlucken oder über die Haut führt rasch zur tödlichen Vergiftung. Es kommt zur Hemmung der Cholinesterase und zu Störungen der Funktion des Zentralnervensystems und des peripheren Nervensystems. Lungenödem möglich. Die Vergiftung ist schwerer zu behandeln als bei Sarin durch rasche Alterung der Cholinesterase. Im Überlebensfall sind psychische/neurologische Schäden häufiger als bei Sarin. Letale Konzentration (LCt_{50}, Mensch, inhalativ): 20–40 mg x min/m^3; letale Dosis LD_{50} (Mensch, dermal) 700–1400 mg/Mensch (70 kg); letale Konzentration (LC, Mensch, Dämpfe, dermal) 500 mg/m^3 in 15–20 min; letale Dosis (LD, Mensch, Flüssigkeit, dermal) 15 mg/kg KM; letale Dosis (LD, Mensch, oral): 10 mg/Mensch(!). Soman hat kumulierende Eigenschaften.
Symptome: Pupillenverengung, die mehrere Tage bis Wochen anhalten kann; starkes Schwitzen, starker Speichelfluß, Schwindelgefühl, starke Kopfschmerzen, Verlangsamung der Sprache, Angstgefühl, Muskelkrämpfe, Bewußtlosigkeit, Tod.Erwärmtes Soman ist entzündbar und verbrennt zu CO_2/H_2O. Phosphorpentoxid (s. auch Merkblatt 673), Phosphorsäure (s. auch Merkblatt 160), Fluorwasserstoff (s. auch Merkblatt 92).
Nach Einatmen oder Hautkontakt in jedem Fall – auch bei Ausbleiben der Symptome – den Arzt aufsuchen.
Nach Kontakt der Substanz mit den Augen ist in jedem Fall ein Augenarzt aufzusuchen.

Geruchsschwelle = — Luftgrenzwert =

Bemerkungen: Der Stoff ist löslich in Ethylalkohol, Estern, Ketonen und Halogenalkanen.

In der Chemikalienliste des Chemiewaffenübereinkommens (CWÜ) von 1993 über das Verbot der Entwicklung, Herstellung, Lagerung und des Einsatzes chemischer Waffen sowie über die Vernichtung solcher Waffen ist der Stoff bzw. die Stoffgruppe enthalten.

Sicherheitsmaßnahmen für Fahrzeugbesatzung, Polizei, Feuerwehr und Rettungskräfte:
Polizei und Feuerwehr alarmieren.
Im Gefahrenbereich Maschine stoppen. Sofort volle Schutzkleidung und umluftunabhängiges (schweres) Atemschutzgerät tragen. Bei starker Erhitzung oder Brand nicht rauchen, offenes Feuer löschen, kein elektrisches Gerät und keinen Schalter mit Funkenbildung betätigen.
Wasserschutzpolizei und Feuerwehr: Beim Retten nicht ins Wasser springen. Bei starker Erhitzung kein Boot mit Ottomotor einsetzen. Bei Dieselantrieb Sicherheitsschaltung veranlassen. Nach dem Einsatz Kühlwasserkreislauf überprüfen.

Schutz- und Einsatzmaßnahmen: Alle unbeteiligten Personen nach Luv (gegen den Wind) entfernen. Achtung, falls freiwerdendes Gut in die Kanalisation oder in Abwasserleitungen von Schiffen gerät, bilden sich extrem giftige, extrem nervenschädigende und umweltgefährliche Gemische mit Abwasser und kann über der Oberfläche Vergiftungsgefahr entstehen. Experten hinzuziehen. Auf Wasserstraßen Schiffahrtssperre. An Land gefährdetes Gebiet absperren. Große Sicherheitszone bilden. In Wohn- und Industriegebieten Anwohner warnen. Gefährdetes Gebiet ggf. evakuieren.

Konzentrationsmessung explosionsfähiger bzw. giftiger Dämpfe siehe Tabelle (Anhang 6 der Erläuterungen).

Zuständige Behörden unterrichten.

Bekämpfung der Unfallfolgen:
Feuer: Bei kleinem Brandherd Löschpulver, Wassersprühstrahl, Kohlensäure oder Schaum. Bei großem Brandherd Schaum oder Wassersprühstrahl. Behälter mit Wassersprühstrahl kühlen und nach Möglichkeit aus der Gefahrenzone ziehen. Achtung, das Löschwasser ist giftig und umweltgefährlich. Es muß aufgefangen werden und darf nicht unbehandelt in die Kanalisation, in Gewässer oder in das Grundwasser gelangen.
Leckage: Leck schließen, wenn ohne Risiko möglich.
Fließendes Gewässer: Trink-, Brauch- und Kühlwasserentnehmer verständigen.
Stehendes Gewässer: Absperren. Fahrzeugbesatzungen im gefährdeten Gebiet warnen.
An Land: Kanalisation abdichten. Auffangen, eindeichen und abpumpen. In Wohn- und Industriegebieten alle tiefliegenden Räume abdichten. Alle Zündquellen beseitigen. Restmengen mit nicht brennbarem, saugfähigem Material wie z. B. trockener Erde, Sand, Kieselgur, Universalbinder oder Vermiculit abdecken und an sichere Deponie zur Vernichtung transportieren.

Gewässerverunreinigung:
GefStoffV/EG:
Gesamtbewertung nach Unfall: Gruppe IV, hohe bis sehr hohe ,(extrem hohe) toxische Wirkung unabhängig von der Turbulenz des Gewässers (siehe auch Erläuterungen Abschnitt 16.4/5).
Einzelwerte siehe Anhang 9 der Erläuterungen.
Wassergefährdungsklasse:

Erste Hilfe:
Selbstschutz beachten. Verletzte an die frische Luft bringen. Bei Atemstörung Sauerstoffzufuhr, ggf. Beatmung. Benetzte Kleidungsstücke, Schuhe und Strümpfe sofort ausziehen, in einen dichtschließenden Behälter (Sack) versorgen. Betroffene Körperstellen anhaltend mit Wasser und Seife spülen. Bei Augenkontakt die Augen 15 Minuten mit Wasser spülen. Augenlider dazu mit Daumen und Zeigefinger aufspreizen und gleichzeitig das Auge nach allen Seiten bewegen lassen. Für die Retter: Schutzkleidung und Gasmaske empfohlen. Verletzte nicht auskühlen lassen. Bei Erbrechen zumindest Kopf in Seitenlage bringen. Verletzte nur liegend transportieren. Bei Gefahr der Bewußtlosigkeit Lagerung und Transport in stabiler Seitenlage. (Siehe auch Merkblatt 2283a).

Hinweise für den Arzt:
Erforderlichenfalls endotracheale Intubation. Atropingabe 2 mg i. v. oder, wenn nicht anders möglich i. m. Aufgrund der Erfahrung (Tokyo) höhere Dosen oftmals nicht notwendig, wenn doch, nicht mehr als 15 bis 20 mg. Lokal Augentropfen (0,25% bis 1%). Pralidoxim, Obidoxim (Toxogonin®) oder HI 6 (bisher nur in einigen Ländern zugelassen). Die Gabe von Pralidoxim und Obidoxim ist nicht unumstritten, HI 6 ist besser wirksam. Benzodiazepine bei Konvulsionen.

Merkblatt

2283a

Tarn- und Decknamen

D: Soman, Nervenkampfstoff Soman, G-Stoff Soman, Phosphorsäureester Soman, Triton

GB: GD, Soman, PMFP

USA: Soman, Nerve Agent Soman, GD, Zoman, PMFP, EA1210, T2107

F: Soman

ESP: Soman

UdSSR: Soman, VR-55

Allgemeines

Im Rahmen der Pflanzenschutzmittelerforschung wurde bei der Untersuchung der Phosphorsäureester durch den deutschen Chemiker Ambros das Soman im Jahre 1944 entdeckt. Soman ist ein hochwirksamer Nervenkampfstoff. In Deutschland blieb die Substanz bis Ende des Weltkrieges II in der Testphase. Der Stoff zählt zu den sogenannten G-Kampfstoffen. G leitet sich ab von Germany. Sie wurden im Weltkrieg II in Deutschland entwickelt, getestet und teilweise hergestellt. Neben Soman gelten auch Sarin und Tabun als G-Kampfstoffe.

Herstellung: Nach Weltkrieg II wurden große Mengen dieses Stoffes in der Sowjetunion, in Großbritannien und in den USA hergestellt und in Munition eingelagert.

Einsatz: Ein Einsatz in kriegerischen Auseinandersetzungen oder bei terroristischen Aktivitäten wurde bisher nicht bekannt.

Dekontamination: Zur Dekontamination sind besonders geeignet: Hypochlorite, Alkoholate, Alkalilaugen und Peroxide. Abhängig von der Witterung ist Soman meistens nach zwei Tagen verflüchtigt.

Einsatz

Flüssigkeiten, Dämpfe, Aerosole

Einsatzmittel

Artilleriegranaten, Mörsergeschosse, Raketenwerfer, Landminen, Bomben und Sprühtanks.

Personenentgiftung

Die Bergung aus dem Gefahrenherd hat sehr schnell zu erfolgen, da höchste Eile geboten ist. Sanitäter und Helfer tragen Schutzkleidung.
Für den Geschädigten stehen folgende Maßnahmen im Vordergrund:

- Entfernen der gesamten Kleidung und Ausrüstung des Geschädigten. Danach können Sanitäter und Helfer die Schutzkleidung ablegen.
- Beim Auftreten einer Vergiftungssymptomatik ist sofort eine Atropininjektion mit dem Autoinjektor (2 mg) i. m. zu applizieren.
- Spülung der Augen mit einer 3–4%igen Natriumhydrogencarbonatlösung.
- Reinigung der Wunden mit einer 3–4%igen Natriumhydrogencarbonatlösung.
- steht eine Dusche zur Verfügung, ist der gesamte Körper gründlich mit Wasser und Seife bzw. einem Waschmittel zu reinigen.

Für den Transport muß der Geschädigte in Wärmedecken eingehüllt werden.

Vor dem weiteren Abtransport mit einem Krankenwagen oder einem Hubschrauber in ein Krankenhaus hat unbedingt eine vollständige Entgiftung des gesamten Körpers zu erfolgen. Bei Unterlassung der Dekontamination würden die Kampfstoffausdunstungen der kontaminierten Haare und der kontaminierten Kleidung das Personal des Transportfahrzeuges gefährden. Außerdem hat vor dem Abtransport ein Arzt die erste ärztliche Hilfe zu erweisen. Durch diese Hilfemaßnahmen wird die Schädigung der Haut wesentlich verringert, und durch die frühzeitige Gabe von Antidoten werden die systemischen Schädigungen der inneren Organe verhindert.

Entgiftung/Dekontamination von Sachen und Geräten

Selbstschutz beachten, Schutzkleidung und Schutzmaske tragen, bzw. Schutzmaske griffbereit halten. Nach dem Arbeiten Schutzkleiung dekontaminieren, ebenso Geräte und Materialien, die für die Entgiftung/Dekontamination verwendet wurden (mindestens 24 Stunden in Entgiftungslösung belassen, nachfolgend gründlich abspülen, Verbrennung zuführen; unter „Feldbedingungen“ mit Wasser und Seifenlösung reinigen).
Entgiftungslösungen erst unmittelbar vor der Aufnahme der Arbeiten herstellen.

Geeignet sind Lösungen von:
10% Natriumhydroxid in 30%igem Methanol oder Spiritus
oder 20% Natriumhydroxid in Wasser
oder 15% Ammoniak in Wasser
oder gesättigte Natriumhypochloritlösung durch Einleiten von Chlor in Natronlauge unter Kühlung
oder 3%ige alkalische Wasserstoffperoxidlösung
oder 10% Natriumcresolat oder -phenolat in 50%igem Methanol oder Spiritus
oder katalytische Zersetzung durch Aquohydrokomplexe der seltenen Erden oder Cu(II)-chelatkomplexe
Bei pH-Werten > 10 (z.B. konz. Natronlauge) wird Soman völlig zerstört.

Dekontamination von Gebäuden

Gebäude und Bauten aus Holz, Ziegelsteinen, Beton, Mörtel, Zement können infolge ihrer hohen Porösität sowohl Gase/Dämpfe als auch Flüssigkeiten aufnehmen und in tiefere Schichten verteilen, so dass i.a. nur Abriss und nachfolgende Verbrennung möglich sind.
Als erste Maßnahme können evtl. Waschverfahren mit alkalischer Seifenlösung (Zusatz von Schmierseife) angewandt werden.
Leichte oberflächliche Behaftungen können mit Chlorkalk, der alle 24 Stunden erneuert wird, abgedeckt werden. Austretende Gase und Dämpfe werden so teilweise entgiftet.

Entgiftung/Dekontamination im Gelände

Betroffene Geländeabschnitte, Straßen, Plätze u. ä. absperren, Menschen und Nutztiere evakuieren.
Bei oberflächlichen Kontaminationen reicht es meist aus, 10–20 cm Boden abzutragen, mit Brennstoff zu übergießen und abzubrennen.
Bei extremen Kontaminationen muß bis zu 1 m Boden ausgehoben und einer geordneten Verbrennung mit Nachverbrennung zugeführt werden.
Das Abbrennen von Grasflächen ist eine erste Maßnahme, führt aber meist nicht zur vollständigen Entgiftung.
Abdecken des Geländes mit alkalischen Schlacken oder mit Chlorkalk/Sand ist als Sofortmaßnahme geeignet, bietet jedoch keinen ausreichenden Schutz gegen austretende Gase und Dämpfe.
Mehrmaliges Abschwemmen mit viel Wasser und Abdecken mit einer Sperrschicht ist eine erste Maßnahme, die sich vor allem für weniger toxische Stoffe eignet.
(Auch nach Jahrzehnten können Kampfstoffe im Boden konserviert werden, selbst unter Wasserlachen [Loste] und ihre vollständige Aktivität behalten!)

Dekontamination von Leder und Textilien

Kontaminierte Kleidungsstücke, Textilien und Lederwaren mit Entgiftungspuder oder Entgiftungslösung besprühen, ggf. in Seifenlauge (unter Zusatz von Schmierseife) kochen, anschließend einer geordneten Verbrennung zuführen.

Formel:	$(CH_3)_2N-P(=O)(C\equiv N)-O-CH_2-CH_3$	Summen-Formel:	C5–H11–N2–O2–P	UN-Nr.	Merkblatt **2284**

Stoffname

Deutsch	*Englisch*	*Französisch*
Tabun	**Tabun**	**Tabun**
Dimethylaminocyanphosphorsäureethylester	Dimethylamidoethoxyphosphoryl cyanide	
	Dimethylphosphoramidocyanidic acid ethyl ester	*Spanisch*
	Ethyl-N,N-dimethylamino cyanophosphate	**Tabun**
	Ethyldimethyl phosphoramidocyanidate	
	Ethyl-N,N-dimethylphosphoramidocyanidate	

Gefahren-Diamant

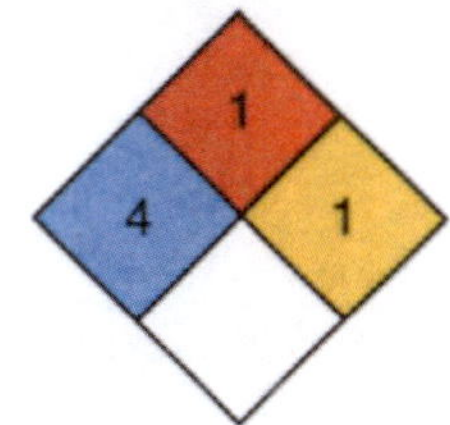

Hazchem-Code:

Tarn- und Decknamen siehe Merkblatt 2284a

Technische Daten

Siedepunkt	238 °C Zersetzung*
Dampfdruck in mbar	0,07 bei 25 °C
Dampfdichteverhältnis, Luft = 1	5,63
Schmelzpunkt	–49,4 °C
Mischbarkeit mit Wasser	geringfügig*
Spez. Gewicht, Wasser = 1	1,073
Molare Masse	162,15

Feuerbekämpfungsdaten

Flammpunkt	78 °C
Zündfähiges Gemisch, Vol.-%	
Zündtemperatur	

* Ab 200 °C setzt Pyrolyse unter Bildung von Cyanwasserstoff(gas = Blausäure) ein.

Gefahrgut:*

	Klassifizierung:			
IMDG-Code: UN-Nr.	Kl.	Verp. Gr.	EMS: **F-** ; **S-**	
ICAO/IATA DGR: UN-Nr.	Kl.	Verp. Gr.		
ADR/RID/ADNR: UN-Nr.	Kl.	Klassifiz. Code	Verp. Gr.	

Gefahrzettel (Label) Nr.
Richtige Versandbezeichnung (PSN):
Land/BinSch:
See/Luft:

* Transport erfolgt nach Sondervorschriften

Gefahrstoff:

CAS Nr.: 77-81-6	RTECS-Nr.: TB 4550000
EG-Nr.:	INDEX-Nr.:
EG-Einstufung: nein	
Symbol: T+*	
R-Sätze: 26/27/28-40*	
S-Sätze: 13-45*	

* Expertenvorschlag

Erscheinungsbild: Reiner Stoff: Farblose Flüssigkeit; fruchtiger Geruch. Technisches Produkt: Farblose bis bräunliche Flüssigkeit; fruchtiger, bei Erhitzen bittermandelartiger Geruch.

Verhalten bei Freiwerden und Vermischen mit Luft: Sehr giftige, stark nervenschädigende, umweltgefährliche und brennbare Flüssigkeit mit relativ hohem Flammpunkt von 78 °C. Bei starker Erhitzung bilden sich sehr giftige, stark Nervenschädigende , umweltgefährliche und explosionsfähige Gemische mit Luft. Sie sind schwerer als Luft und kriechen am Boden entlang. Entzündung durch heiße Oberflächen, Funken oder offene Flammen. Bei Erhitzung bis zur Zersetzung (z. B. durch Umgebungsbrände oder heiße Oberflächen) und bei Brand bilden sich giftige und ätzende Gase bzw. Dämpfe, die im Wesentlichen aus nitrosen Gasen, Stickstoff, Phosphorpentoxid, Phosphorsäure sowie Cyanwasserstoff(gas = Blausäure) bestehen und auch Kohlenmonoxid(gas) sowie Kohlendioxid(gas) enthalten.

Verhalten bei Freiwerden und Vermischen mit Wasser: Der Stoff ist geringfügig schwerer als Wasser und sinkt langsam unter. Es bilden sich giftige, nervenschädigende und umweltgefährliche Gemische mit Wasser, die auch bei starker Verdünnung noch wirksam sind. Mit Wasser erfolgt langsame Hydrolyse unter Bildung von Cyanwasserstoff, Dimethylamidophosphorsäureethylester, Dimethylamin, Cyanphosphorsäureethylester und Phosphorsäuremonoethylester.

Gesundheitsgefährdung: Die Substanz wirkt ähnlich aber schwächer als Sarin (s. auch Merkblatt 2282) oder Soman (s. auch Merkblatt 2283). Sie ist nach Einatmen der Dämpfe/Aerosole, nach Hautaufnahme und nach Verschlucken extrem giftig durch Hemmung der körpereigenen Cholinesterase mit einem typischen Symptomkomplex mit Wirkungen auf das periphere und zentrale Nervensystem. Tod durch Atemlähmung oder Herz-Kreislaufversagen. Reizschwelle: 32 mg/m^3. LCt_{50} (Mensch, inhalativ): 100–200 mg x min/m^3; LCt_{50} (Mensch, dermal) 40.000 mg x min/m^3; LD_{50} (Mensch, dermal) 3000–4000 mg/Mensch (70 kg); LD_{50} (Mensch, oral): 0,6 mg/kg; Minimale letale Dosis (LD, Mensch dermal): 23 mg/kg KM. Heißes Tabun und seine Pyrolysegase sind entzündbar (Zündtemperatur: 78 °C). Als Verbrennungsprodukte entstehen: CO_2/H_2O, Stickstoff, nitrose Gase (s. auch Merkblatt 150), Phosphorpentoxid (s. auch Merkblatt 673), Phosphorsäure (s. auch Merkblatt 160), Cyanwasserstoff (s. auch Merkblatt 42). Tabun ist bis 200 °C beständig, darüber hinaus setzt Pyrolyse mit Bildung von Cyanwasserstoff ein.
Symptome: Pupillenverengung, Beklemmung, Kopfschmerzen, Unruhe, Angst, Schwindel, Blässe, Schwäche, Schwitzen, extremer Speichel- und Nasenfluß, Sprach- und Gleichgewichtsstörungen, Krämpfe, Atemnot, Bewußtlosigkeit, Koma, Tod. Im Überlebensfall psycho-neurologische Spätschäden, Depressionen, Neurosen, Psychosen, Halluzinationen, Nervenentzündungen.
Nach Einatmen oder Hautkontakt in jedem Fall – auch bei Ausbleiben der Symptome – den Arzt aufsuchen.
Nach Kontakt der Substanz mit den Augen ist in jedem Fall ein Augenarzt aufzusuchen.

Geruchsschwelle = Luftgrenzwert =

Bemerkungen: Der Stoff ist löslich in halogenisierten Alkanen, Benzolhomologen, Ethylalkohol, Aceton und Benzol.

In der Chemikalienliste des Chemiewaffenübereinkommens (CWÜ) von 1993 über das Verbot der Entwicklung, Herstellung, Lagerung und des Einsatzes chemischer Waffen sowie über die Vernichtung solcher Waffen ist der Stoff bzw. die Stoffgruppe enthalten.

Sicherheitsmaßnahmen für Fahrzeugbesatzung, Polizei, Feuerwehr und Rettungskräfte:
Polizei und Feuerwehr alarmieren.
Im Gefahrenbereich Maschine stoppen. Sofort volle Schutzkleidung und umluftunabhängiges (schweres) Atemschutzgerät tragen. Bei starker Erhitzung oder Brand nicht rauchen, offenes Feuer löschen, kein elektrisches Gerät und keinen Schalter mit Funkenbildung betätigen.
Wasserschutzpolizei und Feuerwehr: Beim Retten nicht ins Wasser springen. Bei starker Erhitzung kein Boot mit Ottomotor einsetzen. Bei Dieselantrieb Sicherheitsschaltung veranlassen. Nach dem Einsatz Kühlwasserkreislauf überprüfen.

Schutz- und Einsatzmaßnahmen: Alle unbeteiligten Personen nach Luv (gegen den Wind) entfernen. Achtung, falls freiwerdendes Gut in die Kanalisation oder in Abwasserleitungen von Schiffen gerät, bilden sich sehr giftige, extrem wasserschädigende und umweltgefährliche Gemische mit Abwasser und kann über der Oberfläche Vergiftungsgefahr entstehen. Experten hinzuziehen. Auf Wasserstraßen Schiffahrtssperre. An Land gefährdetes Gebiet absperren. Große Sicherheitszone bilden. In Wohn- und Industriegebieten Anwohner warnen. Gefährdetes Gebiet ggf. evakuieren.

Konzentrationsmessung explosionsfähiger bzw. giftiger Dämpfe siehe Tabelle (Anhang 6 der Erläuterungen).

Zuständige Behörden unterrichten.

Bekämpfung der Unfallfolgen:
Feuer: Bei kleinem Brandherd Löschpulver, Wassersprühstrahl, Kohlensäure oder Schaum. Bei großem Brandherd Schaum oder Wassersprühstrahl. Behälter mit Wassersprühstrahl kühlen und nach Möglichkeit aus der Gefahrenzone ziehen. Achtung, das Löschwasser ist giftig und umweltgefährlich. Es muß aufgefangen werden und darf nicht unbehandelt in die Kanalisation, in Gewässer oder in das Grundwasser gelangen.
Leckage: Leck schließen, wenn ohne Risiko möglich.
Fließendes Gewässer: Trink-, Brauch- und Kühlwasserentnehmer verständigen.
Stehendes Gewässer: Absperren. Fahrzeugbesatzungen im gefährdeten Gebiet warnen.
An Land: Kanalisation abdichten. Auffangen, eindeichen und abpumpen. In Wohn- und Industriegebieten alle tiefliegenden Räume abdichten. Alle Zündquellen beseitigen. Restmengen mit nicht brennbarem, saugfähigem Material wie z. B. trockener Erde, Sand, Kieselgur, Universalbinder oder Vermiculit abdecken und an sichere Deponie zur Vernichtung transportieren.

Gewässerverunreinigung:
GefStoffV/EG:
Gesamtbewertung nach Unfall: Gruppe IV, hohe bis sehr hohe, (extrem hohe) toxische Wirkung unabhängig von der Turbulenz des Gewässers (siehe auch Erläuterungen Abschnitt 16.4/5).
Einzelwerte siehe Anhang 9 der Erläuterungen.
Wassergefährdungsklasse: 3 – stark wassergefährdender Stoff.

Erste Hilfe:
Selbstschutz beachten. Verletzte an die frische Luft bringen. Bei Atemstörung Sauerstoffzufuhr, ggf. Beatmung. Benetzte Kleidungsstücke, Schuhe und Strümpfe sofort ausziehen, in einen dichtschließenden Behälter (Sack) versorgen. Betroffene Körperstellen anhaltend mit Wasser und Seife spülen. Bei Augenkontakt die Augen 15 Minuten mit Wasser spülen. Augenlider dazu mit Daumen und Zeigefinger aufspreizen und gleichzeitig das Auge nach allen Seiten bewegen lassen. Für die Retter: Schutzkleidung und Gasmaske empfohlen. Verletzte nicht auskühlen lassen. Bei Erbrechen zumindest Kopf in Seitenlage bringen. Verletzte nur liegend transportieren. Bei Gefahr der Bewußtlosigkeit Lagerung und Transport in stabiler Seitenlage (siehe auch Merkblatt 2284a).

Hinweise für den Arzt:
Erforderlichenfalls endotracheale Intubation. Atropingabe 2 mg i. v. oder, wenn nicht anders möglich i. m. Aufgrund der Erfahrung (Tokyo) höhere Dosen oftmals nicht notwendig, wenn doch, nicht mehr als 15 bis 20 mg. Lokal Augentropfen (0,25% bis 1%). Pralidoxim, Obidoxim (Toxogonin®) oder HI 6 (bisher nur in einigen Ländern zugelassen). Die Gabe von Pralidoxim und Obidoxim ist nicht unumstritten, HI 6 ist besser wirksam. Benzodiazepine bei Konvulsionen.

Tarn- und Decknamen

D: Tabun, T83, T-Stoff Tabun, GA, Gelan, Trilon 83, Grün Ring Tabun, Stoff 100, G, Produkt G

GB: GA, Tabun A, Tabun B, Gelan I, MCE, T2104, TL 1578, Taboon A

USA: GA, Tabun, EA 1205, TL 1578, Trilon 83, Gelan I, LE 100, T 2104, Taloon A, GA (chemical warfare agent), Nerve Agent Tabun

F: Tabun

ESP: Tabun

Allgemeines

Im Rahmen der Pflanzenschutzmittelforschung wurde bei der Untersuchung von Phosphorsäureestern 1936 durch den deutschen Chemiker Schrader das Nervengift 2-Dimethylaminocyanophosphorsäureethylester entdeckt. Es wurde zum Nervenkampfstoff Tabun entwickelt. Tabun gehört zu den G-Kampfstoffen. G leitet sich ab von Germany. Unter diesen Kampfstoffen versteht man die Nervenkampfstoffe Sarin, Soman und Tabun. Nervenkampfstoffe lassen sich in Produktionsanlagen für Pflanzenschutzmittel durch kleine Änderungen leicht herstellen. 1942 hatte Deutschland einen Vorrat von 12000 Tonnen hergestellt. Ein Einsatz im Weltkrieg II erfolgte nicht. In den USA und Großbritannien wurden nach Weltkrieg II große Mengen hergestellt und in Munition verpackt. Soweit bekannt, hat die Sowjetunion diesen Stoff nicht besonders gepflegt. Angeblich soll diese Substanz im 1. Irakkrieg eingesetzt worden sein. Die weltweit vorhandenen Vorräte sollen beträchtlich sein.

Einsatz

Flüssigkeiten, Dämpfe, Aerosole

Einsatzmittel

Artilleriegranaten, Mörsergeschosse, Raketenwerfer, Landminen, Bomben und Sprühtanks.

Personenentgiftung

Die Bergung aus dem Gefahrenherd hat sehr schnell zu erfolgen, da höchste Eile geboten ist. Sanitäter und Helfer tragen Schutzbekleidung.
Für den Geschädigten stehen folgende Maßnahmen im Vordergrund:

- Entfernen der gesamten Kleidung und Ausrüstung des Geschädigten. Danach können Sanitäter und Helfer die Schutzbekleidung ablegen.
- Beim Auftreten einer Vergiftungssymptomatik ist sofort eine Atropininjektion mit dem Autoinjektor (2 mg) i. m. zu applizieren.
- Spülung der Augen mit einer 3–4%igen Natriumhydrogencarbonatlösung.
- Reinigung der Wunden mit einer 3–4%igen Natriumhydrogencarbonatlösung.
- steht eine Dusche zur Verfügung, ist der gesamte Körper gründlich mit Wasser und Seife bzw. einem Waschmittel zu reinigen.

Für den Transport muß der Geschädigte in Wärmedecken eingehüllt werden.

Vor dem weiteren Abtransport mit einem Krankenwagen oder einem Hubschrauber in ein Krankenhaus hat unbedingt eine vollständige Entgiftung des gesamten Körpers zu erfolgen. Bei Unterlassung der Dekontamination würden die Kampfstoffausdunstungen der kontaminierten Haare und der kontaminierten Kleidung das Personal des Transportfahrzeuges gefährden. Außerdem hat vor dem Abtransport ein Arzt die erste ärztliche Hilfe zu erweisen. Durch diese Hilfemaßnahmen wird die Schädigung der Haut wesentlich verringert, und durch die frühzeitige Gabe von Antidoten werden die systemischen Schädigungen der inneren Organe verhindert.

Entgiftung/Dekontamination von Sachen und Geräten

Selbstschutz beachten, Schutzkleidung und Schutzmaske tragen, bzw. Schutzmaske griffbereit halten. Nach dem Arbeiten Schutzkleiung dekontaminieren, ebenso Geräte und Materialien, die für die Entgiftung/Dekontamination

verwendet wurden (mindestens 24 Stunden in Entgiftungslösung belassen, nachfolgend gründlich abspülen, Verbrennung zuführen; unter „Feldbedingungen" mit Wasser und Seifenlösung reinigen).
Entgiftungslösungen erst unmittelbar vor der Aufnahme der Arbeiten herstellen.

Geeignet sind Lösungen von:
10% Natriumhydroxid in 30%igem Methanol oder Spiritus
oder 20% Natriumhydroxid in Wasser
oder 5% Ammoniak in Wasser
oder gesättigte Natriumhypochloritlösung durch Einleiten von Chlor in Natronlauge unter Kühlung
oder 3%ige alkalische Wasserstoffperoxidlösung
oder 10% Natriumcresolat oder -phenolat in 50%igem Methanol oder Spiritus
oder katalytische Zersetzung durch Aquahydrokomplexe der seltenen Erden oder Cu(II)-chelatkomplexe.

Dekontamination von Gebäuden

Gebäude und Bauten aus Holz, Ziegelsteinen, Beton, Mörtel, Zement können infolge ihrer hohen Porösität sowohl Gase/Dämpfe als auch Flüssigkeiten aufnehmen und in tiefere Schichten verteilen, so dass i.a. nur Abriss und nachfolgende Verbrennung möglich sind.
Als erste Maßnahme können evtl. Waschverfahren mit alkalischer Seifenlösung (Zusatz von Schmierseife) angewandt werden.
Leichte oberflächliche Behaftungen können mit Chlorkalk, der alle 24 Stunden erneuert wird, abgedeckt werden. Austretende Gase und Dämpfe werden so teilweise entgiftet.

Entgiftung/Dekontamination im Gelände

Betroffene Geländeabschnitte, Straßen, Plätze u.ä. absperren, Menschen und Nutztiere evakuieren.
Bei oberflächlichen Kontaminationen reicht es meist aus, 10–20 cm Boden abzutragen, mit Brennstoff zu übergießen und abzubrennen.
Bei extremen Kontaminationen muß bis zu 1 m Boden ausgehoben und einer geordneten Verbrennung mit Nachverbrennung zugeführt werden.
Das Abbrennen von Grasflächen ist eine erste Maßnahme, führt aber meist nicht zur vollständigen Entgiftung.
Abdecken des Geländes mit alkalischen Schlacken oder mit Chlorkalk/Sand ist als Sofortmaßnahme geeignet, bietet jedoch keinen ausreichenden Schutz gegen austretende Gase und Dämpfe.
Mehrmaliges Abschwemmen mit viel Wasser und Abdecken mit einer Sperrschicht ist eine erste Maßnahme, die sich vor allem für weniger toxische Stoffe eignet.
(Auch nach Jahrzehnten können Kampfstoffe im Boden konserviert werden, selbst unter Wasserlachen [Loste] und ihre vollständige Aktivität behalten!)

Dekontamination von Leder und Textilien

Kontaminierte Kleidungsstücke, Textilien und Lederwaren mit Entgiftungspuder oder Entgiftungslösung besprühen, ggf. in Seifenlauge (unter Zusatz von Schmierseife) kochen, anschließend einer geordneten Verbrennung zuführen.

Formel: $(CLCHCH)AsCl_2$ **Summen-Formel:** C2–H2–As–Cl3 **UN-Nr.**

Merkblatt 2285

Stoffname

Deutsch	*Englisch*	*Französisch*
cis-Lewisit	**cis-Lewisite**	**cis-Lewisite**
Lewisite I	Lewisite I	Lewisite I
Dichlor(2-chlorvinyl) arsin	Dichloro(2-chlorovinyl) arsine	Dichloro-2-chlorovinyl arsine
2-Chlorvinyldichlorarsin	2-Chlorovinyldichloroarsine	Monochlorvinylarsine
beta-Chlorvinylbichlorarsin	beta-Chlorovinylbichloroarsine	
Chlorvinylarsin dichlorid	Chlorovinylarsine dichloride	
(2-Chlorethenyl) arsonig dichlorid	(2-Chloroethenyl) arsonous dichloride	*Spanisch*
alpha-Lewisit, cis	alpha Lewisite, cis	**cis-lewisita**
iso-Lewisit	iso-Lewisite	Lewisita I

Tarn- und Decknamen siehe Merkblatt 2285a

Gefahren-Diamant

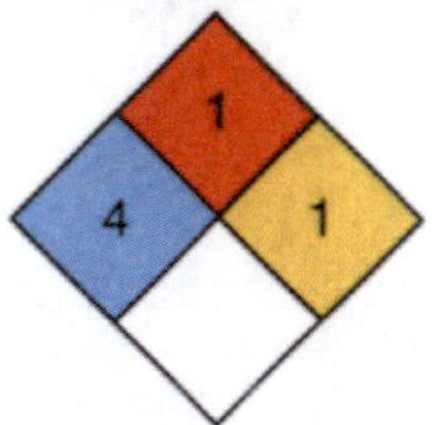

Hazchem-Code: 2XE

Technische Daten

Siedepunkt	190 °C
Dampfdruck in mbar bei 20 °C	0,35
Dampfdichteverhältnis, Luft = 1	
Schmelzpunkt	–18 °C
Mischbarkeit mit Wasser	sehr geringfügig*
Spez. Gewicht, Wasser = 1	1,888
Molare Masse	207,31

* 0,5 g/l

Feuerbekämpfungsdaten

Flammpunkt
Zündfähiges Gemisch, Vol.-%
Zündtemperatur
} Brennbare Flüssigkeit

Gefahrgut:*

IMDG-Code: UN-Nr.
ICAO/IATA DGR: UN-Nr.
ADR/RID/ADNR: UN-Nr.
Gefahrzettel (Label) Nr.
Richtige Versandbezeichnung (PSN):
Land/BinSch:
See/Luft:

* Transport erfolgt nach Sondervorschriften

Klassifizierung:

Kl. Verp. Gr. EMS: **F-** ; **S-**
Kl. Verp. Gr.
Kl. Klassifiz. Code Verp. Gr.

Gefahrstoff:

CAS Nr.: 541-25-3 RTECS-Nr.:CH2975000
EG-Nr.: INDEX-Nr.:
EG-Einstufung: nein
Symbol: T+
R-Sätze: 26/27/28-39
S-Sätze: 1/2-20/21-28-44

* Expertenvorschlag

Erscheinungsbild: Chem. reines Produkt: Farblose ölige Flüssigkeit, die sich an der Luft schnell grünlich verfärbt. Geruchslos. Handelsprodukt: Amberfarbene bis dunkelbraune Flüssigkeit, penetranter geranienartiger Geruch. Bereits unterhalb 10 °C wird das techn. Produkt merklich zähflüssiger.

Verhalten bei Freiwerden und Vermischen mit Luft: Sehr giftige, stark reizende, umweltgefährliche und brennbare Flüssikeit mit relativ hohem Flammpunkt. Bei starker Erhitzung bilden sich sehr giftige, stark reizende, umweltgefährliche und explosionsfähige Gemische mit Luft. Sie sind schwerer als Luft und kriechen am Boden entlang. Entzündung durch heiße Oberflächen, Funken oder offene Flammen. Bei Erhitzung bis zur Zersetzung (z. B. durch Umgebungsbrände oder heiße Oberflächen) und bei Brand bilden sich giftige und ätzende Gase bzw. Dämpfe, die im Wesentlichen aus Arsentrioxid und Chlorwasserstoff(gas) bzw. Salzsäuredämpfen bestehen und auch Kohlenmonoxid(gas) sowie Kohlendioxid(gas) enthalten.

Verhalten bei Freiwerden und Vermischen mit Wasser: Der Stoff ist schwerer als Wasser und sinkt unter. Er löst sich nur sehr geringfügig in Wasser. Es bilden sich sehr giftige, umweltgefährliche Gemische mit Wasser, die auch bei starker Verdünnung noch wirksam sind. Mit Wasser erfolgt eine schnelle Hydrolyse zu Chlorethylenoxid und Chlorwasserstoff(gas) bzw. Salzsäure.

Gesundheitsgefährdung: alpha (cis)-Lewisit ist ein arsenorganisches Hautgift, es schädigt die Augen und hat eine starke nasen- und rachenreizende Wirkung. Die Hautschäden treten nach direktem Kontakt der Haut mit der Flüssigkeit, ihren Dämpfen oder Aerosolen auf. Hautrötungen ab 0,05–0,1 mg/cm^2 Hautoberfläche, schmerzhafte Blasenbildung ab 0,2 mg/cm^2 Hautoberfläche, ca. 150 $mg \times min/m^3$ führen zur Rötung der Augen und Schwellung der Augenlider. Haut- und Augenschäden haben eine günstigere Heilungstendenz als die durch Schwefel- oder Stickstofflost (Merklätter 2295, 2298, 2299, 2300) verursachten Schäden. Nach Aufnahme in den Körper kommt es zu Schäden der Leber, Milz, Niere und des Nervensystems. Tödliche Dosis für den Menschen s. trans-Lewisit (Merkblatt 2316). Dringen allerdings Lewisit-Tropfen in das Auge ein, so kommt es nach 7–10 Tagen zum Verlust des Glaskörpers! Bei Brand oder Erhitzen bis zur Zersetzung Bildung von Arsentrioxid (Merkblatt 812) und Chlorwasserstoff (Merkblatt 63).
Symptome: Extremer Husten-, Nies- und Tränenreiz, Übelkeit, Erbrechen, Brustbeklemmungen, Ohnmacht, lange andauernde Lähmungen und Gefühlslosigkeit der Extremitäten, schwere Entzündungen und Nekrosen, Bildung von Pseudomembranen und Kapillarschädigung, Schmerzen von Augen und Ohren sowie der Haut, evtl. äußerst schmerzhafte neuritische Entzündung der Fingernägel.
Nach Einatmen oder Hautkontakt in jedem Fall – auch bei Ausbleiben der Symptome – den Arzt aufsuchen.
Nach Kontakt der Substanz mit den Augen ist in jedem Fall ein Augenarzt aufzusuchen.

Geruchsschwelle = Luftgrenzwert =

Bemerkungen: Der Stoff ist löslich in tierischen Fetten, Ölen, Ethylalkohol, Benzol, Benzin, Olivenöl, Chloroform sowie Tetrachlormethan. Die Substanz dringt schnell in Leder, Gummi, Textilien usw. ein. Kleidung wird schnell durchdrungen. Aluminium und seine Legierungen werden angegriffen. Bei Kontakt mit Eisen erfolgt langsame Zersetzung. Hochwertiger Stahl ist beständig. In der Chemikalienliste des Chemiewaffenübereinkommens (CWÜ) von 1993 über das Verbot der Entwicklung, Herstellung, Lagerung und des Einsatzes chemischer Waffen sowie über die Vernichtung solcher Waffen ist die Stoffgruppe enthalten.

Sicherheitsmaßnahmen für Fahrzeugbesatzung, Polizei, Feuerwehr und Rettungskräfte:
Polizei und Feuerwehr alarmieren.
Im Gefahrenbereich Maschine stoppen. Sofort volle Schutzkleidung und umluftunabhängiges (schweres) Atemschutzgerät tragen. Bei starker Erhitzung oder Brand, nicht rauchen, offenes Feuer löschen, kein elektrisches Gerät und keinen Schalter mit Funkenbildung betätigen.
Wasserschutzpolizei und Feuerwehr: Beim Retten nicht ins Wasser springen. Bei starker Erhitzung des Stoffes kein Boot mit Ottomotor einsetzen. Bei Dieselantrieb Sicherheitsschaltung veranlassen. Nach dem Einsatz Kühlwasserkreislauf überprüfen.

Schutz- und Einsatzmaßnahmen: Alle unbeteiligten Personen nach Luv (gegen den Wind) entfernen. Achtung, falls freiwerdendes Gut in die Kanalisation oder in Abwasserleitungen von Schiffen gerät, entstehen sehr giftige, stark reizende und umweltgefährliche Gemische mit Abwasser und können sich über der Oberfläche giftige Gemische mit Luft bilden. In Wohn- und Industriegebieten Anwohner warnen. Große Sicherheitszone bilden. Bei größeren Mengen ausgelaufenen Gutes Katastrophenalarm prüfen.

Konzentrationsmessung explosionsfähiger bzw. giftiger Dämpfe siehe Tabelle (Anhang 6 der Erläuterungen).

Zuständige Behörden unterrichten.

Bekämpfung der Unfallfolgen:
Feuer: Bei kleinem Brandherd Löschpulver, Wassersprühstrahl, Kohlensäure oder Schaum. Bei großem Brandherd Schaum oder Wassersprühstrahl. Behälter mit Wassersprühstrahl kühlen und nach Möglichkeit aus der Gefahrenzone ziehen. Achtung, das Löschwasser ist giftig und umweltgefährlich. Es muß aufgefangen werden und darf nicht unbehandelt in die Kanalisation, in Gewässer oder in das Grundwasser gelangen.
Leckage: Leck schließen, wenn ohne Risiko möglich.
Fließendes Gewässer: Trink-, Brauch- und Kühlwasserentnehmer verständigen.
Stehendes Gewässer: Absperren. Fahrzeugbesatzungen im gefährdeten Gebiet warnen.
An Land: Kanalisation abdichten. Auffangen, eindeichen und abpumpen. In Wohn- und Industriegebieten alle tiefliegenden Räume abdichten. Alle Zündquellen beseitigen. Restmengen mit nicht brennbarem, saugfähigem Material wie z. B. trockener Erde, Sand, Kieselgur, Universalbinder oder Vermiculit abdecken und an sichere Deponie zur Vernichtung transportieren.

Gewässerverunreinigung:
GefStoffV/EG:
Gesamtbewertung nach Unfall: Gruppe IV, hohe bis sehr hohe (extrem hohe) toxische Wirkung unabhängig von der Turbulenz des Gewässers (siehe auch Erläuterungen Abschnitt 16.4/5).
Einzelwerte siehe Anhang 9 der Erläuterungen.
Wassergefährdungsklasse: 3 – stark wassergefährdender Stoff.

Erste Hilfe:
Selbstschutz beachten. Verletzte an die frische Luft bringen. Bei Atemstörung Sauerstoffzufuhr, ggf. Beatmung. Benetzte Kleidungsstücke, Schuhe und Strümpfe sofort ausziehen, in einen dichtschließenden Behälter (Sack) versorgen. Betroffene Körperstellen anhaltend mit Wasser und Seife spülen. Bei Augenkontakt die Augen 15 Minuten mit Wasser spülen. Augenlider dazu mit Daumen und Zeigefinger aufspreizen und gleichzeitig das Auge nach allen Seiten bewegen lassen. Für die Retter: Schutzkleidung und Gasmaske empfohlen. Verletzte nicht auskühlen lassen. Bei Erbrechen zumindest Kopf in Seitenlage bringen. Verletzte nur liegend transportieren. Bei Gefahr der Bewußtlosigkeit Lagerung und Transport in stabiler Seitenlage (siehe auch Merkblatt 2285a).

Hinweise für den Arzt:
Topische Behandlung: Haut und Auge: Dimercaprol (5%) als Augentropfen bzw. Salbe. Systemische Behandlung: Ausschwemmung des Arsens durch Chelatbildung. DMSA (2,3-dimercaptosuccinat) 3 x 10–30 mg/kg/24 Std.; DMPS (2,3-dimercapto-1-propan-sulfonat) initial 6–8 x 250 mg/24 Std.

Merkblatt

2285a

Tarn- und Decknamen

D: Lewisit 1, cis-Lewisit, Gelbkreuz, Todestau, Grünkreuz III, iso-Lewisit

GB: dew of the death, L, alpha-Lewisit, Y7, Y6, Lewisite 1

USA: Lewisite, Lewisite (arsenic compound), Lewisite I, dew of the death (Tau des Todes), Lewisit A, HL, M-1, iso-Lewisite

F: Lewisite, Dichloro-2-chlorovinylarsine

ESP: Lewisita, 1

UdSSR: Ljuizit, R-5, P-5

Entwicklung

Im ersten Weltkrieg erfolgte etwa 1917 sowohl in Deutschland, als auch in USA eine Forschung ob Chlorethenylarsine als Kampfstoffe geeignet seien. Nach dem amerikanischen Chemiker Lewis erhielten sie den Code-Namen Lewisite. Wegen des geringen Reinheitsgrades und der raschen Zersetzlichkeit erfolgt jedoch kein Einsatz mehr. Nach Weltkrieg I wurden in USA Verfahren erarbeitet die einen größeren Reinheitsgrad und eine höhere Stabilität gewährleisteten. Die US-Army verfügte während des Weltkrieges II über beträchtliche Vorräte. Das technische Produkt von Lewisit 1 enthält als Nebenkomponente immer Lewisit 2 und Lewisit 3.

Einsatz

In taktischen Gemischen mit Lost und anderen Kampfstoffen

Einsatzmittel

Landminen, Sprühtank, Bomben, Mörser- und Artilleriegeschossen, Raketen und Merhfachaketenwerfer.

Personenentgiftung

Im Vordergrund steht die schnelle Bergung aus dem Wirkungsherd und die Verhinderung einer weiteren Kontamination. Sanitäter und Helfer arbeiten unter Schutzkleidung.
Für den Geschädigten sind folgende Maßnahmen erforderlich:

- ❍ Entfernen der kontaminierten Kleidung.
- ❍ Entfernung des Kampfstoffes mit Tupfern von der Haut.
- ❍ Entgiftung der kontaminierten Haut mit 10%iger Chloramin-Lösung oder 10%igem Wasserstoffperoxid.
- ❍ Reinigung der kontaminierten Haut mit Seife (Duschen!).
- ❍ Waschen der Haare mit Wasser und Seife, einem Waschmittel bzw. 3-4%iger Natriumhydrogencarbonatlösung.
- ❍ Augenspülung mit einer 3-4%igen Natriumhydrogencarbonatlösung.
- ❍ Atemwegsprophylaxe mit dem Auxiloson-Dosier-Aerosol (Arzt, Sanitäter).

Für den weiteren Transport muß der Geschädigte in Wärmedecken eingehüllt werden.

Entgiftung/Dekontamination von Sachen und Geräten

Selbstschutz beachten, Schutzkleidung und Schutzmaske tragen, bzw. Schutzmaske griffbereit halten. Nach dem Arbeiten Schutzkleiung dekontaminieren, ebenso Geräte und Materialien, die für die Entgiftung/Dekontamination verwendet wurden (mindestens 24 Stunden in Entgiftungslösung belassen, nachfolgend gründlich abspülen, Verbrennung zuführen; unter „Feldbedingungen" mit Wasser und Seifenlösung reinigen).
Entgiftungslösungen erst unmittelbar vor der Aufnahme der Arbeiten herstellen.

Geeignet sind:
10% Dichloramin in Dichlorethan
oder 30% Natriumhydroxid in Wasser ggf. unter Zusatz von 10% Alkohol
oder 5%ige alkalische Wasserstoffperoxidlösung
oder gesättigte Hypochloritlösung

Hypochlorierte, Salpetersäure (HNO_2) oder H_2O_2 (Wasserstoffsuperoxid) führen zur physiologisch unwirksamen 2-Chlor vinylarsonsäure und sind daher als Entgiftungsmittel geeignet.

Dekontamination von Gebäuden

Gebäude und Bauten aus Holz, Ziegelsteinen, Beton, Mörtel, Zement können infolge ihrer hohen Porösität sowohl Gase/Dämpfe als auch Flüssigkeiten aufnehmen und in tiefere Schichten verteilen, so dass i.a. nur Abriss und nachfolgende Verbrennung möglich sind.
Als erste Maßnahme können evtl. Waschverfahren mit alkalischer Seifenlösung (Zusatz von Schmierseife) angewandt werden.
Leichte oberflächliche Behaftungen können mit Chlorkalk, der alle 24 Stunden erneuert wird, abgedeckt werden. Austretende Gase und Dämpfe werden so teilweise entgiftet.

Entgiftung/Dekontamination im Gelände

Betroffene Geländeabschnitte, Straßen, Plätze u.ä. absperren, Menschen und Nutztiere evakuieren.
Bei oberflächlichen Kontaminationen reicht es meist aus, 10–20 cm Boden abzutragen, mit Brennstoff zu übergießen und abzubrennen.
Bei extremen Kontaminationen muß bis zu 1 m Boden ausgehoben und einer geordneten Verbrennung mit Nachverbrennung zugeführt werden.
Das Abbrennen von Grasflächen ist eine erste Maßnahme, führt aber meist nicht zur vollständigen Entgiftung.
Abdecken des Geländes mit alkalischen Schlacken oder mit Chlorkalk/Sand ist als Sofortmaßnahme geeignet, bietet jedoch keinen ausreichenden Schutz gegen austretende Gase und Dämpfe.
Mehrmaliges Abschwemmen mit viel Wasser und Abdecken mit einer Sperrschicht ist eine erste Maßnahme, die sich vor allem für weniger toxische Stoffe eignet.
(Auch nach Jahrzehnten können Kampfstoffe im Boden konserviert werden, selbst unter Wasserlachen [Loste] und ihre vollständige Aktivität behalten!)

Dekontamination von Leder und Textilien

Kontaminierte Kleidungsstücke, Textilien und Lederwaren mit Entgiftungspuder oder Entgiftungslösung besprühen, ggf. in Seifenlauge (unter Zusatz von Schmierseife) kochen, anschließend einer geordneten Verbrennung zuführen.

Formel: | **Summen-Formel:** C11–H26–N–O2–P–S | **UN-Nr.**

Merkblatt

2286

Gefahren-Diamant

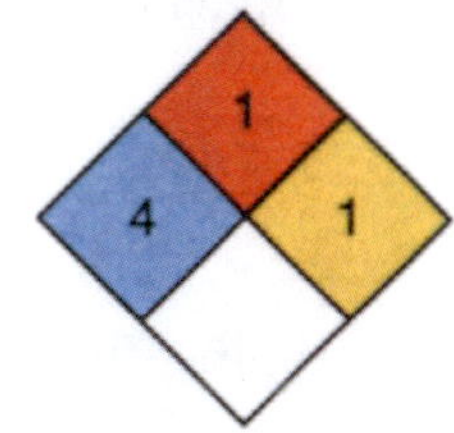

Hazchem-Code: 2XE

Stoffname

Deutsch	*Englisch*	*Französisch*
VX	**VX**	**VX**
Etyhl-S-diisopropylaminoethyl-methylthiophosphonat	O-Ethyl-S-[2-(diisopropylamino)-ethyl]methylphosphonothioate	
O-Ethyl-S-[2-(N,N-diisopropyl-amino)-ethyl]-methylthio-phosphonat	Ethyl S-dimethylaminoethyl methyl phosphonothiolate	*Spanisch*
Methylthiophosphonsäure-5-(2-[bis(1-methylethyl)-amino]-ethyl)-O-ethylester	Ethyl-S-diisopropylaminoethyl methylthiophosphonate	**VX**
	Methylphosphonothioic acid S-(2-(bis(methylethyl)amino)ethyl) O-ethyl ester	

Tarn- und Decknamen siehe Merkblatt 2286a

Technische Daten		**Feuerbekämpfungsdaten**	
Siedepunkt	298 °C*	Flammpunkt	159 °c
Dampfdruck in mbar	0,0007 bei 25 °C	Zündfähiges Gemisch, Vol.-%	
Dampfdichteverhältnis, Luft = 1	9,24	Zündtemperatur	
Schmelzpunkt	ca. –51 °C		
Mischbarkeit mit Wasser	geringfügig**		
Spez. Gewicht, Wasser = 1	1,0083 bei 25 °C	* Zersetzung	
Molare Masse	267,37	** 30 g/l	

Gefahrgut:*
IMDG-Code: UN-Nr.
ICAO/IATA DGR: UN-Nr.
ADR/RID/ADNR: UN-Nr.
Gefahrzettel (Label) Nr.
Richtige Versandbezeichnung (PSN):
Land/BinSch:
See/Luft:
* Transport erfolgt nach Sondervorschriften

Klassifizierung:
Kl. Verp. Gr. EMS: **F-** ; **S-**
Kl. Verp. Gr.
Kl. Klassifiz. Code Verp. Gr.

Gefahrstoff:
CAS Nr.: 50782-69-9 RTECS-Nr.: TB1090000
EG-Nr.: INDEX-Nr.:
EG-Einstufung: nein
Symbol: T+, N*
R-Sätze: 26/27/28*
S-Sätze: 13-45*
* Expertenvorschlag

Erscheinungsbild: Farblose bis amberfarbene Flüssigkeit, geruchslos.

Verhalten bei Freiwerden und Vermischen mit Luft: Extrem giftige, stark haut-, augen-, sowie nervenschädigende, umweltgefährliche und brennbare Flüssikeit mit relativ hohem Flammpunkt von 159°C. Bei starker Erhitzung bilden sich extrem giftige, stark haut-, augen- sowie nervenschädigende, umweltgefährliche und explosionsfähige Gemische mit Luft. Sie sind schwerer als Luft und kriechen am Boden entlang. Entzündung durch heiße Oberflächen, Funken oder offene Flammen. Bei Erhitzung bis zur Zersetzung (z. B. durch Umgebungsbrände oder heiße Oberflächen) und bei Brand bilden sich giftige und ätzende Gase bzw. Dämpfe, die im Wesentlichen aus nitrosen Gasen, Phosphorpentoxid und Schwefeloxiden (Schwefeldioxid, Schwefeltrioxid) bestehen und auch Kohlenmonoxid(gas) sowie Kohlendioxid(gas) enthalten.

Verhalten bei Freiwerden und Vermischen mit Wasser: Der Stoff ist geringfügig schwerer als Wasser und sinkt langsam unter. Er löst sich nur geringfügig in Wasser. Es bilden sich extrem giftige, stark augen-, haut- sowie lungenschädigende Gemische mit Wasser, die auch bei starker Verdünnung noch wirksam sind. VX hydrolysiert in Wasser langsam. Die Hydrolyseprodukte sind ebenfalls sehr giftig.

Gesundheitsgefährdung: VX gehört zu den schnellwirkenden Kampfstoffen, die Aufnahme in den Körper erfolgt durch Einatmen und durch die (intakte) Haut. Als Inhalationsgift ist VX etwa 100 x, als Hautgift etwa 10 x giftiger als Sarin (s. auch Merkblatt 2282). Die Wirkung beruht auf Störungen der Funktion des peripheren und des zentralen Nervensystems. Die ICt_{50} beträgt 5 mg x min/m³ (nach 4–10 min), bei einem Atemminutenvolumen von 15 l/min beträgt die LCt_{50} 45 mg x min/m³. Die Wirkung tritt nach ca. 10 min ein. Die LCt_{50} Mensch (perkutan, Dämpfe und Aerosole) beträgt 1000 mg x min/m³. Die LD_{50} (Mensch) soll 5 mg betragen. Tod durch Atemlähmung oder Herz-Kreislaufversagen. Bei Brand oder Erhitzen bis zur Zersetzung Bildung von nitrosen Gasen (s. auch Merkblatt 150) und Phosphorpentoxid (s. auch Merkblatt 673).
Symptome: Pupillenverengung, die mehrere Tage bis Wochen anhalten kann; starkes Schwitzen, starker Speichelfluß, Schwindelgefühl, Kopfschmerzen, Verlangsamung der Sprache, Muskelkrämpfe, Bewußtlosigkeit, Tod.
Nach Einatmen oder Hautkontakt in jedem Fall – auch bei Ausbleiben der Symptome – den Arzt aufsuchen.
Nach Kontakt der Substanz mit den Augen ist in jedem Fall ein Augenarzt aufzusuchen.

Geruchsschwelle = Luftgrenzwert =

Bemerkungen: Bronce, Stahl und Aluminium werden durch den Stoff schwach angegriffen.
In der Chemikalienliste des Chemiewaffenübereinkommens (CWÜ) von 1993 über das Verbot der Entwicklung, Herstellung, Lagerung und des Einsatzes chemischer Waffen sowie über die Vernichtung solcher Waffen ist die Stoffgruppe enthalten.

Sicherheitsmaßnahmen für Fahrzeugbesatzung, Polizei, Feuerwehr und Rettungskräfte:
Polizei und Feuerwehr alarmieren.
Im Gefahrenbereich Maschine stoppen. Sofort volle Schutzkleidung und umluftunabhängiges (schweres) Atemschutzgerät tragen. Bei starker Erhitzung oder Brand nicht rauchen, offenes Feuer löschen, kein elektrisches Gerät und keinen Schalter mit Funkenbildung betätigen.
Wasserschutzpolizei und Feuerwehr: Beim Retten nicht ins Wasser springen. Bei starker Erhitzung kein Boot mit Ottomotor einsetzen. Bei Dieselantrieb Sicherheitsschaltung veranlassen. Nach dem Einsatz Kühlwasserkreislauf überprüfen.

Schutz- und Einsatzmaßnahmen: Alle unbeteiligten Personen nach Luv (gegen den Wind) entfernen. Achtung, falls freiwerdendes Gut in die Kanalisation oder in Abwasserleitungen von Schiffen gerät, bilden sich extrem giftige, stark haut-, augen- und nervenschädigende Gemische mit Abwasser und kann über der Oberfläche Vergiftungsgefahr entstehen. Experten hinzuziehen. Auf Wasserstraßen Schiffahrtssperre. An Land gefährdetes Gebiet absperren. Große Sicherheitszone bilden. In Wohn- und Industriegebieten Anwohner warnen. Gefährdetes Gebiet ggf. evakuieren.

Konzentrationsmessung explosionsfähiger bzw. giftiger Dämpfe siehe Tabelle (Anhang 6 der Erläuterungen).

Zuständige Behörden unterrichten.

Bekämpfung der Unfallfolgen:
Feuer: Bei kleinem Brandherd Löschpulver, Wassersprühstrahl, Kohlensäure oder Schaum. Bei großem Brandherd Schaum oder Wassersprühstrahl. Behälter mit Wassersprühstrahl kühlen und nach Möglichkeit aus der Gefahrenzone ziehen. Achtung, das Löschwasser ist giftig und umweltgefährlich. Es muß aufgefangen werden und darf nicht unbehandelt in die Kanalisation, in Gewässer oder in das Grundwasser gelangen.
Leckage: Leck schließen, wenn ohne Risiko möglich.
Fließendes Gewässer: Trink-, Brauch- und Kühlwasserentnehmer verständigen.
Stehendes Gewässer: Absperren. Fahrzeugbesatzungen im gefährdeten Gebiet warnen.
An Land: Kanalisation abdichten. Auffangen, eindeichen und abpumpen. In Wohn- und Industriegebieten alle tiefliegenden Räume abdichten. Alle Zündquellen beseitigen. Restmengen mit nicht brennbarem, saugfähigem Material wie z. B. trockener Erde, Sand, Kieselgur, Universalbinder oder Vermiculit abdecken und an sichere Deponie zur Vernichtung transportieren.

Gewässerverunreinigung:
GefStoffV/EG:
Gesamtbewertung nach Unfall: Gruppe IV, hohe bis sehr hohe, (extrem hohe) toxische Wirkung unabhängig von der Turbulenz des Gewässers (siehe auch Erläuterungen Abschnitt 16.4/5).
Einzelwerte siehe Anhang 9 der Erläuterungen.
Wassergefährdungsklasse:

Erste Hilfe:
Selbstschutz beachten. Verletzte an die frische Luft bringen. Bei Atemstörung Sauerstoffzufuhr, ggf. Beatmung. Benetzte Kleidungsstücke, Schuhe und Strümpfe sofort ausziehen, in einen dichtschließenden Behälter (Sack) versorgen. Betroffene Körperstellen anhaltend mit Wasser und Seife spülen. Bei Augenkontakt die Augen 15 Minuten mit Wasser spülen. Augenlider dazu mit Daumen und Zeigefinger aufspreizen und gleichzeitig das Auge nach allen Seiten bewegen lassen. Für die Retter: Schutzkleidung und Gasmaske empfohlen. Verletzte nicht auskühlen lassen. Bei Erbrechen zumindest Kopf in Seitenlage bringen. Verletzte nur liegend transportieren. Bei Gefahr der Bewußtlosigkeit Lagerung und Transport in stabiler Seitenlage (siehe auch Merkblatt 2286a).

Hinweise für den Arzt:
Erforderlichenfalls endotracheale Intubation. Atropingabe 2 mg i. v. oder, wenn nicht anders möglich i. m. Aufgrund der Erfahrung (Tokyo) höhere Dosen oftmals nicht notwendig, wenn doch, nicht mehr als 15 bis 20 mg. Lokal Augentropfen (0,25% bis 1%). Pralidoxim, Obidoxim (Toxogonin®) oder HI 6 (bisher nur in einigen Ländern zugelassen). Die Gabe von Pralidoxim und Obidoxim ist nicht unumstritten, HI 6 ist besser wirksam. Benzodiazepine bei Konvulsionen.

Merkblatt

2286a

Tarn- und Decknamen

D: VX, Nervengas VX

GB: VX, TX60, Methylphosphonothioic acid

USA: VX, Nerve agent VX, TX60, Methylphosphonothioic acid, EA 1701

F: VX

ESP: VX

UdSSR: VX

Produktion und Einsatz

VX ist ein nach Weltkrieg II in den USA entwickelter Nervenkampfstoff aus der Gruppe der Phosphorsäureester. Die Wirkung ist jedoch 10 bis 100 Mal schneller und stärker als bei Sarin und Soman. Ein Einsatz ist bisher nicht bekannt geworden.

Einsatz

Flüssigkeiten, Dämpfe, Aerosole

Einsatzmittel

Artilleriegranaten, Mörsergeschosse, Raketenwerfer, Landminen, Bomben und Sprühtanks.

Personenentgiftung

Die Bergung aus dem Gefahrenherd hat sehr schnell zu erfolgen, da höchste Eile geboten ist. Sanitäter und Helfer tragen Schutzbekleidung.
Für den Geschädigten stehen folgende Maßnahmen im Vordergrund:

- ❍ Entfernen der gesamten Kleidung und Ausrüstung des Geschädigten. Danach können Sanitäter und Helfer die Schutzbekleidung ablegen.
- ❍ Beim Auftreten einer Vergiftungssymptomatik ist sofort eine Atropininjektion mit dem Autoinjektor (2 mg) i. m. zu applizieren.
- ❍ Spülung der Augen mit einer 3–4%igen Natriumhydrogencarbonatlösung.
- ❍ Reinigung der Wunden mit einer 3–4%igen Natriumhydrogencarbonatlösung.
- ❍ steht eine Dusche zur Verfügung, ist der gesamte Körper gründlich mit Wasser und Seife bzw. einem Waschmittel zu reinigen.

Für den Transport muß der Geschädigte in Wärmedecken eingehüllt werden.

Vor dem weiteren Abtransport mit einem Krankenwagen oder einem Hubschrauber in ein Krankenhaus hat unbedingt eine vollständige Entgiftung des gesamten Körpers zu erfolgen. Bei Unterlassung der Dekontamination würden die Kampfstoffausdunstungen der kontaminierten Haare und der kontaminierten Kleidung das Personal des Transportfahrzeuges gefährden. Außerdem hat vor dem Abtransport ein Arzt die erste ärztliche Hilfe zu erweisen. Durch diese Hilfemaßnahmen wird die Schädigung der Haut wesentlich verringert, und durch die frühzeitige Gabe von Antidoten werden die systemischen Schädigungen der inneren Organe verhindert.

Entgiftung/Dekontamination von Sachen und Geräten

Selbstschutz beachten, Schutzkleidung und Schutzmaske tragen, bzw. Schutzmaske griffbereit halten. Nach dem Arbeiten Schutzkleiung dekontaminieren, ebenso Geräte und Materialien, die für die Entgiftung/Dekontamination verwendet wurden (mindestens 24 Stunden in Entgiftungslösung belassen, nachfolgend gründlich abspülen, Verbrennung zuführen; unter „Feldbedingungen" mit Wasser und Seifenlösung reinigen).
Entgiftungslösungen erst unmittelbar vor der Aufnahme der Arbeiten herstellen.

Geeignet sind Lösungen von:
10% Natriumhydroxid in 30%igem Methanol oder Spiritus

oder 20% Natriumhydroxid in Wasser
oder 15% Ammoniak in Wasser
oder gesättigte Natriumhypochloritlösung durch Einleiten von Chlor in Natronlauge unter Kühlung
oder 3%ige alkalische Wasserstoffperoxidlösung
oder 10% Natriumcresolat oder -phenolat in 50%igem Methanol oder Spiritus
oder katalytische Zersetzung durch Aquohydrokomplexe der seltenen Erden oder Cu(II)-chelatkomplexe
Für praktische Zwecke sehr geeignet sind Hypochlorite und Chloramine. Die alleinige Hydrolyse in Wasser führt teilweise zu giftigen Umwandlungsprodukten, so dass sie keine befriedigende Lösung zur Entgiftung darstellt.

Dekontamination von Gebäuden

Gebäude und Bauten aus Holz, Ziegelsteinen, Beton, Mörtel, Zement können infolge ihrer hohen Porösität sowohl Gase/Dämpfe als auch Flüssigkeiten aufnehmen und in tiefere Schichten verteilen, so dass i. a. nur Abriss und nachfolgende Verbrennung möglich sind.
Als erste Maßnahme können evtl. Waschverfahren mit alkalischer Seifenlösung (Zusatz von Schmierseife) angewandt werden.
Leichte oberflächliche Behaftungen können mit Chlorkalk, der alle 24 Stunden erneuert wird, abgedeckt werden. Austretende Gase und Dämpfe werden so teilweise entgiftet.

Entgiftung/Dekontamination im Gelände

Betroffene Geländeabschnitte, Straßen, Plätze u. ä. absperren, Menschen und Nutztiere evakuieren.
Bei oberflächlichen Kontaminationen reicht es meist aus, 10–20 cm Boden abzutragen, mit Brennstoff zu übergießen und abzubrennen.
Bei extremen Kontaminationen muß bis zu 1 m Boden ausgehoben und einer geordneten Verbrennung mit Nachverbrennung zugeführt werden.
Das Abbrennen von Grasflächen ist eine erste Maßnahme, führt aber meist nicht zur vollständigen Entgiftung.
Abdecken des Geländes mit alkalischen Schlacken oder mit Chlorkalk/Sand ist als Sofortmaßnahme geeignet, bietet jedoch keinen ausreichenden Schutz gegen austretende Gase und Dämpfe.
Mehrmaliges Abschwemmen mit viel Wasser und Abdecken mit einer Sperrschicht ist eine erste Maßnahme, die sich vor allem für weniger toxische Stoffe eignet.
(Auch nach Jahrzehnten können Kampfstoffe im Boden konserviert werden, selbst unter Wasserlachen [Loste] und ihre vollständige Aktivität behalten!)

Dekontamination von Leder und Textilien

Kontaminierte Kleidungsstücke, Textilien und Lederwaren mit Entgiftungspuder oder Entgiftungslösung besprühen, ggf. in Seifenlauge (unter Zusatz von Schmierseife) kochen, anschließend einer geordneten Verbrennung zuführen.

Formel: $[(CH_3)_2CHO]POF$ **Summen-Formel:** C6–H14–F–O3–P **UN-Nr. 2810 n.o.s.**

Merkblatt

2287

Stoffname

Deutsch

DFP
Phosphorsäurediisopropylester-fluorid
Diisopropylfluorphosphat
Fluorphosphorsäurediiso-propylester
Bis(1-methylethyl)phosphor-fluoridat
Diisopropylfluorphosphor-säureester

Englisch

DFP
Diisopropyl fluorophosphate
Diisopropoxyphosphoryl fluoride
Diisopropyl fluorophosphonate
Diisopropyl phosphorofluoridate
Fluophosphoric acid, diisopropyl ester
Fluorodiisopropyl phosphate
Isopropyl phosphonofluoridate

Französisch

Fluorophosphate de diisopropyle
Phosphorofluoridate de diisopropyle

Spanisch

Fluorofosfato de diisopropilo
Fosfarofluoridato de diisopropilo

Gefahren-Diamant

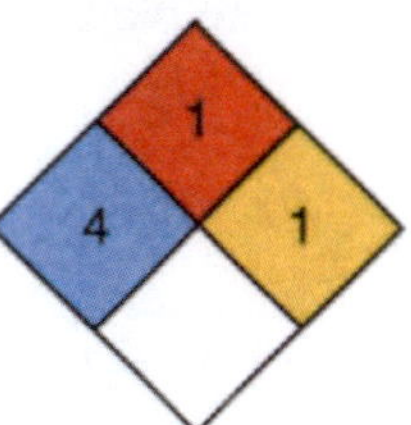

Hazchem-Code: 2XE

Tarn- und Decknamen siehe Merkblatt 2287a

Technische Daten

Siedepunkt	186 °C*
Dampfdruck in mbar bei 20 °C	0,28 bis 0,76
Dampfdichteverhältnis, Luft = 1	6,4
Schmelzpunkt	–82 °C
Mischbarkeit mit Wasser	geringfügig**
Spez. Gewicht, Wasser = 1	1,0622
Molare Masse	184,15

Feuerbekämpfungsdaten

Flammpunkt, Zündfähiges Gemisch, Vol.-%, Zündtemperatur: brennbare Flüssigkeit

* Zersetzung
** 15,4 g/l bei 25 °C

Gefahrgut: **Klassifizierung:**

IMDG-Code: UN-Nr. 2810 n.o.s. Kl. 6.1 Verp. Gr. I EMS: **F**-A; **S**-A
Marine pollutant
ICAO/IATA DGR: UN-Nr. 2810 n.o.s. Kl. 6.1 Verp. Gr. I
ADR/RID/ADNR: UN-Nr. 2810 n.a.g. Kl. 6.1 Klassifiz. Code T1 Verp. Gr. I
Gefahrzettel (Label) Nr. 6.1
Richtige Versandbezeichnung (PSN):
Land/BinSch: **2810 Giftiger, organischer, flüssiger Stoff, n.a.g. (Phosphorsäurediisopropylesterfluorid)**
See/Luft: **Toxic liquid organic, n.o.s. (Diisopropyl fluorophosphate)**

Gefahrstoff:

CAS Nr.: 55-91-4 RTECS-Nr.: TE 5075000
EG-Nr.: 200-247-6 INDEX-Nr.:
EG-Einstufung: nein
Symbol: T+*
R-Sätze: 26/27/28*
S-Sätze: 36/37/39-45*

* Expertenvorschlag

Erscheinungsbild: Farblose, ölige Flüssigkeit, schwacher Geruch.

Verhalten bei Freiwerden und Vermischen mit Luft: Extrem giftige, stark haut-, augen- sowie nervenreizende, umweltgefährliche und brennbare Flüssikeit mit relativ hohem Flammpunkt. Bei starker Erhitzung bilden sich extrem giftige, haut-, augen- sowie nervenreizende, umweltgefährliche und explosionsfähige Gemische mit Luft. Sie sind schwerer als Luft und kriechen am Boden entlang. Entzündung durch heiße Oberflächen, Funken oder offene Flammen. Bei Erhitzung bis zur Zersetzung (z. B. durch Umgebungsbrände oder heiße Oberflächen) und bei Brand bilden sich giftige und ätzende Gase bzw. Dämpfe, die im Wesentlichen aus Phosphorpentoxid, Phosphorsäure sowie Fluorwasserstoff bestehen und auch Kohlenmonoxid(gas) sowie Kohlendioxid(gas) enthalten.

Verhalten bei Freiwerden und Vermischen mit Wasser: Der Stoff ist etwas schwerer als Wasser und sinkt langsam unter. Er löst sich vollständig in Wasser. Es bilden sich sehr giftige, nervenschädigende sowie umweltgefährliche Gemische mit Wasser, die auch bei starker Verdünnung noch wirksam sind. In Wasser erfolgt langsame Hydrolyse unter Bildung von Fluorwasserstoff und Pinacolyl-methylphosphonat.

Gesundheitsgefährdung: Die Substanz wirkt ähnlich wie Sarin (s. auch Merkblatt 2282) oder Soman (s. auch Merkblatt 2283). Sie ist nach Einatmen der Dämpfe/Aerosole, nach Hautaufnahme und nach Verschlucken extrem giftig durch Hemmung der körpereigenen Cholinesterase mit einem typischen Symptomkomplex mit Wirkungen auf das periphere und zentrale Nervensystem. Tod durch Atemlähmung oder Herz-Kreislaufversagen. LC (Mensch, inhalativ): 250 mg/m³ (1 min). Durch Thermolyse erfolgt Zersetzung, wobei Ethen (s. auch Merkblatt 13) entsteht. Im Brandfall Bildung von giftigen Fluorverbindungen und Phosphorpentoxid (s. auch Merkblatt 673).
Symptome: Intensive Pupillenverengung, Beklemmung, schmerzhafte Lichtscheu, Frontalkopfschmerzen, Unruhe, Angst, Schwindel, Blässe, Schwäche, Schwitzen, Speichel- und Nasenfluß, Sprach- und Gleichgewichtsstörungen, Krämpfe, Atemnot, Bewußtlosigkeit, Koma, Tod. Im Überlebensfall psycho-neurologische Spätschäden, Depressionen, Neurosen, Psychosen, Halluzinationen, Nervenentzündungen.
Nach Einatmen oder Hautkontakt in jedem Fall – auch bei Ausbleiben der Symptome – den Arzt aufsuchen.
Nach Kontakt der Substanz mit den Augen ist in jedem Fall ein Augenarzt aufzusuchen.

Geruchsschwelle = Luftgrenzwert =

Bemerkungen: Stahl wird nur geringfügig angegriffen. Dämpfe werden leicht absorbiert von Textilien, Wolle, Holz, porösen Ziegeln, Beton u.a. Dadurch wird eine Verschleppung tödlicher Konzentrationen durch Kleidung möglich.

Sicherheitsmaßnahmen für Fahrzeugbesatzung, Polizei, Feuerwehr und Rettungskräfte:
Polizei und Feuerwehr alarmieren.
Im Gefahrenbereich Maschine stoppen. Sofort volle Schutzkleidung und umluftunabhängiges (schweres) Atemschutzgerät tragen. Bei starker Erhitzung oder Brand nicht rauchen, offenes Feuer löschen, kein elektrisches Gerät und keinen Schalter mit Funkenbildung betätigen.
Wasserschutzpolizei und Feuerwehr: Beim Retten nicht ins Wasser springen. Bei starker Erhitzung kein Boot mit Ottomotor einsetzen. Bei Dieselantrieb Sicherheitsschaltung veranlassen. Nach dem Einsatz Kühlwasserkreislauf überprüfen.

Schutz- und Einsatzmaßnahmen: Alle unbeteiligten Personen nach Luv (gegen den Wind) entfernen. Achtung, falls freiwerdendes Gut in die Kanalisation oder in Abwasserleitungen von Schiffen gerät, bilden sich extrem giftige, nervenschädigende, umweltgefährliche Gemische mit Abwasser und kann über der Oberfläche Vergiftungsgefahr entstehen. Experten hinzuziehen. Auf Wasserstraßen Schiffahrtssperre. An Land gefährdetes Gebiet absperren. Große Sicherheitszone bilden. In Wohn- und Industriegebieten Anwohner warnen. Gefährdetes Gebiet ggf. evakuieren.

Konzentrationsmessung explosionsfähiger bzw. giftiger Dämpfe siehe Tabelle (Anhang 6 der Erläuterungen).

Zuständige Behörden unterrichten.

Bekämpfung der Unfallfolgen:
Feuer: Bei kleinem Brandherd Löschpulver, Wassersprühstrahl, Kohlensäure oder Schaum. Bei großem Brandherd Schaum oder Wassersprühstrahl. Behälter mit Wassersprühstrahl kühlen und nach Möglichkeit aus der Gefahrenzone ziehen. Achtung, das Löschwasser ist giftig und umweltgefährlich. Es muß aufgefangen werden und darf nicht unbehandelt in die Kanalisation, in Gewässer oder in das Grundwasser gelangen.
Leckage: Leck schließen, wenn ohne Risiko möglich.
Fließendes Gewässer: Trink-, Brauch- und Kühlwasserentnehmer verständigen.
Stehendes Gewässer: Absperren. Fahrzeugbesatzungen im gefährdeten Gebiet warnen.
An Land: Kanalisation abdichten. Auffangen, eindeichen und abpumpen. In Wohn- und Industriegebieten alle tiefliegenden Räume abdichten. Alle Zündquellen beseitigen. Restmengen mit nicht brennbarem, saugfähigem Material wie z. B. trockener Erde, Sand, Kieselgur, Universalbinder oder Vermiculit abdecken und an sichere Deponie zur Vernichtung transportieren.

Gewässerverunreinigung:
GefStoffV/EG:
Gesamtbewertung nach Unfall: Gruppe III, in stehenden Gewässern sehr hohe, in fließenden Gewässern je nach Vermischung mittlere bis hohe toxische Wirkung (siehe auch Erläuterungen Abschnitt 16.4/5).
Einzelwerte siehe Anhang 9 der Erläuterungen.
Wassergefährdungsklasse:

Erste Hilfe:
Selbstschutz beachten. Verletzte an die frische Luft bringen. Bei Atemstörung Sauerstoffzufuhr, ggf. Beatmung. Benetzte Kleidungsstücke, Schuhe und Strümpfe sofort ausziehen, in einen dichtschließenden Behälter (Sack) versorgen. Betroffene Körperstellen anhaltend mit Wasser und Seife spülen. Bei Augenkontakt die Augen 15 Minuten mit Wasser spülen. Augenlider dazu mit Daumen und Zeigefinger aufspreizen und gleichzeitig das Auge nach allen Seiten bewegen lassen. Für die Retter: Schutzkleidung und Gasmaske empfohlen. Verletzte nicht auskühlen lassen. Bei Erbrechen zumindest Kopf in Seitenlage bringen. Verletzte nur liegend transportieren. Bei Gefahr der Bewußtlosigkeit Lagerung und Transport in stabiler Seitenlage (siehe auch Merkblatt 2287a).

Hinweise für den Arzt:
Erforderlichenfalls endotracheale Intubation. Atropingabe 2 mg i. v. oder, wenn nicht anders möglich i. m. Aufgrund der Erfahrung (Tokyo) höhere Dosen oftmals nicht notwendig, wenn doch, nicht mehr als 15 bis 20 mg. Lokal Augentropfen (0,25% bis 1%). Pralidoxim, Obidoxim (Toxogonin®). Die Gabe von Pralidoxim und Obidoxim ist nicht unumstritten. Benzodiazepine bei Konvulsionen.

Merkblatt

2287a

Tarn- und Decknamen

D: DFP, Fluostigmin, Kofluorphat

GB: DFP, Fluostigmine, PF3

USA: DFP, Diflupyl, Difluorophate, Dyflos, EA 1152, Fluoropyl, Neoglausit, PF3, T 1703, TL 466

F: DFP

ESP: DFP

UdSSR: DFP

Produktion und Einsatz

DFP ist ein nach Weltkrieg II in den USA entwickelter Nervenkampfstoff aus der Gruppe der Phosphorsäureester. Ein Einsatz ist bisher nicht bekannt geworden.

Einsatz

Flüssigkeiten, Dämpfe, Aerosole

Einsatzmittel

Artilleriegranaten, Mörsergeschosse, Raketenwerfer, Landminen, Bomben und Sprühtanks.

Personenentgiftung

Die Bergung aus dem Gefahrenherd hat sehr schnell zu erfolgen, da höchste Eile geboten ist. Sanitäter und Helfer tragen Schutzbekleidung.
Für den Geschädigten stehen folgende Maßnahmen im Vordergrund:

- Entfernen der gesamten Kleidung und Ausrüstung des Geschädigten. Danach können Sanitäter und Helfer die Schutzbekleidung ablegen.
- Beim Auftreten einer Vergiftungssymptomatik ist sofort eine Atropininjektion mit dem Autoinjektor (2 mg) i. m. zu applizieren.
- Spülung der Augen mit einer 3–4%igen Natriumhydrogencarbonatlösung.
- Reinigung der Wunden mit einer 3–4%igen Natriumhydrogencarbonatlösung.
- steht eine Dusche zur Verfügung, ist der gesamte Körper gründlich mit Wasser und Seife bzw. einem Waschmittel zu reinigen.

Für den Transport muß der Geschädigte in Wärmedecken eingehüllt werden.

Vor dem weiteren Abtransport mit einem Krankenwagen oder einem Hubschrauber in ein Krankenhaus hat unbedingt eine vollständige Entgiftung des gesamten Körpers zu erfolgen. Bei Unterlassung der Dekontamination würden die Kampfstoffausdunstungen der kontaminierten Haare und der kontaminierten Kleidung das Personal des Transportfahrzeuges gefährden. Außerdem hat vor dem Abtransport ein Arzt die erste ärztliche Hilfe zu erweisen. Durch diese Hilfemaßnahmen wird die Schädigung der Haut wesentlich verringert, und durch die frühzeitige Gabe von Antidoten werden die systemischen Schädigungen der inneren Organe verhindert.

Entgiftung/Dekontamination von Sachen und Geräten

Selbstschutz beachten, Schutzkleidung und Schutzmaske tragen, bzw. Schutzmaske griffbereit halten. Nach dem Arbeiten Schutzkleiung dekontaminieren, ebenso Geräte und Materialien, die für die Entgiftung/Dekontamination verwendet wurden (mindestens 24 Stunden in Entgiftungslösung belassen, nachfolgend gründlich abspülen, Verbrennung zuführen; unter „Feldbedingungen“ mit Wasser und Seifenlösung reinigen).
Entgiftungslösungen erst unmittelbar vor der Aufnahme der Arbeiten herstellen.

Geeignet sind Lösungen von:
10% Natriumhydroxid in 30%igem Methanol oder Spiritus
oder 20% Natriumhydroxid in Wasser

oder 15% Ammoniak in Wasser
oder gesättigte Natriumhypochloritlösung durch Einleiten von Chlor in Natronlauge unter Kühlung
oder 3%ige alkalische Wasserstoffperoxidlösung
oder 10% Natriumcresolat oder -phenolat in 50%igem Methanol oder Spiritus
oder katalytische Zersetzung durch Aquohydrokomplexe der seltenen Erden oder Cu(II)-chelatkomplexe
Konzentrierte alkoholische Natronlauge zerstört die Verbindung völlig.

Dekontamination von Gebäuden

Gebäude und Bauten aus Holz, Ziegelsteinen, Beton, Mörtel, Zement können infolge ihrer hohen Porösität sowohl Gase/Dämpfe als auch Flüssigkeiten aufnehmen und in tiefere Schichten verteilen, so dass i.a. nur Abriss und nachfolgende Verbrennung möglich sind.
Als erste Maßnahme können evtl. Waschverfahren mit alkalischer Seifenlösung (Zusatz von Schmierseife) angewandt werden.
Leichte oberflächliche Behaftungen können mit Chlorkalk, der alle 24 Stunden erneuert wird, abgedeckt werden. Austretende Gase und Dämpfe werden so teilweise entgiftet.

Entgiftung/Dekontamination im Gelände

Betroffene Geländeabschnitte, Straßen, Plätze u. ä. absperren, Menschen und Nutztiere evakuieren.
Bei oberflächlichen Kontaminationen reicht es meist aus, 10–20 cm Boden abzutragen, mit Brennstoff zu übergießen und abzubrennen.
Bei extremen Kontaminationen muß bis zu 1 m Boden ausgehoben und einer geordneten Verbrennung mit Nachverbrennung zugeführt werden.
Das Abbrennen von Grasflächen ist eine erste Maßnahme, führt aber meist nicht zur vollständigen Entgiftung.
Abdecken des Geländes mit alkalischen Schlacken oder mit Chlorkalk/Sand ist als Sofortmaßnahme geeignet, bietet jedoch keinen ausreichenden Schutz gegen austretende Gase und Dämpfe.
Mehrmaliges Abschwemmen mit viel Wasser und Abdecken mit einer Sperrschicht ist eine erste Maßnahme, die sich vor allem für weniger toxische Stoffe eignet.
(Auch nach Jahrzehnten können Kampfstoffe im Boden konserviert werden, selbst unter Wasserlachen [Loste] und ihre vollständige Aktivität behalten!)

Dekontamination von Leder und Textilien

Kontaminierte Kleidungsstücke, Textilien und Lederwaren mit Entgiftungspuder oder Entgiftungslösung besprühen, ggf. in Seifenlauge (unter Zusatz von Schmierseife) kochen, anschließend einer geordneten Verbrennung zuführen.

Formel: | **Summen-Formel:** C21–H23–N–O3 | **UN-Nr.**

Merkblatt

2288

Gefahren-Diamant: 1 (rot), 2 (gelb), 4 (blau)

Hazchem-Code:

Stoffname

Deutsch	*Englisch*	*Französisch*
BZ 3-Chinuclidinylbenzilat Benzilsäure-3-chinuclidinylester 1-Aza-bicyclo[2.2.2]oct-3-ylbenzilat 1-Aza-bicyclo[2.2.2]oct-3-yl-α-hydroxy-α-phenyl-benzol-acetat	**BZ** 3-Quinuclidinol benzilate 3-Quinuclidinyl ester benzilic acid 3-(2,2-Diphenyl-2-hydroxy-ethanoyloxy)-quinuclidine 1-Azabicyclo(2.2.2)octan-3-ol benzilate Benzilic acid, 3-quinoclidinyl ether	**BZ** *Spanisch* **BZ**

Tarn- und Decknamen siehe Merkblatt 2288a

Technische Daten

Siedepunkt	322 °C*
Dampfdruck in mbar bei 20 °C	
Dampfdichteverhältnis, Luft = 1	11,7
Schmelzpunkt	189 °C
Mischbarkeit mit Wasser	sehr geringfügig
Spez. Gewicht, Wasser = 1	1,33
Molare Masse	337,42

Feuerbekämpfungsdaten

Flammpunkt
Zündfähiges Gemisch, Vol.-%
Zündtemperatur
} Brennbarer fester Stoff

* Ab 170 °C beginnt die Zersetzung unter starker Erwärmung und Bildung von Kohlendioxid, Wasser und Stickstoff sowie nitrosen Gasen in Spuren von Cyanwasserstoff(gas = Blausäure)

Gefahrgut:*
IMDG-Code: UN-Nr.
ICAO/IATA DGR: UN-Nr.
ADR/RID/ADNR: UN-Nr.
Gefahrzettel (Label) Nr.
Richtige Versandbezeichnung (PSN):
Land/BinSch:
See/Luft:

* Transport erfolgt nach Sondervorschriften

Klassifizierung:
Kl. Verp. Gr. EMS: **F-** ; **S-**
Kl. Verp. Gr.
Kl. Klassifiz. Code Verp. Gr.

Gefahrstoff:
CAS Nr.: 6581-06-2 RTECS-Nr.:DD4638000
EG-Nr.: INDEX-Nr.:
EG-Einstufung: nein
Symbol: T+, N*
R-Sätze: 26/27/28-50*
S-Sätze: 13-45*

* Expertenvorschlag

Erscheinungsbild: Weiße Kristalle oder feines kristallines Pulver; geruchslos.

Verhalten bei Freiwerden und Vermischen mit Luft: Sehr giftiger und brennbarer fester Stoff. Bei Aufwirbelung des Staubes bilden sich sehr giftige und explosionsfähige Gemische mit Luft. Bei Brand oder Erhitzung bis zur Zersetzung (z. B. durch Umgebungsbrände oder heiße Oberflächen) erfolgt Zersetzung unter Bildung von giftigen und ätzenden Gasen und Dämpfen, die im Wesentlichen aus nitrosen Gasen (Stickstoffoxiden), Stickstoff sowie in geringen Mengen Cyanwasserstoff(gas = Blausäure) bestehen und auch Kohlendioxid und Kohlenmonoxid enthalten.

Verhalten bei Freiwerden und Vermischen mit Wasser: Der Stoff ist schwerer als Wasser und sinkt unter. Er löst sich nur sehr geringfügig in Wasser. Es bilden sich giftige und wassergefährdende Gemische mit Wasser, die auch bei Verdünnung noch wirksam sind.

Gesundheitsgefährdung: Die Substanz kann durch Verschlucken oder Einatmen in den Körper gelangen, die Hautaufnahme ist gering und führt zu verzögerten Wirkungen. Die Wirkungen (Symptome) können 1–5 Tage anhalten, psychoneurologische Spätschäden sind möglich. Für den Menschen sollen Dosen von 0,05 bis 0,1 mg/kg KG nicht zu ernsten gesundheitlichen Beeinträchtigungen führen, Konzentrationen ab 5–10 mg/kg KG verursachen schwere, mehrere Tage anhaltende psychische Störungen. Der Faktor zwischen handlungsunfähig machender und tödlicher Konzentration beträgt 1000. Dimethylsulfat (s. auch Merkblatt 87) erhöht die perkutane Wirkung um den Faktor 25. Toxische Dosis Mensch, inhalativ: 2 mg/Mensch, handlungsunfähig machende Konzentration: 400 mg/m^3 x min, letale Konzentration (LCt_{50}, Mensch, inhalativ): 200 mg x min/m^3.
Symptome: Ab 170 °C beginnt die pyrolytische Zersetzung, der Stoff ist entzündbar und verbrennt zu CO_2, H_2O, N_2, NOx (Merkblatt 150), HCN [(Spuren) Merkblatt 42]. Nach einer Latenzzeit bis zu 4 h kommt es zu Pupillenerweiterung, Trockenheit im Mund, Hautrötung, Blutdruckanstieg, Muskelschwäche, Schwindelgefühl, Zittern, Angst- und Panikzustände, Euphorie, Koordinationsstörungen, räumlicher und zeitlicher Desorientiertheit, starken Halluzinationen, Sprachstörungen, Delirium, plötzlichen Zornesausbrüchen, Bewußtseinsstörungen, Atemlähmung, Herz-Kreislaufversagen.
Nach Einatmen oder Hautkontakt in jedem Fall – auch bei Ausbleiben der Symptome – den Arzt aufsuchen.
Nach Kontakt der Substanz mit den Augen ist in jedem Fall ein Augenarzt aufzusuchen.

Geruchsschwelle = Luftgrenzwert =

Bemerkungen: Der Stoff ist löslich in Säuren, Ethylalkohol und Ether. Die Salze mit anorganischen oder organischen Säuren sind wasserlöslich.

Sicherheitsmaßnahmen für Fahrzeugbesatzung, Polizei, Feuerwehr und Rettungskräfte:
Polizei und Feuerwehr alarmieren.
Im Gefahrenbereich umluftunabhängiges (schweres) Atemschutzgerät und volle Schutzkleidung tragen. Bei Erhitzung des Stoffes oder bei Brand **im Gefahrenbereich** Maschine stoppen, Zündung abstellen, offenes Feuer löschen, nicht rauchen, kein elektrisches Gerät und keinen Schalter mit Funkenbildung betätigen.
Wasserschutzpolizei und Feuerwehr: Beim Retten nicht ins Wasser springen. Bei Erhitzung des Stoffes kein Boot mit Ottomotor einsetzen. Bei Dieselantrieb Sicherheitsschaltung veranlassen. Nach dem Einsatz Kühlwasserkreislauf überprüfen.

Schutz- und Einsatzmaßnahmen: Alle unbeteiligten Personen nach Luv (gegen den Wind) entfernen. Achtung, falls freiwerdendes Gut in die Kanalisation oder in Abwasserleitungen von Schiffen gerät, entstehen giftige Gemische mit Abwasser. Auf Wasserstraßen Schiffahrtssperre. An Land gefährdetes Gebiet absperren. Bei starker Erhitzung oder Brand entstehen giftige Gase und Dämpfe bzw. Dampf-/Luftgemische. In diesem Fall große Sicherheitszone bilden. In Wohn- und Industriegebieten Anwohner warnen.

Bekämpfung der Unfallfolgen:
Feuer: Bei kleinem Brandherd Löschpulver, Wassersprühstrahl, Kohlensäure oder Schaum. Bei großem Brandherd Schaum oder Wassersprühstrahl. Behälter mit Wassersprühstrahl kühlen und nach Möglichkeit aus der Gefahrenzone ziehen. Achtung, das Löschwasser ist giftig und umweltgefährlich. Es muß aufgefangen werden und darf nicht unbehandelt in die Kanalisation, in Gewässer oder in das Grundwasser gelangen.
Leckage: Leck schließen, wenn ohne Risiko möglich.
Fließendes Gewässer: Trink-, Brauch- und Kühlwasserentnehmer verständigen.
Stehendes Gewässer: Absperren. Fahrzeugbesatzungen im gefährdeten Gebiet warnen.
An Land: Kanalisation abdichten. Auffangen, eindeichen und abbergen. In Wohn- und Industriegebieten alle tiefliegenden Räume abdichten. Alle Zündquellen beseitigen. Restmengen mit nicht brennbarem, saugfähigem Material wie z. B. trockener Erde, Sand, Kieselgur, Universalbinder oder Vermiculit abdecken und an sichere Deponie zur Vernichtung transportieren.

Gewässerverunreinigung:
GefStoffV/EG: Gefahrensymbol N Umweltgefährlich, R 50; sehr giftig für Wasserorganismen.
Gesamtbewertung nach Unfall:
Einzelwerte siehe Anhang 9 der Erläuterungen.
Wassergefährdungsklasse:

Erste Hilfe:
Selbstschutz beachten. Verletzte an die frische Luft bringen. Bei Atemstörung Sauerstoffzufuhr, ggf. Beatmung. Benetzte Kleidungsstücke, Schuhe und Strümpfe sofort ausziehen, in einen dichtschließenden Behälter (Sack) versorgen. Betroffene Körperstellen anhaltend mit Wasser und Seife spülen. Bei Augenkontakt die Augen 15 Minuten mit Wasser spülen. Augenlider dazu mit Daumen und Zeigefinger aufspreizen und gleichzeitig das Auge nach allen Seiten bewegen lassen. Für die Retter: Schutzkleidung und Gasmaske empfohlen. Verletzte nicht auskühlen lassen. Bei Erbrechen zumindest Kopf in Seitenlage bringen. Verletzte nur liegend transportieren. Bei Gefahr der Bewußtlosigkeit Lagerung und Transport in stabiler Seitenlage (siehe auch Merkblatt 2288a).

Hinweise für den Arzt:
Symptomatische Behandlung der lang anhaltenden anticholinergen (atropinähnlichen) Wirkungen. Hyperthermiebehandlung: Externe Kühlung. Unruhe/Krämpfe: Benzodiazepine. Gabe des Antidots Physostigmin wegen kurzer Wirkdauer und Nebenwirkungen (Krampfanfälle, Rhythmusstörungen) nicht empfohlen.

Tarn- und Decknamen

D: BZ, 3-Chinuclidinylbenzylat, Benzilsäure-3-chinuclidinylester, Psychokampfstoff BZ

GB: BZ, 3-Quinuclidyl benzilate, Agent Buzz BZ

USA: EA 2277, CS 4030, QNB. Ro-2-3308, Agent Buzz

H.J. Biel untersuchte in der Mitte der fünfziger Jahre eine Reihe von Phenylglykolaten sowie Benzilaten heterocyclischer Iminoalkohole. L.G. Abood überprüfte sie einige Jahre später bezüglich ihrer psychoaktiven Wirkung. Als Ergebnis der militärischen Forschung entstand das 3-Chinicludinylbenzylat. Einführung 1961 in den Bestand der US-Army. Herstellung von 50 Tonnen 1963/64.

In der Chemikalienliste des Chemiewaffenübereinkommens (CWÜ) von 1993 über das Verbot der Entwicklung, Herstellung, Lagerung und des Einsatzes chemischer Waffen sowie über die Vernichtung solcher Waffen ist der Stoff bzw. die Stoffgruppe enthalten.
Ausnahmen:
a) N,N-Diethylaminoethylalkohol und entsprechende protonierte Salze CAS-Nr. 100-37-8

Einsatz

Aerosol, Sabotagegifte

Einsatzmittel

Aerosol, Granaten, Minen sowie kontaminierte Speisen und Getränke

Personenentgiftung

Im Vordergrund steht die schnelle Bergung aus dem Gefahrenherd und die Verhinderung der weiteren Kontamination. Wichtig ist auch die Entfernung der Ausrüstung und die Abnahme vorhandener Waffen und Messer.
Sanitäter und Helfer arbeiten während der Bergung unter der Schutzmaske.

Folgende Maßnahmen sind sofort einzuleiten:
- Abnehmen der Hieb-, Stich- und Schußwaffen,
- Entfernung der gesamten Kleidung,
- Reinigung der Haut mit Wasser und Seife,
- Reinigung der Wunden mit 3–5%igem Wasserstoffperoxid,
- Brechreiz auslösen, wenn der Verdacht auf eine orale Kontamination besteht,
- Isolierung vom nicht geschädigtem Personal.

Zur Entgiftung der Haut ist zumeist die gründliche Reinigung mit Wasser und Seife ausreichend. Dennoch kann bei Hautwunden bis zu 36 Stunden nach Kontamination noch eine Giftwirkung eintreten. Deshalb sind die Wunden mit 3–5%igem Wasserstoffperoxid zu reinigen.

Entgiftung/Dekontamination von Sachen und Geräten

Selbstschutz beachten, Schutzkleidung und Schutzmaske tragen, bzw. Schutzmaske griffbereit halten. Nach dem Arbeiten Schutzkleiung dekontaminieren, ebenso Geräte und Materialien, die für die Entgiftung/Dekontamination verwendet wurden (mindestens 24 Stunden in Entgiftungslösung belassen, nachfolgend gründlich abspülen, Verbrennung zuführen; unter „Feldbedingungen" mit Wasser und Seifenlösung reinigen).
Entgiftungslösungen erst unmittelbar vor der Aufnahme der Arbeiten herstellen.

Geeignet sind Lösungen von:
Alkoholische Natronlauge in der Eigenhitze bzw. Verbrennung kontaminierter Gegenstände und Geräte.

Dekontimation von Gebäuden

Gebäude und Bauten aus Holz, Ziegelsteinen, Beton, Mörtel, Zement können infolge ihrer hohen Porösität sowohl Gase/Dämpfe als auch Flüssigkeiten aufnehmen und in tiefere Schichten verteilen, so dass i.a. nur Abriss und nachfolgende Verbrennung möglich sind.

Als erste Maßnahme können evtl. Waschverfahren mit alkalischer Seifenlösung (Zusatz von Schmierseife) angewandt werden.
Leichte oberflächliche Behaftungen können mit Chlorkalk, der alle 24 Stunden erneuert wird, abgedeckt werden. Austretende Gase und Dämpfe werden so teilweise entgiftet.

Entgiftung/Dekontamination im Gelände

Betroffene Geländeabschnitte, Straßen, Plätze u.ä. absperren, Menschen und Nutztiere evakuieren.
Bei oberflächlichen Kontaminationen reicht es meist aus, 10–20 cm Boden abzutragen, mit Brennstoff zu übergießen und abzubrennen.
Bei extremen Kontaminationen muß bis zu 1 m Boden ausgehoben und einer geordneten Verbrennung mit Nachverbrennung zugeführt werden.
Das Abbrennen von Grasflächen ist eine erste Maßnahme, führt aber meist nicht zur vollständigen Entgiftung.
Abdecken des Geländes mit alkalischen Schlacken oder mit Chlorkalk/Sand ist als Sofortmaßnahme geeignet, bietet jedoch keinen ausreichenden Schutz gegen austretende Gase und Dämpfe.
Mehrmaliges Abschwemmen mit viel Wasser und Abdecken mit einer Sperrschicht ist eine erste Maßnahme, die sich vor allem für weniger toxische Stoffe eignet.
(Auch nach Jahrzehnten können Kampfstoffe im Boden konserviert werden, selbst unter Wasserlachen [Loste] und ihre vollständige Aktivität behalten!)

Dekontamination von Leder und Textilien

Kontaminierte Kleidungsstücke, Textilien und Lederwaren mit Entgiftungspuder oder Entgiftungslösung besprühen, ggf. in Seifenlauge (unter Zusatz von Schmierseife) kochen, anschließend einer geordneten Verbrennung zuführen.

Formel: $CH_3\text{–}As{<}^{Cl}_{Cl}$ | **Summen-Formel:** CH3–As–Cl2 | **UN-Nr.**

Merkblatt

2289

Gefahren-Diamant

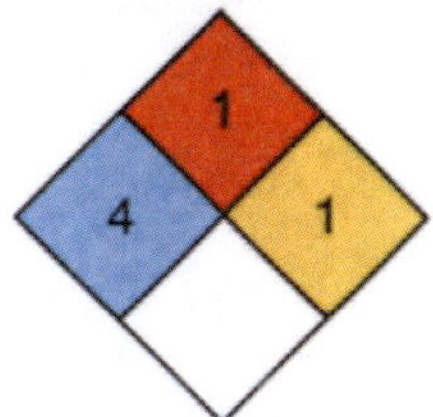

Hazchem-Code: 2 X

Stoffname

Deutsch

Dichlormethylarsin
Methylarsindichlorid
Methyldick
Methylarsinchlorid
Methyldichlorarsin

Englisch

Dichloromethyl arsine
Methyldichloro arsine
Methylarsonous dichloride
Methylarsine dichloride

Französisch

Méthyldichlorarsine

Spanisch

Metildiclorarsina

Tarn- und Decknamen siehe Merkblatt 2289a

Technische Daten

Siedepunkt	134,5 °C
Dampfdruck in mbar bei 20 °C	10,7
Dampfdichteverhältnis, Luft = 1	5,56
Schmelzpunkt	–42,5 °C
Mischbarkeit mit Wasser	sehr geringfügig*
Spez. Gewicht, Wasser = 1	1,838
Molare Masse	160,86

Feuerbekämpfungsdaten

Flammpunkt	> 105 °C
Zündfähiges Gemisch, Vol.-%	
Zündtemperatur	

* Es erfolgt eine relativ schnelle Zersetzung unter Bildung von Methylarsinoxid und Chlorwasserstoff bzw. Salzsäure.

Gefahrgut:*
IMDG-Code: UN-Nr.
ICAO/IATA DGR: UN-Nr.
ADR/RID/ADNR: UN-Nr.
Gefahrzettel (Label) Nr.
Richtige Versandbezeichnung (PSN):
Land/BinSch:
See/Luft:

Klassifizierung:
Kl. Verp. Gr. EMS: **F-** ; **S-**
Kl. Verp. Gr.
Kl. Klassifiz. Code Verp. Gr.

Gefahrstoff:
CAS Nr.: 593-89-5
RTECS-Nr.: CH 4375000
EG-Nr.:
INDEX-Nr.: 033-002-00-5
EG-Einstufung: ja
Symbol: T, N
R-Sätze: 23/25-50/53
S-Sätze: (1/2)-20/21-28-45-60-61

* Transport erfolgt nach Sondervorschriften

Erscheinungsbild: Rein: Farblose Flüssigkeit; schwacher Geruch. Technisch: Dunkle bis leicht gelb gefärbte Flüssigkeit, lauchartiger Geruch.

Verhalten bei Freiwerden und Vermischen mit Luft: Sehr giftige, haut-, augen- und lungenschädigende, umweltgefährliche und brennbare Flüssigkeit mit relativ hohem Flammpunkt von 105 °C. Bei starker Erhitzung bilden sich sehr giftige, haut-, augen- und lungenschädigende, umweltgefährliche und explosionsfähige Gemische mit Luft. Sie sind schwerer als Luft und kriechen am Boden entlang. Entzündung durch heiße Oberflächen, Funken oder offene Flammen. Bei Erhitzung bis zu Zersetzung (z. B. durch Umgebungsbrände oder heiße Oberflächen) und bei Brand bilden sich giftige und ätzende Gase bzw. Dämpfe, die im Wesentlichen aus Arsentrioxid und Chlorwasserstoff(gas) bzw. Salzsäuredämpfen bestehen und auch Kohlenmonoxid(gas) sowie Kohlendioxid(gas) enthalten.

Verhalten bei Freiwerden und Vermischen mit Wasser: Der Stoff ist schwerer als Wasser und sinkt unter. Er löst sich nur geringfügig in Wasser. Es bilden sich sehr giftige, haut-, augen- und lungenschädigende, umweltgefährliche Gemische. Mit Wasser erfolgt eine relativ schnelle Hydrolyse unter Bildung von Methylarsinoxid und Salzsäure.

Gesundheitsgefährdung: Der Stoff ist stark reizerregend auf die oberen Atemwege, hautschädigende Wirkung etwas schwächer als alpha-Lewisit (Mbl. 2285), Augenschäden anfänglich schwerer als bei Schwefellost (Mbl. 2298), Heilungstendenzen deutlich besser. Inhalation von Dämpfen und Aerosolen führt zur toxischen Lungenentzündung und zum Lungenödem, häufig mit tödlichem Ausgang. LCt_{50} (inhalativ): 5000 mg x min/m³. Hautschädigung ab 0,1–0,5 mg/cm² Hautoberfläche. Blasenbildung ab 3–5 mg/cm² Hautoberfläche. Bei Brand oder Erhitzen bis zur Zersetzung Bildung von Arsentrioxid (s. auch Merkblatt 812).
Symptome: Kopfschmerzen, Benommenheit, Übelkeit, Erbrechen, starker schmerzhafter Husten, Nies- und Tränenreiz, Atemnot, Beklemmungen, Rötung und starker Juckreiz der Haut, schmerzhafte Blasenbildung
Nach Einatmen oder Hautkontakt in jedem Fall – auch bei Ausbleiben der Symptome – den Arzt aufsuchen.
Nach Kontakt der Substanz mit den Augen ist in jedem Fall ein Augenarzt aufzusuchen.

Geruchsschwelle = 2,0 bis 25 mg/m³. Luftgrenzwert =

Bemerkungen: Der Stoff kann explosionsartig reagieren bei Kontakt mit Chlor(gas). Bei Kontakt oder Mischung mit Oxidationsmitteln kann heftige Reaktion eintreten.

In der Chemikalienliste des Chemiewaffenübereinkommens (CWÜ) von 1993 über das Verbot der Entwicklung, Herstellung, Lagerung und des Einsatzes chemischer Waffen sowie über die Vernichtung solcher Waffen ist der Stoff bzw. die Stoffgruppe enthalten.

Sicherheitsmaßnahmen für Fahrzeugbesatzung, Polizei, Feuerwehr und Rettungskräfte:
Polizei und Feuerwehr alarmieren.
Im Gefahrenbereich Maschine stoppen. Sofort volle Schutzkleidung und umluftunabhängiges (schweres) Atemschutzgerät tragen. Bei starker Erhitzung oder Brand nicht rauchen, offenes Feuer löschen, kein elektrisches Gerät und keinen Schalter mit Funkenbildung betätigen.
Wasserschutzpolizei und Feuerwehr: Beim Retten nicht ins Wasser springen. Bei starker Erhitzung kein Boot mit Ottomotor einsetzen. Bei Dieselantrieb Sicherheitsschaltung veranlassen. Nach dem Einsatz Kühlwasserkreislauf überprüfen.

Schutz- und Einsatzmaßnahmen: Alle unbeteiligten Personen nach Luv (gegen den Wind) entfernen. Achtung, falls freiwerdendes Gut in die Kanalisation oder in Abwasserleitungen von Schiffen gerät, entstehen sehr giftige, haut-, augen- und lungenschädigende, umweltgefährliche Gemische mit Abwasser und es können sich über der Oberfläche giftige Gemische mit Luft bilden. In Wohn- und Industriegebieten Anwohner warnen. Große Sicherheitszone bilden. Bei größeren Mengen ausgelaufenen Gutes Katastrophenalarm prüfen.

Konzentrationsmessung explosionsfähiger bzw. giftiger Dämpfe siehe Tabelle (Anhang 6 der Erläuterungen).

Zuständige Behörden unterrichten.

Bekämpfung der Unfallfolgen:
Feuer: Bei kleinem Brandherd Löschpulver, Wassersprühstrahl, Kohlensäure oder Schaum. Bei großem Brandherd Schaum oder Wassersprühstrahl. Behälter mit Wassersprühstrahl kühlen und nach Möglichkeit aus der Gefahrenzone ziehen. Achtung, das Löschwasser ist giftig und umweltgefährlich. Es muß aufgefangen werden und darf nicht unbehandelt in die Kanalisation, in Gewässer oder in das Grundwasser gelangen.
Leckage: Leck schließen, wenn ohne Risiko möglich.
Fließendes Gewässer: Trink-, Brauch- und Kühlwasserentnehmer verständigen.
Stehendes Gewässer: Absperren. Fahrzeugbesatzungen im gefährdeten Gebiet warnen.
An Land: Kanalisation abdichten. Auffangen, eindeichen und abpumpen. In Wohn- und Industriegebieten alle tiefliegenden Räume abdichten. Alle Zündquellen beseitigen. Restmengen mit nicht brennbarem, saugfähigem Material wie z. B. trockener Erde, Sand, Kieselgur, Universalbinder oder Vermiculit abdecken und an sichere Deponie zur Vernichtung transportieren.

Gewässerverunreinigung:
GefStoffV/EG: Gefahrensymbol: N Umweltgefährlich, R 50/53: sehr giftig für Wasserorganismen, kann in Gewässern längerfristig schädliche Wirkungen haben.
Gesamtbewertung nach Unfall: Gruppe IV, hohe bis sehr hohe (extrem hohe) toxische Wirkung unabhängig von der Turbulenz des Gewässers (siehe auch Erläuterungen Abschnitt 16.4/5).
Einzelwerte siehe Anhang 9 der Erläuterungen.
Wassergefährdungsklasse: 3 – stark wassergefährdender Stoff

Erste Hilfe:
Selbstschutz beachten. Verletzte an die frische Luft bringen. Bei Atemstörung Sauerstoffzufuhr, ggf. Beatmung. Benetzte Kleidungsstücke, Schuhe und Strümpfe sofort ausziehen, in einen dichtschließenden Behälter (Sack) versorgen. Betroffene Körperstellen anhaltend mit Wasser und Seife spülen. Bei Augenkontakt die Augen 15 Minuten mit Wasser spülen. Augenlider dazu mit Daumen und Zeigefinger aufspreizen und gleichzeitig das Auge nach allen Seiten bewegen lassen. Für die Retter: Schutzkleidung und Gasmaske empfohlen. Verletzte nicht auskühlen lassen. Bei Erbrechen zumindest Kopf in Seitenlage bringen. Verletzte nur liegend transportieren. Bei Gefahr der Bewußtlosigkeit Lagerung und Transport in stabiler Seitenlage (siehe auch Merkblatt 2289a).

Hinweise für den Arzt:
Topische Behandlung: Haut und Auge: Dimercaprol (5%) als Augentropfen bzw. Salbe. Systemische Behandlung: Ausschwemmung des Arsens durch Chelatbildung. DMSA (2,3-dimercaptosuccinat) 3 x 10–30 mg/kg/24 Std.; DMPS (2,3-dimercapto-1-propansulfonat) initial 6–8 x 250 mg/24 Std.

Merkblatt

2289a

Tarn- und Decknamen

D: Medicus, Methyldick, Methylarsindichlorid

USA: MD, Methyldichlorarsine, TL 294

F: Méthyldichlorarsine

ESP: Metildiclorarsina

Allgemeines

Die Substanz wurde im I. und II. Weltkrieg in den USA in größeren Mengen produziert und im I. Weltkrieg als Haut- und Augenreizstoff eingesetzt.

Einsatz

In taktischen Gemischen mit Lost und anderen Kampfstoffen

Einsatzmittel

Landminen, Sprühtank, Bomben, Mörser- und Artilleriegeschossen, Raketen und Mehrfachraketenwerfer

Personenentgiftung

Im Vordergrund steht die schnelle Bergung aus dem Wirkungsherd und die Verhinderung einer weiteren Kontamination.

Sanitäter und Helfer arbeiten unter Schutzbekleidung. Für den Geschädigten sind folgende Maßnahmen erforderlich:
- Entfernung der kontaminierten Kleidung,
- Entfernung des Kampfstoffes mit Tupfern von der Haut
- Entgiftung der kontaminierten Haut mit 10%iger Chloramin-Lösung oder 10%igem Wasserstoffperoxid
- Reinigung der kontaminierten Haut mit Wasser und Seife (Duschen!)
- Waschen der Haare mit Wasser und Seife, einem Waschmittel bzw. 3–4%iger Natriumhydrogencarbonatlösung
- Augenspülung mit einer 3–4%igen Natriumhydrogencarbonatlösung
- Atemwegsprophylaxe mit dem Auxiloson-Dosier-Aerosol (Arzt, Sanitäter)

Entgiftung/Dekontamination von Sachen und Geräten

Selbstschutz beachten, Schutzkleidung und Schutzmaske tragen, bzw. Schutzmaske griffbereit halten. Nach dem Arbeiten Schutzkleiung dekontaminieren, ebenso Geräte und Materialien, die für die Entgiftung/Dekontamination verwendet wurden (mindestens 24 Stunden in Entgiftungslösung belassen, nachfolgend gründlich abspülen, Verbrennung zuführen; unter „Feldbedingungen“ mit Wasser und Seifenlösung reinigen).
Entgiftungslösungen erst unmittelbar vor der Aufnahme der Arbeiten herstellen.

Geeignet sind Lösungen von:
10–15% Natriumhydroxid in Wasser unter Zusatz von 20cm^3 Perhydrol je Liter (stets frisch herzustellen)
oder 20% Natriumsulfid in Wasser (Erhitzen auf 40–60°C)
(siehe auch Merkblatt 2285).

Dekontamination von Gebäuden

Gebäude und Bauten aus Holz, Ziegelsteinen, Beton, Mörtel, Zement können infolge ihrer hohen Porösität sowohl Gase/Dämpfe als auch Flüssigkeiten aufnehmen und in tiefere Schichten verteilen, so dass i.a. nur Abriss und nachfolgende Verbrennung möglich sind.
Als erste Maßnahme können evtl. Waschverfahren mit alkalischer Seifenlösung (Zusatz von Schmierseife) angewandt werden.

Leichte oberflächliche Behaftungen können mit Chlorkalk, der alle 24 Stunden erneuert wird, abgedeckt werden. Austretende Gase und Dämpfe werden so teilweise entgiftet.

Entgiftung/Dekontamination im Gelände

Betroffene Geländeabschnitte, Straßen, Plätze u. ä. absperren, Menschen und Nutztiere evakuieren.
Bei oberflächlichen Kontaminationen reicht es meist aus, 10–20 cm Boden abzutragen, mit Brennstoff zu übergießen und abzubrennen.
Bei extremen Kontaminationen muß bis zu 1 m Boden ausgehoben und einer geordneten Verbrennung mit Nachverbrennung zugeführt werden.
Das Abbrennen von Grasflächen ist eine erste Maßnahme, führt aber meist nicht zur vollständigen Entgiftung.
Abdecken des Geländes mit alkalischen Schlacken oder mit Chlorkalk/Sand ist als Sofortmaßnahme geeignet, bietet jedoch keinen ausreichenden Schutz gegen austretende Gase und Dämpfe.
Mehrmaliges Abschwemmen mit viel Wasser und Abdecken mit einer Sperrschicht ist eine erste Maßnahme, die sich vor allem für weniger toxische Stoffe eignet.
(Auch nach Jahrzehnten können Kampfstoffe im Boden konserviert werden, selbst unter Wasserlachen [Loste] und ihre vollständige Aktivität behalten!)

Dekontamination von Leder und Textilien

Kontaminierte Kleidungsstücke, Textilien und Lederwaren mit Entgiftungspuder oder Entgiftungslösung besprühen, ggf. in Seifenlauge (unter Zusatz von Schmierseife) kochen, anschließend einer geordneten Verbrennung zuführen.

Formel: **Summen-Formel:** C4–F8 **UN-Nr.**

Merkblatt

2290

Gefahren-Diamant

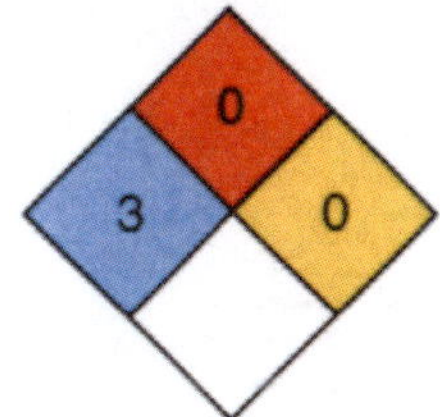

Hazchem-Code:

Stoffname

Deutsch

Perfluorisobutylen
Octafluorisobuten
Perfluorisobuten
Octafluor-sec.-buten
1,1,3,3,3-Pentafluor-2-trifluormethyl-1-propen
PFIB

Englisch

Perfluoroisobutylene
1,1,3,3,3-Pentafluoro-2-trifluoromethyl-1-propene
Octafluoro-sec-butene
Octafluoroisobutylene
PFIB

Französisch

Perfluoroisobutylène
PFIB

Spanisch

Perfluoroisobutileno
PFIB

Tarn- und Decknamen siehe Merkblatt 2290a

Technische Daten

Siedepunkt	7°C
Dampfdruck in mbar bei 20 °C	
Dampfdichteverhältnis, Luft = 1	7,0
Schmelzpunkt	
Mischbarkeit mit Wasser	
Spez. Gewicht, Wasser = 1	
Molare Masse	200,03

Feuerbekämpfungsdaten

Flammpunkt, Zündfähiges Gemisch, Vol.-%, Zündtemperatur: nicht brennbares Gas

Gefahrgut:*
IMDG-Code: UN-Nr.

ICAO/IATA DGR: UN-Nr.
ADR/RID/ADNR: UN-Nr.
Gefahrzettel (Label) Nr.
Richtige Versandbezeichnung (PSN):
Land/BinSch:
See/Luft:

* Transport erfolgt nach Sondervorschriften

Klassifizierung:
Kl. Verp. Gr. EMS: **F**-; **S**-
Kl. Verp. Gr.
Kl. Klassifiz. Code Verp. Gr.

Gefahrstoff:
CAS Nr.: 382-21-8
EG-Nr.:
EG-Einstufung: nein
Symbol: T*
R-Sätze: 23/24/25*
S-Sätze: 13-45*

* Expertenvorschlag

RTECS-Nr.: UD 1800000
INDEX-Nr.:

Erscheinungsbild: Farbloses Gas.

Verhalten bei Freiwerden und Vermischen mit Luft: Verdichtetes, bzw. verflüssigtes, giftiges, nicht brennbares Gas. Bei starker Erhitzung (zum Beispiel bei Umgebungsbränden oder heißen Oberflächen) erfolgt Zersetzung unter Bildung sehr giftiger Fluorverbindungen. Freiwerdende Flüssigkeit geht sehr schnell in den Gaszustand über. Beim Entspannen des Gases bilden sich schnell große Mengen giftiger, kalter Nebel, die sich weithin ausbreiten. Die Nebel sind schwerer als Luft und kriechen am Boden entlang. Sie können, insbesondere in Bodensenken und tiefer gelegenen Räumen, Konzentrationen mit erstickender Wirkung bilden.

Verhalten bei Freiwerden und Vermischen mit Wasser: Löst sich geringfügig in Wasser und vergast auf der Oberfläche. Es bilden sich über der Wasseroberfläche große Mengen kalter Nebel und erstickende Gemische mit Luft, die sich weithin ausbreiten.

Gesundheitsgefährdung: Das Gas reizt die Augen, die Schleimhäute des Nasen-Rachenraumes und der Atmungsorgane. Das Einatmen kann mit Verzögerung bis zu 2 Tagen zum Lungenödem bzw. zum Tode führen. Bei thermischer Zersetzung Bildung von sehr giftigen Fluorverbindungen.
Symptome: Rötung und Schmerzen der Augen und der Haut, Husten, Kurzatmigkeit, Halsbeschwerden, Benommenheit, Übelkeit, Schwindel, Kopfschmerzen
Nach Einatmen oder Hautkontakt in jedem Fall – auch bei Ausbleiben der Symptome – den Arzt aufsuchen. Nach Kontakt der Substanz mit den Augen ist in jedem Fall ein Augenarzt aufzusuchen.

Geruchsschwelle =

Luftgrenzwert =

Bemerkungen:
In der Chemikalienliste des Chemiewaffenübereinkommens (CWÜ) von 1993 über das Verbot der Entwicklung, Herstellung, Lagerung und des Einsatzes chemischer Waffen sowie über die Vernichtung solcher Waffen ist der Stoff bzw. die Stoffgruppe enthalten:
Ausnahmen:
a) N,N-Dimethylaminoethanol (CAS-Nr. 108-01-0)
b) Fonophos (CAS-Nr. 944-22-0)
c) N,N-Diethylaminoethanol (CAS-Nr. 100-37-8)

Sicherheitsmaßnahmen für Fahrzeugbesatzung, Polizei, Feuerwehr und Rettungskräfte:
Polizei und Feuerwehr alarmieren.
Im Gefahrenbereich Maschine stoppen. Sofort umluftunabhängiges (schweres) Atemschutzgerät und volle Schutzkleidung tragen.
Wasserschutzpolizei und Feuerwehr: Beim Retten nicht ins Wasser springen.

Schutz- und Einsatzmaßnahmen: Alle unbeteiligten Personen nach Luv (gegen den Wind) entfernen. Achtung, falls auslaufendes Gut in die Kanalisation oder in Abwasserleitungen von Schiffen gerät, können giftige Gaswolken mit erstickender Wirkung entstehen. Experten hinzuziehen. Auf Wasserstraßen Schiffahrtssperre. An Land gefährdetes Gebiet absperren. Große Sicherheitszone bilden. Bei größeren Mengen ausgelaufenen Gutes Katastrophenalarm prüfen. In Wohn- und Industriegebieten Anwohner warnen.

Konzentrationsmessung explosionsfähiger bzw. giftiger Dämpfe siehe Tabelle (Anhang 6 der Erläuterungen).

Zuständige Behörden unterrichten.

Bekämpfung der Unfallfolgen:
Feuer: Stoff brennt nicht. Bei Erhitzung Behälter mit Wassersprühstrahl kühlen und nach Möglichkeit aus der Gefahrenzone ziehen.
Leckage: Leck schließen, wenn ohne Risiko möglich.
Fließendes Gewässer: Trink-, Brauch- und Kühlwasserentnehmer verständigen.
Stehendes Gewässer: Fahrzeuge im gefährdeten Gebiet räumen.
An Land: Kanalisation abdichten. In Wohn- und Industriegebieten alle tiefliegenden Räume abdichten. Weisung von Experten einholen. In Feuchtigkeit oder Wasser gelösten Stoff mit saugfähigem Material wie gemahlenem Kalkstein, trockener Erde oder Sand bedecken und in geschlossenem Behälter an sicheren Deponieort transportieren.

Gewässerverunreinigung:
GefStoffV/EG:
Gesamtbewertung nach Unfall:
Einzelwerte siehe Anhang 9 der Erläuterungen.
Wassergefährdungsklasse:

Erste Hilfe:
Selbstschutz beachten. Verletzte an die frische Luft bringen. Bei Atemstörung Sauerstoffzufuhr, ggf. Beatmung. Benetzte Kleidungsstücke, Schuhe und Strümpfe sofort ausziehen, in einen dichtschließenden Behälter (Sack) versorgen. Betroffene Körperstellen anhaltend mit Wasser und Seife spülen. Bei Augenkontakt die Augen 15 Minuten mit Wasser spülen. Augenlider dazu mit Daumen und Zeigefinger aufspreizen und gleichzeitig das Auge nach allen Seiten bewegen lassen. Bei Erbrechen zumindest Kopf in Seitenlage bringen. Verletzte nur liegend transportieren. Bei Gefahr der Bewußtlosigkeit Lagerung und Transport in stabiler Seitenlage (siehe auch Merkblatt 2290a).

Hinweise für den Arzt:
Supportive Maßnahmen: Offenhalten der Atemwege. Sauerstoffgabe. Ggf. Endobronchiale Intubation und Beatmung (PEEP und niedriges Atemzugvolumen). Bronchodilatatoren. Beobachtung für 24 Stunden empfohlen, um spät auftretende Symptome sofort behandeln zu können.

Tarn- und Decknamen

D: Perfluorisobutylen

Personenentgiftung

Im Vordergrund steht die Behandlung der Reizsymptomatik und die Verhinderung der weiteren Kontamination mit dem Kampfstoff. Die Entgiftung ist innerhalb von 15 Minuten zu beginnen und zügig durchzuführen, damit ein Eindringen des Kampfstoffes in die tieferen Hautschichten verhindert wird. Sanitäter und Helfer arbeiten unter Schutzkleidung.
Für den Geschädigten sind folgende Maßnahmen vor dem Abtransport erforderlich:
- Entfernung der gesamten Kleidung, zumindest aber der kontaminierten Kleidungsstücke,
- gründliche Reinigung der Haut mit Chloramin oder 3–4%igen Natriumhydrogencarbonatlösung und anschließende Reinigung der kontaminierten Körperoberfläche (einschließlich der Haare) mit Wasser und Seife.
- Spülung der Augen mit einer 3–4%igen Natriumhydrogencarbonatlösung.
- Atemwegsprophylaxe mit dem Auxiloson-Dosier-Aerosol (initial 5 Hübe hintereinander und weitere 5 Hübe nach 10 Minuten),
- steht eine Dusche zur Verfügung, sollte unbedingt der gesamte Körper gründlich mit Wasser und Seife bzw. Waschmittel gereinigt werden, Haare waschen mit Natriumhydrogencarbonatlösung (3–4%ig).

Entgiftung/Dekontamination von Sachen und Geräten

Selbstschutz beachten, Schutzkleidung und Schutzmaske tragen, bzw. Schutzmaske griffbereit halten. Nach dem Arbeiten Schutzkleiung dekontaminieren, ebenso Geräte und Materialien, die für die Entgiftung/Dekontamination verwendet wurden (mindestens 24 Stunden in Entgiftungslösung belassen, nachfolgend gründlich abspülen, Verbrennung zuführen; unter „Feldbedingungen“ mit Wasser und Seifenlösung reinigen).
Entgiftungslösungen erst unmittelbar vor der Aufnahme der Arbeiten herstellen.

Geeignet sind Lösungen von:
Entgiftungslösungen bzw. Entgiftungspuder, oder:
oder 10%ige alkoholische Natron- oder Kalilauge
oder 10%ige Natrium- oder Kaliumsulfidlösung unter Zusatz von 5% Schmierseife oder eines synthetischen Waschmittels
Perflourisobutylen dringt als Gas tief in poröses Material ein, auch unter Lackschichten und Farbanstrichen!

Dekontamination von Gebäuden

Gebäude und Bauten aus Holz, Ziegelsteinen, Beton, Mörtel, Zement können infolge ihrer hohen Porösität sowohl Gase/Dämpfe als auch Flüssigkeiten aufnehmen und in tiefere Schichten verteilen, so dass i.a. nur Abriss und nachfolgende Verbrennung möglich sind.
Als erste Maßnahme können evtl. Waschverfahren mit alkalischer Seifenlösung (Zusatz von Schmierseife) angewandt werden.
Leichte oberflächliche Behaftungen können mit Chlorkalk, der alle 24 Stunden erneuert wird, abgedeckt werden. Austretende Gase und Dämpfe werden so teilweise entgiftet.

Entgiftung/Dekontamination im Gelände

Betroffene Geländeabschnitte, Straßen, Plätze u.ä. absperren, Menschen und Nutztiere evakuieren.
Bei oberflächlichen Kontaminationen reicht es meist aus, 10–20 cm Boden abzutragen, mit Brennstoff zu übergießen und abzubrennen.
Bei extremen Kontaminationen muß bis zu 1 m Boden ausgehoben und einer geordneten Verbrennung mit Nachverbrennung zugeführt werden.
Das Abbrennen von Grasflächen ist eine erste Maßnahme, führt aber meist nicht zur vollständigen Entgiftung.
Abdecken des Geländes mit alkalischen Schlacken oder mit Chlorkalk/Sand ist als Sofortmaßnahme geeignet, bietet jedoch keinen ausreichenden Schutz gegen austretende Gase und Dämpfe.
Mehrmaliges Abschwemmen mit viel Wasser und Abdecken mit einer Sperrschicht ist eine erste Maßnahme, die sich vor allem für weniger toxische Stoffe eignet.
(Auch nach Jahrzehnten können Kampfstoffe im Boden konserviert werden, selbst unter Wasserlachen [Loste] und ihre vollständige Aktivität behalten!)

Dekontamination von Leder und Textilien

Kontaminierte Kleidungsstücke, Textilien und Lederwaren mit Entgiftungspuder oder Entgiftungslösung besprühen, ggf. in Seifenlauge (unter Zusatz von Schmierseife) kochen, anschließend einer geordneten Verbrennung zuführen.

Formel: $(CH_2)_2S(CH_2CH_2Cl)_2$ **Summen-Formel:** C6–H12–Cl2–S2 **UN-Nr.**

Merkblatt

2291

Gefahren-Diamant

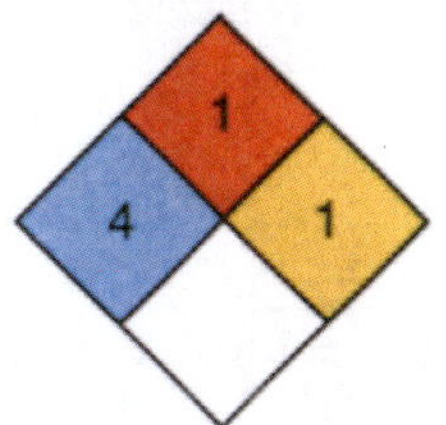

Hazchem-Code:

Stoffname

Deutsch

Sesquilost
1,2-Bis-(2-chlorethylthio)ethan
1,2-Bis-(2-chlor-ethylmercapto)ethan
Ethylen-bis-(2-chlorethylsulfid)

Englisch

Sesquimustard
1,2-Bis(2-chloroethylthio)ethane
1,2-Bis(beta-chloroethylthio)ethane
1,2-Bis(2-chloroethylmercapto)ethane

Französisch

Sesquiyperite

Spanisch

Sesquiiperito

Tarn- und Decknamen siehe Merkblatt 2291a

Technische Daten

Siedepunkt	140 °C bei 2,7 mbar
Dampfdruck in mbar	0,000045 bei 25 °C
Dampfdichteverhältnis, Luft = 1	7,6
Schmelzpunkt	56,6 °C
Mischbarkeit mit Wasser	sehr geringfügig
Spez. Gewicht, Wasser = 1	>1
Molare Masse	219,2

Feuerbekämpfungsdaten

Flammpunkt
Zündfähiges Gemisch, Vol.-%
Zündtemperatur
} brennbarer, fester Stoff

Gefahrgut:*
IMDG-Code: UN-Nr.
Marine pollutant
ICAO/IATA DGR: UN-Nr.
ADR/RID/ADNR: UN-Nr.
Gefahrzettel (Label) Nr.
Richtige Versandbezeichnung (PSN):
Land/BinSch:
See/Luft:
* Transport erfolgt nach Sondervorschriften

Klassifizierung:
Kl. Verp. Gr. EMS: **F-** ; **S-**
Kl. Verp. Gr.
Kl. Klassifiz. Code Verp. Gr.

Gefahrstoff:
CAS Nr.: 3563-36-8 RTECS-Nr.: KH 5425000
EG-Nr.: INDEX-Nr.:
EG-Einstufung: nein
Symbol: T+*
R-Sätze: 26/27/28-39*
S-Sätze: 36/39*
* Expertenvorschlag

Erscheinungsbild: Farblose Kristalle oder kristallines Pulver

Verhalten bei Freiwerden und Vermischen mit Luft: Extrem giftiger, stark haut-, augen- und lungenschädigender, umweltgefährlicher und brennbarer, fester Stoff. Bei Aufwirbelung des Staubes bilden sich extrem giftige, stark haut-, augen- und lungenschädigende umweltgefährliche und explosionsfähige Gemische mit Luft. Bei Brand oder Erhitzung bis zur Zersetzung (z. B. durch Umgebungsbrände oder heiße Oberflächen) erfolgt Zersetzung unter Bildung von giftigen und ätzenden Gasen bzw. Dämpfen, die im Wesentlichen aus Schwefeloxiden (Schwefeldioxid, Schwefeltrioxid) bestehen und auch Kohlendioxid sowie Kohlenmonoxid enthalten.

Verhalten bei Freiwerden und Vermischen mit Wasser: Der Stoff ist schwerer als Wasser und sinkt unter. Er löst sich nur geringfügig in Wasser. Es bilden sich extrem giftige, stark haut-, augen- und lungenschädigende, umweltgefährliche Gemische mit Wasser, die auch bei starker Verdünnung noch wirksam sind. Mit Wasser erfolgt langsame Hydrolyse unter Bildung von Chlorwasserstoff(gas) bzw. Salzsäurelösungen.

Gesundheitsgefährdung: Die hauttoxische Wirkung von Sequilost ist ca. 5mal stärker als die von Schwefellost bei gleichen Symptomen. Nach Hautkontakt mit der Flüssigkeit, den Dämpfen oder Aerosol beschwerdefreier Intervall, nach 4–8 h scharf umgrenzte Hautrötung mit unerträglichem Juckreiz, nach 24 h Blasen mit bernsteinfarbener Flüssigkeit, nach 2 Tagen geschwürige, schwer heilende Wunden. Augenkontakt: Erblindungsgefahr! Hautaufnahme! Gestörte Blutbildung, erhöhte Infektanfälligkeit. Einatmen kleiner Mengen: Nach 6–8 h Entzündungen der oberen Atemwege, Bronchitis; bei hohen Konzentrationen: Quälender Reizhusten, schließlich Lungenödem. Kanzerogen für den Menschen (Gruppe I USA). Bei Brand oder Erhitzen bis zur Zersetzung Bildung von Schwefeloxiden (s. auch Merkblatt 186) und Chlorwasserstoff (s. auch Merkblatt 63).
Symptome: Unabhängig von der Aufnahmeart kommt es zu Kopfschmerzen, Erbrechen, Bauchschmerzen, Appetitlosigkeit, Kräfteverlust, Hautrötung, Augenschmerzen, Tränenreiz, Hustenreiz, Atemnot, Erstickung, Lungenödem.
Nach Einatmen oder Hautkontakt in jedem Fall – auch bei Ausbleiben der Symptome – den Arzt aufsuchen.
Nach Kontakt der Substanz mit den Augen ist in jedem Fall ein Augenarzt aufzusuchen.

Geruchsschwelle = Luftgrenzwert =

Bemerkungen: Dämpfe und Stäube werden in der Luft durch Luftfeuchtigkeit, Sauerstoff und Licht langsam entgiftet. Der Stoff ist löslich in Aceton, Benzol, Chloroform, Dioxan, Ethylalkohol und Tetrachlormethan. In Anwesenheit von Wasser bildet sich Salzsäure, die Eisen, Stahl und andere Metalle angreift.
In der Chemikalienliste des Chemiewaffenübereinkommens (CWÜ) von 1993 über das Verbot der Entwicklung, Herstellung, Lagerung und des Einsatzes chemischer Waffen sowie über die Vernichtung solcher Waffen ist der Stoff bzw. die Stoffgruppe enthalten.

Sicherheitsmaßnahmen für Fahrzeugbesatzung, Polizei, Feuerwehr und Rettungskräfte:
Polizei und Feuerwehr alarmieren.
Im Gefahrenbereich umluftunabhängiges (schweres) Atemschutzgerät und volle Schutzkleidung tragen. Bei Erhitzung des Stoffes oder bei Brand **im Gefahrenbereich** Maschine stoppen. Zündung abstellen, offenes Feuer löschen, nicht rauchen, kein elektrisches Gerät und keinen Schalter mit Funkenbildung betätigen.
Wasserschutzpolizei und Feuerwehr: Bei Erhitzung des Stoffes kein Boot mit Ottomotor einsetzen. Bei Dieselantrieb Sicherheitsschaltung veranlassen. Nach dem Einsatz Kühlwasserkreislauf überprüfen. Beim Retten nicht ins Wasser springen.

Schutz- und Einsatzmaßnahmen: Alle unbeteiligten Personen nach Luv (gegen den Wind) entfernen. Achtung, falls freiwerdendes Gut in die Kanalisation oder in Abwasserleitungen von Schiffen gerät, entstehen extrem giftige, stark haut-, augen-, lungenschädigende und umweltgefährliche Gemische mit Abwasser. Auf Wasserstraßen Schifffahrtssperre. An Land gefährdetes Gebiet absperren. Bei starker Erhitzung oder Brand entstehen giftige Gase und Dämpfe bzw. Dampf-/Luftgemische. In diesem Fall große Sicherheitszone bilden. In Wohn- und Industriegebieten Anwohner warnen.
Zuständige Behörden unterrichten.

Bekämpfung der Unfallfolgen:
Feuer: Bei kleinem Brandherd Löschpulver, Wassersprühstrahl, Kohlensäure oder Schaum. Bei großem Brandherd Schaum oder Wassersprühstrahl. Behälter mit Wassersprühstrahl kühlen und nach Möglichkeit aus der Gefahrenzone ziehen. Achtung, das Löschwasser ist giftig und umweltgefährlich. Es muß aufgefangen werden und darf nicht unbehandelt in die Kanalisation, in Gewässer oder in das Grundwasser gelangen.
Leckage: Leck schließen, wenn ohne Risiko möglich.
Fließendes Gewässer: Trink-, Brauch- und Kühlwasserentnehmer verständigen.
Stehendes Gewässer: Absperren. Fahrzeugbesatzungen im gefährdeten Gebiet warnen.
An Land: Kanalisation abdichten. Auffangen, eindeichen und abpumpen. In Wohn- und Industriegebieten alle tiefliegenden Räume abdichten. Alle Zündquellen beseitigen. Restmengen mit nicht brennbarem, saugfähigem Material wie z. B. trockener Erde, Sand, Kieselgur, Universalbinder oder Vermiculit abdecken und an sichere Deponie zur Vernichtung transportieren.

Gewässerverunreinigung:
GefStoffV/EG:
Gesamtbewertung nach Unfall: Gruppe IV, hohe bis sehr hohe, (extrem hohe) toxische Wirkung unabhängig von der Turbulenz des Gewässers (siehe auch Erläuterungen Abschnitt 16.4/5).
Einzelwerte siehe Anhang 9 der Erläuterungen.
Wassergefährdungsklasse:

Erste Hilfe:
Selbstschutz beachten. Verletzte an die frische Luft bringen. Bei Atemstörung Sauerstoffzufuhr, ggf. Beatmung. Benetzte Kleidungsstücke, Schuhe und Strümpfe sofort ausziehen, in einen dichtschließenden Behälter (Sack) versorgen. Betroffene Körperstellen anhaltend mit Wasser und Seife spülen. Bei Augenkontakt die Augen 15 Minuten mit Wasser spülen. Augenlider dazu mit Daumen und Zeigefinger aufspreizen und gleichzeitig das Auge nach allen Seiten bewegen lassen. Für die Retter: Schutzkleidung und Gasmaske empfohlen. Verletzte nicht auskühlen lassen. Bei Erbrechen zumindest Kopf in Seitenlage bringen. Verletzte nur liegend transportieren. Bei Gefahr der Bewußtlosigkeit Lagerung und Transport in stabiler Seitenlage (siehe auch Merkblatt 2291a).

Hinweise für den Arzt:
Hautläsionen wie Verbrennungen höheren Grades behandeln. Augenläsionen: Nach ausgiebiger Spülung Augenarzt hinzuziehen. Akute Symptome des Atemtraktes: Symptomatisch behandeln. Sytemische Wirkung: Schwere Knochenmarksdepression kann die Behandlung mit GM-CSF erforderlich machen. Hämatologen hinzuziehen.

Merkblatt

2291a

Tarn- und Decknamen

D: Sesquilost, Sesquiyperit

GB: Sesquilost, Sesquimustard, Sesqui H, TL86

USA: Sesquiyperit, Q, HQ, TL 86, Sesquimustart, Sesquimustard, Sesquimustard Q

F: Sesquiyperite

UdSSR: Seskviiperit

Produktion und Einsatz

Keine Produktion im Weltkrieg I.
Produktion in Weltkrieg II in den Deutschland, USA, Großbritannien und UDSSR. Bisher kein Einsatz bekannt geworden.

Personenentgiftung

Im Vordergrund steht die Behandlung der Reizsymptomatik und die Verhinderung der weiteren Kontamination mit dem Kampfstoff. Die Entgiftung ist innerhalb von 15 Minuten zu beginnen und zügig durchzuführen, damit ein Eindringen des Kampfstoffes in die tieferen Hautschichten verhindert wird. Sanitäter und Helfer arbeiten unter Schutzkleidung.
Für den Geschädigten sind folgende Maßnahmen vor dem Abtransport erforderlich:

❍ Entfernung der gesamten Kleidung, zumindest aber der kontaminierten Kleidungsstücke,
❍ gründliche Reinigung der Haut mit Chloramin oder 3–4%igen Natriumhydrogencarbonatlösung bzw. in Ausnahmefällen mit Kaliumpermanganat (verfärbt die Haut!) und anschließende Reinigung der kontaminierten Körperoberfläche (einschließlich der Haare) mit Wasser und Seife.
❍ Spülung der Augen mit einer 3–4%igen Natriumhydrogencarbonatlösung.
❍ Atemwegsprophylaxe mit dem Auxiloson-Dosier-Aerosol (initial 5 Hübe hintereinander und weitere 5 Hübe nach 10 Minuten),
❍ steht eine Dusche zur Verfügung, sollte unbedingt der gesamte Körper gründlich mit Wasser und Seife bzw. Waschmittel gereinigt werden, Haare waschen mit Natriumhydrogencarbonatlösung (3–4%ig).

Für den Transport muß der Geschädigte in Wärmedecken eingehüllt werden.

Vor dem weiteren Abtransport mit einem Krankenwagen oder einem Hubschrauber in ein Krankenhaus hat unbedingt eine vollständige Entgiftung des gesamten Körpers zu erfolgen. Bei Unterlassung der Dekontamination würden die Kampfstoffausdunstungen der kontaminierten Haare und der kontaminierten Kleidung das Personal des Transportfahrzeuges gefährden. Außerdem hat vor dem Abtransport ein Arzt die erste ärztliche Hilfe zu erweisen. Durch diese Hilfemaßnahmen wird die Schädigung der Haut wesentlich verringert, und durch die frühzeitige Gabe von Antidoten werden die systemischen Schädigungen der inneren Organe verhindert.

Entgiftung/Dekontamination von Sachen und Geräten

Selbstschutz beachten, Schutzkleidung und Schutzmaske tragen, bzw. Schutzmaske griffbereit halten. Nach dem Arbeiten Schutzkleiung dekontaminieren, ebenso Geräte und Materialien, die für die Entgiftung/Dekontamination verwendet wurden (mindestens 24 Stunden in Entgiftungslösung belassen, nachfolgend gründlich abspülen, Verbrennung zuführen; unter „Feldbedingungen" mit Wasser und Seifenlösung reinigen).
Entgiftungslösungen erst unmittelbar vor der Aufnahme der Arbeiten herstellen.

Geeignet sind Lösungen von:
Chlorkalkbrei (Chlorkalk:Wasser 1:1)
oder 10% Chloramin T oder B in Wasser
oder 10% Dichloramin in Dichlorethan
oder 5% Hexachlormelamin in Dichlorethan oder Kohlenstofftetrachlorid
oder 10% Natriumcresolat oder -phenolat in 50%igem Methanol oder Spiritus
oder gesättigte Natriumhypochloritlösung (s. o.)

Dekontamination von Gebäuden

Gebäude und Bauten aus Holz, Ziegelsteinen, Beton, Mörtel, Zement können infolge ihrer hohen Porösität sowohl Gase/Dämpfe als auch Flüssigkeiten aufnehmen und in tiefere Schichten verteilen, so dass i.a. nur Abriss und nachfolgende Verbrennung möglich sind.
Als erste Maßnahme können evtl. Waschverfahren mit alkalischer Seifenlösung (Zusatz von Schmierseife) angewandt werden.
Leichte oberflächliche Behaftungen können mit Chlorkalk, der alle 24 Stunden erneuert wird, abgedeckt werden. Austretende Gase und Dämpfe werden so teilweise entgiftet.

Entgiftung/Dekontamination im Gelände

Betroffene Geländeabschnitte, Straßen, Plätze u.ä. absperren, Menschen und Nutztiere evakuieren.
Bei oberflächlichen Kontaminationen reicht es meist aus, 10–20 cm Boden abzutragen, mit Brennstoff zu übergießen und abzubrennen.
Bei extremen Kontaminationen muß bis zu 1 m Boden ausgehoben und einer geordneten Verbrennung mit Nachverbrennung zugeführt werden.
Das Abbrennen von Grasflächen ist eine erste Maßnahme, führt aber meist nicht zur vollständigen Entgiftung.
Abdecken des Geländes mit alkalischen Schlacken oder mit Chlorkalk/Sand ist als Sofortmaßnahme geeignet, bietet jedoch keinen ausreichenden Schutz gegen austretende Gase und Dämpfe.
Mehrmaliges Abschwemmen mit viel Wasser und Abdecken mit einer Sperrschicht ist eine erste Maßnahme, die sich vor allem für weniger toxische Stoffe eignet.
(Auch nach Jahrzehnten können Kampfstoffe im Boden konserviert werden, selbst unter Wasserlachen [Loste] und ihre vollständige Aktivität behalten!)

Dekontamination von Leder und Textilien

Kontaminierte Kleidungsstücke, Textilien und Lederwaren mit Entgiftungspuder oder Entgiftungslösung besprühen, ggf. in Seifenlauge (unter Zusatz von Schmierseife) kochen, anschließend einer geordneten Verbrennung zuführen.

Formel: $(C_6H_5)_2AsCN$ **Summen-Formel:** C13–H10–As–N **UN-Nr. 3280 n.o.s.**

Merkblatt

2292

Gefahren-Diamant

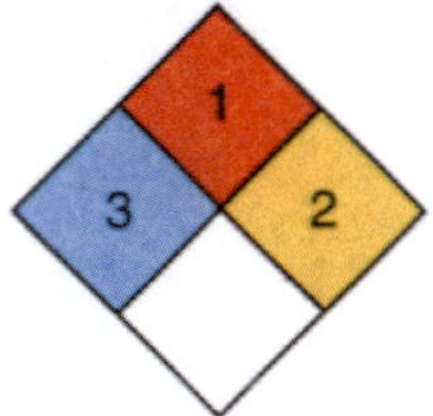

Hazchem-Code: 2X

Stoffname

Deutsch	*Englisch*	*Französisch*
Diphenylcyanarsin	**Diphenylarsine cyanide**	**Cyanure de diphénylarsine**
Diphenylarsincyanid	Diphenyl arsine carbonitrile	
Diphenylarsencyanid	Diphenylcyanoarsine	
Diphenylzyanarsin		*Spanisch*
Diphenylarsinzyanid		**Cianuro de difenilarsina**
Clark II		

Tarn- und Decknamen siehe Merkblatt 2292a

Technische Daten

Siedepunkt	346 °C*
Dampfdruck in mbar bei 20 °C	0,27
Dampfdichteverhältnis, Luft = 1	8,81
Schmelzpunkt	31,5 °C
Mischbarkeit mit Wasser	sehr geringfügig
Spez. Gewicht, Wasser = 1	1,45
Molare Masse	255,15

Feuerbekämpfungsdaten

Flammpunkt	Brennbarer fester Stoff
Zündfähiges Gemisch, Vol.-%	Brennbarer fester Stoff
Zündtemperatur	Brennbarer fester Stoff

* Zersetzung

Gefahrgut: **Klassifizierung:**

IMDG-Code: UN-Nr. 3280 n.o.s. Kl. 6.1 Verp. Gr. II EMS: **F**-A; **S**-A
Marine pollutant
ICAO/IATA DGR: UN-Nr. 3280 n.o.s. Kl. 6.1 Verp. Gr. II
ADR/RID/ADNR: UN-Nr. 3280 n.a.g. Kl. 6.1 Klassifiz. Code T3 Verp. Gr. II
Gefahrzettel (Label) Nr. 6.1
Richtige Versandbezeichnung (PSN):
Land/BinSch: **3280 Organische Arsenverbindung n.a.g. (Diphenylcyanarsin)**
See/Luft: **Organoarsenic compound, n.o.s., solid (Diphenylarsine cyanide)**

Gefahrstoff:

CAS Nr.: 23525-22-6 RTECS-Nr.:
EG-Nr.: 245-716-6 INDEX-Nr.: 033-002-00-5
EG-Einstufung: ja
Symbol: T,N
R-Sätze: 23/25-50/53
S-Sätze: (1/2)-20/21-28-45-60-61

Erscheinungsbild: Chemisch rein: Farblose Kristalle. Techn. Produkt: Grauer bis dunkelbrauner wachs- bis butterartiger fester Stoff. Knoblauchartiger Geruch.

Verhalten bei Freiwerden und Vermischen mit Luft: Giftige, umweltgefährliche und brennbare wachsförmige Masse mit relativ hohem Flammpunkt. Bei starker Erhitzung bilden sich giftige, umweltgefährliche und explosionsfähige Gemische mit Luft. Sie sind schwerer als Luft und kriechen am Boden entlang. Entzündung durch heiße Oberflächen, Funken oder offene Flammen. Bei Erhitzung bis zur Zersetzung (z. B. durch Umgebungsbrände oder heiße Oberflächen) und bei Brand bilden sich giftige und ätzende Gase bzw. Dämpfe, die im Wesentlichen aus nitrosen Gasen und Arsentrioxid, Cyanwasserstoff(gas=Blausäure) bestehen und auch Kohlenmonoxid(gas) sowie Kohlendioxid(gas) enthalten.

Verhalten bei Freiwerden und Vermischen mit Wasser: Der Stoff ist schwerer als Wasser und sinkt unter. Er löst sich nur geringfügig in Wasser. Es bilden sich giftige und umweltgefährliche Gemische mit Wasser, die auch bei starker Verdünnung noch wirksam sind.

Gesundheitsgefährdung: Die Substanz hat starke Reizwirkungen auf die oberen Atemwege. Die Latenzzeit beträgt 5–10 min. Die Aerosole rufen auf der Hautoberfläche Rötungen und Schwellungen hervor. Die Hautberührung mit dem festen Stoff führt zu Hautreizungen ab 0,05 mg/cm² und zu Schmerzen ab 0,5 mg/cm² Hautoberfläche, bei hohen Konzentrationen werden auch die unteren Atemwege angegriffen, toxisches Lungenödem! Nervengift. Schwere Kapillarschädigungen, Bildung von Pseudomembranen in der Luftröhre. Wenn keine tödlichen Konzentrationen eingeatmet werden, klingen die Symptome nach 4–6 h ab. LCt50 (Mensch, inhalativ): 10000 mg x min/m³
Bei Brand oder Erhitzen bis zur Zersetzung Bildung von Arsentrioxid (s. auch Merkblatt 812), Blausäure (s. auch Merkblatt 42) und nitrosen Gasen (s. auch Merkblatt 150).
Symptome: Extremer Hustenreiz, gesteigerter Tränenfluss, Stirnhöhlenschmerz, vorübergehende Blindheit, Atemnot, Angstpsychose, Übelkeit, Erbrechen, Gliederschmerzen, unkoordinierte Bewegungen. Reizschwelle: 0,005 mg/m³. Erträglichkeitsgrenze: 0,25 mg/m³ (1 min.).
Nach Einatmen oder Hautkontakt in jedem Fall – auch bei Ausbleiben der Symptome – den Arzt aufsuchen.
Nach Kontakt der Substanz mit den Augen ist in jedem Fall ein Augenarzt aufzusuchen.

Geruchsschwelle = 5 µg/m³ Luftgrenzwert =

Bemerkungen: Das warme Produkt und die Pyrolyse-Dämpfe sind entzündbar und verbrennen zu Kohlendioxid, Kohlenmonoxid, Arsentrioxid, Stickstoff, Cyanwasserstoff, Stickoxide und Ruß. Oberhalb 200 °C: Zersetzung zu Bis(diphenylarsin)oxid und Cyanwasserstoff. Zersetzung in Wasser: langsam zu Cyanwasserstoff und Bis(diphenylarsin)oxid (selbst auch stark reizend). Der Stoff wurde auch im Weltkrieg I (WKI) und Weltkrieg II (WKII) in leicht veränderter Form als Kampfstoff produziert.
In der Chemikalienliste des Chemiewaffenübereinkommens (CWÜ) von 1993 über das Verbot der Entwicklung, Herstellung, Lagerung und des Einsatzes chemischer Waffen sowie über die Vernichtung solcher Waffen ist der Stoff bzw. die Stoffgruppe enthalten.

Sicherheitsmaßnahmen für Fahrzeugbesatzung, Polizei, Feuerwehr und Rettungskräfte:
Polizei und Feuerwehr alarmieren.
Im Gefahrenbereich sofort umluftunabhängiges (schweres) Atemschutzgerät und volle Schutzkleidung tragen. Bei Erhitzung der wachsartigen Masse Zündung abstellen, Maschine stoppen, nicht rauchen, offenes Feuer löschen, kein elektrisches Gerät und keinen Schalter mit Funkenbildung betätigen.
Wasserschutzpolizei und Feuerwehr: Bei Erhitzung des Stoffes kein Boot mit Ottomotor einsetzen. Bei Dieselantrieb Sicherheitsschaltung veranlassen. Beim Retten nicht ins Wasser springen.

Schutz- und Einsatzmaßnahmen: Alle unbeteiligten Personen nach Luv (gegen den Wind) entfernen. Achtung, falls freiwerdendes Gut in die Kanalisation oder in Abwasserleitungen von Schiffen gerät, entstehen giftige und umweltgefährliche Gemische mit Abwasser. Auf Wasserstraßen Schiffahrtssperre. An Land gefährdetes Gebiet absperren. Bei starker Erhitzung oder Brand entstehen giftige Gase und Dämpfe bzw. Dampf-/Luftgemische. In diesem Fall große Sicherheitszone bilden. In Wohn- und Industriegebieten Anwohner warnen. Zuständige Behörden unterrichten.

Bekämpfung der Unfallfolgen:
Feuer: Bei kleinem Brandherd Löschpulver, Wassersprühstrahl, Kohlensäure oder Schaum. Bei großem Brandherd Schaum oder Wassersprühstrahl. Behälter mit Wassersprühstrahl kühlen und nach Möglichkeit aus der Gefahrenzone ziehen. Achtung, das Löschwasser ist giftig und umweltgefährlich. Es muß aufgefangen werden und darf nicht unbehandelt in die Kanalisation, in Gewässer oder in das Grundwasser gelangen.
Leckage: Leck schließen, wenn ohne Risiko möglich.
Fließendes Gewässer: Trink-, Brauch- und Kühlwasserentnehmer verständigen.
Stehendes Gewässer: Absperren. Fahrzeugbesatzungen im gefährdeten Gebiet warnen.
An Land: Kanalisation abdichten. Auffangen, eindeichen und abbergen. In Wohn- und Industriegebieten alle tiefliegenden Räume abdichten. Alle Zündquellen beseitigen. Restmengen mit nicht brennbarem, saugfähigem Material wie z. B. trockener Erde, Sand, Kieselgur, Universalbinder oder Vermiculit abdecken und an sichere Deponie zur Vernichtung transportieren.

Gewässerverunreinigung:
GefStoffV/EG: Gefahrensymbol: N Umweltgefährlich, R 50/53: sehr giftig für Wasserorganismen, kann in Gewässern längerfristig schädliche Wirkungen haben.
Gesamtbewertung nach Unfall: Gruppe IV, hohe bis sehr hohe (extrem hohe) toxische Wirkung unabhängig von der Turbulenz des Gewässers (siehe auch Erläuterungen Abschnitt 16.4/5).
Einzelwerte siehe Anhang 9 der Erläuterungen.
Wassergefährdungsklasse: 3 – stark wassergefährdender Stoff.

Erste Hilfe:
Selbstschutz beachten. Verletzte an die frische Luft bringen. Bei Atemstörung Sauerstoffzufuhr, ggf. Beatmung. Benetzte Kleidungsstücke, Schuhe und Strümpfe sofort ausziehen, in einen dichtschließenden Behälter (Sack) versorgen. Betroffene Körperstellen anhaltend mit Wasser und Seife spülen. Bei Augenkontakt die Augen 15 Minuten mit handwarmem Wasser spülen. Augenlider dazu mit Daumen und Zeigefinger aufspreizen und gleichzeitig das Auge nach allen Seiten bewegen lassen. Für die Retter: Schutzkleidung und Gasmaske empfohlen. Verletzte nicht auskühlen lassen. Bei Erbrechen zumindest Kopf in Seitenlage bringen. Verletzte nur liegend transportieren. Bei Gefahr der Bewußtlosigkeit Lagerung und Transport in stabiler Seitenlage (siehe auch Merkblatt 2292a).

Hinweise für den Arzt:
Symptomatische Behandlung der durch das Tränengas hervorgerufenen Symptome. Hautläsionen wie Verbrennungen behandeln.

Merkblatt

2292a

Tarn- und Decknamen

D: Clark II, giftiger Rauch, Niesgas, Reizrauch, Maskenbrecher, Blaukreuz, Blaukreuz I, C2, Blauring, CII

GB: DC, G5, Diphenylcyanoarsine

USA: Sternite, CDA, DC, Vomiting Agent, DC-Gas

F: „CA“, Cyanure de diphenylarsine

ESP: Difenilcianoarsina

UdSSR: Difenilcianarsin

Einsatz

Aerosol

Einsatzmittel

Rauchkerzen und Granaten

Entgiftung Personen

Im Vordergrund steht die Behandlung der Reizsymptomatik und die Verhinderung der weiteren Kontamination mit dem Kampfstoff.
Sanitäter und Helfer arbeiten bis zur vollständigen Entgiftung unter Schutzbekleidung.

- Entfernung der gesamten Kleidung.
- Gründliche Reinigung der Haut mit Chloramin oder 3–4%iger Natriumhydrogencarbonatlösung bzw. in Ausnahmefällen mit Kaliumpermanganat (verfärbt die Haut) und anschließende Reinigung der kontaminierten Körperoberfläche (einschließlich der Haare) mit Wasser und Seife.
- Spülung der Augen mit einer 3–4%igen Natriumhydrogencarbonatlösung.
- Atemwegsprophylaxe mit dem Auxiloson-Dosier-Aerosol (initial 5 Hübe hintereinander und weitere 5 Hübe nach 10 Minuten).
- Steht eine Dusche zur Verfügung, sollte der gesamte Körper gründlich mit Wasser und Seife bzw. Waschmittel gereinigt werden.

Für den Transport muß der Geschädigte in Wärmedecken eingehüllt werden.

Einsatzart: Brisanzgranaten

Produktion und Einsatz: D – WKI
Produktion: WKII: D, GB, USA, Japan, UDSSR

Entgiftung/Dekontamination von Sachen und Geräten

Selbstschutz beachten, Schutzkleidung und Schutzmaske tragen, bzw. Schutzmaske griffbereit halten. Nach dem Arbeiten Schutzkleiung dekontaminieren, ebenso Geräte und Materialien, die für die Entgiftung/Dekontamination verwendet wurden (mindestens 24 Stunden in Entgiftungslösung belassen, nachfolgend gründlich abspülen, Verbrennung zuführen; unter „Feldbedingungen“ mit Wasser und Seifenlösung reinigen).
Entgiftungslösungen erst unmittelbar vor der Aufnahme der Arbeiten herstellen.

Geeignet sind:
3%ige Kaliumpermanganatlösung
oder 10%ige Wasserstoffperoxidlösung
oder 30% Natriumsulfid in Wasser (unter Zusatz von Alkohol)
oder Chlorkalkbrei (1:1)

Dekontamination von Gebäuden

Gebäude und Bauten aus Holz, Ziegelsteinen, Beton, Mörtel, Zement können infolge ihrer hohen Porösität sowohl Gase/Dämpfe als auch Flüssigkeiten aufnehmen und in tiefere Schichten verteilen, so dass i.a. nur Abriss und nachfolgende Verbrennung möglich sind.
Als erste Maßnahme können evtl. Waschverfahren mit alkalischer Seifenlösung (Zusatz von Schmierseife) angewandt werden.
Leichte oberflächliche Behaftungen können mit Chlorkalk, der alle 24 Stunden erneuert wird, abgedeckt werden. Austretende Gase und Dämpfe werden so teilweise entgiftet.

Entgiftung/Dekontamination im Gelände

Betroffene Geländeabschnitte, Straßen, Plätze u. ä. absperren, Menschen und Nutztiere evakuieren.
Bei oberflächlichen Kontaminationen reicht es meist aus, 10–20 cm Boden abzutragen, mit Brennstoff zu übergießen und abzubrennen.
Bei extremen Kontaminationen muß bis zu 1 m Boden ausgehoben und einer geordneten Verbrennung mit Nachverbrennung zugeführt werden.
Das Abbrennen von Grasflächen ist eine erste Maßnahme, führt aber meist nicht zur vollständigen Entgiftung.
Abdecken des Geländes mit alkalischen Schlacken oder mit Chlorkalk/Sand ist als Sofortmaßnahme geeignet, bietet jedoch keinen ausreichenden Schutz gegen austretende Gase und Dämpfe.
Mehrmaliges Abschwemmen mit viel Wasser und Abdecken mit einer Sperrschicht ist eine erste Maßnahme, die sich vor allem für weniger toxische Stoffe eignet.
(Auch nach Jahrzehnten können Kampfstoffe im Boden konserviert werden, selbst unter Wasserlachen [Loste] und ihre vollständige Aktivität behalten!)

Dekontamination von Leder und Textilien

Kontaminierte Kleidungsstücke, Textilien und Lederwaren mit Entgiftungspuder oder Entgiftungslösung besprühen, ggf. in Seifenlauge (unter Zusatz von Schmierseife) kochen, anschließend einer geordneten Verbrennung zuführen.

Formel: | **Summen-Formel:** CH–Cl2–N–O | **UN-Nr.**

Merkblatt

2293

Stoffname

Deutsch

Phosgenoxim
Dichlorformoxin
Dichlorformaldehydoxium
Dichlormethylenhydroxylamin
Kohlensäuredichloridoxim
CX

Englisch

Phosgene oxime
Dichloroformoxime
Dichloroximinomethame
Dichloroformaldoxime
Dichloroformoxime
Hydroxycarbonimidicdichloride
CX

Französisch

Phosgène oxime
CX

Spanisch

Fosgeno oxim
CX

Gefahren-Diamant

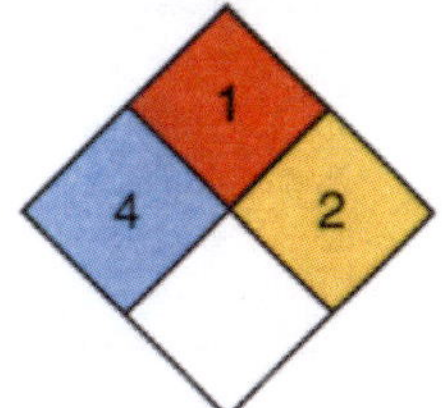

Hazchem-Code:

Tarn- und Decknamen siehe Merkblatt 2293a

Technische Daten

Siedepunkt	129 °C*
Dampfdruck in mbar bei 20 °C	4.3–5.4
Dampfdichteverhältnis, Luft = 1	3,9
Schmelzpunkt	39–40 °C
Mischbarkeit mit Wasser	vollständig
Spez. Gewicht, Wasser = 1	
Molare Masse	113,93

Feuerbekämpfungsdaten

Flammpunkt, Zündfähiges Gemisch, Vol.-%, Zündtemperatur: brennbarer fester Stoff oder Flüssigkeit

* Zersetzung

Gefahrgut:*
IMDG-Code: UN-Nr.
ICAO/IATA DGR: UN-Nr.
ADR/RID/ADNR: UN-Nr.
Gefahrzettel (Label) Nr.
Richtige Versandbezeichnung (PSN):
Land/BinSch:
See/Luft:

Klassifizierung:
Kl. Verp. Gr. EMS: **F-** ; **S-**
Kl. Verp. Gr.
Kl. Klassifiz. Code Verp. Gr.

* Transport erfolgt nach Sondervorschriften

Gefahrstoff:
CAS Nr.: 1794-86-1
EG-Nr.:
EG-Einstufung: nein
Symbol: T+*
R-Sätze: 26/27/28-39*
S-Sätze: 36/39*
RTECS-Nr.:
INDEX-Nr.:

* Expertenvorschlag

Erscheinungsbild: Rein: Farblose Kristalle oder kristallines Pulver, stechender Geruch; technisch hellbraune Flüssikeit, penetranter, stechender Geruch.

Verhalten bei Freiwerden und Vermischen mit Luft: Sehr giftige, umweltgefährliche und brennbare Flüssigkeit oder fester Stoff mit relativ hohem Flammpunkt. Bei starker Erhitzung bilden sich gesundheitsschädliche, umweltgefährliche und explosionsfähige Gemische mit Luft. Sie sind schwerer als Luft und kriechen am Boden entlang. Entzündung durch heiße Oberflächen, Funken oder offene Flammen. Bei Erhitzung bis zur Zersetzung (z. B. durch Umgebungsbrände oder heiße Oberflächen) und bei Brand bilden sich giftige und ätzende Gase bzw. Dämpfe, die im Wesentlichen aus nitrosen Gasen und Chlorwasserstoff(gas) bzw. Salzsäuredämpfen bestehen und auch Kohlenmonoxid(gas) sowie Kohlendioxid(gas) enthalten.

Verhalten bei Freiwerden und Vermischen mit Wasser: Der Stoff ist schwerer als Wasser und sinkt unter. Er löst sich langsam jedoch vollständig in Wasser. Es bilden sich sehr giftige und umweltgefährliche Gemische mit Wasser. In der wässrigen Lösung erfolgt langsame Hydrolyse unter Entwicklung von Hydroxylaminhydrochlorid, Kohlendioxid und Salzsäure.

Gesundheitsgefährdung: Die Substanz hat eine ausgesprochene Reizwirkung auf die Schleimhäute der Augen, des Nasen-Rachenraumes und der Atemwege sowie eine akute Nesselwirkung: die Hautschädigung tritt ohne Latenzzeit auf. Es bilden sich sofort weiße schmerzhafte Blasen und Quaddeln mit unerträglichem Juckreiz, es folgen nach Gewebezerfall langsam heilende Wunden. Nach Einatmung Lungenödem möglich. Bei Brand oder Erhitzen bis zur Zersetzung Bildung von Chlorwasserstoff (s. auch Merkblatt 63) und nitrosen Gasen (s. auch Merkblatt 150). Die Nesselstoffe verstärken im taktischen Gemisch mit anderen hautschädigenden Kampfstoffen deren Wirkung, Therapie erschwert.
Symptome: Starke Kopfschmerzen, Angstgefühle, Krämpfe der Bronchialmuskulatur, Husten-, Nies- und Tränenreiz, Erstickungsanfälle, Abnahme der Sehschärfe.
Nach Einatmen oder Hautkontakt in jedem Fall – auch bei Ausbleiben der Symptome – den Arzt aufsuchen.
Nach Kontakt der Substanz mit den Augen ist in jedem Fall ein Augenarzt aufzusuchen.

Geruchsschwelle = | Luftgrenzwert =

Bemerkungen: Der Stoff ist löslich in Alkoholen, Ether, Ethylacetat und Halogenacetat. Gummi und Kautschuk werden angegriffen. Die Substanz greift Metalle stark an und zersetzt sich dabei teilweise selbst.

Sicherheitsmaßnahmen für Fahrzeugbesatzung, Polizei, Feuerwehr und Rettungskräfte:
Polizei und Feuerwehr alarmieren.
Im Gefahrenbereich Maschine stoppen. Sofort volle Schutzkleidung und umluftunabhängiges (schweres) Atemschutzgerät tragen. Bei starker Erhitzung oder Brand, nicht rauchen, offenes Feuer löschen, kein elektrisches Gerät und keinen Schalter mit Funkenbildung betätigen.
Wasserschutzpolizei und Feuerwehr: Beim Retten nicht ins Wasser springen. Bei starker Erhitzung kein Boot mit Ottomotor einsetzen. Bei Dieselantrieb Sicherheitsschaltung veranlassen. Nach dem Einsatz Kühlwasserkreislauf überprüfen.

Schutz- und Einsatzmaßnahmen: Alle unbeteiligten Personen nach Luv (gegen den Wind) entfernen. Achtung, falls freiwerdendes Gut in die Kanalisation oder in Abwasserleitungen von Schiffen gerät, entstehen giftige Gemische mit Abwasser und können sich über der Oberfläche giftige Gemische mit Luft bilden. In Wohn- und Industriegebieten Anwohner warnen. Große Sicherheitszone bilden. Bei größeren Mengen ausgelaufenen Gutes Katastrophenalarm prüfen.

Konzentrationsmessung explosionsfähiger bzw. giftiger Dämpfe siehe Tabelle (Anhang 6 der Erläuterungen).

Zuständige Behörden unterrichten.

Bekämpfung der Unfallfolgen:
Feuer: Bei kleinem Brandherd Löschpulver, Wassersprühstrahl, Kohlensäure oder Schaum. Bei großem Brandherd Schaum oder Wassersprühstrahl. Behälter mit Wassersprühstrahl kühlen und nach Möglichkeit aus der Gefahrenzone ziehen. Achtung, das Löschwasser ist giftig und umweltgefährlich. Es muß aufgefangen werden und darf nicht unbehandelt in die Kanalisation, in Gewässer oder in das Grundwasser gelangen.
Leckage: Leck schließen, wenn ohne Risiko möglich.
Fließendes Gewässer: Trink-, Brauch- und Kühlwasserentnehmer verständigen.
Stehendes Gewässer: Absperren. Fahrzeugbesatzungen im gefährdeten Gebiet warnen.
An Land: Kanalisation abdichten. Auffangen, eindeichen und abbergen oder abpumpen. In Wohn- und Industriegebieten alle tiefliegenden Räume abdichten. Alle Zündquellen beseitigen. Restmengen mit nicht brennbarem, saugfähigem Material wie z. B. trockener Erde, Sand, Kieselgur, Universalbinder oder Vermiculit abdecken und an sichere Deponie zur Vernichtung transportieren.

Gewässerverunreinigung:
GefStoffV/EG:
Gesamtbewertung nach Unfall: Gruppe IV, hohe bis sehr hohe (extrem hohe) toxische Wirkung unabhängig von der Turbulenz des Gewässers (siehe auch Erläuterungen Abschnitt 16.4/5).
Einzelwerte siehe Anhang 9 der Erläuterungen.
Wassergefährdungsklasse: 3 – stark wassergefährdender Stoff

Erste Hilfe:
Selbstschutz beachten. Verletzte an die frische Luft bringen. Bei Atemstörung Sauerstoffzufuhr, ggf. Beatmung. Benetzte Kleidungsstücke, Schuhe und Strümpfe sofort ausziehen, in einen dichtschließenden Behälter (Sack) versorgen. Betroffene Körperstellen anhaltend mit Wasser und Seife spülen. Bei Augenkontakt die Augen 15 Minuten mit Wasser spülen. Augenlider dazu mit Daumen und Zeigefinger aufspreizen und gleichzeitig das Auge nach allen Seiten bewegen lassen. Für die Retter: Schutzkleidung und Gasmaske empfohlen. Verletzte nicht auskühlen lassen. Bei Erbrechen zumindest Kopf in Seitenlage bringen. Verletzte nur liegend transportieren. Bei Gefahr der Bewußtlosigkeit Lagerung und Transport in stabiler Seitenlage (siehe auch Merkblatt 2293a).

Hinweise für den Arzt:
Symptomatische Behandlung der Urtikaria ähnlichen Symptome. Symptomatische Behandlung der Reizsymptome der oberen Luftwege.

Tarn- und Decknamen

D: CX, Phosgenoxim, Grünkreuz, Nesselstoff

GB: CX, Phosgene oxime

USA: CX, Blister Agent

F: Phosgène oxime

I: Rotkreuz

In der Chemikalienliste des Chemiewaffenübereinkommens (CWÜ) von 1993 über das Verbot der Entwicklung, Herstellung, Lagerung und des Einsatzes chemischer Waffen sowie über die Vernichtung solcher Waffen ist der Stoff bzw. die Stoffgruppe enthalten.

Einsatz

Aerosole und Dämpfe

Einsatzmittel

Artilleriegranaten, Mörsergeschosse, Landminen, Bomben, Raketen, Sprühtanks und Mehrfachraketenwerfer

Personenentgiftung

Im Vordergrund steht die Behandlung der Reizsymptomatik und die Verhinderung der weiteren Kontamination mit dem Kampfstoff.
Sanitäter und Helfer arbeiten unter Schutzkleidung.
Für den Geschädigten sind folgende Maßnahmen vor dem Abtransport erforderlich:

- Entfernung der gesamten Kleidung, zumindest aber der kontaminierten Kleidungsstücke,
- gründliche Reinigung der Haut mit Alkohol und anschließend mit einer 3–4%igen Natriumhydrogencarbonatlösung bzw. Entgiftung der kontaminierten Hautareale mit Ammoniaklösung (Salmiakgeist), in Ausnahmefällen mit Kaliumpermanganat (verfärbt die Haut) und anschließende Reinigung der kontaminierten Körperoberfläche (einschließlich der Haare) mit Wasser und Seife bzw. mit 3%iger Natriumhydrogencarbonatlösung.
- Spülung der Augen mit einer 3–4%igen Natriumhydrogencarbonatlösung.
- Atemwegsprophylaxe mit dem Auxiloson-Dosier-Aerosol (initial 5 Hübe hintereinander und weitere 5 Hübe nach 10 Minuten),
- steht eine Dusche zur Verfügung, sollte unbedingt der gesamte Körper gründlich mit Wasser und Seife bzw. einem Waschmittel gereinigt werden.

Für den Transport muß der Geschädigte in Wärmedecken eingehüllt werden.

Vor dem weiteren Abtransport mit einem Krankenwagen oder einem Hubschrauber in ein Krankenhaus hat unbedingt eine vollständige Entgiftung des gesamten Körpers zu erfolgen. Bei Unterlassung der Dekontamination würden die Kampfstoffausdunstungen der kontaminierten Haare und der kontaminierten Kleidung das Personal des Transportfahrzeuges gefährden. Außerdem hat vor dem Abtransport ein Arzt die erste ärztliche Hilfe zu erweisen. Durch diese Hilfemaßnahmen wird die Schädigung der Haut wesentlich verringert, und durch die frühzeitige Gabe von Antidoten werden die systemischen Schädigungen der inneren Organe verhindert.

Entgiftung/Dekontamination von Sachen und Geräten

Selbstschutz beachten, Schutzkleidung und Schutzmaske tragen, bzw. Schutzmaske griffbereit halten. Nach dem Arbeiten Schutzkleiung dekontaminieren, ebenso Geräte und Materialien, die für die Entgiftung/Dekontamination verwendet wurden (mindestens 24 Stunden in Entgiftungslösung belassen, nachfolgend gründlich abspülen, Verbrennung zuführen; unter „Feldbedingungen“ mit Wasser und Seifenlösung reinigen).
Entgiftungslösungen erst unmittelbar vor der Aufnahme der Arbeiten herstellen.

Geeignet sind:
5–10%ige Alkalilaugen
oder alkalische Natriumsulfidlösungen
oder Hexamethylentetramin

Dekontamination von Gebäuden

Gebäude und Bauten aus Holz, Ziegelsteinen, Beton, Mörtel, Zement können infolge ihrer hohen Porösität sowohl Gase/Dämpfe als auch Flüssigkeiten aufnehmen und in tiefere Schichten verteilen, so dass i.a. nur Abriss und nachfolgende Verbrennung möglich sind.
Als erste Maßnahme können evtl. Waschverfahren mit alkalischer Seifenlösung (Zusatz von Schmierseife) angewandt werden.
Leichte oberflächliche Behaftungen können mit Chlorkalk, der alle 24 Stunden erneuert wird, abgedeckt werden. Austretende Gase und Dämpfe werden so teilweise entgiftet.

Entgiftung/Dekontamination im Gelände

Betroffene Geländeabschnitte, Straßen, Plätze u.ä. absperren, Menschen und Nutztiere evakuieren.
Bei oberflächlichen Kontaminationen reicht es meist aus, 10–20 cm Boden abzutragen, mit Brennstoff zu übergießen und abzubrennen.
Bei extremen Kontaminationen muß bis zu 1 m Boden ausgehoben und einer geordneten Verbrennung mit Nachverbrennung zugeführt werden.
Das Abbrennen von Grasflächen ist eine erste Maßnahme, führt aber meist nicht zur vollständigen Entgiftung.
Abdecken des Geländes mit alkalischen Schlacken oder mit Chlorkalk/Sand ist als Sofortmaßnahme geeignet, bietet jedoch keinen ausreichenden Schutz gegen austretende Gase und Dämpfe.
Mehrmaliges Abschwemmen mit viel Wasser und Abdecken mit einer Sperrschicht ist eine erste Maßnahme, die sich vor allem für weniger toxische Stoffe eignet.
(Auch nach Jahrzehnten können Kampfstoffe im Boden konserviert werden, selbst unter Wasserlachen [Loste] und ihre vollständige Aktivität behalten!)

Dekontamination von Leder und Textilien

Kontaminierte Kleidungsstücke, Textilien und Lederwaren mit Entgiftungspuder oder Entgiftungslösung besprühen, ggf. in Seifenlauge (unter Zusatz von Schmierseife) kochen, anschließend einer geordneten Verbrennung zuführen.

Formel:	Summen-Formel: C10–H5–Cl–N2	UN-Nr.

Merkblatt

2294

Stoffname

Deutsch	*Englisch*	*Französisch*
o-Chlorbenzyliden malononitril Chlorbenzalmalonitril 2-Chlorbenzyliden malodinitril cs-Stoff (2-Chlorbenzyliden)-malonsäuredinitril	**o-Chlorobenzylidene malononitrile** (2-Chlorobenzylidene)-malononitrile ((2-Chlorophenyl)methylene) propanedinitrile beta,beta-Dicyano-o-chlorostyrene 2-Chlorobenzalmalononitrile	**Dinitrile d'acide (2-chlorbenzylidène) malonitrile** *Spanisch* **Dinitrilo del ácido (2-chlorobenciliden)malónico**

Gefahren-Diamant

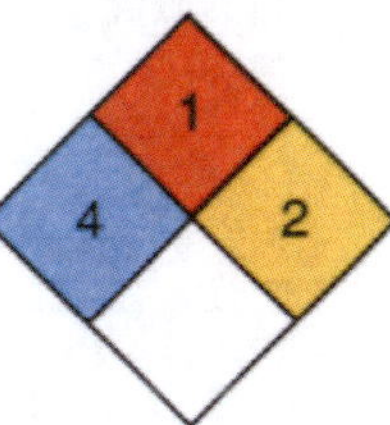

Hazchem-Code: 2XE

Tarn- und Decknamen siehe Merkblatt 2294a

Technische Daten

Siedepunkt	310–313 °C*
Dampfdruck in mbar bei 20 °C	0,00034
Dampfdichteverhältnis, Luft = 1	6,52
Schmelzpunkt	95 °C
Mischbarkeit mit Wasser	sehr geringfügig**
Spez. Gewicht, Wasser = 1	1,04
Molare Masse	188,62

Feuerbekämpfungsdaten

Flammpunkt	195 °C
Zündfähiges Gemisch, Vol.-%	25–
Zündtemperatur	

* Zersetzung
** langsame Reaktion mit Wasser

Gefahrgut:*
IMDG-Code: UN-Nr.
ICAO/IATA DGR: UN-Nr.
ADR/RID/ADNR: UN-Nr.
Gefahrzettel (Label) Nr.
Richtige Versandbezeichnung (PSN):
Land/BinSch:
See/Luft:

Klassifizierung:
Kl. Verp. Gr. EMS: **F-** ; **S-**
Kl. Verp. Gr.
Kl. Klassifiz. Code Verp. Gr.

* Transport erfolgt nach Sondervorschriften

Gefahrstoff:
CAS Nr.: 2698-41-1 RTECS-Nr.: OO3675000
EG-Nr.: 220-278-9 INDEX-Nr.:
EG-Einstufung: nein
Symbol: T*
R-Sätze: 36/38-23/24/25*
S-Sätze: 13-45*

* Expertenvorschlag

Erscheinungsbild: Farblose bis weiße kristalline Masse oder kristallines Pulver. Pfefferartiger Geruch. Die Substanz kommt auch in flüssiger Form, meistens als Lösung in Dimethylsulfoxid (DMSO) und Aceton zum Einsatz.

Verhalten bei Freiwerden und Vermischen mit Luft: Giftiger, sehr stark reizender, umweltgefährlicher und brennbarer fester Stoff. Bei Aufwirbelung des Staubes bilden sich giftige, umweltgefährliche und explosionsfähige Gemische mit Luft. Bei Brand oder Erhitzung bis zur Zersetzung (z. B. durch Umgebungsbrände oder heiße Oberflächen) erfolgt Zersetzung unter Bildung von giftigen und ätzenden Gasen und Dämpfen, die im Wesentlichen aus nitrosen Gasen (Stickstoffoxiden) und Chlorwasserstoff(gas) bzw. Salzsäuredämpfen bestehen und auch Kohlendioxid und Kohlenmonoxid enthalten.

Verhalten bei Freiwerden und Vermischen mit Wasser: Der Stoff ist geringfügig schwerer als Wasser und sinkt langsam unter. Er löst sich nur sehr geringfügig in Wasser. Es bilden sich giftige, stark reizende und umweltgefährliche Gemische mit Wasser, die auch bei Verdünnung noch wirksam sind. Mit Wasser erfolgt eine sehr langsame Hydrolyse.

Gesundheitsgefährdung: Die Substanz wirkt in Aerosolform sehr stark reizend auf die Haut sowie die Schleimhäute der Augen, des Nasen-Rachenraumes und des Atemtraktes. Innerhalb weniger Sekunden entsteht in den Augen eine schwere Bindehautentzündung, als Nachwirkung kann Lichtscheuheit oder „müdes Gefühl" in den Augen auftreten. Lungenödem bei massivem Einatmen der Aerosole möglich.
Symptome: Brennendes Gefühl in den Augen, im Rachenraum, schmerzhaftes Brennen in der Brust, Angstgefühle, Atembeschwerden, Tränenfluß, starker Speichel- und Nasenfluß, evtl. Nasenbluten. An der Haut starkes Brennen, das durch Feuchtigkeit (Schweiß, Tränen) verstärkt wird. Die Hautreizungen bleiben auch nach dem Waschen für einige Stunden bestehen, Erythrem- und Blasenbildung möglich. Erste Symptome (Mensch) ab Konzentrationen von 2–10 mg/m^3. ICt_{50}: 20 mg x min/m^3; 80 mg x min/m^3 absolut unerträglich. Lungenschäden bei 2700 mg x min/m^3. LCt_{50} (Personen mit mittlerem Atemminutenvolumen, AMV): 61.000 mg x min/m^3 (WHO: 10.000 mg x min/m^3)
Nach Einatmen oder Hautkontakt in jedem Fall – auch bei Ausbleiben der Symptome – den Arzt aufsuchen.
Nach Kontakt der Substanz mit den Augen ist in jedem Fall ein Augenarzt aufzusuchen.

Geruchsschwelle = Luftgrenzwert =

Bemerkungen: Der Stoff ist löslich in vielen organischen Lösemitteln, insbesondere jedoch in Aceton, Methylenchlorid, Dioxan, Ethylacetat und Benzol. Die Substanz reagiert bei Kontakt oder Mischung mit starken Oxidationsmitteln.

Sicherheitsmaßnahmen für Fahrzeugbesatzung, Polizei, Feuerwehr und Rettungskräfte:
Polizei und Feuerwehr alarmieren.
Im Gefahrenbereich umluftunabhängiges (schweres) Atemschutzgerät und volle Schutzkleidung tragen. Bei Erhitzung des Stoffes oder bei Brand **im Gefahrenbereich** Maschine stoppen, Zündung abstellen, offenes Feuer löschen, nicht rauchen, kein elektrisches Gerät und keinen Schalter mit Funkenbildung betätigen.
Wasserschutzpolizei und Feuerwehr: Bei Erhitzung des Stoffes kein Boot mit Ottomotor einsetzen. Bei Dieselantrieb Sicherheitsschaltung veranlassen. Nach dem Einsatz Kühlwasserkreislauf überprüfen. Beim Retten nicht ins Wasser springen.

Schutz- und Einsatzmaßnahmen: Alle unbeteiligten Personen nach Luv (gegen den Wind) entfernen. Achtung, falls freiwerdendes Gut in die Kanalisation oder in Abwasserleitungen von Schiffen gerät, entstehen giftige, stark reizende und umweltgefährliche Gemische mit Abwasser. Auf Wasserstraßen Schiffahrtssperre. An Land gefährdetes Gebiet absperren. Bei starker Erhitzung oder Brand entstehen giftige Gase und Dämpfe bzw. Dampf-/Luftgemische. In diesem Fall große Sicherheitszone bilden. In Wohn- und Industriegebieten Anwohner warnen. Zuständige Behörden unterrichten.

Bekämpfung der Unfallfolgen:
Feuer: Bei kleinem Brandherd Löschpulver, Wassersprühstrahl, Kohlensäure oder Schaum. Bei großem Brandherd Schaum oder Wassersprühstrahl. Behälter mit Wassersprühstrahl kühlen und nach Möglichkeit aus der Gefahrenzone ziehen. Achtung, das Löschwasser ist giftig und umweltgefährlich. Es muß aufgefangen werden und darf nicht unbehandelt in die Kanalisation, in Gewässer oder in das Grundwasser gelangen.
Leckage: Leck schließen, wenn ohne Risiko möglich.
Fließendes Gewässer: Trink-, Brauch- und Kühlwasserentnehmer verständigen.
Stehendes Gewässer: Absperren. Fahrzeugbesatzungen im gefährdeten Gebiet warnen.
An Land: Kanalisation abdichten. Auffangen, eindeichen und abbergen. In Wohn- und Industriegebieten alle tiefliegenden Räume abdichten. Alle Zündquellen beseitigen. Restmengen mit nicht brennbarem, saugfähigem Material wie z. B. trockener Erde, Sand, Kieselgur, Universalbinder oder Vermiculit abdecken und an sichere Deponie zur Vernichtung transportieren.

Gewässerverunreinigung:
GefStoffV/EG:
Gesamtbewertung nach Unfall:
Einzelwerte siehe Anhang 9 der Erläuterungen.
Wassergefährdungsklasse:

Erste Hilfe:
Selbstschutz beachten. Verletzte an die frische Luft bringen. Bei Atemstörung Sauerstoffzufuhr, ggf. Beatmung. Benetzte Kleidungsstücke, Schuhe und Strümpfe sofort ausziehen, in einen dichtschließenden Behälter (Sack) versorgen. Betroffene Körperstellen anhaltend mit Wasser und Seife spülen. Bei Augenkontakt die Augen 15 Minuten mit Wasser spülen. Augenlider dazu mit Daumen und Zeigefinger aufspreizen und gleichzeitig das Auge nach allen Seiten bewegen lassen. Für die Retter: Schutzkleidung und Gasmaske empfohlen. Verletzte nicht auskühlen lassen. Bei Erbrechen zumindest Kopf in Seitenlage bringen. Verletzte nur liegend transportieren. Bei Gefahr der Bewußtlosigkeit Lagerung und Transport in stabiler Seitenlage (siehe auch Merkblatt 2294a).

Hinweise für den Arzt:
Symptomatische Behandlung („Tränengas"). Nach Ingestion: Absaugen des Mageninhalts erwägen, wenn Ingestionszeitpunkt weniger als 60 Minuten zurückliegt.

Tarn- und Decknamen

D: CS, CS-Stoff, OCBM, CB

GB: CS, OCBM, o-Chlorobenzylidene, Malonitrile

USA: CS, TL238, USA KF-11, OCBM, 2-Chlorobum

F: Dinitrile d'acide (2-chlorbenzylidène) malonitrile

ESP: Dinitrolo del ácido (2-clorobenciliden)malónico

I: (2-clorobenziliden)-malodinitrile

O-Chlorbenzyliden malonitril ist ein starker Tränenreizstoff, der nach den Entdeckern Carson und Stoughton (1928) auch CS-Stoff genannt wird.
Die Substanz ist als Wirkstoff nach § 15 Abs. 2 Waffengesetz für Reizstoffsprühgeräte und Reizstoffmunition zugelassen.

CS = festes Aerosol mit mindestens 96% Reinheit
CS1 = 95% CS und 5% Silicagel
CS2 = CS und Komponente zur Verringerung der Hydrolyse

Personenentgiftung

Im Vordergrund steht die Behandlung der Reizsymptomatik und die verhinderung der weiteren Einwirkung des Reizstoffes.
Für den Geschädigten sind folgende Maßnahmen erforderlich:
- Aufsetzen der Schutzmaske und Abtransport aus dem Wirkungsbereich des Reizstoffes,
- Schutz der Augen vor dem direkten Kontakt mit flüssigem Reizstoff,
- Entfernung der gesamten Kleidung,
- kein Duschen oder Baden in den ersten sechs Stunden nach der Kontamination mit dem Reizstoff, Wasser ist in dieser Zeit nicht für die Dekontaminierung geeignet (verstärkt wesentlich den Schmerzreiz),
- Augen und Schleimhäute sind mit einer 4%igen Natriumhydrogencarbonatlösung gründlich zu spülen,
- Abwaschen der Haut mit Alkohol oder Glycerin,
- die Kleidung ist vor dem Wiederanziehen gründlich zu lüften bzw. es ist nichtkontaminierte Kleidung anzuziehen,
- Wunden sind mit einer 4%igen Natriumhydrogencarbonatlösung bzw. mit Alkohol zu reinigen, danach ist ein Mullverband anzulegen,
- starke Blutungen sind mit einem Druckverband zu versorgen (in Ausnahmefällen kann im Interesse eines schnellen Abtransportes aus dem Wirkungsherd vorübergehend eine Abschnürung angelegt werden),

Für den Abtransport muß der Geschädigte in Wärmedecken eingehülllt werden.

Entgiftung/Dekontamination von Sachen und Geräten

Selbstschutz beachten, Schutzkleidung und Schutzmaske tragen, bzw. Schutzmaske griffbereit halten. Nach dem Arbeiten Schutzkleiung dekontaminieren, ebenso Geräte und Materialien, die für die Entgiftung/Dekontamination verwendet wurden (mindestens 24 Stunden in Entgiftungslösung belassen, nachfolgend gründlich abspülen, Verbrennung zuführen; unter „Feldbedingungen“ mit Wasser und Seifenlösung reinigen).
Entgiftungslösungen erst unmittelbar vor der Aufnahme der Arbeiten herstellen.

Geeignet sind:
Geräte mit Entgiftungspuder oder Chemikalenbinder einstäuben, mechanisch aufnehmen, oder Geräte mit Lösungen starker Oxidationsmittel behandeln:
Chlorkalkbrei (Chlorkalk:Wasser, 1:1)
oder 10% Chloramin T oder B in Wasser
oder 10% Dichloramin in Dichlorethan
oder 5% Hexachlormelamin in Dichlorethan oder Kohlenstoffetrachlorid
oder gesättigte Natriumhypochloritlösung
oder 3%ige alkalische Kaliumpermanganatlösung
oder 10%ige Wasserstoffperoxidlösung

Dekontamination von Gebäuden

Gebäude und Bauten aus Holz, Ziegelsteinen, Beton, Mörtel, Zement können infolge ihrer hohen Porösität sowohl Gase/Dämpfe als auch Flüssigkeiten aufnehmen und in tiefere Schichten verteilen, so dass i.a. nur Abriss und nachfolgende Verbrennung möglich sind.
Als erste Maßnahme können evtl. Waschverfahren mit alkalischer Seifenlösung (Zusatz von Schmierseife) angewandt werden.
Leichte oberflächliche Behaftungen können mit Chlorkalk, der alle 24 Stunden erneuert wird, abgedeckt werden. Austretende Gase und Dämpfe werden so teilweise entgiftet.

Entgiftung/Dekontamination im Gelände

Betroffene Geländeabschnitte, Straßen, Plätze u. ä. absperren, Menschen und Nutztiere evakuieren.
Bei oberflächlichen Kontaminationen reicht es meist aus, 10–20 cm Boden abzutragen, mit Brennstoff zu übergießen und abzubrennen.
Bei extremen Kontaminationen muß bis zu 1 m Boden ausgehoben und einer geordneten Verbrennung mit Nachverbrennung zugeführt werden.
Das Abbrennen von Grasflächen ist eine erste Maßnahme, führt aber meist nicht zur vollständigen Entgiftung.
Abdecken des Geländes mit alkalischen Schlacken oder mit Chlorkalk/Sand ist als Sofortmaßnahme geeignet, bietet jedoch keinen ausreichenden Schutz gegen austretende Gase und Dämpfe.
Mehrmaliges Abschwemmen mit viel Wasser und Abdecken mit einer Sperrschicht ist eine erste Maßnahme, die sich vor allem für weniger toxische Stoffe eignet.
(Auch nach Jahrzehnten können Kampfstoffe im Boden konserviert werden, selbst unter Wasserlachen [Loste] und ihre vollständige Aktivität behalten!)

Dekontamination von Leder und Textilien

Kontaminierte Kleidungsstücke, Textilien und Lederwaren mit Entgiftungspuder oder Entgiftungslösung besprühen, ggf. in Seifenlauge (unter Zusatz von Schmierseife) kochen, anschließend einer geordneten Verbrennung zuführen.

Formel: $CH_3–N<^{CH_2–CH_2–Cl}_{CH_2–CH_2–Cl}$ **Summen-Formel:** C5–H11–Cl2–N **UN-Nr.**

Merkblatt

2295

Gefahren-Diamant

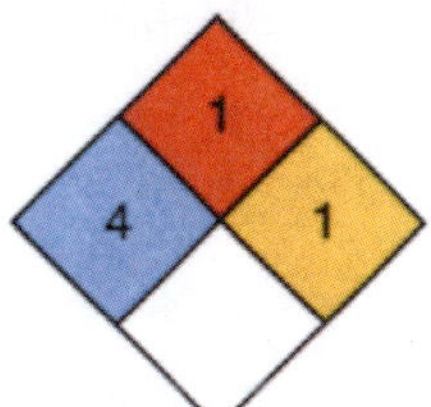

Hazchem-Code:
2 XE

Stoffname

Deutsch

Chlormethin
Bis-(2-chlorethyl)-methylamin
2,2'-Dichlordiethyl-N-methylamin
N-Methyl-bis(2-chlorethyl)-amin
2,2'Dichlor-N-methyldiethylamin
Mechlorethamin
Stickstofflost
HN2

Englisch

Chlormethin
Mechlorethamine
2-Chloro-N-(2-chloroethyl)-N-methyl ethanamine
N,N'-bis-(2-chloroethyl)-N-methylamine
bis(β-chloroethyl)methylamine
2,2'-Dichloro-N-methyl-diethylamine
HN2

Französisch

Chlorméthine
Bis(2-chloréthyl)-méthylamin
HN2

Spanisch

Clormetina
Bis(2-cloretil)-metilamin
Mechloretamina
HN2

Tarn- und Decknamen siehe Merkblatt 2295a

Technische Daten

Siedepunkt	71 °C bei 12 mbar
Dampfdruck in mbar bei 20 °C	0,39
Dampfdichteverhältnis, Luft = 1	5,39
Schmelzpunkt	–60 °C
Mischbarkeit mit Wasser	sehr geringfügig*
Spez. Gewicht, Wasser = 1	1,130
Molare Masse	156,06

Feuerbekämpfungsdaten

Flammpunkt	brennbare Flüssigkeit
Zündfähiges Gemisch, Vol.-%	
Zündtemperatur	

* 12 g/l bei 20 °C.

Gefahrgut:*
IMDG-Code: UN-Nr.
ICAO/IATA DGR: UN-Nr.
ADR/RID/ADNR: UN-Nr.
Gefahrzettel (Label) Nr.
Richtige Versandbezeichnung (PSN):
Land/BinSch:
See/Luft:

Klassifizierung:
Kl. Verp. Gr. EMS: **F-** ; **S-**
Kl. Verp. Gr.
Kl. Klassifiz. Code Verp. Gr.

* Transport erfolgt nach Sondervorschriften

Gefahrstoff:
CAS Nr.: 51-75-2
RTECS-Nr.: IA 1750000
EG-Nr.: 200-120-5
INDEX-Nr.:
EG-Einstufung: nein
Symbol: T+*
R-Sätze: 26/27/28*
S-Sätze: 13-45*

* Expertenvorschlag

Erscheinungsbild: Farblose bis gelbliche ölige Flüssigkeit, schwacher Geruch nach Kernseife. Bei geringen Konzentrationen fruchtiger Geruch.

Verhalten bei Freiwerden und Vermischen mit Luft: Extrem giftige, stark haut-, augen-, und lungenschädigende, umweltgefährliche und brennbare Flüssigkeit mit relativ hohem Flammpunkt. Bei starker Erhitzung bilden sich gesundheitsschädliche, umweltgefährliche und explosionsfähige Gemische mit Luft. Sie sind schwerer als Luft und kriechen am Boden entlang. Entzündung durch heiße Oberflächen, Funken oder offene Flammen. Bei Erhitzung bis zur Zersetzung (z. B. durch Umgebungsbrände oder heiße Oberflächen) und bei Brand bilden sich giftige und ätzende Gase bzw. Dämpfe, die im Wesentlichen aus nitrosen Gasen, Cyanwasserstoff(gas = Blausäure) und Chlorwasserstoff(gas) bzw. Salzsäuredämpfen bestehen und auch Kohlenmonoxid sowie Kohlendioxid enthalten.

Verhalten bei Freiwerden und Vermischen mit Wasser: Der Stoff ist geringfügig schwerer als Wasser und sinkt langsam unter. Er löst sich nur geringfügig in Wasser. Es bilden sich extrem giftige, haut-, augen- und lungenschädigende Gemische mit Wasser, die auch bei starker Verdünnung noch wirksam sind. Mit Wasser erfolgt Hydrolyse zu hydroxylierten Derivaten, Dimeren und Chlorwasserstoff(gas) bzw. Salzsäurelösungen.

Gesundheitsgefährdung: Nach Hautkontakt beschwerdefreier Intervall von mehreren Stunden, Blasenbildung mit nekrotischem Zerfall; Augenschädigung ab 0,007 mg/l Luft bereits nach 15 min Einwirkung. Direkte Einwirkung der Substanz am Auge führt zu eitrigen Entzündungen, Hornhauttrübung und Nekrosen. Starke Lungenschädigung, Lungenödem. Nach Verschlucken schwere neurotoxische Schädigung meist mit tödlichem Ausgang, Psychosen (mit Bewußtseinstrübung, Halluzinationen, Euphorie, Antriebssteigerung, motorische Unruhe) können 4 Wochen und länger anhalten. Tödliche Dosis für den Menschen: 4–6 mg/kg. LCt_{50} in mg x min/m³: Inhalativ: 3000 Perkutan (mit Maske): –. ICt_{50} in mg x min/m³: Augen: 100. Perkutan: zwischen 2500 und 9000. Bei Brand oder Erhitzen bis zur Zersetzung Bildung von Chlorwasserstoff (s. auch Merkblatt 63) und nitrosen Gasen (s. auch Merkblatt 150).
Symptome: Rötung von Haut und Augen, starker Juckreiz, Blasenbildung, schlecht heilende Nekrosen, Augenschäden, Erblindungsgefahr, Kopfschmerz, Übelkeit, Erbrechen, Bauchschmerzen, Appetitlosigkeit, Schwäche, Kraftlosigkeit, Husten- und Tränenreiz, Erstickungsanfälle.
Nach Einatmen oder Hautkontakt in jedem Fall – auch bei Ausbleiben der Symptome – den Arzt aufsuchen.
Nach Kontakt der Substanz mit den Augen ist in jedem Fall ein Augenarzt aufzusuchen.

Geruchsschwelle = Luftgrenzwert =

Bemerkungen: Der Stoff ist löslich in Dimethylformamid, Tetrachlormethan und Schwefelkohlenstoff. Die Substanz ist normalerweise auch bei Abwesenheit von Licht, Luft und Feuchtigkeit nicht stabil.
In der Chemikalienliste des Chemiewaffenübereinkommens (CWÜ) von 1993 über das Verbot der Entwicklung, Herstellung, Lagerung und des Einsatzes chemischer Waffen sowie über die Vernichtung solcher Waffen ist der Stoff bzw. die Stoffgruppe enthalten.

Sicherheitsmaßnahmen für Fahrzeugbesatzung, Polizei, Feuerwehr und Rettungskräfte:
Polizei und Feuerwehr alarmieren.
Im Gefahrenbereich Maschine stoppen. Sofort volle Schutzkleidung und umluftunabhängiges (schweres) Atemschutzgerät tragen. Bei starker Erhitzung oder Brand nicht rauchen, offenes Feuer löschen, kein elektrisches Gerät und keinen Schalter mit Funkenbildung betätigen.
Wasserschutzpolizei und Feuerwehr: Beim Retten nicht ins Wasser springen. Bei starker Erhitzung kein Boot mit Ottomotor einsetzen. Bei Dieselantrieb Sicherheitsschaltung veranlassen. Nach dem Einsatz Kühlwasserkreislauf überprüfen.

Schutz- und Einsatzmaßnahmen: Alle unbeteiligten Personen nach Luv (gegen den Wind) entfernen. Achtung, falls freiwerdendes Gut in die Kanalisation oder in Abwasserleitungen von Schiffen gerät, bilden sich extrem giftige, stark haut-, augen-, lungenschädigende und umweltgefährliche Gemische mit Abwasser. Experten hinzuziehen. Auf Wasserstraßen Schiffahrtssperre. An Land gefährdetes Gebiet absperren. Große Sicherheitszone bilden. In Wohn- und Industriegebieten Anwohner warnen. Gefährdetes Gebiet ggf. evakuieren.

Konzentrationsmessung explosionsfähiger bzw. giftiger Dämpfe siehe Tabelle (Anhang 6 der Erläuterungen).

Zuständige Behörden unterrichten.

Bekämpfung der Unfallfolgen:
Feuer: Bei kleinem Brandherd Löschpulver, Wassersprühstrahl, Kohlensäure oder Schaum. Bei großem Brandherd Schaum oder Wassersprühstrahl. Behälter mit Wassersprühstrahl kühlen und nach Möglichkeit aus der Gefahrenzone ziehen. Achtung, das Löschwasser ist giftig und umweltgefährlich. Es muß aufgefangen werden und darf nicht unbehandelt in die Kanalisation, in Gewässer oder in das Grundwasser gelangen.
Leckage: Leck schließen, wenn ohne Risiko möglich.
Fließendes Gewässer: Trink-, Brauch- und Kühlwasserentnehmer verständigen.
Stehendes Gewässer: Absperren. Fahrzeugbesatzungen im gefährdeten Gebiet warnen.
An Land: Kanalisation abdichten. Auffangen, eindeichen und abbergen. In Wohn- und Industriegebieten alle tiefliegenden Räume abdichten. Alle Zündquellen beseitigen. Restmengen mit nicht brennbarem, saugfähigem Material wie z. B. trockener Erde, Sand, Kieselgur, Universalbinder oder Vermiculit abdecken und an sichere Deponie zur Vernichtung transportieren.

Gewässerverunreinigung:
GefStoffV/EG:
Gesamtbewertung nach Unfall: Gruppe IV, hohe bis sehr hohe, (extrem hohe) toxische Wirkung unabhängig von der Turbulenz des Gewässers (siehe auch Erläuterungen Abschnitt 16.4/5).
Einzelwerte siehe Anhang 9 der Erläuterungen.
Wassergefährdungsklasse:

Erste Hilfe:
Selbstschutz beachten. Verletzte an die frische Luft bringen. Bei Atemstörung Sauerstoffzufuhr, ggf. Beatmung. Benetzte Kleidungsstücke, Schuhe und Strümpfe sofort ausziehen, in einen dichtschließenden Behälter (Sack) versorgen. Betroffene Körperstellen anhaltend mit Wasser und Seife spülen. Bei Augenkontakt die Augen 15 Minuten mit Wasser spülen. Augenlider dazu mit Daumen und Zeigefinger aufspreizen und gleichzeitig das Auge nach allen Seiten bewegen lassen. Für die Retter: Schutzkleidung und Gasmaske empfohlen. Verletzte nicht auskühlen lassen. Bei Erbrechen zumindest Kopf in Seitenlage bringen. Verletzte nur liegend transportieren. Bei Gefahr der Bewußtlosigkeit Lagerung und Transport in stabiler Seitenlage (siehe auch Merkblatt 2295a).

Hinweise für den Arzt:
Hautläsionen wie Verbrennungen höheren Grades behandeln. Augenläsionen: Nach ausgiebiger Spülung Augenarzt hinzuziehen. Akute Symptome des Atemtraktes: Symptomatisch behandeln. Sytemische Wirkung: Schwere Knochenmarksdepression kann die Behandlung mit GM-CSF erforderlich machen. Hämatologen hinzuziehen.

Tarn- und Decknamen

D: HN 2, Stickstofflost 2

GB: MBA, HN2, MAB

USA: HN2, MBA, MEC, ENT-25294, Chlorethazine, Chlormethine, Mechlorethamine, Mustargen, Mustine, Mutagen, N-Methyl-lost, NSC 762, Nitrogen mustard, T1024, TL 146, Blister Agent 2

F: HN 2

ESP: HN2, Bis(2-cloretil)metilamina

UdSSR: TO, HN2

Produktion und Einsatz

Keine Produktion in Deutschland. Produktion in Pilotanlagen im Weltkrieg II in Großbritannien. Produktion in kleinen Mengen im Weltkrieg II in USA und UdSSR.

Personenentgiftung

Im Vordergrund steht die Behandlung der Reizsymptomatik und die Verhinderung der weiteren Kontamination mit dem Kampfstoff. Die Entgiftung ist innerhalb von 15 Minuten zu beginnen und zügig durchzuführen, damit ein Eindringen des Kampfstoffes in die tieferen Hautschichten verhindert wird. Sanitäter und Helfer arbeiten unter Schutzkleidung.
Für den Geschädigten sind folgende Maßnahmen vor dem Abtransport erforderlich:
- Entfernung der gesamten Kleidung, zumindest aber der kontaminierten Kleidungsstücke,
- gründliche Reinigung der Haut mit Chloramin oder 3–4%iger Natriumhydrogencarbonatlösung bzw. in Ausnahmefällen mit Kaliumpermanganat (verfärbt die Haut!) und anschließende Reinigung der kontaminierten Körperoberfläche (einschließlich der Haare) mit Wasser und Seife.
- Spülung der Augen mit einer 3–4%igen Natriumhydrogencarbonatlösung.
- Atemwegsprophylaxe mit dem Auxiloson-Dosier-Aerosol (initial 5 Hübe hintereinander und weitere 5 Hübe nach 10 Minuten),
- steht eine Dusche zur Verfügung, sollte unbedingt der gesamte Körper gründlich mit Wasser und Seife bzw. Waschmittel gereinigt werden, Haare waschen mit Natriumhydrogencarbonatlösung (3–4%ig).

Für den Transport muß der Geschädigte in Wärmedecken eingehüllt werden.

Vor dem weiteren Abtransport mit einem Krankenwagen oder einem Hubschrauber in ein Krankenhaus hat unbedingt eine vollständige Entgiftung des gesamten Körpers zu erfolgen. Bei Unterlassung der Dekontamination würden die Kampfstoffausdunstungen der kontaminierten Haare und der kontaminierten Kleidung das Personal des Transportfahrzeuges gefährden. Außerdem hat vor dem Abtransport ein Arzt die erste ärztliche Hilfe zu erweisen. Durch diese Hilfemaßnahmen wird die Schädigung der Haut wesentlich verringert, und durch die frühzeitige Gabe von Antidoten werden die systemischen Schädigungen der inneren Organe verhindert.

Entgiftung/Dekontamination von Sachen und Geräten

Selbstschutz beachten, Schutzkleidung und Schutzmaske tragen, bzw. Schutzmaske griffbereit halten. Nach dem Arbeiten Schutzkleiung dekontaminieren, ebenso Geräte und Materialien, die für die Entgiftung/Dekontamination verwendet wurden (mindestens 24 Stunden in Entgiftungslösung belassen, nachfolgend gründlich abspülen, Verbrennung zuführen; unter „Feldbedingungen" mit Wasser und Seifenlösung reinigen).
Entgiftungslösungen erst unmittelbar vor der Aufnahme der Arbeiten herstellen.

Geeignet sind Lösungen von:
10% Dichloramin in Dichlorethan
oder 5% Hexachlormelamin in Dichlorethan
oder gesättigte Lösung von Natriumthiosulfat in Wasser
oder Chlorkalkbrei (1:1) unter Zusatz von 10% konz. Chlorwasserstoffsäure

Dekontamination von Gebäuden

Gebäude und Bauten aus Holz, Ziegelsteinen, Beton, Mörtel, Zement können infolge ihrer hohen Porösität sowohl Gase/Dämpfe als auch Flüssigkeiten aufnehmen und in tiefere Schichten verteilen, so dass i.a. nur Abriss und nachfolgende Verbrennung möglich sind.
Als erste Maßnahme können evtl. Waschverfahren mit alkalischer Seifenlösung (Zusatz von Schmierseife) angewandt werden.
Leichte oberflächliche Behaftungen können mit Chlorkalk, der alle 24 Stunden erneuert wird, abgedeckt werden. Austretende Gase und Dämpfe werden so teilweise entgiftet.

Entgiftung/Dekontamination im Gelände

Betroffene Geländeabschnitte, Straßen, Plätze u. ä. absperren, Menschen und Nutztiere evakuieren.
Bei oberflächlichen Kontaminationen reicht es meist aus, 10–20 cm Boden abzutragen, mit Brennstoff zu übergießen und abzubrennen.
Bei extremen Kontaminationen muß bis zu 1 m Boden ausgehoben und einer geordneten Verbrennung mit Nachverbrennung zugeführt werden.
Das Abbrennen von Grasflächen ist eine erste Maßnahme, führt aber meist nicht zur vollständigen Entgiftung.
Abdecken des Geländes mit alkalischen Schlacken oder mit Chlorkalk/Sand ist als Sofortmaßnahme geeignet, bietet jedoch keinen ausreichenden Schutz gegen austretende Gase und Dämpfe.
Mehrmaliges Abschwemmen mit viel Wasser und Abdecken mit einer Sperrschicht ist eine erste Maßnahme, die sich vor allem für weniger toxische Stoffe eignet.
(Auch nach Jahrzehnten können Kampfstoffe im Boden konserviert werden, selbst unter Wasserlachen [Loste] und ihre vollständige Aktivität behalten!)

Dekontamination von Leder und Textilien

Kontaminierte Kleidungsstücke, Textilien und Lederwaren mit Entgiftungspuder oder Entgiftungslösung besprühen, ggf. in Seifenlauge (unter Zusatz von Schmierseife) kochen, anschließend einer geordneten Verbrennung zuführen.

Formel: $(C_6H_5)C(OH)CO_2H$ **Summen-Formel:** C14–H12–O3 **UN-Nr.**

Merkblatt

2296

Gefahren-Diamant

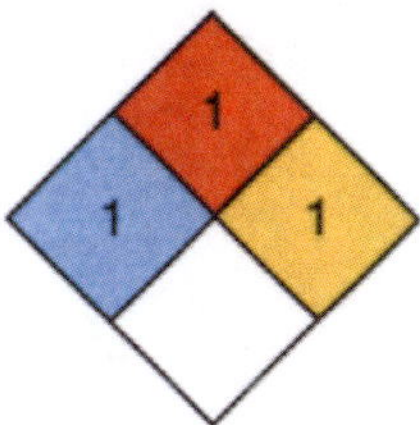

Hazchem-Code:

Stoffname

Deutsch

Benzilsäure
2,2-Diphenyl-2-hydroxyessigsäure
α-Hydroxy-α-phenylbenzolessigsäure
Diphenylglykolsäure
Hydroxydiphenylessigsäure

Englisch

Benzilic acide
alpha, alpha-Diphenylglycolic acid
Diphenylhydroxyacetic acid
Diphenylglycolic acid
alpha-Hydroxy-alpha-phenylbenzeneacetic acid
Hydroxydiphenylacetic acid

Französisch

Acide benzilique
Acide diphenylhydroxy acetique

Spanisch

Acido bencílico
Acido difenilhidroxi acético

Siehe Merkblatt 2296a

Technische Daten

Siedepunkt	180 °C
Dampfdruck in mbar bei 20 °C	
Dampfdichteverhältnis, Luft = 1	
Schmelzpunkt	150–153 °C
Mischbarkeit mit Wasser	geringfügig*
Spez. Gewicht, Wasser = 1	
Molare Masse	228,25

Feuerbekämpfungsdaten

Flammpunkt Zündfähiges Gemisch, Vol.-% Zündtemperatur	Brennbarer fester Stoff

* Wenig löslich in kaltem Wasser, leicht löslich in heißem Wasser.

Gefahrgut:
IMDG-Code: UN-Nr. * — Kl. — Verp. Gr. — EMS: **F**- ; **S**-
ICAO/IATA DGR: UN-Nr. * — Kl. — Verp. Gr.
ADR/RID/ADNR: UN-Nr. * — Kl. — Klassifiz. Code — Verp. Gr.
Gefahrzettel (Label) Nr.
Richtige Versandbezeichnung (PSN):
Land/BinSch:
See/Luft:

* Kein Gefahrgut im Sinne dieser Vorschriften.

Klassifizierung:

Gefahrstoff:
CAS Nr.: 76-93-7 — RTECS-Nr.: DD 2064000
EG-Nr.: 200-993-2 — INDEX-Nr.:
EG-Einstufung: nein
Symbol: Xn*
R-Sätze: 36/37/38-22*
S-Sätze: 13-45*

* Expertenvorschlag

Erscheinungsbild: Farbloses bis gelbliches, kristallines Pulver. Fast geruchlos. Bitterer Geschmack.

Verhalten bei Freiwerden und Vermischen mit Luft: Gesundheitsschädlicher und brennbarer fester Stoff. Bei Aufwirbelung des Staubes bilden sich gesundheitsschädliche und explosionsfähige Gemische mit Luft. Bei Brand oder Erhitzung bis zur Zersetzung (z. B. durch Umgebungsbrände oder heiße Oberflächen) erfolgt Zersetzung unter Bildung von giftigen und reizenden Stoffen, die im Wesentlichen aus nitrosen Gasen (Stickstoffoxiden) bestehen und auch Kohlendioxid sowie Kohlenmonoxid enthalten.

Verhalten bei Freiwerden und Vermischen mit Wasser: Die Substanz ist in kaltem Wasser wenig, in heißem Wasser jedoch leicht löslich. Es bilden sich gesundheitsschädliche und ätzende Gemische mit Wasser, die auch bei Verdünnung noch wirksam sind.

Gesundheitsgefährdung: Die Substanz, ihre Stäube, Aerosole und konzentrierten Lösungen wirken stark reizend beim Einatmen, beim Verschlucken und bei Hautkontakt. Die Stäube reizen die Augen. Nach massiver Staubinhalation kann es zum Lungenödem kommen, auch mit Verzögerung bis zu 2 Tagen. Bei Brand oder Erhitzen bis zur Zersetzung Bildung von toxischen, reizenden Substanzen.
Symptome: Brennen und Rötung betroffener Hautpartien und der Augen, Tränenreiz, Niesreiz, Husten, Atemnot, Schwindel, Benommenheit.
Nach Einatmen oder Hautkontakt in jedem Fall – auch bei Ausbleiben der Symptome – den Arzt aufsuchen. Nach Kontakt der Substanz mit den Augen ist in jedem Fall ein Augenarzt aufzusuchen.

Geruchsschwelle = — Luftgrenzwert =

Bemerkungen: Wässrige Lösungen, insbesondere in konzentrierter Form wirken stark ätzend auf Haut und Schleimhäute. Der Stoff reagiert heftig bei Kontakt oder Mischung mit starken Oxidationsmitteln.

Sicherheitsmaßnahmen für Fahrzeugbesatzung, Polizei, Feuerwehr und Rettungskräfte:
Polizei und Feuerwehr alarmieren.
Im Gefahrenbereich umluftunabhängiges (schweres) Atemschutzgerät und volle Schutzkleidung tragen. Bei Erhitzung des Stoffes oder bei Brand **im Gefahrenbereich** Maschine stoppen, Zündung abstellen, offenes Feuer löschen, nicht rauchen, kein elektrisches Gerät und keinen Schalter mit Funkenbildung betätigen.
Wasserschutzpolizei und Feuerwehr: Bei Erhitzung des Stoffes und bei Brand kein Boot mit Ottomotor einsetzen. Bei Dieselantrieb Sicherheitsschaltung veranlassen. Beim Retten nicht ins Wasser springen.

Schutz- und Einsatzmaßnahmen: Alle unbeteiligten Personen nach Luv (gegen den Wind) entfernen. Achtung, falls freiwerdendes Gut in die Kanalisation oder in Abwasserleitungen von Schiffen gerät, entstehen ätzende Gemische mit Abwasser. Auf Wasserstraßen Schiffahrtssperre. An Land gefährdetes Gebiet absperren. Bei starker Erhitzung oder Brand entstehen giftige und reizende Gase und Dämpfe bzw. Dampf-/Luftgemische. In diesem Fall große Sicherheitszone bilden. In Wohn- und Industriegebieten Anwohner warnen. Zuständige Behörden unterrichten.

Bekämpfung der Unfallfolgen:
Feuer: Bei kleinem Brandherd Wassersprühstrahl, Löschpulver oder Kohlensäure. Bei großem Brandherd Schaum oder Wassersprühstrahl. Behälter mit Wassersprühstrahl kühlen und nach Möglichkeit aus der Gefahrenzone ziehen.
Leckage: Leck schließen, wenn ohne Risiko möglich.
Fließendes Gewässer: Trink-, Brauch- und Kühlwasserentnehmer verständigen.
Stehendes Gewässer: Absperren. Alle Zündquellen beseitigen. Fahrzeugbesatzungen im gefährdeten Gebiet warnen.
An Land: Kanalisation abdichten. Auffangen, eindeichen und abbergen. In Wohn- und Industriegebieten alle tiefliegenden Räume abdichten. Alle Zündquellen beseitigen. Restmengen mit nicht brennbarem, saugfähigem Material wie z. B. trockener Erde, Sand, gemahlenem Kalkstein, Kieselgur, Universalbinder oder Vermiculit abdecken und in geschlossenem Behälter an sicheren Deponieort zur Vernichtung transportieren. Experten hinzuziehen.

Gewässerverunreinigung:
GefStoffV/EG:
Gesamtbewertung nach Unfall: Gruppe III, in stehenden Gewässern sehr hohe, in fließenden Gewässern je nach Vermischung mittlere bis hohe toxische Wirkung. (siehe auch Erläuterungen Abschnitt 16.4/5).
Einzelwerte siehe Anhang 9 der Erläuterungen.
Wassergefährdungsklasse: 2 – wassergefährdender Stoff.

Erste Hilfe:
Selbstschutz beachten. Verletzte an die frische Luft bringen. Bei Atemstörung Sauerstoffzufuhr, ggf. Beatmung. Benetzte Kleidungsstücke, Schuhe und Strümpfe sofort ausziehen, in einen dichtschließenden Behälter (Sack) versorgen. Betroffene Körperstellen anhaltend mit Wasser und Seife spülen. Bei Augenkontakt die Augen 15 Minuten mit Wasser spülen. Augenlider dazu mit Daumen und Zeigefinger aufspreizen und gleichzeitig das Auge nach allen Seiten bewegen lassen. Für die Retter: Schutzkleidung und Gasmaske empfohlen. Verletzte nicht auskühlen lassen. Bei Erbrechen zumindest Kopf in Seitenlage bringen. Verletzte nur liegend transportieren. Bei Gefahr der Bewußtlosigkeit Lagerung und Transport in stabiler Seitenlage (siehe auch Merkblatt 2296a).

Hinweise für den Arzt:
Symptomatische Behandlung. Nach Ingestion: Absaugen des Mageninhalts erwägen.

Personenentgiftung

Im Vordergrund steht die Behandlung der Reizsymptomatik und die Verhinderung der weiteren Kontamination mit dem Kampfstoff. Die Entgiftung ist innerhalb von 15 Minuten zu beginnen und zügig durchzuführen, damit ein Eindringen des Kampfstoffes in die tieferen Hautschichten verhindert wird. Sanitäter und Helfer arbeiten unter Schutzkleidung. Für den Geschädigten sind folgende Maßnahmen vor dem Abtransport erforderlich:
- Entfernung der gesamten Kleidung, zumindest aber der kontaminierten Kleidungsstücke
- gründliche Reinigung der Haut mit Chloramin oder 3–4%iger Natriumhydrogencarbonatlösung bzw. in Ausnahmefällen mit Kaliumpermanganat (verfärbt die Haut!) und anschließende Reinigung der kontaminierten Körperoberfläche (einschließlich der Haare) mit Wasser und Seife.
- Spülung der Augen mit einer 3–4%igen Natriumhydrogencarbonatlösung.
- Atemwegsprophylaxe mit dem Auxiloson-Dosier-Aerosol (initial 5 Hübe hintereinander und weitere 5 Hübe nach 10 Minuten),
- steht eine Dusche zur Verfügung, sollte unbedingt der gesamte Körper gründlich mit Wasser und Seife bzw. Waschmittel gereinigt werden, Haare waschen mit Natriumhydrogencarbonatlösung (3–4%ig).

Für den Transport muss der Geschädigte in Wärmedecken eingehüllt werden.
Vor dem weiteren Abtransport mit einem Krankenwagen oder einem Hubschrauber in ein Krankenhaus hat unbedingt eine vollständige Entgiftung des gesamten Körpers zu erfolgen. Bei Unterlassung der Dekontamination würden die Kampfstoffausdünstungen der kontaminierten Haare und der kontaminierten Kleidung das Personal des Transportfahrzeuges gefährden. Außerdem hat vor dem Abtransport ein Arzt die erste ärztliche Hilfe zu erweisen. Durch diese Hilfemaßnahmen wird die Schädigung der Haut wesentlich verringert, und durch die frühzeitige Gabe von Antidoten werden die systemischen Schädigungen der inneren Organe verhindert.

Entgiftung/Dekontamination von Sachen und Geräten

Selbstschutz beachten, Schutzkleidung und Schutzmaske tragen, bzw. Schutzmaske griffbereit halten. Nach dem Arbeiten Schutzkleiung dekontaminieren, ebenso Geräte und Materialien, die für die Entgiftung/Dekontamination verwendet wurden (mindestens 24 Stunden in Entgiftungslösung belassen, nachfolgend gründlich abspülen, Verbrennung zuführen; unter „Feldbedingungen" mit Wasser und Seifenlösung reinigen).
Entgiftungslösungen erst unmittelbar vor der Aufnahme der Arbeiten herstellen.
Geräte mit Entgiftungspuder oder Chemikalienbinder einstäuben, mechanisch aufnehmen, oder Geräte mit Lösungen starker Oxidationsmittel behandeln:
Chlorkalkbrei (Chlorkalk:Wasser, 1:1)
oder 10% Chloramin T oder B in Wasser
oder 10% Dichloramin in Dichlorethan
oder 5% Hexachlormelamin in Dichlorethan oder Kohlenstofftetrachlorid
oder gesättigte Natriumhypochloritlösung
oder 3%ige alkalische Kaliumpermanganatlösung
oder 10%ige Wasserstoffperoxidlösung

Dekontamination von Gebäuden

Gebäude und Bauten aus Holz, Ziegelsteinen, Beton, Mörtel, Zement können infolge ihrer hohen Porösität sowohl Gase/Dämpfe als auch Flüssigkeiten aufnehmen und in tiefere Schichten verteilen, so dass i.a. nur Abriss und nachfolgende Verbrennung möglich sind.
Als erste Maßnahme können evtl. Waschverfahren mit alkalischer Seifenlösung (Zusatz von Schmierseife) angewandt werden.
Leichte oberflächliche Behaftungen können mit Chlorkalk, der alle 24 Stunden erneuert wird, abgedeckt werden. Austretende Gase und Dämpfe werden so teilweise entgiftet.

Entgiftung/Dekontamination im Gelände

Betroffene Geländeabschnitte, Straßen, Plätze u. ä. absperren, Menschen und Nutztiere evakuieren.
Bei oberflächlichen Kontaminationen reicht es meist aus, 10–20 cm Boden abzutragen, mit Brennstoff zu übergießen und abzubrennen.
Bei extremen Kontaminationen muß bis zu 1 m Boden ausgehoben und einer geordneten Verbrennung mit Nachverbrennung zugeführt werden.
Das Abbrennen von Grasflächen ist eine erste Maßnahme, führt aber meist nicht zur vollständigen Entgiftung.
Abdecken des Geländes mit alkalischen Schlacken oder mit Chlorkalk/Sand ist als Sofortmaßnahme geeignet, bietet jedoch keinen ausreichenden Schutz gegen austretende Gase und Dämpfe.
Mehrmaliges Abschwemmen mit viel Wasser und Abdecken mit einer Sperrschicht ist eine erste Maßnahme, die sich vor allem für weniger toxische Stoffe eignet.

(Auch nach Jahrzehnten können Kampfstoffe im Boden konserviert werden, selbst unter Wasserlachen und ihre vollständige Aktivität behalten! [Loste])

Dekontamination von Leder und Textilien

Kontaminierte Kleidungsstücke, Textilien und Lederwaren mit Entgiftungspuder oder Entgiftungslösung besprühen, ggf. in Seifenlauge (unter Zusatz von Schmierseife) kochen, anschließend einer geordneten Verbrennung zuführen.

Formel:	**Summen-Formel:** $C_7H_{14}FO_2P$	**UN-Nr.**	**Merkblatt 2297**

Stoffname

Deutsch	*Englisch*	*Französisch*
GF	**GF**	**GF**
Cyclohexylmethylphosphonofluoridat	Cyclohexyl methylphosphonofluoridate	
Methylcyclohexylfluorphosphonat	Methylphosphonofluoridic acid cyclohexyl ester	*Spanisch*
Cyclohexylsarin	Methyl cyclohexylfluorophosphonate	**GF**

Tarn- und Decknamen siehe Merkblatt 2297a

Gefahren-Diamant

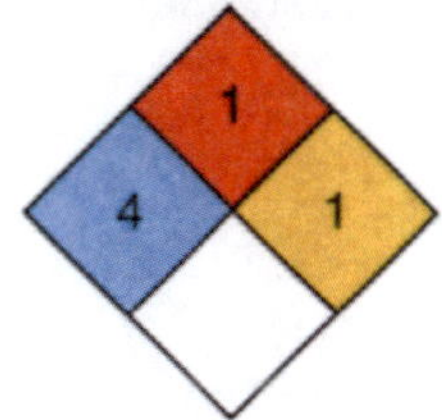

Hazchem-Code:

Technische Daten

Siedepunkt	239 °C
Dampfdruck in mbar bei 20 °C	0,059
Dampfdichteverhältnis, Luft = 1	6,2
Schmelzpunkt	–12 °C
Mischbarkeit mit Wasser	vollständig
Spez. Gewicht, Wasser = 1	1,133 bei 25 °C
Molare Masse	180,16

Feuerbekämpfungsdaten

Flammpunkt	94 °C
Zündfähiges Gemisch, Vol.-%	
Zündtemperatur	

Gefahrgut:*
IMDG-Code: UN-Nr.
ICAO/IATA DGR: UN-Nr.
ADR/RID/ADNR: UN-Nr.
Gefahrzettel (Label) Nr.
Richtige Versandbezeichnung (PSN):
Land/BinSch:
See/Luft:
* Transport erfolgt nach Sondervorschriften

Klassifizierung:
Kl. Verp. Gr. EMS: **F-** ; **S-**
Kl. Verp. Gr.
Kl. Klassifiz. Code Verp. Gr.

Gefahrstoff:
CAS Nr.: 329-99-7 RTECS-Nr.:
EG-Nr.: INDEX-Nr.:
EG-Einstufung: nein
Symbol: T+, N*
R-Sätze: 26/27/28-50/53*
S-Sätze: 13-45*

* Expertenvorschlag

Erscheinungsbild: Farblose bis leicht bräunliche Flüssigkeit, fast geruchlos.

Verhalten bei Freiwerden und Vermischen mit Luft: Extrem giftige, stark haut-, augen- sowie nervenreizende, umweltgefährliche und brennbare Flüssigkeit mit relativ hohem Flammpunkt von 94 °C. Bei starker Erhitzung bilden sich extrem giftige, haut-, augen- sowie nervenreizende, umweltgefährliche und explosionsfähige Gemische mit Luft. Sie sind schwerer als Luft und kriechen am Boden entlang. Entzündung durch heiße Oberflächen, Funken oder offene Flammen. Bei Erhitzung bis zur Zersetzung (z. B. durch Umgebungsbrände oder heiße Oberflächen) und bei Brand bilden sich giftige und ätzende Gase bzw. Dämpfe, die im Wesentlichen aus Phosphorpentoxid, Phosphorsäure sowie Fluorwasserstoff bestehen und auch Kohlenmonoxid(gas) sowie Kohlendioxid(gas) enthalten.

Verhalten bei Freiwerden und Vermischen mit Wasser: Der Stoff ist schwerer als Wasser und sinkt unter. Er löst sich vollständig in Wasser. Es bilden sich sehr giftige, nervenschädigende sowie umweltgefährliche Gemische mit Wasser, die auch bei starker Verdünnung noch wirksam sind. In Wasser erfolgt langsame Hydrolyse unter Bildung von Fluorwasserstoff und Pinacolyl-methylphosphonat.

Gesundheitsgefährdung: Die Substanz hat eine ähnliche, akut etwas stärkere Wirkung als Sarin, (s. auch Merkblatt 2282). Rasche Vergiftungen durch Einatmen der Dämpfe/Aerosole und durch Aufnahme über die unverletzte (besser über die verletzte) Haut. Aufnahme auch über die Schleimhäute der Augen. Leichte Vergiftungen bereits ab 1 mg x min/m^3 (ab 15 min tödlich!). Pupillenverengung bereits ab 0,5 mg x min/m^3. Minimaldosis (Risikogrenze für Truppen/USA): 3 mg x min/m^3. LCt_{50}: 40–55 mg x min/m^3, LCt_{100}: 70–100 mg x min/m^3 (Tod nach 10–20 min). LCt_{100}: 150–180 mg x min/m^3; (Verhältnis LCt_{50}/LCt_5: <2). Perkutane Toxizität (Mensch): 30–50 mg/kg KM, LD: 1700 mg. Sarintropfen auf der Haut führen zur raschen tödlichen Vergiftung, wenn sie nicht innerhalb von 2 min auf der Haut entgiftet werden können. 0,01 ml Sarin auf das Auge aufgebracht, führen sofort zum Tode.
Symptome: Pupillenverengung, die mehrere Tage bis Wochen anhalten kann; starkes Schwitzen, starker Speichelfluß, Schwindelgefühl, Kopfschmerzen, Verlangsamung der Sprache, Muskelkrämpfe, Bewußtlosigkeit, Tod.
Bei Brand oder Erhitzung bis zur Zersetzung bilden sich Phosphorpentoxid (s. auch Merkblatt 673), Phosphorsäure (s. auch Merkblatt 160), Fluorwasserstoff (s. auch Merkblatt 92).
Nach Einatmen oder Hautkontakt in jedem Fall – auch bei Ausbleiben der Symptome – den Arzt aufsuchen.
Nach Kontakt der Substanz mit den Augen ist in jedem Fall ein Augenarzt aufzusuchen.

Geruchsschwelle = Luftgrenzwert =

Bemerkungen: Stahl wird nur geringfügig angegriffen. Dämpfe werden leicht absorbiert von Textilien, Wolle, Holz, porösen Ziegeln, Beton u. a. Dadurch wird eine Verschleppung tödlicher Konzentrationen durch Kleidung möglich.

In der Chemikalienliste des Chemiewaffenübereinkommens (CWÜ) von 1993 über das Verbot der Entwicklung, Herstellung, Lagerung und des Einsatzes chemischer Waffen sowie über die Vernichtung solcher Waffen ist der Stoff bzw. die Stoffgruppe enthalten.

Sicherheitsmaßnahmen für Fahrzeugbesatzung, Polizei, Feuerwehr und Rettungskräfte:
Polizei und Feuerwehr alarmieren.
Im Gefahrenbereich Maschine stoppen. Sofort volle Schutzkleidung und umluftunabhängiges (schweres) Atemschutzgerät tragen. Bei starker Erhitzung oder Brand nicht rauchen, offenes Feuer löschen, kein elektrisches Gerät und keinen Schalter mit Funkenbildung betätigen.
Wasserschutzpolizei und Feuerwehr: Beim Retten nicht ins Wasser springen. Bei starker Erhitzung kein Boot mit Ottomotor einsetzen. Bei Dieselantrieb Sicherheitsschaltung veranlassen. Nach dem Einsatz Kühlwasserkreislauf überprüfen.

Schutz- und Einsatzmaßnahmen: Alle unbeteiligten Personen nach Luv (gegen den Wind) entfernen. Achtung, falls freiwerdendes Gut in die Kanalisation oder in Abwasserleitungen von Schiffen gerät, bilden sich extrem giftige, nervenschädigende, umweltgefährliche Gemische mit Abwasser und kann über der Oberfläche Vergiftungsgefahr entstehen. Experten hinzuziehen. Auf Wasserstraßen Schiffahrtssperre. An Land gefährdetes Gebiet absperren. Große Sicherheitszone bilden. In Wohn- und Industriegebieten Anwohner warnen. Gefährdetes Gebiet ggf. evakuieren.

Konzentrationsmessung explosionsfähiger bzw. giftiger Dämpfe siehe Tabelle (Anhang 6 der Erläuterungen).

Zuständige Behörden unterrichten.

Bekämpfung der Unfallfolgen:
Feuer: Bei kleinem Brandherd Löschpulver, Wassersprühstrahl, Kohlensäure oder Schaum. Bei großem Brandherd Schaum oder Wassersprühstrahl. Behälter mit Wassersprühstrahl kühlen und nach Möglichkeit aus der Gefahrenzone ziehen. Achtung, das Löschwasser ist giftig und umweltgefährlich. Es muß aufgefangen werden und darf nicht unbehandelt in die Kanalisation, in Gewässer oder in das Grundwasser gelangen.
Leckage: Leck schließen, wenn ohne Risiko möglich.
Fließendes Gewässer: Trink-, Brauch- und Kühlwasserentnehmer verständigen.
Stehendes Gewässer: Absperren. Fahrzeugbesatzungen im gefährdeten Gebiet warnen.
An Land: Kanalisation abdichten. Auffangen, eindeichen und abpumpen. In Wohn- und Industriegebieten alle tiefliegenden Räume abdichten. Alle Zündquellen beseitigen. Restmengen mit nicht brennbarem, saugfähigem Material wie z. B. trockener Erde, Sand, Kieselgur, Universalbinder oder Vermiculit abdecken und an sichere Deponie zur Vernichtung transportieren.

Gewässerverunreinigung:
GefStoffV/EG: Gefahrensymbol: N Umweltgefährlich, R 50/53; sehr giftig für Wasserorganismen, kann in Gewässern längerfristig schädliche Wirkung haben.
Gesamtbewertung nach Unfall: Gruppe IV, hohe bis sehr hohe (extrem hohe) toxische Wirkung unabhängig von der Turbulenz des Gewässers (siehe auch Erläuterungen Abschnitt 16.4/5).
Einzelwerte siehe Anhang 9 der Erläuterungen.
Wassergefährdungsklasse:

Erste Hilfe:
Selbstschutz beachten. Verletzte an die frische Luft bringen. Bei Atemstörung Sauerstoffzufuhr, ggf. Beatmung. Benetzte Kleidungsstücke, Schuhe und Strümpfe sofort ausziehen, in einen dichtschließenden Behälter (Sack) versorgen. Betroffene Körperstellen anhaltend mit Wasser und Seife spülen. Bei Augenkontakt die Augen 15 Minuten mit Wasser spülen. Augenlider dazu mit Daumen und Zeigefinger aufspreizen und gleichzeitig das Auge nach allen Seiten bewegen lassen. Für die Retter: Schutzkleidung und Gasmaske empfohlen. Verletzte nicht auskühlen lassen. Bei Erbrechen zumindest Kopf in Seitenlage bringen. Verletzte nur liegend transportieren. Bei Gefahr der Bewußtlosigkeit Lagerung und Transport in stabiler Seitenlage (siehe auch Merkblatt 2297a).

Hinweise für den Arzt:
Erforderlichenfalls endotracheale Intubation. Atropingabe 2 mg i. v. oder, wenn nicht anders möglich i. m. Aufgrund der Erfahrung (Tokyo) höhere Dosen oftmals nicht notwendig, wenn doch, nicht mehr als 15 bis 20 mg. Lokal Augentropfen (0,25% bis 1%). Pralidoxim, Obidoxim (Toxogonin®) oder HI 6 (bisher nur in einigen Ländern zugelassen). Die Gabe von Pralidoxim und Obidoxim ist nicht unumstritten, HI 6 ist besser wirksam. Benzodiazepine bei Konvulsionen.

Tarn- und Decknamen

D: GF, CMPF

GB: GF, CMPF

USA: GF, EA1212, CMPF, GF (chemical warfare agent)

F: GF

ESP: GF

UdSSR: GF

Produktion und Einsatz

Produktion GF ist ein nach Weltkrieg II in den USA entwickelter Nervenkampfstoff aus der Gruppe der Phosphorsäureester. Ein Einsatz ist bisher nicht bekannt geworden.

Einsatz

Flüssigkeiten, Dämpfe, Aerosole

Einsatzmittel

Artilleriegranaten, Mörsergeschosse, Raketenwerfer, Landminen, Bomben und Sprühtanks.

Personenentgiftung

Die Bergung aus dem Gefahrenherd hat sehr schnell zu erfolgen, da höchste Eile geboten ist. Sanitäter und Helfer tragen Schutzbekleidung.
Für den Geschädigten stehen folgende Maßnahmen im Vordergrund:

- Entfernen der gesamten Kleidung und Ausrüstung des Geschädigten. Danach können Sanitäter und Helfer die Schutzbekleidung ablegen.
- Beim Auftreten einer Vergiftungssymptomatik ist sofort eine Atropininjektion mit dem Autoinjektor (2 mg) i. m. zu applizieren.
- Spülung der Augen mit einer 3–4%igen Natriumhydrogencarbonatlösung.
- Reinigung der Wunden mit einer 3–4%igen Natriumhydrogencarbonatlösung,
- steht eine Dusche zur Verfügung, ist der gesamte Körper gründlich mit Wasser und Seife bzw. einem Waschmittel zu reinigen.

Für den Transport muß der Geschädigte in Wärmedecken eingehüllt werden.

Vor dem weiteren Abtransport mit einem Krankenwagen oder einem Hubschrauber in ein Krankenhaus hat unbedingt eine vollständige Entgiftung des gesamten Körpers zu erfolgen. Bei Unterlassung der Dekontamination würden die Kampfstoffausdunstungen der kontaminierten Haare und der kontaminierten Kleidung das Personal des Transportfahrzeuges gefährden. Außerdem hat vor dem Abtransport ein Arzt die erste ärztliche Hilfe zu erweisen. Durch diese Hilfemaßnahmen wird die Schädigung der Haut wesentlich verringert, und durch die frühzeitige Gabe von Antidoten werden die systematischen Schädigungen der inneren Organe verhindert.

Entgiftung/Dekontamination von Sachen und Geräten

Selbstschutz beachten, Schutzkleidung und Schutzmaske tragen bzw. Schutzmaske griffbereit halten. Nach dem Arbeiten Schutzkleidung dekontaminieren, ebenso Geräte und Materialien, die für die Entgiftung/Dekontamination verwendet wurden (mindestens 24 Stunden in Entgiftungslösung belassen, nachfolgend gründlich abspülen, Verbrennung zuführen, unter „Feldbedingungen" mit Wasser und Seifenlösung reinigen). Entgiftungslösungen erst unmittelbar vor der Aufnahme der Arbeiten herstellen.

Geeignet sind Lösungen von:
10% Natriumhydroxid in 30%igem Methanol oder Spiritus
oder 20% Natriumhydroxid in Wasser

oder 15% Ammoniak in Wasser
oder gesättigte Natriumhypochloritlösung durch Einleiten von Chlor in Natronlauge unter Kühlung
oder 3%ige alkalische Wasserstoffperoxidlösung
oder 10% Natriumcresolat oder -phenolat in 50%igem Methanol oder Spiritus
oder katalytische Zersetzung durch Aquahydrokomplexe der seltenen Erden oder Cu(II)-chelatkomplexe

Entgiftung/Dekontamination im Gelände

Betroffene Geländeabschnitte, Straßen, Plätze u. ä. absperren, Menschen und Nutztiere evakuieren.
Bei oberflächlichen Kontaminationen reicht es meist aus, 10–20 cm Boden abzutragen, mit Brennstoff zu übergießen und abzubrennen.
Bei extremen Kontaminationen muß bis zu 1 m Boden ausgehoben und einer geordneten Verbrennung mit Nachverbrennung zugeführt werden.
Das Abbrennen von Grasflächen ist eine erste Maßnahme, führt aber meist nicht zur vollständigen Entgiftung.
Abdecken des Geländes mit alkalischen Schlacken oder mit Chlorkalk/Sand ist als Sofortmaßnahme geeignet, bietet jedoch keinen ausreichenden Schutz gegen austretende Gase und Dämpfe.
Mehrmaliges Abschwemmen mit viel Wasser und Abdecken mit einer Sperrschicht ist eine erste Maßnahme, die sich vor allem für weniger toxische Stoffe eignet.
(Auch nach Jahrzehnten können Kampfstoffe im Boden konserviert werden, selbst unter Wasserlachen [Loste] und ihre vollständige Aktivität behalten!)

Dekontamination von Gebäuden

Gebäude und Bauten aus Holz, Ziegelsteinen, Beton, Mörtel, Zement können infolge ihrer hohen Porösität sowohl Gase/Dämpfe als auch Flüssigkeiten aufnehmen und in tiefere Schichten verteilen, so dass i. a. nur Abriss und nachfolgende Verbrennung möglich sind.
Als erste Maßnahme können evtl. Waschverfahren mit alkalischer Seifenlösung (Zusatz von Schmierseife) angewandt werden.
Leichte oberflächliche Behaftungen können mit Chlorkalk, der alle 24 Stunden erneuert wird, abgedeckt werden. Austretende Gase und Dämpfe werden so teilweise entgiftet.

Dekontamination von Leder und Textilien

Kontaminierte Kleidungsstücke, Textilien und Lederwaren mit Entgiftungspuder oder Entgiftungslösung besprühen, ggf. in Seifenlauge (unter Zusatz von Schmierseife) kochen, anschließend einer geordneten Verbrennung zuführen.

Formel: $(C_2H_4Cl)_2 S$ **Summen-Formel:** C4–H8–Cl2–S **UN-Nr.**

Merkblatt

2298

Stoffname

Deutsch	*Englisch*	*Französisch*
Senfgas	**Bis (2-chloroethyl) sulfide**	**Sulfide de bis (2-chloroéthyle)**
Bis (2-chlorethyl)-sulfid	1,1'-Thiobis (2-chloroethane)	Sulfure d'éthyl dichlore
Di (2-chlorethyl)-sulfid	1-Chloro-2-(beta-chloroethylthio) ethane	
2,2-Dichlordiethylsulfid	2,2'-Dichloro diethyl sulphide	
beta,beta'-Dichlorethylsulfid	Bis (2-chloroethyl) sulfide	*Spanisch*
Schwefellost	Di-2-chloroethyl sulfide	**Sulfido de bis (2-cloroetilo)**
	beta,beta'-Dichloroethyl sulfide	
	beta,beta-Dichloroethyl-sulphide	

Tarn- und Decknamen siehe Merkblatt 2298a

Gefahren-Diamant

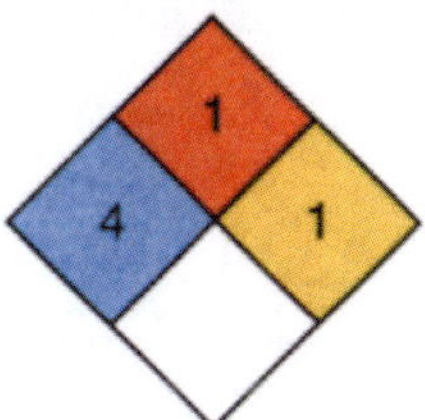

Hazchem-Code:

Technische Daten

Siedepunkt	217 °C
Dampfdruck in mbar bei 20 °C	0,087
Dampfdichteverhältnis, Luft = 1	5,49
Schmelzpunkt	14,4 °C
Mischbarkeit mit Wasser	geringfügig**
Spez. Gewicht, Wasser = 1	1,2741 bei 20 °C
Molare Masse	159,07

Feuerbekämpfungsdaten

Flammpunkt	105 °C
Zündfähiges Gemisch, Vol.-%	
Zündtemperatur	

* Es erfolgt sehr langsame Zersetzung unter Bildung von Chlorwasserstoff bzw. Salzsäure

** 800 mg/l

Gefahrgut:* **Klassifizierung:**

IMDG-Code: UN-Nr. Kl. Verp. Gr. EMS: **F-** ; **S-**

ICAO/IATA DGR: UN-Nr. Kl. Verp. Gr.

ADR/RID/ADNR: UN-Nr. Kl. Klassifiz. Code Verp. Gr.

Gefahrzettel (Label) Nr.

Richtige Versandbezeichnung (PSN):

Land/BinSch:

See/Luft:

* Transport erfolgt nach Sondervorschriften

Gefahrstoff:

CAS Nr.: 505-60-2 RTECS-Nr.:

EG-Nr.: INDEX-Nr.:

EG-Einstufung: nein

Symbol: T+ N*

R-Sätze: 45-10-22-24-26-50/53*

S-Sätze: 53-45*

* Expertenvorschlag

Erscheinungsbild: Rein: Farblose, ölige Flüssigkeit. Geruchlos. Technisch (geringe Verunreinigung), gelbliche, ölige Flüssigkeit. Senf-, meerettich-, knoblauchähnlicher Geruch. Wird bei niedrigen Temperaturen etwas zähflüssig. Erstarrt bei sehr kalten Temperaturen (–13 °C). Erstarrt beim Eingießen in kaltes Wasser zu langen farblosen Nadeln.

Verhalten bei Freiwerden und Vermischen mit Luft: Sehr giftige, stark haut-, augen- sowie lungenschädigende, umweltgefährliche und brennbare Flüssigkeit mit relativ hohem Flammpunkt von 105 °C. Bei starker Erhitzung bilden sich extrem giftige, haut-, augen- sowie lungenschädigende, umweltgefährliche und explosionsfähige Gemische mit Luft. Sie sind schwerer als Luft und kriechen am Boden entlang. Entzündung durch heiße Oberflächen, Funken oder offene Flammen. Bei Erhitzung bis zur Zersetzung (z. B. durch Umgebungsbrände oder heiße Oberflächen) und bei Brand bilden sich giftige und ätzende Gase bzw. Dämpfe, die im Wesentlichen aus Schwefeloxiden (Schwefeldioxid, Schwefeltrioxid) und Chlorwasserstoff(gas) bzw. Salzsäuredämpfen bestehen und auch Kohlenmonoxid(gas) sowie Kohlendioxid(gas) enthalten.

Verhalten bei Freiwerden und Vermischen mit Wasser: Der Stoff ist schwerer als Wasser und sinkt unter. Er löst sich nur geringfügig in Wasser. Es bilden sich extrem giftige, stark haut-, augen-, sowie lungenschädigende Gemische mit Wasser, die auch bei großer Verdünnung noch wirksam sind. Mit Wasser erfolgt sehr langsame Hydrolyse unter Bildung von Chlorwasserstoff(gas) bzw. Salzsäure.

Gesundheitsgefährdung: Nach Hautkontakt mit der Flüssigkeit, den Dämpfen oder Aerosol beschwerdefreier Intervall, nach 4–8 h scharf umgrenzte Hautrötung mit unerträglichem Juckreiz, nach 24 h Blasen mit bernsteinfarbener Flüssigkeit, nach 2 Tagen geschwürige schwer heilende Wunden. Augenkontakt: Erblindungsgefahr! Hautaufnahme! Gestörte Blutbildung, erhöhte Infektanfälligkeit. Einatmen kleiner Mengen: nach 6–8 h Entzündungen der oberen Atemwege, Bronchitis; bei hohen Konzentrationen: Quälender Reizhusten, schließlich Lungenödem. Kanzerogen für den Menschen (Gruppe 1 USA). Bei Brand oder Erhitzen bis zur Zersetzung Bildung von Schwefeloxiden (s. auch Merkblatt 186) und Chlorwasserstoff (s. auch Merkblatt 63).
Symptome: Unabhängig von der Aufnahmeart kommt es zu Kopfschmerzen, Erbrechen, Bauchschmerzen, Appetitlosigkeit, Kräfteverlust, Hautrötung, Augenschmerzen, Tränenreiz, Hustenreiz, Atemnot, Erstickung, Lungenödem.
Nach Einatmen oder Hautkontakt in jedem Fall – auch bei Ausbleiben der Symptome – den Arzt aufsuchen.
Nach Kontakt der Substanz mit den Augen ist in jedem Fall ein Augenarzt aufzusuchen.

Geruchsschwelle = 1,2 mg/m³ 0,18 ppm Luftgrenzwert =

Bemerkungen: Der Stoff reagiert heftig bei Kontakt oder Mischung mit Bleichkalk und Oxidationsmitteln. Es entsteht Brand- und Explosionsgefahr. Die Substanz reagiert bei Kontakt mit Säuren und Säuredämpfen. Lost ist sehr beständig, > 170 °C Zersetzung zu unangenehm riechenden giftigen Zersetzungsprodukten, > 500 °C: vollständige Thermolyse. Schwefelhyperit gilt als detonationsbeständig. Bei gewöhnlichen Temperaturen verhalten sich Metalle gegenüber Schwefelhyperit indifferent: Blei, Zink, Eisen, Stahl, Aluminium und Messing werden nicht korrodiert. Yperit greift Eisen und Stahl bei höheren Temperaturen an; Wasser und Chlorwasserstoff beschleunigen die Korrosion, die zur Bildung von Schwefelwasserstoff, Wasserstoff, Ethen u. a. Stoffen führt, daher Druckanstieg in geschlossenen Behältnissen wie Bomben, Granaten und Containern.
In der Chemikalienliste des Chemiewaffenübereinkommens (CWÜ) von 1993 über das Verbot der Entwicklung, Herstellung, Lagerung und des Einsatzes chemischer Waffen sowie über die Vernichtung solcher Waffen ist der Stoff bzw. die Stoffgruppe enthalten.

Sicherheitsmaßnahmen für Fahrzeugbesatzung, Polizei, Feuerwehr und Rettungskräfte:
Polizei und Feuerwehr alarmieren.
Im Gefahrenbereich Maschine stoppen. Sofort volle Schutzkleidung und umluftunabhängiges (schweres) Atemschutzgerät tragen. Bei starker Erhitzung oder Brand nicht rauchen, offenes Feuer löschen, kein elektrisches Gerät und keinen Schalter mit Funkenbildung betätigen.
Wasserschutzpolizei und Feuerwehr: Beim Retten nicht ins Wasser springen. Bei starker Erhitzung kein Boot mit Ottomotor einsetzen. Bei Dieselantrieb Sicherheitsschaltung veranlassen. Nach dem Einsatz Kühlwasserkreislauf überprüfen.

Schutz- und Einsatzmaßnahmen: Alle unbeteiligten Personen nach Luv (gegen den Wind) entfernen. Achtung, falls freiwerdendes Gut in die Kanalisation oder in Abwasserleitungen von Schiffen gerät, bilden sich extrem giftige, haut-, augen- und lungenschädigende, umweltgefährliche Gemische mit Abwasser und kann Explosions- und Vergiftungsgefahr entstehen. Experten hinzuziehen. Auf Wasserstraßen Schiffahrtssperre. An Land gefährdetes Gebiet absperren. Große Sicherheitszone bilden. In Wohn- und Industriegebieten Anwohner warnen. Bei großen Mengen freiwerdenden Gutes, besonders bei warmer Witterung und Erwärmung der Flüssigkeit, gefährdetes Gebiet evakuieren und Katastrophenalarm prüfen.

Konzentrationsmessung explosionsfähiger bzw. giftiger Dämpfe siehe Tabelle (Anhang 6 der Erläuterungen).

Zuständige Behörden unterrichten.

Bekämpfung der Unfallfolgen:
Feuer: Bei kleinem Brandherd Löschpulver, Wassersprühstrahl, Kohlensäure oder Schaum. Bei großem Brandherd Schaum oder Wassersprühstrahl. Behälter mit Wassersprühstrahl kühlen und nach Möglichkeit aus der Gefahrenzone ziehen. Achtung, das Löschwasser ist giftig und umweltgefährlich. Es muß aufgefangen werden und darf nicht unbehandelt in die Kanalisation, in Gewässer oder in das Grundwasser gelangen.
Leckage: Leck schließen, wenn ohne Risiko möglich.
Fließendes Gewässer: Trink-, Brauch- und Kühlwasserentnehmer verständigen.
Stehendes Gewässer: Absperren. Fahrzeugbesatzungen im gefährdeten Gebiet warnen.
An Land: Kanalisation abdichten. Auffangen, eindeichen und abpumpen. In Wohn- und Industriegebieten alle tiefliegenden Räume abdichten. Alle Zündquellen beseitigen. Restmengen mit nicht brennbarem, saugfähigem Material wie z. B. trockener Erde, Sand, Kieselgur, Universalbinder oder Vermiculit abdecken und an sichere Deponie zur Vernichtung transportieren.

Gewässerverunreinigung:
GefStoffV/EG: Gefahrensymbol: N Umweltgefährlich, R 50/53; sehr giftig für Wasserorganismen, kann in Gewässern längerfristig schädliche Wirkung haben.
Gesamtbewertung nach Unfall: Gruppe IV, hohe bis sehr hohe (extrem hohe) toxische Wirkung unabhängig von der Turbulenz des Gewässers. (siehe auch Erläuterungen Abschnitt 16.4/5).
Einzelwerte siehe Anhang 9 der Erläuterungen.
Wassergefährdungsklasse:

Erste Hilfe:
Selbstschutz beachten. Verletzte an die frische Luft bringen. Bei Atemstörung Sauerstoffzufuhr, ggf. Beatmung. Benetzte Kleidungsstücke, Schuhe und Strümpfe sofort ausziehen, in einen dichtschließenden Behälter (Sack) versorgen. Betroffene Körperstellen anhaltend mit Wasser und Seife spülen. Bei Augenkontakt die Augen 15 Minuten mit Wasser spülen. Augenlider dazu mit Daumen und Zeigefinger aufspreizen und gleichzeitig das Auge nach allen Seiten bewegen lassen. Für die Retter: Schutzkleidung und Gasmaske empfohlen. Verletzte nicht auskühlen lassen. Bei Erbrechen zumindest Kopf in Seitenlage bringen. Verletzte nur liegend transportieren. Bei Gefahr der Bewußtlosigkeit Lagerung und Transport in stabiler Seitenlage (siehe auch Merkblatt 2298a).

Hinweise für den Arzt:
Hautläsionen wie Verbrennungen höheren Grades behandeln. Augenläsionen: Nach ausgiebiger Spülung Augenarzt hinzuziehen. Akute Symptome des Atemtraktes: Symptomatisch behandeln. Systemische Wirkung: Schwere Knochenmarksdepression kann die Behandlung mit GM-CSF erforderlich machen. Hämatologen hinzuziehen.

Tarn- und Decknamen

D: Gelbring, Winterlost, D-Lost, D-Ester, Yperit, Senfgas, Lost, Schwefellost, Gelbkreuz I, S-Lost, Zählost, Schwefelyperit, Gelbkreuzkampfstoff I

GB: Mustard gas, H.S., Mustard-oil, Mustard I, HAT, HSV, M.O., destilled mustard, Sulfur, mustard gas, HTV

USA: H.S., HD, König der Kampfstoffe, HL, H, mustard I, H, G34, Blister Agent, HT

F: Yperite, „König der Gase"

ESP: Sulfide de bis (2-cloroetilo)

UdSSR: 2,2 diclordietilosulfid, P-5, R-5, H2, Bentar

Allgemeines

Bis(2-chlorethyl)sulfid oder Senfgas war im I. Weltkrieg eines von allen Nationen am meisten produzierten chemischen Kampfstoffe. Der deutsche Deckname Lost leitet sich ab von den beiden deutschen Chemikern Lommel und Steinkopf, die in Deutschland im I. Weltkrieg maßgeblich an der Entwicklung dieses Kampfstoffes beteiligt waren. Im II. Weltkrieg wurden ebenfalls große Mengen produziert. Ein Einsatz wurde jedoch nicht bekannt.
Während des II. Weltkrieges wurde in Bari ein mit 100 Tonnen Lost beladenes Liberty-Schifff durch Luftangriff zerstört. Als Folge kamen ca. 1000 Menschen ums Leben. Es wurde beobachtet, daß viele der Vergifteten eine starke Senkung der Leukocytenzahl aufwiesen. Dies führte zur Entwicklung von Derivaten mit Hemmwirkung auf die Bildung weißer Blutkörperchen. Die wurden bei der Behandlung von Leukämie eingesetzt. Die besten Erfolge ergaben sich beim Einsatz von Derivaten aus Stickstofflost.

Personenentgiftung

Im Vordergrund steht die Behandlung der Reizsymptomatik und die Verhinderung der weiteren Kontamination mit dem Kampfstoff. Die Entgiftung ist innerhalb von 15 Minuten zu beginnen und zügig durchzuführen, damit ein Eindringen des Kampfstoffes in die tieferen Hautschichten verhindert wird.
Sanitäter und Helfer arbeiten unter Schutzkleidung. Für den Geschädigten sind folgende Maßnahmen vor dem Abtransport erforderlich:

- Entfernung der gesamten Kleidung, zumindest aber der kontaminierten Kleidungsstücke,
- Gründliche Reinigung der Haut mit Chloramin oder 3–4%iger Natriumhydrogencarbonatlösung bzw. in Ausnahmefällen mit Kaliumpermanganat (verfärbt die Haut!) und anschließende Reinigung der kontaminierten Körperoberfläche (einschließlich der Haare) mit Wasser und Seife
- Spülung der Augen mit einer 3–4%igen Natriumhydrogencarbonatlösung
- Atemwegsprophylaxe mit dem Auxiloson-Dosier-Aerosol (initial 5 Hübe hintereinander und weitere 5 Hübe nach 10 Minuten),
- steht eine Dusche zur Verfügung, sollte unbedingt der gesamte Körper gründlich mit Wasser und Seife bzw. Waschmittel gereinigt werden, Haare waschen mit Natriumhydrogencarbonatlösung (3–4%ig).

Für den Transport muß der Geschädigte in Wärmedecken eingehüllt werden. Vor dem weiteren Abtransport mit einem Krankenwagen oder einem Hubschrauber in ein Krankenhaus hat unbedingt eine vollständige Entgiftung des gesamten Körpers zu erfolgen. Bei Unterlassung der Dekontamination würden die Kampfstoffausdunstungen der kontaminierten Haare und der kontaminierten Kleidung das Personal des Transportfahrzeuges gefährden. Außerdem hat vor dem Abtransport ein Arzt die erste ärztliche Hilfe zu erweisen. Durch diese Hilfemaßnahmen wird die Schädigung der Haut wesentlich verringert, und durch die frühzeitige Gabe von Antidoten werden die systemischen Schädigungen der inneren Organe verhindert.

Entgiftung/Dekontamination von Sachen und Geräten

Selbstschutz beachten, Schutzkleidung und Schutzmaske tragen, bzw. Schutzmaske griffbereit halten. Nach dem Arbeiten Schutzkleiung dekontaminieren, ebenso Geräte und Materialien, die für die Entgiftung/Dekontamination verwendet wurden (mindestens 24 Stunden in Entgiftungslösung belassen, nachfolgend gründlich abspülen, Verbrennung zuführen; unter „Feldbedingungen" mit Wasser und Seifenlösung reinigen).
Entgiftungslösungen erst unmittelbar vor der Aufnahme der Arbeiten herstellen.

Geeignet sind:
Chlorkalkbrei (Chlorkalk:Wasser, 1:1)

oder 10% Chloramin T oder B in Wasser
oder 10% Dichloramin in Dichlorethan
oder 5% Hexachlormelamin in Dichlorethan oder Kohlenstofftetrachlorid
oder gesättigte Natriumhypochloritlösung

Dekontamination von Gebäuden

Gebäude und Bauten aus Holz, Ziegelsteinen, Beton, Mörtel, Zement können infolge ihrer hohen Porösität sowohl Gase/Dämpfe als auch Flüssigkeiten aufnehmen und in tiefere Schichten verteilen, so dass i.a. nur Abriss und nachfolgende Verbrennung möglich sind.
Als erste Maßnahme können evtl. Waschverfahren mit alkalischer Seifenlösung (Zusatz von Schmierseife) angewandt werden.
Leichte oberflächliche Behaftungen können mit Chlorkalk, der alle 24 Stunden erneuert wird, abgedeckt werden. Austretende Gase und Dämpfe werden so teilweise entgiftet.

Entgiftung/Dekontamination im Gelände

Betroffene Geländeabschnitte, Straßen, Plätze u.ä. absperren, Menschen und Nutztiere evakuieren.
Bei oberflächlichen Kontaminationen reicht es meist aus, 10–20 cm Boden abzutragen, mit Brennstoff zu übergießen und abzubrennen.
Bei extremen Kontaminationen muß bis zu 1 m Boden ausgehoben und einer geordneten Verbrennung mit Nachverbrennung zugeführt werden.
Das Abbrennen von Grasflächen ist eine erste Maßnahme, führt aber meist nicht zur vollständigen Entgiftung.
Abdecken des Geländes mit alkalischen Schlacken oder mit Chlorkalk/Sand ist als Sofortmaßnahme geeignet, bietet jedoch keinen ausreichenden Schutz gegen austretende Gase und Dämpfe.
Mehrmaliges Abschwemmen mit viel Wasser und Abdecken mit einer Sperrschicht ist eine erste Maßnahme, die sich vor allem für weniger toxische Stoffe eignet.
(Auch nach Jahrzehnten können Kampfstoffe im Boden konserviert werden, selbst unter Wasserlachen [Loste] und ihre vollständige Aktivität behalten!)

Dekontamination von Leder und Textilien

Kontaminierte Kleidungsstücke, Textilien und Lederwaren mit Entgiftungspuder oder Entgiftungslösung besprühen, ggf. in Seifenlauge (unter Zusatz von Schmierseife) kochen, anschließend einer geordneten Verbrennung zuführen.

Formel: Cl–CH$_2$–CH$_2$>N–CH$_2$–CH$_3$ / Cl–CH$_2$–CH$_2$ **Summen-Formel:** C6–H13–Cl2–N

Merkblatt

2299

Stoffname

Deutsch	*Englisch*	*Französisch*
HN-1	**HN-1**	**HN-1**
N,N'-Bis(2-chlorethyl)-ethylamin	N-ethyl-2,2 di(chloroethyl) amine	
2,2'-Dichlortriethylamin	2,2'-Dichloro triethylamine	
N-Ethyl-bis(2-chlorethyl)-amin	HN-1	
N-Ethyl-2,2'-dichlordiethylamin	Nitrogen mustard	*Spanisch*
Stickstofflost	Bis(2-chloroethyl)amine	**HN-1**
	Ethylbis(2-chloroethyl)amine	
	Ethylbis(beta-chloroethylamine)	

Gefahren-Diamant

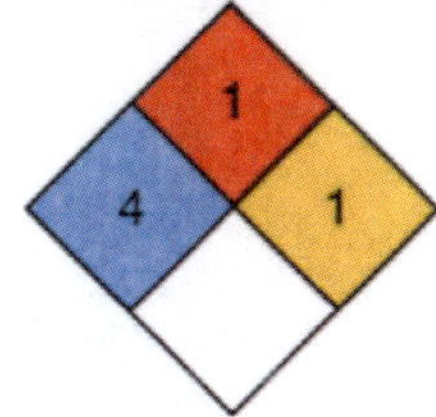

Hazchem-Code: 2 XE

Tarn- und Decknamen siehe Merkblatt 2299a

Technische Daten

Siedepunkt	85,5 °C bei 16 mbar
Dampfdruck in mbar	0,33 bei 25 °C
Dampfdichteverhältnis, Luft = 1	5,87
Schmelzpunkt	–34,4 °C
Mischbarkeit mit Wasser	sehr geringfügig*
Spez. Gewicht, Wasser = 1	1,0861 bei 23 °C
Molare Masse	170,08

Feuerbekämpfungsdaten

Flammpunkt	brennbare Flüssigkeit
Zündfähiges Gemisch, Vol.-%	
Zündtemperatur	

* mit Wasser erfolgt sehr langsame Hydrolyse zu hydroxylierten Derivaten, Dimeren und Chlorwasserstoff bzw. Salzsäuregemischen.

Gefahrgut:* **Klassifizierung:**

IMDG-Code: Kl. Verp. Gr. EMS: **F**-A; **S**-A

ICAO/IATA DGR: UN-Nr. Kl. Verp. Gr.

ADR/RID/ADNR: UN-Nr. Kl. Klassifiz. Code

Gefahrzettel (Label) Nr.

Richtige Versandbezeichnung (PSN):

Land/BinSch:

See/Luft:

* Transport erfolgt nach Sondervorschriften

Gefahrstoff:

CAS Nr.: 538-07-8 RTECS-Nr.: YE 1225000

EG-Nr.: INDEX-Nr.:

EG-Einstufung: nein

Symbol: T+N*

R-Sätze: 45-36 26/27/28-50/53*

S-Sätze: 13-45*

* Expertenvorschlag

Erscheinungsbild: Farblose bis gelbliche, ölige Flüssigkeit. Schwacher muffiger, leicht fischartiger oder aminartiger Geruch.

Verhalten bei Freiwerden und Vermischen mit Luft: Extrem giftige, stark haut-, augen- und lungenschädigende, umweltgefährliche und brennbare Flüssigkeit mit relativ hohem Flammpunkt. Bei starker Erhitzung bilden sich extrem giftige, umweltgefährliche und explosionsfähige Gemische mit Luft. Sie sind schwerer als Luft und kriechen am Boden entlang. Entzündung durch heiße Oberflächen, Funken oder offene Flammen. Bei Erhitzung bis zur Zersetzung (z. B. durch Umgebungsbrände oder heiße Oberflächen) und bei Brand bilden sich giftige und ätzende Gase bzw. Dämpfe, die im Wesentlichen aus nitrosen Gasen, Cyanwasserstoff(gas = Blausäure) und Chlorwasserstoff(gas) bzw. Salzsäuredämpfen bestehen und auch Kohlenmonoxid(gas) sowie Kohlendioxid(gas) enthalten.

Verhalten bei Freiwerden und Vermischen mit Wasser: Der Stoff ist geringfügig schwerer als Wasser und sinkt langsam unter. Er löst sich nur geringfügig in Wasser. Es bilden sich extrem giftige, haut-, augen- und lungenschädigende Gemische mit Wasser, die auch bei starker Verdünnung noch wirksam sind. Mit Wasser erfolgt sehr langsame Hydrolyse zu hydroxylierten Derivaten, Dimeren und Chlorwasserstoff bzw. Salzsäurelösungen.

Gesundheitsgefährdung: Nach Hautkontakt beschwerdefreier Intervall von mehreren Stunden, Blasenbildung mit nekrotischem Zerfall; Augenschädigung ab 0,007 mg/l Luft bereits nach 15 min Einwirkung. Direkte Einwirkung der Substanz am Auge führt zu eitrigen Entzündungen, Hornhauttrübung und Nekrosen. Starke Lungenschädigung, Lungenödem. Nach Verschlucken schwere neurotoxische Schädigung meist mit tödlichem Ausgang, Psychosen (mit Bewußtseinstrübung, Halluzinationen, Euphorie, Antriebssteigerung, motorische Unruhe) können 4 Wochen und länger anhalten. Tödliche Dosis für den Menschen 4–6 mg/kg, LD_{50} (Mensch): 10–20 mg/kg. (Wahrscheinlich kanzerogen für den Menschen, USA Gruppe 2). LCt_{50} in mg x min/m^3: inhalativ: 1500; Perkutan (mit Maske): 20.000. ICt_{50} in mg x min/m^3: Augen: 200; inhalativ: 9000. Bei Brand oder Erhitzen bis zur Zersetzung Bildung von Chlorwasserstoff (s. auch Merkblatt 63), Blausäure (s. auch Merkblatt 42) und nitrosen Gasen (s. auch Merkblatt 150).

Symptome: Rötung von Haut und Augen, starker Juckreiz, Blasenbildung, schlecht heilende Nekrosen, Augenschäden, Erblindungsgefahr, Kopfschmerz, Übelkeit, Erbrechen, Bauchschmerzen, Appetitlosigkeit, Schwäche, Kraftlosigkeit, Husten- und Tränenreiz, Erstickungsanfälle.

Nach Einatmen oder Hautkontakt in jedem Fall – auch bei Ausbleiben der Symptome – den Arzt aufsuchen.

Nach Kontakt der Substanz mit den Augen ist in jedem Fall ein Augenarzt aufzusuchen.

Geruchsschwelle = Luftgrenzwert =

Bemerkungen: In der Chemikalienliste des Chemiewaffenübereinkommens (CWÜ) von 1993 über das Verbot, der Entwicklung, Herstellung, Lagerung und des Einsatzes chemischer Waffen sowie über die Vernichtung solcher Waffen ist der Stoff bzw. die Stoffgruppe enthalten.

* Transport erfolgt nach Sondervorschriften

Sicherheitsmaßnahmen für Fahrzeugbesatzung, Polizei, Feuerwehr und Rettungskräfte:
Polizei und Feuerwehr alarmieren.
Im Gefahrenbereich Maschine stoppen. Sofort volle Schutzkleidung und umluftunabhängiges (schweres) Atemschutzgerät tragen. Bei starker Erhitzung oder Brand nicht rauchen, offenes Feuer löschen, kein elektrisches Gerät und keinen Schalter mit Funkenbildung betätigen.
Wasserschutzpolizei und Feuerwehr: Beim Retten nicht ins Wasser springen. Bei starker Erhitzung kein Boot mit Ottomotor einsetzen. Bei Dieselantrieb Sicherheitsschaltung veranlassen. Nach dem Einsatz Kühlwasserkreislauf überprüfen.

Schutz- und Einsatzmaßnahmen: Alle unbeteiligten Personen nach Luv (gegen den Wind) entfernen. Achtung, falls freiwerdendes Gut in die Kanalisation oder in Abwasserleitungen von Schiffen gerät, bilden sich extrem giftige, stark haut-, augen-, lungenschädigende und umweltgefährliche Gemische mit Abwasser und kann über der Oberfläche Explosions- und Verätzungsgefahr entstehen. Experten hinzuziehen. Auf Wasserstraßen Schiffahrtssperre. An Land gefährdetes Gebiet absperren. Große Sicherheitszone bilden. In Wohn- und Industriegebieten Anwohner warnen. Gefährdetes Gebiet ggf. evakuieren.

Konzentrationsmessung explosionsfähiger bzw. giftiger Dämpfe siehe Tabelle (Anhang 6 der Erläuterungen).

Zuständige Behörden unterrichten.

Bekämpfung der Unfallfolgen:
Feuer: Bei kleinem Brandherd Löschpulver, Wassersprühstrahl, Kohlensäure oder Schaum. Bei großem Brandherd Schaum oder Wassersprühstrahl. Behälter mit Wassersprühstrahl kühlen und nach Möglichkeit aus der Gefahrenzone ziehen. Achtung, das Löschwasser ist giftig und umweltgefährlich. Es muß aufgefangen werden und darf nicht unbehandelt in die Kanalisation, in Gewässer oder in das Grundwasser gelangen.
Leckage: Leck schließen, wenn ohne Risiko möglich.
Fließendes Gewässer: Trink-, Brauch- und Kühlwasserentnehmer verständigen.
Stehendes Gewässer: Absperren. Fahrzeugbesatzungen im gefährdeten Gebiet warnen.
An Land: Kanalisation abdichten. Auffangen, eindeichen und abpumpen. In Wohn- und Industriegebieten alle tiefliegenden Räume abdichten. Alle Zündquellen beseitigen. Restmengen mit nicht brennbarem, saugfähigem Material wie z. B. trockener Erde, Sand, Kieselgur, Universalbinder oder Vermiculit abdecken und an sichere Deponie zur Vernichtung transportieren.

Gewässerverunreinigung:
GefStoffV/EG: Gefahrensymbol: N Umweltgefährlich, R 50/53; sehr giftig für Wasserorganismen, kann in Gewässern längerfristig schädliche Wirkung haben.
Gesamtbewertung nach Unfall: Gruppe IV, hohe bis sehr hohe (extrem hohe) toxische Wirkung unabhängig von der Turbulenz des Gewässers. (siehe auch Erläuterungen Abschnitt 16.4/5).
Einzelwerte siehe Anhang 9 der Erläuterungen.
Wassergefährdungsklasse: 3 – stark wassergefährdender Stoff

Erste Hilfe:
Selbstschutz beachten. Verletzte an die frische Luft bringen. Bei Atemstörung Sauerstoffzufuhr, ggf. Beatmung. Benetzte Kleidungsstücke, Schuhe und Strümpfe sofort ausziehen, in einen dichtschließenden Behälter (Sack) versorgen. Betroffene Körperstellen anhaltend mit Wasser und Seife spülen. Bei Augenkontakt die Augen 15 Minuten mit Wasser spülen. Augenlider dazu mit Daumen und Zeigefinger aufspreizen und gleichzeitig das Auge nach allen Seiten bewegen lassen. Für die Retter: Schutzkleidung und Gasmaske empfohlen. Verletzte nicht auskühlen lassen. Bei Erbrechen zumindest Kopf in Seitenlage bringen. Verletzte nur liegend transportieren. Bei Gefahr der Bewußtlosigkeit Lagerung und Transport in stabiler Seitenlage (siehe auch Merkblatt 2299a).

Hinweise für den Arzt:
Hautläsionen wie Verbrennungen höheren Grades behandeln. Augenläsionen: Nach ausgiebiger Spülung Augenarzt hinzuziehen. Akute Symptome des Atemtraktes: Symptomatisch behandeln. Systemische Wirkung: Schwere Knochenmarksdepression kann die Behandlung mit GM-CSF erforderlich machen. Hämatologen hinzuziehen.

Tarn- und Decknamen

D: HN 1, Stickstofflost

GB: EBA, HN1, Nitrogen Mustard, Ethyl-S

USA: HN1, Nitrogen Mustard, TL1149, TL329, Ethyl-S

F: HN1

ESP: HN1

Produktion und Einsatz

Produktion Weltkrieg II in Deutschland, Großbritannien und USA in kleinen Mengen. Kein Einsatz.

Personenentgiftung

Im Vordergrund steht die Behandlung der Reizsymptomatik und die Verhinderung der weiteren Kontamination mit dem Kampfstoff. Die Entgiftung ist innerhalb von 15 Minuten zu beginnen und zügig durchzuführen, damit ein Eindringen des Kampfstoffes in die tieferen Hautschichten verhindert wird. Sanitäter und Helfer arbeiten unter Schutzkleidung.
Für den Geschädigten sind folgende Maßnahmen vor dem Abtransport erforderlich:

- ❍ Entfernung der gesamten Kleidung, zumindest aber der kontaminierten Kleidungsstücke,
- ❍ gründliche Reinigung der Haut mit Chloramin oder 3–4%igen Natriumhydrogencarbonatlösung bzw. in Ausnahmefällen mit Kaliumpermanganat (verfärbt die Haut!) und anschließende Reinigung der kontaminierten Körperoberfläche (einschließlich der Haare) mit Wasser und Seife.
- ❍ Spülung der Augen mit einer 3–4%igen Natriumhydrogencarbonatlösung.
- ❍ Atemwegsprophylaxe mit dem Auxiloson-Dosier-Aerosol (initial 5 Hübe hintereinander und weitere 5 Hübe nach 10 Minuten),
- ❍ steht eine Dusche zur Verfügung, sollte unbedingt der gesamte Körper gründlich mit Wasser und Seife bzw. Waschmittel gereinigt werden, Haare waschen mit Natriumhydrogencarbonatlösung (3–4%ig).

Für den Transport muß der Geschädigte in Wärmedecken eingehüllt werden.

Vor dem weiteren Abtransport mit einem Krankenwagen oder einem Hubschrauber in ein Krankenhaus hat unbedingt eine vollständige Entgiftung des gesamten Körpers zu erfolgen. Bei Unterlassung der Dekontamination würden die Kampfstoffausdünstungen der kontaminierten Haare und der kontaminierten Kleidung das Personal des Transportfahrzeuges gefährden. Außerdem hat vor dem Abtransport ein Arzt die erste ärztliche Hilfe zu erweisen. Durch diese Hilfemaßnahmen wird die Schädigung der Haut wesentlich verringert und durch die frühzeitige Gabe von Antidoten werden die systemischen Schädigungen der inneren Organe verhindert.

Entgiftung/Dekontamination von Sachen und Geräten

Selbstschutz beachten, Schutzkleidung und Schutzmaske tragen bzw. Schutzmaske griffbereit halten. Nach dem Arbeiten Schutzkleidung dekontaminieren, ebenso Geräte und Materialien, die für die Entgiftung/Dekontamination verwendet wurden (mindestens 24 Stunden in Entgiftungslösung belassen, nachfolgend gründlich abspülen, Verbrennung zuführen, unter „Feldbedingungen" mit Wasser und Seifenlösung reinigen). Entgiftungslösungen erst unmittelbar vor der Aufnahme der Arbeiten herstellen.

Geeignet sind Lösungen von:
10% Dichloramin in Dichlorethan
oder 5% Hexachlormelamin in Dichlorethan
oder gesättigte Lösung von Natriumthiosulfat in Wasser
oder Chlorkalkbrei (1:1) unter Zusatz von 10% konz. Chlorwasserstoffsäure

Dekontamination von Gebäuden

Gebäude und Bauten aus Holz, Ziegelsteinen, Beton, Mörtel, Zement können infolge ihrer hohen Porösität sowohl Gase/Dämpfe als auch Flüssigkeiten aufnehmen und in tiefere Schichten verteilen, so dass i.a. nur Abriss und nachfolgende Verbrennung möglich sind.
Als erste Maßnahme können evtl. Waschverfahren mit alkalischer Seifenlösung (Zusatz von Schmierseife) angewandt werden.

Leichte oberflächliche Behaftungen können mit Chlorkalk, der alle 24 Stunden erneuert wird, abgedeckt werden. Austretende Gase und Dämpfe werden so teilweise entgiftet.

Entgiftung/Dekontamination im Gelände

Betroffene Geländeabschnitte, Straßen, Plätze u. ä. absperren, Menschen und Nutztiere evakuieren.
Bei oberflächlichen Kontaminationen reicht es meist aus, 10–20 cm Boden abzutragen, mit Brennstoff zu übergießen und abzubrennen.
Bei extremen Kontaminationen muß bis zu 1 m Boden ausgehoben und einer geordneten Verbrennung mit Nachverbrennung zugeführt werden.
Das Abbrennen von Grasflächen ist eine erste Maßnahme, führt aber meist nicht zur vollständigen Entgiftung.
Abdecken des Geländes mit alkalischen Schlacken oder mit Chlorkalk/Sand ist als Sofortmaßnahme geeignet, bietet jedoch keinen ausreichenden Schutz gegen austretende Gase und Dämpfe.
Mehrmaliges Abschwemmen mit viel Wasser und Abdecken mit einer Sperrschicht ist eine erste Maßnahme, die sich vor allem für weniger toxische Stoffe eignet.
(Auch nach Jahrzehnten können Kampfstoffe im Boden konserviert werden, selbst unter Wasserlachen [Loste] und ihre vollständige Aktivität behalten!)

Dekontamination von Leder und Textilien

Kontaminierte Kleidungsstücke, Textilien und Lederwaren mit Entgiftungspuder oder Entgiftungslösung besprühen, ggf. in Seifenlauge (unter Zusatz von Schmierseife) kochen, anschließend einer geordneten Verbrennung zuführen.

Formel: $N(CH_2–CH_2–Cl)_3$ **Summen-Formel:** C6–H12–Cl3–N **UN-Nr. 2810 n.o.s.**

Merkblatt

2300

Gefahren-Diamant

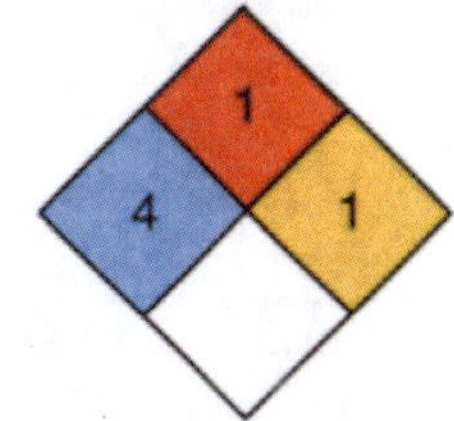

Hazchem-Code:
2 XE

Stoffname

Deutsch	*Englisch*	*Französisch*
HN-3	**HN3**	**HN3**
Tris(2-chlorethylamin)	Tris(2-chloroethyl)amine	Tris(2-chloréthyl)amine
2,2',2''-Trichlortriethylamin	Tri-(2-chloroethyl)amine	
Stickstoff-Lost	Tris(beta-chloroethyl)amine	
Tris(beta-chlorethyl)-amin	2,2',2''-Trichlorotriethylamine	*Spanisch*
beta,beta',beta''-Trichlortri-ethylamin	Nitrogen mustard	**HN3**
Tris(beta-chlorethyl)-amin	N-Nitrogen mustard	Tris(2-cloretil)amino
N-Lost	N,N-bis(2-chloroethyl) ethanamine	
	N-mustard	

Tarn- und Decknamen siehe Merkblatt 2300a

Technische Daten

Siedepunkt	230–235 °C
Dampfdruck in mbar bei 20 °C	0,0093
Dampfdichteverhältnis, Luft = 1	7,06
Schmelzpunkt	–2 bis –4 °C
Mischbarkeit mit Wasser	sehr geringfügig*
Spez. Gewicht, Wasser = 1	1,2348
Molare Masse	204,53

Feuerbekämpfungsdaten

Flammpunkt
Zündfähiges Gemisch, Vol.-%
Zündtemperatur
} brennbare Flüssigkeit

* 160 mg/l

Gefahrgut:*
IMDG-Code: UN-Nr. | Kl. | Verp. Gr. | EMS: **F**- A; **S**-A
Marine pollutant
ICAO/IATA DGR: UN-Nr. | Kl. | Verp. Gr.
ADR/RID/ADNR: UN-Nr. | Kl. | Klassifiz. Code
Gefahrzettel (Label) Nr.
Richtige Versandbezeichnung (PSN):
Land/BinSch:
See/Luft:
* Transport erfolgt nach Sondervorschriften

Klassifizierung:

Gefahrstoff:
CAS Nr.: 555-77-1 RTECS-Nr.: YE 2625000
EG-Nr.: INDEX-Nr.:
EG-Einstufung: nein
Symbol: T+ N*
R-Sätze: 26/27/28-50/53*
S-Sätze: 15-45*

*-Expertenvorschlag

Erscheinungsbild: Farblose bis leicht gelbliche, ölige Flüssigkeit. Geruch nach bitteren Mandeln.

Verhalten bei Freiwerden und Vermischen mit Luft: Extrem giftige, stark haut-, augen- und lungenschädigende, umweltgefährliche und brennbare Flüssigkeit mit relativ hohem Flammpunkt. Bei starker Erhitzung bilden sich gesundheitsschädliche, umweltgefährliche und explosionsfähige Gemische mit Luft. Sie sind schwerer als Luft und kriechen am Boden entlang. Entzündung durch heiße Oberflächen, Funken oder offene Flammen. Bei Erhitzung bis zur Zersetzung (z. B. durch Umgebungsbrände oder heiße Oberflächen) und bei Brand bilden sich giftige und ätzende Gase bzw. Dämpfe, die im Wesentlichen aus nitrosen Gasen, Cyanwasserstoff(gas = Blausäure) und Chlorwasserstoff(gas) bzw. Salzsäuredämpfen bestehen und auch Kohlenmonoxid(gas) sowie Kohlendioxid(gas) enthalten.

Verhalten bei Freiwerden und Vermischen mit Wasser: Der Stoff ist schwerer als Wasser und sinkt unter. Er löst sich nur geringfügig in Wasser. Es bilden sich extrem giftige, haut-, augen- und lungenschädigende Gemische mit Wasser, die auch bei starker Verdünnung noch wirksam sind. Mit Wasser erfolgt sehr langsame Hydrolyse zu hydroxylierten Derivaten, Dimeren und Chlorwasserstoff bzw. Salzsäurelösungen.

Gesundheitsgefährdung: Nach Hautkontakt beschwerdefreier Intervall von mehreren Stunden, Blasenbildung mit nekrotischem Zerfall; Augenschädigung ab 0,007 mg/l Luft bereits nach 15 min Einwirkung. Direkte Einwirkung der Substanz am Auge führt zu eitrigen Entzündungen, Hornhauttrübung und Nekrosen. Starke Lungenschädigung, Lungenödem. Nach Verschlucken schwere neurotoxische Schädigung meist mit tödlichem Ausgang. Psychosen (mit Bewußtseinstrübung, Halluzinationen, Euphorie, Antriebssteigerung, motorische Unruhe) können 4 Wochen und länger anhalten. Tödliche Dosis für den Menschen 4–6 mg/kg. LCt_{50} in mg/m³: inhalativ: 1500 Perkutan (mit Maske): 10.000 ICt_{50} in mg x min/m³: Augen: 200; perkutan (mit Maske): 2500. Bei Brand oder Erhitzen bis zur Zersetzung Bildung von Chlorwasserstoff (s. auch Merkblatt 63), Blausäure (s. auch Merkblatt 42) und nitrosen Gasen (s. auch Merkblatt 150).
Symptome: Rötung von Haut und Augen, starker Juckreiz, Blasenbildung, schlecht heilende Nekrosen, Augenschäden, Erblindungsgefahr, Kopfschmerzen, Übelkeit, Erbrechen, Bauchschmerzen, Appetitlosigkeit, Schwäche, Kraftlosigkeit, Husten- und Tränenreiz, Erstickungsanfälle.
Nach Einatmen oder Hautkontakt in jedem Fall – auch bei Ausbleiben der Symptome – den Arzt aufsuchen.
Nach Kontakt der Substanz mit den Augen ist in jedem Fall ein Augenarzt aufzusuchen.

Geruchsschwelle = Luftgrenzwert =

Bemerkungen: In der Chemikalienliste des Chemiewaffenübereinkommens (CWÜ) von 1993 über das Verbot, der Entwicklung, Herstellung, Lagerung und des Einsatzes chemischer Waffen sowie über die Vernichtung solcher Waffen ist der Stoff bzw. die Stoffgruppe enthalten.

Sicherheitsmaßnahmen für Fahrzeugbesatzung, Polizei, Feuerwehr und Rettungskräfte:
Polizei und Feuerwehr alarmieren.
Im Gefahrenbereich Maschine stoppen. Sofort volle Schutzkleidung und umluftunabhängiges (schweres) Atemschutzgerät tragen. Bei starker Erhitzung oder Brand nicht rauchen, offenes Feuer löschen, kein elektrisches Gerät und keinen Schalter mit Funkenbildung betätigen.
Wasserschutzpolizei und Feuerwehr: Beim Retten nicht ins Wasser springen. Bei starker Erhitzung kein Boot mit Ottomotor einsetzen. Bei Dieselantrieb Sicherheitsschaltung veranlassen. Nach dem Einsatz Kühlwasserkreislauf überprüfen.

Schutz- und Einsatzmaßnahmen: Alle unbeteiligten Personen nach Luv (gegen den Wind) entfernen. Achtung, falls freiwerdendes Gut in die Kanalisation oder in Abwasserleitungen von Schiffen gerät, bilden sich extrem giftige, stark haut-, augen-, lungenschädigende und umweltgefährliche Gemische mit Abwasser und kann über der Oberfläche Explosions- und Verätzungsgefahr entstehen. Experten hinzuziehen. Auf Wasserstraßen Schiffahrtssperre. An Land gefährdetes Gebiet absperren. Große Sicherheitszone bilden. In Wohn- und Industriegebieten Anwohner warnen. Gefährdetes Gebiet ggf. evakuieren.

Konzentrationsmessung explosionsfähiger bzw. giftiger Dämpfe siehe Tabelle (Anhang 6 der Erläuterungen).

Zuständige Behörden unterrichten.

Bekämpfung der Unfallfolgen:
Feuer: Bei kleinem Brandherd Löschpulver, Wassersprühstrahl, Kohlensäure oder Schaum. Bei großem Brandherd Schaum oder Wassersprühstrahl. Behälter mit Wassersprühstrahl kühlen und nach Möglichkeit aus der Gefahrenzone ziehen. Achtung, das Löschwasser ist giftig und umweltgefährlich. Es muß aufgefangen werden und darf nicht unbehandelt in die Kanalisation, in Gewässer oder in das Grundwasser gelangen.
Leckage: Leck schließen, wenn ohne Risiko möglich.
Fließendes Gewässer: Trink-, Brauch- und Kühlwasserentnehmer verständigen.
Stehendes Gewässer: Absperren. Fahrzeugbesatzungen im gefährdeten Gebiet warnen.
An Land: Kanalisation abdichten. Auffangen, eindeichen und abpumpen. In Wohn- und Industriegebieten alle tiefliegenden Räume abdichten. Alle Zündquellen beseitigen. Restmengen mit nicht brennbarem, saugfähigem Material wie z. B. trockener Erde, Sand, Kieselgur, Universalbinder oder Vermiculit abdecken und an sichere Deponie zur Vernichtung transportieren.

Gewässerverunreinigung:
GefStoffV/EG: Gefahrensymbol; N Umweltgefährlich, R 50/53; sehr giftig für Wasserorganismen, kann in Gewässern längerfristig schädliche Wirkungen haben.
Gesamtbewertung nach Unfall: Gruppe IV, hohe bis sehr hohe, (extrem hohe) toxische Wirkung unabhängig von der Turbulenz des Gewässers (siehe auch Erläuterungen Abschnitt 16.4/5).
Einzelwerte siehe Anhang 9 der Erläuterungen.
Wassergefährdungsklasse:

Erste Hilfe:
Selbstschutz beachten. Verletzte an die frische Luft bringen. Bei Atemstörung Sauerstoffzufuhr, ggf. Beatmung. Benetzte Kleidungsstücke, Schuhe und Strümpfe sofort ausziehen, in einen dichtschließenden Behälter (Sack) versorgen. Betroffene Körperstellen anhaltend mit Wasser und Seife spülen. Bei Augenkontakt die Augen 15 Minuten mit Wasser spülen. Augenlider dazu mit Daumen und Zeigefinger aufspreizen und gleichzeitig das Auge nach allen Seiten bewegen lassen. Für die Retter: Schutzkleidung und Gasmaske empfohlen. Verletzte nicht auskühlen lassen. Bei Erbrechen zumindest Kopf in Seitenlage bringen. Verletzte nur liegend transportieren. Bei Gefahr der Bewußtlosigkeit Lagerung und Transport in stabiler Seitenlage (siehe auch Merkblatt 2300a).

Hinweise für den Arzt:
Hautläsionen wie Verbrennungen höheren Grades behandeln. Augenläsionen: Nach ausgiebiger Spülung Augenarzt hinzuziehen. Akute Symptome des Atemtraktes: Symptomatisch behandeln. Systemische Wirkung: Schwere Knochenmarksdepression kann die Behandlung mit GM-CSF erforderlich machen. Hämatologen hinzuziehen.

Tarn- und Decknamen

D: N-Lost, Stickstoff-Lost, Stickstoffyperit, N-Yperit, C-Salze, HN 3, Grün Ring, T9, NL, Gelbkreuz NL, UP

GB: TBA, Nitrogen mustard, 2',2',2'-Trichlorotriethylamine

USA: Nitrogen mustard, Blister Agent, HN3, Blist Agent

F: Tris(2-chloréthyl)amine

ESP: Tris(2-cloretil)metilamino

UdSSR: TO, 2',2',2'-Trichlortrietilamin

Produktion und Einsatz

Produktion Weltkrieg I in Deutschland. Produktion in Weltkrieg II in Deutschland. Produktion in Weltkrieg II in Pilotanlagen in Großbritannien.

Personenentgiftung

Im Vordergrund steht die Behandlung der Reizsymptomatik und die Verhinderung der weiteren Kontamination mit dem Kampfstoff. Die Entgiftung ist innerhalb von 15 Minuten zu beginnen und zügig durchzuführen, damit ein Eindringen des Kampfstoffes in die tieferen Hautschichten verhindert wird. Sanitäter und Helfer arbeiten unter Schutzkleidung.
Für den Geschädigten sind folgende Maßnahmen vor dem Abtransport erforderlich:
❍ Entfernung der gesamten Kleidung, zumindest aber der kontaminierten Kleidungsstücke,
❍ gründliche Reinigung der Haut mit Chloramin oder 3–4%igen Natriumhydrogencarbonatlösung bzw. in Ausnahmefällen mit Kaliumpermanganat (verfärbt die Haut!) und anschließende Reinigung der kontaminierten Körperoberfläche (einschließlich der Haare) mit Wasser und Seife.
❍ Spülung der Augen mit einer 3–4%igen Natriumhydrogencarbonatlösung.
❍ Atemwegsprophylaxe mit dem Auxiloson-Dosier-Aerosol (initial 5 Hübe hintereinander und weitere 5 Hübe nach 10 Minuten),
❍ steht eine Dusche zur Verfügung, sollte unbedingt der gesamte Körper gründlich mit Wasser und Seife bzw. Waschmittel gereinigt werden, Haare waschen mit Natriumhydrogencarbonatlösung (3–4%ig).

Für den Transport muß der Geschädigte in Wärmedecken eingehüllt werden.

Vor dem weiteren Abtransport mit einem Krankenwagen oder einem Hubschrauber in ein Krankenhaus hat unbedingt eine vollständige Entgiftung des gesamten Körpers zu erfolgen. Bei Unterlassung der Dekontamination würden die Kampfstoffausdünstungen der kontaminierten Haare und der kontaminierten Kleidung das Personal des Transportfahrzeuges gefährden. Außerdem hat vor dem Abtransport ein Arzt die erste ärztliche Hilfe zu erweisen. Durch diese Hilfemaßnahmen wird die Schädigung der Haut wesentlich verringert und durch die frühzeitige Gabe von Antidoten werden die systemischen Schädigungen der inneren Organe verhindert.

Entgiftung/Dekontamination von Sachen und Geräten

Selbstschutz beachten, Schutzkleidung und Schutzmaske tragen bzw. Schutzmaske griffbereit halten. Nach dem Arbeiten Schutzkleidung dekontaminieren, ebenso Geräte und Materialien, die für die Entgiftung/Dekontamination verwendet wurden (mindestens 24 Stunden in Entgiftungslösung belassen, nachfolgend gründlich abspülen, Verbrennung zuführen, unter „Feldbedingungen“ mit Wasser und Seifenlösung reinigen). Entgiftungslösungen erst unmittelbar vor der Aufnahme der Arbeiten herstellen.

Geeignet sind Lösungen von:
10% Dichloramin in Dichlorethan
oder 5% Hexachlormelamin in Dichlorethan
oder gesättigte Lösung von Natriumthiosulfat in Wasser
oder Chlorkalkbrei (1:1) unter Zusatz von 10% konz. Chlorwasserstoffsäure

Dekontamination von Gebäuden

Gebäude und Bauten aus Holz, Ziegelsteinen, Beton, Mörtel, Zement können infolge ihrer hohen Porösität sowohl Gase/Dämpfe als auch Flüssigkeiten aufnehmen und in tiefere Schichten verteilen, so dass i.a. nur Abriss und nachfolgende Verbrennung möglich sind.
Als erste Maßnahme können evtl. Waschverfahren mit alkalischer Seifenlösung (Zusatz von Schmierseife) angewandt werden.
Leichte oberflächliche Behaftungen können mit Chlorkalk, der alle 24 Stunden erneuert wird, abgedeckt werden. Austretende Gase und Dämpfe werden so teilweise entgiftet.

Entgiftung/Dekontamination im Gelände

Betroffene Geländeabschnitte, Straßen, Plätze u.ä. absperren, Menschen und Nutztiere evakuieren.
Bei oberflächlichen Kontaminationen reicht es meist aus, 10–20 cm Boden abzutragen, mit Brennstoff zu übergießen und abzubrennen.
Bei extremen Kontaminationen muß bis zu 1 m Boden ausgehoben und einer geordneten Verbrennung mit Nachverbrennung zugeführt werden.
Das Abbrennen von Grasflächen ist eine erste Maßnahme, führt aber meist nicht zur vollständigen Entgiftung.
Abdecken des Geländes mit alkalischen Schlacken oder mit Chlorkalk/Sand ist als Sofortmaßnahme geeignet, bietet jedoch keinen ausreichenden Schutz gegen austretende Gase und Dämpfe.
Mehrmaliges Abschwemmen mit viel Wasser und Abdecken mit einer Sperrschicht ist eine erste Maßnahme, die sich vor allem für weniger toxische Stoffe eignet.
(Auch nach Jahrzehnten können Kampfstoffe im Boden konserviert werden, selbst unter Wasserlachen [Loste] und ihre vollständige Aktivität behalten!)

Dekontamination von Leder und Textilien

Kontaminierte Kleidungsstücke, Textilien und Lederwaren mit Entgiftungspuder oder Entgiftungslösung besprühen, ggf. in Seifenlauge (unter Zusatz von Schmierseife) kochen, anschließend einer geordneten Verbrennung zuführen.

Formel: $(CH_2CH_2SCH_2CH_2Cl)_2O$ **Summen-Formel:** C8–H16–Cl2–O–S2 **UN-Nr.**

Merkblatt

2301

Gefahren-Diamant

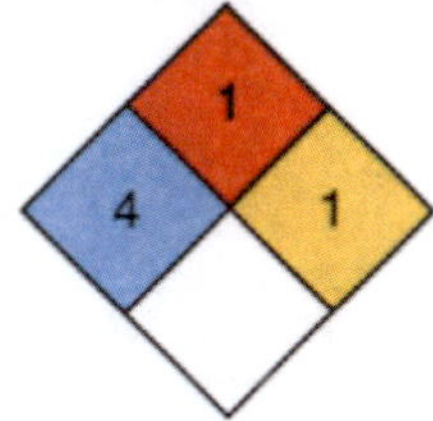

Hazchem-Code:

Stoffname

Deutsch	*Englisch*	*Französisch*
Sauerstoff-Lost	**O-Lost**	**O-Lost**
2,2'-Bis(2-chlorethylthio)diethylether	2,2'-Di(3-chloroethylthio)-diethyl ether	
2,2'-Bis(chlorethylmercapto) diethylether	Bis (beta-chloroethylthioethyl) ether	*Spanisch*
O-Lost	1,1'-Oxybis(2-(2-chloroethyl) thioethane	**O-lost**
Sauerstoffyperit	Bis(2-chloroethylthioethyl)ether	
Oxollost		

Tarn- und Decknamen siehe 2301a

Technische Daten

Siedepunkt	174 °C bei 2,7 mbar
Dampfdruck in mbar	0,00023 bei 25 °C
Dampfdichteverhältnis, Luft = 1	9,08
Schmelzpunkt	10 °C
Mischbarkeit mit Wasser	sehr geringfügig
Spez. Gewicht, Wasser = 1	1,2310
Molare Masse	263,25

Feuerbekämpfungsdaten

Flammpunkt	ca. 100 °C
Zündfähiges Gemisch, Vol.-%	
Zündtemperatur	

Gefahrgut:* **Klassifizierung:**

IMDG-Code: UN-Nr. Kl. Verp. Gr. EMS: **F-** ; **S-**
Marine pollutant
ICAO/IATA DGR: UN-Nr. Kl. Verp. Gr.
ADR/RID/ADNR: UN-Nr. Kl. Klassifiz. Code Verp. Gr.
Gefahrzettel (Label) Nr.
Richtige Versandbezeichnung (PSN):
Land/BinSch:
See/Luft:
* Transport erfolgt nach Sondervorschriften

Gefahrstoff:
CAS Nr.: 63918-89-8 RTECS-Nr.: KN 1400000
EG-Nr.: INDEX-Nr.:
EG-Einstufung: nein
Symbol: T+, N*
R-Sätze: 26/27/28-39-50/57*
S-Sätze: 36/39-45*
* Expertenvorschlag

Erscheinungsbild: Farblose bis gelbliche, ölige Flüssigkeit. Schwacher knoblauchähnlicher Geruch.

Verhalten bei Freiwerden und Vermischen mit Luft: Extrem giftige, stark haut-, augen- sowie lungenschädigende, umweltgefährliche und brennbare Flüssigkeit mit relativ hohem Flammpunkt von ca. 100 °C. Bei starker Erhitzung bilden sich gesundheitsschädliche, umweltgefährliche und explosionsfähige Gemische mit Luft. Sie sind schwerer als Luft und kriechen am Boden entlang. Entzündung durch heiße Oberflächen, Funken oder offene Flammen. Bei Erhitzung bis zur Zersetzung (z. B. durch Umgebungsbrände oder heiße Oberflächen) und bei Brand bilden sich giftige und ätzende Gase bzw. Dämpfe, die im Wesentlichen aus Schwefeloxiden (Schwefeldioxid, Schwefeltrioxid) und Chlorwasserstoff(gas) bzw. Salzsäuredämpfen bestehen und auch Kohlenmonoxid(gas) sowie Kohlendioxid(gas) enthalten.

Verhalten bei Freiwerden und Vermischen mit Wasser: Der Stoff ist schwerer als Wasser und sinkt unter. Er löst sich nur geringfügig in Wasser. Es bilden sich extrem giftige, stark haut-, augen- sowie lungenschädigende und umweltgefährliche Gemische mit Wasser, die auch bei starker Verdünnung noch wirksam sind. Mit Wasser erfolgt langsame Hydrolyse unter Bildung von Chlorwasserstoff(gas) bzw. Salzsäurelösungen.

Gesundheitsgefährdung: Die hauttoxische Wirkung von Sauerstofflost ist ca. 3,5 mal stärker als die von Schwefellost (s. auch Merkblatt 2298) bei sonst ähnlichen Symptomen. Nach Hautkontakt mit der Flüssigkeit, den Dämpfen oder Aerosol beschwerdefreier Intervall, nach 4–8 h scharf umgrenzte Hautrötung mit unerträglichem Juckreiz, nach 24 h Blasen mit bernsteinfarbener Flüssigkeit, nach 2 Tagen geschwürige schwer heilende Wunden. Augenkontakt: Erblindungsgefahr! Hautaufnahme! Gestörte Blutbildung, erhöhte Infektanfälligkeit. Einatmen kleiner Mengen: nach 6–8 h Entzündungen der oberen Atemwege, Bronchitis; bei hohen Konzentrationen: quälender Reizhusten, schließlich Lungenödem. Minimale letale Konzentration LCL0 (Mensch, inhalativ): 400 mg/m³. Bei Brand oder Erhitzen bis zur Zersetzung Bildung von Chlorwasserstoff (s. auch Merkblatt 63) und Schwefeloxiden (s. auch Merkblatt 186).
Symptome: unabhängig von der Aufnahmeart kommt es zu Kopfschmerzen, Erbrechen, Bauchschmerzen, Appetitlosigkeit, Kräfteverlust, Hautrötung, Augenschmerzen, Tränenreiz, Hustenreiz, Atemnot, Erstickung, Lungenödem.
Nach Einatmen oder Hautkontakt in jedem Fall – auch bei Ausbleiben der Symptome – den Arzt aufsuchen.
Nach Kontakt der Substanz mit den Augen ist in jedem Fall ein Augenarzt aufzusuchen.

Geruchsschwelle = Luftgrenzwert =

Bemerkungen: Der Stoff ist löslich in Benzol und Aceton. Bei Anwesenheit von feuchter Luft, Nebel, Wasserdampf oder Wasser bilden sich Chlorwasserstoff(gas) bzw. Salzsäure, die Eisen, Stahl und andere Metalle angreifen.

In der Chemiekalienliste des Chemiewaffenübereinkommens (CWÜ) von 1993 über das Verbot der Entwicklung, Herstellung, Lagerung und des Einsatzes chemischer Waffen sowie über die Vernichtung solcher Waffen ist der Stoff bzw. die Stoffgruppe enthalten.

Sicherheitsmaßnahmen für Fahrzeugbesatzung, Polizei, Feuerwehr und Rettungskräfte:
Polizei und Feuerwehr alarmieren.
Im Gefahrenbereich Maschine stoppen. Sofort volle Schutzkleidung und umluftunabhängiges (schweres) Atemschutzgerät tragen. Bei starker Erhitzung oder Brand nicht rauchen, offenes Feuer löschen, kein elektrisches Gerät und keinen Schalter mit Funkenbildung betätigen.
Wasserschutzpolizei und Feuerwehr: Beim Retten nicht ins Wasser springen. Bei starker Erhitzung kein Boot mit Ottomotor einsetzen. Bei Dieselantrieb Sicherheitsschaltung veranlassen. Nach dem Einsatz Kühlwasserkreislauf überprüfen.

Schutz- und Einsatzmaßnahmen: Alle unbeteiligten Personen nach Luv (gegen den Wind) entfernen. Achtung, falls freiwerdendes Gut in die Kanalisation oder in Abwasserleitungen von Schiffen gerät, bilden sich extrem giftige, stark haut-, augen-, lungenschädigende und umweltgefährliche Gemische mit Abwasser und kann über der Oberfläche Explosions- und Verätzungsgefahr entstehen. Experten hinzuziehen. Auf Wasserstraßen Schiffahrtssperre. An Land gefährdetes Gebiet absperren. Große Sicherheitszone bilden. In Wohn- und Industriegebieten Anwohner warnen. Gefährdetes Gebiet ggf. evakuieren.

Konzentrationsmessung explosionsfähiger bzw. giftiger Dämpfe siehe Tabelle (Anhang 6 der Erläuterungen).

Zuständige Behörden unterrichten.

Bekämpfung der Unfallfolgen:
Feuer: Bei kleinem Brandherd Löschpulver, Wassersprühstrahl, Kohlensäure oder Schaum. Bei großem Brandherd Schaum oder Wassersprühstrahl. Behälter mit Wassersprühstrahl kühlen und nach Möglichkeit aus der Gefahrenzone ziehen. Achtung, das Löschwasser ist giftig und umweltgefährlich. Es muß aufgefangen werden und darf nicht unbehandelt in die Kanalisation, in Gewässer oder in das Grundwasser gelangen.
Leckage: Leck schließen, wenn ohne Risiko möglich.
Fließendes Gewässer: Trink-, Brauch- und Kühlwasserentnehmer verständigen.
Stehendes Gewässer: Absperren. Fahrzeugbesatzungen im gefährdeten Gebiet warnen.
An Land: Kanalisation abdichten. Auffangen, eindeichen und abpumpen. In Wohn- und Industriegebieten alle tiefliegenden Räume abdichten. Alle Zündquellen beseitigen. Restmengen mit nicht brennbarem, saugfähigem Material wie z. B. trockener Erde, Sand, Kieselgur, Universalbinder oder Vermiculit abdecken und an sichere Deponie zur Vernichtung transportieren.

Gewässerverunreinigung:
GefStoffV/EG: Gefahrensymbol; N Umweltgefährlich, R 50/53; sehr giftig für Wasserorganismen, kann in Gewässern längerfristig schädliche Wirkungen haben.
Gesamtbewertung nach Unfall: Gruppe IV, hohe bis sehr hohe (extrem hohe) toxische Wirkung unabhängig von der Turbulenz des Gewässers (siehe auch Erläuterungen Abschnitt 16.4/5).
Einzelwerte siehe Anhang 9 der Erläuterungen.
Wassergefährdungsklasse: 3 – stark wassergefährdender Stoff

Erste Hilfe:
Selbstschutz beachten. Verletzte an die frische Luft bringen. Bei Atemstörung Sauerstoffzufuhr, ggf. Beatmung. Benetzte Kleidungsstücke, Schuhe und Strümpfe sofort ausziehen, in einen dichtschließenden Behälter (Sack) versorgen. Betroffene Körperstellen anhaltend mit Wasser und Seife spülen. Bei Augenkontakt die Augen 15 Minuten mit Wasser spülen. Augenlider dazu mit Daumen und Zeigefinger aufspreizen und gleichzeitig das Auge nach allen Seiten bewegen lassen. Für die Retter: Schutzkleidung und Gasmaske empfohlen. Verletzte nicht auskühlen lassen. Bei Erbrechen zumindest Kopf in Seitenlage bringen. Verletzte nur liegend transportieren. Bei Gefahr der Bewußtlosigkeit Lagerung und Transport in stabiler Seitenlage (siehe auch Merkblatt 2301a).

Hinweise für den Arzt:
Hautläsionen wie Verbrennungen höheren Grades behandeln. Augenläsionen: Nach ausgiebiger Spülung Augenarzt hinzuziehen. Akute Symptome des Atemtraktes: Symptomatisch behandeln. Systemische Wirkung: Schwere Knochenmarksdepression kann die Behandlung mit GM-CSF erforderlich machen. Hämatologen hinzuziehen.

Tarn- und Decknamen

D: Sauerstoff-Lost, O-Lost, Sauerstoffyperit, O-Yperit, Gelbkreuz

GB: H, T724

USA: T, Mixture Hat

F: T

ESP: T

UdSSR: Bis(2-chloretiltioetilovyj) efir

Produktion und Einsatz

Keine Produktion und Einsatz im Weltkrieg I. Produktion in Weltkrieg II in USA, GB und Deutschland. Kein Einsatz. Produktion nach Weltkrieg II in USA (als Gemisch HT).

Personenentgiftung

Im Vordergrund steht die Behandlung der Reizsymptomatik und die Verhinderung der weiteren Kontamination mit dem Kampfstoff. Die Entgiftung ist innerhalb von 15 Minuten zu beginnen und zügig durchzuführen, damit ein Eindringen des Kampfstoffes in die tieferen Hautschichten verhindert wird. Sanitäter und Helfer arbeiten unter Schutzkleidung.
Für den Geschädigten sind folgende Maßnahmen vor dem Abtransport erforderlich:

- Entfernung der gesamten Kleidung, zumindest aber der kontaminierten Kleidungsstücke,
- gründliche Reinigung der Haut mit Chloramin oder 3–4%igen Natriumhydrogencarbonatlösung bzw. in Ausnahmefällen mit Kaliumpermanganat (verfärbt die Haut!) und anschließende Reinigung der kontaminierten Körperoberfläche (einschließlich der Haare) mit Wasser und Seife.
- Spülung der Augen mit einer 3–4%igen Natriumhydrogencarbonatlösung.
- Atemwegsprophylaxe mit dem Auxiloson-Dosier-Aerosol (initial 5 Hübe hintereinander und weitere 5 Hübe nach 10 Minuten),
- steht eine Dusche zur Verfügung, sollte unbedingt der gesamte Körper gründlich mit Wasser und Seife bzw. Waschmittel gereinigt werden, Haare waschen mit Natriumhydrogencarbonatlösung (3–4%ig).

Für den Transport muß der Geschädigte in Wärmedecken eingehüllt werden.

Vor dem weiteren Abtransport mit einem Krankenwagen oder einem Hubschrauber in ein Krankenhaus hat unbedingt eine vollständige Entgiftung des gesamten Körpers zu erfolgen. Bei Unterlassung der Dekontamination würden die Kampfstoffausdünstungen der kontaminierten Haare und der kontaminierten Kleidung das Personal des Transportfahrzeuges gefährden. Außerdem hat vor dem Abtransport ein Arzt die erste ärztliche Hilfe zu erweisen. Durch diese Hilfemaßnahmen wird die Schädigung der Haut wesentlich verringert und durch die frühzeitige Gabe von Antidoten werden die systemischen Schädigungen der inneren Organe verhindert.

Entgiftung/Dekontamination von Sachen und Geräten

Selbstschutz beachten, Schutzkleidung und Schutzmaske tragen bzw. Schutzmaske griffbereit halten. Nach dem Arbeiten Schutzkleidung dekontaminieren, ebenso Geräte und Materialien, die für die Entgiftung/Dekontamination verwendet wurden (mindestens 24 Stunden in Entgiftungslösung belassen, nachfolgend gründlich abspülen, Verbrennung zuführen, unter „Feldbedingungen" mit Wasser und Seifenlösung reinigen). Entgiftungslösungen erst unmittelbar vor der Aufnahme der Arbeiten herstellen.

Geeignet sind Lösungen von:
Chlorkalkbrei (Chlorkalk:Wasser 1:1)
oder 10% Chloramin T oder B in Wasser
oder 10% Dichloramin in Dichlorethan
oder 5% Hexachlormelamin in Dichlorethan oder Kohlenstoffetrachlorid
oder gesättigte Natriumhypochloritlösung

Dekontamination von Gebäuden

Gebäude und Bauten aus Holz, Ziegelsteinen, Beton, Mörtel, Zement können infolge ihrer hohen Porösität sowohl Gase/Dämpfe als auch Flüssigkeiten aufnehmen und in tiefere Schichten verteilen, so dass i.a. nur Abriss und nachfolgende Verbrennung möglich sind.
Als erste Maßnahme können evtl. Waschverfahren mit alkalischer Seifenlösung (Zusatz von Schmierseife) angewandt werden.
Leichte oberflächliche Behaftungen können mit Chlorkalk, der alle 24 Stunden erneuert wird, abgedeckt werden. Austretende Gase und Dämpfe werden so teilweise entgiftet.

Entgiftung/Dekontamination im Gelände

Betroffene Geländeabschnitte, Straßen, Plätze u.ä. absperren, Menschen und Nutztiere evakuieren.
Bei oberflächlichen Kontaminationen reicht es meist aus, 10–20 cm Boden abzutragen, mit Brennstoff zu übergießen und abzubrennen.
Bei extremen Kontaminationen muß bis zu 1 m Boden ausgehoben und einer geordneten Verbrennung mit Nachverbrennung zugeführt werden.
Das Abbrennen von Grasflächen ist eine erste Maßnahme, führt aber meist nicht zur vollständigen Entgiftung.
Abdecken des Geländes mit alkalischen Schlacken oder mit Chlorkalk/Sand ist als Sofortmaßnahme geeignet, bietet jedoch keinen ausreichenden Schutz gegen austretende Gase und Dämpfe.
Mehrmaliges Abschwemmen mit viel Wasser und Abdecken mit einer Sperrschicht ist eine erste Maßnahme, die sich vor allem für weniger toxische Stoffe eignet.
(Auch nach Jahrzehnten können Kampfstoffe im Boden konserviert werden, selbst unter Wasserlachen [Loste] und ihre vollständige Aktivität behalten!)

Dekontamination von Leder und Textilien

Kontaminierte Kleidungsstücke, Textilien und Lederwaren mit Entgiftungspuder oder Entgiftungslösung besprühen, ggf. in Seifenlauge (unter Zusatz von Schmierseife) kochen, anschließend einer geordneten Verbrennung zuführen.

Formel: | **Summen-Formel:** C7–H16–Cl–O2–P | **UN-Nr.**

Merkblatt

2302

Gefahren-Diamant

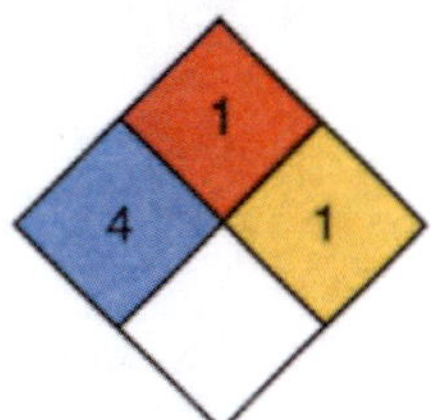

Hazchem-Code:

Stoffname

Deutsch

Chlor-soman
O-Pinakolylmethylphos-phonochlorid

Englisch

Chlorosoman
O-Pinacolyl methylphosphonochloridate
Methylphosphonochloridic acid 1,2,2-trimethylprophyl ester

Französisch

Chlorosoman

Spanisch

Clorosoman

Tarn- und Decknamen siehe 2302a.

Technische Daten

Siedepunkt	
Dampfdruck in mbar bei 20 °C	
Dampfdichteverhältnis, Luft = 1	
Schmelzpunkt	
Mischbarkeit mit Wasser	
Spez. Gewicht, Wasser = 1	
Molare Masse	198,63

Feuerbekämpfungsdaten

Flammpunkt	brennbare Flüssigkeit
Zündfähiges Gemisch, Vol.-%	
Zündtemperatur	

Gefahrgut:*
IMDG-Code: UN-Nr.
ICAO/IATA DGR: UN-Nr.
ADR/RID/ADNR: UN-Nr.
Gefahrzettel (Label) Nr.
Richtige Versandbezeichnung (PSN):
Land/BinSch:
See/Luft:

* Transport erfolgt nach Sondervorschriften

Klassifizierung:
Kl. Verp. Gr. EMS: **F-** ; **S-**
Kl. Verp. Gr.
Kl. Klassifiz. Code Verp. Gr.

Gefahrstoff:
CAS Nr.: 7040-57-5 RTECS-Nr.: TA 3650000
EG-Nr.: INDEX-Nr.:
EG-Einstufung: nein
Symbol: T+, N*
R-Sätze: 26-27-28-50/53*
S-Sätze: 13-45*

* Expertenvorschlag

Erscheinungsbild: Farblose Flüssigkeit, geruchlos.

Verhalten bei Freiwerden und Vermischen mit Luft: Extrem giftige, extrem nervenschädigende, umweltgefährliche und brennbare Flüssigkeit mit relativ hohem Flammpunkt. Bei starker Erhitzung bilden sich extrem giftige, extrem nervenschädigende, umweltgefährliche und explosionsfähige Gemische mit Luft. Sie sind schwerer als Luft und kriechen am Boden entlang. Entzündung durch heiße Oberflächen, Funken oder offene Flammen. Bei Erhitzung bis zur Zersetzung (z. B. durch Umgebungsbrände oder heiße Oberflächen) und bei Brand bilden sich giftige und ätzende Gase bzw. Dämpfe, die im Wesentlichen aus Phosphorpentoxid sowie Chlorwasserstoff(gas) bzw Salzsäuredämpfen bestehen und auch Kohlenmonoxid(gas) sowie Kohlendioxid(gas) enthalten.

Verhalten bei Freiwerden und Vermischen mit Wasser: Der Stoff ist geringfügig schwerer als Wasser und sinkt langsam unter. Er löst sich nur geringfügig in Wasser. Es bilden sich extrem giftige und extrem nervenschädigende, umweltgefährliche Gemische mit Wasser, die auch bei starker Verdünnung noch wirksam sind. Mit Wasser erfolgt langsame Hydrolyse zu Chlorwasserstoff bzw. Salzsäure und Pinacolyl-methylphosphonat. Die Hydrolyse wird beschleunigt bei Anwesenheit oder Zugabe von Säuren und Alkalien (Laugen).

Gesundheitsgefährdung: Die Flüssigkeit ist äußerst instabil gegenüber Feuchtigkeit und Erwärmung, so dass der Kontakt immer gegenüber Stoffgemischen unterschiedlicher Zusammensetzung stattfindet, so daß die Reizwirkung der Dämpfe/Aerosole im Vordergrund steht. Lungenödem – mit Verzögerung bis zu 2 Tagen – möglich. Bei Brand oder Erhitzen bis zur Zersetzung Bildung von Chlorwasserstoff (s. auch Merkblatt 63) und Phosphorpentoxid (s. auch Merkblatt 673).
Symptome: Brennen und Rötung der Haut, Juckreiz, Tränen, Nies- und Hustenreiz, Schwindel, Benommenheit, Übelkeit, Erbrechen.
Nach Einatmen oder Hautkontakt in jedem Fall – auch bei Ausbleiben der Symptome – den Arzt aufsuchen. Nach Kontakt der Substanz mit den Augen ist in jedem Fall ein Augenarzt aufzusuchen.

Geruchsschwelle = | Luftgrenzwert =

Bemerkungen: Der Stoff ist löslich in Ethylalkohol, Estern, Ketonen nd Halogenalkanen.
In der Chemikalienliste des Chemiewaffenübereinkommens (CWÜ) von 1993 über das Verbot der Entwicklung, Herstellung, Lagerung und des Einsatzes chemischer Waffen sowie über die Vernichtung solcher Waffen ist der Stoff bzw. die Stoffgruppe enthalten.

Sicherheitsmaßnahmen für Fahrzeugbesatzung, Polizei, Feuerwehr und Rettungskräfte:
Polizei und Feuerwehr alarmieren.
Im Gefahrenbereich Maschine stoppen. Sofort volle Schutzkleidung und umluftunabhängiges (schweres) Atemschutzgerät tragen. Bei starker Erhitzung oder Brand nicht rauchen, offenes Feuer löschen, kein elektrisches Gerät und keinen Schalter mit Funkenbildung betätigen.
Wasserschutzpolizei und Feuerwehr: Beim Retten nicht ins Wasser springen. Bei starker Erhitzung kein Boot mit Ottomotor einsetzen. Bei Dieselantrieb Sicherheitsschaltung veranlassen. Nach dem Einsatz Kühlwasserkreislauf überprüfen.

Schutz- und Einsatzmaßnahmen: Alle unbeteiligten Personen nach Luv (gegen den Wind) entfernen. Achtung, falls freiwerdendes Gut in die Kanalisation oder in Abwasserleitungen von Schiffen gerät, bilden sich extrem giftige, extrem nervenschädigende, umweltgefährliche Gemische mit Abwasser und kann über der Oberfläche Verätzungsgefahr entstehen. Experten hinzuziehen. Auf Wasserstraßen Schiffahrtssperre. An Land gefährdetes Gebiet absperren. Große Sicherheitszone bilden. In Wohn- und Industriegebieten Anwohner warnen. Gefährdetes Gebiet ggf. evakuieren.

Konzentrationsmessung explosionsfähiger bzw. giftiger Dämpfe siehe Tabelle (Anhang 6 der Erläuterungen).

Zuständige Behörden unterrichten.

Bekämpfung der Unfallfolgen:
Feuer: Bei kleinem Brandherd Löschpulver, Wassersprühstrahl, Kohlensäure oder Schaum. Bei großem Brandherd Schaum oder Wassersprühstrahl. Behälter mit Wassersprühstrahl kühlen und nach Möglichkeit aus der Gefahrenzone ziehen. Achtung, das Löschwasser ist giftig und umweltgefährlich. Es muß aufgefangen werden und darf nicht unbehandelt in die Kanalisation, in Gewässer oder in das Grundwasser gelangen.
Leckage: Leck schließen, wenn ohne Risiko möglich.
Fließendes Gewässer: Trink-, Brauch- und Kühlwasserentnehmer verständigen.
Stehendes Gewässer: Absperren. Fahrzeugbesatzungen im gefährdeten Gebiet warnen.
An Land: Kanalisation abdichten. Auffangen, eindeichen und abpumpen. In Wohn- und Industriegebieten alle tiefliegenden Räume abdichten. Alle Zündquellen beseitigen. Restmengen mit nicht brennbarem, saugfähigem Material wie z. B. trockener Erde, Sand, Kieselgur, Universalbinder oder Vermiculit abdecken und an sichere Deponie zur Vernichtung transportieren.

Gewässerverunreinigung:
GefStoffV/EG: Gefahrensymbol; N Umweltgefährlich, R 50/53; sehr giftig für Wasserorganismen, kann in Gewässern längerfristig schädliche Wirkungen haben.
Gesamtbewertung nach Unfall: Gruppe IV, hohe bis sehr hohe (extrem hohe) toxische Wirkung unabhängig von der Turbulenz des Gewässers (siehe auch Erläuterungen Abschnitt 16.4/5).
Einzelwerte siehe Anhang 9 der Erläuterungen.
Wassergefährdungsklasse: 3 – stark wassergefährdender Stoff

Erste Hilfe:
Selbstschutz brachten. Verletzte an die frische Luft bringen. Bei Atemstörung Sauerstoffzufuhr, ggf. Beatmung. Benetzte Kleidungsstücke, Schuhe und Strümpfe sofort ausziehen, in einen dichtschließenden Behälter (Sack) versorgen. Betroffene Körperstellen anhaltend mit Wasser und Seife spülen. Bei Augenkontakt die Augen 15 Minuten mit Wasser spülen. Augenlider dazu mit Daumen und Zeigefinger aufspreizen und gleichzeitig das Auge nach allen Seiten bewegen lassen. Für die Retter: Schutzkleidung und Gasmaske empfohlen. Verletzte nicht auskühlen lassen. Bei Erbrechen zumindest Kopf in Seitenlage bringen. Verletzte nur liegend transportieren. Bei Gefahr der Bewußtlosigkeit Lagerung und Transport in stabiler Seitenlage (siehe auch Merkblatt 2302a).

Hinweise für den Arzt:
Erforderlichenfalls endotracheale Intubation. Atropingabe 2 mg i. v. oder, wenn nicht anders möglich i. m. Aufgrund der Erfahrung (Tokyo) höhere Dosen oftmals nicht notwendig, wenn doch, nicht mehr als 15 bis 20 mg. Lokal Augentropfen (0,25% bis 1%). Pralidoxim, Obidoxim (Toxogonin®) oder HI 6 (bisher nur in einigen Ländern zugelassen). Die Gabe von Pralidoxim und Obidoxim ist nicht unumstritten, HI 6 ist besser wirksam. Benzodiazepine bei Konvulsionen.

Tarn- und Decknamen

D: Chlorsoman

GB: Chlorosoman

USA: Chlorosoman

F: Chlorosoman

ESP: Clorosoman

UdSSR: Chlorsoman

Allgemeines

Die Substanz wurde nach Weltkrieg II in der Sowjetunion und in den USA weiterentwickelt. Der Hauptunterschied zum Kampfstoff Soman besteht darin, daß die Fluoranteile durch Chloranteile ersetzt wurden.

Einsatz

Flüssigkeiten, Dämpfe, Aerosole

Einsatzmittel

Artilleriegranaten, Mörsergeschosse, Raketenwerfer, Landminen, Bomben und Sprühtanks.

Personenentgiftung

Die Bergung aus dem Gefahrenherd hat sehr schnell zu erfolgen, da höchste Eile geboten ist. Sanitäter und Helfer tragen Schutzbekleidung.
Für den Geschädigten stehen folgende Maßnahmen im Vordergrund:

- Entfernung der gesamten Kleidung und Ausrüstung des Geschädigten. Danach können Sanitäter und Helfer die Schutzbekleidung ablegen.
- Beim Auftreten einer Vergiftungssymptomatik ist sofort eine Atropininjektion mit dem Autoinjektor (2 mg) i. m. zu applizieren.
- Spülung der Augen mit einer 3–4%igen Natriumhydrogencarbonatlösung.
- Reinigung der Wunden mit einer 3–4%igen Natriumhydrogencarbonatlösung,
- steht eine Dusche zur Verfügung, ist der gesamte Körper gründlich mit Wasser und Seife bzw. Waschmittel zu reinigen.

Für den Transport muß der Geschädigte in Wärmedecken eingehüllt werden.

Vor dem weiteren Abtransport mit einem Krankenwagen oder einem Hubschrauber in ein Krankenhaus hat unbedingt eine vollständige Entgiftung des gesamten Körpers zu erfolgen. Bei Unterlassung der Dekontamination würden die Kampfstoffausdunstungen der kontaminierten Haare und der kontaminierten Kleidung das Personal des Transportfahrzeuges gefährden. Außerdem hat vor dem Abtransport ein Arzt die erste ärztliche Hilfe zu erweisen. Durch diese Hilfemaßnahmen wird die Schädigung der Haut wesentlich verringert, und durch die frühzeitige Gabe von Antidoten werden die systemischen Schädigungen der inneren Organe verhindert.

Entgiftung/Dekontamination von Sachen und Geräten

Selbstschutz beachten, Schutzkleidung und Schutzmaske tragen bzw. Schutzmaske griffbereit halten. Nach dem Arbeiten Schutzkleidung dekontaminieren, ebenso Geräte und Materialien, die für die Entgiftung/Dekontamination verwendet wurden (mindestens 24 Stunden in Entgiftungslösung belassen, nachfolgend gründlich abspülen, Verbrennung zuführen, unter „Feldbedingungen" mit Wasser und Seifenlösung reinigen). Entgiftungslösungen erst unmittelbar vor der Aufnahme der Arbeiten herstellen.

Geeignet sind Lösungen von:
10% Natriumhydroxid in 30%igem Methanol oder Spiritus
oder 20% Natriumhydroxid in Wasser

oder 15% Ammoniak in Wasser
oder gesättigte Natriumhypochloritlösung durch Einleiten von Chlor in Natronlauge unter Kühlung
oder 3%ige alkalische Wasserstoffperoxidlösung
oder 10% Natriumcresolat oder -phenolat in 50%igem Methanol oder Spiritus
oder katalytische Zersetzung durch Aquohydrokomplexe der seltenen Erden oder Cu(II)-chelatkomplexe

Dekontamination von Gebäuden

Gebäude und Bauten aus Holz, Ziegelsteinen, Beton, Mörtel, Zement können infolge ihrer hohen Porösität sowohl Gase/Dämpfe als auch Flüssigkeiten aufnehmen und in tiefere Schichten verteilen, so dass i.a. nur Abriss und nachfolgende Verbrennung möglich sind.
Als erste Maßnahme können evtl. Waschverfahren mit alkalischer Seifenlösung (Zusatz von Schmierseife) angewandt werden.
Leichte oberflächliche Behaftungen können mit Chlorkalk, der alle 24 Stunden erneuert wird, abgedeckt werden. Austretende Gase und Dämpfe werden so teilweise entgiftet.

Entgiftung/Dekontamination im Gelände

Betroffene Geländeabschnitte, Straßen, Plätze u. ä. absperren, Menschen und Nutztiere evakuieren.
Bei oberflächlichen Kontaminationen reicht es meist aus, 10–20 cm Boden abzutragen, mit Brennstoff zu übergießen und abzubrennen.
Bei extremen Kontaminationen muß bis zu 1 m Boden ausgehoben und einer geordneten Verbrennung mit Nachverbrennung zugeführt werden.
Das Abbrennen von Grasflächen ist eine erste Maßnahme, führt aber meist nicht zur vollständigen Entgiftung.
Abdecken des Geländes mit alkalischen Schlacken oder mit Chlorkalk/Sand ist als Sofortmaßnahme geeignet, bietet jedoch keinen ausreichenden Schutz gegen austretende Gase und Dämpfe.
Mehrmaliges Abschwemmen mit viel Wasser und Abdecken mit einer Sperrschicht ist eine erste Maßnahme, die sich vor allem für weniger toxische Stoffe eignet.
(Auch nach Jahrzehnten können Kampfstoffe im Boden konserviert werden, selbst unter Wasserlachen [Loste] und ihre vollständige Aktivität behalten!)

Dekontamination von Leder und Textilien

Kontaminierte Kleidungsstücke, Textilien und Lederwaren mit Entgiftungspuder oder Entgiftungslösung besprühen, ggf. in Seifenlauge (unter Zusatz von Schmierseife) kochen, anschließend einer geordneten Verbrennung zuführen.

Formel: | **Summen-Formel:** C–H3–F2–O–P | **UN-Nr.**

Merkblatt

2303

Stoffname

Deutsch	*Englisch*	*Französisch*
Methylphosphorsäure difluorid	**Methylphosphonyldifluoride**	**DF**
Difluormethylphosphinoxid	Difluoromethylphosphine oxide	
Methyldifluorphosphit	Methylphosphonic difluoride	
Difluoro	Methyl difluorophosphite	
DF	Methyldifluoridic acid	*Spanisch*
	Difluoro	**DF**
	DF	

Gefahren-Diamant

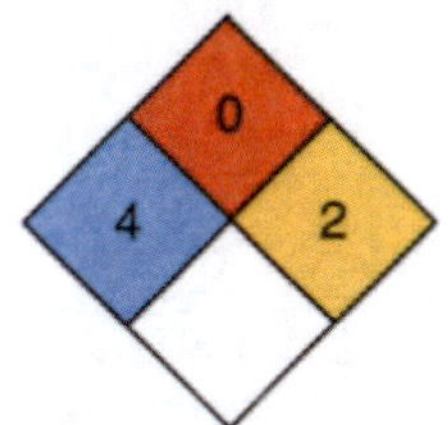

Hazchem-Code:

Tarn- und Decknamen siehe Merkblatt 2303a

Technische Daten

Siedepunkt	185 °C
Dampfdruck in mbar bei 20 °C	
Dampfdichteverhältnis, Luft = 1	3,45
Schmelzpunkt	1,67 °C
Mischbarkeit mit Wasser	
Spez. Gewicht, Wasser = 1	
Molare Masse	100,01

Feuerbekämpfungsdaten

Flammpunkt
Zündfähiges Gemisch, Vol.-%
Zündtemperatur
} nicht brennbare Flüssigkeit

Gefahrgut:*

IMDG-Code: UN-Nr. | Kl. | Verp. Gr. | EMS: **F-** ; **S-**
Marine pollutant
ICAO/IATA DGR: UN-Nr. | Kl. | Verp. Gr.
ADR/RID/ADNR: UN-Nr. | Kl. | Klassifiz. Code | Verp. Gr.
Gefahrzettel (Label) Nr.
Richtige Versandbezeichnung (PSN):
Land/BinSch:
See/Luft:
* Transport erfolgt nach Sondervorschriften

Klassifizierung:

Gefahrstoff:

CAS Nr.: 676-99-3 | RTECS-Nr.: TA1840700
EG-Nr.: | INDEX-Nr.:
EG-Einstufung: nein
Symbol: T+, N*
R-Sätze: 26/27/28-50/53*
S-Sätze: 13-45*

* Expertenvorschlag

Erscheinungsbild: Farblose Flüssigkeit; stechender, säureartiger Geruch.

Verhalten bei Freiwerden und Vermischen mit Luft: Sehr giftige, stark ätzende, umweltgefährliche, nicht brennbare Flüssigkeit. Bei Erhitzung bilden Dämpfe mit Luft sehr giftige, stark ätzende, umweltgefährliche nicht brennbare Gemische, die schwerer als Luft sind. Sie kriechen am Boden entlang und können, insbesondere in geschlossenen Räumen, Konzentrationen mit gesundheitsschädlicher sowie stark umweltgefährlicher Wirkung erreichen. Bei Erhitzung bis zur Zersetzung (z. B. durch Umgebungsbrände oder heiße Oberflächen) erfolgt Zersetzung unter Bildung giftiger Stoffe, die im Wesentlichen aus Fluorwasserstoff(gas) und Phosphorpentoxid bestehen.

Verhalten bei Freiwerden und Vermischen mit Wasser: Der Stoff ist schwerer als Wasser und sinkt unter. Er hydrolysiert heftig unter Erwärmung und Bildung von Methylphosphonofluorsäure und Fluorwasserstoff. Es bilden sich sehr giftige und stark ätzende Gemische mit Wasser, die auch bei sehr starker Verdünnung noch wirksam sind.

Gesundheitsgefährdung: Die Dämpfe haben einen äußerst stechenden Geruch und können schwere und schmerzhafte Reizungen der Augen, des Nasen-Rachenraumes und der Lunge bewirken. Lungenödem mit Verzögerung von einigen Stunden möglich. Die Substanz wird durch die Feuchtigkeit der Haut unter Bildung von Fluorwasserstoff zersetzt (s. auch Merkblätter 92, 93), woraus schwere Gewebeschäden resultieren. Versehentliches Verschlucken der Substanz führt zu starken Gewebeschäden im Magen-Darm-Trakt, Magendurchbruch im Extremfall möglich. Bei Brand oder Erhitzen bis zur Zersetzung Bildung von Fluorwasserstoff (s. auch Merkblatt 92) und Phosphorpentoxid (s. auch Merkblatt 673).
Symptome: starkes Brennen und Schmerzen betroffener Körperstellen, Brennen und Rötung der Augen, Husten- und Erstickungsanfälle, Atemnot.
Nach Einatmen oder Hautkontakt in jedem Fall – auch bei Ausbleiben der Symptome – den Arzt aufsuchen.
Nach Kontakt der Substanz mit den Augen ist in jedem Fall ein Augenarzt aufzusuchen.

Geruchsschwelle = | Luftgrenzwert =

Bemerkungen: Der Stoff greift die meisten Metalle, Naturgummi, Glas und Leder an. In Gegenwart von Feuchtigkeit, Wasserdampf, Nebel oder Wasser hydrolysiert die Substanz heftig unter Erwärmung und Bildung von Methylphosphonofluorsäure (MF) und Fluorwasserstoff; Methylphosphonofluorsäure (MF) hydrolysiert langsam zu Methylphosphonsäure. Diese extrem ätzenden Produkte reagieren mit vielen Metallen unter Bildung von Wasserstoff(gas). Wegen der dabei entstehenden Knallgasbildung entsteht Explosionsgefahr.

Sicherheitsmaßnahmen für Fahrzeugbesatzung, Polizei, Feuerwehr und Rettungskräfte:
Polizei und Feuerwehr alarmieren.
Im Gefahrenbereich Maschine stoppen. Sofort umluftunabhängiges (schweres) Atemschutzgerät und volle Schutzkleidung tragen.
Wasserschutzpolizei und Feuerwehr: Beim Retten nicht ins Wasser springen.

Schutz- und Einsatzmaßnahmen: Alle unbeteiligten Personen nach Luv (gegen den Wind) entfernen. Achtung, falls freiwerdendes Gut in die Kanalisation oder in Abwasserleitungen von Schiffen gerät, bilden sich giftige und ätzende Gemische mit Abwasser und kann über der Oberfläche Vergiftungs- und Verätzungsgefahr entstehen. Experten hinzuziehen. Auf Wasserstraßen Schiffahrtssperre. An Land gefährdetes Gebiet absperren. In Wohn- und Industriegebieten Anwohner warnen. Große Sicherheitszone bilden. Bei größeren Mengen freiwerdenden Gutes, gefährdetes Gebiet evakuieren und Katastrophenalarm prüfen. Auf Windstärke und umspringenden Wind achten.

Konzentrationsmessung explosionsfähiger bzw. giftiger Dämpfe siehe Tabelle (Anhang 6 der Erläuterungen).

Zuständige Behörden unterrichten.

Bekämpfung der Unfallfolgen:
Feuer: Stoff brennt selbst nicht. Löschmaßnahmen auf Umgebungsbrände ausrichten. Achtung, bei sehr starker Erhitzung erfolgt Zersetzung unter Bildung hochgiftiger Gase und Dämpfe. Behälter mit Wassersprühstrahl kühlen und nach Möglichkeit aus der Gefahrenzone ziehen. Achtung, das Löschwasser ist giftig und umweltgefährlich. Es muß aufgefangen werden und darf nicht unbehandelt in die Kanalisation, in Gewässer oder in das Grundwasser gelangen.
Leckage: Leck schließen, wenn ohne Risiko möglich.
Fließendes Gewässer: Trink-, Brauch- und Kühlwasserentnehmer verständigen. Experten hinzuziehen.
Stehendes Gewässer: Absperren. Fahrzeugbesatzungen im gefährdeten Gebiet warnen.
An Land: Kanalisation abdichten. Eindeichen und abpumpen. In geschlossenem Behälter abtransportieren. Restmengen mit saugfähigem Material wie trockenem Sand, Erde, gemahlenem Kalkstein, Kieselgur, Universalbinder bedecken und im geschlossenen Behälter an sicheren Deponieort transportieren.

Gewässerverunreinigung:
GefStoffV/EG: Gefahrensymbol; N Umweltgefährlich, R 50/53; sehr giftig für Wasserorganismen, kann in Gewässern längerfristig schädliche Wirkungen haben.
Gesamtbewertung nach Unfall: Gruppe IV, hohe bis sehr hohe (extrem hohe) toxische Wirkung unabhängig von der Turbulenz des Gewässers (siehe auch Erläuterungen Abschnitt 16.4/5).
Einzelwerte siehe Anhang 9 der Erläuterungen.
Wassergefährdungsklasse: 3 – stark wassergefährdender Stoff

Erste Hilfe:
Selbstschutz beachten. Verletzte an die frische Luft bringen. Benetzte Kleidungsstücke, Schuhe und Strümpfe sofort ausziehen, in einen dichtschließenden Behälter (Sack) versorgen. Betroffene Körperstellen anhaltend mit Wasser und Seife spülen. Bei Augenkontakt die Augen 15 Minuten mit Wasser spülen. Augenlider dazu mit Daumen und Zeigefinger aufspreizen und gleichzeitig das Auge nach allen Seiten bewegen lassen. für die Retter: Schutzkleidung empfohlen. Verletzte nicht auskühlen lassen. Bei Erbrechen zumindest Kopf in Seitenlage bringen. Verletzte nur liegend transportieren. Bei Gefahr der Bewußtlosigkeit Lagerung und Transport in stabiler Seitenlage (siehe auch Merkblatt 2303a).

Hinweise für den Arzt:
Symptomatische Behandlung. Bei Ingestion: Magenspülung, ggf. nach Intubation. Behandlung der Organophosphatvergiftung mit Atropin i.v. (Dosierung: 2 bis 4 mg initial bis 50 mg in Ausnahmefällen). Therapiekriterium: Bronchialsekretion (Abnahme), Herzfrequenz (Anstieg), Pupillenweite (vergrößert). Die klinische Wirksamkeit von Obidoxim (Toxogonin>®) wird in der Literatur unterschiedlich beurteilt. Empfohlene Dosierung: 4 bis 8 mg/lg im Bolus (Einsatz nicht später als 6 Std. nach Ingestion). Alternativ wird Pralidoxim (Protopam®, Ayerst® empfohlen. Über die klinische Wirksamkeit von Pralidoxim bestehen unterschiedliche Ansichten in der Literatur.

Methylphosphorsäuredifluorid

In der Chemikalienliste des Chemiewaffenübereinkommens (CWÜ) von 1993 über das Verbot der Entwicklung, herstellung, lagerung und des Einsatzes chemischer Waffen sowie über die Vernichtung solcher Waffen ist der Stoff bzw. die Stoffgruppe enthalten.
Ausnahmen:
1. N,N-Diethylaminoethanol CAS-Nr. 100-37-8
2. N,N-Dimethylaminoethanol CAS-Nr. 108-01-0
3. Fonfos CAS-Nr. 944-22-9
Verwendung von Amiton u. a. als Akarizid, Insektizid.

Einsatz

Flüssigkeiten, Dämpfe, Aerosole

Einsatzmittel

Artilleriegranaten, Mörsergeschosse, Raketenwerfer, Landminen, Bomben und Sprühtanks.

Personenentgiftung

Die Bergung aus dem Gefahrenherd hat sehr schnell zu erfolgen, da höchste Eile geboten ist.
Sanitäter und Helfer tragen Schutzbekleidung.

Für den Geschädigten stehen folgende Maßnahmen im Vordergrund:
- ❍ Entfernungen der gesamten Kleidung und Ausrüstung des Geschädigten. Danach können Sanitäter und Helfer die Schutzbekleidung ablegen.
- ❍ Beim Auftreten einer Vergiftungssymptomatik ist sofort eine Atropininjektion mit dem Autoinjektor (2 mg) i. m. zu applizieren.
- ❍ Spülung der Augen mit einer 3–4%igen Natriumhydrogencarbonatlösung.
- ❍ Reinigung der Wunden mit einer 3–4%igen Natriumhydrogencarbonatlösung.
- ❍ Steht eine Dusche zur Verfügung, ist der gesamte Körper gründlich mit Wasser und Seife bzw. einem Waschmittel zu reinigen.

Für den Transport muß der Geschädigte in Wärmedecken eingehüllt werden.

Vor dem weiteren Abtransport mit einem Krankenwagen oder einem Hubschrauber in ein Krankenhaus hat unbedingt eine vollständige Entgiftung des gesamten Körpers zu erfolgen. Bei Unterlassung der Dekontamination würden die Kampfstoffausdunstungen der kontaminierten Haare und der kontaminierten Kleidung das Personal des Transportfahrzeuges gefährden. Außerdem hat vor dem Abtransport ein Arzt die erste ärztliche Hilfe zu erweisen. Durch diese Hilfemaßnahmen wird die Schädigung der Haut wesentlich verringert, und durch die frühzeitige Gabe von Antidoten werden die systemischen Schädigungen der inneren Organe verhindert.

Entgiftung/Dekontamination von Sachen und Geräten

Selbstschutz beachten, Schutzkleidung und Schutzmaske tragen, bzw. Schutzmaske griffbereit halten. Nach dem Arbeiten Schutzkleiung dekontaminieren, ebenso Geräte und Materialien, die für die Entgiftung/Dekontamination verwendet wurden (mindestens 24 Stunden in Entgiftungslösung belassen, nachfolgend gründlich abspülen, Verbrennung zuführen; unter „Feldbedingungen" mit Wasser und Seifenlösung reinigen).
Entgiftungslösungen erst unmittelbar vor der Aufnahme der Arbeiten herstellen.

Geeignet sind Lösungen von:
10% Natriumhydroxid in 30%igem Methanol oder Spiritus
oder 20% Natriumhydroxid in Wasser
oder 15% Ammoniak in Wasser
oder gesättigte Natriumhypochloritlösung durch Einleiten von Chlor in Natronlauge unter Kühlung
oder 3%ige alkalische Wasserstoffperoxidlösung
oder 10% Natriumcresolat oder -phenolat in 50%igem Methanol oder Spiritus
oder katalytische Zersetzung durch Aquohydrokomplexe der seltenen Erden oder Cu(II)-chelatkomplexe
Völlige Zerstörung durch konzentrierte alkoholische Natronlauge.

Dekontamination von Gebäuden

Gebäude und Bauten aus Holz, Ziegelsteinen, Beton, Mörtel, Zement können infolge ihrer hohen Porösität sowohl Gase/Dämpfe als auch Flüssigkeiten aufnehmen und in tiefere Schichten verteilen, so dass i.a. nur Abriss und nachfolgende Verbrennung möglich sind.
Als erste Maßnahme können evtl. Waschverfahren mit alkalischer Seifenlösung (Zusatz von Schmierseife) angewandt werden.
Leichte oberflächliche Behaftungen können mit Chlorkalk, der alle 24 Stunden erneuert wird, abgedeckt werden. Austretende Gase und Dämpfe werden so teilweise entgiftet.

Entgiftung/Dekontamination im Gelände

Betroffene Geländeabschnitte, Straßen, Plätze u. ä. absperren, Menschen und Nutztiere evakuieren.
Bei oberflächlichen Kontaminationen reicht es meist aus, 10–20 cm Boden abzutragen, mit Brennstoff zu übergießen und abzubrennen.
Bei extremen Kontaminationen muß bis zu 1 m Boden ausgehoben und einer geordneten Verbrennung mit Nachverbrennung zugeführt werden.
Das Abbrennen von Grasflächen ist eine erste Maßnahme, führt aber meist nicht zur vollständigen Entgiftung.
Abdecken des Geländes mit alkalischen Schlacken oder mit Chlorkalk/Sand ist als Sofortmaßnahme geeignet, bietet jedoch keinen ausreichenden Schutz gegen austretende Gase und Dämpfe.
Mehrmaliges Abschwemmen mit viel Wasser und Abdecken mit einer Sperrschicht ist eine erste Maßnahme, die sich vor allem für weniger toxische Stoffe eignet.
(Auch nach Jahrzehnten können Kampfstoffe im Boden konserviert werden, selbst unter Wasserlachen [Loste] und ihre vollständige Aktivität behalten!)

Dekontamination von Leder und Textilien

Kontaminierte Kleidungsstücke, Textilien und Lederwaren mit Entgiftungspuder oder Entgiftungslösung besprühen, ggf. in Seifenlauge (unter Zusatz von Schmierseife) kochen, anschließend einer geordneten Verbrennung zuführen.

Formel: | **Summen-Formel:** C11–H26–N–O3–P | **UN-Nr.**

Merkblatt

2304

Gefahren-Diamant

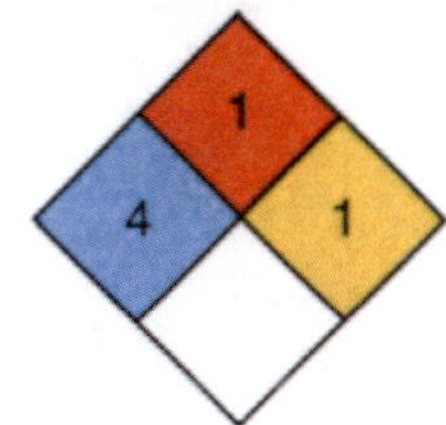

Hazchem-Code:

Stoffname

Deutsch

O-Ethyl-O-2-diisopropyl-aminoethylmethylphos-phonit
Methylphosphonsäure-O-(2-[bis(1-methylethyl)-amino]-ethyl)-O-ethylester
QL
QL Stoff

Englisch

O-Ethyl O-2-diisopropyl-aminoethyl methylphos-phonite
Methylphosphonic acid-O-(2-[bis(1-methylethyl)-amino]-ethyl)-O-ethylester
QL

Französisch

QL

Spanisch

QL

Tarn- und Decknamen siehe Merkblatt 2304a

Technische Daten

Siedepunkt	232 °C
Dampfdruck in mbar bei 20 °C	
Dampfdichteverhältnis, Luft = 1	8,1
Schmelzpunkt	<20 °C
Mischbarkeit mit Wasser	vollständig
Spez. Gewicht, Wasser = 1	
Molare Masse	251,31

Feuerbekämpfungsdaten

Flammpunkt	89 °C
Zündfähiges Gemisch, Vol.-%	
Zündtemperatur	

Gefahrgut:*
IMDG-Code: UN-Nr.
Marine pollutant
ICAO/IATA DGR: UN-Nr.
ADR/RID/ADNR: UN-Nr.
Gefahrzettel (Label) Nr.
Richtige Versandbezeichnung (PSN):
Land/BinSch:
See/Luft:
* Transport erfolgt nach Sondervorschriften

Klassifizierung:
Kl. Verp. Gr. EMS: **F-** ; **S-**
Kl. Verp. Gr.
Kl. Klassifiz. Code Verp. Gr.

Gefahrstoff:
CAS Nr.: 57856-11-8 RTECS-Nr.:
EG-Nr.: INDEX-Nr.:
EG-Einstufung: nein
Symbol: T+, N*
R-Sätze: 26/27/28-50/53*
S-Sätze: 13-45*
* Expertenvorschlag

Erscheinungsbild: Farblose Flüssigkeit. Starker, fischartiger Geruch. Der Stoff ist an der Luft instabil.

Verhalten bei Freiwerden und Vermischen mit Luft: Sehr giftige, umweltgefährliche und brennbare Flüssigkeit mit relativ hohem Flammpunkt von 89 °C. Bei starker Erhitzung bilden sich sehr giftige, umweltgefährliche und explosionsfähige Gemische mit Luft. Sie sind schwerer als Luft und kriechen am Boden entlang. Entzündung durch heiße Oberflächen, Funken oder offene Flammen. Bei Erhitzung bis zur Zersetzung (z. B. durch Umgebungsbrände oder heiße Oberflächen) und bei Brand bilden sich giftige und ätzende Gase bzw. Dämpfe, die im Wesentlichen aus nitrosen Gasen und Phosphorpentoxid bestehen und auch Kohlenmonoxid(gas) sowie Kohlendioxid(gas) enthalten.

Verhalten bei Freiwerden und Vermischen mit Wasser: Der Stoff ist schwerer als Wasser und sinkt unter. Er löst sich vollständig in Wasser. Es bilden sich sehr giftige und umweltgefährliche Gemische mit Wasser, die auch bei Verdünnung noch wirksam sind.

Gesundheitsgefährdung: Die Substanz ist an der Luft instabil, so daß die Dämpfe/Aerosole immer Zersetzungsprodukte enthalten. Das Einatmen dieser ätzenden/reizenden Stoffgemische kann zum Lungenödem führen. Hautaufnahme der Substanz möglich, schwere Störungen der Funktion des zentralen Nervensystems. Bei Brand oder Erhitzen bis zur Zersetzung Bildung von nitrosen Gasen (s. auch Merkblatt 150) und Phosporpentoxid (s. auch Merkblatt 673). IDLH: 9 mg/m³
Symptome: Kopfschmerzen, Schwindel, Atemnot, Tränen- und Speichelfluß, Gleichgewichtsstörungen, Bewußtlosigkeit, Muskelzuckungen.
Nach Einatmen oder Hautkontakt in jedem Fall – auch bei Ausbleiben der Symptome – den Arzt aufsuchen. Nach Kontakt der Substanz mit den Augen ist in jedem Fall ein Augenarzt aufzusuchen.

Geruchsschwelle = Luftgrenzwert =

Bemerkungen: In der Chemikalienliste des Chemiewaffenübereinkommens (CWÜ) von 1993 über das Verbot der Entwicklung, Herstellung, Lagerung und des Einsatzes chemischer Waffen sowie über die Vernichtung solcher Waffen ist der Stoff bzw. die Stoffgruppe enthalten. Folgende Ausnahmen sind zugelassen:
Ausnahmen:
a) N,N-Diethylaminoethanol und entsprechende Salze (CAS-Nr. 100-37-8)
b) N,N-Diethylaminoethanol und entsprechende Salze (CAS-Nr. 108-01-0)
c) Fonophos (CAS-Nr. 944-22-9)

Sicherheitsmaßnahmen für Fahrzeugbesatzung, Polizei, Feuerwehr und Rettungskräfte:
Polizei und Feuerwehr alarmieren.
Im Gefahrenbereich Maschine stoppen. Sofort volle Schutzkleidung und umluftunabhängiges (schweres) Atemschutzgerät tragen. Bei starker Erhitzung oder Brand, nicht rauchen, offenes Feuer löschen, kein elektrisches Gerät und keinen Schalter mit Funkenbildung betätigen.
Wasserschutzpolizei und Feuerwehr: Beim Retten nicht ins Wasser springen. Bei starker Erhitzung kein Boot mit Ottomotor einsetzen. Bei Dieselantrieb Sicherheitsschaltung veranlassen. Nach dem Einsatz Kühlwasserkreislauf überprüfen.

Schutz- und Einsatzmaßnahmen: Alle unbeteiligten Personen nach Luv (gegen den Wind) entfernen. Achtung, falls freiwerdendes Gut in die Kanalisation oder in Abwasserleitungen von Schiffen gerät, entstehen giftige und umweltgefährliche Gemische mit Abwasser. In Wohn- und Industriegebieten Anwohner warnen. Große Sicherheitszone bilden. Bei größereren Mengen ausgelaufenen Gutes Katastrophenalarm prüfen.

Konzentrationsmessung explosionsfähiger bzw. giftiger Dämpfe siehe Tabelle (Anhang 6 der Erläuterungen).

Zuständige Behörden unterrichten.

Bekämpfung der Unfallfolgen:
Feuer: Bei kleinem Brandherd Löschpulver, Wassersprühstrahl, Kohlensäure oder Schaum. Bei großem Brandherd Schaum oder Wassersprühstrahl. Behälter mit Wassersprühstrahl kühlen und nach Möglichkeit aus der Gefahrenzone ziehen. Achtung, das Löschwasser ist giftig und umweltgefährlich. Es muß aufgefangen werden und darf nicht unbehandelt in die Kanalisation, in Gewässer oder in das Grundwasser gelangen.
Leckage: Leck schließen, wenn ohne Risiko möglich.
Fließendes Gewässer: Trink-, Brauch- und Kühlwasserentnehmer verständigen.
Stehendes Gewässer: Absperren. Fahrzeugbesatzungen im gefährdeten Gebiet warnen.
An Land: Kanalisation abdichten. Auffangen, eindeichen und abpumpen. In Wohn- und Industriegebieten alle tiefliegenden Räume abdichten. Alle Zündquellen beseitigen. Restmengen mit nicht brennbarem, saugfähigem Material wie z. B. trockener Erde, Sand, Kieselgur, Universalbinder oder Vermiculit abdecken und an sichere Deponie zur Vernichtung transportieren.

Gewässerverunreinigung:
GefStoffV/EG: Gefahrensymbol; N Umweltgefährlich, R 50/53; sehr giftig für Wasserorganismen, kann in Gewässern längerfristig schädliche Wirkungen haben.
Gesamtbewertung nach Unfall: Gruppe IV, hohe bis sehr hohe (extrem hohe) toxische Wirkung unabhängig von der Turbulenz des Gewässers (siehe auch Erläuterungen Abschnitt 16.4/5).
Einzelwerte siehe Anhang 9 der Erläuterungen.
Wassergefährdungsklasse: 3 – stark wassergefährdender Stoff

Erste Hilfe:
Selbstschutz beachten. Verletzte an die frische Luft bringen. Bei Atemstörung Sauerstoffzufuhr, ggf. Beatmung. Benetzte Kleidungsstücke, Schuhe und Strümpfe sofort ausziehen, in einen dichtschließenden Behälter (Sack) versorgen. Betroffene Körperstellen anhaltend mit Wasser und Seife spülen. Bei Augenkontakt die Augen 15 Minuten mit Wasser spülen. Augenlider dazu mit Daumen und Zeigefinger aufspreizen und gleichzeitig das Auge nach allen Seiten bewegen lassen. Für die Retter: Schutzkleidung und Gasmaske empfohlen. Verletzte nicht auskühlen lassen. Bei Erbrechen zumindest Kopf in Seitenlage bringen. Verletzte nur liegend transportieren. Bei Gefahr der Bewußtlosigkeit Lagerung und Transport in stabiler Seitenlage (siehe auch Merkblatt 2304a).

Hinweise für den Arzt:
Erforderlichenfalls endotracheale Intubation. Atropingabe 2 mg i. v. oder, wenn nicht anders möglich i. m.. Aufgrund der Erfahrung (Tokyo) höhere Dosen oftmals nicht notwendig, wenn doch, nicht mehr als 15 bis 20 mg. Lokal Augentropfen (0,25% bis 1%). Pralidoxim, Obidoxim (Toxogonin®) oder HI 6 (bisher nur in einigen Ländern zugelassen). Die Gabe von Pralidoxim und Obidoxim ist nicht unumstritten, HI 6 ist besser wirksam. Benzodiazepine bei Konvulsionen.

Merkblatt

2304a

Tarn- und Decknamen

D: QL-Stoff, QL

GB: QL

USA: QL

F: QL

ESP: QL

Allgemeines

Der Stoff wurde nach Weltkrieg II in USA entwickelt und produziert. Bisher kein Einsatz als Kampfstoff bekannt.

Einsatz

Flüssigkeiten, Dämpfe, Aerosole

Einsatzmittel

Artilleriegranaten, Mörsergeschosse, Raketenwerfer, Landminen, Bomben und Sprühtanks.

Personenentgiftung

Die Bergung aus dem Gefahrenherd hat sehr schnell zu erfolgen, da höchste Eile geboten ist.
Sanitäter und Helfer tragen Schutzbekleidung.

Für den Geschädigten stehen folgende Maßnahmen im Vordergrund:
- ❍ Entfernung der gesamten Kleidung und Ausrüstung des Geschädigten. Danach können Sanitäter und Helfer die Schutzbekleidung ablegen.
- ❍ Beim Auftreten einer Vergiftungssymptomatik ist sofort eine Atropininjektion mit dem Autoinjektor (2 mg) i. m. zu applizieren.
- ❍ Spülung der Augen mit einer 3–4%igen Natriumhydrogencarbonatlösung.
- ❍ Reinigung der Wunden mit einer 3–4%igen Natriumhydrogencarbonatlösung.
- ❍ Steht eine Dusche zur Verfügung, ist der gesamte Körper gründlich mit Wasser und Seife bzw. einem Waschmittel zu reinigen.

Für den Transport muß der Geschädigte in Wärmedecken eingehüllt werden.

Vor dem weiteren Abtransport mit einem Krankenwagen oder einem Hubschrauber in ein Krankenhaus hat unbedingt eine vollständige Entgiftung des gesamten Körpers zu erfolgen. Bei Unterlassung der Dekontamination würden die Kampfstoffausdunstungen der kontaminierten Haare und der kontaminierten Kleidung das Personal des Transportfahrzeuges gefährden. Außerdem hat vor dem Abtransport ein Arzt die erste ärztliche Hilfe zu erweisen. Durch diese Hilfemaßnahmen wird die Schädigung der Haut wesentlich verringert, und durch die frühzeitige Gabe von Antidoten werden die systemischen Schädigungen der inneren Organe verhindert.

Entgiftung/Dekontamination von Sachen und Geräten

Selbstschutz beachten, Schutzkleidung und Schutzmaske tragen, bzw. Schutzmaske griffbereit halten. Nach dem Arbeiten Schutzkleiung dekontaminieren, ebenso Geräte und Materialien, die für die Entgiftung/Dekontamination verwendet wurden (mindestens 24 Stunden in Entgiftungslösung belassen, nachfolgend gründlich abspülen, Verbrennung zuführen; unter „Feldbedingungen" mit Wasser und Seifenlösung reinigen).
Entgiftungslösungen erst unmittelbar vor der Aufnahme der Arbeiten herstellen. Geeignet sind Lösungen von:
10% Natriumhydroxid in 30%igem Methanol oder Spiritus
oder 20% Natriumhydroxid in Wasser
oder 15% Ammoniak in Wasser
oder gesättigte Natriumhypochloritlösung durch Einleiten von Chlor in Natronlauge unter Kühlung
oder 3%ige alkalische Wasserstoffperoxidlösung

oder 10% Natriumcresolat oder -phenolat in 50%igem Methanol oder Spiritus
oder katalytische Zersetzung durch Aquohydrokomplexe der seltenen Erden oder Cu(II)-chelatkomplexe

Dekontamination von Gebäuden

Gebäude und Bauten aus Holz, Ziegelsteinen, Beton, Mörtel, Zement können infolge ihrer hohen Porösität sowohl Gase/Dämpfe als auch Flüssigkeiten aufnehmen und in tiefere Schichten verteilen, so dass i.a. nur Abriss und nachfolgende Verbrennung möglich sind.
Als erste Maßnahme können evtl. Waschverfahren mit alkalischer Seifenlösung (Zusatz von Schmierseife) angewandt werden.
Leichte oberflächliche Behaftungen können mit Chlorkalk, der alle 24 Stunden erneuert wird, abgedeckt werden. Austretende Gase und Dämpfe werden so teilweise entgiftet.

Entgiftung/Dekontamination im Gelände

Betroffene Geländeabschnitte, Straßen, Plätze u.ä. absperren, Menschen und Nutztiere evakuieren.
Bei oberflächlichen Kontaminationen reicht es meist aus, 10–20 cm Boden abzutragen, mit Brennstoff zu übergießen und abzubrennen.
Bei extremen Kontaminationen muß bis zu 1 m Boden ausgehoben und einer geordneten Verbrennung mit Nachverbrennung zugeführt werden.
Das Abbrennen von Grasflächen ist eine erste Maßnahme, führt aber meist nicht zur vollständigen Entgiftung.
Abdecken des Geländes mit alkalischen Schlacken oder mit Chlorkalk/Sand ist als Sofortmaßnahme geeignet, bietet jedoch keinen ausreichenden Schutz gegen austretende Gase und Dämpfe.
Mehrmaliges Abschwemmen mit viel Wasser und Abdecken mit einer Sperrschicht ist eine erste Maßnahme, die sich vor allem für weniger toxische Stoffe eignet.
(Auch nach Jahrzehnten können Kampfstoffe im Boden konserviert werden, selbst unter Wasserlachen [Loste] und ihre vollständige Aktivität behalten!)

Dekontamination von Leder und Textilien

Kontaminierte Kleidungsstücke, Textilien und Lederwaren mit Entgiftungspuder oder Entgiftungslösung besprühen, ggf. in Seifenlauge (unter Zusatz von Schmierseife) kochen, anschließend einer geordneten Verbrennung zuführen.

Formel: | **Summen-Formel:** C4–H10–Cl–O2–P | **UN-Nr.**

Merkblatt

2305

Gefahren-Diamant

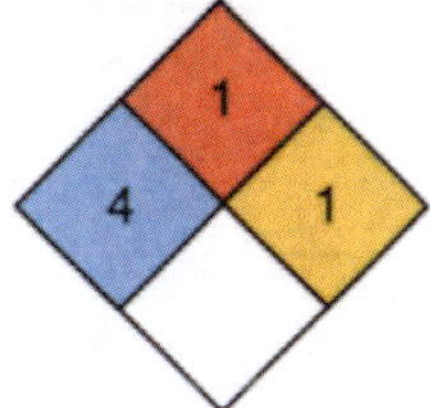

Hazchem-Code:

Stoffname

Deutsch	*Englisch*	*Französisch*
Chlor-Sarin O-Isopropylmethylphos-phonochlorid Methylphosphonochlorsäure-1-methylethylester Isopropylchlormethylphosphinat	**Chlorosarin** O-Isopropyl methylphosphonochloridate	**Chlorosarine** *Spanisch* **Clorsarin**

Tarn- und Decknamen siehe Merkblatt 2305a

Technische Daten
Siedepunkt
Dampfdruck in mbar bei 20 °C
Dampfdichteverhältnis, Luft = 1
Schmelzpunkt
Mischbarkeit mit Wasser
Spez. Gewicht, Wasser = 1
Molare Masse 156,55

Feuerbekämpfungsdaten
Flammpunkt
Zündfähiges Gemisch, Vol.-% } brennbare Flüssigkeit
Zündtemperatur

Gefahrgut:*
IMDG-Code: UN-Nr.
Marine pollutant
ICAO/IATA DGR: UN-Nr.
ADR/RID/ADNR: UN-Nr.
Gefahrzettel (Label) Nr.
Richtige Versandbezeichnung (PSN):
Land/BinSch:
See/Luft:
* Transport erfolgt nach Sondervorschriften

Klassifizierung:
Kl. Verp. Gr. EMS: **F-** ; **S-**

Kl. Verp. Gr.
Kl. Klassifiz. Code Verp. Gr.

Gefahrstoff:
CAS Nr.: 1445-76-7 RTECS-Nr.:
EG-Nr.: INDEX-Nr.:
EG-Einstufung: nein
Symbol: T+, N*
R-Sätze: 26/27/28-50/53*
S-Sätze: 13-45*

* Expertenvorschlag

Erscheinungsbild: Farblose Flüssigkeit. Fast geruchlos.

Verhalten bei Freiwerden und Vermischen mit Luft: Extrem giftige, extrem nervenschädigende, umweltgefährliche und brennbare Flüssigkeit mit relativ hohem Flammpunkt. Bei starker Erhitzung bilden sich extrem giftige, extrem nervenschädigende, umweltgefährliche und explosionsfähige Gemische mit Luft. Sie sind schwerer als Luft und kriechen am Boden entlang. Entzündung durch heiße Oberflächen, Funken oder offene Flammen. Bei Erhitzung bis zur Zersetzung (z. B. durch Umgebungsbrände oder heiße Oberflächen) und bei Brand bilden sich giftige und ätzende Gase bzw. Dämpfe, die im Wesentlichen aus Phosphorpentoxid sowie Chlorwasserstoff(gas) bzw. Salzsäuredämpfen bestehen und auch Kohlenmonoxid(gas) sowie Kohlendioxid(gas) enthalten.

Verhalten bei Freiwerden und Vermischen mit Wasser: Der Stoff ist schwerer als Wasser und sinkt unter. Er löst sich vollständig in Wasser. Es bilden sich sehr giftige und nervenschädigende sowie umweltgefährliche Gemische mit Wasser, die auch bei starker Verdünnung noch wirksam sind. In Wasser erfolgt Hydrolyse unter Bildung von Chlorwasserstoff(gas) bzw. Salzsäurelösungen und Pinacolyl-methylphosphonat.

Gesundheitsgefährdung: Die Flüssigkeit ist äußerst instabil gegenüber Feuchtigkeit und Erwärmung, so daß der Kontakt immer gegenüber Stoffgemischen unterschiedlicher Zusammensetzung stattfindet, damit steht die Reizwirkung der Dämpfe/Aerosole im Vordergrund. Lungenödem – mit Verzögerung bis zu 2 Tagen – möglich. Bei Brand oder Erhitzen bis zur Zersetzung Bildung von Chlorwasserstoff (s. auch Merkblatt 63) und Phosphorpentoxid (s. auch Merkblatt 673).
Symptome: Brennen und Rötung der Haut, Juckreiz, Tränen, Nies- und Hustenreiz, Schwindel, Benommenheit, Übelkeit, Erbrechen.
Nach Einatmen oder Hautkontakt in jedem Fall – auch bei Ausbleiben der Symptome – den Arzt aufsuchen. Nach Kontakt der Substanz mit den Augen ist in jedem Fall ein Augenarzt aufzusuchen.

Geruchsschwelle = Luftgrenzwert =

Bemerkungen: Der Stoff ist löslich in Alkoholen, Estern, Ketonen, Toluol, Benzol und Halogenalkanen. Metalle werden bei wässrigen Lösungen (Salzsäure) stark angegriffen. Dämpfe werden leicht absorbiert von Textilien, Wolle, Holz, porösen Ziegeln, Beton u. a. Dadurch wird eine Verschleppung tödlicher Konzentrationen durch Kleidung möglich.
In der Chemikalienliste des Chemiewaffenübereinkommens (CWÜ) von 1993 über das Verbot der Entwicklung, Herstellung, Lagerung und des Einsatzes chemischer Waffen sowie über die Vernichtung solcher Waffen ist der Stoff bzw. die Stoffgruppe enthalten.

Sicherheitsmaßnahmen für Fahrzeugbesatzung, Polizei, Feuerwehr und Rettungskräfte:
Polizei und Feuerwehr alarmieren.
Im Gefahrenbereich Maschine stoppen. Sofort volle Schutzkleidung und umluftunabhängiges (schweres) Atemschutzgerät tragen. Bei starker Erhitzung oder Brand nicht rauchen, offenes Feuer löschen, kein elektrisches Gerät und keinen Schalter mit Funkenbildung betätigen.
Wasserschutzpolizei und Feuerwehr: Beim Retten nicht ins Wasser springen. Bei starker Erhitzung kein Boot mit Ottomotor einsetzen. Bei Dieselantrieb Sicherheitsschaltung veranlassen. Nach dem Einsatz Kühlwasserkreislauf überprüfen.

Schutz- und Einsatzmaßnahmen: Alle unbeteiligten Personen nach Luv (gegen den Wind) entfernen. Achtung, falls freiwerdendes Gut in die Kanalisation oder in Abwasserleitungen von Schiffen gerät, bilden sich extrem giftige, nervenschädigende und umweltgefährliche Gemische mit Abwasser und kann über der Oberfläche Verätzungsgefahr entstehen. Experten hinzuziehen. Auf Wasserstraßen Schiffahrtssperre. An Land gefährdetes Gebiet absperren. Große Sicherheitszone bilden. In Wohn- und Industriegebieten Anwohner warnen. Gefährdetes Gebiet ggf. evakuieren.

Konzentrationsmessung explosionsfähiger bzw. giftiger Dämpfe siehe Tabelle (Anhang 6 der Erläuterungen).

Zuständige Behörden unterrichten.

Bekämpfung der Unfallfolgen:
Feuer: Bei kleinem Brandherd Löschpulver, Wassersprühstrahl, Kohlensäure oder Schaum. Bei großem Brandherd Schaum oder Wassersprühstrahl. Behälter mit Wassersprühstrahl kühlen und nach Möglichkeit aus der Gefahrenzone ziehen. Achtung, das Löschwasser ist giftig und umweltgefährlich. Es muß aufgefangen werden und darf nicht unbehandelt in die Kanalisation, in Gewässer oder in das Grundwasser gelangen.
Leckage: Leck schließen, wenn ohne Risiko möglich.
Fließendes Gewässer: Trink-, Brauch- und Kühlwasserentnehmer verständigen.
Stehendes Gewässer: Absperren. Fahrzeugbesatzungen im gefährdeten Gebiet warnen.
An Land: Kanalisation abdichten. Auffangen, eindeichen und abpumpen. In Wohn- und Industriegebieten alle tiefliegenden Räume abdichten. Alle Zündquellen beseitigen. Restmengen mit nicht brennbarem, saugfähigem Material wie z. B. trockener Erde, Sand, Kieselgur, Universalbinder oder Vermiculit abdecken und an sichere Deponie zur Vernichtung transportieren.

Gewässerverunreinigung:
GefStoffV/EG: Gefahrensymbol; N Umweltgefährlich, R 50/53; sehr giftig für Wasserorganismen, kann in Gewässern längerfristig schädliche Wirkungen haben.
Gesamtbewertung nach Unfall: Gruppe IV, hohe bis sehr hohe (extrem hohe) toxische Wirkung unabhängig von der Turbulenz des Gewässers (siehe auch Erläuterungen Abschnitt 16.4/5).
Einzelwerte siehe Anhang 9 der Erläuterungen.
Wassergefährdungsklasse: 3 – stark wassergefährdender Stoff

Erste Hilfe:
Selbstschutz beachten. Verletzte an die frische Luft bringen. Bei Atemstörung Sauerstoffzufuhr, ggf. Beatmung. Benetzte Kleidungsstücke, Schuhe und Strümpfe sofort ausziehen, in einen dichtschließenden Behälter (Sack) versorgen. Betroffene Körperstellen anhaltend mit Wasser und Seife spülen. Bei Augenkontakt die Augen 15 Minuten mit Wasser spülen. Augenlider dazu mit Daumen und Zeigefinger aufspreizen und gleichzeitig das Auge nach allen Seiten bewegen lassen. Für die Retter: Schutzkleidung und Gasmaske empfohlen. Verletzte nicht auskühlen lassen. Bei Erbrechen zumindest Kopf in Seitenlage bringen. Verletzte nur liegend transportieren. Bei Gefahr der Bewußtlosigkeit Lagerung und Transport in stabiler Seitenlage (siehe auch Merkblatt 2305a).

Hinweise für den Arzt:
Erforderlichenfalls endotracheale Intubation. Atropingabe 2 mg i. v. oder, wenn nicht anders möglich i. m. Aufgrund der Erfahrung (Tokyo) höhere Dosen oftmals nicht notwendig, wenn doch, nicht mehr als 15 bis 20 mg. Lokal Augentropfen (0,25% bis 1%). Pralidoxim, Obidoxim (Toxogonin®) oder HI 6 (bisher nur in einigen Ländern zugelassen). Die Gabe von Pralidoxim und Obidoxim ist nicht unumstritten, HI 6 ist besser wirksam. Benzodiazepine bei Konvulsionen.

Merkblatt

2305a

Tarn- und Decknamen

D: Chlorsarin

GB: Chlorosarin

USA: Chlorosarinarin, O-Isopropyl methylphosphonochloridate

F: Chlorosarin

ESP: Clorosarin

Allgemeines

Der Stoff wurde nach Weltkrieg II in USA weiterentwickelt und produziert. Der wesentliche Unterschied zum Kampfstoff Arsin besteht darin, daß die Fluor-Anteile durch Chloranteile ersetzt wurden.

Einsatz

Flüssigkeiten, Dämpfe, Aerosole

Einsatzmittel

Artilleriegranaten, Mörsergeschosse, Raketenwerfer, Landminen, Bomben und Sprühtanks.

Personenentgiftung

Die Bergung aus dem Gefahrenherd hat sehr schnell zu erfolgen, da höchste Eile geboten ist. Sanitäter und Helfer tragen Schutzbekleidung.
Für den Geschädigten stehen folgende Maßnahmen im Vordergrund:

- Entfernen der gesamten Kleidung und Ausrüstung des Geschädigten. Danach können Sanitäter und Helfer die Schutzbekleidung ablegen.
- Beim Auftreten einer Vergiftungssymptomatik ist sofort eine Atropininjektion mit dem Autoinjektor (2 mg) i. m. zu applizieren.
- Spülung der Augen mit einer 3–4%igen Natriumhydrogencarbonatlösung.
- Reinigung der Wunden mit einer 3–4%igen Natriumhydrogencarbonatlösung,
- steht eine Dusche zur Verfügung, ist der gesamte Körper gründlich mit Wasser und Seife bzw. Waschmittel zu reinigen.

Für den Transport muß der Geschädigte in Wärmedecken eingehüllt werden.

Vor dem weiteren Abtransport mit einem Krankenwagen oder einem Hubschrauber in ein Krankenhaus hat unbedingt eine vollständige Entgiftung des gesamten Körpers zu erfolgen. Bei Unterlassung der Dekontamination würden die Kampfstoffausdunstungen der kontaminierten Haare und der kontaminierten Kleidung das Personal des Transportfahrzeuges gefährden. Außerdem hat vor dem Abtransport ein Arzt die erste ärztliche Hilfe zu erweisen. Durch diese Hilfemaßnahmen wird die Schädigung der Haut wesentlich verringert und durch die frühzeitige Gabe von Antidoten werden die systemischen Schädigungen der inneren Organe verhindert.

Dekontamination von Gebäuden

Gebäude und Bauten aus Holz, Ziegelsteinen, Beton, Mörtel, Zement können infolge ihrer hohen Porösität sowohl Gase/Dämpfe als auch Flüssigkeiten aufnehmen und in tiefere Schichten verteilen, so dass i.a. nur Abriss und nachfolgende Verbrennung möglich sind.
Als erste Maßnahme können evtl. Waschverfahren mit alkalischer Seifenlösung (Zusatz von Schmierseife) angewandt werden.
Leichte oberflächliche Behaftungen können mit Chlorkalk, der alle 24 Stunden erneuert wird, abgedeckt werden. Austretende Gase und Dämpfe werden so teilweise entgiftet.

Entgiftung/Dekontamination im Gelände

Betroffene Geländeabschnitte, Straßen, Plätze u. ä. absperren, Menschen und Nutztiere evakuieren.
Bei oberflächlichen Kontaminationen reicht es meist aus, 10–20 cm Boden abzutragen, mit Brennstoff zu übergießen und abzubrennen.
Bei extremen Kontaminationen muß bis zu 1 m Boden ausgehoben und einer geordneten Verbrennung mit Nachverbrennung zugeführt werden.
Das Abbrennen von Grasflächen ist eine erste Maßnahme, führt aber meist nicht zur vollständigen Entgiftung.
Abdecken des Geländes mit alkalischen Schlacken oder mit Chlorkalk/Sand ist als Sofortmaßnahme geeignet, bietet jedoch keinen ausreichenden Schutz gegen austretende Gase und Dämpfe.
Mehrmaliges Abschwemmen mit viel Wasser und Abdecken mit einer Sperrschicht ist eine erste Maßnahme, die sich vor allem für weniger toxische Stoffe eignet.
(Auch nach Jahrzehnten können Kampfstoffe im Boden konserviert werden, selbst unter Wasserlachen [Loste] und ihre vollständige Aktivität behalten!)

Dekontamination von Leder und Textilien

Kontaminierte Kleidungsstücke, Textilien und Lederwaren mit Entgiftungspuder oder Entgiftungslösung besprühen, ggf. in Seifenlauge (unter Zusatz von Schmierseife) kochen, anschließend einer geordneten Verbrennung zuführen.

Formel: **Summen-Formel:** C18–H12–Cl2–Cl–2 **UN-Nr. 2315 n.o.s.**

Merkblatt

2306

Stoffname

Deutsch

Terphenyle polychloriert, fest
Polychlorierte Terphenyle, fest
PCT, fest
Terphenyl, chloriert

Englisch

Polyhalogenated terphenyls, solid
Polychlorinated terphenyls solid
Terphenyl, chlorinated, solid
Kanechlor C*

Französisch

Terphényles polychlorés, solide
Polychloroterphényles, solide
Terphényle chloré

Spanisch

Terfenilos policlorados, sólido
Terfenido clorado, sólido

Gefahren-Diamant

Hazchem-Code:
2X

Technische Daten

Siedepunkt	
Dampfdruck in mbar bei 20 °C	
Dampfdichteverhältnis, Luft = 1	
Schmelzpunkt	
Mischbarkeit mit Wasser	sehr geringfügig
Spez. Gewicht, Wasser = 1	>1
Molare Masse	299,2

Feuerbekämpfungsdaten

Flammpunkt
Zündfähiges Gemisch, Vol.-%
Zündtemperatur
} nicht brennbare Flüssigkeit

Gefahrgut:

	Klassifizierung:	
IMDG-Code: UN-Nr. 2315 n.o.s.	Kl. 9	Verp. Gr. II EMS: **F**-A; **S**-A
Marine pollutant		
ICAO/IATA DGR: UN-Nr. 2315 n.o.s.	Kl. 9	Verp. Gr. II
ADR/RID/ADNR: UN-Nr. 2315 n.a.g.	Kl. 9	Klassifiz. Code M2 Verp. Gr. II

Gefahrzettel (Label) Nr. 9
Richtige Versandbezeichnung (PSN):
Land/BinSch: **2315 Polychlorierte Terphenyle, flüssig**
See/Luft: **Polyhalogenated terphenyls, liquid**

Gefahrstoff:
CAS Nr.: 61788-33-8 RTECS-Nr.: WZ 6500000
EG-Nr.: 262-968-2 INDEX-Nr.:
EG-Einstufung: nein
Symbol: Xn, N
R-Sätze: 33-50/53
S-Sätze: (2)-35-60-61

Erscheinungsbild: Farblose bis hellgelbe Flüssigkeit, deutlich wahrnehmbarer Geruch.

Verhalten bei Freiwerden und Vermischen mit Luft: Gesundheitsschädliche, umweltgefährliche, nicht brennbare Flüssigkeit. Bei Erhitzung bilden Dämpfe mit Luft gesundheitsschädliche, umweltgefährliche nicht brennbare Gemische, die schwerer als Luft sind. Sie kriechen am Boden entlang und können, insbesondere in geschlossenen Räumen, Konzentrationen mit gesundheitsschädlicher sowie stark umweltgefährlicher Wirkung erreichen. Bei Erhitzung bis zur Zersetzung (z. B. durch Umgebungsbrände oder heiße Oberflächen) erfolgt Zersetzung unter Bildung giftiger Stoffe die im Wesentlichen aus polychlorierten Dibenzodioxinen (PCDD) und polychlorierten Dibenzofuranen (PCDF) bestehen und auch Chlorwasserstoff(gas) bzw. Salzsäuredämpfe enthalten.

Verhalten bei Freiwerden und Vermischen mit Wasser: Der Stoff ist schwerer als Wasser und sinkt unter. Er löst sich sehr geringfügig mit Wasser. Es bilden sich gesundheitsschädliche und stark umweltgefährliche Gemische mit Wasser, die auch bei starker Verdünnung noch wirksam sind.

Gesundheitsgefährdung: Die Gesundheitsgefahren entsprechen weitgehend denen der PCB (Mbl.: 2325): akut sind sie kaum gesundheitsschädlich. Sie werden jedoch gut durch die Haut (und durch versehentliches Verschlucken) in den Körper aufgenommen und im Fettgewebe des Körpers gespeichert. Bei chronischer Einwirkung gelten sie als Nervengifte. Bei thermischer Zersetzung Bildung von Salzsäure (s. auch Mbl. 177) und die extrem giftigen polychlorierten Dibenzofurane.
Symptome: Leibschmerzen, Übelkeit, Erbrechen, Kopfschmerzen, Benommenheit
Nach Einatmen oder Hautkontakt in jedem Fall – auch bei Ausbleiben der Symptome – den Arzt aufsuchen. Nach Kontakt der Substanz mit den Augen ist in jedem Fall ein Augenarzt aufzusuchen.

Geruchsschwelle = Luftgrenzwert =

Bemerkungen: Der Stoff reagiert bei Kontakt oder Mischung mit starken Oxidationsmitteln wie zum Beispiel Chloraten, Nitraten, Peroxiden usw. Die Substanz ist löslich in den meisten organischen Lösemitteln.
Diese Stoffgruppe tritt als reines Produkt als farblose Flüssigkeit mit deutlich wahrnehmbaren Geruch in Erscheinung. Mit Verunreinigungen oder Mischungen können es jedoch auch feste Stoffe sein. Mit dieser Eintragung sind auch Geräte wie Transformatoren und Kondensatoren erfaßt, die solche Stoffe enthalten sowie saugfähige Materialien wie Lumpen, Baumwollabfälle, Sägespäne usw., die mit solchen Stoffen verunreinigt sind.

Sicherheitsmaßnahmen für Fahrzeugbesatzung, Polizei, Feuerwehr und Rettungskräfte:
Polizei und Feuerwehr alarmieren.
Im Gefahrenbereich Maschine stoppen. Sofort volle Schutzkleidung und umluftunabhängiges (schweres) Atemschutzgerät tragen. Bei starker Erhitzung oder Brand, nicht rauchen, offenes Feuer löschen, kein elektrisches Gerät und keinen Schalter mit Funkenbildung betätigen.
Wasserschutzpolizei und Feuerwehr: Beim Retten nicht ins Wasser springen. Bei starker Erhitzung kein Boot mit Ottomotor einsetzen. Bei Dieselantrieb Sicherheitsschaltung veranlassen. Nach dem Einsatz Kühlwasserkreislauf überprüfen.

Schutz- und Einsatzmaßnahmen: Alle unbeteiligten Personen nach Luv (gegen den Wind) entfernen. Achtung, falls freiwerdendes Gut in die Kanalisation oder in Abwasserleitungen von Schiffen gerät, entstehen gesundheitsschädliche und umweltgefährliche Gemische mit Abwasser. Auf Wasserstraßen Schiffahrtssperre. An Land gefährdetes Gebiet absperren. Bei starker Erhitzung oder Brand entstehen giftige Gase und Dämpfe bzw. Dampf-/Luftgemische. In diesem Fall große Sicherheitszone bilden. In Wohn- und Industriegebieten Anwohner warnen. Zuständige Behörden unterrichten.

Bekämpfung der Unfallfolgen:
Feuer: Stoff brennt selbst nicht. Löschmaßnahmen auf Umgebungsbrände ausrichten. Achtung, bei sehr starker Erhitzung erfolgt Zersetzung unter Bildung hochgiftiger Gase und Dämpfe. Behälter mit Wassersprühstrahl kühlen und nach Möglichkeit aus der Gefahrenzone ziehen. Achtung, das Löschwasser ist giftig und umweltgefährlich. Es muß aufgefangen werden und darf nicht unbehandelt in die Kanalisation, in Gewässer oder ins Grundwasser gelangen.
Leckage: Leck schließen, wenn ohne Risiko möglich.
Fließendes Gewässer: Trink-, Brauch- und Kühlwasserentnehmer verständigen. Experten hinzuziehen.
Stehendes Gewässer: Absperren. Fahrzeugbesatzungen im gefährdeten Gebiet warnen.
An Land: Kanalisation abdichten. Eindeichen und abbergen. In geschlossenem Behälter abtransportieren. Restmengen mit saugfähigem Material wie trockenem Sand, Erde, gemahlenem Kalkstein, Kieselgur, Universalbinder bedecken und im geschlossenen Behälter an sicheren Deponieort transportieren.

Gewässerverunreinigung:
GefStoffV/EG: Gefahrensymbol; N Umweltgefährlich, R 50/53; sehr giftig für Wasserorganismen, kann in Gewässern längerfristig schädliche Wirkungen haben.
Gesamtbewertung nach Unfall: Gruppe IV, hohe bis sehr hohe (extrem hohe) toxische Wirkung unabhängig von der Turbulenz des Gewässers (siehe auch Erläuterungen Abschnitt 16.4/5).
Einzelwerte siehe Anhang 9 der Erläuterungen.
Wassergefährdungsklasse: 3 – stark wassergefährdender Stoff

Erste Hilfe:
Verletzte an die frische Luft bringen. Benetzte Kleidungsstücke, Schuhe und Strümpfe sofort ausziehen, in einen dichtschließenden Behälter (Sack) versorgen. Betroffene Körperstellen anhaltend mit Wasser und Seife spülen. Bei Augenkontakt die Augen 15 Minuten mit Wasser spülen. Augenlider dazu mit Daumen und Zeigefinger aufspreizen und gleichzeitig das Auge nach allen Seiten bewegen lassen. Verletzte nicht auskühlen lassen. Bei Erbrechen zumindest Kopf in Seitenlage bringen. Verletzte nur liegend transportieren. Bei Gefahr der Bewußtlosigkeit Lagerung und Transport in stabiler Seitenlage.

Hinweise für den Arzt:
Akute Symptome nicht zu erwarten.

Formel: $BrCH_2C(O)CH_3$ **Summen-Formel:** C4–H7–Br–O **UN-Nr.**

Merkblatt

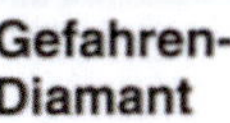

2307

Gefahren-Diamant

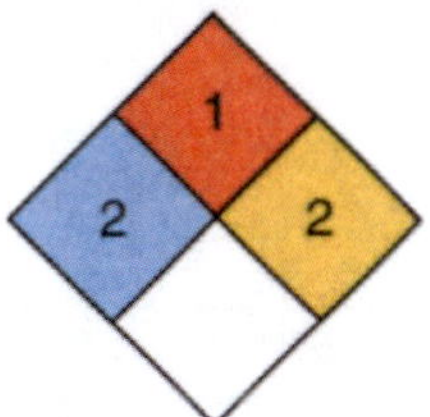

Hazchem-Code:

Stoffname

Deutsch	*Englisch*	*Französisch*
BN	**BN**	**BN**
1-Brombutanon-2	1-Bromo-2-butanone	1-Bromobutanone
Brommethylethylketon	Bromomethylethylketone	
Ethylbrommethylketon	Ethylbromomethyl ketone	
Methylbromaceton	Methylbromoacetone	*Spanisch*
Homomartonite	1-Bromobutanone	**BN**
Bn-Stoff		1-Bromobutanona
1-Brombutanon		

Tarn- und Decknamen siehe Merkblatt 2307a

Technische Daten

Siedepunkt	147 °C (Zersetzung)
Dampfdruck in mbar bei 20 °C	3,5
Dampfdichteverhältnis, Luft = 1	5,22
Schmelzpunkt	44 °C
Mischbarkeit mit Wasser	sehr geringfügig*
Spez. Gewicht, Wasser = 1	1,43
Molare Masse	151,02

Feuerbekämpfungsdaten

Flammpunkt	68 °C
Zündfähiges Gemisch, Vol.-%	
Zündtemperatur	

* In Wasser erfolgt sehr langsame Hydrolyse.

Gefahrgut:*

	Klassifizierung:		
IMDG-Code: UN-Nr.	Kl.	Verp. Gr.	EMS: **F-** ; **S-**
ICAO/IATA DGR: UN-Nr.	Kl.	Verp. Gr.	
ADR/RID/ADNR: UN-Nr.	Kl.	Klassifiz. Code	Verp. Gr.

Gefahrzettel (Label) Nr.
Richtige Versandbezeichnung (PSN):
Land/BinSch:
See/Luft:

* Transport erfolgt nach Sondervorschriften

Gefahrstoff:
CAS Nr.: 816-40-0 RTECS-Nr.: EL7000000
EG-Nr.: 212-431-3 INDEX-Nr.:
EG-Einstufung: nein
Symbol: Xn, Xi*
R-Sätze: 20/21/22-36/37/38*
S-Sätze: 26-27-36/37/39*

* Expertenvorschlag

Erscheinungsbild: Rein: Farblose Flüssigkeit, stechender Geruch. Technisch: Gelbbraune Flüssigkeit; stechender Geruch.

Verhalten bei Freiwerden und Vermischen mit Luft: Gesundheitsschädliche, reizende und brennbare Flüssigkeit mit relativ hohem Flammpunkt von 68 °C. Bei starker Erhitzung bilden sich gesundheitsschädliche, reizende und explosionsfähige Gemische mit Luft. Sie sind schwerer als Luft und kriechen am Boden entlang. Entzündung durch heiße Oberflächen, Funken oder offene Flammen. Bei Erhitzung bis zur Zersetzung (z. B. durch Umgebungsbrände oder heiße Oberflächen) und bei Brand bilden sich giftige und ätzende Gase und Dämpfe, die im Wesentlichen aus Brom und Bromwasserstoff(gas) bestehen und auch Kohlenmonoxid(gas) sowie Kohlendioxid(gas) enthalten.

Verhalten bei Freiwerden und Vermischen mit Wasser: Der Stoff ist schwerer als Wasser und sinkt unter. Er löst sich nur sehr geringfügig in Wasser. Es erfolgt im Wasser sehr langsame Hydrolyse. Es bilden sich gesundheitsschädliche und reizende Gemische mit Wasser, die auch bei Verdünnung noch wirksam sind.

Gesundheitsgefährdung: Die Flüssigkeit, ihre Dämpfe und Nebel reizen sehr stark die Schleimhäute der Augen, des Nasen-Rachenraumes und der Atemwege und bei direktem Kontakt auch die Haut. Durch Abspaltung von Bromwasserstoff (s. auch Merkblatt 387) kann es zu Verätzungen kommen mit der Gefahr bleibender Augenschäden. Massive Inhalaltion kann zum Lungenödem führen – auch mit Verzögerung bis zu 2 Tagen. Bei Erwärmung bildet sich u. a. Bromwasserstoff (s. auch Merkblatt 387). Reizschwelle: 1,6 mg/m^3. Erträglichkeitsgrenze: 11,0 mg/m^3.
Symptome: Brennen, Rötung und Schmerzen der Haut und der Augen, Tränenfluss, Lidkrampf, Husten- und Niesanfälle, Atemnot, Erstickungsanfälle.
Nach Einatmen oder Hautkontakt in jedem Fall – auch bei Ausbleiben der Symptome – den Arzt aufsuchen.
Nach Kontakt der Substanz mit den Augen ist in jedem Fall ein Augenarzt aufzusuchen.

Geruchsschwelle = Luftgrenzwert =

Bemerkungen: Der Stoff ist löslich in Alkoholen und Aceton. Bei Lagerung neigt er zur Polymerisation. Die Substanz reagiert heftig bei Kontakt mit Eisen oder Stahl. Sie sind als Behältermaterial nicht geeignet. Der Stoff wurde auch als Reizstoff zur Maskenprüfung eingesetzt.
In der Chemiekalienliste des Chemiewaffenübereinkommens (WÜ) von 1993 über das Verbot der Entwicklung, Herstellung, Lagerung und des Einsatzes chemischer Waffen sowie über die Vernichtung solcher Waffen ist der Stoff bzw. die Stoffgruppe enthalten.

Sicherheitsmaßnahmen für Fahrzeugbesatzung, Polizei, Feuerwehr und Rettungskräfte:
Polizei und Feuerwehr alarmieren.
Im Gefahrenbereich Maschine stoppen. Volle Schutzkleidung und umluftunabhängiges (schweres) Atemschutzgerät tragen. Bei Erhitzung oder Brand Zündung abstellen, nicht rauchen, offenes Feuer löschen, kein elektrisches Gerät und keinen Schalter mit Funkenbildung betätigen.
Wasserschutzpolizei und Feuerwehr: Beim Retten nicht ins Wasser springen. Bei Erhitzung der Flüssigkeit kein Boot mit Ottomotor einsetzen. Bei Dieselantrieb Sicherheitsschaltung veranlassen.

Schutz- und Einsatzmaßnahmen: Alle unbeteiligten Personen nach Luv (gegen den Wind) entfernen. Achtung, falls freiwerdendes Gut in die Kanalisation oder in Abwasserleitungen von Schiffen gerät, entstehen gesundheitsschädliche und reizende Gemische mit Abwasser. Auf Wasserstraßen Schiffahrtssperre. An Land gefährdetes Gebiet absperren. Bei starker Erhitzung oder Brand entstehen gesundheitsschädliche und reizende Gase und Dämpfe bzw. Dampf-/Luftgemische. In diesem Fall große Sicherheitszone bilden. In Wohn- und Industriegebieten Anwohner warnen. Zuständige Behörden unterrichten.

Bekämpfung der Unfallfolgen:
Feuer: Bei kleinem Brandherd Löschpulver, Wassersprühstrahl, Kohlensäure oder Schaum. Bei großem Brandherd, Schaum oder Wassersprühstrahl. Behälter mit Wassersprühstrahl kühlen und nach Möglichkeit aus der Gefahrenzone ziehen. Achtung, das Löschwasser ist giftig und umweltgefährlich. Es muß aufgefangen werden und darf nicht unbehandelt in die Kanalisation, in Gewässer oder in das Grundwasser gelangen.
Leckage: Leck schließen, wenn ohne Risiko möglich.
Fließendes Gewässer: Trink-, Brauch- und Kühlwasserentnehmer verständigen.
Stehendes Gewässer: Absperren. Fahrzeugbesatzungen im gefährdeten Gebiet warnen.
An Land: Kanalisation abdichten. Auffangen, eindeichen und abpumpen. In Wohn- und Industriegebieten alle tiefliegenden Räume abdichten. Alle Zündquellen beseitigen. Restmengen mit nicht brennbarem, saugfähigem Material wie z. B. trockener Erde, Sand, Kieselgur, Universalbinder oder Vermiculit abdecken und an sichere Deponie zur Vernichtung transportieren.

Gewässerverunreinigung:
GefStoffV/EG:
Gesamtbewertung nach Unfall:
Einzelwerte siehe Anhang 9 der Erläuterungen.
Wassergefährdungsklasse:

Erste Hilfe:
Selbstschutz beachten. Verletzte an die frische Luft bringen. Bei Atemstörung Sauerstoffzufuhr, ggf. Beatmung. Benetzte Kleidungsstücke, Schuhe und Strümpfe sofort ausziehen, in einen dichtschließenden Behälter (Sack) versorgen. Betroffene Körperstellen anhaltend mit Wasser und Seife spülen. Bei Augenkontakt die Augen 15 Minuten mit Wasser spülen. Augenlider dazu mit Daumen und Zeigefinger aufspreizen und gleichzeitig das Auge nach allen Seiten bewegen lassen. Für die Retter: Schutzkleidung und Gasmaske empfohlen. Verletzte nicht auskühlen lassen. Bei Erbrechen zumindest Kopf in Seitenlage bringen. Verletzte nur liegend transportieren. Bei Gefahr der Bewußtlosigkeit Lagerung und Transport in stabiler Seitenlage (siehe auch Merkblatt 2307a).

Hinweise für den Arzt:
Behandlung der Augenreizung mit Spülung; ggf. Augenarzt hinzuziehen. Stechender Geruch kann Übelkeit herbeiführen.

Tarn- und Decknamen

D: BN-Stoff, BN, Homomartonite, Weißkreuz BN, Augenreizstoff BN

GB: BN, Bromobutanone

USA: Bromobutanone, TL 819

F: Bromobutanone

ESP: Bromobutanona

In der Chemikalienliste des Chemiewaffenübereinkommens (CWÜ) von 1993 über das Verbot der Entwicklung, Herstellung, Lagerung und des Einsatzes chemischer Waffen sowie über die Vernichtung solcher Waffen ist der Stoff bzw. die Stoffgruppe enthalten.

Personenentgiftung

Im Vordergrund steht die Behandlung der Reizsymptomatik und die Verhinderung der weiteren Einwirkung des Reizstoffes.
Für den Geschädigten sind folgende Maßnahmen vor dem Abtransport erforderlich:
- Aufsetzen der Schutzmaske und Abtransport aus dem Wirkungsbereich des Reizstoffes,
- Schutz der Augen vor dem direkten Kontakt mit flüssigem Reizstoff,
- Entfernung der gesamten Kleidung,
- kein Duschen oder Baden in den ersten sechs Stunden nach der Kontamination mit dem Reizstoff, Wasser ist in dieser Zeit nicht für die Dekontaminierung geeignet (verstärkt wesentlich den Schmerzreiz)
- Augen und Schleimhäute sind mit einer 4%igen Natriumhydrogencarbonatlösung gründlich zu spülen
- Abwaschen der Haut mit Alkohol oder Glycerin,
- die Kleidung ist vor dem Wiederanziehen gründlich zu lüften, bzw. es ist nichtkontaminierte Kleidung anzuziehen,
- Wunden sind mit einer 4%igen Natriumhydrogencarbonatlösung bzw. mit Alkohol zu reinigen, danach ist ein Mullverband anzulegen
- starke Blutungen sind mit einem Druckverband zu versorgen (in Ausnahmefällen kann im Interesse eines schnellen Abtransportes aus dem Wirkungsherd vorübergehend eine Abschnürung angelegt werden).

Für den Abtransport muss der Geschädigte in Wärmedecken eingehüllt werden.

Entgiftung/Dekontamination von Sachen und Geräten

Selbstschutz beachten, Schutzkleidung und Schutzmaske tragen, bzw. Schutzmaske griffbereit halten. Nach dem Arbeiten Schutzkleiung dekontaminieren, ebenso Geräte und Materialien, die für die Entgiftung/Dekontamination verwendet wurden (mindestens 24 Stunden in Entgiftungslösung belassen, nachfolgend gründlich abspülen, Verbrennung zuführen; unter „Feldbedingungen" mit Wasser und Seifenlösung reinigen).
Entgiftungslösungen erst unmittelbar vor der Aufnahme der Arbeiten herstellen.

Geeignet sind:
10%ige alkoholische Natron- oder Kalilauge
oder 10%ige Natrium- oder Kaliumsulfidlösung unter Zusatz von 5% Schmierseife oder eines synthetischen Waschmittels

Dekontamination von Gebäuden

Gebäude und Bauten aus Holz, Ziegelsteinen, Beton, Mörtel, Zement können infolge ihrer hohen Porösität sowohl Gase/Dämpfe als auch Flüssigkeiten aufnehmen und in tiefere Schichten verteilen, so dass i.a. nur Abriss und nachfolgende Verbrennung möglich sind.
Als erste Maßnahme können evtl. Waschverfahren mit alkalischer Seifenlösung (Zusatz von Schmierseife) angewandt werden.
Leichte oberflächliche Behaftungen können mit Chlorkalk, der alle 24 Stunden erneuert wird, abgedeckt werden. Austretende Gase und Dämpfe werden so teilweise entgiftet.

Entgiftung/Dekontamination im Gelände

Betroffene Geländeabschnitte, Straßen, Plätze u. ä. absperren, Menschen und Nutztiere evakuieren.
Bei oberflächlichen Kontaminationen reicht es meist aus, 10–20 cm Boden abzutragen, mit Brennstoff zu übergießen und abzubrennen.
Bei extremen Kontaminationen muß bis zu 1 m Boden ausgehoben und einer geordneten Verbrennung mit Nachverbrennung zugeführt werden.
Das Abbrennen von Grasflächen ist eine erste Maßnahme, führt aber meist nicht zur vollständigen Entgiftung.
Abdecken des Geländes mit alkalischen Schlacken oder mit Chlorkalk/Sand ist als Sofortmaßnahme geeignet, bietet jedoch keinen ausreichenden Schutz gegen austretende Gase und Dämpfe.
Mehrmaliges Abschwemmen mit viel Wasser und Abdecken mit einer Sperrschicht ist eine erste Maßnahme, die sich vor allem für weniger toxische Stoffe eignet.
(Auch nach Jahrzehnten können Kampfstoffe im Boden konserviert werden, selbst unter Wasserlachen [Loste] und ihre vollständige Aktivität behalten!)

Dekontamination von Leder und Textilien

Kontaminierte Kleidungsstücke, Textilien und Lederwaren mit Entgiftungspuder oder Entgiftungslösung besprühen, ggf. in Seifenlauge (unter Zusatz von Schmierseife) kochen, anschließend einer geordneten Verbrennung zuführen.

Formel: $C_6H_4(CH_2Br)_2$ **Summen-Formel:** C8–H8–Br2 **UN-Nr.**

Merkblatt

2308

Gefahren-Diamant

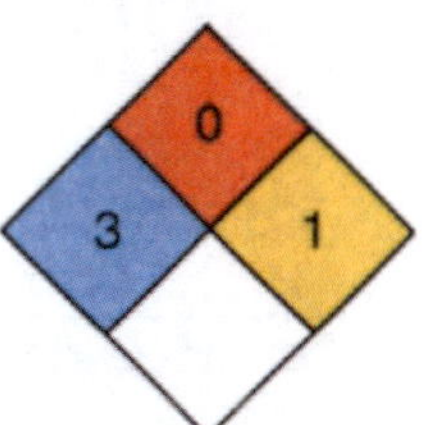

Hazchem-Code:

Stoffname

Deutsch

Xylylenbromid, Isomerengemisch
Bis-(brommethyl)-benzen
o-Bis-(brommethyl)benzen
Xylylendibromid

Englisch

Xylylenbromide, mixed isomeres
Bis-(bromomethyl)-benzene
o-Bis-(bromomethyl)benzene
Xylylenedibromide

Französisch

Xylylène bromide, mixtures de isomères
Bromure de xylylène

Spanisch

Xililen bromid, mezcla de isómeros
Bromuros de xililen

Tarn- und Decknamen siehe Merkblatt 2308a

Technische Daten

Siedepunkt	
Dampfdruck in mbar bei 20 °C	
Dampfdichteverhältnis, Luft = 1	
Schmelzpunkt	
Mischbarkeit mit Wasser	sehr geringfügig
Spez. Gewicht, Wasser = 1	
Molare Masse	264,0

Feuerbekämpfungsdaten

Flammpunkt	Nicht brennbare Flüssigkeit
Zündfähiges Gemisch, Vol.-%	
Zündtemperatur	

Gefahrgut:*
IMDG-Code: UN-Nr. Kl. Verp. Gr. EMS: **F-** ; **S-**
Marine pollutant
ICAO/IATA DGR: UN-Nr. Kl. Verp. Gr.
ADR/RID/ADNR: UN-Nr. Kl. Klassifiz. Code Verp. Gr.
Gefahrzettel (Label) Nr.
Richtige Versandbezeichnung (PSN):
Land/BinSch:
See/Luft:
* Transport erfolgt nach Sondervorschriften

Klassifizierung:

Gefahrstoff:
CAS Nr.: 38622-14-9 RTECS-Nr.:
EG-Nr.: INDEX-Nr.:
EG-Einstufung: nein
Symbol: T, N*
R-Sätze: 23/25-36/37/38-50/53*
S-Sätze: 13-45*

* Expertenvorschlag

Erscheinungsbild: Farblose Flüssigkeit, aromatischer Geruch als reiner Stoff. Technisches Produkt: Farblose Flüssigkeit, beissend aromatischer Geruch. In starker Verdünnung Geruch nach Flieder.

Verhalten bei Freiwerden und Vermischen mit Luft: Giftige nicht brennbare Flüssigkeit. Dämpfe führen bereits in sehr geringen Konzentrationen zu unerträglichem Tränen-, Husten- und Niesreiz. Bei Erhitzung bis zur Zersetzung (z. B. durch Umgebungsbrände oder heiße Oberflächen) bilden sich Brom und Bromwasserstoff.

Verhalten bei Freiwerden und Vermischen mit Wasser: Der Stoff ist schwerer als Wasser und sinkt unter. Er löst sich nur sehr geringfügig in Wasser. Es bilden sich stark wassergefährdende Gemische mit Wasser.

Gesundheitsgefährdung: Die Dämpfe führen bereits in Konzentrationen von 0,004 mg/l durch unerträglichen Tränen-, Husten- und Niesreiz zur Kampfunfähigkeit; bei höheren Konzentrationen treten Reizungen und Schädigungen der Atmungsorgane auf; Kehlkopf- und Lungenödem – auch mit Verzögerung bis zu 30 Stunden – möglich. Bei direktem Kontakt mit der Haut oder den Augen kommt es zu Verätzungen und Erblindung. Bei Brand oder Erhitzen bis zur Zersetzung Bildung von Bromwasserstoff (s. auch Merkblatt 387) und Brom (s. auch Merkblatt 234).
Symptome: Tränenfluss, starkes Brennen der Augen-, der Nasen- und Rachenschleimhäute sowie betroffener Hautpartien, Reizhusten, Unwohlsein, Übelkeit, Schwindel, Erbrechen, Durchfall, Atemnot, Kopfschmerzen, Bewußtlosigkeit.
Nach Einatmen oder Hautkontakt in jedem Fall – auch bei Ausbleiben der Symptome – den Arzt aufsuchen.
Nach Kontakt der Substanz mit den Augen ist in jedem Fall ein Augenarzt aufzusuchen.

Geruchsschwelle = Luftgrenzwert =

Bemerkungen: Der Stoff ist löslich in Ethylalkohol, Ether, Chloroform und Petrolether.
In der Chemikalienliste des Chemiewaffenübereinkommens (CWÜ) von 1993 über das Verbot der Entwicklung, Herstellung, Lagerung und des Einsatzes chemischer Waffen sowie über die Vernichtung solcher Waffen ist der Stoff bzw. die Stoffgruppe enthalten.

Sicherheitsmaßnahmen für Fahrzeugbesatzung, Polizei, Feuerwehr und Rettungskräfte:
Polizei und Feuerwehr alarmieren.
Im Gefahrenbereich Maschine stoppen. Sofort umluftunabhängiges (schweres) Atemschutzgerät und volle Schutzkleidung tragen.
Wasserschutzpolizei und Feuerwehr: Beim Retten nicht ins Wasser springen. Nach dem Einsatz Kühlwasserkreislauf und gegebenenfalls Bootskörper überprüfen.

Schutz- und Einsatzmaßnahmen: Alle unbeteiligten Personen nach Luv (gegen den Wind) entfernen. Achtung, falls freiwerdendes Gut in die Kanalisation oder in Abwasserleitungen von Schiffen gerät, entstehen giftige Gemische mit Abwasser und können sich über der Oberfläche giftige Gemische mit Luft bilden. In Wohn- und Industriegebieten Anwohner warnen. Große Sicherheitszone bilden. Bei größeren Mengen ausgelaufenen Gutes Katastrophenalarm prüfen.

Konzentrationsmessung explosionsfähiger bzw. giftiger Dämpfe siehe Tabelle (Anhang 6 der Erläuterungen).

Zuständige Behörden unterrichten.

Bekämpfung der Unfallfolgen:
Feuer: Stoff brennt selbst nicht. Löschmaßnahmen auf Umgebungsbrände ausrichten. Achtung, bei sehr starker Erhitzung erfolgt Zersetzung unter Bildung hochgiftiger Gase und Dämpfe. Behälter mit Wassersprühstrahl kühlen und nach Möglichkeit aus der Gefahrenzone ziehen. Achtung, das Löschwasser ist giftig und umweltgefährlich. Es muß aufgefangen werden und darf nicht unbehandelt in die Kanalisation, in Gewässer oder in das Grundwasser gelangen.
Leckage: Leck schließen, wenn ohne Risiko möglich.
Fließendes Gewässer: Trink-, Brauch- und Kühlwasserentnehmer verständigen. Experten hinzuziehen.
Stehendes Gewässer: Absperren. Fahrzeugbesatzungen im gefährdeten Gebiet warnen.
An Land: Kanalisation abdichten. Eindeichen und abpumpen. Im geschlossenen Behälter abtransportieren. Restmengen mit saugfähigem Material wie trockenem Sand, Erde, gemahlenem Kalkstein, Kieselgur, Universalbinder bedecken und im geschlossenen Behälter an sicheren Deponieort transportieren.

Gewässerverunreinigung:
GefStoffV/EG: Gefahrensymbol: N Umweltgefährlich, R 50; sehr giftig für Wasserorganismen, kann in Gewässern längerfristig schädliche Wirkungen haben.
Gesamtbewertung nach Unfall: Gruppe III, in stehenden Gewässern sehr hohe, in fließenden Gewässern je nach Vermischung mittlere bis hohe toxische Wirkung (siehe auch Erläuterungen Abschnitt 16.4/5).
Einzelwerte siehe Anhang 9 der Erläuterungen.
Wassergefährdungsklasse: 2 – wassergefährdender Stoff

Erste Hilfe:
Selbstschutz beachten. Verletzte an die frische Luft bringen. Bei Atemstörung Sauerstoffzufuhr, ggf. Beatmung. Benetzte Kleidungsstücke, Schuhe und Strümpfe sofort ausziehen, in einen dichtschließenden Behälter (Sack) versorgen. Betroffene Körperstellen anhaltend mit Wasser und Seife spülen. Bei Augenkontakt die Augen 15 Minuten mit Wasser spülen. Augenlider dazu mit Daumen und Zeigefinger aufspreizen und gleichzeitig das Auge nach allen Seiten bewegen lassen. Für die Retter: Schutzkleidung und Gasmaske empfohlen. Verletzte nicht auskühlen lassen. Bei Erbrechen zumindest Kopf in Seitenlage bringen. Verletzte nur liegend transportieren. Bei Gefahr der Bewußtlosigkeit Lagerung und Transport in stabiler Seitenlage (siehe auch Merkblatt 2072a).

Hinweise für den Arzt:
Behandlung der Augenreizung mit Spülung; ggf. Augenarzt hinzuziehen.

Tarn- und Decknamen

D: Xylylenbromid, Fliedergas, T-Stoff, T-Granate grün, Weißkreuz

GB: Xylene bromide, Elder-Gas, Fliedergas

USA: Eldergas, Xylene bromide

F: Kylène bromide

UdSSR: bromistyj Ksililen

Personenentgiftung

Im Vordergrund steht die Behandlung der Reizsymptomatik und die Verhinderung der weiteren Einwirkung des Reizstoffes.
Für den Geschädigten sind folgende Maßnahmen vor dem Abtransport erforderlich:
- Aufsetzen der Schutzmaske und Abtransport aus dem Wirkungsbereich des Reizstoffes,
- Schutz der Augen vor dem direkten Kontakt mit flüssigem Reizstoff,
- Entfernung der gesamten Kleidung,
- kein Duschen oder Baden in den ersten sechs Stunden nach der Kontamination mit dem Reizstoff, Wasser ist in dieser Zeit nicht für die Dekontaminierung geeignet (verstärkt wesentlich den Schmerzreiz)
- Augen und Schleimhäute sind mit einer 4%igen Natriumhydrogencarbonatlösung gründlich zu spülen
- Abwaschen der Haut mit Alkohol oder Glycerin,
- die Kleidung ist vor dem Wiederanziehen gründlich zu lüften, bzw. es ist nichtkontaminierte Kleidung anzuziehen,
- Wunden sind mit einer 4%igen Natriumhydrogencarbonatlösung bzw. mit Alkohol zu reinigen, danach ist ein Mullverband anzulegen
- starke Blutungen sind mit einem Druckverband zu versorgen (in Ausnahmefällen kann im Interesse eines schnellen Abtransportes aus dem Wirkungsherd vorübergehend eine Abschnürung angelegt werden).

Für den Abtransport muss der Geschädigte in Wärmedecken eingehüllt werden.

Entgiftung/Dekontamination von Sachen und Geräten

Selbstschutz beachten, Schutzkleidung und Schutzmaske tragen, bzw. Schutzmaske griffbereit halten. Nach dem Arbeiten Schutzkleiung dekontaminieren, ebenso Geräte und Materialien, die für die Entgiftung/Dekontamination verwendet wurden (mindestens 24 Stunden in Entgiftungslösung belassen, nachfolgend gründlich abspülen, Verbrennung zuführen; unter „Feldbedingungen" mit Wasser und Seifenlösung reinigen).
Entgiftungslösungen erst unmittelbar vor der Aufnahme der Arbeiten herstellen.

Geeignet sind:
10%ige alkoholische Natron- oder Kalilauge
oder 10%ige Natrium- oder Kaliumsulfidlösung unter Zusatz von 5% Schmierseife oder eines synthetischen Waschmittels

Dekontamination von Gebäuden

Gebäude und Bauten aus Holz, Ziegelsteinen, Beton, Mörtel, Zement können infolge ihrer hohen Porösität sowohl Gase/Dämpfe als auch Flüssigkeiten aufnehmen und in tiefere Schichten verteilen, so dass i.a. nur Abriss und nachfolgende Verbrennung möglich sind.
Als erste Maßnahme können evtl. Waschverfahren mit alkalischer Seifenlösung (Zusatz von Schmierseife) angewandt werden.
Leichte oberflächliche Behaftungen können mit Chlorkalk, der alle 24 Stunden erneuert wird, abgedeckt werden. Austretende Gase und Dämpfe werden so teilweise entgiftet.

Entgiftung/Dekontamination im Gelände

Betroffene Geländeabschnitte, Straßen, Plätze u.ä. absperren, Menschen und Nutztiere evakuieren.
Bei oberflächlichen Kontaminationen reicht es meist aus, 10–20 cm Boden abzutragen, mit Brennstoff zu übergießen und abzubrennen.
Bei extremen Kontaminationen muß bis zu 1 m Boden ausgehoben und einer geordneten Verbrennung mit Nachverbrennung zugeführt werden.
Das Abbrennen von Grasflächen ist eine erste Maßnahme, führt aber meist nicht zur vollständigen Entgiftung.

Abdecken des Geländes mit alkalischen Schlacken oder mit Chlorkalk/Sand ist als Sofortmaßnahme geeignet, bietet jedoch keinen ausreichenden Schutz gegen austretende Gase und Dämpfe.
Mehrmaliges Abschwemmen mit viel Wasser und Abdecken mit einer Sperrschicht ist eine erste Maßnahme, die sich vor allem für weniger toxische Stoffe eignet.
(Auch nach Jahrzehnten können Kampfstoffe im Boden konserviert werden, selbst unter Wasserlachen [Loste] und ihre vollständige Aktivität behalten!)

Dekontamination von Leder und Textilien

Kontaminierte Kleidungsstücke, Textilien und Lederwaren mit Entgiftungspuder oder Entgiftungslösung besprühen, ggf. in Seifenlauge (unter Zusatz von Schmierseife) kochen, anschließend einer geordneten Verbrennung zuführen.

Formel: **Summen-Formel:** C18–H12–Cl2(Cl>$_2$) **UN-Nr. 2315 n.o.s.**

Merkblatt

2309

Stoffname

Deutsch

Terphenyle, polychloriert
PCT, flüssig
Polychlorierte Terphenyle, flüssig

Englisch

Polyhalogenated terphenyle, liquid
PCT

Französisch

Terphényles polychlorés
Polychloroterphényles

Spanisch

Terfenilos policlorados

Gefahren-Diamant

Hazchem-Code: 2X

Technische Daten

Siedepunkt	
Dampfdruck in mbar bei 20 °C	
Dampfdichteverhältnis, Luft = 1	<1
Schmelzpunkt	
Mischbarkeit mit Wasser	sehr geringfügig*
Spez. Gewicht, Wasser = 1	<1
Molare Masse	299,2

* 0,04–0,4 mg/l

Feuerbekämpfungsdaten

Flammpunkt	nicht brennbare Flüssigkeit
Zündfähiges Gemisch, Vol.-%	
Zündtemperatur	

Gefahrgut: **Klassifizierung:**
IMDG-Code: UN-Nr. 2315 n.o.s. Kl. 9 Verp. Gr. II EMS: **F**-A; **S**-A
Marine pollutant Marine pollutant
ICAO/IATA DGR: UN-Nr. 2315 n.o.s. Kl. 9 Verp. Gr. II
ADR/RID/ADNR: UN-Nr. 2315 n.a.g. Kl. 9 Klassifiz. Code M2 Verp. Gr. II
Gefahrzettel (Label) Nr. 9
Richtige Versandbezeichnung (PSN):
Land/BinSch: **2315 Polychlorierte Terphenyle, flüssig, n.a.g.**
See/Luft: **Polyhalogenated terphenyls, liquid, n.o.s.**

Gefahrstoff:
CAS Nr.: 61788-33-8 RTECS-Nr.: WZ 6500000
EG-Nr.: 262-968-2 INDEX-Nr.:
EG-Einstufung: nein
Symbol: Xn*
R-Sätze: 33-50/53 *
S-Sätze: (2)-35-60-61 *
D-Lagerklasse (VCI)-Nr.:

* Herstellerangaben

Erscheinungsbild: Farblose Flüssigkeit, schwacher Geruch.

Verhalten bei Freiwerden und Vermischen mit Luft: Gesundheitsschädliche, umweltgefährliche, nicht brennbare Flüssigkeit. Bei Erhitzung bilden Dämpfe mit Luft gesundheitsschädliche, umweltgefährliche nicht brennbare Gemische, die schwerer als Luft sind. Sie kriechen am Boden entlang und können, insbesondere in geschlossenen Räumen, Konzentrationen mit gesundheitsschädlicher sowie stark umweltgefährlicher Wirkung erreichen. Bei Erhitzung bis zur Zersetzung (z. B. durch Umgebungsbrände oder heiße Oberflächen) erfolgt Zersetzung unter Bildung giftiger Stoffe, die im Wesentlichen aus polychlorierten Dibenzodioxinen (PCDD) und polychlorierten Dibenzofuranen (PCDF) bestehen und auch Chlorwasserstoff(gas) bzw. Salzsäuredämpfe enthalten.

Verhalten bei Freiwerden und Vermischen mit Wasser: Der Stoff ist schwerer als Wasser und sinkt unter. Er löst sich sehr geringfügig mit Wasser. Es bilden sich gesundheitsschädliche und stark umweltgefährliche Gemische mit Wasser, die auch bei starker Verdünnung noch wirksam sind.

Gesundheitsgefährdung: Die Gesundheitsgefahren entsprechen weitgehend denen der PCB (Mbl.: 2325): akut sind sie kaum gesundheitsschädlich. Sie werden jedoch gut durch die Haut (und durch versehentliches Verschlucken) in den Körper aufgenommen und im Fettgewebe des Körpers gespeichert. Bei chronischer Einwirkung gelten sie als Nervengifte. Bei thermischer Zersetzung Bildung von Salzsäure (s. auch Mbl. 177) und extrem giftigen polychlorierten Dibenzofurane.

Nach Einatmen oder Hautkontakt in jedem Fall – auch bei Ausbleiben der Symptome – den Arzt aufsuchen. Nach Kontakt der Substanz mit den Augen ist in jedem Fall ein Augenarzt aufzusuchen.

Geruchsschwelle = Luftgrenzwert =

Bemerkungen: Der Stoff reagiert bei Kontakt oder Mischung mit starken Oxidationsmitteln wie zum Beispiel Chloraten, Nitraten, Peroxiden usw. Die Substanz ist löslich in den meisten organischen Lösemitteln.

Sicherheitsmaßnahmen für Fahrzeugbesatzung, Polizei, Feuerwehr und Rettungskräfte:
Polizei und Feuerwehr alarmieren.
Im Gefahrenbereich Maschine stoppen. Sofort volle Schutzkleidung und umluftunabhängiges (schweres) Atemschutzgerät tragen. Bei Brand oder starker Erhitzung, nicht rauchen, offenes Feuer löschen, kein elektrisches Gerät und keinen Schalter mit Funkenbildung betätigen.
Wasserschutzpolizei und Feuerwehr: Beim Retten nicht ins Wasser springen. Bei starker Erhitzung kein Boot mit Ottomotor einsetzen. Bei Dieselantrieb Sicherheitsschaltung veranlassen. Nach dem Einsatz Kühlwasserkreislauf überprüfen.

Schutz- und Einsatzmaßnahmen: Alle unbeteiligten Personen nach Luv (gegen den Wind) entfernen. Achtung, falls freiwerdendes Gut in die Kanalisation oder in Abwasserleitungen von Schiffen gerät, entstehen gesundheitsschädliche und umweltgefährliche Gemische mit Abwasser. Auf Wasserstraßen Schiffahrtssperre. An Land gefährdetes Gebiet absperren. Bei starker Erhitzung oder Brand enstehen giftige Gase und Dämpfe bzw. Dampf-/Luftgemische. In diesem Fall große Sicherheitszone bilden. In Wohn- und Industriegebieten Anwohner warnen. Zuständige Behörden unterrichten.

Bekämpfung der Unfallfolgen:
Feuer: Stoff brennt selbst nicht. Löschmaßnahmen auf Umgebungsbrände ausrichten. Achtung, bei sehr starker Erhitzung erfolgt Zersetzung unter Bildung hochgiftiger Gase und Dämpfe. Behälter mit Wassersprühstrahl kühlen und nach Möglichkeit aus der Gefahrenzone ziehen. Achtung, das Löschwasser ist giftig und umweltgefährlich. Es muß aufgefangen werden und darf nicht unbehandelt in die Kanalisation, in Gewässer oder in das Grundwasser gelangen.
Leckage: Leck schließen, wenn ohne Risiko möglich.
Fließendes Gewässer: Trink-, Brauch- und Kühlwasserentnehmer verständigen. Experten hinzuziehen.
Stehendes Gewässer: Absperren. Fahrzeugbesatzungen im gefährdeten Gebiet warnen.
An Land: Kanalisation abdichten. Eindeichen und abbergen. In geschlossenem Behälter abtransportieren. Restmengen mit saugfähigem Material wie z. B. trockenem Sand, Erde, gemahlenem Kalkstein, Kieselgur, Universalbinder bedecken und im geschlossenen Behälter an sicheren Deponieort transportieren.

Gewässerverunreinigung:
GefStoffV/EG: R 50/53; sehr giftig für Wasserorganismen, kann in Gewässern längerfristig schädliche Wirkungen haben.
Gesamtbewertung nach Unfall: Gruppe IV, hohe bis sehr hohe (extrem hohe) toxische Wirkung unabhängig von der Turbulenz des Gewässers (siehe auch Erläuterungen Abschnitt 16.4/5).
Einzelwerte siehe Anhang 9 der Erläuterungen.
Wassergefährdungsklasse: 3 – stark wassergefährdender Stoff.

Erste Hilfe:
Verletzte an die frische Luft bringen. Benetzte Kleidungsstücke, Schuhe und Strümpfe sofort ausziehen, in einen Behälter (Sack) versorgen. Betroffene Körperstellen anhaltend mit Wasser und Seife spülen. Bei Augenkontakt die Augen 15 Minuten mit Wasser spülen. Augenlider dazu mit Daumen und Zeigefinger aufspreizen und gleichzeitig das Auge nach allen Seiten bewegen lassen. Verletzte nicht auskühlen lassen. Bei Erbrechen Kopf in Seitenlage bringen. Verletzte nur liegend transportieren. Bei Gefahr der Bewußtlosigkeit Lagerung und Transport in stabiler Seitenlage.

Hinweise für den Arzt:
Akute Symptome nicht zu erwarten.

Formel: **Summen-Formel:** C3–H11–N2–O4–P **UN-Nr.**

Merkblatt

2310

Gefahren-Diamant

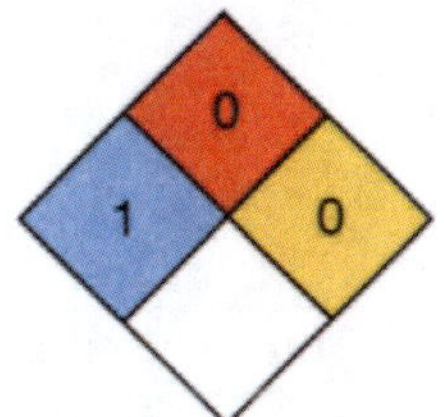

Hazchem-Code:

Stoffname

Deutsch

Ammonium-ethyl-carbamoyl-phosphonat
Fosamin Ammoniumsalz
Fosamin-Ammonium
Ammonium ethyl(amino-carbonyl)phosphonat
Krenite
Krenite, Wachstumsregler (Nichtkulturland)
Fosamin

Englisch

Fosamine-ammonium
Ammonium-ethyl carbamoyl phosphonate
Krenite
Ammonium ethyl (aminocarbonyl) phosphonate
Krenite brush controlagent
Ammonium salt of fosamine
[Ethyl-hydrogen(amino-carbonyl) phosphonate]

Französisch

Fosamine-ammonium

Spanisch

Fosamina-amonio

Technische Daten

Siedepunkt	
Dampfdruck in mbar bei 20 °C	ca. 0
Dampfdichteverhältnis, Luft = 1	
Schmelzpunkt	175 °C
Mischbarkeit mit Wasser	vollständig*
Spez. Gewicht, Wasser = 1	1,24
Molare Masse	170,11

Feuerbekämpfungsdaten

Flammpunkt, Zündfähiges Gemisch, Vol.-%, Zündtemperatur: nicht brennbarer, fester Stoff

* 1790 g/l bei 20 °C.

Gefahrgut:
IMDG-Code: UN-Nr. *
Marine pollutant
ICAO/IATA DGR: UN-Nr. *
ADR/RID/ADNR: UN-Nr. *
Gefahrzettel (Label) Nr.
Richtige Versandbezeichnung (PSN):
Land/BinSch:
See/Luft:

* Kein Gefahrgut im Sinne dieser Vorschriften.

Klassifizierung:
Kl. Verp. Gr. EMS: **F-** ; **S-**
Kl. Verp. Gr.
Kl. Klassifiz. Code Verp. Gr.

Gefahrstoff:
CAS Nr.: 25954-13-6 RTECS-Nr.: BQ 4112000
EG-Nr.: 247-363-3 INDEX-Nr.:
EG-Einstufung: nein
Symbol:
R-Sätze:
S-Sätze: 22-23-24/25*
D-Lagerklasse (VCI)-Nr.:

* Herstellerangaben

Erscheinungsbild: Farbloser, kristalliner, fester Stoff oder kristallines Pulver. Schwacher Geruch.

Verhalten bei Freiwerden und Vermischen mit Luft: Nicht brennbarer, fester Stoff. Bei Aufwirbelung des Staubes bilden sich Staub/Luftgemische. Bei Erhitzung bis zur Zersetzung (z. B. durch Umgebungsbrände oder heiße Oberflächen) bilden sich giftige und ätzende Gase und Dämpfe, die im Wesentlichen aus nitrosen Gasen (Stickstoffoxiden), Ammoniak(gas) und Phosphorpentoxid bestehen.

Verhalten bei Freiwerden und Vermischen mit Wasser: Der Stoff ist schwerer als Wasser und sinkt unter. Er löst sich vollständig in Wasser.

Gesundheitsgefährdung: Die Substanz erwies sich im Tierexperiment weder gesundheitsschädlich noch haut- oder schleimhautreizend und sie hat keine allergiesierenden Wirkungen. Bei Überexposition können sich jedoch die sog. unspezifischen Vergiftungssymptome ausbilden mit vorwiegenden Beschwerden im Magen-Darm-Trakt. Bei Umgebungsbränden Bildung von Ammoniak (s. auch Merkblatt 27), nitrosen Gasen (s. auch Merkblatt 150) und Phosphorpentoxid (s. auch Merkblatt 673).
Symptome: Übelkeit, Leibschmerzen, Erbrechen, Schwindel, Kopfschmerzen, Atembeschwerden, Schläfrigkeit.
Nach Einatmen oder Hautkontakt in jedem Fall – auch bei Ausbleiben der Symptome – den Arzt aufsuchen.

Geruchsschwelle = Luftgrenzwert =

Chemische Gruppenzugehörigkeit: Organophosphate
Verwendungszweck: Herbizid
Bemerkungen: Das Produkt kommt auch als wässrige Lösung in unterschiedlichen Konzentrationen zum Einsatz.

Sicherheitsmaßnahmen für Fahrzeugbesatzung, Polizei, Feuerwehr und Rettungskräfte:
Polizei und Feuerwehr alarmieren.
Im Gefahrenbereich: Bei starker Erhitzung des Stoffes Maschine stoppen, Zündung abstellen, nicht rauchen, offenes Feuer löschen, kein elektrisches Gerät und keinen Schalter mit Funkenbildung betätigen. Umluftunabhängiges (schweres) Atemschutzgerät und volle Schutzkleidung tragen.
Wasserschutzpolizei und Feuerwehr: Beim Retten nicht ins Wasser springen. Bei starker Erhitzung des Stoffes oder Brand auf Wasserstraßen kein Boot mit Ottomotor einsetzen. Bei Dieselantrieb Sicherheitsschaltung veranlassen.

Schutz- und Einsatzmaßnahmen: Alle unbeteiligten Personen nach Luv (gegen den Wind) entfernen. Achtung, falls freiwerdendes Gut in die Kanalisation oder in Abwasserleitungen von Schiffen gerät, kann Explosionsgefahr entstehen und können sich schädliche Gemische mit Abwasser bilden. Experten hinzuziehen. Auf Wasserstraßen Schiffahrtssperre. An Land gefährdetes Gebiet absperren. In Wohn- und Industriegebieten Anwohner warnen. Bei starker Erhitzung der Flüssigkeit und größeren Mengen freiwerdenden Gutes große Sicherheitszone bilden.

Konzentrationsmessung explosionsfähiger bzw. giftiger Dämpfe siehe Tabelle (Anhang 6 der Erläuterungen).

Zuständige Behörden unterrichten.

Bekämpfung der Unfallfolgen:
Feuer: Stoff brennt selbst nicht. Bei Umgebungsbränden, in denen der Stoff erhitzt wird, Wassersprühstrahl, Löschpulver, Schaum oder Kohlensäure benutzen. Behälter mit Wassersprühstrahl kühlen und nach Möglichkeit aus der Gefahrenzone ziehen.
Leckage: Leck schließen, wenn ohne Risiko möglich.
Fließendes Gewässer: Trink-, Brauch- und Kühlwasserentnehmer verständigen.
Stehendes Gewässer: Absperren. Fahrzeugbesatzungen im gefährdeten Gebiet warnen. Bei starker Erhitzung des Stoffes Fahrzeuge im gefährdeten Gebiet räumen.
An Land: Kanalisation abdichten. Auffangen, eindeichen und abbergen. In Wohn- und Industriegebieten alle tiefliegenden Räume abdichten. Weisung von Experten einholen.

Gewässerverunreinigung:
GefStoffV/EG:
Gesamtbewertung nach Unfall: Gruppe IV, hohe bis sehr hohe, (extrem hohe) toxische Wirkung unabhängig von der Turbulenz des Gewässers (siehe auch Erläuterungen Abschnitt 16.4/5).
Einzelwerte siehe Anhang 9 der Erläuterungen.
Wassergefährdungsklasse: 3 – stark wassergefährdender Stoff

Erste Hilfe:
Verletzte an die frische Luft bringen. Betroffene Körperstellen anhaltend mit Wasser und Seife spülen. Bei Augenkontakt die Augen 15 Minuten mit Wasser spülen. Augenlider dazu mit Daumen und Zeigefinger aufspreizen und gleichzeitig das Auge nach allen Seiten bewegen lassen. Verletzte nicht auskühlen lassen. Bei Erbrechen zumindest Kopf in Seitenlage bringen. Verletzte nur liegend transportieren. Bei Gefahr der Bewußtlosigkeit Lagerung und Transport in stabiler Seitenlage.

Hinweise für den Arzt:
Behandlung der Augenreizung mit Spülung; ggf. Augenarzt hinzuziehen.

Formel: $(CH_2BrCHBrCH_2O)_3PO$ **Summen-Formel:** C9–H15–Br6–O4–P **UN-Nr.**

Merkblatt

2311

Stoffname

Deutsch

Phosphorsäure-tris (2,3-dibrompropyl)ester
Tris(2,3-dibrompropyl)-phosphat
Tris(2,3-dibrompropyl) phosphorsäureester
Tris-BP

Englisch

Tris(2,3-dibromopropyl) phosphate
2,3 Dibromo-1-propanol phosphate
Phosphoric acid tris (2,3-dibromopropyl ester
Tris(2,3 dibromopropyl) phosphonic acid ester
Firemaster T23P *
Flamer T23P *
T23P *; TDBP *; TDBPP *; TrisBP *; USAF DO41 *; ZetiferZN *

Französisch

Phosphate de tris (2,3-dibromopropyle)

Spanisch

Fosfato de tris (2,3-dibromopropilo)

Gefahren-Diamant

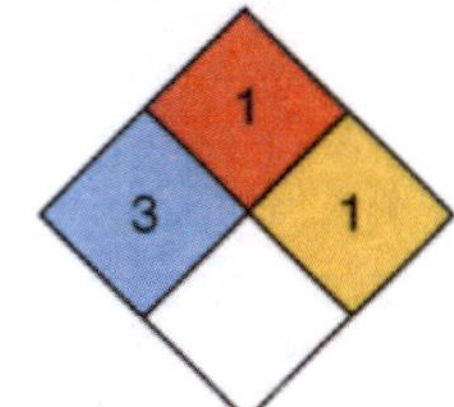

Hazchem-Code:

Technische Daten

Siedepunkt	
Dampfdruck in mbar bei 20 °C	
Dampfdichteverhältnis, Luft = 1	
Schmelzpunkt	
Mischbarkeit mit Wasser	geringfügig
Spez. Gewicht, Wasser = 1	2,24
Molare Masse	697,93

Feuerbekämpfungsdaten

Flammpunkt	>110 °C
Zündfähiges Gemisch, Vol.-%	
Zündtemperatur	

Gefahrgut:
IMDG-Code: UN-Nr.
Marine pollutant
ICAO/IATA DGR: UN-Nr.
ADR/RID/ADNR: UN-Nr.
Gefahrzettel (Label) Nr.
Richtige Versandbezeichnung (PSN):
Land/BinSch:
See/Luft:

Klassifizierung:
Kl. Verp. Gr. EMS: **F-** ; **S-**

Kl. Verp. Gr.
Kl. Klassifiz. Code Verp. Gr.

Gefahrstoff:
CAS Nr.: 126-72-7
EG-Nr.: 204-799-9
EG-Einstufung: nein
Symbol:
R-Sätze: 23-24-25 *
S-Sätze:
D-Lagerklasse (VCI)-Nr.:

RTECS-Nr.: UB 0350000
INDEX-Nr.:

* Herstellerangaben

Erscheinungsbild: Gelbliche viskose Flüssigkeit.

Verhalten bei Freiwerden und Vermischen mit Luft: Giftige, umweltgefährliche und brennbare Flüssigkeit mit relativ hohem Flammpunkt von >110 °C. Bei starker Erhitzung bilden sich giftige, umweltgefährliche und explosionsfähige Gemische mit Luft. Sie sind schwerer als Luft und kriechen am Boden entlang. Entzündung durch heiße Oberflächen, Funken oder offene Flammen. Bei Erhitzung bis zur Zersetzung (z. B. durch Umgebungsbrände oder heiße Oberflächen) und bei Brand bilden sich giftige und ätzende Gase bzw. Dämpfe, die im Wesentlichen aus Phosphorpentoxid, Brom und Bromwasserstoff(gas) bestehen und auch Kohlenmonoxid(gas) sowie Kohlendioxid(gas) enthalten.

Verhalten bei Freiwerden und Vermischen mit Wasser: Der Stoff ist schwerer als Wasser und sinkt unter. Er löst sich nur geringfügig in Wasser. Es bilden sich giftige und umweltgefährliche Gemische mit Wasser, die auch bei Verdünnung noch wirksam sind.

Gesundheitsgefährdung: Die Substanz und ihre Dämpfe/Aerosole reizen stark die Haut, die Augen und die Atemwege. Bei massivem Einatmen ist Lungenödem – auch mit Verzögerung bis zu 2 Tagen – möglich. Nach versehentlichem Verschlucken der Substanz kommt es zu starken Beschwerden im Magen-Darm-Trakt. Bei Erhitzen bis zur Zersetzung Bildung von Phosphorpentoxid (s. auch Mbl. 673), Brom (s. auch Mbl. 234) und Bromwasserstoff (s. auch Mbl. 387).
Symptome: Brennen, Rötung, Juckreiz und Schmerzen der Haut und der Augen, Niesreiz, Hustenreiz; nach Verschlucken: Starke Leibschmerzen und Krämpfe, Übelkeit, Schwindel, Erbrechen, Durchfall
Nach Einatmen oder Hautkontakt in jedem Fall – auch bei Ausbleiben der Symptome – den Arzt aufsuchen. Nach Kontakt der Substanz mit den Augen ist in jedem Fall ein Augenarzt aufzusuchen.

Geruchsschwelle = Luftgrenzwert =

Bemerkungen: Der Stoff wird als Zusatz für Kunststoffe und Textilien verwendet um einen Flammschutz zu erzeugen. Wegen seiner krebserzeugenden Wirkung ist er seit 1997 für Textilien in der Bundesrepublik Deutschland verboten.

Sicherheitsmaßnahmen für Fahrzeugbesatzung, Polizei, Feuerwehr und Rettungskräfte:
Polizei und Feuerwehr alarmieren.
Im Gefahrenbereich sofort umluftunabhängiges (schweres) Atemschutzgerät und volle Schutzkleidung tragen. Bei Erhitzung der Flüssigkeit Zündung abstellen, Maschine stoppen, nicht rauchen, offenes Feuer löschen, kein elektrisches Gerät und keinen Schalter mit Funkenbildung betätigen.
Wasserschutzpolizei und Feuerwehr: Bei Erhitzung des Stoffes kein Boot mit Ottomotor einsetzen. Bei Dieselantrieb Sicherheitsschaltung veranlassen. Beim Retten nicht ins Wasser springen.

Schutz- und Einsatzmaßnahmen: Alle unbeteiligten Personen nach Luv (gegen den Wind) entfernen. Achtung, falls freiwerdendes Gut in die Kanalisation oder in Abwasserleitungen von Schiffen gerät, entstehen giftige Gemische mit Abwasser. Auf Wasserstraßen Schiffahrtssperre. An Land gefährdetes Gebiet absperren. Bei starker Erhitzung oder Brand entstehen giftige Gase und Dämpfe bzw. Dampf-/Luftgemische. In diesem Fall große Sicherheitszone bilden. In Wohn- und Industriegebieten Anwohner warnen. Zuständige Behörden unterrichten.

Bekämpfung der Unfallfolgen:
Feuer: Bei kleinem Brandherd Löschpulver, Wassersprühstrahl, Kohlensäure oder Schaum. Bei großem Brandherd Schaum oder Wassersprühstrahl. Behälter mit Wassersprühstrahl kühlen und nach Möglichkeit aus der Gefahrenzone ziehen. Achtung, das Löschwasser ist giftig und umweltgefährlich. Es muß aufgefangen werden und darf nicht unbehandelt in die Kanalisation, in Gewässer oder in das Grundwasser gelangen.
Leckage: Leck schließen, wenn ohne Risiko möglich.
Fließendes Gewässer: Trink-, Brauch- und Kühlwasserentnehmer verständigen.
Stehendes Gewässer: Absperren. Fahrzeugbesatzungen im gefährdeten Gebiet warnen.
An Land: Kanalisation abdichten. Auffangen, eindeichen und abpumpen. In Wohn- und Industriegebieten alle tiefliegenden Räume abdichten. Alle Zündquellen beseitigen. Restmengen mit nicht brennbarem, saugfähigem Material wie z. B. trockener Erde, Sand, Kieselgur, Universalbinder oder Vermiculit abdecken und an sichere Deponie zur Vernichtung transportieren.

Gewässerverunreinigung:
GefStoffV/EG:
Gesamtbewertung nach Unfall: –
Einzelwerte siehe Anhang 9 der Erläuterungen.
Wassergefährdungsklasse: –

Erste Hilfe:
Verletzte an die frische Luft bringen. Benetzte Kleidungsstücke, Schuhe und Strümpfe sofort ausziehen, in einen Behälter (Sack) versorgen. Betroffene Körperstellen anhaltend mit Wasser und Seife spülen. Bei Augenkontakt die Augen 15 Minuten mit handwarmem Wasser spülen. Augenlider dazu mit Daumen und Zeigefinger aufspreizen und gleichzeitig das Auge nach allen Seiten bewegen lassen. Für die Retter: Schutzkleidung und Atemschutz empfohlen. Verletzte nicht auskühlen lassen. Bei Erbrechen zumindest Kopf in Seitenlage bringen. Verletzte nur liegend transportieren. Bei Gefahr der Bewußtlosigkeit Lagerung und Transport in stabiler Seitenlage.

Hinweise für den Arzt:
Symptomatische Behandlung. Stoff ist als karzinogen eingestuft. Nach Ingestion: Magenspülung erwägen, wenn Ingestionszeitpunkt kurz zurückliegt und größere Mengen aufgenommen wurden.

Formel: **Summen-Formel:** C12–H6–Cl2(Cl>$_2$) **UN-Nr. 2315**

Merkblatt

2312

Stoffname

Deutsch	*Englisch*	*Französisch*
Askarele	**Askarele**	**Askaréle**
Arochlor	Arochlore	Arochlore
Chlophen	Chlophene	Chlophène
Pyralene	Pyralene	Pyralène
	Chlorextol	
	Chlophen A60	*Spanisch*
	Fenclor	**Askarel**
	Fenchlor 42	Aroclor
	Phenochlor	Clofen
	Kanechlor	Pirale
	Kanechlor 300	Phenoclor
	Kanechlor 400	Fenclor42

Gefahren-Diamant

1 / 2 / 0

Hazchem-Code: 2X

Technische Daten

Siedepunkt	365–390°C
Dampfdruck in mbar bei 20 °C	
Dampfdichteverhältnis, Luft = 1	>1
Schmelzpunkt	
Mischbarkeit mit Wasser	sehr geringfügig
Spez. Gewicht, Wasser = 1	>1
Molare Masse	

Feuerbekämpfungsdaten

Flammpunkt / Zündfähiges Gemisch, Vol.-% / Zündtemperatur: nicht brennbare Flüssigkeit

Gefahrgut: **Klassifizierung:**

IMDG-Code: UN-Nr. 2315 n.o.s. Kl. 9 Verp. Gr. II EMS: **F**-A; **S**-A
Marine pollutant
ICAO/IATA DGR: UN-Nr. 2315 n.o.s. Kl. 9 Verp. Gr. II
ADR/RID/ADNR: UN-Nr. 2315 n.a.g. Kl. 9 Klassifiz. Code M2 Verp. Gr. II
Gefahrzettel (Label) Nr. 9
Richtige Versandbezeichnung (PSN):
Land/BinSch: **2315 Polychlorierte Biphenyle (Askarele)**
See/Luft: **Polyhalogenated biphenyls (Askarele)**

Gefahrstoff:

CAS Nr.: 1336-36-3 RTECS-Nr.:
EG-Nr.: 215-648-1 INDEX-Nr.: 602-039-00-4
EG-Einstufung: ja
Symbol: Xn,N
R-Sätze: 33-50/53
S-Sätze: (2)-35-60-61
D-Lagerklasse (VCI)-Nr.:

Erscheinungsbild: Farbloses bis hellgelbes Öl, schwacher Geruch.

Verhalten bei Freiwerden und Vermischen mit Luft: Gesundheitsschädliche, umweltgefährliche, nicht brennbare ölige Flüssigkeit. Bei Erhitzung bilden Dämpfe mit Luft gesundheitsschädliche, umweltgefährliche nicht brennbare Gemische, die schwerer als Luft sind. Sie kriechen am Boden entlang und können, insbesondere in geschlossenen Räumen, Konzentrationen mit gesundheitsschädlicher sowie stark umweltgefährlicher Wirkung erreichen. Bei Erhitzung bis zur Zersetzung (z. B. durch Umgebungsbrände oder heiße Oberflächen) erfolgt Zersetzung unter Bildung giftiger Stoffe, die im Wesentlichen aus polychlorierten Dibenzodioxinen (PCDD) und polychlorierten Dibenzofuranen (PCDF) bestehen und auch Chlorwasserstoff(gas) bzw. Salzsäuredämpfe enthalten.

Verhalten bei Freiwerden und Vermischen mit Wasser: Der Stoff ist schwerer als Wasser und sinkt unter. Er löst sich sehr geringfügig in Wasser. Es bilden sich gesundheitsschädliche und stark umweltgefährliche Gemische mit Wasser, die auch bei starker Verdünnung noch wirksam sind.

Gesundheitsgefährdung: Die Wirkung der Askarele hängt ab vom Chlorgehalt der Einzelkomponenten, von evtl. Verunreinigungen und von anwendungsbedingten Zusätzen, z. B. Chlorbenzolen. Die Hautaufnahme der Substanzgemische ist sehr gut, dagegen werden die Askarele infolge des geringen Dampfdruckes durch Einatmen kaum aufgenommen. Askarele werden im Fettgewebe des menschlichen Organismus gespeichert. Die akute Toxizität ist gering. Die Leber ist offenbar das Hauptzielorgan an dem die Askarele angreifen. Die Gefahr der Askarele liegt vor allem im Bereich der chronischen Toxizität sowie ihres Einflusses auf die Schwangerschaft „fetales Askareles-Syndrom“ (Totgeburten, Hyperpigmentierung der Haut und Mundschleimhaut, abnorme Verkalkung der Schädelknochen, Yusho-Krankheit (Japan, 1968). Die Substanzen brennen selbst nicht, werden aber beim Erhitzen zu einer Reihe sehr giftiger Stoffe umgewandelt, unter denen die polychlorierten Dibenzodifurane die giftigsten sind.
Symptome: Pigmentierung von Haut und Fingernägeln, Schwellung der Augenlider mit Vereiterungen, Reduzierung der roten Blutkörperchen, Kopfschmerzen, Übelkeit, Taubheit der Gliedmaßen, Schwächung des Immunsystems. Ferner kam es bei einigen Personen zu schweren Leberschäden mit Hepatom.
Nach Einatmen oder Hautkontakt in jedem Fall – auch bei Ausbleiben der Symptome – den Arzt aufsuchen.
Nach Kontakt der Substanz mit den Augen ist in jedem Fall ein Augenarzt aufzusuchen.

Geruchsschwelle = Luftgrenzwert =

Bemerkungen: Der Stoff reagiert bei Kontakt oder Mischung mit starken Oxidationsmitteln wie zum Beispiel Chloraten, Nitraten, Peroxiden usw. Die Substanz ist löslich in den meisten organischen Lösemitteln.

Sicherheitsmaßnahmen für Fahrzeugbesatzung, Polizei, Feuerwehr und Rettungskräfte:
Polizei und Feuerwehr alarmieren.
Im Gefahrenbereich Maschine stoppen. Sofort volle Schutzkleidung und umluftunabhängiges (schweres) Atemschutzgerät tragen. Bei Brand oder starker Erhitzung nicht rauchen, offenes Feuer löschen, kein elektrisches Gerät und keinen Schalter mit Funkenbildung betätigen.
Wasserschutzpolizei und Feuerwehr: Beim Retten nicht ins Wasser springen. Bei starker Erhitzung kein Boot mit Ottomotor einsetzen. Bei Dieselantrieb Sicherheitsschaltung veranlassen. Nach dem Einsatz Kühlwasserkreislauf überprüfen.

Schutz- und Einsatzmaßnahmen: Alle unbeteiligten Personen nach Luv (gegen den Wind) entfernen. Achtung, falls freiwerdendes Gut in die Kanalisation oder in Abwasserleitungen von Schiffen gerät, entstehen gesundheitsschädliche und umweltgefährliche Gemische mit Abwasser. Auf Wasserstraßen Schiffahrtssperre. An Land gefährdetes Gebiet absperren. Bei starker Erhitzung oder Brand enstehen giftige Gase und Dämpfe bzw. Dampf-/Luftgemische. In diesem Fall große Sicherheitszone bilden. In Wohn- und Industriegebieten Anwohner warnen. Zuständige Behörden unterrichten.

Bekämpfung der Unfallfolgen:
Feuer: Stoff brennt selbst nicht. Löschmaßnahmen auf Umgebungsbrände ausrichten. Achtung, bei sehr starker Erhitzung erfolgt Zersetzung unter Bildung hochgiftiger Gase und Dämpfe. Behälter mit Wassersprühstrahl kühlen und nach Möglichkeit aus der Gefahrenzone ziehen. Achtung, das Löschwasser ist giftig und umweltgefährlich. Es muß aufgefangen werden und darf nicht unbehandelt in die Kanalisation, in Gewässer oder ins Grundwasser gelangen.
Leckage: Leck schließen, wenn ohne Risiko möglich.
Fließendes Gewässer: Trink-, Brauch- und Kühlwasserentnehmer verständigen. Experten hinzuziehen.
Stehendes Gewässer: Absperren. Fahrzeugbesatzungen im gefährdeten Gebiet warnen.
An Land: Kanalisation abdichten. Eindeichen und abpumpen. In geschlossenem Behälter abtransportieren. Restmengen mit saugfähigem Material wie trockenem Sand, Erde, gemahlenem Kalkstein, Kieselgur, Universalbinder bedecken und im geschlossenen Behälter an sicheren Deponieort transportieren.

Gewässerverunreinigung:
GefStoffV/EG: Gefahrensymbol: N Umweltgefährlich, R 50/53: sehr giftig für Wasserorganismen, kann in Gewässern längerfristig schädliche Wirkungen haben.
Gesamtbewertung nach Unfall: Gruppe IV, hohe bis sehr hohe (extrem hohe) toxische Wirkung unabhängig von der Turbulenz des Gewässers (siehe auch Erläuterungen Abschnitt 16.4/5).
Einzelwerte siehe Anhang 9 der Erläuterungen.
Wassergefährdungsklasse: 3 – stark wassergefährdender Stoff.

Erste Hilfe:
Verletzte an die frische Luft bringen. Benetzte Kleidungsstücke, Schuhe und Strümpfe sofort ausziehen, in einen Behälter (Sack) versorgen. Betroffene Körperstellen anhaltend mit Wasser und Seife spülen. Bei Augenkontakt die Augen 15 Minuten mit Wasser spülen. Augenlider dazu mit Daumen und Zeigefinger aufspreizen und gleichzeitig das Auge nach allen Seiten bewegen lassen. Verletzte nicht auskühlen lassen. Bei Erbrechen zumindest Kopf in Seitenlage bringen. Verletzte nur liegend transportieren. Bei Gefahr der Bewußlosigkeit Lagerung und Transport in stabiler Seitenlage.

Hinweise für den Arzt:
Akute Symptome nicht zu erwarten.

Formel: C_6H_5–NH–C(=O)–N(CH_3)$_2$ **Summen-Formel:** C9–H12–N2–O **UN-Nr.**

Merkblatt

2313

Gefahren-Diamant

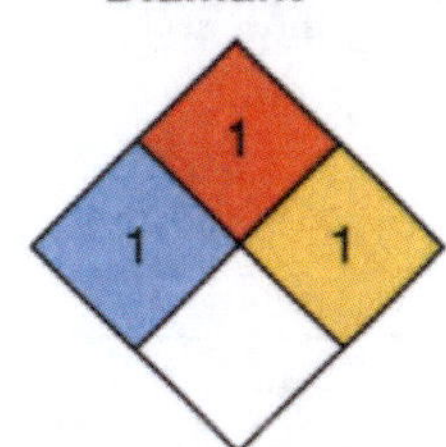

Hazchem-Code:

Stoffname

Deutsch	*Englisch*	*Französisch*
Fenuron	**Fenuron**	**Fenuron**
N-Phenyl-N,N'-dimethylharnstoff	1,1-Dimethyl-3-phenylurea	
N,N-Dimethyl-N-phenylharnstoff	N,N-Dimethyl-N'-phenylurea	
1,1-Dimethyl-3-phenylharnstoff	3-Phenyl-1,1-dimethylurea	
3-Phenyl-1,1-dimethylharnstoff	1-Phenyl-3,3-dimethylurea	*Spanisch*
	PND	**Fenuron**
	Dybar	
	Dibar	
	Omicure 94	

Technische Daten

Siedepunkt	
Dampfdruck in mbar	0,00016 bei 60 °C
Dampfdichteverhältnis, Luft = 1	5,67
Schmelzpunkt	133–134 °C
Mischbarkeit mit Wasser	sehr geringfügig*
Spez. Gewicht, Wasser = 1	1,08
Molare Masse	164,23

Feuerbekämpfungsdaten

Flammpunkt	brennbarer fester Stoff
Zündfähiges Gemisch, Vol.-%	60-?
Zündtemperatur	

* 3,9 g/l bei 25 °C.

Gefahrgut:

IMDG-Code: UN-Nr. * — **Klassifizierung:** Kl. Verp. Gr. EMS: **F-** ; **S-**
Marine pollutant
ICAO/IATA DGR: UN-Nr. * — Kl. Verp. Gr.
ADR/RID/ADNR: UN-Nr. * — Kl. Klassifiz. Code Verp. Gr.
Gefahrzettel (Label) Nr.
Richtige Versandbezeichnung (PSN):
Land/BinSch:
See/Luft:

* Kein Gefahrgut im Sinne der Vorschriften. Fenuron-Lösung eingestuft UN-Nr. 1648

Gefahrstoff:

CAS Nr.: 101-42-8 — RTECS-Nr.: YT 1450000
EG-Nr.: 202-941-4 — INDEX-Nr.:
EG-Einstufung: nein
Symbol: Xi*
R-Sätze: 36/37*
S-Sätze: 24-26*
D-Lagerklasse (VCI)-Nr.:

* Herstellerangaben

Erscheinungsbild: Farbloses, kristallines Pulver.

Verhalten bei Freiwerden und Vermischen mit Luft: Reizender und brennbarer fester Stoff. Bei Aufwirbelung des Pulvers oder Staubes bilden sich reizende und explosionsfähige Gemische mit Luft. Bei Brand oder Erhitzung bis zur Zersetzung (zum Beispiel durch Umgebungsbrände oder heiße Oberflächen) erfolgt Zersetzung unter Bildung von giftigen und ätzenden Gasen und Dämpfen, die im Wesentlichen aus nitrosen Gasen (Stickstoffoxiden) bestehen und auch Kohlenmonoxid(gas) sowie Kohlendioxid(gas) enthalten. Bei Schwelbränden kann sich außerdem Cyanwasserstoff(gas=Blausäure) bilden.

Verhalten bei Freiwerden und Vermischen mit Wasser: Der Stoff ist geringfügig schwerer als Wasser und sinkt langsam unter. Er löst sich nur geringfügig in Wasser. Es bilden sich reizende und wasserschädliche Gemische mit Wasser.

Gesundheitsgefährdung: Bei massivem Kontakt mit den Stäuben kommt es zu Reizungen der Augen und des Nasen-Rachen-Raumes. Bei Überexposition kann es zur Ausbildung der sog. unspezifischen Vergiftungssymptome kommen. Bei Brand oder Erhitzen bis zur Zersetzung Bildung von nitrosen Gasen (siehe auch Merkblatt 150), bei Schwelbränden Bildung von Cyanwasserstoff (siehe auch Merkblatt 42).
Symptome: Brennen und Rötung betroffener Körperpartien, nach Verschlucken: Leibschmerzen, Übelkeit, Erbrechen, Schwindel, Benommenheit, Schläfrigkeit, in diesem Fall:
Nach Einatmen oder Hautkontakt in jedem Fall – auch bei Ausbleiben der Symptome – den Arzt aufsuchen.

Geruchsschwelle = — Luftgrenzwert =

Bemerkungen: Der Stoff reagiert heftig unter Zersetzung bei Kontakt oder Mischung mit starken Säuren oder Laugen. Die Substanz ist löslich in Ethylalkohol, Diethylether, Aceton, Benzol, Chloroform, n-Hexan und Erdnußöl.
Chemische Gruppenzugehörigkeit: Harnstoffverbindungen
Verwendungszweck: Herbizid

Sicherheitsmaßnahmen für Fahrzeugbesatzung, Polizei, Feuerwehr und Rettungskräfte:
Polizei und Feuerwehr alarmieren.
Im Gefahrenbereich bei starker Erhitzung der Flüssigkeit Maschine stoppen, Zündung abstellen, nicht rauchen, offenes Feuer löschen, kein elektrisches Gerät und keinen Schalter mit Funkenbildung betätigen. Umluftunabhängiges (schweres) Atemschutzgerät und volle Schutzkleidung tragen.
Wasserschutzpolizei und Feuerwehr: Beim Retten nicht ins Wasser springen. Bei starker Erhitzung der Flüssigkeit oder Brand auf Wasserstraßen kein Boot mit Ottomotor einsetzen. Bei Dieselantrieb Sicherheitsschaltung veranlassen.

Schutz- und Einsatzmaßnahmen: Alle unbeteiligten Personen nach Luv (gegen den Wind) entfernen. Achtung, falls freiwerdendes Gut in die Kanalisation oder in Abwasserleitungen von Schiffen gerät, entstehen schädliche Gemische mit Abwasser. Experten hinzuziehen. Auf Wasserstraßen Schiffahrtssperre bei großen Mengen freigewordenen Gutes. An Land gefährdetes Gebiet absperren. In Wohn- und Industriegebieten Anwohner warnen. An warmen Tagen und bei Erwärmung der Flüssigkeit bei größeren Mengen freiwerdenden Gutes große Sicherheitszone bilden.

Konzentrationsmessung explosionsfähiger bzw. giftiger Dämpfe siehe Tabelle (Anhang 6 der Erläuterungen).

Zuständige Behörden unterrichten.

Bekämpfung der Unfallfolgen:
Feuer: Bei kleinem Brandherd Löschpulver, Wassersprühstrahl, Kohlensäure oder Schaum. Bei großem Brandherd Schaum oder Wassersprühstrahl. Behälter mit Wassersprühstrahl kühlen und nach Möglichkeit aus der Gefahrenzone ziehen. Achtung, das Löschwasser ist giftig und umweltgefährlich. Es muß aufgefangen werden und darf nicht unbehandelt in die Kanalisation, in Gewässer oder in das Grundwasser gelangen.
Leckage: Leck schließen, wenn ohne Risiko möglich.
Fließendes Gewässer: Trink-, Brauch- und Kühlwasserentnehmer verständigen.
Stehendes Gewässer: Absperren. Fahrzeugbesatzungen im gefährdeten Gebiet warnen.
An Land: Kanalisation abdichten. Auffangen, eindeichen und abbergen. In Wohn- und Industriegebieten alle tiefliegenden Räume abdichten. Alle Zündquellen beseitigen. Restmengen mit nicht brennbarem, saugfähigem Material wie z. B. trockener Erde, Sand, Kieselgur, Universalbinder oder Vermiculit abdecken und an sichere Deponie zur Vernichtung transportieren.

Gewässerverunreinigung:
GefStoffV/EG:
Gesamtbewertung nach Unfall: Gruppe III, in stehenden Gewässern sehr hohe, in fließenden Gewässern je nach Vermischung mittlere bis hohe toxische Wirkung (siehe auch Erläuterungen Abschnitt 16.4/5).
Einzelwerte siehe Anhang 9 der Erläuterungen.
Wassergefährdungsklasse:

Erste Hilfe:
Verletzte an die frische Luft bringen. Betroffene Körperstellen anhaltend mit Wasser und Seife spülen. Bei Augenkontakt die Augen 15 Minuten mit Wasser spülen. Augenlider dazu mit Daumen und Zeigefinger aufspreizen und gleichzeitig das Auge nach allen Seiten bewegen lassen. Verletzte nicht auskühlen lassen. Bei Erbrechen zumindest Kopf in Seitenlage bringen. Verletzte nur liegend transportieren. Bei Gefahr der Bewußtlosigkeit Lagerung und Transport in stabiler Seitenlage.

Hinweise für den Arzt:
Behandlung der Augenreizung mit Spülung; ggf. Augenarzt hinzuziehen.

Formel: $(ClCHCH)_2AsCH_2Cl$ **Summen-Formel:** C5–H6–As–Cl3 **UN-Nr.**

Merkblatt

2314

Stoffname

Deutsch	*Englisch*	*Französisch*
Lewisit III	**Lewisite III**	**Lewisite III**
1,1',1''-Trichlortrivinylarsin	Tris-(2-chlorovinyl) arsine	Tris-(2-chlorovinyl)arsine
Tris-(2-chlorvinyl)-arsin	Tris(2-chloroethenyl) arsine	
beta,beta',beta''-Trichlortrivinylarsin	beta,beta',beta''-Trichlorotrivinylarsine	

Spanisch

Lewisita III
Tris-(2-chlorovinil) arsina

Gefahren-Diamant

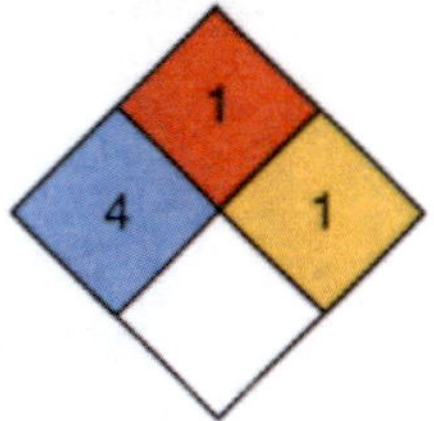

Hazchem-Code:

Tarn- und Decknamen siehe Merkblatt 2314a

Technische Daten

Siedepunkt	260 °C*
Dampfdruck in mbar bei 20 °C	
Dampfdichteverhältnis, Luft = 1	
Schmelzpunkt	
Mischbarkeit mit Wasser	sehr geringfügig
Spez. Gewicht, Wasser = 1	>1
Molare Masse	259,4

Feuerbekämpfungsdaten

Flammpunkt
Zündfähiges Gemisch, Vol.-%
} brennbare Flüssigkeit
Zündtemperatur

* Zersetzung

Gefahrgut:*

	Klassifizierung:		
IMDG-Code: UN-Nr.	Kl.	Verp. Gr.	EMS: F- ; S-
ICAO/IATA DGR: UN-Nr.	Kl.	Verp. Gr.	
ADR/RID/ADNR: UN-Nr.	Kl.	Klassifiz. Code	Verp. Gr.

Gefahrzettel (Label) Nr.
Richtige Versandbezeichnung (PSN):
Land/BinSch:
See/Luft:

* Transport erfolgt nach Sondervorschriften

Gefahrstoff:

CAS Nr.: 40334-70-1 RTECS-Nr.:
EG-Nr.: INDEX-Nr.:033-002-00-5
EG-Einstufung:
Symbol: T+, N*
R-Sätze: 26/27/28-50/53*
S-Sätze: (1/2)-20/21-28-45-60-61*

* Expertenvorschlag

Erscheinungsbild: Farblose Flüssigkeit oder farbloser fester Stoff. Geruch nach Geranien.

Verhalten bei Freiwerden und Vermischen mit Luft: Sehr giftige, stark reizende, umweltgefährliche und brennbare Flüssigkeit mit relativ hohem Flammpunkt. Bei starker Erhitzung bilden sich sehr giftige, stark reizende, umweltgefährliche und explosionsfähige Gemische mit Luft. Sie sind schwerer als Luft und kriechen am Boden entlang. Entzündung durch heiße Oberflächen, Funken oder offene Flammen. Bei Erhitzung bis zur Zersetzung (z. B. durch Umgebungsbrände oder heiße Oberflächen) und bei Brand bilden sich giftige und ätzende Gase bzw. Dämpfe, die im Wesentlichen aus Arsentrioxid und Chlorwasserstoff(gas) bzw. Salzsäuredämpfen bestehen und auch Kohlenmonoxid(gas) sowie Kohlendioxid(gas) enthalten.

Verhalten bei Freiwerden und Vermischen mit Wasser: Der Stoff ist schwerer als Wasser und sinkt unter. Er löst sich nur sehr geringfügig in Wasser. Es bilden sich sehr giftige, umweltgefährliche Gemische mit Wasser, die auch bei starker Verdünnung noch wirksam sind. Mit Wasser erfolgt eine schnelle Hydrolyse zu Chlorethylenoxid und Chlorwasserstoff(gas) bzw. Salzsäure.

Gesundheitsgefährdung: Lewisit III ist ein arsenorganisches Hautgift, es schädigt die Augen und hat eine starke nasen- und rachenreizende Wirkung. Die Hautschäden treten nach direktem Kontakt der Haut mit der Flüssigkeit, ihren Dämpfen oder Aerosolen auf. Hautrötungen ab 0,05–0,1 mg/cm^2, Hautoberfläche, schmerzhafte Blasenbildung ab 0,2 mg/cm^2 Hautoberfläche; ca. 150 mg x min/m^3 führen zur Rötung der Augen und Schwellung der Augenlider. Haut- und Augenschäden haben eine günstigere Heilungstendenz als die durch Schwefel oder Stickstofflost (s. auch Merkblätter 2295, 2298, 2299, 2300) verursachten Schäden. Dringen allerdings Lewisit-Tropfen in das Auge ein, so kommt es nach 7–10 Tagen zum Verlust des Glaskörpers! Nach Aufnahme in den Körper kommt es zu Schäden der Leber, Milz, Niere und des Nervensystems. Tödliche Dosis für den Menschen (s. auch Merkblatt 2316).
Bei Brand oder Erhitzen bis zur Zersetzung Bildung von Chlorwasserstoff (s. auch Merkblatt 63) und Arsentrioxid (s. auch Merkblatt 812).
Symptome: Externer Husten-, Nies- und Tränenreiz, Übelkeit, Erbrechen, Brustbeklemmungen, Ohnmacht, lange andauernde Lähmungen und Gefühllosigkeit der Extremitäten, schwere Entzündungen und Nekrosen, Bildung von Pseudomembranen und Kapillarschädigung, Schmerzen von Augen und Ohren sowie der Haut, evtl. äußerst schmerzhafte neuritische Entzündung der Fingernägel.
Nach Einatmen oder Hautkontakt in jedem Fall – auch bei Ausbleiben der Symptome – den Arzt aufsuchen.
Nach Kontakt der Substanz mit den Augen ist in jedem Fall ein Augenarzt aufzusuchen.

Geruchsschwelle = Luftgrenzwert =

Bemerkungen: Der Stoff ist löslich in tierischen Fetten, Ölen, Ethylalkohol, Benzol, Benzin, Olivenöl, Chloroform sowie Tetrachlormethan. Die Substanz dringt schnell in Leder, Gummi, Textilien usw. ein. Kleidung wird schnell durchdrungen. Aluminium und seine Legierungen werden angegriffen. Bei Kontakt mit Eisen erfolgt langsame Zersetzung. Hochwertiger Stahl ist beständig.
In der Chemikalienliste des Chemiewaffenübereinkommens (CWÜ) von 1993 über das Verbot der Entwicklung, Herstellung, Lagerung und des Einsatzes chemischer Waffen sowie über die Vernichtung solcher Waffen ist die Stoffgruppe enthalten.

Sicherheitsmaßnahmen für Fahrzeugbesatzung, Polizei, Feuerwehr und Rettungskräfte:
Polizei und Feuerwehr alarmieren.
Im Gefahrenbereich Maschine stoppen. Sofort volle Schutzkleidung und umluftunabhängiges (schweres) Atemschutzgerät tragen. Bei starker Erhitzung oder Brand nicht rauchen, offenes Feuer löschen, kein elektrisches Gerät und keinen Schalter mit Funkenbildung betätigen.
Wasserschutzpolizei und Feuerwehr: Beim Retten nicht ins Wasser springen. Bei starker Erhitzung kein Boot mit Ottomotor einsetzen. Bei Dieselantrieb Sicherheitsschaltung veranlassen. Nach dem Einsatz Kühlwasserkreislauf überprüfen.

Schutz- und Einsatzmaßnahmen: Alle unbeteiligten Personen nach Luv (gegen den Wind) entfernen. Achtung, falls freiwerdendes Gut in die Kanalisation oder in Abwasserleitungen von Schiffen gerät, entstehen sehr giftige, stark reizende und umweltgefährliche Gemische mit Abwasser und können sich über der Oberfläche giftige Gemische mit Luft bilden. In Wohn- und Industriegebieten Anwohner warnen. Große Sicherheitszone bilden. Bei größeren Mengen ausgelaufenen Gutes Katastrophenalarm prüfen.

Konzentrationsmessung explosionsfähiger bzw. giftiger Dämpfe siehe Tabelle (Anhang 6 der Erläuterungen).

Zuständige Behörden unterrichten.

Bekämpfung der Unfallfolgen:
Feuer: Bei kleinem Brandherd Löschpulver, Wassersprühstrahl, Kohlensäure oder Schaum. Bei großem Brandherd Schaum oder Wassersprühstrahl. Behälter mit Wassersprühstrahl kühlen und nach Möglichkeit aus der Gefahrenzone ziehen. Achtung, das Löschwasser ist giftig und umweltgefährlich. Es muß aufgefangen werden und darf nicht unbehandelt in die Kanalisation, in Gewässer oder in das Grundwasser gelangen.
Leckage: Leck schließen, wenn ohne Risiko möglich.
Fließendes Gewässer: Trink-, Brauch- und Kühlwasserentnehmer verständigen.
Stehendes Gewässer: Absperren. Fahrzeugbesatzungen im gefährdeten Gebiet warnen.
An Land: Kanalisation abdichten. Auffangen, eindeichen und abpumpen. In Wohn- und Industriegebieten alle tiefliegenden Räume abdichten. Alle Zündquellen beseitigen. Restmengen mit nicht brennbarem, saugfähigem Material wie z. B. trockener Erde, Sand, Kieselgur, Universalbinder oder Vermiculit abdecken und an sichere Deponie zur Vernichtung transportieren.

Gewässerverunreinigung:
GefStoffV/EG: Gefahrsymbol: N Umweltgefährlich, R 50/53: sehr giftig für Wasserorganismen, kann in Gewässern längerfristig schädliche Wirkungen haben.
Gesamtbewertung nach Unfall: Gruppe IV, hohe bis sehr hohe (extrem hohe) toxische Wirkung unabhängig von der Turbulenz des Gewässers (siehe auch Erläuterungen Abschnitt 16.4/5).
Einzelwerte siehe Anhang 9 der Erläuterungen.
Wassergefährdungsklasse: 3 – stark wassergefährdender Stoff

Erste Hilfe:
Selbstschutz beachten. Verletzte an die frische Luft bringen. Bei Atemstörung Sauerstoffzufuhr, ggf. Beatmung. Benetzte Kleidungsstücke, Schuhe und Strümpfe sofort ausziehen, in einen dichtschließenden Behälter (Sack) versorgen. Betroffene Körperstellen anhaltend mit Wasser und Seife spülen. Bei Augenkontakt die Augen 15 Minuten mit Wasser spülen. Augenlider dazu mit Daumen und Zeigefinger aufspreizen und gleichzeitig das Auge nach allen Seiten bewegen lassen. Für die Retter: Schutzkleidung und Gasmaske empfohlen. Verletzte nicht auskühlen lassen. Bei Erbrechen zumindest Kopf in Seitenlage bringen. Verletzte nur liegend transportieren. Bei Gefahr der Bewußtlosigkeit Lagerung und Transport in stabiler Seitenlage (siehe auch Merkblatt 2314a).

Hinweise für den Arzt:
Topische Behandlung: Haut und Auge: Dimercaprol (5%) als Augentropfen bzw. Salbe. Systemische Behandlung: Ausschwemmung des Arsens durch Chelatbildung. DMSA (2,3-dimercaptosuccinat) 3 x 10–30 mg/kg/24 Std.; DMPS (2,3-dimercapto-1-propansulfonat) initial 6–8 x 250 mg/24 Std.

Tarn- und Decknamen

D: Lewisit III, gamma-Lewisit, Lewisit C

GB: Lewisite III, tris-(2-chlorovinyl) arsine

USA: Lewisite III, tris-(chlorovinyl) arsine, gamma Lewisite

F: tris (2-chlorovinyl) arsine

UdSSR: tris-(2-chlorvinil) arsin

Entwicklung – Einsatz

Im Weltkrieg I erfolgte etwa 1917 sowohl in Deutschland als auch in USA eine Forschung, ob Chlorethenylarsine als Kampfstoffe geeignet seien. Nach dem amerikanischen Chemiker Lewis erhielten sie den Codenamen Lewisite. Wegen des geringen Reinheitsgrades und der raschen Zersetzlichkeit erfolgte jedoch kein Einsatz mehr. Nach Weltkrieg I wurden in USA Verfahren erarbeitet, die einen größeren Reinheitsgrad und eine höhere Stabilität gewährleisteten. Die US-Army verfügte während des Weltkrieges II über beträchtliche Vorräte.
Der Haupteinsatzbereich von Lewisit III ist als Nebenkomponente von Lewisit I zu sehen.

Einsatz

In taktischen Gemischen mit Lost und anderen Kampfstoffen

Einsatzmittel

Landminen, Sprühtank, Bomben, Mörser- und Artilleriegeschossen, Raketen und Mehrfachraketenwerfer.

Personenentgiftung

Im Vordergrund steht die schnelle Bergung aus dem Wirkungsherd und die Verhinderung einer weiteren Kontamination. Sanitäter und Helfer arbeiten unter Schutzbekleidung.
Für den Geschädigten sind folgende Maßnahmen erforderlich:
- Entfernung der kontaminierten Kleidung.
- Entfernung des Kampfstoffes mit Tupfern von der Haut.
- Entgiftung der kontaminierten Haut mit 10%iger Chloramin-Lösung oder 10%igem Wasserstoffperoxid.
- Reinigung der kontaminierten Haut und Seife (Duschen!)
- Waschen der Haare mit Wasser und Seife, einem Waschmittel bzw. 3–4%iger Natriumhydrogencarbonatlösung.
- Augenspülung mit einer 3–4%igen Natriumhydrogencarbonatlösung.
- Atemwegsprophylaxe mit dem Auxiloson-Dosier-Aerosol (Arzt, Sanitäter).

Für den Transport muß der Geschädigte in Wärmedecken eingehüllt werden.

Vor dem weiteren Abtransport mit einem Krankenwagen oder einem Hubschrauber in ein Krankenhaus hat unbedingt eine vollständige Entgiftung des gesamten Körpers zu erfolgen. Bei Unterlassung der Dekontamination würden die Kampfstoffausdunstungen der kontaminierten Haare und der kontaminierten Kleidung das Personal des Transportfahrzeuges gefährden. Außerdem hat vor dem Abtransport ein Arzt die erste ärztliche Hilfe zu erweisen. Durch diese Hilfemaßnahmen wird die Schädigung der Haut wesentlich verringert, und durch die frühzeitige Gabe von Antidoten werden die systematischen Schädigungen der inneren Organe verhindert.

Entgiftung/Dekontamination von Sachen und Geräten

Selbstschutz beachten, Schutzkleidung und Schutzmaske tragen bzw. Schutzmaske griffbereit halten. Nach dem Arbeiten Schutzkleidung dekontaminieren, ebenso Geräte und Materialien, die für die Entgiftung/Dekontamination verwendet wurden (mindestens 24 Stunden in Entgiftungslösung belassen, nachfolgend gründlich abspülen, Verbrennung zuführen, unter „Feldbedingungen“ mit Wasser und Seifenlösung reinigen). Entgiftungslösungen erst unmittelbar vor der Aufnahme der Arbeiten herstellen.

Geeignet sind Lösungen von:
10% Dichloramin in Dichlorethan
oder 30% Natriumhydroxid in Wasser, ggf. unter Zusatz von 10% Alkohol
oder 5%ige alkalische Wasserstoffperoxidlösung
oder gesättigte Hypochloritlösung

Dekontamination von Gebäuden

Gebäude und Bauten aus Holz, Ziegelsteinen, Beton, Mörtel, Zement können infolge ihrer hohen Porösität sowohl Gase/Dämpfe als auch Flüssigkeiten aufnehmen und in tiefere Schichten verteilen, so dass i.a. nur Abriss und nachfolgende Verbrennung möglich sind.
Als erste Maßnahme können evtl. Waschverfahren mit alkalischer Seifenlösung (Zusatz von Schmierseife) angewandt werden.
Leichte oberflächliche Behaftungen können mit Chlorkalk, der alle 24 Stunden erneuert wird, abgedeckt werden. Austretende Gase und Dämpfe werden so teilweise entgiftet.

Entgiftung/Dekontamination im Gelände

Betroffene Geländeabschnitte, Straßen, Plätze u.ä. absperren, Menschen und Nutztiere evakuieren.
Bei oberflächlichen Kontaminationen reicht es meist aus, 10–20 cm Boden abzutragen, mit Brennstoff zu übergießen und abzubrennen.
Bei extremen Kontaminationen muß bis zu 1 m Boden ausgehoben und einer geordneten Verbrennung mit Nachverbrennung zugeführt werden.
Das Abbrennen von Grasflächen ist eine erste Maßnahme, führt aber meist nicht zur vollständigen Entgiftung.
Abdecken des Geländes mit alkalischen Schlacken oder mit Chlorkalk/Sand ist als Sofortmaßnahme geeignet, bietet jedoch keinen ausreichenden Schutz gegen austretende Gase und Dämpfe.
Mehrmaliges Abschwemmen mit viel Wasser und Abdecken mit einer Sperrschicht ist eine erste Maßnahme, die sich vor allem für weniger toxische Stoffe eignet.
(Auch nach Jahrzehnten können Kampfstoffe im Boden konserviert werden, selbst unter Wasserlachen [Loste] und ihre vollständige Aktivität behalten!)

Dekontamination von Leder und Textilien

Kontaminierte Kleidungsstücke, Textilien und Lederwaren mit Entgiftungspuder oder Entgiftungslösung besprühen, ggf. in Seifenlauge (unter Zusatz von Schmierseife) kochen, anschließend einer geordneten Verbrennung zuführen.

Formel: $(CHCHCl)_2AsCl$ **Summen-Formel:** C4–H4–As–Cl3 **UN-Nr.**

Merkblatt

2315

Stoffname

Deutsch	*Englisch*	*Französisch*
Lewisit II	**Lewisite II**	**Lewisite II**
2,2'-Dichlordivinylarsinchlorid	Bis(2-chlorovinyl) chlorarsine	Bis(2-chlorovinyl) chlorarsine
Bis-(2-chlorvinyl)-arsinchlorid	Bis(2-chloroethenyl) arsinous chloride	Dichlorovinylarsine
	Dichlorovinylarsine chloride	

Spanisch

Lewisita II
Bis-(2-clorovinil) clorarsina
Diclorovinilarsina

Gefahren-Diamant

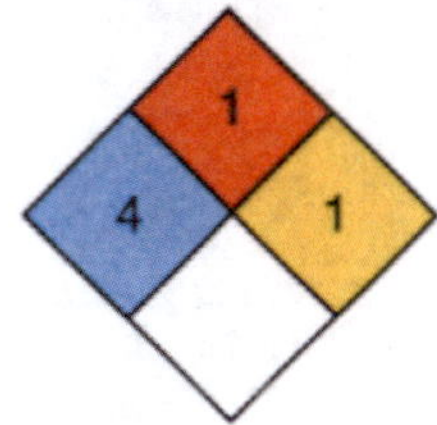

Hazchem-Code:

Tarn- und Decknamen siehe Merkblatt 2315a

Technische Daten

Siedepunkt	230 °C*
Dampfdruck in mbar bei 20 °C	
Dampfdichteverhältnis, Luft = 1	
Schmelzpunkt	
Mischbarkeit mit Wasser	sehr geringfügig**
Spez. Gewicht, Wasser = 1	
Molare Masse	233,35

Feuerbekämpfungsdaten

Flammpunkt, Zündfähiges Gemisch, Vol.-% } brennbare Flüssigkeit
Zündtemperatur

* Der Stoff ist ab 230 °C instabil und zersetzt sich in P = Dichlor-2-chlorvinylarsin und Tris-(2-chlorvinyl)-arsin

** Hydrolysiert bei Normaltemperatur zu H = Bis-(2,2-dichlordivinyl-arsin)-oxid + alkoholischer NaOH

Gefahrgut:*
IMDG-Code: UN-Nr.
ICAO/IATA DGR: UN-Nr.
ADR/RID/ADNR: UN-Nr.
Gefahrzettel (Label) Nr.
Richtige Versandbezeichnung (PSN):
Land/BinSch:
See/Luft:

Klassifizierung:
Kl. Verp. Gr. EMS: **F-** ; **S-**
Kl. Verp. Gr.
Kl. Klassifiz. Code Verp. Gr.

Gefahrstoff:
CAS Nr.: 40334-69-8 RTECS-Nr.: CG 8350000
EG-Nr.: INDEX-Nr.:033-002-00-5
EG-Einstufung: ja
Symbol: T+, N*
R-Sätze: 26/27/28-50/53*
S-Sätze: (1/2)-20/21-28-45-60-61*

* Expertenvorschlag

* Transport erfolgt nach Sondervorschriften

Erscheinungsbild: Farblose bis gelbbraune Flüssigkeit, die sich an der Luft schnell grünlich verfärbt.

Verhalten bei Freiwerden und Vermischen mit Luft: Sehr giftige, stark reizende, umweltgefährliche und brennbare Flüssigkeit mit relativ hohem Flammpunkt. Bei starker Erhitzung bilden sich sehr giftige, stark reizende, umweltgefährliche und explosionsfähige Gemische mit Luft. Sie sind schwerer als Luft und kriechen am Boden entlang. Entzündung durch heiße Oberflächen, Funken oder offene Flammen. Bei Erhitzung bis zur Zersetzung (z. B. durch Umgebungsbrände oder heiße Oberflächen) und bei Brand bilden sich giftige und ätzende Gase bzw. Dämpfe, die im Wesentlichen aus Arsentrioxid und Chlorwasserstoff(gas) bzw. Salzsäuredämpfen bestehen und auch Kohlenmonoxid(gas) sowie Kohlendioxid(gas) enthalten.

Verhalten bei Freiwerden und Vermischen mit Wasser: Der Stoff ist schwerer als Wasser und sinkt unter. Er löst sich nur sehr geringfügig in Wasser. Es bilden sich sehr giftige, umweltgefährliche Gemische mit Wasser, die auch bei starker Verdünnung noch wirksam sind. Mit Wasser erfolgt eine schnelle Hydrolyse zu Chlorethylenoxid und Chlorwasserstoff(gas) bzw. Salzsäure.

Gesundheitsgefährdung: Lewisit II ist ein arsenorganisches Hautgift, es schädigt die Augen und hat eine starke nasen- und rachenreizende Wirkung. Die Hautschäden treten nach direktem Kontakt der Haut mit der Flüssigkeit, ihren Dämpfen oder Aerosolen auf. Hautrötungen ab 0,05–0,1 mg/cm^2. Hautoberfläche, schmerzhafte Blasenbildung ab 0,2 mg/cm^2 Hautoberfläche; ca. 150 mg x min/m^3 führen zur Rötung der Augen und Schwellung der Augenlider. Haut- und Augenschäden haben eine günstigere Heilungstendenz als die durch Schwefel- oder Stickstofflost (s. auch Merkblätter 2295, 2298, 2299, 2300) verursachten Schäden. Dringen allerdings Lewisit-Tropfen in das Auge ein, so kommt es nach 7–10 Tagen zum Verlust des Glaskörpers! Nach Aufnahme in den Körper kommt es zu Schäden der Leber, Milz, Niere und des Nervensystems. Tödliche Dosis für den Menschen (s. auch Merkblatt 2316).
Bei Brand oder Erhitzen bis zur Zersetzung Bildung von Chlorwasserstoff (s. auch Merkblatt 63) und Arsentrioxid (s. auch Merkblatt 812).
Symptome: Extremer Husten-, Nies- und Tränenreiz, Übelkeit, Erbrechen, Brustbeklemmungen, Ohnmacht, lange andauernde Lähmungen und Gefühllosigkeit der Extremitäten, schwere Entzündungen und Nekrosen, Bildung von Pseudomembranen und Kapillarschädigung, Schmerzen von Augen und Ohren sowie der Haut, evtl. äußerst schmerzhafte neuritische Entzündung der Fingernägel.
Nach Einatmen oder Hautkontakt in jedem Fall – auch bei Ausbleiben der Symptome – den Arzt aufsuchen.
Nach Kontakt der Substanz mit den Augen ist in jedem Fall ein Augenarzt aufzusuchen.

Geruchsschwelle = Luftgrenzwert =

Bemerkungen: Der Stoff ist löslich in tierischen Fetten, Ölen, Ethylalkohol, Benzol, Benzin, Olivenöl, Chloroform sowie Tetrachlormethan. Die Substanz dringt schnell in Leder, Gummi, Textilien usw. ein. Kleidung wird schnell durchdrungen. Aluminium und seine Legierungen werden angegriffen. Bei Kontakt mit Eisen erfolgt langsame Zersetzung. Hochwertiger Stahl ist beständig.
In der Chemikalienliste des Chemiewaffenübereinkommens (CWÜ) von 1993 über das Verbot der Entwicklung, Herstellung, Lagerung und des Einsatzes chemischer Waffen sowie über die Vernichtung solcher Waffen ist die Stoffgruppe enthalten.

Sicherheitsmaßnahmen für Fahrzeugbesatzung, Polizei, Feuerwehr und Rettungskräfte:
Polizei und Feuerwehr alarmieren.
Im Gefahrenbereich Maschine stoppen. Sofort volle Schutzkleidung und umluftunabhängiges (schweres) Atemschutzgerät tragen. Bei starker Erhitzung oder Brand nicht rauchen, offenes Feuer löschen, kein elektrisches Gerät und keinen Schalter mit Funkenbildung betätigen.
Wasserschutzpolizei und Feuerwehr: Beim Retten nicht ins Wasser springen. Bei starker Erhitzung kein Boot mit Ottomotor einsetzen. Bei Dieselantrieb Sicherheitsschaltung veranlassen. Nach dem Einsatz Kühlwasserkreislauf überprüfen.

Schutz- und Einsatzmaßnahmen: Alle unbeteiligten Personen nach Luv (gegen den Wind) entfernen. Achtung, falls freiwerdendes Gut in die Kanalisation oder in Abwasserleitungen von Schiffen gerät, entstehen sehr giftige, stark reizende und umweltgefährliche Gemische mit Abwasser und können sich über der Oberfläche giftige Gemische mit Luft bilden. In Wohn- und Industriegebieten Anwohner warnen. Große Sicherheitszone bilden. Bei größeren Mengen ausgelaufenen Gutes Katastrophenalarm prüfen.

Konzentrationsmessung explosionsfähiger bzw. giftiger Dämpfe siehe Tabelle (Anhang 6 der Erläuterungen).

Zuständige Behörden unterrichten.

Bekämpfung der Unfallfolgen:
Feuer: Bei kleinem Brandherd Löschpulver, Wassersprühstrahl, Kohlensäure oder Schaum. Bei großem Brandherd Schaum oder Wassersprühstrahl. Behälter mit Wassersprühstrahl kühlen und nach Möglichkeit aus der Gefahrenzone ziehen. Achtung, das Löschwasser ist giftig und umweltgefährlich. Es muß aufgefangen werden und darf nicht unbehandelt in die Kanalisation, in Gewässer oder in das Grundwasser gelangen.
Leckage: Leck schließen, wenn ohne Risiko möglich.
Fließendes Gewässer: Trink-, Brauch- und Kühlwasserentnehmer verständigen.
Stehendes Gewässer: Absperren. Fahrzeugbesatzungen im gefährdeten Gebiet warnen.
An Land: Kanalisation abdichten. Auffangen, eindeichen und abpumpen. In Wohn- und Industriegebieten alle tiefliegenden Räume abdichten. Alle Zündquellen beseitigen. Restmengen mit nicht brennbarem, saugfähigem Material wie z. B. trockener Erde, Sand, Kieselgur, Universalbinder oder Vermiculit abdecken und an sichere Deponie zur Vernichtung transportieren.

Gewässerverunreinigung:
GefStoffV/EG: Gefahrensymbol: N Umweltgefährlich, R 50/53: sehr giftig für Wasserorganismen, kann in Gewässern längerfristig schädliche Wirkungen haben.
Gesamtbewertung nach Unfall: Gruppe IV, hohe bis sehr hohe (extrem hohe) toxische Wirkung unabhängig von der Turbulenz des Gewässers (siehe auch Erläuterungen Abschnitt 16.4/5).
Einzelwerte siehe Anhang 9 der Erläuterungen.
Wassergefährdungsklasse: 3 – stark wassergefährdender Stoff

Erste Hilfe:
Selbstschutz beachten. Verletzte an die frische Luft bringen. Bei Atemstörung Sauerstoffzufuhr, ggf. Beatmung. Benetzte Kleidungsstücke, Schuhe und Strümpfe sofort ausziehen, in einen dichtschließenden Behälter (Sack) versorgen. Betroffene Körperstellen anhaltend mit Wasser und Seife spülen. Bei Augenkontakt die Augen 15 Minuten mit Wasser spülen. Augenlider dazu mit Daumen und Zeigefinger aufspreizen und gleichzeitig das Auge nach allen Seiten bewegen lassen. Für die Retter: Schutzkleidung und Gasmaske empfohlen. Verletzte nicht auskühlen lassen. Bei Erbrechen zumindest Kopf in Seitenlage bringen. Verletzte nur liegend transportieren. Bei Gefahr der Bewußtlosigkeit Lagerung und Transport in stabiler Seitenlage (siehe auch Merkblatt 2315a).

Hinweise für den Arzt:
Topische Behandlung: Haut und Auge: Dimercaprol (5%) als Augentropfen bzw. Salbe. Systemische Behandlung: Ausschwemmung des Arsens durch Chelatbildung. DMSA (2,3-dimercaptosuccinat) 3 x 10–30 mg/kg/24 Std.; DMPS (2,3-dimercapto-1-propansulfonat) initial 6–8 x 250 mg/24 Std.

Tarn- und Decknamen

D: Lewisit II, beta-Lewisit, Lewisit B

GB: Lewisite II

USA: Lewisite II, L-2, Nebenkomponente von „HL“ (Lewisite I)

UdSSR: Nebenkomponente von „HL“ analogen Gemischen

Japan: Nebenkomponente von „HL“ analogen Gemischen

Entwicklung – Einsatz

Im Weltkrieg I erfolgte etwa 1917 sowohl in Deutschland als auch in den USA eine Forschung, ob Chlorethenylarsine als Kampfstoffe geeignet seien. Nach dem amerikanischen Chemiker Lewis erhielten sie den Codenamen Lewisite. Wegen des geringen Reinheitsgrades und der raschen Zersetzlichkeit erfolgte jedoch kein Einsatz mehr. Nach Weltkrieg I wurden in den USA Verfahren erarbeitet, die einen größeren Reinheitsgrad und eine höhere Stabilität gewährleisteten. Die US-Army verfügte während des Weltkrieges II über beträchtliche Vorräte.
Der Haupteinsatzbereich von Lewisit II ist als Nebenkomponente von Lewisit I zu sehen.

Einsatz

In taktischen Gemischen mit Lost und anderen Kampfstoffen

Einsatzmittel

Landminen, Sprühtank, Bomben, Mörser- und Artilleriegeschossen, Raketen und Mehrfachraketenwerfer.

Personenentgiftung

Im Vordergrund steht die schnelle Bergung aus dem Wirkungsherd und die Verhinderung einer weiteren Kontamination. Sanitäter und Helfer arbeiten unter Schutzbekleidung.
Für den Geschädigten sind folgende Maßnahmen erforderlich:
- Entfernung der kontaminierten Kleidung.
- Entfernung des Kampfstoffes mit Tupfern von der Haut.
- Entgiftung der kontaminierten Haut mit 10%iger Chloramin-Lösung oder 10%igem Wasserstoffperoxid.
- Reinigung der kontaminierten Haut mit Wasser und Seife (Duschen!)
- Waschen der Haare mit Wasser und Seife, einem Waschmittel bzw. 3–4%iger Natriumhydrogencarbonatlösung.
- Augenspülung mit einer 3–4%igen Natriumhydrogencarbonatlösung.
- Atemwegsprophylaxe mit dem Auxiloson-Dosier-Aerosol (Arzt, Sanitäter).

Für den Transport muß der Geschädigte in Wärmedecken eingehüllt werden.

Vor dem weiteren Abtransport mit einem Krankenwagen oder einem Hubschrauber in ein Krankenhaus hat unbedingt eine vollständige Entgiftung des gesamten Körpers zu erfolgen. Bei Unterlassung der Dekontamination würden die Kampfstoffausdunstungen der kontaminierten Haare und der kontaminierten Kleidung das Personal des Transportfahrzeuges gefährden. Außerdem hat vor dem Abtransport ein Arzt die erste ärztliche Hilfe zu erweisen. Durch diese Hilfemaßnahmen wird die Schädigung der Haut wesentlich verringert, und durch die frühzeitige Gabe von Antidoten werden die systematischen Schädigungen der inneren Organe verhindert.

Entgiftung/Dekontamination von Sachen und Geräten

Selbstschutz beachten, Schutzkleidung und Schutzmaske tragen bzw. Schutzmaske griffbereit halten. Nach dem Arbeiten Schutzkleidung dekontaminieren, ebenso Geräte und Materialien, die für die Entgiftung/Dekontamination verwendet wurden (mindestens 24 Stunden in Entgiftungslösung belassen, nachfolgend gründlich abspülen, Verbrennung zuführen, unter „Feldbedingungen“ mit Wasser und Seifenlösung reinigen). Entgiftungslösungen erst unmittelbar vor der Aufnahme der Arbeiten herstellen.

Geeignet sind Lösungen von:
10% Dichloramin in Dichlorethan
oder 30% Natriumhydroxid in Wasser, ggf. unter Zusatz von 10% Alkohol
oder 5%ige alkalische Wasserstoffperoxidlösung
oder gesättigte Hypochloritlösung

Dekontamination von Gebäuden

Gebäude und Bauten aus Holz, Ziegelsteinen, Beton, Mörtel, Zement können infolge ihrer hohen Porösität sowohl Gase/Dämpfe als auch Flüssigkeiten aufnehmen und in tiefere Schichten verteilen, so dass i.a. nur Abriss und nachfolgende Verbrennung möglich sind.
Als erste Maßnahme können evtl. Waschverfahren mit alkalischer Seifenlösung (Zusatz von Schmierseife) angewandt werden.
Leichte oberflächliche Behaftungen können mit Chlorkalk, der alle 24 Stunden erneuert wird, abgedeckt werden. Austretende Gase und Dämpfe werden so teilweise entgiftet.

Entgiftung/Dekontamination im Gelände

Betroffene Geländeabschnitte, Straßen, Plätze u. ä. absperren, Menschen und Nutztiere evakuieren.
Bei oberflächlichen Kontaminationen reicht es meist aus, 10–20 cm Boden abzutragen, mit Brennstoff zu übergießen und abzubrennen.
Bei extremen Kontaminationen muß bis zu 1 m Boden ausgehoben und einer geordneten Verbrennung mit Nachverbrennung zugeführt werden.
Das Abbrennen von Grasflächen ist eine erste Maßnahme, führt aber meist nicht zur vollständigen Entgiftung.
Abdecken des Geländes mit alkalischen Schlacken oder mit Chlorkalk/Sand ist als Sofortmaßnahme geeignet, bietet jedoch keinen ausreichenden Schutz gegen austretende Gase und Dämpfe.
Mehrmaliges Abschwemmen mit viel Wasser und Abdecken mit einer Sperrschicht ist eine erste Maßnahme, die sich vor allem für weniger toxische Stoffe eignet.
(Auch nach Jahrzehnten können Kampfstoffe im Boden konserviert werden, selbst unter Wasserlachen [Loste] und ihre vollständige Aktivität behalten!)

Dekontamination von Leder und Textilien

Kontaminierte Kleidungsstücke, Textilien und Lederwaren mit Entgiftungspuder oder Entgiftungslösung besprühen, ggf. in Seifenlauge (unter Zusatz von Schmierseife) kochen, anschließend einer geordneten Verbrennung zuführen.

Formel: $(ClCHCH)AsCl_2$ | **Summen-Formel:** C2–H2–As–Cl3 | **UN-Nr.**

Merkblatt

2316

Stoffname

Deutsch	*Englisch*	*Französisch*
trans-Lewisit	**trans-Lewisite**	**trans Lewisite**
trans α-Lewisit	trans-alpha-Lewisite	
2-Chlorvinyldichlorarsin trans-Form	2-Chlorovinyldichloroarsine trans-form	
2-Chlorvinylarsindichlorid trans-Form	2-Chlorovinylarsinedichloride trans-form	*Spanisch*
Dichlor(2-chlorvinyl)-arsin trans-Form	Dichloro(2-chlorovinyl)arsine trans-form	**trans-Lewisita**

Gefahren-Diamant

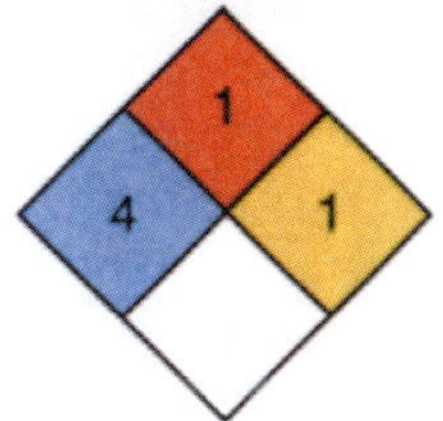

Tarn- und Decknamen siehe Merkblatt 2316a

Hazchem-Code: 2X

Technische Daten

Siedepunkt	196,6 °C*
Dampfdruck in mbar bei 20 °C	0,527
Dampfdichteverhältnis, Luft = 1	
Schmelzpunkt	–2,4 °C
Mischbarkeit mit Wasser	sehr geringfügig**
Spez. Gewicht, Wasser = 1	
Molare Masse	207,32

Feuerbekämpfungsdaten

Flammpunkt	Brennbare Flüssigkeit
Zündfähiges Gemisch, Vol.-%	
Zündtemperatur	

* Beginn der thermischen Zersetzung ab 190 °C.
** 0,5 g/l, schnelle Hydrolyse.

Gefahrgut:*

	Klassifizierung:		
IMDG-Code: UN-Nr.	Kl.	Verp. Gr.	EMS: **F-** ; **S-**
ICAO/IATA DGR: UN-Nr.	Kl.	Verp. Gr.	
ADR/RID/ADNR: UN-Nr.	Kl.	Klassifiz. Code	Verp. Gr.

Gefahrzettel (Label) Nr.
Richtige Versandbezeichnung (PSN):
Land/BinSch:
See/Luft:

* Transport erfolgt nach Sondervorschriften

Gefahrstoff:

CAS Nr.: 50361-05-2 RTECS-Nr.:
EG-Nr.: INDEX-Nr.: 033-002-00-5
EG-Einstufung: ja
Symbol: T+, N*
R-Sätze: 26/27/28-50/53*
S-Sätze: (1/2)-20/21-28-45-60-61*

* Expertenvorschlag

Erscheinungsbild: Chem. reines Produkt: Farblose, ölige Flüssigkeit, die sich an der Luft schnell grünlich verfärbt. Geruchslos. Technisches Produkt: Amberfarbene bis dunkelbraune Flüssigkeit. Penetranter, geranienartiger Geruch. Bereits unterhalb 10 °C wird das technische Produkt merklich zähflüssiger.

Verhalten bei Freiwerden und Vermischen mit Luft: Sehr giftige, extrem stark reizende, umweltgefährliche und brennbare Flüssigkeit mit relativ hohem Flammpunkt. Bei starker Erhitzung bilden sich sehr giftige, extrem stark reizende, umweltgefährliche und explosionsfähige Gemische mit Luft. Sie sind schwerer als Luft und kriechen am Boden entlang. Entzündung durch heiße Oberflächen, Funken oder offene Flammen. Bei Erhitzung bis zur Zersetzung (z. B. durch Umgebungsbrände oder heiße Oberflächen) und bei Brand bilden sich giftige und ätzende Gase bzw. Dämpfe, die im Wesentlichen aus Arsentrioxid und Chlorwasserstoff(gas) bzw. Salzsäuredämpfen bestehen und auch Kohlenmonoxid(gas) sowie Kohlendioxid(gas) enthalten.

Verhalten bei Freiwerden und Vermischen mit Wasser: Der Stoff ist schwerer als Wasser und sinkt unter. Er löst sich nur geringfügig in Wasser. Es bilden sich sehr giftige und umweltgefährliche Gemische mit Wasser, die auch bei starker Verdünnung noch wirksam sind. Mit Wasser erfolgt eine schnelle Hydrolyse zu Chlorethylenoxid und Chlorwasserstoff(gas) bzw. Salzsäure.

Gesundheitsgefährdung: alpha (trans)-Lewisit ist das stärkste der arsenorganischen Hautgifte, es schädigt ferner die Augen und hat eine starke nasen- und rachenreizende Wirkung. Die Hautschäden treten nach direktem Kontakt der Haut mit der Flüssigkeit, ihren Dämpfen oder Aerosolen auf. Hautrötungen ab 0,05–0,1 mg/cm^2 Hautoberfläche, schmerzhafte Blasenbildung ab 0,2 mg/cm^2 Hautoberfläche; ca. 150 mg x min/m^3 führen zur Rötung der Augen und Schwellung der Augenlider. Haut- und Augenschäden haben eine günstigere Heilungstendenz als die durch Schwefel- oder Stickstofflost (s. auch Merkblatt 2295, 2298, 2299, 2300) verursachten Schäden. Dringen allerdings Lewisit-Tropfen in das Auge ein, so kommt es nach 7–10 Tagen zum Verlust des Glaskörpers! Nach Aufnahme in den Körper kommt es zu Schäden der Leber, Milz, Niere und des Nervensystems. Tödliche Dosis für den Menschen LCT_{50}: 1300 mg x min/m^3; tödliche Konzentration: 50 mg/m^3 bei 30 min. Exposition (= 300–500 mg x min/m^3 in 5 min.); 800 mg x min/m^3 führen zu mehrwöchiger Kampfunfähigkeit. ICt_{50} ~ 300 mg x min/m^3. Bei Brand oder Erhitzen bis zur Zersetzung Bildung von Arsentrioxid (s. auch Merkblatt 812) und Chlorwasserstoff (siehe auch Merkblatt 63).
Symptome: Extremer Husten-, Nies- und Tränenreiz, Übelkeit, Erbrechen, Brustbeklemmungen, Ohnmacht, lange andauernde Lähmungen und Gefühlslosigkeit der Extremitäten, schwere Entzündungen und Nekrosen, Bildung von Pseudomembranen und Kapillarschädigung, Schmerzen von Augen und Ohren sowie der Haut, evtl. äußerst schmerzhafte neuritische Entzündung der Fingernägel.

Geruchsschwelle = Luftgrenzwert =

Bemerkungen: Der Stoff ist löslich in Ethylalkohol, Benzol, Benzin, Olivenöl sowie Tetrachlormethan, tierischen Fetten, Ölen. Die Substanz dringt schnell in Leder, Gummi, Textilien usw. ein. Leder wird schnell durchdrungen. Aluminium und seine Legierungen werden angegriffen. Bei Kontakt mit Eisen erfolgt langsame Zersetzung. Hochwertiger Stahl ist beständig.
In der Chemikalienliste des Chemiewaffenübereinkommens (CWÜ) von 1993 über das Verbot der Entwicklung, Herstellung, Lagerung und des Einsatzes chemischer Waffen sowie über die Vernichtung solcher Waffen ist die Stoffgruppe enthalten.

Sicherheitsmaßnahmen für Fahrzeugbesatzung, Polizei, Feuerwehr und Rettungskräfte:
Polizei und Feuerwehr alarmieren.
Im Gefahrenbereich Maschine stoppen. Sofort volle Schutzkleidung und umluftunabhängiges (schweres) Atemschutzgerät tragen. Bei starker Erhitzung oder Brand nicht rauchen, offenes Feuer löschen, kein elektrisches Gerät und keinen Schalter mit Funkenbildung betätigen.
Wasserschutzpolizei und Feuerwehr: Beim Retten nicht ins Wasser springen. Bei starker Erhitzung kein Boot mit Ottomotor einsetzen. Bei Dieselantrieb Sicherheitsschaltung veranlassen. Nach dem Einsatz Kühlwasserkreislauf überprüfen.

Schutz- und Einsatzmaßnahmen: Alle unbeteiligten Personen nach Luv (gegen den Wind) entfernen. Achtung, falls freiwerdendes Gut in die Kanalisation oder in Abwasserleitungen von Schiffen gerät, entstehen sehr giftige, stark reizende und umweltgefährliche Gemische mit Abwasser und können sich über der Oberfläche giftige Gemische mit Luft bilden. In Wohn- und Industriegebieten Anwohner warnen. Große Sicherheitszone bilden. Bei größeren Mengen ausgelaufenen Gutes Katastrophenalarm prüfen.

Konzentrationsmessung explosionsfähiger bzw. giftiger Dämpfe siehe Tabelle (Anhang 6 der Erläuterungen).

Zuständige Behörden unterrichten.

Bekämpfung der Unfallfolgen:
Feuer: Bei kleinem Brandherd Löschpulver, Wassersprühstrahl, Kohlensäure oder Schaum. Bei großem Brandherd Schaum oder Wassersprühstrahl. Behälter mit Wassersprühstrahl kühlen und nach Möglichkeit aus der Gefahrenzone ziehen. Achtung, das Löschwasser ist giftig und umweltgefährlich. Es muß aufgefangen werden und darf nicht unbehandelt in die Kanalisation, in Gewässer oder in das Grundwasser gelangen.
Leckage: Leck schließen, wenn ohne Risiko möglich.
Fließendes Gewässer: Trink-, Brauch- und Kühlwasserentnehmer verständigen.
Stehendes Gewässer: Absperren. Fahrzeugbesatzungen im gefährdeten Gebiet warnen.
An Land: Kanalisation abdichten. Auffangen, eindeichen und abpumpen. In Wohn- und Industriegebieten alle tiefliegenden Räume abdichten. Alle Zündquellen beseitigen. Restmengen mit nicht brennbarem, saugfähigem Material wie z. B. trockener Erde, Sand, Kieselgur, Universalbinder oder Vermiculit abdecken und an sichere Deponie zur Vernichtung transportieren.

Gewässerverunreinigung:
GefStoffV/EG: Gefahrensymbol: N Umweltgefährlich, R 50/53: sehr giftig für Wasserorganismen, kann in Gewässern längerfristig schädliche Wirkungen haben.
Gesamtbewertung nach Unfall: Gruppe IV, hohe bis sehr hohe (extrem hohe) toxische Wirkung unabhängig von der Turbulenz des Gewässers (siehe auch Erläuterungen Abschnitt 16.4/5).
Einzelwerte siehe Anhang 9 der Erläuterungen.
Wassergefährdungsklasse: 3 – stark wassergefährdender Stoff.

Erste Hilfe:
Selbstschutz beachten. Verletzte an die frische Luft bringen. Bei Atemstörung Sauerstoffzufuhr, ggf. Beatmung. Benetzte Kleidungsstücke, Schuhe und Strümpfe sofort ausziehen, in einen dichtschließenden Behälter (Sack) versorgen. Betroffene Körperstellen anhaltend mit Wasser und Seife spülen. Bei Augenkontakt die Augen 15 Minuten mit Wasser spülen. Augenlider dazu mit Daumen und Zeigefinger aufspreizen und gleichzeitig das Auge nach allen Seiten bewegen lassen. Für die Retter: Schutzkleidung und Gasmaske empfohlen. Verletzte nicht auskühlen lassen. Bei Erbrechen zumindest Kopf in Seitenlage bringen. Verletzte nur liegend transportieren. Bei Gefahr der Bewußtlosigkeit Lagerung und Transport in stabiler Seitenlage (siehe auch Merkblatt 2316a).

Hinweise für den Arzt:
Topische Behandlung: Haut und Auge: Dimercaprol (5%) als Augentropfen bzw. Salbe. Systemische Behandlung: Ausschwemmung des Arsens durch Chelatbildung. DMSA (2,3-dimercaptosuccinat) 3 x 10–30 mg/kg/24 Std.; DMPS (2,3-dimercapto-1-propansulfonat) initial 6–8 x 250 mg/24 Std.

Tarn- und Decknamen

D: Lewisit 1, trans-Lewisit, Gelbkreuz, Todestau, Grünkreuz III (trans)

GB: dew of the death, (Tau des Todes), Lewisite-trans, L, HL

USA: alpha-Lewisite-trans, Lewisite A, Lewisite-trans, A, HL, M-1, Y7

F: Monochlorvinylarsine, trans

ESP: Lewisita-trans

UdSSR: Ljuizit-trans, R5, P5, 5, dichlor-2-chlorvinylarsin-trans

Entwicklung

Im ersten Weltkrieg erfolgte etwa 1917 sowohl in Deutschland als auch in den USA eine Forschung ob Chlorethenylarsine als Kampfstoffe geeignet seien. Nach dem amerikanischen Chemiker Lewis erhielten sie den Code-Namen Lewisite. Wegen des geringen Reinheitsgrades und der raschen Zersetzlichkeit erfolgt jedoch kein Einsatz mehr. Nach Weltkrieg I wurden in den USA Verfahren erarbeitet, die einen größeren Reinheitsgrad und eine höhere Stabilität gewährleisteten. Die US-Army verfügte während des Weltkrieges II über beträchtliche Vorräte. Das technische Produkt von Lewisit I enthält als Nebenkomponente immer Lewisit II und Lewisit III.

Einsatz

In taktischen Gemischen mit Lost und anderen Kampfstoffen

Einsatzmittel

Landminen, Sprühtank, Bomben, Mörser- und Artilleriegeschossen, Raketen und Mehrfachraketenwerfer

Personenentgiftung

Im Vordergrund steht die schnelle Bergung aus dem Wirkungsherd und die Verhinderung einer weiteren Kontamination.
Sanitäter und Helfer arbeiten unter Schutzbekleidung.

Für den Geschädigten sind folgende Maßnahmen erforderlich:
- Entfernung der kontaminierten Kleidung.
- Entfernung des Kampfstoffes mit Tupfern von der Haut.
- Entgiftung der kontaminierten Haut mit 10%iger Chloramin-Lösung oder 10%igem Wasserstoffperoxid.
- Reinigung der kontaminierten Haut mit Wasser und Seife (Duschen!)
- Waschen der Haare mit Wasser und Seife, einem Waschmittel bzw. 3–4%iger Natriumhydrogencarbonatlösung.
- Augenspülung mit einer 3–4%igen Natriumhydrogencarbonatlösung.
- Atemwegsprophylaxe mit dem Auxiloson-Dosier-Aerosol (Arzt, Sanitäter).

Entgiftung/Dekontamination von Sachen und Geräten

Selbstschutz beachten, Schutzkleidung und Schutzmaske tragen, bzw. Schutzmaske griffbereit halten. Nach dem Arbeiten Schutzkleiung dekontaminieren, ebenso Geräte und Materialien, die für die Entgiftung/Dekontamination verwendet wurden (mindestens 24 Stunden in Entgiftungslösung belassen, nachfolgend gründlich abspülen, Verbrennung zuführen; unter „Feldbedingungen" mit Wasser und Seifenlösung reinigen).
Entgiftungslösungen erst unmittelbar vor der Aufnahme der Arbeiten herstellen.

Geeignet sind:
10% Dichloramin in Dichlorethan
oder 30% Natriumhydroxid in Wasser, ggf. unter Zusatz von 10% Alkohol
oder 5%ige alkalische Wasserstoffperoxidlösung
oder gesättigte Hypochloritlösung

Dekontamination von Gebäuden

Gebäude und Bauten aus Holz, Ziegelsteinen, Beton, Mörtel, Zement können infolge ihrer hohen Porösität sowohl Gase/Dämpfe als auch Flüssigkeiten aufnehmen und in tiefere Schichten verteilen, so dass i.a. nur Abriss und nachfolgende Verbrennung möglich sind.
Als erste Maßnahme können evtl. Waschverfahren mit alkalischer Seifenlösung (Zusatz von Schmierseife) angewandt werden.
Leichte oberflächliche Behaftungen können mit Chlorkalk, der alle 24 Stunden erneuert wird, abgedeckt werden. Austretende Gase und Dämpfe werden so teilweise entgiftet.

Entgiftung/Dekontamination im Gelände

Betroffene Geländeabschnitte, Straßen, Plätze u.ä. absperren, Menschen und Nutztiere evakuieren.
Bei oberflächlichen Kontaminationen reicht es meist aus, 10–20 cm Boden abzutragen, mit Brennstoff zu übergießen und abzubrennen.
Bei extremen Kontaminationen muß bis zu 1 m Boden ausgehoben und einer geordneten Verbrennung mit Nachverbrennung zugeführt werden.
Das Abbrennen von Grasflächen ist eine erste Maßnahme, führt aber meist nicht zur vollständigen Entgiftung.
Abdecken des Geländes mit alkalischen Schlacken oder mit Chlorkalk/Sand ist als Sofortmaßnahme geeignet, bietet jedoch keinen ausreichenden Schutz gegen austretende Gase und Dämpfe.
Mehrmaliges Abschwemmen mit viel Wasser und Abdecken mit einer Sperrschicht ist eine erste Maßnahme, die sich vor allem für weniger toxische Stoffe eignet.
(Auch nach Jahrzehnten können Kampfstoffe im Boden konserviert werden, selbst unter Wasserlachen [Loste] und ihre vollständige Aktivität behalten!)

Dekontamination von Leder und Textilien

Kontaminierte Kleidungsstücke, Textilien und Lederwaren mit Entgiftungspuder oder Entgiftungslösung besprühen, ggf. in Seifenlauge (unter Zusatz von Schmierseife) kochen, anschließend einer geordneten Verbrennung zuführen.

Formel:	Summen-Formel: C13–H9–N–O	UN-Nr.

Merkblatt

2317

Stoffname

Deutsch	*Englisch*	*Französisch*
Dibenz(b,f)-1,4-oxazepin	**Dibenz(b,f)-1,4-oxazepine**	**CR**
CR	CR (lacrimator)	
Dibenz-1,4-oxazepin	CR	

Spanisch

CR

Gefahren-Diamant

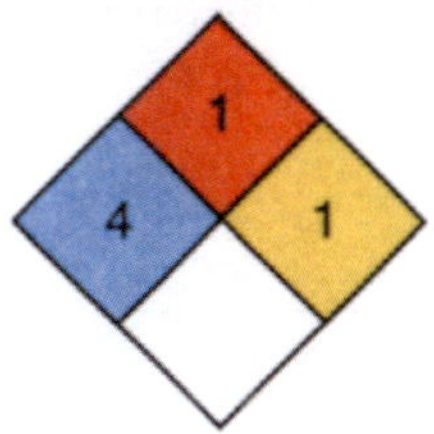

Hazchem-Code:

Tarn- und Decknamen siehe Merkblatt 2317a

Technische Daten

Siedepunkt	222 °C
Dampfdruck in mbar bei 20 °C	
Dampfdichteverhältnis, Luft = 1	6,8
Schmelzpunkt	72 °C
Mischbarkeit mit Wasser	sehr geringfügig*
Spez. Gewicht, Wasser = 1	0,9641 g/cm³ bei 100 °C
Molare Masse	195,22

Feuerbekämpfungsdaten

Flammpunkt, Zündfähiges Gemisch, Vol.-%, Zündtemperatur: brennbarer, fester Stoff

* 80 mg/l bei 20–25 °C.

Gefahrgut:

IMDG-Code: UN-Nr. Kl. Verp. Gr. EMS: **F-** ; **S-**

Marine pollutant

ICAO/IATA DGR: UN-Nr. Kl. Verp. Gr.

ADR/RID/ADNR: UN-Nr. Kl. Klassifiz. Code Verp. Gr.

Gefahrzettel (Label) Nr.

Richtige Versandbezeichnung (PSN):

Land/BinSch:

See/Luft:

Klassifizierung:

Gefahrstoff:

CAS Nr.: 257-07-8 RTECS-Nr.: HQ 3950000

EG-Nr.: INDEX-Nr.:

EG-Einstufung: nein

Symbol: Xi*

R-Sätze: 36/37/38*

S-Sätze: (2)23/24/25-27/28*

* Expertenvorschlag

Erscheinungsbild: Gelber, kristalliner, fester Stoff oder kristallines Pulver.

Verhalten bei Freiwerden und Vermischen mit Luft: Giftiger, umweltgefährlicher, sehr stark reizender und brennbarer, fester Stoff. Bei Aufwirbelung des Staubes bilden sich giftige, sehr stark reizende und umweltgefährliche und explosionsfähige Gemische mit Luft. Bei Brand oder Erhitzung bis zur Zersetzung (z. B. durch Umgebungsbrände oder heiße Oberflächen) erfolgt Zersetzung unter Bildung von giftigen und ätzenden Gasen und Dämpfen, die im Wesentlichen aus nitrosen Gasen (Stickstoffoxiden) und Stickstoff bestehen und auch Kohlendioxid und Kohlenmonoxid enthalten.

Verhalten bei Freiwerden und Vermischen mit Wasser: Der Stoff ist leichter als Wasser und schwimmt auf der Oberfläche. Er löst sich nur geringfügig in Wasser. Es bilden sich giftige, stark reizende, umweltgefährliche und stark wassergefährdende Gemische mit Wasser, die auch bei Verdünnung noch wirksam sind.

Gesundheitsgefährdung: Die Dämpfe und Aerosole reizen den Atemtrakt und die Schleimhäute der Augen sehr stark, zeitweilige Erblindung ist möglich. Nach Aufnahme in den Körper kann es zur Senkung der Herzschlagfrequenz und zum Blutdruckanstieg kommen, hysterische Anfälle werden beobachtet. Auf feuchter Haut verursacht CR Rötungen und starke Schmerzen. Die Erscheinungen klingen nach Entfernen des Reizstoffes ab, treten aber nach Stunden bei erneuter Befeuchtung wieder auf. Bei wiederholter Einwirkung erweist sich die Substanz als lebertoxisch. CR-Aerosol ist als Reizstoff etwa 8mal wirksamer als CS und verursacht auch stärkere Schmerzempfindungen als CS; die akute Toxizität liegt unter der des CS (s. auch Merkblatt 2294). Der Stoff ist entzündbar und verbrennt zu Stickstoff und NOx (s. auch Merkblatt 150).
Symptome: Brennen der Augen und Schleimhäute, Tränenfluß, Lidkrampf, Speichelfluß, Nasenausfluß, Niesen, Husten, Erstickungsanfälle.
Nach Einatmen oder Hautkontakt in jedem Fall – auch bei Ausbleiben der Symptome – den Arzt aufsuchen.
Nach Kontakt der Substanz mit den Augen ist in jedem Fall ein Augenarzt aufzusuchen.

Geruchsschwelle = Luftgrenzwert =

Bemerkungen: Der Stoff ist löslich in Ethylalkohol und Ether.
In der Chemikalienliste des Chemiewaffenübereinkommens (CWÜ) von 1993 über das Verbot der Entwicklung, Herstellung, Lagerung und des Einsatzes chemischer Waffen sowie über die Vernichtung solcher Waffen ist der Stoff bzw. die Stoffgruppe enthalten.

Sicherheitsmaßnahmen für Fahrzeugbesatzung, Polizei, Feuerwehr und Rettungskräfte:
Polizei und Feuerwehr alarmieren.
Im Gefahrenbereich umluftunabhängiges (schweres) Atemschutzgerät und volle Schutzkleidung tragen. Bei Erhitzung des Stoffes oder bei Brand im Gefahrenbereich Maschine stoppen, Zündung abstellen, offenes Feuer löschen, nicht rauchen, kein elektrisches Gerät und keinen Schalter mit Funkenbildung betätigen.
Wasserschutzpolizei und Feuerwehr: Bei Erhitzung des Stoffes kein Boot mit Ottomotor einsetzen. Bei Dieselantrieb Sicherheitsschaltung veranlassen. Nach dem Einsatz Kühlwasserkreislauf überprüfen. Beim Retten nicht ins Wasser springen.

Schutz- und Einsatzmaßnahmen: Alle unbeteiligten Personen nach Luv (gegen den Wind) entfernen. Achtung, falls freiwerdendes Gut in die Kanalisation oder in Abwasserleitungen von Schiffen gerät, entstehen giftige, stark reizende und umweltgefährliche Gemische mit Abwasser. Auf Wasserstraßen Schiffahrtssperre. An Land gefährdetes Gebiet absperren. Bei starker Erhitzung oder Brand entstehen giftige Gase und Dämpfe bzw. Dampf-/Luftgemische. In diesem Fall große Sicherheitszone bilden. In Wohn- und Industriegebieten Anwohner warnen.

Bekämpfung der Unfallfolgen:
Feuer: Bei kleinem Brandherd Löschpulver, Wassersprühstrahl, Kohlensäure oder Schaum. Bei großem Brandherd Schaum oder Wassersprühstrahl. Behälter mit Wassersprühstrahl kühlen und nach Möglichkeit aus der Gefahrenzone ziehen. Achtung, das Löschwasser ist giftig und umweltgefährlich. Es muß aufgefangen werden und darf nicht unbehandelt in die Kanalisation, in Gewässer oder in das Grundwasser gelangen.
Leckage: Leck schließen, wenn ohne Risiko möglich.
Fließendes Gewässer: Trink-, Brauch- und Kühlwasserentnehmer verständigen.
Stehendes Gewässer: Absperren. Fahrzeugbesatzungen im gefährdeten Gebiet warnen.
An Land: Kanalisation abdichten. Auffangen, eindeichen und abbergen. In Wohn- und Industriegebieten alle tiefliegenden Räume abdichten. Alle Zündquellen beseitigen. Restmengen mit nicht brennbarem, saugfähigem Material wie z. B. trockener Erde, Sand, Kieselgur, Universalbinder oder Vermiculit abdecken und an sichere Deponie zur Vernichtung transportieren.

Gewässerverunreinigung:
GefStoffV/EG:
Gesamtbewertung nach Unfall: Gruppe III, in stehenden Gewässern sehr hohe, in fließenden Gewässern je nach Vermischung mittlere bis hohe toxische Wirkung, nach Brand Gruppe IV, hohe bis sehr hohe (extrem hohe) toxische Wirkung unabhängig von der Turbulenz des Gewässers (siehe auch Erläuterungen Abschnitt 16.4/5).
Einzelwerte siehe Anhang 9 der Erläuterungen.
Wassergefährdungsklasse: –

Erste Hilfe:
Selbstschutz beachten. Verletzte an die frische Luft bringen. Bei Atemstörung Sauerstoffzufuhr, ggf. Beatmung. Benetzte Kleidungsstücke, Schuhe und Strümpfe sofort ausziehen, in einen dichtschließenden Behälter (Sack) versorgen. Betroffene Körperstellen anhaltend mit Wasser und Seife spülen. Bei Augenkontakt die Augen 15 Minuten mit handwarmen Wasser spülen. Augenlider dazu mit Daumen und Zeigefinger aufspreizen und gleichzeitig das Auge nach allen Seiten bewegen lassen. Für die Retter: Schutzkleidung empfohlen. Verletzte nicht auskühlen lassen. Bei Erbrechen zumindest Kopf in Seitenlage bringen. Verletzte nur liegend transportieren. Bei Gefahr der Bewußtlosigkeit Lagerung und Transport in stabiler Seitenlage (siehe auch Merkblatt 2317a).

Hinweise für den Arzt:
Symptomatische Behandlung der durch das Tränengas hervorgerufenen Symptome. Hautläsionen wie Verbrennungen behandeln.

Tarn- und Decknamen

D: CR-Stoff, CR-Tränenreizstoff

GB: CR, EA 3547, CR (lacrimator)

USA: CR, EA 3547, CR-lacrimator

F: CR

ESP: CR

Der schweizer Pharmakonzern Geigy entwickelte zu Beginn der sechziger Jahre Dibenzo(b,f)-azepine. Sie sollten als antidepressive Medikamente erprobt werden. 1962 gelang die Synthese von Dibenz(b,f)-1,4-oxapin. Das britische Chemical Defense Experimental Esteblishment Porton prüfte bei der Suche nach neuen reizerregenden Stoffen Anfang der siebziger Jahre auch diese Verbindung. Die britische Regierung beschloß 1973 die Herstellung der Substanz und die Einführung als Polizeiwaffe. Im selben Jahr wurde auch die Einführung in die Chemiewaffen der britischen Armee vollzogen. Der Stoff erhielt die Codebezeichnung „CR".

Personenentgiftung

Im Vordergrund steht die Behandlung der Reizsymptomatik und die Verhinderung der weiteren Einwirkung des Reizstoffes.
Für den Geschädigten sind folgende Maßnahmen vor dem Abtransport erforderlich:

- ❍ Aufsetzen der Schutzmaske und Abtransport aus dem Wirkungsbereich des Reizstoffes,
- ❍ Schutz der Augen vor dem direkten Kontakt mit flüssigem Reizstoff,
- ❍ Entfernung der gesamten Kleidung,
- ❍ kein Duschen oder Baden in den ersten sechs Stunden nach der Kontamination mit dem Reizstoff, Wasser ist in dieser Zeit nicht für die Dekontaminierung geeignet (verstärkt wesentlich den Schmerzreiz)
- ❍ Augen und Schleimhäute sind mit einer 4%igen Natriumhydrogencarbonatlösung gründlich zu spülen
- ❍ Abwaschen der Haut mit Alkohol oder Glycerin,
- ❍ die Kleidung ist vor dem Wiederanziehen gründlich zu lüften, bzw. es ist nichtkontaminierte Kleidung anzuziehen,
- ❍ Wunden sind mit einer 4%igen Natriumhydrogencarbonatlösung bzw. mit Alkohol zu reinigen, danach ist ein Mullverband anzulegen
- ❍ starke Blutungen sind mit einem Druckverband zu versorgen (in Ausnahmefällen kann im Interesse eines schnellen Abtransportes aus dem Wirkungsherd vorübergehend eine Abschnürung angelegt werden).

Für den Abtransport muss der Geschädigte in Wärmedecken eingehülllt werden.

Entgiftung/Dekontamination von Sachen und Geräten

Selbstschutz beachten, Schutzkleidung und Schutzmaske tragen, bzw. Schutzmaske griffbereit halten. Nach dem Arbeiten Schutzkleiung dekontaminieren, ebenso Geräte und Materialien, die für die Entgiftung/Dekontamination verwendet wurden (mindestens 24 Stunden in Entgiftungslösung belassen, nachfolgend gründlich abspülen, Verbrennung zuführen; unter „Feldbedingungen" mit Wasser und Seifenlösung reinigen).
Entgiftungslösungen erst unmittelbar vor der Aufnahme der Arbeiten herstellen.
Substanz ist äusserst stabil; verunreinigte Gegenstände mit Entgiftungspuder oder Chemikalienbinder bestäuben, mechanisch entfernen, Geräte dann Verbrennen bzw. Ausglühen.

Dekontamination von Gebäuden

Gebäude und Bauten aus Holz, Ziegelsteinen, Beton, Mörtel, Zement können infolge ihrer hohen Porösität sowohl Gase/Dämpfe als auch Flüssigkeiten aufnehmen und in tiefere Schichten verteilen, so dass i.a. nur Abriss und nachfolgende Verbrennung möglich sind.
Als erste Maßnahme können evtl. Waschverfahren mit alkalischer Seifenlösung (Zusatz von Schmierseife) angewandt werden.
Leichte oberflächliche Behaftungen können mit Chlorkalk, der alle 24 Stunden erneuert wird, abgedeckt werden. Austretende Gase und Dämpfe werden so teilweise entgiftet.

Entgiftung/Dekontamination im Gelände

Betroffene Geländeabschnitte, Straßen, Plätze u. ä. absperren, Menschen und Nutztiere evakuieren.
Bei oberflächlichen Kontaminationen reicht es meist aus, 10–20 cm Boden abzutragen, mit Brennstoff zu übergießen und abzubrennen.
Bei extremen Kontaminationen muß bis zu 1 m Boden ausgehoben und einer geordneten Verbrennung mit Nachverbrennung zugeführt werden.
Das Abbrennen von Grasflächen ist eine erste Maßnahme, führt aber meist nicht zur vollständigen Entgiftung.
Abdecken des Geländes mit alkalischen Schlacken oder mit Chlorkalk/Sand ist als Sofortmaßnahme geeignet, bietet jedoch keinen ausreichenden Schutz gegen austretende Gase und Dämpfe.
Mehrmaliges Abschwemmen mit viel Wasser und Abdecken mit einer Sperrschicht ist eine erste Maßnahme, die sich vor allem für weniger toxische Stoffe eignet.
(Auch nach Jahrzehnten können Kampfstoffe im Boden konserviert werden, selbst unter Wasserlachen [Loste] und ihre vollständige Aktivität behalten!)

Dekontamination von Leder und Textilien

Kontaminierte Kleidungsstücke, Textilien und Lederwaren mit Entgiftungspuder oder Entgiftungslösung besprühen, ggf. in Seifenlauge (unter Zusatz von Schmierseife) kochen, anschließend einer geordneten Verbrennung zuführen.

Formel: $SO_2–CH_2–CH_2–CH_2–O$ **Summen-Formel:** C3–H6–O3–S **UN-Nr. 2811 n.o.s.**

Merkblatt

2318

Stoffname

Deutsch	*Englisch*	*Französisch*
1,3-Propansulton	**1,3-Propanesultone**	**1,3-Propanesultone**
3-Hydroxy-1-propansulfonsäure-γ-sulton	1-Propanesulfonic acid-3-hydroxy-gamma-sultone	
1,2-Oxathiolan-2,2-dioxid	3-Hydroxy-1-propanesulfonic acid gamma-sultone	*Spanisch*
1-Propansulfonsäure-3-hydroxy-sulton	3-Hydroxy-1-propanesulphonic acid sultone	**1,3-Propanosultona**
	1,2-Oxathrolane-2,2-dioxide	

Gefahren-Diamant

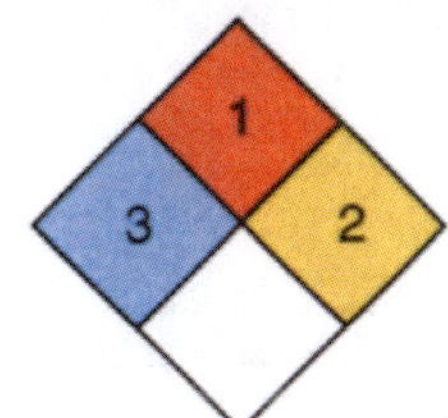

Hazchem-Code:

Technische Daten

Siedepunkt	96 °C bei 1,3 mbar
Dampfdruck in mbar bei 20 °C	0,0048
Dampfdichteverhältnis, Luft = 1	4,22
Schmelzpunkt	31 °C
Mischbarkeit mit Wasser	reagiert*
Spez. Gewicht, Wasser = 1	1,392 bei 40 °C
Molare Masse	122,14

Feuerbekämpfungsdaten

Flammpunkt	>110 °C
Zündfähiges Gemisch, Vol.-%	
Zündtemperatur	

* Der Stoff wird mit Wasser hydrolisiert unter Rückbildung zu 3-Hydroxypropansulfonsäure. Hierbei wird viel Wärme frei, die zur Selbstentzündung führen kann.

Gefahrgut:

	Klassifizierung:	
IMDG-Code: UN-Nr. 2811 n.o.s.	Kl. 6.1	Verp. Gr. II EMS: **F**-A; **S**-
Marine pollutant		
ICAO/IATA DGR: UN-Nr. 2811 n.o.s.	Kl. 6.1	Verp. Gr. II
ADR/RID/ADNR: UN-Nr. 2811 n.a.g.	Kl. 6.1	Klassifiz. Code T2 Verp. Gr. II

Gefahrzettel (Label) Nr. 6.1
Richtige Versandbezeichnung (PSN):
Land/BinSch: **2811 Giftiger, organischer, fester Stoff (1.3-Propansulton)**
See/Luft: **Toxic liquid, organic n.o.s. (1.3-Propansulton)**

Gefahrstoff:

CAS Nr.: 1120-71-4 RTECS-Nr.: RP 5425000
EG-Nr.: 214-317-9 INDEX-Nr.: 016-032-00-3
EG-Einstufung: ja
Symbol: T
R-Sätze: 45-21/22
S-Sätze: 53-45
D-Lagerklasse (VCI)-Nr.:

Erscheinungsbild: Farblose kristalline Masse oder feines kristallines Pulver

Verhalten bei Freiwerden und Vermischen mit Luft: Giftiger und brennbarer fester Stoff. Bei Aufwirbelung des Staubes bilden sich giftige und explosionsfähige Gemische mit Luft. Bei Brand oder Erhitzung bis zur Zersetzung (z. B. durch Umgebungsbrände oder heiße Oberflächen) erfolgt Zersetzung unter Bildung von giftigen und ätzenden Gasen und Dämpfen, die im Wesentlichen aus Schwefeldioxid(gas) bestehen und auch Kohlendioxid und Kohlenmonoxid enthalten.

Verhalten bei Freiwerden und Vermischen mit Wasser: Der Stoff ist schwerer als Wasser und sinkt unter. Er hydrolysiert mit Wasser unter starker Erwärmung und Rückbildung zu 3-Hydroxypropansulfonsäure. Es bilden sich stark wassergefährdende Gemische mit Wasser, die auch bei Verdünnung noch wirksam sind.

Gesundheitsgefährdung: Die Substanz und ihre konzentrierten Lösungen reizen bei direktem Kontakt sehr stark die Haut und die Augen. Hautaufnahme möglich! Nach versehentlichem Verschlucken kommt es zu starken Beschwerden im Magen-Darm-Trakt (im Tierexperiment: Hämorrhagisches Lungenödem). Bei längerem oder wiederholtem Hautkontakt kommt es zu Hautentzündungen und zu allergischen Hautreaktionen. Bei Brand oder Erhitzen bis zur Zersetzung Bildung von Schwefeldioxid (s. auch Merkblatt 186).
Symptome: Brennen und Rötung der Haut bzw. der Augen, starke Schmerzen, Zerstörung der Schleimhäute, nach Verschlucken: Starke Leibschmerzen, (evtl. blutige) Durchfälle, Krämpfe
Nach Einatmen oder Hautkontakt in jedem Fall – auch bei Ausbleiben der Symptome – den Arzt aufsuchen. Nach Kontakt der Substanz mit den Augen ist in jedem Fall ein Augenarzt aufzusuchen.

Geruchsschwelle = Luftgrenzwert =

Bemerkungen: Die Substanz reagiert heftig bis sehr heftig bei Kontakt oder Mischung mit starken Oxidationsmitteln. Es entsteht starke Erhitzung mit Entzündungsgefahr und Bildung von Schwefeldioxid(gas). Der Stoff ist löslich in niederen Alkoholen und aromatischen Kohlenwasserstoffen.

Sicherheitsmaßnahmen für Fahrzeugbesatzung, Polizei, Feuerwehr und Rettungskräfte:
Polizei und Feuerwehr alarmieren.
Im Gefahrenbereich umluftunabhängiges (schweres) Atemschutzgerät und volle Schutzkleidung tragen. Bei Erhitzung des Stoffes oder bei Brand **im Gefahrenbereich** Maschine stoppen, Zündung abstellen, offenes Feuer löschen, nicht rauchen, kein elektrisches Gerät und keinen Schalter mit Funkenbildung betätigen.
Wasserschutzpolizei und Feuerwehr: Bei Erhitzung des Stoffes und bei Brand kein Boot mit Ottomotor einsetzen. Bei Dieselantrieb Sicherheitsschaltung veranlassen. Beim Retten nicht ins Wasser springen.

Schutz- und Einsatzmaßnahmen: Alle unbeteiligten Personen nach Luv (gegen den Wind) entfernen. Achtung, falls freiwerdendes Gut in die Kanalisation oder in Abwasserleitungen von Schiffen gerät, entstehen giftige Gemische mit Abwasser. Auf Wasserstraßen Schiffahrtssperre. An Land gefährdetes Gebiet absperren. Bei starker Erhitzung oder Brand entstehen giftige Gase und Dämpfe bzw. Dampf-/Luftgemische. In diesem Fall große Sicherheitszone bilden. In Wohn- und Industriegebieten Anwohner warnen. Zuständige Behörden unterrichten.

Bekämpfung der Unfallfolgen:
Feuer: Bei kleinem Brandherd Löschpulver, Wassersprühstrahl, Kohlensäure oder Schaum. Bei großem Brandherd Schaum oder Wassersprühstrahl. Behälter mit Wassersprühstrahl kühlen und nach Möglichkeit aus der Gefahrenzone ziehen. Achtung, das Löschwasser ist giftig und umweltgefährlich. Es muß aufgefangen werden und darf nicht unbehandelt in die Kanalisation, in Gewässer oder in das Grundwasser gelangen.
Leckage: Leck schließen, wenn ohne Risiko möglich.
Fließendes Gewässer: Trink-, Brauch- und Kühlwasserentnehmer verständigen.
Stehendes Gewässer: Absperren. Fahrzeugbesatzungen im gefährdeten Gebiet warnen.
An Land: Kanalisation abdichten. Auffangen, eindeichen und abbergen. In Wohn- und Industriegebieten alle tiefliegenden Räume abdichten. Alle Zündquellen beseitigen. Restmengen mit nicht brennbarem, saugfähigem Material wie z. B. trockener Erde, Sand, Kieselgur, Universalbinder oder Vermiculit abdecken und an sichere Deponie zur Vernichtung transportieren.

Gewässerverunreinigung:
GefStoffV/EG:
Gesamtbewertung nach Unfall: Gruppe IV, hohe bis sehr hohe (extrem hohe) toxische Wirkung unabhängig von der Turbulenz des Gewässers (siehe auch Erläuterungen Abschnitt 16.4/5).
Einzelwerte siehe Anhang 9 der Erläuterungen.
Wassergefährdungsklasse: 3 – stark wassergefährdender Stoff.

Erste Hilfe:
Verletzte an die frische Luft bringen. Benetzte Kleidungsstücke, Schuhe und Strümpfe sofort ausziehen, in einen Behälter (Sack) versorgen. Betroffene Körperstellen anhaltend mit Wasser und Seife spülen. Bei Augenkontakt die Augen 15 Minuten mit handwarmem Wasser spülen. Augenlider dazu mit Daumen und Zeigefinger aufspreizen und gleichzeitig das Auge nach allen Seiten bewegen lassen. Für die Retter: Schutzkleidung empfohlen. Verletzte nicht auskühlen lassen. Bei Erbrechen zumindest Kopf in Seitenlage bringen. Verletzte nur liegend transportieren. Bei Gefahr der Bewußtlosigkeit Lagerung und Transport in stabiler Seitenlage.

Hinweise für den Arzt:
Symptomatische Behandlung. Stoff ist als karzinogen eingestuft.

Formel: $ClSO_2OCH_3$ **Summen-Formel:** CH3–Cl–O3–S **UN-Nr.**

Merkblatt

2319

Gefahren-Diamant

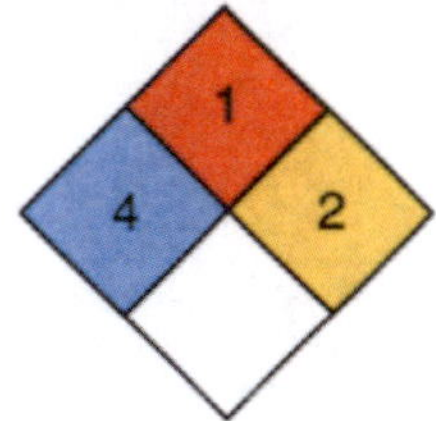

Hazchem-Code:

Stoffname

Deutsch	*Englisch*	*Französisch*
Chlorsulfonsäuremethylester	**Chlorosulfonic acid methyl ester**	**Chlorosulfate de méthyle**
Methylchlorsulfat	Methylchlorosulfate	
Methylchlorsulfonat	Methylchlorosulfonate	
Methylschwefelsäurechlorid		

Spanisch

Chlorosulfato de metilo

siehe auch Merkblatt 2319a

Technische Daten

Siedepunkt	133–135 °C (Zersetzung)
Dampfdruck in mbar bei 20 °C	12
Dampfdichteverhältnis, Luft = 1	4,51
Schmelzpunkt	–70 °C
Mischbarkeit mit Wasser	sehr geringfügig*
Spez. Gewicht, Wasser = 1	1,4805 bei 25 °C
Molare Masse	130,55

Feuerbekämpfungsdaten

Flammpunkt, Zündfähiges Gemisch, Vol.-%, Zündtemperatur } brennbare Flüssigkeit

* Der Stoff löst sich nur sehr geringfügig. Er reagiert jedoch unter Bildung von Salzsäure und Methylschwefelsäure.

Gefahrgut:*

	Klassifizierung:		
IMDG-Code: UN-Nr.	Kl.	Verp. Gr.	EMS: **F-** ; **S-**
ICAO/IATA DGR: UN-Nr.	Kl.	Verp. Gr.	
ADR/RID/ADNR: UN-Nr.	Kl.	Klassifiz. Code	Verp. Gr.

Gefahrzettel (Label) Nr.
Richtige Versandbezeichnung (PSN):
Land/BinSch:
See/Luft:

* Transport erfolgt nach Sondervorschriften

Gefahrstoff:

CAS Nr.: 812-01-1 RTECS-Nr.:
EG-Nr.: 212-380-7 INDEX-Nr.:
EG-Einstufung: nein
Symbol: C, N*
R-Sätze: 35-50/53*
S-Sätze: (2)–24/25-27/28*

* Expertenvorschlag

Erscheinungsbild: Farblose Flüssigkeit, stechender Geruch.

Verhalten bei Freiwerden und Vermischen mit Luft: Stark ätzende, umweltgefährliche und brennbare Flüssigkeit mit relativ hohem Flammpunkt. Bei starker Erhitzung bilden sich stark ätzende, umweltgefährliche und explosionsfähige Gemische mit Luft. Sie sind schwerer als Luft und kriechen am Boden entlang. Entzündung durch heiße Oberflächen, Funken oder offene Flammen. Bei Erhitzung bis zur Zersetzung (z. B. durch Umgebungsbrände oder heiße Oberflächen) und bei Brand bilden sich giftige und ätzende Gase bzw. Dämpfe, die im Wesentlichen aus Schwefelchloriden, Schwefeldioxid(gas) und Chlorwasserstoff(gas) bzw. Salzsäuredämpfen bestehen und auch Kohlenmonoxid(gas) sowie Kohlendioxid(gas) enthalten.

Verhalten bei Freiwerden und Vermischen mit Wasser: Der Stoff ist schwerer als Wasser und sinkt unter. Er löst sich nur sehr geringfügig in Wasser. Er reagiert jedoch unter Spaltung in Chlorwasserstoff(gas) bzw. Salzsäure und Methylschwefelsäure. Es bilden sich ätzende Gemische mit Wasser, die auch bei starker Verdünnung noch wirksam sind.

Gesundheitsgefährdung: Der Stoff wirkt stark ätzend auf die Haut und auf die Schleimhäute der Augen und des Atemtraktes. Beim Einatmen kommt es zur Ausbildung des toxischen Lungenödems, bei Kontakt mit den Augen Erblindungsgefahr! Reizschwelle: 2 mg/m^3; Erträglichkeitsgrenze: 30 mg/m^3; LCt_{50} (Mensch, inhalativ): 2000 mg x min/m^3. Bei Brand oder Erhitzen bis zur Zersetzung Bildung von Salzsäure (s. auch Merkblatt 177), Schwefelchloriden und Schwefeldioxid (s. auch Merkblatt 186).
Symptome: Kopfschmerzen, Übelkeit, Benommenheit, Erbrechen, Hustenanfälle bis zur Erstickung, Tränenfluß, Lidkrampf, Hautrötung, Blasenbildung, schwerheilende Wunden.
Nach Einatmen oder Hautkontakt in jedem Fall – auch bei Ausbleiben der Symptome – den Arzt aufsuchen. Nach Kontakt der Substanz mit den Augen ist in jedem Fall ein Augenarzt aufzusuchen.

Geruchsschwelle = Luftgrenzwert =

Bemerkungen: Der Stoff ist löslich in Alkohol, Kohlenstofftetrachlorid und Chloroform.
In der Chemikalienliste des Chemiewaffenübereinkommens (CWÜ) von 1993 über das Verbot der Entwicklung, Herstellung, Lagerung und des Einsatzes chemischer Waffen sowie über die Vernichtung solcher Waffen ist der Stoff bzw. die Stoffgruppe enthalten.
In Wasser Spaltung zu Salzsäure und Methylschwefelsäure; in Granaten meist im Gemisch mit 5% Dimethylsulfat (s. auch Merkblatt 87) enthalten.

Sicherheitsmaßnahmen für Fahrzeugbesatzung, Polizei, Feuerwehr und Rettungskräfte:
Polizei und Feuerwehr alarmieren.
Im Gefahrenbereich Maschine stoppen. Sofort volle Schutzkleidung und umluftunabhängiges (schweres) Atemschutzgerät tragen. Bei starker Erhitzung oder Brand nicht rauchen, offenes Feuer löschen, kein elektrisches Gerät und keinen Schalter mit Funkenbildung betätigen.
Wasserschutzpolizei und Feuerwehr: Beim Retten nicht ins Wasser springen. Bei starker Erhitzung kein Boot mit Ottomotor einsetzen. Bei Dieselantrieb Sicherheitsschaltung veranlassen. Nach dem Einsatz Kühlwasserkreislauf überprüfen.

Schutz- und Einsatzmaßnahmen: Alle unbeteiligten Personen nach Luv (gegen den Wind) entfernen. Achtung, falls freiwerdendes Gut in die Kanalisation oder in Abwasserleitungen von Schiffen gerät, bilden sich ätzende Gemische mit Abwasser und kann über der Oberfläche Verätzungsgefahr entstehen. Experten hinzuziehen. Auf Wasserstraßen Schiffahrtssperre. An Land gefährdetes Gebiet absperren. Große Sicherheitszone bilden. In Wohn- und Industriegebieten Anwohner warnen. Gefährdetes Gebiet ggf. evakuieren.

Konzentrationsmessung explosionsfähiger bzw. giftiger Dämpfe siehe Tabelle (Anhang 6 der Erläuterungen).

Zuständige Behörden unterrichten.

Bekämpfung der Unfallfolgen:
Feuer: Bei kleinem und großem Brandherd Löschpulver oder Kohlensäure. Wegen Reaktionsgefahr kein Wasser und keinen Schaum verwenden. Behälter mit Wassersprühstrahl kühlen und nach Möglichkeit aus der Gefahrenzone ziehen. Es darf jedoch kein Wasser in den Tank gelangen, da sonst Gefahr einer heftigen Reaktion.
Leckage: Leck schließen, wenn ohne Risiko möglich.
Fließendes Gewässer: Trink-, Brauch- und Kühlwasserentnehmer verständigen. Experten hinzuziehen.
Stehendes Gewässer: Absperren. Alle Zündquellen beseitigen. Fahrzeuge im gefährdeten Gebiet räumen. Experten hinzuziehen.
An Land: Kanalisation abdichten. Auffangen, eindeichen und abpumpen. Restmengen mit nicht brennbarem, saugfähigem Material wie z. B. trockener Erde, Sand, gemahlenem Kalkstein, Kieselgur, Universalbinder oder Vermiculit abdecken und in geschlossenem Behälter an sicheren Deponieort transportieren. Alle Zündquellen beseitigen. In Wohn- und Industriegebieten alle tiefliegenden Räume abdichten. Experten hinzuziehen.

Gewässerverunreinigung:
GefStoffV/EG: Gefahrensymbol: N Umweltgefährlich, R 50/53: sehr giftig für Wasserorganismen, kann in Gewässern längerfristig schädliche Wirkungen haben.
Gesamtbewertung nach Unfall: Gruppe IV, hohe bis sehr hohe (extrem hohe) toxische Wirkung unabhängig von der Turbulenz des Gewässers (siehe auch Erläuterungen Abschnitt 16.4/5).
Einzelwerte siehe Anhang 9 der Erläuterungen.
Wassergefährdungsklasse: 3 – stark wassergefährdender Stoff

Erste Hilfe:
Selbstschutz beachten. Verletzte an die frische Luft bringen. Benetzte Kleidungsstücke, Schuhe und Strümpfe sofort ausziehen und in einen dichtschließenden Behälter (Sack) versorgen. Betroffene Körperstellen anhaltend mit Wasser und Seife spülen. Bei Augenkontakt die Augen 15 Minuten mit handwarmen Wasser spülen. Augenlider dazu mit Daumen und Zeigefinger aufspreizen und gleichzeitig das Auge nach allen Seiten bewegen lassen. Für die Retter: Schutzkleidung empfohlen. Verletzte nicht auskühlen lassen. Bei Erbrechen zumindest Kopf in Seitenlage bringen. Verletzte nur liegend transportieren. Bei Gefahr der Bewußtlosigkeit Lagerung und Transport in stabiler Seitenlage (siehe auch Merkblatt 2319a).

Hinweise für den Arzt:
Symptomatische Behandlung.

Personenentgiftung

Im Vordergrund steht die Behandlung der Reizsymptomatik und die Verhinderung der weiteren Kontamination mit dem Kampfstoff.
Sanitäter und Helfer arbeiten unter Schutzkleidung.
Für den Geschädigten sind folgende Maßnahmen vor dem Abtransport erforderlich:

❍ Entfernung der gesamten Kleidung, zumindest aber der kontaminierten Kleidungsstücke,
❍ gründliche Reinigung der Haut mit Alkohol und anschließend mit einer 3–4%igen Natriumhydrogencarbonatlösung bzw. Entgiftung der kontaminierten Hautreale mit Ammoniaklösung (Salmiakgeist), in Ausnahmefällen mit Kaliumpermanganat (verfärbt die Haut) und anschließende Reinigung der kontaminierten Körperoberfläche (einschließlich der Haare) mit Wasser und Seife bzw. mit 3%iger Natriumhydrogencarbonatlösung.
❍ Spülung der Augen mit einer 3–4%igen Natriumhydrogencarbonatlösung.
❍ Atemwegsprophylaxe mit dem Auxiloson-Dosier-Aerosol (initial 5 Hübe hintereinander und weitere 5 Hübe nach 10 Minuten),
❍ steht eine Dusche zur Verfügung, sollte unbedingt der gesamte Körper gründlich mit Wasser und Seife bzw. einem Waschmittel gereinigt werden.

Für den Transport muß der Geschädigte in Wärmedecken eingehüllt werden.

Vor dem weiteren Abtransport mit einem Krankenwagen oder einem Hubschrauber in ein Krankenhaus hat unbedingt eine vollständige Entgiftung des gesamten Körpers zu erfolgen. Bei Unterlassung der Dekontamination würden die Kampfstoffausdunstungen der kontaminierten Haare und der kontaminierten Kleidung das Personal des Transportfahrzeuges gefährden. Außerdem hat vor dem Abtransport ein Arzt die erste ärztliche Hilfe zu erweisen. Durch diese Hilfemaßnahmen wird die Schädigung der Haut wesentlich verringert, und durch die frühzeitige Gabe von Antidoten werden die systemischen Schädigungen der inneren Organe verhindert.

Entgiftung/Dekontamination von Sachen und Geräten

Selbstschutz beachten, Schutzkleidung und Schutzmaske tragen, bzw. Schutzmaske griffbereit halten. Nach dem Arbeiten Schutzkleiung dekontaminieren, ebenso Geräte und Materialien, die für die Entgiftung/Dekontamination verwendet wurden (mindestens 24 Stunden in Entgiftungslösung belassen, nachfolgend gründlich abspülen, Verbrennung zuführen; unter „Feldbedingungen“ mit Wasser und Seifenlösung reinigen).
Entgiftungslösungen erst unmittelbar vor der Aufnahme der Arbeiten herstellen.

Geeignet sind:
5–10%ige Alkalilaugen
oder alkalische Natriumsulfidlösungen
oder Hexamethylentetramin

Dekontamination von Gebäuden

Gebäude und Bauten aus Holz, Ziegelsteinen, Beton, Mörtel, Zement können infolge ihrer hohen Porösität sowohl Gase/Dämpfe als auch Flüssigkeiten aufnehmen und in tiefere Schichten verteilen, so dass i.a. nur Abriss und nachfolgende Verbrennung möglich sind.
Als erste Maßnahme können evtl. Waschverfahren mit alkalischer Seifenlösung (Zusatz von Schmierseife) angewandt werden.
Leichte oberflächliche Behaftungen können mit Chlorkalk, der alle 24 Stunden erneuert wird, abgedeckt werden. Austretende Gase und Dämpfe werden so teilweise entgiftet.

Entgiftung/Dekontamination im Gelände

Betroffene Geländeabschnitte, Straßen, Plätze u. ä. absperren, Menschen und Nutztiere evakuieren.
Bei oberflächlichen Kontaminationen reicht es meist aus, 10–20 cm Boden abzutragen, mit Brennstoff zu übergießen und abzubrennen.
Bei extremen Kontaminationen muß bis zu 1 m Boden ausgehoben und einer geordneten Verbrennung mit Nachverbrennung zugeführt werden.
Das Abbrennen von Grasflächen ist eine erste Maßnahme, führt aber meist nicht zur vollständigen Entgiftung.
Abdecken des Geländes mit alkalischen Schlacken oder mit Chlorkalk/Sand ist als Sofortmaßnahme geeignet, bietet jedoch keinen ausreichenden Schutz gegen austretende Gase und Dämpfe.
Mehrmaliges Abschwemmen mit viel Wasser und Abdecken mit einer Sperrschicht ist eine erste Maßnahme, die sich vor allem für weniger toxische Stoffe eignet.
(Auch nach Jahrzehnten können Kampfstoffe im Boden konserviert werden, selbst unter Wasserlachen [Loste] und ihre vollständige Aktivität behalten!)

Dekontamination von Leder und Textilien

Kontaminierte Kleidungsstücke, Textilien und Lederwaren mit Entgiftungspuder oder Entgiftungslösung besprühen, ggf. in Seifenlauge (unter Zusatz von Schmierseife) kochen, anschließend einer geordneten Verbrennung zuführen.

Formel: CH_3–N(N=O)–CH_3 **Summen-Formel:** C2–H6–N2–O **UN-Nr. 2810 n.o.s.**

Merkblatt

2320

Stoffname

Deutsch	*Englisch*	*Französisch*
Dimethylnitrosamin	**Dimethylnitrosoamine**	**Nitrosodiméthylamine**
N,N-Dimethylnitrosamin	N-Nitrosodimethylamine	N-Nitrosodiméthylamine
N-Nitrosodimethylamin	Dimethylnitrosamine	
N-Methyl-N-nitrosomethanamin	N,N Dimethylnitrosoamine	
N-Nitroso-N,N-dimethylamin	N-Methyl-N-nitrosomethanamine	
DMNA	Nitrosodimethylamine	*Spanisch*
NDMA	N-Nitroso-N,N-dimethylamine	**Nitrosodimetilamina**
	DMN	N-Nitrosodimetilamina
	DMNA	
	NDMA	

Gefahren-Diamant

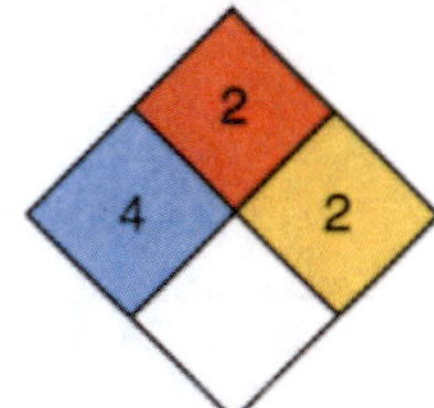

Hazchem-Code: 2XE

Technische Daten

Siedepunkt	152 °C
Dampfdruck in mbar bei 20 °C	5
Dampfdichteverhältnis, Luft = 1	2,56
Schmelzpunkt	
Mischbarkeit mit Wasser	vollständig
Spez. Gewicht, Wasser = 1	1,0059
Molare Masse	74,08

Feuerbekämpfungsdaten

Flammpunkt	61 °C
Zündfähiges Gemisch, Vol.-%	
Zündtemperatur	

Gefahrgut: **Klassifizierung:**

IMDG-Code: UN-Nr. 2810 n.o.s. Kl. 6.1 Verp. Gr. I EMS: **F**-A; **S**-A
Marine pollutant
ICAO/IATA DGR: UN-Nr. 2810 n.o.s. Kl. 6.1 Verp. Gr. I
ADR/RID/ADNR: UN-Nr. 2810 n.a.g. Kl. 6.1 Klassifiz. Code T1 Verp. Gr. I
Gefahrzettel (Label) Nr. 6.1
Richtige Versandbezeichnung (PSN):
Land/BinSch: **2810 Giftiger, organischer, flüssiger Stoff, n.a.g. (Dimethylnitrosamin)**
See/Luft: **Toxic Liquid, organic, n.o.s (Dimethylnitrosoamine)**

Gefahrstoff:

CAS-Nr.: 62-75-9 RTECS-Nr.: IQ 0525000
EG-Nr.: 200-549-8 INDEX-Nr.: 612-077-00-3
EG-Einstufung: ja
Symbol: T+, N
R-Sätze: 45-25-26-48/25-51/53
S-Sätze: 53-45-61

Erscheinungsbild: Gelbliche, ölige Flüssigkeit. Schwacher charakteristischer Geruch.

Verhalten bei Freiwerden und Vermischen mit Luft: Sehr giftige, umweltgefährliche und brennbare Flüssigkeit mit relativ hohem Flammpunkt von 61°C. Bei starker Erhitzung bilden sich sehr giftige, umweltgefährliche und explosionsfähige Gemische mit Luft. Sie sind schwerer als Luft und kriechen am Boden entlang. Entzündung durch heiße Oberflächen, Funken oder offene Flammen. Bei Erhitzung bis zur Zersetzung (z. B. durch Umgebungsbrände oder heiße Oberflächen) und bei Brand bilden sich giftige und ätzende Gase bzw. Dämpfe, die im Wesentlichen aus nitrosen Gasen bestehen und auch Kohlenmonoxid(gas) sowie Kohlendioxid(gas) enthalten.

Verhalten bei Freiwerden und Vermischen mit Wasser: Der Stoff ist geringfügig schwerer als Wasser und sinkt langsam unter. Er löst sich vollständig in Wasser. Es bilden sich giftige und umweltgefährliche Gemische mit Wasser, die auch bei Verdünnung noch wirksam sind.

Gesundheitsgefährdung: Nach Kontakt mit der Flüssigkeit kommt es zu starker Hautreizung z. T. mit Blasenbildung. Die Dämpfe reizen die Schleimhäute der Augen und der Atemwege, es kommt zu Bindehautentzündungen und schwerer Bronchitis. Nach versehentlichem Verschlucken kann es zu schweren Leberschäden (als Hauptsymptom), Blutungen innerer Organe mit z. T. tödlichem Ausgang kommen. Die Substanz ist einer der stärksten krebserzeugenden Stoffe im Tierversuch. LDL_0 (Mensch, oral: 20 mg/kg/2,5 Jahre). Bei Brand oder Erhitzen bis zur Zersetzung Bildung von nitrosen Gasen (s. auch Mbl. 150).
Symptome: Starkes Brennen und Schmerzen betroffener Körperpartien, Husten- und Tränenreiz, Übelkeit, Schwindel; nach Verschlucken: Starke Leibschmerzen, z. T. blutige Durchfälle, Atemnot.
Nach Einatmen oder Hautkontakt in jedem Fall – auch bei Ausbleiben der Symptome – den Arzt aufsuchen.
Nach Kontakt der Substanz mit den Augen ist in jedem Fall ein Augenarzt aufzusuchen.

Geruchsschwelle = Luftgrenzwert =

Bemerkungen: Der Stoff ist löslich in Methylenchlorid, Speiseölen, Ethylalkohol, Diethylether, Aceton und Benzol. Die Substanz reagiert bei Einwirkung von ultraviolettem Licht.

Sicherheitsmaßnahmen für Fahrzeugbesatzung, Polizei, Feuerwehr und Rettungskräfte:
Polizei und Feuerwehr alarmieren.
Im Gefahrenbereich sofort umluftunabhängiges (schweres) Atemschutzgerät und volle Schutzkleidung tragen. Bei Erhitzung der Flüssigkeit Zündung abstellen, Maschine stoppen, nicht rauchen, offenes Feuer löschen, kein elektrisches Gerät und keinen Schalter mit Funkenbildung betätigen.
Wasserschutzpolizei und Feuerwehr: Bei Erhitzung des Stoffes kein Boot mit Ottomotor einsetzen. Bei Dieselantrieb Sicherheitsschaltung veranlassen. Beim Retten nicht ins Wasser springen.

Schutz- und Einsatzmaßnahmen: Alle unbeteiligten Personen nach Luv (gegen den Wind) entfernen. Achtung, falls freiwerdendes Gut in die Kanalisation oder in Abwasserleitungen von Schiffen gerät, entstehen giftige und umweltgefährliche Gemische mit Abwasser. Auf Wasserstraßen Schiffahrtssperre. An Land gefährdetes Gebiet absperren. Bei Erhitzung oder Brand entstehen giftige Gase und Dämpfe bzw. Dampf-/Luftgemische. In diesem Fall große Sicherheitszone bilden. In Wohn- und Industriegebieten Anwohner warnen. Zuständige Behörden unterrichten.

Bekämpfung der Unfallfolgen:
Feuer: Bei kleinem Brandherd Löschpulver, Wassersprühstrahl, Kohlensäure oder Schaum. Bei großem Brandherd Schaum oder Wassersprühstrahl. Behälter mit Wassersprühstrahl kühlen und nach Möglichkeit aus der Gefahrenzone ziehen. Achtung, das Löschwasser ist giftig und umweltgefährlich. Es muß aufgefangen werden und darf nicht unbehandelt in die Kanalisation, in Gewässer oder in das Grundwasser gelangen.
Leckage: Leck schließen, wenn ohne Risiko möglich.
Fließendes Gewässer: Trink-, Brauch- und Kühlwasserentnehmer verständigen.
Stehendes Gewässer: Absperren. Fahrzeugbesatzungen im gefährdeten Gebiet warnen.
An Land: Kanalisation abdichten. Auffangen, eindeichen und abbergen. In Wohn- und Industriegebieten alle tiefliegenden Räume abdichten. Alle Zündquellen beseitigen. Restmengen mit nicht brennbarem, saugfähigem Material wie z. B. trockener Erde, Sand, Kieselgur, Universalbinder oder Vermiculit abdecken und an sichere Deponie zur Vernichtung transportieren.

Gewässerverunreinigung:
GefStoffV/EG: Gefahrensymbol: N Umweltgefährlich, R 51/53: giftig für Wasserorganismen, kann in Gewässern längerfristig schädliche Wirkungen haben.
Gesamtbewertung nach Unfall: Gruppe III, in stehenden Gewässern sehr hohe, in fließenden Gewässern je nach Vermischung mittlere bis hohe toxische Wirkung (siehe auch Erläuterungen Abschnitt 16.4/5).
Einzelwerte siehe Anhang 9 der Erläuterungen.
Wassergefährdungsklasse: 3 – stark wassergefährdender Stoff.

Erste Hilfe:
Selbstschutz beachten. Verletzte an die frische Luft bringen. Benetzte Kleidungsstücke, Schuhe und Strümpfe sofort ausziehen, in einen dichtschließenden Behälter (Sack) versorgen. Betroffene Körperstellen anhaltend mit Wasser und Seife spülen. Bei Augenkontakt die Augen 15 Minuten mit handwarmem Wasser spülen. Augenlider dazu mit Daumen und Zeigefinger aufspreizen und gleichzeitig das Auge nach allen Seiten bewegen lassen. Für die Retter: Schutzkleidung und Atemschutz empfohlen. Verletzte nicht auskühlen lassen. Bei Erbrechen zumindest Kopf in Seitenlage bringen. Verletzte nur liegend transportieren. Bei Gefahr der Bewußtlosigkeit Lagerung und Transport in stabiler Seitenlage.

Hinweise für den Arzt:
Symptomatische Behandlung. Stoff ist als karzinogen eingestuft. Nach Ingestion: Magenspülung erwägen, wenn Ingestionszeitpunkt kurz zurückliegt und

Formel: $Cl_3C_6H_2OCH_2COOH$ (Cl–C6H2Cl2–O–CH2–COOH) **Summen-Formel:** C8–H5–Cl3–O3 **UN-Nr. 3345**

Merkblatt

2321

Stoffname

Deutsch	*Englisch*	*Französisch*
2,4,5-Trichlorphenoxy-essigsäure	**2,4,5-Trichlorophenoxyacetic acid**	**Acide 2,4,5-trichloro phenoxyacetique**
2,4,5-T	2,4,5-T	2,4,5-T
(2,4,5-Trichlorphenoxy)essigsäure	(2,4,5-Trichlorophenoxy) acetic acid	Debroussailant concentre
	BCF-Bushkiller*	
	Brushtox*	
	Ded-weed brush killer*	
	Faruno fence rider*	*Spanisch*
	Fortex*	**Acido (2,4,5-tricloro-fenoxiacético)**
	Tippon	2,4,5-T
	Esterone 245*	
	Trinaxol*	
	Tributon*	

Tarn- und Decknamen siehe Merkblatt 2321a

Gefahren-Diamant

Gesundheit: 2, Entzündlichkeit: 1, Reaktivität: 1

Hazchem-Code: 2X

Technische Daten

Siedepunkt	
Dampfdruck in mbar bei 20 °C	
Dampfdichteverhältnis, Luft = 1	
Schmelzpunkt	153–156 °C
Mischbarkeit mit Wasser	sehr geringfügig*
Spez. Gewicht, Wasser = 1	1,803
Molare Masse	255,5

Feuerbekämpfungsdaten

Flammpunkt	schwer entflammbar
Zündfähiges Gemisch, Vol.-%	schwer entflammbar
Zündtemperatur	schwer entflammbar

* 0,28 g/l bei 25 °C.

Gefahrgut:

	Klassifizierung:
IMDG-Code: UN-Nr. 3345	Kl. 6.1 Verp. Gr. I EMS: **F**-A; **S**-A
Marine pollutant	
ICAO/IATA DGR: UN-Nr. 3345	Kl. 6.1 Verp. Gr. I
ADR/RID/ADNR: UN-Nr. 3345	Kl. 6.1 Klassifiz. Code T7 Verp. Gr. I

Gefahrzettel (Label) Nr. 6.1
Richtige Versandbezeichnung (PSN):
Land/BinSch: **3345 Phenoxyessigsäurederivat-Pestizid, fest, giftig (2,4,5-T)**
See/Luft: **Phenoxyacetic acid derivate-pesticide, solid, toxic (2,4,5-T)**

Gefahrstoff:
CAS Nr.: 93-76-5 RTECS-Nr.: AJ 8400000
EG-Nr.: 202-273-3 INDEX-Nr.: 607-041-00-9
EG-Einstufung: ja
Symbol: Xn, N
R-Sätze: 22-36/37/38-50/53
S-Sätze: (2)24-60-61
D-Lagerklasse (VCI)-Nr.: 6.1

Erscheinungsbild: Weißer bis hellbrauner fester Stoff oder Pulver. Geruchlos.

Verhalten bei Freiwerden und Vermischen mit Luft: Gesundheitsschädlicher, reizender, umweltgefährlicher und brennbarer fester Stoff. Bei Aufwirbelung des Staubes bilden sich gesundheitsschädliche,reizende, umweltgefährliche und explosionsfähige Gemische mit Luft. Bei Brand oder Erhitzung bis zur Zersetzung (z. B. durch Umgebungsbrände oder heiße Oberflächen) erfolgt Zersetzung unter Bildung von giftigen und ätzenden Gasen und Dämpfen, die im Wesentlichen aus Chlorphenolen und Chlorwasserstoff(gas) bzw. Salzsäuredämpfen bestehen und auch Kohlendioxid sowie Kohlenmonoxid enthalten.

Verhalten bei Freiwerden und Vermischen mit Wasser: Der Stoff ist schwerer als Wasser und sinkt unter. Er löst sich nur sehr geringfügig in Wasser. Es bilden sich gesundheitsschädliche und umweltgefährliche Gemische mit Wasser.

Gesundheitsgefährdung: 2,4,5-T-Staub reizt die Augen, die oberen Atemwege und die Haut. Nach Verschlucken kommt es zu starken Beschwerden im Magen-Darm-Trakt, zu Herz-Kreislaufversagen sowie zu Störungen der Funktion der Muskeln sowie zu Veränderungen des Blutfarbstoffes. Chronische Schäden sind: Chlorakne, Hyperpigmentierung der Haut, Leberschädigung, Schädigung des Nervensystems, Erschöpfungszustände. Bei Umgebungsbränden bilden sich Chlorphenole und Chlorwasserstoff (s. auch Merkblatt 63). Das Produkt kann mit 2,3,7,8-Tetrachlordibenzo-p-dioxin verunreinigt sein.
Symptome: Übelkeit, Erbrechen, Durchfall, starke Leibschmerzen und Durst, Koordinationsstörungen, Schläfrigkeit, Muskelzuckungen, -lähmungen, Krämpfe, Koma, Atemstillstand.
Nach Einatmen oder Hautkontakt in jedem Fall – auch bei Ausbleiben der Symptome – den Arzt aufsuchen. Nach Kontakt der Substanz mit den Augen ist in jedem Fall ein Augenarzt aufzusuchen.

Geruchsschwelle = 2,92 ppm b. 60°C (in Wasser) Luftgrenzwert = 10 mg/m_3 (einatembare Fraktion) Spitzenbegrenzung 4

Chemische Gruppenzugehörigkeit: Chlorphenoxyessigsäure
Verwendungszweck: Herbizid
Bemerkungen: Der Stoff reagiert bei Kontakt oder Mischung mit starken Alkalien (Basen), starken Oxidationsmitteln, Alkalimetallen, Aminen und Alkoholen. Die Substanz greift viele Metalle an. Vor dem Einsatz als Behälter oder Leitungsmaterial ist daher ein Test sehr zu empfehlen.
Die Substanz wurde in veränderter Zusammensetzung als Kampfstoff eingesetzt.

Sicherheitsmaßnahmen für Fahrzeugbesatzung, Polizei, Feuerwehr und Rettungskräfte:
Polizei und Feuerwehr alarmieren.
Im Gefahrenbereich umluftunabhängiges (schweres) Atemschutzgerät und volle Schutzkleidung tragen. Bei Erhitzung des Stoffes oder bei Brand **im Gefahrenbereich** Maschine stoppen, Zündung abstellen, offenes Feuer löschen, nicht rauchen, kein elektrisches Gerät und keinen Schalter mit Funkenbildung betätigen.
Wasserschutzpolizei und Feuerwehr: Bei Erhitzung des Stoffes kein Boot mit Ottomotor einsetzen. Bei Dieselantrieb Sicherheitsschaltung veranlassen. Nach dem Einsatz Kühlwasserkreislauf überprüfen. Beim Retten nicht ins Wasser springen.

Schutz- und Einsatzmaßnahmen: Alle unbeteiligten Personen nach Luv (gegen den Wind) entfernen. Achtung, falls freiwerdendes Gut in die Kanalisation oder in Abwasserleitungen von Schiffen gerät, entstehen gesundheitsschädliche und umweltgefährliche Gemische mit Abwasser. Auf Wasserstraßen Schiffahrtssperre. An Land gefährdetes Gebiet absperren. Bei starker Erhitzung oder Brand entstehen giftige Gase und Dämpfe bzw. Dampf-/Luftgemische. In diesem Fall große Sicherheitszone bilden. In Wohn- und Industriegebieten Anwohner warnen.

Bekämpfung der Unfallfolgen:
Feuer: Bei kleinem Brandherd Löschpulver, Wassersprühstrahl, Kohlensäure oder Schaum. Bei großem Brandherd Schaum oder Wassersprühstrahl. Behälter mit Wassersprühstrahl kühlen und nach Möglichkeit aus der Gefahrenzone ziehen. Achtung, das Löschwasser ist giftig und umweltgefährlich. Es muß aufgefangen werden und darf nicht unbehandelt in die Kanalisation, in Gewässer oder in das Grundwasser gelangen.
Leckage: Leck schließen, wenn ohne Risiko möglich.
Fließendes Gewässer: Trink-, Brauch- und Kühlwasserentnehmer verständigen.
Stehendes Gewässer: Absperren. Fahrzeugbesatzungen im gefährdeten Gebiet warnen.
An Land: Kanalisation abdichten. Auffangen, eindeichen und abbergen. In Wohn- und Industriegebieten alle tiefliegenden Räume abdichten. Alle Zündquellen beseitigen. Restmengen mit nicht brennbarem, saugfähigem Material wie z. B. trockener Erde, Sand, Kieselgur, Universalbinder oder Vermiculit abdecken und an sichere Deponie zur Vernichtung transportieren.

Gewässerverunreinigung:
GefStoffV/EG: Gefahrensymbol: N Umweltgefährlich, R 50/53: sehr giftig für Wasserorganismen, kann in Gewässern längerfristig schädliche Wirkungen haben.
Gesamtbewertung nach Unfall: Gruppe IV, hohe bis sehr hohe (extrem hohe) toxische Wirkung unabhängig von der Turbulenz des Gewässers (siehe auch Erläuterungen Abschnitt 16.4/5).
Einzelwerte siehe Anhang 9 der Erläuterungen.
Wassergefährdungsklasse: 3 – stark wassergefährdender Stoff.

Erste Hilfe:
Verletzte an die frische Luft bringen. Benetzte Kleidungsstücke, Schuhe und Strümpfe sofort ausziehen, in einen dichtschließenden Behälter (Sack) versorgen. Betroffene Körperstellen anhaltend mit Wasser spülen. Bei Augenkontakt die Augen 15 Minuten mit handwarmem Wasser und Seife spülen. Augenlider dazu mit Daumen und Zeigefinger aufspreizen und gleichzeitig das Auge nach allen Seiten bewegen lassen. Verletzte nicht auskühlen lassen. Bei Erbrechen zumindest Kopf in Seitenlage bringen. Verletzte nur liegend transportieren. Bei Gefahr der Bewußtlosigkeit Lagerung und Transport in stabiler Seitenlage (siehe auch Merkblatt 2321a).

Hinweise für den Arzt:
Symptomatische Behandlung. Stoff wird als karzinogen, teratogen (Mißbildungen auslösend) und reproduktionstoxisch (fortpflanzungsstörend) angesehen. Nach Ingestion: Magenspülung erwägen, wenn Ingestionszeitpunkt kurz zurückliegt und größere Mengen aufgenommen wurden.

Tarn- und Decknamen

D: 2,4 D; 2,4,5 D

GB: LN8; LN14

USA: TCP

Entwicklung

zwischen Weltkrieg I und Weltkrieg II). Kein Einsatz in WK II.

Erster Einsatz durch GB Mitte der fünfziger Jahre in Malaysia sowohl durch Versprühen mit Flugzeugen als auch am Boden.
1961 bis 1971 Einsatz in Vietnam durch USA. Einsatzart: Versprühen mit Luftfahrzeugen. Ab 1969 bis 1971 auch in Kambodscha und Laos.

Einsatzzweck

Entlaubung der Dschungelgebiete. Einsatzmenge 55000 Tonnen.

Zum Einsatz gelangten im Wesentlichen folgende Gemische von Derivaten:

Tarnname:	Wirkstoff:
Agent Pink	60% 2,4,5-Trichlorphenoxyessigsäure-n-butylester 40% 2,4,5-Trichlorphenoxyessigsäure-iso-butylester
Agent Green	100% 2,4,5-Trichlorphenoxyessigsäure-n-butylester
Agent Orange	50% 2,4-Dichlorphenoxyessigsäure-n-butylester 50% 2,4,5-Trichlorphenoxyessigsäure-n-butylester
Agent Orange II	50% 2,4-Dichlorphenoxyessigsäure-n-butylester 50% 2,4,5-Trichlorphenoxyessigsäure-iso-octylester
Agent White	80% 2,4-Dichlorphenoxyessigsäure-Triisopropanolaminsalz 20% Picloram-Triisopropanolaminsalz

Ein besonderes Problem bezüglich der Giftwirkung bestand, wie sich erst nachträglich herausstellte, darin, daß das technische Produkt Verunreinigungen des hochgiftigen 2,3,7,8-Tetrachlordibenzo-p-dioxin (TCDD) dem sogenannten Sevesogift enthielt. Auf diese Weise wurden weite Gebiete verunreinigt.

Vernichtung

2,4,5-T das zur Vernichtung bestimmt ist, sollte in einem brennbaren Lösemittel gelöst und in Flüssigkeitsverbrennungsanlagen mit thermischer Nachverbrennung und Abgasbehandlung verbrannt werden. Erforderlich ist eine ausreichende Temperatur von 2000 bis 3000 °C, die eine Zerstörung von Dibenzo-p-dioxinen und Dibenzofuranen garantiert.
Kontaminiertes Erdreich ist zu deponieren oder in einer Anlage mit Nachbrennkammer und alkalischer Abgaswäsche zu verbrennen. Verunreinigte Stellen sind mit Natriumhydrogenkarbonat-Lösung und Wasser nachzubehandeln.

Personenentgiftung

Im Vordergrund steht die Behandlung der Reizsymptomatik und die Verhinderung der weiteren Kontamination mit dem Kampfstoff.
Sanitäter und Helfer arbeiten unter Schutzkleidung.
Für den Geschädigten sind folgende Maßnahmen vor dem Abtransport erforderlich:
❍ Entfernung der gesamten Kleidung, zumindest aber der kontaminierten Kleidungsstücke,

- ❍ gründliche Reinigung der Haut mit Alkohol und anschließend mit einer 3–4%igen Natriumhydrogencarbonatlösung bzw. Entgiftung der kontaminierten Hautreale mit Ammoniaklösung (Salmiakgeist), in Ausnahmefällen mit Kaliumpermanganat (verfärbt die Haut) und anschließende Reinigung der kontaminierten Körperoberfläche (einschließlich der Haare) mit Wasser und Seife bzw. mit 3%iger Natriumhydrogencarbonatlösung.
- ❍ Spülung der Augen mit einer 3–4%igen Natriumhydrogencarbonatlösung.
- ❍ Atemwegsprophylaxe mit dem Auxiloson-Dosier-Aerosol (initial 5 Hübe hintereinander und weitere 5 Hübe nach 10 Minuten),
- ❍ steht eine Dusche zur Verfügung, sollte unbedingt der gesamte Körper gründlich mit Wasser und Seife bzw. einem Waschmittel gereinigt werden.

Für den Transport muß der Geschädigte in Wärmedecken eingehüllt werden.

Vor dem weiteren Abtransport mit einem Krankenwagen oder einem Hubschrauber in ein Krankenhaus hat unbedingt eine vollständige Entgiftung des gesamten Körpers zu erfolgen. Bei Unterlassung der Dekontamination würden die Kampfstoffausdunstungen der kontaminierten Haare und der kontaminierten Kleidung das Personal des Transportfahrzeuges gefährden. Außerdem hat vor dem Abtransport ein Arzt die erste ärztliche Hilfe zu erweisen. Durch diese Hilfemaßnahmen wird die Schädigung der Haut wesentlich verringert, und durch die frühzeitige Gabe von Antidoten werden die systemischen Schädigungen der inneren Organe verhindert.

Entgiftung/Dekontamination von Sachen und Geräten

Selbstschutz beachten, Schutzkleidung und Schutzmaske tragen, bzw. Schutzmaske griffbereit halten. Nach dem Arbeiten Schutzkleiung dekontaminieren, ebenso Geräte und Materialien, die für die Entgiftung/Dekontamination verwendet wurden (mindestens 24 Stunden in Entgiftungslösung belassen, nachfolgend gründlich abspülen, Verbrennung zuführen; unter „Feldbedingungen" mit Wasser und Seifenlösung reinigen).
Entgiftungslösungen erst unmittelbar vor der Aufnahme der Arbeiten herstellen.

Geeignet sind:
5–10%ige Alkalilaugen
oder alkalische Natriumsulfidlösungen
oder Hexamethylentetramin

Dekontamination von Gebäuden

Gebäude und Bauten aus Holz, Ziegelsteinen, Beton, Mörtel, Zement können infolge ihrer hohen Porösität sowohl Gase/Dämpfe als auch Flüssigkeiten aufnehmen und in tiefere Schichten verteilen, so dass i.a. nur Abriss und nachfolgende Verbrennung möglich sind.
Als erste Maßnahme können evtl. Waschverfahren mit alkalischer Seifenlösung (Zusatz von Schmierseife) angewandt werden.
Leichte oberflächliche Behaftungen können mit Chlorkalk, der alle 24 Stunden erneuert wird, abgedeckt werden. Austretende Gase und Dämpfe werden so teilweise entgiftet.

Entgiftung/Dekontamination im Gelände

Betroffene Geländeabschnitte, Straßen, Plätze u. ä. absperren, Menschen und Nutztiere evakuieren.
Bei oberflächlichen Kontaminationen reicht es meist aus, 10–20 cm Boden abzutragen, mit Brennstoff zu übergießen und abzubrennen.
Bei extremen Kontaminationen muß bis zu 1 m Boden ausgehoben und einer geordneten Verbrennung mit Nachverbrennung zugeführt werden.
Das Abbrennen von Grasflächen ist eine erste Maßnahme, führt aber meist nicht zur vollständigen Entgiftung.
Abdecken des Geländes mit alkalischen Schlacken oder mit Chlorkalk/Sand ist als Sofortmaßnahme geeignet, bietet jedoch keinen ausreichenden Schutz gegen austretende Gase und Dämpfe.
Mehrmaliges Abschwemmen mit viel Wasser und Abdecken mit einer Sperrschicht ist eine erste Maßnahme, die sich vor allem für weniger toxische Stoffe eignet.
(Auch nach Jahrzehnten können Kampfstoffe im Boden konserviert werden, selbst unter Wasserlachen [Loste] und ihre vollständige Aktivität behalten!)

Dekontamination von Leder und Textilien

Kontaminierte Kleidungsstücke, Textilien und Lederwaren mit Entgiftungspuder oder Entgiftungslösung besprühen, ggf. in Seifenlauge (unter Zusatz von Schmierseife) kochen, anschließend einer geordneten Verbrennung zuführen.

Formel: **Summen-Formel:** C8–H14–Cl–N5 **UN-Nr. 3077 n.o.s.**

Merkblatt

2322

Gefahren-Diamant

0 / 3

Hazchem-Code: **2X**

Stoffname

Deutsch

Atrazin
2-Chlor-4-ethylamino-6-isopropylamino-1,3,5-triazin
2-Ethylamino-4-chlor-6-isopropylamino-1,3,5-triazin
2-Ethylamino-4-isopropylamino-6-chlor-1,3,5-triazin
6-Chlor-N-ethyl-N'-(1-methylethyl)-1,3,5-Triazin-2,4 diamin
Atratol*
Gesaprinit*
Primatol*

Englisch

Atrazine
2-Chloro-4-ethylamino-6-isopropylamino-1,3,5-triazine
1-Chloro-3-ethylamino-5-isopropylamino-2,4,6-triazine
2-Chloro-4-ethylamino-6-isopropylamino-s-triazine
1,3,5-Triazine-2,4-diamino,6-chloro-N-ethyl-N'-(1-methylethyl)
6-Chloro-N-ethyl-N'-(1-methylethyl)-1,3,5-triazine-2,4-diamine
Azoprini*
Cyanin*
Primatol A*

Französisch

Atrazine

Spanisch

Atrazina

Technische Daten

Siedepunkt	176 °C
Dampfdruck in mbar bei 20 °C	
Dampfdichteverhältnis, Luft = 1	7,5
Schmelzpunkt	176 °C
Mischbarkeit mit Wasser	sehr geringfügig *
Spez. Gewicht, Wasser = 1	1,187
Molare Masse	215,7

Feuerbekämpfungsdaten

Flammpunkt	nicht brennbarer fester Stoff
Zündfähiges Gemisch, Vol.-%	
Zündtemperatur	

* 33 mg/l bei 25 °C.

Gefahrgut:

	Klassifizierung:		
IMDG-Code: UN-Nr. 3077 n.o.s.	Kl. 9	Verp. Gr. III	EMS: **F**-A; **S**-F
Marine pollutant			
ICAO/IATA DGR: UN-Nr. 3077 n.o.s.	Kl. 9	Verp. Gr. III	
ADR/RID/ADNR: UN-Nr. 3077 n.a.g.	Kl. 9	Klassifiz. Code M7 Verp. Gr. III	

Gefahrzettel (Label) Nr. 9
Richtige Versandbezeichnung (PSN):
Land/BinSch: **3077 Umweltgefährdender Stoff, fest, n.a.g. (Atrazin)**
See/Luft: **Environmentally hazardous substance, solid, n.o.s. (Atrazine)**

Gefahrstoff:
CAS Nr.: 1912-24-9 RTECS-Nr.: XY 5600000
EG-Nr.: 217-617-8 INDEX-Nr.: 613-068-00-7
EG-Einstufung: ja
Symbol: Xn,N
R-Sätze: 43-48/22-50/53
S-Sätze: (2)-36/37-60-61
D-Lagerklasse (VCI)-Nr.:

Erscheinungsbild: Farblose Kristalle oder kristallines Pulver, geruchlos.

Verhalten bei Freiwerden und Vermischen mit Luft: Gesundheitsschädlicher, umweltgefährlicher, nicht brennbarer fester Stoff. Bei Aufwirbelung des Staubes bilden sich gesundheitsschädliche, umweltgefährliche Staub/Luftgemische. Bei Erhitzung bis zum Siedepunkt beginnt die Zersetzung unter Abspaltung brennbarer Gase, die im Wesentlichen aus nitrosen Gasen (Stickstoffoxiden), Chlorwasserstoff(gas) bzw. Salzsäuredämpfen, Stickstoff und Ruß bestehen und auch Kohlenmonoxid sowie Kohlendioxid enthalten.

Verhalten bei Freiwerden und Vermischen mit Wasser: Der Stoff ist schwerer als Wasser und sinkt unter. Er löst sich sehr geringfügig in Wasser. Es bilden sich gesundheitsschädliche und umweltgefährliche Gemische mit Wasser, die auch bei Verdünnung noch wirksam sind.

Gesundheitsgefährdung: Die Stäube und die feste Substanz führen bei direktem Kontakt zu leichten Reizungen der Haut und der Schleimhäute der Augen und des Nasen-Rachenraumes. Atrazin kann schädigend auf das Nervensystem wirken. Längerer oder wiederholter Hautkontakt kann zu allergischen Hautreaktionen führen.
Symptome: Leichte Hautrötung, Juckreiz, Husten- und Niesreiz, evtl. Augenreiz, bei hohen Expositionen: Übelkeit, Erbrechen, Durchfall, Blutdruckabfall, Atembeschwerden
Nach Einatmen oder Hautkontakt in jedem Fall – auch bei Ausbleiben der Symptome – den Arzt aufsuchen.

Geruchsschwelle = Luftgrenzwert =

Bemerkungen: Die Verbindung selbst ist nicht entzündbar. Unterhalb des Siedepunktes merkliche Zersetzung unter Abspaltung brennbarer Pyrolysegase: Kohlendioxid, Kohlenmonoxid, Chlorwasserstoff, Stickstoff, nitrose Gase; Ruß.
Verwendungszweck: Herbizid

Sicherheitsmaßnahmen für Fahrzeugbesatzung, Polizei, Feuerwehr und Rettungskräfte:
Polizei und Feuerwehr alarmieren.
Im Gefahrenbereich umluftunabhängiges (schweres) Atemschutzgerät und volle Schutzkleidung tragen. Bei Erhitzung des Stoffes **im Gefahrenbereich** Maschine stoppen, Zündung abstellen, offenes Feuer löschen, nicht rauchen, kein elektrisches Gerät und keinen Schalter mit Funkenbildung betätigen.
Wasserschutzpolizei und Feuerwehr: Bei Erhitzung des Stoffes kein Boot mit Ottomotor einsetzen. Bei Dieselantrieb Sicherheitsschaltung veranlassen. Nach dem Einsatz Kühlwasserkreislauf überprüfen. Beim Retten nicht ins Wasser springen.

Schutz- und Einsatzmaßnahmen: Alle unbeteiligten Personen nach Luv (gegen den Wind) entfernen. Achtung, falls freiwerdendes Gut in die Kanalisation oder in Abwasserleitungen von Schiffen gerät, entstehen gesundheitsschädliche und umweltgefährliche Gemische mit Abwasser. Auf Wasserstraßen Schiffahrtssperre. An Land gefährdetes Gebiet absperren. Bei starker Erhitzung oder Brand entstehen giftige Gase und Dämpfe bzw. Dampf-/Luftgemische. In diesem Fall große Sicherheitszone bilden. In Wohn- und Industriegebieten Anwohner warnen. Zuständige Behörden unterrichten.

Bekämpfung der Unfallfolgen:
Feuer: Stoff brennt selbst nicht. Löschmaßnahmen auf Umgebungsbrände ausrichten. Achtung, bei sehr starker Erhitzung erfolgt Zersetzung unter Bildung hochgiftiger Gase und Dämpfe. Behälter mit Wassersprühstrahl kühlen und nach Möglichkeit aus der Gefahrenzone ziehen. Achtung, das Löschwasser ist giftig und umweltgefährlich. Es muß aufgefangen werden und darf nicht unbehandelt in die Kanalisation, in Gewässer oder ins Grundwasser gelangen.
Leckage: Leck schließen, wenn ohne Risiko möglich.
Fließendes Gewässer: Trink-, Brauch- und Kühlwasserentnehmer verständigen. Experten hinzuziehen.
Stehendes Gewässer: Absperren. Fahrzeugbesatzungen im gefährdeten Gebiet warnen.
An Land: Kanalisation abdichten. Eindeichen und abbergen. In geschlossenen Behältern abtransportieren. Restmengen mit saugfähigem Material wie trockenem Sand, Erde, gemahlenem Kalkstein, Kieselgur, Universalbinder oder Vermiculit bedecken und im geschlossenen Behälter an sicheren Deponieort transportieren.

Gewässerverunreinigung:
GefStoffV/EG: Gefahrensymbol: N Umweltgefährlich, R 50/53: sehr giftig für Wasserorganismen, kann in Gewässern längerfristig schädliche Wirkungen haben.
Gesamtbewertung nach Unfall: Gruppe IV, hohe bis sehr hohe (extrem hohe) toxische Wirkung unabhängig von der Turbulenz des Gewässers (siehe auch Erläuterungen Abschnitt 16.4/5).
Einzelwerte siehe Anhang 9 der Erläuterungen.
Wassergefährdungsklasse: 3 – stark wassergefährdender Stoff.

Erste Hilfe:
Verletzte an die frische Luft bringen. Benetzte Kleidungsstücke, Schuhe und Strümpfe sofort ausziehen, in einen Behälter (Sack) versorgen. Betroffene Körperstellen anhaltend mit Wasser und Seife spülen. Bei Augenkontakt die Augen 15 Minuten mit handwarmem Wasser spülen. Augenlider dazu mit Daumen und Zeigefinger aufspreizen und gleichzeitig das Auge nach allen Seiten bewegen lassen. Verletzte nicht auskühlen lassen. Bei Erbrechen zumindest Kopf in Seitenlage bringen. Verletzte nur liegend transportieren. Bei Gefahr der Bewußtlosigkeit Lagerung und Transport in stabiler Seitenlage.

Hinweise für den Arzt:
Symptomatische Behandlung. Nach Ingestion: Magenspülung erwägen, wenn Ingestionszeitpunkt kurz zurückliegt und größere Mengen aufgenommen wurden.

Formel:	Summen-Formel: C3–H3–Cl2–Na–O2	UN-Nr.	Merkblatt **2323**

Stoffname

Deutsch	*Englisch*	*Französisch*
Natrium-2,2-dichlorpropionat	**Sodium-2,2-dichloropropionate**	**2,2-Dichloropropionate de sodium**
Natriumsalz der 2,2-Dichlorpropionsäure	2,2-Dichloropropionic acid, sodium salt	Dalapon-Na
Dalapon-Na	Dalapon sodium salt	
2,2-Dichlorpropionsäure Natriumsalz	alpha-alpha-Dichloropropionic acid sodium salt	*Spanisch*
Na-DCP	Dowpon-S *	**2,2-Dicloropropionato de sodio**
Dowpon *	Dalapon-Na *	Dalapon-Na
Sys-Omnidel *	Basfapon *	
	Radapon *	
	Basinex-P *	
	Devipon *	
	Liropon *	
	Unipon *	
	DPA *	

Gefahren-Diamant

1 (rot), 1 (blau), 1 (gelb)

Hazchem-Code:

Technische Daten		**Feuerbekämpfungsdaten**	
Siedepunkt	185–190 °C	Flammpunkt	ca. 110 °C
Dampfdruck in mbar bei 20 °C	0,01 microbar	Zündfähiges Gemisch, Vol.-%	
Dampfdichteverhältnis, Luft = 1	5,70	Zündtemperatur	
Schmelzpunkt	166,5 °C *		
Mischbarkeit mit Wasser	teilweise**		
Spez. Gewicht, Wasser = 1	1,401		
Molare Masse	164,95		

* Zersetzung.
** 502 mg/l bei 25 °C.

Gefahrgut:	**Klassifizierung:**		**Gefahrstoff:**
IMDG-Code: UN-Nr. *	Kl.	Verp. Gr. EMS: **F-** ; **S-**	CAS Nr.: 127-20-8 RTECS-Nr.: UF 1225000
Marine polutant			EG-Nr.: 204-828-5 INDEX-Nr.:
ICAO/IATA DGR: UN-Nr. *	Kl.	Verp. Gr.	EG-Einstufung: nein
ADR/RID/ADNR: UN-Nr. *	Kl.	Klassifiz. Code Verp. Gr.	Symbol: Xn*
Gefahrzettel (Label) Nr.			R-Sätze: 22-38-41*
Richtige Versandbezeichnung (PSN):			S-Sätze: 22-24/25*
Land/BinSch:			D-Lagerklasse (VCI)-Nr.:
See/Luft:			

* Kein Gefahrgut im Sinne der Vorschriften.

* Herstellerangaben

Erscheinungsbild: Farblose Kristalle oder kristallines Pulver, schwacher Geruch.

Verhalten bei Freiwerden und Vermischen mit Luft: Gesundheitsschädlicher, nicht brennbarer fester Stoff. Bei Aufwirbelung des Staubes bilden sich gesundheitsschädliche Staub/Luftgemische. Bei Erhitzung bis zur Zersetzung (z. B. durch Umgebungsbrände oder heiße Oberflächen) bilden sich giftige und ätzende Gase und Dämpfe, die im Wesentlichen aus Chlorwasserstoff(gas) bzw. Salzsäuredämpfen und Chlor(gas) bestehen und auch Kohlenmonoxid sowie Kohlendioxid enthalten.

Verhalten bei Freiwerden und Vermischen mit Wasser: Der Stoff ist schwerer als Wasser und sinkt unter. Er löst sich teilweise in Wasser. Es bilden sich gesundheitsschädliche und schwach wassergefährdende Gemische mit Wasser.

Gesundheitsgefährdung: Die trockenen Stäube und die konzentrierten Lösungen reizen die Haut und die Schleimhäute der Augen und des Nasen-Rachenraumes. Die freie Säure hat starke Ätzwirkung, bei Kontakt mit den Augen besteht die Gefahr bleibender Augenschäden. Nach Verschlucken: Starke Beschwerden im Magen-Darm-Trakt, Herz-Kreislaufversagen und Beeinträchtigung der Funktion der Muskeln. Bei Brand oder Erhitzen bis zur Zersetzung Bildung von Chlorwasserstoffgas (s. auch Merkblatt 63).
Symptome: Brennen, Rötung und Juckreiz betroffener Körperstellen, nach Verschlucken: starke Leibschmerzen, Durst, Übelkeit, Erbrechen, Durchfall, Schläfrigkeit, Koordinationsstörungen, Krämpfe, Koma, Atemstillstand.
Nach Einatmen oder Hautkontakt in jedem Fall – auch bei Ausbleiben der Symptome – den Arzt aufsuchen.
Nach Kontakt der Substanz mit den Augen ist in jedem Fall ein Augenarzt aufzusuchen.

Geruchsschwelle = 2440–7810 mg/m³ (in Wasser) Luftgrenzwert = 1 ml/m³ (ppm) 5,9 mg/m³

Bemerkungen: Der Stoff ist löslich in alkalischen Lösemitteln und Ethylalkohol, Methylalkohol, Aceton sowie Benzol. Wässrige Lösungen greifen Eisen an. Die Substanz kann heftig reagieren bei Kontakt oder Mischung mit starken Oxidationsmitteln.
Chemische Gruppenzugehörigkeit: Chlorierte aliphatische Säuren.
Verwendungszweck: Herbizid

Sicherheitsmaßnahmen für Fahrzeugbesatzung, Polizei, Feuerwehr und Rettungskräfte:
Polizei und Feuerwehr alarmieren.
Im Gefahrenbereich umluftunabhängiges (schweres) Atemschutzgerät und volle Schutzkleidung tragen. Bei Erhitzung des Stoffes oder bei Brand **im Gefahrenbereich** Maschine stoppen, Zündung abstellen, offenes Feuer löschen, nicht rauchen, kein elektrisches Gerät und keinen Schalter mit Funkenbildung betätigen.
Wasserschutzpolizei und Feuerwehr: Bei Erhitzung des Stoffes kein Boot mit Ottomotor einsetzen. Bei Dieselantrieb Sicherheitsschaltung veranlassen. Nach dem Einsatz Kühlwasserkreislauf überprüfen. Beim Retten nicht ins Wasser springen.

Schutz- und Einsatzmaßnahmen: Alle unbeteiligten Personen nach Luv (gegen den Wind) entfernen. Achtung, falls freiwerdendes Gut in die Kanalisation oder in Abwasserleitungen von Schiffen gerät, entstehen gesundheitsschädliche, schwach wassergefährdende Gemische mit Abwasser. Auf Wasserstraßen Schiffahrtssperre. An Land gefährdetes Gebiet absperren. Bei starker Erhitzung oder Brand entstehen giftige Gase und Dämpfe bzw. Dampf-/Luftgemische. In diesem Fall große Sicherheitszone bilden. In Wohn- und Industriegebieten Anwohner warnen. Zuständige Behörden unterrichten.

Bekämpfung der Unfallfolgen:
Feuer: Bei kleinem Brandherd Löschpulver, Wassersprühstrahl, Kohlensäure oder Schaum. Bei großem Brandherd Schaum oder Wassersprühstrahl. Behälter mit Wassersprühstrahl kühlen und nach Möglichkeit aus der Gefahrenzone ziehen. Achtung, das Löschwasser ist giftig und umweltgefährlich. Es muß aufgefangen werden und darf nicht unbehandelt in die Kanalisation, in Gewässer oder in das Grundwasser gelangen.
Leckage: Leck schließen, wenn ohne Risiko möglich.
Fließendes Gewässer: Trink-, Brauch- und Kühlwasserentnehmer verständigen.
Stehendes Gewässer: Absperren. Fahrzeugbesatzungen im gefährdeten Gebiet warnen.
An Land: Kanalisation abdichten. Auffangen, eindeichen und abbergen. In Wohn- und Industriegebieten alle tiefliegenden Räume abdichten. Alle Zündquellen beseitigen. Restmengen mit nicht brennbarem, saugfähigem Material wie z. B. trockener Erde, Sand, Kieselgur, Universalbinder oder Vermiculit abdecken und an sichere Deponie zur Vernichtung transportieren.

Gewässerverunreinigung:
GefStoffV/EG:
Gesamtbewertung nach Unfall: Gruppe III, in stehenden Gewässern sehr hohe, in fließenden Gewässern je nach Vermischung mittlere bis hohe toxische Wirkung (siehe auch Erläuterungen Abschnitt 16.4/5).
Einzelwerte siehe Anhang 9 der Erläuterungen.
Wassergefährdungsklasse: 1 – schwach wassergefährdender Stoff.

Erste Hilfe:
Verletzte an die frische Luft bringen. Benetzte Kleidungsstücke, Schuhe und Strümpfe sofort ausziehen, in einen Behälter (Sack) versorgen. Betroffene Körperstellen anhaltend mit Wasser und Seife spülen. Bei Augenkontakt die Augen 15 Minuten mit handwarmem Wasser spülen. Augenlider dazu mit Daumen und Zeigefinger aufspreizen und gleichzeitig das Auge nach allen Seiten bewegen lassen. Für die Retter: Schutzkleidung empfohlen. Verletzte nicht auskühlen lassen. Bei Erbrechen zumindest Kopf in Seitenlage bringen. Verletzte nur liegend transportieren. Bei Gefahr der Bewußtlosigkeit Lagerung und Transport in stabiler Seitenlage.

Hinweise für den Arzt:
Symptomatische Behandlung. Nach Augenkontakt: anhaltende Spülung. Ggf. Augenarzt hinzuziehen. Nach Ingestion: Erbrechen/Durchfall. Irritation der Atemwege.

Formel: F_3C–(thiadiazol-ring)–N(CH_3)–C(=O)–NH–CH_3 **Summen-Formel:** C6–H7–F3–N4–O–S **UN-Nr. 3077 n.o.s.**

Merkblatt

2324

Gefahren-Diamant

1 / 2 / 0

Hazchem-Code: 2X

Stoffname

Deutsch

Thiazafluron
N,N'-Dimethyl-N-(5-trifluormethyl-1,3,4-thiadiazol-2-yl)-harnstoff
1,3-Dimethyl-1-(5-trifluormethyl)-1,3,4-thiadiazol-2-yl)harnstoff
N,N'-Dimethyl-1-[5-trifluormethyl)-1,3,4-thiadiazol-2-yl]-harnstoff
Erbotan *

Englisch

Thiazafluron
1,3-Dimethyl-1-(5-trifluoromethyl-1,3,4-thiadiazol-2-yl)urea
N,N'-Dimethyl-N-(5-trifluoromethyl-1,3,4-thiadiazol-2-yl)urea
2-(N,N'-Dimethylureido)-5-trifluoromethyl-1,3,4-thiadiazole
Erbotan *
Dinttu *
Thiazfluron *

Französisch

Thiazafluron

Spanisch

Tiazaflurón

Technische Daten

Siedepunkt	Nicht destillierbar
Dampfdruck in mbar bei 20 °C	
Dampfdichteverhältnis, Luft = 1	
Schmelzpunkt	136–137 °C
Mischbarkeit mit Wasser	sehr geringfügig*
Spez. Gewicht, Wasser = 1	1,60
Molare Masse	240,21

Feuerbekämpfungsdaten

Flammpunkt / Zündfähiges Gemisch, Vol.-% / Zündtemperatur: brennbarer fester Stoff

* 2,1 g/l bei 20 °C.

Gefahrgut: **Klassifizierung:**

IMDG-Code: UN-Nr. 3077 n.o.s. Kl. 9 Verp. Gr. III EMS: **F**-A; **S**-F
Marine pollutant
ICAO/IATA DGR: UN-Nr. 3077 n.o.s. Kl. 9 Verp. Gr. III
ADR/RID/ADNR: UN-Nr. 3077 n.a.g. Kl. 9 Klassifiz. Code M7 Verp. Gr. III
Gefahrzettel (Label) Nr. 9
Richtige Versandbezeichnung (PSN):
Land/BinSch: **3077 Umweltgefährdender Stoff, fest, n.a.g. (Thiazafluron)**
See/Luft: **Environmentally hazardous substance, solid, n.o.s. (Thiazafluron)**

Gefahrstoff:

CAS Nr.: 25366-23-8 RTECS-Nr.: XI 3760000
EG-Nr.: 246-901-4 INDEX-Nr.: 616-021-00-9
EG-Einstufung: ja
Symbol: Xn,N
R-Sätze: 22-50/53
S-Sätze: (2)-60-61
D-Lagerklasse (VCI)-Nr.:

Erscheinungsbild: Farblose Kristalle oder kristallines Pulver, schwacher Geruch.

Verhalten bei Freiwerden und Vermischen mit Luft: Gesundheitsschädlicher, umweltgefährlicher und brennbarer fester Stoff. Bei Aufwirbelung des Staubes bilden sich giftige, umweltgefährliche und explosionsfähige Gemische mit Luft. Bei Brand oder Erhitzung bis zur Zersetzung (z. B. durch Umgebungsbrände oder heiße Oberflächen) erfolgt Zersetzung unter Bildung von giftigen und ätzenden Gasen und Dämpfen, die im Wesentlichen aus nitrosen Gasen (Stickstoffoxiden) und Fluorverbindungen bestehen und auch Kohlendioxid und Kohlenmonoxid enthalten.

Verhalten bei Freiwerden und Vermischen mit Wasser: Der Stoff ist schwerer als Wasser und sinkt unter. Er löst sich sehr geringfügig in Wasser. Es bilden sich gesundheitsschädliche und umweltgefährliche Gemische mit Wasser, die auch bei Verdünnung noch wirksam sind.

Gesundheitsgefährdung: Spezifische Gefahren für den Menschen sind bisher nicht bekannt, jedoch kann Überexposition zur Ausbildung der sog. unspezifischen Vergiftungssymptome führen. Bei Brand oder Erhitzen bis zur Zersetzung Bildung von nitrosen Gasen (s. auch Merkblatt 150) und sehr giftigen Fluorverbindungen.
Symptome: Bei Überexposition: Übelkeit, Benommenheit, Erbrechen, Schwindel, Schläfrigkeit, in diesem Fall:
Nach Einatmen oder Hautkontakt in jedem Fall – auch bei Ausbleiben der Symptome – den Arzt aufsuchen.

Geruchsschwelle = Luftgrenzwert =

Chemische Gruppenzugehörigkeit:
Verwendungszweck: Herbizid
Bemerkungen: Der Stoff ist löslich in Ethylalkohol, Methylalkohol, Dimethylformamid und Xylol.

Sicherheitsmaßnahmen für Fahrzeugbesatzung, Polizei, Feuerwehr und Rettungskräfte:
Polizei und Feuerwehr alarmieren.
Im Gefahrenbereich umluftunabhängiges (schweres) Atemschutzgerät und volle Schutzkleidung tragen. Bei Erhitzung des Stoffes oder bei Brand **im Gefahrenbereich** Maschine stoppen, Zündung abstellen, offenes Feuer löschen, nicht rauchen, kein elektrisches Gerät und keinen Schalter mit Funkenbildung betätigen.
Wasserschutzpolizei und Feuerwehr: Beim Retten nicht ins Wasser springen. Bei starker Erhitzung des Stoffes kein Boot mit Ottomotor einsetzen. Bei Dieselantrieb Sicherheitsschaltung veranlassen. Nach dem Einsatz Kühlwasserkreislauf überprüfen.

Schutz- und Einsatzmaßnahmen: Alle unbeteiligten Personen nach Luv (gegen den Wind) entfernen. Achtung, falls freiwerdendes Gut in die Kanalisation oder in Abwasserleitungen von Schiffen gerät, entstehen gesundheitsschädliche und umweltgefährliche Gemische mit Abwasser. Auf Wasserstraßen Schiffahrtssperre. An Land gefährdetes Gebiet absperren. Bei starker Erhitzung oder Brand entstehen giftige Gase und Dämpfe bzw. Dampf-/Luftgemische. In diesem Fall große Sicherheitszone bilden. In Wohn- und Industriegebieten Anwohner warnen. Zuständige Behörden unterrichten.

Bekämpfung der Unfallfolgen:
Feuer: Bei kleinem Brandherd Löschpulver, Wassersprühstrahl, Kohlensäure oder Schaum. Bei großem Brandherd Schaum oder Wassersprühstrahl. Behälter mit Wassersprühstrahl kühlen und nach Möglichkeit aus der Gefahrenzone ziehen. Achtung, das Löschwasser ist giftig und umweltgefährlich. Es muß aufgefangen werden und darf nicht unbehandelt in die Kanalisation, in Gewässer oder in das Grundwasser gelangen.
Leckage: Leck schließen, wenn ohne Risiko möglich.
Fließendes Gewässer: Trink-, Brauch- und Kühlwasserentnehmer verständigen.
Stehendes Gewässer: Absperren. Fahrzeugbesatzungen im gefährdeten Gebiet warnen.
An Land: Kanalisation abdichten. Auffangen, eindeichen und abbergen. In Wohn- und Industriegebieten alle tiefliegenden Räume abdichten. Alle Zündquellen beseitigen. Restmengen mit nicht brennbarem, saugfähigem Material wie z. B. trockener Erde, Sand, Kieselgur, Universalbinder oder Vermiculit abdecken und an sichere Deponie zur Vernichtung transportieren.

Gewässerverunreinigung:
GefStoffV/EG: Gefahrensymbol: N Umweltgefährlich, R 50/53: sehr giftig für Wasserorganismen, kann in Gewässern längerfristig schädliche Wirkungen haben.
Gesamtbewertung nach Unfall: Gruppe IV, hohe bis sehr hohe (extrem hohe) toxische Wirkung unabhängig von der Turbulenz des Gewässers (siehe auch Erläuterungen Abschnitt 16.4/5).
Einzelwerte siehe Anhang 9 der Erläuterungen.
Wassergefährdungsklasse: 3 – stark wassergefährdender Stoff.

Erste Hilfe:
Verletzte an die frische Luft bringen. Benetzte Kleidungsstücke, Schuhe und Strümpfe sofort ausziehen, in einen Behälter (Sack) versorgen. Betroffene Körperstellen anhaltend mit Wasser und Seife spülen. Bei Augenkontakt die Augen 15 Minuten mit handwarmem Wasser spülen. Augenlider dazu mit Daumen und Zeigefinger aufspreizen und gleichzeitig das Auge nach allen Seiten bewegen lassen. Für die Retter: Schutzkleidung empfohlen. Verletzte nicht auskühlen lassen. Bei Erbrechen zumindest Kopf in Seitenlage bringen. Verletzte nur liegend transportieren. Bei Gefahr der Bewußtlosigkeit Lagerung und Transport in stabiler Seitenlage.

Hinweise für den Arzt:
Symptomatische Behandlung. Nach Ingestion: Magenspülung erwägen, wenn Ingestionszeitpunkt kurz zurückliegt und größere Mengen aufgenommen wurden.

Formel: **Summen-Formel:** C12–H5–Cl5(Cl>=5) **UN-Nr. 2315**

Merkblatt

2325

Stoffname

Deutsch	*Englisch*	*Französisch*
Polychlorierte Biphenyle (54% Chlor) Biphenyle, polychloriert (ab 5-fach) Diphenyle, polychloriert (ab 5-fach) Polychlorierte Biphenyle (ab 5-fach)	**Polychlorinated biphenyls** Polychlorinated diphenyls Chlorodiphenyl (54% chlorine)	**Biphényle polychloré** Diphényle chlore, 54% de chlore *Spanisch* **Clorodifenilo (54% de cloro)**

Gefahren-Diamant

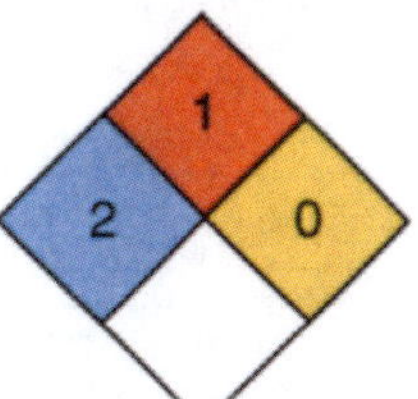

Hazchem-Code: **2X**

Technische Daten

Siedepunkt	365–390 °C
Dampfdruck in mbar	1,2 bei 200 °C
Dampfdichteverhältnis, Luft = 1	11,2
Schmelzpunkt	10 °C
Mischbarkeit mit Wasser	sehr geringfügig*
Spez. Gewicht, Wasser = 1	1,54
Molare Masse	324,42

Feuerbekämpfungsdaten

Flammpunkt	nicht brennbarer fester Stoff
Zündfähiges Gemisch, Vol.-%	
Zündtemperatur	

* 0,04–0,4 mg/l bei 20 °C

Gefahrgut:

	Klassifizierung:	
IMDG-Code: UN-Nr. 2315	Kl. 9	Verp. Gr. II EMS: **F**-A; **S**-A
Marine pollutant		
ICAO/IATA DGR: UN-Nr. 2315	Kl. 9	Verp. Gr. II
ADR/RID/ADNR: UN-Nr. 2315	Kl. 9	Klassifiz. Code M2 Verp. Gr. II

Gefahrzettel (Label) Nr. 9
Richtige Versandbezeichnung (PSN):
Land/BinSch: **2315 Polychlorierte Biphenyle**
See/Luft: **Polychlorinated biphenyls, liquid**

Gefahrstoff:
CAS Nr.: 11097-69-1 RTECS-Nr.: TQ 1360000
EG-Nr.: INDEX-Nr.: 602-039-00-4
EG-Einstufung: ja
Symbol: Xn,N
R-Sätze: 33-50/53
S-Sätze: (2)-35-60-61
D-Lagerklasse (VCI)-Nr.:

Erscheinungsbild: Farblose bis hellgelbe ölige Flüssigkeitl oder fester Stoff bei Temperaturen unter 10 °C, schwacher Geruch.

Verhalten bei Freiwerden und Vermischen mit Luft: Gesundheitsschädliche, umweltgefährliche, nicht brennbare Flüssigkeit. Bei Erhitzung bilden Dämpfe mit Luft gesundheitsschädliche, umweltgefährliche nicht brennbare Gemische, die schwerer als Luft sind. Sie kriechen am Boden entlang und können, insbesondere in geschlossenen Räumen, Konzentrationen mit gesundheitsschädlicher sowie stark umweltgefährlicher Wirkung erreichen. Bei Erhitzung bis zur Zersetzung (z. B. durch Umgebungsbrände oder heiße Oberflächen) erfolgt Zersetzung unter Bildung giftiger Stoffe die im Wesentlichen aus polychlorierten Dibenzodioxinen (PCDD) und polychlorierten Dibenzofuranen (PCDF) bestehen und auch Chlorwasserstoff(gas) bzw. Salzsäuredämpfe enthalten.

Verhalten bei Freiwerden und Vermischen mit Wasser: Der Stoff ist schwerer als Wasser und sinkt unter. Er löst sich sehr geringfügig mit Wasser. Es bilden sich gesundheitsschädliche und stark umweltgefährliche Gemische mit Wasser, die auch bei starker Verdünnung noch wirksam sind.

Gesundheitsgefährdung: Die Wirkung der PCB hängt ab vom Chlorgehalt der Einzelkomponenten, von evtl. Verunreinigungen und von anwendungsbedingten Zusätzen, z. B. Chlorbenzolen. Die Hautaufnahme der Substanzgemische ist sehr gut, dagegen werden die PCB infolge des geringen Dampfdruckes durch Einatmen kaum aufgenommen. PCB werden im Fettgewebe des menschlichen Organismus gespeichert. Die akute Toxizität ist gering. Die Leber ist offenbar das Hauptzielorgan an dem PCB angreifen. Die Gefahr der PCB liegt vor allem im Bereich der chronischen Toxizität sowie ihres Einflusses auf die Schwangerschaft „fetales PCB-Syndrom" (Totgeburten, Hyperpigmentierung der Haut- und Mundschleimhaut, abnorme Verkalkung der Schädelknochen, Yusho-Krankheit (Japan, 1968). Die Substanzen brennen selbst nicht, werden aber beim Erhitzen zu einer Reihe sehr giftiger Stoffe umgewandelt, unter denen die polychlorierten Dibenzodifurane die giftigsten sind.
Symptome: 1979 kam es auf der Insel Taiwan nach Verzehr von PCB-kontaminiertem Reisöl zu Akneerscheinungen der Haut mit Beteiligung der Haarfollikel, Pigmentierung von Haut und Fingernägeln, Schwellung der Augenlider mit Vereiterungen, Reduzierung der roten Blutkörperchen, Kopfschmerzen, Übelkeit, Taubheit der Gliedmaßen, Schwächung des Immunsystems. Ferner kam es bei einigen Personen zu schweren Leberschäden mit Hepatom.
Nach Einatmen oder Hautkontakt in jedem Fall – auch bei Ausbleiben der Symptome – den Arzt aufsuchen.
Nach Kontakt der Substanz mit den Augen ist in jedem Fall ein Augenarzt aufzusuchen.

Geruchsschwelle = Luftgrenzwert =

Bemerkungen: Der Stoff reagiert bei Kontakt oder Mischung mit starken Oxidationsmitteln wie zum Beispiel Chloraten, Nitraten, Peroxiden usw. Die Substanz ist löslich in den meisten organischen Lösemitteln.

Sicherheitsmaßnahmen für Fahrzeugbesatzung, Polizei, Feuerwehr und Rettungskräfte:
Polizei und Feuerwehr alarmieren.
Im Gefahrenbereich Maschine stoppen. Sofort volle Schutzkleidung und umluftunabhängiges (schweres) Atemschutzgerät tragen. Bei starker Erhitzung oder Brand, nicht rauchen, offenes Feuer löschen, kein elektrisches Gerät und keinen Schalter mit Funkenbildung betätigen.
Wasserschutzpolizei und Feuerwehr: Beim Retten nicht ins Wasser springen. Bei starker Erhitzung kein Boot mit Ottomotor einsetzen. Bei Dieselantrieb Sicherheitsschaltung veranlassen. Nach dem Einsatz Kühlwasserkreislauf überprüfen.

Schutz- und Einsatzmaßnahmen: Alle unbeteiligten Personen nach Luv (gegen den Wind) entfernen. Achtung, falls freiwerdendes Gut in die Kanalisation oder in Abwasserleitungen von Schiffen gerät, entstehen gesundheitsschädliche und umweltgefährliche Gemische mit Abwasser. Auf Wasserstraßen Schiffahrtssperre. An Land gefährdetes Gebiet absperren. Bei starker Erhitzung oder Brand entstehen giftige Gase und Dämpfe bzw. Dampf-/Luftgemische. In diesem Fall große Sicherheitszone bilden. In Wohn- und Industriegebieten Anwohner warnen. Zuständige Behörden unterrichten.

Bekämpfung der Unfallfolgen:
Feuer: Stoff brennt selbst nicht. Löschmaßnahmen auf Umgebungsbrände ausrichten. Achtung, bei sehr starker Erhitzung erfolgt Zersetzung unter Bildung hochgiftiger Gase und Dämpfe. Behälter mit Wassersprühstrahl kühlen und nach Möglichkeit aus der Gefahrenzone ziehen. Achtung, das Löschwasser ist giftig und umweltgefährlich. Es muß aufgefangen werden und darf nicht unbehandelt in die Kanalisation, in Gewässer oder in das Grundwasser gelangen.
Leckage: Leck schließen, wenn ohne Risiko möglich.
Fließendes Gewässer: Trink-, Brauch- und Kühlwasserentnehmer verständigen. Experten hinzuziehen.
Stehendes Gewässer: Absperren. Fahrzeugbesatzungen im gefährdeten Gebiet warnen.
An Land: Kanalisation abdichten. Eindeichen und abbergen. In geschlossenen Behältern abtransportieren. Restmengen mit saugfähigem Material wie trockenem Sand, Erde, gemahlenem Kalkstein, Kieselgur, Universalbinder bedecken und im geschlossenen Behälter an sicheren Deponieort transportieren.

Gewässerverunreinigung:
GefStoffV/EG: Gefahrensymbol: N Umweltgefährlich, R 50/53: sehr giftig für Wasserorganismen, kann in Gewässern längerfristig schädliche Wirkungen haben.
Gesamtbewertung nach Unfall: Gruppe IV, hohe bis sehr hohe (extrem hohe) toxische Wirkung unabhängig von der Turbulenz des Gewässers (siehe auch Erläuterungen Abschnitt 16.4/5).
Einzelwerte siehe Anhang 9 der Erläuterungen.
Wassergefährdungsklasse: 3 – stark wassergefährdender Stoff.

Erste Hilfe:
Verletzte an die frische Luft bringen. Benetzte Kleidungsstücke, Schuhe und Strümpfe sofort ausziehen, in einen Behälter (Sack) versorgen. Betroffene Körperstellen anhaltend mit Wasser und Seife spülen. Bei Augenkontakt die Augen 15 Minuten mit Wasser spülen. Augenlider dazu mit Daumen und Zeigefinger aufspreizen und gleichzeitig das Auge nach allen Seiten bewegen lassen. Für die Retter: Schutzkleidung empfohlen. Verletzte nicht auskühlen lassen. Bei Erbrechen zumindest Kopf in Seitenlage bringen. Verletzte nur liegend transportieren. Bei Gefahr der Bewußtlosigkeit Lagerung und Transport in stabiler Seitenlage.

Hinweise für den Arzt:
Akute Symptome nicht zu erwarten.

Formel: | **Summen-Formel:** C12–H8–Br2(Br>2) | **UN-Nr. 3152**

Merkblatt

2326

Stoffname

Deutsch	*Englisch*	*Französisch*
Biphenyle, polybromiert, fest	**Polybrominated biphenyls, solid**	**Biphényle polybrome, solide**
Diphenyle, polybromiert, fest	Hexabromobiphenyl (technical grade)	
Polybromierte Biphenyle, fest	Firemaster BP6	*Spanisch*
PBB	PBB	**Bifenilo polibromo, sólido**
Firemaster BP-6		

Gefahren-Diamant

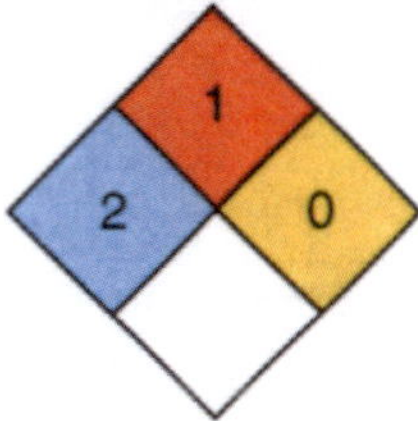

Hazchem-Code: 2X

Technische Daten

Siedepunkt	300 °C (Zersetzung)
Dampfdruck in mbar bei 20 °C	
Dampfdichteverhältnis, Luft = 1	
Schmelzpunkt	72 °C
Mischbarkeit mit Wasser	sehr geringfügig
Spez. Gewicht, Wasser = 1	>1
Molare Masse	312

Feuerbekämpfungsdaten

Flammpunkt	nicht brennbarer fester Stoff
Zündfähiges Gemisch, Vol.-%	
Zündtemperatur	

Gefahrgut:

	Klassifizierung:	
IMDG-Code: UN-Nr. 3152	Kl. 9	Verp. Gr. II EMS: **F**-A; **S**-A
Marine pollutant		
ICAO/IATA DGR: UN-Nr. 3152	Kl. 9	Verp. Gr. II
ADR/RID/ADNR: UN-Nr. 3152	Kl. 9	Klassifiz. Code M2 Verp. Gr. II
Gefahrzettel (Label) Nr. 9		

Richtige Versandbezeichnung (PSN):
Land/BinSch: **3152 Polyhalogenierte biphenyle, fest**
See/Luft: **Polyhalogenated biphenyls, solid**

Gefahrstoff:
CAS Nr.: 59536-65-1 RTECS-Nr.: LK 5060000
EG-Nr.: INDEX-Nr.:
EG-Einstufung: nein
Symbol: Xn, N*
R-Sätze: 33-50/53*
S-Sätze: 35-60-61*
D-Lagerklasse (VCI)-Nr.:

* Herstellerangaben

Erscheinungsbild: Farbloses bis weißes Pulver. Schwacher Geruch.

Verhalten bei Freiwerden und Vermischen mit Luft: Gesundheitsschädliche, umweltgefährliche, nicht brennbare Flüssigkeit. Bei Erhitzung bilden Dämpfe mit Luft gesundheitsschädliche, umweltgefährliche, nicht brennbare Gemische, die schwerer als Luft sind. Sie kriechen am Boden entlang und können, insbesondere in geschlossenen Räumen, Konzentrationen mit gesundheitsschädlicher sowie stark umweltgefährlicher Wirkung erreichen. Bei Erhitzung bis zur Zersetzung (z. B. durch Umgebungsbrände oder heiße Oberflächen) erfolgt Zersetzung unter Bildung giftiger Stoffe die im Wesentlichen aus polychlorierten Dibenzodioxinen (PCDD) und polychlorierten Dibenzofuranen (PCDF) bestehen und auch Bromwasserstoff(gas) bzw. Dämpfe enthalten.

Verhalten bei Freiwerden und Vermischen mit Wasser: Der Stoff ist schwerer als Wasser und sinkt unter. Er löst sich nur geringfügig in Wasser. Es bilden sich gesundheitsschädliche und stark umweltgefährliche Gemische mit Wasser, die auch bei starker Verdünnung noch wirksam sind.

Gesundheitsgefährdung: Die Gesundheitsgefahren entsprechen weitgehend denen der PCB (s. Merkblatt 2325). Während die akute Toxizität gering ist, kann es durch chronische Aufnahme der Substanz (vor allem durch die Haut) zu Gewichtsverlust, Zittern, Leberschäden und Tod kommen. Die PBB sind Nerven- und Hautgifte. Sie greifen die Funktionen der Leber und des Immunsystems an und sie stehen im Verdacht krebserregend zu sein sowie die Funktionsabläufe während der Schwangerschaft nachteilig zu beeinflussen. PBB brennen selbst nicht, bei Erhitzen bis zur Zersetzung Bildung von Bromwasserstoff (s. auch Mbl. 387), Brom (s. auch Mbl. 234) und den sehr giftigen polybromierten Dibenzofuranen.
Nach Einatmen oder Hautkontakt in jedem Fall – auch bei Ausbleiben der Symptome – den Arzt aufsuchen. Nach Kontakt der Substanz mit den Augen ist in jedem Fall ein Augenarzt aufzusuchen.

Geruchsschwelle = Luftgrenzwert =

Bemerkungen: Das Produkt enthält Anteile von Penta-, Hexa- und Heptabrombiphenyl mit geringen Anteilen von Tetra- und anderen bromierten Biphenylen. Die Substanz ist löslich in Benzol und Toluol.

Sicherheitsmaßnahmen für Fahrzeugbesatzung, Polizei, Feuerwehr und Rettungskräfte:
Polizei und Feuerwehr alarmieren.
Im Gefahrenbereich Maschine stoppen. Sofort volle Schutzkleidung und umluftunabhängiges (schweres) Atemschutzgerät tragen. Bei starker Erhitzung oder Brand nicht rauchen, offenes Feuer löschen, kein elektrisches Gerät und keinen Schalter mit Funkenbildung betätigen.
Wasserschutzpolizei und Feuerwehr: Beim Retten nicht ins Wasser springen. Bei starker Erhitzung kein Boot mit Ottomotor einsetzen. Bei Dieselantrieb Sicherheitsschaltung veranlassen. Nach dem Einsatz Kühlwasserkreislauf überprüfen.

Schutz- und Einsatzmaßnahmen: Alle unbeteiligten Personen nach Luv (gegen den Wind) entfernen. Achtung, falls freiwerdendes Gut in die Kanalisation oder in Abwasserleitungen von Schiffen gerät, entstehen gesundheitsschädliche und umweltgefährliche Gemische mit Abwasser. Auf Wasserstraßen Schiffahrtssperre. An Land gefährdetes Gebiet absperren. Bei starker Erhitzung oder Brand entstehen giftige Gase und Dämpfe bzw. Dampf-/Luftgemische. In diesem Fall große Sicherheitszone bilden. In Wohn- und Industriegebieten Anwohner warnen.

Bekämpfung der Unfallfolgen:
Feuer: Stoff brennt selbst nicht. Löschmaßnahmen auf Umgebungsbrände ausrichten. Achtung, bei sehr starker Erhitzung erfolgt Zersetzung unter Bildung hochgiftiger Gase und Dämpfe. Behälter mit Wassersprühstrahl kühlen und nach Möglichkeit aus der Gefahrenzone ziehen. Achtung, das Löschwasser ist giftig und umweltgefährlich. Es muß aufgefangen werden und darf nicht unbehandelt in die Kanalisation, in Gewässer oder ins Grundwasser gelangen.
Leckage: Leck schließen, wenn ohne Risiko möglich.
Fließendes Gewässer: Trink-, Brauch- und Kühlwasserentnehmer verständigen. Experten hinzuziehen.
Stehendes Gewässer: Absperren. Fahrzeugbesatzungen im gefährdeten Gebiet warnen.
An Land: Kanalisation abdichten. Eindeichen und abbergen. In geschlossenem Behälter abtransportieren. Restmengen mit saugfähigem Material wie trockenem Sand, Erde, gemahlenem Kalkstein, Kieselgur, Universalbinder bedecken und im geschlossenen Behälter an sicheren Deponieort transportieren.

Gewässerverunreinigung:
GefStoffV/EG: Gefahrensymbol: N Umweltgefährlich, R 50/53: sehr giftig für Wasserorganismen, kann in Gewässern längerfristig schädliche Wirkungen haben.
Gesamtbewertung nach Unfall: Gruppe IV, hohe bis sehr hohe (extrem hohe) toxische Wirkung unabhängig von der Turbulenz des Gewässers (siehe auch Erläuterungen Abschnitt 16.4/5).
Einzelwerte siehe Anhang 9 der Erläuterungen.
Wassergefährdungsklasse: 2 – wassergefährdender Stoff.

Erste Hilfe:
Verletzte an die frische Luft bringen. Benetzte Kleidungsstücke, Schuhe und Strümpfe sofort ausziehen, in einen Behälter (Sack) versorgen. Betroffene Körperstellen anhaltend mit Wasser und Seife spülen. Bei Augenkontakt die Augen 15 Minuten mit Wasser spülen. Augenlider dazu mit Daumen und Zeigefinger aufspreizen und gleichzeitig das Auge nach allen Seiten bewegen lassen. Für die Retter: Schutzkleidung empfohlen. Verletzte nicht auskühlen lassen. Bei Erbrechen zumindest Kopf in Seitenlage bringen. Verletzte nur liegend transportieren. Bei Gefahr der Bewußtlosigkeit Lagerung und Transport in stabiler Seitenlage.

Hinweise für den Arzt:
Akute Symptome nicht zu erwarten.

Formel: $C_6H_5C_6H_4NH_2$ **Summen-Formel:** C12–H11–N **UN-Nr. 2811 n.o.s.**

Merkblatt

2327

Stoffname

Deutsch	*Englisch*	*Französisch*
4-Aminobiphenyl	**4-Aminobiphenyle**	**4- Amino diphényle**
4-Biphenylamin	4-Biphenylamine	
4-Aminodiphenyl	4-Aminodiphenyle	
4-Phenylanilin	4-Phenylaniline	
Biphenyl-4-ylamin	Biphenyl-4-ylamine	*Spanisch*
p-Aminobiphenyl	p-Aminobiphenyle	**4-Aminobifenil**
p-Biphenylamin	Paraaminodiphenyle	
para-Aminodiphenyl	p-Biphenylamine	
p-Phenylanilin	p-Phenylaniline	

Gefahren-Diamant

1 (rot), 3 (blau), 1 (gelb)

Hazchem-Code: **2XE**

Technische Daten

Siedepunkt	302 °C
Dampfdruck in mbar	20 bei 191 °C
Dampfdichteverhältnis, Luft = 1	5,85
Schmelzpunkt	55 °C
Mischbarkeit mit Wasser	geringfügig*
Spez. Gewicht, Wasser = 1	1,16
Molare Masse	169,23

Feuerbekämpfungsdaten

Flammpunkt	>110 °C c.c.
Zündfähiges Gemisch, Vol.-%	
Zündtemperatur	

* geringfügig löslich in kaltem Wasser, sehr gut löslich in heißem Wasser, in Wasserdampf flüchtig

Gefahrgut: **Klassifizierung:**

IMDG-Code: UN-Nr. 2811 n.o.s. Kl. 6.1 Verp. Gr. II EMS: **F**-A; **S**-A
Marine pollutant
ICAO/IATA DGR: UN-Nr. 2811 n.o.s. Kl. 6.1 Verp. Gr. II
ADR/RID/ADNR: UN-Nr. 2811 n.a.g. Kl. 6.1 Klassifiz. Code T2 Verp. Gr. II
Gefahrzettel (Label) Nr. 6.1
Richtige Versandbezeichnung (PSN):
Land/BinSch: **2811 Giftiger organischer fester Stoff, n.a.g. (4-Aminobiphenyl)**
See/Luft: **Toxic solid organic n.o.s. (4-Aminobiphenyle)**

Gefahrstoff:

CAS Nr.: 92-67-1 RTECS-Nr.: DU 8925000
EG-Nr.: 202-177-1 INDEX-Nr.: 612-072-00-6
EG-Einstufung: ja
Symbol: T
R-Sätze: 45-22
S-Sätze: 53-45
D-Lagerklasse (VCI)-Nr.: 6.1

Erscheinungsbild: Farblose Kristalle oder kristallines Pulver. Blumenähnlicher Geruch.

Verhalten bei Freiwerden und Vermischen mit Luft: Giftiger, umweltgefährlicher und brennbarer fester Stoff. Bei Aufwirbelung des Staubes bilden sich giftige, umweltgefährliche und explosionsfähige Gemische mit Luft. Bei Brand oder Erhitzung bis zur Zersetzung (z. B. durch Umgebungsbrände oder heiße Oberflächen) erfolgt Zersetzung unter Bildung von giftigen und ätzenden Gasen und Dämpfen, die im Wesentlichen aus nitrosen Gasen (Stickstoffoxiden) bestehen und auch Kohlendioxid sowie Kohlenmonoxid enthalten.

Verhalten bei Freiwerden und Vermischen mit Wasser: Der Stoff ist schwerer als Wasser und sinkt unter. Er löst sich in kaltem Wasser nur geringfügig, in heißem Wasser jedoch gut. Es bilden sich giftige Gemische mit Wasser, die auch bei Verdünnung noch wirksam sind.

Gesundheitsgefährdung: Der direkte Kontakt mit der Substanz, ihren Stäuben oder ihren konzentrierten Lösungen kann zu Verätzungen der Haut, der Augen, der Atemwege und des Magen-Darm-Traktes führen. Entzündung der Harnwege. Lungenödem – mit Verzögerung bis zu 2 Tagen – möglich. Keine Methämoglobinbildung! Hautaufnahme! Beim Menschen erfahrungsgemäß krebserzeugender Stoff. Bei Brand oder Erhitzen bis zur Zersetzung Bildung von nitrosen Gasen (s. auch Merkblatt 150).
Symptome: Brennen, Rötung und Bildung von Ätzschorf mit starken Schmerzen der betroffenen Körperstellen, Harndrang, Blut im Harn.
Nach Einatmen oder Hautkontakt in jedem Fall – auch bei Ausbleiben der Symptome – den Arzt aufsuchen.
Nach Kontakt der Substanz mit den Augen ist in jedem Fall ein Augenarzt aufzusuchen.

Geruchsschwelle = Luftgrenzwert =

Bemerkungen: Der Stoff ist löslich in Ethylalkohol, Ether und Chloroform. Die Substanz oxidiert bei Kontakt oder Mischung mit Luft. Die Substanz ist geringfügig löslich in kaltem Wasser, sehr gut löslich in heißem Wasser, in Wasserdampf flüchtig.

Sicherheitsmaßnahmen für Fahrzeugbesatzung, Polizei, Feuerwehr und Rettungskräfte:
Polizei und Feuerwehr alarmieren.
Im Gefahrenbereich umluftunabhängiges (schweres) Atemschutzgerät und volle Schutzkleidung tragen. Bei Erhitzung des Stoffes oder bei Brand **im Gefahrenbereich** Maschine stoppen, Zündung abstellen, offenes Feuer löschen, nicht rauchen, kein elektrisches Gerät und keinen Schalter mit Funkenbildung betätigen.
Wasserschutzpolizei und Feuerwehr: Bei Erhitzung des Stoffes kein Boot mit Ottomotor einsetzen. Bei Dieselantrieb Sicherheitsschaltung veranlassen. Beim Retten nicht ins Wasser springen.

Schutz- und Einsatzmaßnahmen: Alle unbeteiligten Personen nach Luv (gegen den Wind) entfernen. Achtung, falls freiwerdendes Gut in die Kanalisation oder in Abwasserleitungen von Schiffen gerät, entstehen giftige Gemische mit Abwasser. Auf Wasserstraßen Schiffahrtssperre. An Land gefährdetes Gebiet absperren. Bei starker Erhitzung oder Brand entstehen giftige Gase und Dämpfe bzw. Dampf-/Luftgemische. In diesem Fall große Sicherheitszone bilden. In Wohn- und Industriegebieten Anwohner warnen. Zuständige Behörden unterrichten.

Bekämpfung der Unfallfolgen:
Feuer: Bei kleinem Brandherd Löschpulver, Wassersprühstrahl, Kohlensäure oder Schaum. Bei großem Brandherd Schaum oder Wassersprühstrahl. Behälter mit Wassersprühstrahl kühlen und nach Möglichkeit aus der Gefahrenzone ziehen. Achtung, das Löschwasser ist giftig und umweltgefährlich. Es muß aufgefangen werden und darf nicht unbehandelt in die Kanalisation, in Gewässer oder in das Grundwasser gelangen.
Leckage: Leck schließen, wenn ohne Risiko möglich.
Fließendes Gewässer: Trink-, Brauch- und Kühlwasserentnehmer verständigen.
Stehendes Gewässer: Absperren. Fahrzeugbesatzungen im gefährdeten Gebiet warnen.
An Land: Kanalisation abdichten. Auffangen, eindeichen und abbergen. In Wohn- und Industriegebieten alle tiefliegenden Räume abdichten. Alle Zündquellen beseitigen. Restmengen mit nicht brennbarem, saugfähigem Material wie z. B. trockener Erde, Sand, Kieselgur, Universalbinder oder Vermiculit abdecken und an sichere Deponie zur Vernichtung transportieren.

Gewässerverunreinigung:
GefStoffV/EG:
Gesamtbewertung nach Unfall: –
Einzelwerte siehe Anhang 9 der Erläuterungen.
Wassergefährdungsklasse: –

Erste Hilfe:
Verletzte an die frische Luft bringen. Benetzte Kleidungsstücke, Schuhe und Strümpfe sofort ausziehen, in einen Behälter (Sack) versorgen. Betroffene Körperstellen anhaltend mit Wasser und Seife spülen. Bei Augenkontakt die Augen 15 Minuten mit handwarmen Wasser spülen. Augenlider dazu mit Daumen und Zeigefinger aufspreizen und gleichzeitig das Auge nach allen Seiten bewegen lassen. Für die Retter: Schutzkleidung und Atemschutz empfohlen. Verletzte nicht auskühlen lassen. Bei Erbrechen zumindest Kopf in Seitenlage bringen. Verletzte nur liegend transportieren. Bei Gefahr der Bewußtlosigkeit Lagerung und Transport in stabiler Seitenlage.

Hinweise für den Arzt:
Symptomatische Behandlung. Stoff ist als für den Menschen erwiesenes Karzinogen eingestuft.
Nach Ingestion: Magenspülung erwägen, wenn Ingestionszeitpunkt kurz zurückliegt und größere Mengen aufgenommen wurden.

Formel: | **Summen-Formel:** C12–H9–N–O2 | **UN-Nr. 2811 n.o.s.**

Merkblatt

2328

Stoffname

Deutsch	*Englisch*	*Französisch*
4-Nitrodiphenyl	**4-Nitrodiphenyle**	**Nitro-4 diphényle**
4-Nitrobiphenyl	4-Nitrobiphenyle	Nitrodiphényle (para-)
4-Phenylnitrobenzol	4-Phenylnitrobenzene	
4-Nitro-1,1'-biphenyl	4-Nitro-1,1'-biphenyle	
p-Nitrodiphenyl	p-Nitrobiphenyle	
p-Nitrobiphenyl	p-Nitrodiphenyle	*Spanisch*
para-Phenylnitrobenzol	para-Phenyl-nitrobenzene	**Nitro-4-difenilo**
		Nitrodifenilo (para-)

Gefahren-Diamant

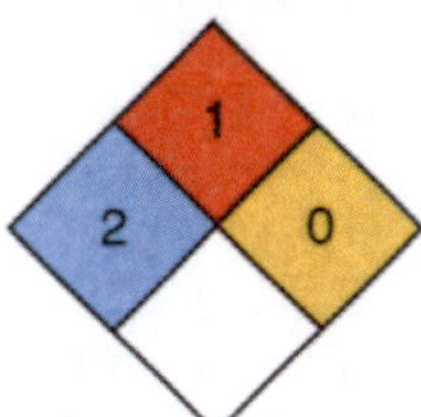

Hazchem-Code: 2XE

Technische Daten

Siedepunkt	340 °C
Dampfdruck in mbar	40 bei 224 °C
Dampfdichteverhältnis, Luft = 1	6,88
Schmelzpunkt	114–115 °C
Mischbarkeit mit Wasser	sehr geringfügig
Spez. Gewicht, Wasser = 1	1,328
Molare Masse	199,21

Feuerbekämpfungsdaten

Flammpunkt	143 °C c.c
Zündfähiges Gemisch, Vol.-%	
Zündtemperatur	

Gefahrgut:

	Klassifizierung:	
IMDG-Code: UN-Nr. 2811 n.o.s.	Kl. 6.1	Verp. Gr. I EMS: **F**-A; **S**-A
Marine pollutant		
ICAO/IATA DGR: UN-Nr. 2811 n.o.s.	Kl. 6.1	Verp. Gr. I
ADR/RID/ADNR: UN-Nr. 2811 n.a.g.	Kl. 6.1	Klassifiz. Code T2 Verp. Gr. I

Gefahrzettel (Label) Nr. 6.1
Richtige Versandbezeichnung (PSN):
Land/BinSch: **2811 Giftiger, organischer fester Stoff, n.a.g. (4-Nitrodiphenyl)**
See/Luft: **Toxic, solid organic, n.o.s. (4-Nitrodiphenyle)**

Gefahrstoff:

CAS Nr.: 92-93-3 | RTECS-Nr.: DV 5600000
EG-Nr.: 202-204-7 | INDEX-Nr.: 609-039-00-3
EG-Einstufung: ja
Symbol: T, N
R-Sätze: 45-51/53
S-Sätze: 53-45-61
D-Lagerklasse (VCI)-Nr.: 6.1

Erscheinungsbild: Weiße bis gelbliche nadelähnliche Kristalle oder kristallines Pulver. Süßlicher Geruch.

Verhalten bei Freiwerden und Vermischen mit Luft: Giftiger, umweltgefährlicher und brennbarer fester Stoff. Bei Aufwirbelung des Staubes bilden sich giftige, umweltgefährliche und explosionsfähige Gemische mit Luft. Bei Brand oder Erhitzung bis zur Zersetzung (z. B. durch Umgebungsbrände oder heiße Oberflächen) erfolgt Zersetzung unter Bildung von giftigen und ätzenden Gasen und Dämpfen, die im Wesentlichen aus nitrosen Gasen (Stickstoffoxiden) bestehen und auch Kohlendioxid sowie Kohlenmonoxid enthalten.

Verhalten bei Freiwerden und Vermischen mit Wasser: Der Stoff ist schwerer als Wasser und sinkt unter. Er löst sich nur geringfügig in Wasser. Es bilden sich giftige und umweltgefährliche Gemische mit Wasser, die auch bei starker Verdünnung noch wirksam sind.

Gesundheitsgefährdung: Der direkte Kontakt mit der Substanz, ihren Stäuben oder ihren konzentrierten Lösungen kann zu Verätzungen der Haut, der Augen, der Atemwege und des Magen-Darm-Traktes führen. Entzündung der Harnwege. Lungenödem – mit Verzögerung bis zu 2 Tagen – möglich. Die Substanz wird im Organismus zu 4-Amino-biphenyl (Mbl. 2327) reduziert, darauf gehen wahrscheinlich die krebserzeugenden Eigenschaften zurück. Hautaufnahme! Bei Brand oder Erhitzen bis zur Zersetzung Bildung von nitrosen Gasen (s. auch Merkblatt 150).
Symptome: Brennen, Rötung und Bildung von Ätzschorf mit starken Schmerzen der betroffenen Körperstellen, Harndrang, Blut im Harn.
Nach Einatmen oder Hautkontakt in jedem Fall – auch bei Ausbleiben der Symptome – den Arzt aufsuchen. Nach Kontakt der Substanz mit den Augen ist in jedem Fall ein Augenarzt aufzusuchen.

Geruchsschwelle = | Luftgrenzwert =

Bemerkungen: Der Stoff ist löslich in Chloroform, Diethylether und heißem Ethylalkohol.

Sicherheitsmaßnahmen für Fahrzeugbesatzung, Polizei, Feuerwehr und Rettungskräfte:
Polizei und Feuerwehr alarmieren.
Im Gefahrenbereich umluftunabhängiges (schweres) Atemschutzgerät und volle Schutzkleidung tragen. Bei Erhitzung des Stoffes oder bei Brand **im Gefahrenbereich** Maschine stoppen, Zündung abstellen, offenes Feuer löschen, nicht rauchen, kein elektrisches Gerät und keinen Schalter mit Funkenbildung betätigen.
Wasserschutzpolizei und Feuerwehr: Bei Erhitzung des Stoffes kein Boot mit Ottomotor einsetzen. Bei Dieselantrieb Sicherheitsschaltung veranlassen. Beim Retten nicht ins Wasser springen.

Schutz- und Einsatzmaßnahmen: Alle unbeteiligten Personen nach Luv (gegen den Wind) entfernen. Achtung, falls freiwerdendes Gut in die Kanalisation oder in Abwasserleitungen von Schiffen gerät, entstehen giftige und umweltgefährliche Gemische mit Abwasser. Auf Wasserstraßen Schiffahrtssperre. An Land gefährdetes Gebiet absperren. Bei starker Erhitzung oder Brand entstehen giftige Gase und Dämpfe bzw. Dampf-/Luftgemische. In diesem Fall große Sicherheitszone bilden. In Wohn- und Industriegebieten Anwohner warnen.

Konzentrationsmessung explosionsfähiger bzw. giftiger Dämpfe siehe Tabelle (Anhang 6 der Erläuterungen).

Zuständige Behörden unterrichten.

Bekämpfung der Unfallfolgen:
Feuer: Bei kleinem Brandherd Löschpulver, Wassersprühstrahl, Kohlensäure oder Schaum. Bei großem Brandherd Schaum oder Wassersprühstrahl. Der Einsatz von Schaum oder Wassersprühstrahl kann jedoch ein starkes Aufschäumen des Produktes bewirken. Behälter mit Wassersprühstrahl kühlen und nach Möglichkeit aus der Gefahrenzone ziehen. Achtung, das Löschwasser ist giftig und umweltgefährlich. Es muß aufgefangen werden und darf nicht unbehandelt in die Kanalisation, in Gewässer oder in das Grundwasser gelangen.
Leckage: Leck schließen, wenn ohne Risiko möglich.
Fließendes Gewässer: Trink-, Brauch- und Kühlwasserentnehmer verständigen.
Stehendes Gewässer: Absperren. Fahrzeugbesatzungen im gefährdeten Gebiet warnen.
An Land: Kanalisation abdichten. Auffangen, eindeichen und abbergen. In Wohn- und Industriegebieten alle tiefliegenden Räume abdichten. Alle Zündquellen beseitigen. Restmengen mit nicht brennbarem, saugfähigem Material wie z. B. trockener Erde, Sand, Kieselgur, Universalbinder oder Vermiculit abdecken und an sichere Deponie zur Vernichtung transportieren.

Gewässerverunreinigung:
GefStoffV/EG: Gefahrensymbol: N Umweltgefährlich, R 51/53: giftig für Wasserorganismen, kann in Gewässern längerfristig schädliche Wirkungen haben.
Gesamtbewertung nach Unfall: Gruppe IV, hohe bis sehr hohe (extrem hohe) toxische Wirkung unabhängig von der Turbulenz des Gewässers (siehe auch Erläuterungen Abschnitt 16.4/5).
Einzelwerte siehe Anhang 9 der Erläuterungen.
Wassergefährdungsklasse: 3 – stark wassergefährdender Stoff.

Erste Hilfe:
Verletzte an die frische Luft bringen. Benetzte Kleidungsstücke, Schuhe und Strümpfe sofort ausziehen, in einen Behälter (Sack) versorgen. Betroffene Körperstellen anhaltend mit Wasser und Seife spülen. Bei Augenkontakt die Augen 15 Minuten mit handwarmen Wasser spülen. Augenlider dazu mit Daumen und Zeigefinger aufspreizen und gleichzeitig das Auge nach allen Seiten bewegen lassen. Für die Retter: Schutzkleidung und Atemschutz empfohlen. Verletzte nicht auskühlen lassen. Bei Erbrechen zumindest Kopf in Seitenlage bringen. Verletzte nur liegend transportieren. Bei Gefahr der Bewußtlosigkeit Lagerung und Transport in stabiler Seitenlage.

Hinweise für den Arzt:
Symptomatische Behandlung. Stoff ist als karzinogen eingestuft. Nach Ingestion: Magenspülung erwägen, wenn Ingestionszeitpunkt kurz zurückliegt und größere Mengen aufgenommen wurden.

Formel: **Summen-Formel:** C15–H18–N2–O6 **UN-Nr. 2779**

Merkblatt

2329

Stoffname

Deutsch

Binapacryl
Dimethylacrylsäure-2,4-dinitro-6-sec.-butylphenylester
2-sec.-Butyl-4,6-dinitrophenyl-3-methyl-2-butenoat
[6-(1-Methylpropyl)-4,6-dinitrophenyl]-3,3-dimethylacrylat
3-Methylcrotonsäure-2-sec.-butyl-4,6-dinitrophenylester

Englisch

Binapacryle
2-sec.-Butyl-4,6-dinitrophenyl-3,3-dimethylacrylate
2-sec.-Butyl-4,6-dinitrophenyl-3-methyl-2-butenoate
2-sec.-Butyl-4,6-dinitrophenyl-3-methylcrotonate
3-Methylcrotonic acid-2-sec.-butyl-4,6-dinitrophenyl ester
Acricid
Marocide
Dinapacryl
Dinoseb methacrylate

Französisch

Binapacryle
(6-(1-Méthyl-propyl)-2,4-dinitrophényl)-3,3-diméthyl-acrylate

Spanisch

Binapacrilo
(6-(1-Metil-propil)-2,4-dinitrofenil)-3,3-dimetil-acrilato

Gefahren-Diamant

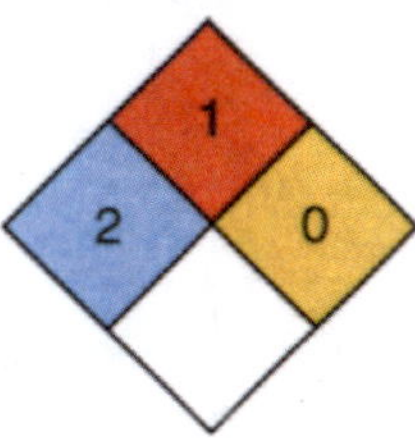

Hazchem-Code: 2X

Technische Daten

Siedepunkt	*
Dampfdruck in mbar bei 20 °C	
Dampfdichteverhältnis, Luft = 1	
Schmelzpunkt	68–69 °C
Mischbarkeit mit Wasser	sehr geringfügig
Spez. Gewicht, Wasser = 1	
Molare Masse	322,32

* Zersetzung

Feuerbekämpfungsdaten

Flammpunkt	Brennbarer fester Stoff
Zündfähiges Gemisch, Vol.-%	
Zündtemperatur	

Gefahrgut:
IMDG-Code: UN-Nr. 2779
Marine pollutant
ICAO/IATA DGR: UN-Nr. 2779
ADR/RID/ADNR: UN-Nr. 2779
Gefahrzettel (Label) Nr. 6.1
Richtige Versandbezeichnung (PSN):
Land/BinSch: **2779 Substituiertes Nitrophenol-Pestizid, fest, giftig (Binapacryl)**
See/Luft: **Substituted nitrophenol pesticide, solid, toxic, (Binapacryle)**

Klassifizierung:
Kl. 6.1 Verp. Gr. I EMS: **F**-A; **S**-A
Kl. 6.1 Verp. Gr. I
Kl. 6.1 Klassifiz. Code T7 Verp. Gr. I

Gefahrstoff:
CAS Nr.: 485-31-4
RTECS-Nr.: GQ 5600000
EG-Nr.: 207-612-9
INDEX-Nr.: 609-024-00-1
EG-Einstufung: ja
Symbol: T, N
R-Sätze: 61-21/22-50/53
S-Sätze: 53-45-60-61
D-Lagerklasse (VCI)-Nr.: 6.1

Erscheinungsbild: Schwach gelbes bis bräunliches, kristallines Pulver, schwach aromatischer Geruch.

Verhalten bei Freiwerden und Vermischen mit Luft: Entwicklungsschädigender, gesundheitsschädlicher, umweltgefährlicher und brennbarer fester Stoff. Bei Aufwirbelung des Staubes bilden sich giftige, umweltgefährliche und explosionsfähige Gemische mit Luft. Bei Brand oder Erhitzung bis zur Zersetzung (z. B. durch Umgebungsbrände oder heiße Oberflächen) erfolgt Zersetzung unter Bildung von giftigen und ätzenden Gasen und Dämpfen, die im Wesentlichen aus nitrosen Gasen (Stickstoffoxiden) und Phenolen bestehen und auch Kohlendioxid sowie Kohlenmonoxid enthalten.

Verhalten bei Freiwerden und Vermischen mit Wasser: Der Stoff ist schwerer als Wasser und sinkt unter. Er löst sich nur sehr geringfügig in Wasser. Es bilden sich giftige und umweltgefährdende Gemische mit Wasser, die auch bei starker Verdünnung noch wirksam sind.

Gesundheitsgefährdung: Gesundheitsschädlich nach Verschlucken und Hautaufnahme, reizt die Augen; kann möglicherweise die Fortpflanzungsfähigkeit schädigen und das Kind im Mutterleib schädigen, Herzrhythmusstörungen, Lungenödeme, Methämoglobinbildung, Leber- und Nierenstörungen. Bei Brand oder Wärmezersetzung Entstehung von Kohlenmonoxid (siehe auch Merkblatt 116), Kohlendioxid (siehe auch Merkblatt 115), nitrosen Gasen (s. auch Merkblatt 150) und Phenol (siehe auch Merkblätter 156 und 1041).
Symptome: Müdigkeit, starker Durst, Rötung des Gesichts, Atemnot, Unruhe, Angstgefühl, Erbrechen, Darmkoliken, Blauverfärbung der Lippen und der Fingernägel, Kollaps, Koma, blutiger Urin, Krämpfe, Delirien oder Tod durch Lungenödem.
Nach Einatmen oder Hautkontakt in jedem Fall – auch bei Ausbleiben der Symptome – den Arzt aufsuchen.
Nach Kontakt der Substanz mit den Augen ist in jedem Fall ein Augenarzt aufzusuchen.

Geruchsschwelle = Luftgrenzwert =

Bemerkungen: Der Stoff ist löslich in Aceton, Xylol, Methylenchlorid, Isophoron und Ethylalkohol.
Chemische Gruppenzugehörigkeit:
Verwendungszweck: Akarizid, Fungizid

Sicherheitsmaßnahmen für Fahrzeugbesatzung, Polizei, Feuerwehr und Rettungskräfte:
Polizei und Feuerwehr alarmieren.
Im Gefahrenbereich umluftunabhängiges (schweres) Atemschutzgerät und volle Schutzkleidung tragen. Bei Erhitzung des Stoffes oder bei Brand **im Gefahrenbereich** Maschine stoppen, Zündung abstellen, offenes Feuer löschen, nicht rauchen, kein elektrisches Gerät und keinen Schalter mit Funkenbildung betätigen.
Wasserschutzpolizei und Feuerwehr: Bei Erhitzung des Stoffes kein Boot mit Ottomotor einsetzen. Bei Dieselantrieb Sicherheitsschaltung veranlassen. Beim Retten nicht ins Wasser springen.

Schutz- und Einsatzmaßnahmen: Alle unbeteiligten Personen nach Luv (gegen den Wind) entfernen. Achtung, falls freiwerdendes Gut in die Kanalisation oder in Abwasserleitungen von Schiffen gerät, entstehen giftige und umweltgefährliche Gemische mit Abwasser. Auf Wasserstraßen Schiffahrtssperre. An Land gefährdetes Gebiet absperren. Bei starker Erhitzung oder Brand entstehen giftige Gase und Dämpfe bzw. Dampf-/Luftgemische. In diesem Fall große Sicherheitszone bilden. In Wohn- und Industriegebieten Anwohner warnen. Zuständige Behörden unterrichten.

Bekämpfung der Unfallfolgen:
Feuer: Bei kleinem Brandherd Löschpulver, Wassersprühstrahl, Kohlensäure oder Schaum. Bei großem Brandherd Schaum oder Wassersprühstrahl. Behälter mit Wassersprühstrahl kühlen und nach Möglichkeit aus der Gefahrenzone ziehen. Achtung, das Löschwasser ist giftig und umweltgefährlich. Es muß aufgefangen werden und darf nicht unbehandelt in die Kanalisation, in Gewässer oder in das Grundwasser gelangen.
Leckage: Leck schließen, wenn ohne Risiko möglich.
Fließendes Gewässer: Trink-, Brauch- und Kühlwasserentnehmer verständigen.
Stehendes Gewässer: Absperren. Fahrzeugbesatzungen im gefährdeten Gebiet warnen.
An Land: Kanalisation abdichten. Auffangen, eindeichen und abbergen. In Wohn- und Industriegebieten alle tiefliegenden Räume abdichten. Alle Zündquellen beseitigen. Restmengen mit nicht brennbarem, saugfähigem Material wie z. B. trockener Erde, Sand, Kieselgur, Universalbinder oder Vermiculit abdecken und an sichere Deponie zur Vernichtung transportieren.

Gewässerverunreinigung:
GefStoffV/EG: Gefahrensymbol: N Umweltgefährlich, R 50/53: sehr giftig für Wasserorganismen, kann in Gewässern längerfristig schädliche Wirkungen haben.
Gesamtbewertung nach Unfall: Gruppe IV, hohe bis sehr hohe (extrem hohe) toxische Wirkung unabhängig von der Turbulenz des Gewässers (siehe auch Erläuterungen Abschnitt 16.4/5).
Einzelwerte siehe Anhang 9 der Erläuterungen.
Wassergefährdungsklasse: 3 – stark wassergefährdender Stoff.

Erste Hilfe:
Verletzte an die frische Luft bringen. Benetzte Kleidungsstücke, Schuhe und Strümpfe sofort ausziehen, in einen Behälter (Sack) versorgen. Betroffene Körperstellen anhaltend mit Wasser und Seife spülen. Bei Augenkontakt die Augen 15 Minuten mit handwarmem Wasser spülen. Augenlider dazu mit Daumen und Zeigefinger aufspreizen und gleichzeitig das Auge nach allen Seiten bewegen lassen. Für die Retter: Schutzkleidung empfohlen. Verletzte nicht auskühlen lassen. Bei Erbrechen zumindest Kopf in Seitenlage bringen. Verletzte nur liegend transportieren. Bei Gefahr der Bewußtlosigkeit Lagerung und Transport in stabiler Seitenlage.

Hinweise für den Arzt:
Symptomatische Behandlung. Stoff ist als fruchtschädigend eingestuft. Nach Ingestion: Magenspülung erwägen, wenn Ingestionszeitpunkt kurz zurückliegt und größere Mengen aufgenommen wurden.

Formel: **Summen-Formel:** C14–H12–Br2 **UN-Nr. 3077 n.o.s.**

Merkblatt 2330

Stoffname

Deutsch	*Englisch*	*Französisch*
Brombenzylbromtoluol, Isomerengemisch Monomethyldibromdiphenylmethan Brombenzylbromtoluen, Isomerengemisch DBBT	**Bromobenzylbromotoluene, mixed isomeres** Monomethyldibromodiphenylmethane, mixed isomeres	*Spanisch*

Gefahren-Diamant

1 / 2 / 0

Hazchem-Code: 2X

Technische Daten

Siedepunkt	*
Dampfdruck in mbar bei 20 °C	
Dampfdichteverhältnis, Luft = 1	
Schmelzpunkt	241 °C*
Mischbarkeit mit Wasser	
Spez. Gewicht, Wasser = 1	
Molare Masse	340,07

Feuerbekämpfungsdaten

Flammpunkt, Zündfähiges Gemisch, Vol.-%, Zündtemperatur: Brennbarer fester Stoff

* Zersetzung

Gefahrgut:

	Klassifizierung:		
IMDG-Code: UN-Nr. 3077 n.o.s.	Kl. 9	Verp. Gr. III	EMS: **F**-A; **S**-F
Marine pollutant			
ICAO/IATA DGR: UN-Nr. 3077 n.o.s.	Kl. 9	Verp. Gr. III	
ADR/RID/ADNR: UN-Nr. 3077 n.a.g.	Kl. 9	Klassifiz. Code M7 Verp. Gr. III	

Gefahrzettel (Label) Nr. 9
Richtige Versandbezeichnung (PSN):
Land/BinSch: **3077 Umweltgefährdender Stoff, fest, n.a.g. (Brombenzylbromtoluol)**
See/Luft: **Environmentally hazardous substance, solid, n.o.s. (Bromobenzylbromotoluene)**

Gefahrstoff:
CAS Nr.: 99688-47-8 RTECS-Nr.:
EG-Nr.: 402-210-1 INDEX-Nr.: 602-071-00-9
EG-Einstufung: ja
Symbol: Xn, N
R-Sätze: 43-48/22-50/53
S-Sätze: (2)-24-37-41-60-61
D-Lagerklasse (VCI)-Nr.:

Erscheinungsbild: Farbloses bis weißes Pulver, stechender Geruch.

Verhalten bei Freiwerden und Vermischen mit Luft: Gesundheitsschädlicher, umweltgefährlicher und brennbarer fester Stoff. Bei Aufwirbelung des Staubes bilden sich gesundheitsschädliche, umweltgefährliche und explosionsfähige Gemische mit Luft. Bei Brand oder Erhitzung bis zur Zersetzung (z. B. durch Umgebungsbrände oder heiße Oberflächen) erfolgt Zersetzung unter Bildung von giftigen und ätzenden Gasen und Dämpfen, die im Wesentlichen aus Bromwasserstoff(gas) und Brom bestehen und auch Kohlendioxid sowie Kohlenmonoxid enthalten.

Verhalten bei Freiwerden und Vermischen mit Wasser: Der Stoff ist schwerer als Wasser und sinkt unter. Er mischt sich nur geringfügig mit Wasser. Es bilden sich gesundheitsschädliche und umweltgefährliche Gemische mit Wasser, die auch bei Verdünnung noch wirksam sind.

Gesundheitsgefährdung: Die Substanz und ihre Dämpfe reizen stark die Haut und die Schleimhäute der Augen, der Atemwege und der Lunge. Lungenödem auch mit Verzögerung bis zu 2 Tagen möglich. Nach Verschlucken starke Beschwerden im Magen-Darm-Trakt. Nach längerem oder wiederholtem Hautkontakt kann es zu allergischen Reaktionen kommen. Bei Brand oder Erhitzen bis zur Zersetzung Bildung von Bromwasserstoff (s. auch Merkblatt 387) und Brom (s. auch Merkblatt 234).
Symptome: Rötung, Brennen und Schmerzen betroffener Hautpartien und der Augen, Husten- und Niesreiz, Atemnot, nach Verschlucken: Starke Leibschmerzen, Krämpfe, Erstickungsanfälle.
Nach Einatmen oder Hautkontakt in jedem Fall – auch bei Ausbleiben der Symptome – den Arzt aufsuchen.
Nach Kontakt der Substanz mit den Augen ist in jedem Fall ein Augenarzt aufzusuchen.

Geruchsschwelle = Luftgrenzwert =

Bemerkungen:

Sicherheitsmaßnahmen für Fahrzeugbesatzung, Polizei, Feuerwehr und Rettungskräfte:
Polizei und Feuerwehr alarmieren.
Im Gefahrenbereich umluftunabhängiges (schweres) Atemschutzgerät und volle Schutzkleidung tragen. Bei Erhitzung des Stoffes oder bei Brand **im Gefahrenbereich** Maschine stoppen, Zündung abstellen, offenes Feuer löschen, nicht rauchen, kein elektrisches Gerät und keinen Schalter mit Funkenbildung betätigen.
Wasserschutzpolizei und Feuerwehr: Bei Erhitzung des Stoffes kein Boot mit Ottomotor einsetzen. Bei Dieselantrieb Sicherheitsschaltung veranlassen. Nach dem Einsatz Kühlwasserkreislauf überprüfen. Beim Retten nicht ins Wasser springen.

Schutz- und Einsatzmaßnahmen: Alle unbeteiligten Personen nach Luv (gegen den Wind) entfernen. Achtung, falls freiwerdendes Gut in die Kanalisation oder in Abwasserleitungen von Schiffen gerät, entstehen gesundheitsschädliche und umweltgefährliche Gemische mit Abwasser. Auf Wasserstraßen Schiffahrtssperre. An Land gefährdetes Gebiet absperren. Bei starker Erhitzung oder Brand entstehen giftige Gase und Dämpfe bzw. Dampf-/Luftgemische. In diesem Fall große Sicherheitszone bilden. In Wohn- und Industriegebieten Anwohner warnen. Zuständige Behörden unterrichten.

Bekämpfung der Unfallfolgen:
Feuer: Bei kleinem Brandherd Löschpulver, Wassersprühstrahl, Kohlensäure oder Schaum. Bei großem Brandherd Schaum oder Wassersprühstrahl. Behälter mit Wassersprühstrahl kühlen und nach Möglichkeit aus der Gefahrenzone ziehen. Achtung, das Löschwasser ist giftig und umweltgefährlich. Es muß aufgefangen werden und darf nicht unbehandelt in die Kanalisation, in Gewässer oder in das Grundwasser gelangen.
Leckage: Leck schließen, wenn ohne Risiko möglich.
Fließendes Gewässer: Trink-, Brauch- und Kühlwasserentnehmer verständigen.
Stehendes Gewässer: Absperren. Fahrzeugbesatzungen im gefährdeten Gebiet warnen.
An Land: Kanalisation abdichten. Auffangen, eindeichen und abbergen. In Wohn- und Industriegebieten alle tiefliegenden Räume abdichten. Alle Zündquellen beseitigen. Restmengen mit nicht brennbarem, saugfähigem Material wie z. B. trockener Erde, Sand, Kieselgur, Universalbinder oder Vermiculit abdecken und an sichere Deponie zur Vernichtung transportieren.

Gewässerverunreinigung:
GefStoffV/EG: Gefahrensymbol: N Umweltgefährlich, R 50/53: sehr giftig für Wasserorganismen, kann in Gewässern längerfristig schädliche Wirkungen haben.
Gesamtbewertung nach Unfall: Gruppe IV, hohe bis sehr hohe (extrem hohe) toxische Wirkung unabhängig von der Turbulenz des Gewässers (siehe auch Erläuterungen Abschnitt 16.4/5).
Einzelwerte siehe Anhang 9 der Erläuterungen.
Wassergefährdungsklasse: 3 – stark wassergefährdender Stoff.

Erste Hilfe:
Verletzte an die frische Luft bringen. Benetzte Kleidungsstücke, Schuhe und Strümpfe sofort ausziehen, in einen Behälter (Sack) versorgen. Betroffene Körperstellen anhaltend mit Wasser und Seife spülen. Bei Augenkontakt die Augen 15 Minuten mit handwarmem Wasser spülen. Augenlider dazu mit Daumen und Zeigefinger aufspreizen und gleichzeitig das Auge nach allen Seiten bewegen lassen. Für die Retter: Schutzkleidung empfohlen. Verletzte nicht auskühlen lassen. Bei Erbrechen zumindest Kopf in Seitenlage bringen. Verletzte nur liegend transportieren. Bei Gefahr der Bewußtlosigkeit Lagerung und Transport in stabiler Seitenlage.

Hinweise für den Arzt:
Symptomatische Behandlung. Nach Ingestion: Magenspülung erwägen, wenn Ingestionszeitpunkt kurz zurückliegt und größere Mengen aufgenommen wurden.

Formel: **Summen-Formel:** C14–H10–Cl4 **UN-Nr. 3082 n.o.s.**

Merkblatt

2331

Gefahren-Diamant

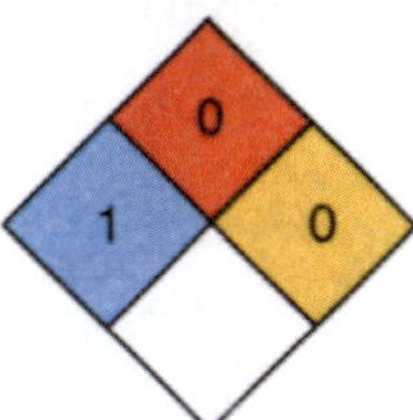

Hazchem-Code: **2X**

Stoffname

Deutsch

Ugilec 141
ar-Monomethyl-ar,ar ar',ar'-tetrachlordiphenylmethane
Dichlor(dichlorphenyl)-methylmethylbenzol Isomerengemisch
Monomethyltetrachlordiphenylmethan
Dichlor[(dichlorphenyl)methyl] methylbenzol
Polichlorierte Benzyltoluole
TCBT

Englisch

Ugilec 141
ar-Monomethyl-ar,ar,ar',ar',-tetrachlorodiphenylmethanes
ar,ar,ar',ar'-Tetrachloro-ar-benzyltoluene
Dichloro(dichlorophenyl)-methylmethyl benzene, mixed isomeres
Monomethyltetrachlorodiphenylmethane
Dichloro[(dichlorophenyl)methyl] methylbenzene
Polychlorinated benzyltoluenes
TCBT

Französisch

Ugilec 141
Dichloro[(dichlorophényl)méthyl] méthylbènzène

Spanisch

Ugile 141
Dicloro[(diclorofenil)metil]metilbenceno

Technische Daten

Siedepunkt	
Dampfdruck in mbar bei 20 °C	
Dampfdichteverhältnis, Luft = 1	
Schmelzpunkt	
Mischbarkeit mit Wasser	
Spez. Gewicht, Wasser = 1	
Molare Masse	320,05

Feuerbekämpfungsdaten

Flammpunkt	schwer brennbare Flüssigkeit
Zündfähiges Gemisch, Vol.-%	
Zündtemperatur	

Gefahrgut: / **Klassifizierung:**

IMDG-Code: UN-Nr. 3082 n.o.s. — Kl. 9 — Verp. Gr. III EMS: **F**-A; **S**-F
Marine pollutant
ICAO/IATA DGR: UN-Nr. 3082 n.o.s. — Kl. 9 — Verp. Gr. III
ADR/RID/ADNR: UN-Nr. 3082 n.a.g. — Kl. 9 — Klassifiz. Code M6 Verp. Gr. III
Gefahrzettel (Label) Nr. 9
Richtige Versandbezeichnung (PSN):
Land/BinSch: **3082 Umweltgefährdender Stoff, flüssig, n.a.g. (Dichlor(dichlorphenyl)-methylmethyl benzol)**
See/Luft: **Environmentally hazardous substance, solid, n.o.s. (Dichloro(dichlorophenyl)-methylmethyl benzene)**

Gefahrstoff:
CAS Nr.: 76253-60-6 RTECS-Nr.:
EG-Nr.: 278-404-3 INDEX-Nr.: 602-072-00-4
EG-Einstufung: ja
Symbol: N
R-Sätze: 50/53
S-Sätze: 60-61
D-Lagerklasse (VCI)-Nr.:

Erscheinungsbild: Farblose Flüssigkeit, schwacher Geruch.

Verhalten bei Freiwerden und Vermischen mit Luft: Gesundheitsschädliche, umweltgefährliche, schwer brennbare Flüssigkeit. Bei Erhitzung bilden Dämpfe mit Luft gesundheitsschädliche, umweltgefährliche nicht brennbare Gemische, die schwerer als Luft sind. Sie kriechen am Boden entlang und können, insbesondere in geschlossenen Räumen, Konzentrationen mit gesundheitsschädlicher sowie stark umweltgefährlicher Wirkung erreichen. Bei Erhitzung bis zur Zersetzung (z. B. durch Umgebungsbrände oder heiße Oberflächen) erfolgt Zersetzung unter Bildung giftiger Stoffe, die im Wesentlichen aus Chlorwasserstoff(gas) bzw. Salzsäuredämpfen bestehen.

Verhalten bei Freiwerden und Vermischen mit Wasser: Der Stoff ist schwerer als Wasser und sinkt unter. Er löst sich sehr geringfügig mit Wasser. Es bilden sich gesundheitsschädliche und stark umweltgefährliche Gemische mit Wasser, die auch bei starker Verdünnung noch wirksam sind.

Gesundheitsgefährdung: Die Substanz und ihre Zubereitungen können – insbesondere in Abhängigkeit vom verwendeten Lösungsmittel – die Augen und die Atmungsorgane reizen. Lungen- und Kehlkopfödem – auch mit Verzögerung bis zu 2 Tagen – möglich. Die Substanz wirkt erregend auf das zentrale Nervensystem. Die Hauptgefahr besteht jedoch in der Speicherung der Substanz im Fettgewebe, im Gehirn und in den Nieren. Bei Brand oder Erhitzen bis zur Zersetzung Bildung von Chlorwasserstoff (s. auch Merkblatt 63) und Ruß.
Symptome: Neben Lichtscheu, Schwindel, Gleichgewichtsstörungen, auch schwere epileptiforme Krämpfe, Delirien, komatöse Zwischenzustände, neuritische Beschwerden vor allem an den Extremitäten (Taubheit, Kribbeln); Tod durch Kreislaufversagen, Kammerflimmern, Atemlähmung; bei Überleben: Störung der Blutbildung
Nach Einatmen oder Hautkontakt in jedem Fall – auch bei Ausbleiben der Symptome – den Arzt aufsuchen.

Geruchsschwelle = Luftgrenzwert =

Bemerkungen: Der Stoff reagiert bei Kontakt oder Mischung mit starken Oxidationsmitteln wie zum Beispiel Chloraten, Nitraten, Peroxiden usw. Die Substanz ist löslich in den meisten organischen Lösemitteln.
Die polychlorierten Benzyltoluole wurden als Ersatzstoffe für polychlorierte Biphenyle verwendet. Die Herstellung, Verwendung und das Inverkehrbringen ist in der Bundesrepublik Deutschland inzwischen verboten.

Sicherheitsmaßnahmen für Fahrzeugbesatzung, Polizei, Feuerwehr und Rettungskräfte:
Polizei und Feuerwehr alarmieren.
Im Gefahrenbereich Maschine stoppen. Sofort volle Schutzkleidung und umluftunabhängiges (schweres) Atemschutzgerät tragen. Bei starker Erhitzung nicht rauchen, offenes Feuer löschen, kein elektrisches Gerät und keinen Schalter mit Funkenbildung betätigen.
Wasserschutzpolizei und Feuerwehr: Beim Retten nicht ins Wasser springen. Bei starker Erhitzung kein Boot mit Ottomotor einsetzen. Bei Dieselantrieb Sicherheitsschaltung veranlassen. Nach dem Einsatz Kühlwasserkreislauf überprüfen.

Schutz- und Einsatzmaßnahmen: Alle unbeteiligten Personen nach Luv (gegen den Wind) entfernen. Achtung, falls freiwerdendes Gut in die Kanalisation oder in Abwasserleitungen von Schiffen gerät, entstehen gesundheitsschädliche und umweltgefährliche Gemische mit Abwasser. Auf Wasserstraßen Schiffahrtssperre. An Land gefährdetes Gebiet absperren. Bei starker Erhitzung oder Brand enstehen giftige Gase und Dämpfe bzw. Dampf-/Luftgemische. In diesem Fall große Sicherheitszone bilden. In Wohn- und Industriegebieten Anwohner warnen.

Bekämpfung der Unfallfolgen:
Feuer: Bei kleinem Brandherd Löschpulver, Wassersprühstrahl, Kohlensäure oder Schaum. Bei großem Brandherd Schaum oder Wassersprühstrahl. Behälter mit Wassersprühstrahl kühlen und nach Möglichkeit aus der Gefahrenzone ziehen. Achtung, bei Brand oder sehr starker Erhitzung erfolgt Zersetzung unter Bildung hochgiftiger Gase und Dämpfe. Achtung, das Löschwasser ist giftig und umweltgefährlich. Es muß aufgefangen werden und darf nicht unbehandelt in die Kanalisation, in Gewässer oder ins Grundwasser gelangen.
Leckage: Leck schließen, wenn ohne Risiko möglich.
Fließendes Gewässer: Trink-, Brauch- und Kühlwasserentnehmer verständigen. Experten hinzuziehen.
Stehendes Gewässer: Absperren. Fahrzeugbesatzungen im gefährdeten Gebiet warnen.
An Land: Kanalisation abdichten. Eindeichen und abpumpen. In geschlossenen Behältern abtransportieren. Restmengen mit saugfähigem Material wie trockenem Sand, Erde, gemahlenem Kalkstein, Kieselgur, Universalbinder bedecken und im geschlossenen Behälter an sicheren Deponieort transportieren.

Gewässerverunreinigung:
GefStoffV/EG: Gefahrensymbol: N Umweltgefährlich, R 50/53: sehr giftig für Wasserorganismen, kann in Gewässern längerfristig schädliche Wirkungen haben.
Gesamtbewertung nach Unfall: Gruppe IV, hohe bis sehr hohe (extrem hohe) toxische Wirkung unabhängig von der Turbulenz des Gewässers (siehe auch Erläuterungen Abschnitt 16.4/5).
Einzelwerte siehe Anhang 9 der Erläuterungen.
Wassergefährdungsklasse: 2 – wassergefährdender Stoff.

Erste Hilfe:
Verletzte an die frische Luft bringen. Benetzte Kleidungsstücke, Schuhe und Strümpfe sofort ausziehen, in einen Behälter (Sack) versorgen. Betroffene Körperstellen anhaltend mit Wasser und Seife spülen. Bei Augenkontakt die Augen 15 Minuten mit handwarmem Wasser spülen. Augenlider dazu mit Daumen und Zeigefinger aufspreizen und gleichzeitig das Auge nach allen Seiten bewegen lassen. Für die Retter: Schutzkleidung empfohlen. Verletzte nicht auskühlen lassen. Bei Erbrechen zumindest Kopf in Seitenlage bringen. Verletzte nur liegend transportieren. Bei Gefahr der Bewußtlosigkeit Lagerung und Transport in stabiler Seitenlage.

Hinweise für den Arzt:
Symptomatische Behandlung. Stoff ist als karzinogen eingestuft. Nach Ingestion: Magenspülung erwägen, wenn Ingestionszeitpunkt kurz zurückliegt und größere Mengen aufgenommen wurden.

Formel: $(CH_3)_3COOOCC(CH)_3$ **Summen-Formel:** C9–H18–O3 **UN-Nr. 3113**

Merkblatt

2332

Stoffname

Deutsch

tert.-Butylperoxypivalat
Konzentration >67–77% mit
Verdünnungsmittel Typ A ≥23%
Temperaturkontrolliert
Kontrolltemperatur 0 °C
Notfalltemperatur + 10 °C
2,2-Dimethyl-1,1-dimethyl-ethylperoxypropansäureester
tert.-Butylperpivalat
Peroxypivalinsäure tert.-butylester
tert.Butyltrimethylperoxyacetat

Englisch

tert.-Butylperoxypivalate
concentration >67–77% with
diluent type A ≥23%
temperature controlled
control temperature 0 °C
emergency temperature + 10 °C
Peroxypivalic acid tert.-butylester
tert.-Butyl trimethylperoxyacetate
tert.-Butyl perpivalate

Französisch

Peroxypivalate de tert.-butyle,
concentracion >67-77%
avec diluent type A ≥23%
avec régulation de temperature
temperature de régulation 0 °C
temperature critique + 10 °C

Spanisch

Peroxipivalato de terc.-butilo,
concentración >67–77%
con diluyente tipo A ≥ 23%
con temperatura regulada,
temperatura de regulación 0 °C
temperatura de emergencia + 10 °C

Gefahren-Diamant

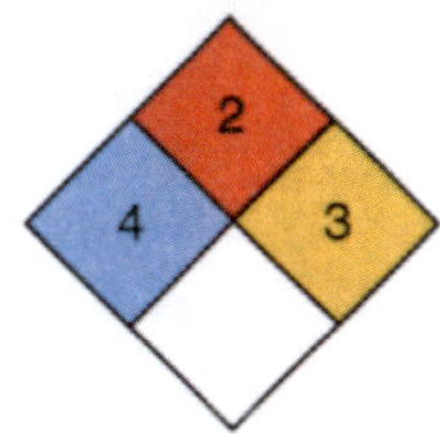

Hazchem-Code: 2 WE

Technische Daten

Siedepunkt	70 °C Zersetzung*
Dampfdruck in mbar bei 20 °C	
Dampfdichteverhältnis, Luft = 1	
Schmelzpunkt	<19 °C
Mischbarkeit mit Wasser	sehr geringfügig
Spez. Gewicht, Wasser = 1	0,854 bei 25 °C
Molare Masse	174,24

Feuerbekämpfungsdaten

Flammpunkt	<68 °C
Zündfähiges Gemisch, Vol.-%	
Zündtemperatur	

* Beginn der Zersetzung ca. 70 °C. Der Stoff kann bei Erhitzung explosionsartig reagieren.

Gefahrgut:
IMDG-Code: UN-Nr. 3113
Marine pollutant
ICAO/IATA DGR: UN-Nr. 3113
ADR/RID/ADNR: UN-Nr. 3113
Gefahrzettel (Label) Nr. 5.2
Richtige Versandbezeichnung (PSN):
Land/BinSch: **3113 Organisches Peroxid Typ C, flüssig, temperaturkontrolliert, (tert.-Butylperoxypivalat)**
See/Luft: **Organic peroxide type C, liquid, temperature controlled, (tert.-Butylperoxypivalate)**

Klassifizierung:
Kl. 5.2 Verp. meth P520**. EMS: F-**F**; S-**R**
Kl. 5.2 Verp. meth OP5 **verboten**
Kl. 5.2 Klassifiz. Code P2 Verp. meth. OP5**

Gefahrstoff:
CAS Nr.: 927-07-1 RTECS-Nr.: SE 0950000
EG-Nr.: 213-147-2 INDEX-Nr.:
EG-Einstufung: nein
Symbol: O, F, T*
R-Sätze: 7-11-22-23-34-41*
S-Sätze: 3/7-14-17-26-36/37/39-45*
D-Lagerklasse (VCI)-Nr.:

* Herstellerangaben
** Im Eisenbahnverkehr (RID-) verboten

Erscheinungsbild: Farblose Flüssigkeit; wahrnehmbarer Geruch.

Verhalten bei Freiwerden und Vermischen mit Luft: Brennbare, sehr giftige, sauerstoffreiche und reaktionsfähige Flüssigkeit. Dämpfe leicht entzündbar. Flüssigkeit verdunstet schnell. Dämpfe bilden mit Luft sehr giftige und explosionsfähige Gemische. Sie sind schwerer als Luft und kriechen am Boden entlang. Entzündung durch heiße Oberflächen, Funken oder offene Flammen. Achtung, bei Wärmeentwicklung und Kontakt mit Verunreinigungen zersetzt sich der Stoff unter Hitzeentwicklung, mit steigender Temperatur schneller werdend, unter Abspaltung von aktivem Sauerstoff. Wenn die Zersetzung begonnen hat, kann sie durch die gesamte Masse gehen. Es entsteht Brand- und Explosionsgefahr. Bei Einwirkung von Hitze und bei Brand kann explosionsartige Zersetzung eintreten. Für Behälter (Container) entsteht dabei die Gefahr eines explosionsartigen Zerknalls.

Verhalten bei Freiwerden und Vermischen mit Wasser: Der Stoff ist leichter als Wasser und schwimmt auf der Oberfläche. Er löst sich teilweise in Wasser. Es bilden sich giftige, wassergefährdende Gemische mit Wasser, die auch bei Verdünnung noch wirksam sind.

Gesundheitsgefährdung: Die Flüssigkeit und ihre Dämpfe/Aerosole verursachen Verätzungen der Haut und der Schleimhäute der Augen und der oberen Atemwege sowie des Magen-Darm-Traktes. Gefahr bleibender Augenschäden, auch Erblindung. Lungen- und Kehlkopfödem – auch mit Verzögerung bis zu 2 Tagen – möglich. Nach Verschlucken treten starke Beschwerden im Magen-Darm-Bereich auf.
Symptome: Rötung, Brennen und Schmerzen der Augen und betroffener Körperpartien, schlecht heilende Ätzwunden, Tränenfluß, Husten, Atemnot, Kopfschmerzen.
Nach Einatmen oder Hautkontakt in jedem Fall – auch bei Ausbleiben der Symptome – den Arzt aufsuchen. Nach Kontakt der Substanz mit den Augen ist in jedem Fall ein Augenarzt aufzusuchen.

Geruchsschwelle = Luftgrenzwert =

Bemerkungen: Der Stoff ist löslich in den meisten organischen Lösemitteln. Der Stoff kann bei Erhitzung explosionsartig reagieren. Er ist ein starkes Oxidationsmittel. Beginn der Zersetzung bei ca. 70 °C. Der Transport darf nur temperaturkontrolliert erfolgen. Kontrolltemperatur 0 °C. Notfalltemperatur 10 °C. Bei Überschreitung der Kontrolltemperatur sind zusätzlich Maßnahmen wie z. B. Kühlung usw. vorzubereiten, bei Überschreitung der Notfalltemperatur müssen sie unverzüglich erfolgen. Die Temperatur muß während des Transportes regelmäßig überprüft werden.

Sicherheitsmaßnahmen für Fahrzeugbesatzung, Polizei, Feuerwehr und Rettungskräfte:
Polizei und Feuerwehr alarmieren.
Im Gefahrenbereich Maschine stoppen, Zündung abstellen, kein offenes Feuer, nicht rauchen, kein elektrisches Gerät und keinen Schalter mit Funkenbildung betätigen. Nur exgeschützte Geräte einsetzen. Umluftunabhängiges (schweres) Atemschutzgerät und volle Schutzkleidung tragen.
Wasserschutzpolizei und Feuerwehr: Kein Boot mit Ottomotor einsetzen. Bei Dieselantrieb Sicherheitsschaltung veranlassen. Beim Retten nicht ins Wasser springen.

Schutz- und Einsatzmaßnahmen: Alle unbeteiligten Personen nach Luv (gegen den Wind) entfernen. Achtung, falls freiwerdendes Gut in die Kanalisation oder in Abwasserleitungen von Schiffen gerät, bilden sich giftige und wassergefährdende Gemische mit Abwasser und können mit heißem Abwasser explosionsfähige Dampf/Luftgemische entstehen. Experten hinzuziehen. Auf Wasserstraßen Schiffahrtssperre. An Land gefährdetes Gebiet absperren. Große Sicherheitszone bilden. Gefährdete Personen warnen. Bei großen Mengen freigewordenen Gutes, besonders bei warmer Witterung oder bei Erwärmung der Flüssigkeit, gefährdetes Gebiet evakuieren und Katastophenalarm prüfen.

Konzentrationsmessung explosionsfähiger bzw. giftiger Dämpfe siehe Tabelle (Anhang 6 der Erläuterungen).

Zuständige Behörden unterrichten.

Bekämpfung der Unfallfolgen:
Feuer: Bei kleinem Brandherd Löschpulver, Wassersprühstrahl, alkoholbeständiger Schaum oder Löschpulver. Wassersprühstrahl ist wegen des Kühleffektes vorzuziehen. Löschangriff nur aus sicherer Deckung, großer Entfernung oder mit unbemannten Monitoren. Behälter mit Wassersprühstrahl kühlen und nach Möglichkeit aus der Gefahrenzone ziehen.
Leckage: Leck schließen, wenn ohne Risiko möglich. Die eingesetzten Kräfte dabei nach Möglichkeit mit Wassersprühstrahl schützen.
Fließendes Gewässer: Trink-, Brauch- und Kühlwasserentnehmer verständigen. Schiffahrtssperre.
Stehendes Gewässer: Absperren. Fahrzeuge im gefährdeten Gebiet räumen.
An Land: Eindeichen und mit nicht brennbarem Material (trockenem Sand, gemahlenem Kalkstein, Kieselgur, Universalbinder, Vermiculit) aufsaugen. Die Vernichtung des Stoffes und die Reinigung der leeren Behälter darf nur unter Aufsicht von Experten geschehen. Abtransport in geschlossenem Plastikbehälter an sichere Deponie zur Vernichtung. Achtung, keine funkenerzeugenden Werkzeuge oder zellulosehaltigen Transportbehälter bzw. Verpackung wie Holz, Papier usw. benutzen. Das Säubern der benetzten Flächen sollte nicht begonnen werden, bis das Peroxid vollständig gekühlt ist.

Gewässerverunreinigung:
GefStoffV/EG:
Gesamtbewertung nach Unfall: Gruppe III, in stehenden Gewässern sehr hohe, in fließenden Gewässern ja nach Vermischung mittlere bis hohe toxische Wirkung (siehe auch Erläuterungen Abschnitt 16.4/5).
Einzelwerte siehe Anhang 9 der Erläuterungen.
Wassergefährdungsklasse: 2 – wassergefährdender Stoff

Erste Hilfe:
Verletzte an die frische Luft bringen, bequem lagern, beengende Kleidungsstücke lockern. Bei Atemstörung Sauerstoffzufuhr, ggf. Beatmung. Benetzte Kleidungsstücke, Schuhe und Strümpfe sofort ausziehen und entfernen. Betroffene Körperstellen anhaltend mit Wasser spülen und anschließend mit sterilem Verbandmaterial abdecken. Bei Augenkontakt die Augen 15 Minuten mit Wasser spülen. Augenlider dazu mit Daumen und Zeigefinger aufspreizen und gleichzeitig das Auge nach allen Seiten bewegen lassen. Verletzte nicht auskühlen lassen. Bei Erbrechen zumindest Kopf in Seitenlage bringen. Verletzte nur liegend transportieren. Bei Gefahr der Bewußtlosigkeit Lagerung und Transport in stabiler Seitenlage.

Hinweise für den Arzt:
Symptomatische Behandlung. Augen sorgfältig spülen. Unverzüglich Augenarzt hinzuziehen! Bei Reizung der Atemwege 5–10 Hübe oder mehr/h eines Dosier-Aerosols mit Beclometason (z. B. Sanasthmyl Glaxo oder Viarox Essex Pharma) oder mit Dexamethason (z. B. Auxiloson Thomae).

Formel: **Summen-Formel:** C9–H20–N2 **UN-Nr. 2735 n.o.s.**

Merkblatt

2333

Stoffname

Deutsch

2,2,6,6-Tetramethyl-4-pyridylamin
Triacetondiamin
4-Amino-2,2,6,6-tetramethylpiperidin
Tridia

Englisch

2,2,6,6-Tetramethyl-4-piperidylamine
4-Amino-2,2,6,6-tetramethylpiperidine

Französisch

2,2,6,6-Tétraméthyl-4-pipéridylamine

Spanisch

2,2,6,6-Tetrametil-4-piperidilamina

Gefahren-Diamant

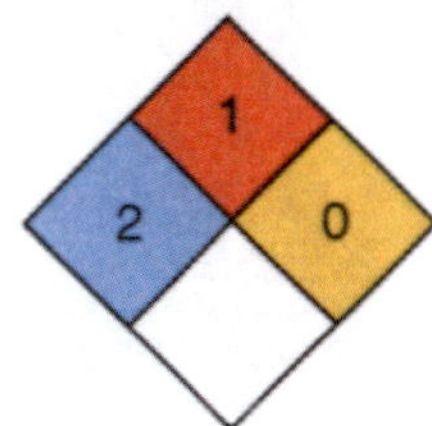

Hazchem-Code:
3X

Technische Daten	
Siedepunkt	199 °C
Dampfdruck in mbar bei 20 °C	
Dampfdichteverhältnis, Luft = 1	
Schmelzpunkt	12–15 °C
Mischbarkeit mit Wassèr	vollständig
Spez. Gewicht, Wasser = 1	0,893
Molare Masse	156,27

Feuerbekämpfungsdaten	
Flammpunkt	75 °C
Zündfähiges Gemisch, Vol.-%	
Zündtemperatur	300 °C
Thermische Zersetzung	200 °C

Gefahrgut: **Klassifizierung:**
IMDG-Code: UN-Nr. 2735 n.o.s. Kl. 8 Verp. Gr. I EMS: **F**-A; **S**-B
Marine pollutant
ICAO/IATA DGR: UN-Nr. 2735 n.o.s. Kl. 8 Verp. Gr. I
ADR/RID/ADNR: UN-Nr. 2735 n.a.g. Kl. 8 Klassifiz. Code C7 Verp. Gr. I
Gefahrzettel (Label) Nr. 8
Richtige Versandbezeichnung (PSN):
Land/BinSch: **2735 Amine, flüssig, ätzend, n.a.g. (2,2,6,6-Tetramethyl-4-piperidylamin)**
See/Luft: **Amines liquid corrosive, n.o.s. (2,2,6,6-Tetramethyl-4-piperidylamine)**

Gefahrstoff:
CAS Nr.: 36768-62-4 RTECS-Nr.: TM 4290100
EG-Nr.: 253-197-2 INDEX-Nr.:
EG-Einstufung: nein
Symbol: C*
R-Sätze: 22-34-52/53*
S-Sätze: 26-36/37/39-45-61*
D-Lagerklasse (VCI)-Nr.: 8

* Herstellerangaben

Erscheinungsbild: Farblose Flüssigkeit, aminartiger Geruch.

Verhalten bei Freiwerden und Vermischen mit Luft: Gesundheitsschädliche, ätzende und brennbare Flüssigkeit mit relativ hohem Flammpunkt von 75 °C. Bei starker Erhitzung bilden sich ätzende, umweltgefährdende und explosionsfähige Gemische mit Luft. Sie sind schwerer als Luft und kriechen am Boden entlang. Entzündung durch heiße Oberflächen, Funken oder offene Flammen. Bei Erhitzung bis zur Zersetzung (z. B. durch Umgebungsbrände oder heiße Oberflächen) und bei Brand bilden sich giftige und ätzende Gase und Dämpfe, die im Wesentlichen aus nitrosen Gasen und Ammoniak(gas) bestehen und auch Kohlenmonoxid(gas) sowie Kohlendioxid(gas) enthalten.

Verhalten bei Freiwerden und Vermischen mit Wasser: Der Stoff ist leichter als Wasser und schwimmt auf der Oberfläche. Er löst sich vollständig in Wasser. Es bilden sich wassergefährdende Gemische mit Wasser.

Gesundheitsgefährdung: Nach Kontakt mit der Flüssigkeit und ihren Dämpfen kommt es zu Verätzungen der Haut und der Schleimhäute der Augen und der oberen Atemwege. Gefahr bleibender Augenschäden, auch Erblindung. Die Substanz führt nach Verschlucken zu gesundheitlichen Beeinträchtigungen durch Störungen im Magen-Darm-Bereich. Bei Brand oder Erhitzen bis zur Zersetzung Bildung von nitrosen Gasen (s. auch Merkblatt 150) und Ammoniak (s. auch Merkblatt 26).
Symptome: Rötung, Brennen und Schmerzen der Augen und betroffener Körperpartien, Tränenfluß, Lidkrampf, Husten, Atemnot, schlecht heilende Ätzwunden, Übelkeit, Erbrechen, Schwindel, nach Verschlucken: Schockgefahr!
Nach Einatmen oder Hautkontakt in jedem Fall – auch bei Ausbleiben der Symptome – den Arzt aufsuchen. Nach Kontakt der Substanz mit den Augen ist in jedem Fall ein Augenarzt aufzusuchen.

Geruchsschwelle = Luftgrenzwert =

Bemerkungen: Der Stoff ist löslich in Benzol und Toluol. Er reagiert bei Kontakt oder Mischung mit starken Oxidationsmitteln und starken Säuren. Bei Erhitzung der Substanz über 200 °C erfolgt Zersetzung unter Bildung von nitrosen Gasen (Stickstoffoxiden) und Ammoniak(gas).

Sicherheitsmaßnahmen für Fahrzeugbesatzung, Polizei, Feuerwehr und Rettungskräfte:
Polizei und Feuerwehr alarmieren.
Im Gefahrenbereich sofort umluftunabhängiges (schweres) Atemschutzgerät und volle Schutzkleidung tragen. Bei Erhitzung der Flüssigkeit Zündung abstellen, Maschine stoppen, nicht rauchen, offenes Feuer löschen, kein elektrisches Gerät und keinen Schalter mit Funkenbildung betätigen.
Wasserschutzpolizei und Feuerwehr: Bei Erhitzung des Stoffes kein Boot mit Ottomotor einsetzen. Bei Dieselantrieb Sicherheitsschaltung veranlassen. Beim Retten nicht ins Wasser springen.

Schutz- und Einsatzmaßnahmen: Alle unbeteiligten Personen nach Luv (gegen den Wind) entfernen. Achtung, falls freiwerdendes Gut in die Kanalisation oder in Abwasserleitungen von Schiffen gerät, bilden sich ätzende und wassergefährdende Gemische mit Abwasser. Auf Wasserstraßen Schiffahrtssperre. An Land gefährdetes Gebiet absperren. In Wohn- und Industriegebieten Anwohner warnen. Bei größeren Mengen freigewordenen Gutes große Sicherheitszone bilden. Achtung, die Dämpfe bleiben am Boden. Flammen können bei Zündung über weite Strecken zurückschlagen.

Konzentrationsmessung explosionsfähiger bzw. giftiger Dämpfe siehe Tabelle (Anhang 6 der Erläuterungen).

Zuständige Behörden unterrichten.

Bekämpfung der Unfallfolgen:
Feuer: Bei kleinem Brandherd Löschpulver, Wassersprühstrahl, Kohlensäure oder Schaum. Bei großem Brandherd Schaum oder Wassersprühstrahl. Behälter mit Wassersprühstrahl kühlen und nach Möglichkeit aus der Gefahrenzone ziehen. Achtung, das Löschwasser ist giftig und umweltgefährlich. Es muß aufgefangen werden und darf nicht unbehandelt in die Kanalisation, in Gewässer oder in das Grundwasser gelangen.
Leckage: Leck schließen, wenn ohne Risiko möglich.
Fließendes Gewässer: Trink-, Brauch- und Kühlwasserentnehmer verständigen.
Stehendes Gewässer: Absperren. Fahrzeugbesatzungen im gefährdeten Gebiet warnen.
An Land: Kanalisation abdichten. Auffangen, eindeichen und abpumpen. In Wohn- und Industriegebieten alle tiefliegenden Räume abdichten. Alle Zündquellen beseitigen. Restmengen mit nicht brennbarem, saugfähigem Material wie z. B. trockener Erde, Sand, Kieselgur, Universalbinder oder Vermiculit abdecken und an sichere Deponie zur Vernichtung transportieren.

Gewässerverunreinigung:
GefStoffV/EG: R 53/53, schädlich für Wasserorganismen, kann in Gwässern längerfristig schädliche Wirkungen haben.
Gesamtbewertung nach Unfall: Gruppe III, in stehenden Gewässern sehr hohe, in fließenden Gewässern je nach Vermischung mittlere bis hohe toxische Wirkung, nach Brand Gruppe IV, hohe bis sehr hohe (extrem hohe) toxische Wirkung unabhängig von der Turbulenz des Gewässers (siehe auch Erläuterungen Abschnitt 16.4/5).
Einzelwerte siehe Anhang 9 der Erläuterungen.
Wassergefährdungsklasse: 2 – wassergefährdender Stoff

Erste Hilfe:
Verletzte an die frische die Luft bringen, bequem lagern, beengende Kleidungsstücke lockern. Bei Atemstörung Sauerstoffzufuhr, ggf. Beatmung. Benetzte Kleidungsstücke, Schuhe und Strümpfe sofort ausziehen, entfernen und vernichten. Betroffene Körperstellen anhaltend mit Wasser spülen und anschließend mit sterilem Verbandmaterial abdecken. Bei Augenkontakt die Augen 15 Minuten mit Wasser spülen. Augenlider dazu mit Daumen und Zeigefinger aufspreizen und gleichzeitig das Auge nach allen Seiten bewegen lassen. Verletzte nicht auskühlen lassen. Bei Erbrechen zumindest Kopf in Seitenlage bringen. Verletzte nur liegend transportieren. Bei Gefahr der Bewußtlosigkeit Lagerung und Transport in stabiler Seitenlage.

Hinweise für den Arzt:
Symptomatische Behandlung. Augen sorgfältig spülen. Augenarzt hinzuziehen! Nach Ingestion: Mund ausspülen lassen, nach kurz zurückliegender Ingestion größerer Mengen: Magenabsaugung erwägen. Ggf. endoskopische Kontrolle des Ausmaßes der Verätzungen der Speiseröhre. Bei Reizung der Atemwege 5–10 Hübe oder mehr/h eines Dosier-Aerosols mit Beclometason (z. B. Sanasthmyl Glaxo oder Viarox Essex Pharma) oder mit Dexamethason (z. B. Auxiloson Thomae).

Formel: $Mo(CO)_6$ **Summen-Formel:** C6–Mo–O6 **UN-Nr. 2811 n.o.s.**

Merkblatt

2334

Stoffname

Deutsch	*Englisch*	*Französisch*
Molybdänhexacarbonyl Molybdäncarbonyl Hexacarbonylmolybdän	**Molybdenum hexacarbonyl** Hexacarbonyl molybdenium	**Hexacarbonyle de molybdène** Hexacarbonylmolybdène

Spanisch

Molibdeno hexacarbonilo
Hexacarbonilmolibdeno

Gefahren-Diamant

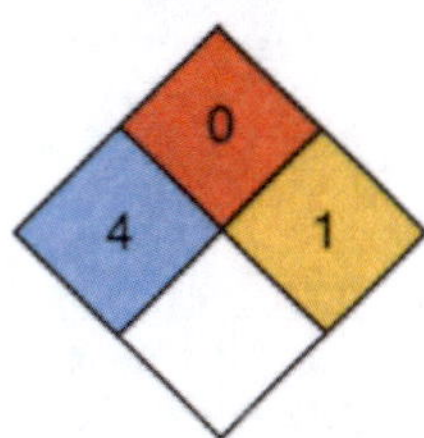

Hazchem-Code: 2XE

Technische Daten

Siedepunkt	150 °C
Dampfdruck in mbar bei 20 °C	0,13
Dampfdichteverhältnis, Luft = 1	
Schmelzpunkt	147–151 °C*
Mischbarkeit mit Wasser	sehr geringfügig
Spez. Gewicht, Wasser = 1	1,960
Molare Masse	264,01

Feuerbekämpfungsdaten

Flammpunkt	Nicht brennbarer fester Stoff
Zündfähiges Gemisch, Vol.-%	
Zündtemperatur	
Thermische Zersetzung	>150 °C unter Bildung von Kohlenmonoxid(gas)

* Zersetzung

Gefahrgut:
IMDG-Code: UN-Nr. 2811 n.o.s. — **Klassifizierung:** Kl. 6.1 Verp. Gr. I EMS: **F**-A; **S**-A
Marine pollutant
ICAO/IATA DGR: UN-Nr. 2811 n.o.s. — Kl. 6.1 Verp. Gr. I
ADR/RID/ADNR: UN-Nr. 2811 n.a.g. — Kl. 6.1 Klassifiz. Code T2 Verp. Gr. I
Gefahrzettel (Label) Nr. 6.1
Richtige Versandbezeichnung (PSN):
Land/BinSch: **2811 Giftiger organischer fester Stoff, n.a.g. (Molybdänhexacarbonyl)**
See/Luft: **Toxic solid, organic, n.o.s. (Molybdenum hexacarbonyl)**

Gefahrstoff:
CAS Nr.: 13939-06-5 RTECS-Nr.: –
EG-Nr.: 237-713-3 INDEX-Nr.:
EG-Einstufung: nein
Symbol: T+ *
R-Sätze: 26 *
S-Sätze: 36/37/39-45 *
D-Lagerklasse (VCI)-Nr.: 6.1

* Herstellerangaben

Erscheinungsbild: Farblose Kristalle.

Verhalten bei Freiwerden und Vermischen mit Luft: Sehr giftiger, umweltgefährlicher, nicht brennbarer fester Stoff. Bei Aufwirbelung des Staubes bilden sich giftige, umweltgefährliche, nicht explosionsfähige Gemische mit Luft. Bei Brand oder Erhitzung bis zur Zersetzung (z. B. durch Umgebungsbrände oder heiße Oberflächen) erfolgt Zersetzung unter Bildung von giftigen und ätzenden Gasen und Dämpfen, die im Wesentlichen aus Molybdänoxidrauchen sowie Kohlenmonoxid bestehen und auch Kohlendioxid enthalten.

Verhalten bei Freiwerden und Vermischen mit Wasser: Der Stoff ist schwerer als Wasser und sinkt unter. Er löst sich nur geringfügig in Wasser. Es bilden sich giftige und umweltgefährdende Gemische mit Wasser, die auch bei starker Verdünnung noch wirksam sind.

Gesundheitsgefährdung: Nach Einatmen der Stäube kann es zur Beeinträchtigung der Funktion des Zentralen Nervensystems kommen, bei Einatmen hoher Staubkonzentrationen sind auch Leber- und Nierenfunktionsstörungen möglich (s. auch Merkblatt 434). Bei thermischer Zersetzung Bildung von sehr giftigen Molybdänoxidrauchen, bei Zersetzung Bildung von Kohlenmonoxid (s. auch Merkblatt 116).
Symptome: Schon nach wenigen Minuten Übelkeit, Schwindel, Frontalkopfschmerzen, dann beschwerdefreier Intervall von 30 Min. bis zu 3 Tagen (!), nachfolgend Atemnot, Husten, Cyanose (Blauverfärbung von Lippen und Fingernägeln), lebensbedrohliche Zustände.
Nach Einatmen oder Hautkontakt in jedem Fall – auch bei Ausbleiben der Symptome – den Arzt aufsuchen. Nach Kontakt der Substanz mit den Augen ist in jedem Fall ein Augenarzt aufzusuchen.

Geruchsschwelle = Luftgrenzwert =

Bemerkungen: Der Stoff ist löslich in Ceresin, Paraffinöl, Benzol, Aminoanthraquinon, Salpetersäure und vielen organischen Lösemitteln. Er ist teilweise löslich in Ether. Die Substanz reagiert bei Kontakt oder Mischung mit Halogenen und starken Oxidationsmitteln.

Sicherheitsmaßnahmen für Fahrzeugbesatzung, Polizei, Feuerwehr und Rettungskräfte:
Polizei und Feuerwehr alarmieren.
Im Gefahrenbereich sofort umluftunabhängiges (schweres) Amteschutzgerät und volle Schutzkleidung tragen. Bei Erhitzung des Stoffes Zündung abstellen, Maschine stoppen, nicht rauchen, offenes Feuer löschen, kein elektrisches Gerät und keinen Schalter mit Funkenbildung betätigen.
Wasserschutzpolizei und Feuerwehr: Bei Erhitzung des Stoffes kein Boot mit Ottomotor einsetzen. Bei Dieselantrieb Sicherheitsschaltung veranlassen. Beim Retten nicht ins Wasser springen.

Schutz- und Einsatzmaßnahmen: Alle unbeteiligten Personen nach Luv (gegen den Wind) entfernen. Achtung, falls freiwerdendes Gut in die Kanalisation oder in Abwasserleitungen von Schiffen gerät, entstehen giftige Gemische mit Abwasser. Experten hinzuziehen. Auf Wasserstraßen Schiffahrtssperre. An Land gefährdetes Gebiet absperren. Bei Brand oder starker Erhitzung entstehen giftige Gase und Dämpfe bzw. Dampf-/Luftgemische. In diesem Fall große Sicherheitszone bilden. In Wohn- und Industriegebieten Anwohner warnen.

Konzentrationsmessung explosionsfähiger bzw. giftiger Dämpfe siehe Tabelle (Anhang 6 der Erläuterungen).

Zuständige Behörden unterrichten.

Bekämpfung der Unfallfolgen:
Feuer: Stoff brennt selbst nicht. Löschmaßnahmen auf Umgebungsbrände ausrichten. Achtung, bei sehr starker Erhitzung erfolgt Zersetzung unter Bildung hochgiftiger Gase und Dämpfe. Behälter mit Wassersprühstrahl kühlen und nach Möglichkeit aus der Gefahrenzone ziehen. Achtung, das Löschwasser ist giftig und umweltgefährlich. Es muß aufgefangen werden und darf nicht unbehandelt in die Kanalisation, in Gewässer oder ins Grundwasser gelangen.
Leckage: Leck schließen, wenn ohne Risiko möglich.
Fließendes Gewässer: Trink-, Brauch- und Kühlwasserentnehmer verständigen. Experten hinzuziehen.
Stehendes Gewässer: Absperren. Fahrzeugbesatzungen im gefährdeten Gebiet warnen.
An Land: Kanalisation abdichten. Eindeichen und abbergen. In geschlossenem Behälter abtransportieren. Restmengen mit saugfähigem Material wie trockenem Sand, Erde, gemahlenem Kalkstein, Kieselgur, Universalbinder bedecken und im geschlossenen Behälter an sicheren Deponieort transportieren.

Gewässerverunreinigung:
GefStoffV/EG:
Gesamtbewertung nach Unfall: Gruppe IV, hohe bis sehr hohe (extrem hohe) toxische Wirkung unabhängig von der Turbulenz des Gewässers (siehe auch Erläuterungen Abschnitt 16.4/5).
Einzelwerte siehe Anhang 9 der Erläuterungen.
Wassergefährdungsklasse: 3 – stark wassergefährdender Stoff

Erste Hilfe:
Verletzte an die frische Luft bringen, bequem lagern, beengende Kleidungsstücke lockern. Bei Atemstörung Sauerstoffzufuhr, ggf. Beatmung. Benetzte Kleidungsstücke, Schuhe und Strümpfe sofort ausziehen, entfernen und vernichten. Betroffene Körperstellen anhaltend mit Wasser spülen und anschließend mit sterilem Verbandmaterial abdecken. Bei Augenkontakt die Augen 15 Minuten mit Wasser spülen. Augenlider dazu mit Daumen und Zeigefinger aufspreizen und gleichzeitig das Auge nach allen Seiten bewegen lassen. Verletzte nicht auskühlen lassen. Bei Erbrechen zumindest Kopf in Seitenlage bringen. Verletzte nur liegend transportieren. Bei Gefahr der Bewußtlosigkeit Lagerung und Transport in stabiler Seitenlage.

Hinweise für den Arzt:
Symptomatische Behandlung. Augen sorgfältig spülen. Unverzüglich Augenarzt hinzuziehen! Codein gegen Reizhusten. Bei Reizung der Atemwege 5–10 Hübe oder mehr/h eines Dosier-Aerosols mit Beclometason (z. B. Sanasthmyl Glaxo oder Viarox Essex Pharma) oder mit Dexamethason (z. B. Auxiloson Thomae). Cave Lungenoedem nach (oft symptomenarmer) Latenzzeit bis zu 2 Tagen! Zur Prophylaxe sofort Bechometason oder Dexamethason als Dosier-Aerosol. Anfangs bis zu 4 Hübe, dann alle 3 Min. einen Hub, bis Packung geleert ist, weiter mit 1 Hub/h. Dazu Prednisolongaben i.v. 250 mg sofort, bis zu 1000 mg am ersten Tag, geringe Dosisverminderungen am 2. und 3. Tag.

Formel: $CH_3(CH_2)_3NHCH_2CH_2OH$ **Summen-Formel:** C6–H15–N–O **UN-Nr. 2735 n.o.s.**

Merkblatt

2335

Stoffname

Deutsch	*Englisch*	*Französisch*
2-Butylaminoethanol	**2-Butylaminoethanol**	**2-Butylaminoéthanol**
N-Butylethanolamin	2-n-Butylaminoethanol	
Butylmonoethanolamin	Butylethanolamine	
N-Butyl-2-hxydroxyethylamin	Butyl(2-hydroxyethyl)amine	
2-(N-Monobutylamino)ethanol	2-(N-Monobutylamino)ethanol	*Spanisch*
	N-Butylethanolamine	**2-Butilaminoetanol**

Gefahren-Diamant

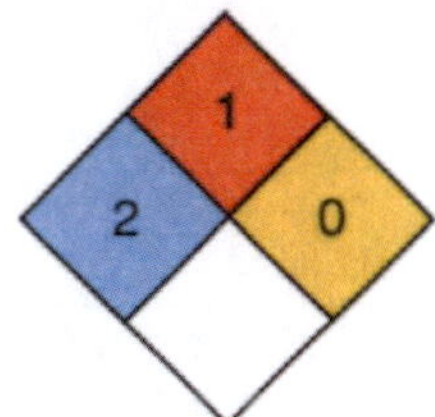

Hazchem-Code:
3X

Technische Daten

Siedepunkt	199 °C
Dampfdruck in mbar	6 bei 80 °C
Dampfdichteverhältnis, Luft = 1	4,04
Schmelzpunkt	–2 °C
Mischbarkeit mit Wasser	vollständig
Spez. Gewicht, Wasser = 1	0,8917
Molare Masse	117,19

Feuerbekämpfungsdaten

Flammpunkt	85 °C*
Zündfähiges Gemisch, Vol.-%	1,5–8,6
Zündtemperatur	265 °C

* Nach Chem Info Canada 77 °C.

Gefahrgut:

	Klassifizierung:	
IMDG-Code: UN-Nr. 2735 n.o.s. Marine pollutant	Kl. 8	Verp. Gr. II EMS: F-A; S-B
ICAO/IATA DGR: UN-Nr. 2735 n.o.s.	Kl. 8	Verp. Gr. II
ADR/RID/ADNR: UN-Nr. 2735 n.a.g.	Kl. 8	Klassifiz. Code C7 Verp. Gr. II

Gefahrzettel (Label) Nr. 8
Richtige Versandbezeichnung (PSN):
Land/BinSch: **2735 Amine, flüssig, ätzend, n.a.g. (Butylethanolamin)**
See/Luft: **Amines liquid, corrosive, n.o.s. (Butylethanolamine)**

Gefahrstoff:
CAS Nr.: 111-75-1 RTECS-Nr.: KK 0175000
EG-Nr.: 203-904-5 INDEX-Nr.:
EG-Einstufung: nein
Symbol: C*
R-Sätze: 22-34 *
S-Sätze: 26-36/37/39-45 *
D-Lagerklasse (VCI)-Nr.: 8

* Herstellerangaben

Erscheinungsbild: Farblose bis gelbliche Flüssigkeit, aminartiger Geruch.

Verhalten bei Freiwerden und Vermischen mit Luft: Gesundheitsschädliche, ätzende und brennbare Flüssigkeit mit relativ hohem Flammpunkt von 85 °C (77 °C). Bei starker Erhitzung bilden sich gesundheitsschädliche, ätzende und explosionsfähige Gemische mit Luft. Sie sind schwerer als Luft und kriechen am Boden entlang. Entzündung durch heiße Oberflächen, Funken oder offene Flammen. Bei Erhitzung bis zur Zersetzung (z. B. durch Umgebungsbrände oder heiße Oberflächen) und bei Brand bilden sich gesundheitsschädliche und ätzende Gase bzw. Dämpfe, die im Wesentlichen aus nitrosen Gasen und Nitrosaminen bestehen und auch Kohlenmonoxid(gas) sowie Kohlendioxid(gas) enthalten.

Verhalten bei Freiwerden und Vermischen mit Wasser: Vermischt sich vollständig mit Wasser und bildet auch bei Verdünnung noch gesundheitsschädliche und ätzende Gemische mit Wasser.

Gesundheitsgefährdung: Die Substanz und ihre Dämpfe verursachen Verätzungen an den Schleimhäuten der Augen, der oberen Atemwege und der Haut. Gefahr ernster Augenschäden! Bei Brand oder Erhitzen bis zur Zersetzung Bildung von nitrosen Gasen (s. auch Merkblatt 150).
Symptome: Hustenreiz, Niesreiz, Atembeschwerden, Kreislaufstörungen, schmerzhafte Rötung und Schwellung der Schleimhäute, Blasenbildung.
Nach Einatmen oder Hautkontakt in jedem Fall – auch bei Ausbleiben der Symptome – den Arzt aufsuchen.
Nach Kontakt der Substanz mit den Augen ist in jedem Fall ein Augenarzt aufzusuchen.

Geruchsschwelle = Luftgrenzwert =

Bemerkung: Der Stoff ist löslich in vielen organischen Lösemitteln. Bei Kontakt oder Mischung mit Säuren erfolgt Reaktion unter kräftiger Wärmeentwicklung.

Sicherheitsmaßnahmen für Fahrzeugbesatzung, Polizei, Feuerwehr und Rettungskräfte:
Polizei und Feuerwehr alarmieren.
Im Gefahrenbereich sofort umluftunabhängiges (schweres) Atemschutzgerät und volle Schutzkleidung tragen. Bei Erhitzung der Flüssigkeit Zündung abstellen, Maschine stoppen, nicht rauchen, offenes Feuer löschen, kein elektrisches Gerät und keinen Schalter mit Funkenbildung betätigen.
Wasserschutzpolizei und Feuerwehr: Bei Erhitzung des Stoffes kein Boot mit Ottomotor einsetzen. Bei Dieselantrieb Sicherheitsschaltung veranlassen. Beim Retten nicht ins Wasser springen.

Schutz- und Einsatzmaßnahmen: Alle unbeteiligten Personen nach Luv (gegen den Wind) entfernen. Achtung, falls freiwerdendes Gut in die Kanalisation oder in Abwasserleitungen von Schiffen gerät, entstehen gesundheitsschädliche und ätzende Gemische mit Abwasser und kann mit heißem Abwasser über der Oberfläche Explosions- und Vergiftungsgefahr entstehen. Experten hinzuziehen. Auf Wasserstraßen Schiffahrtssperre. An Land gefährdetes Gebiet absperren. Große Sicherheitszone bilden. In Wohn- und Industriegebieten Anwohner warnen.

Konzentrationsmessung explosionsfähiger bzw. giftiger Dämpfe siehe Tabelle (Anhang 6 der Erläuterungen).

Zuständige Behörden unterrichten.

Bekämpfung der Unfallfolgen:
Feuer: Bei kleinem Brandherd Löschpulver, Wassersprühstrahl, Kohlensäure oder Schaum. Bei großem Brandherd Schaum oder Wassersprühstrahl. Behälter mit Wassersprühstrahl kühlen und nach Möglichkeit aus der Gefahrenzone ziehen. Achtung, das Löschwasser ist gesundheitsschädlich und ätzend. Es muß aufgefangen werden und darf nicht unbehandelt in die Kanalisation, in Gewässer oder in das Grundwasser gelangen.
Leckage: Leck schließen, wenn ohne Risiko möglich.
Fließendes Gewässer: Trink-, Brauch- und Kühlwasserentnehmer verständigen.
Stehendes Gewässer: Absperren. Fahrzeugbesatzungen im gefährdeten Gebiet warnen.
An Land: Kanalisation abdichten. Auffangen, eindeichen und abpumpen. In Wohn- und Industriegebieten alle tiefliegenden Räume abdichten. Alle Zündquellen beseitigen. Restmengen mit nicht brennbarem, saugfähigem Material wie z. B. trockener Erde, Sand, Kieselgur, Universalbinder oder Vermiculit abdecken und an sichere Deponie zur Vernichtung transportieren.

Gewässerverunreinigung:
GefStoffV/EG:
Gesamtbewertung nach Unfall: Gruppe III, in stehenden Gewässern sehr hohe, in fließenden Gewässern je nach Vermischung mittlere bis hohe toxische Wirkung, nach Brand Gruppe IV, hohe bis sehr hohe (extrem hohe) toxische Wirkung unabhängig von der Turbulenz des Gewässers (siehe auch Erläuterungen Abschnitt 16.4/5).
Einzelwerte siehe Anhang 9 der Erläuterungen.
Wassergefährdungsklasse: 1 – schwach wassergefährdender Stoff

Erste Hilfe:
Verletzte an die frische Luft bringen, bequem lagern, beengende Kleidungsstücke lockern. Bei Atemstörung Sauerstoffzufuhr, ggf. Beatmung. Benetzte Kleidungsstücke, Schuhe und Strümpfe sofort ausziehen, entfernen und vernichten. Betroffene Körperstellen anhaltend mit Wasser spülen und anschließend mit sterilem Verbandmaterial abdecken. Bei Augenkontakt die Augen 15 Minuten mit Wasser spülen. Augenlider dazu mit Daumen und Zeigefinger aufspreizen und gleichzeitig das Auge nach allen Seiten bewegen lassen. Helferschutz beachten (stark ätzend). Verletzte nicht auskühlen lassen. Bei Erbrechen zumindest Kopf in Seitenlage bringen. Verletzte nur liegend transportieren. Bei Gefahr der Bewußtlosigkeit Lagerung und Transport in stabiler Seitenlage.

Hinweise für den Arzt:
Symptomatische Behandlung. Augen sorgfältig spülen. Unverzüglich Augenarzt hinzuziehen! Codein gegen Reizhusten. Bei Reizung der Atemwege 5–10 Hübe oder mehr/h eines Dosier-Aerosols mit Beclometason (z. B. Sanasthmyl Glaxo oder Viarox Essex Pharma) oder mit Dexamethason (z. B. Auxiloson Thomae). Bei kurz zurückliegendem Verschlucken: Magenabsaugung erwägen. Ggf. Verätzungen der Speiseröhre endoskopisch kontrollieren.

Formel: **Summen-Formel:** C5–H9–N–O2 **UN-Nr.**

Merkblatt

2336

Gefahren-Diamant

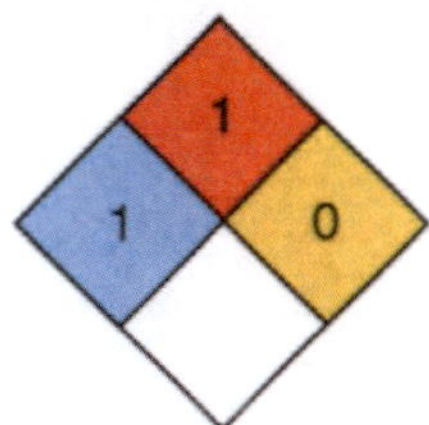

Hazchem-Code:

Stoffname

Deutsch

4-Formylmorpholin
4-Morpholincarbaldehyd
N-Formylmorpholin
Formylmorpholid
4-Morpholincarboxaldehyd
Morpholin-N-carboxaldehyd

Englisch

4-Formylmorpholine
4-Morpholinecarboxaldehyde
N-Formylmorpholine
N-Formylmorfoline
Morpholin-N-carboxaldehyde

Französisch

4-Formylmorpholine
N-Formylmorpholine

Spanisch

4-Formilmorfolina
N-Formilmorfolina

Technische Daten	
Siedepunkt	240 °C
Dampfdruck in mbar	1 bei 50 °C
Dampfdichteverhältnis, Luft = 1	
Schmelzpunkt	23 °C
Mischbarkeit mit Wasser	vollständig
Spez. Gewicht, Wasser = 1	1,15 bei 25 °C
Molare Masse	115,13

Feuerbekämpfungsdaten	
Flammpunkt	118 °C
Zündfähiges Gemisch, Vol.-%	1,2–8,2
Zündtemperatur	345 °C

Gefahrgut:
IMDG-Code: UN-Nr. *
ICAO/IATA DGR: UN-Nr. *
ADR/RID/ADNR: UN-Nr. *
Gefahrzettel (Label) Nr.
Richtige Versandbezeichnung (PSN):
Land/BinSch:
See/Luft:

Klassifizierung:
Kl. Verp. Gr. EMS: **F-** ; **S-**
Kl. Verp. Gr.
Kl. Klassifiz. Code Verp. Gr.

Gefahrstoff:
CAS Nr.: 4394-85-8 RTECS-Nr.: QD 9694000
EG-Nr.: 224-518-3 INDEX-Nr.:
EG-Einstufung: nein
Symbol:
R-Sätze:
S-Sätze:
D-Lagerklasse (VCI)-Nr.: 10-13

* Kein Gefahrgut im Sinne dieser Vorschriften.

Erscheinungsbild: Farbloser bis gelblicher fester Stoff, oberhalb 23 °C farblose bis gelbliche Flüssigkeit, geruchlos.

Verhalten bei Freiwerden und Vermischen mit Luft: Brennbarer fester Stoff. Bei Aufwirbelung des Staubes bilden sich explosionsfähige Gemische mit Luft. Bei Brand oder Erhitzung bis zur Zersetzung (z. B. durch Umgebungsbrände oder heiße Oberflächen) erfolgt Zersetzung unter Bildung von giftigen und ätzenden Gasen und Dämpfen, die im Wesentlichen aus nitrosen Gasen (Stickstoffoxiden) bestehen und auch Kohlendioxid und Kohlenmonoxid enthalten.

Verhalten bei Freiwerden und Vermischen mit Wasser: Der Stoff ist schwerer als Wasser und sinkt unter. Er löst sich vollständig in Wasser. Es bilden sich schwach wassergefährdende Gemische mit Wasser.

Gesundheitsgefährdung: Bei direktem Kontakt mit der Haut oder den Augen kann es zu Reizungen kommen. Spezifische Gesundheitsschäden für den Menschen sind nicht bekannt (im Tierexperiment ist der Stoff nicht gesundheitsschädlich), jedoch sind bei Überexposition die sog. unspezifischen Vergiftungssymptome nicht auszuschließen. Bei Brand oder Erhitzen bis zur Zersetzung Bildung von nitrosen Gasen (s. auch Merkblatt 150).
Symptome: Rötung von Haut und Schleimhäuten, Übelkeit, Benommenheit, Schwindel, Erbrechen, Durchfall
Nach Einatmen oder Hautkontakt in jedem Fall – auch bei Ausbleiben der Symptome – den Arzt aufsuchen.
Nach Kontakt der Substanz mit den Augen ist in jedem Fall ein Augenarzt aufzusuchen.

Geruchsschwelle = Luftgrenzwert =

Bemerkungen: Der Stoff reagiert bei Kontakt oder Mischung mit Oxidationsmitteln. Er ist löslich in den meisten organischen Lösemitteln.

Sicherheitsmaßnahmen für Fahrzeugbesatzung, Polizei, Feuerwehr und Rettungskräfte:
Polizei und Feuerwehr alarmieren.
Im Gefahrenbereich umluftunabhängiges (schweres) Atemschutzgerät und volle Schutzkleidung tragen. Bei Erhitzung des Stoffes oder bei Brand **im Gefahrenbereich** Maschine stoppen, Zündung abstellen, offenes Feuer löschen, nicht rauchen, kein elektrisches Gerät und keinen Schalter mit Funkenbildung betätigen.
Wasserschutzpolizei und Feuerwehr: Bei Erhitzung des Stoffes kein Boot mit Ottomotor einsetzen. Bei Dieselantrieb Sicherheitsschaltung veranlassen. Beim Retten nicht ins Wasser springen.

Schutz- und Einsatzmaßnahmen: Alle unbeteiligten Personen nach Luv (gegen den Wind) entfernen. Achtung, falls freiwerdendes Gut in die Kanalisation oder in Abwasserleitungen von Schiffen gerät, können sich schädliche Gemische mit Abwasser bilden. Auf Wasserstraßen Schiffahrtssperre. An Land gefährdetes Gebiet absperren. In Wohn- und Industriegebieten Anwohner warnen. Bei größeren Mengen und gleichzeitiger Erhitzung des freiwerdenden Gutes große Sicherheitszone bilden.

Konzentrationsmessung explosionsfähiger bzw. giftiger Dämpfe siehe Tabelle (Anhang 6 der Erläuterungen).

Zuständige Behörden unterrichten.

Bekämpfung der Unfallfolgen:
Feuer: Bei kleinem Brandherd Löschpulver, Wassersprühstrahl, Kohlensäure oder Schaum. Bei großem Brandherd Schaum oder Wassersprühstrahl. Behälter mit Wassersprühstrahl kühlen und nach Möglichkeit aus der Gefahrenzone ziehen. Achtung, das Löschwasser ist giftig und umweltgefährlich. Es muß aufgefangen werden und darf nicht unbehandelt in die Kanalisation, in Gewässer oder in das Grundwasser gelangen.
Leckage: Leck schließen, wenn ohne Risiko möglich.
Fließendes Gewässer: Trink-, Brauch- und Kühlwasserentnehmer verständigen.
Stehendes Gewässer: Absperren. Fahrzeugbesatzungen im gefährdeten Gebiet warnen.
An Land: Kanalisation abdichten. Auffangen, eindeichen und abbergen. In Wohn- und Industriegebieten alle tiefliegenden Räume abdichten. Alle Zündquellen beseitigen. Restmengen mit nicht brennbarem, saugfähigem Material wie z. B. trockener Erde, Sand, Kieselgur, Universalbinder oder Vermiculit abdecken und an sichere Deponie zur Vernichtung transportieren.

Gewässerverunreinigung:
GefStoffV/EG:
Gesamtbewertung nach Unfall: Gruppe II, in stehenden Gewässern mittlere bis hohe, in fließenden Gewässern mittlere toxische Wirkung, bei Brand Gruppe IV, hohe bis sehr hohe (extrem hohe) toxische Wirkung unabhängig von der Turbulenz des Gewässers (siehe auch Erläuterungen Abschnitt 16.4/5).
Einzelwerte siehe Anhang 9 der Erläuterungen.
Wassergefährdungsklasse: 2 – wassergefährdender Stoff

Erste Hilfe:
Verletzte an die frische Luft bringen, bequem lagern, beengende Kleidungsstücke lockern. Bei Atemstörung Sauerstoffzufuhr, ggf. Beatmung. Benetzte Kleidungsstücke, Schuhe und Strümpfe sofort ausziehen, entfernen und vernichten. Betroffene Körperstellen anhaltend mit Wasser spülen und anschließend mit sterilem Verbandmaterial abdecken. Bei Augenkontakt die Augen 15 Minuten mit Wasser spülen. Augenlider dazu mit Daumen und Zeigefinger aufspreizen und gleichzeitig das Auge nach allen Seiten bewegen lassen. Verletzte nicht auskühlen lassen. Bei Erbrechen zumindest Kopf in Seitenlage bringen. Verletzte nur liegend transportieren. Bei Gefahr der Bewußtlosigkeit Lagerung und Transport in stabiler Seitenlage.

Hinweise für den Arzt:
Symptomatische Behandlung. Wenig toxisch. Bei Verschlucken: Mund ausspülen lassen.

Formel: | **Summen-Formel:** C6–H11–K–N2–O2 | **UN-Nr. 2902 n.o.s.**

Merkblatt

2337

Stoffname

Deutsch

N-Cyclohexyldiazeniumdioxy-Kaliumsalz*
N-Cyclohexyl-N-nitrosohydroxylamin, K-Salz*
Kaliumcyclohexyldiazeniumdioxy*
Xyligen 30 F

Englisch

N-Cyclohexyl-diazeniumdioxide-potassium salt, 30% in aqueous solution
N-Cyclohexyldiazenium dioxy potassium salt, 30% in aqueous solution

Französisch

N-Cyclohexyl-N-nitrosohydroxylamine, sel de potassium, 30% solution aqueuse

Spanisch

N-Ciclohexil-N-nitrosohidroxilamina, sal de potasio, 30%en solucion acuosa

* 30% in wässriger Lösung

Gefahren-Diamant

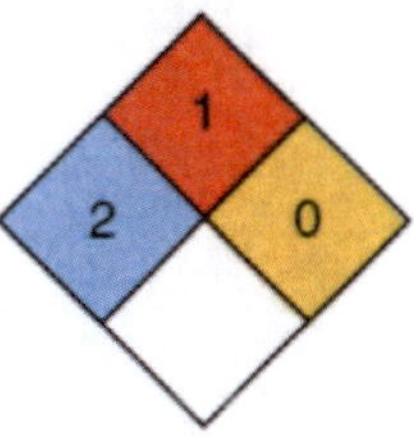

Hazchem-Code: 2X

Technische Daten	
Siedepunkt	ca. 100
Dampfdruck in mbar bei 20 °C	ca. 23
Dampfdichteverhältnis, Luft = 1	
Schmelzpunkt	ca. 15 °C
Mischbarkeit mit Wasser	vollständig
Spez. Gewicht, Wasser = 1	1,13
Molare Masse	182,26

Feuerbekämpfungsdaten	
Flammpunkt	* >80 °C
Zündfähiges Gemisch, Vol.-%	
Zündtemperatur	**

* Nicht feststellbar bis ca. 80 °C
** Thermische Zersetzung <250 °C unter Bildung von nitrosen Gasen und Kaliumoxid.

Gefahrgut: | **Klassifizierung:**
IMDG-Code: UN-Nr. 2902 n.o.s. | Kl. 6.1 | Verp. Gr. III EMS: **F**-A; **S**-A
Marine pollutant
ICAO/IATA DGR: UN-Nr. 2902 n.o.s. | Kl. 6.1 | Verp. Gr. III
ADR/RID/ADNR: UN-Nr. 2902 n.a.g. | Kl. 6.1 | Klassifiz. Code T6 Verp. Gr. III
Gefahrzettel (Label) Nr. 6.1
Richtige Versandbezeichnung (PSN):
Land/BinSch: **2902 Pestizid, flüssig, giftig, n.a.g. (N-Cyclohexyldiazeniumdioxid)**
See/Luft: **Pesticide, liquide, toxic, n.o.s. (N-Cyclohexyl-Diazeniumdioxide-potassium)**

Gefahrstoff:
CAS Nr.: 27697-50-3 RTECS-Nr.:
EG-Nr.: 248-617-6 INDEX-Nr.:
EG-Einstufung: nein
Symbol: Xn*
R-Sätze: 22-36/38*
S-Sätze: 2-13-20/21-46*
D-Lagerklasse (VCI)-Nr.: 6.1

* Herstellerangaben

Erscheinungsbild: Gelbbraune Flüssigkeit, charakteristischer Geruch.

Verhalten bei Freiwerden und Vermischen mit Luft: Gesundheitsschädliche und brennbare Flüssigkeit mit sehr hohem Flammpunkt. Bei starker Erhitzung bilden sich gesundheitsschädliche und umweltgefährdende Gemische mit Luft. Nach Verdampfung des Wassers sind die Dämpfe auch brennbar und explosionsfähig. Sie sind schwerer als Luft und kriechen am Boden entlang. Entzündung durch heiße Oberflächen, Funken oder offene Flammen. Bei Erhitzung bis zur Zersetzung (z. B. durch Umgebungsbrände oder heiße Oberflächen) und bei Brand bilden sich giftige und ätzende Gase bzw. Dämpfe, die im Wesentlichen aus nitrosen Gasen und Kaliumoxid bestehen und auch Kohlenmonoxid(gas) sowie Kohlendioxid(gas) enthalten.

Verhalten bei Freiwerden und Vermischen mit Wasser: Vermischt sich vollständig mit Wasser und bildet auch bei Verdünnung noch gesundheitsschädliche Gemische mit Wasser.

Gesundheitsgefährdung: Die Lösung wirkt bei direktem Kontakt stark reizend bis ätzend auf die Augen und die Haut. Bei versehentlichem Verschlucken starke Beschwerden im Magen-Darm-Trakt. Hautaufnahme möglich! (s. auch Merkblatt 254). Bei Brand oder Erhitzen bis zur Zersetzung Bildung von nitrosen Gasen (s. auch Merkblatt 150).
Symptome: Brennen und Schmerzen der Augen und der Haut, Kopfschmerzen, Übelkeit, Schwindel, Erbrechen, Atemnot, Angstgefühl, Unruhe, Schläfrigkeit.
Nach Einatmen oder Hautkontakt in jedem Fall – auch bei Ausbleiben der Symptome – den Arzt aufsuchen. Nach Kontakt der Substanz mit den Augen ist in jedem Fall ein Augenarzt aufzusuchen.

Geruchsschwelle = | Luftgrenzwert =

Bemerkungen: Die Lösung reagiert bei Kontakt mit Säuren und säurebildenden Stoffen unter Zersetzung.

Sicherheitsmaßnahmen für Fahrzeugbesatzung, Polizei, Feuerwehr und Rettungskräfte:
Polizei und Feuerwehr alarmieren.
Im Gefahrenbereich Maschine stoppen, umluftunabhängiges (schweres) Atemschutzgerät und volle Schutzkleidung tragen. Bei Brand oder starker Erhitzung des Stoffes Zündung abstellen, nicht rauchen, offenes Feuer löschen, kein elektrisches Gerät und keinen Schalter mit Funkenbildung betätigen.
Wasserschutzpolizei und Feuerwehr: Beim Retten nicht ins Wasser springen. Bei starker Erhitzung des Stoffes und bei Brand kein Boot mit Ottomotor einsetzen. Bei Dieselantrieb Sicherheitsschaltung veranlassen.

Schutz- und Einsatzmaßnahmen: Alle unbeteiligten Personen nach Luv (gegen den Wind) entfernen. Achtung, falls freiwerdendes Gut in die Kanalisation oder in Abwasserleitungen von Schiffen gerät, entstehen gesundheitsschädliche Gemische mit Abwasser. Experten hinzuziehen. Auf Wasserstraßen Schiffahrtssperre. An Land gefährdetes Gebiet absperren. In Wohn- und Industriegebieten Anwohner warnen. Bei größeren Mengen freigewordenen Gutes große Sicherheitszone bilden.

Konzentrationsmessung explosionsfähiger bzw. giftiger Dämpfe siehe Tabelle (Anhang 6 der Erläuterungen).

Zuständige Behörden unterrichten.

Bekämpfung der Unfallfolgen:
Feuer: Bei kleinem Brandherd Löschpulver, Wassersprühstrahl, Kohlensäure oder Schaum. Bei großem Brandherd Schaum oder Wassersprühstrahl. Behälter mit Wassersprühstrahl kühlen und nach Möglichkeit aus der Gefahrenzone ziehen. Achtung, das Löschwasser ist giftig und umweltgefährlich. Es muß aufgefangen werden und darf nicht unbehandelt in die Kanalisation, in Gewässer oder in das Grundwasser gelangen.
Leckage: Leck schließen, wenn ohne Risiko möglich.
Fließendes Gewässer: Trink-, Brauch- und Kühlwasserentnehmer verständigen.
Stehendes Gewässer: Absperren. Fahrzeugbesatzungen im gefährdeten Gebiet warnen.
An Land: Kanalisation abdichten. Auffangen, eindeichen und abpumpen. In Wohn- und Industriegebieten alle tiefliegenden Räume abdichten. Alle Zündquellen beseitigen. Restmengen mit nicht brennbarem, saugfähigem Material wie z. B. trockener Erde, Sand, Kieselgur, Universalbinder oder Vermiculit abdecken und an sichere Deponie zur Vernichtung transportieren.

Gewässerverunreinigung:
GefStoffV/EG:
Gesamtbewertung nach Unfall: Gruppe III, in stehenden Gewässern sehr hohe, in fließenden Gewässern je nach Vermischung mittlere bis hohe toxische Wirkung, nach Brand Gruppe IV, hohe bis sehr hohe (extrem hohe) toxische Wirkung unabhängig von der Turbulenz des Gewässers (siehe auch Erläuterungen Abschnitt 16.4/5).
Einzelwerte siehe Anhang 9 der Erläuterungen.
Wassergefährdungsklasse: 2 – wassergefährdender Stoff

Erste Hilfe:
Verletzte an die frische Luft bringen, bequem lagern, beengende Kleidungsstücke lockern. Bei Atemstörung Sauerstoffzufuhr, ggf. Beatmung. Benetzte Kleidungsstücke, Schuhe und Strümpfe sofort ausziehen, entfernen und vernichten. Betroffene Körperstellen anhaltend mit Wasser spülen und anschließend mit sterilem Verbandmaterial abdecken. Bei Augenkontakt die Augen 15 Minuten mit Wasser spülen. Augenlider dazu mit Daumen und Zeigefinger aufspreizen und gleichzeitig das Auge nach allen Seiten bewegen lassen. Verletzte nicht auskühlen lassen. Bei Erbrechen zumindest Kopf in Seitenlage bringen. Verletzte nur liegend transportieren. Bei Gefahr der Bewußtlosigkeit Lagerung und Transport in stabiler Seitenlage.

Hinweise für den Arzt:
Symptomatische Behandlung.

Formel: | **Summen-Formel:** C17–H9–Br–O | **UN-Nr. 2811 n.o.s.**

Merkblatt

2338

Stoffname

Deutsch

3-Brombenzanthron
Brombenzanthron
3-Brombenz(d,e)anthron
3-Brom-7H-benz(d, e) anthracen-7-on

Englisch

3-Bromobenzanthrone
3-Bromo-7H-benz (de) anthracen-7-one
3-Bromobenz (d,e) anthrone
7-Bromomesobenzanthrone

Französisch

3-Bromobenzo[d] anthracéne-7-one

Spanisch

3-Bromobenzo[d] antracen-7-ona

Gefahren-Diamant

Gesundheit: 3, Brennbarkeit: 1, Reaktivität: 1

Hazchem-Code: 2XE

Technische Daten	
Siedepunkt	
Dampfdruck in mbar bei 20 °C	
Dampfdichteverhältnis, Luft = 1	
Schmelzpunkt	168–170 °C
Mischbarkeit mit Wasser	sehr geringfügig*
Spez. Gewicht, Wasser = 1	
Molare Masse	309,17

Feuerbekämpfungsdaten	
Flammpunkt	Brennbarer fester Stoff
Zündfähiges Gemisch, Vol.-%	Brennbarer fester Stoff
Zündtemperatur	

* <0,1g/l. bei 20 °C

Gefahrgut:
IMDG-Code: UN-Nr. 2811 n.o.s.
Marine pollutant
ICAO/IATA DGR: UN-Nr. 2811 n.o.s.
ADR/RID/ADNR: UN-Nr. 2811 n.a.g.
Gefahrzettel (Label) Nr. 6.1
Richtige Versandbezeichnung (PSN):
Land/BinSch: **2811 Giftiger, organischer fester Stoff, n.a.g. (3-Brombenzanthron)**
See/Luft: **Toxic solid, organic, n.o.s. (3-Bromobenzanthrone)**

Klassifizierung:
Kl. 6.1 Verp. Gr. II EMS: **F**-A; **S**-A
Kl. 6.1 Verp. Gr. II
Kl. 6.1 Klassifiz. Code T2 Verp. Gr. II

Gefahrstoff:
CAS Nr.: 81-96-9 RTECS-Nr.: CX 5077000
EG-Nr.: 201-390-7 INDEX-Nr.:
EG-Einstufung: nein
Symbol: T*
R-Sätze: 22-23-43-52/53*
S-Sätze: 22-24-45-61*
D-Lagerklasse (VCI)-Nr.: 6.1

* Herstellerangaben

Erscheinungsbild: Fester Stoff in Pulverform. Scharfer Geruch.

Verhalten bei Freiwerden und Vermischen mit Luft: Giftiger und brennbarer fester Stoff mit relativ hohem Flammpunkt. Bei Aufwirbelung des Pulvers bilden sich giftige und explosionsfähige Gemische mit Luft. Entzündung durch heiße Oberflächen, Funken oder offene Flammen. Bei Erhitzung bis zur Zersetzung (z. B. durch Umgebungsbrände oder heiße Oberflächen) und bei Brand bilden sich giftige und ätzende Gase bzw. Dämpfe, die im Wesentlichen aus Bromwasserstoff und Brom bestehen und auch Kohlenmonoxid(gas) sowie Kohlendioxid(gas) enthalten.

Verhalten bei Freiwerden und Vermischen mit Wasser: Der Stoff ist leichter als Wasser und schwimmt auf der Oberfläche. Er löst sich nur sehr geringfügig in Wasser. Es bilden sich gesundheitsschädliche und wassergefährdende Gemische mit Wasser, die auch bei Verdünnung noch wirksam sind.

Gesundheitsgefährdung: Der direkte Kontakt mit der Substanz kann zu leichten Reizungen der Augen und der Haut führen. Hautaufnahme möglich. Nach Aufnahme in den Körper Veränderungen des roten Blutfarbstoffs (Methämolglobinämie), nachfolgend Leber- und Nierenschäden möglich. Bei Brand oder Erhitzen bis zur Zersetzung Bildung von Bromwasserstoff (s. auch Merkblatt 387) und Brom (s. auch Merkblatt 234).
Symptome: Rötung und Schwellung der Augenlider, nach Verschlucken oder massiver Einatmung: Blaufärbung der Lippen und Fingernägel.
Nach Einatmen oder Hautkontakt in jedem Fall – auch bei Ausbleiben der Symptome – den Arzt aufsuchen.

Geruchsschwelle =

Luftgrenzwert =

Bemerkungen:

Sicherheitsmaßnahmen für Fahrzeugbesatzung, Polizei, Feuerwehr und Rettungskräfte:
Polizei und Feuerwehr alarmieren.
Im Gefahrenbereich Maschine stoppen, umluftunabhängiges (schweres) Atemschutzgerät und volle Schutzkleidung tragen. Bei Brand oder starker Erhitzung des Stoffes Zündung abstellen, nicht rauchen, offenes Feuer löschen, kein elektrisches Gerät und keinen Schalter mit Funkenbildung betätigen.
Wasserschutzpolizei und Feuerwehr: Beim Retten nicht ins Wasser springen. Bei starker Erhitzung des Stoffes und bei Brand kein Boot mit Ottomotor einsetzen. Bei Dieselantrieb Sicherheitsschaltung veranlassen.

Schutz- und Einsatzmaßnahmen: Alle unbeteiligten Personen nach Luv (gegen den Wind) entfernen. Achtung, falls freiwerdendes Gut in die Kanalisation oder in Abwasserleitungen von Schiffen gerät, entstehen giftige Gemische mit Abwasser. In Wohn- und Industriegebieten Anwohner warnen. Große Sicherheitszone bilden.

Konzentrationsmessung explosionsfähiger bzw. giftiger Dämpfe siehe Tabelle (Anhang 6 der Erläuterungen).

Zuständige Behörden unterrichten.

Bekämpfung der Unfallfolgen:
Feuer: Bei kleinem Brandherd Löschpulver, Wassersprühstrahl, Kohlensäure oder Schaum. Bei großem Brandherd Schaum oder Wassersprühstrahl. Behälter mit Wassersprühstrahl kühlen und nach Möglichkeit aus der Gefahrenzone ziehen. Achtung, das Löschwasser ist giftig und umweltgefährlich. Es muß aufgefangen werden und darf nicht unbehandelt in die Kanalisation, in Gewässer oder in das Grundwasser gelangen.
Leckage: Leck schließen, wenn ohne Risiko möglich.
Fließendes Gewässer: Trink-, Brauch- und Kühlwasserentnehmer verständigen.
Stehendes Gewässer: Absperren. Fahrzeugbesatzungen im gefährdeten Gebiet warnen.
An Land: Kanalisation abdichten. Auffangen, eindeichen und abbergen. In Wohn- und Industriegebieten alle tiefliegenden Räume abdichten. Alle Zündquellen beseitigen. Restmengen mit nicht brennbarem, saugfähigem Material wie z. B. trockener Erde, Sand, Kieselgur, Universalbinder oder Vermiculit abdecken und an sichere Deponie zur Vernichtung transportieren.

Gewässerverunreinigung:
GefStoffV/EG: R 52/53, schädlich für Wasserorganismen, kann in Gewässern längerfristig schädliche Wirkungen haben.
Gesamtbewertung nach Unfall: Gruppe III, in stehenden Gewässern sehr hohe, in fließenden Gewässern je nach Vermischung mittlere bis hohe toxische Wirkung (siehe auch Erläuterungen Abschnitt 16.4/5).
Einzelwerte siehe Anhang 9 der Erläuterungen.
Wassergefährdungsklasse:

Erste Hilfe:
Verletzte an die frische Luft bringen, bequem lagern, beengende Kleidungsstücke lockern. Bei Atemstörung Sauerstoffzufuhr, ggf. Beatmung. Benetzte Kleidungsstücke, Schuhe und Strümpfe sofort ausziehen, entfernen und vernichten. Betroffene Körperstellen anhaltend mit Wasser spülen und anschließend mit sterilem Verbandmaterial abdecken. Bei Augenkontakt die Augen 15 Minuten mit Wasser spülen. Augenlider dazu mit Daumen und Zeigefinger aufspreizen und gleichzeitig das Auge nach allen Seiten bewegen lassen. Verletzte nicht auskühlen lassen. Bei Erbrechen zumindest Kopf in Seitenlage bringen. Verletzte nur liegend transportieren. Bei Gefahr der Bewußtlosigkeit Lagerung und Transport in stabiler Seitenlage.

Hinweise für den Arzt:
Symptomatische Behandlung. Wenig toxisch.

Formel: **Summen-Formel:** C8–H8–O2 **UN-Nr.**

Merkblatt

2339

Stoffname

Deutsch	*Englisch*	*Französisch*
P-Anisaldehyd	**P-Anisaldehyde**	**p-Anisaldéhyde**
4-Methoxybenzaldehyd	P-Methoxybenzaldehyde	Aldehyde anisique
4-Anisaldehyd	Anisic aldehyde	4-Anisaldéhyde
Aubepine	Aubepine	
	4-Anisaldehyde	

Spanisch

p-Anisaldehído
4-Anisaldehído

Gefahren-Diamant

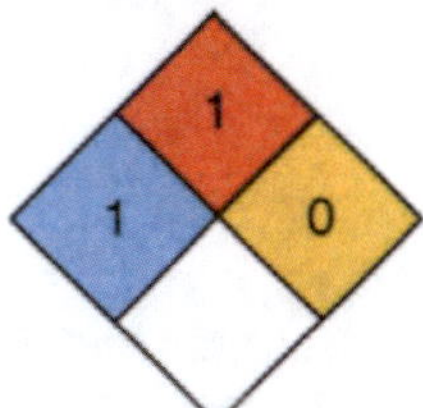

Hazchem-Code:

Technische Daten

Siedepunkt	249 °C
Dampfdruck in mbar	1,5 bei 74,7 °C
Dampfdichteverhältnis, Luft = 1	
Schmelzpunkt	–5 bis + 3 °C
Mischbarkeit mit Wasser	sehr geringfügig*
Spez. Gewicht, Wasser = 1	1,12
Molare Masse	136,14

Feuerbekämpfungsdaten

Flammpunkt	116 °C
Zündfähiges Gemisch, Vol.-%	1,4–5,3
Zündtemperatur	225 °C

* 2 g/l bei 20 °C

Gefahrgut:
IMDG-Code: UN-Nr. *
ICAO/IATA DGR: UN-Nr. *
ADR/RID/ADNR: UN-Nr. *
Gefahrzettel (Label) Nr.
Richtige Versandbezeichnung (PSN):
Land/BinSch:
See/Luft:

* Kein Gefahrgut im Sinne der Vorschriften.

Klassifizierung:
Kl. Verp. Gr. EMS: **F**-; **S**-
Kl. Verp. Gr.
Kl. Klassifiz. Code Verp. Gr.

Gefahrstoff:
CAS Nr.: 123-11-5 RTECS-Nr.: BZ 2625000
EG-Nr.: 204-602-6 INDEX-Nr.:
EG-Einstufung: nein
Symbol: **
R-Sätze:
S-Sätze: 23-24/25*
D-Lagerklasse (VCI)-Nr.:

* Herstellerangaben
** Nach EG-Richtlinien nicht kennzeichnungspflichtig für den Umgang.

Erscheinungsbild: Farblose bis gelbliche Flüssigkeit, anisartiger Geruch.

Verhalten bei Freiwerden und Vermischen mit Luft: Leicht reizende und brennbare Flüssigkeit mit relativ hohem Flammpunkt von 116 °C. Bei starker Erhitzung bilden sich reizende und explosionsfähige Gemische mit Luft. Sie sind schwerer als Luft und kriechen am Boden entlang. Entzündung durch heiße Oberflächen, Funken oder offene Flammen. Bei Brand oder Erhitzung bis zur Zersetzung (z. B. durch Umgebungsbrände oder heiße Oberflächen) erfolgt Zersetzung unter Bildung von giftigen und ätzenden Gasen bzw. Dämpfen, die im Wesentlichen aus saurem Rauch und reizenden Dämpfen bestehen und auch Kohlenmonoxid sowie Kohlendioxid enthalten.

Verhalten bei Freiwerden und Vermischen mit Wasser: Der Stoff ist schwerer als Wasser und sinkt unter. Er löst sich nur geringfügig in Wasser. Es bilden sich gesundheitsschädliche Gemische mit Wasser, die auch bei Verdünnung noch wirksam sind.

Gesundheitsgefährdung: Die Aerosole reizen die Augen und die oberen Atemwege. Beim Verschlucken kommt es zu Beschwerden im Magen-Darm-Trakt.
Symptome: Übelkeit, Benommenheit, Schwindel, Erbrechen, Durchfall, Schläfrigkeit.
Nach Einatmen oder Hautkontakt in jedem Fall – auch bei Ausbleiben der Symptome – den Arzt aufsuchen. Nach Kontakt der Substanz mit den Augen ist in jedem Fall ein Augenarzt aufzusuchen.

Geruchsschwelle = Luftgrenzwert =

Bemerkungen: Der Stoff ist mischbar mit Alkoholen, Ether und Propylenglykol.

Sicherheitsmaßnahmen für Fahrzeugbesatzung, Polizei, Feuerwehr und Rettungskräfte:
Polizei und Feuerwehr alarmieren.
Im Gefahrenbereich Maschine stoppen, umluftunabhängiges (schweres) Atemschutzgerät und volle Schutzkleidung tragen. Bei Brand oder starker Erhitzung des Stoffes Zündung abstellen, nicht rauchen, offenes Feuer löschen, kein elektrisches Gerät und keinen Schalter mit Funkenbildung betätigen.
Wasserschutzpolizei und Feuerwehr: Beim Retten nicht ins Wasser springen. Bei starker Erhitzung des Stoffes und bei Brand kein Boot mit Ottomotor einsetzen. Bei Dieselantrieb Sicherheitsschaltung veranlassen.

Schutz- und Einsatzmaßnahmen: Alle unbeteiligten Personen nach Luv (gegen den Wind) entfernen. Achtung, falls freiwerdendes Gut in die Kanalisation oder in Abwasserleitungen von Schiffen gerät, entstehen schädliche Gemische mit Abwasser. Auf Wasserstraßen Schiffahrtssperre. An Land gefährdetes Gebiet absperren. In Wohn- und Industriegebieten Anwohner warnen. Bei größeren Mengen freigewordenen Gutes große Sicherheitszone bilden.

Konzentrationsmessung explosionsfähiger bzw. giftiger Dämpfe siehe Tabelle (Anhang 6 der Erläuterungen).

Zuständige Behörden unterrichten.

Bekämpfung der Unfallfolgen:
Feuer: Bei kleinem Brandherd Löschpulver, Wassersprühstrahl, Kohlensäure oder Schaum. Bei großem Brandherd Schaum oder Wassersprühstrahl. Behälter mit Wassersprühstrahl kühlen und nach Möglichkeit aus der Gefahrenzone ziehen. Achtung, das Löschwasser ist giftig und umweltgefährlich. Es muß aufgefangen werden und darf nicht unbehandelt in die Kanalisation, in Gewässer oder in das Grundwasser gelangen.
Leckage: Leck schließen, wenn ohne Risiko möglich.
Fließendes Gewässer: Trink-, Brauch- und Kühlwasserentnehmer verständigen.
Stehendes Gewässer: Absperren. Fahrzeugbesatzungen im gefährdeten Gebiet warnen.
An Land: Kanalisation abdichten. Auffangen, eindeichen und abpumpen. In Wohn- und Industriegebieten alle tiefliegenden Räume abdichten. Alle Zündquellen beseitigen. Restmengen mit nicht brennbarem, saugfähigem Material wie z. B. trockener Erde, Sand, Kieselgur, Universalbinder oder Vermiculit abdecken und an sichere Deponie zur Vernichtung transportieren.

Gewässerverunreinigung:
GefStoffV/EG:
Gesamtbewertung nach Unfall: Gruppe III, in stehenden Gewässern sehr hohe, in fließenden Gewässern je nach Vermischung mittlere bis hohe toxische Wirkung (siehe auch Erläuterungen Abschnitt 16. 4/5).
Einzelwerte siehe Anhang 9 der Erläuterungen.
Wassergefährdungsklasse: 1- schwach wassergefährdender Stoff.

Erste Hilfe:
Verletzte an die frische Luft bringen, bequem lagern, beengende Kleidungsstücke lockern. Bei Atemstörung Sauerstoffzufuhr, ggf. Beatmung. Benetzte Kleidungsstücke, Schuhe und Strümpfe sofort ausziehen, entfernen und vernichten. Betroffene Körperstellen anhaltend mit Wasser spülen und anschließend mit sterilem Verbandmaterial abdecken. Bei Augenkontakt die Augen 15 Minuten mit Wasser spülen. Augenlider dazu mit Daumen und Zeigefinger aufspreizen und gleichzeitig das Auge nach allen Seiten bewegen lassen. Verletzte nicht auskühlen lassen. Bei Erbrechen zumindest Kopf in Seitenlage bringen. Verletzte nur liegend transportieren. Bei Gefahr der Bewußtlosigkeit Lagerung und Transport in stabiler Seitenlage.

Hinweise für den Arzt:
Symptomatische Behandlung. Wenig toxisch. Nach Verschlucken. Mund ausspülen lassen, Flüssigkeit nachtrinken lassen.

Formel: $CH_3CH_2CH_2CH_2N(CH_2CH_2OH)_2$ **Summen-Formel:** C8–H19–N–O2 **UN-Nr. 2735 n.o.s.**

Merkblatt

2340

Stoffname

Deutsch	*Englisch*	*Französisch*
2,2'-Butyliminodiethanol	**2,2'-(Butylimino)diethanol**	**2,2-Butyliminodiéthanol**
N-Butyldiethanolamin	Bis(beta-hydroxyethyl)butylamine	
N-Butyl-N-(2-hydroxyethyl)-2-aminoethanol	Butylbis(2-hydroxyethyl)amine	
N-Butyl-bis(2-hydroxyethyl)-amin	N-Butyl-N,N-bis(hydroxyethyl)amine	*Spanisch*
N,N-Bis(2-hydroxyethyl)-butylamin	Butyldiethanolamine	**2,2-Butiliminodietanol**
N-Butyl-2,2'-iminodiethanol	N-Butyldiethanolamine	
	2-(N-Butyl-N-2-hydroxyethylamino)ethanol	
	2,2'-Butylimino)bisethanol	
	N-Butyl-2-2'-iminodiethanol	

Gefahren-Diamant

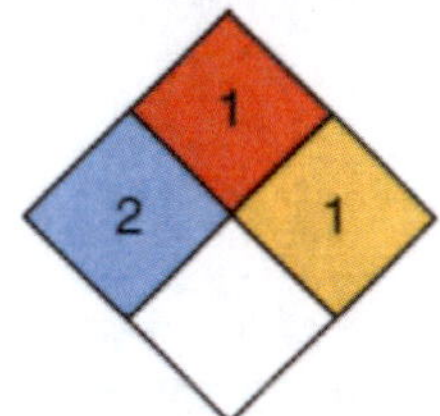

Hazchem-Code: 3X

Technische Daten

Siedepunkt	264–278 °C
Dampfdruck in mbar	3,6 bei 120 °C
Dampfdichteverhältnis, Luft = 1	
Schmelzpunkt	–45 °C
Mischbarkeit mit Wasser	vollständig
Spez. Gewicht, Wasser = 1	0,95–0,97
Molare Masse	161,23

Feuerbekämpfungsdaten

Flammpunkt	143 °C
Zündfähiges Gemisch, Vol.-%	1,1–6,5
Zündtemperatur	260 °C

Gefahrgut: **Klassifizierung:**

IMDG-Code: UN-Nr. 2735 n.o.s.	Kl. 8	Verp. Gr. I EMS: **F**-A; **S**-B
ICAO/IATA DGR: UN-Nr. 2735 n.o.s.	Kl. 8	Verp. Gr. I
ADR/RID/ADNR: UN-Nr. 2735 n.a.g.	Kl. 8	Klassifiz. Code C7 Verp. Gr. I

Gefahrzettel (Label) Nr. 8
Richtige Versandbezeichnung (PSN):
Land/BinSch: **2735 Amine flüssig, ätzend n.a.g. (N-Butyldiethanolamin)**
See/Luft: **Amines liquid corrosive, n.o.s. (N-Butyldiethanolamine)**

Gefahrstoff:
CAS Nr.: 102-79-4 RTECS-Nr.: KK 0525000
EG-Nr.: 203-055-0 INDEX-Nr.:
EG-Einstufung: nein
Symbol: C *
R-Sätze: 34 *
S-Sätze: 26-36/37/39-45 *
D-Lagerklasse (VCI)-Nr.: 8

* Herstellerangaben

Erscheinungsbild: Farblose bis gelbe Flüssigkeit, aminartiger Geruch.

Verhalten bei Freiwerden und Vermischen mit Luft: Ätzende und brennbare Flüssigkeit mit relativ hohem Flammpunkt von 143 °C. Bei starker Erhitzung bilden sich ätzende und explosionsfähige Gemische mit Luft. Sie sind schwerer als Luft und kriechen am Boden entlang. Entzündung durch heiße Oberflächen, Funken oder offene Flammen. Bei Erhitzung bis zur Zersetzung (z. B. durch Umgebungsbrände oder heiße Oberflächen) und bei Brand bilden sich giftige und ätzende Gase bzw. Dämpfe, die im Wesentlichen aus nitrosen Gasen bestehen und auch Kohlenmonoxid(gas) sowie Kohlendioxid(gas) enthalten.

Verhalten bei Freiwerden und Vermischen mit Wasser: Der Stoff ist leichter als Wasser und schwimmt auf der Oberfläche. Er mischt sich vollständig mit Wasser. Es bilden sich auch bei Verdünnung ätzende Gemische mit Wasser.

Gesundheitsgefährdung: Die Substanz und ihre Dämpfe verursachen Verätzungen an den Schleimhäuten der Augen, der oberen Atemwege und der Haut. Gefahr ernster Augenschäden! Bei Brand oder Erhitzen bis zur Zersetzung, Bildung von nitrosen Gasen (s. auch Merkblatt 150).
Symptome: Hustenreiz, Niesreiz, Atembeschwerden, Kreislaufstörungen, schmerzhafte Rötung und Schwellung der Schleimhäute, Blasenbildung.
Nach Einatmen oder Hautkontakt in jedem Fall – auch bei Ausbleiben der Symptome – den Arzt aufsuchen. Nach Kontakt der Substanz mit den Augen ist in jedem Fall ein Augenarzt aufzusuchen.

Geruchsschwelle = Luftgrenzwert =

Bemerkungen: Bei Kontakt oder Mischung mit Säuren erfolgt heftige Reaktion unter starker Wärmeentwicklung.

Sicherheitsmaßnahmen für Fahrzeugbesatzung, Polizei, Feuerwehr und Rettungskräfte:
Polizei und Feuerwehr alarmieren.
Im Gefahrenbereich bei starker Erhitzung der Flüssigkeit Maschine stoppen, Zündung abstellen, nicht rauchen, offenes Feuer löschen, kein elektrisches Gerät und keinen Schalter mit Funkenbildung betätigen. Umluftunabhängiges (schweres) Atemschutzgerät und volle Schutzkleidung tragen.
Wasserschutzpolizei und Feuerwehr: Beim Retten nicht ins Wasser springen. Bei starker Erhitzung der Flüssigkeit oder Brand auf Wasserstraßen kein Boot mit Ottomotor einsetzen. Bei Dieselantrieb Sicherheitsschaltung veranlassen.

Schutz- und Einsatzmaßnahmen: Alle unbeteiligten Personen nach Luv (gegen den Wind) entfernen. Achtung, falls freiwerdendes Gut in die Kanalisation oder in Abwasserleitungen von Schiffen gerät, bilden sich ätzende Gemische mit Abwasser. Auf Wasserstraßen Schiffahrtssperre. An Land gefährdetes Gebiet absperren. Große Sicherheitszone bilden. In Wohn- und Industriegebieten Anwohner warnen. Konzentrationsmessung explosionsfähiger bzw. giftiger Dämpfe siehe Tabelle (Anhang 6 der Erläuterungen).

Konzentrationsmessung explosionsfähiger bzw. giftiger Dämpfe siehe Tabelle (Anhang 6 der Erläuterungen).

Zuständige Behörden unterrichten.

Bekämpfung der Unfallfolgen:
Feuer: Bei kleinem Brandherd Löschpulver, Wassersprühstrahl, Kohlensäure oder Schaum. Bei großem Brandherd Schaum oder Wassersprühstrahl. Behälter mit Wassersprühstrahl kühlen und nach Möglichkeit aus der Gefahrenzone ziehen. Achtung, das Löschwasser ist giftig und umweltgefährlich. Es muß aufgefangen werden und darf nicht unbehandelt in die Kanalisation, in Gewässer oder in das Grundwasser gelangen.
Leckage: Leck schließen, wenn ohne Risiko möglich.
Fließendes Gewässer: Trink-, Brauch- und Kühlwasserentnehmer verständigen.
Stehendes Gewässer: Absperren. Fahrzeugbesatzungen im gefährdeten Gebiet warnen.
An Land: Kanalisation abdichten. Auffangen, eindeichen und abpumpen. In Wohn- und Industriegebieten alle tiefliegenden Räume abdichten. Alle Zündquellen beseitigen. Restmengen mit nicht brennbarem, saugfähigem Material wie z. B. trockener Erde, Sand, Kieselgur, Universalbinder oder Vermiculit abdecken und an sichere Deponie zur Vernichtung transportieren.

Gewässerverunreinigung:
GefStoffV/EG:
Gesamtbewertung nach Unfall: Gruppe II, in stehenden Gewässern mittlere bis hohe, in fließenden Gewässern mittlere toxische Wirkung, bei Brand Gruppe IV, hohe bis sehr hohe (extrem hohe) toxische Wirkung unabhängig von der Turbulenz des Gewässers (siehe auch Erläuterungen Abschnitt 16.4/5).
Einzelwerte siehe Anhang 9 der Erläuterungen.
Wassergefährdungsklasse: 1 – schwach wassergefährdender Stoff

Erste Hilfe:
Verletzte an die frische Luft bringen, bequem lagern, beengende Kleidungsstücke lockern. Bei Atemstörung Sauerstoffzufuhr, ggf. Beatmung. Benetzte Kleidungsstücke, Schuhe und Strümpfe sofort ausziehen, entfernen und vernichten. Betroffene Körperstellen anhaltend mit Wasser spülen und anschließend mit sterilem Verbandmaterial abdecken. Bei Augenkontakt die Augen 15 Minuten mit Wasser spülen. Augenlider dazu mit Daumen und Zeigefinger aufspreizen und gleichzeitig das Auge nach allen Seiten bewegen lassen. Helferschutz beachten (stark ätzend). Verletzte nicht auskühlen lassen. Bei Erbrechen zumindest Kopf in Seitenlage bringen. Verletzte nur liegend transportieren. Bei Gefahr der Bewußtlosigkeit Lagerung und Transport in stabiler Seitenlage.

Hinweise für den Arzt:
Symptomatische Behandlung. Nach Verschlucken: Mund ausspülen lassen, reichlich Flüssigkeit nachtrinken lassen.

Formel: $CHCl_2CHO$ **Summen-Formel:** C2–H2–Cl2–O **UN-Nr. 1993 n.o.s.**

Merkblatt

2341

Stoffname

Deutsch	*Englisch*	*Französisch*
Dichloracetaldehyd	**Dichloroacetaldehyde**	**Dichloroacétaldéhyde**
Chloraldehyd	Chloroaldehyde	
α-α-Dichloracetaldehyd	alpha,alpha-Dichloroacetaldehyde	
2,2-Dichloracetaldehyd	2,2-Dichloroacetaldehyde	

Spanisch

Dicloroacetaldehído

Gefahren-Diamant

2 / 2 / 2 /

Hazchem-Code: 3Y

* In der UN-Liste klassifiziert unter umweltgefährdender Stoff, fest, n.a.g. (n.o.s.)

Technische Daten

Siedepunkt	88 °C
Dampfdruck in mbar bei 20 °C	65
Dampfdichteverhältnis, Luft = 1	3,9
Schmelzpunkt	–50 °C
Mischbarkeit mit Wasser	teilweise*
Spez. Gewicht, Wasser = 1	1,436
Molare Masse	112,94

Feuerbekämpfungsdaten

Flammpunkt	60 °C
Zündfähiges Gemisch, Vol.-%	
Zündtemperatur	

* 140 g/l. bei 20 °C.

Gefahrgut: **Klassifizierung:**

IMDG-Code: UN-Nr. 1993 n.o.s. Kl. 3 Verp. Gr. III EMS: **F**-E; **S**-E

Marine pollutant Kl. 3 Verp. Gr. III

ICAO/IATA DGR: UN-Nr. 1993 n.o.s. Kl. 3 Klassifiz. Code F1 Verp. Gr. III

ADR/RID/ADNR: UN-Nr. 1993 n.a.g.

Gefahrzettel (Label) Nr. 3

Richtige Versandbezeichnung (PSN):

Land/BinSch: **1993 Entzündbarer flüssiger Stoff, n.a.g. (Dichloracetaldehyd)**

See/Luft: **Flammable liquid, n.o.s. (Dichloroacetaldehyde)**

Gefahrstoff:

CAS Nr.: 79-02-7 RTECS-Nr.: AB 2710000

EG-Nr.: 201-169-5 INDEX-Nr.:

EG-Einstufung: nein

Symbol: Xn*

R-Sätze: 20/21*

S-Sätze: 24/25*

D-Lagerklasse (VCI)-Nr.:

* Herstellerangaben

Erscheinungsbild: Farblose Flüssigkeit; unangenehmer, stechender Geruch.

Verhalten bei Freiwerden und Vermischen mit Luft: Gesundheitsschädliche und brennbare Flüssigkeit mit relativ hohem Flammpunkt von 60 °C. Bei Erhitzung bilden sich gesundheitsschädliche, explosionsfähige Gemische mit Luft. Sie sind schwerer als Luft und kriechen am Boden entlang. Entzündung durch heiße Oberflächen, Funken oder offene Flammen. Bei Brand oder Erhitzung bis zur Zersetzung (z. B. durch Umgebungsbrände oder heiße Oberflächen) erfolgt Zersetzung unter Bildung von giftigen und ätzenden Gasen bzw. Dämpfen, die im Wesentlichen aus Chlorwasserstoff(gas) bzw. Salzsäuredämpfen bestehen und auch Kohlenmonoxid sowie Kohlendioxid enthalten.

Verhalten bei Freiwerden und Vermischen mit Wasser: Der Stoff ist schwerer als Wasser und sinkt unter. Er löst sich teilweise in Wasser. Es bilden sich gesundheitsschädliche und wassergefährdende Gemische mit Wasser.

Gesundheitsgefährdung: Bei direktem Kontakt der Substanz mit der Haut oder Augen kommt es zu starken Reizungen bis hin zur Verätzung. Bei Aufnahme hoher Dosen sind zentralnervöse Störungen möglich.
Symptome: Nach Einatmen: Benommenheit, Schwindel, Koordinationsstörungen; Rötungen, Bläschenbildung, Brennen der Augen und der Haut.
Nach Einatmen oder Hautkontakt in jedem Fall – auch bei Ausbleiben der Symptome – den Arzt aufsuchen.
Nach Kontakt der Substanz mit den Augen ist in jedem Fall ein Augenarzt aufzusuchen.

Geruchsschwelle = Luftgrenzwert =

Bemerkungen:

Sicherheitsmaßnahmen für Fahrzeugbesatzung, Polizei, Feuerwehr und Rettungskräfte:
Polizei und Feuerwehr alarmieren.
Im Gefahrenbereich sofort umluftunabhäniges (schweres) Atemschutzgerät und volle Schutzkleidung tragen. Bei Erhitzung der Flüssigkeit Zündung abstellen, Maschine stoppen, nicht rauchen, offenes Feuer löschen, kein elektrisches Gerät und keinen Schalter mit Funkenbildung betätigen.
Wasserschutzpolizei und Feuerwehr: Bei Erhitzung des Stoffes kein Boot mit Ottomotor einsetzen. Bei Dieselantrieb Sicherheitsschaltung veranlassen. Beim Retten nicht ins Wasser springen.

Schutz- und Einsatzmaßnahmen: Alle unbeteiligten Personen nach Luv (gegen den Wind) entfernen. Achtung, falls freiwerdendes Gut in die Kanalisation oder in Abwasserleitungen von Schiffen gerät, entstehen schädliche Gemische mit Abwasser und kann mit heißem Abwasser Explosionsgefahr entstehen. Auf Wasserstraßen Schiffahrtssperre. An Land gefährdetes Gebiet absperren. In Wohn- und Industriegebieten Anwohner warnen. Bei größeren Mengen freigewordenen Gutes große Sicherheitszone bilden. Achtung, die Dämpfe bleiben am Boden. Flammen können bei Zündung über weite Strecken zurückschlagen.

Konzentrationsmessung explosionsfähiger bzw. giftiger Dämpfe siehe Tabelle (Anhang 6 der Erläuterungen).

Zuständige Behörden unterrichten.

Bekämpfung der Unfallfolgen:
Feuer: Bei kleinem Brandherd Löschpulver, Wassersprühstrahl, Kohlensäure oder Schaum. Bei großem Brandherd Schaum oder Wassersprühstrahl. Behälter mit Wassersprühstrahl kühlen und nach Möglichkeit aus der Gefahrenzone ziehen. Achtung, das Löschwasser ist giftig und umweltgefährlich. Es muß aufgefangen werden und darf nicht unbehandelt in die Kanalisation, in Gewässer oder in das Grundwasser gelangen.
Leckage: Leck schließen, wenn ohne Risiko möglich.
Fließendes Gewässer: Trink-, Brauch- und Kühlwasserentnehmer verständigen.
Stehendes Gewässer: Absperren. Fahrzeugbesatzungen im gefährdeten Gebiet warnen.
An Land: Kanalisation abdichten. Auffangen, eindeichen und abpumpen. In Wohn- und Industriegebieten alle tiefliegenden Räume abdichten. Alle Zündquellen beseitigen. Restmengen mit nicht brennbarem, saugfähigem Material wie z. B. trockener Erde, Sand, Kieselgur, Universalbinder oder Vermiculit abdecken und an sichere Deponie zur Vernichtung transportieren.

Gewässerverunreinigung:
GefStoffV/EG:
Gesamtbewertung nach Unfall: Gruppe IV, hohe bis sehr hohe (extrem hohe) toxische Wirkung unabhängig von der Turbulenz des Gewässers (siehe auch Erläuterungen Abschnitt 16.4/5).
Einzelwerte siehe Anhang 9 der Erläuterungen.
Wassergefährdungsklasse:

Erste Hilfe:
Verletzte an die frische Luft bringen, bequem lagern, beengende Kleidungsstücke lockern. Bei Atemstörung Sauerstoffzufuhr ggf. Beatmung. Benetzte Kleidungsstücke, Schuhe und Strümpfe sofort ausziehen und entfernen. Betroffene Körperstellen anhaltend mit Wasser spülen und anschließend mit sterilem Verbandmaterial abdecken. Bei Augenkontakt die Augen 15 Minuten mit Wasser spülen. Augenlider dazu mit Daumen und Zeigefinger aufspreizen und gleichzeitig das Auge nach allen Seiten bewegen lassen. Helferschutz beachten, Kontakt vermeiden. Verletzte nicht auskühlen lassen. Bei Erbrechen zumindest Kopf in Seitenlage bringen. Verletzte nur liegend transportieren. Bei Gefahr der Bewußtlosigkeit Lagerung und Transport in stabiler Seitenlage.

Hinweise für den Arzt:
Symptomatische Behandlung.

Formel: [Strukturformel] **Summen-Formel:** C6–Cl4–O2 **UN-Nr. 3077 n.o.s.**

Merkblatt

2342

Stoffname

Deutsch	*Englisch*	*Französisch*
Chloranil	**Chloranil**	**Chloranile**
2,3,5,6-Tetrachlor-1,4-benzochinon	p-Chloranil	p-Chloranile
p-Chloranil	2,3,5,6-Tetrachloro-p-benzoquinone	Tétrachloro-p-benzoquinone
2,3,5,6-Tetrachlor-2,5-cyclohexadien-1,4-dion	2,3,5,6-Tetrachloro-1,4-benzoquinone	
2,3,5,6-Tetrachlor-p-benzochinon	Tetrachlorobenzoquinone	*Spanisch*
2,3,5,6-Tetrachlor-1,4-dioxo-2,5-cyclohexadien	Tetrachloro-p-benzoquinone	**Cloranil**
Tetrachlor-p-benzochinon	Tetrachloro-1,4-benzoquinone	p-Cloranil
Spergon	2,3,5,6-Tetrachloro-2,5-cyclohexadiene-1,4-dione	Tetracloro-p-benzoquinona
	Tetrachloroquinone	
	Tetrachloro-p-quinone	

Gefahren-Diamant

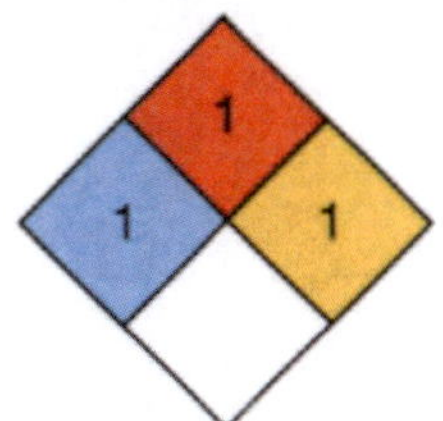

Hazchem-Code: 2X

Technische Daten

Siedepunkt	nicht destillierbar
Dampfdruck in mbar	1,3 bei 70,7 °C
Dampfdichteverhältnis, Luft = 1	
Schmelzpunkt	289 °C**
Mischbarkeit mit Wasser	sehr geringfügig
Spez. Gewicht, Wasser = 1	1,97
Molare Masse	245,89

Feuerbekämpfungsdaten

Flammpunkt	***
Zündfähiges Gemisch, Vol.-%	
Zündtemperatur	>400 °C

* Sublimiert ab 290–300 °C.
** Zersetzung
*** Selbstentzündungstemperatur ab 310 °C.

Gefahrgut:

	Klassifizierung:		
IMDG-Code: UN-Nr. 3077 n.o.s.	Kl. 9	Verp. Gr. III	EMS: **F**-A; **S**-F
Marine pollutant			
ICAO/IATA DGR: UN-Nr. 3077 n.o.s.	Kl. 9	Verp. Gr. III	
ADR/RID/ADNR: UN-Nr. 3077 n.a.g.	Kl. 9	Klassifiz. Code M7 Verp. Gr. III	

Gefahrzettel (Label) Nr. 9
Richtige Versandbezeichnung (PSN):
Land/BinSch: **3077 Umweltgefährdender Stoff, fest, n.a.g. (Chloranil)**
See/Luft: **Environmentally hazardous substance, solid, n.o.s. (Chloranil)**

Gefahrstoff:
CAS Nr.:118-75-2 RTECS-Nr.: DK 6825000
EG-Nr.: 204-274-4 INDEX-Nr.: 602-066-00-1
EG-Einstufung: ja
Symbol: Xi, N
R-Sätze: 36/38-50/53
S-Sätze: (2)-37-60-61
D-Lagerklasse (VCI)-Nr.: 10-13

Erscheinungsbild: Goldgelbe Blättchen oder Kristalle, schwacher Geruch.

Verhalten bei Freiwerden und Vermischen mit Luft: Reizender, umweltgefährlicher und brennbarer fester Stoff. Bei Aufwirbelung des Staubes bilden sich reizende, umweltgefährliche und explosionsfähige Gemische mit Luft. Bei Brand oder Erhitzung bis zur Zersetzung (z. B. durch Umgebungsbrände oder heiße Oberflächen) erfolgt Zersetzung unter Bildung von giftigen und ätzenden Gasen und Dämpfen, die im Wesentlichen aus Chlorwasserstoff(gas) bzw. Salzsäuredämpfen bestehen und auch Kohlendioxid und Kohlenmonoxid enthalten.

Verhalten bei Freiwerden und Vermischen mit Wasser: Der Stoff ist schwerer als Wasser und sinkt unter. Er löst sich nur geringfügig in Wasser. Es bilden sich sehr giftige und umweltgefährdende Gemische mit Wasser, die auch bei starker Verdünnung noch wirksam sind.

Gesundheitsgefährdung: Die Stäube reizen die Augen und die Haut, Gefahr bleibender Augenschäden. Nach Einatmen der Stäube Lungenödem – auch mit Verzögerung bis zu 2 Tagen – möglich. Nach Verschlucken starke Beschwerden im Magen-Darm-Trakt. Bei Brand oder Erhitzen bis zur Zersetzung Bildung von Chlorwasserstoff (s. auch Merkblatt 63).
Symptome: Rötung, Brennen, Schmerzen von Haut und Augen, Lidkrampf, Tränenfluss, Nies- und Hustenreiz, Übelkeit, Benommenheit, starke Leibschmerzen, Erbrechen, Durchfälle.
Nach Einatmen oder Hautkontakt in jedem Fall – auch bei Ausbleiben der Symptome – den Arzt aufsuchen.
Nach Kontakt der Substanz mit den Augen ist in jedem Fall ein Augenarzt aufzusuchen.

Geruchsschwelle = Luftgrenzwert =

Bemerkungen: Der Stoff wird durch Alkalien zersetzt. Langsame Zersetzung bei Sonneneinstrahlung möglich. Teilweise löslich in Aceton je 100 g 33 g, 16 g Ether, 5,4 g Dimethylformamid, 5,4 g Solventnaphtha, 1,3 g in Benzol.

Sicherheitsmaßnahmen für Fahrzeugbesatzung, Polizei, Feuerwehr und Rettungskräfte:
Polizei und Feuerwehr alarmieren.
Im Gefahrenbereich umluftunabhängiges (schweres) Atemschutzgerät und volle Schutzkleidung tragen. Bei sehr starker Erhitzung des Stoffes oder bei Brand **im Gefahrenbereich** Maschine stoppen, Zündung abstellen, offenes Feuer löschen, nicht rauchen, kein elektrisches Gerät und keinen Schalter mit Funkenbildung betätigen.
Wasserschutzpolizei und Feuerwehr: Bei sehr starker Erhitzung des Stoffes kein Boot mit Ottomotor einsetzen. Bei Dieselantrieb Sicherheitsschaltung veranlassen. Nach dem Einsatz Kühlwasserkreislauf überprüfen. Beim Retten nicht ins Wasser springen.

Schutz- und Einsatzmaßnahmen: Alle unbeteiligten Personen nach Luv (gegen den Wind) entfernen. Achtung, falls freiwerdendes Gut in die Kanalisation oder in Abwasserleitungen von Schiffen gerät, entstehen giftige Gemische mit Abwasser. Experten hinzuziehen. Auf Wasserstraßen Schiffahrtssperre. An Land gefährdetes Gebiet absperren. Bei Brand oder starker Erhitzung entstehen ätzende Gase und Dämpfe bzw. Dampf-/Luftgemische. In diesem Fall große Sicherheitszone bilden. In Wohn- und Industriegebieten Anwohner warnen.

Konzentrationsmessung explosionsfähiger bzw. giftiger Dämpfe siehe Tabelle (Anhang 6 der Erläuterungen).

Zuständige Behörden unterrichten.

Bekämpfung der Unfallfolgen:
Feuer: Bei kleinem Brandherd Löschpulver, Wassersprühstrahl, Kohlensäure oder Schaum. Bei großem Brandherd Schaum oder Wassersprühstrahl. Behälter mit Wassersprühstrahl kühlen und nach Möglichkeit aus der Gefahrenzone ziehen. Achtung, das Löschwasser ist giftig und umweltgefährlich. Es muß aufgefangen werden und darf nicht unbehandelt in die Kanalisation, in Gewässer oder in das Grundwasser gelangen.
Leckage: Leck schließen, wenn ohne Risiko möglich.
Fließendes Gewässer: Trink-, Brauch- und Kühlwasserentnehmer verständigen.
Stehendes Gewässer: Absperren. Fahrzeugbesatzungen im gefährdeten Gebiet warnen.
An Land: Kanalisation abdichten. Auffangen, eindeichen und abbergen. In Wohn- und Industriegebieten alle tiefliegenden Räume abdichten. Alle Zündquellen beseitigen. Restmengen mit nicht brennbarem, saugfähigem Material wie z. B. trockener Erde, Sand, Kieselgur, Universalbinder oder Vermiculit abdecken und an sichere Deponie zur Vernichtung transportieren.

Gewässerverunreinigung:
GefStoffV/EG: Gefahrensymbol: N Umweltgefährlich, R 50/53: sehr giftig für Wasserorganismen, kann in Gewässern längerfristig schädliche Wirkungen haben.
Gesamtbewertung nach Unfall: Gruppe IV, hohe bis sehr hohe (extrem hohe) toxische Wirkung unabhängig von der Turbulenz des Gewässers (siehe auch Erläuterungen Abschnitt 16.4/5).
Einzelwerte siehe Anhang 9 der Erläuterungen.
Wassergefährdungsklasse: 2 – wassergefährdender Stoff

Erste Hilfe:
Verletzte an die frische die Luft bringen, bequem lagern, beengende Kleidungsstücke lockern. Bei Atemstörung Sauerstoffzufuhr, ggf. Beatmung. Benetzte Kleidungsstücke, Schuhe und Strümpfe sofort ausziehen, entfernen und vernichten. Betroffene Körperstellen anhaltend mit Wasser spülen und anschließend mit sterilem Verbandmaterial abdecken. Bei Augenkontakt die Augen 15 Minuten mit Wasser spülen. Augenlider dazu mit Daumen und Zeigefinger aufspreizen und gleichzeitig das Auge nach allen Seiten bewegen lassen. Verletzte nicht auskühlen lassen. Bei Erbrechen zumindest Kopf in Seitenlage bringen. Verletzte nur liegend transportieren. Bei Gefahr der Bewußtlosigkeit Lagerung und Transport in stabiler Seitenlage.

Hinweise für den Arzt:
Symptomatische Behandlung. Bei Augenkontakt: Augenspülung, bei anhaltenden Symptomen Augenarzt hinzuziehen.

Formel: **Summen-Formel:** C15–H11–Br–Cl–F3-N2–0 **UN-Nr. 2588 n.o.s.**

Merkblatt

2343

Stoffname

Deutsch	*Englisch*	*Französisch*
Chlorfenapyr 4-Brom-2-(4-chlorphenyl)-1-ethoxymethyl-5-trifluormethylpyrrol-3-carbonitril 4-Brom-2-(4-chlorphenyl)-1-ethoxymethyl-5-trifluormethyl-1H-pyrrol-3-carbonitril	**Chlorfenapyr** 4-Bromo-2-(4-chlorophenyl)-1-(ethoxymethyl)-5-trifluoromethyl)-1H-pyrrole-3-carbonitrile	**Chlorfenapyr** *Spanisch* **Clorfenapir**

Gefahren-Diamant

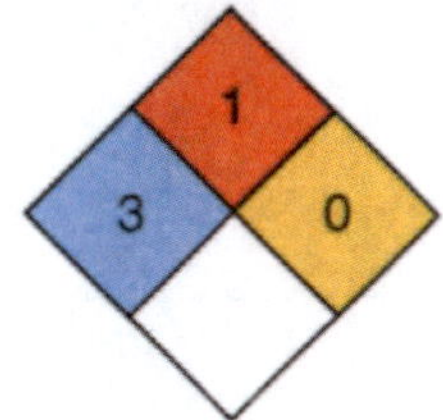

Hazchem-Code: 2X

Technische Daten

Siedepunkt	
Dampfdruck in mbar bei 20 °C	
Dampfdichteverhältnis, Luft = 1	
Schmelzpunkt	100–101 °C
Mischbarkeit mit Wasser	sehr geringfügig*
Spez. Gewicht, Wasser = 1	
Molare Masse	407,62

Feuerbekämpfungsdaten

Flammpunkt, Zündfähiges Gemisch, Vol.-%, Zündtemperatur: Brennbarer fester Stoff

* 0,12 mg/l bei 25 °C

Gefahrgut: **Klassifizierung:**

IMDG-Code: UN-Nr. 2588 n.o.s. — Kl. 6.1 — Verp. Gr. III EMS: **F**-A; **S**-A

Marine pollutant

ICAO/IATA DGR: UN-Nr. 2588 n.o.s. — Kl. 6.1 — Verp. Gr. III

ADR/RID/ADNR: UN-Nr. 2588 n.a.g. — Kl. 6.1 — Klassifiz. Code — Verp. Gr. III

Gefahrzettel (Label) Nr. 6.1

Richtige Versandbezeichnung (PSN):

Land/BinSch: **2588 Pestizid, fest, giftig, n.a.g. (Chlorfenapyr)**

See/Luft: **Pesticide, solid, toxic, n.o.s. (Chlorfenapyr)**

Gefahrstoff:

CAS Nr.: 122453-73-0 RTECS-Nr.:

EG-Nr.: INDEX-Nr.:

EG-Einstufung: nein

Symbol: T, N *

R-Sätze: 22-23-50/53 *

S-Sätze: 1-(2)-13-20/21-36/37-45-60-61 *

D-Lagerklasse (VCI)-Nr.:

* Herstellerangaben

Erscheinungsbild: Weißer bis hellbrauner fester Stoff.

Verhalten bei Freiwerden und Vermischen mit Luft: Giftiger, umweltgefährdender und brennbarer fester Stoff. Bei Aufwirbwelung des Pulvers oder Staubes bilden sich giftige, umweltgefährdende und explosionsfähige Gemische mit Luft. Bei Brand oder Erhitzung bis zur Zersetzung (zum Beispiel durch Umgebungsbrände oder heiße Oberflächen) erfolgt Zersetzung unter Bildung von sehr giftigen und ätzenden Gasen und Dämpfen, die im Wesentlichen aus nitrosen Gasen (Stickstoffoxiden), Chlorwasserstoff(gas) bzw. Salzsäuredämpfen, Bromwasserstoff und Fluorwasserstoff bestehen und auch Kohlenmonoxid(gas) sowie Kohlendioxid(gas) enthalten.

Verhalten bei Freiwerden und Vermischen mit Wasser: Der Stoff ist schwerer als Wasser und sinkt unter. Er löst sich nur geringfügig in Wasser. Die Substanz ist jedoch dispergierbar/emulgierbar und bildet mit Wasser eine Emulsion mit fein verteilten Tröpfchen. Es bilden sich sehr giftige, umweltgefährdende Emulsionen, die auch bei starker Verdünnung noch wirksam sind.

Gesundheitsgefährdung: Die Substanz und ihre Stäube sind giftig beim Einatmen und gesundheitsschädlich beim Verschlucken. Im Tierversuch nicht haut- oder schleimhautreizend, nicht sensibilisierend. Beim Erhitzen bis zur Zersetzung Bildung von Chlorwasserstoff (s. auch Merkblatt 63), Fluorwasserstoff (s. auch Merkblatt 91), Bromwasserstoff (s. auch Merkblatt 387) und nitrose Gase (s. auch Merkblatt 150).

Symptome: Nach Einatmen: Übelkeit, Erbrechen, Schwindel, Benommenheit, Durchfall, Schwitzen.

Nach Einatmen oder Hautkontakt in jedem Fall – auch bei Ausbleiben der Symptome – den Arzt aufsuchen. Nach Kontakt der Substanz mit den Augen ist in jedem Fall ein Augenarzt aufzusuchen.

Geruchsschwelle = Luftgrenzwert =

Bemerkungen: Der Stoff ist löslich in Dimethylsulfoxid, Aceton und Acetonitril. Die Substanz reagiert heftig bei Kontakt oder Mischung mit starken Oxidationsmitteln.

Sicherheitsmaßnahmen für Fahrzeugbesatzung, Polizei, Feuerwehr und Rettungskräfte:
Polizei und Feuerwehr alarmieren.
Im Gefahrenbereich Maschine stoppen, umluftunabhängiges (schweres) Atemschutzgerät und volle Schutzkleidung tragen. Bei Brand oder starker Erhitzung des Stoffes Zündung abstellen, nicht rauchen, offenes Feuer löschen, kein elektrisches Gerät und keinen Schalter mit Funkenbildung betätigen.
Wasserschutzpolizei und Feuerwehr: Beim Retten nicht ins Wasser springen. Bei starker Erhitzung des Stoffes und bei Brand kein Boot mit Ottomotor einsetzen. Bei Dieselantrieb Sicherheitsschaltung veranlassen.

Schutz- und Einsatzmaßnahmen: Alle unbeteiligten Personen nach Luv (gegen den Wind) entfernen. Achtung, falls freiwerdendes Gut in die Kanalisation oder in Abwasserleitungen von Schiffen gerät, entstehen giftige Gemische mit Abwasser. In Wohn- und Industriegebieten Anwohner warnen. Große Sicherheitszone bilden. Bei größeren Mengen freiwerdenden Gutes bei Brand oder Erhitzung bis zur Zersetzung Katastrophenalarm prüfen.

Konzentrationsmessung explosionsfähiger bzw. giftiger Dämpfe siehe Tabelle (Anhang 6 der Erläuterungen).

Zuständige Behörden unterrichten.

Bekämpfung der Unfallfolgen:
Feuer: Bei kleinem Brandherd Löschpulver, Wassersprühstrahl, Kohlensäure oder Schaum. Bei großem Brandherd Schaum oder Wassersprühstrahl. Behälter mit Wassersprühstrahl kühlen und nach Möglichkeit aus der Gefahrenzone ziehen. Achtung, das Löschwasser ist giftig und umweltgefährlich. Es muss aufgefangen werden und darf nicht unbehandelt in die Kanalisation, in Gewässer oder in das Grundwasser gelangen.
Leckage: Leck schließen, wenn ohne Risiko möglich.
Fließendes Gewässer: Trink-, Brauch- und Kühlwasserentnehmer verständigen.
Stehendes Gewässer: Absperren. Fahrzeugbesatzungen im gefährdeten Gebiet warnen.
An Land: Kanalisation abdichten. Auffangen, eindeichen und abbergen. In Wohn- und Industriegebieten alle tiefliegenden Räume abdichten. Alle Zündquellen beseitigen. Restmengen mit nicht brennbarem, saugfähigem Material wie z. B. trockener Erde, Sand, Kieselgur, Universalbinder oder Vermiculit abdecken und an sichere Deponie zur Vernichtung transportieren.

Gewässerverunreinigung:
GefStoffV/EG: Gefahrensymbol: N Umweltgefährlich, R 50/53: sehr giftig für Wasserorganismen, kann in Gewässern längerfristig schädliche Wirkungen haben.
Gesamtbewertung nach Unfall: Gruppe IV, hohe bis sehr hohe (extrem hohe) toxische Wirkung unabhängig von der Turbulenz des Gewässers (siehe auch Erläuterungen Abschnitt 16.4/5).
Einzelwerte siehe Anhang 9 der Erläuterungen.
Wassergefährdungsklasse: 3 – stark wassergefährdender Stoff

Erste Hilfe:
Verletzte an die frische Luft bringen, bequem lagern, beengende Kleidungsstücke lockern. Bei Atemstörung Sauerstoffzufuhr, ggf. Beatmung. Nach Einatmen: Sofort Arzt zur Unfallstelle. Benetzte Kleidungsstücke, Schuhe und Strümpfe sofort ausziehen, entfernen und vernichten. Betroffene Körperstellen anhaltend mit Wasser spülen und anschließend mit sterilem Verbandmaterial abdecken. Bei Augenkontakt die Augen 15 Minuten mit Wasser spülen. Augenlider dazu mit Daumen und Zeigefinger aufspreizen und gleichzeitig das Auge nach allen Seiten bewegen lassen. Helferschutz beachten. Bei Dämpfen, Staub, Aerosolen: Atemschutz. Verletzte nicht auskühlen lassen. Bei Erbrechen zumindest Kopf in Seitenlage bringen. Verletzte nur liegend transportieren. Bei Gefahr der Bewußtlosigkeit Lagerung und Transport in stabiler Seitenlage.

Hinweise für den Arzt:
Symptomatische Behandlung. Inhalativ toxisch.

Sicherheitsmaßnahmen für Fahrzeugbesatzung, Polizei, Feuerwehr und Rettungskräfte:
Polizei und Feuerwehr alarmieren.
Im Gefahrenbereich Maschine stoppen, umluftunabhängiges (schweres) Atemschutzgerät und volle Schutzkleidung tragen. Bei Brand oder starker Erhitzung des Stoffes Zündung abstellen, nicht rauchen, offenes Feuer löschen, kein elektrisches Gerät und keinen Schalter mit Funkenbildung betätigen.
Wasserschutzpolizei und Feuerwehr: Beim Retten nicht ins Wasser springen. Bei starker Erhitzung des Stoffes und bei Brand kein Boot mit Ottomotor einsetzen. Bei Dieselantrieb Sicherheitsschaltung veranlassen.

Schutz- und Einsatzmaßnahmen: Alle unbeteiligten Personen nach Luv (gegen den Wind) entfernen. Achtung, falls freiwerdendes Gut in die Kanalisation oder in Abwasserleitungen von Schiffen gerät, bilden sich ätzende Gemische mit Abwasser. Experten hinzuziehen. Auf Wasserstraßen Schiffahrtssperre. An Land gefährdetes Gebiet absperren. Große Sicherheitszone bilden. In Wohn- und Industriegebieten Anwohner warnen.

Konzentrationsmessung explosionsfähiger bzw. giftiger Dämpfe siehe Tabelle (Anhang 6 der Erläuterungen).

Zuständige Behörden unterrichten.

Bekämpfung der Unfallfolgen:
Feuer: Bei kleinem Brandherd Löschpulver, Wassersprühstrahl, Kohlensäure oder Schaum. Bei großem Brandherd Schaum oder Wassersprühstrahl. Behälter mit Wassersprühstrahl kühlen und nach Möglichkeit aus der Gefahrenzone ziehen. Achtung, das Löschwasser ist giftig und umweltgefährlich. Es muß aufgefangen werden und darf nicht unbehandelt in die Kanalisation, in Gewässer oder in das Grundwasser gelangen.
Leckage: Leck schließen, wenn ohne Risiko möglich.
Fließendes Gewässer: Trink-, Brauch- und Kühlwasserentnehmer verständigen.
Stehendes Gewässer: Absperren. Fahrzeugbesatzungen im gefährdeten Gebiet warnen.
An Land: Kanalisation abdichten. Auffangen, eindeichen und abpumpen. In Wohn- und Industriegebieten alle tiefliegenden Räume abdichten. Alle Zündquellen beseitigen. Restmengen mit nicht brennbarem, saugfähigem Material wie z. B. trockener Erde, Sand, Kieselgur, Universalbinder oder Vermiculit abdecken und an sichere Deponie zur Vernichtung transportieren.

Gewässerverunreinigung:
GefStoffV/EG:
Gesamtbewertung nach Unfall: Nach Brand Gruppe IV, hohe bis sehr hohe (extrem hohe) toxische Wirkung unabhängig von der Turbulenz des Gewässers (siehe auch Erläuterungen Abschnitt 16.4/5).
Einzelwerte siehe Anhang 9 der Erläuterungen.
Wassergefährdungsklasse:

Erste Hilfe:
Verletzte an die frische Luft bringen, bequem lagern, beengende Kleidungsstücke lockern. Bei Atemstörung Sauerstoffzufuhr, ggf. Beatmung. Benetzte Kleidungsstücke, Schuhe und Strümpfe sofort ausziehen, entfernen und vernichten. Betroffene Körperstellen anhaltend mit Wasser spülen und anschließend mit sterilem Verbandmaterial abdecken. Bei Augenkontakt die Augen 15 Minuten mit Wasser spülen. Augenlider dazu mit Daumen und Zeigefinger aufspreizen und gleichzeitig das Auge nach allen Seiten bewegen lassen. Verletzte nicht auskühlen lassen. Bei Erbrechen zumindest Kopf in Seitenlage bringen. Verletzte nur liegend transportieren. Bei Gefahr der Bewußtlosigkeit Lagerung und Transport in stabiler Seitenlage.

Hinweise für den Arzt:
Symptomatische Behandlung. Augenspülung fortsetzen. Codein gegen Reizhusten. Bei Reizung der Atemwege 5–10 Hübe oder mehr/h eines Dosier-Aerosols mit Beclometason (z. B. Sanasthmyl Glaxo oder Viarox Essex Pharma) oder mit Dexamethason (z. B. Auxiloson Thomae).

Sicherheitsmaßnahmen für Fahrzeugbesatzung, Polizei, Feuerwehr und Rettungskräfte:
Polizei und Feuerwehr alarmieren.
Im Gefahrenbereich bei starker Erhitzung der Flüssigkeit Maschine stoppen, Zündung abstellen, nicht rauchen, offenes Feuer löschen, kein elektrisches Gerät und keinen Schalter mit Funkenbildung betätigen. Umluftunabhängiges (schweres) Atemschutzgerät und volle Schutzkleidung tragen.
Wasserschutzpolizei und Feuerwehr: Beim Retten nicht ins Wasser springen. Bei starker Erhitzung der Flüssigkeit oder Brand auf Wasserstraßen kein Boot mit Ottomotor einsetzen. Bei Dieselantrieb Sicherheitsschaltung veranlassen.

Schutz- und Einsatzmaßnahmen: Alle unbeteiligten Personen nach Luv (gegen den Wind) entfernen. Achtung, falls freiwerdendes Gut in die Kanalisation oder in Abwasserleitungen von Schiffen gerät, entstehen umweltgefährdende Gemische mit Abwasser. Auf Wasserstraßen Schiffahrtssperre. An Land gefährdetes Gebiet absperren. Bei Brand oder starker Erhitzung entstehen umweltgefährdende und explosionsfähige Gase und Dämpfe bzw. Dampf-/Luftgemische. In diesem Fall große Sicherheitszone bilden. In Wohn- und Industriegebieten Anwohner warnen.

Konzentrationsmessung explosionsfähiger bzw. giftiger Dämpfe siehe Tabelle (Anhang 6 der Erläuterungen).

Zuständige Behörden unterrichten.

Bekämpfung der Unfallfolgen:
Feuer: Bei kleinem Brandherd Löschpulver, Wassersprühstrahl, Kohlensäure oder Schaum. Bei großem Brandherd Schaum oder Wassersprühstrahl. Behälter mit Wassersprühstrahl kühlen und nach Möglichkeit aus der Gefahrenzone ziehen. Achtung, das Löschwasser ist giftig und umweltgefährlich. Es muß aufgefangen werden und darf nicht unbehandelt in die Kanalisation, in Gewässer oder in das Grundwasser gelangen.
Leckage: Leck schließen, wenn ohne Risiko möglich.
Fließendes Gewässer: Trink-, Brauch- und Kühlwasserentnehmer verständigen.
Stehendes Gewässer: Absperren. Fahrzeugbesatzungen im gefährdeten Gebiet warnen.
An Land: Kanalisation abdichten. Auffangen, eindeichen und abpumpen. In Wohn- und Industriegebieten alle tiefliegenden Räume abdichten. Alle Zündquellen beseitigen. Restmengen mit nicht brennbarem, saugfähigem Material wie z. B. trockener Erde, Sand, Kieselgur, Universalbinder oder Vermiculit abdecken und an sichere Deponie zur Vernichtung transportieren.

Gewässerverunreinigung:
GefStoffV/EG: Gefahrensymbol: N Umweltgefährlich, R 51/53: giftig für Wasserorganismen, kann in Gewässern längerfristig schädliche Wirkungen haben.
Gesamtbewertung nach Unfall: Gruppe III, in stehenden Gewässern sehr hohe, in fließenden Gewässern je nach Vermischung mittlere bis hohe toxische Wirkung (siehe auch Erläuterungen Abschnitt 16.4/5).
Einzelwerte siehe Anhang 9 der Erläuterungen.
Wassergefährdungsklasse: 2 – wassergefährdender Stoff

Erste Hilfe:
Verletzte an die frische Luft bringen, bequem lagern, beengende Kleidungsstücke lockern. Bei Atemstörung Sauerstoffzufuhr, ggf. Beatmung. Benetzte Kleidungsstücke, Schuhe und Strümpfe sofort ausziehen, entfernen und vernichten. Betroffene Körperstellen anhaltend mit Wasser spülen und anschließend mit sterilem Verbandmaterial abdecken. Bei Augenkontakt die Augen 15 Minuten mit Wasser spülen. Augenlider dazu mit Daumen und Zeigefinger aufspreizen und gleichzeitig das Auge nach allen Seiten bewegen lassen. Verletzte nicht auskühlen lassen. Bei Erbrechen zumindest Kopf in Seitenlage bringen. Verletzte nur liegend transportieren. Bei Gefahr der Bewußtlosigkeit Lagerung und Transport in stabiler Seitenlage.

Hinweise für den Arzt:
Symptomatische Behandlung. Nach Ingestion: Mund ausspülen lassen. Wasser nachtrinken lassen.

Formel: **Summen-Formel:** C13–H20–O **UN-Nr. 3082 n.o.s.**

Merkblatt

2345

Stoffname

Deutsch

(E)-4-(2,6,6-Trimethyl-1-cyclohexen-1-yl)-3-buten-2-on
β-Ionon
beta-Ionon
4-(2,6,6-Trimethyl-1-cyclohexen-1-yl)-3-buten-2-on

Englisch

(E)-4-(2,6,6-Trimethyl-1-cyclohexene-1-yl)3-buten-2-one
trans-beta-Ionone
trans-4-(2,6,6-Trimethyl-1-cyclohexen-1-yl)-3-buten-2-one

Französisch

(E)-4-(2,6,6-Triméthyl-1-cyclohexène-1-yl)-3-butène-2-one

Spanisch

(E)-4-(2,6,6-Trimetil-1-ciclohexen-1-il)-3-buten-2-ona

Gefahren-Diamant

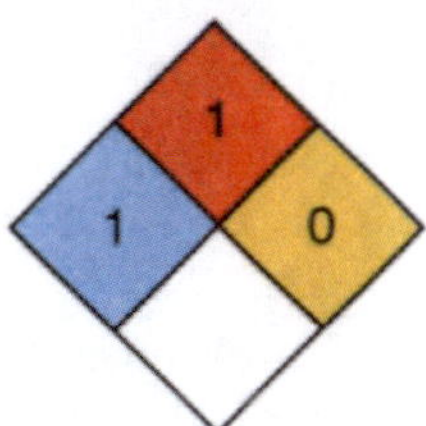

Hazchem-Code: **2X**

Technische Daten

Siedepunkt	ca. 267 °C
Dampfdruck in mbar	1 bei 83 °C
Dampfdichteverhältnis, Luft = 1	6,61
Schmelzpunkt	ca. –32 °C
Mischbarkeit mit Wasser	sehr geringfügig*
Spez. Gewicht, Wasser = 1	0,944
Molare Masse	192,3

Feuerbekämpfungsdaten

Flammpunkt	127 °C
Zündfähiges Gemisch, Vol.-%	1–5,6
Zündtemperatur	270 °C

* 0,128 g/l bei 25 °C.

Gefahrgut:

	Klassifizierung:		
IMDG-Code: UN-Nr. 3082 n.o.s.	Kl. 9	Verp. Gr. III	EMS: **F**-A; **S**-F
Marine pollutant			
ICAO/IATA DGR: UN-Nr. 3082 n.o.s.	Kl. 9	Verp. Gr. III	
ADR/RID/ADNR: UN-Nr. 3082 n.a.g.	Kl. 9	Klassifiz. Code M6 Verp. Gr. III	

Gefahrzettel (Label) Nr. 9
Richtige Versandbezeichnung (PSN):
Land/BinSch: **3082 Umweltgefährdender Stoff, flüssig, n.a.g. (beta-Ionon)**
See/Luft: **Environmentally hazardous liquid, n.o.s. (beta-Ionon)**

Gefahrstoff:
CAS Nr.: 79-77-6 RTECS-Nr.: EN 0350000
EG-Nr.: 201-224-3 INDEX-Nr.:
EG-Einstufung: nein
Symbol: N*
R-Sätze: 51/53*
S-Sätze: 61*
D-Lagerklasse (VCI)-Nr.:

* Herstellerangaben

Erscheinungsbild: Farblose bis gelbliche Flüssigkeit, blumiger Geruch.

Verhalten bei Freiwerden und Vermischen mit Luft: Umweltgefährdende und brennbare Flüssigkeit mit relativ hohem Flammpunkt von 127 °C. Bei starker Erhitzung bilden sich umweltgefährdende und explosionsfähige Gemische mit Luft. Sie sind schwerer als Luft und kriechen am Boden entlang. Entzündung durch heiße Oberflächen, Funken oder offene Flammen. Bei Erhitzung bis zur Zersetzung (z. B. durch Umgebungsbrände oder heiße Oberflächen) und bei Brand bilden sich giftige und ätzende Gase bzw. Dämpfe, die im Wesentlichen Kohlenmonoxid(gas) sowie Kohlendioxid(gas) enthalten.

Verhalten bei Freiwerden und Vermischen mit Wasser: Vermischt sich nur sehr geringfügig mit Wasser und schwimmt auf der Wasseroberfläche. Es bilden sich giftige und umweltgefährdende Gemische mit Wasser, die auch bei starker Verdünnung noch wirksam sind.

Gesundheitsgefährdung: Allergische Reaktionen des Körpers sind nach Einatmen des Stoffes oder nach Hautkontakt möglich. Überexposition kann zur Ausbildung der sog. unspezifischen Vergiftungssymptome führen.
Symptome: Übelkeit, Kopfschmerzen, Leibschmerzen, Erbrechen, Durchfall, Schwindelanfälle.
Nach Einatmen oder Hautkontakt in jedem Fall – auch bei Ausbleiben der Symptome – den Arzt aufsuchen.

Geruchsschwelle = Luftgrenzwert =

Bemerkungen: Der Stoff ist löslich in den meisten organischen Lösemitteln.

Sicherheitsmaßnahmen für Fahrzeugbesatzung, Polizei, Feuerwehr und Rettungskräfte:
Polizei und Feuerwehr alarmieren.
Im Gefahrenbereich bei starker Erhitzung der Flüssigkeit Maschine stoppen, Zündung abstellen, nicht rauchen, offenes Feuer löschen, kein elektrisches Gerät und keinen Schalter mit Funkenbildung betätigen. Umluftunabhängiges (schweres) Atemschutzgerät und volle Schutzkleidung tragen.
Wasserschutzpolizei und Feuerwehr: Beim Retten nicht ins Wasser springen. Bei starker Erhitzung der Flüssigkeit oder Brand auf Wasserstraßen kein Boot mit Ottomotor einsetzen. Bei Dieselantrieb Sicherheitsschaltung veranlassen.

Schutz- und Einsatzmaßnahmen: Alle unbeteiligten Personen nach Luv (gegen den Wind) entfernen. Achtung, falls freiwerdendes Gut in die Kanalisation oder in Abwasserleitungen von Schiffen gerät, entstehen umweltgefährdende Gemische mit Abwasser. Auf Wasserstraßen Schiffahrtssperre. An Land gefährdetes Gebiet absperren. Bei Brand oder starker Erhitzung entstehen umweltgefährdende und explosionsfähige Gase und Dämpfe bzw. Dampf-/Luftgemische. In diesem Fall große Sicherheitszone bilden. In Wohn- und Industriegebieten Anwohner warnen.

Konzentrationsmessung explosionsfähiger bzw. giftiger Dämpfe siehe Tabelle (Anhang 6 der Erläuterungen).

Zuständige Behörden unterrichten.

Bekämpfung der Unfallfolgen:
Feuer: Bei kleinem Brandherd Löschpulver, Wassersprühstrahl, Kohlensäure oder Schaum. Bei großem Brandherd Schaum oder Wassersprühstrahl. Behälter mit Wassersprühstrahl kühlen und nach Möglichkeit aus der Gefahrenzone ziehen. Achtung, das Löschwasser ist giftig und umweltgefährlich. Es muß aufgefangen werden und darf nicht unbehandelt in die Kanalisation, in Gewässer oder in das Grundwasser gelangen.
Leckage: Leck schließen, wenn ohne Risiko möglich.
Fließendes Gewässer: Trink-, Brauch- und Kühlwasserentnehmer verständigen.
Stehendes Gewässer: Absperren. Fahrzeugbesatzungen im gefährdeten Gebiet warnen.
An Land: Kanalisation abdichten. Auffangen, eindeichen und abpumpen. In Wohn- und Industriegebieten alle tiefliegenden Räume abdichten. Alle Zündquellen beseitigen. Restmengen mit nicht brennbarem, saugfähigem Material wie z. B. trockener Erde, Sand, Kieselgur, Universalbinder oder Vermiculit abdecken und an sichere Deponie zur Vernichtung transportieren.

Gewässerverunreinigung:
GefStoffV/EG: Gefahrensymbol: N Umweltgefährlich, R 51/53: giftig für Wasserorganismen, kann in Gewässern längerfristig schädliche Wirkungen haben.
Gesamtbewertung nach Unfall: Gruppe III, in stehenden Gewässern sehr hohe, in fließenden Gewässern je nach Vermischung mittlere bis hohe toxische Wirkung (siehe auch Erläuterungen Abschnitt 16.4/5).
Einzelwerte siehe Anhang 9 der Erläuterungen.
Wassergefährdungsklasse: 2 – wassergefährdender Stoff

Erste Hilfe:
Verletzte an die frische Luft bringen, bequem lagern, beengende Kleidungsstücke lockern. Bei Atemstörung Sauerstoffzufuhr, ggf. Beatmung. Benetzte Kleidungsstücke, Schuhe und Strümpfe sofort ausziehen, entfernen und vernichten. Betroffene Körperstellen anhaltend mit Wasser spülen und anschließend mit sterilem Verbandmaterial abdecken. Bei Augenkontakt die Augen 15 Minuten mit Wasser spülen. Augenlider dazu mit Daumen und Zeigefinger aufspreizen und gleichzeitig das Auge nach allen Seiten bewegen lassen. Verletzte nicht auskühlen lassen. Bei Erbrechen zumindest Kopf in Seitenlage bringen. Verletzte nur liegend transportieren. Bei Gefahr der Bewußtlosigkeit Lagerung und Transport in stabiler Seitenlage.

Hinweise für den Arzt:
Symptomatische Behandlung. Nach Ingestion: Mund ausspülen lassen. Wasser nachtrinken lassen.

Formel: | **Summen-Formel:** C14–H22–0 | **UN-Nr. 3082 n.o.s.**

Merkblatt

2346

Gefahren-Diamant

Hazchem-Code: **2X**

Stoffname

Deutsch	*Englisch*	***Französisch***
1-(2,6,6-Trimethyl-1-cyclohexen-1-yl)-1-penten-3-on (Isomerengemisch) beta-Methylionon	**1-(2,6,6-Trimethyl-1-cyclohexen-1-yl)-1-penten-3-one (mixed isomeres)** beta-Methylionone	**1-(2,6,6-Triméthyl-1-cyclohexène-1-yl) pent-1-ène-3-one** (mixture de isomères)

Spanisch

1-(2,6,6-Trimetil-1-ciclohexen-1-il)pent-1-en-3-ona
(mezcla de ísomeros)

Technische Daten

Siedepunkt	115 °C bei 3 mbar
Dampfdruck in mbar bei 20 °C	<1
Dampfdichteverhältnis, Luft = 1	
Schmelzpunkt	
Mischbarkeit mit Wasser	sehr geringfügig
Spez. Gewicht, Wasser = 1	0,930
Molare Masse	206,31

Feuerbekämpfungsdaten

Flammpunkt	>100 °C
Zündfähiges Gemisch, Vol.-%	
Zündtemperatur	

Gefahrgut: / **Klassifizierung:**

IMDG-Code: UN-Nr. 3082 n.o.s.	Kl. 9	Verp. Gr. III	EMS: **F**-A; **S**-F
Marine pollutant			
ICAO/IATA DGR: UN-Nr. 3082 n.o.s.	Kl. 9	Verp. Gr. III	
ADR/RID/ADNR: UN-Nr. 3082 n.a.g.	Kl. 9	Klassifiz. Code M6 Verp. Gr. III	

Gefahrzettel (Label) Nr. 9
Richtige Versandbezeichnung (PSN):
Land/BinSch: **3082 Umweltgefährdender Stoff, flüssig, n.a.g. (Methylionon)**
See/Luft: **Environmentally hazardous substance, liquid, n.o.s. (Methylionon)**

Gefahrstoff:

CAS Nr.: 127-43-5	RTECS-Nr.:
EG-Nr.: 204-843-7	INDEX-Nr.:

EG-Einstufung: nein
Symbol: Xi,N*
R-Sätze: 38-51/53*
S-Sätze: 37-61*
D-Lagerklasse (VCI)-Nr.:

* Herstellerangaben

Erscheinungsbild: Farblose bis gelbliche Flüssigkeit, schwacher Eigengeruch (blumenähnlich).

Verhalten bei Freiwerden und Vermischen mit Luft: Reizende, umweltgefährdende und brennbare Flüssigkeit mit relativ hohem Flammpunkt von >100 °C. Bei starker Erhitzung bilden sich reizende, umweltgefährdende und explosionsfähige Gemische mit Luft. Sie sind schwerer als Luft und kriechen am Boden entlang. Entzündung durch heiße Oberflächen, Funken oder offene Flammen. Bei Erhitzung bis zur Zersetzung (z. B. durch Umgebungsbrände oder heiße Oberflächen) und bei Brand bilden sich giftige und ätzende Gase bzw. Dämpfe, die im Wesentlichen Kohlenmonoxid(gas) sowie Kohlendioxid(gas) enthalten.

Verhalten bei Freiwerden und Vermischen mit Wasser: Vermischt sich nur sehr geringfügig mit Wasser und schwimmt auf der Wasseroberfläche. Es bilden sich giftige und umweltgefährdende Gemische mit Wasser, die auch bei starker Verdünnung noch wirksam sind.

Gesundheitsgefährdung: Die Substanz reizt die Haut und kann bei massivem Einatmen von Nebeln/Aerosolen zum Lungenödem – auch mit Verzögerung bis zu zwei Tagen – führen. Nach Verschlucken kann es zum Auftreten der sog. unspezifischen Vergiftungssymptome kommen.
Symptome: Rötung, Brennen und Schmerzen der Haut, Übelkeit, Schwindel, Benommenheit, Erbrechen, Durchfall, Leibschmerzen
Nach Einatmen oder Hautkontakt in jedem Fall – auch bei Ausbleiben der Symptome – den Arzt aufsuchen. Nach Kontakt der Substanz mit den Augen ist in jedem Fall ein Augenarzt aufzusuchen.

Geruchsschwelle = | Luftgrenzwert =

Bemerkungen: Der Stoff reagiert bei Kontakt oder Mischung mit Oxidationsmitteln.

Sicherheitsmaßnahmen für Fahrzeugbesatzung, Polizei, Feuerwehr und Rettungskräfte:
Polizei und Feuerwehr alarmieren.
Im Gefahrenbereich bei starker Erhitzung der Flüssigkeit Maschine stoppen, Zündung abstellen, nicht rauchen, offenes Feuer löschen, kein elektrisches Gerät und keinen Schalter mit Funkenbildung betätigen. Umluftunabhängiges (schweres) Atemschutzgerät und volle Schutzkleidung tragen.
Wasserschutzpolizei und Feuerwehr: Beim Retten nicht ins Wasser springen. Bei starker Erhitzung der Flüssigkeit oder Brand auf Wasserstraßen kein Boot mit Ottomotor einsetzen. Bei Dieselantrieb Sicherheitsschaltung veranlassen.

Schutz- und Einsatzmaßnahmen: Alle unbeteiligten Personen nach Luv (gegen den Wind) entfernen. Achtung, falls freiwerdendes Gut in die Kanalisation oder in Abwasserleitungen von Schiffen gerät, entstehen reizende und umweltgefährdende Gemische mit Abwasser. Auf Wasserstraßen Schiffahrtssperre. An Land gefährdetes Gebiet absperren. Bei Brand oder starker Erhitzung entstehen reizende, umweltgefährdende und explosionsfähige Gase und Dämpfe bzw. Dampf-/Luftgemische. In diesem Fall große Sicherheitszone bilden. In Wohn- und Industriegebieten Anwohner warnen.

Konzentrationsmessung explosionsfähiger bzw. giftiger Dämpfe siehe Tabelle (Anhang 6 der Erläuterungen).

Zuständige Behörden unterrichten.

Bekämpfung der Unfallfolgen:
Feuer: Bei kleinem Brandherd Löschpulver, Wassersprühstrahl, Kohlensäure oder Schaum. Bei großem Brandherd Schaum oder Wassersprühstrahl. Behälter mit Wassersprühstrahl kühlen und nach Möglichkeit aus der Gefahrenzone ziehen. Achtung, das Löschwasser ist giftig und umweltgefährlich. Es muß aufgefangen werden und darf nicht unbehandelt in die Kanalisation, in Gewässer oder in das Grundwasser gelangen.
Leckage: Leck schließen, wenn ohne Risiko möglich.
Fließendes Gewässer: Trink-, Brauch- und Kühlwasserentnehmer verständigen.
Stehendes Gewässer: Absperren. Fahrzeugbesatzungen im gefährdeten Gebiet warnen.
An Land: Kanalisation abdichten. Auffangen, eindeichen und abpumpen. In Wohn- und Industriegebieten alle tiefliegenden Räume abdichten. Alle Zündquellen beseitigen. Restmengen mit nicht brennbarem, saugfähigem Material wie z. B. trockener Erde, Sand, Kieselgur, Universalbinder oder Vermiculit abdecken und an sichere Deponie zur Vernichtung transportieren.

Gewässerverunreinigung:
GefStoffV/EG: Gefahrensymbol: N Umweltgefährlich, R 51/53: giftig für Wasserorganismen, kann in Gewässern längerfristig schädliche Wirkungen haben.
Gesamtbewertung nach Unfall: Gruppe III, in stehenden Gewässern sehr hohe, in fließenden Gewässern je nach Vermischung mittlere bis hohe toxische Wirkung (siehe auch Erläuterungen Abschnitt 16.4/5).
Einzelwerte siehe Anhang 9 der Erläuterungen.
Wassergefährdungsklasse: 2 – wassergefährdender Stoff

Erste Hilfe:
Verletzte an die frische Luft bringen, bequem lagern, beengende Kleidungsstücke lockern. Bei Atemstörung Sauerstoffzufuhr, ggf. Beatmung. Benetzte Kleidungsstücke, Schuhe und Strümpfe sofort ausziehen, entfernen und vernichten. Betroffene Körperstellen anhaltend mit Wasser spülen und anschließend mit sterilem Verbandmaterial abdecken. Bei Augenkontakt die Augen 15 Minuten mit Wasser spülen. Augenlider dazu mit Daumen und Zeigefinger aufspreizen und gleichzeitig das Auge nach allen Seiten bewegen lassen. Verletzte nicht auskühlen lassen. Bei Erbrechen zumindest Kopf in Seitenlage bringen. Verletzte nur liegend transportieren. Bei Gefahr der Bewußtlosigkeit Lagerung und Transport in stabiler Seitenlage.

Hinweise für den Arzt:
Symptomatische Behandlung.

Formel:	Summen-Formel: C13–H22–O	UN-Nr. 3082 n.o.s.

Merkblatt

2347

Stoffname

Deutsch

4-(2,6,6-Trimethyl-cyclohexen-1-yl)-3-butan-2-on
Dihydro-beta-ionon

Englisch

4-(2,6,6-Trimethyl-cyclohexen-1-yl)-3-butan-2-one
Dihydro-beta-ionone

Französisch

4-(2,6,6-Triméthyl-1-cyclohexène-1-yl)butane-2-one

Spanisch

4-(2,6,6-Trimetil-1-ciclohexen-1-il)butan-2-ona

Gefahren-Diamant

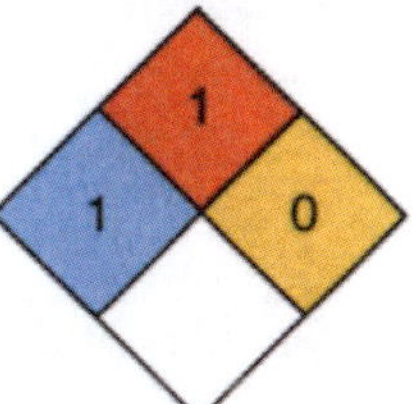

Hazchem-Code:
2X

Technische Daten

Siedepunkt	100 °C bei 1 mbar
Dampfdruck in mbar bei 20 °C	<1
Dampfdichteverhältnis, Luft = 1	
Schmelzpunkt	–20 °C
Mischbarkeit mit Wasser	sehr geringfügig*
Spez. Gewicht, Wasser = 1	0,931–0,933 bei 25 °C
Molare Masse	194,3

Feuerbekämpfungsdaten

Flammpunkt	127 °C
Zündfähiges Gemisch, Vol.-%	1,3–9,8
Zündtemperatur	250 °C

* 33,7 mg/l bei 25 °C.

Gefahrgut:

	Klassifizierung:		
IMDG-Code: UN-Nr. 3082 n.o.s. Marine pollutant	Kl. 9	Verp. Gr. III	EMS: **F**-A; **S**-F
ICAO/IATA DGR: UN-Nr. 3082 n.o.s.	Kl. 9	Verp. Gr. III	
ADR/RID/ADNR: UN-Nr. 3082 n.a.g.	Kl. 9	Klassifiz. Code M6 Verp. Gr. III	

Gefahrzettel (Label) Nr. 9
Richtige Versandbezeichnung (PSN):
Land/BinSch: **3082 Umweltgefährdender Stoff, flüssig, n.a.g. (Dihydro-beta-ionon)**
See/Luft: **Environmentally hazardous substance, liquid, n.o.s. (Dihydro-beta-ionon)**

Gefahrstoff:
CAS Nr.: 17283-81-7 RTECS-Nr.:
EG-Nr.: 241-318-1 INDEX-Nr.:
EG-Einstufung: nein
Symbol: Xi,N*
R-Sätze: 38-51/53*
S-Sätze: 61*
D-Lagerklasse (VCI)-Nr.:

* Herstellerangaben

Erscheinungsbild: Farblose bis gelbliche Flüssigkeit, blumiger Geruch.

Verhalten bei Freiwerden und Vermischen mit Luft: Reizende, umweltgefährdende und brennbare Flüssigkeit mit relativ hohem Flammpunkt von 127 °C. Bei starker Erhitzung bilden sich reizende, umweltgefährdende und explosionsfähige Gemische mit Luft. Sie sind schwerer als Luft und kriechen am Boden entlang. Entzündung durch heiße Oberflächen, Funken oder offene Flammen. Bei Erhitzung bis zur Zersetzung (z. B. durch Umgebungsbrände oder heiße Oberflächen) und bei Brand bilden sich giftige und ätzende Gase bzw. Dämpfe, die im Wesentlichen Kohlenmonoxid(gas) sowie Kohlendioxid(gas) enthalten.

Verhalten bei Freiwerden und Vermischen mit Wasser: Vermischt sich nur sehr geringfügig mit Wasser und schwimmt auf der Wasseroberfläche. Es bilden sich giftige und umweltgefährdende Gemische mit Wasser, die auch bei starker Verdünnung noch wirksam sind.

Gesundheitsgefährdung: Die Substanz reizt die Haut und kann bei massivem Einatmen von Nebeln/Aerosolen zum Lungenödem – auch mit Verzögerung bis zu 2 Tagen – führen. Nach Verschlucken kann es zum Auftreten der sog. unspezifischen Vergiftungssymptome kommen.
Symptome: Rötung, Brennen und Schmerzen der Haut, Übelkeit, Schwindel, Benommenheit, Erbrechen, Durchfall, Leibschmerzen.
Nach Einatmen oder Hautkontakt in jedem Fall – auch bei Ausbleiben der Symptome – den Arzt aufsuchen. Nach Kontakt der Substanz mit den Augen ist in jedem Fall ein Augenarzt aufzusuchen.

Geruchsschwelle = Luftgrenzwert =

Bemerkungen: Der Stoff ist löslich in den meisten organischen Lösemitteln.

Sicherheitsmaßnahmen für Fahrzeugbesatzung, Polizei, Feuerwehr und Rettungskräfte:
Polizei und Feuerwehr alarmieren.
Im Gefahrenbereich bei starker Erhitzung der Flüssigkeit Maschine stoppen, Zündung abstellen, nicht rauchen, offenes Feuer löschen, kein elektrisches Gerät und keinen Schalter mit Funkenbildung betätigen. Umluftunabhängiges (schweres) Atemschutzgerät und volle Schutzkleidung tragen.
Wasserschutzpolizei und Feuerwehr: Beim Retten nicht ins Wasser springen. Bei starker Erhitzung der Flüssigkeit oder Brand auf Wasserstraßen kein Boot mit Ottomotor einsetzen. Bei Dieselantrieb Sicherheitsschaltung veranlassen.

Schutz- und Einsatzmaßnahmen: Alle unbeteiligten Personen nach Luv (gegen den Wind) entfernen. Achtung, falls freiwerdendes Gut in die Kanalisation oder in Abwasserleitungen von Schiffen gerät, entstehen reizende und umweltgefährdende Gemische mit Abwasser. Auf Wasserstraßen Schiffahrtssperre. An Land gefährdetes Gebiet absperren. Bei Brand oder starker Erhitzung entstehen reizende, umweltgefährdende und explosionsfähige Gase und Dämpfe bzw. Dampf-/Luftgemische. In diesem Fall große Sicherheitszone bilden. In Wohn- und Industriegebieten Anwohner warnen.

Konzentrationsmessung explosionsfähiger bzw. giftiger Dämpfe siehe Tabelle (Anhang 6 der Erläuterungen).

Zuständige Behörden unterrichten.

Bekämpfung der Unfallfolgen:
Feuer: Bei kleinem Brandherd Löschpulver, Wassersprühstrahl, Kohlensäure oder Schaum. Bei großem Brandherd Schaum oder Wassersprühstrahl. Behälter mit Wassersprühstrahl kühlen und nach Möglichkeit aus der Gefahrenzone ziehen. Achtung, das Löschwasser ist giftig und umweltgefährlich. Es muß aufgefangen werden und darf nicht unbehandelt in die Kanalisation, in Gewässer oder in das Grundwasser gelangen.
Leckage: Leck schließen, wenn ohne Risiko möglich.
Fließendes Gewässer: Trink-, Brauch- und Kühlwasserentnehmer verständigen.
Stehendes Gewässer: Absperren. Fahrzeugbesatzungen im gefährdeten Gebiet warnen.
An Land: Kanalisation abdichten. Auffangen, eindeichen und abpumpen. In Wohn- und Industriegebieten alle tiefliegenden Räume abdichten. Alle Zündquellen beseitigen. Restmengen mit nicht brennbarem, saugfähigem Material wie z. B. trockener Erde, Sand, Kieselgur, Universalbinder oder Vermiculit abdecken und an sichere Deponie zur Vernichtung transportieren.

Gewässerverunreinigung:
GefStoffV/EG: Gefahrensymbol: N Umweltgefährlich, R 51/53, giftig für Wasserorganismen, kann in Gewässern längerfristig schädliche Wirkungen haben.
Gesamtbewertung nach Unfall: Gruppe III, in stehenden Gewässern sehr hohe, in fließenden Gewässern je nach Vermischung mittlere bis hohe toxische Wirkung (siehe auch Erläuterungen Abschnitt 16.4/5).
Einzelwerte siehe Anhang 9 der Erläuterungen.
Wassergefährdungsklasse: 2 – wassergefährdender Stoff

Erste Hilfe:
Verletzte an die frische Luft bringen, bequem lagern, beengende Kleidungsstücke lockern. Bei Atemstörung Sauerstoffzufuhr, ggf. Beatmung. Benetzte Kleidungsstücke, Schuhe und Strümpfe sofort ausziehen, entfernen und vernichten. Betroffene Körperstellen anhaltend mit Wasser spülen und anschließend mit sterilem Verbandmaterial abdecken. Bei Augenkontakt die Augen 15 Minuten mit Wasser spülen. Augenlider dazu mit Daumen und Zeigefinger aufspreizen und gleichzeitig das Auge nach allen Seiten bewegen lassen. Verletzte nicht auskühlen lassen. Bei Erbrechen zumindest Kopf in Seitenlage bringen. Verletzte nur liegend transportieren. Bei Gefahr der Bewußtlosigkeit Lagerung und Transport in stabiler Seitenlage.

Hinweise für den Arzt:
Symptomatische Behandlung.

Formel: $(CH_3)_2$ C: $CHCH_2CH_2CH(CH_3)CH_2CH_2OH$ | Summen-Formel: C10–H20–O | UN-Nr. 3082 n.o.s.

Merkblatt

2348

Stoffname

Deutsch	*Englisch*	*Französisch*
Rhodinol	**Rhodinol**	**Rhodinol**
Citronellol	Citronellol	Citronellol
(±)-ß-Citronellol	2,6-Dimethyl-2-octen-8-ol	
ß-Citronellol	3,7-Dimethyl-6-octen-1-ol	
2,3-Dihydrogeraniol		
3,7-Dimethyl-6-octenol		
3,7-Dimethyl-6-octen-1-ol		

Spanisch
Rodinol
Citronellol

Gefahren-Diamant

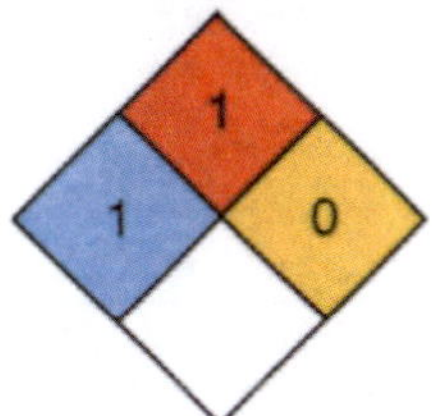

Hazchem-Code: 2X

Technische Daten

Siedepunkt	222 °C
Dampfdruck in mbar bei 20 °C	<1
Dampfdichteverhältnis, Luft = 1	
Schmelzpunkt	
Mischbarkeit mit Wasser	sehr geringfügig
Spez. Gewicht, Wasser = 1	0,859
Molare Masse	156,27

Feuerbekämpfungsdaten

Flammpunkt	107 °C
Zündfähiges Gemisch, Vol.-%	
Zündtemperatur	240 °C
Thermische Zersetzung	>200 °C

Gefahrgut: / **Klassifizierung:**

IMDG-Code: UN-Nr. 3082 n.o.s. — Kl. 9 — Verp. Gr. III EMS: **F**-A; **S**-F
Marine pollutant
ICAO/IATA DGR: UN-Nr. 3082 n.o.s. — Kl. 9 — Verp. Gr. III
ADR/RID/ADNR: UN-Nr. 3082 n.a.g. — Kl. 9 — Klassifiz. Code M6 Verp. Gr. III
Gefahrzettel (Label) Nr. 9
Richtige Versandbezeichnung (PSN):
Land/BinSch: **3082 Umweltgefährdender Stoff, flüssig, n.a.g. (Rhodinol)**
See/Luft: **Environmentally hazardous liquid, n.o.s. (Rhodinol)**

Gefahrstoff:
CAS Nr.: 106-22-9 RTECS-Nr.: RH 3400000
EG-Nr.: 203-375-0 INDEX-Nr.:
EG-Einstufung: nein
Symbol: Xi,N*
R-Sätze: 36/37/38-51/53*
S-Sätze: 26-36-61*
D-Lagerklasse (VCI)-Nr.:

* Herstellerangaben

Erscheinungsbild: Farblose Flüssigkeit, aromatischer Geruch.

Verhalten bei Freiwerden und Vermischen mit Luft: Reizende, umweltgefährdende und brennbare Flüssigkeit mit relativ hohem Flammpunkt von 107 °C. Bei starker Erhitzung bilden sich reizende, umweltgefährdende und explosionsfähige Gemische mit Luft. Sie sind schwerer als Luft und kriechen am Boden entlang. Entzündung durch heiße Oberflächen, Funken oder offene Flammen. Bei Erhitzung bis zur Zersetzung (z. B. durch Umgebungsbrände oder heiße Oberflächen) und bei Brand bilden sich giftige und ätzende Gase bzw. Dämpfe, die im Wesentlichen Kohlenmonoxid(gas) sowie Kohlendioxid(gas) enthalten.

Verhalten bei Freiwerden und Vermischen mit Wasser: Vermischt sich nur geringfügig mit Wasser und schwimmt auf der Wasseroberfläche. Es bilden sich giftige und umweltgefährdende Gemische mit Wasser, die auch bei starker Verdünnung noch wirksam sind.

Gesundheitsgefährdung: Die Substanz reizt die Haut und kann bei massivem Einatmen von Nebeln/Aerosolen zum Lungenödem – auch mit Verzögerung bis zu 2 Tagen – führen. Nach Verschlucken kann es zum Auftreten der sog. unspezifischen Vergiftungssymptome kommen.
Symptome: Rötung, Brennen und Schmerzen der Haut, Übelkeit, Schwindel, Benommenheit, Erbrechen, Durchfall, Leibschmerzen.
Nach Einatmen oder Hautkontakt in jedem Fall – auch bei Ausbleiben der Symptome – den Arzt aufsuchen. Nach Kontakt der Substanz mit den Augen ist in jedem Fall ein Augenarzt aufzusuchen.

Geruchsschwelle = Luftgrenzwert =

Bemerkungen: Der Stoff ist löslich in den meisten organischen Lösungsmitteln.

Sicherheitsmaßnahmen für Fahrzeugbesatzung, Polizei, Feuerwehr und Rettungskräfte:
Polizei und Feuerwehr alarmieren.
Im Gefahrenbereich bei starker Erhitzung der Flüssigkeit Maschine stoppen, Zündung abstellen, nicht rauchen, offenes Feuer löschen, kein elektrisches Gerät und keinen Schalter mit Funkenbildung betätigen. Umluftunabhängiges (schweres) Atemschutzgerät und volle Schutzkleidung tragen.
Wasserschutzpolizei und Feuerwehr: Beim Retten nicht ins Wasser springen. Bei starker Erhitzung der Flüssigkeit oder Brand auf Wasserstraßen kein Boot mit Ottomotor einsetzen. Bei Dieselantrieb Sicherheitsschaltung veranlassen.

Schutz- und Einsatzmaßnahmen: Alle unbeteiligten Personen nach Luv (gegen den Wind) entfernen. Achtung, falls freiwerdendes Gut in die Kanalisation oder in Abwasserleitungen von Schiffen gerät, entstehen reizende, umweltgefährdende Gemische mit Abwasser. Auf Wasserstraßen Schiffahrtssperre. An Land gefährdetes Gebiet absperren. Bei Brand oder starker Erhitzung entstehen reizende, umweltgefährdene und explosionsfähige Gase und Dämpfe bzw. Dampf-/Luftgemische. In diesem Fall große Sicherheitszone bilden. In Wohn- und Industriegebieten Anwohner warnen.

Konzentrationsmessung explosionsfähiger bzw. giftiger Dämpfe siehe Tabelle (Anhang 6 der Erläuterungen).

Zuständige Behörden unterrichten.

Bekämpfung der Unfallfolgen:
Feuer: Bei kleinem Brandherd Löschpulver, Wassersprühstrahl, Kohlensäure oder Schaum. Bei großem Brandherd Schaum oder Wassersprühstrahl. Behälter mit Wassersprühstrahl kühlen und nach Möglichkeit aus der Gefahrenzone ziehen. Achtung, das Löschwasser ist giftig und umweltgefährlich. Es muß aufgefangen werden und darf nicht unbehandelt in die Kanalisation, in Gewässer oder in das Grundwasser gelangen.
Leckage: Leck schließen, wenn ohne Risiko möglich.
Fließendes Gewässer: Trink-, Brauch- und Kühlwasserentnehmer verständigen.
Stehendes Gewässer: Absperren. Fahrzeugbesatzungen im gefährdeten Gebiet warnen.
An Land: Kanalisation abdichten. Auffangen, eindeichen und abpumpen. In Wohn- und Industriegebieten alle tiefliegenden Räume abdichten. Alle Zündquellen beseitigen. Restmengen mit nicht brennbarem, saugfähigem Material wie z. B. trockener Erde, Sand, Kieselgur, Universalbinder oder Vermiculit abdecken und an sichere Deponie zur Vernichtung transportieren.

Gewässerverunreinigung:
GefStoffV/EG: Gefahrensymbol: N Umweltgefährlich, R 51/53: giftig für Wasserorganismen, kann in Gewässern längerfristig schädliche Wirkungen haben.
Gesamtbewertung nach Unfall: Gruppe III, in stehenden Gewässern sehr hohe, in fließenden Gewässern je nach Vermischung mittlere bis hohe toxische Wirkung (siehe auch Erläuterungen Abschnitt 16.4/5).
Einzelwerte siehe Anhang 9 der Erläuterungen.
Wassergefährdungsklasse: 2 – wassergefährdender Stoff

Erste Hilfe:
Verletzte an die frische Luft bringen, bequem lagern, beengende Kleidungsstücke lockern. Bei Atemstörung Sauerstoff-zufuhr, ggf. Beatmung. Benetzte Kleidungsstücke, Schuhe und Strümpfe sofort ausziehen, entfernen und vernichten. Betroffene Körperstellen anhaltend mit Wasser spülen und anschließend mit sterilem Verbandmaterial abdecken. Bei Augenkontakt die Augen 15 Minuten mit Wasser spülen. Augenlider dazu mit Daumen und Zeigefinger aufspreizen und gleichzeitig das Auge nach allen Seiten bewegen lassen. Verletzte nicht auskühlen lassen. Bei Erbrechen zumindest Kopf in Seitenlage bringen. Verletzte nur liegend transportieren. Bei Gefahr der Bewußtlosigkeit Lagerung und Transport in stabiler Seitenlage.

Hinweise für den Arzt:
Symptomatische Behandlung. Nach Verschlucken: Mund ausspülen lassen. Reichlich Flüssigkeit nachtrinken lassen.

Formel: **Summen-Formel:** C10–H9–N–O3–S **UN-Nr.**

Merkblatt

2349

Stoffname

Deutsch

5-Aminonaphthalin-2-sulfonsäure
1,6-Clevesäure
1-Amino-6-naphthalensulfonsäure
1-Naphthylamin-6-sulfonsäure
5-Naphthylamin-2-sulfonsäure

Englisch

5-Amino-2-naphthalenesulfonic acid
1,6-Cleve's acid
Cleve's beta acid
1-Amino-6-naphthalenesulfonic acid
1-Naphthylamine-6-sulfonic acid
5-Naphthylamine-2-sulfonic acid

Französisch

Acide-5-aminonaphtalène-2-sulfonique

Spanisch

Acido-5-aminonaftaleno-2-sulfónico

Gefahren-Diamant

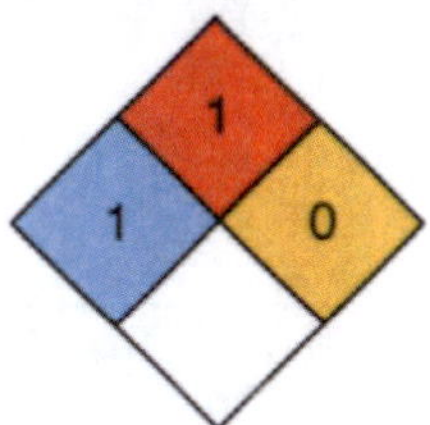

Hazchem-Code:

Technische Daten

Siedepunkt	
Dampfdruck in mbar bei 20 °C	
Dampfdichteverhältnis, Luft = 1	
Schmelzpunkt	>300 °C
Mischbarkeit mit Wasser	sehr geringfügig*
Spez. Gewicht, Wasser = 1	
Molare Masse	223,26

Feuerbekämpfungsdaten

Flammpunkt, Zündfähiges Gemisch, Vol.-%, Zündtemperatur: Brennbarer fester Stoff

* 5 g/l bei 20 °C.

Gefahrgut:
IMDG-Code: UN-Nr. *
ICAO/IATA DGR: UN-Nr. *
ADR/RID/ADNR: UN-Nr. *
Gefahrzettel (Label) Nr.
Richtige Versandbezeichnung (PSN):
Land/BinSch:
See/Luft:

* Kein Gefahrgut im Sinne dieser Vorschriften.

Klassifizierung:
Kl. Verp. Gr. EMS: **F-** ; **S-**
Kl. Verp. Gr.
Kl. Klassifiz. Code Verp. Gr.

Gefahrstoff:
CAS Nr.: 119-79-9 RTECS-Nr.: QK 1285000
EG-Nr.: 204-351-2 INDEX-Nr.:
EG-Einstufung: nein
Symbol: Xi*
R-Sätze: 36/37/38*
S-Sätze: 26-28-36/37/39*
D-Lagerklasse (VCI)-Nr.:

* Herstellerangaben

Erscheinungsbild: Violettes Pulver, geruchlos.

Verhalten bei Freiwerden und Vermischen mit Luft: Reizender und brennbarer fester Stoff. Bei Aufwirbelung des Staubes bilden sich reizende und explosionsfähige Gemische mit Luft. Bei Brand oder Erhitzung bis zur Zersetzung (z. B. durch Umgebungsbrände oder heiße Oberflächen) erfolgt Zersetzung unter Bildung von giftigen und ätzenden Gasen und Dämpfen, die im Wesentlichen aus nitrosen Gasen (Stickstoffoxiden) und Schwefeldioxid bestehen und auch Kohlendioxid und Kohlenmonoxid enthalten.

Verhalten bei Freiwerden und Vermischen mit Wasser: Der Stoff ist schwerer als Wasser und sinkt unter. Er löst sich nur geringfügig in Wasser. Es bilden sich reizende Gemische mit Wasser, die auch bei Verdünnung noch wirksam sind.

Gesundheitsgefährdung: Die Substanz und ihre Stäube reizen die Haut und die Schleimhäute der Augen und der Atemwege. Lungenödem – auch mit Verzögerung bis zu 2 Tagen – möglich. Bei Brand oder Erhitzen bis zur Zersetzung Bildung von nitrosen Gasen (s. auch Merkblatt 150) und Schwefeldioxid (s. auch Merkblatt 186).
Symptome: Rötung, Brennen und Schmerzen der Haut, der Augen, Lidkrampf, Tränenfluß, Husten- und Niesanfälle, Schmerzen im Brustkorb, Atemnot.
Nach Einatmen oder Hautkontakt in jedem Fall – auch bei Ausbleiben der Symptome – den Arzt aufsuchen. Nach Kontakt der Substanz mit den Augen ist in jedem Fall ein Augenarzt aufzusuchen.

Geruchsschwelle = Luftgrenzwert =

Bemerkungen: Der Stoff kann heftig reagieren bei Kontakt oder Mischung mit starken Oxidationsmitteln, starken Säuren und starken Basen.

Sicherheitsmaßnahmen für Fahrzeugbesatzung, Polizei, Feuerwehr und Rettungskräfte:
Polizei und Feuerwehr alarmieren.
Im Gefahrenbereich umluftunabhängiges (schweres) Atemschutzgerät und volle Schutzkleidung tragen. Bei Erhitzung des Stoffes oder bei Brand **im Gefahrenbereich** Maschine stoppen, Zündung abstellen, offenes Feuer löschen, nicht rauchen, kein elektrisches Gerät und keinen Schalter mit Funkenbildung betätigen.
Wasserschutzpolizei und Feuerwehr: Bei Erhitzung des Stoffes kein Boot mit Ottomotor einsetzen. Bei Dieselantrieb Sicherheitsschaltung veranlassen. Nach dem Einsatz Kühlwasserkreislauf überprüfen. Beim Retten nicht ins Wasser springen.

Schutz- und Einsatzmaßnahmen: Alle unbeteiligten Personen nach Luv (gegen den Wind) entfernen. Achtung, falls freiwerdendes Gut in die Kanalisation oder in Abwasserleitungen von Schiffen gerät, entstehen gesundheitsschädliche Gemische mit Abwasser. Experten hinzuziehen. Auf Wasserstraßen Schiffahrtssperre. An Land gefährdetes Gebiet absperren. Bei Brand oder starker Erhitzung entstehen giftige Gase und Dämpfe bzw. Dampf-/Luftgemische. In diesem Fall große Sicherheitszone bilden. In Wohn- und Industriegebieten Anwohner warnen.

Konzentrationsmessung explosionsfähiger bzw. giftiger Dämpfe siehe Tabelle (Anhang 6 der Erläuterungen).

Zuständige Behörden unterrichten.

Bekämpfung der Unfallfolgen:
Feuer: Bei kleinem Brandherd Löschpulver, Wassersprühstrahl oder Kohlensäure. Bei großem Brandherd Schaum oder Wassersprühstrahl. Behälter mit Wassersprühstrahl kühlen und nach Möglichkeit aus der Gefahrenzone ziehen.
Leckage: Leck schließen, wenn ohne Risiko möglich.
Fließendes Gewässer: Trink-, Brauch- und Kühlwasserentnehmer verständigen.
Stehendes Gewässer: Absperren. Fahrzeugbesatzungen im gefährdeten Gebiet warnen. Bei Erhitzung des Stoffes alle Zündquellen beseitigen und Fahrzeuge im gefährdeten Gebiet räumen.
An Land: Kanalisation abdichten. Auffangen, eindeichen und abbergen. In Wohn- und Industriegebieten bei Erhitzung des freigewordenen Gutes und an warmen Tagen alle tiefliegenden Räume abdichten. Alle Zündquellen beseitigen. Experten hinzuziehen.

Gewässerverunreinigung:
GefStoffV/EG:
Gesamtbewertung nach Unfall: Gruppe II, in stehenden Gewässern mittlere bis hohe, in fließenden Gewässern mittlere toxische Wirkung, bei Brand Gruppe IV, hohe bis sehr hohe toxische Wirkung unabhängig von der Turbulenz des Gewässers (siehe auch Erläuterungen Abschnitt 16.4/5).
Einzelwerte siehe Anhang 9 der Erläuterungen.
Wassergefährdungsklasse: 1 – schwach wassergefährdender Stoff

Erste Hilfe:
Verletzte an die frische Luft bringen, bequem lagern, beengende Kleidungsstücke lockern. Bei Atemstörung Sauerstoffzufuhr, ggf. Beatmung. Benetzte Kleidungsstücke, Schuhe und Strümpfe sofort ausziehen, entfernen und vernichten. Betroffene Körperstellen anhaltend mit Wasser spülen und anschließend mit sterilem Verbandmaterial abdecken. Bei Augenkontakt die Augen 15 Minuten mit Wasser spülen. Augenlider dazu mit Daumen und Zeigefinger aufspreizen und gleichzeitig das Auge nach allen Seiten bewegen lassen. Verletzte nicht auskühlen lassen. Bei Erbrechen zumindest Kopf in Seitenlage bringen. Verletzte nur liegend transportieren. Bei Gefahr der Bewußtlosigkeit Lagerung und Transport in stabiler Seitenlage.

Hinweise für den Arzt:
Symptomatische Behandlung. Nach Verschlucken: Mund ausspülen lassen. Flüssigkeit nachtrinken lassen. Absaugen des Mageninhalts erwägen.

Formel:	Summen-Formel: C12–H25–N	UN-Nr. 2735 n.o.s.	Merkblatt **2350**

Stoffname

Deutsch	*Englisch*	*Französisch*
Cyclododecylamin	**Cyclododecylamine**	**Cyclododecylamine**
Aminocyclododecan	Aminocyclododecan	

Spanisch
Ciclododecilamina

Gefahren-Diamant

1 (rot), 1 (blau), 0 (gelb)

Hazchem-Code: 3X

Technische Daten

Siedepunkt	279,6 °C
Dampfdruck in mbar	6,7 bei 170 °C
Dampfdichteverhältnis, Luft = 1	
Schmelzpunkt	27,4 °C
Mischbarkeit mit Wasser	geringfügig
Spez. Gewicht, Wasser = 1	0,895 bei 40 °C
Molare Masse	183,34

Feuerbekämpfungsdaten

Flammpunkt	121 °C
Zündfähiges Gemisch, Vol.-%	
Zündtemperatur	380 °C

Gefahrgut: / **Klassifizierung:**

IMDG-Code: UN-Nr. 2735 n.o.s.	Kl. 8	Verp. Gr. I EMS: **F**-A; **S**-B
Marine pollutant		
ICAO/IATA DGR: UN-Nr. 2735 n.o.s.	Kl. 8	Verp. Gr. I
ADR/RID/ADNR: UN-Nr. 2735 n.a.g.	Kl. 8	Klassifiz. Code C7 Verp. Gr. I

Gefahrzettel (Label) Nr. 8
Richtige Versandbezeichnung (PSN):
Land/BinSch: **2735 Amine, flüssig, ätzend, n.a.g. (Cyclododecylamin)**
See/Luft: **Amines liquid, corrosive, n.o.s. (Cyclododecylamine)**

Gefahrstoff:

CAS Nr.: 1502-03-0	RTECS-Nr.:
EG-Nr.: 216-118-2	INDEX-Nr.:

EG-Einstufung: nein
Symbol: Xi*
R-Sätze: 36/37/38*
S-Sätze: 26-36*
D-Lagerklasse (VCI)-Nr.: 8

* Herstellerangaben

Erscheinungsbild: Farbloser fester Stoff oder bei Temperatur oberhalb 27,4 °C farblose Flüssigkeit

Verhalten bei Freiwerden und Vermischen mit Luft: Reizende und brennbare Flüssigkeit mit relativ hohem Flammpunkt von 121 °C. Bei starker Erhitzung bilden sich reizende und explosionsfähige Gemische mit Luft. Sie sind schwerer als Luft und kriechen am Boden entlang. Entzündung durch heiße Oberflächen, Funken oder offene Flammen. Bei Erhitzung bis zur Zersetzung (z. B. durch Umgebungsbrände oder heiße Oberflächen) und bei Brand bilden sich giftige und ätzende Gase bzw. Dämpfe, die im Wesentlichen aus nitrosen Gasen (Stickstoffoxiden) bestehen und auch Kohlenmonoxid(gas) sowie Kohlendioxid(gas) enthalten.

Verhalten bei Freiwerden und Vermischen mit Wasser: Der Stoff ist leichter als Wasser und schwimmt auf der Oberfläche. Er löst sich nur geringfügig in Wasser. Es bilden sich giftige Gemische mit Wasser, die auch bei starker Verdünnung noch wirksam sind.

Gesundheitsgefährdung: Die Substanz und ihre Dämpfe und Nebel reizen die Haut und die Schleimhäute der Augen und der Atemwege. Lungenödem – auch mit Verzögerung bis zu 2 Tagen – möglich. Bei Brand oder Erhitzen bis zur Zersetzung Bildung von nitrosen Gasen (s. auch Merkblatt 150).
Symptome: Rötung, Brennen und Schmerzen der Haut, der Augen, Lidkrampf, Tränenfluß, Husten- und Niesanfälle, Schmerzen im Brustkorb, Atemnot.
Nach Einatmen oder Hautkontakt in jedem Fall – auch bei Ausbleiben der Symptome – den Arzt aufsuchen. Nach Kontakt der Substanz mit den Augen ist in jedem Fall ein Augenarzt aufzusuchen.

Geruchsschwelle =

Luftgrenzwert =

Bemerkungen:

Sicherheitsmaßnahmen für Fahrzeugbesatzung, Polizei, Feuerwehr und Rettungskräfte:
Polizei und Feuerwehr alarmieren.
Im Gefahrenbereich Maschine stoppen, umluftunabhängiges (schweres) Atemschutzgerät und volle Schutzkleidung tragen. Bei Brand oder starker Erhitzung des Stoffes Zündung abstellen, nicht rauchen, offenes Feuer löschen, kein elektrisches Gerät und keinen Schalter mit Funkenbildung betätigen.
Wasserschutzpolizei und Feuerwehr: Beim Retten nicht ins Wasser springen. Bei starker Erhitzung des Stoffes und bei Brand kein Boot mit Ottomotor einsetzen. Bei Dieselantrieb Sicherheitsschaltung veranlassen.

Schutz- und Einsatzmaßnahmen: Alle unbeteiligten Personen nach Luv (gegen den Wind) entfernen. Achtung, falls freiwerdendes Gut in die Kanalisation oder in Abwasserleitungen von Schiffen gerät, bilden sich ätzende Gemische mit Abwasser. Experten hinzuziehen. Auf Wasserstraßen Schiffahrtssperre. An Land gefährdetes Gebiet absperren. Große Sicherheitszone bilden. In Wohn- und Industriegebieten Anwohner warnen.

Konzentrationsmessung explosionsfähiger bzw. giftiger Dämpfe siehe Tabelle (Anhang 6 der Erläuterungen).

Zuständige Behörden unterrichten.

Bekämpfung der Unfallfolgen:
Feuer: Bei kleinem Brandherd Löschpulver, Wassersprühstrahl, Kohlensäure oder Schaum. Bei großem Brandherd Schaum oder Wassersprühstrahl. Behälter mit Wassersprühstrahl kühlen und nach Möglichkeit aus der Gefahrenzone ziehen. Achtung, das Löschwasser ist giftig und umweltgefährlich. Es muß aufgefangen werden und darf nicht unbehandelt in die Kanalisation, in Gewässer oder in das Grundwasser gelangen.
Leckage: Leck schließen, wenn ohne Risiko möglich.
Fließendes Gewässer: Trink-, Brauch- und Kühlwasserentnehmer verständigen.
Stehendes Gewässer: Absperren. Fahrzeugbesatzungen im gefährdeten Gebiet warnen.
An Land: Kanalisation abdichten. Auffangen, eindeichen und abbergen. In Wohn- und Industriegebieten alle tiefliegenden Räume abdichten. Alle Zündquellen beseitigen. Restmengen mit nicht brennbarem, saugfähigem Material wie z. B. trockener Erde, Sand, Kieselgur, Universalbinder oder Vermiculit abdecken und an sichere Deponie zur Vernichtung transportieren.

Gewässerverunreinigung:
GefStoffV/EG:
Gesamtbewertung nach Unfall: Gruppe III, in stehenden Gewässern sehr hohe, in fließenden Gewässern je nach Vermischung mittlere bis hohe toxische Wirkung, bei Brand Gruppe IV, hohe bis sehr hohe (extrem hohe) toxische Wirkung unabhängig von der Turbulenz des Gewässers (siehe auch Erläuterungen Abschnitt 16.4/5).
Einzelwerte siehe Anhang 9 der Erläuterungen.
Wassergefährdungsklasse: 2 – wassergefährdender Stoff

Erste Hilfe:
Verletzte an die frische Luft bringen, bequem lagern, beengende Kleidungsstücke lockern. Bei Atemstörung Sauerstoffzufuhr, ggf. Beatmung. Benetzte Kleidungsstücke, Schuhe und Strümpfe sofort ausziehen, entfernen und vernichten. Betroffene Körperstellen anhaltend mit Wasser spülen und anschließend mit sterilem Verbandmaterial abdecken. Bei Augenkontakt die Augen 15 Minuten mit Wasser spülen. Augenlider dazu mit Daumen und Zeigefinger aufspreizen und gleichzeitig das Auge nach allen Seiten bewegen lassen. Verletzte nicht auskühlen lassen. Bei Erbrechen zumindest Kopf in Seitenlage bringen. Verletzte nur liegend transportieren. Bei Gefahr der Bewußtlosigkeit Lagerung und Transport in stabiler Seitenlage.

Hinweise für den Arzt:
Symptomatische Behandlung.

Formel: **Summen-Formel:** C20–H28–O2 **UN-Nr. 3077 n.o.s.**

Merkblatt

2351

Stoffname

Deutsch	*Englisch*	*Französisch*
Tretinoin	**Tretinoin**	**Trétinoïne**
Retinsäure	Retinoic acid	
Vitamin-A-Säure	All-trans retinoic acid	
all trans Retinsäure	Vitamin A acid	
(all-E)-3,7-Dimethyl-9-(2,6,6-trimethyl-1-cyclohexen-1-yl)-2,4,6,8-nonatetraensäure	3,7-Dimethyl-9-(2,6,6-trimethyl-1-cyclohexen-1-yl)-2,4,6,8-nonatetraenoic acid	*Spanisch* **Tretinoina**

Gefahren-Diamant

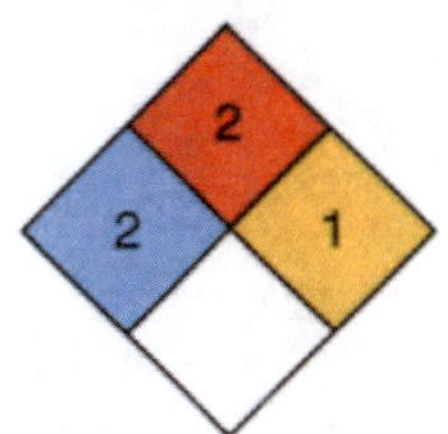

Hazchem-Code: 2X

Technische Daten

Siedepunkt	
Dampfdruck in mbar bei 20 °C	
Dampfdichteverhältnis, Luft = 1	
Schmelzpunkt	176–182 °C*
Mischbarkeit mit Wasser	sehr geringfügig**
Spez. Gewicht, Wasser = 1	0,48
Molare Masse	300,44

Feuerbekämpfungsdaten

Flammpunkt	Brennbarer fester Stoff
Zündfähiges Gemisch, Vol.-%	
Zündtemperatur	ca. 265 °C
* Beginn der thermischen Zersetzung	>60 °C

** Ca. 0,008 mg/l bei ca. 23 °C.

Gefahrgut: **Klassifizierung:**

IMDG-Code: UN-Nr. 3077 n.o.s. Kl. 9 Verp. Gr. III EMS: **F**-A; **S**-F
Marine pollutant
ICAO/IATA DGR: UN-Nr. 3077 n.o.s. Kl. 9 Verp. Gr. III
ADR/RID/ADNR: UN-Nr. 3077 n.a.g. Kl. 9 Klassifiz. Code Verp. Gr. III
Gefahrzettel (Label) Nr. 9
Richtige Versandbezeichnung (PSN):
Land/BinSch: **3077 Umweltgefährdender fester Stoff, n.a.g. (Tretinoin)**
See/Luft: **Environmentally hazardous substance, solid, n.o.s. (Tretinoin)**

Gefahrstoff:

CAS Nr.: 302-79-4 RTECS-Nr.: VH 6475000
EG-Nr.: 206-129-0 INDEX-Nr.:
EG-Einstufung: nein
Symbol: T, N*
R-Sätze: 61-38-50/53*
S-Sätze: 53-45-61*
D-Lagerklasse (VCI)-Nr.:

* Herstellerangaben

Erscheinungsbild: Gelbes kristallines Pulver, geruchlos.

Verhalten bei Freiwerden und Vermischen mit Luft: Giftiger, umweltgefährlicher und brennbarer fester Stoff. Bei Aufwirbelung des Staubes bilden sich giftige, umweltgefährliche und explosionsfähige Gemische mit Luft. Bei Brand oder Erhitzung bis zur Zersetzung (z. B. durch Umgebungsbrände oder heiße Oberflächen) erfolgt Zersetzung unter Bildung von giftigen und ätzenden Gasen und Dämpfen, die im Wesentlichen aus saurem Rauch und reizenden Dämpfen bestehen und auch Kohlendioxid und Kohlenmonoxid enthalten. Achtung, bei Einwirkung von Hitze beginnt der Stoff sich bereits bei Temperaturen >60 °C zu zersetzen. Die Reaktion wird durch Sauerstoff erheblich verstärkt.

Verhalten bei Freiwerden und Vermischen mit Wasser: Der Stoff ist leichter als Wasser und schwimmt auf der Oberfläche. Er löst sich nur geringfügig in Wasser. Es bilden sich giftige und umweltgefährdende Gemische mit Wasser, die auch bei starker Verdünnung noch wirksam sind.

Gesundheitsgefährdung: Die Stäube reizen die Haut und die Schleimhäute der Augen. Die Substanz ist gesundheitsschädlich beim Verschlucken. Sie kann zur Schädigung des Kindes im Mutterleib führen.
Symptome: Rötung und Brennen der Augen und der betroffenen Körperpartien, Tränenfluß, Übelkeit, Erbrechen, Schwindel
Nach Einatmen oder Hautkontakt in jedem Fall – auch bei Ausbleiben der Symptome – den Arzt aufsuchen.

Geruchsschwelle = Luftgrenzwert =

Bemerkungen: Der Stoff ist löslich in den meisten organischen Lösemitteln.

Sicherheitsmaßnahmen für Fahrzeugbesatzung, Polizei, Feuerwehr und Rettungskräfte:
Polizei und Feuerwehr alarmieren.
Im Gefahrenbereich umluftunabhängiges (schweres) Atemschutzgerät und volle Schutzkleidung tragen. Bei Erhitzung des Stoffes oder bei Brand **im Gefahrenbereich** Maschine stoppen, Zündung abstellen, offenes Feuer löschen, nicht rauchen, kein elektrisches Gerät und keinen Schalter mit Funkenbildung betätigen.
Wasserschutzpolizei und Feuerwehr: Bei Erhitzung des Stoffes kein Boot mit Ottomotor einsetzen. Bei Dieselantrieb Sicherheitsschaltung veranlassen. Beim Retten nicht ins Wasser springen.

Schutz- und Einsatzmaßnahmen: Alle unbeteiligten Personen nach Luv (gegen den Wind) entfernen. Achtung, falls freiwerdendes Gut in die Kanalisation oder in Abwasserleitungen von Schiffen gerät, entstehen giftige und umweltgefährdende Gemische mit Abwasser. In Wohn- und Industriegebieten Anwohner warnen. Große Sicherheitszone bilden.

Konzentrationsmessung explosionsfähiger bzw. giftiger Dämpfe siehe Tabelle (Anhang 6 der Erläuterungen).

Zuständige Behörden unterrichten.

Bekämpfung der Unfallfolgen:
Feuer: Bei kleinem Brandherd Löschpulver, Wassersprühstrahl, Kohlensäure oder Schaum. Bei großem Brandherd Schaum oder Wassersprühstrahl. Behälter mit Wassersprühstrahl kühlen und nach Möglichkeit aus der Gefahrenzone ziehen. Achtung, das Löschwasser ist giftig und umweltgefährlich. Es muß aufgefangen werden und darf nicht unbehandelt in die Kanalisation, in Gewässer oder in das Grundwasser gelangen.
Leckage: Leck schließen, wenn ohne Risiko möglich.
Fließendes Gewässer: Trink-, Brauch- und Kühlwasserentnehmer verständigen.
Stehendes Gewässer: Absperren. Fahrzeugbesatzungen im gefährdeten Gebiet warnen.
An Land: Kanalisation abdichten. Auffangen, eindeichen und abbergen. In Wohn- und Industriegebieten alle tiefliegenden Räume abdichten. Alle Zündquellen beseitigen. Restmengen mit nicht brennbarem, saugfähigem Material wie z. B. trockener Erde, Sand, Kieselgur, Universalbinder oder Vermiculit abdecken und an sichere Deponie zur Vernichtung transportieren.

Gewässerverunreinigung:
GefStoffV/EG: Gefahrensymbol: N Umweltgefährlich, R 50/53: sehr giftig für Wasserorganismen, kann in Gewässern längerfristig schädliche Wirkungen haben.
Gesamtbewertung nach Unfall: Gruppe IV, hohe bis sehr hohe (extrem hohe) toxische Wirkung unabhängig von der Turbulenz des Gewässers (siehe auch Erläuterungen Abschnitt 16.4/5).
Einzelwerte siehe Anhang 9 der Erläuterungen.
Wassergefährdungsklasse: 3 – stark wassergefährdender Stoff

Erste Hilfe:
Verletzte an die frische Luft bringen, bequem lagern, beengende Kleidungsstücke lockern. Bei Atemstörung Sauerstoffzufuhr, ggf. Beatmung. Benetzte Kleidungsstücke, Schuhe und Strümpfe sofort ausziehen, entfernen und vernichten. Betroffene Körperstellen anhaltend mit Wasser spülen und anschließend mit sterilem Verbandmaterial abdecken. Bei Augenkontakt die Augen 15 Minuten mit Wasser spülen. Augenlider dazu mit Daumen und Zeigefinger aufspreizen und gleichzeitig das Auge nach allen Seiten bewegen lassen. Wegen fruchtschädigender Wirkung Schutz weiblicher Helfer vor Exposition beachten.Verletzte nicht auskühlen lassen. Bei Erbrechen zumindest Kopf in Seitenlage bringen. Verletzte nur liegend transportieren. Bei Gefahr der Bewußtlosigkeit Lagerung und Transport in stabiler Seitenlage.

Hinweise für den Arzt:
Symptomatische Behandlung. Augen sorgfältig spülen. Fruchtschädigend; deshalb bei Frauen im gebährfähigen Alter nach kurz zurückliegender Ingestion Magenspülung erwägen.

Formel: $C_6H_{11}COCl$ | **Summen-Formel:** C7–H11–Cl–O | **UN-Nr. 3265 n.o.s.**

Merkblatt

2352

Stoffname

Deutsch

Cyclohexancarbonsäurechlorid
Hexahydrobenzoylchlorid

Englisch

Cyclohexane carbonic acid chloride
Hexahydrobenzoyl chloride
Cyclohexane carboxylic acid chloride

Französisch

Chlorure de cyclohexanecarbonyle

Spanisch

Cloruro de ciclohexanocarbonilo

Gefahren-Diamant

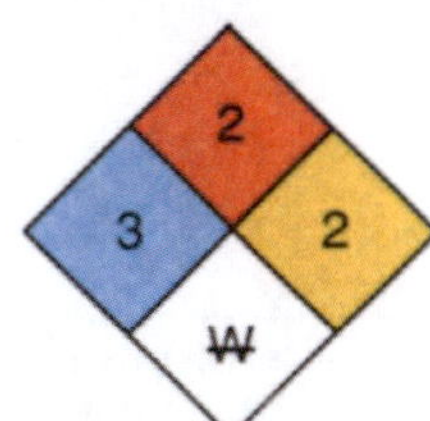

Hazchem-Code:
2X

Technische Daten

Siedepunkt	184 °C
Dampfdruck in mbar bei 20 °C	
Dampfdichteverhältnis, Luft = 1	
Schmelzpunkt	
Mischbarkeit mit Wasser	Zersetzung*
Spez. Gewicht, Wasser = 1	1,096
Molare Masse	146,62

Feuerbekämpfungsdaten

Flammpunkt	66 °C
Zündfähiges Gemisch, Vol.-%	
Zündtemperatur	

* Zersetzung unter heftiger Reaktion und Wärmeentwicklung sowie Bildung von Chlorwasserstoff(gas) bzw. Salzsäuredämpfen.

Gefahrgut: / **Klassifizierung:**

IMDG-Code: UN-Nr. 3265 n.o.s. — Kl. 8 — Verp. Gr. II — EMS: **F**-A; **S**-B
Marine pollutant
ICAO/IATA DGR: UN-Nr. 3265 n.o.s. — Kl. 8 — Verp. Gr. II
ADR/RID/ADNR: UN-Nr. 3265 n.a.g. — Kl. 8 — Klassifiz. Code C3 Verp. Gr. II
Gefahrzettel (Label) Nr. 8
Richtige Versandbezeichnung (PSN):
Land/BinSch: **3265 Ätzender saurer organischer flüssiger Stoff, n.a.g. (Cyclohexancarbonsäurechlorid)**
See/Luft: **Corrosive liquid, acidic, organic, n.o.s. (Cyclohexane carbonic acid chloride)**

Gefahrstoff:

CAS Nr.: 2719-27-9 — RTECS-Nr.:
EG-Nr.: 220-322-7 — INDEX-Nr.:
EG-Einstufung: nein
Symbol: C*
R-Sätze: 34-37*
S-Sätze: 26-28-36/37/39-45*
D-Lagerklasse (VCI)-Nr.: 3B

* Herstellerangaben

Erscheinungsbild: Farblose Flüssigkeit, stechender Geruch.

Verhalten bei Freiwerden und Vermischen mit Luft: Gesundheitsschädliche, ätzende und brennbare Flüssigkeit mit relativ hohem Flammpunkt von 66 °C. Bei starker Erhitzung bilden sich gesundheitsschädliche, ätzende und explosionsfähige Gemische mit Luft. Sie sind schwerer als Luft und kriechen am Boden entlang. Entzündung durch heiße Oberflächen, Funken oder offene Flammen. Bei Erhitzung bis zur Zersetzung (z. B. durch Umgebungsbrände oder heiße Oberflächen) und bei Brand bilden sich giftige und ätzende Gase bzw. Dämpfe, die im Wesentlichen Chlorwasserstoff(gas) bzw. Salzsäuredämpfe und auch Kohlenmonoxid(gas) sowie Kohlendioxid(gas) enthalten.

Verhalten bei Freiwerden und Vermischen mit Wasser: Der Stoff reagiert heftig mit Wasser unter starker Wärmeentwicklung und Bildung von ätzendem Chlorwasserstoff(gas) bzw. Salzsäuredämpfen, die auch als weiße Nebel sichtbar werden. Es bilden sich ätzende Gemische mit Wasser, die auch bei Verdünnung noch wirksam sind.

Gesundheitsgefährdung: Beim Einatmen der Dämpfe/Nebel reizt der Stoff die Atmungsorgane. Lungenödem – auch mit Verzögerung bis zu 2 Tagen – möglich. Bei direktem Kontakt mit der Haut oder den Augen kommt es zu Verätzungen; Gefahr bleibender Augenschäden. Beim Verschlucken: starke Beschwerden im Magen-Darm-Trakt. Bei Brand oder Erhitzen bis zur Zersetzung Bildung von Chlorwasserstoff (s. auch Merkblatt 63).
Symptome: Husten- und Niesanfälle, Lidkrampf, Tränenfluss, Speichel- und Nasenfluß, Rötung, Brennen und Schmerzen der Augen und betroffener Körperpartien; Übelkeit, Benommenheit, Schwindel, Erbrechen, Durchfälle, starke Leibschmerzen.
Nach Einatmen oder Hautkontakt in jedem Fall – auch bei Ausbleiben der Symptome – den Arzt aufsuchen. Nach Kontakt der Substanz mit den Augen ist in jedem Fall ein Augenarzt aufzusuchen.

Geruchsschwelle = | Luftgrenzwert =

Bemerkungen: Der Stoff zersetzt sich bei Kontakt oder Mischung mit Ethylalkohol unter Wärmeentwicklung und Bildung von ätzendem Chlorwasserstoff(gas).

Sicherheitsmaßnahmen für Fahrzeugbesatzung, Polizei, Feuerwehr und Rettungskräfte:
Polizei und Feuerwehr alarmieren.
Im Gefahrenbereich sofort umluftunabhängiges (schweres) Atemschutzgerät und volle Schutzkleidung tragen. Bei Erhitzung der Flüssigkeit Zündung abstellen, Maschine stoppen, nicht rauchen, offenes Feuer löschen, kein elektrisches Gerät und keinen Schalter mit Funkenbildung betätigen.
Wasserschutzpolizei und Feuerwehr: Bei Erhitzung des Stoffes kein Boot mit Ottomotor einsetzen. Bei Dieselantrieb Sicherheitsschaltung veranlassen. Beim Retten nicht ins Wasser springen.

Schutz- und Einsatzmaßnahmen: Alle unbeteiligten Personen nach Luv (gegen den Wind) entfernen. Achtung, falls freiwerdendes Gut in die Kanalisation oder in Abwasserleitungen von Schiffen gerät, entstehen ätzende Gemische mit Abwasser und können sich über der Oberfläche ätzende Gemische mit Luft bilden. In Wohn- und Industriegebieten Anwohner warnen. Große Sicherheitszone bilden.

Konzentrationsmessung explosionsfähiger bzw. giftiger Dämpfe siehe Tabelle (Anhang 6 der Erläuterungen).

Zuständige Behörden unterrichten.

Bekämpfung der Unfallfolgen:
Feuer: Bei kleinem und großem Brandherd Löschpulver, trockener Sand, Zement, gemahlener Kalkstein oder Kohlensäure. Wegen heftiger Reaktionsgefahr kein Wasser und keinen Schaum verwenden. Behälter mit Wassersprühstrahl kühlen und nach Möglichkeit aus der Gefahrenzone ziehen. Es darf jedoch kein Wasser in den Tank gelangen, da sonst Gefahr einer explosionsartigen Reaktion.
Leckage: Leck schließen, wenn ohne Risiko möglich.
Fließendes Gewässer: Trink-, Brauch- und Kühlwasserentnehmer verständigen. Experten hinzuziehen.
Stehendes Gewässer: Absperren. Alle Zündquellen beseitigen. Fahrzeuge im gefährdeten Gebiet räumen. Experten hinzuziehen.
An Land: Kanalisation abdichten. Auffangen, eindeichen und abpumpen. Restmengen mit nicht brennbarem, saugfähigem Material wie z. B. trockener Erde, Sand, gemahlenem Kalkstein, Kieselgur, Universalbinder oder Vermiculit abdecken und in geschlossenem Behälter an sicheren Deponieort transportieren. Alle Zündquellen beseitigen. In Wohn- und Industriegebieten alle tiefliegenden Räume abdichten. Experten hinzuziehen.

Gewässerverunreinigung:
GefStoffV/EG:
Gesamtbewertung nach Unfall: Gruppe II, in stehenden Gewässern hohe, in fließenden Gewässern mittlere toxische Wirkung, nach Brand Gruppe IV, hohe bis sehr hohe (extrem hohe) toxische Wirkung unabhängig von der Turbulenz des Gewässers, (siehe auch Erläuterungen Abschnitt 16.4/5).
Einzelwerte siehe Anhang 9 der Erläuterungen.
Wassergefährdungsklasse: 1 – schwach wassergefährdender Stoff

Erste Hilfe:
Verletzte an die frische Luft bringen, bequem lagern, beengende Kleidungsstücke lockern. Bei Atemstörung Sauerstoffzufuhr, ggf. Beatmung. Benetzte Kleidungsstücke, Schuhe und Strümpfe sofort ausziehen, entfernen und vernichten. Betroffene Körperstellen anhaltend mit Wasser spülen und anschließend mit sterilem Verbandmaterial abdecken. Bei Augenkontakt die Augen 15 Minuten mit Wasser spülen. Augenlider dazu mit Daumen und Zeigefinger aufspreizen und gleichzeitig das Auge nach allen Seiten bewegen lassen. Verletzte nicht auskühlen lassen. Bei Erbrechen zumindest Kopf in Seitenlage bringen. Verletzte nur liegend transportieren. Bei Gefahr der Bewußtlosigkeit Lagerung und Transport in stabiler Seitenlage.

Hinweise für den Arzt:
Symptomatische Behandlung. Nach Verschlucken: Mund ausspülen lassen. Flüssigkeit nachtrinken lassen. Absaugen des Mageninhalts erwägen.

Formel: | **Summen-Formel:** C6–H10–O | **UN-Nr. 2920 n.o.s.**

Merkblatt

2353

Stoffname

Deutsch

1,2-Epoxycyclohexan
Cyclohexenoxid
7-Oxabicyclo [4.1.0] heptan
Epoxycyclohexan

Englisch

1,2-Epoxycyclohexane
Cyclohexene oxide
Cyclohexene-1-oxide
Cyclohexene epoxide
Tetramethyleneoxirane
7-Oxabicyclo (4.1.0) heptane
1,2-Cyclohexene oxide
Cyclohexylen oxide
7-Oxabicyclo (4.1.0) heptane

Französisch

1,2-Epoxycyclohexane

Spanisch

1,2-Epoxiciclohexano

Gefahren-Diamant

2 (rot), 2 (blau), 1 (gelb)

Hazchem-Code: **2W**

Technische Daten

Siedepunkt	129,5 °C*
Dampfdruck in mbar bei 20 °C	
Dampfdichteverhältnis, Luft = 1	3,38
Schmelzpunkt	–40 °C
Mischbarkeit mit Wasser	sehr geringfügig
Spez. Gewicht, Wasser = 1	0,9715
Molare Masse	98,14

Feuerbekämpfungsdaten

Flammpunkt	24 °C
Zündfähiges Gemisch, Vol.-%	1,5–9,0
Zündtemperatur	345 °C

* Bei Temperaturen >230 °C erfolgt thermische Zersetzung

Gefahrgut: / **Klassifizierung:**

IMDG-Code: UN-Nr. 2920 n.o.s. | Kl. 8 | Verp. Gr. II EMS: **F**-E; **S**-C
Marine pollutant
ICAO/IATA DGR: UN-Nr. 2920 n.o.s. | Kl. 8 | Verp. Gr. II
ADR/RID/ADNR: UN-Nr. 2920 n.a.g. | Kl. 8 | Klassifiz. Code CF1 Verp. Gr. II
Gefahrzettel (Label) Nr. 8+3
Richtige Versandbezeichnung (PSN):
Land/BinSch: **2920 Ätzender, flüssiger Stoff, entzündbar, n.a.g. (1,2-Epoxycyclohexan)**
See/Luft: **Corrocive liquid flammable, n.o.s. (1,2-Epoxycyclohexane)**

Gefahrstoff:

CAS Nr.: 286-20-4 RTECS-Nr.: RN 7175000
EG-Nr.: 206-007-7 INDEX-Nr.:
EG-Einstufung: nein
Symbol: C*
R-Sätze: 10-20/21/22*
S-Sätze: 26-36/37/39-45*
D-Lagerklasse (VCI)-Nr.: 3A

* Herstellerangaben

Erscheinungsbild: Farblose Flüssigkeit.

Verhalten bei Freiwerden und Vermischen mit Luft: Gesundheitsschädliche, ätzende und brennbare Flüssigkeit. An warmen Tagen und bei Erwärmung der Flüssigkeit bilden sich gesundheitsschädliche, ätzende und explosionsfähige Gemische mit Luft. Sie sind schwerer als Luft, kriechen am Boden entlang und können bei Zündung über weite Strecken zurückschlagen. Entzündung durch heiße Oberflächen, Funken oder offene Flammen.

Verhalten bei Freiwerden und Vermischen mit Wasser: Der Stoff löst sich nur geringfügig in Wasser und schwimmt auf der Oberfläche. Es bilden sich gesundheitsschädliche und ätzende Gemische mit Wasser, die auch bei Verdünnung noch wirksam sind. An warmen Tagen (insbesondere bei starker Sonneneinstrahlung) und bei Erwärmung der Flüssigkeit können sich ätzende und explosionsfähige Gemische mit Luft über der Wasseroberfläche bilden.

Gesundheitsgefährdung: Bei direktem Kontakt der Flüssigkeit mit den Augen und der Haut kommt es zu Verätzungen, Gefahr bleibender Augenschäden. Bei Einatmen der Dämpfe/Aerosole ist Lungenödem – auch mit Verzögerung bis zu 2 Tagen – möglich. Nach Verschlucken starke Beschwerden im Magen-Darm-Trakt.
Symptome: Husten- und Niesanfälle, Lidkrampf, Tränenfluß, Speichel- und Nasenfluss, Rötung, Brennen und Schmerzen der Augen und betroffener Körperpartien; Übelkeit, Benommenheit, Schwindel, Erbrechen, Durchfälle, starke Leibschmerzen.
Nach Einatmen oder Hautkontakt in jedem Fall – auch bei Ausbleiben der Symptome – den Arzt aufsuchen. Nach Kontakt der Substanz mit den Augen ist in jedem Fall ein Augenarzt aufzusuchen.

Geruchsschwelle = | Luftgrenzwert =

Bemerkungen:

Sicherheitsmaßnahmen für Fahrzeugbesatzung, Polizei, Feuerwehr und Rettungskräfte:
Polizei und Feuerwehr alarmieren.
Im Gefahrenbereich Maschine stoppen, sofort umluftunabhängiges (schweres) Atemschutzgerät und volle Schutzkleidung tragen. An warmen Tagen und bei Erwärmung der Flüssigkeit Zündung abstellen, nicht rauchen, offenes Feuer löschen, kein elektrisches Gerät und keinen Schalter mit Funkenbildung betätigen.
Wasserschutzpolizei und Feuerwehr: Beim Retten nicht ins Wasser springen. An warmen Tagen und bei Erwärmung der Flüssigkeit kein Boot mit Ottomotor einsetzen. Bei Dieselantrieb Sicherheitsschaltung veranlassen. Radar- und Kommandorufanlage nicht benutzen.

Schutz- und Einsatzmaßnahmen: Alle unbeteiligten Personen nach Luv (gegen den Wind) entfernen. Achtung, falls freiwerdendes Gut in die Kanalisation oder in Abwasserleitungen von Schiffen gerät, können sich ätzende Gemische mit Abwasser bilden. Über der Oberfläche entsteht Explosions- und Verätzungsgefahr. Experten hinzuziehen. Auf Wasserstraßen Schiffahrtssperre. An Land gefährdetes Gebiet absperren. Große Sicherheitszone bilden. In Wohn- und Industriegebieten Anwohner warnen.

Konzentrationsmessung explosionsfähiger bzw. giftiger Dämpfe siehe Tabelle (Anhang 6 der Erläuterungen).

Zuständige Behörden unterrichten.

Bekämpfung der Unfallfolgen:
Feuer: Bei kleinem Brandherd Löschpulver, Wassersprühstrahl, Kohlensäure oder Schaum. Bei großem Brandherd Schaum oder Wassersprühstrahl. Behälter mit Wassersprühstrahl kühlen und nach Möglichkeit aus der Gefahrenzone ziehen. Achtung, das Löschwasser ist giftig und umweltgefährlich. Es muß aufgefangen werden und darf nicht unbehandelt in die Kanalisation, in Gewässer oder in das Grundwasser gelangen.
Leckage: Leck schließen, wenn ohne Risiko möglich.
Fließendes Gewässer: Trink-, Brauch- und Kühlwasserentnehmer verständigen.
Stehendes Gewässer: Absperren. Fahrzeugbesatzungen im gefährdeten Gebiet warnen.
An Land: Kanalisation abdichten. Auffangen, eindeichen und abpumpen. In Wohn- und Industriegebieten alle tiefliegenden Räume abdichten. Alle Zündquellen beseitigen. Restmengen mit nicht brennbarem, saugfähigem Material wie z. B. trockener Erde, Sand, Kieselgur, Universalbinder oder Vermiculit abdecken und an sichere Deponie zur Vernichtung transportieren.

Gewässerverunreinigung:
GefStoffV/EG:
Gesamtbewertung nach Unfall: Gruppe III, in stehenden Gewässern sehr hohe, in fließenden Gewässern je nach Vermischung mittlere bis hohe toxische Wirkung (siehe auch Erläuterungen Abschnitt 16.4/5).
Einzelwerte siehe Anhang 9 der Erläuterungen.
Wassergefährdungsklasse: 2 – wassergefährdender Stoff

Erste Hilfe:
Verletzte an die frische Luft bringen, bequem lagern, beengende Kleidungsstücke lockern. Bei Atemstörung Sauerstoffzufuhr ggf. Beatmung. Benetzte Kleidungsstücke, Schuhe und Strümpfe sofort ausziehen, entfernen und vernichten. Betroffene Körperstellen anhaltend mit Wasser spülen und anschließend mit sterilem Verbandmaterial abdecken. Bei Augenkontakt die Augen 15 Minuten mit Wasser spülen. Augenlider dazu mit Daumen und Zeigefinger aufspreizen und gleichzeitig das Auge nach allen Seiten bewegen lassen. Verletzte nicht auskühlen lassen. Bei Erbrechen zumindest Kopf in Seitenlage bringen. Verletzte nur liegend transportieren. Bei Gefahr der Bewußtlosigkeit Lagerung und Transport in stabiler Seitenlage.

Hinweise für den Arzt:
Symptomatische Behandlung. Nach Verschlucken: Mund ausspülen lassen. Flüssigkeit nachtrinken lassen.

Formel:	Summen-Formel: C7–H11–Cl-O2	UN-Nr. 3277 n.o.s.

Merkblatt

2354

Stoffname

Deutsch	*Englisch*	*Französisch*
Cyclohexylchlorformiat Chlorameisensäurecyclohexylester Cyclohexyloxycarbonylchlorid	**Cyclohexylchloroformiate** Cyclohexyloxy carbonyl chloride	**Chloroformiate de cyclohexyle**

Spanisch

Cloroformiato de ciclohexilo

Gefahren-Diamant

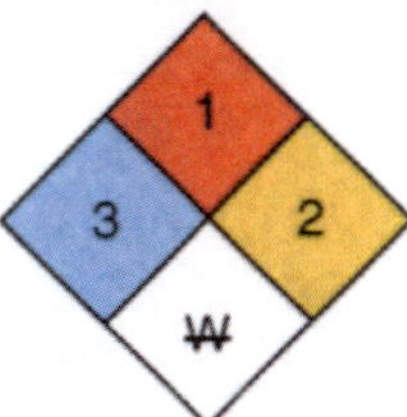

Hazchem-Code: 2X

Technische Daten

Siedepunkt	30 °C
Dampfdruck in mbar bei 20 °C	6
Dampfdichteverhältnis, Luft = 1	
Schmelzpunkt	<–60 °C
Mischbarkeit mit Wasser	reagiert*
Spez. Gewicht, Wasser = 1	1,126
Molare Masse	162,62

Feuerbekämpfungsdaten

Flammpunkt	65 °C
Zündfähiges Gemisch, Vol.-%	
Zündtemperatur	320 °C

* Reagiert heftig bis sehr heftig mit Wasser unter starker Erwärmung und Bildung von Chlorwasserstoff(gas) bzw. Salzsäuredämpfen.

Gefahrgut:

	Klassifizierung:	
IMDG-Code: UN-Nr. 3277 n.o.s.	Kl. 6.1	Verp. Gr. II EMS: **F**-A; **S**-B
ICAO/IATA DGR: UN-Nr. 3277 n.o.s.	Kl. 6.1	Verp. Gr. II
ADR/RID/ADNR: UN-Nr. 3277 n.a.g.	Kl. 6.1	Klassifiz. Code TC1 Verp. Gr. II

Gefahrzettel (Label) Nr. 6.1+8

Richtige Versandbezeichnung (PSN):

Land/BinSch: **3277 Chlorformiate, giftig, ätzend, n.a.g. (Cyclohexylchlorformiat)**

See/Luft: **Chloroformates, toxic, corrosive n.o.s. (Cyclohexylchloroformate)**

Gefahrstoff:

CAS Nr.: 13248-54-9 RTECS-Nr.:
EG-Nr.: 236-230-5 INDEX-Nr.:
EG-Einstufung: nein
Symbol: T *
R-Sätze: 23-22-41-38 *
S-Sätze: 47.8-37/39-26-45 *
D-Lagerklasse (VCI)-Nr.: 6.1

* Herstellerangaben

Erscheinungsbild: Farblose bis gelbe Flüssigkeit, stechender Geruch.

Verhalten bei Freiwerden und Vermischen mit Luft: Reizende, giftige und brennbare Flüssigkeit mit relativ hohem Flammpunkt von 65 °C. Bei starker Erhitzung bilden sich reizende, giftige und explosionsfähige Gemische mit Luft. Sie sind schwerer als Luft und kriechen am Boden entlang. Entzündung durch heiße Oberflächen, Funken oder offene Flammen. Bei Erhitzung bis zur Zersetzung (z. B. durch Umgebungsbrände oder heiße Oberflächen) und bei Brand bilden sich giftige und ätzende Gase bzw. Dämpfe, die im Wesentlichen aus Chlorwasserstoff(gas), bzw. Salzsäuredämpfen bestehen und auch Kohlenmonoxid(gas) sowie Kohlendioxid(gas) enthalten.

Verhalten bei Freiwerden und Vermischen mit Wasser: Der Stoff reagiert heftig bis sehr heftig mit Wasser unter starker Erwärmung und Bildung von Chlorwasserstoff(gas) bzw. Salzsäuredämpfen, die als weiße Nebel sichtbar werden können. Es bilden sich ätzende Gemische mit Wasser, die auch bei Verdünnung noch wirksam sind.

Gesundheitsgefährdung: Die Flüssigkeit ist giftig beim Einatmen und gesundheitsschädlich beim Verschlucken. Die Substanz reizt die Haut, die Schleimhäute der Augen und der oberen Atemwege. Gefahr bleibender Augenschäden! Lungenödem – auch mit Verzögerung bis zu 2 Tagen – möglich. Bei Brand oder Erhitzen bis zur Zersetzung Bildung von Chlorwasserstoff (s. auch Merkblatt 63).
Symptome: Rötung, Brennen der Haut, Übelkeit, Erbrechen, Schwindel
Nach Einatmen oder Hautkontakt in jedem Fall – auch bei Ausbleiben der Symptome – den Arzt aufsuchen.
Nach Kontakt der Substanz mit den Augen ist in jedem Fall ein Augenarzt aufzusuchen.

Geruchsschwelle = Luftgrenzwert =

Bemerkungen: Der Stoff reagiert bei Kontakt oder Mischung mit Peroxiden. Bei Kontakt oder Mischung der Substanz mit Aminen und Alkalien (Laugen) erfolgen heftige bis sehr heftige Reaktionen unter starker Wärmeentwicklung und Bildung von ätzendem Chlorwasserstoff(gas). Bei der Lagerung sollten 8 °C nicht überschritten werden.

Sicherheitsmaßnahmen für Fahrzeugbesatzung, Polizei, Feuerwehr und Rettungskräfte:
Polizei und Feuerwehr alarmieren.
Im Gefahrenbereich sofort umluftunabhängiges (schweres) Atemschutzgerät und volle Schutzkleidung tragen.
Bei Erhitzung der Flüssigkeit Zündung abstellen, Maschine stoppen, nicht rauchen, offenes Feuer löschen, kein elektrisches Gerät und keinen Schalter mit Funkenbildung betätigen.
Wasserschutzpolizei und Feuerwehr: Bei Erhitzung des Stoffes kein Boot mit Ottomotor einsetzen. Bei Dieselantrieb Sicherheitsschaltung veranlassen. Beim Retten nicht ins Wasser springen.

Schutz- und Einsatzmaßnahmen: Alle unbeteiligten Personen nach Luv (gegen den Wind) entfernen. Achtung, falls freiwerdendes Gut in die Kanalisation oder in Abwasserleitungen von Schiffen gerät, entstehen ätzende Gemische mit Abwasser. Durch die heftige Reaktion des Stoffes und starke Erwärmung können sich ätzende Salzsäurenebel bilden, die als weiße Nebel sichtbar werden. Experten hinzuziehen. Auf Wasserstraßen Schiffahrtssperre. An Land gefährdetes Gebiet absperren. Bei Brand oder starker Erhitzung entstehen giftige sowie ätzende Gase und Dämpfe bzw. Dampf-/Luftgemische. In diesem Fall große Sicherheitszone bilden. In Wohn- und Industriegebieten Anwohner warnen.

Konzentrationsmessung explosionsfähiger bzw. giftiger Dämpfe siehe Tabelle (Anhang 6 der Erläuterungen).

Zuständige Behörden unterrichten.

Bekämpfung der Unfallfolgen:
Feuer: Bei kleinem und großem Brandherd Löschpulver oder Kohlensäure. Wegen heftiger Reaktionsgefahr kein Wasser und keinen Schaum verwenden. Behälter mit Wassersprühstrahl kühlen und nach Möglichkeit aus der Gefahrenzone ziehen. Es darf jedoch kein Wasser in den Tank gelangen, da sonst Gefahr einer explosionsartigen Reaktion.
Leckage: Leck schließen, wenn ohne Risiko möglich.
Fließendes Gewässer: Trink-, Brauch- und Kühlwasserentnehmer verständigen. Experten hinzuziehen.
Stehendes Gewässer: Absperren. Alle Zündquellen beseitigen. Fahrzeuge im gefährdeten Gebiet räumen. Experten hinzuziehen.
An Land: Kanalisation abdichten. Auffangen, eindeichen und abpumpen. Restmengen mit nicht brennbarem, saugfähigem Material wie z. B. trockener Erde, Sand, Kieselgur, Universalbinder oder Vermiculit abdecken und in geschlossenem Behälter an sicheren Deponieort transportieren. Alle Zündquellen beseitigen. In Wohn- und Industriegebieten alle tiefliegenden Räume abdichten. Experten hinzuziehen.

Gewässerverunreinigung:
GefStoffV/EG:
Gesamtbewertung nach Unfall: Gruppe III, in stehenden Gewässern sehr hohe, in fließenden Gewässern je nach Vermischung mittlere bis hohe toxische Wirkung (siehe auch Erläuterungen Abschnitt 16.4/5).
Einzelwerte siehe Anhang 9 der Erläuterungen.
Wassergefährdungsklasse: 1 – schwach wassergefährdender Stoff

Erste Hilfe:
Verletzte an die frische Luft bringen, bequem lagern, beengende Kleidungsstücke lockern. Bei Atemstörung Sauerstoffzufuhr, ggf. Beatmung. Benetzte Kleidungsstücke, Schuhe und Strümpfe sofort ausziehen, entfernen und vernichten. Betroffene Körperstellen anhaltend mit Wasser spülen und anschließend mit sterilem Verbandmaterial abdecken. Bei Augenkontakt die Augen 15 Minuten mit Wasser spülen. Augenlider dazu mit Daumen und Zeigefinger aufspreizen und gleichzeitig das Auge nach allen Seiten bewegen lassen. Verletzte nicht auskühlen lassen. Bei Erbrechen zumindest Kopf in Seitenlage bringen. Verletzte nur liegend transportieren. Bei Gefahr der Bewußtlosigkeit Lagerung und Transport in stabiler Seitenlage.

Hinweise für den Arzt:
Symptomatische Behandlung. Nach Verschlucken: Mund ausspülen lassen. Flüssigkeit nachtrinken lassen.

Formel: $CH_3CH(C_6H_{11})OH$ **Summen-Formel:** C8–H16–O **UN-Nr.**

Merkblatt

2355

Stoffname

Deutsch

1-Cyclohexylethanol-1
Cyclohexylmethylcarbinol
1-Cyclohexylethanol
1-Hydroxyethylcyclohexan
α-Methylcyclohexanmethanol
Methylcyclohexylcarbinol

Englisch

1-Cyclohexylethanol
Cyclohexylmethylcarbinol
alpha-Methylcyclohexane methanol
Methylcyclohexylcarbinol
2-Methylcyclohexylmethanol

Französisch

1-Cyclohexyléthanol

Spanisch

1-Ciclohexiletanol

Gefahren-Diamant

1 / 1 / 0

Hazchem-Code:

Technische Daten

Siedepunkt	189 °C
Dampfdruck in mbar bei 20 °C	
Dampfdichteverhältnis, Luft = 1	4,43
Schmelzpunkt	<–40 °C
Mischbarkeit mit Wasser	sehr geringfügig
Spez. Gewicht, Wasser = 1	0,924
Molare Masse	128,21

Feuerbekämpfungsdaten

Flammpunkt	72 °C
Zündfähiges Gemisch, Vol.-%	
Zündtemperatur	270 °C

Gefahrgut:
IMDG-Code: UN-Nr. *
ICAO/IATA DGR: UN-Nr. *
ADR/RID/ADNR: UN-Nr. *
Gefahrzettel (Label) Nr.
Richtige Versandbezeichnung (PSN):
Land/BinSch:
See/Luft:

Klassifizierung:
Kl. Verp. Gr. EMS: **F-** ; **S-**
Kl. Verp. Gr.
Kl. Klassifiz. Code Verp. Gr.

* Kein Gefahrgut im Sinne der Vorschriften.

Gefahrstoff:
CAS Nr.: 1193-81-3 RTECS-Nr.: GV 5776500
EG-Nr.: 214-780-7 INDEX-Nr.:
EG-Einstufung: nein
Symbol:
R-Sätze:
S-Sätze: 23-24/25 *
D-Lagerklasse (VCI)-Nr.: 3B

* Herstellerangaben

Erscheinungsbild: Farblose Flüssigkeit.

Verhalten bei Freiwerden und Vermischen mit Luft: Brennbare Flüssigkeit mit relativ hohem Flammpunkt von 72 °C. Bei Erhitzung bilden sich reizende und explosionsfähige Gemische mit Luft. Sie sind schwerer als Luft und kriechen am Boden entlang. Entzündung durch heiße Oberflächen, Funken oder offene Flammen.

Verhalten bei Freiwerden und Vermischen mit Wasser: Löst sich nur sehr geringfügig in Wasser. Der Stoff schwimmt auf der Wasseroberfläche. Es können sich trotz starker Verdünnung gesundheitsschädliche Mischungen mit Wasser bilden.

Gesundheitsgefährdung: Die Substanz hat eine schwache Reizwirkung auf Haut und Augen. Nach Einatmen der Dämpfe/Aerosole narkotische Wirkung, nach Verschlucken Beschwerden im Magen-Darm-Trakt. Bei längerem Hautkontakt kann es zur Entfettung der Haut kommen.
Symptome: Rötung von Haut und Augen, Juckreiz, Schläfrigkeit, Schwindel, Benommenheit, Übelkeit, Brechreiz, Durchfall.
Nach Einatmen oder Hautkontakt in jedem Fall – auch bei Ausbleiben der Symptome – den Arzt aufsuchen.

Geruchsschwelle = Luftgrenzwert =

Bemerkungen:

Sicherheitsmaßnahmen für Fahrzeugbesatzung, Polizei, Feuerwehr und Rettungskräfte:
Polizei und Feuerwehr alarmieren.
Im Gefahrenbereich Maschine stoppen, umluftunabhängiges (schweres) Atemschutzgerät und volle Schutzkleidung tragen. Bei Brand oder Erhitzung des Stoffes Zündung abstellen, nicht rauchen, offenes Feuer löschen, kein elektrisches Gerät und keinen Schalter mit Funkenbildung betätigen.
Wasserschutzpolizei und Feuerwehr: Beim Retten nicht ins Wasser springen. Bei Erhitzung des Stoffes und bei Brand kein Boot mit Ottomotor einsetzen. Bei Dieselantrieb Sicherheitsschaltung veranlassen.

Schutz- und Einsatzmaßnahmen: Alle unbeteiligten Personen nach Luv (gegen den Wind) entfernen. Achtung, falls freiwerdendes Gut in die Kanalisation oder in Abwasserleitungen von Schiffen gerät, entstehen reizende Gemische mit Abwasser. Experten hinzuziehen. Auf Wasserstraßen Schiffahrtssperre. An Land gefährdetes Gebiet absperren. Bei Brand oder starker Erhitzung entstehen giftige Gase und Dämpfe bzw. Dampf-/Luftgemische. In diesem Fall große Sicherheitszone bilden. In Wohn- und Industriegebieten Anwohner warnen.

Konzentrationsmessung explosionsfähiger bzw. giftiger Dämpfe siehe Tabelle (Anhang 6 der Erläuterungen).

Zuständige Behörden unterrichten.

Bekämpfung der Unfallfolgen:
Feuer: Bei kleinem Brandherd Löschpulver, Wassersprühstrahl, Kohlensäure oder Schaum. Bei großem Brandherd Schaum oder Wassersprühstrahl. Behälter mit Wassersprühstrahl kühlen und nach Möglichkeit aus der Gefahrenzone ziehen. Achtung, das Löschwasser ist umweltgefährlich. Es muß aufgefangen werden und darf nicht unbehandelt in die Kanalisation, in Gewässer oder in das Grundwasser gelangen.
Leckage: Leck schließen, wenn ohne Risiko möglich.
Fließendes Gewässer: Trink-, Brauch- und Kühlwasserentnehmer verständigen.
Stehendes Gewässer: Absperren. Fahrzeugbesatzungen im gefährdeten Gebiet warnen.
An Land: Kanalisation abdichten. Auffangen, eindeichen und abpumpen. In Wohn- und Industriegebieten alle tiefliegenden Räume abdichten. Alle Zündquellen beseitigen. Restmengen mit nicht brennbarem, saugfähigem Material wie z. B. trockener Erde, Sand, Kieselgur, Universalbinder oder Vermiculit abdecken und an sichere Deponie zur Vernichtung transportieren.

Gewässerverunreinigung:
GefStoffV/EG:
Gesamtbewertung nach Unfall: Gruppe II, in stehenden Gewässern mittlere bis hohe, in fließenden Gewässern mittlere toxische Wirkung (siehe auch Erläuterungen Abschnitt 16.4/5).
Einzelwerte siehe Anhang 9 der Erläuterungen.
Wassergefährdungsklasse: 1 – schwach wassergefährdender Stoff

Erste Hilfe:
Verletzte an die frische Luft bringen, bequem lagern, beengende Kleidungsstücke lockern. Bei Atemstörung Sauerstoffzufuhr, ggf. Beatmung. Benetzte Kleidungsstücke, Schuhe und Strümpfe sofort ausziehen, entfernen und vernichten. Betroffene Körperstellen anhaltend mit Wasser spülen und anschließend mit sterilem Verbandmaterial abdecken. Bei Augenkontakt die Augen 15 Minuten mit Wasser spülen. Augenlider dazu mit Daumen und Zeigefinger aufspreizen und gleichzeitig das Auge nach allen Seiten bewegen lassen. Verletzte nicht auskühlen lassen. Bei Erbrechen zumindest Kopf in Seitenlage bringen. Verletzte nur liegend transportieren. Bei Gefahr der Bewußtlosigkeit Lagerung und Transport in stabiler Seitenlage.

Hinweise für den Arzt:
Symptomatische Behandlung. Geringe systemische Toxizität.

Formel: **Summen-Formel:** C5–H11–N **UN-Nr. 3286 n.o.s.**

Merkblatt

2356

Stoffname

Deutsch	*Englisch*	*Französisch*
Cyclopentylamin	**Cyclopentylamine**	**Cyclopentylamine**
Cyclopentanamin	Cyclopentanamine	
Aminocyclopentan	Aminocyclopentane	

Spanisch
Ciclopentilamina

Gefahren-Diamant

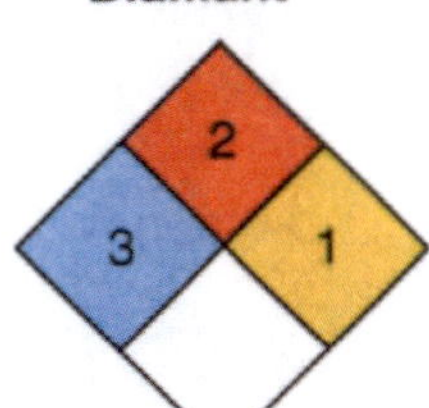

Hazchem-Code:
3 WE

Technische Daten

Siedepunkt	106–108 °C
Dampfdruck in mbar bei 20 °C	27
Dampfdichteverhältnis, Luft = 1	2,94
Schmelzpunkt	–85 °C
Mischbarkeit mit Wasser	vollständig
Spez. Gewicht, Wasser = 1	0,862
Molare Masse	85,15

Feuerbekämpfungsdaten

Flammpunkt	11,5 °C
Zündfähiges Gemisch, Vol.-%	1,3–9,4
Zündtemperatur	260 °C

Gefahrgut: **Klassifizierung:**
IMDG-Code: UN-Nr. 3286 n.o.s. Kl. 3 Verp. Gr. II EMS: **F**-E; **S**-C
ICAO/IATA DGR: UN-Nr. 3286 n.o.s. Kl. 3 Verp. Gr. II
ADR/RID/ADNR: UN-Nr. 3286 n.a.g. Kl. 3 Klassifiz. Code FTC Verp. Gr. II
Gefahrzettel (Label) Nr. 3+6.1+8
Richtige Versandbezeichnung (PSN):
Land/BinSch: **3286 Entzündbarer flüssiger Stoff, giftig, ätzend, n.a.g. (Cyclopentylamin)**
See/Luft: **Flammable liquid, toxic, corrosive, n.o.s. (Cyclopentylamine)**

Gefahrstoff:
CAS Nr.: 1003-03-8 RTECS-Nr.: GY 8452000
EG-Nr.: 213-697-3 INDEX-Nr.:
EG-Einstufung: nein
Symbol: F, T*
R-Sätze: 11-25-34-20-43*
S-Sätze: 16-36/37/39-26-28.2-45*
D-Lagerklasse (VCI)-Nr.: 3A

* Herstellerangaben

Erscheinungsbild: Farblose bis gelbe Flüssigkeit, aminartiger Geruch.

Verhalten bei Freiwerden und Vermischen mit Luft: Giftige, ätzende und brennbare Flüssigkeit. Dämpfe leicht entzündbar, Flüssigkeit verdunstet schnell. Dämpfe bilden mit Luft giftige, ätzende und explosionsfähige Gemische. Sie sind schwerer als Luft, kriechen am Boden entlang und können bei Zündung über weite Strecken zurückschlagen. Entzündung durch heiße Oberflächen, Funken oder offene Flammen. Bei Brand oder Erhitzung bis zur Zersetzung (zum Beispiel durch Umgebungsbrände oder heiße Oberflächen) erfolgt Zersetzung unter Bildung von giftigen und ätzenden Gasen bzw. Dämpfen, die im Wesentlichen aus nitrosen Gasen (Stickstoffoxiden) bestehen und auch Kohlenmonoxid sowie Kohlendioxid enthalten.

Verhalten bei Freiwerden und Vermischen mit Wasser: Der Stoff mischt sich vollständig mit Wasser. Es bilden sich auch bei großer Verdünnung giftige und ätzende Gemische mit Wasser.

Gesundheitsgefährdung: Die Flüssigkeit und ihre Dämpfe sind giftig beim Verschlucken und gesundheitsschädlich beim Einatmen. Die Substanz verursacht schwere Verätzungen an der Haut, den Augen und den oberen Atemwegen. Lungenödem – auch mit Verzögerung bis zu 2 Tagen – möglich. Bei wiederholter oder andauernder Einwirkung ist eine allergische Reaktion der Haut möglich. Bei Brand oder Erhitzen bis zur Zersetzung Bildung von nitrosen Gasen (s. auch Merkblatt 150).
Symptome: Entzündungen, Nekrosen (schlecht heilende Wunden), Übelkeit, Erbrechen, Schwindel, Blutdruckanstieg, Erregung der glatten Muskulatur
Nach Einatmen oder Hautkontakt in jedem Fall – auch bei Ausbleiben der Symptome – den Arzt aufsuchen. Nach Kontakt der Substanz mit den Augen ist in jedem Fall ein Augenarzt aufzusuchen.

Geruchsschwelle = Luftgrenzwert =

Bemerkungen: Bei Kontakt mit Säuren oder säurebildenden Stoffen erfolgt heftige Reaktion unter starker Erwärmung und Bildung von ätzenden und giftigen Gasen, die im Wesentlichen aus nitrosen Gasen (Stickstoffoxiden) bestehen und auch Kohlenmonoxid und Kohlendioxid enthalten.

Sicherheitsmaßnahmen für Fahrzeugbesatzung, Polizei, Feuerwehr und Rettungskräfte:
Polizei und Feuerwehr alarmieren.
Im Gefahrenbereich Maschine stoppen, Zündung abstellen, nicht rauchen, offenes Feuer löschen, kein elektrisches Gerät, keinen Schalter mit Funkenbildung betätigen. Nur exgeschützte Geräte einsetzen. Umluftunabhängiges (schweres) Atemschutzgerät und Schutzkleidung tragen.
Wasserschutzpolizei und Feuerwehr: Kein Boot mit Ottomotor einsetzen. Bei Dieselantrieb Sicherheitsschaltung veranlassen. Radar- und Kommandorufanlage nicht betätigen. Beim Retten nicht ins Wasser springen.

Schutz- und Einsatzmaßnahmen: Alle unbeteiligten Personen nach Luv (gegen den Wind) entfernen. Achtung, falls freiwerdendes Gut in die Kanalisation oder in Abwasserleitungen von Schiffen gerät, entstehen giftige Gemische mit Abwasser und kann über der Oberfläche Explosions- und Vergiftungsgefahr entstehen. Experten hinzuziehen. Auf Wasserstraßen Schiffahrtssperre. An Land gefährdetes Gebiet absperren. Große Sicherheitszone bilden. In Wohn- und Industriegebieten Anwohner warnen. Bei großen Mengen freiwerdenden Gutes gefährdetes Gebiet evakuieren und Katastrophenalarm prüfen.

Konzentrationsmessung explosionsfähiger bzw. giftiger Dämpfe siehe Tabelle (Anhang 6 der Erläuterungen).

Zuständige Behörden unterrichten.

Bekämpfung der Unfallfolgen:
Feuer: Bei kleinem Brandherd Löschpulver, Wassersprühstrahl, Kohlensäure oder Schaum. Bei großem Brandherd Schaum oder Wassersprühstrahl. Behälter mit Wassersprühstrahl kühlen und nach Möglichkeit aus der Gefahrenzone ziehen. Achtung, das Löschwasser ist giftig und umweltgefährlich. Es muß aufgefangen werden und darf nicht unbehandelt in die Kanalisation, in Gewässer oder in das Grundwasser gelangen.
Leckage: Leck schließen, wenn ohne Risiko möglich.
Fließendes Gewässer: Trink-, Brauch- und Kühlwasserentnehmer verständigen.
Stehendes Gewässer: Absperren. Fahrzeugbesatzungen im gefährdeten Gebiet warnen.
An Land: Kanalisation abdichten. Auffangen, eindeichen und abpumpen. In Wohn- und Industriegebieten alle tiefliegenden Räume abdichten. Alle Zündquellen beseitigen. Restmengen mit nicht brennbarem, saugfähigem Material wie z. B. trockener Erde, Sand, Kieselgur, Universalbinder oder Vermiculit abdecken und an sichere Deponie zur Vernichtung transportieren.

Gewässerverunreinigung:
GefStoffV/EG:
Gesamtbewertung nach Unfall: Gruppe III, in stehenden Gewässern sehr hohe, in fließenden Gewässern je nach Vermischung mittlere bis hohe toxische Wirkung, nach Brand Gruppe IV, hohe bis sehr hohe (extrem hohe) toxische Wirkung unabhängig von der Turbulenz des Gewässers (siehe auch Erläuterungen Abschnitt 16.4/5).
Einzelwerte siehe Anhang 9 der Erläuterungen.
Wassergefährdungsklasse: 2 – wassergefährdender Stoff

Erste Hilfe:
Verletzte an die frische Luft bringen, bequem lagern, beengende Kleidungsstücke lockern. Bei Atemstörung Sauerstoffzufuhr, ggf. Beatmung. Benetzte Kleidungsstücke, Schuhe und Strümpfe sofort ausziehen, entfernen und vernichten. Betroffene Körperstellen anhaltend mit Wasser spülen und anschließend mit sterilem Verbandmaterial abdecken. Bei Augenkontakt die Augen 15 Minuten mit Wasser spülen. Augenlider dazu mit Daumen und Zeigefinger aufspreizen und gleichzeitig das Auge nach allen Seiten bewegen lassen. Verletzte nicht auskühlen lassen. Bei Erbrechen zumindest Kopf in Seitenlage bringen. Verletzte nur liegend transportieren. Bei Gefahr der Bewußtlosigkeit Lagerung und Transport in stabiler Seitenlage.

Hinweise für den Arzt:
Symptomatische Behandlung. Nach Verschlucken: Mund ausspülen lassen. Flüssigkeit nachtrinken lassen.

Formel:	**Summen-Formel:** C5–H9–Cl–O2	**UN-Nr. 2742 n.o.s.**

Merkblatt

2357

Gefahren-Diamant

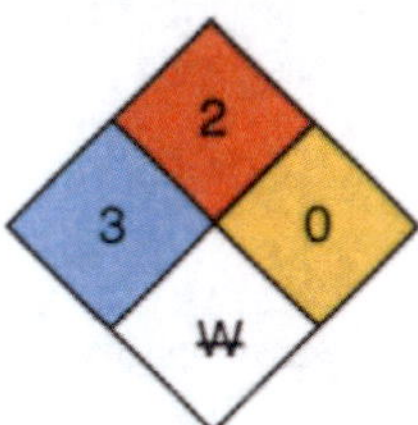

Hazchem-Code:
3W

Stoffname

Deutsch

sek.-Butylchlorformiat
Chlorameisensäure-sek.-butylester
Chlorkohlensäure-sek.-butylester
sek.-Butylchlorkohlensäureester
sek.-Butylchlorcarbonat

Englisch

sec.-Butylchloroformate
sec. Butyl chlorocarbonate
Carbonochloridic acid sec.-butylester
Chloroformic acid-sec.-butylester

Französisch

Chloroformiate de sec.-butyle
Chlorocarbonate de sec.-butyle
Chlorométhanoate de sec butyle

Spanisch

Cloroformiato de sec-butilo

Technische Daten

Siedepunkt	
Dampfdruck in mbar bei 20 °C	13
Dampfdichteverhältnis, Luft = 1	
Schmelzpunkt	<–70 °C
Mischbarkeit mit Wasser	reagiert
Spez. Gewicht, Wasser = 1	1,01
Molare Masse	136,578

Feuerbekämpfungsdaten

Flammpunkt	28,5 °C
Zündfähiges Gemisch, Vol.-%	
Zündtemperatur	455 °C

* Reagiert mit starker Erwärmung unter Zersetzung und Bildung von wasserunlöslichen Verbindungen und Chlorwasserstoff(gas) bzw. Salzsäure.

Gefahrgut: / **Klassifizierung:**

IMDG-Code: UN-Nr. 2742 n.o.s.	Kl. 6.1	Verp. Gr. II EMS: **F**-E; **S**-C
ICAO/IATA DGR: UN-Nr. 2742 n.o.s.	Kl. 6.1	Verp. Gr. II
ADR/RID/ADNR: UN-Nr. 2742 n.a.g.	Kl. 6.1	Klassifiz. Code TFC Verp. Gr. II

Gefahrzettel (Label) Nr. 6.1+3+8
Richtige Versandbezeichnung (PSN):
Land/BinSch: **2742 Chlorformiate, giftig, ätzend, entzündbar, n.a.g.**
See/Luft: **Chloroformates, toxic, corrosive, flammable, n.o.s.**

Gefahrstoff:
CAS Nr.: 17462-58-7 RTECS-Nr.:
EG-Nr.: 241-475-6 INDEX-Nr.:
EG-Einstufung: nein
Symbol: T*
R-Sätze: 10-23-22-38-41*
S-Sätze: 47-37-51-26-45*
D-Lagerklasse (VCI)-Nr.: 6.1

* Herstellerangaben

Erscheinungsbild: Farblose bis gelbe Flüssigkeit, stechender Geruch.

Verhalten bei Freiwerden und Vermischen mit Luft: Giftige und brennbare Flüssigkeit. An warmen Tagen und bei Erwärmung der Flüssigkeit bilden sich giftige, explosionsfähige Gemische mit Luft. Sie sind schwerer als Luft, kriechen am Boden entlang und können bei Zündung über weite Strecken zurückschlagen. Entzündung durch heiße Oberflächen, Funken oder offene Flammen. Bei Brand oder Erhitzung bis zur Zersetzung (z. B. durch Umgebungsbrände oder heiße Oberflächen) bilden sich giftige und ätzende Gase sowie Dämpfe, die im Wesentlichen aus Chlorwasserstoff(gas) bzw. Salzsäuredämpfen bestehen und auch Kohlenmonoxid sowie Kohlendioxid enthalten.

Verhalten bei Freiwerden und Vermischen mit Wasser: Der Stoff ist schwerer als Wasser und sinkt unter. Er vermischt sich nicht mit Wasser, reagiert jedoch (Hydrolyse) unter starker Erwärmung und Bildung von Chlorwasserstoffgas bzw. Salzsäure, Kohlensäure und Butanol. Es bilden sich ätzende Gemische mit Wasser, die auch bei Verdünnung noch wirksam sind. Es können sich über der Wasseroberfläche in geschlossenen Räumen und Behältern ätzende Dämpfe bilden.

Gesundheitsgefährdung: Die Substanz wirkt stark reizend bis ätzend auf die Schleimhäute der Atemwege und der Augen, Gefahr bleibender Augenschäden (Erblindung), nach Einatmen Lungenödem – auch mit Verzögerung bis zu 2 Tagen – möglich. Nach Verschlucken starke Beschwerden im Magen-Darm-Trakt. Bei Brand oder Erhitzen bis zur Zersetzung Bildung von Chlorwasserstoff (s. auch Merkblatt 63).
Symptome: Husten- und Niesanfälle, Lidkrampf, Tränenfluß, Speichel- und Nasenfluß, Rötung, Brennen und Schmerzen der Augen und betroffener Körperpartien; Übelkeit, Benommenheit, Schwindel, Erbrechen, Durchfälle, starke Leibschmerzen.
Nach Einatmen oder Hautkontakt in jedem Fall – auch bei Ausbleiben der Symptome – den Arzt aufsuchen. Nach Kontakt der Substanz mit den Augen ist in jedem Fall ein Augenarzt aufzusuchen.

Geruchsschwelle = Luftgrenzwert =

Bemerkungen: Produkt vor Wärme, Feuchtigkeit und feuchter Luft schützen. Die Lagertemperatur sollte <8 °C sein. Entwicklung von CO2-Überdruck in den Behältern möglich. Berstgefahr bei gasdichtem Verschluß. Bei Einwirkung von Wasser, Alkalien (Laugen), Aminen und aminhaltigen Produkten erfolgt Reaktion unter starker Erwärmung. Es bilden sich Kohlendioxid(gas), Chlorwasserstoff(gas) bzw. Salzsäure und Butanol. Diese können die Behälter sprengen, zerfressen oder die Reaktionsprodukte versprühen. Daher ist bei Transportschäden absoluter Körperschutz nötig, besonders am Kopf. Die Substanz ist löslich in Butylalkohol, Ether, Benzol und den meisten organischen Lösemitteln.

Sicherheitsmaßnahmen für Fahrzeugbesatzung, Polizei, Feuerwehr und Rettungskräfte:
Polizei und Feuerwehr alarmieren.
Im Gefahrenbereich Maschine stoppen, sofort umluftunabhängiges (schweres) Atemschutzgerät und volle Schutzkleidung tragen. An warmen Tagen und bei Erwärmung der Flüssigkeit Zündung abstellen, nicht rauchen, offenes Feuer löschen, kein elektrisches Gerät und keinen Schalter mit Funkenbildung betätigen.
Wasserschutzpolizei und Feuerwehr: Beim Retten nicht ins Wasser springen. An warmen Tagen und bei Erwärmung der Flüssigkeit kein Boot mit Ottomotor einsetzen. Bei Dieselantrieb Sicherheitsschaltung veranlassen. Radar- und Kommandorufanlage nicht benutzen.

Schutz- und Einsatzmaßnahmen: Alle unbeteiligten Personen nach Luv (gegen den Wind) entfernen. Achtung, falls freiwerdendes Gut in die Kanalisation oder in Abwasserleitungen von Schiffen gerät, entstehen ätzende Gemische mit Abwasser und können sich über der Oberfläche ätzende Dämpfe bilden. Experten hinzuziehen. Auf Wasserstraßen Schiffahrtssperre. An Land gefährdetes Gebiet absperren. Insbesondere bei warmer oder heißer Witterung große Sicherheitszone bilden. In Wohn- und Industriegebieten Anwohner warnen. Bei großen Mengen freiwerdenden Gutes gefährdetes Gebiet evakuieren und Katastrophenalarm prüfen.

Konzentrationsmessung explosionsfähiger bzw. giftiger Dämpfe siehe Tabelle (Anhang 6 der Erläuterungen).

Zuständige Behörden unterrichten.

Bekämpfung der Unfallfolgen:
Feuer: Bei kleinem und großem Brandherd Löschpulver, Schaum oder Kohlensäure. Wegen Reaktionsgefahr kein Wasser verwenden. Behälter mit Wassersprühstrahl kühlen und nach Möglichkeit aus der Gefahrenzone ziehen. Es darf jedoch kein Wasser in den Tank gelangen, da sonst Berstgefahr entstehen kann.
Leckage: Leck schließen, wenn ohne Risiko möglich.
Fließendes Gewässer: Trink-, Brauch- und Kühlwasserentnehmer verständigen. Experten hinzuziehen.
Stehendes Gewässer: Absperren. Alle Zündquellen beseitigen. Fahrzeuge im gefährdeten Gebiet räumen. Experten hinzuziehen.
An Land: Kanalisation abdichten. Auffangen, eindeichen und abpumpen. Restmengen mit nicht brennbarem, saugfähigem Material wie z. B. trockener Erde, Sand, gemahlenem Kalkstein, Kieselgur, Universalbinder oder Vermiculit abdecken und in geschlossenem Behälter an sicheren Deponieort transportieren. Alle Zündquellen beseitigen. In Wohn- und Industriegebieten alle tiefliegenden Räume abdichten. Exprten hinzuziehen.

Gewässerverunreinigung:
GefStoffV/EG:
Gesamtbewertung nach Unfall: Gruppe III, in stehenden Gewässern sehr hohe, in fließenden Gewässern je nach Vermischung mittlere bis hohe toxische Wirkung (siehe auch Erläuterungen Abschnitt 16.4/5).
Einzelwerte siehe Anhang 9 der Erläuterungen.
Wassergefährdungsklasse: 1 – schwach wassergefährdender Stoff

Erste Hilfe:
Verletzte an die frische Luft bringen, bequem lagern, beengende Kleidungsstücke lockern. Bei Atemstörung Sauerstoffzufuhr, ggf. Beatmung. Benetzte Kleidungsstücke, Schuhe und Strümpfe sofort ausziehen, entfernen und vernichten. Betroffene Körperstellen anhaltend mit Wasser spülen und anschließend mit sterilem Verbandmaterial abdecken. Bei Augenkontakt die Augen 15 Minuten mit Wasser spülen. Augenlider dazu mit Daumen und Zeigefinger aufspreizen und gleichzeitig das Auge nach allen Seiten bewegen lassen. Verletzte nicht auskühlen lassen. Bei Erbrechen zumindest Kopf in Seitenlage bringen. Verletzte nur liegend transportieren. Bei Gefahr der Bewußtlosigkeit Lagerung und Transport in stabiler Seitenlage.

Hinweise für den Arzt:
Symptomatische Behandlung. Augen gründlich spülen. Bei anhaltenden Augensymptomen: Augenarzt hinzuziehen. Nach Verschlucken: Mund ausspülen lassen. Flüssigkeit nachtrinken lassen. Absaugen des Mageninhalts erwägen.

Formel: **Summen-Formel:** C5-H8-O **UN-Nr. 1224 n.o.s.**

Merkblatt

2358

Stoffname

Deutsch	*Englisch*	*Französisch*
Cyclopropylmethylketon	**Cyclopropyl methyl ketone**	**Cyclopropylméthylcétone**
Acetylcyclopropan	Acetyl cyclopropane	
Methylcyclopropylketon	Methyl cyclopropyl ketone	
	1-Cyclopropyl ethanone	

Spanisch

Ciclopropilmetilcetona

Gefahren-Diamant

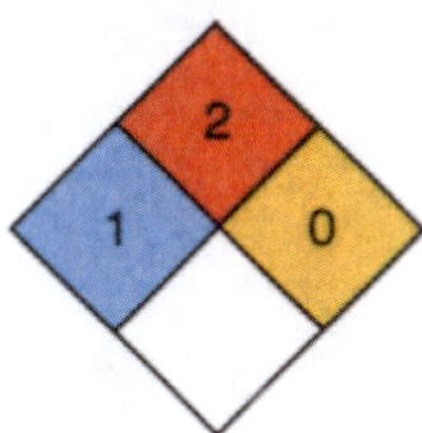

Hazchem-Code: 3Y

Technische Daten

Siedepunkt	114 °C
Dampfdruck in mbar bei 20 °C	
Dampfdichteverhältnis, Luft = 1	2,91
Schmelzpunkt	–68,4 °C
Mischbarkeit mit Wasser	vollständig
Spez. Gewicht, Wasser = 1	0,8984
Molare Masse	84,12

Feuerbekämpfungsdaten

Flammpunkt	13 °C
Zündfähiges Gemisch, Vol.-%	
Zündtemperatur	

Gefahrgut:	**Klassifizierung:**	
IMDG-Code: UN-Nr. 1224 n.o.s.	Kl. 3	Verp. Gr. II EMS: **F**-E; **S**-D
Marine pollutant		
ICAO/IATA DGR: UN-Nr. 1224 n.o.s.	Kl. 3	Verp. Gr. II
ADR/RID/ADNR: UN-Nr. 1224 n.a.g.	Kl. 3	Klassifiz. Code F1 Verp. Gr. II

Gefahrzettel (Label) Nr. 3
Richtige Versandbezeichnung (PSN):
Land/BinSch: **1224 Ketone flüssig, n.a.g. (Cyclopropylmethylketon)**
See/Luft: **Ketones liquid, n.o.s. (Cyclopropyl methyl ketone)**

Gefahrstoff:
CAS Nr.: 765-43-5 RTECS-Nr.: KM 5648000
EG-Nr.: 212-146-4 INDEX-Nr.:
EG-Einstufung: nein
Symbol: F*
R-Sätze: 11*
S-Sätze: 16-29-33*
D-Lagerklasse (VCI)-Nr.: 3A

* Herstellerangaben

Erscheinungsbild: Farblose Flüssigkeit.

Verhalten bei Freiwerden und Vermischen mit Luft: Brennbare Flüssigkeit. Dämpfe leicht entzündbar, Flüssigkeit verdunstet schnell. Dämpfe bilden mit Luft explosionsfähige Gemische. Sie sind schwerer als Luft, kriechen am Boden entlang und können bei Zündung über weite Strecken zurückschlagen. Entzündung durch heiße Oberflächen, Funken oder offene Flammen.

Verhalten bei Freiwerden und Vermischen mit Wasser: Der Stoff löst sich vollständig in Wasser und bildet auch bei Verdünnung noch giftige Gemische mit Wasser. Bei höheren Konzentrationen des Stoffes in heißem Wasser können sich über der Oberfläche giftige und explosionsfähige Gemische mit Luft bilden.

Gesundheitsgefährdung: Die Dämpfe/Aerosole reizen die Schleimhäute der Augen und der Atemwege, nach Einatmen hoher Aerosolkonzentrationen Lungenödem – auch mit Verzögerung bis zu 2 Tagen – möglich. Gefahr von toxischen Wirkungen auf Leber und Nieren. Die Substanz wirkt narkotisch. Bei massivem Hautkontakt: Entfettung der Haut mit nachfolgender Hautentzündung möglich.
Symptome: Rötung der Augen und der Haut, Tränenfluß, Husten- und Niesreiz, Schläfrigkeit, Benommenheit, Übelkeit, Erbrechen, Schwindel, Durchfall
Nach Einatmen oder Hautkontakt in jedem Fall – auch bei Ausbleiben der Symptome – den Arzt aufsuchen.

Geruchsschwelle = Luftgrenzwert =

Bemerkungen: Der Stoff reagiert bei Kontakt oder Mischung mit Oxidationsmitteln.

Sicherheitsmaßnahmen für Fahrzeugbesatzung, Polizei, Feuerwehr und Rettungskräfte:
Polizei und Feuerwehr alarmieren.
Im Gefahrenbereich Maschine stoppen, Zündung abstellen, nicht rauchen, offenes Feuer löschen, kein elektrisches Gerät und keinen Schalter mit Funkenbildung betätigen. Nur exgeschützte Geräte einsetzen. Sofort umluftunabhängiges (schweres) Atemschutzgerät und volle Schutzkleidung tragen.
Wasserschutzpolizei und Feuerwehr: Kein Boot mit Ottomotor einsetzen. Bei Dieselantrieb Sicherheitsschaltung veranlassen. Radar- und Kommandorufanlage nicht benutzen. Beim Retten nicht ins Wasser springen.

Schutz- und Einsatzmaßnahmen: Alle unbeteiligten Personen nach Luv (gegen den Wind) entfernen. Achtung, falls freiwerdendes Gut in die Kanalisation oder in Abwasserleitungen von Schiffen gerät, bilden sich schädliche Gemische mit Abwasser und kann über der Oberfläche Explosionsgefahr entstehen. Experten hinzuziehen. Auf Wasserstraßen Schiffahrtssperre. An Land gefährdetes Gebiet absperren. Große Sicherheitszone bilden. In Wohn- und Industriegebieten Anwohner warnen. Gefährdetes Gebiet ggf. evakuieren.

Konzentrationsmessung explosionsfähiger bzw. giftiger Dämpfe siehe Tabelle (Anhang 6 der Erläuterungen).

Zuständige Behörden unterrichten.

Bekämpfung der Unfallfolgen:
Feuer: Bei kleinem Brandherd Löschpulver, Wassersprühstrahl, Kohlensäure oder Schaum. Bei großem Brandherd Schaum oder Wassersprühstrahl. Behälter mit Wassersprühstrahl kühlen und nach Möglichkeit aus der Gefahrenzone ziehen. Achtung, das Löschwasser ist giftig und umweltgefährlich. Es muß aufgefangen werden und darf nicht unbehandelt in die Kanalisation, in Gewässer oder in das Grundwasser gelangen.
Leckage: Leck schließen, wenn ohne Risiko möglich.
Fließendes Gewässer: Trink-, Brauch- und Kühlwasserentnehmer verständigen.
Stehendes Gewässer: Absperren. Fahrzeugbesatzungen im gefährdeten Gebiet warnen.
An Land: Kanalisation abdichten. Auffangen, eindeichen und abpumpen. In Wohn- und Industriegebieten alle tiefliegenden Räume abdichten. Alle Zündquellen beseitigen. Restmengen mit nicht brennbarem, saugfähigem Material wie z. B. trockener Erde, Sand, Kieselgur, Universalbinder oder Vermiculit abdecken und an sichere Deponie zur Vernichtung transportieren.

Gewässerverunreinigung:
GefStoffV/EG:
Gesamtbewertung nach Unfall: Gruppe IV, hohe bis sehr hohe, (extrem hohe) toxische Wirkung unabhängig von der Turbulenz des Gewässers (siehe auch Erläuterungen Abschnitt 16.4/5).
Einzelwerte siehe Anhang 9 der Erläuterungen.
Wassergefährdungsklasse: 3 – stark wassergefährdender Stoff

Erste Hilfe:
Verletzte an die frische Luft bringen, bequem lagern, beengende Kleidungsstücke lockern. Bei Atemstörung Sauerstoffzufuhr, ggf. Beatmung. Benetzte Kleidungsstücke, Schuhe und Strümpfe sofort ausziehen, entfernen und vernichten. Betroffene Körperstellen anhaltend mit Wasser spülen und anschließend mit sterilem Verbandmaterial abdecken. Bei Augenkontakt die Augen 15 Minuten mit Wasser spülen. Augenlider dazu mit Daumen und Zeigefinger aufspreizen und gleichzeitig das Auge nach allen Seiten bewegen lassen. Verletzte nicht auskühlen lassen. Bei Erbrechen zumindest Kopf in Seitenlage bringen. Verletzte nur liegend transportieren. Bei Gefahr der Bewußtlosigkeit Lagerung und Transport in stabiler Seitenlage.

Hinweise für den Arzt:
Symptomatische Behandlung.

Formel: **Summen-Formel:** C17–H19–N5–O6–S **UN-Nr. 3077 n.o.s.**

Merkblatt

2359

Stoffname

Deutsch

Cyclosulfamuron
1-[2-(Cyclopropylcarbonyl) phenylsulfamoyl]-3-(4,6-dimethoxypyrimidin-2-yl) harnstoff

Englisch

Cyclosulfamuron
N-(((2-(Cyclopropylcarbonyl) phenyl)amino)sulfonyl)-N'-(4,6-dimethoxy)-2-pyrimidinyl)-urea

Französisch

Cyclosulfamuron

Spanisch

Ciclosulfamurona

Gefahren-Diamant

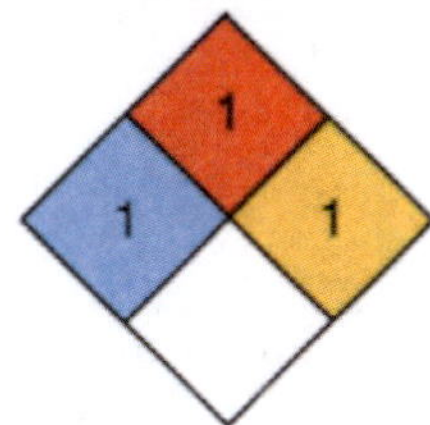

Hazchem-Code: 2X

Technische Daten

Siedepunkt	Zersetzung**
Dampfdruck in mbar bei 20 °C	
Dampfdichteverhältnis, Luft = 1	
Schmelzpunkt	160,9–162,9 °C
Mischbarkeit mit Wasser	sehr geringfügig*
Spez. Gewicht, Wasser = 1	
Molare Masse	421,43

Feuerbekämpfungsdaten

Flammpunkt
Zündfähiges Gemisch, Vol.-%
Zündtemperatur
} Brennbarer fester Stoff

* 0,001 % bei 25 °C
** Ab 121 °C Beginn der Zersetzung unter Bildung von nitrosen Gasen, Schwefeldioxid und Ammoniak.

Gefahrgut: **Klassifizierung:**

IMDG-Code: UN-Nr. 3077 n.o.s. Kl. 9 Verp. Gr. III EMS: **F**-A; **S**-F
Marine pollutant
ICAO/IATA DGR: UN-Nr. 3077 n.o.s. Kl. 9 Verp. Gr. III
ADR/RID/ADNR: UN-Nr. 3077 n.a.g. Kl. 9 Klassifiz. Code M7 Verp. Gr. IIII
Gefahrzettel (Label) Nr. 9
Richtige Versandbezeichnung (PSN):
Land/BinSch: **3077 Umweltgefährdender Stoff, fest, n.o.s. (Cyclosulfamuron)**
See/Luft: **Environmentally hazardous substance, solid, n.o.s. (Cyclosulfamuron)**

Gefahrstoff:

CAS Nr.: 136849-15-5 RTECS-Nr.:
EG-Nr.: INDEX-Nr.:
EG-Einstufung: nein
Symbol: N*
R-Sätze: 50/53*
S-Sätze: 2-13-20/21*
D-Lagerklasse (VCI)-Nr.:

* Herstellerangaben

Erscheinungsbild: Farbloses bis weißes Pulver, schwacher Eigengeruch.

Verhalten bei Freiwerden und Vermischen mit Luft: Umweltgefährlicher und brennbarer fester Stoff. Bei Aufwirbelung des Staubes bilden sich umweltgefährliche und explosionsfähige Gemische mit Luft. Bei Brand oder Erhitzung bis zur Zersetzung (z. B. durch Umgebungsbrände oder heiße Oberflächen) erfolgt Zersetzung unter Bildung von giftigen und ätzenden Gasen und Dämpfen, die im Wesentlichen aus nitrosen Gasen (Stickstoffoxiden), Schwefeldioxid(gas) und Ammoniak(gas) bestehen und auch Kohlendioxid und Kohlenmonoxid enthalten.

Verhalten bei Freiwerden und Vermischen mit Wasser: Der Stoff ist leichter als Wasser und schwimmt auf der Oberfläche. Er löst sich nur geringfügig in Wasser. Es bilden sich stark umweltgefährdende Gemische mit Wasser, die auch bei starker Verdünnung noch wirksam sind.

Gesundheitsgefährdung: Für den Stoff gibt es bisher keine Erfahrungen zur Gesundheitsschädigung bei Menschen. Da die Substanz zur Gruppe der als Antidiabetika verwendeten Sulfonylharnstoffen gehört, sind die für die Substanzklasse typischen Nebenwirkungen nicht auszuschließen, wie Beschwerden im Magen-Darm-Trakt, Appetitlosigkeit, Übelkeit, Störung der Blutbildung, allergische Erscheinungen einschließlich Photosensibilität. Es ist zu beachten, daß Sulfonylharnstoffe durch eine Reihe weiterer Faktoren bzw. bereits vorliegender Erkrankungen den Blutzuckergehalt bis zur Hypoglykämie mit Koma und letalem Ausgang senken können. Bei Brand oder Erhitzen bis zur Zersetzung Bildung von nitrosen Gasen (s. auch Merkblatt 150) und Schwefeldioxid (s. auch Merkblatt 186).
Symptome:
Nach Einatmen oder Hautkontakt in jedem Fall – auch bei Ausbleiben der Symptome – den Arzt aufsuchen.

Geruchsschwelle = Luftgrenzwert =

Bemerkungen: Der Stoff reagiert bei Kontakt oder Mischung mit Säuren, Laugen und Oxidationsmitteln.

Sicherheitsmaßnahmen für Fahrzeugbesatzung, Polizei, Feuerwehr und Rettungskräfte:
Polizei und Feuerwehr alarmieren.
Im Gefahrenbereich Maschine stoppen. Volle Schutzkleidung und umluftunabhängiges (schweres) Atemschutzgerät tragen. Bei starker Erhitzung oder Brand Zündung abstellen, nicht rauchen, offenes Feuer löschen, kein elektrisches Gerät und keinen Schalter mit Funkenbildung betätigen.
Wasserschutzpolizei und Feuerwehr: Beim Retten nicht ins Wasser springen. Bei starker Erhitzung des Stoffes kein Boot mit Ottomotor einsetzen. Bei Dieselantrieb Sicherheitsschaltung veranlassen.

Schutz- und Einsatzmaßnahmen: Alle unbeteiligten Personen nach Luv (gegen den Wind) entfernen. Achtung, falls freiwerdendes Gut in die Kanalisation oder in Abwasserleitungen von Schiffen gerät, entstehen stark umweltgefährdende Gemische mit Abwasser. In Wohn- und Industriegebieten Anwohner warnen. Große Sicherheitszone bilden.

Konzentrationsmessung explosionsfähiger bzw. giftiger Dämpfe siehe Tabelle (Anhang 6 der Erläuterungen).

Zuständige Behörden unterrichten.

Bekämpfung der Unfallfolgen:
Feuer: Bei kleinem Brandherd Löschpulver, Wassersprühstrahl, Kohlensäure oder Schaum. Bei großem Brandherd Schaum oder Wassersprühstrahl. Behälter mit Wassersprühstrahl kühlen und nach Möglichkeit aus der Gefahrenzone ziehen. Achtung, das Löschwasser ist giftig und umweltgefährlich. Es muß aufgefangen werden und darf nicht unbehandelt in die Kanalisation, in Gewässer oder in das Grundwasser gelangen.
Leckage: Leck schließen, wenn ohne Risiko möglich.
Fließendes Gewässer: Trink-, Brauch- und Kühlwasserentnehmer verständigen.
Stehendes Gewässer: Absperren. Fahrzeugbesatzungen im gefährdeten Gebiet warnen.
An Land: Kanalisation abdichten. Auffangen, eindeichen und abbergen. In Wohn- und Industriegebieten alle tiefliegenden Räume abdichten. Alle Zündquellen beseitigen. Restmengen mit nicht brennbarem, saugfähigem Material wie z. B. trockener Erde, Sand, Kieselgur, Universalbinder oder Vermiculit abdecken und an sichere Deponie zur Vernichtung transportieren.

Gewässerverunreinigung:
GefStoffV/EG: Gefahrensymbol: N Umweltgefährlich, R 50/53: sehr giftig für Wasserorganismen, kann in Gewässern längerfristig schädliche Wirkungen haben.
Gesamtbewertung nach Unfall: Gruppe IV, hohe bis sehr hohe (extrem hohe) toxische Wirkung unabhängig von der Turbulenz des Gewässers (siehe auch Erläuterungen Abschnitt 16.4/5).
Einzelwerte siehe Anhang 9 der Erläuterungen.
Wassergefährdungsklasse: 2- wassergefährdender Stoff

Erste Hilfe:
Verletzte an die frische Luft bringen, bequem lagern, beengende Kleidungsstücke lockern. Bei Atemstörung Sauerstoffzufuhr, ggf. Beatmung. Benetzte Kleidungsstücke, Schuhe und Strümpfe sofort ausziehen, entfernen und vernichten. Betroffene Körperstellen anhaltend mit Wasser spülen und anschließend mit sterilem Verbandmaterial abdecken. Bei Augenkontakt die Augen 15 Minuten mit Wasser spülen. Augenlider dazu mit Daumen und Zeigefinger aufspreizen und gleichzeitig das Auge nach allen Seiten bewegen lassen. Verletzte nicht auskühlen lassen. Bei Erbrechen zumindest Kopf in Seitenlage bringen. Verletzte nur liegend transportieren. Bei Gefahr der Bewußtlosigkeit Lagerung und Transport in stabiler Seitenlage.

Hinweise für den Arzt:
Symptomatische Behandlung.

Formel: **Summen-Formel:** C17–H33–Cl–O2 **UN-Nr.**

Merkblatt

2360

Stoffname

Deutsch	*Englisch*	*Französisch*
Hexadecylchlorformiat	**Hexadecylchloroformate**	**Chloroformiate d'hexadécyle**
Cetylchlorformiat	Cetylchloroformate	

Spanisch

Cloroformiato de hexadecilo

Gefahren-Diamant

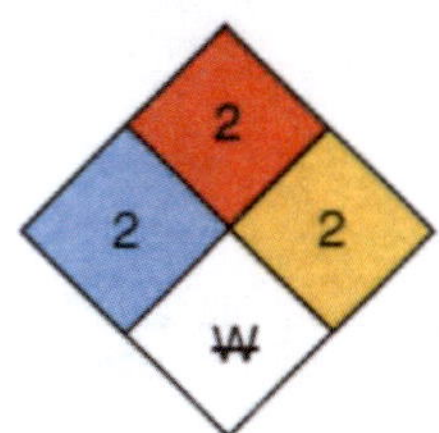

Hazchem-Code:

Technische Daten

Siedepunkt	
Dampfdruck in mbar bei 20 °C	<0,1
Dampfdichteverhältnis, Luft = 1	
Schmelzpunkt	14 °C
Mischbarkeit mit Wasser	reagiert*
Spez. Gewicht, Wasser = 1	0,93
Molare Masse	288,734

Feuerbekämpfungsdaten

Flammpunkt	Brennbare Flüssigkeit
Zündfähiges Gemisch, Vol.-%	
Zündtemperatur	225 °C

* Hydrolysiert zu wasserunlöslichen Verbindungen und Ameisensäure sowie Chlorwasserstoff bzw. Salzsäuredämpfen.

Gefahrgut:
IMDG-Code: UN-Nr. *
ICAO/IATA DGR: UN-Nr. *
ADR/RID/ADNR: UN-Nr. *
Gefahrzettel (Label) Nr.
Richtige Versandbezeichnung (PSN):
Land/BinSch:
See/Luft:

* Kein Gefahrgut im Sinne der Vorschriften.

Klassifizierung:
Kl. Verp. Gr. EMS: **F-** ; **S-**
Kl. Verp. Gr.
Kl. Klassifiz. Code Verp. Gr.

Gefahrstoff:
CAS Nr.: 26272-90-2 RTECS-Nr.:
EG-Nr.: 247-578-2 INDEX-Nr.:
EG-Einstufung: nein
Symbol: Xi*
R-Sätze: 38*
S-Sätze: 37*
D-Lagerklasse (VCI)-Nr.:

* Herstellerangaben

Erscheinungsbild: Farblose bis gelbe Flüssigkeit, stechender Geruch. Bei Temperaturen unter 14 °C farbloser fester Stoff.

Verhalten bei Freiwerden und Vermischen mit Luft: Reizende und brennbare Flüssigkeit. An warmen Tagen und bei Erwärmung der Flüssigkeit bilden sich reizende, explosionsfähige Gemische mit Luft. Sie sind schwerer als Luft, kriechen am Boden entlang und können bei Zündung über weite Strecken zurückschlagen. Entzündung durch heiße Oberflächen, Funken oder offene Flammen. Bei Brand oder Erhitzung bis zur Zersetzung (z. B. durch Umgebungsbrände oder heiße Oberflächen) bilden sich giftige und ätzende Gase sowie Dämpfe, die im Wesentlichen aus Chlorwasserstoff(gas) bzw. Salzsäuredämpfen bestehen und auch Kohlenmonoxid sowie Kohlendioxid enthalten.

Verhalten bei Freiwerden und Vermischen mit Wasser: Der Stoff ist leichter als Wasser und schwimmt auf der Oberfläche. Er vermischt sich nicht mit Wasser, reagiert jedoch (Hydrolyse) unter starker Erwärmung und Bildung von Chlorwasserstoff(gas) bzw. Salzsäuredämpfen, Ameisensäure und wasserunlöslichen Verbindungen. Es bilden sich ätzende Gemische mit Wasser, die auch bei Verdünnung noch wirksam sind.

Gesundheitsgefährdung: Die Substanz reizt die Haut und bei direktem Kontakt auch die Augen. Durch die Feuchtigkeit der Haut und der Schleimhäute kann die Substanz zersetzt werden, wobei u. a. Salzsäure (s. auch Merkblatt 177) und Ameisensäure (s. auch Merkblatt 25) entstehen, wodurch es zur lokalen Ätzwirkung kommt. Bei Brand oder Erhitzen bis zur Zersetzung Bildung von Chlorwasserstoff (s. auch Merkblatt 63).
Symptome: Rötung, Schwellung, Brennen der Haut, Tränenfluß, Husten- und Niesreiz; nach Verschlucken: Leibschmerzen, Übelkeit, Erbrechen, Durchfälle.
Nach Einatmen oder Hautkontakt in jedem Fall – auch bei Ausbleiben der Symptome – den Arzt aufsuchen. Nach Kontakt der Substanz mit den Augen ist in jedem Fall ein Augenarzt aufzusuchen.

Geruchsschwelle = Luftgrenzwert =

Bemerkungen: Produkt vor Wärme und feuchter Luft schützen. Bei Einwirkung von Wasser, Alkalien (Laugen), Aminen und aminhaltigen Produkten erfolgt Reaktion unter starker Erwärmung. Es bilden sich Kohlendioxid(gas), Chlorwasserstoff(gas) bzw. Salzsäure, Ameisensäure und wasserunlösliche Verbindungen. Die Reaktionsprodukte können die Behälter sprengen, zerfressen und den Inhalt versprühen. Daher ist bei Transportschäden ein absoluter Körperschutz erforderlich.

Sicherheitsmaßnahmen für Fahrzeugbesatzung, Polizei, Feuerwehr und Rettungskräfte:
Polizei und Feuerwehr alarmieren.
Im Gefahrenbereich Maschine stoppen. An besonders heißen Tagen und bei starker Erwärmung der Flüssigkeit Zündung abstellen, nicht rauchen, offenes Feuer löschen, kein elektrisches Gerät und keinen Schalter mit Funkenbildung betätigen. Bei längerem Aufenthalt **im Gefahrenbereich** umluftunabhängiges (schweres) Atemschutzgerät und volle Schutzkleidung tragen.
Wasserschutzpolizei und Feuerwehr: An besonders heißen Tagen und bei starker Erwärmung der Flüssigkeit kein Boot mit Ottomotor einsetzen. Bei Dieselantrieb Sicherheitsschaltung veranlassen. Beim Retten nicht ins Wasser springen.

Schutz- und Einsatzmaßnahmen: Alle unbeteiligten Personen nach Luv (gegen den Wind) entfernen. Achtung, falls freiwerdendes Gut in die Kanalisation oder in Abwasserleitungen von Schiffen gerät, entstehen ätzende Gemische mit Abwasser. Experten hinzuziehen. Auf Wasserstraßen Schiffahrtssperre. An Land gefährdetes Gebiet absperren. Große Sicherheitszone bilden. In Wohn- und Industriegebieten Anwohner warnen.

Konzentrationsmessung explosionsfähiger bzw. giftiger Dämpfe siehe Tabelle (Anhang 6 der Erläuterungen).

Zuständige Behörden unterrichten.

Bekämpfung der Unfallfolgen:
Feuer: Bei kleinem und großem Brandherd Löschpulver, Schaum oder Kohlensäure. Wegen Reaktionsgefahr kein Wasser verwenden. Behälter mit Wassersprühstrahl kühlen und nach Möglichkeit aus der Gefahrenzone ziehen. Es darf jedoch kein Wasser in den Tank gelangen, da Berstgefahr entstehen kann.
Leckage: Leck schließen, wenn ohne Risiko möglich.
Fließendes Gewässer: Trink-, Brauch- und Kühlwasserentnehmer verständigen. Experten hinzuziehen.
Stehendes Gewässer: Absperren. Alle Zündquellen beseitigen. Fahrzeuge im gefährdeten Gebiet räumen. Experten hinzuziehen.
An Land: Kanalisation abdichten. Auffangen, eindeichen und abpumpen bzw. abbergen. Restmengen mit nicht brennbarem, saugfähigem Material wie z. B. trockener Erde, Sand, gemahlenem Kalkstein, Kieselgur, Universalbinder oder Vermiculit abdecken und in geschlossenem Behälter an sicheren Deponieort transportieren. Alle Zündquellen beseitigen. In Wohn- und Industriegebieten alle tiefliegenden Räume abdichten. Experten hinzuziehen.

Gewässerverunreinigung:
GefStoffV/EG:
Gesamtbewertung nach Unfall: Gruppe II, in stehenden Gewässern mittlere bis hohe, in fließenden Gewässern mittlere toxische Wirkung, nach Brand Gruppe III, in stehenden Gewässern sehr hohe, in fließenden Gewässern je nach Vermischung mittlere bis hohe toxische Wirkung (siehe auch Erläuterungen Abschnitt 16.4/5).
Einzelwerte (siehe Anhang 9 der Erläuterungen)
Wassergefährdungsklasse: 1 – schwach wassergefährdender Stoff

Erste Hilfe:
Verletzte an die frische Luft bringen, bequem lagern, beengende Kleidungsstücke lockern. Bei Atemstörung Sauerstoffzufuhr, ggf. Beatmung. Benetzte Kleidungsstücke, Schuhe und Strümpfe sofort ausziehen, entfernen und vernichten. Betroffene Körperstellen anhaltend mit Wasser spülen und anschließend mit sterilem Verbandmaterial abdecken. Bei Augenkontakt die Augen 15 Minuten mit Wasser spülen. Augenlider dazu mit Daumen und Zeigefinger aufspreizen und gleichzeitig das Auge nach allen Seiten bewegen lassen. Verletzte nicht auskühlen lassen. Bei Erbrechen zumindest Kopf in Seitenlage bringen. Verletzte nur liegend transportieren. Bei Gefahr der Bewusstlosigkeit Lagerung und Transport in stabiler Seitenlage.

Hinweise für den Arzt:
Symptomatische Behandlung. Augen gründlich spülen. Bei anhaltenden Augensymptomen: Augenarzt hinzuziehen.
Nach Verschlucken: Mund ausspülen lassen. Flüssigkeit nachtrinken lassen. Absaugen des Mageninhalts erwägen.

Formel: $\begin{matrix}CH_3CH_2\\CH_3CH_2\end{matrix}\!\!>N{-}CH_2CN$ Summen-Formel: C6–H12–N2 UN-Nr. 3275 n.o.s.

Merkblatt

2361

Stoffname

Deutsch

Diethylaminoacetonitril
N,N-Diethylaminoglycinnitril
N,N-Diethylaminoacetonitril

Englisch

(Diethylamino)-acetonitrile
N,N-Diethylaminoacetonitrile
N,N-Diethylglycinonitrile
2-(Diethylamino)acetonitrile

Französisch

(Diéthylamino)acétonitrile

Spanisch

(Dietilamino)acetonitrilo

Gefahren-Diamant

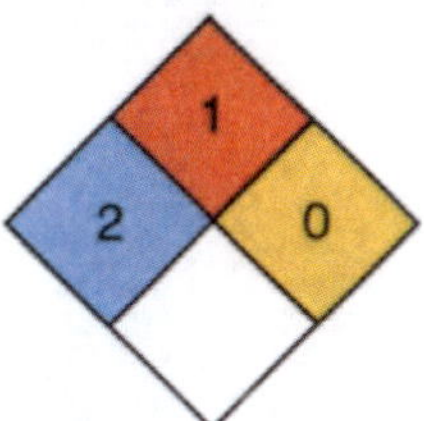

Hazchem-Code: 3W

Technische Daten	
Siedepunkt	170 °C
Dampfdruck in mbar bei 20 °C	
Dampfdichteverhältnis, Luft = 1	
Schmelzpunkt	
Mischbarkeit mit Wasser	vollständig
Spez. Gewicht, Wasser = 1	0,866
Molare Masse	112,17

Feuerbekämpfungsdaten	
Flammpunkt	53 °C
Zündfähiges Gemisch, Vol.-%	
Zündtemperatur	

Gefahrgut:

Klassifizierung:

IMDG-Code: UN-Nr. 3275 n.o.s. Kl. 6.1 Verp. Gr. II EMS: **F**-E; **S**-D
Marine pollutant
ICAO/IATA DGR: UN-Nr. 3275 n.o.s. Kl. 6.1 Verp. Gr. II
ADR/RID/ADNR: UN-Nr. 3275 n.a.g. Kl. 6.1 Klassifiz. Code TF1 Verp. Gr. II
Gefahrzettel (Label) Nr. 6.1+3
Richtige Versandbezeichnung (PSN):
Land/BinSch: **3275 Nitrile giftig, entzündbar, n.a.g. (Diethylaminoacetonitril)**
See/Luft: **Nitrile toxic, flammable, n.o.s. ((Diethylamino)-acetonitrile)**

Gefahrstoff:
CAS Nr.: 3010-02-4 RTECS-Nr.: AL 8575000
EG-Nr.: 221-130-6 INDEX-Nr.:
EG-Einstufung: nein
Symbol:T*
R-Sätze: 10-41-23/24/25*
S-Sätze: 16-26-45-36/37/39*
D-Lagerklasse (VCI)-Nr.: 6.1

* Herstellerangaben

Erscheinungsbild: Farblose bis gelbe Flüssigkeit.

Verhalten bei Freiwerden und Vermischen mit Luft: Giftige und brennbare Flüssigkeit mit relativ hohem Flammpunkt von 53 °C. Bei Erhitzung bilden sich giftige und explosionsfähige Gemische mit Luft. Sie sind schwerer als Luft und kriechen am Boden entlang. Entzündung durch heiße Oberflächen, Funken oder offene Flammen. Bei Erhitzung bis zur Zersetzung (z. B. durch Umgebungsbrände oder heiße Oberflächen) und bei Brand bilden sich giftige und ätzende Gase bzw. Dämpfe, die im Wesentlichen aus nitrosen Gasen sowie Cyanwasserstoff(gas = Blausäure) bestehen und auch Kohlenmonoxid(gas) sowie Kohlendioxid(gas) enthalten.

Verhalten bei Freiwerden und Vermischen mit Wasser: Der Stoff ist leichter als Wasser und schwimmt auf der Oberfläche. Er mischt sich vollständig mit Wasser und bildet auch bei Verdünnung giftige Gemische mit Wasser.

Gesundheitsgefährdung: Die Substanz wird durch Einatmen, Verschlucken und über die Haut aufgenommen. Die Substanz übt eine leichte Reizwirkung auf die Haut und auf die Schleimhäute der Augen und der oberen Atemwege aus. Gefahr kumulativer Giftwirkungen. Verursacht schwere Augenschäden. Bei Brand oder Erhitzen bis zur Zersetzung Bildung von Blausäure (s. auch Merkblatt 42) und nitrosen Gasen (s. auch Merkblatt 150).
Symptome: Wärme- und Schwindelgefühl, Lufthunger, Ohrensausen, Sehstörungen, Atemnot, Herzbeschwerden, Erbrechen, Übelkeit, Krämpfe, Narkose, Todesfälle möglich.
Nach Einatmen oder Hautkontakt in jedem Fall – auch bei Ausbleiben der Symptome – den Arzt aufsuchen. Nach Kontakt der Substanz mit den Augen ist in jedem Fall ein Augenarzt aufzusuchen.

Geruchsschwelle = Luftgrenzwert =

Bemerkungen: Der Stoff reagiert mit starken Oxidationsmitteln und starken Basen (Laugen).

Sicherheitsmaßnahmen für Fahrzeugbesatzung, Polizei, Feuerwehr und Rettungskräfte:
Polizei und Feuerwehr alarmieren.
Im Gefahrenbereich Maschine stoppen. Umluftunabhängiges (schweres) Atemschutzgerät und volle Schutzkleidung tragen. Bei Erhitzung der Flüssigkeit offenes Feuer löschen, nicht rauchen, Zündung abstellen.
Wasserschutzpolizei und Feuerwehr: Beim Retten nicht ins Wasser springen. Bei starker Erhitzung der Flüssigkeit im Nahbereich kein Boot mit Ottomotor einsetzen. Bei Dieselantrieb Sicherheitsschaltung veranlassen.

Schutz- und Einsatzmaßnahmen: Alle unbeteiligten Personen nach Luv (gegen den Wind) entfernen. Achtung, falls freiwerdendes Gut in die Kanalisation oder in Abwasserleitungen von Schiffen gerät, entstehen giftige Gemische mit Abwasser und können sich bei heißem Abwasser über der Oberfläche explosionsfähige und giftige Gemische mit Luft bilden. In Wohn- und Industriegebieten Anwohner warnen. Große Sicherheitszone bilden.

Konzentrationsmessung explosionsfähiger bzw. giftiger Dämpfe siehe Tabelle (Anhang 6 der Erläuterungen).

Zuständige Behörden unterrichten.

Bekämpfung der Unfallfolgen:
Feuer: Bei kleinem Brandherd Löschpulver, Wassersprühstrahl, Kohlensäure oder Schaum. Bei großem Brandherd Schaum oder Wassersprühstrahl. Behälter mit Wassersprühstrahl kühlen und nach Möglichkeit aus der Gefahrenzone ziehen. Achtung, das Löschwasser ist giftig und umweltgefährlich. Es muß aufgefangen werden und darf nicht unbehandelt in die Kanalisation, in Gewässer oder in das Grundwasser gelangen.
Leckage: Leck schließen, wenn ohne Risiko möglich.
Fließendes Gewässer: Trink-, Brauch- und Kühlwasserentnehmer verständigen.
Stehendes Gewässer: Absperren. Fahrzeugbesatzungen im gefährdeten Gebiet warnen.
An Land: Kanalisation abdichten. Auffangen, eindeichen und abpumpen. In Wohn- und Industriegebieten alle tiefliegenden Räume abdichten. Alle Zündquellen beseitigen. Restmengen mit nicht brennbarem, saugfähigem Material wie z. B. trockener Erde, Sand, Kieselgur, Universalbinder oder Vermiculit abdecken und an sichere Deponie zur Vernichtung transportieren.

Gewässerverunreinigung:
GefStoffV/EG:
Gesamtbewertung nach Unfall: Gruppe III, in stehenden Gewässern sehr hohe, in fließenden Gewässern je nach Vermischung mittlere bis hohe toxische Wirkungen. Nach Brand Gruppe IV, hohe bis sehr hohe (extrem hohe) toxische Wirkung unabhängig von der Turbulenz des Gewässers (siehe auch Erläuterungen Abschnitt 16.4/5).
Einzelwerte siehe Anhang 9 der Erläuterungen.
Wassergefährdungsklasse:

Erste Hilfe:
Verletzte an die frische Luft bringen, bequem lagern, beengende Kleidungsstücke lockern. Bei Atemstörung Sauerstoffzufuhr, ggf. Beatmung. Benetzte Kleidungsstücke, Schuhe und Strümpfe sofort ausziehen, entfernen und vernichten. Betroffene Körperstellen anhaltend mit Wasser spülen und anschließend mit sterilem Verbandmaterial abdecken. Bei Augenkontakt die Augen 15 Minuten mit Wasser spülen. Augenlider dazu mit Daumen und Zeigefinger aufspreizen und gleichzeitig das Auge nach allen Seiten bewegen lassen. Verletzte nicht auskühlen lassen. Bei Erbrechen zumindest Kopf in Seitenlage bringen. Verletzte nur liegend transportieren. Bei Gefahr der Bewußtlosigkeit Lagerung und Transport in stabiler Seitenlage.

Hinweise für den Arzt:
Symptomatische Behandlung. Wenn Ingestionszeitpunkt kurz zurückliegt und größere Mengen aufgenommen wurden, Absaugen des Mageninhalts erwägen.

Formel: $ClC_6H_4CH(OH)CO_2H$ **Summen-Formel:** C8–H7–Cl–O3 **UN-Nr.**

Merkblatt

2362

Stoffname

Deutsch

ChiPros(R)-2-Chlormandelsäure
(alpha R)-2-Chlor-alpha-hydroxy-benzolessigsäure
(R)-(-)-2-Chlor-α-hydroxyphenylessigsäure
(R)-(-)-o-Chlormandelsäure

Englisch

ChiPros(R)-2-Chloromandelic acid
(alpha R)-2-Chloro-alpha-hydroxy-benzene-acid
(R)-(-)-2-Chloro-alpha-hydroxyphenylacetic acid
(R)-(-)-o-Chloromandelic acid

Französisch

(R)-2-Chloro acide mandélique
(R)-o-Chloro acide mandélique

Spanisch

(R)-2-cloro ácido mandélico
(R)-o-cloro ácido mandélico

Gefahren-Diamant

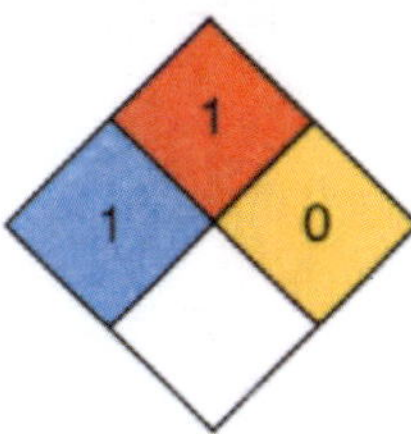

Hazchem-Code:

Technische Daten

Siedepunkt	
Dampfdruck in mbar bei 20 °C	
Dampfdichteverhältnis, Luft = 1	
Schmelzpunkt	119–121 °C
Mischbarkeit mit Wasser	geringfügig*
Spez. Gewicht, Wasser = 1	
Molare Masse	186,60

Feuerbekämpfungsdaten

Flammpunkt
Zündfähiges Gemisch, Vol.-%
Zündtemperatur
} Brennbarer fester Stoff

* 73 g/l bei 20 °C.

Gefahrgut:
IMDG-Code: UN-Nr. *
ICAO/IATA DGR: UN-Nr. *
ADR/RID/ADNR: UN-Nr. *
Gefahrzettel (Label) Nr.
Richtige Versandbezeichnung (PSN):
Land/BinSch:
See/Luft:

* Kein Gefahrgut im Sinne der Vorschriften.

Klassifizierung:
Kl. Verp. Gr. EMS: **F**-; **S**-
Kl. Verp. Gr.
Kl. Klassifiz. Code Verp. Gr.

Gefahrstoff:
CAS Nr.: 52950-18-2 RTECS-Nr.:
EG-Nr.: INDEX-Nr.:
EG-Einstufung: nein
Symbol: Xi*
R-Sätze: 41-53*
S-Sätze: 22-26-37/39-61*
D-Lagerklasse (VCI)-Nr.:

* Herstellerangaben

Erscheinungsbild: Weißer kristalliner Stoff, stechender Geruch.

Verhalten bei Freiwerden und Vermischen mit Luft: Reizender, umweltgefährlicher und brennbarer fester Stoff. Bei Aufwirbelung des Staubes bilden sich reizende, umweltgefährliche und explosionsfähige Gemische mit Luft. Bei Brand oder Erhitzung bis zur Zersetzung (z. B. durch Umgebungsbrände oder heiße Oberflächen) erfolgt Zersetzung unter Bildung von giftigen und ätzenden Gasen und Dämpfen, die im Wesentlichen aus Chlorwasserstoff(gas) bzw. Salzsäuredämpfen bestehen und auch Kohlendioxid und Kohlenmonoxid enthalten.

Verhalten bei Freiwerden und Vermischen mit Wasser: Der Stoff ist leichter als Wasser und schwimmt auf der Oberfläche. Er löst sich nur geringfügig in Wasser. Es bilden sich reizende, umweltgefährdende Gemische mit Wasser, die auch bei starker Verdünnung noch wirksam sind.

Gesundheitsgefährdung: Die Substanz wird nach den bisherigen Erkenntnissen durch Verschlucken rasch resorbiert, es kann zu zentralnervösen und den sog. unspezifischen Wirkungen kommen. Bei direktem Kontakt mit den Augen: Gefahr bleibender Augenschäden (Erblindung) möglich. Bei Brand oder Erhitzen bis zur Zersetzung Bildung von Chlorwasserstoff (s. auch Merkblatt 63).
Symptome: Übelkeit, Schwindel, Benommenheit, Schläfrigkeit, Erbrechen, Durchfall, Durstgefühl.
Nach Einatmen oder Hautkontakt in jedem Fall – auch bei Ausbleiben der Symptome – den Arzt aufsuchen.
Nach Kontakt der Substanz mit den Augen ist in jedem Fall ein Augenarzt aufzusuchen.

Geruchsschwelle = Luftgrenzwert =

Bemerkungen: Geeignete Materialien für Behälter: Polyethylen hoher Dichte (HDPE), Polyethylen niedriger Dichte (LDPE).

Sicherheitsmaßnahmen für Fahrzeugbesatzung, Polizei, Feuerwehr und Rettungskräfte:
Polizei und Feuerwehr alarmieren.
Im Gefahrenbereich umluftunabhängiges (schweres) Atemschutzgerät und volle Schutzkleidung tragen. Bei Erhitzung des Stoffes oder bei Brand **im Gefahrenbereich** Maschine stoppen, Zündung abstellen, offenes Feuer löschen, nicht rauchen, kein elektrisches Gerät und keinen Schalter mit Funkenbildung betätigen.
Wasserschutzpolizei und Feuerwehr: Bei Erhitzung des Stoffes kein Boot mit Ottomotor einsetzen. Bei Dieselantrieb Sicherheitsschaltung veranlassen. Nach dem Einsatz Kühlwasserkreislauf überprüfen. Beim Retten nicht ins Wasser springen.

Schutz- und Einsatzmaßnahmen: Alle unbeteiligten Personen nach Luv (gegen den Wind) entfernen. Achtung, falls freiwerdendes Gut in die Kanalisation oder in Abwasserleitungen von Schiffen gerät, entstehen reizende, umweltgefährdende Gemische mit Abwasser. In Wohn- und Industriegebieten Anwohner warnen. Große Sicherheitszone bilden.

Konzentrationsmessung explosionsfähiger bzw. giftiger Dämpfe siehe Tabelle (Anhang 6 der Erläuterungen).

Zuständige Behörden unterrichten.

Bekämpfung der Unfallfolgen:
Feuer: Bei kleinem Brandherd Löschpulver, Wassersprühstrahl, Kohlensäure oder Schaum. Bei großem Brandherd Schaum oder Wassersprühstrahl. Behälter mit Wassersprühstrahl kühlen und nach Möglichkeit aus der Gefahrenzone ziehen. Achtung, das Löschwasser ist giftig und umweltgefährlich. Es muß aufgefangen werden und darf nicht unbehandelt in die Kanalisation, in Gewässer oder in das Grundwasser gelangen.
Leckage: Leck schließen, wenn ohne Risiko möglich.
Fließendes Gewässer: Trink-, Brauch- und Kühlwasserentnehmer verständigen.
Stehendes Gewässer: Absperren. Fahrzeugbesatzungen im gefährdeten Gebiet warnen.
An Land: Kanalisation abdichten. Auffangen, eindeichen und abbergen. In Wohn- und Industriegebieten alle tiefliegenden Räume abdichten. Alle Zündquellen beseitigen. Restmengen mit nicht brennbarem, saugfähigem Material wie z. B. trockener Erde, Sand, Kieselgur, Universalbinder oder Vermiculit abdecken und an sichere Deponie zur Vernichtung transportieren.

Gewässerverunreinigung:
GefStoffV/EG: R 53: Kann in Gewässern längerfristig schädliche Wirkungen haben.
Gesamtbewertung nach Unfall: Gruppe II, in stehenden Gewässern mittlere bis hohe, in fließenden Gewässern mittlere toxische Wirkung, nach Brand Gruppe III, in stehenden Gewässern sehr hohe, in fließenden Gewässern je nach Vermischung mittlere bis hohe toxische Wirkung (siehe auch Erläuterungen Abschnitt 16.4/5).
Einzelwerte siehe Anhang 9 der Erläuterungen.
Wassergefährdungsklasse: 1 – schwach wassergefährdender Stoff

Erste Hilfe:
Verletzte an die frische Luft bringen, bequem lagern, beengende Kleidungsstücke lockern. Bei Atemstörung Sauerstoffzufuhr, ggf. Beatmung. Benetzte Kleidungsstücke, Schuhe und Strümpfe sofort ausziehen, entfernen und vernichten. Betroffene Körperstellen anhaltend mit Wasser spülen und anschließend mit sterilem Verbandmaterial abdecken. Bei Augenkontakt die Augen 15 Minuten mit Wasser spülen. Augenlider dazu mit Daumen und Zeigefinger aufspreizen und gleichzeitig das Auge nach allen Seiten bewegen lassen. Verletzte nicht auskühlen lassen. Bei Erbrechen zumindest Kopf in Seitenlage bringen. Verletzte nur liegend transportieren. Bei Gefahr der Bewußtlosigkeit Lagerung und Transport in stabiler Seitenlage.

Hinweise für den Arzt:
Symptomatische Behandlung. Bei Augenkontakt: Spülen; wenn Beschwerden anhalten, Augenarzt hinzuziehen.

Formel: $(CH_3)_2CH(CH_2)_3CH(CH_3)CH_2CH_2OH$ **Summen-Formel:** C10–H22–O **UN-Nr. 3082 n.o.s.**

Merkblatt

2363

Stoffname

Deutsch

3,7-Dimethyl-1-octanol
Tetrahydrogeraniol
Dihydrocitronellol
Dimethyloctanol
2,6-Dimethyl-8-octanol
Perhydrogeraniol
Geranioltetrahydrid
Pelargol*

Englisch

3,7-Dimethyl-1-octanol
Dihydrocitronellol
Dimethyloctanol
Perhydrogeraniol
Tetrahydride geraniol
Perhydrogeraniol
Tetrahydrogeraniol
2,6-Dimethyl-8-octanol
Pelargol*

Französisch

3,7-Diméthyloctane-1-ol

Spanisch

3,7-Dimetiloctan-1-ol

Gefahren-Diamant

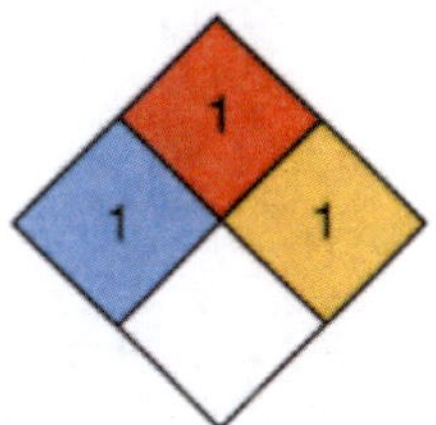

Hazchem-Code: 2X

Technische Daten

Siedepunkt	210–215 °C
Dampfdruck in mbar bei 20 °C	
Dampfdichteverhältnis, Luft = 1	5,46
Schmelzpunkt	
Mischbarkeit mit Wasser	sehr geringfügig
Spez. Gewicht, Wasser = 1	0,8285
Molare Masse	158,28

Feuerbekämpfungsdaten

Flammpunkt	97–99 °C
Zündfähiges Gemisch, Vol.-%	
Zündtemperatur	
Thermische Zersetzung	>200 °C

Gefahrgut: **Klassifizierung:**

IMDG-Code: UN-Nr. 3082 n.o.s. Kl. 9 Verp. Gr. III EMS: **F**-A; **S**-F
Marine pollutant
ICAO/IATA DGR: UN-Nr. 3082 n.o.s. Kl. 9 Verp. Gr. III
ADR/RID/ADNR: UN-Nr. 3082 n.a.g. Kl. 9 Klassifiz. Code M6 Verp. Gr. III
Gefahrzettel (Label) Nr. 9
Richtige Versandbezeichnung (PSN):
Land/BinSch: **3082 Umweltgefährdender Stoff, flüssig, n.a.g. (Tetrahydrogeraniol)**
See/Luft: **Environmentally hazardous substance, liquid, n.o.s. (Tetrahydrogeraniol)**

Gefahrstoff:

CAS Nr.: 106-21-8 RTECS-Nr.: RH 0900000
EG-Nr.: 203-374-5 INDEX-Nr.:
EG-Einstufung: nein
Symbol: Xi, N*
R-Sätze: 38-51/53*
S-Sätze: 43*
D-Lagerklasse (VCI)-Nr.:
* Herstellerangaben

Erscheinungsbild: Farblose Flüssigkeit, süßlicher, rosenähnlicher Geruch.

Verhalten bei Freiwerden und Vermischen mit Luft: Reizende, umweltgefährliche und brennbare Flüssigkeit mit relativ hohem Flammpunkt. Bei starker Erhitzung bilden sich reizende, umweltgefährliche und explosionsfähige Gemische mit Luft. Sie sind schwerer als Luft und kriechen am Boden entlang. Entzündung durch heiße Oberflächen, Funken oder offene Flammen. Bei Erhitzung bis zur Zersetzung (z. B. durch Umgebungsbrände oder heiße Oberflächen) und bei Brand bilden sich giftige und ätzende Gase bzw. Dämpfe, die im Wesentlichen aus reizendem Rauch und Dämpfen bestehen und auch Kohlenmonoxid(gas) sowie Kohlendioxid(gas) enthalten.

Verhalten bei Freiwerden und Vermischen mit Wasser: Der Stoff ist leichter als Wasser und schwimmt auf der Oberfläche. Er löst sich nur geringfügig in Wasser. Es bilden sich reizende und umweltgefährdende Gemische mit Wasser, die auch bei starker Verdünnung noch wirksam sind.

Gesundheitsgefährdung: Die Flüssigkeit und ihre Aerosole reizen die Haut, nach wiederholtem oder länger andauerndem Kontakt kann es zu allergischen Hautreaktionen kommen.
Symptome: Rötung und Brennen der Haut, Juckreiz
Nach Einatmen oder Hautkontakt in jedem Fall – auch bei Ausbleiben der Symptome – den Arzt aufsuchen.

Geruchsschwelle = Luftgrenzwert =

Bemerkungen: Der Stoff reagiert unter Wärmeentwicklung bei Kontakt oder Mischung mit Säuren und Basen (Laugen).

Sicherheitsmaßnahmen für Fahrzeugbesatzung, Polizei, Feuerwehr und Rettungskräfte:
Polizei und Feuerwehr alarmieren.
Im Gefahrenbereich Maschine stoppen. Umluftunabhängiges (schweres) Atemschutzgerät und volle Schutzkleidung tragen. Bei Brand oder starker Erhitzung des Stoffes Zündung abstellen, nicht rauchen, offenes Feuer löschen, kein elektrisches Gerät und keinen Schalter mit Funkenbildung betätigen.
Wasserschutzpolizei und Feuerwehr: Beim Retten nicht ins Wasser springen. Bei starker Erhitzung des Stoffes und bei Brand kein Boot mit Ottomotor einsetzen. Bei Dieselantrieb Sicherheitsschaltung veranlassen.

Schutz- und Einsatzmaßnahmen: Alle unbeteiligten Personen nach Luv (gegen den Wind) entfernen. Achtung, falls freiwerdendes Gut in die Kanalisation oder in Abwasserleitungen von Schiffen gerät, entstehen reizende und umweltgefährdende Gemische mit Abwasser. In Wohn- und Industriegebieten Anwohner warnen. Große Sicherheitszone bilden.

Konzentrationsmessung explosionsfähiger bzw. giftiger Dämpfe siehe Tabelle (Anhang 6 der Erläuterungen).

Zuständige Behörden unterrichten.

Bekämpfung der Unfallfolgen:
Feuer: Bei kleinem Brandherd Löschpulver, Wassersprühstrahl, Kohlensäure oder Schaum. Bei großem Brandherd Schaum oder Wassersprühstrahl. Behälter mit Wassersprühstrahl kühlen und nach Möglichkeit aus der Gefahrenzone ziehen. Achtung, das Löschwasser ist giftig und umweltgefährlich. Es muß aufgefangen werden und darf nicht unbehandelt in die Kanalisation, in Gewässer oder in das Grundwasser gelangen.
Fließendes Gewässer: Trink-, Brauch- und Kühlwasserentnehmer verständigen.
Stehendes Gewässer: Absperren. Fahrzeugbesatzungen im gefährdeten Gebiet warnen.
An Land: Kanalisation abdichten. Auffangen, eindeichen und abpumpen. In Wohn- und Industriegebieten alle tiefliegenden Räume abdichten. Alle Zündquellen beseitigen. Restmengen mit nicht brennbarem, saugfähigem Material wie z. B. trockener Erde, Sand, Kieselgur, Universalbinder oder Vermiculit abdecken und an sichere Deponie zur Vernichtung transportieren.

Gewässerverunreinigung:
GefStoffV/EG: Gefahrensymbol: N Umweltgefährlich, R 51/53: giftig für Wasserorganismen, kann in Gewässern längerfristig schädliche Wirkungen haben.
Gesamtbewertung nach Unfall: Gruppe III, in stehenden Gewässern sehr hohe, in fließenden Gewässern je nach Vermischung mittlere bis hohe toxische Wirkung (siehe auch Erläuterungen Abschnitt 16.4/5).
Einzelwerte siehe Anhang 9 der Erläuterungen.
Wassergefährdungsklasse: 2 – wassergefährdender Stoff.

Erste Hilfe:
Verletzte an die frische Luft bringen, bequem lagern, beengende Kleidungsstücke lockern. Bei Atemstörung Sauerstoffzufuhr, ggf. Beatmung. Benetzte Kleidungsstücke, Schuhe und Strümpfe sofort ausziehen, entfernen und vernichten. Betroffene Körperstellen anhaltend mit Wasser spülen und anschließend mit sterilem Verbandmaterial abdecken. Bei Augenkontakt die Augen 15 Minuten mit Wasser spülen. Augenlider dazu mit Daumen und Zeigefinger aufspreizen und gleichzeitig das Auge nach allen Seiten bewegen lassen. Verletzte nicht auskühlen lassen. Bei Erbrechen zumindest Kopf in Seitenlage bringen. Verletzte nur liegend transportieren. Bei Gefahr der Bewußtlosigkeit Lagerung und Transport in stabiler Seitenlage.

Hinweise für den Arzt:
Symptomatische Behandlung.

Formel: $[CH_3(CH_2)_5]_2NH$ | Summen-Formel: C12–H27–N | UN-Nr. 2927 n.o.s.

Merkblatt

2364

Stoffname

Deutsch	*Englisch*	*Französisch*
Dihexylamin	**Dihexylamine**	**Dihexylamine**
Di-n-hexylamin	Di-n-hexylamine	
N-Hexyl-1-hexanamin	N-Hexyl-1-hexanamine	

Spanisch

Dihexilamina

Gefahren-Diamant

Hazchem-Code: 2XE

Technische Daten

Siedepunkt	192–194 °C
Dampfdruck in mbar bei 20 °C	0,05
Dampfdichteverhältnis, Luft = 1	6,38
Schmelzpunkt	3 °C
Mischbarkeit mit Wasser	sehr geringfügig*
Spez. Gewicht, Wasser = 1	0,786
Molare Masse	185,35

Feuerbekämpfungsdaten

Flammpunkt	104 °C
Zündfähiges Gemisch, Vol.-%	0,7–5,9
Zündtemperatur	250 °C

* 0,3 g/l bei 25 °C.

Gefahrgut: / **Klassifizierung:**

IMDG-Code: UN-Nr. 2927 n.o.s. — Kl. 6.1 — Verp. Gr. I EMS: **F**-A; **S**-B

ICAO/IATA DGR: UN-Nr. 2927 n.o.s. — Kl. 6.1 — Verp. Gr. I

ADR/RID/ADNR: UN-Nr. 2927 n.a.g. — Kl. 6.1 — Klassifiz. Code TC1 Verp. Gr. I

Gefahrzettel (Label) Nr. 6.1+8

Richtige Versandbezeichnung (PSN):

Land/BinSch: **2927 Giftiger organischer flüssiger Stoff, ätzend, n.a.g. (Di-n-hexylamin)**

See/Luft: **Toxic liquid, corrosive, organic, n.o.s. (Di-n-hexylamine)**

Gefahrstoff:

CAS Nr.: 143-16-8 RTECS-Nr.: IH 6600000

EG-Nr.: 205-588-4 INDEX-Nr.:

EG-Einstufung: nein

Symbol: T+, N*

R-Sätze: 26/27-25-34-50/53*

S-Sätze: 36/37/39-26-28-45-61*

D-Lagerklasse (VCI)-Nr.: 6.1A

* Herstellerangaben

Erscheinungsbild: Farblose bis gelbe Flüssigkeit, aminartiger Geruch.

Verhalten bei Freiwerden und Vermischen mit Luft: Sehr giftige, ätzende, umweltgefährdende und brennbare Flüssigkeit mit relativ hohem Flammpunkt. Bei starker Erhitzung bilden sich sehr giftige, ätzende, umweltgefährdende und explosionsfähige Gemische mit Luft. Sie sind schwerer als Luft und kriechen am Boden entlang. Entzündung durch heiße Oberflächen, Funken oder offene Flammen. Bei Erhitzung bis zur Zersetzung (z. B. durch Umgebungsbrände oder heiße Oberflächen) und bei Brand bilden sich giftige und ätzende Gase bzw. Dämpfe, die im Wesentlichen aus nitrosen Gasen bestehen und auch Kohlenmonoxid(gas) sowie Kohlendioxid(gas) enthalten.

Verhalten bei Freiwerden und Vermischen mit Wasser: Der Stoff ist leichter als Wasser und schwimmt auf der Oberfläche. Er mischt sich nur geringfügig in Wasser. Es bilden sich giftige, ätzende und umweltgefährdende Gemische mit Wasser, die auch bei sehr großer Verdünnung noch wirksam sind.

Gesundheitsgefährdung: Die Flüssigkeit und ihre Dämpfe sind sehr giftig beim Einatmen und bei Berühung mit der Haut sowie giftig beim Verschlucken. Hautaufnahme! Der direkte Kontakt mit der Substanz führt zu Verätzungen der Haut und der Augen. Gefahr bleibender Augenschäden bzw. Erblindung. Lungenödem – auch mit Verzögerung bis zu 2 Tagen – möglich. Bei Brand oder Erhitzen bis zur Zersetzung Bildung von nitrosen Gasen (s. auch Merkblatt 150).

Symptome: Rötung, Brennen der Haut und der Augen, schlecht heilende Ätzwunden, Übelkeit, Erbrechen, Schwindel, Blutdruckanstieg

Nach Einatmen oder Hautkontakt in jedem Fall – auch bei Ausbleiben der Symptome – den Arzt aufsuchen. Nach Kontakt der Substanz mit den Augen ist in jedem Fall ein Augenarzt aufzusuchen.

Geruchsschwelle = Luftgrenzwert =

Bemerkungen: Der Stoff ist löslich in Ethylalkohol und Ether. Bei Kontakt oder Mischung der Substanz mit Säuren und starken Oxidationsmitteln erfolgt heftige Reaktion unter starker Erwärmung.

Sicherheitsmaßnahmen für Fahrzeugbesatzung, Polizei, Feuerwehr und Rettungskräfte:
Polizei und Feuerwehr alarmieren.
Im Gefahrenbereich Maschine stoppen. Volle Schutzkleidung und umluftunabhängiges (schweres) Atemschutzgerät tragen. Bei starker Erhitzung oder Brand Zündung abstellen, nicht rauchen, offenes Feuer löschen, kein elektrisches Gerät und keinen Schalter mit Funkenbildung betätigen.
Wasserschutzpolizei und Feuerwehr: Beim Retten nicht ins Wasser springen. Bei starker Erhitzung der Flüssigkeit kein Boot mit Ottomotor einsetzen. Bei Dieselantrieb Sicherheitsschaltung veranlassen.

Schutz- und Einsatzmaßnahmen: Alle unbeteiligten Personen nach Luv (gegen den Wind) entfernen. Achtung, falls freiwerdendes Gut in die Kanalisation oder in Abwasserleitungen von Schiffen gerät, entstehen giftige, ätzende und umweltgefährdende Gemische mit Abwasser. Experten hinzuziehen. Auf Wasserstraßen Schiffahrtssperre. An Land gefährdetes Gebiet absperren. Bei Brand oder starker Erhitzung entstehen giftige und ätzende Gase und Dämpfe bzw. Dampf-/Luftgemische. In diesem Fall große Sicherheitszone bilden. In Wohn- und Industriegebieten Anwohner warnen.

Konzentrationsmessung explosionsfähiger bzw. giftiger Dämpfe siehe Tabelle (Anhang 6 der Erläuterungen).

Zuständige Behörden unterrichten.

Bekämpfung der Unfallfolgen:
Feuer: Bei kleinem Brandherd Löschpulver, Wassersprühstrahl, Kohlensäure oder Schaum. Bei großem Brandherd Schaum oder Wassersprühstrahl. Behälter mit Wassersprühstrahl kühlen und nach Möglichkeit aus der Gefahrenzone ziehen. Achtung, das Löschwasser ist giftig und umweltgefährlich. Es muß aufgefangen werden und darf nicht unbehandelt in die Kanalisation, in Gewässer oder in das Grundwasser gelangen.
Leckage: Leck schließen, wenn ohne Risiko möglich.
Fließendes Gewässer: Trink-, Brauch- und Kühlwasserentnehmer verständigen.
Stehendes Gewässer: Absperren. Fahrzeugbesatzungen im gefährdeten Gebiet warnen.
An Land: Kanalisation abdichten. Auffangen, eindeichen und abpumpen. In Wohn- und Industriegebieten alle tiefliegenden Räume abdichten. Alle Zündquellen beseitigen. Restmengen mit nicht brennbarem, saugfähigem Material wie z. B. trockener Erde, Sand, Kieselgur, Universalbinder oder Vermiculit abdecken und an sichere Deponie zur Vernichtung transportieren.

Gewässerverunreinigung:
GefStoffV/EG: Gefahrensymbol: N Umweltgefährlich, R 50/53: sehr giftig für Wasserorganismen, kann in Gewässern längerfristig schädliche Wirkungen haben.
Gesamtbewertung nach Unfall: Gruppe IV, hohe bis sehr hohe (extrem hohe) toxische Wirkung unabhängig von der Turbulenz des Gewässers (siehe auch Erläuterungen Abschnitt 16.4/5).
Einzelwerte siehe Anhang 9 der Erläuterungen.
Wassergefährdungsklasse: 2 – wassergefährdender Stoff

Erste Hilfe:
Verletzte an die frische Luft bringen, bequem lagern, beengende Kleidungsstücke lockern. Bei Atemstörung Sauerstoffzufuhr, ggf. Beatmung. Benetzte Kleidungsstücke, Schuhe und Strümpfe sofort ausziehen, entfernen und vernichten. Betroffene Körperstellen anhaltend mit Wasser spülen und anschließend mit sterilem Verbandmaterial abdecken. Bei Augenkontakt die Augen 15 Minuten mit Wasser spülen. Augenlider dazu mit Daumen und Zeigefinger aufspreizen und gleichzeitig das Auge nach allen Seiten bewegen lassen. Verletzte nicht auskühlen lassen. Bei Erbrechen zumindest Kopf in Seitenlage bringen. Verletzte nur liegend transportieren. Bei Gefahr der Bewußtlosigkeit Lagerung und Transport in stabiler Seitenlage.

Hinweise für den Arzt:
Symptomatische Behandlung. Augen gründlich spülen. Bei anhaltenden Augensymptomen: Augenarzt hinzuziehen. Nach Verschlucken: Mund ausspülen lassen. Flüssigkeit nachtrinken lassen. Absaugen des Mageninhalts erwägen. Bei Reizung der Atemwege 5–10 Hübe oder mehr/h eines Dosier-Aerosols mit Beclometason (z. B. Sanasthmyl Glaxo oder Viarox Essex Pharma) oder mit Dexamethason (z. B. Auxiloson Thomae).

Formel: $[(CH_3)_2NC_6H_4]_2CO$ **Summen-Formel:** C17–H20–N2–O **UN-Nr.**

Merkblatt

2365

Gefahren-Diamant

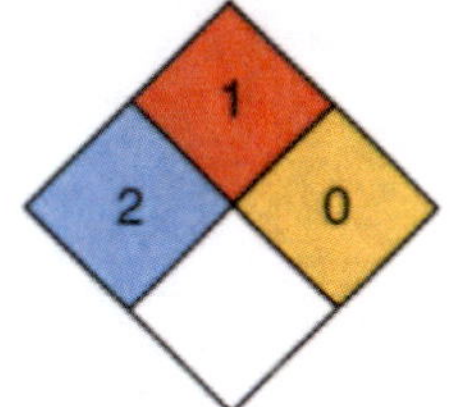

Hazchem-Code:

Stoffname

Deutsch

Michler's Keton
4,4´-Bis(dimethylamino)-benzophenon
4,4´-Diamino-N,N,N´,N´-tetramethylbenzophenon
N,N,N´,N´-Tetramethyl-4,4´-diaminobenzophenon
Bis[4-(dimethylamino)-phenyl]-methanon
Tetramethyldiaminobenzophenon

Englisch

Michler Ketone
4,4´-Bis(dimethylamino) benzophenone
p,p´-Bis(N,N-Dimethylamino) benzophenone
Bis(p-(N,N-dimethylamino) phenyl)ketone
Bis(4-(dimethylamino) phenyl)methanone
Tetramethyldiaminobenzophenone
N,N,N´,N´-Tetramethyl-4,4´-diaminobenzophenone
p,p´-Michler's ketone

Französisch

Cétone de Michler

Spanisch

Cetona de Michler

Technische Daten

Siedepunkt	>360 °C*
Dampfdruck in mbar bei 20 °C	
Dampfdichteverhältnis, Luft = 1	9,26
Schmelzpunkt	172 °C
Mischbarkeit mit Wasser	sehr geringfügig**
Spez. Gewicht, Wasser = 1	<1
Molare Masse	268,36

Feuerbekämpfungsdaten

Flammpunkt	220 °C
Zündfähiges Gemisch, Vol.-%	
Zündtemperatur	480 °C
* Beginn thermischer Zersetzung	>300 °C unter Bildung von nitrosen Gasen und Ammoniak(gas)

* Zersetzung
** 400 mg/l bei 20 °C.

Gefahrgut:
IMDG-Code: UN-Nr. * Kl. Verp. Gr. EMS: **F-** ; **S-**
ICAO/IATA DGR: UN-Nr. * Kl. Verp. Gr.
ADR/RID/ADNR: UN-Nr. * Kl. Klassifiz. Code Verp. Gr.
Gefahrzettel (Label) Nr.
Richtige Versandbezeichnung (PSN):
Land/BinSch:
See/Luft:

* Kein Gefahrgut im Sinne der Vorschriften.

Klassifizierung:

Gefahrstoff:
CAS Nr.: 90-94-8 RTECS-Nr.: DJ 0250000
EG-Nr.: 202-027-5 INDEX-Nr.:
EG-Einstufung: nein
Symbol: T*
R-Sätze: 45-46-36/37/38*
S-Sätze: 26-45-36/37/39*
D-Lagerklasse (VCI)-Nr.: 6.1A
* Herstellerangaben

Erscheinungsbild: Braunes Pulver, fast geruchlos.

Verhalten bei Freiwerden und Vermischen mit Luft: Giftiger, umweltgefährlicher und brennbarer fester Stoff. Bei Aufwirbelung des Staubes bilden sich giftige, umweltgefährliche und explosionsfähige Gemische mit Luft. Bei Brand oder Erhitzung bis zur Zersetzung (z. B. durch Umgebungsbrände oder heiße Oberflächen) erfolgt Zersetzung unter Bildung von giftigen und ätzenden Gasen und Dämpfen, die im Wesentlichen aus nitrosen Gasen (Stickstoffoxiden) sowie Ammoniak(gas) bestehen und auch Kohlendioxid und Kohlenmonoxid enthalten.

Verhalten bei Freiwerden und Vermischen mit Wasser: Der Stoff ist leichter als Wasser und schwimmt auf der Oberfläche. Es bilden sich giftige und umweltgefährdende Gemische mit Wasser, die auch bei Verdünnung noch wirksam sind.

Gesundheitsgefährdung: Die Stäube reizen die Augen (Gefahr bleibender Hornhautschädigungen) und die Atemwege. Bei Überexposition Gefahr von Lungen- und Kehlkopfödem – auch mit Verzögerung bis zu 2 Tagen – möglich. Wiederholter oder längerer Hautkontakt kann zu Hautentzündungen führen. Gefahr krebserzeugender und erbgutverändender Wirkung. Bei Brand oder Erhitzen bis zur Zersetzung Bildung von nitrosen Gasen (s. auch Merkblatt 150) und Ammoniak (s. auch Merkblatt 27).
Symptome: Husten, Atemnot nach Einatmen; Tränen, Rötung und Brennen der Augen.
Nach Einatmen oder Hautkontakt in jedem Fall – auch bei Ausbleiben der Symptome – den Arzt aufsuchen. Nach Kontakt der Substanz mit den Augen ist in jedem Fall ein Augenarzt aufzusuchen.

Geruchsschwelle = Luftgrenzwert =

Bemerkungen: Der Stoff reagiert bei Kontakt oder Mischung mit starken Oxidationsmitteln und starken Reduktionsmitteln.

Sicherheitsmaßnahmen für Fahrzeugbesatzung, Polizei, Feuerwehr und Rettungskräfte:
Polizei und Feuerwehr alarmieren.
Im Gefahrenbereich umluftunabhängiges (schweres) Atemschutzgerät und volle Schutzkleidung tragen. Bei Erhitzung des Stoffes oder bei Brand **im Gefahrenbereich** Maschine stoppen, Zündung abstellen, offenes Feuer löschen, nicht rauchen, kein elektrisches Gerät und keinen Schalter mit Funkenbildung betätigen.
Wasserschutzpolizei und Feuerwehr: Bei Erhitzung des Stoffes kein Boot mit Ottomotor einsetzen. Bei Dieselantrieb Sicherheitsschaltung veranlassen.

Schutz- und Einsatzmaßnahmen: Alle unbeteiligten Personen nach Luv (gegen den Wind) entfernen. Achtung, falls freiwerdendes Gut in die Kanalisation oder in Abwasserleitungen von Schiffen gerät, entstehen giftige Gemische mit Abwasser. Experten hinzuziehen. Auf Wasserstraßen Schiffahrtssperre. An Land gefährdetes Gebiet absperren. Bei Brand oder starker Erhitzung entstehen giftige Gase und Dämpfe bzw. Dampf-/Luftgemische. In diesem Fall große Sicherheitszone bilden. In Wohn- und Industriegebieten Anwohner warnen.

Konzentrationsmessung explosionsfähiger bzw. giftiger Dämpfe siehe Tabelle (Anhang 6 der Erläuterungen).

Zuständige Behörden unterrichten.

Bekämpfung der Unfallfolgen:
Feuer: Bei kleinem Brandherd Löschpulver, Wassersprühstrahl, Kohlensäure oder Schaum. Bei großem Brandherd Schaum oder Wassersprühstrahl. Behälter mit Wassersprühstrahl kühlen und nach Möglichkeit aus der Gefahrenzone ziehen. Achtung, das Löschwasser ist giftig und umweltgefährlich. Es muß aufgefangen werden und darf nicht unbehandelt in die Kanalisation, in Gewässer oder in das Grundwasser gelangen.
Leckage: Leck schließen, wenn ohne Risiko möglich.
Fließendes Gewässer: Trink-, Brauch- und Kühlwasserentnehmer verständigen.
Stehendes Gewässer: Absperren. Fahrzeugbesatzungen im gefährdeten Gebiet warnen.
An Land: Kanalisation abdichten. Auffangen, eindeichen und abbergen. In Wohn- und Industriegebieten alle tiefliegenden Räume abdichten. Alle Zündquellen beseitigen. Restmengen mit nicht brennbarem, saugfähigem Material wie z. B. trockener Erde, Sand, Kieselgur, Universalbinder oder Vermiculit abdecken und an sichere Deponie zur Vernichtung transportieren.

Gewässerverunreinigung:
GefStoffV/EG:
Gesamtbewertung nach Unfall: Gruppe IV, hohe bis sehr hohe (extrem hohe) toxische Wirkung unabhängig von der Turbulenz des Gewässers (siehe auch Erläuterungen Abschnitt 16.4/5).
Einzelwerte siehe Anhang 9 der Erläuterungen.
Wassergefährdungsklasse: 3 – stark wassergefährdender Stoff

Erste Hilfe:
Verletzte an die frische Luft bringen, bequem lagern, beengende Kleidungsstücke lockern. Bei Atemstörung Sauerstoffzufuhr, ggf. Beatmung. Benetzte Kleidungsstücke, Schuhe und Strümpfe sofort ausziehen, entfernen und vernichten. Betroffene Körperstellen anhaltend mit Wasser spülen und anschließend mit sterilem Verbandmaterial abdecken. Bei Augenkontakt die Augen 15 Minuten mit Wasser spülen. Augenlider dazu mit Daumen und Zeigefinger aufspreizen und gleichzeitig das Auge nach allen Seiten bewegen lassen. Helferschutz beachten: Stoff ist erbgutschädigend und krebsauslösend. Verletzte nicht auskühlen lassen. Bei Erbrechen zumindest Kopf in Seitenlage bringen. Verletzte nur liegend transportieren. Bei Gefahr der Bewußtlosigkeit Lagerung und Transport in stabiler Seitenlage.

Hinweise für den Arzt:
Symptomatische Behandlung. Wenig akut toxisch. Wegen der erbgutschädigenden und krebsauslösenden Wirkung Magenspülung erwägen, wenn Ingestionszeitpunkt kurz zurückliegt und größere Mengen aufgenommen wurden. Vermeide Kontakt mit Material.

Formel: $HCON[CH_2CH(CH_3)_2]_2$ **Summen-Formel:** C9–H19–N–0 **UN-Nr. 2810 n.o.s.**

Merkblatt

2366

Stoffname

Deutsch	*Englisch*	*Französisch*
N,N-Diisobutylformamid	**N,N-Diisobutyl formamide**	**N,N-bis (2-méthylpropyl) formamide**
Diisobutylformamid	Diisobutyl formamide	

Spanisch

N,N-bis(2-metilpropil) formamida

Gefahren-Diamant

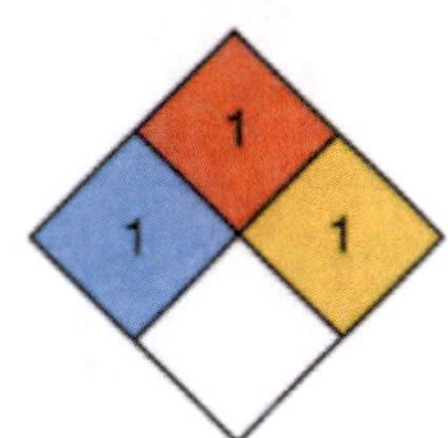

* In der UN-Liste klassifiziert unter umweltgefährdender Stoff, fest, n.a.g. (n.o.s.)

Hazchem-Code: 2XE

Technische Daten

Siedepunkt	224-228 °C
Dampfdruck in mbar	0,9 bei 50 °C
Dampfdichteverhältnis, Luft = 1	
Schmelzpunkt	–70 °C
Mischbarkeit mit Wasser	sehr geringfügig*
Spez. Gewicht, Wasser = 1	0,872
Molare Masse	157,26

Feuerbekämpfungsdaten

Flammpunkt	101,5 °C
Zündfähiges Gemisch, Vol.-%	
Zündtemperatur	395 °C

* 13 g/l. bei 20 °C.

Gefahrgut:

IMDG-Code: UN-Nr. 2810 n.o.s.
Marine pollutant
ICAO/IATA DGR: UN-Nr. 2810 n.o.s.
ADR/RID/ADNR: UN-Nr. 2810 n.a.g.
Gefahrzettel (Label) Nr. 6.1
Richtige Versandbezeichnung (PSN):
Land/BinSch: **2810 Giftiger organischer flüssiger Stoff, n.a.g. (N,N-Diisobutylformamid)**
See/Luft: **Toxic liquid, organic, n.o.s. (N,N-Diisobutyl formanide)**

Klassifizierung:

Kl. 6.1 Verp. Gr. III EMS: **F**-A; **S**-A
Kl. 6.1 Verp. Gr. III
Kl. 6.1 Klassifiz. Code T1 Verp. Gr. III

Gefahrstoff:

CAS Nr.: 2591-76-6 RTECS-Nr.:
EG-Nr.: 219-983-4 INDEX-Nr.:
EG-Einstufung: nein
Symbol: Xn*
R-Sätze: 22*
S-Sätze:
D-Lagerklasse (VCI)-Nr.:

* Herstellerangaben

Erscheinungsbild: Farblose Flüssigkeit.

Verhalten bei Freiwerden und Vermischen mit Luft: Gesundheitsschädliche und brennbare Flüssigkeit mit relativ hohem Flammpunkt von 101,5 °C. Bei starker Erhitzung bilden sich gesundheitsschädliche und explosionsfähige Gemische mit Luft. Sie sind schwerer als Luft und kriechen am Boden entlang. Entzündung durch heiße Oberflächen, Funken oder offene Flammen. Bei Erhitzung bis zur Zersetzung (z. B. durch Umgebungsbrände oder heiße Oberflächen) und bei Brand bilden sich giftige und ätzende Gase bzw. Dämpfe, die im Wesentlichen aus nitrosen Gasen bestehen und auch Kohlenmonoxid(gas) sowie Kohlendioxid(gas) enthalten.

Verhalten bei Freiwerden und Vermischen mit Wasser: Der Stoff ist leichter als Wasser und schwimmt auf der Oberfläche. Er löst sich nur geringfügig in Wasser. Achtung, der Stoff ist dispergierbar/emulgierbar und bildet mit Wasser eine Emulsion mit fein verteilten Tröpfchen. Es bilden sich gesundheitsschädliche und wassergefährdende Gemische mit Wasser, die auch bei Verdünnung noch wirksam sind.

Gesundheitsgefährdung: Die Flüssigkeit und ihre Dämpfe reizen in hohen Konzentrationen die Augen und die Haut. Hautaufnahme! Die Substanz kann zu Störungen der Funktion des Zentralen Nervensystems sowie zu Leber- und Nierenschäden führen (s. auch Merkblatt 377). Bei Brand oder Erhitzen bis zur Zersetzung Bildung von nitrosen Gasen (s. auch Merkblatt 150).
Symptome: Kopfschmerzen, Benommenheit, Übelkeit, Durchfall; Brennen und Rötung von Haut und Augen, Tränenfluß, Husten- und Niesreiz.
Nach Einatmen oder Hautkontakt in jedem Fall – auch bei Ausbleiben der Symptome – den Arzt aufsuchen. Nach Kontakt der Substanz mit den Augen ist in jedem Fall ein Augenarzt aufzusuchen.

Geruchsschwelle = Luftgrenzwert =

Bemerkungen:

Sicherheitsmaßnahmen für Fahrzeugbesatzung, Polizei, Feuerwehr und Rettungskräfte:
Polizei und Feuerwehr alarmieren.
Im Gefahrenbereich Maschine stoppen umluftunabhängiges (schweres) Atemschutzgerät und volle Schutzkleidung tragen. Bei Brand oder starker Erhitzung des Stoffes Zündung abstellen, nicht rauchen, offenes Feuer löschen, kein elektrisches Gerät und keinen Schalter mit Funkenbildung betätigen.
Wasserschutzpolizei und Feuerwehr: Beim Retten nicht ins Wasser springen. Bei starker Erhitzung des Stoffes und bei Brand kein Boot mit Ottomotor einsetzen. Bei Dieselantrieb Sicherheitsschaltung veranlassen.

Schutz- und Einsatzmaßnahmen: Alle unbeteiligten Personen nach Luv (gegen den Wind) entfernen. Achtung, falls freiwerdendes Gut in die Kanalisation oder in Abwasserleitungen von Schiffen gerät, entstehen gesundheitsschädliche und wassergefährdende Gemische mit Abwasser. In Wohn- und Industriegebieten Anwohner warnen. Große Sicherheitszone bilden.

Konzentrationsmessung explosionsfähiger bzw. giftiger Dämpfe siehe Tabelle (Anhang 6 der Erläuterungen).

Zuständige Behörden unterrichten.

Bekämpfung der Unfallfolgen:
Feuer: Bei kleinem Brandherd Löschpulver, Wassersprühstrahl, Kohlensäure oder Schaum. Bei großem Brandherd Schaum oder Wassersprühstrahl. Behälter mit Wassersprühstrahl kühlen und nach Möglichkeit aus der Gefahrenzone ziehen. Achtung, das Löschwasser ist giftig und umweltgefährlich. Es muß aufgefangen werden und darf nicht unbehandelt in die Kanalisation, in Gewässer oder in das Grundwasser gelangen.
Leckage: Leck schließen, wenn ohne Risiko möglich.
Fließendes Gewässer: Trink-, Brauch- und Kühlwasserentnehmer verständigen.
Stehendes Gewässer: Absperren. Fahrzeugbesatzungen im gefährdeten Gebiet warnen.
An Land: Kanalisation abdichten. Auffangen, eindeichen und abpumpen. In Wohn- und Industriegebieten alle tiefliegenden Räume abdichten. Alle Zündquellen beseitigen. Restmengen mit nicht brennbarem, saugfähigem Material wie z. B. trockener Erde, Sand, Kieselgur, Universalbinder oder Vermiculit abdecken und an sichere Deponie zur Vernichtung transportieren.

Gewässerverunreinigung:
GefStoffV/EG:
Gesamtbewertung nach Unfall: Gruppe III, in stehenden Gewässern sehr hohe, in fließenden Gewässern je nach Vermischung mittlere bis hohe toxische Wirkung, nach Brand Gruppe IV, hohe bis sehr hohe (extrem hohe) toxische Wirkung unabhängig von der Turbulenz des Gewässers (siehe auch Erläuterungen Abschnitt 16.4/5).
Einzelwerte siehe Anhang 9 der Erläuterungen.
Wassergefährdungsklasse: 2 – wassergefährdender Stoff

Erste Hilfe:
Verletzte an die frische Luft bringen, bequem lagern, beengende Kleidungsstücke lockern. Bei Atemstörung Sauerstoffzufuhr. Benetzte Kleidungsstücke, Schuhe und Strümpfe sofort ausziehen, entfernen und vernichten. Betroffene Körperstellen anhaltend mit Wasser spülen und anschließend mit sterilem Verbandmaterial abdecken. Bei Augenkontakt die Augen 15 Minuten mit Wasser spülen. Augenlider dazu mit Daumen und Zeigefinger aufspreizen und gleichzeitig das Auge nach allen Seiten bewegen lassen. Verletzte nicht auskühlen lassen. Bei Erbrechen zumindest Kopf in Seitenlage bringen. Verletzte nur liegend transportieren. Bei Gefahr der Bewußtlosigkeit Lagerung und Transport in stabiler Seitenlage.

Hinweise für den Arzt:
Symptomatische Behandlung. Augen gründlich spülen. Bei anhaltenden Augensymptomen: Augenarzt hinzuziehen. Nach Verschlucken: Mund ausspülen lassen. Flüssigkeit nachtrinken lassen. Bei Reizung der Atemwege 5–10 Hübe oder mehr/h eines Dosier-Aerosols mit Beclometason (z. B. Sanasthmyl Glaxo oder Viarox Essex Pharma) oder mit Dexamethason (z. B. Auxiloson Thomae).

Formel: | **Summen-Formel:** C7–H13–N–O2 | **UN-Nr. 3302**

Merkblatt

2367

Stoffname

Deutsch

2-Dimethylaminoethylacrylat
Acrylsäure-2-dimethylaminoethylester
Acrylsäure- [2-(dimethylamino)-ethylester]
Dimethylaminoethylacrylat
2-Propensäuredimethylamino-ethylester

Englisch

Dimethylaminoethyl acrylate
Acrylic acid-2-(dimethylamino) ethyl ester
2-Propenoic acid-2-dimethyl-amino ethyl ester

Französisch

Acrylate de 2-(diméthylamino) éthyle

Spanisch

Acrilato de 2-(dimetilamino)etilo

Gefahren-Diamant

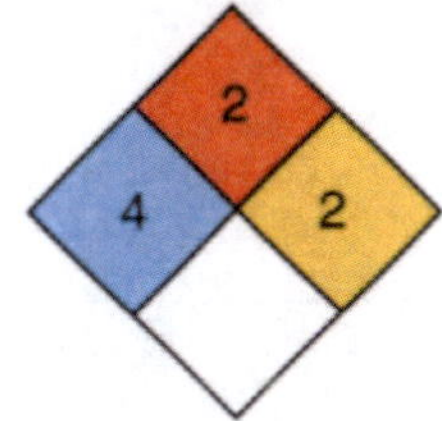

Hazchem-Code: 2Y

Technische Daten

Siedepunkt	173 °C
Dampfdruck in mbar bei 20 °C	1
Dampfdichteverhältnis, Luft = 1	
Schmelzpunkt	–92 °C
Mischbarkeit mit Wasser	vollständig
Spez. Gewicht, Wasser = 1	0,9362
Molare Masse	143,19

Feuerbekämpfungsdaten

Flammpunkt	58 °C
Zündfähiges Gemisch, Vol.-%	0,6–5,5
Zündtemperatur	200 °C

Gefahrgut: | **Klassifizierung:**

IMDG-Code: UN-Nr. 3302	Kl. 6.1	Verp. Gr. II EMS: **F**-A; **S**-A
ICAO/IATA DGR: UN-Nr. 3302	Kl. 6.1	Verp. Gr. II
ADR/RID/ADNR: UN-Nr. 3302	Kl. 6.1	Klassifiz. Code T1 Verp. Gr. II

Gefahrzettel (Label) Nr. 6.1
Richtige Versandbezeichnung (PSN):
Land/BinSch: **3302 2-Dimethylaminoethylacrylat**
See/Luft: **2-Dimethylaminoethylacrylate**

Gefahrstoff:
CAS Nr.: 2439-35-2 RTECS-Nr.: AS 8578000
EG-Nr.: 219-460-0 INDEX-Nr.: 607-133-00-9
EG-Einstufung: ja
Symbol: Xn, N
R-Sätze: 21/22-36/37/38-43-51/53
S-Sätze: (2)-26-28-61
D-Lagerklasse (VCI)-Nr.: 6.1

Erscheinungsbild: Farblose Flüssigkeit, scharfer aminartiger Geruch.

Verhalten bei Freiwerden und Vermischen mit Luft: Reizende, umweltgefährliche und brennbare Flüssigkeit. An besonders heißen Tagen und bei starker Erwärmung der Flüssigkeit bilden sich reizende, umweltgefährliche und explosionsfähige Gemische mit Luft. Sie sind schwerer als Luft und kriechen am Boden entlang. Entzündung durch heiße Oberflächen, Funken oder offene Flammen. Achtung, der Stoff neigt zur Selbstpolymerisation und ist daher stabilisiert. Es besteht die Gefahr der spontanen und heftigen Selbstpolymerisation mit starker Hitzeentwicklung, wenn das Produkt durch Umgebungsbrände oder heiße Oberflächen stark erwärmt wird. Die Polymerisation ist verbunden mit starker Wärmeentwicklung. Dabei entstehen Gase, die geschlossene Behälter und Gebinde zum Bersten bringen können. Die Einwirkung von UV-Strahlen erhöht die Polymerisationsgefahr. Bei Schwellbränden kann sich Cyanwasserstoff (Blausäure) bilden.

Verhalten bei Freiwerden und Vermischen mit Wasser: Der Stoff ist leichter als Wasser und schwimmt auf der Oberfläche. Er mischt sich vollständig mit Wasser. Es bilden sich ätzende und umweltgefährliche Gemische mit Wasser, die auch bei sehr starker Verdünnung noch wirksam sind.

Gesundheitsgefährdung: Die Flüssigkeit und ihre Dämpfe sind gesundheitsgefährdend beim Einatmen, gesundheitsgefährdend bei der Berührung mit der Haut und gesundheitsgefährdend beim Verschlucken. Hautaufnahme! Die Substanz führt zu Verätzungen der Haut, der Augen und der oberen Atemwege. Gefahr bleibender Augenschäden und der Erblindung, Lungenödem – auch mit Verzögerung bis zu 2 Tagen – möglich. Bei wiederholter oder langandauernder Einwirkung sind allergische Reaktionen der Haut möglich. Bei Brand oder Erhitzen bis zur Zersetzung Bildung von nitrosen Gasen (s. auch Merkblatt 150), bei Schwelbränden auch Cyanwasserstoff (s. auch Merkblatt 42).
Symptome: Rötung, Brennen und Schmerzen der Haut, Juckreiz, Blasenbildung, schlecht heilende Ätzwunden, Übelkeit, Erbrechen, Schwindel
Nach Einatmen oder Hautkontakt in jedem Fall – auch bei Ausbleiben der Symptome – den Arzt aufsuchen.
Nach Kontakt der Substanz mit den Augen ist in jedem Fall ein Augenarzt aufzusuchen.

Geruchsschwelle = | Luftgrenzwert =

Bemerkungen: Der Stoff reagiert heftig bei Kontakt oder Mischung mit Radikalbildnern, radikalischen Initiatoren, Peroxiden, Mercaptanen, Nitro-Verbindungen, Peroxoboraten, Aziden, Ethern, Ketonen, Aldehyden, Aminen, Nitraten, Nitriten, Oxidationsmitteln, Reduktionsmitteln, starken Basen, Säureanhydriden, Säurechloriden, konzentrierten Mineralsäuren. Die Reaktionen können zu Entzündungen führen. Bei Kontakt mit starken Oxidationsmitteln kann explosionsartige Reaktion eintreten. Die Bildung von Radikalen kann zur exothermen Polymerisation führen. Bei Kontakt mit Salpetersäure kann sehr heftige Reaktion eintreten. Die Substanz ist löslich in den meisten organischen Lösemitteln.

Sicherheitsmaßnahmen für Fahrzeugbesatzung, Polizei, Feuerwehr und Rettungskräfte:
Polizei und Feuerwehr alarmieren.
Im Gefahrenbereich Maschine stoppen und volle Schutzkleidung tragen. An besonders heißen Tagen und bei Erhitzung der Flüssigkeit Zündung abstellen, nicht rauchen, offenes Feuer löschen, kein elektrisches Gerät und keinen Schalter mit Funkenbildung betätigen.
Wasserschutzpolizei und Feuerwehr: Beim Retten nicht ins Wasser springen. An besonders heißen Tagen und bei Erhitzung der Flüssigkeit kein Boot mit Ottomotor einsetzen. Bei Dieselantrieb Sicherheitsschaltung veranlassen.

Schutz- und Einsatzmaßnahmen: Alle unbeteiligten Personen nach Luv (gegen den Wind) entfernen. Achtung, falls freiwerdendes Gut in die Kanalisation oder in Abwasserleitungen von Schiffen gerät, entstehen giftige Gemische mit Abwasser. Experten hinzuziehen. Auf Wasserstraßen Schiffahrtssperre. An Land gefährdetes Gebiet absperren. Bei Brand oder starker Erhitzung entstehen giftige Gase und Dämpfe bzw. Dampf-/Luftgemische. In diesem Fall große Sicherheitszone bilden. In Wohn- und Industriegebieten Anwohner warnen.

Konzentrationsmessung explosionsfähiger bzw. giftiger Dämpfe siehe Tabelle (Anhang 6 der Erläuterungen).

Zuständige Behörden unterrichten.

Bekämpfung der Unfallfolgen:
Feuer: Bei kleinem Brandherd Wassersprühstrahl, Löschpulver, alkoholbeständiger Schaum oder Kohlensäure. Bei großem Brandherd alkoholbeständiger Schaum oder Wassersprühstrahl. Behälter mit Wassersprühstrahl kühlen und nach Möglichkeit aus der Gefahrenzone ziehen. Im Falle von Umgebungsbränden sollte bei Erreichen von 45 °C Lagerbehälter ein Restabilisierungssystem angewendet werden. Nicht notwendiges Personal aus dem Bereich evakuieren. Bei Erreichen von 60 °C im Lagerbehälter sollte das gesamte Personal großräumig evakuiert werden. Brandbekämpfung aus sicherer Deckung oder unbemannten Monitoren. Achtung, das Löschwasser ist giftig und umweltgefährdend. Es muß aufgefangen werden und darf nicht unbehandelt in die Kanalisation, in Gewässer oder in das Grundwasser gelangen.
Leckage: Leck schließen, wenn ohne Risiko möglich.
Fließendes Gewässer: Trink-, Brauch- und Kühlwasserentnehmer verständigen.
Stehendes Gewässer: Absperren. Alle Zündquellen beseitigen. Fahrzeugbesatzungen im gefährdeten Gebiet warnen.
An Land: Kanalisation abdichten. Auffangen, eindeichen und abpumpen. In Wohn- und Industriegebieten alle tiefliegenden Räume abdichten, alle Zündquellen beseitigen. Restmengen mit nicht brennbarem, saugfähigem Material wie z. B. trockener Erde, Sand, gemahlenem Kalkstein, Kieselgur, Universalbinder oder Vermiculit abdecken und in geschlossenem Behälter an sicheren Deponieort zur Vernichtung transportieren. Experten hinzuziehen.

Gewässerverunreinigung:
GefStoffV/EG: Gefahrensymbol: N Umweltgefährlich, R 51/53: giftig für Wasserorganismen, kann in Gewässern längerfristig schädliche Wirkungen haben.
Gesamtbewertung nach Unfall: Gruppe IV, hohe bis sehr hohe (extrem hohe) toxische Wirkung unabhängig von der Turbulenz des Gewässers (siehe auch Erläuterungen Abschnitt 16.4/5).
Einzelwerte siehe Anhang 9 der Erläuterungen.
Wassergefährdungsklasse: 2 – wassergefährdender Stoff

Erste Hilfe: Verletzte an die frische Luft bringen, bequem lagern, beengende Kleidungsstücke lockern. Bei Atemstörung Sauerstoffzufuhr, ggf. Beatmung. Benetzte Kleidungsstücke, Schuhe und Strümpfe sofort ausziehen, entfernen und vernichten. Betroffene Körperstellen anhaltend mit Wasser spülen und anschließend mit sterilem Verbandmaterial abdecken. Bei Augenkontakt die Augen 15 Minuten mit Wasser spülen. Augenlider dazu mit Daumen und Zeigefinger aufspreizen und gleichzeitig das Auge nach allen Seiten bewegen lassen. Verletzte nicht auskühlen lassen. Bei Erbrechen zumindest Kopf in Seitenlage bringen. Verletzte nur liegend transportieren. Bei Gefahr der Bewußtlosigkeit Lagerung und Transport in stabiler Seitenlage.

Hinweise für den Arzt:
Symptomatische Behandlung. Bei Reizung der Augen: sofort kräftig spülen.

Formel: $C_5H_{10}N_2O$ **Summen-Formel:** C5–H10–N2–O **UN-Nr.**

Merkblatt

2368

Stoffname

Deutsch	*Englisch*	*Französisch*
1,3-Dimethylimidazolidin-2-on	**1,3-Dimethyl-2-imidazolidinone**	**1,3-Diméthylimidazolidine-2-one**
N,N'-Dimethylethylenharnstoff	N,N'-Dimethylethyleneurea	
N-N'-Dimethylenurea	1,3-Dimethylethyleneurea	
1,3-Dimethylenurea	N,N'-Dimethylimidazolidinone	
DMEU		*Spanisch*
DMI		**1,3-Dimetilimidazolidin-2-ona**

Gefahren-Diamant

1 / 2 / 0

Hazchem-Code:

Technische Daten

Siedepunkt	225,5 °C
Dampfdruck in mbar bei 20 °C	<1
Dampfdichteverhältnis, Luft = 1	
Schmelzpunkt	8,2 °C
Mischbarkeit mit Wasser	vollständig
Spez. Gewicht, Wasser = 1	1,056
Molare Masse	114,15

Feuerbekämpfungsdaten

Flammpunkt	114 °C
Zündfähiges Gemisch, Vol.-%	1,3–8,4
Zündtemperatur	305 °C

Gefahrgut: **Klassifizierung:**

IMDG-Code: UN-Nr. * Kl. Verp. Gr. EMS: **F**-; **S**-

ICAO/IATA DGR: UN-Nr. * Kl. Verp. Gr.

ADR/RID/ADNR: UN-Nr. * Kl. Klassifiz. Code Verp. Gr.

Gefahrzettel (Label) Nr.

Richtige Versandbezeichnung (PSN):

Land/BinSch:

See/Luft:

* Kein Gefahrgut im Sinne der Vorschriften.

Gefahrstoff:

CAS Nr.: 80-73-9 RTECS-Nr.: NJ 0660000

EG-Nr.: 201-304-8 INDEX-Nr.:

EG-Einstufung: nein

Symbol: Xn*

R-Sätze: 21/22-36*

S-Sätze: 37*

D-Lagerklasse (VCI)-Nr.:

* Herstellerangaben

Erscheinungsbild: Farblose bis gelbliche Flüssigkeit, eigener Geruch.

Verhalten bei Freiwerden und Vermischen mit Luft: Gesundheitsschädliche, reizende und brennbare Flüssigkeit mit relativ hohem Flammpunkt von 114 °C. Bei starker Erhitzung bilden sich gesundheitsschädliche und explosionsfähige Gemische mit Luft. Sie sind schwerer als Luft und kriechen am Boden entlang. Entzündung durch heiße Oberflächen, Funken oder offene Flammen. Bei Erhitzung bis zur Zersetzung (z. B. durch Umgebungsbrände oder heiße Oberflächen) und bei Brand bilden sich giftige und ätzende Gase bzw. Dämpfe, die im Wesentlichen aus nitrosen Gasen bestehen und auch Kohlenmonoxid(gas) sowie Kolendioxid(gas) enthalten.

Verhalten bei Freiwerden und Vermischen mit Wasser: Der Stoff ist schwerer als Wasser und sinkt langsam unter. Er vermischt sich vollständig mit Wasser und bildet auch bei Verdünnung noch gesundheitsschädliche Gemische mit Wasser.

Gesundheitsgefährdung: Die Flüssigkeit ist gesundheitsschädlich bei der Berührung mit der Haut und beim Verschlucken. Hautaufnahme! Die Substanz reizt die Augen. Bei Brand oder Erhitzen bis zur Zersetzung Bildung von nitrosen Gasen (s. auch Merkblatt 150).
Symptome: Rötung, Brennen der Augen, Übelkeit, Erbrechen, Schwindel, Durchfall, Schweißausbrüche, Atembeschwerden.
Nach Einatmen oder Hautkontakt in jedem Fall – auch bei Ausbleiben der Symptome – den Arzt aufsuchen. Nach Kontakt der Substanz mit den Augen ist in jedem Fall ein Augenarzt aufzusuchen.

Geruchsschwelle = Luftgrenzwert =

Bemerkungen:

Sicherheitsmaßnahmen für Fahrzeugbesatzung, Polizei, Feuerwehr und Rettungskräfte:
Polizei und Feuerwehr alarmieren.
Im Gefahrenbereich Maschine stoppen. Umluftunabhängiges (schweres) Atemschutzgerät und volle Schutzkleidung tragen. Bei Brand oder starker Erhitzung des Stoffes Zündung abstellen, nicht rauchen, offenes Feuer löschen, kein elektrisches Gerät und keinen Schalter mit Funkenbildung betätigen.
Wasserschutzpolizei und Feuerwehr: Beim Retten nicht ins Wasser springen. Bei starker Erhitzung des Stoffes und bei Brand kein Boot mit Ottomotor einsetzen. Bei Dieselantrieb Sicherheitsschaltung veranlassen.

Schutz- und Einsatzmaßnahmen: Alle unbeteiligten Personen nach Luv (gegen den Wind) entfernen. Achtung, falls freiwerdendes Gut in die Kanalisation oder in Abwasserleitungen von Schiffen gerät, entstehen schädliche Gemische mit Abwasser. Experten hinzuziehen. Auf Wasserstraßen Schiffahrtssperre bei großen Mengen ausgelaufenen Gutes. An Land gefährdetes Gebiet absperren. In Wohn- und Industriegebieten Anwohner warnen. Bei starker Erhitzung der Flüssigkeit bei größeren Mengen freiwerdenden Gutes große Sicherheitszone bilden.

Konzentrationsmessung explosionsfähiger bzw. giftiger Dämpfe siehe Tabelle (Anhang 6 der Erläuterungen).

Zuständige Behörden unterrichten.

Bekämpfung der Unfallfolgen:
Feuer: Bei kleinem Brandherd Löschpulver, Wassersprühstrahl, Kohlensäure oder Schaum. Bei großem Brandherd Schaum oder Wassersprühstrahl. Behälter mit Wassersprühstrahl kühlen und nach Möglichkeit aus der Gefahrenzone ziehen. Achtung, das Löschwasser ist giftig und umweltgefährlich. Es muß aufgefangen werden und darf nicht unbehandelt in die Kanalisation, in Gewässer oder in das Grundwasser gelangen.
Leckage: Leck schließen, wenn ohne Risiko möglich.
Fließendes Gewässer: Trink-, Brauch- und Kühlwasserentnehmer verständigen.
Stehendes Gewässer: Absperren. Fahrzeugbesatzungen im gefährdeten Gebiet warnen.
An Land: Kanalisation abdichten. Auffangen, eindeichen und abpumpen. In Wohn- und Industriegebieten alle tiefliegenden Räume abdichten. Alle Zündquellen beseitigen. Restmengen mit nicht brennbarem, saugfähigem Material wie z. B. trockener Erde, Sand, Kieselgur, Universalbinder oder Vermiculit abdecken und an sichere Deponie zur Vernichtung transportieren.

Gewässerverunreinigung:
GefStoffV/EG:
Gesamtbewertung nach Unfall: Gruppe II, in stehenden Gewässern mittlere bis hohe, in fließenden Gewässern mittlere toxische Wirkung, nach Brand Gruppe IV, hohe bis sehr hohe (extrem hohe) toxische Wirkung unabhängig von der Turbulenz des Gewässers (siehe auch Erläuterungen Abschnitt 16.4/5).
Einzelwerte siehe Anhang 9 der Erläuterungen.
Wassergefährdungsklasse: 1 – schwach wassergefährdender Stoff

Erste Hilfe:
Verletzte an die frische Luft bringen, bequem lagern, beengende Kleidungsstücke lockern. Bei Atemstörung Sauerstoffzufuhr, ggf. Beatmung. Benetzte Kleidungsstücke, Schuhe und Strümpfe sofort ausziehen, entfernen und vernichten. Betroffene Körperstellen anhaltend mit Wasser spülen und anschließend mit sterilem Verbandmaterial abdecken. Bei Augenkontakt die Augen 15 Minuten mit Wasser spülen. Augenlider dazu mit Daumen und Zeigefinger aufspreizen und gleichzeitig das Auge nach allen Seiten bewegen lassen. Verletzte nicht auskühlen lassen. Bei Erbrechen zumindest Kopf in Seitenlage bringen. Verletzte nur liegend transportieren. Bei Gefahr der Bewußtlosigkeit Lagerung und Transport in stabiler Seitenlage.

Hinweise für den Arzt:
Symptomatische Behandlung. Augen gründlich spülen. Nach Verschlucken: Mund ausspülen lassen. Flüssigkeit nachtrinken lassen.

Formel: | **Summen-Formel:** C5–H13–N–O2 | **UN-Nr. 1993 n.o.s.**

Merkblatt

2369

Stoffname

Deutsch

1,1-Dimethoxytrimethylamin
N,N-Dimethylformamid-dimethylacetate
N,N-Ameisensäuredimethyl-amiddimethylacetate
N,N-Dimethyldimethoxy-methylamin

Englisch

1,1-Dimethoxytrimethyl amine
N,N-Dimethylformamide dimethyl acetal
N,N-Dimethyldimethoxy methyl amine

Französisch

1,1-Diméthoxytriméthylamine

Spanisch

1,1-Dimetoxitrimetilamina

Gefahren-Diamant

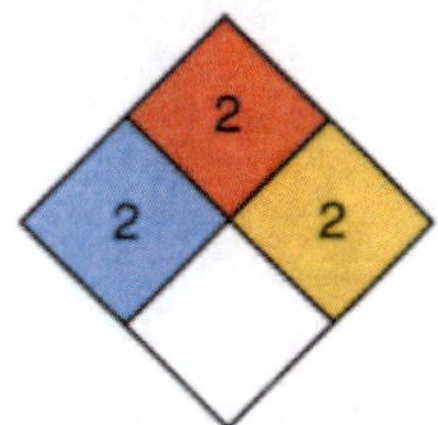

Hazchem-Code:
3Y

Technische Daten

Siedepunkt	104–108 °C
Dampfdruck in mbar bei 20 °C	
Dampfdichteverhältnis, Luft = 1	
Schmelzpunkt	–85 °C
Mischbarkeit mit Wasser	reagiert*
Spez. Gewicht, Wasser = 1	0,897
Molare Masse	119,16

Feuerbekämpfungsdaten

Flammpunkt	6 °C
Zündfähiges Gemisch, Vol.-%	1,3–17,7
Zündtemperatur	155 °C
Thermische Zersetzung	> 200 °C unter Bildung von Methylalkohol und N,N-Dimethylformamid

* Reagiert unter starker Erwärmung und hydrolysiert zu wasserunlöslichen Verbindungen

Gefahrgut:

	Klassifizierung:	
IMDG-Code: UN-Nr. 1993 n.o.s.	Kl. 3	Verp. Gr. II EMS: **F**-E; **S**-E
Marine pollutant		
ICAO/IATA DGR: UN-Nr. 1993 n.o.s.	Kl. 3	Verp. Gr. II
ADR/RID/ADNR: UN-Nr. 1993 n.a.g.	Kl. 3	Klassifiz. Code F1 Verp. Gr. II

Gefahrzettel (Label) Nr. 3
Richtige Versandbezeichnung (PSN):
Land/BinSch: **1993 Entzündbarer flüssiger Stoff, n.a.g. (N,N-Dimethyl-formamiddimethylacetal)**
See/Luft: **Flammable liquid, n.o.s. (N,N-Dimethylformamide dimethyl acetal)**

Gefahrstoff:
CAS Nr.: 4637-24-5 RTECS-Nr.:
EG-Nr.: 225-063-3 INDEX-Nr.:
EG-Einstufung: nein
Symbol: F, Xn*
R-Sätze: 11-20-36/37/38*
S-Sätze: 16-26-36*
D-Lagerklasse (VCI)-Nr.: 3A

* Herstellerangaben

Erscheinungsbild: Klare, farblose Flüssigkeit, aminartiger Geruch.

Verhalten bei Freiwerden und Vermischen mit Luft: Leicht entzündliche, gesundheitsschädliche, reizende und brennbare Flüssigkeit. Dämpfe leicht entzündbar, Flüssigkeit verdunstet schnell. Dämpfe bilden mit Luft gesundheitsschädliche, explosionsfähige Gemische. Sie sind schwerer als Luft, kriechen am Boden entlang und können bei Zündung über weite Strecken zurückschlagen. Entzündung durch heiße Oberflächen, Funken oder offene Flammen. Bei Brand oder Erhitzung bis zur Zersetzung (z. B. durch Umgebungsbrände oder heiße Oberflächen) bilden sich giftige und ätzende Gase und Dämpfe, die im Wesentlichen aus nitrosen Gasen (Stickstoffoxiden) bestehen und auch Kohlendioxid und Kohlenmonoxid enthalten.

Verhalten bei Freiwerden und Vermischen mit Wasser: Der Stoff reagiert mit Wasser unter starker Erwärmung und Hydrolyse zu wasserunlöslichen Verbindungen. Es bilden sich gesundheitsschädliche Gemische mit Wasser.

Gesundheitsgefährdung: Die Flüssigkeit und ihre Dämpfe/Aerosole reizen die Haut, die Schleimhäute der Augen und der oberen Atemwege. Hautaufnahme möglich! Nach Verschlucken kommt es zu Beschwerden im Magen-Darm-Trakt, Leberstörungen möglich. Bei Brand oder Erhitzen bis zur Zersetzung Bildung von nitrosen Gasen (s. auch Merkblatt 150).
Symptome: Brennen, Rötung, Juckreiz von Haut und Augen; Übelkeit, Benommenheit, Brechreiz, Durchfall, Schwindel
Nach Einatmen oder Hautkontakt in jedem Fall – auch bei Ausbleiben der Symptome – den Arzt aufsuchen.
Nach Kontakt der Substanz mit den Augen ist in jedem Fall ein Augenarzt aufzusuchen.

Geruchsschwelle = Luftgrenzwert =

Bemerkungen: Der Stoff ist löslich in den meisten organischen Lösemitteln.

Sicherheitsmaßnahmen für Fahrzeugbesatzung, Polizei, Feuerwehr und Rettungskräfte:
Polizei und Feuerwehr alarmieren.
Im Gefahrenbereich Maschine stoppen, Zündung abstellen, nicht rauchen, offenes Feuer löschen, kein elektrisches Gerät und keinen Schalter mit Funkenbildung betätigen. Umluftunabhängiges (schweres) Atemschutzgerät und volle Schutzkleidung tragen.
Wasserschutzpolizei und Feuerwehr: Kein Boot mit Ottomotor einsetzen. Bei Dieselantrieb Sicherheitsschaltung veranlassen. Radar- und Kommandorufanlage nicht benutzen. Beim Retten nicht ins Wasser springen.

Schutz- und Einsatzmaßnahmen: Alle unbeteiligten Personen nach Luv (gegen den Wind) entfernen. Achtung, falls freiwerdendes Gut in die Kanalisation oder in Abwasserleitungen von Schiffen gerät, entstehen schädliche Gemische mit Abwasser und kann bei Erwärmung über der Oberfläche Explosionsgefahr entstehen. Experten hinzuziehen. Auf Wasserstraßen Schiffahrtssperre bei großen Mengen ausgelaufenen Gutes. An Land gefährdetes Gebiet absperren. In Wohn- und Industriegebieten Anwohner warnen. An warmen Tagen und bei Erwärmung der Flüssigkeit bei größeren Mengen freiwerdenden Gutes große Sicherheitszone bilden.

Konzentrationsmessung explosionsfähiger bzw. giftiger Dämpfe siehe Tabelle (Anhang 6 der Erläuterungen).

Zuständige Behörden unterrichten.

Bekämpfung der Unfallfolgen:
Feuer: Bei kleinem Brandherd Löschpulver, Wassersprühstrahl, Kohlensäure oder Schaum. Bei großem Brandherd Schaum oder Wassersprühstrahl. Behälter mit Wassersprühstrahl kühlen und nach Möglichkeit aus der Gefahrenzone ziehen. Achtung, das Löschwasser ist giftig und umweltgefährlich. Es muß aufgefangen werden und darf nicht unbehandelt in die Kanalisation, in Gewässer oder in das Grundwasser gelangen.
Leckage: Leck schließen, wenn ohne Risiko möglich.
Fließendes Gewässer: Trink-, Brauch- und Kühlwasserentnehmer verständigen.
Stehendes Gewässer: Absperren. Fahrzeugbesatzungen im gefährdeten Gebiet warnen.
An Land: Kanalisation abdichten. Auffangen, eindeichen und abpumpen. In Wohn- und Industriegebieten alle tiefliegenden Räume abdichten. Alle Zündquellen beseitigen. Restmengen mit nicht brennbarem, saugfähigem Material wie z. B. trockener Erde, Sand, Kieselgur, Universalbinder oder Vermiculit abdecken und an sichere Deponie zur Vernichtung transportieren.

Gewässerverunreinigung:
GefStoffV/EG:
Gesamtbewertung nach Unfall: Gruppe III, in stehenden Gewässern sehr hohe, in fließenden Gewässern je nach Vermischung mittlere bis hohe toxische Wirkung, nach Brand Gruppe IV, hohe bis sehr hohe (extrem hohe) toxische Wirkung unabhängig von der Turbulenz des Gewässers (siehe auch Erläuterungen Abschnitt 16.4/5).
Einzelwerte siehe Anhang 9 der Erläuterungen.
Wassergefährdungsklasse: 2 – wassergefährdender Stoff

Erste Hilfe:
Verletzte an die frische Luft bringen, bequem lagern, beengende Kleidungsstücke lockern. Bei Atemstörung Sauerstoffzufuhr, ggf. Beatmung. Benetzte Kleidungsstücke, Schuhe und Strümpfe sofort ausziehen, entfernen und vernichten. Betroffene Körperstellen anhaltend mit Wasser spülen und anschließend mit sterilem Verbandmaterial abdecken. Bei Augenkontakt die Augen 15 Minuten mit Wasser spülen. Augenlider dazu mit Daumen und Zeigefinger aufspreizen und gleichzeitig das Auge nach allen Seiten bewegen lassen. Verletzte nicht auskühlen lassen. Bei Erbrechen zumindest Kopf in Seitenlage bringen. Verletzte nur liegend transportieren. Bei Gefahr der Bewußtlosigkeit Lagerung und Transport in stabiler Seitenlage.

Hinweise für den Arzt:
Symptomatische Behandlung. Augen gründlich spülen. Bei anhaltenden Augensymptomen: Augenarzt hinzuziehen. Nach Verschlucken: Mund ausspülen lassen. Flüssigkeit nachtrinken lassen. Wenig toxisch.

Formel: | Summen-Formel: C6–H13–N–O | UN-Nr. 2734 n.o.s.

Merkblatt

2370

Stoffname

Deutsch

2,6-Dimethylmorpholin
2,6-Dimethyl-2,3,5,6-tetrahydro-4H-1,4-oxim

Englisch

2,6-Dimethyl morpholine
2,6-Dimethyl-2,3,5,6-tetrahydro-4H-1,4-oxime

Französisch

2,6-Diméthylmorpholine

Spanisch

2,6-Dimetilmorfolina

Gefahren-Diamant

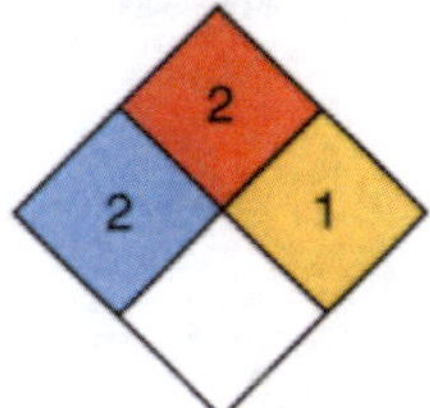

Hazchem-Code: 3W

Technische Daten

Siedepunkt	140–148 °C
Dampfdruck in mbar bei 20 °C	7
Dampfdichteverhältnis, Luft = 1	3,98
Schmelzpunkt	–85 °C
Mischbarkeit mit Wasser	vollständig
Spez. Gewicht, Wasser = 1	0,9348
Molare Masse	115,17

Feuerbekämpfungsdaten

Flammpunkt	41,5 °C
Zündfähiges Gemisch, Vol.-%	
Zündtemperatur	260 °C

Gefahrgut: | **Klassifizierung:**

IMDG-Code: UN-Nr. 2734 n.o.s. | Kl. 8 | Verp. Gr. II EMS: **F**-E; **S**-C
ICAO/IATA DGR: UN-Nr. 2734 n.o.s. | Kl. 8 | Verp. Gr. II
ADR/RID/ADNR: UN-Nr. 2734 n.a.g. | Kl. 8 | Klassifiz. Code CF1 Verp. Gr. II
Gefahrzettel (Label) Nr. 8+3
Richtige Versandbezeichnung (PSN):
Land/BinSch: **2734 Amine, flüssig, ätzend, entzündbar, n.a.g. (2,6-Dimethylmorpholin)**
See/Luft: **Amines liquid, corrosive flammable, n.o.s. (Dimethylmorpholine)**

Gefahrstoff:
CAS Nr.: 141-91-3 RTECS-Nr.: QE 1750000
EG-Nr.: 205-509-3 INDEX-Nr.:
EG-Einstufung: nein
Symbol: C*
R-Sätze: 10-34-21/22-52/53*
S-Sätze: 23-26-36/37/39-45-61*
D-Lagerklasse (VCI)-Nr.: 8

* Herstellerangaben

Erscheinungsbild: Farblose bis gelbe Flüssigkeit, aminartiger Geruch.

Verhalten bei Freiwerden und Vermischen mit Luft: Gesundheitsschädliche, ätzende und brennbare Flüssigkeit. An besonders heißen Tagen und bei starker Erwärmung der Flüssigkeit bilden sich gesundheitsschädliche, ätzende und explosionsfähige Gemische mit Luft. Sie sind schwerer als Luft und kriechen am Boden entlang. Entzündung durch heiße Oberflächen, Funken oder offene Flammen. Bei Brand oder Erhitzung bis zur Zersetzung (zum Beispiel durch Umgebungsbrände oder heiße Oberflächen) bilden sich giftige und ätzende Gase und Dämpfe, die im Wesentlichen aus nitrosen Gasen (Stickstoffoxiden) bestehen und auch Kohlenmonoxid und Kohlendioxid enthalten.

Verhalten bei Freiwerden und Vermischen mit Wasser: Der Stoff löst sich vollständig in Wasser und bildet auch bei Verdünnung noch gesundheitsschädliche und ätzende Gemische mit Wasser. Bei höheren Konzentrationen des Stoffes in heißem Wasser können sich über der Oberfläche gesundheitsschädliche, ätzende und explosionsfähige Gemische mit Luft bilden.

Gesundheitsgefährdung: Die Flüssigkeit und ihre Dämpfe sind gesundheitsschädlich bei Berührung mit der Haut und beim Verschlucken. Hautaufnahme! Die Substanz verursacht Verätzungen der Haut, der Schleimhäute, der Augen und der oberen Atemwege. Gefahr bleibender Augenschäden bzw. der Erblindung. Lungenödem – auch mit Verzögerung bis zu 2 Tagen – möglich. Bei Brand oder Erhitzen bis zur Zersetzung Bildung von nitrosen Gasen (s. auch Merkblatt 150).
Symptome: Rötung, Brennen und Schmerzen der Augen und der betroffenen Körperpartien, schlecht heilende Ätzwunden, Tränenfluß, Übelkeit, Erbrechen, Durchfall, Schweißausbrüche, Atemnot.
Nach Einatmen oder Hautkontakt in jedem Fall – auch bei Ausbleiben der Symptome – den Arzt aufsuchen. Nach Kontakt der Substanz mit den Augen ist in jedem Fall ein Augenarzt aufzusuchen.

Geruchsschwelle = | Luftgrenzwert =

Bemerkungen: Der Stoff reagiert heftig unter starker Erwärmung bei Kontakt oder Mischung mit Säuren.

Sicherheitsmaßnahmen für Fahrzeugbesatzung, Polizei, Feuerwehr und Rettungskräfte:
Polizei und Feuerwehr alarmieren.
Im Gefahrenbereich Maschine stoppen. Sofort umluftunabhängiges (schweres) Atemschutzgerät und volle Schutzkleidung tragen. An besonders heißen Tagen und bei starker Erwärmung der Flüssigkeit Zündung abstellen, nicht rauchen, offenes Feuer löschen, kein elektrisches Gerät und keinen Schalter mit Funkenbildung betätigen.
Wasserschutzpolizei und Feuerwehr: Beim Retten nicht ins Wasser springen. An besonders heißen Tagen und bei starker Erwärmung der Flüssigkeit kein Boot mit Ottomotor einsetzen. Bei Dieselantrieb Sicherheitsschaltung veranlassen. Radar- und Kommandorufanlage nicht betätigen.

Schutz- und Einsatzmaßnahmen: Alle unbeteiligten Personen nach Luv (gegen den Wind) entfernen. Achtung, falls freiwerdendes Gut in die Kanalisation oder in Abwasserleitungen von Schiffen gerät, entstehen ätzende Gemische mit Abwasser. Experten hinzuziehen. Auf Wasserstraßen Schiffahrtssperre. An Land gefährdetes Gebiet absperren. Bei Brand oder starker Erhitzung entstehen giftige Gase und Dämpfe bzw. Dampf-/Luftgemische. In diesem Fall große Sicherheitszone bilden. In Wohn- und Industriegebieten Anwohner warnen.

Konzentrationsmessung explosionsfähiger bzw. giftiger Dämpfe siehe Tabelle (Anhang 6 der Erläuterungen).

Zuständige Behörden unterrichten.

Bekämpfung der Unfallfolgen:
Feuer: Bei kleinem Brandherd Löschpulver, Wassersprühstrahl, Kohlensäure oder Schaum. Bei großem Brandherd Schaum oder Wassersprühstrahl. Behälter mit Wassersprühstrahl kühlen und nach Möglichkeit aus der Gefahrenzone ziehen. Achtung, das Löschwasser ist giftig und umweltgefährlich. Es muß aufgefangen werden und darf nicht unbehandelt in die Kanalisation, in Gewässer oder in das Grundwasser gelangen.
Leckage: Leck schließen, wenn ohne Risiko möglich.
Fließendes Gewässer: Trink-, Brauch- und Kühlwasserentnehmer verständigen.
Stehendes Gewässer: Absperren. Fahrzeugbesatzungen im gefährdeten Gebiet warnen.
An Land: Kanalisation abdichten. Auffangen, eindeichen und abpumpen. In Wohn- und Industriegebieten alle tiefliegenden Räume abdichten. Alle Zündquellen beseitigen. Restmengen mit nicht brennbarem, saugfähigem Material wie z. B. trockener Erde, Sand, Kieselgur, Universalbinder oder Vermiculit abdecken und an sichere Deponie zur Vernichtung transportieren.

Gewässerverunreinigung:
GefStoffV/EG: R 52/53: schädlich für Wasserorganismen, kann in Gewässern längerfristig schädliche Wirkungen haben.
Gesamtbewertung nach Unfall: Gruppe III, in stehenden Gewässern sehr hohe, in fließenden Gewässern je nach Vermischung mittlere bis hohe toxische Wirkung, nach Brand Gruppe IV, hohe bis sehr hohe (extrem hohe) toxische Wirkung unabhängig von der Turbulenz des Gewässers (siehe auch Erläuterungen Abschnitt 16.4/5).
Einzelwerte siehe Anhang 9 der Erläuterungen.
Wassergefährdungsklasse: 2 – wassergefährdender Stoff

Erste Hilfe:
Verletzte an die frische Luft bringen, bequem lagern, beengende Kleidungsstücke lockern. Bei Atemstörung Sauerstoffzufuhr, ggf. Beatmung. Benetzte Kleidungsstücke, Schuhe und Strümpfe sofort ausziehen, entfernen und vernichten. Betroffene Körperstellen anhaltend mit Wasser spülen und anschließend mit sterilem Verbandmaterial abdecken. Bei Augenkontakt die Augen 15 Minuten mit Wasser spülen. Augenlider dazu mit Daumen und Zeigefinger aufspreizen und gleichzeitig das Auge nach allen Seiten bewegen lassen. Verletzte nicht auskühlen lassen. Bei Erbrechen zumindest Kopf in Seitenlage bringen. Verletzte nur liegend transportieren. Bei Gefahr der Bewußtlosigkeit Lagerung und Transport in stabiler Seitenlage.

Hinweise für den Arzt:
Symptomatische Behandlung. Augen gründlich spülen. Bei anhaltenden Augensymptomen: Augenarzt hinzuziehen. Nach Verschlucken: Mund ausspülen lassen. Flüssigkeit nachtrinken lassen.

Formel: $CH_3C(CH_2OH)_2CO_2H$ **Summen-Formel:** C5–H10–O4 **UN-Nr.**

Merkblatt

2371

Stoffname

Deutsch

2,2-Bis(hydroxymethyl) propionsäure
Dimethylolpropionsäure
DMPA

Englisch

2,2-Bis(hydroxymethyl) propionic acid
Dimethylol propionic acid
DMPA

Französisch

Acide-2,2-bis(hydroxyméthyl) propionique

Spanisch

Acido-2,2-bis(hidroximetil) propiónico

Gefahren-Diamant

1 (Gesundheit) 1 (Entzündlichkeit) 0 (Reaktivität)

Hazchem-Code:

Technische Daten

Siedepunkt	
Dampfdruck in mbar bei 20 °C	
Dampfdichteverhältnis, Luft = 1	
Schmelzpunkt	181–185 °C
Mischbarkeit mit Wasser	vollständig
Spez. Gewicht, Wasser = 1	<1
Molare Masse	134,13

Feuerbekämpfungsdaten

Flammpunkt, Zündfähiges Gemisch, Vol.-%, Zündtemperatur: Brennbarer fester Stoff

Gefahrgut:
IMDG-Code: UN-Nr. *
ICAO/IATA DGR: UN-Nr. *
ADR/RID/ADNR: UN-Nr. *
Gefahrzettel (Label) Nr.
Richtige Versandbezeichnung (PSN):
Land/BinSch:
See/Luft:

Klassifizierung:
Kl. Verp. Gr. EMS: **F**-; **S**-
Kl. Verp. Gr.
Kl. Klassifiz. Code Verp. Gr.

* Kein Gefahrgut im Sinne der Vorschriften

Gefahrstoff:
CAS Nr.: 4767-03-7 RTECS-Nr.:
EG-Nr.: 225-306-3 INDEX-Nr.:
EG-Einstufung: nein
Symbol: Xi*
R-Sätze: 36/37/38*
S-Sätze: 26-36*
D-Lagerklasse (VCI)-Nr.: 10-13

* Herstellerangaben

Erscheinungsbild: Weißes kristallines Pulver.

Verhalten bei Freiwerden und Vermischen mit Luft: Reizender und brennbarer fester Stoff. Bei Aufwirbelung des Staubes bilden sich reizende und explosionsfähige Gemische mit Luft. Bei Brand oder Erhitzung bis zur Zersetzung (z. B. durch Umgebungsbrände oder heiße Oberflächen) können sich schädliche und gefährliche Gase oder Dämpfe bilden.

Verhalten bei Freiwerden und Vermischen mit Wasser: Der Stoff löst sich vollständig in Wasser. Es bilden sich gesundheitsschädliche und reizende Gemische mit Wasser.

Gesundheitsgefährdung: Die Substanz und ihre Stäube reizen die Haut und die Schleimhäute der Augen und der oberen Atemwege. Bei massiver Inhalation besteht die Gefahr von Lungen- und Kehlkopfödem – auch mit einer Verzögerung bis zu 2 Tagen. Bei Brand oder Erhitzen bis zur Zersetzung Bildung von stark reizenden Brandgasen.
Symptome: Rötung und Brennen der Augen und der betroffenen Körperpartien, Übelkeit, Schwindel, Erbrechen, Durchfall
Nach Einatmen oder Hautkontakt in jedem Fall – auch bei Ausbleiben der Symptome – den Arzt aufsuchen. Nach Kontakt der Substanz mit den Augen ist in jedem Fall ein Augenarzt aufzusuchen.

Geruchsschwelle = Luftgrenzwert =

Bemerkungen: Der Stoff ist löslich in Methylalkohol. Teilweise löslich in Aceton.

Sicherheitsmaßnahmen für Fahrzeugbesatzung, Polizei, Feuerwehr und Rettungskräfte:
Polizei und Feuerwehr alarmieren.
Im Gefahrenbereich umluftunabhängiges (schweres) Atemschutzgerät und volle Schutzkleidung tragen. Bei Erhitzung des Stoffes oder bei Brand **im Gefahrenbereich** Maschine stoppen, Zündung abstellen, offenes Feuer löschen, nicht rauchen, kein elektrisches Gerät und keinen Schalter mit Funkenbildung betätigen.
Wasserschutzpolizei und Feuerwehr: Bei Erhitzung des Stoffes kein Boot mit Ottomotor einsetzen. Bei Dieselantrieb Sicherheitsschaltung veranlassen. Beim Retten nicht ins Wasser springen.

Schutz- und Einsatzmaßnahmen: Alle unbeteiligten Personen nach Luv (gegen den Wind) entfernen. Achtung, falls freiwerdendes Gut in die Kanalisation oder in Abwasserleitungen von Schiffen gerät, können sich schädliche Gemische mit Abwasser bilden. Auf Wasserstraßen Schiffahrtssperre. An Land gefährdetes Gebiet absperren. In Wohn- und Industriegebieten Anwohner warnen. Bei größeren Mengen und gleichzeitiger Erhitzung des freiwerdenden Gutes große Sicherheitszone bilden.

Konzentrationsmessung explosionsfähiger bzw. giftiger Dämpfe siehe Tabelle (Anhang 6 der Erläuterungen).

Zuständige Behörden unterrichten.

Bekämpfung der Unfallfolgen:
Feuer: Bei kleinem Brandherd Löschpulver, Wassersprühstrahl, Kohlensäure oder Schaum. Bei großem Brandherd Schaum oder Wassersprühstrahl. Behälter mit Wassersprühstrahl kühlen und nach Möglichkeit aus der Gefahrenzone ziehen. Achtung, das Löschwasser ist reizend und gesundheitsschädlich. Es muß aufgefangen werden und darf nicht unbehandelt in die Kanalisation, in Gewässer oder in das Grundwasser gelangen.
Leckage: Leck schließen, wenn ohne Risiko möglich.
Fließendes Gewässer: Trink-, Brauch- und Kühlwasserentnehmer verständigen.
Stehendes Gewässer: Absperren. Fahrzeugbesatzungen im gefährdeten Gebiet warnen.
An Land: Kanalisation abdichten. Auffangen, eindeichen und abbergen. In Wohn- und Industriegebieten alle tiefliegenden Räume abdichten. Alle Zündquellen beseitigen. Restmengen mit nicht brennbarem, saugfähigem Material wie z. B. trockener Erde, Sand, Kieselgur, Universalbinder oder Vermiculit abdecken und an sichere Deponie zur Vernichtung transportieren.

Gewässerverunreinigung:
GefStoffV/EG:
Gesamtbewertung nach Unfall: Gruppe II, in stehenden Gewässern mittlere bis hohe, in fließenden Gewässern mittlere toxische Wirkung (siehe auch Erläuterungen Abschnitt 16.4/5).
Einzelwerte siehe Anhang 9 der Erläuterungen.
Wassergefährdungsklasse: 2 – wassergefährdender Stoff

Erste Hilfe:
Verletzte an die frische Luft bringen, bequem lagern, beengende Kleidungsstücke lockern. Bei Atemstörung Sauerstoffzufuhr, ggf. Beatmung. Benetzte Kleidungsstücke, Schuhe und Strümpfe sofort ausziehen, entfernen und vernichten. Betroffene Körperstellen anhaltend mit Wasser spülen und anschließend mit sterilem Verbandmaterial abdecken. Bei Augenkontakt die Augen 15 Minuten mit Wasser spülen. Augenlider dazu mit Daumen und Zeigefinger aufspreizen und gleichzeitig das Auge nach allen Seiten bewegen lassen. Verletzte nicht auskühlen lassen. Bei Erbrechen zumindest Kopf in Seitenlage bringen. Verletzte nur liegend transportieren. Bei Gefahr der Bewußtlosigkeit Lagerung und Transport in stabiler Seitenlage.

Hinweise für den Arzt:
Symptomatische Behandlung. Augen gründlich spülen. Bei anhaltenden Augensymptomen: Augenarzt hinzuziehen. Nach Verschlucken: Mund ausspülen lassen. Flüssigkeit nachtrinken lassen.

Formel: $(C_6H_5)_2PCl$ **Summen-Formel:** C12–H10–Cl–P **UN-Nr. 3265 n.o.s.**

Merkblatt

2372

Stoffname

Deutsch	*Englisch*	*Französisch*
Chlordiphenylphosphin	**Chlorodiphenylphosphine**	**Chlorodiphénylphosphine**
Diphenylphosphonigsäurechlorid	Diphenylchlorophosphine	
Diphenylchlorphosphin	Diphenylphosphonic acid chloride	
p-Chlordiphenylphosphin		

Spanisch

Clorodifenilfosfina

Gefahren-Diamant

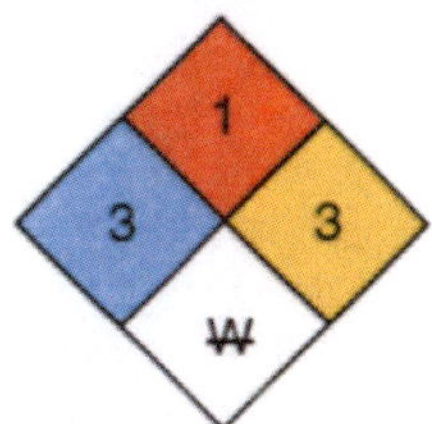

Hazchem-Code: 2X

Technische Daten

Siedepunkt	320 °C
Dampfdruck in mbar bei 20 °C	1,3
Dampfdichteverhältnis, Luft = 1	
Schmelzpunkt	14–16 °C
Mischbarkeit mit Wasser	reagiert*
Spez. Gewicht, Wasser = 1	1,229
Molare Masse	220,64

Feuerbekämpfungsdaten

Flammpunkt	138 °C
Zündfähiges Gemisch, Vol.-%	
Zündtemperatur	320 °C

* Reagiert heftig unter starker Erwärmung und Zersetzung sowie Bildung von Chlorwasserstoff(gas) bzw. Salzsäurelösungen, Phosphoroxid, Phosphorsäure, Phosphorwasserstoff und Phosphorhaliden.

Gefahrgut: **Klassifizierung:**

IMDG-Code: UN-Nr. 3265 n.o.s. Kl. 8 Verp. Gr. II EMS: **F-A** ; **S-B**
Marine pollutant
ICAO/IATA DGR: UN-Nr. 3265 n.o.s. Kl. 8 Verp. Gr. II
ADR/RID/ADNR: UN-Nr. 3265 n.a.g. Kl. 8 Klassifiz. Code C3 Verp. Gr. II
Gefahrzettel (Label) Nr. 8
Richtige Versandbezeichnung (PSN):
Land/BinSch: **3265 Ätzender saurer organischer flüssiger Stoff, n.a.g. (Chlordiphenylphosphin)**
See/Luft: **Corrosive liquid, acidic, organic, n.o.s. (Chlorodiphenylphosphine)**

Gefahrstoff:

CAS Nr.: 1079-66-9 RTECS-Nr.:
EG-Nr.: 214-093-2 INDEX-Nr.:
EG-Einstufung: nein
Symbol: C*
R-Sätze: 14-22-34*
S-Sätze: 26-36/37/39-45*
D-Lagerklasse (VCI)-Nr.: 8A

* Herstellerangaben

Erscheinungsbild: Farblose bis gelbliche Flüssigkeit, unangenehmer Geruch.

Verhalten bei Freiwerden und Vermischen mit Luft: Gesundheitsschädliche, ätzende und brennbare Flüssigkeit mit relativ hohem Flammpunkt von 138 °C. Bei starker Erhitzung bilden sich gesundheitsschädliche, ätzende und explosionsfähige Gemische mit Luft. Sie sind schwerer als Luft und kriechen am Boden entlang. Entzündung durch heiße Oberflächen, Funken oder offene Flammen. Bei Brand oder Erhitzung bis zur Zersetzung (z. B. durch Umgebungsbrände oder heiße Oberflächen) erfolgt Zersetzung unter Bildung von giftigen und ätzenden Gasen bzw. Dämpfen, die im Wesentlichen aus Chlorwasserstoff(gas) bzw. Salzsäuredämpfen, Phosphinen, Phosphoroxiden, Phosphorsäure sowie Phosphorhaliden bestehen und auch Kohlenmonoxid sowie Kohlendioxid enthalten.

Verhalten bei Freiwerden und Vermischen mit Wasser: Der Stoff reagiert heftig mit Wasser unter starker Erwärmung und Zersetzung. Dabei entstehen Chlorwasserstoff(gas) bzw. Salzsäurelösungen, Phosphoroxid, Phosphorsäure, Phosphine und Phosphorhalide. Es bilden sich giftige und ätzende Gemische mit Wasser, die auch bei sehr starker Verdünnung noch wirksam sind. Über der Wasseroberfläche können sich giftige und ätzende Dämpfe oder Nebel bilden.

Gesundheitsgefährdung: Die Substanz und ihre Dämpfe/Aerosole führen zur Verätzung der Haut, der Schleimhäute der Augen und der oberen Atemwege. Gefahr bleibender Augenschäden. Lungen- und Kehlkopfödem – auch mit Verzögerung bis zu 2 Tagen – möglich. Bei Brand oder Erhitzen bis zur Zersetzung Bildung von Phosphoroxiden (s. auch Merkblatt 673), Chlorwasserstoff (s. auch Merkblatt 63), Phosphin (s. auch Merkblatt 163), Phosphorsäure (s. auch Merkblatt 160) und Phosphorhalide.
Symptome: Rötung, Brennen und Schmerzen der Augen und der betroffenen Körperpartien, Juckreiz, schwer heilende Ätzwunden, Tränenreiz, Hustenreiz, Atemnot, Übelkeit, Schwindel, Erbrechen, Störungen im Magen-Darm-Trakt.
Nach Einatmen oder Hautkontakt in jedem Fall – auch bei Ausbleiben der Symptome – den Arzt aufsuchen. Nach Kontakt der Substanz mit den Augen ist in jedem Fall ein Augenarzt aufzusuchen.

Geruchsschwelle = Luftgrenzwert =

Bemerkungen: Der Stoff reagiert heftig unter starker Erwärmung bei Kontakt oder Mischung mit starken Oxidationsmitteln, Alkoholen und Aminen. Dabei können entstehen: Phosphoroxide, Chlorwasserstoff(gas) bzw. Salzsäuredämpfe, Phosphine, Phosphorsäure und Phosphorhalide.

Sicherheitsmaßnahmen für Fahrzeugbesatzung, Polizei, Feuerwehr und Rettungskräfte:
Polizei und Feuerwehr alarmieren.
Im Gefahrenbereich sofort umluftunabhängiges (schweres) Atemschutzgerät und volle Schutzkleidung tragen. Bei Erhitzung der Flüssigkeit Zündung abstellen, Maschine stoppen, nicht rauchen, offenes Feuer löschen, kein elektrisches Gerät und keinen Schalter mit Funkenbildung betätigen.
Wasserschutzpolizei und Feuerwehr: Bei Erhitzung des Stoffes kein Boot mit Ottomotor einsetzen. Bei Dieselantrieb Sicherheitsschaltung veranlassen. Beim Retten nicht ins Wasser springen.

Schutz- und Einsatzmaßnahmen: Alle unbeteiligten Personen nach Luv (gegen den Wind) entfernen. Achtung, falls freiwerdendes Gut in die Kanalisation oder in Abwasserleitungen von Schiffen gerät, entstehen ätzende und giftige Gemische mit Abwasser und können sich über der Oberfläche ätzende und giftige Gemische mit Luft bilden. In Wohn- und Industriegebieten Anwohner warnen. Große Sicherheitszone bilden. Bei größeren Mengen ausgelaufenen Gutes Katastrophenalarm prüfen.

Konzentrationsmessung explosionsfähiger bzw. giftiger Dämpfe siehe Tabelle (Anhang 6 der Erläuterungen).

Zuständige Behörden unterrichten.

Bekämpfung der Unfallfolgen:
Feuer: Bei kleinem und großem Brandherd Löschpulver, trockener Sand, Zement oder Kohlensäure. Wegen heftiger Reaktionsgefahr kein Wasser und keinen Schaum verwenden. Behälter mit Wassersprühstrahl kühlen und nach Möglichkeit aus der Gefahrenzone ziehen. Es darf jedoch kein Wasser in den Tank gelangen, da sonst Gefahr einer explosionsartigen Reaktion.
Leckage: Leck schließen, wenn ohne Risiko möglich.
Fließendes Gewässer: Trink-, Brauch- und Kühlwasserentnehmer verständigen. Experten hinzuziehen.
Stehendes Gewässer: Absperren. Alle Zündquellen beseitigen. Fahrzeuge im gefährdeten Gebiet räumen. Experten hinzuziehen.
An Land: Kanalisation abdichten. Auffangen, eindeichen und abpumpen. Restmengen mit nicht brennbarem, saugfähigem Material wie z. B. trockener Erde, Sand, gemahlenem Kalkstein, Kieselgur, Universalbinder oder Vermiculit abdecken und in geschlossenem Behälter an sicheren Deponieort transportieren. Alle Zündquellen beseitigen. In Wohn- und Industriegebieten alle tiefliegenden Räume abdichten. Experten hinzuziehen.

Gewässerverunreinigung:
GefStoffV/EG:
Gesamtbewertung nach Unfall: Gruppe III, in stehenden Gewässern sehr hohe, in fließenden Gewässern je nach Vermischung mittlere bis hohe toxische Wirkung (siehe auch Erläuterungen Abschnitt 16.4/5).
Einzelwerte siehe Anhang 9 der Erläuterungen.
Wassergefährdungsklasse: 2 – wassergefährdender Stoff

Erste Hilfe:
Verletzte an die frische Luft bringen, bequem lagern, beengende Kleidungsstücke lockern. Bei Atemstörung Sauerstoffzufuhr, ggf. Beatmung. Benetzte Kleidungsstücke, Schuhe und Strümpfe sofort ausziehen, entfernen und vernichten. Betroffene Körperstellen anhaltend mit Wasser spülen und anschließend mit sterilem Verbandmaterial abdecken. Bei Augenkontakt die Augen 15 Minuten mit Wasser spülen. Augenlider dazu mit Daumen und Zeigefinger aufspreizen und gleichzeitig das Auge nach allen Seiten bewegen lassen. Verletzte nicht auskühlen lassen. Bei Erbrechen zumindest Kopf in Seitenlage bringen. Verletzte nur liegend transportieren. Bei Gefahr der Bewußtlosigkeit Lagerung und Transport in stabiler Seitenlage.

Hinweise für den Arzt:
Symptomatische Behandlung. Bei Reizung der Augen sofort kräftig spülen. Bei thermischer Zersetzung der Substanz cave das Entstehen von Lungenödem durch freiwerdenden Phosphorwasserstoff (siehe Merkblatt 163)!

Formel: $CH_3CH(OH)CO_2CH_2CH(CH_3)_2$ **Summen-Formel:** C7–H14–O3 **UN-Nr.**

Merkblatt

2373

Stoffname

Deutsch

(R)-(+)-2-Hydroxypropion-säureisobutylester
(R)-(+)-Milchsäureisobutylester
Isobutyl-D-lactat
Isobutyl-(R)-lactat
2-Methylpropyl-(R)-2-hydroxy-prapanoal

Englisch

(R)-(+)-2-Hydroxy propionic acid isobutylester
2-Methylpropyl-(R)-2-hydroxy-propanoate
Isobutyl-(R)-lactate
Isobutyl-D-lactate

Französisch

Acide de (R)-(+)-2-hydroxy propionique isobrutyl ester

Spanisch

Acido (R)-(+)-2-hidroxi propiónico isobuitilo éster

Gefahren-Diamant

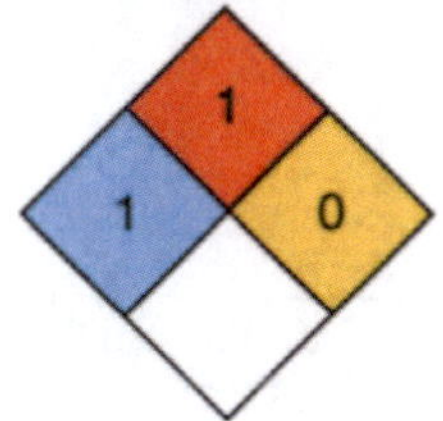

Hazchem-Code:

Technische Daten	
Siedepunkt	178 °C bei 973 mbar
Dampfdruck in mbar	1,47 bei 25 °C
Dampfdichteverhältnis, Luft = 1	
Schmelzpunkt	–4,5 °C
Mischbarkeit mit Wasser	geringfügig*
Spez. Gewicht, Wasser = 1	0,971
Molare Masse	146,19

Feuerbekämpfungsdaten	
Flammpunkt	72 °C**
Zündfähiges Gemisch, Vol.-%	
Zündtemperatur	417 °C

* 22 g/l bei 20 °C
** 66 °C nach Aldrich Chemie.

Gefahrgut:
IMDG-Code: UN-Nr. * — Kl. — Verp. Gr. — EMS: **F-**; **S-**
ICAO/IATA DGR: UN-Nr. * — Kl. — Verp. Gr.
ADR/RID/ADNR: UN-Nr. * — Kl. — Klassifiz. Code — Verp. Gr.
Gefahrzettel (Label) Nr.
Richtige Versandbezeichnung (PSN):
Land/BinSch:
See/Luft:

Klassifizierung:

Gefahrstoff:
CAS Nr.: 61597-96-4 RTECS-Nr.:
EG-Nr.: 407-770-0 INDEX-Nr.: 607-268-00-3
EG-Einstufung: ja
Symbol: Xi
R-Sätze: 36
S-Sätze: (2)-26
D-Lagerklasse (VCI)-Nr.:

* Kein Gefahrgut im Sinne der Vorschriften

Erscheinungsbild: Hellbraune bis dunkelbraune Flüssigkeit, stechender Geruch.

Verhalten bei Freiwerden und Vermischen mit Luft: Reizende und brennbare Flüssigkeit mit relativ hohem Flammpunkt von 72 °C. Bei Erhitzung bilden sich reizende, explosionsfähige Gemische mit Luft. Sie sind schwerer als Luft und kriechen am Boden entlang. Entzündung durch heiße Oberflächen, Funken oder offene Flammen.

Verhalten bei Freiwerden und Vermischen mit Wasser: Der Stoff ist leichter als Wasser und schwimmt auf der Oberfläche. Er löst sich nur geringfügig in Wasser. Es können sich schädliche Gemische mit Wasser bilden.

Gesundheitsgefährdung: Die Flüssigkeit und ihre Dämpfe/Aerosole reizen die Schleimhäute der Augen und der oberen Atemwege. Bei massivem Einatmen besteht die Gefahr von Kehlkopf- und Lungenödem – auch mit Verzögerung bis zu 2 Tagen. Bei Überexposition sind unspezifische Vergiftungssymptome möglich.
Symptome: Rötung und Brennen der Augen, Juckreiz, Übelkeit, Benommenheit, Schläfrigkeit, Erbrechen, Durchfall.
Nach Kontakt der Substanz mit den Augen ist in jedem Fall ein Augenarzt aufzusuchen.

Geruchsschwelle = Luftgrenzwert =

Bemerkungen: Der Stoff reagiert bei Kontakt oder Mischung mit Oxidationsmitteln.

Sicherheitsmaßnahmen für Fahrzeugbesatzung, Polizei, Feuerwehr und Rettungskräfte:
Polizei und Feuerwehr alarmieren.
Im Gefahrenbereich sofort umluftunabhängiges (schweres) Atemschutzgerät und volle Schutzkleidung tragen. Bei Erhitzung der Flüssigkeit Zündung abstellen, Maschine stoppen, nicht rauchen, offenes Feuer löschen, kein elektrisches Gerät und keinen Schalter mit Funkenbildung betätigen.
Wasserschutzpolizei und Feuerwehr: Bei Erhitzung des Stoffes kein Boot mit Ottomotor einsetzen. Bei Dieselantrieb Sicherheitsschaltung veranlassen. Beim Retten nicht ins Wasser springen.

Schutz- und Einsatzmaßnahmen: Alle unbeteiligten Personen nach Luv (gegen den Wind) entfernen. Achtung, falls freiwerdendes Gut in die Kanalisation oder in Abwasserleitungen von Schiffen gerät, können sich schädliche Gemische mit Abwasser bilden. Auf Wasserstraßen Schiffahrtssperre. An Land gefährdetes Gebiet absperren. In Wohn- und Industriegebieten Anwohner warnen. Bei größeren Mengen und gleichzeitiger Erhitzung des freiwerdenden Gutes große Sicherheitszone bilden.

Konzentrationsmessung explosionsfähiger bzw. giftiger Dämpfe siehe Tabelle (Anhang 6 der Erläuterungen).

Zuständige Behörden unterrichten.

Bekämpfung der Unfallfolgen:
Feuer: Bei kleinem Brandherd Löschpulver, Wassersprühstrahl, Kohlensäure oder Schaum. Bei großem Brandherd Schaum oder Wassersprühstrahl. Behälter mit Wassersprühstrahl kühlen und nach Möglichkeit aus der Gefahrenzone ziehen. Achtung, das Löschwasser ist umweltgefährlich. Es muß aufgefangen werden und darf nicht unbehandelt in die Kanalisation, in Gewässer oder in das Grundwasser gelangen.
Leckage: Leck schließen, wenn ohne Risiko möglich.
Fließendes Gewässer: Trink-, Brauch- und Kühlwasserentnehmer verständigen.
Stehendes Gewässer: Absperren. Fahrzeugbesatzungen im gefährdeten Gebiet warnen.
An Land: Kanalisation abdichten. Auffangen, eindeichen und abpumpen. In Wohn- und Industriegebieten alle tiefliegenden Räume abdichten. Alle Zündquellen beseitigen. Restmengen mit nicht brennbarem, saugfähigem Material wie z. B. trockener Erde, Sand, Kieselgur, Universalbinder oder Vermiculit abdecken und an sichere Deponie zur Vernichtung transportieren.

Gewässerverunreinigung:
GefStoffV/EG:
Gesamtbewertung nach Unfall: Gruppe III, in stehenden Gewässern sehr hohe, in fließenden Gewässern je nach Vermischung mittlere bis hohe toxische Wirkung (siehe auch Erläuterungen Abschnitt 16.4/5).
Einzelwerte siehe Anhang 9 der Erläuterungen.
Wassergefährdungsklasse: –

Erste Hilfe:
Verletzte an die frische Luft bringen, bequem lagern, beengende Kleidungsstücke lockern. Bei Atemstörung Sauerstoffzufuhr, ggf. Beatmung. Benetzte Kleidungsstücke, Schuhe und Strümpfe sofort ausziehen, entfernen und vernichten. Betroffene Körperstellen anhaltend mit Wasser spülen und anschließend mit sterilem Verbandmaterial abdecken. Bei Augenkontakt die Augen 15 Minuten mit Wasser spülen. Augenlider dazu mit Daumen und Zeigefinger aufspreizen und gleichzeitig das Auge nach allen Seiten bewegen lassen. Verletzte nicht auskühlen lassen. Bei Erbrechen zumindest Kopf in Seitenlage bringen. Verletzte nur liegend transportieren. Bei Gefahr der Bewußtlosigkeit Lagerung und Transport in stabiler Seitenlage.

Hinweise für den Arzt:
Symptomatische Behandlung.

Formel: | **Summen-Formel:** C20–H39–N–O3 | **UN-Nr.**

Merkblatt

2374

Stoffname

Deutsch	*Englisch*	*Französisch*
Dodemorph-acetat 4-Cyclododecyl-2,6-dimethylmorpholiniumacetat N-Cyclododecyl-2,6-dimethylmorpholinacetat	**Dodemorph-acetate** N-Cyclododecyl-2,6-dimethylmorpholin acetate N-Cyclododecyl-2,6-dimethylmorpholinium acetate 4-Cyclododecyl-2,6-dimethylmorpholinium acetate	**Acétate de dodemorfe** *Spanisch* **Acetato de dodemorf**

Gefahren-Diamant

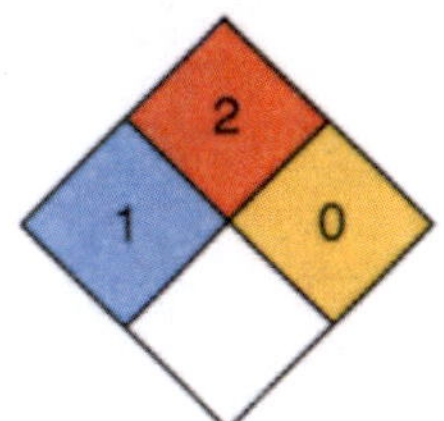

Hazchem-Code:

Technische Daten

Siedepunkt	315 °C
Dampfdruck in mbar bei 20 °C	
Dampfdichteverhältnis, Luft = 1	
Schmelzpunkt	63–64 °C
Mischbarkeit mit Wasser	sehr geringfügig*
Spez. Gewicht, Wasser = 1	0,93
Molare Masse	341,60

Feuerbekämpfungsdaten

Flammpunkt, Zündfähiges Gemisch, Vol.-%, Zündtemperatur } Brennbarer fester Stoff

* 1,1 mg/l

Gefahrgut:

IMDG-Code: UN-Nr. * — Kl. Verp. Gr. EMS: **F**-; **S**-
ICAO/IATA DGR: UN-Nr. * — Kl. Verp. Gr.
ADR/RID/ADNR: UN-Nr. * — Kl. Klassifiz. Code Verp. Gr.
Gefahrzettel (Label) Nr.
Richtige Versandbezeichnung (PSN):
Land/BinSch:
See/Luft:

Klassifizierung:

Gefahrstoff:

CAS Nr.: 31717-87-0 RTECS-Nr.: AE 0610000
EG-Nr.: 250-778-2 INDEX-Nr.:
EG-Einstufung: nein
Symbol:
R-Sätze:
S-Sätze:
D-Lagerklasse (VCI)-Nr.:

* Kein Gefahrgut im Sinne der Vorschriften.

Erscheinungsbild: Kristallines Pulver.

Verhalten bei Freiwerden und Vermischen mit Luft: Brennbarer fester Stoff. Bei Aufwirbelung des Pulvers oder Staubes bilden sich reizende und explosionsfähige Gemische mit Luft. Bei Brand oder Erhitzung bis zur Zersetzung (z. B. durch Umgebungsbrände oder heiße Oberflächen) erfolgt Zersetzung unter Bildung von giftigen und ätzenden Gasen und Dämpfen, die im Wesentlichen aus nitrosen Gasen (Stickstoffoxiden) bestehen und auch Kohlenmonoxid(gas) sowie Kohlendioxid(gas) enthalten.

Verhalten bei Freiwerden und Vermischen mit Wasser: Der Stoff ist leichter als Wasser, schwimmt auf der Oberfläche und löst sich nur geringfügig in Wasser. Er ist jedoch dispergierbar/emulgierbar und bildet mit Wasser eine Emulsion mit fein verteilten Tröpfchen. Es bilden sich umweltgefährdende Emulsionen, die auch bei starker Verdünnung noch wirksam sind.

Gesundheitsgefährdung: Die Substanz und ihre Dämpfe und Nebel reizen die Haut und die Schleimhäute der Augen und der Atemwege. Lungenödem – auch mit Verzögerung bis zu 2 Tagen – möglich. Bei Brand oder Erhitzen bis zur Zersetzung Bildung von nitrosen Gasen (s. auch Merkblatt 150).
Symptome: Rötung, Brennen und Schmerzen der Haut, der Augen, Lidkrampf, Tränenfluß, Husten- und Niesanfälle, Schmerzen im Brustkorb, Atemnot.
Nach Einatmen oder Hautkontakt in jedem Fall – auch bei Ausbleiben der Symptome – den Arzt aufsuchen.
Nach Kontakt der Substanz mit den Augen ist in jedem Fall ein Augenarzt aufzusuchen.

Geruchsschwelle = Luftgrenzwert =

Bemerkungen:
Chemische Gruppenzugehörigkeit:
Verwendungszweck: Fungizd

Sicherheitsmaßnahmen für Fahrzeugbesatzung, Polizei, Feuerwehr und Rettungskräfte:
Polizei und Feuerwehr alarmieren.
Im Gefahrenbereich umluftunabhängiges (schweres) Atemschutzgerät und volle Schutzkleidung tragen. Bei Erhitzung des Stoffes oder bei Brand **im Gefahrenbereich** Maschine stoppen, Zündung abstellen, nicht rauchen, offenes Feuer löschen, kein elektrisches Gerät und keinen Schalter mit Funkenbildung betätigen.
Wasserschutzpolizei und Feuerwehr: Bei Erhitzung des Stoffes kein Boot mit Ottomotor einsetzen. Bei Dieselantrieb Sicherheitsschaltung veranlassen.

Schutz- und Einsatzmaßnahmen: Alle unbeteiligten Personen nach Luv (gegen den Wind) entfernen. Achtung, falls freiwerdendes Gut in die Kanalisation oder in Abwasserleitungen von Schiffen gerät, entstehen gesundheitsschädliche Gemische mit Abwasser. Auf Wasserstraßen Schiffahrtssperre. An Land gefährdetes Gebiet absperren. Bei starker Erhitzung oder Brand bilden sich giftige Gase und Dämpfe bzw. Dampf-/Luftgemische. In diesem Fall große Sicherheitszone bilden. In Wohn- und Industriegebieten Anwohner warnen.

Konzentrationsmessung explosionsfähiger bzw. giftiger Dämpfe siehe Tabelle (Anhang 6 der Erläuterungen).

Zuständige Behörden unterrichten.

Bekämpfung der Unfallfolgen:
Feuer: Bei kleinem Brandherd Löschpulver, Wassersprühstrahl, Kohlensäure oder Schaum. Bei großem Brandherd Schaum oder Wassersprühstrahl. Behälter mit Wassersprühstrahl kühlen und nach Möglichkeit aus der Gefahrenzone ziehen. Achtung, das Löschwasser ist giftig und umweltgefährlich. Es muß aufgefangen werden und darf nicht unbehandelt in die Kanalisation, in Gewässer oder in das Grundwasser gelangen.
Leckage: Leck schließen, wenn ohne Risiko möglich.
Fließendes Gewässer: Trink-, Brauch- und Kühlwasserentnehmer verständigen.
Stehendes Gewässer: Absperren. Fahrzeugbesatzungen im gefährdeten Gebiet warnen.
An Land: Kanalisation abdichten. Auffangen, eindeichen und abbergen. In Wohn- und Industriegebieten alle tiefliegenden Räume abdichten. Alle Zündquellen beseitigen. Restmengen mit nicht brennbarem, saugfähigem Material wie z. B. trockener Erde, Sand, Kieselgur, Universalbinder oder Vermiculit abdecken und an sichere Deponie zur Vernichtung transportieren.

Gewässerverunreinigung:
GefStoffV/EG:
Gesamtbewertung nach Unfall: – Nach Brand Gruppe IV, hohe bis sehr hohe (extrem hohe) toxische Wirkung unabhängig von der Turbulenz des Gewässers (siehe auch Erläuterungen Abschnitt 16. 4/5).
Einzelwerte siehe Anhang 9 der Erläuterungen.
Wassergefährdungsklasse: –

Erste Hilfe:
Verletzte an die frische Luft bringen, bequem lagern, beengende Kleidungsstücke lockern. Bei Atemstörung Sauerstoffzufuhr, ggf. Beatmung. Benetzte Kleidungsstücke, Schuhe und Strümpfe sofort ausziehen, entfernen und vernichten. Betroffene Körperstellen anhaltend mit Wasser spülen und anschließend mit sterilem Verbandmaterial abdecken. Bei Augenkontakt die Augen 15 Minuten mit Wasser spülen. Augenlider dazu mit Daumen und Zeigefinger aufspreizen und gleichzeitig das Auge nach allen Seiten bewegen lassen. Verletzte nicht auskühlen lassen. Bei Erbrechen zumindest Kopf in Seitenlage bringen. Verletzte nur liegend transportieren. Bei Gefahr der Bewußtlosigkeit Lagerung und Transport in stabiler Seitenlage.

Hinweise für den Arzt:
Symptomatische Behandlung. Wenig akut toxisch.

Formel: $C_{12}H_{25}$–NH–C(=NH)–NH_2–CH_3–COOH Summen-Formel: C15–H33–N3–O2 UN-Nr. 3077 n.o.s.

Merkblatt

2375

Stoffname

Deutsch	*Englisch*	*Französisch*
Dodin	**Dodine**	**Dodine**
1-Dodecylguanidinacetat	Dodecylguanidine acetate	
Dodecylguanidiniumacetat	n-Dodecylguanidine acetate	
Dodecylguanidin monoacetat	Doguadine	
Doguadine	Dodecylguanidine monoacetate	*Spanisch*
Cipnex*	Cipnex*	**Dodin**
Melprex*	Melprex*	

Gefahren-Diamant

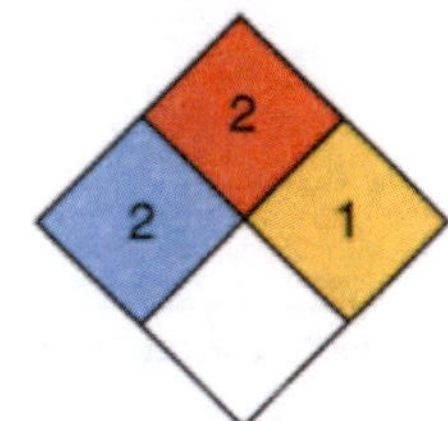

Hazchem-Code: 2X

Technische Daten

Siedepunkt	
Dampfdruck in mbar bei 20 °C	0,013
Dampfdichteverhältnis, Luft = 1	<1
Schmelzpunkt	136 °C
Mischbarkeit mit Wasser	geringfügig*
Spez. Gewicht, Wasser = 1	
Molare Masse	287,5

Feuerbekämpfungsdaten

Flammpunkt, Zündfähiges Gemisch, Vol.-%, Zündtemperatur: Brennbarer fester Stoff

* 630 mg/l bei 25 °C.

Gefahrgut:

	Klassifizierung:	
IMDG-Code: UN-Nr. 3077 n.o.s.	Kl. 9	Verp. Gr. III EMS: **F**-A; **S**-F
Marine pollutant		
ICAO/IATA DGR: UN-Nr. 3077 n.o.s.	Kl. 9	Verp. Gr. III
ADR/RID/ADNR: UN-Nr. 3077 n.a.g.	Kl. 9	Klassifiz. Code M7 Verp. Gr.

Gefahrzettel (Label) Nr. 9
Richtige Versandbezeichnung (PSN):
Land/BinSch: **3077 Umweltgefährdender Stoff, fest, n.a.g. (Dodine)**
See/Luft: **Environmentally hazardous solid, n.o.s. (Dodine)**

Gefahrstoff:
CAS Nr.: 2439-10-3 RTECS-Nr.: MF 1750000
EG-Nr.: 219-459-5 INDEX-Nr.: 607-076-00-X
EG-Einstufung: ja
Symbol: Xn, N
R-Sätze: 22-36/38-50/53
S-Sätze: (2)-26-60-61
D-Lagerklasse (VCI)-Nr.:

Erscheinungsbild: Farbloses bis weißes Pulver, geruchslos.

Verhalten bei Freiwerden und Vermischen mit Luft: Gesundheitsschädlicher, umweltgefährlicher und brennbarer fester Stoff. Bei Aufwirbelung des Staubes bilden sich gesundheitsschädliche, umweltgefährliche und explosionsfähige Gemische mit Luft. Bei Brand oder Erhitzung bis zur Zersetzung (z. B. durch Umgebungsbrände oder heiße Oberflächen) erfolgt Zersetzung unter Bildung von giftigen und ätzenden Gasen und Dämpfen, die im Wesentlichen aus nitrosen Gasen (Stickstoffoxiden) bestehen und auch Kohlendioxid und Kohlenmonoxid enthalten. Bei Schwelbränden kann sich Cyanwasserstoff (Blausäure) bilden.

Verhalten bei Freiwerden und Vermischen mit Wasser: Der Stoff löst sich nur geringfügig in Wasser. Es bilden sich gesundheitsschädliche und umweltgefährdende Gemische mit Wasser, die auch bei starker Verdünnung noch wirksam sind.

Gesundheitsgefährdung: Die Substanz und ihre Stäube sind gesundheitsschädlich beim Verschlucken. Sie reizen bis hin zur Verätzung die Haut, die Schleimhäute der Augen und der oberen Atemwege. Bleibende Augenschäden sind möglich. Lungenödem – auch mit Verzögerung bis zu 2 Tagen – möglich. Nach wiederholter oder verlängerter Einwirkung ist eine Reduzierung der Lungenfunktion möglich. Bei Brand oder Erhitzen bis zur Zersetzung Bildung von nitrosen Gasen (s. auch Merkblatt 150), bei Schwelbränden Cyanwasserstoff (s. auch Merkblatt 42).
Symptome: Rötung und Brennen der Augen und betroffener Körperpartien, Juckreiz, Hustenreiz, Übelkeit, Schwindel, Erbrechen
Nach Einatmen oder Hautkontakt in jedem Fall – auch bei Ausbleiben der Symptome – den Arzt aufsuchen.
Nach Kontakt der Substanz mit den Augen ist in jedem Fall ein Augenarzt aufzusuchen.

Geruchsschwelle = Luftgrenzwert =

Bemerkungen: Der Stoff löst sich in Mineralsäuren, heißem Wasser und Alkoholen. Er ist löslich in den meisten organischen Lösemitteln. Die Substanz reagiert bei Kontakt oder Mischung mit anionischen Netzmitteln, Chlorbenzilat und Schwefelkalkbrühe.
Chemische Gruppenzugehörigkeit: Alkylguanidinsalz
Verwendungszweck: Fungizid

Sicherheitsmaßnahmen für Fahrzeugbesatzung, Polizei, Feuerwehr und Rettungskräfte:
Polizei und Feuerwehr alarmieren.
Im Gefahrenbereich umluftunabhängiges (schweres) Atemschutzgerät und volle Schutzkleidung tragen. Bei Erhitzung des Stoffes oder bei Brand **im Gefahrenbereich** Maschine stoppen, Zündung abstellen, offenes Feuer löschen, nicht rauchen, kein elektrisches Gerät und keinen Schalter mit Funkenbildung betätigen.
Wasserschutzpolizei und Feuerwehr: Bei Erhitzung des Stoffes kein Boot mit Ottomotor einsetzen. Bei Dieselantrieb Sicherheitsschaltung veranlassen. Beim Retten nicht ins Wasser springen.

Schutz- und Einsatzmaßnahmen: Alle unbeteiligten Personen nach Luv (gegen den Wind) entfernen. Achtung, falls freiwerdendes Gut in die Kanalisation oder in Abwasserleitungen von Schiffen gerät, entstehen gesundheitsschädliche, umweltgefährdende Gemische mit Abwasser. Auf Wasserstraßen Schiffahrtssperre. An Land gefährdetes Gebiet absperren. Bei Brand oder starker Erhitzung entstehen giftige Gase und Dämpfe bzw. Dampf-/Luftgemische. In diesem Fall große Sicherheitszone bilden. In Wohn- und Industriegebieten Anwohner warnen.

Konzentrationsmessung explosionsfähiger bzw. giftiger Dämpfe siehe Tabelle (Anhang 6 der Erläuterungen).

Zuständige Behörden unterrichten.

Bekämpfung der Unfallfolgen:
Feuer: Bei kleinem Brandherd Löschpulver, Wassersprühstrahl, Kohlensäure oder Schaum. Bei großem Brandherd Schaum oder Wassersprühstrahl. Behälter mit Wassersprühstrahl kühlen und nach Möglichkeit aus der Gefahrenzone ziehen. Achtung, das Löschwasser ist giftig und umweltgefährlich. Es muß aufgefangen werden und darf nicht unbehandelt in die Kanalisation, in Gewässer oder in das Grundwasser gelangen.
Leckage: Leck schließen, wenn ohne Risiko möglich.
Fließendes Gewässer: Trink-, Brauch- und Kühlwasserentnehmer verständigen.
Stehendes Gewässer: Absperren. Fahrzeugbesatzungen im gefährdeten Gebiet warnen.
An Land: Kanalisation abdichten. Auffangen, eindeichen und abbergen. In Wohn- und Industriegebieten alle tiefliegenden Räume abdichten. Alle Zündquellen beseitigen. Restmengen mit nicht brennbarem, saugfähigem Material wie z. B. trockener Erde, Sand, Kieselgur, Universalbinder oder Vermiculit abdecken und an sichere Deponie zur Vernichtung transportieren.

Gewässerverunreinigung:
GefStoffV/EG: Gefahrensymbol: N Umweltgefährlich, R 50/53: sehr giftig für Wasserorganismen, kann in Gewässern längerfristig schädliche Wirkungen haben.
Gesamtbewertung nach Unfall: Gruppe IV, hohe bis sehr hohe (extrem hohe) toxische Wirkung unabhängig von der Turbulenz des Gewässers (siehe auch Erläuterungen Abschnitt 16.4/5).
Einzelwerte siehe Anhang 9 der Erläuterungen.
Wassergefährdungsklasse: 3 – stark wassergefährdender Stoff

Erste Hilfe:
Verletzte an die frische Luft bringen, bequem lagern, beengende Kleidungsstücke lockern. Bei Atemstörung Sauerstoffzufuhr, ggf. Beatmung. Benetzte Kleidungsstücke, Schuhe und Strümpfe sofort ausziehen, entfernen und vernichten. Betroffene Körperstellen anhaltend mit Wasser spülen und anschließend mit sterilem Verbandmaterial abdecken. Bei Augenkontakt die Augen 15 Minuten mit Wasser spülen. Augenlider dazu mit Daumen und Zeigefinger aufspreizen und gleichzeitig das Auge nach allen Seiten bewegen lassen. Verletzte nicht auskühlen lassen. Bei Erbrechen zumindest Kopf in Seitenlage bringen. Verletzte nur liegend transportieren. Bei Gefahr der Bewußtlosigkeit Lagerung und Transport in stabiler Seitenlage.

Hinweise für den Arzt:
Symptomatische Behandlung. Augen gründlich spülen. Bei anhaltenden Augensymptomen: Augenarzt hinzuziehen. Nach Verschlucken: Mund ausspülen lassen. Flüssigkeit nachtrinken lassen. Wegen der Verätzungsmöglichkeit keine Magenspülung. Absaugen des Mageninhalts erwägen.

Formel: **Summen-Formel:** C6–H10–O3 **UN-Nr. 1992 n.o.s.**

Merkblatt

2376

Stoffname

Deutsch

D-Pantolacton, Lösung in 47% Methanol
R(–)-2-Hydroxy-3,3-dimethyl-γ-butyrolacton
R(–)-3,3-Dimethyl-2-hydroxy-γ-butyrolacton
α-Hydroxy-β,β-dimethyl-γ-butyrolacton
(–)-Dihydro-3-hydroxy-4,4-dimethylfuran-2(3H)-on

Englisch

Pantolactone, solution in 47% methanol
alpha-Hydroxy-beta, beta-dimethyl-gamma-butyrolactone

Französisch

Pantolactone, solution 47% de methanol
alpha-Hydroxy-beta, beta-diméthyl-gamma-butyrolactone

Spanisch

Pantolactona solucion en 47% de metanol
α-Hidroxi-β,β-dimetil-γ-butirolactona

Gefahren-Diamant

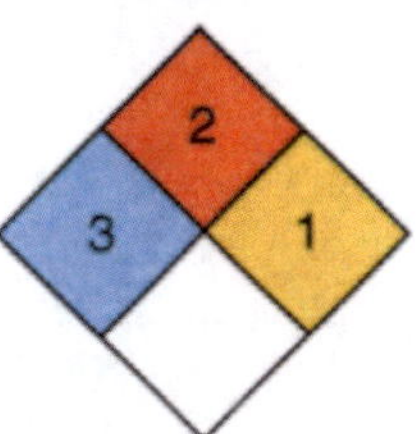

Hazchem-Code: 3W

Technische Daten

Siedepunkt	65 °C
Dampfdruck in mbar bei 20 °C	128
Dampfdichteverhältnis, Luft = 1	
Schmelzpunkt	–10 °C
Mischbarkeit mit Wasser	vollständig
Spez. Gewicht, Wasser = 1	0,97
Molare Masse	130,16

Feuerbekämpfungsdaten

Flammpunkt	12 °C
Zündfähiges Gemisch, Vol.-%	5,5–31
Zündtemperatur	455 °C

Gefahrgut: **Klassifizierung:**

IMDG-Code:	UN-Nr. 1992 n.o.s.	Kl. 3	Verp. Gr. II EMS: **F**-E; **S**-D
Marine pollutant			
ICAO/IATA DGR:	UN-Nr. 1992 n.o.s.	Kl. 3	Verp. Gr. II
ADR/RID/ADNR:	UN-Nr. 1992 n.a.g.	Kl. 3	Klassifiz. Code FT1 Verp. Gr. II

Gefahrzettel (Label) Nr. 3+6.1
Richtige Versandbezeichnung (PSN):
Land/BinSch: **1992 Entzündbarer flüssiger Stoff, giftig, n.a.g. (Pantolacton)**
See/Luft: **Flammable liquid, toxic, n.o.s. (Pantolactone)**

Gefahrstoff:
CAS Nr.: 599-04-2 RTECS-Nr.:
EG-Nr.: 209-963-3 INDEX-Nr.:
EG-Einstufung: nein
Symbol: F, T*
R-Sätze: 11-23/24/25-39/23/24/25*
S-Sätze: 16-24/25-45*
D-Lagerklasse (VCI)-Nr.:

* Herstellerangaben

Erscheinungsbild: Farblose bis leicht gelbliche Flüssigkeit. Geruch nach Alkohol.

Verhalten bei Freiwerden und Vermischen mit Luft: Giftige und brennbare Flüssigkeit. Dämpfe leicht entzündbar, Flüssigkeit verdunstet schnell. Dämpfe bilden mit Luft giftige und explosionsfähige Gemische. Sie sind schwerer als Luft, kriechen am Boden entlang und können bei Zündung über weite Strecken zurückschlagen. Entzündung durch heiße Oberflächen, Funken oder offene Flammen.

Verhalten bei Freiwerden und Vermischen mit Wasser: Der Stoff ist leichter als Wasser und schwimmt auf der Oberfläche. Er löst sich vollständig in Wasser und bildet auch bei Verdünnung noch giftige Gemische mit Wasser. Bei höheren Konzentrationen des Stoffes in heißem Wasser können sich über der Oberfläche giftige und explosionsfähige Gemische mit Luft bilden.

Gesundheitsgefährdung: Die Flüssigkeit und ihre Dämpfe/Aerosole sind durch den Gehalt an Methanol (s. auch Merkblatt 123) giftig beim Einatmen, Verschlucken und Berührung mit der Haut. Es besteht die Gefahr irreversibler Schäden durch das Einatmen, durch das Verschlucken und die Berührung mit der Haut. Hautaufnahme! Nieren, Leber, Herz und andere Organe werden geschädigt.
Symptome: Rausch, Bauchkrämpfe, Schwindel, Kopfschmerzen, Übelkeit, Erbrechen, leichte Narkose, später Sehstörungen, Bewußtlosigkeit, Atemstillstand
Nach Einatmen oder Hautkontakt in jedem Fall – auch bei Ausbleiben der Symptome – den Arzt aufsuchen.
Nach Kontakt der Substanz mit den Augen ist in jedem Fall ein Augenarzt aufzusuchen.

Geruchsschwelle = 4,3 mg/m³ (Methanol) Luftgrenzwert = 200 ppm/270 mg/m³, Spitzenbegrenzung 4 (Methanol)

Bemerkungen: Der Stoff ist löslich in vielen organischen Lösemitteln. Er reagiert bei Kontakt oder Mischung mit Alkalien (Basen), Fluor und Chromtrioxid. Die Substanz reagiert heftig bis sehr heftig bei Kontakt mit Alkalimetallen, Bariumperchlorat, Natriumhydrochlorit, Perchlorsäure, Stickstoffdioxid und Wasserstoffperoxid.

Sicherheitsmaßnahmen für Fahrzeugbesatzung, Polizei, Feuerwehr und Rettungskräfte:
Polizei und Feuerwehr alarmieren.
Im Gefahrenbereich Maschine stoppen, Zündung abstellen, nicht rauchen, offenes Feuer löschen, kein elektrisches Gerät und keinen Schalter mit Funkenbildung betätigen. Umluftunabhängiges (schweres) Atemschutzgerät und volle Schutzkleidung tragen.
Wasserschutzpolizei und Feuerwehr: Kein Boot mit Ottomotor einsetzen. Bei Dieselantrieb Sicherheitsschaltung veranlassen. Radar- und Kommandorufanlage nicht betätigen. Beim Retten nicht ins Wasser springen.

Schutz- und Einsatzmaßnahmen: Alle unbeteiligten Personen nach Luv (gegen den Wind) entfernen. Achtung, falls freiwerdendes Gut in die Kanalisation oder in Abwasserleitungen von Schiffen gerät, entstehen giftige Gemische mit Abwasser und kann über der Oberfläche Explosions- und Vergiftungsgefahr entstehen. Experten hinzuziehen. Auf Wasserstraßen Schiffahrtssperre. An Land gefährdetes Gebiet absperren. Große Sicherheitszone bilden. In Wohn- und Industriegebieten Anwohner warnen. Bei großen Mengen freiwerdenden Gutes gefährdetes Gebiet evakuieren und Katastrophenalarm prüfen.

Konzentrationsmessung explosionsfähiger bzw. giftiger Dämpfe siehe Tabelle (Anhang 6 der Erläuterungen).

Zuständige Behörden unterrichten.

Bekämpfung der Unfallfolgen:
Feuer: Bei kleinem Brandherd Löschpulver, Wassersprühstrahl, Kohlensäure oder Schaum. Bei großem Brandherd Schaum oder Wassersprühstrahl. Behälter mit Wassersprühstrahl kühlen und nach Möglichkeit aus der Gefahrenzone ziehen. Achtung, das Löschwasser ist giftig und umweltgefährlich. Es muß aufgefangen werden und darf nicht unbehandelt in die Kanalisation, in Gewässer oder in das Grundwasser gelangen.
Leckage: Leck schließen, wenn ohne Risiko möglich.
Fließendes Gewässer: Trink-, Brauch- und Kühlwasserentnehmer verständigen.
Stehendes Gewässer: Absperren. Fahrzeugbesatzungen im gefährdeten Gebiet warnen.
An Land: Kanalisation abdichten. Auffangen, eindeichen und abpumpen. In Wohn- und Industriegebieten alle tiefliegenden Räume abdichten. Alle Zündquellen beseitigen. Restmengen mit nicht brennbarem, saugfähigem Material wie z. B. trockener Erde, Sand, Kieselgur, Universalbinder oder Vermiculit abdecken und an sichere Deponie zur Vernichtung transportieren.

Gewässerverunreinigung:
GefStoffV/EG:
Gesamtbewertung nach Unfall: Gruppe II, in stehenden Gewässern mittlere bis hohe, in fließenden Gewässern mittlere toxische Wirkung (siehe auch Erläuterungen Abschnitt 16.4/5).
Einzelwerte siehe Anhang 9 der Erläuterungen.
Wassergefährdungsklasse: 1 – schwach wassergefährdender Stoff

Erste Hilfe:
Verletzte an die frische Luft bringen, bequem lagern, beengende Kleidungsstücke lockern. Bei Atemstörung Sauerstoffzufuhr, ggf. Beatmung. Benetzte Kleidungsstücke, Schuhe und Strümpfe sofort ausziehen, entfernen und vernichten. Betroffene Körperstellen anhaltend mit Wasser spülen und anschließend mit sterilem Verbandmaterial abdecken. Bei Augenkontakt die Augen 15 Minuten mit Wasser spülen. Augenlider dazu mit Daumen und Zeigefinger aufspreizen und gleichzeitig das Auge nach allen Seiten bewegen lassen. Verletzte nicht auskühlen lassen. Bei Erbrechen zumindest Kopf in Seitenlage bringen. Verletzte nur liegend transportieren. Bei Gefahr der Bewußtlosigkeit Lagerung und Transport in stabiler Seitenlage.

Hinweise für den Arzt:
Stoff wenig toxisch. Behandlung nach Ingestion des Stoffes in Methanollösung wie nach Methanolvergiftung Merkblatt 123.

Formel:	Summen-Formel: C4–H11–N–O	UN-Nr. 1993 n.o.s.

Merkblatt

2377

Stoffname

Deutsch	*Englisch*	*Französisch*
N,N-Diethylhydroxylamin 85%ige Lösung in Wasser	**N,N-Diethylhydroxylamine 85% solution in water**	**N,N-Diethylhydroxylamine, solution 85% de l'eau**
N-Ethyl-N-hydroxyethanamin 85%ige Lösung in Wasser	N-Ethyl-N-hydroxy-ethanamine 85% solution in water	
N-Hydroxydiethylamin 85%ige Lösung in Wasser	N-Hydroxydiethylamine 85% solution in water	*Spanisch*
DEHA	N,N-Diethylhydroxylamine 85% solution in water	**N,N-Dietilhidroxilamina, 85% solucion en agua**

Gefahren-Diamant

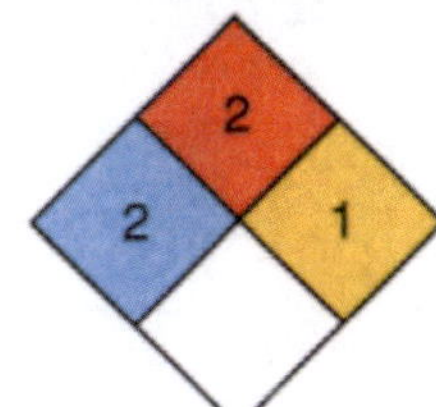

Hazchem-Code: 3Y

Technische Daten

Siedepunkt	95 °C
Dampfdruck in mbar	43 bei 25 °C
Dampfdichteverhältnis, Luft = 1	3,08
Schmelzpunkt	–16 °C
Mischbarkeit mit Wasser	vollständig
Spez. Gewicht, Wasser = 1	0,9
Molare Masse	89,14

Feuerbekämpfungsdaten

Flammpunkt	46 °C
Zündfähiges Gemisch, Vol.-%	1,9–10
Zündtemperatur	

Gefahrgut: **Klassifizierung:**

IMDG-Code: UN-Nr. 1993 n.o.s. Kl. 3 Verp. Gr. III EMS: **F**-E; **S**-E

Marine pollutant

ICAO/IATA DGR: UN-Nr. 1993 n.o.s. Kl. 3 Verp. Gr. III

ADR/RID/ADNR: UN-Nr. 1993 n.a.g. Kl. 3 Klassifiz. Code F1 Verp. Gr. III

Gefahrzettel (Label) Nr. 3

Richtige Versandbezeichnung (PSN):

Land/BinSch: **1993 Entzündbarer flüssiger Stoff, n.a.g. (N, N-Diethylhydroxylamin)**

See/Luft: **Flammable liquid, n.o.s. (N, N-Diethylhydroxylamine)**

Gefahrstoff:

CAS Nr.: 3710-84-7 RTECS-Nr.: NC 3500000

EG-Nr.: 223-055-4 INDEX-Nr.:

EG-Einstufung: nein

Symbol: Xn*

R-Sätze: 10-20/21-36*

S-Sätze: 16-24-26*

D-Lagerklasse (VCI)-Nr.: 3

* Herstellerangaben

Erscheinungsbild: Farblose bis gelbe Flüssigkeit, aminartiger Geruch.

Verhalten bei Freiwerden und Vermischen mit Luft: Gesundheitsschädliche, reizende und brennbare Flüssigkeit. An besonders heißen Tagen und bei starker Erwärmung der Flüssigkeit bilden sich gesundheitsschädliche, explosionsfähige Gemische mit Luft. Sie sind schwerer als Luft und kriechen am Boden entlang. Entzündung durch heiße Oberflächen, Funken oder offene Flammen Bei Brand oder Erhitzung bis zur Zersetzung (z. B. durch Umgebungsbrände oder heiße Oberflächen) bilden sich giftige und ätzende Gase und Dämpfe, die im Wesentlichen aus nitrosen Gasen (Stickstoffoxiden) bestehen und auch Kohlenmonoxid sowie Kohlendioxid enthalten.

Verhalten bei Freiwerden und Vermischen mit Wasser: Der Stoff mischt sich vollständig mit Wasser. Es bilden sich gesundheitsschädliche Gemische mit Wasser.

Gesundheitsgefährdung: Die Flüssigkeit und ihre Dämpfe/Aerosole sind gesundheitsschädlich beim Einatmen und bei Berührung mit der Haut. Hautaufnahme! Die Substanz reizt die Schleimhäute der Augen und der oberen Atemwege. Bei massivem Einatmen der Aerosole besteht die Gefahr von Kehlkopf- und Lungenödem – auch mit Verzögerung bis zu 2 Tagen. Bei Brand oder Erhitzen bis zur Zersetzung Bildung von nitrosen Gasen (s. auch Merkblatt 150).

Symptome: Rötung und Brennen der Augen, Tränenreiz, Hustenreiz, Übelkeit, Schwindel, Erbrechen, Blutdruckanstieg

Nach Kontakt der Substanz mit den Augen ist in jedem Fall ein Augenarzt aufzusuchen.

Geruchsschwelle = Luftgrenzwert =

Bemerkungen: Der Stoff ist mischbar mit vielen organischen Lösemitteln. Die Substanz reagiert heftig bis sehr heftig bei Kontakt oder Mischung mit Säuren und starken Oxidationsmitteln. Mit nitrosierenden Agenzien (zum Beispiel Nitriden, Stickoxiden) können sich unter speziellen Bedingungen Nitrosamine bilden. Nitrosamine haben sich im Tierversuch als krebserzeugend erwiesen.

Sicherheitsmaßnahmen für Fahrzeugbesatzung, Polizei, Feuerwehr und Rettungskräfte:
Polizei und Feuerwehr alarmieren.
Im Gefahrenbereich Maschine stoppen. An besonders heißen Tagen und bei starker Erwärmung der Flüssigkeit Zündung abstellen, nicht rauchen, offenes Feuer löschen, kein elektrisches Gerät und keinen Schalter mit Funkenbildung betätigen. Bei längerem Aufenthalt **im Gefahrenbereich** umluftunabhängiges (schweres) Atemschutzgerät und volle Schutzkleidung tragen.
Wasserschutzpolizei und Feuerwehr: An besonders heißen Tagen und bei starker Erwärmung der Flüssigkeit kein Boot mit Ottomotor einsetzen. Bei Dieselantrieb Sicherheitsschaltung veranlassen. Beim Retten nicht ins Wasser springen.

Schutz- und Einsatzmaßnahmen: Alle unbeteiligten Personen nach Luv (gegen den Wind) entfernen. Achtung, falls freiwerdendes Gut in die Kanalisation oder in Abwasserleitungen von Schiffen gerät, entstehen schädliche Gemische mit Abwasser und kann mit heißem Abwasser Explosionsgefahr entstehen. Auf Wasserstraßen Schiffahrtssperre. An Land gefährdetes Gebiet absperren. In Wohn- und Industriegebieten Anwohner warnen. Bei größeren Mengen freigewordenen Gutes große Sicherheitszone bilden.

Konzentrationsmessung explosionsfähiger bzw. giftiger Dämpfe siehe Tabelle (Anhang 6 der Erläuterungen).

Zuständige Behörden unterrichten.

Bekämpfung der Unfallfolgen:
Feuer: Bei kleinem Brandherd Löschpulver, Wassersprühstrahl, Kohlensäure oder Schaum. Bei großem Brandherd Schaum oder Wassersprühstrahl. Behälter mit Wassersprühstrahl kühlen und nach Möglichkeit aus der Gefahrenzone ziehen. Achtung, das Löschwasser ist giftig und umweltgefährlich. Es muß aufgefangen werden und darf nicht unbehandelt in die Kanalisation, in Gewässer oder in das Grundwasser gelangen.
Leckage: Leck schließen, wenn ohne Risiko möglich.
Fließendes Gewässer: Trink-, Brauch- und Kühlwasserentnehmer verständigen.
Stehendes Gewässer: Absperren. Fahrzeugbesatzungen im gefährdeten Gebiet warnen.
An Land: Kanalisation abdichten. Auffangen, eindeichen und abpumpen. In Wohn- und Industriegebieten alle tiefliegenden Räume abdichten. Alle Zündquellen beseitigen. Restmengen mit nicht brennbarem, saugfähigem Material wie z. B. trockener Erde, Sand, Kieselgur, Universalbinder oder Vermiculit abdecken und an sichere Deponie zur Vernichtung transportieren.

Gewässerverunreinigung:
GefStoffV/EG:
Gesamtbewertung nach Unfall: Gruppe II, in stehenden Gewässern mittlere bis hohe, in fließenden Gewässern mittlere toxische Wirkung, nach Brand Gruppe IV, hohe bis sehr hohe (extrem hohe) toxische Wirkung unabhängig von der Turbulenz des Gewässers (siehe auch Erläuterungen Abschnitt 16.4/5).
Einzelwerte siehe Anhang 9 der Erläuterungen.
Wassergefährdungsklasse: 1 – schwach wassergefährdender Stoff

Erste Hilfe:
Verletzte an die frische Luft bringen, bequem lagern, beengende Kleidungsstücke lockern. Bei Atemstörung Sauerstoffzufuhr, ggf. Beatmung. Benetzte Kleidungsstücke, Schuhe und Strümpfe sofort ausziehen, entfernen und vernichten. Betroffene Körperstellen anhaltend mit Wasser spülen und anschließend mit sterilem Verbandmaterial abdecken. Bei Augenkontakt die Augen 15 Minuten mit Wasser spülen. Augenlider dazu mit Daumen und Zeigefinger aufspreizen und gleichzeitig das Auge nach allen Seiten bewegen lassen. Verletzte nicht auskühlen lassen. Bei Erbrechen zumindest Kopf in Seitenlage bringen. Verletzte nur liegend transportieren. Bei Gefahr der Bewußtlosigkeit Lagerung und Transport in stabiler Seitenlage.

Hinweise für den Arzt:
Symptomatische Behandlung. Augen gründlich spülen. Bei anhaltenden Augensymptomen: Augenarzt hinzuziehen. Bei Reizung der Atemwege 5–10 Hübe oder mehr/h eines Dosier-Aerosols mit Beclometason (z. B. Sanasthmyl Glaxo oder Viarox Essex Pharma) oder mit Dexamethason (z. B. Auxiloson Thomae).

Formel:	**Summen-Formel:** C8–H7–N–O	**UN-Nr. 3276 n.o.s.**	**Merkblatt 2378**

Stoffname

Deutsch	*Englisch*	*Französisch*
Mandelsäurenitril	**Mandelonitrile**	**Mandelonitrile**
α-Hydroxyphenylacetonitril	Hydroxyphenyl acetonitrile	
Benzaldehydcyanhydrin	Benzaldehyde cyanohydrin	
Phenylglykolsäurenitril	Mandelic acid nitrile	*Spanisch*
Laetril	Phenyl glycolonitrile	**Mandelonitrilo**

Gefahren-Diamant

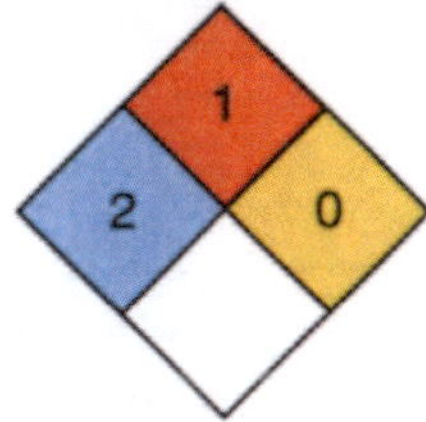

Hazchem-Code: 3X

Technische Daten

Siedepunkt	170 °C (Zersetzung)
Dampfdruck in mbar bei 20 °C	1,5
Dampfdichteverhältnis, Luft = 1	4,7
Schmelzpunkt	–10 °C
Mischbarkeit mit Wasser	sehr geringfügig
Spez. Gewicht, Wasser = 1	1,117
Molare Masse	133,15

Feuerbekämpfungsdaten

Flammpunkt	86 °C
Zündfähiges Gemisch, Vol.-%	
Zündtemperatur	

Gefahrgut:

	Klassifizierung:	
IMDG-Code: UN-Nr. 3276 n.o.s.	Kl. 6.1	Verp. Gr. II EMS: **F**-A; **S**-A
Marine pollutant		
ICAO/IATA DGR: UN-Nr. 3276 n.o.s.	Kl. 6.1	Verp. Gr. II
ADR/RID/ADNR: UN-Nr. 3276 n.a.g.	Kl. 6.1	Klassifiz. Code T1 Verp. Gr. II

Gefahrzettel (Label) Nr. 6.1

Richtige Versandbezeichnung (PSN):

Land/BinSch: **3276 Nitrile giftig, n.a.g. (Mandelsäurenitril)**

See/Luft: **Nitriles toxic, n.o.s. (Mandelonitrile)**

Gefahrstoff:

CAS Nr.: 532-28-5 RTECS-Nr.: OO 8400000

EG-Nr.: 208-532-7 INDEX-Nr.:

EG-Einstufung: nein

Symbol: T*

R-Sätze: 25-36/38*

S-Sätze: 23-26-36/37-45*

D-Lagerklasse (VCI)-Nr.: 6.1

* Herstellerangaben

Erscheinungsbild: Gelbe Flüssigkeit.

Verhalten bei Freiwerden und Vermischen mit Luft: Giftige und brennbare Flüssigkeit mit relativ hohem Flammpunkt von 86 °C. Bei starker Erhitzung bilden sich giftige und explosionsfähige Gemische mit Luft. Sie sind schwerer als Luft und kriechen am Boden entlang. Entzündung durch heiße Oberflächen, Funken oder offene Flammen. Bei Erhitzung bis zur Zersetzung (z. B. durch Umgebungsbrände oder heiße Oberflächen) und bei Brand bilden sich giftige und ätzende Gase bzw. Dämpfe, die im Wesentlichen aus nitrosen Gasen und Cyanwasserstoff(gas=Blausäure) bestehen und auch Kohlenmonoxid(gas) sowie Kohlendioxid(gas) enthalten.

Verhalten bei Freiwerden und Vermischen mit Wasser: Löst sich nur geringfügig im Wasser. Es können sich trotz großer Verdünnung giftige und ätzende Gemische mit Wasser bilden.

Gesundheitsgefährdung: Die Flüssigkeit und ihre Dämpfe/Aerosole sind giftig beim Verschlucken. Da Blausäurefreisetzung im Körper möglich ist, kann es zur Blockade der Zellatmung und zu Herz-Kreislauf-Störungen kommen. Die Substanz reizt die Haut und die Schleimhäute der Augen und der oberen Atemwege bis hin zur Verätzung. Gefahr bleibender Augenschäden. Bei Brand oder Erhitzen bis zur Zersetzung Bildung von nitrosen Gasen (s. auch Merkblatt 150) und Cyanwasserstoff (Blausäure) (s. auch Merkblatt 42).
Symptome: Rötung und Brennen der Augen und betroffener Körperpartien, Hustenreiz, Übelkeit, Schwindel, Erbrechen, Atemnot, Bewußtlosigkeit
Nach Einatmen oder Hautkontakt in jedem Fall – auch bei Ausbleiben der Symptome – den Arzt aufsuchen. Nach Kontakt der Substanz mit den Augen ist in jedem Fall ein Augenarzt aufzusuchen.

Geruchsschwelle = Luftgrenzwert =

Bemerkungen: Der Stoff löst sich in Ethylalkohol.

Sicherheitsmaßnahmen für Fahrzeugbesatzung, Polizei, Feuerwehr und Rettungskräfte:
Polizei und Feuerwehr alarmieren.
Im Gefahrenbereich Maschine stoppen, umluftunabhängiges (schweres) Atemschutzgerät und volle Schutzkleidung tragen. Bei Brand oder starker Erhitzung des Stoffes Zündung abstellen, nicht rauchen, offenes Feuer löschen, kein elektrisches Gerät und keinen Schalter mit Funkenbildung betätigen.
Wasserschutzpolizei und Feuerwehr: Beim Retten nicht ins Wasser springen. Bei starker Erhitzung des Stoffes und bei Brand kein Boot mit Ottomotor einsetzen. Bei Dieselantrieb Sicherheitsschaltung veranlassen.

Schutz- und Einsatzmaßnahmen: Alle unbeteiligten Personen nach Luv (gegen den Wind) entfernen. Achtung, falls freiwerdendes Gut in die Kanalisation oder in Abwasserleitungen von Schiffen gerät, entstehen giftige Gemische mit Abwasser und können sich über der Oberfläche explosionsfähige und giftige Gemische mit Luft bilden. In Wohn- und Industriegebieten Anwohner warnen. Große Sicherheitszone bilden. Bei größeren Mengen ausgelaufenen Gutes Katastrophenalarm prüfen.

Konzentrationsmessung explosionsfähiger bzw. giftiger Dämpfe siehe Tabelle (Anhang 6 der Erläuterungen).

Zuständige Behörden unterrichten.

Bekämpfung der Unfallfolgen:
Feuer: Bei kleinem Brandherd Löschpulver, Wassersprühstrahl, Kohlensäure oder Schaum. Bei großem Brandherd Schaum oder Wassersprühstrahl. Behälter mit Wassersprühstrahl kühlen und nach Möglichkeit aus der Gefahrenzone ziehen. Achtung, das Löschwasser ist giftig und umweltgefährlich. Es muß aufgefangen werden und darf nicht unbehandelt in die Kanalisation, in Gewässer oder in das Grundwasser gelangen.
Leckage: Leck schließen, wenn ohne Risiko möglich.
Fließendes Gewässer: Trink-, Brauch- und Kühlwasserentnehmer verständigen.
Stehendes Gewässer: Absperren. Fahrzeugbesatzungen im gefährdeten Gebiet warnen.
An Land: Kanalisation abdichten. Auffangen, eindeichen und abpumpen. In Wohn- und Industriegebieten alle tiefliegenden Räume abdichten. Alle Zündquellen beseitigen. Restmengen mit nicht brennbarem, saugfähigem Material wie z. B. trockener Erde, Sand, Kieselgur, Universalbinder oder Vermiculit abdecken und an sichere Deponie zur Vernichtung transportieren.

Gewässerverunreinigung:
GefStoffV/EG:
Gesamtbewertung nach Unfall: Gruppe III, in stehenden Gewässern sehr hohe, in fließenden Gewässern je nach Vermischung mittlere bis hohe toxische Wirkung, nach Brand Gruppe IV, hohe bis sehr hohe (extrem hohe) toxische Wirkung unabhängig von der Turbulenz des Gewässers (siehe auch Erläuterungen Abschnitt 16.4/5).
Einzelwerte siehe Anhang 9 der Erläuterungen.
Wassergefährdungsklasse: 2 – wassergefährdender Stoff

Erste Hilfe:
Verletzte an die frische Luft bringen, bequem lagern, beengende Kleidungsstücke lockern. Bei Atemstörung Sauerstoffzufuhr, ggf. Beatmung. Benetzte Kleidungsstücke, Schuhe und Strümpfe sofort ausziehen, entfernen und vernichten. Betroffene Körperstellen anhaltend mit Wasser spülen und anschließend mit sterilem Verbandmaterial abdecken. Bei Augenkontakt die Augen 15 Minuten mit Wasser spülen. Augenlider dazu mit Daumen und Zeigefinger aufspreizen und gleichzeitig das Auge nach allen Seiten bewegen lassen. Verletzte nicht auskühlen lassen. Bei Erbrechen zumindest Kopf in Seitenlage bringen. Verletzte nur liegend transportieren. Bei Gefahr der Bewußtlosigkeit Lagerung und Transport in stabiler Seitenlage.

Hinweise für den Arzt:
Symptomatische Behandlung. Augen gründlich spülen. Bei anhaltenden Augensymptomen: Augenarzt hinzuziehen. Nach Verschlucken: Mund ausspülen lassen. Flüssigkeit nachtrinken lassen. Absaugen des Mageninhalts erwägen. Protrahiert verlaufende, dadurch beherrschbare Blausäurevergiftung möglich. Natriumthiosulfatlösung (Na2S 203-Lösung 10%, Köhler oder S-hydril, Laves Arzneimittel) intravenös verabreichen; Richtwert für die initiale Gabe: 100 mg/kg, bis zu insgesamt maximal 500 mg/kg. Unter hohen Dosen bei protrahiertem Vergiftungsbild die hohe Zufuhr von Natrium beachten! Cave Latenzzeit bis Beginn der Symptomatik. In schweren Fällen Therapie wie bei Verbindungen, die die Blausäure schnell freisetzen (siehe Merkblatt 317 Kaliumcyanid). Bei Reizung der Atemwege alle 10 Minuten 5 Hübe eines Dosier-Aerosols mit Dexamethason (Auxiloson, Thomae) einatmen lassen, bis die Beschwerden sistieren. Antibiotische Prophylaxe bei Schädigung der Atemwege und der Lunge notwendig!
Bei thermischer Zersetzung erhöhte Vergiftungsgefahr durch Freiwerden von Blausäure(gas) (Merkblatt 42) und von nitrosen Gasen (Merkblatt 150): Cave Lungenödem nach (oft symptomarmer) Latenzzeit bis zu 2 Tagen!

Formel: | **Summen-Formel:** C11–H25–N–O | **UN-Nr. 2735 n.o.s.**

Merkblatt

2379

Stoffname

Deutsch

3-(2-Ethylhexoxy)propylamin rein
2-Ethylhexyloxypropylamin
2-Ethylhexyl-3-aminopropylether
3-((Ethylhexyl)oxy)-1-propanamin

Englisch

3-(2-Ethylhexoxy) propylamine, pur
2-Ethylhexyl 3-aminopropyl ether
2-Ethylhexyloxypropylamine
3-((2-Ethylhexyl)oxy) propylamine
3-(2-Ethylhexyloxy)propylamine
3-((Ethylhexyl)oxy)-1-propanamine

Französisch

3-(2-Ethylhexyloxy) propylamine pur
Ahopa*

Spanisch

3-(2-Etilhexiloxi) propilamina

Gefahren-Diamant

Hazchem-Code: 3X

Technische Daten

Siedepunkt	235 °C
Dampfdruck in mbar	<1 bei 50°C
Dampfdichteverhältnis, Luft = 1	6,46
Schmelzpunkt	<–70 °C
Mischbarkeit mit Wasser	sehr geringfügig*
Spez. Gewicht, Wasser = 1	0,8483
Molare Masse	187,32

Feuerbekämpfungsdaten

Flammpunkt	104 °C
Zündfähiges Gemisch, Vol.-%	1,0–4,7
Zündtemperatur	220 °C

* 15 g/l bei 20 °C.

Gefahrgut: | **Klassifizierung:**

IMDG-Code: UN-Nr. 2735 n.o.s.	Kl. 8	Verp. Gr. II	EMS: **F**-A; **S**-B
Marine pollutant			
ICAO/IATA DGR: UN-Nr. 2735 n.o.s.	Kl. 8	Verp. Gr. II	
ADR/RID/ADNR: UN-Nr. 2735 n.a.g.	Kl. 8	Klassifiz. Code C7 Verp. Gr. II	

Gefahrzettel (Label) Nr. 8
Richtige Versandbezeichnung (PSN):
Land/BinSch: **2735 Amine, flüssig, ätzend, n.a.g. (Ethylhexoxypropylamin)**
See/Luft: **Amines, liquid, corrosive, n.o.s. (Ethylhexoxypropylamine)**

Gefahrstoff:
CAS Nr.: 5397-31-9 RTECS-Nr.: UI 2820000
EG-Nr.: 226-420-6 INDEX-Nr.:
EG-Einstufung: nein
Symbol: T, C, N*
R-Sätze: 22-24-35-51/53*
S-Sätze: 26-28-36/37/39-45-61*
D-Lagerklasse (VCI)-Nr.: 8

* Herstellerangaben

Erscheinungsbild: Farblose bis gelbe Flüssigkeit, aminartiger Geruch.

Verhalten bei Freiwerden und Vermischen mit Luft: Stark ätzende, giftige, umweltgefährliche und brennbare Flüssigkeit mit relativ hohem Flammpunkt von 104°C. Bei starker Erhitzung bilden sich stark ätzende, giftige, umweltgefährliche und explosionsfähige Gemische mit Luft. Sie sind schwerer als Luft und kriechen am Boden entlang. Entzündung durch heiße Oberflächen, Funken oder offene Flammen. Bei Erhitzung bis zur Zersetzung (z. B. durch Umgebungsbrände oder heiße Oberflächen) und bei Brand bilden sich giftige und ätzende Gase bzw. Dämpfe, die im Wesentlichen aus nitrosen Gasen bestehen und auch Kohlenmonoxid(gas) sowie Kohlendioxid(gas) enthalten. Bei Schwelbränden kann auch Cyanwasserstoff (Blausäure) entstehen.

Verhalten bei Freiwerden und Vermischen mit Wasser: Der Stoff ist leichter als Wasser und schwimmt auf der Oberfläche. Er mischt sich nur geringfügig in Wasser. Es bilden sich ätzende, giftige und umweltgefährdende Gemische mit Wasser, die auch bei starker Verdünnung noch wirksam sind.

Gesundheitsgefährdung: Die Flüssigkeit verursacht bei direktem Kontakt schwere Verätzungen der Haut und der Schleimhäute der Augen. Die Substanz ist giftig bei Berührung mit der Haut und gesundheitsschädlich beim Verschlucken. Hautaufnahme! Nach Verschlucken starke Reizungen des Magen-Darm-Traktes. Beim Einatmen der Dämpfe/Aerosole Lungenödem – auch mit Verzögerung bis zu 2 Tagen – möglich. Bei Brand oder Erhitzen bis zur Zersetzung Bildung von nitrosen Gasen (s. auch Merkblatt 150), bei Schwelbränden Cyanwasserstoff (s. auch Merkblatt 42).
Symptome: Rötung, Brennen und Schmerzen der betroffenen Körperpartien und der Augen, Tränen der Augen, schlecht heilende Ätzwunden, Übelkeit, Erbrechen, Schwindel, Hustenanfälle
Nach Einatmen oder Hautkontakt in jedem Fall – auch bei Ausbleiben der Symptome – den Arzt aufsuchen.
Nach Kontakt der Substanz mit den Augen ist in jedem Fall ein Augenarzt aufzusuchen.

Geruchsschwelle = Luftgrenzwert =

Bemerkungen: Der Stoff reagiert bei Kontakt oder Mischung mit Nitriten. Er reagiert heftig bis sehr heftig unter starker Erwärmung bei Kontakt mit Säuren und säurebildenden Substanzen.

Sicherheitsmaßnahmen für Fahrzeugbesatzung, Polizei, Feuerwehr und Rettungskräfte:
Polizei und Feuerwehr alarmieren.
Im Gefahrenbereich sofort umluftunabhängiges (schweres) Atemschutzgerät und volle Schutzkleidung tragen. Bei Erhitzung der Flüssigkeit Zündung abstellen, Maschine stoppen, nicht rauchen, offenes Feuer löschen, kein elektrisches Gerät und keinen Schalter mit Funkenbildung betätigen.
Wasserschutzpolizei und Feuerwehr: Bei Erhitzung des Stoffes kein Boot mit Ottomotor einsetzen. Bei Dieselantrieb Sicherheitsschaltung veranlassen. Beim Retten nicht ins Wasser springen.

Schutz- und Einsatzmaßnahmen: Alle unbeteiligten Personen nach Luv (gegen den Wind) entfernen. Achtung, falls freiwerdendes Gut in die Kanalisation oder in Abwasserleitungen von Schiffen gerät, entstehen ätzende, giftige und umweltgefährdende Gemische mit Abwasser. Experten hinzuziehen. Auf Wasserstraßen Schiffahrtssperre. An Land gefährdetes Gebiet absperren. Bei Brand oder starker Erhitzung entstehen giftige Gase und Dämpfe bzw. Dampf-/Luftgemische. In diesem Fall große Sicherheitszone bilden. In Wohn- und Industriegebieten Anwohner warnen.

Konzentrationsmessung explosionsfähiger bzw. giftiger Dämpfe siehe Tabelle (Anhang 6 der Erläuterungen).

Zuständige Behörden unterrichten.

Bekämpfung der Unfallfolgen:
Feuer: Bei kleinem Brandherd Löschpulver, Wassersprühstrahl, Kohlensäure oder Schaum. Bei großem Brandherd Schaum oder Wassersprühstrahl. Behälter mit Wassersprühstrahl kühlen und nach Möglichkeit aus der Gefahrenzone ziehen. Achtung, das Löschwasser ist giftig und umweltgefährlich. Es muß aufgefangen werden und darf nicht unbehandelt in die Kanalisation, in Gewässer oder in das Grundwasser gelangen.
Leckage: Leck schließen, wenn ohne Risiko möglich.
Fließendes Gewässer: Trink-, Brauch- und Kühlwasserentnehmer verständigen.
Stehendes Gewässer: Absperren. Fahrzeugbesatzungen im gefährdeten Gebiet warnen.
An Land: Kanalisation abdichten. Auffangen, eindeichen und abpumpen. In Wohn- und Industriegebieten alle tiefliegenden Räume abdichten. Alle Zündquellen beseitigen. Restmengen mit nicht brennbarem, saugfähigem Material wie z. B. trockener Erde, Sand, Kieselgur, Universalbinder oder Vermiculit abdecken und an sichere Deponie zur Vernichtung transportieren.

Gewässerverunreinigung:
GefStoffV/EG: Gefahrensymbol: N Umweltgefährlich, R 51/53: giftig für Wasserorganismen, kann in Gewässern längerfristig schädliche Wirkungen haben.
Gesamtbewertung nach Unfall: Gruppe IV, hohe bis sehr hohe (extrem hohe) toxische Wirkung unabhängig von der Turbulenz des Gewässers (siehe auch Erläuterungen Abschnitt 16.4/5).
Einzelwerte siehe Anhang 9 der Erläuterungen.
Wassergefährdungsklasse: 3 – stark wassergefährdender Stoff

Erste Hilfe:
Verletzte an die frische Luft bringen, bequem lagern, beengende Kleidungsstücke lockern. Bei Atemstörung Sauerstoffzufuhr, ggf. Beatmung. Benetzte Kleidungsstücke, Schuhe und Strümpfe sofort ausziehen, entfernen und vernichten. Betroffene Körperstellen anhaltend mit Wasser spülen und anschließend mit sterilem Verbandmaterial abdecken. Bei Augenkontakt die Augen 15 Minuten mit Wasser spülen. Augenlider dazu mit Daumen und Zeigefinger aufspreizen und gleichzeitig das Auge nach allen Seiten bewegen lassen. Verletzte nicht auskühlen lassen. Bei Erbrechen zumindest Kopf in Seitenlage bringen. Verletzte nur liegend transportieren. Bei Gefahr der Bewußtlosigkeit Lagerung und Transport in stabiler Seitenlage.

Hinweise für den Arzt:
Symptomatische Behandlung.

Formel:	Summen-Formel: C13-H22-O	UN-Nr. 3082 n.o.s.	Merkblatt **2380**

Stoffname

Deutsch
6,10-Dimethylundeca-5,9-dien-2-on
Geranylaceton
Dihydropseudoionon
α,β-Dihydropseudoionon

Englisch
6,10-Dimethyl-undeca-5,9-dien-2-one
Dihydropseudoionone
alpha, beta-Dihydropseudoionone
Geranylacetone

Französisch
6,10-Dimethylundéca-5,9-diène-2-one

Spanisch
6,10-Dimetilundeca-5,9-dien-2-ona

Gefahren-Diamant

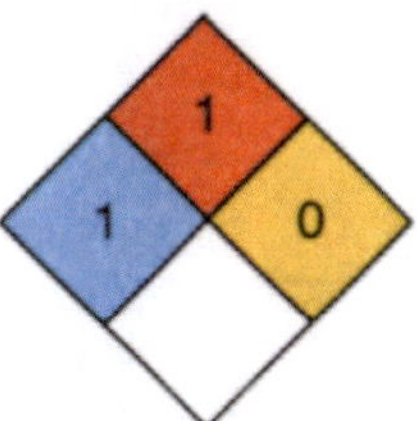

Hazchem-Code: 2X

Technische Daten

Siedepunkt	
Dampfdruck in mbar	1 bei 79 °C
Dampfdichteverhältnis, Luft = 1	
Schmelzpunkt	
Mischbarkeit mit Wasser	sehr geringfügig*
Spez. Gewicht, Wasser = 1	0,868–0,872
Molare Masse	194,35

Feuerbekämpfungsdaten

Flammpunkt	101 °C
Zündfähiges Gemisch, Vol.-%	0,7-4,2
Zündtemperatur	240 °C

* 0,039 g/l bei 25 °C.

Gefahrgut:

	Klassifizierung:		
IMDG-Code: UN-Nr. 3082 n.o.s.	Kl. 9	Verp. Gr. III	EMS: **F**-A; **S**-F
Marine pollutant			
ICAO/IATA DGR: UN-Nr. 3082 n.o.s.	Kl. 9	Verp. Gr. III	
ADR/RID/ADNR: UN-Nr. 3082 n.a.g.	Kl. 9	Klassifiz. Code M6 Verp. Gr. III	

Gefahrzettel (Label) Nr. 9
Richtige Versandbezeichnung (PSN):
Land/BinSch: **3082 Umweltgefährdender Stoff, flüssig, n.a.g. (Geranylaceton)**
See/Luft: **Environmentally hazardous substance, liquid, n.o.s. (Geranylacetone)**

Gefahrstoff:
CAS Nr.: 689-67-8 RTECS-Nr.: YQ 1190000
EG-Nr.: 211-711-2 INDEX-Nr.:
EG-Einstufung: nein
Symbol: Xi, N*
R-Sätze: 38-51/53*
S-Sätze: 61*
D-Lagerklasse (VCI)-Nr.:

* Herstellerangaben

Erscheinungsbild: Farblose Flüssigkeit, blumiger Geruch.

Verhalten bei Freiwerden und Vermischen mit Luft: Reizende, umweltgefährdende und brennbare Flüssigkeit mit relativ hohem Flammpunkt von 101 °C. Bei starker Erhitzung bilden sich reizende, umweltgefährdende und explosionsfähige Gemische mit Luft. Sie sind schwerer als Luft und kriechen am Boden entlang. Entzündung durch heiße Oberflächen, Funken oder offene Flammen. Bei Erhitzung bis zur Zersetzung (z. B. durch Umgebungsbrände oder heiße Oberflächen) und bei Brand bilden sich giftige und ätzende Gase bzw. Dämpfe, die im Wesentlichen aus saurem Rauch sowie reizenden Dämpfen bestehen und auch Kohlenmonoxid(gas) sowie Kohlendioxid(gas) enthalten.

Verhalten bei Freiwerden und Vermischen mit Wasser: Der Stoff ist leichter als Wasser und schwimmt auf der Oberfläche. Er löst sich nur geringfügig in Wasser. Es bilden sich reizende und umweltgefährdende Gemische mit Wasser, die auch bei starker Verdünnung noch wirksam sind.

Gesundheitsgefährdung: Die Flüssigkeit und ihr Dämpfe/Aerosole reizen die Haut. Bei Überexposition können unspezifische Vergiftungssymptome auftreten.
Symptome: Rötung und Brennen der Haut, Übelkeit, Schwindel, Benommenheit, Erbrechen, Durchfall

Geruchsschwelle = in Wasser: 0,060 mg/m^{3}gH_2O Luftgrenzwert =

Bemerkung: Der Stoff ist löslich in den meisten organischen Lösemitteln.

Sicherheitsmaßnahmen für Fahrzeugbesatzung, Polizei, Feuerwehr und Rettungskräfte:
Polizei und Feuerwehr alarmieren.
Im Gefahrenbereich Maschine stoppen, umluftunabhängiges (schweres) Atemschutzgerät und volle Schutzkleidung tragen. Bei Brand oder starker Erhitzung des Stoffes Zündung abstellen, nicht rauchen, offenes Feuer löschen, kein elektrisches Gerät und keinen Schalter mit Funkenbildung betätigen.
Wasserschutzpolizei und Feuerwehr: Beim Retten nicht ins Wasser springen. Bei starker Erhitzung des Stoffes und bei Brand kein Boot mit Ottomotor einsetzen. Bei Dieselantrieb Sicherheitsschaltung veranlassen.

Schutz- und Einsatzmaßnahmen: Alle unbeteiligten Personen nach Luv (gegen den Wind) entfernen. Achtung, falls freiwerdendes Gut in die Kanalisation oder in Abwasserleitungen von Schiffen gerät, entstehen reizende, umweltgefährdende Gemische mit Abwasser. Experten hinzuziehen. Auf Wasserstraßen Schiffahrtssperre. An Land gefährdetes Gebiet absperren. Bei Brand oder starker Erhitzung entstehen saurer Rauch und reizende Dämpfe. In diesem Fall große Sicherheitszone bilden. In Wohn- und Industriegebieten Anwohner warnen.

Konzentrationsmessung explosionsfähiger bzw. giftiger Dämpfe siehe Tabelle (Anhang 6 der Erläuterungen).

Zuständige Behörden unterrichten.

Bekämpfung der Unfallfolgen:
Feuer: Bei kleinem Brandherd Löschpulver, Kohlensäure oder Schaum. Bei großem Brandherd Schaum. Behälter mit Wassersprühstrahl kühlen und nach Möglichkeit aus der Gefahrenzone ziehen. Wasser sollte wegen der gefährlichen Löschwasserrückstände nur im Notfall eingesetzt werden. Achtung, das Löschwasser ist giftig und umweltgefährlich. Es muß aufgefangen werden und darf nicht unbehandelt in die Kanalisation, in Gewässer oder in das Grundwasser gelangen.
Leckage: Leck schließen, wenn ohne Risiko möglich.
Fließendes Gewässer: Trink-, Brauch- und Kühlwasserentnehmer verständigen.
Stehendes Gewässer: Absperren. Fahrzeugbesatzungen im gefährdeten Gebiet warnen.
An Land: Kanalisation abdichten. Auffangen, eindeichen und abpumpen. In Wohn- und Industriegebieten alle tiefliegenden Räume abdichten. Alle Zündquellen beseitigen. Restmengen mit nicht brennbarem, saugfähigem Material wie z. B. trockener Erde, Sand, Kieselgur, Universalbinder oder Vermiculit abdecken und an sichere Deponie zur Vernichtung transportieren.

Gewässerverunreinigung:
GefStoffV/EG: Gefahrensymbol: N Umweltgefährlich, R 51/53: giftig für Wasserorganismen, kann in Gewässern längerfristig schädliche Wirkungen haben.
Gesamtbewertung nach Unfall: Gruppe IV, hohe bis sehr hohe (extrem hohe) toxische Wirkung unabhängig von der Turbulenz des Gewässers (siehe auch Erläuterungen Abschnitt 16.4/5).
Einzelwerte siehe Anhang 9 der Erläuterungen.
Wassergefährdungsklasse: 2 – wassergefährdender Stoff

Erste Hilfe:
Verletzte an die frische Luft bringen, bequem lagern, beengende Kleidungsstücke lockern. Bei Atemstörung Sauerstoffzufuhr, ggf. Beatmung. Benetzte Kleidungsstücke, Schuhe und Strümpfe sofort ausziehen, entfernen und vernichten. Betroffene Körperstellen anhaltend mit Wasser spülen und anschließend mit sterilem Verbandmaterial abdecken. Bei Augenkontakt die Augen 15 Minuten mit Wasser spülen. Augenlider dazu mit Daumen und Zeigefinger aufspreizen und gleichzeitig das Auge nach allen Seiten bewegen lassen. Bei Erbrechen zumindest Kopf in Seitenlage bringen. Verletzte nur liegend transportieren. Bei Gefahr der Bewußtlosigkeit Lagerung und Transport in stabiler Seitenlage.

Hinweise für den Arzt:
Symptomatische Behandlung. Wenig toxisch.

Formel: **Summen-Formel:** C14–H15–O2–P–S2 **UN-Nr. 3018**

Merkblatt

2381

Stoffname

Deutsch

Edifenphos (ISO)
Dithiophosphorsäure-O-ethyl-S,S-diphenylester
O-Ethyl-S,S-diphenyl-dithiophosphat
Ethyl-S,S-diphenyl-dithiophosphat
EDDP
Hinosan*
Lutrol*

Englisch

Edifenphos (ISO)
O-Ethyl S,S-diphenyl dithiophosphate
O-Ethyl-S,S-diphenyl phosphorodithioate
Hinosan*
Dithiophosphoric acid-O-ethyl S,S-diphenylester

Französisch

Edifenphos (ISO)
Dithiophosphate de O-éthyle et de S,S-diphényle
Hinosan*

Spanisch

Edifenfos (ISO)
Ditiorfosfato de etilo y de S,S-difenilo
Hinosan*

Gefahren-Diamant

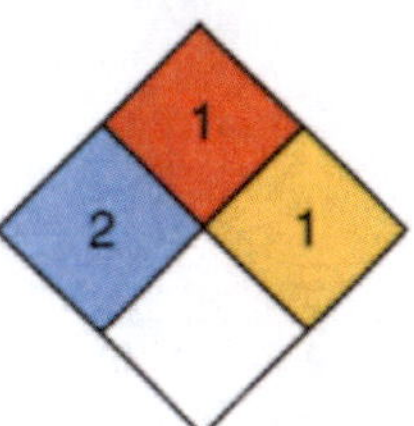

Hazchem-Code: 2X

Technische Daten	
Siedepunkt	154 °C bei 0,013 mbar
Dampfdruck in mbar bei 20 °C	
Dampfdichteverhältnis, Luft = 1	
Schmelzpunkt	–25 °C
Mischbarkeit mit Wasser	geringfügig* (56 mg/l)
Spez. Gewicht, Wasser = 1	1,251
Molare Masse	310,66

Feuerbekämpfungsdaten	
Flammpunkt	115 °C
Zündfähiges Gemisch, Vol.-%	
Zündtemperatur	

* 56 mg/l.

Gefahrgut:

	Klassifizierung:	
IMDG-Code: UN-Nr. 3018	Kl. 6.1	Verp. Gr. II EMS: **F**-A; **S**-A
Marine pollutant		
ICAO/IATA DGR: UN-Nr. 3018	Kl. 6.1	Verp. Gr. II
ADR/RID/ADNR: UN-Nr. 3018	Kl. 6.1	Klassifiz. Code T6 Verp. Gr. II

Gefahrzettel (Label) Nr. 6.1
Richtige Versandbezeichnung (PSN):
Land/BinSch: **3018 Organophosphor-Pestizid, flüssig, giftig (Edifenphos)**
See/Luft: **Organophosphorpesticide, liquid, toxic, (Edifenphos)**

Gefahrstoff:
CAS Nr.: 17109-49-8 RTECS-Nr.: TE 3850000
EG-Nr.: 241-178-1 INDEX-Nr.: 015-121-00-4
EG-Einstufung: ja
Symbol: T, N
R-Sätze: 21-23/25-43-50/53
S-Sätze: (1/2)-36/37-60-61
D-Lagerklasse (VCI)-Nr.: 6.1

Erscheinungsbild: Gelbe bis hellbraune Flüssigkeit.

Verhalten bei Freiwerden und Vermischen mit Luft: Giftige, umweltgefährdende und brennbare Flüssigkeit mit relativ hohem Flammpunkt von 115 °C. Bei starker Erhitzung bilden sich giftige, umweltgefährdende und explosionsfähige Gemische mit Luft. Sie sind schwerer als Luft und kriechen am Boden entlang. Entzündung durch heiße Oberflächen, Funken oder offene Flammen. Bei Erhitzung bis zur Zersetzung (z. B. durch Umgebungsbrände oder heiße Oberflächen) und bei Brand bilden sich giftige und ätzende Gase bzw. Dämpfe, die im Wesentlichen aus Schwefeldioxid(gas), Phosphortrioxid(gas) und Phosphorpentoxid(gas) bestehen und auch Kohlenmonoxid(gas) sowie Kohlendioxid(gas) enthalten.

Verhalten bei Freiwerden und Vermischen mit Wasser: Der Stoff ist schwerer als Wasser und sinkt unter. Er löst sich nur geringfügig in Wasser. Die Substanz ist jedoch dispergierbar/emulgierbar und bildet mit Wasser eine Emulsion mit fein verteilten Tröpfchen. Es bilden sich giftige, umweltgefährdende Emulsionen, die auch bei starker Verdünnung noch wirksam sind.

Gesundheitsgefährdung: Die Substanz beeinflußt durch Hemmung der Cholinesterase die Funktion des Zentralen Nervensystems, den Magen-Darm-Trakt, das Herz-Kreislauf-System und die Muskulatur. Längerer oder wiederholter Hautkontakt führt zu allergischen Hautreaktionen, Hautaufnahme! Bei Brand oder Erhitzen bis zur Zersetzung Bildung von Schwefeldioxid (s. auch Merkblatt 186), Phosphortrioxid (s. auch Merkblatt 1560) und Phosphorpentoxid (s. auch Merkblatt 673).
Symptome: Pupillenverengung, Bronchial- und Speichelfluß, Übelkeit, Erbrechen, Stuhl- und Urinabgang, Zuckungen, Bewußtseinstrübung, Koma, Atemlähmung, Tod
Nach Einatmen oder Hautkontakt in jedem Fall – auch bei Ausbleiben der Symptome – den Arzt aufsuchen. Nach Kontakt der Substanz mit den Augen ist in jedem Fall ein Augenarzt aufzusuchen.

Geruchsschwelle = Luftgrenzwert =

Chemische Gruppenzugehörigkeit: Organophosphor Pestizid
Die Substanz ist löslich in Methylalkohol, Aceton, Benzol, Xylol, Tetrachlorkohlenstoff und Dioxan.
Verwendungszweck: Fungizid
Der Stoff ist im neutralen Bereich weitgehend stabil. Bei Kontakt mit starken Säuren oder starken Alkalien (Laugen) erfolgt Hydrolyse.

Sicherheitsmaßnahmen für Fahrzeugbesatzung, Polizei, Feuerwehr und Rettungskräfte:
Polizei und Feuerwehr alarmieren.
Im Gefahrenbereich Maschine stoppen, umluftunabhängiges (schweres) Atemschutzgerät und volle Schutzkleidung tragen. Bei Brand oder starker Erhitzung des Stoffes Zündung abstellen, nicht rauchen, offenes Feuer löschen, kein elektrisches Gerät und keinen Schalter mit Funkenbildung betätigen.
Wasserschutzpolizei und Feuerwehr: Beim Retten nicht ins Wasser springen. Bei starker Erhitzung des Stoffes und bei Brand kein Boot mit Ottomotor einsetzen. Bei Dieselantrieb Sicherheitsschaltung veranlassen.

Schutz- und Einsatzmaßnahmen: Alle unbeteiligten Personen nach Luv (gegen den Wind) entfernen. Achtung, falls freiwerdendes Gut in die Kanalisation oder in Abwasserleitungen von Schiffen gerät, entstehen giftige Gemische mit Abwasser und kann bei Erhitzung durch heißes Abwasser über der Oberfläche Explosions- und Vergiftungsgefahr entstehen. Experten hinzuziehen. Auf Wasserstraßen Schiffahrtssperre. An Land gefährdetes Gebiet absperren. Große Sicherheitszone bilden. In Wohn- und Industriegebieten Anwohner warnen.

Konzentrationsmessung explosionsfähiger bzw. giftiger Dämpfe siehe Tabelle (Anhang 6 der Erläuterungen).

Zuständige Behörden unterrichten.

Bekämpfung der Unfallfolgen:
Feuer: Bei kleinem Brandherd Löschpulver, Wassersprühstrahl, Kohlensäure oder Schaum. Bei großem Brandherd Schaum oder Wassersprühstrahl. Behälter mit Wassersprühstrahl kühlen und nach Möglichkeit aus der Gefahrenzone ziehen. Achtung, das Löschwasser ist giftig und umweltgefährlich. Es muß aufgefangen werden und darf nicht unbehandelt in die Kanalisation, in Gewässer oder in das Grundwasser gelangen.
Leckage: Leck schließen, wenn ohne Risiko möglich.
Fließendes Gewässer: Trink-, Brauch- und Kühlwasserentnehmer verständigen.
Stehendes Gewässer: Absperren. Fahrzeugbesatzungen im gefährdeten Gebiet warnen.
An Land: Kanalisation abdichten. Auffangen, eindeichen und abpumpen. In Wohn- und Industriegebieten alle tiefliegenden Räume abdichten. Alle Zündquellen beseitigen. Restmengen mit nicht brennbarem, saugfähigem Material wie z. B. trockener Erde, Sand, Kieselgur, Universalbinder oder Vermiculit abdecken und an sichere Deponie zur Vernichtung transportieren.

Gewässerverunreinigung:
GefStoffV/EG: Gefahrensymbol: N Umweltgefährlich, R 50/53: sehr giftig für Wasserorganismen, kann in Gewässern längerfristig schädliche Wirkungen haben.
Gesamtbewertung nach Unfall: Gruppe IV, hohe bis sehr hohe (extrem hohe) toxische Wirkung unabhängig von der Turbulenz des Gewässers (siehe auch Erläuterungen Abschnitt 16.4/5).
Einzelwerte siehe Anhang 9 der Erläuterungen.
Wassergefährdungsklasse: 3 – stark wassergefährdender Stoff

Erste Hilfe:
Verletzte an frische die Luft bringen, bequem lagern, beengende Kleidungsstücke lockern. Bei Atemstörung Sauerstoffzufuhr, ggf. Beatmung. Benetzte Kleidungsstücke, Schuhe und Strümpfe sofort ausziehen, entfernen und vernichten. Betroffene Körperstellen anhaltend mit Wasser spülen und anschließend mit sterilem Verbandmaterial abdecken. Bei Augenkontakt die Augen 15 Minuten mit Wasser spülen. Augenlider dazu mit Daumen und Zeigefinger aufspreizen und gleichzeitig das Auge nach allen Seiten bewegen lassen. Verletzte nicht auskühlen lassen. Bei Erbrechen zumindest Kopf in Seitenlage bringen. Verletzte nur liegend transportieren. Bei Gefahr der Bewußtlosigkeit Lagerung und Transport in stabiler Seitenlage.

Hinweise für den Arzt:
Symptomatische Behandlung. Nach Verschlucken: Mund ausspülen lassen. Flüssigkeit nachtrinken lassen. Magenspülung erwägen, wenn Ingestionszeitpunkt kurz zurückliegt.

Formel: $CH_3COCH(OCH_3)_2$ **Summen-Formel:** C5–H10–O3 **UN-Nr. 1224 n.o.s.**

Merkblatt

2382

Stoffname

Deutsch	*Englisch*	*Französisch*
1,1-Dimethoxyaceton	**1,1-Dimethoxyacetone**	**1,1-Diméthoxyacetone**
Brenztraubenaldeyd-1,1-dimethylacetal	Pyruvaldehyde-1,1-(dimethylacetal)	
Methyldioxaldimethylacetal	Methylglyoxaldimethylacetal	
α,α-Dimethoxyaceton	alpha, alpha Dimethoxyacetone	*Spanisch*
Pyruvaldehyddimethylacetal	1,1-Dimethoxy-2-propanone	**1,1-Dimetoxiacetona**
1,1-Dimethoxy-2-propanon	Methylglyoxal-1,1-dimethylacetal	
Methylglyoxal-1,1-dimethylacetal		
Pyruvaldehyd-1-dimethylacetal		

Gefahren-Diamant

Hazchem-Code: 3YE

Technische Daten

Siedepunkt	138 °C
Dampfdruck in mbar bei 20 ° C	11,3
Dampfdichteverhältnis, Luft = 1	4,08
Schmelzpunkt	–56 °C
Mischbarkeit mit Wasser	teilweise*
Spez. Gewicht, Wasser = 1	0,993
Molare Masse	118,13

Feuerbekämpfungsdaten

Flammpunkt	37 °C
Zündfähiges Gemisch, Vol.-%	2,5–12,3
Zündtemperatur	285 °C

* 350 g/l bei 20 °C

Gefahrgut:

	Klassifizierung:	
IMDG-Code: UN-Nr. 1224 n.o.s.	Kl. 3	Verp. Gr. I EMS: **F**-E; **S**-E
Marine pollutant		
ICAO/IATA DGR: UN-Nr. 1224 n.o.s.	Kl. 3	Verp. Gr. I
ADR/RID/ADNR: UN-Nr. 1224 n.a.g.	Kl. 3	Klassifiz. Code F1 Verp. Gr. I

Gefahrzettel (Label) Nr. 3
Richtige Versandbezeichnung (PSN):
Land/BinSch: **1224 Ketone, n.a.g. (Methylglyoxal dimethylacetal)**
See/Luft: **Ketone, n.o.s. (Methylglyoxal dimethylacetal)**

Gefahrstoff:

CAS Nr.: 6342-56-9 RTECS-Nr.:
EG-Nr.: 228-735-4 INDEX-Nr.:
EG-Einstufung: nein
Symbol: Xi*
R-Sätze: 10-36/38*
S-Sätze: 26-36*
D-Lagerklasse (VCI)-Nr.: 3A

* Herstellerangaben

Erscheinungsbild: Farblose bis gelbliche Flüssigkeit, aromatischer Geruch.

Verhalten bei Freiwerden und Vermischen mit Luft: Reizende und brennbare Flüssigkeit. An besonders heißen Tagen und bei starker Erwärmung der Flüssigkeit bilden sich reizende, explosionsfähige Gemische mit Luft. Sie sind schwerer als Luft und kriechen am Boden entlang. Entzündung durch heiße Oberflächen, Funken oder offene Flammen.

Verhalten bei Freiwerden und Vermischen mit Wasser: Der Stoff ist leichter als Wasser und schwimmt auf der Oberfläche. Er löst sich nur teilweise in Wasser. Es bilden sich reizende Gemische mit Wasser, die auch bei starker Verdünnung noch wirksam sind. An besonders heißen Tagen und bei Erwärmung des Wassers können sich über der Wasseroberfläche reizende und explosionsfähige Gemische mit Luft bilden.

Gesundheitsgefährdung: Die Flüssigkeit und ihre Dämpfe/Aerosole reizen die Haut und die Schleimhäute der Augen und der oberen Atemwege. Bei hohen Expositionen besteht die Gefahr von Kehlkopf- und Lungenödem – auch mit Verzögerung bis zu 2 Tagen.
Symptome: Rötung und Brennen der Haut, tränende Augen, Übelkeit, Erbrechen, Benommenheit, Schläfrigkeit.
Nach Einatmen oder Hautkontakt in jedem Fall – auch bei Ausbleiben der Symptome – den Arzt aufsuchen.
Nach Kontakt der Substanz mit den Augen ist in jedem Fall ein Augenarzt aufzusuchen.

Geruchsschwelle = Luftgrenzwert =

Bemerkungen: Der Stoff reagiert bei Kontakt oder Mischung mit starken Oxidationsmitteln und Säuren. Die Substanz ist löslich in Methylalkohol und Aceton.

Sicherheitsmaßnahmen für Fahrzeugbesatzung, Polizei, Feuerwehr und Rettungskräfte:
Polizei und Feuerwehr alarmieren. An besonders heißen Tagen und bei starker Erwärmung der Flüssigkeit **im Gefahrenbereich** Maschine stoppen, Zündung abstellen, offenes Feuer löschen, nicht rauchen, keinen Schalter mit Funkenbildung und kein elektrisches Gerät betätigen. Umluftunabhängiges (schweres) Atemschutzgerät und Schutzkleidung tragen.
Wasserschutzpolizei und Feuerwehr: An besonders heißen Tagen und bei starker Erwärmung der Flüssigkeit kein Boot mit Ottomotor einsetzen. Bei Dieselantrieb Sicherheitsschaltung veranlassen. Beim Retten nicht ins Wasser springen.

Schutz- und Einsatzmaßnahmen: Alle unbeteiligten Personen nach Luv (gegen den Wind) entfernen. Achtung, falls freiwerdendes Gut in die Kanalisation oder in Abwasserleitungen von Schiffen gerät, entstehen schädliche Gemische mit Abwasser. Experten hinzuziehen. Auf Wasserstraßen Schiffahrtssperre. An Land gefährdetes Gebiet absperren. In Wohn- und Industriegebieten Anwohner warnen. Bei größeren Mengen freigewordenen Gutes große Sicherheitszone bilden.

Konzentrationsmessung explosionsfähiger bzw. giftiger Dämpfe siehe Tabelle (Anhang 6 der Erläuterungen).

Zuständige Behörden unterrichten.

Bekämpfung der Unfallfolgen:
Feuer: Bei kleinem Brandherd Löschpulver, Wassersprühstrahl, Kohlensäure oder Schaum. Bei großem Brandherd Schaum oder Wassersprühstrahl. Behälter mit Wassersprühstrahl kühlen und nach Möglichkeit aus der Gefahrenzone ziehen. Achtung, das Löschwasser ist giftig und umweltgefährlich. Es muß aufgefangen werden und darf nicht unbehandelt in die Kanalisation, in Gewässer oder in das Grundwasser gelangen.
Leckage: Leck schließen, wenn ohne Risiko möglich.
Fließendes Gewässer: Trink-, Brauch- und Kühlwasserentnehmer verständigen.
Stehendes Gewässer: Absperren. Fahrzeugbesatzungen im gefährdeten Gebiet warnen.
An Land: Kanalisation abdichten. Auffangen, eindeichen und abpumpen. In Wohn- und Industriegebieten alle tiefliegenden Räume abdichten. Alle Zündquellen beseitigen. Restmengen mit nicht brennbarem, saugfähigem Material wie z. B. trockener Erde, Sand, Kieselgur, Universalbinder oder Vermiculit abdecken und an sichere Deponie zur Vernichtung transportieren.

Gewässerverunreinigung:
GefStoffV/EG:
Gesamtbewertung nach Unfall: Gruppe III, in stehenden Gewässern sehr hohe, in fließenden Gewässern je nach Vermischung mittlere bis hohe toxische Wirkung (siehe auch Erläuterungen Abschnitt 16.4/5).
Einzelwerte siehe Anhang 9 der Erläuterungen.
Wassergefährdungsklasse: 1 – schwach wassergefährdender Stoff.

Erste Hilfe:
Verletzte an die frische Luft bringen, bequem lagern, beengende Kleidungsstücke lockern. Bei Atemstörung Sauerstoffzufuhr, ggf. Beatmung. Benetzte Kleidungsstücke, Schuhe und Strümpfe sofort ausziehen, entfernen und vernichten. Betroffene Körperstellen anhaltend mit Wasser spülen und anschließend mit sterilem Verbandmaterial abdecken. Bei Augenkontakt die Augen 15 Minuten mit Wasser spülen. Augenlider dazu mit Daumen und Zeigefinger aufspreizen und gleichzeitig das Auge nach allen Seiten bewegen lassen. Verletzte nicht auskühlen lassen. Bei Erbrechen zumindest Kopf in Seitenlage bringen. Verletzte nur liegend transportieren. Bei Gefahr der Bewußtlosigkeit Lagerung und Transport in stabiler Seitenlage.

Hinweise für den Arzt:
Symptomatische Behandlung.

Formel: $C_6H_{14}N_2O$ **Summen-Formel:** C6–H14–N2–O **UN-Nr.**

Merkblatt

2383

Stoffname

Deutsch	*Englisch*	*Französisch*
2-Piperazin-1-yl-ethanol N-(2-Hydroxyethyl)-piperazin 2-Piperazinoethanol	**2-Piperazin-1-yl-ethanol** 2-(1-Piperazinyl)-ethanol N-(beta-Hydroxyethyl)-piperazine 1-(2-Hydroxyethyl)piperazine 2-Piperazinoethanol	**2-Pipérazine-1-yléthanol** *Spanisch* **2-Piperazin-1-iletanol**

Gefahren-Diamant

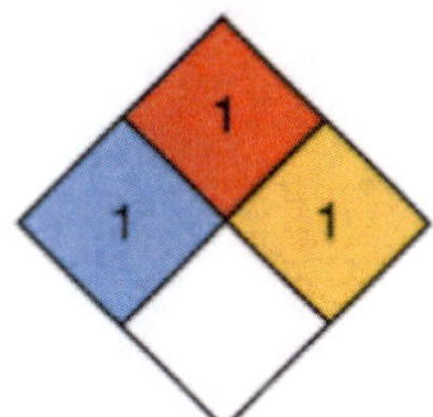

Hazchem-Code:

Technische Daten		**Feuerbekämpfungsdaten**	
Siedepunkt	245–246 °C	Flammpunkt	135 °C
Dampfdruck in mbar	3 bei 50 °C	Zündfähiges Gemisch, Vol.-%	1,4–8,9
Dampfdichteverhältnis, Luft = 1	4,49	Zündtemperatur	280 °C
Schmelzpunkt	–38,5 °C		
Mischbarkeit mit Wasser	vollständig		
Spez. Gewicht, Wasser = 1	1,061		
Molare Masse	130,19		

Gefahrgut:	**Klassifizierung:**	**Gefahrstoff:**
IMDG-Code: UN-Nr. *	Kl. Verp. Gr. EMS: **F**-; **S**-	CAS Nr.: 103-76-4 RTECS-Nr.: TL 6825000
ICAO/IATA DGR: *	Kl. Verp. Gr.	EG-Nr.: 203-142-3 INDEX-Nr.:
ADR/RID/ADNR: *	Kl. Klassifiz. Code Verp. Gr.	EG-Einstufung: nein
Gefahrzettel (Label) Nr.		Symbol: Xi*
Richtige Versandbezeichnung (PSN):		R-Sätze: 38-41*
Land/BinSch:		S-Sätze: 37/39-26*
See/Luft:		D-Lagerklasse (VCI)-Nr.:

* Kein Gefahrgut im Sinne der Vorschriften.

* Herstellerangaben

Erscheinungsbild: Farblose bis gelbliche Flüssigkeit, schwacher aminartiger Geruch.

Verhalten bei Freiwerden und Vermischen mit Luft: Reizende und brennbare Flüssigkeit mit relativ hohem Flammpunkt von 135 °C. Bei starker Erhitzung bilden sich reizende, explosionsfähige Gemische mit Luft. Sie sind schwerer als Luft und kriechen am Boden entlang. Entzündung durch heiße Oberflächen, Funken oder offene Flammen. Bei Brand oder Erhitzung bis zur Zersetzung (z. B. durch Umgebungsbrände oder heiße Oberflächen) erfolgt Zersetzung unter Bildung von giftigen und ätzenden Gasen und Dämpfen, die im Wesentlichen aus nitrosen Gasen (Stickstoffoxiden) bestehen und auch Kohlenmonoxid sowie Kohlendioxid enthalten.

Verhalten bei Freiwerden und Vermischen mit Wasser: Der Stoff ist etwas schwerer als Wasser und sinkt langsam ab. Er mischt sich vollständig mit Wasser. Es bilden sich schädliche Gemische mit Wasser.

Gesundheitsgefährdung: Die Substanz reizt die Haut und die Schleimhäute der Augen bis hin zur Verätzung. Gefahr bleibender Augenschäden bzw. der Erblindung. Bei Einatmen der Dämpfe/Aerosole Lungenödem – auch mit Verzögerung bis zu 2 Tagen – möglich. Bei Brand oder Erhitzen bis zur Zersetzung Bildung von nitrosen Gasen (s. auch Merkblatt 150).
Symptome: Rötung, Brennen und Schmerzen der Haut und der Augen, Tränen der Augen, Hustenreiz, Übelkeit, Erbrechen, Schweißausbrüche, Durchfall
Nach Einatmen oder Hautkontakt in jedem Fall – auch bei Ausbleiben der Symptome – den Arzt aufsuchen. Nach Kontakt der Substanz mit den Augen ist in jedem Fall ein Augenarzt aufzusuchen.

Geruchsschwelle = Luftgrenzwert =

Bemerkungen: Der Stoff reagiert heftig unter starker Erwärmung bei Kontakt oder Mischung mit Säuren und Säurehalogeniden.

Sicherheitsmaßnahmen für Fahrzeugbesatzung, Polizei, Feuerwehr und Rettungskräfte:
Polizei und Feuerwehr alarmieren.
Im Gefahrenbereich Maschine stoppen. Volle Schutzkleidung und umluftunabhängiges (schweres) Atemschutzgerät tragen. Bei starker Erhitzung oder Brand Zündung abstellen, nicht rauchen, offenes Feuer löschen, kein elektrisches Gerät und keinen Schalter mit Funkenbildung betätigen.
Wasserschutzpolizei und Feuerwehr: Beim Retten nicht ins Wasser springen. Bei starker Erhitzung der Flüssigkeit kein Boot mit Ottomotor einsetzen. Bei Dieselantrieb Sicherheitsschaltung veranlassen.

Schutz- und Einsatzmaßnahmen: Alle unbeteiligten Personen nach Luv (gegen den Wind) entfernen. Achtung, falls freiwerdendes Gut in die Kanalisation oder in Abwasserleitungen von Schiffen gerät, entstehen schädliche Gemische mit Abwasser. Experten hinzuziehen. Auf Wasserstraßen Schiffahrtssperre. An Land gefährdetes Gebiet absperren. Bei Brand oder starker Erhitzung entstehen giftige Gase und Dämpfe bzw. Dampf-/Luftgemische. In diesem Fall große Sicherheitszone bilden. In Wohn- und Industriegebieten Anwohner warnen.

Konzentrationsmessung explosionsfähiger bzw. giftiger Dämpfe siehe Tabelle (Anhang 6 der Erläuterungen).

Zuständige Behörden unterrichten.

Bekämpfung der Unfallfolgen:
Feuer: Bei kleinem Brandherd Löschpulver, Wassersprühstrahl, Kohlensäure oder Schaum. Bei großem Brandherd Schaum oder Wassersprühstrahl. Behälter mit Wassersprühstrahl kühlen und nach Möglichkeit aus der Gefahrenzone ziehen. Achtung, das Löschwasser ist giftig und umweltgefährlich. Es muß aufgefangen werden und darf nicht unbehandelt in die Kanalisation, in Gewässer oder in das Grundwasser gelangen.
Leckage: Leck schließen, wenn ohne Risiko möglich.
Fließendes Gewässer: Trink-, Brauch- und Kühlwasserentnehmer verständigen.
Stehendes Gewässer: Absperren. Fahrzeugbesatzungen im gefährdeten Gebiet warnen.
An Land: Kanalisation abdichten. Auffangen, eindeichen und abpumpen. In Wohn- und Industriegebieten alle tiefliegenden Räume abdichten. Alle Zündquellen beseitigen. Restmengen mit nicht brennbarem, saugfähigem Material wie z. B. trockener Erde, Sand, Kieselgur, Universalbinder oder Vermiculit abdecken und an sichere Deponie zur Vernichtung transportieren.

Gewässerverunreinigung:
GefStoffV/EG:
Gesamtbewertung nach Unfall: Gruppe II, in stehenden Gewässern mittlere bis hohe, in fließenden Gewässern mittlere toxische Wirkung, nach Brand Gruppe IV, hohe bis sehr hohe (extrem hohe) toxische Wirkung unabhängig von der Turbulenz des Gewässers (siehe auch Erläuterungen Abschnitt 16.4/5).
Einzelwerte siehe Anhang 9 der Erläuterungen.
Wassergefährdungsklasse: 1 – schwach wassergefährdender Stoff

Erste Hilfe:
Verletzte an die frische Luft bringen, bequem lagern, beengende Kleidungsstücke lockern. Bei Atemstörung Sauerstoffzufuhr, ggf. Beatmung. Benetzte Kleidungsstücke, Schuhe und Strümpfe sofort ausziehen, entfernen und vernichten. Betroffene Körperstellen anhaltend mit Wasser spülen und anschließend mit sterilem Verbandmaterial abdecken. Bei Augenkontakt die Augen 15 Minuten mit Wasser spülen. Augenlider dazu mit Daumen und Zeigefinger aufspreizen und gleichzeitig das Auge nach allen Seiten bewegen lassen. Verletzte nicht auskühlen lassen. Bei Erbrechen zumindest Kopf in Seitenlage bringen. Verletzte nur liegend transportieren. Bei Gefahr der Bewußtlosigkeit Lagerung und Transport in stabiler Seitenlage.

Hinweise für den Arzt:
Symptomatische Behandlung. Augen gründlich spülen. Bei anhaltenden Augensymptomen: Augenarzt hinzuziehen. Nach Verschlucken: Mund ausspülen lassen. Flüssigkeit nachtrinken lassen. Absaugen des Mageninhaltes erwägen. Bei Reizung der Atemwege 5–10 Hübe oder mehr/h eines Dosier-Aerosols mit Beclometason (z. B. Sanasthmyl Glaxo oder Viarox Essex Pharma) oder mit Dexamethason (z. B. Auxiloson Thomae).

Formel:

Summen-Formel: C7-H15-N-O

UN-Nr. 2735 n.o.s.

Merkblatt

2384

Stoffname

Deutsch	*Englisch*	*Französisch*
2-Piperidinoethanol	**2-Piperidino ethanol**	**2-Pipéridinoéthanol**
N-(2-Hydroxyethyl)-piperidin	N-(2-Hydroxyethyl)-piperidine	
1-(2-Hydroxyethyl)-piperidin	N-(Hydroxyethyl)-piperidine	
N-(β-Hydroxyethy)piperidin	2-Piperidene ethanol	
2-(1-Piperidinyl)ethanol	N-(beta-Hydroxyethy)piperidine	*Spanisch*
β-Piperidylethanol	beta-Piperidinoethanol	**2-Piperidinoetanol**
	2-(1-Piperidinyl)ethanol	
	beta-Piperidylethanol	

Gefahren-Diamant

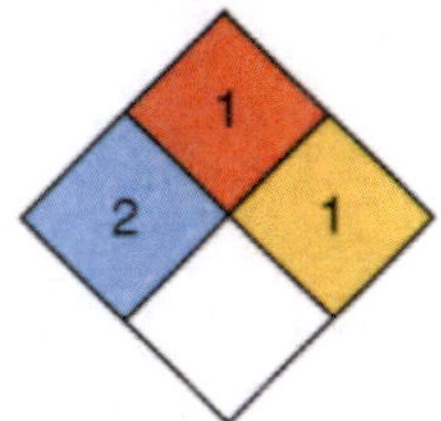

Hazchem-Code: 3X

Technische Daten

Siedepunkt	198–203 °C
Dampfdruck in mbar	1,3 bei 40 °C
Dampfdichteverhältnis, Luft = 1	
Schmelzpunkt	16,7 °C
Mischbarkeit mit Wasser	vollständig
Spez. Gewicht, Wasser = 1	0,973
Molare Masse	129,20

Feuerbekämpfungsdaten

Flammpunkt	83 °C*
Zündfähiges Gemisch, Vol.-%	1,2–7,2
Zündtemperatur	240 °C

* Nach Aldrich Chemie 68 °C.

Gefahrgut:

	Klassifizierung:	
IMDG-Code: UN-Nr. 2735 n.o.s.	Kl. 8	Verp. Gr. II EMS: **F**-A; **S**-B
ICAO/IATA DGR: UN-Nr. 2735 n.o.s.	Kl. 8	Verp. Gr. II
ADR/RID/ADNR: UN-Nr. 2735 n.a.g.	Kl. 8	Klassifiz. Code C7 Verp. Gr. II

Gefahrzettel (Label) Nr. 8

Richtige Versandbezeichnung (PSN):

Land/BinSch: **2735 Amine, flüssig, ätzend, n.a.g. (2-Piperidinoethanol)**

See/Luft: **Amines, liquid, corrosive, n.o.s. (2-Piperidinoethanol)**

Gefahrstoff:

CAS Nr.: 3040-44-6 RTECS-Nr.: TM 8052000
EG-Nr.: 221-244-6 INDEX-Nr.:
EG-Einstufung: nein
Symbol: C*
R-Sätze: 21/22-34*
S-Sätze: 26-36/37/39-45*
D-Lagerklasse (VCI)-Nr.: 8

* Herstellerangaben

Erscheinungsbild: Farblose bis gelbe Flüssigkeit, aminartiger Geruch.

Verhalten bei Freiwerden und Vermischen mit Luft: Gesundheitsschädliche, ätzende und brennbare Flüssigkeit mit relativ hohem Flammpunkt von 83 °C (68 °C). Bei Erhitzung bilden sich gesundheitsschädliche, ätzende und explosionsfähige Gemische mit Luft. Sie sind schwerer als Luft und kriechen am Boden entlang. Entzündung durch heiße Oberflächen, Funken oder offene Flammen. Bei Erhitzung bis zur Zersetzung (z. B. durch Umgebungsbrände oder heiße Oberflächen) und bei Brand bilden sich giftige und ätzende Gase bzw. Dämpfe, die im Wesentlichen aus nitrosen Gasen bestehen und auch Kohlenmonoxid(gas) sowie Kohlendioxid(gas) enthalten.

Verhalten bei Freiwerden und Vermischen mit Wasser: Der Stoff ist leichter als Wasser und schwimmt auf der Oberfläche. Er löst sich vollständig in Wasser und bildet auch bei Verdünnung noch gesundheitsschädliche und ätzende Gemische mit Wasser. Bei höheren Konzentrationen des Stoffes in heißem Wasser können sich über der Oberfläche giftige, ätzende und explosionsfähige Gemische mit Luft bilden.

Gesundheitsgefährdung: Die Flüssigkeit und ihre Dämpfe verursachen Verätzungen der Haut, der Schleimhaut der Augen und der oberen Atemwege. Bei Augenkontakt bleibende Augenschäden/Erblindung möglich. Die Substanz ist gesundheitsschädlich bei Berührung mit der Haut und beim Verschlucken. Hautaufnahme! Nach Verschlucken können starke Beschwerden im Magen-Darm-Trakt auftreten. Lungenödem – auch mit Verzögerung bis zu 2 Tagen – möglich. Bei Brand oder Erhitzen bis zur Zersetzung Bildung von nitrosen Gasen (s. auch Merkblatt 150).
Symptome: Brennen, Rötung und Schmerzen der Augen und betroffener Körperpartien, schwer heilende Ätzwunden, Tränenfluß, Hustenreiz, Atemnot, Übelkeit, Schwindel, Erbrechen, Durchfall, Schweißausbrüche
Nach Einatmen oder Hautkontakt in jedem Fall – auch bei Ausbleiben der Symptome – den Arzt aufsuchen.
Nach Kontakt der Substanz mit den Augen ist in jedem Fall ein Augenarzt aufzusuchen.

Geruchsschwelle = Luftgrenzwert =

Bemerkungen: Der Stoff reagiert heftig bei Kontakt oder Mischung mit Säuren. Dabei tritt starke Erwärmung ein. Mit nitrosierenden Agenzien (z. B. Nitriten, Stickoxiden) können sich unter speziellen Bedingungen Nitrosamine bilden. Nitrosamine haben sich im Tierversuch als krebserzeugend erwiesen.

Sicherheitsmaßnahmen für Fahrzeugbesatzung, Polizei, Feuerwehr und Rettungskräfte:
Polizei und Feuerwehr alarmieren.
Im Gefahrenbereich sofort umluftunabhängiges (schweres) Atemschutzgerät und volle Schutzkleidung tragen. Bei Erhitzung der Flüssigkeit Zündung abstellen, Maschine stoppen, nicht rauchen, offenes Feuer löschen, kein elektrisches Gerät und keinen Schalter mit Funkenbildung betätigen.
Wasserschutzpolizei und Feuerwehr: Bei Erhitzung des Stoffes kein Boot mit Ottomotor einsetzen. Bei Dieselantrieb Sicherheitsschaltung veranlassen. Beim Retten nicht ins Wasser springen.

Schutz- und Einsatzmaßnahmen: Alle unbeteiligten Personen nach Luv (gegen den Wind) entfernen. Achtung, falls freiwerdendes Gut in die Kanalisation oder in Abwasserleitungen von Schiffen gerät, entstehen gesundheitsschädliche und ätzende Gemische mit Abwasser und kann bei heißem Abwasser über der Oberfläche Explosions- und Vergiftungsgefahr entstehen. Experten hinzuziehen. Auf Wasserstraßen Schiffahrtssperre. An Land gefährdetes Gebiet absperren. Große Sicherheitszone bilden. In Wohn- und Industriegebieten Anwohner warnen. Bei Erhitzung und großen Mengen freiwerdenden Gutes gefährdetes Gebiet evakuieren und Katastrophenalarm prüfen.

Konzentrationsmessung explosionsfähiger bzw. giftiger Dämpfe siehe Tabelle (Anhang 6 der Erläuterungen).

Zuständige Behörden unterrichten.

Bekämpfung der Unfallfolgen:
Feuer: Bei kleinem Brandherd Löschpulver, Wassersprühstrahl, Kohlensäure oder Schaum. Bei großem Brandherd Schaum oder Wassersprühstrahl. Behälter mit Wassersprühstrahl kühlen und nach Möglichkeit aus der Gefahrenzone ziehen. Achtung, das Löschwasser ist giftig und ätzend. Es muß aufgefangen werden und darf nicht unbehandelt in die Kanalisation, in Gewässer oder in das Grundwasser gelangen.
Leckage: Leck schließen, wenn ohne Risiko möglich.
Fließendes Gewässer: Trink-, Brauch- und Kühlwasserentnehmer verständigen.
Stehendes Gewässer: Absperren. Fahrzeugbesatzungen im gefährdeten Gebiet warnen.
An Land: Kanalisation abdichten. Auffangen, eindeichen und abpumpen. In Wohn- und Industriegebieten alle tiefliegenden Räume abdichten. Alle Zündquellen beseitigen. Restmengen mit nicht brennbarem, saugfähigem Material wie z. B. trockener Erde, Sand, Kieselgur, Universalbinder oder Vermiculit abdecken und an sichere Deponie zur Vernichtung transportieren.

Gewässerverunreinigung:
GefStoffV/EG:
Gesamtbewertung nach Unfall: Gruppe III, in stehenden Gewässern sehr hohe, in fließenden Gewässern je nach Vermischung mittlere bis hohe toxische Wirkung, nach Brand Gruppe IV, hohe bis sehr hohe (extrem hohe) toxische Wirkung unabhängig von der Turbulenz des Gewässers (siehe auch Erläuterungen Abschnitt 16.4/5).
Einzelwerte siehe Anhang 9 der Erläuterungen.
Wassergefährdungsklasse: 1 – schwach wassergefährdender Stoff

Erste Hilfe:
Verletzte an die frische Luft bringen, bequem lagern, beengende Kleidungsstücke lockern. Bei Atemstörung Sauerstoffzufuhr, ggf. Beatmung. Benetzte Kleidungsstücke, Schuhe und Strümpfe sofort ausziehen, entfernen und vernichten. Betroffene Körperstellen anhaltend mit Wasser spülen und anschließend mit sterilem Verbandmaterial abdecken. Bei Augenkontakt die Augen 15 Minuten mit Wasser spülen. Augenlider dazu mit Daumen und Zeigefinger aufspreizen und gleichzeitig das Auge nach allen Seiten bewegen lassen. Verletzte nicht auskühlen lassen. Bei Erbrechen zumindest Kopf in Seitenlage bringen. Verletzte nur liegend transportieren. Bei Gefahr der Bewußtlosigkeit Lagerung und Transport in stabiler Seitenlage.

Hinweise für den Arzt:
Symptomatische Behandlung. Augen gründlich spülen. Bei anhaltenden Augensymptomen: Augenarzt hinzuziehen.

Formel: $HOCH_2C(CH_3)_2CO_2CH_3$ **Summen-Formel:** C6–H12–O3 **UN-Nr.**

Merkblatt

2385

Stoffname

Deutsch

Methyl-3-hydroxypivalat
2,2-Dimethyl-3-hydroxypropion-säuremethylester
Hydroxypivalinsäuremethylester

Englisch

Methyl-3-hydoxypivalate
2,2-Dimethyl-3-hydroxy propionic acid methylester
Hydroxy pivalinic acid methyl ester

Französisch

3-Hydroxypivalate de méthyle

Spanisch

3-Hidroxipivalato de metilo

Gefahren-Diamant

Hazchem-Code:

Technische Daten

Siedepunkt	177–178 °C
Dampfdruck in mbar bei 20 °C	
Dampfdichteverhältnis, Luft = 1	4,57
Schmelzpunkt	–16 °C
Mischbarkeit mit Wasser	vollständig
Spez. Gewicht, Wasser = 1	1,036
Molare Masse	132,16

Feuerbekämpfungsdaten

Flammpunkt	76 °C
Zündfähiges Gemisch, Vol.-%	3,5–15,9
Zündtemperatur	390 °C

Gefahrgut: **Klassifizierung:**

IMDG-Code: UN-Nr. * Kl. Verp. Gr. EMS: **F-** ; **S-**
ICAO/IATA DGR: UN-Nr. * Kl. Verp. Gr.
ADR/RID/ADNR: UN-Nr. * Kl. Klassifiz. Code Verp. Gr.
Gefahrzettel (Label) Nr.
Richtige Versandbezeichnung (PSN):
Land/BinSch:
See/Luft:

* Kein Gefahrgut im Sinne der Vorschriften.

Gefahrstoff:

CAS Nr.: 14002-80-3 RTECS-Nr.:
EG-Nr.: 237-805-3 INDEX-Nr.:
EG-Einstufung: nein
Symbol: Xi*
R-Sätze: 36*
S-Sätze:
D-Lagerklasse (VCI)-Nr.:

* Herstellerangaben

Erscheinungsbild: Farblose bis gelbliche Flüssigkeit.

Verhalten bei Freiwerden und Vermischen mit Luft: Reizende und brennbare Flüssigkeit mit relativ hohem Flammpunkt von 76 °C. Bei starker Erhitzung bilden sich reizende und explosionsfähige Gemische mit Luft. Sie sind schwerer als Luft und kriechen am Boden entlang. Entzündung durch heiße Oberflächen, Funken oder offene Flammen. Bei Erhitzung bis zur Zersetzung (z. B. durch Umgebungsbrände oder heiße Oberflächen) und bei Brand bilden sich schädliche Gase und Dämpfe, die im Wesentlichen aus reizendem Rauch und Dämpfen bestehen und auch Kohlenmonoxid(gas) sowie Kohlendioxid(gas) enthalten.

Verhalten bei Freiwerden und Vermischen mit Wasser: Der Stoff ist schwerer als Wasser und sinkt unter. Er löst sich vollständig in Wasser.

Gesundheitsgefährdung: Die Flüssigkeit und ihre Dämpfe/Aerosole reizen die Schleimhäute der Augen und der oberen Atemwege. Bei Überexposition sind unspezifische Vergiftungssymptome möglich.
Symptome: Rötung und Brennen der Augen, Juckreiz
Nach Kontakt der Substanz mit den Augen ist in jedem Fall ein Augenarzt aufzusuchen.

Geruchsschwelle = Luftgrenzwert =

Bemerkungen: Der Stoff reagiert unter Erwärmung bei Kontakt oder Mischung mit Oxidationsmitteln und starken Basen (Laugen).

Sicherheitsmaßnahmen für Fahrzeugbesatzung, Polizei, Feuerwehr und Rettungskräfte:
Polizei und Feuerwehr alarmieren.
Im Gefahrenbereich sofort umluftunabhängiges (schweres) Atemschutzgerät und volle Schutzkleidung tragen. Bei Erhitzung der Flüssigkeit Zündung abstellen, Maschine stoppen, nicht rauchen, offenes Feuer löschen, kein elektrisches Gerät und keinen Schalter mit Funkenbildung betätigen.
Wasserschutzpolizei und Feuerwehr: Bei Erhitzung des Stoffes kein Boot mit Ottomotor einsetzen. Bei Dieselantrieb Sicherheitsschaltung veranlassen. Beim Retten nicht ins Wasser springen.

Schutz- und Einsatzmaßnahmen: Alle unbeteiligten Personen nach Luv (gegen den Wind) entfernen. Achtung, falls freiwerdendes Gut in die Kanalisation oder in Abwasserleitungen von Schiffen gerät, entstehen reizende Gemische mit Abwasser und können sich mit heißem Abwasser über der Oberfläche explosionsfähige und giftige Gemische mit Luft bilden. Experten hinzuziehen. In Wohn- und Industriegebieten Anwohner warnen. Große Sicherheitszone bilden.

Konzentrationsmessung explosionsfähiger bzw. giftiger Dämpfe siehe Tabelle (Anhang 6 der Erläuterungen).

Zuständige Behörden unterrichten.

Bekämpfung der Unfallfolgen:
Feuer: Bei kleinem Brandherd Löschpulver, Wassersprühstrahl, Kohlensäure oder Schaum. Bei großem Brandherd Schaum oder Wassersprühstrahl. Behälter mit Wassersprühstrahl kühlen und nach Möglichkeit aus der Gefahrenzone ziehen. Achtung, das Löschwasser ist giftig und umweltgefährlich. Es muß aufgefangen werden und darf nicht unbehandelt in die Kanalisation, in Gewässer oder in das Grundwasser gelangen.
Leckage: Leck schließen, wenn ohne Risiko möglich.
Fließendes Gewässer: Trink-, Brauch- und Kühlwasserentnehmer verständigen.
Stehendes Gewässer: Absperren. Fahrzeugbesatzungen im gefährdeten Gebiet warnen.
An Land: Kanalisation abdichten. Auffangen, eindeichen und abpumpen. In Wohn- und Industriegebieten alle tiefliegenden Räume abdichten. Alle Zündquellen beseitigen. Restmengen mit nicht brennbarem, saugfähigem Material wie z. B. trockener Erde, Sand, Kieselgur, Universalbinder oder Vermiculit abdecken und an sichere Deponie zur Vernichtung transportieren.

Gewässerverunreinigung:
GefStoffV/EG:
Gesamtbewertung nach Unfall:
Einzelwerte siehe Anhang 9 der Erläuterungen.
Wassergefährdungsklasse:

Erste Hilfe:
Verletzte an die frische Luft bringen, bequem lagern, beengende Kleidungsstücke lockern. Bei Atemstörung Sauerstoffzufuhr, ggf. Beatmung. Benetzte Kleidungsstücke, Schuhe und Strümpfe sofort ausziehen, entfernen und vernichten. Betroffene Körperstellen anhaltend mit Wasser spülen und anschließend mit sterilem Verbandmaterial abdecken. Bei Augenkontakt die Augen 15 Minuten mit Wasser spülen. Augenlider dazu mit Daumen und Zeigefinger aufspreizen und gleichzeitig das Auge nach allen Seiten bewegen lassen. Verletzte nicht auskühlen lassen. Bei Erbrechen zumindest Kopf in Seitenlage bringen. Verletzte nur liegend transportieren. Bei Gefahr der Bewußtlosigkeit Lagerung und Transport in stabiler Seitenlage.

Hinweise für den Arzt:
Symptomatische Behandlung.

Formel: CH_3ClO_2S **Summen-Formel:** C–H3–Cl–O2–S **UN-Nr. 3246**

Merkblatt

2386

Stoffname

Deutsch

Methansulfonylchlorid
Methansulfonsäurechlorid
Mesylchlorid
Methansulfochlorid
MSC

Englisch

Methanesulfonyl chloride
Mesyl chloride
Methanesulfonic acid chloride
Methyl sulfochloride
Methylsulfonyl chloride

Französisch

Chlorure de sulfonylmethane
Chlorure de méthanesulfonyle

Spanisch

Cloruro de metanosulfonilo

Gefahren-Diamant

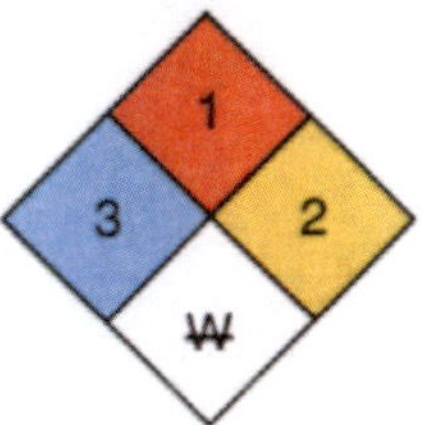

Hazchem-Code: 2XE

Technische Daten

Siedepunkt	164 °C
Dampfdruck in mbar bei 20 °C	2,7
Dampfdichteverhältnis, Luft = 1	4,0
Schmelzpunkt	–33 °C
Mischbarkeit mit Wasser	sehr geringfügig*
Spez. Gewicht, Wasser = 1	1,474
Molare Masse	114,55

Feuerbekämpfungsdaten

Flammpunkt	92 °C
Zündfähiges Gemisch, Vol.-%	
Zündtemperatur	

* Langsame Hydrolyse unter Bildung einer Säuremischung.

Gefahrgut:
IMDG-Code: UN-Nr. 3246
ICAO/IATA DGR: UN-Nr. 3246
ADR/RID/ADNR: UN-Nr. 3246
Gefahrzettel (Label) Nr. 6.1+8
Richtige Versandbezeichnung (PSN):
Land/BinSch: **3246 Methansulfonylchlorid**
See/Luft: **Methanesulfonyl chloride**

Klassifizierung:
Kl. 6.1 Verp. Gr. I EMS: **F**-A; **S**-B
Kl. 6.1 Verp. Gr. I
Kl. 6.1 Klassifiz. Code TC1 Verp. Gr. I

Gefahrstoff:
CAS Nr.: 124-63-0 RTECS-Nr.: PB 2790000
EG-Nr.: 204-706-1 INDEX-Nr.:
EG-Einstufung: nein
Symbol: T+
R-Sätze: 24/25-26-34*
S-Sätze: 26-28-36/37/39-45*
D-Lagerklasse (VCI)-Nr.: 6.1A

* Herstellerangaben

Erscheinungsbild: Hellgelbe Flüssigkeit, stechender Geruch.

Verhalten bei Freiwerden und Vermischen mit Luft: Sehr giftige, ätzende und brennbare Flüssigkeit mit relativ hohem Flammpunkt von 92 °C. Bei starker Erhitzung bilden sich sehr giftige, ätzende und explosionsfähige Gemische mit Luft. Sie sind schwerer als Luft und kriechen am Boden entlang. Entzündung durch heiße Oberflächen, Funken oder offene Flammen. Bei Erhitzung bis zur Zersetzung (z. B. durch Umgebungsbrände oder heiße Oberflächen) und bei Brand bilden sich giftige und ätzende Gase bzw. Dämpfe, die im Wesentlichen aus Schwefeldioxid(gas) und Chlorwasserstoff(gas) bzw. Salzsäuredämpfen bestehen und auch Kohlenmonoxid(gas) sowie Kohlendioxid(gas) enthalten.

Verhalten bei Freiwerden und Vermischen mit Wasser: Der Stoff ist schwerer als Wasser und sinkt unter. Er löst sich nur geringfügig in Wasser. Das Produkt reagiert langsam unter Erwärmung. Bei dieser Hydrolyse entsteht eine Säuremischung. Trotz geringer Wasserlöslichkeit kann eine allmähliche Bildung giftiger Mischungen mit Wasser erfolgen.

Gesundheitsgefährdung: Die Flüssigkeit und ihre Dämpfe/Aerosole sind sehr giftig beim Einatmen und giftig beim Verschlucken und bei der Berührung mit der Haut. Hautaufnahme! Die Substanz reizt bis hin zur Verätzung die Haut, die Schleimhäute der Augen und der oberen Atemwege. Gefahr bleibender Augenschäden bzw. Erblindung. Lungenödem – auch mit Verzögerung bis zu 2 Tagen – möglich. Bei Brand oder Erhitzen bis zur Zersetzung Bildung von Chlorwasserstoff (s. auch Merkblatt 63) und Schwefeloxid (s. auch Merkblatt 186).
Symptome: Rötung, Brennen und Schmerzen der Augen und betroffener Köperpartien, Tränenreiz, Juckreiz, Hustenreiz, schlecht heilende Ätzwunden, Übelkeit, Erbrechen, Schwindel, Kopfschmerzen, Leibschmerzen
Nach Einatmen oder Hautkontakt in jedem Fall – auch bei Ausbleiben der Symptome – den Arzt aufsuchen.
Nach Kontakt der Substanz mit den Augen ist in jedem Fall ein Augenarzt aufzusuchen.

Geruchsschwelle = Luftgrenzwert =

Bemerkungen: Der Stoff reagiert bei Kontakt oder Mischung mit starken Basen.

Sicherheitsmaßnahmen für Fahrzeugbesatzung, Polizei, Feuerwehr und Rettungskräfte:
Polizei und Feuerwehr alarmieren.
Im Gefahrenbereich sofort umluftunabhängiges (schweres) Atemschutzgerät und volle Schutzkleidung tragen. Bei Erhitzung der Flüssigkeit Zündung abstellen, Maschine stoppen, nicht rauchen, offenes Feuer löschen, kein elektrisches Gerät und keinen Schalter mit Funkenbildung betätigen.
Wasserschutzpolizei und Feuerwehr: Bei Erhitzung des Stoffes kein Boot mit Ottomotor einsetzen. Bei Dieselantrieb Sicherheitsschaltung veranlassen. Beim Retten nicht ins Wasser springen. Achtung, der Stoff reagiert langsam mit Wasser. Bei der Hydrolyse ensteht eine Säuremischung.

Schutz- und Einsatzmaßnahmen: Alle unbeteiligten Personen nach Luv (gegen den Wind) entfernen. Achtung, falls freiwerdendes Gut in die Kanalisation oder in Abwasserleitungen von Schiffen gerät, entstehen ätzende und giftige Gemische mit Abwasser und kann mit heißem Abwasser über der Oberfläche Explosions-,Verätzungs- und Vergiftungsgefahr entstehen. Experten hinzuziehen. Auf Wasserstraßen Schiffahrtssperre. An Land gefährdetes Gebiet absperren. Große Sicherheitszone bilden. In Wohn- und Industriegebieten Anwohner warnen.

Konzentrationsmessung explosionsfähiger bzw. giftiger Dämpfe siehe Tabelle (Anhang 6 der Erläuterungen).

Zuständige Behörden unterrichten.

Bekämpfung der Unfallfolgen:
Feuer: Bei kleinem und großem Brandherd Löschpulver, Schaum oder Kohlensäure. Wegen Reaktionsgefahr kein Wasser verwenden. Behälter mit Wassersprühstrahl kühlen und nach Möglichkeit aus der Gefahrenzone ziehen. Es darf jedoch kein Wasser in den Tank gelangen, da sonst Gefahr einer Reaktion und Berstgefahr.
Leckage: Leck schließen, wenn ohne Risiko möglich.
Fließendes Gewässer: Trink-, Brauch- und Kühlwasserentnehmer verständigen.
Stehendes Gewässer: Absperren. Alle Zündquellen beseitigen. Fahrzeugbesatzungen im gefährdeten Gebiet warnen. Experten hinzuziehen.
An Land: Kanalisation abdichten. Auffangen, eindeichen und abpumpen. Restmengen mit nicht brennbarem, saugfähigem Material wie z. B. trockener Erde, Sand, gemahlenem Kalkstein, Kieselgur, Universalbinder oder Vermiculit abdecken und in geschlossenem Behälter an sicheren Deponieort transportieren. Alle Zündquellen beseitigen. In Wohn- und Industriegebieten alle tiefliegenden Räume abdichten. Experten hinzuziehen.

Gewässerverunreinigung:
GefStoffV/EG: R 52/53: schädlich für Wasserorganismen, kann in Gewässern längerfristig schädliche Wirkungen haben.
Gesamtbewertung nach Unfall: Gruppe III, in stehenden Gewässern sehr hohe, in fließenden Gewässern je nach Vermischung mittlere bis hohe toxische Wirkung, nach Brand Gruppe IV, hohe bis sehr hohe (extrem hohe) toxische Wirkung unabhängig von der Turbulenz des Gewässers (siehe auch Erläuterungen Abschnitt 16.4/5).
Einzelwerte siehe Anhang 9 der Erläuterungen.
Wassergefährdungsklasse: 2 – wassergefährdender Stoff

Erste Hilfe:
Verletzte an die frische Luft bringen, bequem lagern, beengende Kleidungsstücke lockern. Bei Atemstörung Sauerstoffzufuhr, ggf. Beatmung. Benetzte Kleidungsstücke, Schuhe und Strümpfe sofort ausziehen, entfernen und vernichten. Betroffene Körperstellen anhaltend mit Wasser spülen und anschließend mit sterilem Verbandmaterial abdecken. Bei Augenkontakt die Augen 15 Minuten mit Wasser spülen. Augenlider dazu mit Daumen und Zeigefinger aufspreizen und gleichzeitig das Auge nach allen Seiten bewegen lassen. Verletzte nicht auskühlen lassen. Bei Erbrechen zumindest Kopf in Seitenlage bringen. Verletzte nur liegend transportieren. Bei Gefahr der Bewußtlosigkeit Lagerung und Transport in stabiler Seitenlage.

Hinweise für den Arzt:
Symptomatische Behandlung. Augen gründlich spülen. Bei anhaltenden Augensymptomen: Augenarzt hinzuziehen. Nach Verschlucken: Mund ausspülen lassen. Flüssigkeit nachtrinken lassen. Absaugen des Mageninhalts erwägen. Ausmaß der Verätzung endoskopisch kontrollieren. Bei Reizung der Atemwege 5–10 Hübe oder mehr/h eines Dosier-Aerosols mit Beclometason (z. B. Sanasthmyl Glaxo oder Viarox Essex Pharma) oder mit Dexamethason (z. B. Auxiloson Thomae).

Formel: | **Summen-Formel:** C9–H17–Cl–O | **UN-Nr. 2927 n.o.s.**

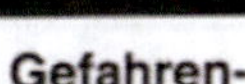
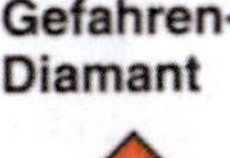

Merkblatt 2387

Stoffname

Deutsch
3,5,5-Trimethylhexanoylchlorid
Isononansäurechlorid
Isononanoylchlorid

Englisch
3,5,5-Trimethylhexanoyl chloride
Isononanoic acid chloride
Isononanoylchloride

Französisch
Chlorure de 3,5,5-triméthylhexanoyle

Spanisch
Cloruro de 3,5,5-trimetilhexanoílo

Gefahren-Diamant

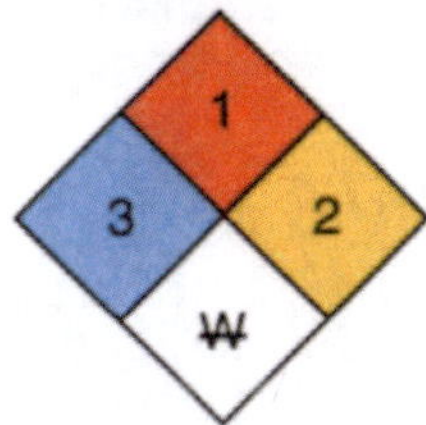

Hazchem-Code: 2XE

Technische Daten

Siedepunkt	80 °C bei 30 mbar
Dampfdruck in mbar bei 20 °C	<1
Dampfdichteverhältnis, Luft = 1	
Schmelzpunkt	<–50 °C
Mischbarkeit mit Wasser	reagiert*
Spez. Gewicht, Wasser = 1	0,94
Molare Masse	176,71

Feuerbekämpfungsdaten

Flammpunkt	75 °C
Zündfähiges Gemisch, Vol.-%	17,1–26,3
Zündtemperatur	350 °C

* Reagiert heftig unter starker Erwärmung und Bildung von Chlorwasserstoff(gas) bzw. Salzsäuredämpfen.

Gefahrgut: **Klassifizierung:**

IMDG-Code:	UN-Nr. 2927 n.o.s.	Kl. 6.1	Verp. Gr. I EMS: **F**-A; **S**-B
ICAO/IATA DGR:	UN-Nr. 2927 n.o.s.	Kl. 6.1	Verp. Gr. I
ADR/RID/ADNR:	UN-Nr. 2927 n.a.g.	Kl. 6.1	Klassifiz. Code TC1 Verp. Gr. I

Gefahrzettel (Label) Nr. 6.1+8
Richtige Versandbezeichnung (PSN):
Land/BinSch: **2927 Giftiger, organischer flüssiger Stoff, ätzend, n.a.g. (3, 5, 5-Trimethylhexanoylchlorid)**
See/Luft: **Toxic liquid, corrosive, organic, n.o.s. (3, 5, 5,-Trimethylhexanoylchloride)**

Gefahrstoff:
CAS Nr.: 36727-29-4 RTECS-Nr.: MP 4560000
EG-Nr.: 253-168-4 INDEX-Nr.:
EG-Einstufung: nein
Symbol: T+
R-Sätze: 22-26-34*
S-Sätze: 26-36/37/39-38-45*
D-Lagerklasse (VCI)-Nr.:

* Herstellerangaben

Erscheinungsbild: Farblose Flüssigkeit, stechender Geruch.

Verhalten bei Freiwerden und Vermischen mit Luft: Sehr giftige, ätzende und brennbare Flüssigkeit mit relativ hohem Flammpunkt von 75 °C. Bei starker Erhitzung bilden sich sehr giftige, ätzende und explosionsfähige Gemische mit Luft. Sie sind schwerer als Luft und kriechen am Boden entlang. Entzündung durch heiße Oberflächen, Funken oder offene Flammen. Bei Erhitzung bis zur Zersetzung (z. B. durch Umgebungsbrände oder heiße Oberflächen) und bei Brand bilden sich giftige und ätzende Gase bzw. Dämpfe, die im Wesentlichen aus Chlorwasserstoff(gas) bzw. Salzsäuredämpfen bestehen und auch Kohlenmonoxid(gas) sowie Kohlendioxid(gas) enthalten.

Verhalten bei Freiwerden und Vermischen mit Wasser: Der Stoff ist leichter als Wasser und schwimmt auf der Oberfläche. Er reagiert heftig mit Wasser unter starker Erwärmung und Bildung von Chlorwasserstoff(gas) bzw. Salzsäuredämpfen, die als weiße Nebel sichtbar werden können. Es bilden sich ätzende Gemische mit Wasser, die auch bei starker Verdünnung noch wirksam sind.

Gesundheitsgefährdung: Die Flüssigkeit und ihre Dämpfe/Aerosole sind sehr giftig beim Einatmen und gesundheitsschädlich beim Verschlucken. Es kommt zu Störungen im Magen-Darm-Trakt. Die Substanz führt zu Verätzungen der Haut und der Schleimhäute der Augen und der oberen Atemwege. Lungen- und Kehlkopfödem – auch mit Verzögerung bis zu 2 Tagen – möglich. Gefahr bleibender Augenschäden bzw. Erblindung. Bei Brand oder Erhitzen bis zur Zersetzung Bildung von Chlorwasserstoff (s. Merkblatt 63).
Symptome: Rötung, Brennen und Schmerzen der Augen und betroffener Körperpartien, schlecht heilende Ätzwunden, Tränenfluß, Hustenreiz, Übelkeit, Erbrechen, Leibschmerzen, Schwindel
Nach Einatmen oder Hautkontakt in jedem Fall – auch bei Ausbleiben der Symptome – den Arzt aufsuchen.
Nach Kontakt der Substanz mit den Augen ist in jedem Fall ein Augenarzt aufzusuchen.

Geruchsschwelle = Luftgrenzwert =

Bemerkungen: Der Stoff reagiert heftig unter starker Erwärmung bei Kontakt oder Mischung mit Aminen und Amin-Verbindungen. Als Reaktionsprodukt bildet sich Chlorwasserstoff(gas) bzw. Salzsäuredämpfe.

Sicherheitsmaßnahmen für Fahrzeugbesatzung, Polizei, Feuerwehr und Rettungskräfte:
Polizei und Feuerwehr alarmieren.
Im Gefahrenbereich Maschine stoppen. Sofort umluftunabhängiges (schweres) Atemschutzgerät und volle Schutzkleidung tragen. An besonders heißen Tagen und bei starker Erwärmung der Flüssigkeit Zündung abstellen, nicht rauchen, offenes Feuer löschen, kein elektrisches Gerät und keinen Schalter mit Funkenbildung betätigen.
Wasserschutzpolizei und Feuerwehr: Beim Retten nicht ins Wasser springen. An besonders heißen Tagen und bei starker Erwärmung der Flüssigkeit kein Boot mit Ottomotor einsetzen. Bei Dieselantrieb Sicherheitsschaltung veranlassen. Radar- und Kommandorufanlage nicht betätigen. Achtung: Nach dem Einsatz Bootskörper und Kühlwasserkreislauf überprüfen.

Schutz- und Einsatzmaßnahmen: Alle unbeteiligten Personen nach Luv (gegen den Wind) entfernen. Achtung, falls freiwerdendes Gut in die Kanalisation oder in Abwasserleitungen von Schiffen gerät, bilden sich ätzende Gemische mit Abwasser und können sich ätzende Dämpfe bilden. Auf Wasserstraßen Schiffahrtssperre. An Land gefährdetes Gebiet absperren. In Wohn- und Industriegebieten Anwohner warnen. Bei Erhitzung z. B. durch Umgebungsbrände bilden sich große Mengen ätzender Gemische mit Luft. In diesem Fall große Sicherheitszone bilden. Bei größeren Mengen freigewordenen Gutes Katastrophenalarm prüfen und ggf. das gefährdete Gebiet evakuieren.

Konzentrationsmessung explosionsfähiger bzw. giftiger Dämpfe siehe Tabelle (Anhang 6 der Erläuterungen).

Zuständige Behörden unterrichten.

Bekämpfung der Unfallfolgen:
Feuer: Bei kleinem Brandherd Löschpulver, trockener Sand, gemahlener Kalkstein, Schaum oder Kohlensäure. Wegen heftiger Reaktionsgefahr kein Wasser verwenden. Behälter mit Wassersprühstrahl kühlen und nach Möglichkeit aus der Gefahrenzone ziehen. Es darf jedoch kein Wasser in den Tank gelangen, da sonst Gefahr einer explosionsartigen Reaktion.
Leckage: Leck schließen, wenn ohne Risiko möglich.
Fließendes Gewässer: Trink-, Brauch- und Kühlwasserentnehmer verständigen. Experten hinzuziehen.
Stehendes Gewässer: Absperren. Alle Zündquellen beseitigen. Fahrzeuge im gefährdeten Gebiet räumen. Experten hinzuziehen.
An Land: Kanalisation abdichten. Auffangen, eindeichen und abpumpen. Restmengen mit nicht brennbarem, saugfähigem Material wie z. B. trockener Erde, Sand, gemahlenem Kalkstein, Kieselgur, Universalbinder oder Vermiculit abdecken und in geschlossenem Behälter an sicheren Deponieort transportieren. Alle Zündquellen beseitigen. In Wohn- und Industriegebieten alle tiefliegenden Räume abdichten. Experten hinzuziehen.

Gewässerverunreinigung:
GefStoffV/EG:
Gesamtbewertung nach Unfall: Gruppe III, in stehenden Gewässern sehr hohe, in fließenden Gewässern je nach Vermischung mittlere bis hohe toxische Wirkung (siehe auch Erläuterungen Abschnitt 16.4/5)
Einzelwerte siehe Anhang 9 der Erläuterungen.
Wassergefährdungsklasse: 1 – schwach wassergefährdender Stoff.

Erste Hilfe:
Verletzte an die frische Luft bringen, bequem lagern, beengende Kleidungsstücke lockern. Bei Atemstörung Sauerstoffzufuhr, ggf. Beatmung. Benetzte Kleidungsstücke, Schuhe und Strümpfe sofort ausziehen, entfernen und vernichten. Betroffene Körperstellen anhaltend mit Wasser spülen und anschließend mit sterilem Verbandmateriall abdecken. Bei Augenkontakt die Augen 15 Minuten mit Wasser spülen. Augenlider dazu mit Daumen und Zeigefinger aufspreizen und gleichzeitig das Auge nach allen Seiten bewegen lassen. Verletzte nicht auskühlen lassen. Bei Erbrechen zumindest Kopf in Seitenlage bringen. Verletzte nur liegend transportieren. Bei Gefahr der Bewußtlosigkeit Lagerung und Transport in stabiler Seitenlage.

Hinweise für den Arzt:
Symptomatische Behandlung. Wegen Verunreinigung mit Carbonylchlorid und Chlorwasserstoff stärkere Verätzungen möglich als durch Stoff selbst.

Formel: $C_6H_4(CN)_2$ | Summen-Formel: C8–H4–N2 | UN-Nr. 2811 n.o.s.

Merkblatt

2388

Stoffname

Deutsch

1,3-Dicyanbenzol
Isophthalsäuredinitril
m-Phthalsäuredinitril
m-Phthalodinitril
Benzol-1,3-dicarbonitril
Phthalodinitrilstaub
1,3-Benzendikarbonitril

Englisch

1,3-Dicyanobenzene
1,3-Benzenedicarbonitrile
Dinitrile of isophthalic acid
Isophthalodinitrile
m-Dicyanobenzene
m-Phthalodinitrile

Französisch

Benzène-1,3-dicarbonitrile
m-Phtalodimitrile

Spanisch

Benceno-1,3-dicarbonitrilo
m-Ftalodinitrilo

Gefahren-Diamant

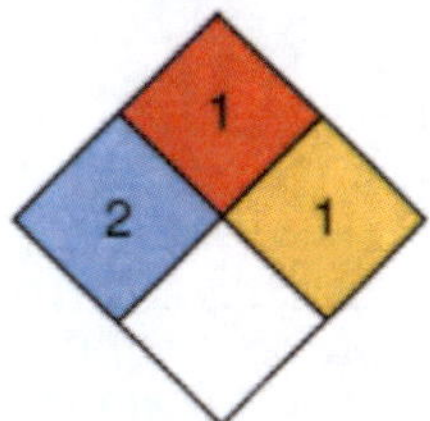

Hazchem-Code: 2XE

Technische Daten

Siedepunkt	288 °C (Sublimation)
Dampfdruck in mbar bei 20 °C	0,014
Dampfdichteverhältnis, Luft = 1	4,43
Schmelzpunkt	162–163 °C
Mischbarkeit mit Wasser	vollständig
Spez. Gewicht, Wasser = 1	
Molare Masse	128,13

Feuerbekämpfungsdaten

Flammpunkt
Zündfähiges Gemisch, Vol.-%
Zündtemperatur
} Brennbarer fester Stoff

Gefahrgut:

	Klassifizierung:	
IMDG-Code: UN-Nr. 2811 n.o.s.	Kl. 6.1	Verp. Gr. II EMS: **F-A** ; **S-A**
Marine pollutant		
ICAO/IATA DGR: UN-Nr. 2811 n.o.s.	Kl. 6.1	Verp. Gr. II
ADR/RID/ADNR: UN-Nr. 2811 n.a.g.	Kl. 6.1	Klassifiz. Code T2 Verp. Gr. II

Gefahrzettel (Label) Nr. 6.1
Richtige Versandbezeichnung (PSN):
Land/BinSch: **2811 Giftiger organischer fester Stoff, n.a.g. (1,3-Dicyanbenzol)**
See/Luft: **Toxic solid organic, n.o.s. (1,3-Dicyanobenzene)**

Gefahrstoff:

CAS Nr.: 626-17-5 RTECS-Nr.: CZ 1900000
EG-Nr.: 210-933-7 INDEX-Nr.:
EG-Einstufung: nein
Symbol: Xn*
R-Sätze: 20/22
S-Sätze: 22-24/25
D-Lagerklasse (VCI)-Nr.: 6.1B

* Herstellerangaben

Erscheinungsbild: Weißes Pulver, bittermandelartiger Geruch.

Verhalten bei Freiwerden und Vermischen mit Luft: Gesundheitsschädlicher und brennbarer fester Stoff. Bei Aufwirbelung des Pulvers oder Staubes bilden sich gesundheitsschädliche und explosionsfähige Gemische mit Luft. Bei Brand oder Erhitzung bis zur Zersetzung (z. B. durch Umgebungsbrände oder heiße Oberflächen) erfolgt Zersetzung unter Bildung von giftigen und ätzenden Gasen und Dämpfen, die im Wesentlichen aus nitrosen Gasen (Stickstoffoxiden) und Cyanwasserstoff(gas=Blausäure) bestehen und auch Kohlenmonoxid(gas) sowie Kohlendioxid(gas) enthalten.

Verhalten bei Freiwerden und Vermischen mit Wasser: Der Stoff löst sich vollständig in Wasser. Es bilden sich giftige Gemische mit Wasser, die auch bei Verdünnung noch wirksam sind.

Gesundheitsgefährdung: Die Substanz und ihre Stäube sind gesundheitsschädlich beim Einatmen und Verschlucken. Da im Körper Blausäure freigesetzt werden kann, kann es zur Blockade der Zellatmung und zu Herz-Kreislauf-Störungen kommen. Die Substanz kann zu Reizungen der Haut sowie der Schleimhäute der Augen und der oberen Atemwege führen. Bei Brand oder Erhitzen bis zur Zersetzung Bildung von nitrosen Gasen (s. auch Merkblatt 150) oder Cyanwasserstoff (Blausäure) (s. auch Merkblatt 42).
Symptome: Rötung und Brennen der Augen und der betroffenen Körperpartien. Juckreiz, Hustenreiz, Kopfschmerzen, Übelkeit, Verwirrtheit, Atemnot, Bewußtlosigkeit
Nach Einatmen oder Hautkontakt in jedem Fall – auch bei Ausbleiben der Symptome – den Arzt aufsuchen.
Nach Kontakt der Substanz mit den Augen ist in jedem Fall ein Augenarzt aufzusuchen.

Geruchsschwelle = Luftgrenzwert = 5 mg/m³ E

Bemerkungen: Der Stoff reagiert bei Kontakt oder Mischung mit Oxidationsmitteln.
Chemische Gruppenzugehörigkeit:
Verwendungszweck:

Sicherheitsmaßnahmen für Fahrzeugbesatzung, Polizei, Feuerwehr und Rettungskräfte:
Polizei und Feuerwehr alarmieren.
Im Gefahrenbereich umluftunabhängiges (schweres) Atemschutzgerät und volle Schutzkleidung tragen. Bei Erhitzung des Stoffes oder bei Brand **im Gefahrenbereich** Maschine stoppen, Zündung abstellen, offenes Feuer löschen, nicht rauchen, kein elektrisches Gerät und keinen Schalter mit Funkenbildung betätigen.
Wasserschutzpolizei und Feuerwehr: Bei Erhitzung des Stoffes kein Boot mit Ottomotor einsetzen. Bei Dieselantrieb Sicherheitsschaltung veranlassen. Beim Retten nicht ins Wasser springen.

Schutz- und Einsatzmaßnahmen: Alle unbeteiligten Personen nach Luv (gegen den Wind) entfernen. Achtung, falls freiwerdendes Gut in die Kanalisation oder in Abwasserleitungen von Schiffen gerät, entstehen giftige Gemische mit Abwasser. Experten hinzuziehen. Auf Wasserstraßen Schiffahrtssperre. An Land gefährdetes Gebiet absperren. Bei Brand oder starker Erhitzung entstehen giftige Gase und Dämpfe bzw. Dampf-/Luftgemische. In diesem Fall große Sicherheitszone bilden. In Wohn- und Industriegebieten Anwohner warnen.

Konzentrationsmessung explosionsfähiger bzw. giftiger Dämpfe siehe Tabelle (Anhang 6 der Erläuterungen).

Zuständige Behörden unterrichten.

Bekämpfung der Unfallfolgen:
Feuer: Bei kleinem Brandherd Löschpulver, Wassersprühstrahl, Kohlensäure oder Schaum. Bei großem Brandherd Schaum oder Wassersprühstrahl. Behälter mit Wassersprühstrahl kühlen und nach Möglichkeit aus der Gefahrenzone ziehen. Achtung, das Löschwasser ist giftig und umweltgefährlich. Es muß aufgefangen werden und darf nicht unbehandelt in die Kanalisation, in Gewässer oder in das Grundwasser gelangen.
Leckage: Leck schließen, wenn ohne Risiko möglich.
Fließendes Gewässer: Trink-, Brauch- und Kühlwasserentnehmer verständigen.
Stehendes Gewässer: Absperren. Fahrzeugbesatzungen im gefährdeten Gebiet warnen.
An Land: Kanalisation abdichten. Auffangen, eindeichen und abbergen. In Wohn- und Industriegebieten alle tiefliegenden Räume abdichten. Alle Zündquellen beseitigen. Restmengen mit nicht brennbarem, saugfähigem Material wie z. B. trockener Erde, Sand, Kieselgur, Universalbinder oder Vermiculit abdecken und an sichere Deponie zur Vernichtung transportieren.

Gewässerverunreinigung:
GefStoffV/EG:
Gesamtbewertung nach Unfall: Gruppe III, in stehenden Gewässern sehr hohe, in fließenden Gewässern je nach Vermischung mittlere bis hohe toxische Wirkung, nach Brand Gruppe IV, hohe bis sehr hohe (extrem hohe) toxische Wirkung unabhängig von der Turbulenz des Gewässers (siehe auch Erläuterungen Abschnitt 16.4/5).
Einzelwerte siehe Anhang 9 der Erläuterungen.
Wassergefährdungsklasse: 1 – schwach wassergefährdender Stoff

Erste Hilfe:
Verletzte an die frische Luft bringen, bequem lagern, beengende Kleidungsstücke lockern. Bei Atemstörung Sauerstoffzufuhr. Benetzte Kleidungsstücke, Schuhe und Strümpfe sofort ausziehen, entfernen und vernichten. Betroffene Körperstellen anhaltend mit Wasser spülen und anschließend mit sterilem Verbandmaterial abdecken. Bei Augenkontakt die Augen 15 Minuten mit Wasser spülen. Augenlider dazu mit Daumen und Zeigefinger aufspreizen und gleichzeitig das Auge nach allen Seiten bewegen lassen. Verletzte nicht auskühlen lassen. Bei Erbrechen zumindest Kopf in Seitenlage bringen. Verletzte nur liegend transportieren. Bei Gefahr der Bewußtlosigkeit Lagerung und Transport in stabiler Seitenlage.

Hinweise für den Arzt:
Symptomatische Behandlung. Nach Verschlucken: Mund ausspülen lassen. Flüssigkeit nachtrinken lassen. Absaugen des Mageninhalts erwägen. Epileptiforme Krämpfe können mit Latenzzeit von bis zu 48 Stunden auch nach inhalativer und dermaler Exposition auftreten.

Formel: $CH_3OCH_2C{=}OOH$ **Summen-Formel:** C3–H6–O3 **UN-Nr. 3265 n.o.s.**

Merkblatt

2389

Stoffname

Deutsch	*Englisch*	*Französisch*
2-Methoxyessigsäure	**2-Methoxyacetic acid**	**Acide méthoxy-2-acétique**
Methoxyessigsäure	Methoxyacetic acid	
	MAA	

Spanisch

Acido-2-metoxi acético

Gefahren-Diamant

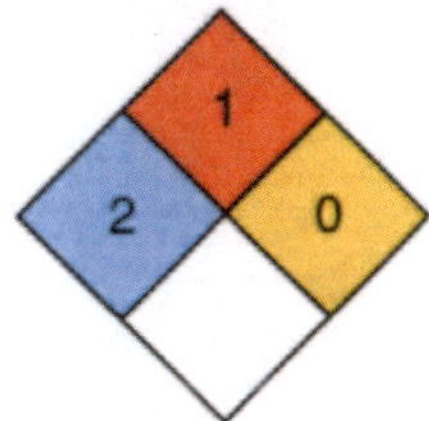

Hazchem-Code:
2X

Technische Daten

Siedepunkt	202–204 °C
Dampfdruck in mbar bei 20 °C	1
Dampfdichteverhältnis, Luft = 1	3,11
Schmelzpunkt	7–9 °C
Mischbarkeit mit Wasser	vollständig
Spez. Gewicht, Wasser = 1	1,175
Molare Masse	90,08

Feuerbekämpfungsdaten

Flammpunkt	114 °C c. c.
Zündfähiges Gemisch, Vol.-%	4,2–?
Zündtemperatur	445 °C

Gefahrgut: **Klassifizierung:**

IMDG-Code: UN-Nr. 3265 n.o.s. Kl. 8 Verp. Gr. II EMS: **F**-A; **S**-B

Marine pollutant

ICAO/IATA DGR: UN-Nr. 3265n.o.s. Kl. 8 Verp. Gr. II

ADR/RID/ADNR: UN-Nr. 3265 n.a.g. Kl. 8 Klassifiz. Code C3 Verp. Gr. II

Gefahrzettel (Label) Nr. 8

Richtige Versandbezeichnung (PSN):

Land/BinSch: **3265 Ätzender saurer organischer, flüssiger Stoff, n.a.g. (Methoxyessigsäure)**

See/Luft: **Corrosive liquid acidic, organic, n.o.s. (Methoxyacetic acid)**

Gefahrstoff:

CAS Nr.: 625-45-6 RTECS-Nr.: AI 8650000

EG-Nr.: 210-894-6 INDEX-Nr.: 607-312-00-1

EG-Einstufung: ja

Symbol: T

R-Sätze: 60-61-22-34

S-Sätze: 53-45

D-Lagerklasse (VCI)-Nr.: 6.1A

Erscheinungsbild: Farblose Flüssigkeit, leicht stechender Geruch.

Verhalten bei Freiwerden und Vermischen mit Luft: Giftige, ätzende und brennbare Flüssigkeit mit relativ hohem Flammpunkt von 114 °C. Bei starker Erhitzung bilden sich gesundheitsschädliche, ätzende und explosionsfähige Gemische mit Luft. Sie sind schwerer als Luft und kriechen am Boden entlang. Entzündung durch heiße Oberflächen, Funken oder offene Flammen. Bei Erhitzung bis zur Zersetzung (z. B. durch Umgebungsbrände oder heiße Oberflächen) und bei Brand bilden sich giftige und ätzende Gase bzw. Dämpfe, die im Wesentlichen aus Kohlenmonoxid(gas) sowie Kohlendioxid(gas) enthalten.

Verhalten bei Freiwerden und Vermischen mit Wasser: Der Stoff ist schwerer als Wasser und sinkt ab. Er löst sich vollständig in Wasser. Es bilden sich gesundheitsschädliche und ätzende Gemische mit Wasser, die auch bei Verdünnung noch wirksam sind.

Gesundheitsgefährdung: Die Flüssigkeit und ihre Dämpfe/Aerosole führen zu Verätzungen der Haut und der Schleimhäute der Augen und der oberen Atemwege. Gefahr bleibender Augenschäden bzw. Erblindung. Lungen- und Kehlkopfödem – auch mit Verzögerung bis zu 2 Tagen – möglich. Die Substanz ist gesundheitsschädlich beim Verschlucken, Verätzungen im Magen-Darm-Trakt sind möglich. Die Substanz kann die Fortpflanzungsfähigkeit beeinträchtigen und das Kind im Mutterleib schädigen.
Symptome: Rötung, Brennen und Schmerzen der Augen und der betroffenen Körperpartien, schlecht heilende Ätzwunden, Tränenfluss, Hustenreiz, Übelkeit, Schwindel, Erbrechen, Atemnot
Nach Einatmen oder Hautkontakt in jedem Fall – auch bei Ausbleiben der Symptome – den Arzt aufsuchen. Nach Kontakt der Substanz mit den Augen ist in jedem Fall ein Augenarzt aufzusuchen.

Geruchsschwelle = Luftgrenzwert = 5 ppm (19 mg/m^3) (Schweiz)

Bemerkungen: Der Stoff reagiert bei Kontakt oder Mischung mit Alkalien (Laugen).

Sicherheitsmaßnahmen für Fahrzeugbesatzung, Polizei, Feuerwehr und Rettungskräfte:
Polizei und Feuerwehr alarmieren.
Im Gefahrenbereich bei starker Erhitzung der Flüssigkeit Maschine stoppen, Zündung abstellen, nicht rauchen, offenes Feuer löschen, kein elektrisches Gerät und keinen Schalter mit Funkenbildung betätigen. Umluftunabhängiges (schweres) Atemschutzgerät und volle Schutzkleidung tragen.
Wasserschutzpolizei und Feuerwehr: Beim Retten nicht ins Wasser springen. Bei starker Erhitzung der Flüssigkeit oder Brand auf Wasserstraßen kein Boot mit Ottomotor einsetzen. Bei Dieselantrieb Sicherheitsschaltung veranlassen.

Schutz- und Einsatzmaßnahmen: Alle unbeteiligten Personen nach Luv (gegen den Wind) entfernen. Achtung, falls freiwerdendes Gut in die Kanalisation oder in Abwasserleitungen von Schiffen gerät, entstehen ätzende Gemische mit Abwasser. Auf Wasserstraßen Schiffahrtssperre. An Land gefährdetes Gebiet absperren. Große Sicherheitszone bilden. In Wohn- und Industriegebieten Anwohner warnen. Bei großen Mengen freiwerdenden Gutes gefährdetes Gebiet evakuieren und Katastrophenalarm prüfen.

Konzentrationsmessung explosionsfähiger bzw. giftiger Dämpfe siehe Tabelle (Anhang 6 der Erläuterungen).

Zuständige Behörden unterrichten.

Bekämpfung der Unfallfolgen:
Feuer: Bei kleinem Brandherd Löschpulver, Wassersprühstrahl, Kohlensäure oder Schaum. Bei großem Brandherd Schaum oder Wassersprühstrahl. Behälter mit Wassersprühstrahl kühlen und nach Möglichkeit aus der Gefahrenzone ziehen. Achtung, das Löschwasser ist giftig und umweltgefährlich. Es muß aufgefangen werden und darf nicht unbehandelt in die Kanalisation, in Gewässer oder in das Grundwasser gelangen.
Leckage: Leck schließen, wenn ohne Risiko möglich.
Fließendes Gewässer: Trink-, Brauch- und Kühlwasserentnehmer verständigen.
Stehendes Gewässer: Absperren. Fahrzeugbesatzungen im gefährdeten Gebiet warnen.
An Land: Kanalisation abdichten. Auffangen, eindeichen und abpumpen. In Wohn- und Industriegebieten alle tiefliegenden Räume abdichten. Alle Zündquellen beseitigen. Restmengen mit nicht brennbarem, saugfähigem Material wie z. B. trockener Erde, Sand, Kieselgur, Universalbinder oder Vermiculit abdecken und an sichere Deponie zur Vernichtung transportieren.

Gewässerverunreinigung:
GefStoffV/EG:
Gesamtbewertung nach Unfall: Gruppe II, in stehenden Gewässern mittlere bis hohe, in fließenden Gewässern mittlere toxische Wirkung (siehe auch Erläuterungen Abschnitt 16.4/5).
Einzelwerte siehe Anhang 9 der Erläuterungen.
Wassergefährdungsklasse: 1 – schwach wassergefährdender Stoff

Erste Hilfe:
Verletzte an die frische Luft bringen, bequem lagern, beengende Kleidungsstücke lockern. Bei Atemstörung Sauerstoffzufuhr, ggf. Beatmung. Benetzte Kleidungsstücke, Schuhe und Strümpfe sofort ausziehen, entfernen und vernichten. Betroffene Körperstellen anhaltend mit Wasser spülen und anschließend mit sterilem Verbandmaterial abdecken. Bei Augenkontakt die Augen 15 Minuten mit Wasser spülen. Augenlider dazu mit Daumen und Zeigefinger aufspreizen und gleichzeitig das Auge nach allen Seiten bewegen lassen. Verletzte nicht auskühlen lassen. Bei Erbrechen zumindest Kopf in Seitenlage bringen. Verletzte nur liegend transportieren. Bei Gefahr der Bewußtlosigkeit Lagerung und Transport in stabiler Seitenlage.

Hinweise für den Arzt:
Symptomatische Behandlung. Augen gründlich spülen. Bei anhaltenden Augensymptomen: Augenarzt hinzuziehen. Nach Verschlucken: Mund ausspülen lassen. Flüssigkeit nachtrinken lassen. Absaugen des Mageninhalts erwägen. Bei Reizung der Atemwege 5–10 Hübe oder mehr/h eines Dosier-Aerosols mit Beclometason (z. B. Sanasthmyl Glaxo oder Viarox Essex Pharma) oder mit Dexamethason (z. B. Auxiloson Thomae).

Formel: $H_2P(O)(OH)$ **Summen-Formel:** H3–O2–P **UN-Nr. 3264 n.o.s.**

Merkblatt

2390

Stoffname

Deutsch	*Englisch*	*Französisch*
***Phosphinsäure**	**Phosphinic acid**	**Acide phosphinique**
Hypophosphorige Säure	Hydrophosphorous acid	
Unterphosphorige Säure		
Phosphonigsäure		

Spanisch

Acido fosfínico

Gefahren-Diamant

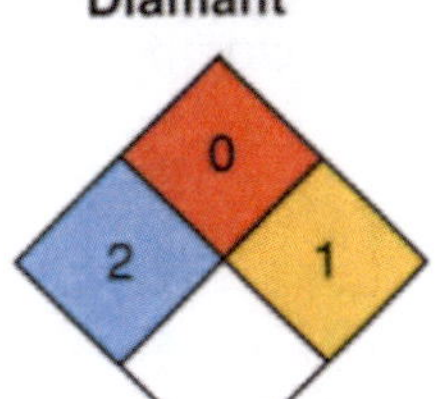

Hazchem-Code: **2X**

* Siehe Bemerkungen.

Technische Daten

Siedepunkt	108 °C (Zersetzung)
Dampfdruck in mbar bei 20 °C	
Dampfdichteverhältnis, Luft = 1	
Schmelzpunkt	<–25 °C
Mischbarkeit mit Wasser	vollständig
Spez. Gewicht, Wasser = 1	1,22
Molare Masse	66,0

Feuerbekämpfungsdaten

Flammpunkt	nicht brennbare Flüssigkeit·
Zündfähiges Gemisch, Vol.-%	
Zündtemperatur	
Thermische Zersetzung	<100 °C unter Bildung von Phosphin, Phosphorpentoxid und Phosphortrioxid

Gefahrgut:

	Klassifizierung:	
IMDG-Code: UN-Nr. 3264 n.o.s.	Kl. 8	Verp. Gr. I EMS: **F**-A; **S**-B
Marine pollutant		
ICAO/IATA DGR: UN-Nr. 3264 n.o.s.	Kl. 8	Verp. Gr. I
ADR/RID/ADNR: UN-Nr. 3264 n.a.g.	Kl. 8	Klassifiz. Code C1 Verp. Gr. I

Gefahrzettel (Label) Nr. 8

Richtige Versandbezeichnung (PSN):

Land/BinSch: **3264 Ätzender saurer anorganischer, flüssiger Stoff, n.a.g. (Hypophosphorige Säure)**

See/Luft: **Corrosive liquid, acidic, inorganic, n.o.s. (Hydrophosphorous acid)**

Gefahrstoff:

CAS Nr.: 6303-21-5 RTECS-Nr.:

EG-Nr.: 228-601-5 INDEX-Nr.:

EG-Einstufung: nein

Symbol: C*

R-Sätze: 34*

S-Sätze: 26-36/37/39-45*

D-Lagerklasse (VCI)-Nr.: 8

* Herstellerangaben

Erscheinungsbild: Farblose Flüssigkeit, geruchslos.

Verhalten bei Freiwerden und Vermischen mit Luft: Ätzende, nicht brennbare Flüssigkeit. Bei Erhitzung bilden Dämpfe ätzende Gemische mit Luft. Sie sind schwerer als Luft, kriechen am Boden entlang und können, insbesondere in geschlossenen Räumen, Konzentrationen mit stark ätzender Wirkung bilden. Bei Erhitzung bis zur Zersetzung bilden sich Phosphin(gas = Phosphorwasserstoff), Phosphorpentoxid und Phosphortrioxid.

Verhalten bei Freiwerden und Vermischen mit Wasser: Der Stoff ist schwerer als Wasser und sinkt ab. Er löst sich vollständig in Wasser. Es bilden sich ätzende Gemische mit Wasser, die auch bei starker Verdünnung noch wirksam sind.

Gesundheitsgefährdung: Die Flüssigkeit und ihre Dämpfe/Aerosole verursachen Verätzungen der Haut und der Schleimhäute der Augen und der oberen Atemwege. Gefahr bleibender Augenschäden bzw. Erblindung, Lungen- und Kehlkopfödem – auch mit Verzögerung bis zu 2 Tagen – möglich. Bei Brand oder Erhitzen bis zur Zersetzung Bildung von Phosphin (s. auch Merkblatt 163), Phosphorpentoxid (s. auch Merkblatt 673) und Phosphortrioxid (s. auch Merkblatt 1560).

Symptome: Rötung, Brennen und Schmerzen der Augen und betroffener Körperpartien, schlecht heilende Ätzwunden, Hustenreiz, Übelkeit, Schwindel, Erbrechen

Nach Einatmen oder Hautkontakt in jedem Fall – auch bei Ausbleiben der Symptome – den Arzt aufsuchen.
Nach Kontakt der Substanz mit den Augen ist in jedem Fall ein Augenarzt aufzusuchen.

Geruchsschwelle = Luftgrenzwert =

Bemerkungen: Der Stoff reagiert heftig bei Kontakt oder Mischung mit Oxidationsmitteln und Alkalien (Laugen). Dabei erfolgt Zersetzung unter Bildung von Phosphin (Phosphorwasserstoff). Viele Metalle werden angegriffen und sind daher als Behältermaterial ungeeignet.

Sicherheitsmaßnahmen für Fahrzeugbesatzung, Polizei, Feuerwehr und Rettungskräfte:
Polizei und Feuerwehr alarmieren.
Im Gefahrenbereich Maschine stoppen. Sofort volle Schutzkleidung und umluftunabhängiges (schweres) Atemschutzgerät tragen. Bei starker Erhitzung oder Brand, nicht rauchen, offenes Feuer löschen, kein elektrisches Gerät und keinen Schalter mit Funkenbildung betätigen.
Wasserschutzpolizei und Feuerwehr: Beim Retten nicht ins Wasser springen. Bei starker Erhitzung kein Boot mit Ottomotor einsetzen. Bei Dieselantrieb Sicherheitsschaltung veranlassen. Nach dem Einsatz Kühlwasserkreislauf überprüfen.

Schutz- und Einsatzmaßnahmen: Alle unbeteiligten Personen nach Luv (gegen den Wind) entfernen. Achtung, falls freiwerdendes Gut in die Kanalisation oder in Abwasserleitungen von Schiffen gerät, entstehen ätzende Gemische mit Abwasser. Experten hinzuziehen. Auf Wasserstraßen Schiffahrtssperre. An Land gefährdetes Gebiet absperren. Bei Brand oder starker Erhitzung entstehen ätzende Gase und Dämpfe bzw. Dampf-/Luftgemische. In diesem Fall große Sicherheitszone bilden. In Wohn- und Industriegebieten Anwohner warnen.

Konzentrationsmessung explosionsfähiger bzw. giftiger Dämpfe siehe Tabelle (Anhang 6 der Erläuterungen).

Zuständige Behörden unterrichten.

Bekämpfung der Unfallfolgen:
Feuer: Stoff brennt selbst nicht. Bei Umgebungsbränden, in denen der Stoff erhitzt wird Wassersprühstrahl, Löschpulver, Schaum oder Kohlensäure benutzen. Behälter mit Wassersprühstrahl kühlen und nach Möglichkeit aus der Gefahrenzone ziehen.
Leckage: Leck schließen, wenn ohne Risiko möglich. Die eingesetzten Kräfte sollten hierbei mit Wassersprühstrahl geschützt und die an der Leckstelle entstehenden Dämpfe mit Wassersprühstrahl niedergeschlagen werden.
Fließendes Gewässer: Trink-, Brauch- und Kühlwasserentnehmer verständigen. Experten hinzuziehen.
Stehendes Gewässer: Absperren. Fahrzeugbesatzungen im gefährdeten Gebiet warnen. Bei starker Erhitzung des Stoffes Fahrzeuge im gefährdeten Gebiet räumen.
An Land: Kanalisation abdichten. Auffangen, eindeichen und abpumpen. In Wohn- und Industriegebieten alle tiefliegenden Räume abdichten. Weisung von Experten einholen.

Gewässerverunreinigung:
GefStoffV/EG:
Gesamtbewertung nach Unfall: Gruppe III, in stehenden Gewässern sehr hohe, in fließenden Gewässern je nach Vermischung mittlere bis hohe toxische Wirkung (siehe auch Erläuterungen Abschnitt 16.4/5).
Einzelwerte siehe Anhang 9 der Erläuterungen.
Wassergefährdungsklasse: 2 – wassergefährdender Stoff

Erste Hilfe:
Verletzte an die frische Luft bringen, bequem lagern, beengende Kleidungsstücke lockern. Bei Atemstörung Sauerstoffzufuhr, ggf. Beatmung. Benetzte Kleidungsstücke, Schuhe und Strümpfe sofort ausziehen, entfernen und vernichten. Betroffene Körperstellen anhaltend mit Wasser spülen und anschließend mit sterilem Verbandmaterial abdecken. Bei Augenkontakt die Augen 15 Minuten mit Wasser spülen. Augenlider dazu mit Daumen und Zeigefinger aufspreizen und gleichzeitig das Auge nach allen Seiten bewegen lassen. Verletzte nicht auskühlen lassen. Bei Erbrechen zumindest Kopf in Seitenlage bringen. Verletzte nur liegend transportieren. Bei Gefahr der Bewußtlosigkeit Lagerung und Transport in stabiler Seitenlage.

Hinweise für den Arzt:
Symptomatische Behandlung. Augen gründlich spülen. Bei anhaltenden Augensymptomen: Augenarzt hinzuziehen. Nach Verschlucken: Mund ausspülen lassen. Flüssigkeit nachtrinken lassen. Absaugen des Mageninhalts erwägen. Wegen starker Ätzwirkung keine Magenspülung. Ggf. Ausmaß der Verätzungen endoskopisch kontrollieren.

Formel: C_3H_3NO | **Summen-Formel:** C3–H3–N–O | **UN-Nr. 1993 n.o.s.**

Merkblatt

2391

Stoffname

Deutsch	*Englisch*	*Französisch*	*Spanisch*
Isoxazole	**Isoxazoles**	**Isoxazoles**	**Isoxazoles**

Gefahren-Diamant

3 / 1 / 1

Hazchem-Code:
3Y

Technische Daten

Siedepunkt	93–95 °C
Dampfdruck in mbar bei 20 °C	
Dampfdichteverhältnis, Luft = 1	
Schmelzpunkt	
Mischbarkeit mit Wasser	geringfügig*
Spez. Gewicht, Wasser = 1	1,078
Molare Masse	69,06

Feuerbekämpfungsdaten

Flammpunkt	10 °C
Zündfähiges Gemisch, Vol.-%	
Zündtemperatur	

* 167 g/l.

Gefahrgut: **Klassifizierung:**

IMDG-Code: UN-Nr. 1993 n.o.s. Kl. 3 Verp. Gr. III EMS: **F-E** ; **S-E**

Marine pollutant

ICAO/IATA DGR: UN-Nr. 1993 n.o.s. Kl. 3 Verp. Gr. III

ADR/RID/ADNR: UN-Nr. 1993 n.a.g. Kl. 3 Klassifiz. Code F1 Verp. Gr. III

Gefahrzettel (Label) Nr. 3

Richtige Versandbezeichnung (PSN):

Land/BinSch: **1993 Entzündbarer flüssiger Stoff, n.a.g. (Isoxazol)**

See/Luft: **Flammable liquid, n.o.s. (Isoxazole)**

Gefahrstoff:

CAS Nr.: 288-14-2 RTECS-Nr.:

EG-Nr.: 206-018-7 INDEX-Nr.:

EG-Einstufung: nein

Symbol: F*

R-Sätze: 11*

S-Sätze: 16*

D-Lagerklasse (VCI)-Nr.: 3A

* Herstellerangaben

Erscheinungsbild: Farblose Flüssigkeit.

Verhalten bei Freiwerden und Vermischen mit Luft: Leicht entzündliche Flüssigkeit. Dämpfe leicht entzündbar, Flüssigkeit verdunstet schnell. Dämpfe bilden mit Luft explosionsfähige Gemische. Sie sind schwerer als Luft, kriechen am Boden entlang und können bei Zündung über weite Strecken zurückschlagen. Entzündung durch heiße Oberflächen, Funken oder offene Flammen. Bei Brand oder Erhitzung bis zur Zersetzung (zum Beispiel durch Umgebungsbrände oder heiße Oberflächen) bilden sich giftige und ätzende Gase und Dämpfe, die im Wesentlichen aus nitrosen Gasen (Stickstoffoxiden) bestehen und auch Kohlenmonoxid sowie Kohlendioxid enthalten.

Verhalten bei Freiwerden und Vermischen mit Wasser: Löst sich nur sehr geringfügig in Wasser und schwimmt auf der Oberfläche. Es bilden sich schnell explosionsfähige Gemische mit Luft über der Wasseroberfläche. Entzündung durch heiße Oberflächen, Funken oder offene Flammen. Bei Brand bilden sich giftige und ätzende Dämpfe, die im Wesentlichen aus nitrosen Gasen (Stickstoffoxiden) bestehen und auch Kohlendioxid und Kohlenmonoxid enthalten.

Gesundheitsgefährdung: Spezifische Gesundheitsgefahren sind bisher für den Menschen nicht bekannt geworden. Bei Überexposition durch Einatmen hoher Dampf- oder Aerosolkonzentrationen kann es zur Ausbildung der sog. unspezifischen Vergiftungssymptomen kommen. Hautaufnahme kann nicht ausgeschlossen werden
Symptome: Schwindel, Übelkeit, Erbrechen, Schläfrigkeit, Durchfall, Kopfschmerzen
Nach Einatmen oder Hautkontakt in jedem Fall – auch bei Ausbleiben der Symptome – den Arzt aufsuchen.
Nach Kontakt der Substanz mit den Augen ist in jedem Fall ein Augenarzt aufzusuchen.

Geruchsschwelle = Luftgrenzwert =

Bemerkungen: Der Stoff ist löslich in Ethylalkohol und Ether.

Sicherheitsmaßnahmen für Fahrzeugbesatzung, Polizei, Feuerwehr und Rettungskräfte:
Polizei und Feuerwehr alarmieren.
Im Gefahrenbereich Maschine stoppen, Zündung abstellen, nicht rauchen, offenes Feuer löschen, kein elektrisches Gerät, keinen Schalter mit Funkenbildung betätigen. Nur exgeschützte Geräte einsetzen. (Schweres) umluftunabhängiges Atemschutzgerät und Schutzkleidung tragen.
Wasserschutzpolizei und Feuerwehr: Kein Boot mit Ottomotor einsetzen. Bei Dieselantrieb Sicherheitsschaltung veranlassen. Radar- und Kommandorufanlage nicht benutzen. Beim Retten nicht ins Wasser springen.

Schutz- und Einsatzmaßnahmen: Alle unbeteiligten Personen nach Luv (gegen den Wind) entfernen. Achtung, falls freiwerdendes Gut in die Kanalisation oder in Abwasserleitungen von Schiffen gerät, entsteht Explosionsgefahr. Experten hinzuziehen. Auf Wasserstraßen Schiffahrtssperre. An Land gefährdetes Gebiet absperren. In Wohn- und Industriegebieten Anwohner warnen. Bei größeren Mengen freigewordenen Gutes große Sicherheitszone bilden. Achtung, Dämpfe bleiben am Boden. Flammen können bei Zündung über weite Strecken zurückschlagen.

Konzentrationsmessung explosionsfähiger bzw. giftiger Dämpfe siehe Tabelle (Anhang 6 der Erläuterungen).

Zuständige Behörden unterrichten.

Bekämpfung der Unfallfolgen:
Feuer: Bei kleinem Brandherd Wassersprühstrahl, Schaum oder Kohlensäure. Bei großem Brandherd Schaum oder Wassersprühstrahl. Bei Erhitzung Behälter mit Wassersprühstrahl kühlen und nach Möglichkeit aus der Gefahrenzone ziehen.
Leckage: Leck schließen, wenn ohne Risiko möglich.
Fließendes Gewässer: Trink-, Brauch- und Kühlwasserentnehmer verständigen.
Stehendes Gewässer: Fahrzeugbesatzungen im gefährdeten Gebiet warnen.
An Land: Kanalisation abdichten. Auffangen, eindeichen und abpumpen. In Wohn- und Industriegebieten alle tiefliegenden Räume abdichten. Restmengen mit saugfähigem Material wie trockenem Sand, Erde, gemahlenem Kalkstein, Kieselgur, Universalbinder oder Vermiculit bedecken und im geschlossenen Behälter an sicheren Deponieort transportieren.

Gewässerverunreinigung:
GefStoffV/EG:
Gesamtbewertung nach Unfall: – Nach Brand Gruppe IV, hohe bis sehr hohe (extrem hohe) toxische Wirkung unabhängig von der Turbulenz des Gewässers.
Einzelwerte siehe Anhang 9 der Erläuterungen.
Wassergefährdungsklasse: –

Erste Hilfe:
Verletzte an die frische Luft bringen, bequem lagern, beengende Kleidungsstücke lockern. Bei Atemstörung Sauerstoffzufuhr, ggf. Beatmung. Benetzte Kleidungsstücke, Schuhe und Strümpfe sofort ausziehen, entfernen und vernichten. Betroffene Körperstellen anhaltend mit Wasser spülen und anschließend mit sterilem Verbandmaterial abdecken. Bei Augenkontakt die Augen 15 Minuten mit Wasser spülen. Augenlider dazu mit Daumen und Zeigefinger aufspreizen und gleichzeitig das Auge nach allen Seiten bewegen lassen. Verletzte nicht auskühlen lassen. Bei Erbrechen zumindest Kopf in Seitenlage bringen. Verletzte nur liegend transportieren. Bei Gefahr der Bewußtlosigkeit Lagerung und Transport in stabiler Seitenlage.

Hinweise für den Arzt:
Symptomatische Behandlung. Wenig toxisch.

Formel:	Summen-Formel: C–H3–K–O	UN-Nr. 3206 n.o.s.

Merkblatt

2392

Stoffname

Deutsch
Kaliummethylat
Kaliummethanolat
Kaliummethoxid

Englisch
Potassium methylate
Potassium methoxide

Französisch
Méthoxyde de potassium
Méthanolate de potassium

Spanisch
Metóxido de potasio
Metilato de potasio
Metanolato de potasio

Gefahren-Diamant

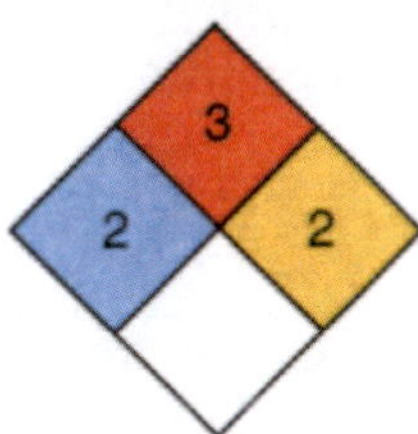

Hazchem-Code:
2W

Technische Daten

Siedepunkt	
Dampfdruck in mbar bei 20 °C	
Dampfdichteverhältnis, Luft = 1	
Schmelzpunkt	
Mischbarkeit mit Wasser	reagiert*
Spez. Gewicht, Wasser = 1	
Molare Masse	70,14

Feuerbekämpfungsdaten

Flammpunkt	
Zündfähiges Gemisch, Vol.-%	
Zündtemperatur	30–50 °C

* Reagiert heftig unter starker Erwärmung und Bildung von Methylalkohol und Kaliumhydroxid bzw. Kalilauge.

Gefahrgut: / **Klassifizierung:**

IMDG-Code: UN-Nr. 3206 n.o.s.	Kl. 4.2	Verp. Gr. II EMS: **F**-A; **S**-Q
ICAO/IATA DGR: UN-Nr. 3206 n.o.s.	Kl. 4.2	Verp. Gr. II
ADR/RID/ADNR: UN-Nr. 3206 n.a.g.	Kl. 4.2	Klassifiz. Code SC4 Verp. Gr. II

Gefahrzettel (Label) Nr. 4.2+8
Richtige Versandbezeichnung (PSN):
Land/BinSch: **3206 Alkalimetallalkoholate, selbsterhitzungsfähig, ätzend, n.a.g. (Kaliummethylat)**
See/Luft: **Alkalimetal alcoholates, self-heating, corrosive, n.o.s. (Potassium methylate)**

Gefahrstoff:
CAS Nr.: 865-33-8
RTECS-Nr.:
EG-Nr.: 212-736-1
INDEX-Nr.: 603-040-00-2
EG-Einstufung: ja
Symbol: F, C
R-Sätze: 11-14-34
S-Sätze: (1/2)-8-16-26-43-45
D-Lagerklasse (VCI)-Nr.: 4.2

Erscheinungsbild: Weißes bis hellgelbes Pulver, geruchlos.

Verhalten bei Freiwerden und Vermischen mit Luft: Ätzender, leicht entzündlicher fester Stoff. Selbsterhitzung ist in Gegenwart von Luft möglich. Ab Temperaturen >50 °C kann Selbstentzündung erfolgen. Bei Aufwirbelung des Staubes bzw. des Pulvers an der Luft entsteht Gefahr einer Staubexplosion. Bei Brand oder Explosion bildet sich ätzendes Kaliumhydroxid und giftiger Methylalkohol. Bei Anwesenheit von Feuchtigkeit oder Wasserdampf oder Wasser bildet das Kaliumhydroxis ätzende Kalilauge.

Verhalten bei Freiwerden und Vermischen mit Wasser: Der Stoff reagiert heftig mit Wasser unter starker Erwärmung und Bildung von Kaliumhydroxid und Methylalkohol. Das Kaliumhydroxid löst sich im Wasser zu ätzender Kalilauge. Es bilden sich ätzende Gemische mit Wasser, die auch bei sehr starker Verdünnung noch wirksam sind.

Gesundheitsgefährdung: Die Substanz und ihre Stäube reizen und verätzen die Haut und die Schleimhäute der Augen und der oberen Atemwege. Gefahr bleibender Augenschäden bzw. der Erblindung. Lungenödem nach Einatmen der Stäube – auch mit Verzögerung bis zu 2 Tagen – möglich. Nach Verschlucken starke Beschwerden im Magen-Darm-Trakt.
Symptome: Brennen, Rötung und Schmerzen der Augen und betroffenen Körperpartien, schwer heilende Ätzwunden, Tränenfluß, Hustenreiz, Atemnot, Übelkeit, Schwindel, Erbrechen, Durchfall, Schweißausbrüche
Nach Einatmen oder Hautkontakt in jedem Fall – auch bei Ausbleiben der Symptome – den Arzt aufsuchen. Nach Kontakt der Substanz mit den Augen ist in jedem Fall ein Augenarzt aufzusuchen.

Geruchsschwelle =

Luftgrenzwert =

Bemerkungen: Der Stoff reagiert heftig unter starker Erhitzung bei Kontakt oder Mischung mit Alkalien (Laugen). Reaktionsprodukte sind ätzendes Kaliumhydroxid und giftiger Methylalkohol. Die Substanz ist loslich in Alkoholen.

Sicherheitsmaßnahmen für Fahrzeugbesatzung, Polizei, Feuerwehr und Rettungskräfte:
Polizei und Feuerwehr alarmieren.
Im Gefahrenbereich bei Aufwirbelung des Staubes oder Wassereinwirkung sofort Maschine stoppen, Zündung abstellen, nicht rauchen, offenes Feuer löschen, kein elektrisches Gerät, keinen Schalter mit Funkenbildung betätigen. Nur exgeschützte Geräte einsetzen. Umluftunabhängiges (schweres) Atemschutzgerät und volle Schutzkleidung tragen.
Wasserschutzpolizei und Feuerwehr: Bei Aufwirbelung des Staubes oder Wassereinwirkung kein Boot mit Ottomotor einsetzen. Bei Dieselantrieb Sicherheitsschaltung veranlassen. Radar- und Kommandorufanlage nicht benutzen. Beim Retten nicht ins Wasser springen.

Schutz- und Einsatzmaßnahmen: Alle unbeteiligten Personen nach Luv (gegen den Wind) entfernen. Achtung, falls freiwerdendes Gut in die Kanalisation oder in Abwasserleitungen von Schiffen gerät, bilden sich giftige und über der Oberfläche ätzende Gemische mit Abwasser und kann Explosions- und Vergiftungsgefahr entstehen. Experten hinzuziehen. Auf Wasserstraßen Schiffahrtssperre. An Land gefährdetes Gebiet absperren. Große Sicherheitszone bilden. In Wohn- und Industriegebieten Anwohner warnen. Bei großen Mengen freiwerdenden Gutes, besonders bei Einwirkung von Feuchtigkeit, Wasserdampf oder Wasser, gefährdetes Gebiet evakuieren und Katastrophenalarm prüfen.

Konzentrationsmessung explosionsfähiger bzw. giftiger Dämpfe siehe Tabelle (Anhang 6 der Erläuterungen).

Zuständige Behörden unterrichten.

Bekämpfung der Unfallfolgen:
Feuer: Bei kleinem und großem Brandherd Löschpulver, trockener Sand, Zement oder Kohlensäure. Wegen heftiger Reaktionsgefahr kein Wasser und keinen Schaum verwenden. Behälter mit Wassersprühstrahl kühlen und nach Möglichkeit aus der Gefahrenzone ziehen. Es darf jedoch kein Wasser in den Tank gelangen, da sonst Gefahr einer explosionsartigen Reaktion.
Leckage: Leck schließen, wenn ohne Risiko möglich.
Fließendes Gewässer: Trink-, Brauch- und Kühlwasserentnehmer verständigen. Experten hinzuziehen.
Stehendes Gewässer: Absperren. Alle Zündquellen beseitigen. Fahrzeuge im gefährdeten Gebiet räumen. Experten hinzuziehen.
An Land: Kanalisation abdichten. Auffangen, eindeichen und abbergen. Restmengen mit nicht brennbarem, saugfähigem Material wie z. B. trockener Erde, Sand, gemahlenem Kalkstein, Kieselgur, Universalbinder oder Vermiculit abdecken und in geschlossenem Behälter an sicheren Deponieort transportieren. Alle Zündquellen beseitigen. In Wohn- und Industriegebieten alle tiefliegenden Räume abdichten. Experten hinzuziehen.

Gewässerverunreinigung:
GefStoffV/EG:
Gesamtbewertung nach Unfall: Gruppe III, in stehenden Gewässern sehr hohe, in fließenden Gewässern je nach Vermischung mittlere bis hohe toxische Wirkung (siehe auch Erläuterungen Abschnitt 16.4/5).
Einzelwerte siehe Anhang 9 der Erläuterungen.
Wassergefährdungsklasse: 1 – schwach wassergefährdender Stoff

Erste Hilfe:
Verletzte an die frische Luft bringen, bequem lagern, beengende Kleidungsstücke lockern. Bei Atemstörung Sauerstoffzufuhr, ggf. Beatmung. Benetzte Kleidungsstücke, Schuhe und Strümpfe sofort ausziehen, entfernen und vernichten. Betroffene Körperstellen anhaltend mit Wasser spülen und anschließend mit sterilem Verbandmaterial abdecken. Bei Augenkontakt die Augen 15 Minuten mit Wasser spülen. Augenlider dazu mit Daumen und Zeigefinger aufspreizen und gleichzeitig das Auge nach allen Seiten bewegen lassen. Verletzte nicht auskühlen lassen. Bei Erbrechen zumindest Kopf in Seitenlage bringen. Verletzte nur liegend transportieren. Bei Gefahr der Bewußtlosigkeit Lagerung und Transport in stabiler Seitenlage.

Hinweise für den Arzt:
Symptomatische Behandlung. Augen sorgfältig spülen. Unverzüglich Augenarzt hinzuziehen! Codein gegen Reizhusten. Bei Reizung der Atemwege 5–10 Hübe oder mehr/h eines Dosier-Aerosols mit Beclometason (z. B. Sanasthmyl Glaxo oder Viarox Essex Pharma) oder mit Dexamethason (z. B. Auxiloson Thomae). Cave Lungenoedem nach (oft symptomenarmer) Latenzzeit bis zu 2 Tagen! Zur Prophylaxe sofort Beclometason oder Dexamethason als Dosier-Aerosol. Anfangs bis zu 4 Hübe, dann alle 3 Min. einen Hub, bis Packung geleert ist, weiter mit 1 Hub/h. Nach Ingestion: Mund ausspülen lassen; nach kurz zurückliegender Ingestion größerer Mengen: Magenabsaugung erwägen. Ggf. endoskopische Kontrolle des Ausmaßes der Verätzungen der Speiseröhre.

Formel: | **Summen-Formel:** C8–H12–N2 | **UN-Nr. 3276 n.o.s.**

Merkblatt

2393

Stoffname

Deutsch

Korksäuredinitril
Octandisäuredinitril
1,6-Dicyanhexan
Hexamethylendicyanid
Suberonitril
Octandinitril

Englisch

Suberonitrile
1,6-Dicyanohexane
Octanedinitrile
Suberic acid dinitrile

Französisch

Suberonitrile

Spanisch

Suberonitrilo

Gefahren-Diamant

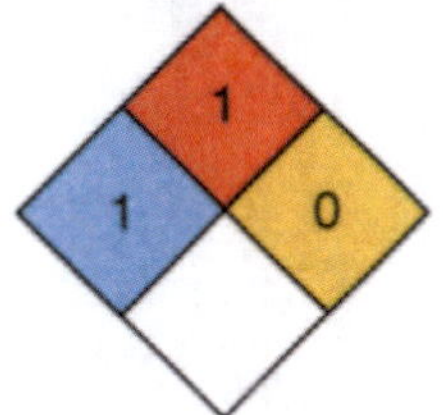

Hazchem-Code:
3X

Technische Daten

Siedepunkt	325 °C
Dampfdruck in mbar	10 bei 143 °C
Dampfdichteverhältnis, Luft = 1	4,70
Schmelzpunkt	–4 °C
Mischbarkeit mit Wasser	sehr geringfügig*
Spez. Gewicht, Wasser = 1	0,942
Molare Masse	136,2

Feuerbekämpfungsdaten

Flammpunkt	101 °C
Zündfähiges Gemisch, Vol.-%	8,5–29
Zündtemperatur	455 °C

* 7g/l bei 20 °C.

Gefahrgut:
IMDG-Code: UN-Nr. 3276 n.o.s.
ICAO/IATA DGR: UN-Nr. 3276 n.o.s.
ADR/RID/ADNR: UN-Nr. 3276 n.a.g.
Gefahrzettel (Label) Nr. 6.1
Richtige Versandbezeichnung (PSN):
Land/BinSch: **3276 Nitrile, giftig, n.a.g. (Korksäuredinitril)**
See/Luft: **Nitriles, toxic, n.o.s. (Suberonitrile)**

Klassifizierung:
Kl. 6.1 Verp. Gr. III EMS: **F-A** ; **S-A**
Kl. 6.1 Verp. Gr. III
Kl. 6.1 Klassifiz. Code T1 Verp. Gr. III

Gefahrstoff:
CAS Nr.: 629-40-3 RTECS-Nr.: WM 2113000
EG-Nr.: 211-089-2 INDEX-Nr.:
EG-Einstufung: nein
Symbol: Xn*
R-Sätze: 22*
S-Sätze: 24/25*
D-Lagerklasse (VCI)-Nr.: 6.1

* Herstellerangaben

Erscheinungsbild: Farblose bis gelbliche Flüssigkeit, geruchlos.

Verhalten bei Freiwerden und Vermischen mit Luft: Gesundheitsschädliche und brennbare Flüssigkeit mit relativ hohem Flammpunkt von 101 °C. Bei starker Erhitzung bilden sich gesundheitsschädliche und explosionsfähige Gemische mit Luft. Sie sind schwerer als Luft und kriechen am Boden entlang. Entzündung durch heiße Oberflächen, Funken oder offene Flammen. Bei Erhitzung bis zur Zersetzung (z. B. durch Umgebungsbrände oder heiße Oberflächen) und bei Brand bilden sich giftige und ätzende Gase bzw. Dämpfe, die im Wesentlichen aus nitrosen Gasen sowie Cyanwasserstoff(gas = Blausäure) bestehen und auch Kohlenmonoxid(gas) sowie Kohlendioxid(gas) enthalten.

Verhalten bei Freiwerden und Vermischen mit Wasser: Der Stoff ist leichter als Wasser und schwimmt auf der Wasseroberfläche. Er löst sich nur geringfügig in Wasser. Es bilden sich giftige und gesundheitsschädliche Gemische mit Wasser, die auch bei starker Verdünnung noch wirksam sind.

Gesundheitsgefährdung: Die Hauptgefahr beim Umgang mit dieser gesundheitsschädlichen Flüssigkeit, ihren Dämpfen und Nebeln besteht in der Blausäurefreisetzung (s. auch Merkblatt 42) durch Kontakt mit Säuren (z. B. Magensäure), die mit der Blockade der Zellatmung verbunden ist.
Symptome: Herz-Kreislauf-Störungen, Atemnot, Bewußtlosigkeit
Nach Einatmen oder Hautkontakt in jedem Fall – auch bei Ausbleiben der Symptome – den Arzt aufsuchen.

Geruchsschwelle = Luftgrenzwert =

Bemerkungen: Der Stoff reagiert heftig bis sehr heftig unter starker Erhitzung bei Kontakt mit Säuren und säurebildenden Substanzen. Dabei bilden sich nitrose Gase (Stickstoffoxide). Die Substanz ist löslich in Ethylalkohol und Ether.

Sicherheitsmaßnahmen für Fahrzeugbesatzung, Polizei, Feuerwehr und Rettungskräfte:
Polizei und Feuerwehr alarmieren.
Im Gefahrenbereich bei starker Erhitzung der Flüssigkeit Maschine stoppen, Zündung abstellen, nicht rauchen, offenes Feuer löschen, kein elektrisches Gerät und keinen Schalter mit Funkenbildung betätigen. Umluftunabhängiges (schweres) Atemschutzgerät und volle Schutzkleidung tragen.
Wasserschutzpolizei und Feuerwehr: Beim Retten nicht ins Wasser springen. Bei starker Erhitzung der Flüssigkeit oder Brand auf Wasserstraßen kein Boot mit Ottomotor einsetzen. Bei Dieselantrieb Sicherheitsschaltung veranlassen.

Schutz- und Einsatzmaßnahmen: Alle unbeteiligten Personen nach Luv (gegen den Wind) entfernen. Achtung, falls freiwerdendes Gut in die Kanalisation oder in Abwasserleitungen von Schiffen gerät, entstehen gesundheitsschädliche Gemische mit Abwasser und können sich in heißem Abwasser über der Oberfläche explosionsfähige und gesundheitsschädliche Gemische mit Luft bilden. In Wohn- und Industriegebieten Anwohner warnen. Große Sicherheitszone bilden.

Konzentrationsmessung explosionsfähiger bzw. giftiger Dämpfe siehe Tabelle (Anhang 6 der Erläuterungen).

Zuständige Behörden unterrichten.

Bekämpfung der Unfallfolgen:
Feuer: Bei kleinem Brandherd Löschpulver, Wassersprühstrahl, Kohlensäure oder Schaum. Bei großem Brandherd Schaum oder Wassersprühstrahl. Behälter mit Wassersprühstrahl kühlen und nach Möglichkeit aus der Gefahrenzone ziehen. Achtung, das Löschwasser ist giftig und umweltgefährlich. Es muß aufgefangen werden und darf nicht unbehandelt in die Kanalisation, in Gewässer oder in das Grundwasser gelangen.
Leckage: Leck schließen, wenn ohne Risiko möglich.
Fließendes Gewässer: Trink-, Brauch- und Kühlwasserentnehmer verständigen.
Stehendes Gewässer: Absperren. Fahrzeugbesatzungen im gefährdeten Gebiet warnen.
An Land: Kanalisation abdichten. Auffangen, eindeichen und abpumpen. In Wohn- und Industriegebieten alle tiefliegenden Räume abdichten. Alle Zündquellen beseitigen. Restmengen mit nicht brennbarem, saugfähigem Material wie z. B. trockener Erde, Sand, Kieselgur, Universalbinder oder Vermiculit abdecken und an sichere Deponie zur Vernichtung transportieren.

Gewässerverunreinigung:
GefStoffV/EG:
Gesamtbewertung nach Unfall: Gruppe III, in stehenden Gewässern sehr hohe, in fließenden Gewässern je nach Vermischung mittlere bis hohe toxische Wirkung, nach Brand Gruppe IV, hohe bis sehr hohe (extrem hohe) toxische Wirkung unabhängug von der Turbulenz des Gewässers (siehe auch Erläuterungen Abschnitt 16.4/5).
Einzelwerte siehe Anhang 9 der Erläuterungen.
Wassergefährdungsklasse: 1 – schwach wassergefährdender Stoff

Erste Hilfe:
Verletzte an die frische Luft bringen, bequem lagern, beengende Kleidungsstücke lockern. Bei Atemstörung Sauerstoffzufuhr, ggf. Beatmung. Benetzte Kleidungsstücke, Schuhe und Strümpfe sofort ausziehen, entfernen und vernichten. Betroffene Körperstellen anhaltend mit Wasser spülen und anschließend mit sterilem Verbandmaterial abdecken. Bei Augenkontakt die Augen 15 Minuten mit Wasser spülen. Augenlider dazu mit Daumen und Zeigefinger aufspreizen und gleichzeitig das Auge nach allen Seiten bewegen lassen. Verletzte nicht auskühlen lassen. Bei Erbrechen zumindest Kopf in Seitenlage bringen. Verletzte nur liegend transportieren. Bei Gefahr der Bewußtlosigkeit Lagerung und Transport in stabiler Seitenlage.

Hinweise für den Arzt:
Symptomatische Behandlung. Bei oraler Vergiftung kann sich Blausäure entwickeln. Therapie wie bei Blausäurevergiftung (siehe Merkblatt 41). Nach kurz zurückliegender Ingestion: Magenspülung erwägen.

Formel: $CH_3CO_2C(CH{=}CH_2)(CH_3)CH_2CH_2CH{=}C(CH_3)_2$ **Summen-Formel:** C12–H20–O2 **UN-Nr.**

Merkblatt

2394

Stoffname

Deutsch
Linanylacetat
Essigsäurelinalylester
Bergamol
3,7-Dimethyl-1,6-octadien-3-ylacetat
3,7-Dimethyl-1,6-octadien-3-olacetat

Englisch
Linanyl acetate
Acetic acid linalool ester
Bergamiol
3,7-Dimethyl-1,6-octadien-3-ol-acetate
3,7-Dimethyl-1,6-octadien-3-yl-acetate
Linalool acetate

Französisch
Linanol
Acetate de linalyle

Spanisch
Linalool
Acetato de linalilo

Gefahren-Diamant

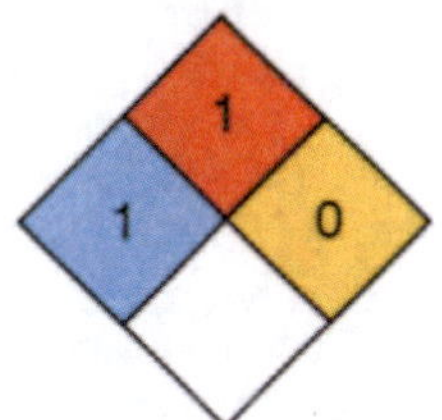

Hazchem-Code:

Technische Daten

Siedepunkt	220 °C
Dampfdruck in mbar bei 20 °C	<1
Dampfdichteverhältnis, Luft = 1	
Schmelzpunkt	<–20 °C
Mischbarkeit mit Wasser	sehr geringfügig*
Spez. Gewicht, Wasser = 1	0,9018
Molare Masse	196,29

Feuerbekämpfungsdaten

Flammpunkt	94 °C
Zündfähiges Gemisch, Vol.-%	0,7–4,3
Zündtemperatur	225 °C
Thermische Zersetzung	>100 °C

* 1,34 g/l bei 25 °C.

Gefahrgut:
IMDG-Code: UN-Nr. *
ICAO/IATA DGR: UN-Nr. *
ADR/RID/ADNR: UN-Nr. *
Gefahrzettel (Label) Nr.
Richtige Versandbezeichnung (PSN):
Land/BinSch:
See/Luft:

* Kein Gefahrgut im Sinne der Vorschriften.

Klassifizierung:
Kl. Verp. Gr. EMS: **F-** ; **S-**
Kl. Verp. Gr.
Kl. Klassifiz. Code Verp. Gr.

Gefahrstoff:
CAS Nr.: 115-95-7
RTECS-Nr.: RG 5910000
EG-Nr.: 204-116-4
INDEX-Nr.:
EG-Einstufung: nein
Symbol: Xi*
R-Sätze: 36/37/38*
S-Sätze: 26-36*
D-Lagerklasse (VCI)-Nr.:

* Herstellerangaben

Erscheinungsbild: Farblose Flüssigkeit, blumenartiger Geruch.

Verhalten bei Freiwerden und Vermischen mit Luft: Reizende und brennbare Flüssigkeit mit relativ hohem Flammpunkt von 94 °C. Bei starker Erhitzung bilden sich reizende und explosionsfähige Gemische mit Luft. Sie sind schwerer als Luft und kriechen am Boden entlang. Entzündung durch heiße Oberflächen, Funken oder offene Flammen. Bei Erhitzung bis zur Zersetzung (z. B. durch Umgebungsbrände oder heiße Oberflächen) und bei Brand bilden sich giftige und ätzende Gase bzw. Dämpfe, die im Wesentlichen aus säurehaltigem Rauch und reizenden Dämpfen bestehen und auch Kohlenmonoxid(gas) sowie Kohlendioxid(gas) enthalten.

Verhalten bei Freiwerden und Vermischen mit Wasser: Der Stoff ist leichter als Wasser und schwimmt auf der Oberfläche. Er löst sich nur sehr geringfügig in Wasser. Es bilden sich schwach wassergefährdende Gemische mit Wasser, die auch bei Verdünnung noch wirksam sind.

Gesundheitsgefährdung: Die Flüssigkeit und ihre Dämpfe/Aerosole führen bei längerer Einwirkung zu Haut- und Schleimhautreizungen der Augen und der oberen Atemwege. Bei Überexposition können unspezifische Vergiftungssymptome auftreten.
Symptome: Rötung und Brennen der Augen und betroffenen Körperpartien, Übelkeit, Schwindel, Erbrechen
Nach Einatmen oder Hautkontakt in jedem Fall – auch bei Ausbleiben der Symptome – den Arzt aufsuchen.
Nach Kontakt der Substanz mit den Augen ist in jedem Fall ein Augenarzt aufzusuchen.

Geruchsschwelle = 50 mg/m³

Luftgrenzwert =

Bemerkungen: Der Stoff ist löslich in vielen organischen Lösemitteln. Er reagiert bei Kontakt oder Mischung mit Säuren.

Sicherheitsmaßnahmen für Fahrzeugbesatzung, Polizei, Feuerwehr und Rettungskräfte:
Polizei und Feuerwehr alarmieren.
Im Gefahrenbereich umluftunabhängiges (schweres) Atemschutzgerät und volle Schutzkleidung tragen. Bei Erhitzung der Flüssigkeit Zündung abstellen, Maschine stoppen, nicht rauchen, offenes Feuer löschen, kein elektrisches Gerät und keinen Schalter mit Funkenbildung betätigen.
Wasserschutzpolizei und Feuerwehr: Bei Erhitzung des Stoffes kein Boot mit Ottomotor einsetzen. Bei Dieselantrieb Sicherheitsschaltung veranlassen. Beim Retten nicht ins Wasser springen.

Schutz- und Einsatzmaßnahmen: Alle unbeteiligten Personen nach Luv (gegen den Wind) entfernen. Achtung, falls freiwerdendes Gut in die Kanalisation oder in Abwasserleitungen von Schiffen gerät, können sich gesundheitsschädliche Gemische mit Abwasser bilden. Über der Oberfläche können bei heißem Abwasser explosionsfähige und gesundheitsschädliche Gemische mit Luft entstehen. Auf Wasserstraßen Schiffahrtssperre. An Land gefährdetes Gebiet absperren. Große Sicherheitszone bilden. In Wohn- und Industriegebieten Anwohner warnen.

Konzentrationsmessung explosionsfähiger bzw. giftiger Dämpfe siehe Tabelle (Anhang 6 der Erläuterungen).

Zuständige Behörden unterrichten.

Bekämpfung der Unfallfolgen:
Feuer: Bei kleinem Brandherd Löschpulver, Kohlensäure oder Schaum. Bei großem Brandherd Schaum. Behälter mit Wassersprühstrahl kühlen und nach Möglichkeit aus der Gefahrenzone ziehen. Wasser ist nicht effektiv und sollte daher nur im Notfall eingesetzt werden. Achtung, das Löschwasser ist giftig und umweltgefährlich. Es muß aufgefangen werden und darf nicht unbehandelt in die Kanalisation, in Gewässer oder in das Grundwasser gelangen.
Leckage: Leck schließen, wenn ohne Risiko möglich.
Fließendes Gewässer: Trink-, Brauch- und Kühlwasserentnehmer verständigen.
Stehendes Gewässer: Absperren. Fahrzeugbesatzungen im gefährdeten Gebiet warnen.
An Land: Kanalisation abdichten. Auffangen, eindeichen und abpumpen In Wohn- und Industriegebieten alle tiefliegenden Räume abdichten. Alle Zündquellen beseitigen. Restmengen mit nicht brennbarem, saugfähigem Material wie z. B. trockener Erde, Sand, Kieselgur, Universalbinder oder Vermiculit abdecken und an sichere Deponie zur Vernichtung transportieren.

Gewässerverunreinigung:
GefStoffV/EG:
Gesamtbewertung nach Unfall: Gruppe III, in stehenden Gewässern sehr hohe, in fließenden Gewässern je nach Vermischung mittlere bis hohe toxische Wirkung (siehe auch Erläuterungen Abschnitt 16.4/5).
Einzelwerte siehe Anhang 9 der Erläuterungen.
Wassergefährdungsklasse: 1 – schwach wassergefährdender Stoff

Erste Hilfe:
Verletzte an die frische Luft bringen, bequem lagern, beengende Kleidungsstücke lockern. Bei Atemstörung Sauerstoffzufuhr, ggf. Beatmung. Benetzte Kleidungsstücke, Schuhe und Strümpfe sofort ausziehen, entfernen und vernichten. Betroffene Körperstellen anhaltend mit Wasser spülen und anschließend mit sterilem Verbandmaterial abdecken. Bei Augenkontakt die Augen 15 Minuten mit Wasser spülen. Augenlider dazu mit Daumen und Zeigefinger aufspreizen und gleichzeitig das Auge nach allen Seiten bewegen lassen. Verletzte nicht auskühlen lassen. Bei Erbrechen zumindest Kopf in Seitenlage bringen. Verletzte nur liegend transportieren. Bei Gefahr der Bewußtlosigkeit Lagerung und Transport in stabiler Seitenlage.

Hinweise für den Arzt:
Symptomatische Behandlung. Akut wenig toxisch.

Formel: | **Summen-Formel:** H2–Li–N | **UN-Nr. 1390**

Merkblatt

2395

Stoffname

Deutsch	*Englisch*	*Französisch*	*Spanisch*
Lithiumamid	**Lithium amide**	**Amide de lithium**	**Amida de litio**

Gefahren-Diamant

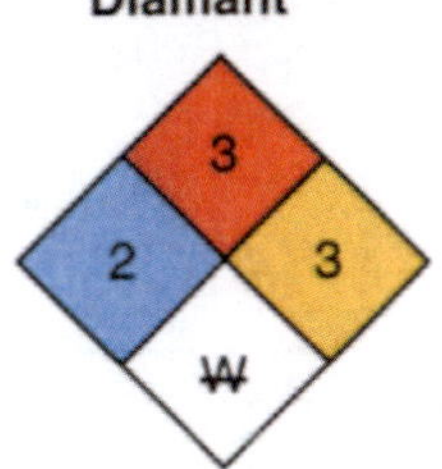

Hazchem-Code: 4W

Technische Daten

Siedepunkt	
Dampfdruck in mbar bei 20 °C	
Dampfdichteverhältnis, Luft = 1	
Schmelzpunkt	380–400 °C
Mischbarkeit mit Wasser	* Zersetzung
Spez. Gewicht, Wasser = 1	1,178
Molare Masse	22,96

Feuerbekämpfungsdaten

Flammpunkt, Zündfähiges Gemisch, Vol.-%, Zündtemperatur: Brennbarer fester Stoff

* Zersetzung unter Bildung von Ammoniak(gas) und Lithiumhydroxid.

Gefahrgut:

	Klassifizierung:	
IMDG-Code: UN-Nr. 1390	Kl. 4.3	Verp. Gr. II EMS: **F**-G; **S**-N
ICAO/IATA DGR: UN-Nr. 1390	Kl. 4.3	Verp. Gr. II
ADR/RID/ADNR: UN-Nr. 1390	Kl. 4.3	Klassifiz. Code W2 Verp. Gr. II

Gefahrzettel (Label) Nr. 4.3
Richtige Versandbezeichnung (PSN):
Land/BinSch: **1390 Alkalimetallamide**
See/Luft: **Alkalimetal amides**

Gefahrstoff:

CAS Nr.: 7782-89-0 | RTECS-Nr.:
EG-Nr.: 231-968-4 | INDEX-Nr.:
EG-Einstufung: nein
Symbol: C*
R-Sätze: 14-34*
S-Sätze: 26-36/37/39-45*
D-Lagerklasse (VCI)-Nr.: 4.3

* Herstellerangaben

Erscheinungsbild: Weißes bis graues Pulver, ammoniakartiger Geruch.

Verhalten bei Freiwerden und Vermischen mit Luft: Sehr reaktionsfähiger, ätzender und brennbarer fester Stoff. Bei Aufwirbelung des Staubes bilden sich ätzende und explosionsfähige Gemische mit Luft. Bei Kontakt mit Feuchtigkeit oder feuchter Luft erfolgt Reaktion unter Bildung von ätzendem, schwer brennbarem Ammoniak(gas) und Lithiumhydroxid. Bei Brand oder Erhitzung bis zur Zersetzung (z. B. durch Umgebungsbrände oder heiße Oberflächen) erfolgt Zersetzung unter Bildung von giftigen und ätzenden Gasen und Dämpfen, die im Wesentlichen aus nitrosen Gasen (Stickstoffoxiden) bestehen und auch Ammoniak und Lithiumoxid enthalten.

Verhalten bei Freiwerden und Vermischen mit Wasser: Der Stoff reagiert sehr heftig bei Kontakt mit Wasser unter starker Erwärmung. Dabei bilden sich brennbare Gase und Dämpfe, die im Wesentlichen aus leicht brennbarem Wasserstoff(gas) und stark ätzendem Lithiumhydroxid bestehen. Der Wasserstoff kann durch die Reaktionswärme entzündet werden. Das Lithiumhydroxid löst sich in Wasser. Es bilden sich ätzende Gemische mit Wasser, die auch bei Verdünnung noch wirksam sind.

Gesundheitsgefährdung: Das Pulver und seine Stäube verursachen Verätzungen der Haut, der Schleimhäute, der Augen und der oberen Atemwege. Gefahr bleibender Augenschäden bzw. Erblindung. Lungen- und Kehlkopfödem – auch mit Verzögerung bis zu 2 Tagen – möglich. Es kommt zu Reizungen im Magen-Darm-Trakt. Bei Brand oder Erhitzen bis zur Zersetzung Bildung von nitrosen Gasen (siehe auch Merkblatt 150).
Symptome: Rötung, Brennen und Schmerzen der Augen und betroffenen Körperpartien, schlecht heilende Ätzwunden, Hustenreiz, Tränenfluß, Atemnot, Übelkeit, Schwindel, Erbrechen
Nach Kontakt der Substanz mit den Augen ist in jedem Fall ein Augenarzt aufzusuchen.

Geruchsschwelle = | Luftgrenzwert =

Bemerkungen: Der Stoff kann heftig reagieren bei Kontakt oder Mischung mit Oxidationsmitteln. Die Substanz ist feuchtigkeitsempfindlich. Dies gilt auch für die Einwirkung von feuchter Luft. Bei Kontakt mit Feuchtigkeit erfolgt Reaktion unter Bildung von Ammoniak und Lithiumhydroxid. Bei Kontakt mit Säuren oder säurehaltigen Dämpfen erfolgen heftige Reaktionen unter starker Wärmebildung.

Sicherheitsmaßnahmen für Fahrzeugbesatzung, Polizei, Feuerwehr und Rettungskräfte:
Polizei und Feuerwehr alarmieren. Bei trockenem Wetter jede Feuchtigkeit von Lithiumamid fernhalten. Bei Regen und Feuchtigkeit **im Gefahrenbereich** Maschine stoppen, Zündung abstellen, nicht rauchen, sofort offenes Feuer löschen, kein elektrisches Gerät und keinen Schalter mit Funkenbildung betätigen. Umluftunabhängiges (schweres) Atemschutzgerät und Schutzkleidung tragen.
Wasserschutzpolizei und Feuerwehr: Nur im Notfall in den Gefahrenbereich einfahren. Kein Boot mit Ottomotor einsetzen. Bei Dieselantrieb Sicherheitsschaltung veranlassen. Radar- und Kommandorufanlage nicht benutzen. Beim Retten nicht ins Wasser springen.

Schutz- und Einsatzmaßnahmen: Alle unbeteiligten Personen nach Luv (gegen den Wind) entfernen. Achtung, falls freiwerdendes Gut in die Kanalisation oder in Abwasserleitungen von Schiffen gerät bilden sich ätzende Gemische mit Abwasser und kann über der Oberfläche Explosions- und Verätzungsgefahr entstehen. Experten hinzuziehen. Auf Wasserstraßen Schiffahrtssperre. An Land gefährdetes Gebiet absperren. Große Sicherheitszone bilden. In Wohn- und Industriegebieten Anwohner warnen.

Konzentrationsmessung explosionsfähiger bzw. giftiger Dämpfe siehe Tabelle (Anhang 6 der Erläuterungen).

Zuständige Behörden unterrichten.

Bekämpfung der Unfallfolgen:
Feuer: Achtung, niemals mit Wasser, Kohlensäure, Schaum, Tetrachlorkohlenstoff oder anderen Halonen löschen. Trockener Sand, trockener Graphit und trockener Zement sind als Löschmittel geeignet. Behälter nach Möglichkeit aus dem Gefahrenbereich entfernen.
Leckage: Leck schließen, wenn ohne Risiko möglich.
Fließendes Gewässer: Trink-, Brauch- und Kühlwasserentnehmer verständigen.
Stehendes Gewässer: Absperren. Fahrzeugbesatzungen im gefährdeten Gebiet warnen.
An Land: Kanalisation abdichten. Auffangen, eindeichen und abbergen. In Wohn- und Industriegebieten alle tiefliegenden Räume abdichten. Alle Zündquellen beseitigen. Restmengen mit nicht brennbarem, saugfähigem Material wie z. B. trockener Erde, Sand, Kieselgur, Universalbinder oder Vermiculit abdecken und an sichere Deponie zur Vernichtung transportieren.

Gewässerverunreinigung:
GefStoffV/EG:
Gesamtbewertung nach Unfall: Gruppe III, in stehenden Gewässern sehr hohe, in fließenden Gewässern je nach Vermischung mittlere bis hohe toxische Wirkung , nach Brand Gruppe IV, hohe bis sehr hohe (extrem hohe) toxische Wirkung unabhängig von der Turbulenz des Gewässers (siehe auch Erläuterungen Abschnitt 16.4/5).
Einzelwerte siehe Anhang 9 der Erläuterungen.
Wassergefährdungsklasse: 2 – wassergefährdender Stoff

Erste Hilfe:
Verletzte an die frische Luft bringen, bequem lagern, beengende Kleidungsstücke lockern. Bei Atemstörung Sauerstoffzufuhr, ggf. Beatmung. Benetzte Kleidungsstücke, Schuhe und Strümpfe sofort ausziehen, entfernen und vernichten. Betroffene Körperstellen anhaltend mit Wasser spülen und anschließend mit sterilem Verbandmaterial abdecken. Bei Augenkontakt die Augen 15 Minuten mit Wasser spülen. Augenlider dazu mit Daumen und Zeigefinger aufspreizen und gleichzeitig das Auge nach allen Seiten bewegen lassen. Verletzte nicht auskühlen lassen. Bei Erbrechen zumindest Kopf in Seitenlage bringen. Verletzte nur liegend transportieren. Bei Gefahr der Bewußtlosigkeit Lagerung und Transport in stabiler Seitenlage.

Hinweise für den Arzt:
Symptomatische Behandlung.

Formel: | **Summen-Formel:** C10–H19–O6–P–S2 | **UN-Nr. 3082 n.o.s.**

Merkblatt

2396

Gefahren-Diamant

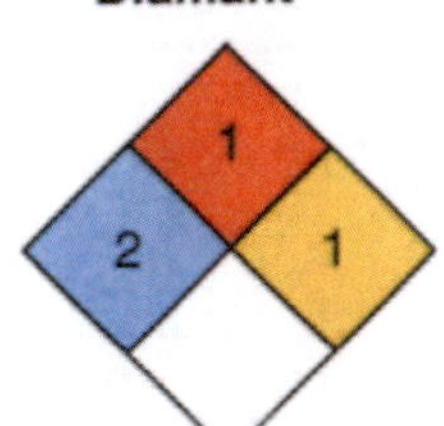

Hazchem-Code: 2X

Stoffname

Deutsch

Malathion 900 E*
Malathion
O,O-Dimethyl-S-[1,2-bis(ethoxycarbonyl)ethyl-dithiophosphat
S-1,2-Bis(ethoxycarbonyl)-ethyl-O,O-dimethyldithiophosphat
Carbethoxy Malathion

Englisch

Malathion 900 E*
Malathion
Fyfanon
((Dimethoxyphosphinothioyl)thio)-butanedioic acid diethyl ester
1,2-Di(ethoxycarbonyl)ethyl O,O-dimethyl phosphorodithioate
Carbethoxy malathion
Malacide

Französisch

Malathion 900 E*
Malathion
Dithiophosphate de O,O-diméthyle et de S-[1,2-dicarboethoxyethyle]

Spanisch

Malathión 900 E*
Malatión
S-(1,2-bis(etoxi-carbonil)-etil)-O,O-dimetil-ditiofosfato

* Siehe Bemerkungen.

Technische Daten

Siedepunkt	156–157 °C bei 0,93 mbar
Dampfdruck in mbar bei 20 °C	0,000166
Dampfdichteverhältnis, Luft = 1	11,4
Schmelzpunkt	2,85 °C
Mischbarkeit mit Wasser	sehr geringfügig*
Spez. Gewicht, Wasser = 1	1,2076
Molare Masse	330,4

Feuerbekämpfungsdaten

Flammpunkt	>163 °C
Zündfähiges Gemisch, Vol.-%	
Zündtemperatur	

* 145 mg/l.

Gefahrgut:
IMDG-Code: UN-Nr. 3082 n.o.s.
Marine pollutant
ICAO/IATA DGR: UN-Nr. 3082 n.o.s.
ADR/RID/ADNR: UN-Nr. 3082 n.a.g.
Gefahrzettel (Label) Nr. 9
Richtige Versandbezeichnung (PSN):
Land/BinSch: **3082 Umweltgefährdender Stoff, flüssig, n.a.g. (Malathion)**
See/Luft: **Environmentally hazardous substance, liquid, n.o.s. (Malathion)**

Klassifizierung:
Kl. 9 Verp. Gr. III EMS: **F**-A; **S**-F
Kl. 9 Verp. Gr. III
Kl. 9 Klassifiz. Code M6 Verp. Gr. III

Gefahrstoff:
CAS Nr.: 121-75-5 RTECS-Nr.: WM 8400000
EG-Nr.: 204-497-7 INDEX-Nr.: 015-041-00-X
EG-Einstufung: ja
Symbol: Xn
R-Sätze: 22
S-Sätze: (2)-24
D-Lagerklasse (VCI)-Nr.:

Erscheinungsbild: Bernsteinfarbene Flüssigkeit, mercaptanähnlicher Geruch.

Verhalten bei Freiwerden und Vermischen mit Luft: Gesundheitsschädliche und brennbare Flüssigkeit mit relativ hohem Flammpunkt von >163 °C. Bei starker Erhitzung bilden sich gesundheitsschädliche, explosionsfähige Gemische mit Luft. Sie sind schwerer als Luft und kriechen am Boden entlang. Entzündung durch heiße Oberflächen, Funken oder offene Flammen. Bei Brand oder Erhitzung bis zur Zersetzung (z. B. durch Umgebungsbrände oder heiße Oberflächen) erfolgt Zersetzung unter Bildung von giftigen und ätzenden Gasen bzw. Dämpfen, die im Wesentlichen aus nitrosen Gasen (Stickstoffoxiden), Phosphoroxiden, Schwefeldioxid und Mercaptane bestehen und auch Kohlenmonoxid sowie Kohlendioxid enthalten.

Verhalten bei Freiwerden und Vermischen mit Wasser: Der Stoff ist schwerer als Wasser und sinkt unter. Er löst sich nur geringfügig in Wasser. Die Substanz ist jedoch dispergierbar/emulgierbar und bildet mit Wasser eine Emulsion mit fein verteilten Tröpfchen. Es bilden sich gesundheitsschädliche, umweltgefährdende Emulsionen, die auch bei starker Verdünnung noch wirksam sind.

Gesundheitsgefährdung: Nach Aufnahme in den Körper hemmt die Substanz die Acetylcholinesterase, nachfolgend Leberschäden möglich. Die Substanz wirkt auf das zentrale Nervensystem, auf das Herz-Kreislauf-System, den Magen-Darm-Trakt und die Muskulatur. Hautaufnahme! Die Substanz reizt die Haut, die Schleimhäute der Augen und der oberen Atemwege. Bei Brand oder Erhitzen bis zur Zersetzung Bildung von nitrosen Gasen (s. auch Merkblatt 150), Phosphortrioxid (s. auch Merkblatt 673), Schwefeldioxid (s. auch Merkblatt 186) und Mercaptane.
Symptome: Pupillenverengung, Bronchial- und Speichelfluß, Übelkeit, Erbrechen, Stuhl- und Urinabgang, Zuckungen, Bewußtseinstrübung, Koma, Atemlähmung, Tod
Nach Einatmen oder Hautkontakt in jedem Fall – auch bei Ausbleiben der Symptome – den Arzt aufsuchen. Nach Kontakt der Substanz mit den Augen ist in jedem Fall ein Augenarzt aufzusuchen.

Geruchsschwelle = 14 mg/m³ Luftgrenzwert = 15 mg/m³ (einatembare Fraktion)

Bemerkungen: Malathion 900E ist ein Pflanzenschutzmittel (Insektizid) und liegt in der angeführten Form als Emulsionskonzentrat gelöst in Xylol vor. Inhalt: Malathion 77,3%, Xylol >8% bis >12%. Das Produkt kann heftig reagieren bei Kontakt oder Mischung mit Säuren oder Alkalien (Laugen). Durch Einwirkung von Oxidationsmitteln entsteht das wesentlich giftigere Malaoxon.
Chemische Gruppenzugehörigkeit: Phosphorsäurester
Verwendungszweck: Insektizid

Sicherheitsmaßnahmen für Fahrzeugbesatzung, Polizei, Feuerwehr und Rettungskräfte:
Polizei und Feuerwehr alarmieren.
Im Gefahrenbereich bei starker Erhitzung der Flüssigkeit Maschine stoppen, Zündung abstellen, nicht rauchen, offenes Feuer löschen, kein elektrisches Gerät und keinen Schalter mit Funkenbildung betätigen. Umluftunabhängiges (schweres) Atemschutzgerät und volle Schutzkleidung tragen.
Wasserschutzpolizei und Feuerwehr: Beim Retten nicht ins Wasser springen. Bei starker Erhitzung der Flüssigkeit oder Brand auf Wasserstraßen kein Boot mit Ottomotor einsetzen. Bei Dieselantrieb Sicherheitsschaltung veranlassen.

Schutz- und Einsatzmaßnahmen: Alle unbeteiligten Personen nach Luv (gegen den Wind) entfernen. Achtung, falls freiwerdendes Gut in die Kanalisation oder in Abwasserleitungen von Schiffen gerät, entstehen gesundheitsschädliche und umweltgefährdende Emulsionen mit Abwasser. Experten hinzuziehen. Bei starker Erhitzung oder Brand entstehen giftige und ätzende Gase bzw. Dämpfe. In diesem Fall große Sicherheitszone bilden. In Wohn- und Industriegebieten Anwohner warnen.

Bekämpfung der Unfallfolgen:
Feuer: Bei kleinem Brandherd Löschpulver, Wassersprühstrahl, Kohlensäure oder Schaum. Bei großem Brandherd Schaum oder Wassersprühstrahl. Behälter mit Wassersprühstrahl kühlen und nach Möglichkeit aus der Gefahrenzone ziehen. Achtung, das Löschwasser ist giftig und umweltgefährlich. Es muß aufgefangen werden und darf nicht unbehandelt in die Kanalisation, in Gewässer oder in das Grundwasser gelangen.
Leckage: Leck schließen, wenn ohne Risiko möglich.
Fließendes Gewässer: Trink-, Brauch- und Kühlwasserentnehmer verständigen.
Stehendes Gewässer: Absperren. Fahrzeugbesatzungen im gefährdeten Gebiet warnen.
An Land: Kanalisation abdichten. Auffangen, eindeichen und abpumpen. In Wohn- und Industriegebieten alle tiefliegenden Räume abdichten. Alle Zündquellen beseitigen. Restmengen mit nicht brennbarem, saugfähigem Material wie z. B. trockener Erde, Sand, Kieselgur, Universalbinder oder Vermiculit abdecken und an sichere Deponie zur Vernichtung transportieren.

Gewässerverunreinigung:
GefStoffV/EG:
Gesamtbewertung nach Unfall: Gruppe IV, hohe bis sehr hohe (extrem hohe) toxische Wirkung unabhängig von der Turbulenz des Gewässers (siehe auch Erläuterungen Abschnitt 16.4/5).
Einzelwerte siehe Anhang 9 der Erläuterungen.
Wassergefährdungsklasse: 3 – stark wassergefährdender Stoff

Erste Hilfe:
Verletzte an die frische Luft bringen, bequem lagern, beengende Kleidungsstücke lockern. Bei Atemstörung Sauerstoffzufuhr, ggf. Beatmung. Benetzte Kleidungsstücke, Schuhe und Strümpfe sofort ausziehen, entfernen und vernichten. Betroffene Körperstellen anhaltend mit Wasser spülen und anschließend mit sterilem Verbandmaterial abdecken. Bei Augenkontakt die Augen 15 Minuten mit Wasser spülen. Augenlider dazu mit Daumen und Zeigefinger aufspreizen und gleichzeitig das Auge nach allen Seiten bewegen lassen. Verletzte nicht auskühlen lassen. Bei Erbrechen zumindest Kopf in Seitenlage bringen. Verletzte nur liegend transportieren. Bei Gefahr der Bewußtlosigkeit Lagerung und Transport in stabiler Seitenlage.

Hinweise für den Arzt:
Symptomatische Behandlung. Geringe Reizwirkung an Haut und Augen.

Formel: **Summen-Formel:** C11–H16 **UN-Nr. 3082 n.o.s.**

Merkblatt

2397

Stoffname

Deutsch	*Englisch*	*Französisch*
tert.-Pentylbenzol	**tert.-Pentylbenzene**	**tert-Pentylbenzène**
2-Methyl-2-phenylbutan	tert.-Amylbenzene	
tert.-Amylbenzol	2-Methyl-2-phenylbutane	

Spanisch

terc-Pentilbenceno

Gefahren-Diamant

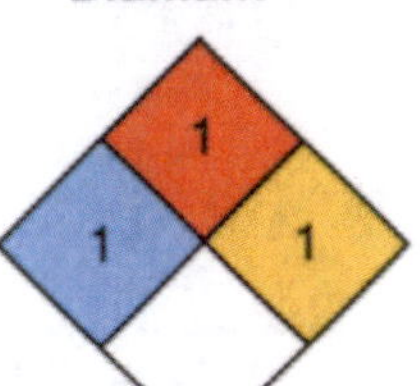

Hazchem-Code: **2X**

Technische Daten

Siedepunkt	190 °C
Dampfdruck in mbar	53 bei 98 °C
Dampfdichteverhältnis, Luft = 1	5,12
Schmelzpunkt	–78 °C
Mischbarkeit mit Wasser	sehr geringfügig
Spez. Gewicht, Wasser = 1	0,875
Molare Masse	148,25

Feuerbekämpfungsdaten

Flammpunkt	60 °C
Zündfähiges Gemisch, Vol.-%	
Zündtemperatur	ca. 460 °C

Gefahrgut: **Klassifizierung:**

IMDG-Code: UN-Nr. 3082 n.o.s. Kl. 9 Verp. Gr. III EMS: **F**-A; **S**-F
Marine pollutant
ICAO/IATA DGR: UN-Nr. 3082 n.o.s. Kl. 9 Verp. Gr. III
ADR/RID/ADNR: UN-Nr. 3082 n.a.g. Kl. 9 Klassifiz. Code M6 Verp. Gr. III
Gefahrzettel (Label) Nr. 9
Richtige Versandbezeichnung (PSN):
Land/BinSch: **3082 Umweltgefährdender Stoff, flüssig, n.a.g. (tert.-Pentylbenzol)**
See/Luft: **Environmentally hazardous liquid, n.o.s. (tert.-Pentylbenzene)**

Gefahrstoff:

CAS Nr.: 2049-95-8 RTECS-Nr.: DA 6720000
EG-Nr.: 218-076-0 INDEX-Nr.:
EG-Einstufung: nein
Symbol: N*
R-Sätze: 50/53*
S-Sätze: 60-61*
D-Lagerklasse (VCI)-Nr.:

* Herstellerangaben

Erscheinungsbild: Farblose Flüssigkeit.

Verhalten bei Freiwerden und Vermischen mit Luft: Umweltgefährliche und brennbare Flüssigkeit mit relativ hohem Flammpunkt von 60 °C. Bei Erhitzung bilden sich umweltgefährliche und explosionsfähige Gemische mit Luft. Sie sind schwerer als Luft und kriechen am Boden entlang. Entzündung durch heiße Oberflächen, Funken oder offene Flammen. Bei Erhitzung bis zur Zersetzung (z. B. durch Umgebungsbrände oder heiße Oberflächen) und bei Brand bilden sich giftige und ätzende Gase bzw. Dämpfe, die im Wesentlichen aus reizendem Rauch und Dämpfen bestehen und auch Kohlenmonoxid(gas) sowie Kohlendioxid(gas) enthalten.

Verhalten bei Freiwerden und Vermischen mit Wasser: Der Stoff ist leichter als Wasser und schwimmt auf der Oberfläche. Er löst sich nur geringfügig in Wasser. Es bilden sich reizende und umweltgefährliche Gemische mit Wasser, die auch bei starker Verdünnung noch wirksam sind.

Gesundheitsgefährdung: Die Dämpfe wirken narkotisch. Der direkte Kontakt mit der Flüssigkeit führt zur Entfettung der Haut, nachfolgend Hautentzündungen möglich. Beim Verschlucken kommt es zu Reizungen der Mund- und Rachenschleimhaut, der Speiseröhre und des Magens.
Symptome: Übelkeit, Benommenheit, Schwindel, Seh- und Atembeschwerden, Erbrechen, Durchfall
Nach Einatmen oder Hautkontakt in jedem Fall – auch bei Ausbleiben der Symptome – den Arzt aufsuchen.
Nach Kontakt der Substanz mit den Augen ist in jedem Fall ein Augenarzt aufzusuchen.

Geruchsschwelle = Luftgrenzwert =

Bemerkungen: Der Stoff ist mischbar in Alkohol, Benzol und Ether.

Sicherheitsmaßnahmen für Fahrzeugbesatzung, Polizei, Feuerwehr und Rettungskräfte:
Polizei und Feuerwehr alarmieren.
Im Gefahrenbereich sofort umluftunabhängiges (schweres) Atemschutzgerät und volle Schutzkleidung tragen. Bei Erhitzung der Flüssigkeit Zündung abstellen, Maschine stoppen, nicht rauchen, offenes Feuer löschen, kein elektrisches Gerät und keinen Schalter mit Funkenbildung betätigen.
Wasserschutzpolizei und Feuerwehr: Bei Erhitzung des Stoffes kein Boot mit Ottomotor einsetzen. Bei Dieselantrieb Sicherheitsschaltung veranlassen. Beim Retten nicht ins Wasser springen.

Schutz- und Einsatzmaßnahmen: Alle unbeteiligten Personen nach Luv (gegen den Wind) entfernen. Achtung, falls freiwerdendes Gut in die Kanalisation oder in Abwasserleitungen von Schiffen gerät, entstehen reizende und umweltgefährdende Gemische mit Abwasser und können sich mit heißem Abwasser über der Oberfläche explosionsfähige und giftige Gemische mit Luft bilden. In Wohn- und Industriegebieten Anwohner warnen. Große Sicherheitszone bilden. Bei größeren Mengen ausgelaufenen Gutes Katastrophenalarm prüfen.

Konzentrationsmessung explosionsfähiger bzw. giftiger Dämpfe siehe Tabelle (Anhang 6 der Erläuterungen).

Zuständige Behörden unterrichten.

Bekämpfung der Unfallfolgen:
Feuer: Bei kleinem Brandherd Löschpulver, Wassersprühstrahl, Kohlensäure oder Schaum. Bei großem Brandherd Schaum oder Wassersprühstrahl. Behälter mit Wassersprühstrahl kühlen und nach Möglichkeit aus der Gefahrenzone ziehen. Achtung, das Löschwasser ist giftig und umweltgefährlich. Es muß aufgefangen werden und darf nicht unbehandelt in die Kanalisation, in Gewässer oder in das Grundwasser gelangen.
Leckage: Leck schließen, wenn ohne Risiko möglich.
Fließendes Gewässer: Trink-, Brauch- und Kühlwasserentnehmer verständigen.
Stehendes Gewässer: Absperren. Fahrzeugbesatzungen im gefährdeten Gebiet warnen.
An Land: Kanalisation abdichten. Auffangen, eindeichen und abpumpen. In Wohn- und Industriegebieten alle tiefliegenden Räume abdichten. Alle Zündquellen beseitigen. Restmengen mit nicht brennbarem, saugfähigem Material wie z. B. trockener Erde, Sand, Kieselgur, Universalbinder oder Vermiculit abdecken und an sichere Deponie zur Vernichtung transportieren.

Gewässerverunreinigung:
GefStoffV/EG: Gefahrensymbol: N Umweltgefährlich, R 50/53, sehr giftig für Wasserorganismen, kann in Gewässern längerfristig schädliche Wirkungen haben.
Gesamtbewertung nach Unfall: Gruppe IV, hohe bis sehr hohe (extrem hohe) toxische Wirkung unabhängig von der Turbulenz des Gewässers (siehe auch Erläuterungen Abschnitt 16.4/5).
Einzelwerte siehe Anhang 9 der Erläuterungen.
Wassergefährdungsklasse: 3 – stark wassergefährdender Stoff.

Erste Hilfe:
Verletzte an die frische Luft bringen, bequem lagern, beengende Kleidungsstücke lockern. Bei Atemstörung Sauerstoffzufuhr, ggf. Beatmung. Benetzte Kleidungsstücke, Schuhe und Strümpfe sofort ausziehen, entfernen und vernichten. Betroffene Körperstellen anhaltend mit Wasser spülen und anschließend mit sterilem Verbandmaterial abdecken. Bei Augenkontakt die Augen 15 Minuten mit Wasser spülen. Augenlider dazu mit Daumen und Zeigefinger aufspreizen und gleichzeitig das Auge nach allen Seiten bewegen lassen. Verletzte nicht auskühlen lassen. Bei Erbrechen zumindest Kopf in Seitenlage bringen. Verletzte nur liegend transportieren. Bei Gefahr der Bewußtlosigkeit Lagerung und Transport in stabiler Seitenlage.

Hinweise für den Arzt:
Symptomatische Behandlung.

Formel: Mn SO_4 | **Summen-Formel:** Mn-O4-S | **UN-Nr. 3077 n.o.s.**

Merkblatt

2398

Stoffname

Deutsch

Mangansulfat
Mangan-II-sulfat
Schwefelsäure, Mangan (2+) Salz

Englisch

Manganese sulfate
Manganese-II-sulfate
Manganese-II-sulfate 1:1
Manganese(2+)sulfate (1:1)
Sulfuric acid, manganese (II) salt (1:1)
Sulfuric acid, manganese(2+) salt

Französisch

Sulfate de manganèse

Spanisch

Sulfato de manganeso

Gefahren-Diamant

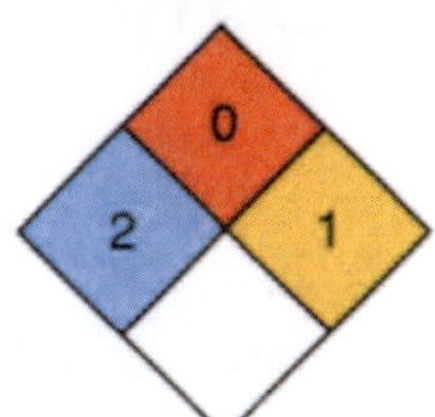

Hazchem-Code:

Technische Daten

Siedepunkt	850 °C (Zersetzung)
Dampfdruck in mbar bei 20 °C	
Dampfdichteverhältnis, Luft = 1	
Schmelzpunkt	700 °C
Mischbarkeit mit Wasser	vollständig
Spez. Gewicht, Wasser = 1	3,25
Molare Masse	151

Feuerbekämpfungsdaten

Flammpunkt, Zündfähiges Gemisch, Vol.-%, Zündtemperatur: nicht brennbarer fester Stoff

Gefahrgut:

		Klassifizierung:	
IMDG-Code:	UN-Nr. 3077 n.o.s.	Kl. 9	Verp. Gr. III EMS: **F**-A; **S**-F
ICAO/IATA DGR:	UN-Nr. 3077 n.o.s.	Kl. 9	Verp. Gr. III
ADR/RID/ADNR:	UN-Nr. 3077 n.a.g.	Kl. 9	Klassifiz. Code M7 Verp. Gr. III

Gefahrzettel (Label) Nr. 9
Richtige Versandbezeichnung (PSN):
Land/BinSch: **3077 Umweltgefährdender Stoff, fest, n.a.g. (Mangan(II)-sulfat)**
See/Luft: **Environmentally hazardous substance, solid, n.o.s. (Manganese-II-sulfate)**

Gefahrstoff:
CAS Nr.: 7785-87-7 RTECS-Nr.: OP 1050000
EG-Nr.: 232-089-9 INDEX-Nr.: 025-003-00-4
EG-Einstufung: ja
Symbol: Xn, N
R-Sätze: 48/20/22-51/53
S-Sätze: (2)-22-61
D-Lagerklasse (VCI)-Nr.:

Erscheinungsbild: Pinkfarbiges, granulatartiges Pulver, geruchlos.

Verhalten bei Freiwerden und Vermischen mit Luft: Gesundheitsschädlicher, umweltgefährlicher, nicht brennbarer fester Stoff. Bei Aufwirbelung des Staubes bilden sich gesundheitsschädliche, umweltgefährliche Staub/Luftgemische. Bei Erhitzung bis zur Zersetzung (z. B. durch Umgebungsbrände oder heiße Oberflächen) bilden sich giftige und ätzende Gase und Dämpfe, die im Wesentlichen aus Schwefeldioxid und Mangan bestehen und auch Kohlenmonoxid sowie Kohlendioxid enthalten.

Verhalten bei Freiwerden und Vermischen mit Wasser: Der Stoff ist schwerer als Wasser und sinkt unter. Er löst sich vollständig in Wasser. Es bilden sich gesundheitsschädliche und umweltgefährliche Gemische mit Wasser, die auch bei starker Verdünnung noch wirksam sind.

Gesundheitsgefährdung: Die Substanz und ihre Stäube sind gesundheitsschädlich, sie können ernste Gesundheitsschäden bei längerer Exposition durch Einatmen und durch Verschlucken verursachen. Das Einatmen der Stäube kann zur Schleimhautschädigung im Atemtrakt führen. Bei höherer Konzentration kann die Substanz ätzend auf die Mund- und Rachenschleimhaut wirken. Gefahr von Herz- und Kreislauf-Komplikationen.
Symptome: Erbrechen, Magenschmerzen, Duchfall, Kehlkopfödem.
Nach Einatmen oder Hautkontakt in jedem Fall – auch bei Ausbleiben der Symptome – den Arzt aufsuchen.

Geruchsschwelle = Luftgrenzwert = 0,5 mg/m^3, Spitzenbegrenzung

Bemerkungen: Der Stoff reagiert bei Kontakt oder Mischung mit starken Säuren.

Sicherheitsmaßnahmen für Fahrzeugbesatzung, Polizei, Feuerwehr und Rettungskräfte:
Polizei und Feuerwehr alarmieren.
Im Gefahrenbereich umluftunabhängiges (schweres) Atemschutzgerät und volle Schutzkleidung tragen. Bei starker Erhitzung des Stoffes **im Gefahrenbereich** Maschine stoppen, Zündung abstellen, nicht rauchen, offenes Feuer löschen, kein elektrisches Gerät und keinen Schalter mit Funkenbildung betätigen.
Wasserschutzpolizei und Feuerwehr: Bei starker Erhitzung des Stoffes kein Boot mit Ottomotor einsetzen. Bei Dieselantrieb Sicherheitsschaltung veranlassen. Nach dem Einsatz Kühlwasserkreislauf überprüfen. Beim Retten nicht ins Wasser springen.

Schutz- und Einsatzmaßnahmen: Alle unbeteiligten Personen nach Luv (gegen den Wind) entfernen. Achtung, falls freiwerdendes Gut in die Kanalisation oder in Abwasserleitungen von Schiffen gerät, entstehen gesundheitsschädliche und umweltgefährdende Gemische mit Abwasser. Auf Wasserstraßen Schiffahrtssperre. An Land gefährdetes Gebiet absperren. Bei starker Erhitzung und Brand bilden sich giftige Gase und Dämpfe bzw. Dampf-/Luftgemische. In diesem Fall große Sicherheitszone bilden. In Wohn- und Industriegebieten Anwohner warnen.

Konzentrationsmessung explosionsfähiger bzw. giftiger Dämpfe siehe Tabelle (Anhang 6 der Erläuterungen).

Zuständige Behörden unterrichten.

Bekämpfung der Unfallfolgen:
Feuer: Stoff brennt selbst nicht. Löschmaßnahmen auf Umgebungsbrände ausrichten. Achtung, bei sehr starker Erhitzung erfolgt Zersetzung unter Bildung hochgiftiger Gase und Dämpfe. Behälter mit Wassersprühstrahl kühlen und nach Möglichkeit aus der Gefahrenzone ziehen. Achtung, das Löschwasser ist giftig und umweltgefährlich. Es muß aufgefangen werden und darf nicht unbehandelt in die Kanalisation, in Gewässer oder in das Grundwasser gelangen.
Leckage: Leck schließen, wenn ohne Risiko möglich.
Fließendes Gewässer: Trink-, Brauch- und Kühlwasserentnehmer verständigen. Experten hinzuziehen.
Stehendes Gewässer: Absperren. Fahrzeugbesatzungen im gefährdeten Gebiet warnen.
An Land: Kanalisation abdichten. Eindeichen und abbergen. Restmengen mit saugfähigem Material wie z. B. trockener Erde, Sand, gemahlenem Kalkstein, Kieselgur oder Universalbinder bedecken und im geschlossenen Behälter an sicheren Deponieort transportieren.

Gewässerverunreinigung:
GefStoffV/EG: Gefahrensymbol: N Umweltgefährlich, R 51/53: giftig für Wasserorganismen, kann in Gewässern längerfristig schädliche Wirkungen haben.
Gesamtbewertung nach Unfall: Gruppe III, in stehenden Gewässern sehr hohe, in fließenden Gewässern je nach Vermischung mittlere bis hohe toxische Wirkung (siehe auch Erläuterungen Abschnitt 16.4/5).
Einzelwerte siehe Anhang 9 der Erläuterungen.
Wassergefährdungsklasse: 1 – schwach wassergefährdender Stoff

Erste Hilfe:
Verletzte an die frische Luft bringen, bequem lagern, beengende Kleidungsstücke lockern. Bei Atemstörung Sauerstoffzufuhr, ggf. Beatmung. Benetzte Kleidungsstücke, Schuhe und Strümpfe sofort ausziehen, entfernen und vernichten. Betroffene Körperstellen anhaltend mit Wasser spülen und anschließend mit sterilem Verbandmaterial abdecken. Bei Augenkontakt die Augen 15 Minuten mit Wasser spülen. Augenlider dazu mit Daumen und Zeigefinger aufspreizen und gleichzeitig das Auge nach allen Seiten bewegen lassen. Verletzte nicht auskühlen lassen. Bei Erbrechen zumindest Kopf in Seitenlage bringen. Verletzte nur liegend transportieren. Bei Gefahr der Bewußtlosigkeit Lagerung und Transport in stabiler Seitenlage.

Hinweise für den Arzt:
Symptomatische Behandlung.

Formel: | **Summen-Formel:** C5–H12–N2 | **UN-Nr. 2734 n.o.s.**

Merkblatt

2399

Stoffname

Deutsch	*Englisch*	*Französisch*
1-Methylpiperazin	**1-Methylpiperazine**	**1-Méthylpipérazine**
N-Methylpiperazin	N-Methylpiperazine	

Spanisch

1-Metilpiperazina

Gefahren-Diamant

2 (rot), 2 (blau), 1 (gelb)

Hazchem-Code: 3W

Technische Daten

Siedepunkt	138 °C
Dampfdruck in mbar bei 20 °C	
Dampfdichteverhältnis, Luft = 1	3,42
Schmelzpunkt	–6 °C
Mischbarkeit mit Wasser	vollständig
Spez. Gewicht, Wasser = 1	0,9031
Molare Masse	100,16

Feuerbekämpfungsdaten

Flammpunkt	34 °C
Zündfähiges Gemisch, Vol.-%	1,2–9,9
Zündtemperatur	320 °C

Gefahrgut: **Klassifizierung:**

IMDG-Code: UN-Nr. 2734 n.o.s. Kl. 8 Verp. Gr. II EMS: **F**-E; **S**-C
Marine pollutant
ICAO/IATA DGR: UN-Nr. 2734 n.o.s. Kl. 8 Verp. Gr. II
ADR/RID/ADNR: UN-Nr. 2734 n.a.g. Kl. 8 Klassifiz. Code CF1 Verp. Gr. II
Gefahrzettel (Label) Nr. 8+3
Richtige Versandbezeichnung (PSN):
Land/BinSch: **2734 Amine flüssig, ätzend, entzündbar, n.a.g. (1-Methylpiperazin)**
See/Luft: **Amines liquid corrosive, flammable, n.o.s. (1-Methylpiperazine)**

Gefahrstoff:

CAS Nr.: 109-01-3 RTECS-Nr.: TM 1225000
EG-Nr.: 203-639-5 INDEX-Nr.:
EG-Einstufung: nein
Symbol: C*
R-Sätze: 10-21-34*
S-Sätze: 26-36/37/39-45*
D-Lagerklasse (VCI)-Nr.: 3A

* Herstellerangaben

Erscheinungsbild: Farblose Flüssigkeit, aminartiger Geruch.

Verhalten bei Freiwerden und Vermischen mit Luft: Gesundheitsschädliche, ätzende und brennbare Flüssigkeit. An besonders heißen Tagen und bei starker Erwärmung der Flüssigkeit bilden sich gesundheitsschädliche, ätzende und explosionsfähige Gemische mit Luft. Sie sind schwerer als Luft, kriechen am Boden entlang und können bei Zündung über weite Strecken zurückschlagen. Entzündung durch heiße Oberflächen, Funken oder offene Flammen. Bei Brand oder Erhitzung bis zur Zersetzung (z. B. durch Umgebungsbrände oder heiße Oberflächen) bilden sich giftige und ätzende Gase sowie Dämpfe, die im Wesentlichen aus nitrosen Gasen (Stickstoffoxiden) bestehen und auch Kohlenmonoxid sowie Kohlendioxid enthalten.

Verhalten bei Freiwerden und Vermischen mit Wasser: Der Stoff ist leichter als Wasser und schwimmt auf der Oberfläche. Er löst sich nur geringfügig in Wasser. Es bilden sich gesundheitsschädliche und ätzende Gemische mit Wasser, die auch bei starker Verdünnung noch wirksam sind.

Gesundheitsgefährdung: Die Flüssigkeit und ihre Dämpfe verursachen Verätzungen der Haut, der Schleimhäute, der Augen und der oberen Atemwege. Gefahr bleibender Augenschäden bzw. Erblindung. Lungenödem – auch mit Verzögerung bis zu 2 Tagen – möglich. Nach Verschlucken kommt es zu starken Beschwerden im Magen-Darm-Trakt. Die Substanz ist gesundheitsschädlich bei Berührung mit der Haut. Hautaufnahme! Bei Brand oder Erhitzen bis zur Zersetzung Bildung von nitrosen Gasen (siehe auch Merkblatt 150).
Symptome: Rötung, Brennen und Schmerzen der Haut und der Augen, schlecht heilende Ätzwunden, Hustenreiz, Übelkeit, Schwindel, Erbrechen, Schweißausbrüche, Durchfall
Nach Einatmen oder Hautkontakt in jedem Fall – auch bei Ausbleiben der Symptome – den Arzt aufsuchen. Nach Kontakt der Substanz mit den Augen ist in jedem Fall ein Augenarzt aufzusuchen.

Geruchsschwelle = Luftgrenzwert =

Bemerkungen: Der Stoff reagiert bei Kontakt oder Mischung mit Säuren und Oxidationsmitteln. Kupfer und Kupferlegierungen werden angegriffen und sind als Behältermaterial ungeeignet. Die Substanz ist löslich in Ethylalkohol und Ether.

Sicherheitsmaßnahmen für Fahrzeugbesatzung, Polizei, Feuerwehr und Rettungskräfte:
Polizei und Feuerwehr alarmieren.
Im Gefahrenbereich Maschine stoppen, sofort umluftunabhängiges (schweres) Atemschutzgerät und volle Schutzkleidung tragen. An besonders heißen Tagen und bei starker Erwärmung der Flüssigkeit Zündung abstellen, nicht rauchen, offenes Feuer löschen, kein elektrisches Gerät und keinen Schalter mit Funkenbildung betätigen.
Wasserschutzpolizei und Feuerwehr: Beim Retten nicht ins Wasser springen. An besonders heißen Tagen und bei starker Erwärmung der Flüssigkeit kein Boot mit Ottomotor einsetzen. Bei Dieselantrieb Sicherheitsschaltung veranlassen. Radar- und Kommandorufanlage nicht benutzen.

Schutz- und Einsatzmaßnahmen: Alle unbeteiligten Personen nach Luv (gegen den Wind) entfernen. Achtung, falls freiwerdendes Gut in die Kanalisation oder in Abwasserleitungen von Schiffen gerät, entstehen ätzende und gesundheitsschädliche Gemische mit Abwasser und können sich bei warmem Abwasser über der Oberfläche explosionsfähige, ätzende und gesundheitsschädliche Gemische mit Luft bilden. In Wohn- und Industriegebieten Anwohner warnen. Große Sicherheitszone bilden.

Konzentrationsmessung explosionsfähiger bzw. giftiger Dämpfe siehe Tabelle (Anhang 6 der Erläuterungen).

Zuständige Behörden unterrichten.

Bekämpfung der Unfallfolgen:
Feuer: Bei kleinem Brandherd Löschpulver, Wassersprühstrahl, Kohlensäure oder Schaum. Bei großem Brandherd Schaum oder Wassersprühstrahl. Behälter mit Wassersprühstrahl kühlen und nach Möglichkeit aus der Gefahrenzone ziehen. Achtung, das Löschwasser ist giftig und umweltgefährlich. Es muß aufgefangen werden und darf nicht unbehandelt in die Kanalisation, in Gewässer oder in das Grundwasser gelangen.
Leckage: Leck schließen, wenn ohne Risiko möglich.
Fließendes Gewässer: Trink-, Brauch- und Kühlwasserentnehmer verständigen.
Stehendes Gewässer: Absperren. Fahrzeugbesatzungen im gefährdeten Gebiet warnen.
An Land: Kanalisation abdichten. Auffangen, eindeichen und abpumpen. In Wohn- und Industriegebieten alle tiefliegenden Räume abdichten. Alle Zündquellen beseitigen. Restmengen mit nicht brennbarem, saugfähigem Material wie z. B. trockener Erde, Sand, Kieselgur, Universalbinder oder Vermiculit abdecken und an sichere Deponie zur Vernichtung transportieren.

Gewässerverunreinigung:
GefStoffV/EG:
Gesamtbewertung nach Unfall: Gruppe III, in stehenden Gewässern sehr hohe, in fließenden Gewässern je nach Vermischung mittlere bis hohe toxische Wirkung, nach Brand Gruppe IV, hohe bis sehr hohe (extrem hohe) toxische Wirkung unabhängig von der Turbulenz des Gewässers (siehe auch Erläuterungen Abschnitt 16.4/5).
Einzelwerte siehe Anhang 9 der Erläuterungen.
Wassergefährdungsklasse: 2 – wassergefährdender Stoff

Erste Hilfe:
Verletzte an die frische Luft bringen, bequem lagern, beengende Kleidungsstücke lockern. Bei Atemstörung Sauerstoffzufuhr, ggf. Beatmung. Benetzte Kleidungsstücke, Schuhe und Strümpfe sofort ausziehen, entfernen und vernichten. Betroffene Körperstellen anhaltend mit Wasser spülen und anschließend mit sterilem Verbandmaterial abdecken. Bei Augenkontakt die Augen 15 Minuten mit Wasser spülen. Augenlider dazu mit Daumen und Zeigefinger aufspreizen und gleichzeitig das Auge nach allen Seiten bewegen lassen. Verletzte nicht auskühlen lassen. Bei Erbrechen zumindest Kopf in Seitenlage bringen. Verletzte nur liegend transportieren. Bei Gefahr der Bewußtlosigkeit Lagerung und Transport in stabiler Seitenlage.

Hinweise für den Arzt:
Symptomatische Behandlung. Augen sorgfältig spülen. Unverzüglich Augenarzt hinzuziehen! Codein gegen Reizhusten. Bei Reizung der Atemwege 5–10 Hübe oder mehr/h eines Dosier-Aerosols mit Beclometason (z. B. Sanasthmyl Glaxo oder Viarox Essex Pharma) oder mit Dexamethason (z. B. Auxiloson Thomae).

Formel: | **Summen-Formel:** C_5H_7N | **UN-Nr. 1993 n.o.s.**

Merkblatt

2400

Gefahren-Diamant

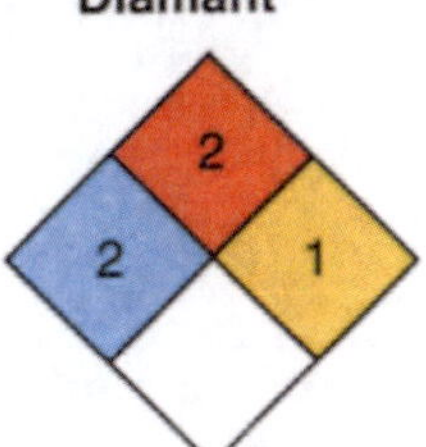

Hazchem-Code: **3Y**

Stoffname

Deutsch

1-Methylpyrrol
N-Methylpyrrol

Englisch

1-Methylpyrrole
N-Methylpyrrole
1-Methyl-1H-pyrrole

Französisch

1-Méthylpyrrole

Spanisch

1-Metilpirrol

Technische Daten

Siedepunkt	111–114 °C
Dampfdruck in mbar bei 20 °C	22
Dampfdichteverhältnis, Luft = 1	2,80
Schmelzpunkt	–57 °C
Mischbarkeit mit Wasser	geringfügig*
Spez. Gewicht, Wasser = 1	0,91
Molare Masse	81,12

Feuerbekämpfungsdaten

Flammpunkt	16 °C
Zündfähiges Gemisch, Vol.-%	1,4–8,5
Zündtemperatur	400 °C

* 13 g/l bei 20 °C.

Gefahrgut: **Klassifizierung:**

IMDG-Code: UN-Nr. 1993 n.o.s. Kl. 3 Verp. Gr. III EMS: **F**-E; **S**-E
Marine pollutant
ICAO/IATA DGR: UN-Nr. 1993 n.o.s. Kl. 3 Verp. Gr. III
ADR/RID/ADNR: UN-Nr. 1993 n.a.g. Kl. 3 Klassifiz. Code F1 Verp. Gr. III
Gefahrzettel (Label) Nr. 3
Richtige Versandbezeichnung (PSN):
Land/BinSch: **1993 Entzündbarer flüssiger Stoff, n.a.g. (1-Methylpyrrol)**
See/Luft: **Flammable liquid, n.o.s. (1-Methylpyrrole)**

Gefahrstoff:

CAS Nr.: 96-54-8 RTECS-Nr.: UX 9640000
EG-Nr.: 202-513-7 INDEX-Nr.:
EG-Einstufung: nein
Symbol: F, Xn*
R-Sätze: 11-22-37/38*
S-Sätze: 7-16-23-25*
D-Lagerklasse (VCI)-Nr.: 3A

* Herstellerangaben

Erscheinungsbild: Hellgelbe bis bräunliche Flüssigkeit, aminartiger Geruch.

Verhalten bei Freiwerden und Vermischen mit Luft: Gesundheitsschädliche und leicht entzündliche Flüssigkeit. Dämpfe leicht entzündbar, Flüssigkeit verdunstet schnell. Dämpfe bilden mit Luft gesundheitsschädliche, explosionsfähige Gemische. Sie sind schwerer als Luft, kriechen am Boden entlang und können bei Zündung über weite Strecken zurückschlagen. Entzündung durch heiße Oberflächen, Funken oder offene Flammen. Bei Brand oder Erhitzung bis zur Zersetzung (z. B. durch Umgebungsbrände oder heiße Oberflächen) bilden sich giftige und ätzende Gase und Dämpfe, die im Wesentlichen aus nitrosen Gasen (Stickstoffoxiden) bestehen und auch Kohlenmonoxid sowie Kohlendioxid enthalten.

Verhalten bei Freiwerden und Vermischen mit Wasser: Der Stoff löst sich nur geringfügig in Wasser und schwimmt auf der Oberfläche. Es bilden sich gesundheitsschädliche Gemische mit Wasser, die auch bei Verdünnung noch wirksam sind. An warmen Tagen (insbesondere bei starker Sonneneinstrahlung) und bei Erwärmung der Flüssigkeit können sich gesundheitsschädliche und explosionsfähige Gemische mit Luft über der Wasseroberfläche bilden.

Gesundheitsgefährdung: Die Flüssigkeit und ihre Dämpfe/Aerosole reizen die Haut, die Schleimhäute der Augen und der Atmungsorgane. Lungen- und Kehlkopfödem – auch mit Verzögerung bis zu 2 Tagen – möglich. Bei Brand oder Erhitzen bis zur Zersetzung Bildung von nitrosen Gasen (siehe auch Merkblatt 150).
Symptome: Rötung und Brennen der Augen und der betroffenen Körperpartien, Hustenreiz, Übelkeit, Schwindel, Erbrechen
Nach Einatmen oder Hautkontakt in jedem Fall – auch bei Ausbleiben der Symptome – den Arzt aufsuchen.

Geruchsschwelle = Luftgrenzwert =

Bemerkungen: Der Stoff reagiert heftig bis sehr heftig unter starker Erwärmung bei Kontakt oder Mischung mit Säuren.

Sicherheitsmaßnahmen für Fahrzeugbesatzung, Polizei, Feuerwehr und Rettungskräfte:
Polizei und Feuerwehr alarmieren.
Im Gefahrenbereich Maschine stoppen, Zündung abstellen, nicht rauchen, offenes Feuer löschen, kein elektrisches Gerät und keinen Schalter mit Funkenbildung betätigen. Nur exgeschützte Geräte einsetzen. Sofort umluftunabhängiges (schweres) Atemschutzgerät und volle Schutzkleidung tragen.
Wasserschutzpolizei und Feuerwehr: Kein Boot mit Ottomotor einsetzen. Bei Dieselantrieb Sicherheitsschaltung veranlassen. Radar- und Kommandorufanlage nicht benutzen. Beim Retten nicht ins Wasser springen.

Schutz- und Einsatzmaßnahmen: Alle unbeteiligten Personen nach Luv (gegen den Wind) entfernen. Achtung, falls freiwerdendes Gut in die Kanalisation oder in Abwasserleitungen von Schiffen gerät, bilden sich gesundheitsschädliche Gemische mit Abwasser und kann Explosions- und Vergiftungsgefahr entstehen. Experten hinzuziehen. Auf Wasserstraßen Schiffahrtssperre. An Land gefährdetes Gebiet absperren. Große Sicherheitszone bilden. In Wohn- und Industriegebieten Anwohner warnen.

Konzentrationsmessung explosionsfähiger bzw. giftiger Dämpfe siehe Tabelle (Anhang 6 der Erläuterungen).

Zuständige Behörden unterrichten.

Bekämpfung der Unfallfolgen:
Feuer: Bei kleinem Brandherd Löschpulver, Wassersprühstrahl, Kohlensäure oder Schaum. Bei großem Brandherd Schaum oder Wassersprühstrahl. Behälter mit Wassersprühstrahl kühlen und nach Möglichkeit aus der Gefahrenzone ziehen. Achtung, das Löschwasser ist giftig und umweltgefährlich. Es muß aufgefangen werden und darf nicht unbehandelt in die Kanalisation, in Gewässer oder in das Grundwasser gelangen.
Leckage: Leck schließen, wenn ohne Risiko möglich.
Fließendes Gewässer: Trink-, Brauch- und Kühlwasserentnehmer verständigen.
Stehendes Gewässer: Absperren. Fahrzeugbesatzungen im gefährdeten Gebiet warnen.
An Land: Kanalisation abdichten. Auffangen, eindeichen und abpumpen. In Wohn- und Industriegebieten alle tiefliegenden Räume abdichten. Alle Zündquellen beseitigen. Restmengen mit nicht brennbarem, saugfähigem Material wie z. B. trockener Erde, Sand, Kieselgur, Universalbinder oder Vermiculit abdecken und an sichere Deponie zur Vernichtung transportieren.

Gewässerverunreinigung:
GefStoffV/EG:
Gesamtbewertung nach Unfall: Gruppe II, in stehenden Gewässern mittlere bis hohe, in fließenden Gewässern mittlere toxische Wirkung, nach Brand Gruppe IV, hohe bis sehr hohe (extrem hohe) toxische Wirkung unabhängig von der Turbulenz des Gewässers (siehe auch Erläuterungen Abschnitt 16.4/5).
Einzelwerte siehe Anhang 9 der Erläuterungen.
Wassergefährdungsklasse: 1 – schwach wassergefährdender Stoff

Erste Hilfe:
Verletzte an die frische Luft bringen, bequem lagern, beengende Kleidungsstücke lockern. Bei Atemstörung Sauerstoffzufuhr, ggf. Beatmung. Benetzte Kleidungsstücke, Schuhe und Strümpfe sofort ausziehen, entfernen und vernichten. Betroffene Körperstellen anhaltend mit Wasser spülen und anschließend mit sterilem Verbandmaterial abdecken. Bei Augenkontakt die Augen 15 Minuten mit Wasser spülen. Augenlider dazu mit Daumen und Zeigefinger aufspreizen und gleichzeitig das Auge nach allen Seiten bewegen lassen. Verletzte nicht auskühlen lassen. Bei Erbrechen zumindest Kopf in Seitenlage bringen. Verletzte nur liegend transportieren. Bei Gefahr der Bewußtlosigkeit Lagerung und Transport in stabiler Seitenlage.

Hinweise für den Arzt:
Symptomatische Behandlung. Augen sorgfältig spülen. Codein gegen Reizhusten. Bei Reizung der Atemwege 5–10 Hübe oder mehr/h eines Dosier-Aerosols mit Beclometason (z. B. Sanasthmyl Glaxo oder Viarox Essex Pharma) oder mit Dexamethason (z. B. Auxiloson Thomae).

Formel: $C_4H_8N\text{-}CH_3$ **Summen-Formel:** C5–H11–N **UN-Nr. 2733 n.o.s.**

Merkblatt

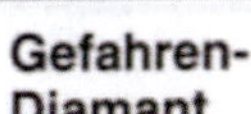

Stoffname

Deutsch	*Englisch*	*Französisch*
1-Methylpyrrolidin	**1-Methylpyrrolidine**	**1-Méthylpyrrolidine**
N-Methylpyrrolidin	N-Methylpyrrolidine	
N-Methyltetrahydropyrrol	N-Methyltetrahydropyrrole	

Spanisch

1-Metilpirrolidina

Gefahren-Diamant

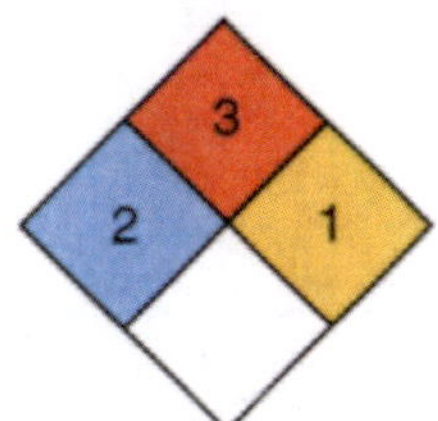

Hazchem-Code: 3W

Technische Daten

Siedepunkt	78–82 °C
Dampfdruck in mbar bei 20 °C	100
Dampfdichteverhältnis, Luft = 1	2,9
Schmelzpunkt	<–80 °C
Mischbarkeit mit Wasser	vollständig
Spez. Gewicht, Wasser = 1	0,80
Molare Masse	85,17

Feuerbekämpfungsdaten

Flammpunkt	–17,8 °C
Zündfähiges Gemisch, Vol.-%	1,1–9,1
Zündtemperatur	170 °C

Gefahrgut:

	Klassifizierung:	
IMDG-Code: UN-Nr. 2733 n.o.s.	Kl. 3	Verp. Gr. II EMS: **F**-E; **S**-C
ICAO/IATA DGR: UN-Nr. 2733 n.o.s.	Kl. 3	Verp. Gr. II
ADR/RID/ADNR: UN-Nr. 2733 n.a.g.	Kl. 3	Klassifiz. Code FC Verp. Gr. II

Gefahrzettel (Label) Nr. 3+8
Richtige Versandbezeichnung (PSN):
Land/BinSch: **2733 Amine entzündbar, ätzend, n.a.g. (Methylpyrrolidin)**
See/Luft: **Amines, flammable, corrosive, n.o.s. (Methylpyrrolidine)**

Gefahrstoff:
CAS Nr.: 120-94-5 RTECS-Nr.: UY 1420500
EG-Nr.: 204-438-5 INDEX-Nr.:
EG-Einstufung: nein
Symbol: F, C, N*
R-Sätze: 11-20/22-35-51/53*
S-Sätze: 3-16-26-28-36/37/39-45-61*
D-Lagerklasse (VCI)-Nr.: 3

* Herstellerangaben.

Erscheinungsbild: Farblose bis gelbe Flüssigkeit, penetranter, aminartiger Geruch.

Verhalten bei Freiwerden und Vermischen mit Luft: Stark ätzende, gesundheitsschädliche, umweltgefährliche und leicht entzündliche Flüssigkeit. Dämpfe sehr leicht entzündbar, Flüssigkeit verdunstet sehr schnell. Dämpfe bilden mit Luft ätzende, gesundheitsschädliche, umweltgefährdende und explosionsfähige Gemische. Sie sind schwerer als Luft, kriechen am Boden entlang und können bei Zündung über weite Strecken zurückschlagen. Entzündung durch heiße Oberflächen, Funken oder offene Flammen. Bei Brand oder Erhitzung bis zur Zersetzung (z. B. durch Umgebungsbrände oder heiße Oberflächen) bilden sich giftige und ätzende Gase und Dämpfe, die im Wesentlichen aus nitrosen Gasen (Stickstoffoxiden) bestehen und auch Kohlenmonoxid sowie Kohlendioxid enthalten.

Verhalten bei Freiwerden und Vermischen mit Wasser: Der Stoff löst sich vollständig in Wasser und bildet auch bei Verdünnung noch ätzende, gesundheitsschädliche und umweltgefährliche Gemische. Bei höheren Konzentrationen des Stoffes in heißem Wasser können sich über der Oberfläche ätzende, gesundheitsschädliche, umweltgefährdende und explosionsfähige Gemische mit Luft bilden.

Gesundheitsgefährdung: Die Flüssigkeit und ihre Dämpfe verursachen schwere Verätzungen der Haut, der Schleimhäute der Augen und der oberen Atemwege. Gefahr bleibender Augenschäden bzw. Erblindung. Nach Verschlucken kommt es zu starken Beschwerden im Magen-Darm-Trakt. Bei Brand oder Erhitzen bis zur Zersetzung Bildung von nitrosen Gasen (s. auch Merkblatt 150).
Symptome: Rötung, Brennen und Schmerzen der Haut und der Augen, schlecht heilende Wunden, Hustenreiz, Übelkeit, Schwindel, Erbrechen, Durchfall
Nach Einatmen oder Hautkontakt in jedem Fall – auch bei Ausbleiben der Symptome – den Arzt aufsuchen. Nach Kontakt der Substanz mit den Augen ist in jedem Fall ein Augenarzt aufzusuchen.

Geruchsschwelle = Luftgrenzwert =

Bemerkungen: Der Stoff reagiert heftig bis sehr heftig unter starker Erwärmung bei Kontakt oder Mischung mit Säuren und säurebildenden Substanzen.

Sicherheitsmaßnahmen für Fahrzeugbesatzung, Polizei, Feuerwehr und Rettungskräfte:
Polizei und Feuerwehr alarmieren.
Im Gefahrenbereich sofort Maschine stoppen, Zündung abstellen, nicht rauchen, offenes Feuer löschen, kein elektrisches Gerät, keinen Schalter mit Funkenbildung betätigen. Nur exgeschützte Geräte einsetzen. Umluftunabhängiges (schweres) Atemschutzgerät und volle Schutzkleidung tragen.
Wasserschutzpolizei und Feuerwehr: Kein Boot mit Ottomotor einsetzen. Bei Dieselantrieb Sicherheitsschaltung veranlassen. Radar- und Kommadorufanlage nicht benutzen. Beim Retten nicht ins Wasser springen.

Schutz- und Einsatzmaßnahmen: Alle unbeteiligten Personen nach Luv (gegen den Wind) entfernen. Achtung, falls freiwerdendes Gut in die Kanalisation oder in Abwasserleitungen von Schiffen gerät, entstehen ätzende, gesundheitsschädliche und umweltgefährdende Gemische mit Abwasser und kann über der Oberfläche Explosions- und Verätzungsgefahr entstehen. Experten hinzuziehen. Auf Wasserstraßen Schiffahrtssperre. An Land gefährdetes Gebiet absperren. Große Sicherheitszone bilden. In Wohn- und Industriegebieten Anwohner warnen. Bei großen Mengen freiwerdenden Gutes gefährdetes Gebiet evakuieren und Katastrophenalarm prüfen.

Konzentrationsmessung explosionsfähiger bzw. giftiger Dämpfe siehe Tabelle (Anhang 6 der Erläuterungen).

Zuständige Behörden unterrichten.

Bekämpfung der Unfallfolgen:
Feuer: Bei kleinem Brandherd Löschpulver, Wassersprühstrahl, Kohlensäure oder alkoholbeständiger Schaum. Bei großem Brandherd alkoholbeständiger Schaum oder Wassersprühstrahl. Behälter mit Wassersprühstrahl kühlen und nach Möglichkeit aus der Gefahrenzone ziehen. Achtung, das Löschwasser ist giftig und umweltgefährlich. Es muß aufgefangen werden und darf nicht unbehandelt in die Kanalisation, in Gewässer oder in das Grundwasser gelangen.
Leckage: Leck schließen, wenn ohne Risiko möglich.
Fließendes Gewässer: Trink-, Brauch- und Kühlwasserentnehmer verständigen.
Stehendes Gewässer: Absperren. Fahrzeugbesatzungen im gefährdeten Gebiet warnen.
An Land: Kanalisation abdichten. Auffangen, eindeichen und abpumpen. In Wohn- und Industriegebieten alle tiefliegenden Räume abdichten. Alle Zündquellen beseitigen. Restmengen mit nicht brennbarem, saugfähigem Material wie z. B. trockener Erde, Sand, Kieselgur, Universalbinder oder Vermiculit abdecken und an sichere Deponie zur Vernichtung transportieren.

Gewässerverunreinigung:
GefStoffV/EG: Gefahrensymbol: N Umweltgefährlich, R 51/53: giftig für Wasserorganismen, kann in Gewässern längerfristig schädliche Wirkungen haben.
Gesamtbewertung nach Unfall: Gruppe III, in stehenden Gewässern sehr hohe, in fließenden Gewässern je nach Vermischung mittlere bis hohe toxische Wirkung, nach Brand Gruppe IV, hohe bis sehr hohe (extrem hohe) toxische Wirkung unabhängig von der Turbulenz des Gewässers (siehe auch Erläuterungen Abschnitt 16.4/5).
Einzelwerte siehe Anhang 9 der Erläuterungen.
Wassergefährdungsklasse: 2 – wassergefährdender Stoff

Erste Hilfe:
Verletzte an die frische Luft bringen, bequem lagern, beengende Kleidungsstücke lockern. Bei Atemstörung Sauerstoffzufuhr, ggf. Beatmung. Benetzte Kleidungsstücke, Schuhe und Strümpfe sofort ausziehen, entfernen und vernichten. Betroffene Körperstellen anhaltend mit Wasser spülen und anschließend mit sterilem Verbandmaterial abdecken. Bei Augenkontakt die Augen 15 Minuten mit Wasser spülen. Augenlider dazu mit Daumen und Zeigefinger aufspreizen und gleichzeitig das Auge nach allen Seiten bewegen lassen. Verletzte nicht auskühlen lassen. Bei Erbrechen zumindest Kopf in Seitenlage bringen. Verletzte nur liegend transportieren. Bei Gefahr der Bewußtlosigkeit Lagerung und Transport in stabiler Seitenlage.

Hinweise für den Arzt:
Symptomatische Behandlung.

Formel: $CH_3(CH_2)_7COCl$ | Summen-Formel: C9–H17–Cl–O | UN-Nr. 2927 n.o.s.

Merkblatt

2402

Stoffname

Deutsch
Nonanoylchlorid
N-Nonansäurechlorid
1-Nonansäurechlorid
Pelargonsäurechlorid

Englisch
Nonanoylchloride
N-Nonanoic acid chloride
1-Nonanoic acid chloride
Pelargonic acid chloride

Französisch
Chlorure de nonanoyle

Spanisch
Cloruro de nonanoílo

Gefahren-Diamant

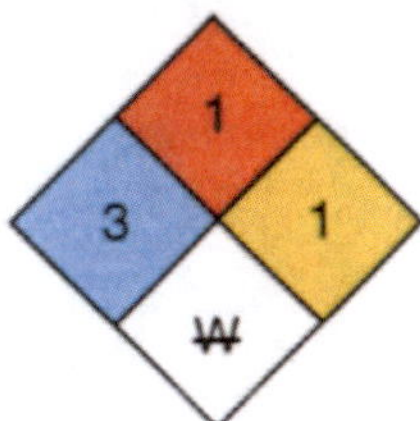

Hazchem-Code:
2XE

Technische Daten

Siedepunkt	108–110 °C bei 29 mbar
Dampfdruck in mbar bei 20 °C	0,2
Dampfdichteverhältnis, Luft = 1	
Schmelzpunkt	–60,5 °C
Mischbarkeit mit Wasser	Zersetzung*
Spez. Gewicht, Wasser = 1	0,94
Molare Masse	176,69

Feuerbekämpfungsdaten

Flammpunkt	99 °C
Zündfähiges Gemisch, Vol.-%	0,8–3,7
Zündtemperatur	225 °C

* Reagiert heftig unter starker Erwärmung und Bildung von Chlorwasserstoff(gas) bzw. Salzsäuredämpfen.

Gefahrgut:
IMDG-Code: UN-Nr. 2927 n.o.s. — **Klassifizierung:** Kl. 6.1 Verp. Gr. I EMS: **F**-A; **S**-B
Marine pollutant
ICAO/IATA DGR: UN-Nr. 2927 n.o.s. — Kl. 6.1 Verp. Gr. I
ADR/RID/ADNR: UN-Nr. 2927 n.a.g. — Kl. 6.1 Klassifiz. Code TC1 Verp. Gr. I
Gefahrzettel (Label) Nr. 6.1+8
Richtige Versandbezeichnung (PSN):
Land/BinSch: **2927 Giftige Flüssigkeit, ätzend, organisch, n.a.g. (Nonanoylchlorid)**
See/Luft: **Toxic liquid, corrosive, organic, n.o.s. (Nonanoylchloride)**

Gefahrstoff:
CAS Nr.: 764-85-2 — RTECS-Nr.:
EG-Nr.: 212-131-2 — INDEX-Nr.:
EG-Einstufung: nein
Symbol: T+*
R-Sätze: 22-26-34-43*
S-Sätze: 26-36/37/39-38-45*
D-Lagerklasse (VCI)-Nr.: 6.1

* Herstellerangaben

Erscheinungsbild: Hellgelbe Flüssigkeit, stechender Geruch.

Verhalten bei Freiwerden und Vermischen mit Luft: Sehr giftige, ätzende und brennbare Flüssigkeit mit relativ hohem Flammpunkt. Bei starker Erhitzung bilden sich sehr giftige, ätzende und explosionsfähige Gemische mit Luft. Sie sind schwerer als Luft und kriechen am Boden entlang. Entzündung durch heiße Oberflächen, Funken oder offene Flammen. Bei Erhitzung bis zur Zersetzung (z. B. durch Umgebungsbrände oder heiße Oberflächen) und bei Brand bilden sich giftige und ätzende Gase und Dämpfe, die im Wesentlichen aus Chlorwasserstoff(gas) bzw. Salzsäuredämpfen bestehen und auch Kohlenmonoxid(gas) sowie Kohlendioxid(gas) enthalten.

Verhalten bei Freiwerden und Vermischen mit Wasser: Die Substanz ist leichter als Wasser und schwimmt auf der Wasseroberfläche. Sie reagiert heftig bis sehr heftig mit Wasser unter starker Erwärmung und Bildung von Chlorwasserstoff(gas) bzw. Salzsäuredämpfen, die als weiße Nebel sichtbar werden können.

Gesundheitsgefährdung: Die Flüssigkeit und ihre Dämpfe/Aerosole verursachen Verätzungen der Haut, der Schleimhäute der Augen und der oberen Atemwege. Gefahr bleibender Augenschäden bzw. Erblindung. Lungenödem – auch mit Verzögerung bis zu 2 Tagen – möglich. Wiederholter oder langandauernder Kontakt mit der Substanz kann zu allergischen Reaktionen der Haut führen. Bei Brand oder Erhitzen bis zur Zersetzung Bildung von Chlorwasserstoff (s. auch Merkblatt 63).
Symptome: Rötung, Brennen und Schmerzen der Augen und betroffener Körperpartien, Tränenfluss, Hustenreiz, Übelkeit, Erbrechen, Schwindel, starke Leibschmerzen, Durchfall
Nach Einatmen oder Hautkontakt in jedem Fall – auch bei Ausbleiben der Symptome – den Arzt aufsuchen.
Nach Kontakt der Substanz mit den Augen ist in jedem Fall ein Augenarzt aufzusuchen.

Geruchsschwelle = — Luftgrenzwert =

Bemerkungen: Der Stoff ist löslich in Ether, Chloroform und vielen anderen organischen Lösemitteln. Die Substanz reagiert heftig bis sehr heftig bei Kontakt oder Mischung mit Alkalien (Basen), Aminen, Aminverbindungen und Alkoholen. Dabei bildet sich stark ätzender Chlorwasserstoff(gas) bzw. Salzsäuredämpfe.

Sicherheitsmaßnahmen für Fahrzeugbesatzung, Polizei, Feuerwehr und Rettungskräfte:
Polizei und Feuerwehr alarmieren.
Im Gefahrenbereich sofort umluftunabhängiges (schweres) Atemschutzgerät und volle Schutzkleidung tragen. Bei Erhitzung der Flüssigkeit Zündung abstellen, Maschine stoppen, nicht rauchen, offenes Feuer löschen, kein elektrisches Gerät und keinen Schalter mit Funkenbildung betätigen.
Wasserschutzpolizei und Feuerwehr: Bei Erhitzung des Stoffes kein Boot mit Ottomotor einsetzen. Bei Dieselantrieb Sicherheitsschaltung veranlassen. Beim Retten nicht ins Wasser springen.

Schutz- und Einsatzmaßnahmen: Alle unbeteiligten Personen nach Luv (gegen den Wind) entfernen. Achtung, falls freiwerdendes Gut in die Kanalisation oder in Abwasserleitungen von Schiffen gerät, entstehen giftige und ätzende Gemische mit Abwasser und können sich über der Oberfläche explosionsfähige, giftige und ätzende Gemische mit Luft bilden. In Wohn- und Industriegebieten Anwohner warnen. Große Sicherheitszone bilden. Bei Erhitzung und größeren Mengen ausgelaufenen Gutes Katastrophenalarm prüfen.

Konzentrationsmessung explosionsfähiger bzw. giftiger Dämpfe siehe Tabelle (Anhang 6 der Erläuterungen).

Zuständige Behörden unterrichten.

Bekämpfung der Unfallfolgen:
Feuer: Bei kleinem Brandherd Löschpulver, trockener Sand, Zement oder Kohlensäure. Wegen heftiger Reaktionsgefahr kein Wasser und keinen Schaum verwenden. Behälter mit Wassersprühstrahl kühlen und nach Möglichkeit aus der Gefahrenzone ziehen. Es darf jedoch kein Wasser in den Tank gelangen, da sonst Gefahr einer explosionsartigen Reaktion.
Leckage: Leck schließen, wenn ohne Risiko möglich.
Fließendes Gewässer: Trink-, Brauch- und Kühlwasserentnehmer verständigen. Experten hinzuziehen.
Stehendes Gewässer: Absperren. Alle Zündquellen beseitigen. Fahrzeuge im gefährdeten Gebiet räumen. Experten hinzuziehen.
An Land: Kanalisation abdichten. Auffangen, eindeichen und abpumpen. Restmengen mit nicht brennbarem, saugfähigem Material wie z. B. trockener Erde, Sand, gemahlenem Kalkstein, Kieselgur, Universalbinder oder Vermiculit abdecken und in geschlossenem Behälter an sicheren Deponieort transportieren. Alle Zündquellen beseitigen. In Wohn- und Industriegebieten alle tiefliegenden Räume abdichten. Experten hinzuziehen.

Gewässerverunreinigung:
GefStoffV/EG:
Gesamtbewertung nach Unfall: Gruppe III, in stehenden Gewässern sehr hohe, in fließenden Gewässern je nach Vermischung mittlere bis hohe toxische Wirkung (siehe auch Erläuterungen Abschnitt 16.4/5).
Einzelwerte siehe Anhang 9 der Erläuterungen.
Wassergefährdungsklasse: 1 – schwach wassergefährdender Stoff

Erste Hilfe:
Verletzte an die frische Luft bringen, bequem lagern, beengende Kleidungsstücke lockern. Bei Atemstörung Sauerstoffzufuhr, ggf. Beatmung. Benetzte Kleidungsstücke, Schuhe und Strümpfe sofort ausziehen, entfernen und vernichten. Betroffene Körperstellen anhaltend mit Wasser spülen und anschließend mit sterilem Verbandmaterial abdecken. Bei Augenkontakt die Augen 15 Minuten mit Wasser spülen. Augenlider dazu mit Daumen und Zeigefinger aufspreizen und gleichzeitig das Auge nach allen Seiten bewegen lassen. Verletzte nicht auskühlen lassen. Bei Erbrechen zumindest Kopf in Seitenlage bringen. Verletzte nur liegend transportieren. Bei Gefahr der Bewußtlosigkeit Lagerung und Transport in stabiler Seitenlage.

Hinweise für den Arzt:
Symptomatische Behandlung. Augen sorgfältig spülen. Unverzüglich Augenarzt hinzuziehen! Nach Ingestion Mund ausspülen lassen. Nach kurz zurückliegender Ingestion größerer Mengen Magenabsaugung erwägen. Ggf. endoskopische Kontrolle des Ausmaßes der Verätzungen der Speiseröhre.

Formel: **Summen-Formel:** C13–H22–N4–O3–S **UN-Nr. 2588 n.o.s.**

Merkblatt

2403

Stoffname

Deutsch	*Englisch*	*Französisch*
Triazamat	**Triazamate**	**Triazamate**
Ethyl-(3-tert.-butyl-1-dimethylcarbamoyl-1H-1,2,4-triazol-5-ylthio)acetat	Ethyl-(3-tert.-butyl-1-dimethylcarbamoyl-1H-1,2,4-triazol-5ylthio)acetate	
Ethyl [[1-[(dimethylamino) carbonyl]-3-(1,1dimethylethyl) -1H-1,2,4-triazol-5-yl]thio]-acetat	Ehthyl [[1-[(dimethylamino) carbonyl]-3-(1,1dimethylethyl) -1H-1,2,4 triazol-5-yl]thio]acetate	*Spanisch* **Triazamato**

Gefahren-Diamant

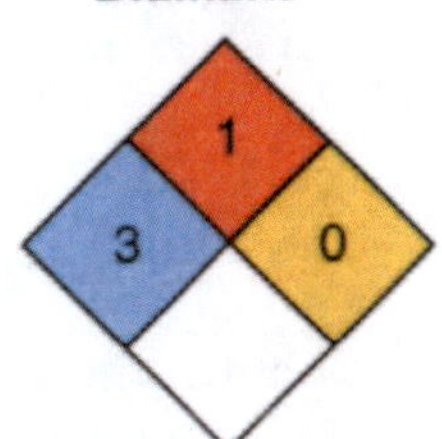

Hazchem-Code: **2X**

Technische Daten

Siedepunkt	>280 °C
Dampfdruck in mbar bei 20 °C	0,64
Dampfdichteverhältnis, Luft = 1	
Schmelzpunkt	54 °C
Mischbarkeit mit Wasser	geringfügig*
Spez. Gewicht, Wasser = 1	1,205
Molare Masse	314,41

Feuerbekämpfungsdaten

Flammpunkt	>189 °C
Zündfähiges Gemisch, Vol.-%	
Zündtemperatur	370 °C

* 448 mg/l.

Gefahrgut: **Klassifizierung:**

IMDG-Code: UN-Nr. 2588 n.o.s. Kl. 6.1 Verp. Gr. III EMS: **F**-A; **S**-A
Marine pollutant
ICAO/IATA DGR: UN-Nr. 2588 n.o.s. Kl. 6.1 Verp. Gr. III
ADR/RID/ADNR: UN-Nr. 2588 n.a.g. Kl. 6.1 Klassifiz. Code T7 Verp. Gr. III
Gefahrzettel (Label) Nr. 6.1
Richtige Versandbezeichnung (PSN):
Land/BinSch: **2588 Pestizid, fest, giftig, n. a. g. (Triazamat)**
See/Luft: **Pesticide, solid, toxic, n. o. s. (Triazamate)**

Gefahrstoff:

CAS Nr.: 112143-82-5 RTECS-Nr.:
EG-Nr.: INDEX-Nr.:
EG-Einstufung: nein
Symbol: T, N*
R-Sätze: 23/25-43-50/53*
S-Sätze: 24-37-38-45-61*
D-Lagerklasse (VCI)-Nr.: 11

* Herstellerangaben

Erscheinungsbild: Weiß bis gelbbrauner fester Stoff, leichter Schwefelgeruch.

Verhalten bei Freiwerden und Vermischen mit Luft: Giftiger, umweltgefährlicher und brennbarer fester Stoff mit relativ hohem Flammpunkt von >189 °C. Bei Aufwirbelung des Staubes bilden sich giftige, umweltgefährliche und explosionsfähige Gemische mit Luft. Bei Erhitzung bis zur Zersetzung (z. B. durch Umgebungsbrände oder heiße Oberflächen) und bei Brand bilden sich giftige und ätzende Gase bzw. Dämpfe, die im Wesentlichen aus nitrosen Gasen und Schwefeldioxid(gas) bestehen und auch Kohlenmonoxid(gas) sowie Kohlendioxid(gas) enthalten.

Verhalten bei Freiwerden und Vermischen mit Wasser: Der Stoff ist schwerer als Wasser und sinkt unter. Er löst sich nur geringfügig in Wasser. Es bilden sich giftige und umweltgefährliche Emulsionen mit Wasser, die auch bei starker Verdünnung noch wirksam sind.

Gesundheitsgefährdung: Die Substanz hemmt nach Aufnahme in den Körper die Cholinesterase, dadurch kommt es zur Störung von Funktionen des zentralen Nervensystems, des Herz-Kreislaufsystems, des Magen-Darm-Bereiches und der Muskeln. Wiederholter oder länger andauernder Hautkontakt führt zu allergischen Reaktionen. Bei Brand oder Erhitzen bis zur Zersetzung Bildung von nitrosen Gasen (s. auch Merkblatt 150) und Schwefeldioxid (s. auch Merkblatt 186).
Symptome: Pupillenverengung, Speichelfluß, Übelkeit, Erbrechen, Stuhl- und Urinabgang, Zuckungen, Krämpfe, Bewußtseinstrübung (bis zum Koma), Atemdepression, Atemlähmung
Nach Einatmen oder Hautkontakt in jedem Fall – auch bei Ausbleiben der Symptome – den Arzt aufsuchen.

Geruchsschwelle = Luftgrenzwert =

Bemerkungen: Das Produkt reagiert bei Kontakt oder Mischung mit Alkalien (Basen).

Sicherheitsmaßnahmen für Fahrzeugbesatzung, Polizei, Feuerwehr und Rettungskräfte:
Polizei und Feuerwehr alarmieren.
Im Gefahrenbereich sofort umluftunabhängiges (schweres) Atemschutzgerät und volle Schutzkleidung tragen. Bei Erhitzung der Flüssigkeit Zündung abstellen, Maschine stoppen, nicht rauchen, offenes Feuer löschen, kein elektrisches Gerät und keinen Schalter mit Funkenbildung betätigen.
Wasserschutzpolizei und Feuerwehr: Bei Erhitzung des Stoffes kein Boot mit Ottomotor einsetzen. Bei Dieselantrieb Sicherheitsschaltung veranlassen. Beim Retten nicht ins Wasser springen.

Schutz- und Einsatzmaßnahmen: Alle unbeteiligten Personen nach Luv (gegen den Wind) entfernen. Achtung, falls freiwerdendes Gut in die Kanalisation oder in Abwasserleitungen von Schiffen gerät, entstehen gesundheitsschädliche und umweltgefährdende Emulsionen mit Abwasser. Experten hinzuziehen. Bei starker Erhitzung oder Brand entstehen giftige und ätzende Gase bzw. Dämpfe. In diesem Fall große Sicherheitszone bilden. In Wohn- und Industriegebieten Anwohner warnen.

Bekämpfung der Unfallfolgen:
Feuer: Bei kleinem Brandherd Löschpulver, Wassersprühstrahl, Kohlensäure oder Schaum. Bei großem Brandherd Schaum oder Wassersprühstrahl. Behälter mit Wassersprühstrahl kühlen und nach Möglichkeit aus der Gefahrenzone ziehen. Achtung, das Löschwasser ist giftig und umweltgefährlich. Es muß aufgefangen werden und darf nicht unbehandelt in die Kanalisation, in Gewässer oder in das Grundwasser gelangen.
Leckage: Leck schließen, wenn ohne Risiko möglich.
Fließendes Gewässer: Trink-, Brauch- und Kühlwasserentnehmer verständigen.
Stehendes Gewässer: Absperren. Fahrzeugbesatzungen im gefährdeten Gebiet warnen.
An Land: Kanalisation abdichten. Auffangen, eindeichen und abbergen. In Wohn- und Industriegebieten alle tiefliegenden Räume abdichten. Alle Zündquellen beseitigen. Restmengen mit nicht brennbarem, saugfähigem Material wie z. B. trockener Erde, Sand, Kieselgur, Universalbinder oder Vermiculit abdecken und an sichere Deponie zur Vernichtung transportieren.

Gewässerverunreinigung:
GefStoffV/EG: Gefahrensymbol: N Umweltgefährlich, R 50/53: sehr giftig für Wasserorganismen, kann in Gewässern längerfristig schädliche Wirkungen haben.
Gesamtbewertung nach Unfall: Gruppe IV, hohe bis sehr hohe (extrem hohe) toxische Wirkung unabhängig von der Turbulenz des Gewässers (siehe auch Erläuterungen Abschnitt 16.4/5).
Einzelwerte siehe Anhang 9 der Erläuterungen.
Wassergefährdungsklasse: 3 – stark wassergefährdender Stoff

Erste Hilfe:
Verletzte an die frische Luft bringen, bequem lagern, beengende Kleidungsstücke lockern. Bei Atemstörung Sauerstoffzufuhr, ggf. Beatmung. Benetzte Kleidungsstücke, Schuhe und Strümpfe sofort ausziehen, entfernen und vernichten. Bei Verschlucken: Erbrechen lassen. Betroffene Körperstellen anhaltend mit Wasser spülen und anschließend mit sterilem Verbandmaterial abdecken. Bei Augenkontakt die Augen 15 Minuten mit Wasser spülen. Augenlider dazu mit Daumen und Zeigefinger aufspreizen und gleichzeitig das Auge nach allen Seiten bewegen lassen. Verletzte nicht auskühlen lassen. Bei Erbrechen zumindest Kopf in Seitenlage bringen. Verletzte nur liegend transportieren. Bei Gefahr der Bewußtlosigkeit Lagerung und Transport in stabiler Seitenlage.

Hinweise für den Arzt:
Symptomatische Behandlung. Nach kurz zurückliegender Ingestion: Magenspülung.

Formel: **Summen-Formel:** C5-H9-N **UN-Nr. 2733 n.o.s.**

Merkblatt

2404

Stoffname

Deutsch

1,1-Dimethylprop-3-inylamin
2-Methyl-3-butin-2-yl-amin
2-Amino-2-methyl-3-butin
1,1-Dimethyl-2-propinylamin
1,1-Dimethylpropargylamin

Englisch

1,1-Dimethylprop-3-inylamine
2-Methyl-3-butyn-2-amine
2-Amino-3-methyl-1-butyne
1,1-Dimethylpropargylamine
1,1-Dimethylpropynylamine

Französisch

1,1-Diméthylprop-3-ynylamine

Spanisch

1,1-Dimetilprop-3-inilamina

Gefahren-Diamant

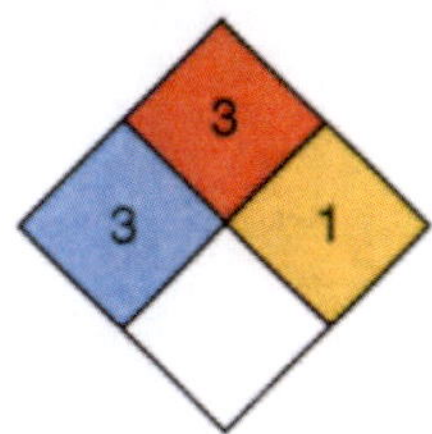

Hazchem-Code: 3W

Technische Daten

Siedepunkt	77–81 °C
Dampfdruck in mbar bei 20 °C	70
Dampfdichteverhältnis, Luft = 1	
Schmelzpunkt	7 °C
Mischbarkeit mit Wasser	vollständig
Spez. Gewicht, Wasser = 1	0,77–0,87 bei 23 °C
Molare Masse	83,13

Feuerbekämpfungsdaten

Flammpunkt	–5 °C
Zündfähiges Gemisch, Vol.-%	1,2–17,2 °C
Zündtemperatur	350 °C

Gefahrgut: **Klassifizierung:**

IMDG-Code: UN-Nr. 2733 n.o.s. Kl. 3 Verp. Gr. II EMS: **F**-E; **S**-C
Marine pollutant
ICAO/IATA DGR: UN-Nr. 2733 n.o.s. Kl. 3 Verp. Gr. II
ADR/RID/ADNR: UN-Nr. 2733 n.a.g. Kl. 3 Klassifiz. Code FC Verp. Gr. II
Gefahrzettel (Label) Nr. 3+8
Richtige Versandbezeichnung (PSN):
Land/BinSch: **2733 Amine, entzündbar, ätzend, n.a.g. (1,1-Dimethylpropinylamin)**
See/Luft: **Amines, flammable, corrosive, n.o.s. (1,1-Dimethylpropinylamine)**

Gefahrstoff:

CAS Nr.: 2978-58-7 RTECS-Nr.: ER 9543533
EG-Nr.: 221-029-7 INDEX-Nr.:
EG-Einstufung: nein
Symbol: F, C*
R-Sätze: 11-34*
S-Sätze: 16-23-36/37/39-26-45*
D-Lagerklasse (VCI)-Nr.:

* Herstellerangaben

Erscheinungsbild: Farblose bis gelbliche Flüssigkeit, charakteristischer Geruch.

Verhalten bei Freiwerden und Vermischen mit Luft: Ätzende und leicht entzündliche Flüssigkeit. Dämpfe sehr leicht entzündbar, Flüssigkeit verdunstet sehr schnell. Dämpfe bilden mit Luft ätzende und explosionsfähige Gemische. Sie sind schwerer als Luft, kriechen am Boden entlang und können bei Zündung über weite Strecken zurückschlagen. Bei Brand oder Erhitzung bis zur Zersetzung bilden sich giftige und ätzende Gase und Dämpfe, die im Wesentlichen aus nitrosen Gasen (Stickstoffoxiden) und Ammoniak bestehen und auch Kohlenmonoxid sowie Kohlendioxid enthalten.

Verhalten bei Freiwerden und Vermischen mit Wasser: Der Stoff löst sich vollständig in Wasser und bildet auch bei Verdünnung noch ätzende Gemische mit Wasser. Bei höheren Konzentrationen des Stoffes in heißem Wasser können sich über der Oberfläche ätzende und explosionsfähige Gemische mit Luft bilden.

Gesundheitsgefährdung: Die Flüssigkeit und ihre Dämpfe verätzen bei direktem Kontakt die Haut und die Schleimhäute der Augen. Gefahr bleibender Augenschäden, auch Erblindung. Die Dämpfe reizen die Atemwege stark, Gefahr von Lungen- und Kehlkopfödem – auch mit Verzögerung bis zu 2 Tagen – möglich. Nach Verschlucken starke Beschwerden im Magen-Darm-Trakt. Bei Brand oder Erhitzen bis zur Zersetzung Bildung von nitrosen Gasen (s. auch Merkblatt 150) und Ammoniak (s. auch Merkblatt 27).
Symptome: Lidkrampf, Tränenfluß, Schmerzen der Augen, Rötung, Blasenbildung auf der Haut, Husten, Atemnot, starke Leibschmerzen, Erbrechen, Übelkeit
Nach Einatmen oder Hautkontakt in jedem Fall – auch bei Ausbleiben der Symptome – den Arzt aufsuchen.
Nach Kontakt der Substanz mit den Augen ist in jedem Fall ein Augenarzt aufzusuchen.

Geruchsschwelle = Luftgrenzwert =

Bemerkungen: Der Stoff reagiert heftig bei Kontakt oder Mischung mit starken Oxidationsmiteln. Er wird dabei instabil.

Sicherheitsmaßnahmen für Fahrzeugbesatzung, Polizei, Feuerwehr und Rettungskräfte:
Polizei und Feuerwehr alarmieren.
Im Gefahrenbereich sofort umluftunabhängiges (schweres) Atemschutzgerät und volle Schutzkleidung tragen. Zündung abstellen, Maschine stoppen, nicht rauchen, offenes Feuer löschen, kein elektrisches Gerät und keinen Schalter mit Funkenbildung betätigen.
Wasserschutzpolizei und Feuerwehr: Kein Boot mit Ottomotor einsetzen. Bei Dieselantrieb Sicherheitsschaltung veranlassen. Beim Retten nicht ins Wasser springen.

Schutz- und Einsatzmaßnahmen: Alle unbeteiligten Personen nach Luv (gegen den Wind) entfernen. Achtung, falls freiwerdendes Gut in die Kanalisation oder in Abwasserleitungen von Schiffen gerät, entstehen ätzende Gemische mit Abwasser und können sich über der Oberfläche explosionsfähige und ätzende Gemische mit Luft bilden. In Wohn- und Industriegebieten Anwohner warnen. Große Sicherheitszone bilden. Bei größeren Mengen ausgelaufenen Gutes Katastrophenalarm prüfen.

Konzentrationsmessung explosionsfähiger bzw. giftiger Dämpfe siehe Tabelle (Anhang 6 der Erläuterungen).

Zuständige Behörden unterrichten.

Bekämpfung der Unfallfolgen:
Feuer: Bei kleinem Brandherd Löschpulver, Wassersprühstrahl, Kohlensäure oder Schaum. Bei großem Brandherd Schaum oder Wassersprühstrahl. Behälter mit Wassersprühstrahl kühlen und nach Möglichkeit aus der Gefahrenzone ziehen. Achtung, das Löschwasser ist giftig und umweltgefährlich. Es muß aufgefangen werden und darf nicht umbehandelt in die Kanalisation, in Gewässer oder in das Grundwasser gelangen.
Leckage: Leck schließen, wenn ohne Risiko möglich.
Fließendes Gewässer: Trink-, Brauch- und Kühlwasserentnehmer verständigen.
Stehendes Gewässer: Absperren. Fahrzeugbesatzungen im gefährdeten Gebiet warnen.
An Land: Kanalisation abdichten. Auffangen, eindeichen und abpumpen. In Wohn- und Industriegebieten alle tiefliegenden Räume abdichten. Alle Zündquellen beseitigen. Restmengen mit nicht brennbarem, saugfähigem Material wie z.B. trockener Erde, Sand, Kieselgur, Universalbinder oder Vermiculit abdecken und an sichere Deponie zur Vernichtung transportieren.

Gewässerverunreinigung:
GefStoffV/EG:
Gesamtbewertung nach Unfall: Gruppe III, in stehenden Gewässern sehr hohe, in fließenden Gewässern je nach Vermischung mittlere bis hohe toxische Wirkung, nach Brand Gruppe IV, hohe bis sehr hohe (extrem hohe) toxische Wirkung unabhängig von der Turbulenz des Gewässers (siehe auch Erläuterungen Abschnitt 16.4/5).
Einzelwerte siehe Anhang 9 der Erläuterungen.
Wassergefährdungsklasse: 1 – schwach wassergefährdender Stoff

Erste Hilfe:
Verletzte an die frische Luft bringen, bequem lagern, beengende Kleidungsstücke lockern. Bei Atemstörung Sauerstoffzufuhr, ggf. Beatmung. Benetzte Kleidungsstücke, Schuhe und Strümpfe sofort ausziehen, entfernen und vernichten. Betroffene Körperstellen anhaltend mit Wasser spülen und anschließend mit sterilem Verbandmaterial abdecken. Bei Augenkontakt die Augen 15 Minuten mit Wasser spülen. Augenlider dazu mit Daumen und Zeigefinger aufspreizen und gleichzeitig das Auge nach allen Seiten bewegen lassen. Verletzte nicht auskühlen lassen. Bei Erbrechen zumindest Kopf in Seitenlage bringen. Verletzte nur liegend transportieren. Bei Gefahr der Bewußtlosigkeit Lagerung und Transport in stabiler Seitenlage.

Hinweise für den Arzt:
Symptomatische Behandlung.

Formel: $CH_3(CH_2)_6COCl$ **Summen-Formel:** C8–H15–Cl-O **UN-Nr. 2810 n.o.s.**

Merkblatt

2405

Stoffname

Deutsch	*Englisch*	*Französisch*
Octanoylchlorid	**Octanoylchloride**	**Chlorure d'octanoyle**
Octansäurechlorid	Octanoic acid chloride	
Caprylsäurechlorid	Octanoic chloride	
Capryloylchlorid	Caprylic acid chloride	
	Capryloyl chloride	*Spanisch*
	Caprylyl chloride	**Cloruro de octanoílo**

Gefahren-Diamant

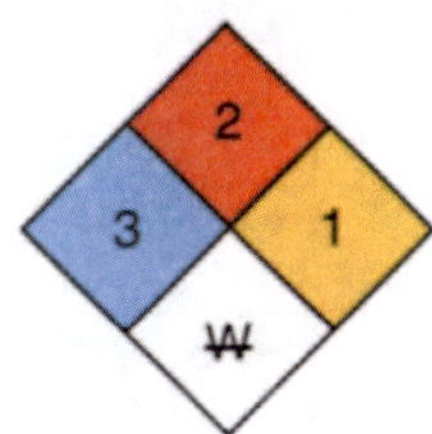

Hazchem-Code: 2XE

Technische Daten	
Siedepunkt	196 °C
Dampfdruck in mbar bei 20 °C	0,8
Dampfdichteverhältnis, Luft = 1	5,63
Schmelzpunkt	–63 °C
Mischbarkeit mit Wasser	reagiert heftig*
Spez. Gewicht, Wasser = 1	0,949
Molare Masse	162,66

Feuerbekämpfungsdaten	
Flammpunkt	85 °C
Zündfähiges Gemisch, Vol.-%	1,2–5,9
Zündtemperatur	230 °C

* Reagiert heftig unter starker Erhitzung und zersetzt sich spontan. Dabei bildet sich Chlorwasserstoff(gas) bzw. Salzsäuredämpfe.

Gefahrgut:	**Klassifizierung:**	
IMDG-Code: UN-Nr. 2810 n.o.s.	Kl. 6.1	Verp. Gr. I EMS: **F-A** ; **S- A**
ICAO/IATA DGR: UN-Nr. 2810 n.o.s.	Kl. 6.1	Verp. Gr. I
ADR/RID/ADNR: UN-Nr. 2810 n.a.g.	Kl. 6.1	Klassifiz. Code T1 Verp. Gr. I

Gefahrzettel (Label) Nr. 6.1
Richtige Versandbezeichnung (PSN):
Land/BinSch: **2810 Giftiger, organischer flüssiger Stoff, n.a.g. (Octanoylchlorid)**
See/Luft: **Toxic, liquid, organic, n.o.s. (Octanoylchloride)**

Gefahrstoff:
CAS Nr.: 111-64-8 RTECS-Nr.: RH 1570000
EG-Nr.: 203-891-6 INDEX-Nr.:
EG-Einstufung: nein
Symbol: T+*
R-Sätze: 26-36/37/38-41*
S-Sätze: 26-38-39-45*
D-Lagerklasse (VCI)-Nr.: 6.1

* Herstellerangaben

Erscheinungsbild: Farblose bis gelbliche Flüssigkeit, stechender Geruch.

Verhalten bei Freiwerden und Vermischen mit Luft: Sehr giftige, reizende und brennbare Flüssigkeit mit relativ hohem Flammpunkt von 85 °C. Bei starker Erhitzung bilden sich sehr giftige, reizende, explosionsfähige Gemische mit Luft. Sie sind schwerer als Luft und kriechen am Boden entlang. Entzündung durch heiße Oberflächen, Funken oder offene Flammen. Bei Brand oder Erhitzung bis zur Zersetzung (z. B. durch Umgebungsbrände oder heiße Oberflächen) erfolgt Zersetzung unter Bildung von giftigen und ätzenden Gasen bzw. Dämpfen, die im Wesentlichen aus Chlorwasserstoff(gas) bzw. Salzsäuredämpfen bestehen und auch Kohlenmonoxid sowie Kohlendioxid enthalten.

Verhalten bei Freiwerden und Vermischen mit Wasser: Der Stoff ist leichter als Wasser und schwimmt auf der Oberfläche. Er reagiert spontan unter starker Erhitzung und zersetzt sich. Dabei bildet sich Chlorwasserstoff(gas) bzw. Salzsäuredämpfe, die als weiße Nebel sichtbar werden können.

Gesundheitsgefährdung: Die Flüssigkeit und ihre Dämpfe/Aerosole sind sehr giftig beim Einatmen, ferner reizen sie bis hin zur Verätzung die Haut, die Schleimhäute der Augen und der oberen Atemwege. Gefahr bleibender Augenschäden. Erblindung möglich. Lungenödem – auch mit Verzögerung bis zu 2 Tagen – möglich. Bei Brand oder Erhitzen bis zur Zersetzung Bildung von Chlorwasserstoff (s. auch Merkblatt 63).
Symptome: Rötung, Brennen und Schmerzen der Haut und der Augen, Tränenfluss, Hustenreiz, Übelkeit, Schwindel, Erbrechen; nach Verschlucken: starke Leibschmerzen
Nach Einatmen oder Hautkontakt in jedem Fall – auch bei Ausbleiben der Symptome – den Arzt aufsuchen.
Nach Kontakt der Substanz mit den Augen ist in jedem Fall ein Augenarzt aufzusuchen.

Geruchsschwelle = Luftgrenzwert =

Bemerkungen: Der Stoff reagiert heftig unter starker Erwärmung bei Kontakt oder Mischung mit Aminen und Aminverbindungen. Dabei bildet sich Chlorwasserstoff(gas) und bei Anwesenheit von feuchter Luft, Feuchtigkeit, Wasserdampf oder Wasser auch Salzsäuredämpfe.

Sicherheitsmaßnahmen für Fahrzeugbesatzung, Polizei, Feuerwehr und Rettungskräfte:
Polizei und Feuerwehr alarmieren.
Im Gefahrenbereich sofort umluftunabhängiges (schweres) Atemschutzgerät und volle Schutzkleidung tragen. Bei Erhitzung der Flüssigkeit Zündung abstellen, Maschine stoppen, nicht rauchen, offenes Feuer löschen, kein elektrisches Gerät und keinen Schalter mit Funkenbildung betätigen.
Wasserschutzpolizei und Feuerwehr: Bei Erhitzung des Stoffes und bei Brand kein Boot mit Ottomotor einsetzen. Bei Dieselantrieb Sicherheitsschaltung veranlassen. Beim Retten nicht ins Wasser springen.

Schutz- und Einsatzmaßnahmen: Alle unbeteiligten Personen nach Luv (gegen den Wind) entfernen. Achtung, falls freiwerdendes Gut in die Kanalisation oder in Abwasserleitungen von Schiffen gerät, entstehen giftige und ätzende Gemische mit Abwasser und können sich über der Oberfläche explosionsfähige und giftige Gemische mit Luft bilden. In Wohn und Industriegebieten Anwohner warnen. Große Sicherheitszone bilden. Bei Erhitzung und bei großen Mengen ausgelaufenen Gutes Katastrophenalarm prüfen.

Konzentrationsmessung explosionsfähiger bzw. giftiger Dämpfe siehe Tabelle (Anhang 6 der Erläuterungen).

Zuständige Behörden unterrichten.

Bekämpfung der Unfallfolgen:
Feuer: Bei kleinem und großem Brandherd Löschpulver, trockener Sand, Zement, gemahlener Kalkstein oder Kohlensäure. Wegen heftiger Reaktionsgefahr kein Wasser und keinen Schaum verwenden. Behälter mit Wassersprühstrahl kühlen und nach Möglichkeit aus der Gefahrenzone ziehen. Es darf jedoch kein Wasser in den Tank gelangen, da sonst Gefahr einer explosionsartigen Reaktion.
Leckage: Leck schließen, wenn ohne Risiko möglich.
Fließendes Gewässer: Trink-, Brauch- und Kühlwasserentnehmer verständigen. Experten hinzuziehen.
Stehendes Gewässer: Absperren. Alle Zündquellen beseitigen. Fahrzeuge im gefährdeten Gebiet räumen.
An Land: Kanalisation abdichten. Auffangen, eindeichen und abpumpen. Restmengen mit nicht brennbarem, saugfähigem Material wie z. B. trockener Erde, Sand, gemahlenem Kalkstein, Kieselgur, Universalbinder oder Vermiculit abdecken und in geschlossenem Behälter an sichere Deponieort transportieren. Alle Zündquellen beseitigen. In Wohn- und Industriegebieten alle tiefliegenden Räume abdichten. Experten hinzuziehen.

Gewässerverunreinigung:
GefStoffV/EG:
Gesamtbewertung nach Unfall: Gruppe III, in stehenden Gewässern sehr hohe, in fließenden Gewässern je nach Vermischung mittlere bis hohe toxische Wirkung (siehe auch Erläuterungen Abschnitt 16.4/5).
Einzelwerte siehe Anhang 9 der Erläuterungen.
Wassergefährdungsklasse: 1 – schwach wassergefährdender Stoff

Erste Hilfe:
Verletzte an die frische Luft bringen, bequem lagern, beengende Kleidungsstücke lockern. Bei Atemstörung Sauerstoffzufuhr, ggf. Beatmung. Benetzte Kleidungsstücke, Schuhe und Strümpfe sofort ausziehen, entfernen und vernichten. Betroffene Körperstellen anhaltend mit Wasser spülen und anschließend mit sterilem Verbandmaterial abdecken. Bei Augenkontakt die Augen 15 Minuten mit Wasser spülen. Augenlider dazu mit Daumen und Zeigefinger aufspreizen und gleichzeitig das Auge nach allen Seiten bewegen lassen. Verletzte nicht auskühlen lassen. Bei Erbrechen zumindest Kopf in Seitenlage bringen. Verletzte nur liegend transportieren. Bei Gefahr der Bewußtlosigkeit Lagerung und Transport in stabiler Seitenlage.

Hinweise für den Arzt:
Symptomatische Behandlung. Augen sorgfältig spülen. Unverzüglich Augenarzt hinzuziehen! Codein gegen Reizhusten. Bei Reizung der Atemwege 5–10 Hübe oder mehr/h eines Dosier-Aerosols mit Beclometason (z. B. Sanasthmyl Glaxo oder Viarox Essex Pharma) oder mit Dexamethason (z. B. Auxiloson Thomae). Nach Ingestion Mund ausspülen lassen. Nach kurz zurückliegender Ingestion größerer Mengen Magenabsaugung erwägen. Ggf. endoskopische Kontrolle des Ausmaßes der Verätzungen der Speiseröhre.

Formel: $CH_3(CH_2)_7NH_2$ **Summen-Formel:** C8–H19–N **UN-Nr. 2734 n.o.s.**

Merkblatt

2406

Stoffname

Deutsch	*Englisch*	*Französisch*
n-Octylamin	**n-Octylamine**	**Octylamine**
1-Aminooctan	1-Octanamine	
Caprylamin	1-Aminooctane	
Octylamin	Caprylamine	*Spanisch*
	Caprylylamine	**Octilamina**
	Octylamine	

Gefahren-Diamant

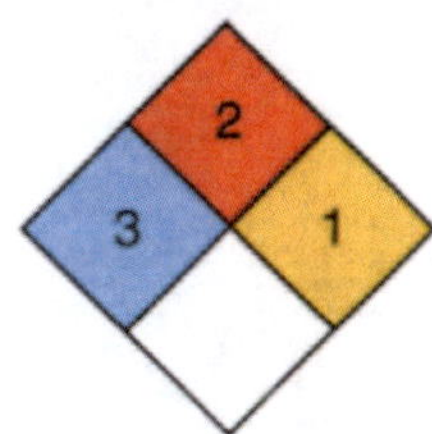

Hazchem-Code: 3W

Technische Daten

Siedepunkt	179 °C
Dampfdruck in mbar bei 20 °C	1
Dampfdichteverhältnis, Luft = 1	4,46
Schmelzpunkt	–1 °C
Mischbarkeit mit Wasser	sehr geringfügig*
Spez. Gewicht, Wasser = 1	0,782
Molare Masse	129,25

Feuerbekämpfungsdaten

Flammpunkt	60 °C
Zündfähiges Gemisch, Vol.-%	1,6–8,2
Zündtemperatur	265 °C

* 0,2 g/l bei 25 °C.

Gefahrgut: **Klassifizierung:**

IMDG-Code: UN-Nr. 2734 n.o.s. — Kl. 8 — Verp. Gr. I EMS: **F**-A; **S**-B

Marine pollutant

ICAO/IATA DGR: UN-Nr. 2734 n.o.s. — Kl. 8 — Verp. Gr. I

ADR/RID/ADNR: UN-Nr. 2734 n.a.g. — Kl. 8 — Klassifiz. Code CF1 Verp. Gr. I

Gefahrzettel (Label) Nr. 8+3

Richtige Versandbezeichnung (PSN):

Land/BinSch: **2734 Amine, flüssig, ätzend, entzündbar, n.a.g. (N-Octylamin)**

See/Luft: Amines liquid, corrosive, flammable, n.o.s. (n-Octylamine)

Gefahrstoff:

CAS Nr.: 111-86-4 — RTECS-Nr.: RG 8050000

EG-Nr.: 203-916-0 — INDEX-Nr.:

EG-Einstufung: nein

Symbol: C, N*

R-Sätze: 20/21/22-35-50*

S-Sätze: 36/37/39-45*

D-Lagerklasse (VCI)-Nr.: 3B

* Herstellerangaben

Erscheinungsbild: Farblose bis gelbe Flüssigkeit, aminartiger Geruch.

Verhalten bei Freiwerden und Vermischen mit Luft: Ätzende, umweltgefährdende und brennbare Flüssigkeit mit relativ hohem Flammpunkt von 60 °C. Bei Erhitzung bilden sich gesundheitsschädliche, umweltgefährdende und explosionsfähige Gemische mit Luft. Sie sind schwerer als Luft und kriechen am Boden entlang. Entzündung durch heiße Oberflächen, Funken oder offene Flammen. Bei Erhitzung bis zur Zersetzung (z. B. durch Umgebungsbrände oder heiße Oberflächen) und bei Brand bilden sich giftige und ätzende Gase bzw. Dämpfe, die im Wesentlichen aus nitrosen Gasen und Ammoniak bestehen und auch Kohlenmonoxid(gas) sowie Kohlendioxid(gas) enthalten.

Verhalten bei Freiwerden und Vermischen mit Wasser: Der Stoff ist leichter als Wasser und schwimmt auf der Oberfläche. Er löst sich nur geringfügig in Wasser. Es bilden sich ätzende und umweltgefährdende Gemische mit Wasser, die auch bei starker Verdünnung noch wirksam sind.

Gesundheitsgefährdung: Die Flüssigkeit und ihre Dämpfe/Aerosole verursachen schwere Verätzungen der Haut, der Schleimhäute der Augen und der oberen Atemwege. Gefahr bleibender Augenschäden. Erblindung möglich. Lungenödem – auch mit Verzögerung bis zu 2 Tagen – möglich. Die Substanz ist gesundheitsschädlich beim Verschlucken und führt zu Störungen im Magen-Darm-Trakt. Bei Brand oder Erhitzen bis zur Zersetzung Bildung von nitrosen Gasen (s. auch Merkblatt 150).

Symptome: Rötung, Brennen und Schmerzen der Augen und betroffener Körperpartien, schlecht heilende Ätzwunden, Übelkeit, Erbrechen, Schwindel, Blutdruckanstieg

Nach Einatmen oder Hautkontakt in jedem Fall – auch bei Ausbleiben der Symptome – den Arzt aufsuchen. Nach Kontakt der Substanz mit den Augen ist in jedem Fall ein Augenarzt aufzusuchen.

Geruchsschwelle = Luftgrenzwert =

Bemerkungen: Der Stoff reagiert heftig unter starker Wärmeentwicklung bei Kontakt oder Mischung mit Säuren.

Sicherheitsmaßnahmen für Fahrzeugbesatzung, Polizei, Feuerwehr und Rettungskräfte:
Polizei und Feuerwehr alarmieren.
Im Gefahrenbereich sofort umluftunabhängiges (schweres) Atemschutzgerät und volle Schutzkleidung tragen. Bei Erhitzung der Flüssigkeit Zündung abstellen, Maschine stoppen, nicht rauchen, offenes Feuer löschen, kein elektrisches Gerät und keinen Schalter mit Funkenbildung betätigen.
Wasserschutzpolizei und Feuerwehr: Bei Erhitzung des Stoffes kein Boot mit Ottomotor einsetzen. Bei Dieselantrieb Sicherheitsschaltung veranlassen. Beim Retten nicht ins Wasser springen.

Schutz- und Einsatzmaßnahmen: Alle unbeteiligten Personen nach Luv (gegen den Wind) entfernen. Achtung, falls freiwerdendes Gut in die Kanalisation oder in Abwasserleitungen von Schiffen gerät, entstehen ätzende Gemische mit Abwasser und kann bei heißem Abwasser auf der Oberfläche Explosions- und Verätzungsgefahr entstehen. Experten hinzuziehen. Auf Wasserstraßen Schiffahrtssperre. An Land gefährdetes Gebiet absperren. Große Sicherheitszone bilden. In Wohn- und Industriegebieten Anwohner warnen.

Konzentrationsmessung explosionsfähiger bzw. giftiger Dämpfe siehe Tabelle (Anhang 6 der Erläuterungen).

Zuständige Behörden unterrichten.

Bekämpfung der Unfallfolgen:
Feuer: Bei kleinem Brandherd Löschpulver, Wassersprühstrahl, Kohlensäure oder Schaum. Bei großem Brandherd Schaum oder Wassersprühstrahl. Behälter mit Wassersprühstrahl kühlen und nach Möglichkeit aus der Gefahrenzone ziehen. Achtung, das Löschwasser ist giftig und umweltgefährlich. Es muß aufgefangen werden und darf nicht unbehandelt in die Kanalisation, in Gewässer oder in das Grundwasser gelangen.
Leckage: Leck schließen, wenn ohne Risiko möglich.
Fließendes Gewässer: Trink-, Brauch- und Kühlwasserentnehmer verständigen.
Stehendes Gewässer: Absperren. Fahrzeugbesatzungen im gefährdeten Gebiet warnen.
An Land: Kanalisation abdichten. Auffangen, eindeichen und abpumpen. In Wohn- und Industriegebieten alle tiefliegenden Räume abdichten. Alle Zündquellen beseitigen. Restmengen mit nicht brennbarem, saugfähigem Material wie z. B. trockener Erde, Sand, Kieselgur, Universalbinder oder Vermiculit abdecken und an sichere Deponie zur Vernichtung transportieren.

Gewässerverunreinigung:
GefStoffV/EG: Gefahrensymbol: N Umweltgefährlich, R 50: sehr giftig für Wasserorganismen
Gesamtbewertung nach Unfall: Gruppe IV, hohe bis sehr hohe (extrem hohe) toxische Wirkung unabhängig von der Turbulenz des Gewässers (siehe auch Erläuterungen Abschnitt 16.4/5).
Einzelwerte siehe Anhang 9 der Erläuterungen.
Wassergefährdungsklasse: 2 – wassergefährdender Stoff

Erste Hilfe:
Verletzte an die frische Luft bringen, bequem lagern, beengende Kleidungsstücke lockern. Bei Atemstörung Sauerstoffzufuhr, ggf. Beatmung. Benetzte Kleidungsstücke, Schuhe und Strümpfe sofort ausziehen, entfernen und vernichten. Betroffene Körperstellen anhaltend mit Wasser spülen und anschließend mit sterilem Verbandmaterial abdecken. Bei Augenkontakt die Augen 15 Minuten mit Wasser spülen. Augenlider dazu mit Daumen und Zeigefinger aufspreizen und gleichzeitig das Auge nach allen Seiten bewegen lassen. Verletzte nicht auskühlen lassen. Bei Erbrechen zumindest Kopf in Seitenlage bringen. Verletzte nur liegend transportieren. Bei Gefahr der Bewußtlosigkeit Lagerung und Transport in stabiler Seitenlage.

Hinweise für den Arzt:
Symptomatische Behandlung. Augen sorgfältig spülen. Unverzüglich Augenarzt hinzuziehen! Codein gegen Reizhusten. Bei Reizung der Atemwege 5–10 Hübe oder mehr/h eines Dosier-Aerosols mit Beclometason (z. B. Sanasthmyl Glaxo oder Viarox Essex Pharma) oder mit Dexamethason (z. B. Auxiloson Thomae). Nach Ingestion Mund ausspülen lassen. Nach kurz zurückliegender Ingestition größerer Mengen Magenabsaugung erwägen. Ggf. endoskopische Kontrolle des Ausmaßes der Verätzungen der Speiseröhre.

Formel: $C_8H_{17}C_6H_4OH$ **Summen-Formel:** C14–H22–O **UN-Nr.**

Merkblatt

2407

Stoffname

Deutsch

(1,1,3,3-Tetramethylbutyl)-phenol
Octylphenol
Octylphenol (Isomerengemisch)
Diisobutylphenol

Englisch

(1,1,3,3-Tetramethylbutyl)-phenol
Octyl phenol
Octylphenol (mixed isomeres)
Diisobutyl phenol

Französisch

(1,1,3,3-Tétraméthylbutyl)-phénol

Spanisch

(1,1,3,3-Tetrametilbutil)fenol

Gefahren-Diamant

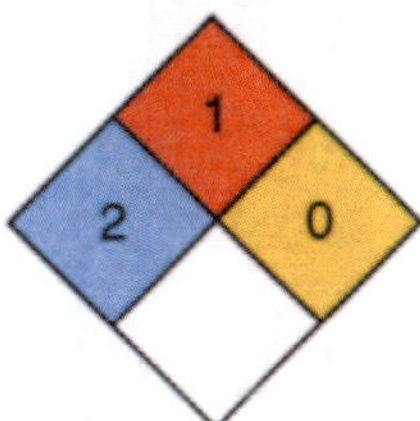

Hazchem-Code:

Technische Daten

Siedepunkt	
Dampfdruck in mbar bei 20 °C	
Dampfdichteverhältnis, Luft = 1	
Schmelzpunkt	280–283 °C
Mischbarkeit mit Wasser	sehr geringfügig
Spez. Gewicht, Wasser = 1	0,941
Molare Masse	206,33

Feuerbekämpfungsdaten

Flammpunkt	72–74 °C
Zündfähiges Gemisch, Vol.-%	
Zündtemperatur	

Gefahrgut:
IMDG-Code: UN-Nr. *
ICAO/IATA DGR: UN-Nr. *
ADR/RID/ADNR: UN-Nr. *
Gefahrzettel (Label) Nr.
Richtige Versandbezeichnung (PSN):
Land/BinSch:
See/Luft:

Klassifizierung:
Kl. Verp. Gr. EMS: **F-** ; **S-**
Kl. Verp. Gr.
Kl. Klassifiz. Code Verp. Gr.

* Kein Gefahrgut im Sinne der Vorschriften.

Gefahrstoff:
CAS Nr.: 27193-28-8 RTECS-Nr.: SM 5775000
EG-Nr.: 248-310-7 INDEX-Nr.:
EG-Einstufung: nein
Symbol: Xn, N*
R-Sätze: 22-43-50/53
S-Sätze:
D-Lagerklasse (VCI)-Nr.:

* Expertenvorschlag

Erscheinungsbild: Weiße bis schwach pinkfarbene Flocken.

Verhalten bei Freiwerden und Vermischen mit Luft: Brennbare Flüssigkeit mit relativ hohem Flammpunkt von 72 bis 74 °C. Bei starker Erhitzung bilden sich explosionsfähige Gemische mit Luft. Sie sind schwerer als Luft und kriechen am Boden entlang. Entzündung durch heiße Oberflächen, Funken oder offene Flammen. Bei Erhitzung bis zur Zersetzung (z. B. durch Umgebungsbrände oder heiße Oberflächen) und bei Brand bilden sich giftige und ätzende Gase bzw. Dämpfe, die im Wesentlichen aus saurem Rauch und reizenden Dämpfen bestehen und auch Kohlenmonoxid(gas) sowie Kohlendioxid(gas) enthalten.

Verhalten bei Freiwerden und Vermischen mit Wasser: Der Stoff ist leichter als Wasser und schwimmt auf der Oberfläche. Er löst sich nur geringfügig in Wasser. Es können sich schädliche Gemische mit Wasser bilden.

Gesundheitsgefährdung: Der direkte Haut- oder Augenkontakt mit dem Stoff führt zu Verätzungen. Hautaufnahme! Wirkungen auf das Zentrale Nervensystem, jedoch schwächer als Phenol (s. auch Merkblatt 156). Allergische Reaktionen sind möglich.
Symptome: Brennen und Schmerzen der Augen (Lidkrampf) und der Haut, Blasenbildung, Ätzschorfe
Nach Einatmen oder Hautkontakt in jedem Fall – auch bei Ausbleiben der Symptome – den Arzt aufsuchen.
Nach Kontakt der Substanz mit den Augen ist in jedem Fall ein Augenarzt aufzusuchen.

Geruchsschwelle = Luftgrenzwert =

Bemerkungen: Der Stoff reagiert heftig unter starker Erwärmung bei Kontakt oder Mischung mit Oxidationsmitteln. Der Stoff ist löslich in Alkohol und Aceton.

Sicherheitsmaßnahmen für Fahrzeugbesatzung, Polizei, Feuerwehr und Rettungskräfte:
Polizei und Feuerwehr alarmieren.
Im Gefahrenbereich umluftunabhängiges (schweres) Atemschutzgerät und volle Schutzkleidung tragen. Bei Erhitzung des Stoffes oder bei Brand **im Gefahrenbereich** Maschine stoppen, Zündung abstellen, offenes Feuer löschen, nicht rauchen, kein elektrisches Gerät und keinen Schalter mit Funkenbildung betätigen.
Wasserschutzpolizei und Feuerwehr: Bei Erhitzung des Stoffes kein Boot mit Ottomotor einsetzen. Bei Dieselantrieb Sicherheitsschaltung veranlassen. Nach dem Einsatz Kühlwasserkreislauf überprüfen. Beim Retten nicht ins Wasser springen.

Schutz- und Einsatzmaßnahmen: Alle unbeteiligten Personen nach Luv (gegen den Wind) entfernen. Achtung, falls freiwerdendes Gut in die Kanalisation oder in Abwasserleitungen von Schiffen gerät, können sich schädliche Gemische mit Abwasser bilden. Experten hinzuziehen. Auf Wasserstraßen Schiffahrtssperre. An Land gefährdetes Gebiet absperren. Bei Brand oder starker Erhitzung entstehen giftige Gase und Dämpfe bzw. Dampf-/Luftgemische. In diesem Fall große Sicherheitszone bilden. In Wohn- und Industriegebieten Anwohner warnen.

Konzentrationsmessung explosionsfähiger bzw. giftiger Dämpfe siehe Tabelle (Anhang 6 der Erläuterungen).

Zuständige Behörden unterrichten.

Bekämpfung der Unfallfolgen:
Feuer: Bei kleinem Brandherd Löschpulver, Wassersprühstrahl, Kohlensäure oder Schaum. Bei großem Brandherd Schaum oder Wassersprühstrahl. Behälter mit Wassersprühstrahl kühlen und nach Möglichkeit aus der Gefahrenzone ziehen. Achtung, das Löschwasser ist giftig und umweltgefährlich. Es muß aufgefangen werden und darf nicht unbehandelt in die Kanalisation, in Gewässer oder in das Grundwasser gelangen.
Leckage: Leck schließen, wenn ohne Risiko möglich.
Fließendes Gewässer: Trink-, Brauch- und Kühlwasserentnehmer verständigen.
Stehendes Gewässer: Absperren. Fahrzeugbesatzungen im gefährdeten Gebiet warnen.
An Land: Kanalisation abdichten. Auffangen, eindeichen und abbergen. In Wohn- und Industriegebieten alle tiefliegenden Räume abdichten. Alle Zündquellen beseitigen. Restmengen mit nicht brennbarem, saugfähigem Material wie z. B. trockener Erde, Sand, Kieselgur, Universalbinder oder Vermiculit abdecken und an sichere Deponie zur Vernichtung transportieren.

Gewässerverunreinigung:
GefStoffV/EG: Gefahrensymbol; N Umweltgefährlich, R 50/53, sehr giftig für Wasserorganismen, kann in Gewässern längerfristig schädliche Wirkungen haben.
Gesamtbewertung nach Unfall: Gruppe III, in stehenden Gewässern sehr hohe, in fließenden Gewässern je nach Vermischung mittlere bis hohe toxische Wirkung (siehe auch Erläuterungen Abschnitt 16.4/5).
Einzelwerte siehe Anhang 9 der Erläuterungen.
Wassergefährdungsklasse: 2 – wassergefährdender Stoff

Erste Hilfe:
Verletzte an die frische Luft bringen, bequem lagern, beengende Kleidungsstücke lockern. Bei Atemstörung Sauerstoffzufuhr, ggf. Beatmung. Benetzte Kleidungsstücke, Schuhe und Strümpfe sofort ausziehen, entfernen und vernichten. Betroffene Körperstellen anhaltend mit Wasser spülen und anschließend mit sterilem Verbandmaterial abdecken. Bei Augenkontakt die Augen 15 Minuten mit Wasser spülen. Augenlider dazu mit Daumen und Zeigefinger aufspreizen und gleichzeitig das Auge nach allen Seiten bewegen lassen. Verletzte nicht auskühlen lassen. Bei Erbrechen zumindest Kopf in Seitenlage bringen. Verletzte nur liegend transportieren. Bei Gefahr der Bewußtlosigkeit Lagerung und Transport in stabiler Seitenlage.

Hinweise für den Arzt:
Symptomatische Behandlung.

Formel: CH_3OCH_2COCl **Summen-Formel:** C3–H5–Cl–O2 **UN-Nr. 2920 n.o.s.**

Merkblatt

2408

Stoffname

Deutsch	*Englisch*	*Französisch*
Methoxyacetylchlorid	**Methoxyacetyl chloride**	**Chlorure de méthoxyacetyle**
Methoxyessigsäurechlorid	Methoxyacetic acid chloride	
2-Methoxyethanoylchlorid	2-Methoxyethanoyl chloride	

Spanisch

Cloruro de metoxiacetilo

Gefahren-Diamant

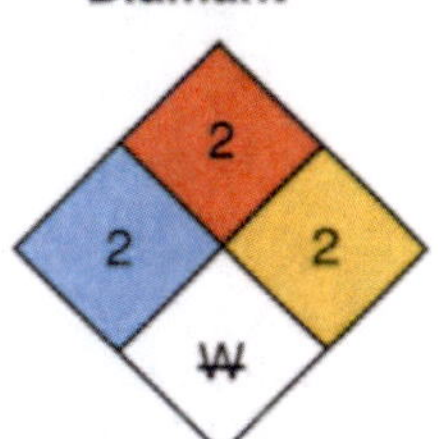

Hazchem-Code: 2W

Technische Daten

Siedepunkt	112–113 °C
Dampfdruck in mbar bei 20 °C	
Dampfdichteverhältnis, Luft = 1	3,75
Schmelzpunkt	
Mischbarkeit mit Wasser	Hydrolyse**
Spez. Gewicht, Wasser = 1	1,187
Molare Masse	108,52

Feuerbekämpfungsdaten

Flammpunkt	35 °C*
Zündfähiges Gemisch, Vol.-%	
Zündtemperatur	

* 28 °C nach Aldrich Chemie u. Merck.
** Reagiert mit Wasser unter Erwärmung und Bildung von Chlorwasserstoff(gas) bzw. Salzsäuredämpfen.

Gefahrgut:

	Klassifizierung:	
IMDG-Code: UN-Nr. 2920 n.o.s.	Kl. 8	Verp. Gr. II EMS: **F**-E; **S**-C
Marine pollutant		
ICAO/IATA DGR: UN-Nr. 2920 n.o.s.	Kl. 8	Verp. Gr. II
ADR/RID/ADNR: UN-Nr. 2920 n.a.g.	Kl. 8	Klassifiz. Code CF1 Verp. Gr. II

Gefahrzettel (Label) Nr. 8+3
Richtige Versandbezeichnung (PSN):
Land/BinSch: **2920 Ätzender flüssiger Stoff, entzündbar, n.a.g. (Methoxyacetylchlorid)**
See/Luft: **Corrosive liquid flammable, n.o.s. (Methoxyacetyl chloride)**

Gefahrstoff:
CAS Nr.: 38870-89-2 RTECS-Nr.:
EG-Nr.: 254-169-2 INDEX-Nr.:
EG-Einstufung: nein
Symbol: C*
R-Sätze: 10-34*
S-Sätze: 26-36/37/39-45*
D-Lagerklasse (VCI)-Nr.: 3A

* Herstellerangaben

Erscheinungsbild: Farblose bis gelbliche Flüssigkeit, stechender Geruch.

Verhalten bei Freiwerden und Vermischen mit Luft: Ätzende und brennbare Flüssigkeit. An besonders heißen Tagen und bei Erwärmung der Flüssigkeit bilden sich ätzende, explosionsfähige Gemische mit Luft. Sie sind schwerer als Luft, kriechen am Boden entlang und können bei Zündung über weite Strecken zurückschlagen. Entzündung durch heiße Oberflächen, Funken oder offene Flammen. Bei Brand oder Erhitzung bis zur Zersetzung (z. B. durch Umgebungsbrände oder heiße Oberflächen) bilden sich giftige und ätzende Gase sowie Dämpfe, die im Wesentlichen aus Chlorwasserstoff(gas) bzw. Salzsäuredämpfen und in kleineren Mengen Phosgen bestehen und auch Kohlenmonoxid sowie Kohlendioxid enthalten.

Verhalten bei Freiwerden und Vermischen mit Wasser: Der Stoff ist schwerer als Wasser und sinkt unter. Er reagiert mit Wasser unter starker Erwärmung und Bildung von Chlorwasserstoff(gas) bzw. Salzsäuredämpfen. Es bilden sich ätzende Gemische mit Wasser, die auch bei Verdünnung noch wirksam sind.

Gesundheitsgefährdung: Die Substanz führt bei direktem Kontakt mit der Haut und der Augen zu Verätzungen. Gefahr bleibender Augenschäden, auch Erblindung. Die Dämpfe reizen die Schleimhäute der Augen und der Atemwege. Bei massiver Einatmung besteht die Gefahr von Lungen oder Kehlkopfödem – auch mit Verzögerung bis zu 2 Tagen – möglich. Bei Verschlucken starke Beschwerden im Magen-Darm-Trakt. Bei Brand oder Erhitzen bis zur Zersetzung Bildung von Chlorwasserstoff (s. auch Merkblatt 63).
Symptome: Brennen, Schmerzen und Rötung der Augen, Lidkrampf, Tränenfluss; auf der Haut: Blasenbildung, Ätzschorf; Übelkeit, Erbrechen, Durchfall, Schwindel, Benommenheit
Nach Einatmen oder Hautkontakt in jedem Fall – auch bei Ausbleiben der Symptome – den Arzt aufsuchen. Nach Kontakt der Substanz mit den Augen ist in jedem Fall ein Augenarzt aufzusuchen.

Geruchsschwelle = Luftgrenzwert =

Bemerkungen: Die Substanz entwickelt ein Lagerrisiko. Beim Lagern bildet sich Chlorwasserstoff(gas). Der entstehende Druck kann bei festverschlossenen Behältern bis zum Bersten führen. Der Stoff reagiert unter Erwärmung bei Kontakt oder Mischung mit Alkoholen, Oxidationsmitteln und starken Basen. Dabei bildet sich Chlorwasserstoff(gas) und in kleineren Mengen Phosgen.

Sicherheitsmaßnahmen für Fahrzeugbesatzung, Polizei, Feuerwehr und Rettungskräfte:
Polizei und Feuerwehr alarmieren.
Im Gefahrenbereich sofort Maschine stoppen, Zündung abstellen, nicht rauchen. An besonders heißen Tagen und bei Erwärmung der Flüssigkeit offenes Feuer löschen, kein elektrisches Gerät und keinen Schalter mit Funkenbildung betätigen. Umluftunabhängiges (schweres) Atemschutzgerät und volle Schutzkleidung tragen.
Wasserschutzpolizei und Feuerwehr: Beim Retten nicht ins Wasser springen. An warmen Tagen und bei Erwärmung der Flüssigkeit kein Boot mit Ottomotor einsetzen. Bei Dieselantrieb Sicherheitsschaltung veranlassen. Nach dem Einsatz Kühlwasserkreislauf überprüfen.

Schutz- und Einsatzmaßnahmen: Alle unbeteiligten Personen nach Luv (gegen den Wind) entfernen. Achtung, falls freiwerdendes Gut in die Kanalisation oder in Abwasserleitungen von Schiffen gerät, entstehen ätzende Gemische mit Abwasser und kann bei heißem Abwasser über der Oberfläche Explosions- und Verätzungsgefahr entstehen. Experten hinzuziehen. Auf Wasserstraßen Schiffahrtssperre. An Land gefährdetes Gebiet absperren. Große Sicherheitszone bilden. In Wohn- und Industriegebieten Anwohner warnen. Bei großen Mengen freiwerdenden Gutes gefährdetes Gebiet evakuieren und Katastrophenalarm prüfen.

Konzentrationsmessung explosionsfähiger bzw. giftiger Dämpfe siehe Tabelle (Anhang 6 der Erläuterungen).

Zuständige Behörden unterrichten.

Bekämpfung der Unfallfolgen:
Feuer: Bei kleinem und großem Brandherd Löschpulver, trockener Sand, Zement, gemahlener Kalkstein oder Kohlensäure. Wegen heftiger Reaktionsgefahr kein Wasser und keinen Schaum verwenden. Behälter mit Wassersprühstrahl kühlen und nach Möglichkeit aus der Gefahrenzone ziehen. Es darf jedoch kein Wasser in den Tank gelangen, da sonst Gefahr einer explosionsartigen Reaktion.
Leckage: Leck schließen, wenn ohne Risiko möglich.
Fließendes Gewässer: Trink-, Brauch- und Kühlwasserentnehmer verständigen. Experten hinzuziehen.
Stehendes Gewässer: Absperren. Alle Zündquellen beseitigen. Fahrzeuge im gefährdeten Gebiet räumen. Experten hinzuziehen.
An Land: Kanalisation abdichten. Auffangen, eindeichen und abpumpen. Restmengen mit nicht brennbarem, saugfähigem Material wie z. B. trockener Erde, Sand, Kieselgur, Universalbinder oder Vermiculit abdecken und in geschlossenem Behälter an sicheren Deponieort zur Vernichtung transportieren. Alle Zündquellen beseitigen. In Wohn- und Industriegebieten alle tiefliegenden Räume abdichten. Experten hinzuziehen.

Gewässerverunreinigung:
GefStoffV/EG:
Gesamtbewertung nach Unfall: Gruppe IV, hohe bis sehr hohe (extrem hohe) toxische Wirkung unabhängig von der Turbulenz des Gewässers (siehe auch Erläuterungen Abschnitt 16.4/5).
Einzelwerte siehe Anhang 9 der Erläuterungen.
Wassergefährdungsklasse: 3 – stark wassergefährdender Stoff

Erste Hilfe:
Verletzte an die frische Luft bringen, bequem lagern, beengende Kleidungsstücke lockern. Bei Atemstörung Sauerstoffzufuhr, ggf. Beatmung. Benetzte Kleidungsstücke, Schuhe und Strümpfe sofort ausziehen, entfernen und vernichten. Betroffene Körperstellen anhaltend mit Wasser spülen und anschließend mit sterilem Verbandmaterial abdecken. Bei Augenkontakt die Augen 15 Minuten mit Wasser spülen. Augenlider dazu mit Daumen und Zeigefinger aufspreizen und gleichzeitig das Auge nach allen Seiten bewegen lassen. Verletzte nicht auskühlen lassen. Bei Erbrechen zumindest Kopf in Seitenlage bringen. Verletzte nur liegend transportieren. Bei Gefahr der Bewußtlosigkeit Lagerung und Transport in stabiler Seitenlage.

Hinweise für den Arzt:
Symptomatische Behandlung. Augen sorgfältig spülen. Unverzüglich Augenarzt hinzuziehen! Codein gegen Reizhusten. Bei Reizung der Atemwege 5–10 Hübe oder mehr/h eines Dosier-Aerosols mit Beclometason (z. B. Sanasthmyl Glaxo oder Viarox Essex Pharma) oder mit Dexamethason (z. B. Auxiloson Thomae). Nach Ingestion Mund ausspülen lassen. Nach kurz zurückliegender Ingestion größerer Mengen Magenabsaugung erwägen. Ggf. endoskopische Kontrolle des Ausmaßes der Verätzungen der Speiseröhre.

Formel: | **Summen-Formel:** C19–H26–O4–S | **UN-Nr. 3082 n.o.s.**

Merkblatt

2409

Stoffname

Deutsch

Propargit
2-(4-tert.-Butylphenoxy)-cyclohexyl-2-propinylsulfit
2-(p-tert.-Butylphenoxy)-cyclohexyl-2-propinylsulfit
2-(4-tert.-Butylphenoxy) cyclohexylprop-2-ynylsulfit
Schweflige Säure-2-[4-(1,1-dimethylethyl)-phenoxy]-cyclohexyl-2-propinylester
Omite

Englisch

Propargite
2-(4-(1,1-Dimethylethyl)-phenoxy)cyclohexyl 2-propynyl sulfite
2-(p-t-Butylphenoxy)cyclohexyl propargyl sulfite
2-(p-tert-Butylphenoxy)cyclohexyl 2-propynyl sulfite
Propargil
Omite
Sulfurous acid, 2-(4-(1,1-dimethyl)phenoxy)cyclohexyl 2-propenylester
BPPS

Französisch

Propargite
Sulfite de 2-(4-tert-butyl-phénoxy)cyclohexyle et de prop-2-yuyle

Spanisch

Propargita (ISO)
Sulfito de 2-(4-terc-butilfenoxi) ciclohexilo y de prop-2-imilo

Gefahren-Diamant

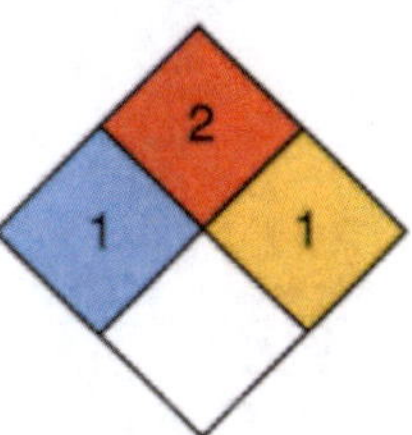

Hazchem-Code:
2X

Technische Daten

Siedepunkt	400 °C
Dampfdruck in mbar bei 20 °C	
Dampfdichteverhältnis, Luft = 1	
Schmelzpunkt	
Mischbarkeit mit Wasser	sehr geringfügig*
Spez. Gewicht, Wasser = 1	1,085–1,115
Molare Masse	350,48

Feuerbekämpfungsdaten

Flammpunkt	71,4 °C
Zündfähiges Gemisch, Vol.-%	
Zündtemperatur	

* 0,54–0,69 mg/l bei 15 °C

Gefahrgut: **Klassifizierung:**

IMDG-Code: UN-Nr. 3082 n.o.s. — Kl. 9 — Verp. Gr. III EMS: **F**-A; **S**-F
Marine pollutant
ICAO/IATA DGR: UN-Nr. 3082 n.o.s. — Kl. 9 — Verp. Gr. III
ADR/RID/ADNR: UN-Nr. 3082 n.a.g. — Kl. 9 — Klassifiz. Code M6 Verp. Gr. III
Gefahrzettel (Label) Nr. 9
Richtige Versandbezeichnung (PSN):
Land/BinSch: **3082 Umweltgefährdender flüssiger Stoff, n.a.g. (Propargit)**
See/Luft: **Environementally hazerdous substance, liquid (Propargite)**

Gefahrstoff:
CAS Nr.: 2312-35-8 RTECS-Nr.: WT 2900000
EG-Nr.: 219-006-1 INDEX-Nr.: 607-151-00-7
EG-Einstufung: ja
Symbol: Xn, N
R-Sätze: 22-36-50/53
S-Sätze: (2)-24-60-61
D-Lagerklasse (VCI)-Nr.: 3

Erscheinungsbild: Hell- bis dunkelbraune viskose Flüssigkeit, schwacher Geruch nach Lösemitteln.

Verhalten bei Freiwerden und Vermischen mit Luft: Gesundheitsschädliche, umweltgefährliche und brennbare Flüssigkeit. An warmen Tagen und bei Erwärmung der Flüssigkeit bilden sich gesundheitsschädliche, umweltgefährliche explosionsfähige Gemische mit Luft. Sie sind schwerer als Luft, kriechen am Boden entlang und können bei Zündung über weite Strecken zurückschlagen. Entzündung durch heiße Oberflächen, Funken oder offene Flammen. Bei Brand oder Erhitzung bis zur Zersetzung (z. B. durch Umgebungsbrände oder heiße Oberflächen) bilden sich giftige und ätzende Gase sowie Dämpfe, die im Wesentlichen aus Schwefeldioxid bestehen und auch Kohlenmonoxid sowie Kohlendioxid enthalten.

Verhalten bei Freiwerden und Vermischen mit Wasser: Der Stoff ist schwerer als Wasser und sinkt unter. Er löst sich nur geringfügig in Wasser. Die Substanz ist jedoch dispergierbar/emulgierbar und bildet mit Wasser eine Emulsion mit fein verteilten Tröpfchen. Es bilden sich gesundheitsschädliche, umweltgefährliche Emulsionen, die auch bei starker Verdünnung noch wirksam sind.

Gesundheitsgefährdung: Die Stäube/Aerosole reizen die Augen und die Atemwege. Bei Überexposition kann es zur Ausbildung der sog. unspezifischen Vergiftungssymptome kommen. Hautaufnahme möglich. Bei Brand oder Erhitzen bis zur Zersetzung Bildung von Schwefeldioxid (s. auch Merkblatt 186).
Symptome: Brennen und Rötung der Augen, Übelkeit, Benommenheit, Schwindel, Erbrechen, Durchfall, Leibschmerzen, Kopfschmerzen
Nach Einatmen oder Hautkontakt in jedem Fall – auch bei Ausbleiben der Symptome – den Arzt aufsuchen.
Nach Kontakt der Substanz mit den Augen ist in jedem Fall ein Augenarzt aufzusuchen.

Geruchsschwelle = | Luftgrenzwert =

Bemerkungen: Der Stoff ist löslich in Aceton, Benzol, Ethylalkohol, Heptan, Methylalkohol und vielen anderen organischen Lösemitteln.
Verwendungszweck: Akarizid

Sicherheitsmaßnahmen für Fahrzeugbesatzung, Polizei, Feuerwehr und Rettungskräfte:
Polizei und Feuerwehr alarmieren.
Im Gefahrenbereich Maschine stoppen, Zündung abstellen, nicht rauchen, offenes Feuer löschen, kein elektrisches Gerät und keinen Schalter mit Funkenbildung betätigen. Sofort umluftunabhängiges (schweres) Atemschutzgerät und volle Schutzkleidung tragen.
Wasserschutzpolizei und Feuerwehr: Kein Boot mit Ottomotor einsetzen. Bei Dieselantrieb Sicherheitsschaltung veranlassen. Radar- und Kommandorufanlage nicht betätigen. Beim Retten nicht ins Wasser springen.

Schutz- und Einsatzmaßnahmen: Alle unbeteiligten Personen nach Luv (gegen den Wind) entfernen. Achtung, falls freiwerdendes Gut in die Kanalisation oder in Abwasserleitungen von Schiffen gerät, entstehen gesundheitsschädliche und umweltgefährdende Gemische mit Abwasser und kann bei heißem Abwasser über der Oberfläche Explosions- und Gesundheitsgefahr entstehen. Experten hinzuziehen. Auf Wasserstraßen Schiffahrtssperre. An Land gefährdetes Gebiet absperren. Große Sicherheitszone bilden. In Wohn- und Industriegebieten Anwohner warnen. Bei großen Mengen freiwerdenden Gutes gefährdetes Gebiet evakuieren und Katastrophenalarm prüfen.

Konzentrationsmessung explosionsfähiger bzw. giftiger Dämpfe siehe Tabelle (Anhang 6 der Erläuterungen).

Zuständige Behörden unterrichten.

Bekämpfung der Unfallfolgen:
Feuer: Bei kleinem Brandherd Löschpulver, Wassersprühstrahl, Kohlensäure oder Schaum. Bei großem Brandherd Schaum oder Wassersprühstrahl. Behälter mit Wassersprühstrahl kühlen und nach Möglichkeit aus der Gefahrenzone ziehen. Achtung, das Löschwasser ist giftig und umweltgefährlich. Es muß aufgefangen werden und darf nicht unbehandelt in die Kanalisation, in Gewässer oder in das Grundwasser gelangen.
Leckage: Leck schließen, wenn ohne Risiko möglich.
Fließendes Gewässer: Trink-, Brauch- und Kühlwasserentnehmer verständigen.
Stehendes Gewässer: Absperren. Fahrzeugbesatzungen im gefährdeten Gebiet warnen.
An Land: Kanalisation abdichten. Auffangen, eindeichen und abpumpen. In Wohn- und Industriegebieten alle tiefliegenden Räume abdichten. Alle Zündquellen beseitigen. Restmengen mit nicht brennbarem, saugfähigem Material wie z. B. trockener Erde, Sand, Kieselgur, Universalbinder oder Vermiculit abdecken und an sichere Deponie zur Vernichtung transportieren.

Gewässerverunreinigung:
GefStoffV/EG: Gefahrensymbol: N Umweltgefährlich, R 50/53: sehr giftig für Wasserorganismen, kann in Gewässern längerfristig schädliche Wirkungen haben.
Gesamtbewertung nach Unfall: Gruppe IV, hohe bis sehr hohe (extrem hohe) toxische Wirkung unabhängig von der Turbulenz des Gewässers (siehe auch Erläuterungen Abschnitt 16.4/5).
Einzelwerte siehe Anhang 9 der Erläuterungen.
Wassergefährdungsklasse: 3 – stark wassergefährdender Stoff

Erste Hilfe:
Verletzte an die frische Luft bringen, bequem lagern, beengende Kleidungsstücke lockern. Bei Atemstörung Sauerstoffzufuhr, ggf. Beatmung. Benetzte Kleidungsstücke, Schuhe und Strümpfe sofort ausziehen, entfernen und vernichten. Betroffene Körperstellen anhaltend mit Wasser spülen und anschließend mit sterilem Verbandmaterial abdecken. Bei Augenkontakt die Augen 15 Minuten mit Wasser spülen. Augenlider dazu mit Daumen und Zeigefinger aufspreizen und gleichzeitig das Auge nach allen Seiten bewegen lassen. Verletzte nicht auskühlen lassen. Bei Erbrechen zumindest Kopf in Seitenlage bringen. Verletzte nur liegend transportieren. Bei Gefahr der Bewußtlosigkeit Lagerung und Transport in stabiler Seitenlage.

Hinweise für den Arzt:
Symptomatische Behandlung.

Formel:	Summen-Formel:	UN-Nr. 1993 n.o.s.	Merkblatt **2410**

Stoffname

Deutsch	*Englisch*	*Französisch*
1,4-Dimethylpyrazol	**1,4-Dimethylpyrazol**	**1,4-Diméthylpyrazol**

Spanisch

1,4-Dimetilpirazola

Gefahren-Diamant

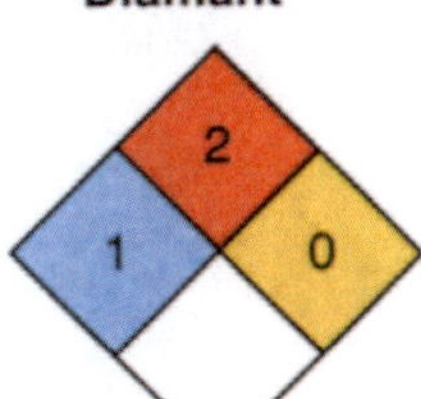

Hazchem-Code: 3Y

Technische Daten

Siedepunkt	151 °C
Dampfdruck in mbar bei 20 °C	3
Dampfdichteverhältnis, Luft = 1	
Schmelzpunkt	
Mischbarkeit mit Wasser	vollständig
Spez. Gewicht, Wasser = 1	
Molare Masse	

Feuerbekämpfungsdaten

Flammpunkt	46 °C
Zündfähiges Gemisch, Vol.-%	
Zündtemperatur	415 °C

Gefahrgut: **Klassifizierung:**

IMDG-Code: UN-Nr. 1993 n.o.s. Kl. 3 Verp. Gr. III EMS: **F**-E; **S**-E

Marine pollutant

ICAO/IATA DGR: UN-Nr. 1993 n.o.s. Kl. 3 Verp. Gr. III

ADR/RID/ADNR: UN-Nr. 1993 n.a.g. Kl. 3 Klassifiz. Code F1 Verp. Gr. III

Gefahrzettel (Label) Nr. 3

Richtige Versandbezeichnung (PSN):

Land/BinSch: **1993 Entzündbarer flüssiger Stoff, n.a.g. (1,4-Dimethylpyrazol)**

See/Luft: **Flammable liquid, n.o.s. (1,4-Dimethylpyrazol)**

Gefahrstoff:

CAS Nr.: 1072-68-0 RTECS-Nr.:

EG-Nr.: INDEX-Nr.:

EG-Einstufung: nein

Symbol: Xn*

R-Sätze: 10-22-41*

S-Sätze: 23-26-39*

D-Lagerklasse (VCI)-Nr.: 3

* Herstellerangaben

Erscheinungsbild: Farblose bis gelbliche Flüssigkeit, aminartiger Geruch.

Verhalten bei Freiwerden und Vermischen mit Luft: Gesundheitsschädliche und brennbare Flüssigkeit. An besonders heißen Tagen und bei starker Erwärmung der Flüssigkeit bilden sich gesundheitsschädliche, explosionsfähige Gemische mit Luft. Sie sind schwerer als Luft und kriechen am Boden entlang. Entzündung durch heiße Oberflächen, Funken oder offene Flammen. Bei Brand oder Erhitzung bis zur Zersetzung (z. B. durch Umgebungsbrände oder heiße Oberflächen) bilden sich giftige und ätzende Gase und Dämpfe, die im Wesentlichen aus nitrosen Gasen (Stickstoffoxiden) bestehen und auch Kohlenmonoxid sowie Kohlendioxid enthalten.

Verhalten bei Freiwerden und Vermischen mit Wasser: Der Stoff löst sich vollständig in Wasser. Es bilden sich gesundheitsschädliche Gemische mit Wasser, die auch bei Verdünnung noch wirksam sind.

Gesundheitsgefährdung: Die Flüssigkeit und ihre Dämpfe/Aerosole reizen die Schleimhäute der Augen bis hin zur Verätzung mit bleibenden Augenschäden, auch Erblindung, und der Atemwege. Bei massivem Einatmen Gefahr von Lungen- oder Kehlkopfödem – auch mit Verzögerung bis zu 2 Tagen. Bei Verschlucken: Beschwerden im Magen-Darm-Trakt. Bei Brand oder Erhitzen bis zur Zersetzung Bildung von nitrosen Gasen (s. auch Merkblatt 150).
Symptome: Brennen und Schmerzen der Augen, Tränenfluß, Lidkrampf, Kopfschmerzen, Übelkeit, Benommenheit, Erbrechen, Schwindel, Durchfall, Leibschmerzen
Nach Einatmen oder Hautkontakt in jedem Fall – auch bei Ausbleiben der Symptome – den Arzt aufsuchen. Nach Kontakt der Substanz mit den Augen ist in jedem Fall ein Augenarzt aufzusuchen.

Geruchsschwelle = Luftgrenzwert =

Bemerkungen: Der Stoff reagiert bei Kontakt oder Mischung mit Oxidationsmitteln.

Sicherheitsmaßnahmen für Fahrzeugbesatzung, Polizei, Feuerwehr und Rettungskräfte:
Polizei und Feuerwehr alarmieren.
Im Gefahrenbereich Maschine stoppen. Sofort umluftunabhängiges (schweres) Atemschutzgerät und volle Schutzkleidung tragen. An besonders heißen Tagen und bei starker Erwärmung der Flüssigkeit Zündung abstellen, nicht rauchen, offenes Feuer löschen, kein elektrisches Gerät und keinen Schalter mit Funkenbildung betätigen.
Wasserschutzpolizei und Feuerwehr: Beim Retten nicht ins Wasser springen. An besonders heißen Tagen und bei Erwärmung der Flüssigkeit kein Boot mit Ottomotor einsetzen. Bei Dieselantrieb Sicherheitsschaltung veranlassen. Radar- und Kommandorufanlage nicht betätigen.

Schutz- und Einsatzmaßnahmen: Alle unbeteiligten Personen nach Luv (gegen den Wind) entfernen. Achtung, falls freiwerdendes Gut in die Kanalisation oder in Abwasserleitungen von Schiffen gerät, entstehen gesundheitsschädliche Gemische mit Abwasser und können sich über der Oberfläche explosionsfähige und gesundheitsschädliche Gemische mit Luft bilden. In Wohn- und Industriegebieten Anwohner warnen. Große Sicherheitszone bilden.

Konzentrationsmessung explosionsfähiger bzw. giftiger Dämpfe siehe Tabelle (Anhang 6 der Erläuterungen).

Zuständige Behörden unterrichten.

Bekämpfung der Unfallfolgen:
Feuer: Bei kleinem Brandherd Löschpulver, Wassersprühstrahl, Kohlensäure oder Schaum. Bei großem Brandherd Schaum oder Wassersprühstrahl. Behälter mit Wassersprühstrahl kühlen und nach Möglichkeit aus der Gefahrenzone ziehen. Achtung, das Löschwasser ist giftig und umweltgefährlich. Es muß aufgefangen werden und darf nicht unbehandelt in die Kanalisation, in Gewässer oder in das Grundwasser gelangen.
Leckage: Leck schließen, wenn ohne Risiko möglich.
Fließendes Gewässer: Trink-, Brauch- und Kühlwasserentnehmer verständigen.
Stehendes Gewässer: Absperren. Fahrzeugbesatzungen im gefährdeten Gebiet warnen.
An Land: Kanalisation abdichten. Auffangen, eindeichen und abpumpen. In Wohn- und Industriegebieten alle tiefliegenden Räume abdichten. Alle Zündquellen beseitigen. Restmengen mit nicht brennbarem, saugfähigem Material wie z. B. trockener Erde, Sand, Kieselgur, Universalbinder oder Vermiculit abdecken und an sichere Deponie zur Vernichtung transportieren.

Gewässerverunreinigung:
GefStoffV/EG:
Gesamtbewertung nach Unfall: Gruppe II, in stehenden Gewässern mittlere bis hohe, in fließenden Gewässern mittlere toxische Wirkung (siehe auch Erläuterungen Abschnitt 16.4/5).
Einzelwerte siehe Anhang 9 der Erläuterungen.
Wassergefährdungsklasse: 1 – schwach wassergefährdender Stoff

Erste Hilfe:
Verletzte an die frische Luft bringen, bequem lagern, beengende Kleidungsstücke lockern. Bei Atemstörung Sauerstoffzufuhr, ggf. Beatmung. Benetzte Kleidungsstücke, Schuhe und Strümpfe sofort ausziehen, entfernen und vernichten. Betroffene Körperstellen anhaltend mit Wasser spülen und anschließend mit sterilem Verbandmaterial abdecken. Bei Augenkontakt die Augen 15 Minuten mit Wasser spülen. Augenlider dazu mit Daumen und Zeigefinger aufspreizen und gleichzeitig das Auge nach allen Seiten bewegen lassen. Verletzte nicht auskühlen lassen. Bei Erbrechen zumindest Kopf in Seitenlage bringen. Verletzte nur liegend transportieren. Bei Gefahr der Bewußtlosigkeit Lagerung und Transport in stabiler Seitenlage.

Hinweise für den Arzt:
Symptomatische Behandlung. Augen sorgfältig spülen. Unverzüglich Augenarzt hinzuziehen! Nach kurz zurückliegender Ingestion größerer Mengen Magenspülung erwägen.

Formel: $CH_3C_6H_4CN$ **Summen-Formel:** C8–H7–N **UN-Nr.**

Merkblatt

2411

Stoffname

Deutsch	*Englisch*	*Französisch*
o-Tolunitril	**o-Tolunitrile**	**Nitrile toluique**
2-Methylbenzonitril	2-Methylbenzonitrile	
o-Tolylcyanid	o-Cyanotoluene	
2-Tolylsäurenitril	2-Cyanotoluene	
2-Cyanotoluol	2-Methylbenzenecarbonitrile	*Spanisch*
2-Toluylsäurenitril	o-Toluic nitrile	**Nitrilo toluico**
2-Toluenkarbonitril	o-Toluonitrile	
	o-Tolylnitrile	

Gefahren-Diamant

1 (Gesundheit) / 1 (Brand) / 0 (Reaktivität)

Hazchem-Code:

Technische Daten

Siedepunkt	205–207 °C
Dampfdruck in mbar bei 20 °C	0,5
Dampfdichteverhältnis, Luft = 1	
Schmelzpunkt	–13 °C
Mischbarkeit mit Wasser	sehr geringfügig
Spez. Gewicht, Wasser = 1	0,98
Molare Masse	117,00

Feuerbekämpfungsdaten

Flammpunkt	91 °C
Zündfähiges Gemisch, Vol.-%	1,1–6,7
Zündtemperatur	>525 °C

Gefahrgut:

IMDG-Code: UN-Nr. * Kl. Verp. Gr. EMS: **F-** ; **S-**
ICAO/IATA DGR: UN-Nr. *
ADR/RID/ADNR: UN-Nr. * Kl. Verp. Gr.
Gefahrzettel (Label) Nr. Kl. Klassifiz. Code Verp. Gr.
Richtige Versandbezeichnung (PSN):
Land/BinSch:
See/Luft:

Klassifizierung:

* Kein Gefahrgut im Sinne dieser Vorschriften

Gefahrstoff:

CAS Nr.: 529-19-1 RTECS-Nr.: XV 0600000
EG-Nr.: 208-451-7 INDEX-Nr.:
EG-Einstufung: nein
Symbol: Xi*
R-Sätze: 38-52/53*
S-Sätze: 37-61*
D-Lagerklasse (VCI)-Nr.:

* Herstellerangaben

Erscheinungsbild: Weiße Flüssigkeit, produktspezifischer Geruch.

Verhalten bei Freiwerden und Vermischen mit Luft: Reizende, umweltgefährdende und brennbare Flüssigkeit mit relativ hohem Flammpunkt von 91 °C. Bei starker Erhitzung bilden sich reizende, umweltgefährdende und explosionsfähige Gemische mit Luft. Sie sind schwerer als Luft und kriechen am Boden entlang. Entzündung durch heiße Oberflächen, Funken oder offene Flammen. Bei Erhitzung bis zur Zersetzung (z. B. durch Umgebungsbrände oder heiße Oberflächen) und bei Brand bilden sich giftige und ätzende Gase bzw. Dämpfe, die im Wesentlichen aus nitrosen Gasen bestehen und auch Kohlenmonoxid(gas) sowie Kohlendioxid(gas) enthalten. Bei Schwelbränden kann sich Cyanwasserstoff (Blausäure) bilden.

Verhalten bei Freiwerden und Vermischen mit Wasser: Der Stoff ist leichter als Wasser und schwimmt auf der Oberfläche. Er löst sich nur geringfügig in Wasser. Es bilden sich umweltgefährdende Gemische mit Wasser, die auch bei Verdünnung noch wirksam sind.

Gesundheitsgefährdung: Die Flüssigkeit und ihre Dämpfe/Aerosole reizen die Haut und die Augen. Bei Überexposition kann es zu unspezifischen Vergiftungssymptomen kommen. Bei Brand oder Erhitzen bis zur Zersetzung Bildung von nitrosen Gasen (s. auch Merkblatt 150), bei Schwelbränden Cyanwasserstoff (s. auch Merkblatt 42).
Symptome: Rötung, Brennen und Juckreiz von Haut und Augen, Übelkeit, Schwindel, Benommenheit, Erbrechen, Durchfall
Nach Einatmen oder Hautkontakt in jedem Fall – auch bei Ausbleiben der Symptome – den Arzt aufsuchen.
Nach Kontakt der Substanz mit den Augen ist in jedem Fall ein Augenarzt aufzusuchen.

Geruchsschwelle = Luftgrenzwert =

Bemerkungen: Der Stoff ist löslich in Ethylalkohol. Die Substanz reagiert unter Wärmeentwicklung bei Kontakt oder Mischung mit starken Oxidationsmitteln und starken Basen (Laugen).

Sicherheitsmaßnahmen für Fahrzeugbesatzung, Polizei, Feuerwehr und Rettungskräfte:
Polizei und Feuerwehr alarmieren.
Im Gefahrenbereich sofort umluftunabhängiges (schweres) Atemschutzgerät und volle Schutzkleidung tragen. Bei Erhitzung der Flüssigkeit Zündung abstellen, Maschine stoppen, nicht rauchen, offenes Feuer löschen, kein elektrisches Gerät und keinen Schalter mit Funkenbildung betätigen.
Wasserschutzpolizei und Feuerwehr: Bei Erhitzung des Stoffes kein Boot mit Ottomotor einsetzen. Bei Dieselantrieb Sicherheitsschaltung veranlassen. Beim Retten nicht ins Wasser springen.

Schutz- und Einsatzmaßnahmen: Alle unbeteiligten Personen nach Luv (gegen den Wind) entfernen. Achtung, falls freiwerdendes Gut in die Kanalisation oder in Abwasserleitungen von Schiffen gerät, entstehen reizende Gemische mit Abwasser. In Wohn- und Industriegebieten Anwohner warnen. Große Sicherheitszone bilden.

Konzentrationsmessung explosionsfähiger bzw. giftiger Dämpfe siehe Tabelle (Anhang 6 der Erläuterungen).

Zuständige Behörden unterrichten.

Bekämpfung der Unfallfolgen:
Feuer: Bei kleinem Brandherd Löschpulver, Wassersprühstrahl, Kohlensäure oder Schaum. Bei großem Brandherd Schaum oder Wassersprühstrahl. Behälter mit Wassersprühstrahl kühlen und nach Möglichkeit aus der Gefahrenzone ziehen. Achtung, das Löschwasser ist giftig und umweltgefährlich. Es muß aufgefangen werden und darf nicht unbehandelt in die Kanalisation, in Gewässer oder in das Grundwasser gelangen.
Leckage: Leck schließen, wenn ohne Risiko möglich.
Fließendes Gewässer: Trink-, Brauch- und Kühlwasserentnehmer verständigen.
Stehendes Gewässer: Absperren. Fahrzeugbesatzungen im gefährdeten Gebiet warnen.
An Land: Kanalisation abdichten. Auffangen, eindeichen und abpumpen. In Wohn- und Industriegebieten alle tiefliegenden Räume abdichten. Alle Zündquellen beseitigen. Restmengen mit nicht brennbarem, saugfähigem Material wie z. B. trockener Erde, Sand, Kieselgur, Universalbinder oder Vermiculit abdecken und an sichere Deponie zur Vernichtung transportieren.

Gewässerverunreinigung:
GefStoffV/EG: R 52/53: schädlich für Wasserorganismen, kann in Gewässern längerfristig schädliche Wirkungen haben.
Gesamtbewertung nach Unfall: Gruppe III, in stehenden Gewässern sehr hohe, in fließenden Gewässern je nach Vermischung mittlere bis hohe toxische Wirkung, nach Brand Gruppe IV, hohe bis sehr hohe (extrem hohe) toxische Wirkung unabhängig von der Turbulenz des Gewässers (siehe auch Erläuterungen Abschnitt 16.4/5).
Einzelwerte siehe Anhang 9 der Erläuterungen.
Wassergefährdungsklasse: 2 – wassergefährdender Stoff

Erste Hilfe:
Verletzte an die frische Luft bringen, bequem lagern, beengende Kleidungsstücke lockern. Bei Atemstörung Sauerstoffzufuhr, ggf. Beatmung. Benetzte Kleidungsstücke, Schuhe und Strümpfe sofort ausziehen, entfernen und vernichten. Betroffene Körperstellen anhaltend mit Wasser spülen und anschließend mit sterilem Verbandmaterial abdecken. Bei Augenkontakt die Augen 15 Minuten mit Wasser spülen. Augenlider dazu mit Daumen und Zeigefinger aufspreizen und gleichzeitig das Auge nach allen Seiten bewegen lassen. Verletzte nicht auskühlen lassen. Bei Erbrechen zumindest Kopf in Seitenlage bringen. Verletzte nur liegend transportieren. Bei Gefahr der Bewußtlosigkeit Lagerung und Transport in stabiler Seitenlage.

Hinweise für den Arzt:
Symptomatische Behandlung.

Formel:	Summen-Formel: $C_{10}H_{14}O_2$	UN-Nr. 2923 n.o.s.	Merkblatt **2412**

Stoffname

Deutsch	*Englisch*	*Französisch*
4-tert.-Butylbrenzcatechin 4-tert.-Butylpyrocatechol p-tert.-Butylcatechol 4-tert.-Butylpyrokatechin 4-(1,1-Dimethylethyl)-1,2-benzoldiol	**4-tert.-Butylpyrocatechol** 4-(1,1-Dimethylethyl)-1,2-benzenediol 4-Tertiary butyl catechol 4-tert.-Butylcatechol	**4-tert-Butylpyrocatéchol** *Spanisch* **4-terc-Butilpirocatecol**

Gefahren-Diamant

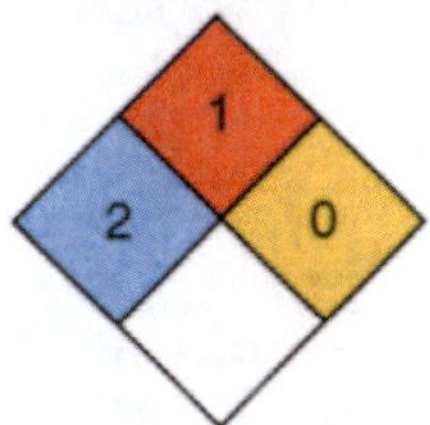

Hazchem-Code: 2X

Technische Daten

Siedepunkt	285 °C
Dampfdruck in mbar	0,0028 bei 25 °C
Dampfdichteverhältnis, Luft = 1	5,73
Schmelzpunkt	52–55 °C
Mischbarkeit mit Wasser	sehr geringfügig*
Spez. Gewicht, Wasser = 1	1,049
Molare Masse	166,22

Feuerbekämpfungsdaten

Flammpunkt	129 °C
Zündfähiges Gemisch, Vol.-%	
Zündtemperatur	160 °C

* 2 g/l bei 25 °C.

Gefahrgut:

	Klassifizierung:		
IMDG-Code: UN-Nr. 2923 n.o.s.	Kl. 8	Verp. Gr. III	EMS: **F-A**; **S-B**
Marine pollutant			
ICAO/IATA DGR: UN-Nr. 2923 n.o.s.	Kl. 8	Verp. Gr. III	
ADR/RID/ADNR: UN-Nr. 2923 n.a.g.	Kl. 8	Klassifiz. Code CT2 Verp. Gr. III	
Gefahrzettel (Label) Nr. 8+6.1			

Richtige Versandbezeichnung (PSN):
Land/BinSch: **2923 Ätzender fester Stoff, giftig, n.a.g. (4-tert.-Butylbrenzcatechin)**
See/Luft: **Corrosive solid, toxic, n.o.s. (4-tert.-Butylpyrocatechol)**

Gefahrstoff:

CAS Nr.: 98-29-3 RTECS-Nr.: UX 1400000
EG-Nr.: 202-653-9 INDEX-Nr.:
EG-Einstufung: nein
Symbol: C, N*
R-Sätze: 21/22-34-51/53*
S-Sätze: 22-26-36/37/39-45-61*
D-Lagerklasse (VCI)-Nr.: 8A

* Herstellerangaben

Erscheinungsbild: Beige Schuppen, phenolartiger Geruch.

Verhalten bei Freiwerden und Vermischen mit Luft: Ätzender, umweltgefährlicher und brennbarer fester Stoff. Bei Aufwirbelung des Staubes bilden sich ätzende, umweltgefährliche und explosionsfähige Gemische mit Luft. Bei Brand oder Erhitzung bis zur Zersetzung (z. B. durch Umgebungsbrände oder heiße Oberflächen) erfolgt Zersetzung unter Bildung von giftigen und ätzenden Gasen und Dämpfen, die im Wesentlichen aus saurem Rauch und reizenden Dämpfen bestehen und auch Kohlendioxid und Kohlenmonoxid enthalten.

Verhalten bei Freiwerden und Vermischen mit Wasser: Der Stoff ist schwerer als Wasser und sinkt unter. Er löst sich nur geringfügig in Wasser. Es bilden sich ätzende und umweltgefährdende Gemische mit Wasser, die auch bei starker Verdünnung noch wirksam sind.

Gesundheitsgefährdung: Der direkte Haut- oder Augenkontakt mit dem Stoff führt zu Verätzungen. Hautaufnahme! Wirkungen auf das Zentrale Nervensystem, jedoch schwächer als Phenol (s. auch Merkblatt 156).
Symptome: Brennen und Schmerzen der Augen (Lidkrampf) und der Haut, Blasenbildung, Ätzschorfe
Nach Einatmen oder Hautkontakt in jedem Fall – auch bei Ausbleiben der Symptome – den Arzt aufsuchen. Nach Kontakt der Substanz mit den Augen ist in jedem Fall ein Augenarzt aufzusuchen.

Geruchsschwelle = Luftgrenzwert =

Bemerkungen: Der Stoff reagiert heftig unter Erwärmung bei Kontakt oder Mischung mit starken Oxidationsmitteln und Alkalien (Basen). Die Substanz ist löslich in Ether, Ethylalkohol und Aceton. Der Stoff ist feuchtigkeits- und lichtempfindlich.

Sicherheitsmaßnahmen für Fahrzeugbesatzung, Polizei, Feuerwehr und Rettungskräfte:
Polizei und Feuerwehr alarmieren.
Im Gefahrenbereich umluftunabhängiges (schweres) Atemschutzgerät und volle Schutzkleidung tragen. Bei Erhitzung des Stoffes oder bei Brand **im Gefahrenbereich** Maschine stoppen, Zündung abstellen, offenes Feuer löschen, nicht rauchen, kein elektrisches Gerät und keinen Schalter mit Funkenbildung betätigen.
Wasserschutzpolizei und Feuerwehr: Bei Erhitzung des Stoffes kein Boot mit Ottomotor einsetzen. Bei Dieselantrieb Sicherheitsschaltung veranlassen. Nach dem Einsatz Kühlwasserkreislauf überprüfen. Beim Retten nicht ins Wasser springen.

Schutz- und Einsatzmaßnahmen: Alle unbeteiligten Personen nach Luv (gegen den Wind) entfernen. Achtung, falls freiwerdendes Gut in die Kanalisation oder in Abwasserleitungen von Schiffen gerät, bilden sich ätzende Gemische mit Abwasser. Auf Wasserstraßen Schiffahrtssperre. An Land gefährdetes Gebiet absperren. Große Sicherheitszone bilden. In Wohn- und Industriegebieten Anwohner warnen.

Konzentrationsmessung explosionsfähiger bzw. giftiger Dämpfe siehe Tabelle (Anhang 6 der Erläuterungen).

Zuständige Behörden unterrichten.

Bekämpfung der Unfallfolgen:
Feuer: Bei kleinem Brandherd Löschpulver, Wassersprühstrahl, Kohlensäure oder Schaum. Bei großem Brandherd Schaum oder Wassersprühstrahl. Behälter mit Wassersprühstrahl kühlen und nach Möglichkeit aus der Gefahrenzone ziehen. Achtung, das Löschwasser ist giftig und umweltgefährlich. Es muß aufgefangen werden und darf nicht unbehandelt in die Kanalisation, in Gewässer oder in das Grundwasser gelangen.
Leckage: Leck schließen, wenn ohne Risiko möglich.
Fließendes Gewässer: Trink-, Brauch- und Kühlwasserentnehmer verständigen.
Stehendes Gewässer: Absperren. Fahrzeugbesatzungen im gefährdeten Gebiet warnen.
An Land: Kanalisation abdichten. Auffangen, eindeichen und abbergen. In Wohn- und Industriegebieten alle tiefliegenden Räume abdichten. Alle Zündquellen beseitigen. Restmengen mit nicht brennbarem, saugfähigem Material wie z. B. trockener Erde, Sand, Kieselgur, Universalbinder oder Vermiculit abdecken und an sichere Deponie zur Vernichtung transportieren.

Gewässerverunreinigung:
GefStoffV/EG: Gefahrensymbol: N Umweltgefährlich, R 51/53: giftig für Wasserorganismen, kann in Gewässern längerfristig schädliche Wirkungen haben.
Gesamtbewertung nach Unfall: Gruppe III, in stehenden Gewässern sehr hohe, in fließenden Gewässern je nach Vermischung mittlere bis hohe toxische Wirkung (siehe auch Erläuterungen Abschnitt 16.4/5).
Einzelwerte siehe Anhang 9 der Erläuterungen.
Wassergefährdungsklasse: 2 – wassergefährdender Stoff

Erste Hilfe:
Verletzte an die frische Luft bringen, bequem lagern, beengende Kleidungsstücke lockern. Bei Atemstörung Sauerstoffzufuhr, ggf. Beatmung. Benetzte Kleidungsstücke, Schuhe und Strümpfe sofort ausziehen, entfernen und vernichten. Betroffene Körperstellen anhaltend mit Wasser spülen und anschließend mit sterilem Verbandmaterial abdecken. Bei Augenkontakt die Augen 15 Minuten mit Wasser spülen. Augenlider dazu mit Daumen und Zeigefinger aufspreizen und gleichzeitig das Auge nach allen Seiten bewegen lassen. Verletzte nicht auskühlen lassen. Bei Erbrechen zumindest Kopf in Seitenlage bringen. Verletzte nur liegend transportieren. Bei Gefahr der Bewußtlosigkeit Lagerung und Transport in stabiler Seitenlage.

Hinweise für den Arzt:
Symptomatische Behandlung. Augen sorgfältig spülen. Unverzüglich Augenarzt hinzuiehen!

Formel: $(CH_3)_3CC_6H_4CHO$ **Summen-Formel:** C11–H14–O **UN-Nr. 2810 n.o.s.**

Merkblatt

2413

Stoffname

Deutsch
4-tert.-Butylbenzaldehyd
p-tert.-Butylbenzaldehyd

Englisch
4-tert.-Butylbenzaldehyde
p-tert.-Butylbenzaldehyde

Französisch
4-tert-Butylbenzaldéhyde

Spanisch
4-terc-Butilbenzaldehído

Gefahren-Diamant

3 | 1 | 1

Hazchem-Code: 2XE

Technische Daten

Siedepunkt	249 °C
Dampfdruck in mbar bei 20 °C	
Dampfdichteverhältnis, Luft = 1	
Schmelzpunkt	
Mischbarkeit mit Wasser	sehr geringfügig
Spez. Gewicht, Wasser = 1	0,969
Molare Masse	162,23

Feuerbekämpfungsdaten

Flammpunkt	164 °C
Zündfähiges Gemisch, Vol.-%	
Zündtemperatur	

Gefahrgut:
IMDG-Code: UN-Nr. 2810 n.o.s.
ICAO/IATA DGR: UN-Nr. 2810 n.o.s.
ADR/RID/ADNR: UN-Nr. 2810 n.a.g.
Gefahrzettel (Label) Nr. 6.1
Richtige Versandbezeichnung (PSN):
Land/BinSch: **2810 Giftiger organischer flüssiger Stoff, n.a.g. (4-tert.-Butylbenzaldehyd)**
See/Luft: **Toxic liquid, organic, n.o.s. (4-tert.-Butylbenzaldehyde)**

Klassifizierung:
Kl. 6.1 Verp. Gr. II EMS: **F**-A; **S**-A
Kl. 6.1 Verp. Gr. II
Kl. 6.1 Klassifiz. Code T1 Verp. Gr. II

Gefahrstoff:
CAS Nr.: 939-97-9
EG-Nr.: 213-367-9
EG-Einstufung: nein
Symbol: T, N*
R-Sätze: 25-43-50/53*
S-Sätze: 37-25-45-61*
D-Lagerklasse (VCI)-Nr.: 6.1
RTECS-Nr.:
INDEX-Nr.:

* Herstellerangaben

Erscheinungsbild: Farblose Flüssigkeit.

Verhalten bei Freiwerden und Vermischen mit Luft: Giftige, umweltgefährdende und brennbare Flüssigkeit mit relativ hohem Flammpunkt von 164 °C. Bei starker Erhitzung bilden sich giftige, umweltgefährdende und explosionsfähige Gemische mit Luft. Sie sind schwerer als Luft und kriechen am Boden entlang. Entzündung durch heiße Oberflächen, Funken oder offenen Flammen. Bei Erhitzung bis zur Zersetzung (z. B. durch Umgebungsbrände oder heiße Oberflächen) und bei Brand bilden sich schädliche Gase bzw. Dämpfe, die im Wesentlichen aus reizendem Rauch und Dämpfen bestehen und auch Kohlenmonoxid(gas) sowie Kohlendioxid(gas) enthalten.

Verhalten bei Freiwerden und Vermischen mit Wasser: Der Stoff ist leichter als Wasser und schwimmt auf der Oberfläche. Er löst sich nur geringfügig in Wasser. Es bilden sich giftige und umweltgefährdende Gemische mit Wasser, die auch bei starker Verdünnung noch wirksam sind.

Gesundheitsgefährdung: Die Dämpfe wirken narkotisch und können in sehr hohen Konzentrationen zur Atemlähmung führen. Der Kontakt mit der Flüssigkeit führt zu Reizungen der Augen. Die Substanz wirkt entfettend auf die Haut, nachfolgend Hautentzündungen möglich.
Symptome: Brennen der Augen sowie der Nasen- und Rachenschleimhäute, Kopfschmerzen, Schwindel, Benommenheit, Rauschzustände, Bewußtlosigkeit, Krämpfe, Atemstillstand
Nach Einatmen oder Hautkontakt in jedem Fall – auch bei Ausbleiben der Symptome – den Arzt aufsuchen. Nach Kontakt der Substanz mit den Augen ist in jedem Fall ein Augenarzt aufzusuchen.

Geruchsschwelle = Luftgrenzwert =

Bemerkungen:

Sicherheitsmaßnahmen für Fahrzeugbesatzung, Polizei, Feuerwehr und Rettungskräfte:
Polizei und Feuerwehr alarmieren.
Im Gefahrenbereich sofort umluftunabhängiges (schweres) Atemschutzgerät und volle Schutzkleidung tragen. Bei Erhitzung der Flüssigkeit Zündung abstellen, Maschine stoppen, nicht rauchen, offenes Feuer löschen, kein elektrisches Gerät und keinen Schalter mit Funkenbildung betätigen.
Wasserschutzpolizei und Feuerwehr: Bei Erhitzung des Stoffes kein Boot mit Ottomotor einsetzen. Bei Dieselantrieb Sicherheitsschaltung veranlassen. Beim Retten nicht ins Wasser springen.

Schutz- und Einsatzmaßnahmen: Alle unbeteiligten Personen nach Luv (gegen den Wind) entfernen. Achtung, falls freiwerdendes Gut in die Kanalisation oder in Abwasserleitungen von Schiffen gerät, entstehen giftige und umweltgefährdende Gemische mit Abwasser. In Wohn- und Industriegebieten Anwohner warnen. Große Sicherheitszone bilden.

Konzentrationsmessung explosionsfähiger bzw. giftiger Dämpfe siehe Tabelle (Anhang 6 der Erläuterungen).

Zuständige Behörden unterrichten.

Bekämpfung der Unfallfolgen:
Feuer: Bei kleinem Brandherd Löschpulver, Wassersprühstrahl, Kohlensäure oder Schaum. Bei großem Brandherd Schaum oder Wassersprühstrahl. Behälter mit Wassersprühstrahl kühlen und nach Möglichkeit aus der Gefahrenzone ziehen. Achtung, das Löschwasser ist giftig und umweltgefährlich. Es muß aufgefangen werden und darf nicht unbehandelt in die Kanalisation, in Gewässer oder in das Grundwasser gelangen.
Leckage: Leck schließen, wenn ohne Risiko möglich.
Fließendes Gewässer: Trink-, Brauch- und Kühlwasserentnehmer verständigen.
Stehendes Gewässer: Absperren. Fahrzeugbesatzungen im gefährdeten Gebiet warnen.
An Land: Kanalisation abdichten. Auffangen, eindeichen und abpumpen. In Wohn- und Industriegebieten alle tiefliegenden Räume abdichten. Alle Zündquellen beseitigen. Restmengen mit nicht brennbarem, saugfähigem Material wie z. B. trockener Erde, Sand, Kieselgur, Universalbinder oder Vermiculit abdecken und an sichere Deponie zur Vernichtung transportieren.

Gewässerverunreinigung:
GefStoffV/EG: Gefahrensymbol: N Umweltgefährlich, R 50/53: sehr giftig für Wasserorganismen, kann in Gewässern längerfristig schädliche Wirkungen haben.
Gesamtbewertung nach Unfall: Gruppe IV, hohe bis sehr hohe (extrem hohe) toxische Wirkung unabhängig von der Turbulenz des Gewässers (siehe auch Erläuterungen Abschnitt 16.4/5).
Einzelwerte siehe Anhang 9 der Erläuterungen.
Wassergefährdungsklasse: 2 – wassergefährdender Stoff

Erste Hilfe:
Verletzte an die frische Luft bringen, bequem lagern, beengende Kleidungsstücke lockern. Bei Atemstörung Sauerstoffzufuhr, ggf. Beatmung. Benetzte Kleidungsstücke, Schuhe und Strümpfe sofort ausziehen, entfernen und vernichten. Betroffene Körperstellen anhaltend mit Wasser spülen und anschließend mit sterilem Verbandmaterial abdecken. Bei Augenkontakt die Augen 15 Minuten mit Wasser spülen. Augenlider dazu mit Daumen und Zeigefinger aufspreizen und gleichzeitig das Auge nach allen Seiten bewegen lassen. Verletzte nicht auskühlen lassen. Bei Erbrechen zumindest Kopf in Seitenlage bringen. Verletzte nur liegend transportieren. Bei Gefahr der Bewußtlosigkeit Lagerung und Transport in stabiler Seitenlage.

Hinweise für den Arzt:
Symptomatische Behandlung. Nach kurz zurückliegender Ingestion größerer Mengen Magenspülung erwägen.

Formel: $(C_2H_5)_2NC_6H_4CHO$ **Summen-Formel:** C11–H15–N–O **UN-Nr. 3077 n.o.s.**

Merkblatt

2414

Stoffname

Deutsch	*Englisch*	*Französisch*
4-Diethylaminobenzaldehyd	**4-(Diethylamino)benzaldehyde**	**4-Diéthylaminobenzaldéyde**
p-Diethylaminobenzaldehyd	p-(Diethylamino)benzaldehyde	
4-Formyl-N,N-diethylanilin	p-Formyl-N,N-diethylaniline	
p-Formyl-N,N-diethylanilin	4-Formyl-N,N-diethylaniline	

Spanisch

4-Dietilaminobenzaldehído

Gefahren-Diamant

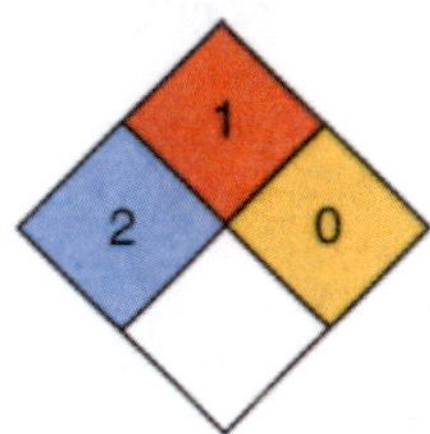

Hazchem-Code: 2X

Technische Daten

Siedepunkt	174 °C bei 9 mbar
Dampfdruck in mbar bei 20 °C	
Dampfdichteverhältnis, Luft = 1	
Schmelzpunkt	37–40 °C
Mischbarkeit mit Wasser	sehr geringfügig*
Spez. Gewicht, Wasser = 1	1,03
Molare Masse	177,25

Feuerbekämpfungsdaten

Flammpunkt	165 °C
Zündfähiges Gemisch, Vol.-%	
Zündtemperatur	410 °C

* 2,51 g/l bei 20 °C.

Gefahrgut: **Klassifizierung:**

IMDG-Code: UN-Nr. 3077 n.o.s. Kl. 9 Verp. Gr. III EMS: **F**-A; **S**-F

Marine pollutant

ICAO/IATA DGR: UN-Nr. 3077 n.o.s. Kl. 9 Verp. Gr. III

ADR/RID/ADNR: UN-Nr. 3077 n.a.g. Kl. 9 Klassifiz. Code M7 Verp. Gr. III

Gefahrzettel (Label) Nr. 9

Richtige Versandbezeichnung (PSN):

Land/BinSch: **3077 Umweltgefährdender fester Stoff, n.a.g. (p-Diethylamino-benzaldehyd)**

See/Luft: **Environmentally hazardous substance, solid, n.o.s. (p-Diethylaminobenzaldehyde)**

Gefahrstoff:

CAS Nr.: 120-21-8 RTECS-Nr.: CU 5612850

EG-Nr.: 204-377-4 INDEX-Nr.:

EG-Einstufung: nein

Symbol: Xn, N*

R-Sätze: 21/22-50/53*

S-Sätze: 37-61*

D-Lagerklasse (VCI)-Nr.:

* Herstellerangaben

Erscheinungsbild: Farblose bis gelbliche oder braune Kristalle, geruchlos.

Verhalten bei Freiwerden und Vermischen mit Luft: Gesundheitsschädlicher, umweltgefährlicher und brennbarer fester Stoff. Bei Aufwirbelung des Staubes bilden sich gesundheitsschädliche, umweltgefährliche und explosionsfähige Gemische mit Luft. Bei Brand oder Erhitzung bis zur Zersetzung (z. B. durch Umgebungsbrände oder heiße Oberflächen) erfolgt Zersetzung unter Bildung von giftigen und ätzenden Gasen und Dämpfen, die im Wesentlichen aus nitrosen Gasen (Stickstoffoxiden) bestehen und auch Kohlenmonoxid sowie Kohlendioxid enthalten.

Verhalten bei Freiwerden und Vermischen mit Wasser: Der Stoff ist schwerer als Wasser und sinkt langsam unter. Er löst sich nur geringfügig in Wasser. Es bilden sich gesundheitsschädliche und umweltgefährliche Gemische mit Wasser, die auch bei starker Verdünnung noch wirksam sind.

Gesundheitsgefährdung: Die Dämpfe wirken narkotisch und können in sehr hohen Konzentrationen zur Atemlähmung führen. Der Kontakt mit der Flüssigkeit führt zu Reizungen der Augen. Die Substanz wirkt entfettend auf die Haut, nachfolgend Hautentzündungen möglich. Im Tierexperiment wurde Methämoglobinbildung (Veränderung der roten Blutkörperchen) beobachtet. Bei Brand oder Erhitzen bis zur Zersetzung Bildung von nitrosen Gasen (s. auch Merkblatt 150).

Symptome: Brennen der Augen sowie der Nasen- und Rachenschleimhäute, Kopfschmerzen, Schwindel, Benommenheit, Rauschzustände, Bewußtlosigkeit, Krämpfe, Atemstillstand

Nach Einatmen oder Hautkontakt in jedem Fall – auch bei Ausbleiben der Symptome – den Arzt aufsuchen. Nach Kontakt der Substanz mit den Augen ist in jedem Fall ein Augenarzt aufzusuchen.

Geruchsschwelle = Luftgrenzwert =

Bemerkungen: Der Stoff reagiert unter Wärmeentwicklung bei Kontakt oder Mischung mit starken Oxidationsmitteln und Alkalien (Basen).

Sicherheitsmaßnahmen für Fahrzeugbesatzung, Polizei, Feuerwehr und Rettungskräfte:
Polizei und Feuerwehr alarmieren.
Im Gefahrenbereich umluftunabhängiges (schweres) Atemschutzgerät und volle Schutzkleidung tragen. Bei Erhitzung des Stoffes oder bei Brand **im Gefahrenbereich** Maschine stoppen, Zündung abstellen, offenes Feuer löschen, nicht rauchen, kein elektrisches Gerät und keinen Schalter mit Funkenbildung betätigen.
Wasserschutzpolizei und Feuerwehr: Bei Erhitzung des Stoffes kein Boot mit Ottomotor einsetzen. Bei Dieselantrieb Sicherheitsschaltung veranlassen. Nach dem Einsatz Kühlwasserkreislauf prüfen. Beim Retten nicht ins Wasser springen.

Schutz- und Einsatzmaßnahmen: Alle unbeteiligten Personen nach Luv (gegen den Wind) entfernen. Achtung, falls freiwerdendes Gut in die Kanalisation oder in Abwasserleitungen von Schiffen gerät, entstehen gesundheitsschädliche, umweltgefährdende Gemische mit Abwasser. In Wohn- und Industriegebieten Anwohner warnen. Große Sicherheitszone bilden.

Konzentrationsmessung explosionsfähiger bzw. giftiger Dämpfe siehe Tabelle (Anhang 6 der Erläuterungen).

Zuständige Behörden unterrichten.

Bekämpfung der Unfallfolgen:
Feuer: Bei kleinem Brandherd Löschpulver, Wassersprühstrahl, Kohlensäure oder Schaum. Bei großem Brandherd Schaum oder Wassersprühstrahl. Behälter mit Wassersprühstrahl kühlen und nach Möglichkeit aus der Gefahrenzone ziehen. Achtung, das Löschwasser ist giftig und umweltgefährlich. Es muß aufgefangen werden und darf nicht unbehandelt in die Kanalisation, in Gewässer oder in das Grundwasser gelangen.
Leckage: Leck schließen, wenn ohne Risiko möglich.
Fließendes Gewässer: Trink-, Brauch- und Kühlwasserentnehmer verständigen.
Stehendes Gewässer: Absperren. Fahrzeugbesatzungen im gefährdeten Gebiet warnen.
An Land: Kanalisation abdichten. Auffangen, eindeichen und abbergen. In Wohn- und Industriegebieten alle tiefliegenden Räume abdichten. Alle Zündquellen beseitigen. Restmengen mit nicht brennbarem, saugfähigem Material wie z. B. trockener Erde, Sand, Kieselgur, Universalbinder oder Vermiculit abdecken und an sichere Deponie zur Vernichtung transportieren.

Gewässerverunreinigung:
GefStoffV/EG: Gefahrensymbol: N Umweltgefährlich, R 50/53: sehr giftig für Wasserorganismen, kann in Gewässern längerfristig schädliche Wirkungen haben.
Gesamtbewertung nach Unfall: Gruppe IV, hohe bis sehr hohe (extrem hohe) toxische Wirkung unabhängig von der Turbulenz des Gewässers (siehe auch Erläuterungen Abschnitt 16.4/5).
Einzelwerte siehe Anhang 9 der Erläuterungen.
Wassergefährdungsklasse: 2 – wassergefährdender Stoff

Erste Hilfe:
Verletzte an die frische Luft bringen, bequem lagern, beengende Kleidungsstücke lockern. Bei Atemstörung Sauerstoffzufuhr, ggf. Beatmung. Benetzte Kleidungsstücke, Schuhe und Strümpfe sofort ausziehen, entfernen und vernichten. Betroffene Körperstellen anhaltend mit Wasser spülen und anschließend mit sterilem Verbandmaterial abdecken. Bei Augenkontakt die Augen 15 Minuten mit Wasser spülen. Augenlider dazu mit Daumen und Zeigefinger aufspreizen und gleichzeitig das Auge nach allen Seiten bewegen lassen. Verletzte nicht auskühlen lassen. Bei Erbrechen zumindest Kopf in Seitenlage bringen. Verletzte nur liegend transportieren. Bei Gefahr der Bewußtlosigkeit Lagerung und Transport in stabiler Seitenlage.

Hinweise für den Arzt:
Symptomatische Behandlung. Nach kurz zurückliegender Ingestion größerer Mengen Magenspülung erwägen. Im Tierversuch Methhämoglobinbildung. Bei Methhämoglobinbildung: Bei cyanotischen Patienten oder wenn die Methämoglobinkonzentration mehr als 30% beträgt, wird 1 bis 2 mg/kg 1% Methylenblaulösung injiziert. Weitere Dosen können erforderlich sein.

Formel: C_6H_4–1,2–$(COCl)_2$ **Summen-Formel:** C8–H4–Cl2–O2 **UN-Nr. 3265 n.o.s.**

Merkblatt

2415

Stoffname

Deutsch	*Englisch*	*Französisch*
Phthalsäure dichlorid	**Phthalic acid dichloride**	**Dichlorure de phtaloyle**
o-Phthaloylchlorid	o-Phthaloylchloride	
Phthaloylchlorid	Phthaloyl chloride	
Phthaloyldichlorid	Phthaloyl dichloride	

Spanisch

Dicloruro de ftaloílo

Gefahren-Diamant

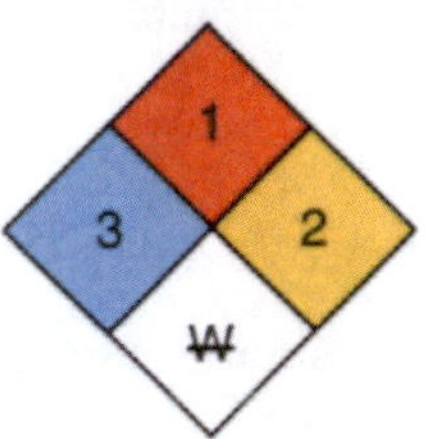

Hazchem-Code: 2X

Technische Daten	
Siedepunkt	281 °C
Dampfdruck in mbar bei 20 °C	
Dampfdichteverhältnis, Luft = 1	
Schmelzpunkt	16 °C
Mischbarkeit mit Wasser	reagiert*
Spez. Gewicht, Wasser = 1	1,41
Molare Masse	203,03

Feuerbekämpfungsdaten	
Flammpunkt	>110 °C
Zündfähiges Gemisch, Vol.-%	
Zündtemperatur	

* Reagiert heftig unter starker Erwärmung und Zersetzung sowie Bildung von Chlorwasserstoff(gas) bzw. Salzsäuredämpfen.

Gefahrgut:	**Klassifizierung:**	
IMDG-Code: UN-Nr. 3265 n.o.s.	Kl. 8	Verp. Gr. II EMS: **F**-A; **S**-B
Marine pollutant		
ICAO/IATA DGR: UN-Nr. 3265 n.o.s.	Kl. 8	Verp. Gr. II
ADR/RID/ADNR: UN-Nr. 3265 n.a.g.	Kl. 8	Klassifiz. Code C3 Verp. Gr. II

Gefahrzettel (Label) Nr. 8

Richtige Versandbezeichnung (PSN):

Land/BinSch: **3265 Ätzender saurer, organischer, flüssiger Stoff, n.a.g. (Phthalsäuredichlorid)**

See/Luft: **Corrosive liquid, acidic, organic, n.o.s. (Phthaloyl dichloride)**

Gefahrstoff:

CAS Nr.: 88-95-9 RTECS-Nr.:

EG-Nr.: 201-869-0 INDEX-Nr.:

EG-Einstufung: nein

Symbol: C*

R-Sätze: 34*

S-Sätze: 26-36/37/39-45*

D-Lagerklasse (VCI)-Nr.: 8B

* Herstellerangaben

Erscheinungsbild: Farblose bis gelbliche Flüssigkeit, stechender Geruch.

Verhalten bei Freiwerden und Vermischen mit Luft: Ätzende und brennbare Flüssigkeit mit relativ hohem Flammpunkt von >110 °C. Bei starker Erhitzung bilden sich ätzende und explosionsfähige Gemische mit Luft. Sie sind schwerer als Luft und kriechen am Boden entlang. Entzündung durch heiße Oberflächen, Funken oder offene Flammen. Bei Erhitzung bis zur Zersetzung (z. B. durch Umgebungsbrände oder heiße Oberflächen) und bei Brand bilden sich giftige und ätzende Gase bzw. Dämpfe, die im Wesentlichen aus Chlorwasserstoff(gas) bzw. Salzsäuredämpfen und in kleinen Mengen Phosgen(gas) bestehen und auch Kohlenmonoxid(gas) sowie Kohlendioxid(gas) enthalten.

Verhalten bei Freiwerden und Vermischen mit Wasser: Der Stoff ist schwerer als Wasser und sinkt unter. Er reagiert mit Wasser unter starker Erwärmung und Zersetzung. Dabei bilden sich Chlorwasserstoff(gas) bzw. Salzsäuredämpfe, die als weiße Nebel sichtbar werden können. Es bilden sich ätzende Gemische mit Wasser, die auch bei starker Verdünnung noch wirksam sind.

Gesundheitsgefährdung: Die Substanz reagiert mit der Feuchtigkeit der Haut und der Schleimhäute und die entstehenden Spaltprodukte Salzsäure (s. auch Merkblatt 177) und Phthalsäure wirken lokal ätzend. Es besteht die Gefahr bleibender Augenschäden bis hin zur Erblindung. Nach Einatmen: Gefahr von Lungen- und Kehlkopfödem – auch mit Verzögerung bis zu 2 Tagen. Nach Verschlucken kommt es zu Schleimhautreizungen in Mund, Rachen, Speiseröhre und Magen-Darm-Trakt; Perforationsgefahr für Speiseröhre und Magen. Bei Brand oder Erhitzen bis zur Zersetzung Bildung von Chlorwasserstoff (s. auch Merkblatt 63).
Symptome: Husten, Atemnot, Rötung, Brennen und Schmerzen der Augen, Lidkrampf, Tränenfluß, starke Schmerzen im Magen-Darm-Trakt, Übelkeit, Erbrechen, Durchfall, Schwindel, Kopfschmerzen
Nach Einatmen oder Hautkontakt in jedem Fall – auch bei Ausbleiben der Symptome – den Arzt aufsuchen.
Nach Kontakt der Substanz mit den Augen ist in jedem Fall ein Augenarzt aufzusuchen.

Geruchsschwelle = Luftgrenzwert =

Bemerkungen: Der Stoff reagiert heftig bei Kontakt oder Mischung mit Alkoholen und Alkalien (Laugen) unter starker Erwärmung. Dabei erfolgt Zersetzung unter Bildung von Chlorwasserstoff(gas) bzw. Salzsäuredämpfen. Die Substanz ist löslich in Ether.

Sicherheitsmaßnahmen für Fahrzeugbesatzung, Polizei, Feuerwehr und Rettungskräfte:
Polizei und Feuerwehr alarmieren.
Im Gefahrenbereich Maschine stoppen. Sofort volle Schutzkleidung und umluftunabhängiges (schweres) Atemschutzgerät tragen. Bei starker Erhitzung oder Brand nicht rauchen, offenes Feuer löschen, kein elektrisches Gerät und keinen Schalter mit Funkenbildung betätigen.
Wasserschutzpolizei und Feuerwehr: Beim Retten nicht ins Wasser springen. Bei starker Erhitzung kein Boot mit Ottomotor einsetzen. Bei Dieselantrieb Sicherheitsschaltung veranlassen. Nach dem Einsatz Kühlwasserkreislauf überprüfen.

Schutz- und Einsatzmaßnahmen: Alle unbeteiligten Personen nach Luv (gegen den Wind) entfernen. Achtung, falls freiwerdendes Gut in die Kanalisation oder in Abwasserleitungen von Schiffen gerät, bilden sich ätzende Gemische mit Abwasser und kann über der Oberfläche Explosions- und Verätzungsgefahr entstehen. Experten hinzuziehen. Auf Wasserstraßen Schiffahrtssperre. An Land gefährdetes Gebiet absperren. Große Sicherheitszone bilden. In Wohn- und Industriegebieten Anwohner warnen.

Konzentrationsmessung explosionsfähiger bzw. giftiger Dämpfe siehe Tabelle (Anhang 6 der Erläuterungen).

Zuständige Behörden unterrichten.

Bekämpfung der Unfallfolgen:
Feuer: Bei kleinem Brandherd Löschpulver, trockener Sand, Zement, gemahlener Kalkstein oder Kohlensäure. Wegen heftiger Reaktionsgefahr kein Wasser und keinen Schaum verwenden. Behälter mit Wassersprühstrahl kühlen und nach Möglichkeit aus der Gefahrenzone ziehen. Es darf jedoch kein Wasser in den Tank gelangen, da sonst Gefahr einer explosionsartigen Reaktion.
Leckage: Leck schließen, wenn ohne Risiko möglich.
Fließendes Gewässer: Trink-, Brauch- und Kühlwasserentnehmer verständigen.
Stehendes Gewässer: Absperren. Alle Zündquellen beseitigen. Fahrzeuge im gefährdeten Gebiet räumen.
An Land: Kanalisation abdichten. Auffangen, eindeichen und abpumpen. Restmengen mit nicht brennbarem, saugfähigem Material wie z. B. trockener Erde, Sand, gemahlenem Kalkstein, Kieselgur, Universalbinder oder Vermiculit abdecken und in geschlossenen Behältern an sicheren Deponieort transportieren. Alle Zündquellen beseitigen. In Wohn- und Industriegebieten alle tiefliegenden Räume abdichten. Experten hinzuziehen.

Gewässerverunreinigung:
GefStoffV/EG:
Gesamtbewertung nach Unfall: Gruppe II, in stehenden Gewässern mittlere bis hohe, in fließenden Gewässern mittlere toxische Wirkung, nach Brand Gruppe III, in stehenden Gewässern sehr hohe, in fließenden Gewässern je nach Vermischung mittlere bis hohe toxische Wirkung (siehe auch Erläuterungen Abschnitt 16.4/5).
Einzelwerte siehe Anhang 9 der Erläuterungen.
Wassergefährdungsklasse: 1 – schwach wassergefährdender Stoff

Erste Hilfe:
Verletzte an die frische Luft bringen, bequem lagern, beengende Kleidungsstücke lockern. Bei Atemstörung Sauerstoffzufuhr, ggf. Beatmung. Benetzte Kleidungsstücke, Schuhe und Strümpfe sofort ausziehen, entfernen und vernichten. Betroffene Körperstellen anhaltend mit Wasser spülen und anschließend mit sterilem Verbandmaterial abdecken. Bei Augenkontakt die Augen 15 Minuten mit Wasser spülen. Augenlider dazu mit Daumen und Zeigefinger aufspreizen und gleichzeitig das Auge nach allen Seiten bewegen lassen. Verletzte nicht auskühlen lassen. Bei Erbrechen zumindest Kopf in Seitenlage bringen. Verletzte nur liegend transportieren. Bei Gefahr der Bewußtlosigkeit Lagerung und Transport in stabiler Seitenlage.

Hinweise für den Arzt:
Symptomatische Behandlung. Augen sorgfältig spülen. Unverzüglich Augenarzt hinzuziehen! Codein gegen Reizhusten. Bei Reizung der Atemwege 5–10 Hübe oder mehr/h eines Dosier-Aerosols mit Beclometason (z. B. Sanasthmyl Glaxo oder Viarox Essex Pharma) oder mit Dexamethason (z. B. Auxiloson Thomae). Nach Ingestion Mund ausspülen lassen. Nach kurz zurückliegender Ingestion größerer Mengen Magenabsaugung erwägen. Ggf. endoskopische Kontrolle des Ausmaßes der Verätzungen der Speiseröhre.

Formel: $(C_6H_5)_3P(0)$ **Summen-Formel:** C18–H15–O–P **UN-Nr.**

Merkblatt

2416

Gefahren-Diamant

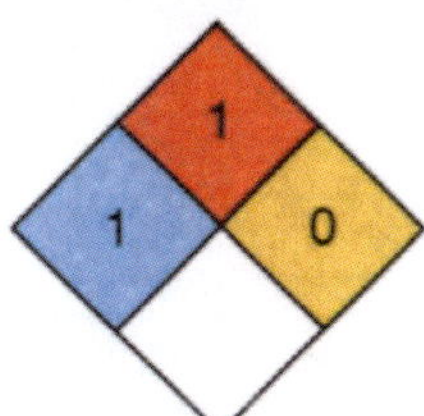

Hazchem-Code:

Stoffname

Deutsch	*Englisch*	*Französisch*
Triphenylphosphinoxid	**Triphenylphosphine oxide**	**Oxyde de triphénylphosphine**
Phosphortriphenyloxid	Triphenyl phosphorus oxide	

Spanisch

Oxido de trifenilfosfina

Technische Daten	
Siedepunkt	>360 °C
Dampfdruck in mbar	<1 bei 50 °C
Dampfdichteverhältnis, Luft = 1	
Schmelzpunkt	154–156 °C
Mischbarkeit mit Wasser	sehr geringfügig
Spez. Gewicht, Wasser = 1	1,2
Molare Masse	278,29

Feuerbekämpfungsdaten	
Flammpunkt	180 °C
Zündfähiges Gemisch, Vol.-%	
Zündtemperatur	
Thermische Zersetzung	>375 °C

Gefahrgut:
IMDG-Code: UN-Nr. *
Marine pollutant
ICAO/IATA DGR: UN-Nr. *
ADR/RID/ADNR: UN-Nr. *
Gefahrzettel (Label) Nr.
Richtige Versandbezeichnung (PSN):
Land/BinSch:
See/Luft:

Klassifizierung:
Kl. Verp. Gr. EMS: **F-** ; **S-**
Kl. Verp. Gr.
Kl. Klassifiz. Code Verp. Gr.

* Kein Gefahrgut im Sinne der Vorschriften.

Gefahrstoff:
CAS Nr.: 791-28-6 RTECS-Nr.: SZ 1676000
EG-Nr.: 212-338-8 INDEX-Nr.:
EG-Einstufung: nein
Symbol: Xn*
R-Sätze: 21/22-52/53*
S-Sätze: 22-36/37-61*
D-Lagerklasse (VCI)-Nr.: 10–13

* Herstellerangaben

Erscheinungsbild: Weißer bis gelblicher fester Stoff, unangenehmer Geruch.

Verhalten bei Freiwerden und Vermischen mit Luft: Gesundheitsschädlicher, umweltgefährlicher und brennbarer fester Stoff. Bei Aufwirbelung des Staubes bilden sich gesundheitsschädliche, umweltgefährdende und explosionsfähige Gemische mit Luft. Bei Brand oder Erhitzung bis zur Zersetzung (z. B. durch Umgebungsbrände oder heiße Oberflächen) erfolgt Zersetzung unter Bildung von giftigen und ätzenden Gasen und Dämpfen, die im Wesentlichen aus Phosphoroxiden sowie Phosphin (Phosphorwasserstoff) bestehen und auch Kohlendioxid und Kohlenmonoxid enthalten.

Verhalten bei Freiwerden und Vermischen mit Wasser: Der Stoff ist schwerer als Wasser und sinkt unter. Er löst sich nur geringfügig in Wasser. Es bilden sich gesundheitsschädliche und umweltgefährdende Gemische mit Wasser, die auch bei Verdünnung noch wirksam sind.

Gesundheitsgefährdung: Die Substanz und ihre Stäube/Aerosole reizen die Augen, die Atemwege und die Haut. Bei hohen Konzentrationen kann es zum Lungen- und Kehlkopfödem – auch mit Verzögerung bis zu 2 Tagen – kommen. Verschlucken von Stäuben führt zu Beschwerden im Magen-Darm-Trakt. Der äußerst unangenehme Geruch kann bereits Übelkeit verursachen. Bei Brand oder Erhitzen bis zur Zersetzung Bildung von Phosphortrioxid (s. auch Merkblatt 1560), Phosphorpentoxid (s. auch Merkblatt 673) und Ruß.
Symptome: Brennen, Juckreiz und Rötung von Haut und Augen, Husten- und Niesreiz, Leibschmerzen, Schwindel, Übelkeit, Erbrechen, Durchfall
Nach Einatmen oder Hautkontakt in jedem Fall – auch bei Ausbleiben der Symptome – den Arzt aufsuchen. Nach Kontakt der Substanz mit den Augen ist in jedem Fall ein Augenarzt aufzusuchen.

Geruchsschwelle = Luftgrenzwert =

Bemerkungen: Der Stoff kann heftig reagieren bei Kontakt oder Mischung mit Oxidationsmitteln. Die Substanz ist löslich in Ethylalkohol.

Sicherheitsmaßnahmen für Fahrzeugbesatzung, Polizei, Feuerwehr und Rettungskräfte:
Polizei und Feuerwehr alarmieren.
Im Gefahrenbereich umluftunabhängiges (schweres) Atemschutzgerät und volle Schutzkleidung tragen. Bei Erhitzung des Stoffes oder bei Brand **im Gefahrenbereich** Maschine stoppen, Zündung abstellen, offenes Feuer löschen, nicht rauchen, kein elektrisches Gerät und keinen Schalter mit Funkenbildung betätigen.
Wasserschutzpolizei und Feuerwehr: Bei Erhitzung des Stoffes kein Boot mit Ottomotor einsetzen. Bei Dieselantrieb Sicherheitsschaltung veranlassen.

Schutz- und Einsatzmaßnahmen: Alle unbeteiligten Personen nach Luv (gegen den Wind) entfernen. Achtung, falls freiwerdendes Gut in die Kanalisation oder in Abwasserleitungen von Schiffen gerät, entstehen gesundheitsschädliche und umweltgefährdende Gemische mit Abwasser. In Wohn- und Industriegebieten Anwohner warnen. Große Sicherheitszone bilden.

Konzentrationsmessung explosionsfähiger bzw. giftiger Dämpfe siehe Tabelle (Anhang 6 der Erläuterungen).

Zuständige Behörden unterrichten.

Bekämpfung der Unfallfolgen:
Feuer: Bei kleinem Brandherd Löschpulver, Wassersprühstrahl, Kohlensäure oder Schaum. Bei großem Brandherd Schaum oder Wassersprühstrahl. Behälter mit Wassersprühstrahl kühlen und nach Möglichkeit aus der Gefahrenzone ziehen. Achtung, das Löschwasser ist giftig und umweltgefährlich. Es muß aufgefangen werden und darf nicht unbehandelt in die Kanalisation, in Gewässer oder in das Grundwasser gelangen.
Leckage: Leck schließen, wenn ohne Risiko möglich.
Fließendes Gewässer: Trink-, Brauch- und Kühlwasserentnehmer verständigen.
Stehendes Gewässer: Absperren. Fahrzeugbesatzungen im gefährdeten Gebiet warnen.
An Land: Kanalisation abdichten. Auffangen, eindeichen und abbergen. In Wohn- und Industriegebieten alle tiefliegenden Räume abdichten. Alle Zündquellen beseitigen. Restmengen mit nicht brennbarem, saugfähigem Material wie z. B. trockener Erde, Sand, Kieselgur, Universalbinder oder Vermiculit abdecken und an sichere Deponie zur Vernichtung transportieren.

Gewässerverunreinigung:
GefStoffV/EG: R 52/53: schädlich für Wasserorganismen, kann in Gewässern längerfristig schädliche Wirkungen haben.
Gesamtbewertung nach Unfall: Gruppe III, in stehenden Gewässern sehr hohe, in fließenden Gewässern je nach Vermischung mittlere bis hohe toxische Wirkung (siehe auch Erläuterungen Abschnitt 16.4/5).
Einzelwerte siehe Anhang 9 der Erläuterungen.
Wassergefährdungsklasse: 2 – wassergefährdender Stoff

Erste Hilfe:
Verletzte an die frische Luft bringen, bequem lagern, beengende Kleidungsstücke lockern. Bei Atemstörung Sauerstoffzufuhr, ggf. Beatmung. Benetzte Kleidungsstücke, Schuhe und Strümpfe sofort ausziehen, entfernen und vernichten. Betroffene Körperstellen anhaltend mit Wasser spülen und anschließend mit sterilem Verbandmaterial abdecken. Bei Augenkontakt die Augen 15 Minuten mit Wasser spülen. Augenlider dazu mit Daumen und Zeigefinger aufspreizen und gleichzeitig das Auge nach allen Seiten bewegen lassen. Verletzte nicht auskühlen lassen. Bei Erbrechen zumindest Kopf in Seitenlage bringen. Verletzte nur liegend transportieren. Bei Gefahr der Bewußtlosigkeit Lagerung und Transport in stabiler Seitenlage.

Hinweise für den Arzt:
Symptomatische Behandlung.

Formel: H_5C_6–CH(OH)–COOH **Summen-Formel:** C8–H8–O3 **UN-Nr.**

Merkblatt

2417

Stoffname

Deutsch

(R)-(–)-Mandelsäure
D-Mandelsäure
Chi Pros R-Mandelsäure
(R)-(–)-alpha-Hydroxybenzol-essigsäure
D-α-Hydroxyphenylessigsäure
D-2-Hydroxy-2-phenyl-essigsäure

Englisch

(R)-(–)-Mandelic acid
D-Mandelic acid
(R)-(–)-alpha-Hydroxybenzene acetic acid
D-alpha-Hydroxy phenyl acetic acid
D-2-Hydroxy-2-phenyl acetic acid

Französisch

Acide mandélique-(R)-(–)

Spanisch

Acido mandélico-(R)-(–)

Gefahren-Diamant

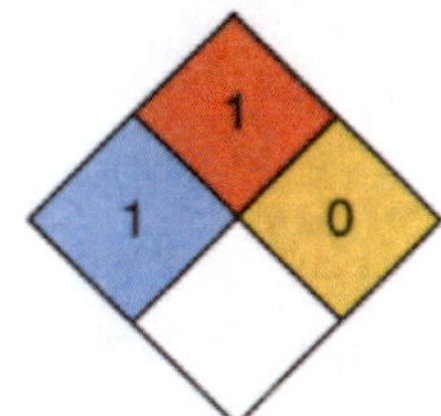

Hazchem-Code:

Technische Daten

Siedepunkt	
Dampfdruck in mbar bei 20 °C	
Dampfdichteverhältnis, Luft = 1	
Schmelzpunkt	131–135 °C
Mischbarkeit mit Wasser	vollständig
Spez. Gewicht, Wasser = 1	
Molare Masse	152,15

Feuerbekämpfungsdaten

Flammpunkt	>190 °C
Zündfähiges Gemisch, Vol.-%	15–
Zündtemperatur	

Gefahrgut:
IMDG-Code: UN-Nr. *
ICAO/IATA DGR: UN-Nr. *
ADR/RID/ADNR: UN-Nr. *
Gefahrzettel (Label) Nr.
Richtige Versandbezeichnung (PSN):
Land/BinSch:
See/Luft:

Klassifizierung:
Kl. Verp. Gr. EMS: **F**- ; **S**-
Kl. Verp. Gr.
Kl. Klassifiz. Code Verp. Gr.

* Kein Gefahrgut im Sinne der Vorschriften.

Gefahrstoff:
CAS Nr.: 611-71-2 RTECS-Nr.: –
EG-Nr.: 210-276-6 INDEX-Nr.:
EG-Einstufung: nein
Symbol: Xi*
R-Sätze: 41*
S-Sätze: 22-26-37/39*
D-Lagerklasse (VCI)-Nr.:

* Herstellerangaben

Erscheinungsbild: Farbloses bis weißes kristallines Pulver, geruchlos.

Verhalten bei Freiwerden und Vermischen mit Luft: Reizender und brennbarer fester Stoff. Bei Aufwirbelung des Staubes bzw. Pulvers bilden sich reizende und explosionsfähige Staub-/Luftgemische. Entzündung durch heiße Oberflächen, Funken oder offene Flammen.

Verhalten bei Freiwerden und Vermischen mit Wasser: Der Stoff ist leichter als Wasser und schwimmt auf der Oberfläche. Er löst sich vollständig in Wasser. Es bilden sich schädliche Gemische mit Wasser.

Gesundheitsgefährdung: Die Substanz wird nach den bisherigen Erkenntnissen durch Verschlucken rasch resorbiert, es kann zu zentralnervösen und den sog. unspezifischen Wirkungen kommen. Bei direktem Kontakt mit den Augen: Gefahr bleibender Augenschäden (Erblindung) möglich.
Symptome: Übelkeit, Schwindel, Benommenheit, Schläfrigkeit, Erbrechen, Durchfall, Durstgefühl
Nach Einatmen oder Hautkontakt in jedem Fall – auch bei Ausbleiben der Symptome – den Arzt aufsuchen.
Nach Kontakt der Substanz mit den Augen ist in jedem Fall ein Augenarzt aufzusuchen.

Geruchsschwelle = Luftgrenzwert =

Bemerkungen: Der Stoff reagiert bei Kontakt oder Mischung mit starken Oxidationsmitteln, starken Basen (Laugen) und starken Reduktionsmitteln.

Sicherheitsmaßnahmen für Fahrzeugbesatzung, Polizei, Feuerwehr und Rettungskräfte:
Polizei und Feuerwehr alarmieren.
Im Gefahrenbereich umluftunabhängiges (schweres) Atemschutzgerät und volle Schutzkleidung tragen. Bei Erhitzung des Stoffes oder bei Brand **im Gefahrenbereich** Maschine stoppen, Zündung abstellen, offenes Feuer löschen, nicht rauchen, kein elektrisches Gerät und keinen Schalter mit Funkenbildung betätigen.
Wasserschutzpolizei und Feuerwehr: Bei Erhitzung des Stoffes kein Boot mit Ottomotor einsetzen. Bei Dieselantrieb Sicherheitsschaltung veranlassen. Beim Retten nicht ins Wasser springen.

Schutz- und Einsatzmaßnahmen: Alle unbeteiligten Personen nach Luv (gegen den Wind) entfernen. Achtung, falls freiwerdendes Gut in die Kanalisation oder in Abwasserleitungen von Schiffen gerät, können sich schädliche Gemische mit Abwasser bilden. Auf Wasserstraßen Schiffahrtssperre. An Land gefährdetes Gebiet absperren. In Wohn- und Industriegebieten Anwohner warnen. Bei größeren Mengen und gleichzeitiger Erhitzung des freiwerdenden Gutes große Sicherheitszone bilden.

Konzentrationsmessung explosionsfähiger bzw. giftiger Dämpfe siehe Tabelle (Anhang 6 der Erläuterungen).

Zuständige Behörden unterrichten.

Bekämpfung der Unfallfolgen:
Feuer: Bei kleinem Brandherd Löschpulver, Wassersprühstrahl, Kohlensäure oder Schaum. Bei großem Brandherd Schaum oder Wassersprühstrahl. Behälter mit Wassersprühstrahl kühlen und nach Möglichkeit aus der Gefahrenzone ziehen. Achtung, das Löschwasser ist giftig und umweltgefährlich. Es muß aufgefangen werden und darf nicht unbehandelt in die Kanalisation, in Gewässer oder in das Grundwasser gelangen.
Leckage: Leck schließen, wenn ohne Risiko möglich.
Fließendes Gewässer: Trink-, Brauch- und Kühlwasserentnehmer verständigen.
Stehendes Gewässer: Absperren. Fahrzeugbesatzungen im gefährdeten Gebiet warnen.
An Land: Kanalisation abdichten. Auffangen, eindeichen und abbergen. In Wohn- und Industriegebieten alle tiefliegenden Räume abdichten. Alle Zündquellen beseitigen. Restmengen mit nicht brennbarem, saugfähigem Material wie z. B. trockener Erde, Sand, Kieselgur, Universalbinder oder Vermiculit abdecken und an sichere Deponie zur Vernichtung transportieren.

Gewässerverunreinigung:
GefStoffV/EG:
Gesamtbewertung nach Unfall: Gruppe III, in stehenden Gewässern sehr hohe, in fließenden Gewässern je nach Vermischung mittlere bis hohe toxische Wirkung (siehe auch Erläuterungen Abschnitt 16.4/5).
Einzelwerte siehe Anhang 9 der Erläuterungen.
Wassergefährdungsklasse: 2 – wassergefährdender Stoff

Erste Hilfe:
Verletzte an die frische Luft bringen, bequem lagern, beengende Kleidungsstücke lockern. Bei Atemstörung Sauerstoffzufuhr, ggf. Beatmung. Benetzte Kleidungsstücke, Schuhe und Strümpfe sofort ausziehen, entfernen und vernichten. Betroffene Körperstellen anhaltend mit Wasser spülen und anschließend mit sterilem Verbandmaterial abdecken. Bei Augenkontakt die Augen 15 Minuten mit Wasser spülen. Augenlider dazu mit Daumen und Zeigefinger aufspreizen und gleichzeitig das Auge nach allen Seiten bewegen lassen. Verletzte nicht auskühlen lassen. Bei Erbrechen zumindest Kopf in Seitenlage bringen. Verletzte nur liegend transportieren. Bei Gefahr der Bewußtlosigkeit Lagerung und Transport in stabiler Seitenlage.

Hinweise für den Arzt:
Symptomatische Behandlung. Augen sorgfältig spülen. Unverzüglich Augenarzt hinzuziehen!

Formel: $CH_3C_6H_4CHO$ **Summen-Formel:** C8–H8–O **UN-Nr.**

Merkblatt

2418

Stoffname

Deutsch	*Englisch*	*Französisch*
p-Tolualdehyd	**p-Tolualdehyde**	**p-Tolualdehyde**
4-Methylbenzaldehyd	4-Methylbenzaldehyde	
p-Tolylaldehyd	p-Methylbenzaldehyde	
p-Formyltoluol	p-Formyltoluene	

Spanisch

p-Tolualdehído

Gefahren-Diamant

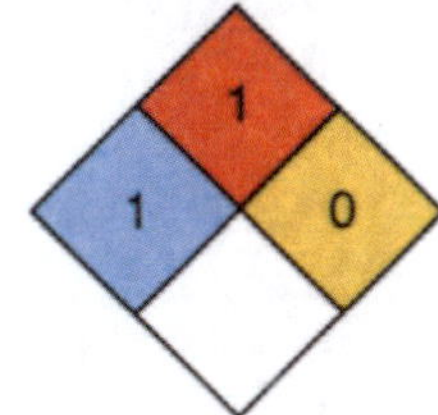

Hazchem-Code:

Technische Daten

Siedepunkt	204 °C
Dampfdruck in mbar	0,33 bei 25 °C
Dampfdichteverhältnis, Luft = 1	4,15
Schmelzpunkt	–6 °C
Mischbarkeit mit Wasser	sehr geringfügig*
Spez. Gewicht, Wasser = 1	1,016
Molare Masse	120,15

Feuerbekämpfungsdaten

Flammpunkt	71,5 °C
Zündfähiges Gemisch, Vol.-%	0,9–5,6
Zündtemperatur	395 °C

* 0,25 g/l bei 25 °C.

Gefahrgut: **Klassifizierung:**

IMDG-Code: UN-Nr. * Kl. Verp. Gr. EMS: **F-** ; **S-**

Marine pollutant

ICAO/IATA DGR: UN-Nr. * Kl. Verp. Gr.

ADR/RID/ADNR: UN-Nr. * Kl. Klassifiz. Code Verp. Gr.

Gefahrzettel (Label) Nr.

Richtige Versandbezeichnung (PSN):

Land/BinSch:

See/Luft:

* Kein Gefahrgut im Sinne der Vorschriften.

Gefahrstoff:

CAS Nr.: 104-87-0 RTECS-Nr.: CU 7034500

EG-Nr.: 203-246-9 INDEX-Nr.:

EG-Einstufung: nein

Symbol: Xn*

R-Sätze: 22-36/38*

S-Sätze: 26-27*

D-Lagerklasse (VCI)-Nr.: 3B

* Herstellerangaben

Erscheinungsbild: Farblose Flüssigkeit, charakteristischer Eigengeruch.

Verhalten bei Freiwerden und Vermischen mit Luft: Gesundheitsschädliche und brennbare Flüssigkeit mit relativ hohem Flammpunkt von 71,5 °C. Bei starker Erhitzung bilden sich gesundheitsschädliche und explosionsfähige Gemische mit Luft. Sie sind schwerer als Luft und kriechen am Boden entlang. Entzündung durch heiße Oberflächen, Funken oder offene Flammen. Bei Erhitzung bis zur Zersetzung (z. B. durch Umgebungsbrände oder heiße Oberflächen) und bei Brand bilden sich giftige und ätzende Gase bzw. Dämpfe, die im Wesentlichen aus saurem Rauch, sowie reizenden Dämpfen bestehen und auch Kohlenmonoxid(gas) sowie Kohlendioxid(gas) enthalten.

Verhalten bei Freiwerden und Vermischen mit Wasser: Der Stoff ist geringfügig schwerer als Wasser und sinkt langsam unter. Er löst sich nur geringfügig in Wasser und bildet gesundheitsschädliche Gemische mit Wasser.

Gesundheitsgefährdung: Die Dämpfe wirken narkotisch und können in sehr hohen Konzentrationen zur Atemlähmung führen. Der Kontakt mit der Flüssigkeit führt zu Reizungen der Augen. Die Substanz wirkt entfettend auf die Haut, nachfolgend Hautentzündungen möglich.
Symptome: Brennen der Augen sowie der Nasen- und Rachenschleimhäute, Kopfschmerzen, Schwindel, Benommenheit, Rauschzustände, Bewußtlosigkeit, Krämpfe, Atemstillstand
Nach Einatmen oder Hautkontakt in jedem Fall – auch bei Ausbleiben der Symptome – den Arzt aufsuchen.
Nach Kontakt der Substanz mit den Augen ist in jedem Fall ein Augenarzt aufzusuchen.

Geruchsschwelle = Luftgrenzwert =

Bemerkungen: Der Stoff reagiert bei Kontakt oder Mischung mit Alkalien (Basen), Phenolen, starken Säuren und starken Oxidationsmitteln. Die Substanz ist löslich in Ethylalkohol.

Sicherheitsmaßnahmen für Fahrzeugbesatzung, Polizei, Feuerwehr und Rettungskräfte:
Polizei und Feuerwehr alarmieren.
Im Gefahrenbereich Maschine stoppen, Zündung abstellen, nicht rauchen, offenes Feuer löschen, kein elektrisches Gerät und keinen Schalter mit Funkenbildung betätigen. Sofort umluftunabhängiges (schweres) Atemschutzgerät und volle Schutzkleidung tragen.
Wasserschutzpolizei und Feuerwehr: Kein Boot mit Ottomotor einsetzen. Bei Dieselantrieb Sicherheitsschaltung veranlassen. Radar- und Kommandorufanlage nicht betätigen. Beim Retten nicht ins Wasser springen.

Schutz- und Einsatzmaßnahmen: Alle unbeteiligten Personen nach Luv (gegen den Wind) entfernen. Achtung, falls freiwerdendes Gut in die Kanalisation oder in Abwasserleitungen von Schiffen gerät, entstehen gesundheitsschädliche Gemische mit Abwasser und können sich bei heißem Abwasser über der Oberfläche explosionsfähige und gesundheitsschädliche Gemische mit Luft bilden. In Wohn- und Industriegebieten Anwohner warnen. Große Sicherheitszone bilden. Bei größeren Mengen ausgelaufenen Gutes Katastrophenalarm prüfen.

Konzentrationsmessung explosionsfähiger bzw. giftiger Dämpfe siehe Tabelle (Anhang 6 der Erläuterungen).

Zuständige Behörden unterrichten.

Bekämpfung der Unfallfolgen:
Feuer: Bei kleinem Brandherd Löschpulver, Wassersprühstrahl, Kohlensäure oder Schaum. Bei großem Brandherd Schaum oder Wassersprühstrahl. Behälter mit Wassersprühstrahl kühlen und nach Möglichkeit aus der Gefahrenzone ziehen. Achtung, das Löschwasser ist giftig und umweltgefährlich. Es muß aufgefangen werden und darf nicht unbehandelt in die Kanalisation, in Gewässer oder in das Grundwasser gelangen.
Leckage: Leck schließen, wenn ohne Risiko möglich.
Fließendes Gewässer: Trink-, Brauch- und Kühlwasserentnehmer verständigen.
Stehendes Gewässer: Absperren. Fahrzeugbesatzungen im gefährdeten Gebiet warnen.
An Land: Kanalisation abdichten. Auffangen, eindeichen und abpumpen. In Wohn- und Industriegebieten alle tiefliegenden Räume abdichten. Alle Zündquellen beseitigen. Restmengen mit nicht brennbarem, saugfähigem Material wie z. B. trockener Erde, Sand, Kieselgur, Universalbinder oder Vermiculit abdecken und an sichere Deponie zur Vernichtung transportieren.

Gewässerverunreinigung:
GefStoffV/EG:
Gesamtbewertung nach Unfall: Gruppe III, in stehenden Gewässern sehr hohe, in fließenden Gewässern je nach Vermischung mittlere bis hohe toxische Wirkung (siehe auch Erläuterungen Abschnitt 16.4/5).
Einzelwerte siehe Anhang 9 der Erläuterungen.
Wassergefährdungsklasse: 1 – schwach wassergefährdender Stoff

Erste Hilfe:
Verletzte an die frische Luft bringen, bequem lagern, beengende Kleidungsstücke lockern. Bei Atemstörung Sauerstoffzufuhr, ggf. Beatmung. Benetzte Kleidungsstücke, Schuhe und Strümpfe sofort ausziehen, entfernen und vernichten. Betroffene Körperstellen anhaltend mit Wasser spülen und anschließend mit sterilem Verbandmaterial abdecken. Bei Augenkontakt die Augen 15 Minuten mit Wasser spülen. Augenlider dazu mit Daumen und Zeigefinger aufspreizen und gleichzeitig das Auge nach allen Seiten bewegen lassen. Verletzte nicht auskühlen lassen. Bei Erbrechen zumindest Kopf in Seitenlage bringen. Verletzte nur liegend transportieren. Bei Gefahr der Bewußtlosigkeit Lagerung und Transport in stabiler Seitenlage.

Hinweise für den Arzt:
Symptomatische Behandlung. Augen sorgfältig spülen. Nach kurz zurückliegender Ingestion größerer Mengen Magenspülung erwägen.

Formel: $CH_3C_6H_4CH_2CH_2NH_2$ **Summen-Formel:** C9–H13–N **UN-Nr. 2735 n.o.s.**

Merkblatt

2419

Stoffname

Deutsch	*Englisch*	*Französisch*
p-Methylphenethylamin	**p-Methylphenethylamine**	**p-Méthylphénéthylamine**
2-(p-Tolyl)-ethylamin	2-(p-Tolyl)-ethylamine	
4-Methylbenzolethanamin	4-Methylbenzene ethanamine	
2-(4-Methylphenyl)-ethylamin	2-(4-Methylphenyl) ethylamine	

Spanisch

p-Metilfenetilamina

Gefahren-Diamant

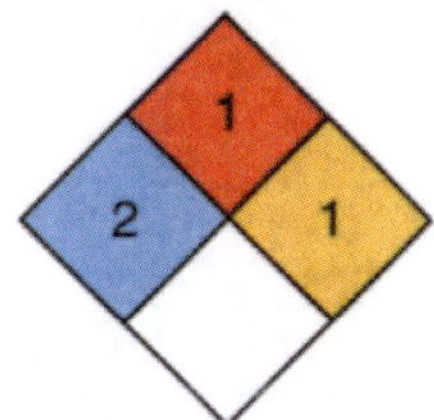

Hazchem-Code: **3X**

Technische Daten

Siedepunkt	214 °C
Dampfdruck in mbar bei 20 °C	
Dampfdichteverhältnis, Luft = 1	
Schmelzpunkt	
Mischbarkeit mit Wasser	sehr geringfügig
Spez. Gewicht, Wasser = 1	0,94
Molare Masse	135,21

Feuerbekämpfungsdaten

Flammpunkt	79 °C
Zündfähiges Gemisch, Vol.-%	
Zündtemperatur	

Gefahrgut: / **Klassifizierung:**

IMDG-Code: UN-Nr. 2735 n.o.s. Kl. 8 Verp. Gr. II EMS: **F**-A; **S**-B
ICAO/IATA DGR: UN-Nr. 2735 n.o.s. Kl. 8 Verp. Gr. II
ADR/RID/ADNR: UN-Nr. 2735 n.a.g. Kl. 8 Klassifiz. Code C7 Verp. Gr. II
Gefahrzettel (Label) Nr. 8
Richtige Versandbezeichnung (PSN):
Land/BinSch: **2735 Amine, flüssig, ätzend, n.a.g. (p-Methylphenethylamin)**
See/Luft: **Amines liquid corrosive, n.o.s. (p-Methylphenethylamine)**

Gefahrstoff:

CAS Nr.: 3261-62-9 RTECS-Nr.:
EG-Nr.: 221-865-2 INDEX-Nr.:
EG-Einstufung: nein
Symbol: C*
R-Sätze: 34-21/22*
S-Sätze: 26-36/37/39-45*
D-Lagerklasse (VCI)-Nr.: 8L

* Herstellerangaben

Erscheinungsbild: Farblose bis gelbliche Flüssigkeit. Scharfer, stechender Geruch.

Verhalten bei Freiwerden und Vermischen mit Luft: Ätzende und brennbare Flüssigkeit mit relativ hohem Flammpunkt von 79 °C. Bei starker Erhitzung bilden sich ätzende und explosionsfähige Gemische mit Luft. Sie sind schwerer als Luft und kriechen am Boden entlang. Entzündung durch heiße Oberflächen, Funken oder offene Flammen. Bei Erhitzung bis zur Zersetzung (z. B. durch Umgebungsbrände oder heiße Oberflächen) und bei Brand bilden sich giftige und ätzende Gase bzw. Dämpfe, die im Wesentlichen aus nitrosen Gasen bestehen und auch Kohlenmonoxid(gas) sowie Kohlendioxid(gas) enthalten.

Verhalten bei Freiwerden und Vermischen mit Wasser: Der Stoff ist leichter als Wasser und schwimmt auf der Oberfläche. Er löst sich nur geringfügig in Wasser. Es bilden sich ätzende und wassergefährdende Gemische mit Wasser, die auch bei Verdünnung noch wirksam sind.

Gesundheitsgefährdung: Die Substanz und ihre Stäube reizt die Augen, die Atemwege und die Haut. Beim Einatmen hoher Konzentrationen besteht die Gefahr von Kehlkopf- und Lungenödem – auch mit Verzögerung bis zu 2 Tagen. Längere Einwirkung der Substanz auf die Augen kann zum Verlust des Sehvermögens führen. Nach Verschlucken: Beschwerden im Magen-Darm-Trakt. Bei Brand oder Erhitzen bis zur Zersetzung Bildung von nitrosen Gasen (s. auch Merkblatt 150).
Symptome: Brennen, Rötung und Schmerzen der Augen, Tränenfluß, Lidkrampf, Husten- und Niesreiz, Rötung der Haut, Atemnot, Leibschmerzen, Übelkeit, Schwindel, Erbrechen, Durchfall
Nach Einatmen oder Hautkontakt in jedem Fall – auch bei Ausbleiben der Symptome – den Arzt aufsuchen. Nach Kontakt der Substanz mit den Augen ist in jedem Fall ein Augenarzt aufzusuchen.

Geruchsschwelle = Luftgrenzwert =

Bemerkungen: Der Stoff reagiert unter Erwärmung bei Kontakt oder Mischung mit Säuren, Säurechloriden, Säureanhydriden, starken Oxidationsmitteln und Kohlendioxid.

Sicherheitsmaßnahmen für Fahrzeugbesatzung, Polizei, Feuerwehr und Rettungskräfte:
Polizei und Feuerwehr alarmieren.
Im Gefahrenbereich sofort umluftunabhängiges (schweres) Atemschutzgerät und volle Schutzkleidung tragen. Bei Erhitzung der Flüssigkeit Zündung abstellen, Maschine stoppen, nicht rauchen, offenes Feuer löschen, kein elektrisches Gerät und keinen Schalter mit Funkenbildung betätigen.
Wasserschutzpolizei und Feuerwehr: Bei Erhitzung des Stoffes kein Boot mit Ottomotor einsetzen. Bei Dieselantrieb Sicherheitsschaltung veranlassen. Beim Retten nicht ins Wasser springen.

Schutz- und Einsatzmaßnahmen: Alle unbeteiligten Personen nach Luv (gegen den Wind) entfernen. Achtung, falls freiwerdendes Gut in die Kanalisation oder in Abwasserleitungen von Schiffen gerät, bilden sich ätzende und wassergefährdende Gemische mit Abwasser. Auf Wasserstraßen Schiffahrtssperre. An Land gefährdetes Gebiet absperren. Große Sicherheitszone bilden. In Wohn- und Industriegebieten Anwohner warnen.

Konzentrationsmessung explosionsfähiger bzw. giftiger Dämpfe siehe Tabelle (Anhang 6 der Erläuterungen).

Zuständige Behörden unterrichten.

Bekämpfung der Unfallfolgen:
Feuer: Bei kleinem Brandherd Löschpulver, Wassersprühstrahl oder Schaum. Bei großem Brandherd Schaum oder Wassersprühstrahl. Achtung! Kohlensäure (Kohlendioxid) sollte nicht als Löschmittel eingesetzt werden, da es mit dem Produkt reagiert. Behälter mit Wassersprühstrahl kühlen und nach Möglichkeit aus der Gefahrenzone ziehen. Achtung, das Löschwasser ist giftig und umweltgefährlich. Es muß aufgefangen werden und darf nicht unbehandelt in die Kanalisation, in Gewässer oder in das Grundwasser gelangen.
Leckage: Leck schließen, wenn ohne Risiko möglich.
Fließendes Gewässer: Trink-, Brauch- und Kühlwasserentnehmer verständigen.
Stehendes Gewässer: Absperren. Fahrzeugbesatzungen im gefährdeten Gebiet warnen.
An Land: Kanalisation abdichten. Auffangen, eindeichen und abpumpen. In Wohn- und Industriegebieten alle tiefliegenden Räume abdichten. Alle Zündquellen beseitigen. Restmengen mit nicht brennbarem, saugfähigem Material wie z. B. trockener Erde, Sand, Kieselgur, Universalbinder oder Vermiculit abdecken und an sichere Deponie zur Vernichtung transportieren.

Gewässerverunreinigung:
GefStoffV/EG:
Gesamtbewertung nach Unfall: Nach Brand Gruppe IV, hohe bis sehr hohe (extrem hohe) toxische Wirkung unabhängig von der Turbulenz des Gewässers (siehe auch Erläuterungen Abschnitt 16.4/5).
Einzelwerte siehe Anhang 9 der Erläuterungen.
Wassergefährdungsklasse:

Erste Hilfe:
Verletzte an die frische Luft bringen, bequem lagern, beengende Kleidungsstücke lockern. Bei Atemstörung Sauerstoffzufuhr, ggf. Beatmung. Benetzte Kleidungsstücke, Schuhe und Strümpfe sofort ausziehen, entfernen und vernichten. Betroffene Körperstellen anhaltend mit Wasser spülen und anschließend mit sterilem Verbandmaterial abdecken. Bei Augenkontakt die Augen 15 Minuten mit Wasser spülen. Augenlider dazu mit Daumen und Zeigefinger aufspreizen und gleichzeitig das Auge nach allen Seiten bewegen lassen. Verletzte nicht auskühlen lassen. Bei Erbrechen zumindest Kopf in Seitenlage bringen. Verletzte nur liegend transportieren. Bei Gefahr der Bewußtlosigkeit Lagerung und Transport in stabiler Seitenlage.

Hinweise für den Arzt:
Symptomatische Behandlung. Augen sorgfältig spülen. Codein gegen Reizhusten. Bei Reizung der Atemwege 5–10 Hübe oder mehr/h eines Dosier-Aerosols mit Beclometason (z.B. Sanasthmyl Glaxo oder Viarox Essex Pharma) oder mit Dexamethason (z.B. Auxiloson Thomae).

Formel: **Summen-Formel:** C6–H5–N–O2 **UN-Nr. 3236**

Merkblatt

2420

Gefahren-Diamant

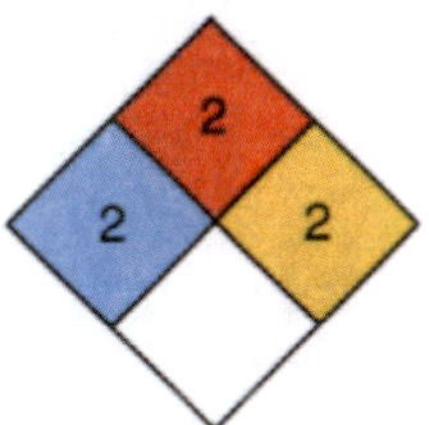

Hazchem-Code:

Stoffname

Deutsch	*Englisch*	*Französisch*
4-Nitrosophenol	**p-Benzoquinone monoxime**	**4-Nitrosophénol**
Nitrosophenol	4-Nitrosophenol	
p-Nitrosophenol	p-Nitrosophenol	
p-Benzochinonmonoxim	p-Chinonmonoxim	
	Quinone monoxime	

Spanisch

4-Nitrosefenol

Technische Daten

Siedepunkt	
Dampfdruck in mbar bei 20 °C	19
Dampfdichteverhältnis, Luft = 1	4,25
Schmelzpunkt	110 °C
Mischbarkeit mit Wasser	sehr geringfügig*
Spez. Gewicht, Wasser = 1	
Molare Masse	123,11

Feuerbekämpfungsdaten

Flammpunkt	45 °C** (Zersetzung)
Zündfähiges Gemisch, Vol.-%	
Zündtemperatur	390 °C
Thermische Zersetzung	45 °C

* 9 g/l bei 20 °C.
** Ab 45 °C Beginn der thermischen Zersetzung, der Stoff kann sich dabei spontan entzünden oder explodieren.

Gefahrgut: **Klassifizierung:**

IMDG-Code: UN-Nr. 3236 — Kl. 4.1 Verp. Gr. II EMS: **F**-F; **S**-K
Marine pollutant
ICAO/IATA DGR: UN-Nr. 3236 — Kl. 4.1 Verp. Gr. II
ADR/RID/ADNR: UN-Nr. 3236 — Kl. 4.1 Klassifiz. Code SR2 Verp. Gr. II
Gefahrzettel (Label) Nr. 4.1
Richtige Versandbezeichnung (PSN):
Land/BinSch: **3236 Selbstzersetzlicher Stoff, Typ D, fest, temperaturkontrolliert (4-Nitrophenol)**
See/Luft: **Self-reactive solid type D, temperature controlled (4-Nitrophenol)**

Gefahrstoff:

CAS Nr.: 104-91-6 RTECS-Nr.: SM 4725000
EG-Nr.: 203-251-6 INDEX-Nr.: 604-042-00-6
EG-Einstufung: ja
Symbol: Xn, N
R-Sätze: 22-41-68-51/53
S-Sätze: (2)-26-36/37/39-47-49-61
D-Lagerklasse (VCI)-Nr.: 4.1 B

* Herstellerangaben

Erscheinungsbild: Gelbbrauner kristalliner Stoff, charakteristischer Geruch.

Verhalten bei Freiwerden und Vermischen mit Luft: Gesundheitsschädlicher, umweltgefährlicher und brennbarer fester Stoff mit relativ hohem Flammpunkt von 45 °C. Bei Aufwirbelung des Staubes bilden sich gesundheitsschädliche, umweltgefährliche und explosionsfähige Gemische mit Luft. Bei Erhitzung bis zur Zersetzung (z. B. durch Umgebungsbrände oder heiße Oberflächen) und bei Brand bilden sich giftige und ätzende Gase bzw. Dämpfe, die im Wesentlichen aus nitrosen Gasen bestehen und auch Kohlenmonoxid(gas) sowie Kohlendioxid(gas) enthalten. Achtung, ab 48 °C beginnt die thermische Zersetzung des Stoffes, der sich dabei spontan entzünden oder explodieren kann.

Verhalten bei Freiwerden und Vermischen mit Wasser: Der Stoff löst sich nur geringfügig in Wasser. Es bilden sich gesundheitsschädliche und umweltgefährdende Gemische mit Wasser, die auch bei starker Verdünnung noch wirksam sind.

Gesundheitsgefährdung: Die Gesundheitsgefahren resultieren aus der Selbstzersetzung der Substanz, die zu lokaler Verbrennung führt. Die Substanz reizt die Augen bis hin zur Verätzung, Gefahr bleibender Augenschäden, auch Erblindung. Hautaufnahme! Bei Einatmen der Substanz oder ihrer Zersetzungsprodukte besteht die Gefahr von Kehlkopf- und Lungenödem – auch mit Verzögerung bis zu 2 Tagen. Verdacht auf krebserzeugende Wirkung. Bei Brand oder Erhitzen bis zur Zersetzung Bildung von nitrosen Gasen (s. auch Merkblatt 150).
Symptome: Schmerzen und Rötung der Augen, Lidkrampf, Tränenfluß, Brandwunden.
Nach Einatmen oder Hautkontakt in jedem Fall – auch bei Ausbleiben der Symptome – den Arzt aufsuchen.
Nach Kontakt der Substanz mit den Augen ist in jedem Fall ein Augenarzt aufzusuchen.

Geruchsschwelle = Luftgrenzwert =

Bemerkungen: Der Stoff reagiert heftig bei Kontakt oder Mischung mit starken Säuren, Alkalien (Laugen) und spontaner Hitzeeinwirkung. Dabei bilden sich nitrose Gase (Stickstoffoxide) und kann spontane Entzündung oder Explosion eintreten. Die Substanz ist löslich in Ethylalkohol, Diethylether und Benzol. Der Transport ist nur temperaturkontrolliert bis max. 35 °C erlaubt. Notfalltemperatur: 40 °C. Lagerung nur im Originalbehälter bis 30°C.

Sicherheitsmaßnahmen für Fahrzeugbesatzung, Polizei, Feuerwehr und Rettungskräfte:
Polizei und Feuerwehr alarmieren.
Im Gefahrenbereich sofort Maschine stoppen, Zündung abstellen, nicht rauchen. An warmen Tagen und bei Erwärmung der Flüssigkeit offenes Feuer löschen, kein elektrisches Gerät und keinen Schalter mit Funkenbildung betätigen. Umluftunabhängiges (schweres) Atemschutzgerät und volle Schutzkleidung tragen.
Wasserschutzpolizei und Feuerwehr: Beim Retten nicht ins Wasser springen. An warmen Tagen und bei Erwärmung der Flüssigkeit kein Boot mit Ottomotor einsetzen. Bei Dieselantrieb Sicherheitsschaltung veranlassen.

Schutz- und Einsatzmaßnahmen: Alle unbeteiligten Personen nach Luv (gegen den Wind) entfernen. Achtung, falls freiwerdendes Gut in die Kanalisation oder in Abwasserleitungen von Schiffen gerät, entstehen gesundheitsschädliche und umweltgefährdende Gemische mit Abwasser und können sich über der Oberfläche explosionsfähige, gesundheitsschädliche und umweltgefährdende Gemische mit Luft bilden. In Wohn- und Industriegebieten Anwohner warnen. Große Sicherheitszone bilden. Bei größeren Mengen ausgelaufenen Gutes Katastrophenalarm prüfen.

Konzentrationsmessung explosionsfähiger bzw. giftiger Dämpfe siehe Tabelle (Anhang 6 der Erläuterungen).

Zuständige Behörden unterrichten.

Bekämpfung der Unfallfolgen:
Feuer: Bei kleinem Brandherd Löschpulver, Wassersprühstrahl, Kohlensäure oder Schaum. Bei großem Brandherd Schaum oder Wassersprühstrahl. Behälter mit Wassersprühstrahl kühlen und nach Möglichkeit aus der Gefahrenzone ziehen. Achtung, das Löschwasser ist giftig und umweltgefährlich. Es muß aufgefangen werden und darf nicht unbehandelt in die Kanalisation, in Gewässer oder in das Grundwasser gelangen.
Leckage: Leck schließen, wenn ohne Risiko möglich.
Fließendes Gewässer: Trink-, Brauch- und Kühlwasserentnehmer verständigen.
Stehendes Gewässer: Absperren. Fahrzeugbesatzungen im gefährdeten Gebiet warnen.
An Land: Kanalisation abdichten. Auffangen, eindeichen und abbergen. In Wohn- und Industriegebieten alle tiefliegenden Räume abdichten. Alle Zündquellen beseitigen. Restmengen mit nicht brennbarem, saugfähigem Material wie z. B. trockener Erde, Sand, Kieselgur, Universalbinder oder Vermiculit abdecken und an sichere Deponie zur Vernichtung transportieren.

Gewässerverunreinigung:
GefStoffV/EG: Gefahrensymbol: N Umweltgefährlich, R 51/53: giftig für Wasserorganismen, kann in Gewässern längerfristig schädliche Wirkungen haben.
Gesamtbewertung nach Unfall: Gruppe III, in stehenden Gewässern sehr hohe, in fließenden Gewässern je nach Vermischung mittlere bis hohe toxische Wirkung, nach Brand Gruppe IV, hohe bis sehr hohe (extrem hohe) toxische Wirkung unabhängig von der Turbulenz des Gewässers (siehe auch Erläuterungen Abschnitt 16.4/5).
Einzelwerte siehe Anhang 9 der Erläuterungen.
Wassergefährdungsklasse: 2 – wassergefährdender Stoff

Erste Hilfe:
Verletzte an die frische Luft bringen, bequem lagern, beengende Kleidungsstücke lockern. Bei Atemstörung Sauerstoffzufuhr, ggf. Beatmung. Benetzte Kleidungsstücke, Schuhe und Strümpfe sofort ausziehen, entfernen und vernichten. Betroffene Körperstellen anhaltend mit Wasser spülen und anschließend mit sterilem Verbandmaterial abdecken. Bei Augenkontakt die Augen 15 Minuten mit Wasser spülen. Augenlider dazu mit Daumen und Zeigefinger aufspreizen und gleichzeitig das Auge nach allen Seiten bewegen lassen. Helferschutz beachten; Stoff ist möglicherweise krebsauslösend. Verletzte nicht auskühlen lassen. Bei Erbrechen zumindest Kopf in Seitenlage bringen. Verletzte nur liegend transportieren. Bei Gefahr der Bewußtlosigkeit Lagerung und Transport in stabiler Seitenlage.

Hinweise für den Arzt:
Symptomatische Behandlung. Augen sorgfältig spülen. Unverzüglich Augenarzt hinzuziehen! Nach kurz zurückliegender Ingestion größerer Mengen Magenspülung erwägen.

Formel: $H(C_4H_8O)_nOH$ **Summen-Formel:** (C4–H8–O)n–H2–O **UN-Nr.**

Merkblatt

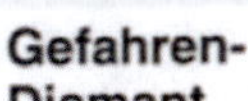

Gefahren-Diamant

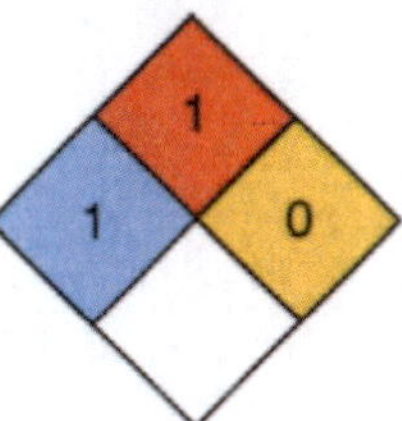

Hazchem-Code:

Stoffname

Deutsch

Tetrahydrofuran (stabilisiert mit 2,6-Di-tert.-butyl-p-Kresol)
Polybutylenglykol
Poly-1,4-butandiol
Polytetrahydrofuran
alpha-Hydroxy-omega-hydroxypoly(oxy)-1,4-butandiyl
Terathane 1400

Englisch

Tetrahydrofurane, stabilized with 2,6-Di-tert-butyl-p-kresol
Polybutylene glycol
Poly(butylene oxide)
Poly(oxy-1,4-butylene)glycol
Tetrahydrofurane homopolymer
Poly(tetramethylene ether)
Poly(tetramethylene ether)diol
Poly(tetramethylene ether)glycol
Polytetramethylene oxide

Französisch

Tetrahydrofuranne
(stabilisé de 2,6-Di-tert-butyl-4-kresol)

Spanisch

Tetrahidrofurano
(estabilizado 2,6-di-tert-butyl-4-kresol)

Technische Daten	
Siedepunkt	>250 °C
Dampfdruck in mbar bei 20 °C	<0,1
Dampfdichteverhältnis, Luft = 1	
Schmelzpunkt	33–36 °C
Mischbarkeit mit Wasser	sehr geringfügig*
Spez. Gewicht, Wasser = 1	0,973 bei 40 °C
Molare Masse	1400

Feuerbekämpfungsdaten	
Flammpunkt	246 °C
Zündfähiges Gemisch, Vol.-%	
Zündtemperatur	
Thermische Zersetzung	>250 °C

* <10g/l bei 20 °C.

Gefahrgut:
IMDG-Code: UN-Nr. * Kl. Verp. Gr. EMS: **F-** ; **S-**
Marine pollutant
ICAO/IATA DGR: UN-Nr. * Kl. Verp. Gr.
ADR/RID/ADNR: UN-Nr. * Kl. Klassifiz. Code Verp. Gr.
Gefahrzettel (Label) Nr.
Richtige Versandbezeichnung (PSN):
Land/BinSch:
See/Luft:

* Kein Gefahrgut im Sinne der Vorschriften.

Klassifizierung:

Gefahrstoff:
CAS Nr.: 25190-06-1 RTECS-Nr.: MD 0916000
EG-Nr.: 203-726-8 INDEX-Nr.:
EG-Einstufung: nein
Symbol: Xi*
R-Sätze: 36/37/38*
S-Sätze: 26–36*
D-Lagerklasse (VCI)-Nr.: 10–13

* Herstellerangaben

Erscheinungsbild: Wachsartiger, farbloser, pulverförmiger, fester Stoff, geruchlos.

Verhalten bei Freiwerden und Vermischen mit Luft: Brennbarer und reizender fester Stoff. Bei Aufwirbelung des Staubes bilden sich explosionsfähige Gemische mit Luft. Bei Brand oder Erhitzung bis zur Zersetzung (z. B. durch Umgebungsbrände oder heiße Oberflächen) erfolgt Zersetzung unter Bildung von giftigen und ätzenden Gasen und Dämpfen, die im Wesentlichen aus Tetrahydrofuran bestehen und auch Kohlendioxid und Kohlenmonoxid enthalten.

Verhalten bei Freiwerden und Vermischen mit Wasser: Der Stoff ist leichter als Wasser und schwimmt auf der Oberfläche. Er löst sich nur sehr geringfügig in Wasser. Es bilden sich reizende und schädliche Gemische mit Wasser.

Gesundheitsgefährdung: Die Substanz reizt die Augen und die Schleimhäute der Atemwege, leichte Hautreizung. Bei Einatmen größerer Mengen narkotische Wirkung.
Symptome: Rötung und Juckreiz an den Augen, Husten- und Niesreiz, Schläfrigkeit, Benommenheit.
Nach Einatmen oder Hautkontakt in jedem Fall – auch bei Ausbleiben der Symptome – den Arzt aufsuchen. Nach Kontakt der Substanz mit den Augen ist in jedem Fall ein Augenarzt aufzusuchen.

Geruchsschwelle = Luftgrenzwert =

Bemerkungen: Der Stoff ist löslich in vielen organischen Lösemitteln. Achtung, bei Temperaturen >100 °C kann die Stabilisierung aufgehoben werden und sich die Substanz von selbst entzünden. Bei Temperaturen >240 °C erfolgt Zersetzung unter Bildung von Tetrahydrofuran.

Sicherheitsmaßnahmen für Fahrzeugbesatzung, Polizei, Feuerwehr und Rettungskräfte:
Polizei und Feuerwehr alarmieren.
Im Gefahrenbereich umluftunabhängiges (schweres) Atemschutzgerät und volle Schutzkleidung tragen. Bei Erhitzung des Stoffes oder bei Brand **im Gefahrenbereich** Maschine stoppen, Zündung abstellen, offenes Feuer löschen, nicht rauchen, kein elektrisches Gerät und keinen Schalter mit Funkenbildung betätigen.
Wasserschutzpolizei und Feuerwehr: Bei Erhitzung des Stoffes kein Boot mit Ottomotor einsetzen. Bei Dieselantrieb Sicherheitsschaltung veranlassen. Beim Retten nicht ins Wasser springen.

Schutz- und Einsatzmaßnahmen: Alle unbeteiligten Personen nach Luv (gegen den Wind) entfernen. Achtung, falls freiwerdendes Gut in die Kanalisation oder in Abwasserleitungen von Schiffen gerät, entstehen schädliche Gemische mit Abwasser. Experten hinzuziehen. Auf Wasserstraßen Schiffahrtssperre. An Land gefährdetes Gebiet absperren. Bei Brand oder starker Erhitzung entstehen gesundheitsschädliche und explosionsfähige Gase und Dämpfe bzw. Dampf-/Luftgemische. In diesem Fall große Sicherheitszone bilden. In Wohn- und Industriegebieten Anwohner warnen.

Konzentrationsmessung explosionsfähiger bzw. giftiger Dämpfe siehe Tabelle (Anhang 6 der Erläuterungen).

Zuständige Behörden unterrichten.

Bekämpfung der Unfallfolgen:
Feuer: Bei kleinem Brandherd Löschpulver, Wassersprühstrahl, Kohlensäure oder Schaum. Bei großem Brandherd Schaum oder Wassersprühstrahl. Behälter mit Wassersprühstrahl kühlen und nach Möglichkeit aus der Gefahrenzone ziehen. Achtung, das Löschwasser ist giftig und umweltgefährlich. Es muß aufgefangen werden und darf nicht unbehandelt in die Kanalisation, in Gewässer oder in das Grundwasser gelangen.
Leckage: Leck schließen, wenn ohne Risiko möglich.
Fließendes Gewässer: Trink-, Brauch- und Kühlwasserentnehmer verständigen.
Stehendes Gewässer: Absperren. Fahrzeugbesatzungen im gefährdeten Gebiet warnen.
An Land: Kanalisation abdichten. Auffangen, eindeichen und abbergen. In Wohn- und Industriegebieten alle tiefliegenden Räume abdichten. Alle Zündquellen beseitigen. Restmengen mit nicht brennbarem, saugfähigem Material wie z. B. trockener Erde, Sand, Kieselgur, Universalbinder oder Vermiculit abdecken und an sichere Deponie zur Vernichtung transportieren.

Gewässerverunreinigung:
GefStoffV/EG:
Gesamtbewertung nach Unfall: Gruppe III, in stehenden Gewässern sehr hohe, in fließenden Gewässern je nach Vermischung mittlere bis hohe toxische Wirkung (siehe auch Erläuterungen Abschnitt 16.4/5).
Einzelwerte siehe Anhang 9 der Erläuterungen.
Wassergefährdungsklasse: 1 – schwach wassergefährdender Stoff

Erste Hilfe:
Verletzte an die frische Luft bringen, bequem lagern, beengende Kleidungsstücke lockern. Bei Atemstörung Sauerstoffzufuhr, ggf. Beatmung. Benetzte Kleidungsstücke, Schuhe und Strümpfe sofort ausziehen, entfernen und vernichten. Betroffene Körperstellen anhaltend mit Wasser spülen und anschließend mit sterilem Verbandmaterial abdecken. Bei Augenkontakt die Augen 15 Minuten mit Wasser spülen. Augenlider dazu mit Daumen und Zeigefinger aufspreizen und gleichzeitig das Auge nach allen Seiten bewegen lassen. Verletzte nicht auskühlen lassen. Bei Erbrechen zumindest Kopf in Seitenlage bringen. Verletzte nur liegend transportieren. Bei Gefahr der Bewußtlosigkeit Lagerung und Transport in stabiler Seitenlage.

Hinweise für den Arzt:
Symptomatische Behandlung.

Formel: $HC{\equiv}CCH_2Cl$ **Summen-Formel:** C3–H3–Cl **UN-Nr. 3286 n.o.s.**

Merkblatt

2422

Stoffname

Deutsch

Propargylchlorid
3-Chlor-1-propin
γ-Chlorallylen

Englisch

Propargyl chloride
3-Chloro-1-propine
gamma-Chloroallylene

Französisch

Chloride propargylique

Spanisch

Clorido propargílico

Gefahren-Diamant

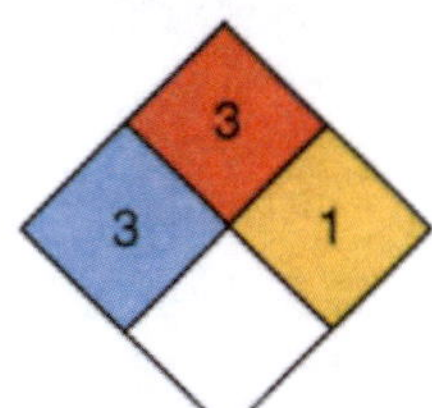

Hazchem-Code: 3WE

Technische Daten	
Siedepunkt	58 °C
Dampfdruck in mbar bei 20 °C	259
Dampfdichteverhältnis, Luft = 1	2,6
Schmelzpunkt	–78 °C
Mischbarkeit mit Wasser	sehr geringfügig
Spez. Gewicht, Wasser = 1	1,037
Molare Masse	74,51

Feuerbekämpfungsdaten	
Flammpunkt	–16 °C*
Zündfähiges Gemisch, Vol.-%	
Zündtemperatur	295 °C

* Nach Aldrich Chemie 18 °C.

Gefahrgut: **Klassifizierung:**

IMDG-Code: UN-Nr. 3286 n.o.s. Kl. 3 Verp. Gr. I EMS: **F**-E; **S**-C
Marine pollutant
ICAO/IATA DGR: UN-Nr. 3286 n.o.s. Kl. 3 Verp. Gr. I
ADR/RID/ADNR: UN-Nr. 3286 n.a.g. Kl. 3 Klassifiz. Code FTC Verp. Gr. I
Gefahrzettel (Label) Nr. 3+6.1+8
Richtige Versandbezeichnung (PSN):
Land/BinSch: **3286 Entzündbarer flüssiger Stoff, giftig, ätzend, n.a.g. (Propargylchlorid)**
See/Luft: **Flammable liquid, corrosive, toxic, n.o.s. (Propargyl chloride)**

Gefahrstoff:

CAS Nr.: 624-65-7 RTECS-Nr.:
EG-Nr.: 210-856-9 INDEX-Nr.:
EG-Einstufung: nein
Symbol: F, C*
R-Sätze: 11-34-23/24/25*
S-Sätze: 16-26-27-45-36/37/39*
D-Lagerklasse (VCI)-Nr.: 3

* Herstellerangaben

Erscheinungsbild: Farblose Flüssigkeit.

Verhalten bei Freiwerden und Vermischen mit Luft: Ätzende und brennbare Flüssigkeit. Dämpfe leicht entzündbar, Flüssigkeit verdunstet schnell. Dämpfe bilden mit Luft ätzende, explosionsfähige Gemische. Sie sind schwerer als Luft, kriechen am Boden entlang und können bei Zündung über weite Strecken zurückschlagen. Entzündung durch heiße Oberflächen, Funken oder offene Flammen. Bei Brand oder Erhitzung bis zur Zersetzung (zum Beispiel durch Umgebungsbrände oder heiße Oberflächen) bilden sich giftige und ätzende Gase und Dämpfe, die im Wesentlichen aus Chlorwasserstoff(gas) bzw. Salzsäuredämpfen bestehen und auch Kohlenmonoxid und Kohlendioxid enthalten.

Verhalten bei Freiwerden und Vermischen mit Wasser: Der Stoff ist etwas schwerer als Wasser und sinkt langsam unter. Er löst sich nur geringfügig in Wasser. Es bilden sich ätzende Gemische mit Wasser, die auch bei Verdünnung noch wirksam sind.

Gesundheitsgefährdung: Die Substanz und ihre Dämpfe verätzen die Haut, die Augen (bis hin zum Verlust der Sehkraft) und reizen sehr stark die Atemwege. Gefahr von Kehlkopf- und Lungenödem – auch mit Verzögerung bis zu 2 Tagen. Nach Verschlucken starke Beschwerden im Magen-Darm-Trakt, evtl. Speiseröhren- und Magenperforation. Bei Brand oder Erhitzen bis zur Zersetzung Bildung von Chlorwasserstoff (s. auch Merkblatt 63).
Symptome: Husten, Atemnot, Rötung, Brennen und Schmerzen der Augen, Lidkrampf, Tränenfluss, starke Schmerzen im Magen-Darm-Trakt, Übelkeit, Erbrechen, Durchfall, Schwindel, Kopfschmerzen
Nach Einatmen oder Hautkontakt in jedem Fall – auch bei Ausbleiben der Symptome – den Arzt aufsuchen. Nach Kontakt der Substanz mit den Augen ist in jedem Fall ein Augenarzt aufzusuchen.

Geruchsschwelle = Luftgrenzwert =

Bemerkungen: Der Stoff ist löslich in Benzol, Alkohol und Tetrachlorkohlenstoff. Die Substanz kann heftig reagieren bei Kontakt oder Mischung mit starken Oxidationsmitteln, Chlor und Ammoniak.

Sicherheitsmaßnahmen für Fahrzeugbesatzung, Polizei, Feuerwehr und Rettungskräfte:
Polizei und Feuerwehr alarmieren.
Im Gefahrenbereich Maschine stoppen, Zündung abstellen, nicht rauchen, offenes Feuer löschen, kein elektrisches Gerät und keinen Schalter mit Funkenbildung betätigen. Nur exgeschützte Geräte einsetzen. Sofort umluftunabhängiges (schweres) Atemschutzgerät und volle Schutzkleidung tragen.
Wasserschutzpolizei und Feuerwehr: Kein Boot mit Ottomotor einsetzen. Bei Dieselantrieb Sicherheitsschaltung veranlassen. Radar- und Kommandorufanlage nicht betätigen. Beim Retten nicht ins Wasser springen. Nach dem Einsatz Kühlwasserkreislauf überprüfen.

Schutz- und Einsatzmaßnahmen: Alle unbeteiligten Personen nach Luv (gegen den Wind) entfernen. Achtung, falls freiwerdendes Gut in die Kanalisation oder in Abwasserleitungen von Schiffen gerät, entstehen ätzende Gemische mit Abwasser und kann über der Oberfläche Explosions- und Verätzungsgefahr entstehen. Experten hinzuziehen. Auf Wasserstraßen Schiffahrtssperre. An Land gefährdetes Gebiet absperren. Große Sicherheitszone bilden. In Wohn- und Industriegebieten Anwohner warnen. Bei großen Mengen freiwerdenden Gutes gefährdetes Gebiet evakuieren und Katstrophenalarm prüfen.

Konzentrationsmessung explosionsfähiger bzw. giftiger Dämpfe siehe Tabelle (Anhang 6 der Erläuterungen).

Zuständige Behörden unterrichten.

Bekämpfung der Unfallfolgen:
Feuer: Bei kleinem Brandherd Löschpulver, Wassersprühstrahl, Kohlensäure oder Schaum. Bei großem Brandherd Schaum oder Wassersprühstrahl. Behälter mit Wassersprühstrahl kühlen und nach Möglichkeit aus der Gefahrenzone ziehen. Achtung, das Löschwasser ist giftig und umweltgefährlich. Es muß aufgefangen werden und darf nicht unbehandelt in die Kanalisation, in Gewässer oder in das Grundwasser gelangen.
Leckage: Leck schließen, wenn ohne Risiko möglich.
Fließendes Gewässer: Trink-, Brauch- und Kühlwasserentnehmer verständigen.
Stehendes Gewässer: Absperren. Fahrzeugbesatzungen im gefährdeten Gebiet warnen.
An Land: Kanalisation abdichten. Auffangen, eindeichen und abpumpen. In Wohn- und Industriegebieten alle tiefliegenden Räume abdichten. Alle Zündquellen beseitigen. Restmengen mit nicht brennbarem, saugfähigem Material wie z. B. trockener Erde, Sand, Kieselgur, Universalbinder oder Vermiculit abdecken und an sichere Deponie zur Vernichtung transportieren.

Gewässerverunreinigung:
GefStoffV/EG:
Gesamtbewertung nach Unfall: Gruppe III, in stehenden Gewässern sehr hohe, in fließenden Gewässern je nach Vermischung mittlere bis hohe toxische Wirkung (siehe auch Erläuterungen Abschnitt 16.4/5).
Einzelwerte siehe Anhang 9 der Erläuterungen.
Wassergefährdungsklasse: 2 – wassergefährdender Stoff

Erste Hilfe:
Verletzte an die frische Luft bringen, bequem lagern, beengende Kleidungsstücke lockern. Bei Atemstörung Sauerstoffzufuhr, ggf. Beatmung. Benetzte Kleidungsstücke, Schuhe und Strümpfe sofort ausziehen, entfernen und vernichten. Betroffene Körperstellen anhaltend mit Wasser spülen und anschließend mit sterilem Verbandmaterial abdecken. Bei Augenkontakt die Augen 15 Minuten mit Wasser spülen. Augenlider dazu mit Daumen und Zeigefinger aufspreizen und gleichzeitig das Auge nach allen Seiten bewegen lassen. Verletzte nicht auskühlen lassen. Bei Erbrechen zumindest Kopf in Seitenlage bringen. Verletzte nur liegend transportieren. Bei Gefahr der Bewußtlosigkeit Lagerung und Transport in stabiler Seitenlage.

Hinweise für den Arzt:
Symptomatische Behandlung. Augen sorgfältig spülen. Bei anhaltenden Beschwerden Augenarzt hinzuziehen!

Formel: $CH_3CH_2CH_2NHCH_2CH_2OH$	Summen-Formel: C5–H13–N–O	UN-Nr. 2735 n.o.s.	Merkblatt **2423**

Stoffname

Deutsch	*Englisch*	*Französisch*
2-Propylaminoethanol	**(2-Hydroxyethyl)propylamine**	**2-(Propylamino)éthanol**
2-Hydroxyethylpropylamin	Mono-n-propylaminoethanol	
N-Propylethanolamin	2-(Propylamino)ethanol	
2-(Propylamino)ethanol	N-Propylethanolamine	
		Spanisch
		2-(Propilamino)etanol

Gefahren-Diamant

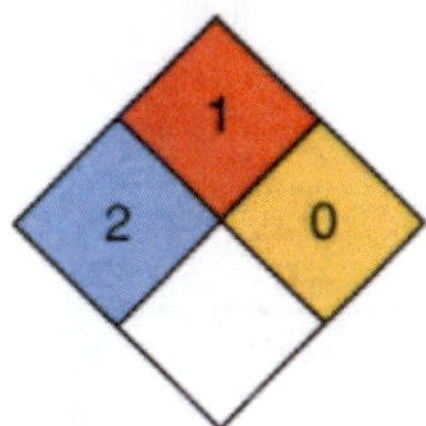

Hazchem-Code:
3X

Technische Daten

Siedepunkt	180–181 °C
Dampfdruck in mbar bei 20 °C	0,2
Dampfdichteverhältnis, Luft = 1	
Schmelzpunkt	–0,5 °C
Mischbarkeit mit Wasser	vollständig
Spez. Gewicht, Wasser = 1	0,901
Molare Masse	103,17

Feuerbekämpfungsdaten

Flammpunkt	84 °C
Zündfähiges Gemisch, Vol.-%	1,5–9,2
Zündtemperatur	290 °C

Gefahrgut: **Klassifizierung:**

IMDG-Code: UN-Nr. 2735 n.o.s. Kl. 8 Verp. Gr. II EMS: **F**-A; **S**-A
Marine pollutant
ICAO/IATA DGR: UN-Nr. 2735 n.o.s. Kl. 8 Verp. Gr. II
ADR/RID/ADNR: UN-Nr. 2735 n.a.g. Kl. 8 Klassifiz. Code C7 Verp. Gr. II
Gefahrzettel (Label) Nr. 8
Richtige Versandbezeichnung (PSN):
Land/BinSch: **2735 Amine flüssig, ätzend, n.a.g. (2-Propylaminoethanol)**
See/Luft: **Amines liquid, corrisive, n.o.s. (Propylethanolamine)**

Gefahrstoff:

CAS Nr.: 16369-21-4 RTECS-Nr.: KM 2885000
EG-Nr.: 240-426-6 INDEX-Nr.:
EG-Einstufung: nein
Symbol: C*
R-Sätze: 34-21/22*
S-Sätze: 36/37/39-26-45*
D-Lagerklasse (VCI)-Nr.: 8

* Herstellerangaben

Erscheinungsbild: Farblose bis gelbe Flüssigkeit, aminartiger Geruch.

Verhalten bei Freiwerden und Vermischen mit Luft: Ätzende und brennbare Flüssigkeit mit relativ hohem Flammpunkt. Bei starker Erhitzung bilden sich ätzende und explosionsfähige Gemische mit Luft. Sie sind schwerer als Luft und kriechen am Boden entlang. Entzündung durch heiße Oberflächen, Funken oder offene Flammen. Bei Erhitzung bis zur Zerstzung (z. B. durch Umgebungsbrände oder heiße Oberflächen) und bei Brand bilden sich giftige und ätzende Gase bzw. Dämpfe, die im Wesentlichen aus nitrosen Gasen sowie Ammoniak bestehen und auch Kohlenmonoxid(gas) sowie Kohlendioxid(gas) enthalten.

Verhalten bei Freiwerden und Vermischen mit Wasser: Der Stoff ist leichter als Wasser und schwimmt auf der Oberfläche. Er löst sich vollständig in Wasser. Es bilden sich ätzende Gemische mit Wasser.

Gesundheitsgefährdung: Die Flüssigkeit und ihre Dämpfe verätzen bei direktem Kontakt die Haut und die Schleimhäute der Augen. Gefahr bleibender Augenschäden, auch Erblindung. Die Dämpfe reizen die Atemwege stark, Gefahr von Lungen- und Kehlkopfödem – auch mit Verzögerung bis zu 2 Tagen – möglich. Nach Verschlucken starke Beschwerden im Magen-Darm-Trakt. Bei Brand oder Erhitzen bis zur Zersetzung Bildung von nitrosen Gasen (s. auch Merkblatt 150) und Ammoniak (s. auch Merkblatt 27).
Symptome: Lidkrampf, Tränenfluß, Schmerzen der Augen, Rötung, Blasenbildung auf der Haut, Husten, Atemnot, starke Leibschmerzen, Erbrechen, Übelkeit
Nach Einatmen oder Hautkontakt in jedem Fall – auch bei Ausbleiben der Symptome – den Arzt aufsuchen.
Nach Kontakt der Substanz mit den Augen ist in jedem Fall ein Augenarzt aufzusuchen.

Geruchsschwelle = Luftgrenzwert =

Bemerkungen: Der Stoff reagiert heftig unter starker Erwärmung bei Kontakt mit Säuren und säurebildenden Stoffen. Dabei erfolgt Zersetzung unter Bildung von nitrosen Gasen.

Sicherheitsmaßnahmen für Fahrzeugbesatzung, Polizei, Feuerwehr und Rettungskräfte:
Polizei und Feuerwehr alarmieren.
Im Gefahrenbereich Maschine stoppen, umluftunabhängiges (schweres) Atemschutzgerät und volle Schutzkleidung tragen. Bei Brand oder starker Erhitzung des Stoffes Zündung abstellen, nicht rauchen, offenes Feuer löschen, kein elektrisches Gerät und keinen Schalter mit Funkenbildung betätigen.
Wasserschutzpolizei und Feuerwehr: Beim Retten nicht ins Wasser springen. Bei starker Erhitzung des Stoffes und bei Brand kein Boot mit Ottomotor einsetzen. Bei Dieselantrieb Sicherheitsschaltung veranlassen.

Schutz- und Einsatzmaßnahmen: Alle unbeteiligten Personen nach Luv (gegen den Wind) entfernen. Achtung, falls freiwerdendes Gut in die Kanalisation oder in Abwasserleitungen von Schiffen gerät, bilden sich ätzende Gemische mit Abwasser. Experten hinzuziehen. Auf Wasserstraßen Schiffahrtssperre. An Land gefährdetes Gebiet absperren. Große Sicherheitszone bilden. In Wohn- und Industriegebieten Anwohner warnen.

Konzentrationsmessung explosionsfähiger bzw. giftiger Dämpfe siehe Tabelle (Anhang 6 der Erläuterungen).

Zuständige Behörden unterrichten.

Bekämpfung der Unfallfolgen:
Feuer: Bei kleinem Brandherd Löschpulver, Wassersprühstrahl, Kohlensäure oder Schaum. Bei großem Brandherd Schaum oder Wassersprühstrahl. Behälter mit Wassersprühstrahl kühlen und nach Möglichkeit aus der Gefahrenzone ziehen. Achtung, das Löschwasser ist giftig und umweltgefährlich. Es muß aufgefangen werden und darf nicht unbehandelt in die Kanalisation, in Gewässer oder in das Grundwasser gelangen.
Leckage: Leck schließen, wenn ohne Risiko möglich.
Fließendes Gewässer: Trink-, Brauch- und Kühlwasserentnehmer verständigen.
Stehendes Gewässer: Absperren. Fahrzeugbesatzungen im gefährdeten Gebiet warnen.
An Land: Kanalisation abdichten. Auffangen, eindeichen und abpumpen. In Wohn- und Industriegebieten alle tiefliegenden Räume abdichten. Alle Zündquellen beseitigen. Restmengen mit nicht brennbarem, saugfähigem Material wie z. B. trockener Erde, Sand, Kieselgur, Universalbinder oder Vermiculit abdecken und an sichere Deponie zur Vernichtung transportieren.

Gewässerverunreinigung:
GefStoffV/EG:
Gesamtbewertung nach Unfall: Gruppe III, in stehenden Gewässern sehr hohe, in fließenden Gewässern je nach Vermischung mittlere bis hohe toxische Wirkung, bei Brand Gruppe IV, hohe bis sehr hohe (extrem hohe) toxische Wirkung unabhängig von der Turbulenz des Gewässers (siehe auch Erläuterungen Abschnitt 16.4/5).
Einzelwerte siehe Anhang 9 der Erläuterungen.
Wassergefährdungsklasse: 1 – schwach wassergefährdender Stoff

Erste Hilfe:
Verletzte an die frische Luft bringen, bequem lagern, beengende Kleidungsstücke lockern. Bei Atemstörung Sauerstoffzufuhr, ggf. Beatmung. Benetzte Kleidungsstücke, Schuhe und Strümpfe sofort ausziehen, entfernen und vernichten. Betroffene Körperstellen anhaltend mit Wasser spülen und anschließend mit sterilem Verbandmaterial abdecken. Bei Augenkontakt die Augen 15 Minuten mit Wasser spülen. Augenlider dazu mit Daumen und Zeigefinger aufspreizen und gleichzeitig das Auge nach allen Seiten bewegen lassen. Verletzte nicht auskühlen lassen. Bei Erbrechen zumindest Kopf in Seitenlage bringen. Verletzte nur liegend transportieren. Bei Gefahr der Bewußtlosigkeit Lagerung und Transport in stabiler Seitenlage.

Hinweise für den Arzt:
Symptomatische Behandlung. Augen sorgfältig spülen. Bei anhaltenden Beschwerden Augenarzt hinzuziehen!

Formel: | **Summen-Formel:** C13–H20–O | **UN-Nr. 3082 n.o.s.**

Merkblatt

2424

Stoffname

Deutsch

Pseudoionon
6,10-Dimethyl-3,5,9-undecatrien-2-on
2,6-Dimethylundeca-2,6,8-trien-10-on

Englisch

Pseudoionone
6,10-Dimethyl-3,5,9-undecatrien-2-one
Citrylidene acetone
2,6-Dimethylundeca-2,6,8-triene-10-one

Französisch

6,10-Dimethylundéca-3,5,9-triène-2-one

Spanisch

6,10-Dimetilundeca-3,5,9-trien-2-ona

Gefahren-Diamant

Hazchem-Code: 2X

Technische Daten

Siedepunkt	272 °C bei 1000 mbar
Dampfdruck in mbar bei 20 °C	0,002
Dampfdichteverhältnis, Luft = 1	
Schmelzpunkt	–76 °C
Mischbarkeit mit Wasser	sehr geringfügig*
Spez. Gewicht, Wasser = 1	0,8955
Molare Masse	192,3

Feuerbekämpfungsdaten

Flammpunkt	103 °C
Zündfähiges Gemisch, Vol.-%	
Zündtemperatur	245 °C

* 0,097 g/l bei 25 °C.

Gefahrgut:

	Klassifizierung:		
IMDG-Code: UN-Nr. 3082 n.o.s.	Kl. 9	Verp. Gr. III	EMS: **F**-A; **S**-F
Marine pollutant			
ICAO/IATA DGR: UN-Nr. 3082 n.o.s.	Kl. 9	Verp. Gr. III	
ADR/RID/ADNR: UN-Nr. 3082 n.a.g.	Kl. 9	Klassifiz. Code M6 Verp. Gr. III	

Gefahrzettel (Label) Nr. 9
Richtige Versandbezeichnung (PSN):
Land/BinSch: **3082 Umweltgefährdender Stoff, flüssig, n.a.g. (Pseudoionon)**
See/Luft: **Environmentally hazardous substance, liquid, n.o.s. (Pseudoionone)**

Gefahrstoff:

CAS Nr.: 141-10-6 — RTECS-Nr.: YO 2833700
EG-Nr.: 205-457-1 — INDEX-Nr.:
EG-Einstufung: nein
Symbol: Xi, N*
R-Sätze: 38-43-51/53*
S-Sätze: 37-61*
D-Lagerklasse (VCI)-Nr.:

* Herstellerangaben

Erscheinungsbild: Gelbliche Flüssigkeit.

Verhalten bei Freiwerden und Vermischen mit Luft: Reizender, umweltgefährlicher und brennbarer fester Stoff. Bei Aufwirbelung des Staubes bilden sich reizende, umweltgefährliche und explosionsfähige Gemische mit Luft. Bei Brand oder Erhitzung bis zur Zersetzung (z. B. durch Umgebungsbrände oder heiße Oberflächen) erfolgt Zersetzung unter Bildung von giftigen und ätzenden Gasen und Dämpfen, die im Wesentlichen aus saurem Rauch und reizenden Dämpfen bestehen und auch Kohlendioxid und Kohlenmonoxid enthalten.

Verhalten bei Freiwerden und Vermischen mit Wasser: Der Stoff ist leichter als Wasser und schwimmt auf der Oberfläche. Er löst sich nur geringfügig in Wasser. Es bilden sich reizende und umweltgefährdende Gemische mit Wasser, die auch bei starker Verdünnung noch wirksam sind.

Gesundheitsgefährdung: Die Substanz und ihre Dämpfe/Nebel reizen bei direktem Kontakt die Haut, die Augen und die Atmungsorgane. Bei massivem Einatmen Gefahr von Kehlkopf- und Lungenödem – auch mit Verzögerung bis zu 2 Tagen. Längerer oder wiederholter Hautkontakt kann zu allergischen Hautreaktionen führen.
Symptome: Rötung von Haut und Augen, Juckreiz, Tränenfluß, Husten- und Niesreiz, Atembeschwerden
Nach Einatmen oder Hautkontakt in jedem Fall – auch bei Ausbleiben der Symptome – den Arzt aufsuchen.
Nach Kontakt der Substanz mit den Augen ist in jedem Fall ein Augenarzt aufzusuchen.

Geruchsschwelle = | Luftgrenzwert =

Bemerkungen: Der Stoff ist löslich in vielen organischen Lösemitteln.

Sicherheitsmaßnahmen für Fahrzeugbesatzung, Polizei, Feuerwehr und Rettungskräfte:
Polizei und Feuerwehr alarmieren.
Im Gefahrenbereich bei starker Erhitzung der Flüssigkeit Maschine stoppen, Zündung abstellen, nicht rauchen, offenes Feuer löschen, kein elektrisches Gerät und keinen Schalter mit Funkenbildung betätigen. Umluftunabhängiges (schweres) Atemschutzgerät und volle Schutzkleidung tragen.
Wasserschutzpolizei und Feuerwehr: Beim Retten nicht ins Wasser springen. Bei starker Erhitzung der Flüssigkeit oder Brand auf Wasserstraßen kein Boot mit Ottomotor einsetzen. Bei Dieselantrieb Sicherheitsschaltung veranlassen.

Schutz- und Einsatzmaßnahmen: Alle unbeteiligten Personen nach Luv (gegen den Wind) entfernen. Achtung, falls freiwerdendes Gut in die Kanalisation oder in Abwasserleitungen von Schiffen gerät, entstehen reizende, umweltgefährdende Gemische mit Abwasser. In Wohn- und Industriegebieten Anwohner warnen. Große Sicherheitszone bilden.

Konzentrationsmessung explosionsfähiger bzw. giftiger Dämpfe siehe Tabelle (Anhang 6 der Erläuterungen).

Zuständige Behörden unterrichten.

Bekämpfung der Unfallfolgen:
Feuer: Bei kleinem Brandherd Löschpulver, Wassersprühstrahl, Kohlensäure oder Schaum. Bei großem Brandherd Schaum oder Wassersprühstrahl. Behälter mit Wassersprühstrahl kühlen und nach Möglichkeit aus der Gefahrenzone ziehen. Achtung, das Löschwasser ist giftig und umweltgefährlich. Es muß aufgefangen werden und darf nicht unbehandelt in die Kanalisation, in Gewässer oder in das Grundwasser gelangen.
Leckage: Leck schließen, wenn ohne Risiko möglich.
Fließendes Gewässer: Trink-, Brauch- und Kühlwasserentnehmer verständigen.
Stehendes Gewässer: Absperren. Fahrzeugbesatzungen im gefährdeten Gebiet warnen.
An Land: Kanalisation abdichten. Auffangen, eindeichen und abpumpen. In Wohn- und Industriegebieten alle tiefliegenden Räume abdichten. Alle Zündquellen beseitigen. Restmengen mit nicht brennbarem, saugfähigem Material wie z. B. trockener Erde, Sand, Kieselgur, Universalbinder oder Vermiculit abdecken und an sichere Deponie zur Vernichtung transportieren.

Gewässerverunreinigung:
GefStoffV/EG: Gefahrensymbol: N Umweltgefährlich, R 51/53: giftig für Wasserorganismen, kann in Gewässern längerfristig schädliche Wirkungen haben.
Gesamtbewertung nach Unfall: Gruppe IV, hohe bis sehr hohe (extrem hohe) toxische Wirkung unabhängig von der Turbulenz des Gewässers (siehe auch Erläuterungen Abschnitt 16.4/5).
Einzelwerte siehe Anhang 9 der Erläuterungen.
Wassergefährdungsklasse: 2 – wassergefährdender Stoff

Erste Hilfe:
Verletzte an die frische Luft bringen, bequem lagern, beengende Kleidungsstücke lockern. Bei Atemstörung Sauerstoffzufuhr, ggf. Beatmung. Benetzte Kleidungsstücke, Schuhe und Strümpfe sofort ausziehen, entfernen und vernichten. Betroffene Körperstellen anhaltend mit Wasser spülen und anschließend mit sterilem Verbandmaterial abdecken. Bei Augenkontakt die Augen 15 Minuten mit Wasser spülen. Augenlider dazu mit Daumen und Zeigefinger aufspreizen und gleichzeitig das Auge nach allen Seiten bewegen lassen. Verletzte nicht auskühlen lassen. Bei Erbrechen zumindest Kopf in Seitenlage bringen. Verletzte nur liegend transportieren. Bei Gefahr der Bewußtlosigkeit Lagerung und Transport in stabiler Seitenlage.

Hinweise für den Arzt:
Symptomatische Behandlung. Augen sorgfältig spülen.

Formel:	Summen-Formel: C3–H4–N2	UN-Nr.	Merkblatt **2425**

Stoffname

Deutsch	*Englisch*	*Französisch*
Pyrazol 1,2-Diazol	**Pyrazole** 1,2-Diazole 1H-Pyrazole	**Pyrazole**
		Spanisch **Pirazol**

Gefahren-Diamant

Gesundheit: 2, Brennbarkeit: 1, Reaktivität: 0

Hazchem-Code:

Technische Daten

Siedepunkt	188 °C
Dampfdruck in mbar bei 20 °C	
Dampfdichteverhältnis, Luft = 1	
Schmelzpunkt	70 °C
Mischbarkeit mit Wasser	vollständig
Spez. Gewicht, Wasser = 1	
Molare Masse	68,08

Feuerbekämpfungsdaten

Flammpunkt, Zündfähiges Gemisch, Vol.-%, Zündtemperatur: Brennbarer fester Stoff

Gefahrgut: **Klassifizierung:**

IMDG-Code: UN-Nr. * Kl. Verp. Gr. EMS: **F-** ; **S-**
Marine pollutant
ICAO/IATA DGR: UN-Nr. * Kl. Verp. Gr.
ADR/RID/ADNR: UN-Nr. * Kl. Klassifiz. Code Verp. Gr.
Gefahrzettel (Label) Nr.
Richtige Versandbezeichnung (PSN):
Land/BinSch:
See/Luft:

* Kein Gefahrgut im Sinne der Vorschriften.

Gefahrstoff:

CAS Nr.: 288-13-1 RTECS-Nr.: UQ 4900000
EG-Nr.: 206-017-1 INDEX-Nr.:
EG-Einstufung: nein
Symbol: Xn*
R-Sätze: 21/22-38-41*
S-Sätze: 26-36/37/39-46-53*
D-Lagerklasse (VCI)-Nr.: 10-13

* Herstellerangaben

Erscheinungsbild: Weiße Kristalle oder kristallines Pulver. Pyridinartiger Geruch.

Verhalten bei Freiwerden und Vermischen mit Luft: Gesundheitsschädlicher, umweltgefährlicher und brennbarer fester Stoff. Bei Aufwirbelung des Staubes bilden sich gesundheitsschädliche, umweltgefährliche und explosionsfähige Gemische mit Luft. Bei Brand oder Erhitzung bis zur Zersetzung (z. B. durch Umgebungsbrände oder heiße Oberflächen), erfolgt Zersetzung unter Bildung von giftigen und ätzenden Gasen und Dämpfen, die im Wesentlichen aus nitrosen Gasen (Stickstoffoxiden), Cyanwasserstoff (gas=Blausäure) sowie Ammoniak(gas) bestehen und auch Kohlendioxid sowie Kohlenmonoxid enthalten.

Verhalten bei Freiwerden und Vermischen mit Wasser: Der Stoff ist leichter als Wasser und schwimmt auf der Oberfläche. Er löst sich vollständig in Wasser. Es bilden sich gesundheitsschädliche Gemische mit Wasser.

Gesundheitsgefährdung: Die Substanz und ihre Stäube/Aerosole reizen die Haut und die Augen bis hin zur Verätzung. Gefahr von bleibenden Augenschäden mit Verlust des Sehvermögens. Beim Einatmen der Stäube Gefahr von Kehlkopf- und Lungenödem – auch mit Verzögerung bis zu 2 Tagen. Nach Verschlucken starke Beschwerden im Magen-Darm-Trakt. Bei Brand oder Erhitzen bis zur Zersetzung Bildung von nitrosen Gasen (s. auch Merkblatt 150) und Ruß.
Symptome: Brennen und Schmerzen der Augen, Tränenfluß, Lidkrampf, Kopfschmerzen, Übelkeit, Benommenheit, Erbrechen, Schwindel, Durchfall Leibschmerzen
Nach Einatmen oder Hautkontakt in jedem Fall – auch bei Ausbleiben der Symptome – den Arzt aufsuchen. Nach Kontakt der Substanz mit den Augen ist in jedem Fall ein Augenarzt aufzusuchen.

Geruchsschwelle = Luftgrenzwert =

Bemerkungen: Der Stoff reagiert bei Kontakt oder Mischung mit starken Oxidationsmitteln. Er ist löslich in Ethylalkohol und Ether.

Sicherheitsmaßnahmen für Fahrzeugbesatzung, Polizei, Feuerwehr und Rettungskräfte:
Polizei und Feuerwehr alarmieren.
Im Gefahrenbereich umluftunabhängiges (schweres) Atemschutzgerät und volle Schutzkleidung tragen. Bei Erhitzung des Stoffes oder bei Brand **im Gefahrenbereich** Maschine stoppen, Zündung abstellen, offenes Feuer löschen, nicht rauchen, kein elektrisches Gerät und keinen Schalter mit Funkenbildung betätigen.
Wasserschutzpolizei und Feuerwehr: Bei Erhitzung des Stoffes kein Boot mit Ottomotor einsetzen. Bei Dieselantrieb Sicherheitsschaltung veranlassen. Nach dem Einsatz Külwasserkreislauf überprüfen. Beim Retten nicht ins Wasser springen.

Schutz- und Einsatzmaßnahmen: Alle unbeteiligten Personen nach Luv (gegen den Wind) entfernen. Achtung, falls freiwerdendes Gut in die Kanalisation oder in Abwasserleitungen von Schiffen gerät, entstehen gesundheitsschädliche Gemische mit Abwasser. Experten hinzuziehen. Auf Wasserstraßen Schiffahrtssperre. An Land gefährdetes Gebiet absperren. Bei Brand oder starker Erhitzung entstehen giftige Gase und Dämpfe bzw. Dampf-/Luftgemische. In diesem Fall große Sicherheitszone bilden. In Wohn- und Industriegebieten Anwohner warnen.

Konzentrationsmessung explosionsfähiger bzw. giftiger Dämpfe siehe Tabelle (Anhang 6 der Erläuterungen).

Zuständige Behörden unterrichten.

Bekämpfung der Unfallfolgen:
Feuer: Bei kleinem Brandherd Löschpulver, Wassersprühstrahl, Kohlensäure oder Schaum. Bei großem Brandherd Schaum oder Wassersprühstrahl. Behälter mit Wassersprühstrahl kühlen und nach Möglichkeit aus der Gefahrenzone ziehen. Achtung, das Löschwasser ist giftig und umweltgefährlich. Es muß aufgefangen werden und darf nicht unbehandelt in die Kanalisation, in Gewässer oder in das Grundwasser gelangen.
Leckage: Leck schließen, wenn ohne Risiko möglich.
Fließendes Gewässer: Trink-, Brauch- und Kühlwasserentnehmer verständigen.
Stehendes Gewässer: Absperren. Fahrzeugbesatzungen im gefährdeten Gebiet warnen.
An Land: Kanalisation abdichten. Auffangen, eindeichen und abbergen. In Wohn- und Industriegebieten alle tiefliegenden Räume abdichten. Alle Zündquellen beseitigen. Restmengen mit nicht brennbarem, saugfähigem Material wie z. B. trockener Erde, Sand, Kieselgur, Universalbinder oder Vermiculit abdecken und an sichere Deponie zur Vernichtung transportieren.

Gewässerverunreinigung:
GefStoffV/EG:
Gesamtbewertung nach Unfall: Gruppe II, in stehenden Gewässern mittlere bis hohe, in fließenden Gewässern mittlere toxische Wirkung, nach Brand Gruppe IV, hohe bis sehr hohe (extrem hohe) toxische Wirkung unabhängig von der Turbulenz des Gewässers (siehe auch Erläuterungen Abschnitt 16.4/5).
Einzelwerte siehe Anhang 9 der Erläuterungen.
Wassergefährdungsklasse: 1 – schwach wassergefährdender Stoff

Erste Hilfe:
Verletzte an die frische Luft bringen, bequem lagern, beengende Kleidungsstücke lockern. Bei Atemstörung Sauerstoffzufuhr, ggf. Beatmung. Benetzte Kleidungsstücke, Schuhe und Strümpfe sofort ausziehen, entfernen und vernichten. Betroffene Körperstellen anhaltend mit Wasser spülen und anschließend mit sterilem Verbandmaterial abdecken. Bei Augenkontakt die Augen 15 Minuten mit Wasser spülen. Augenlider dazu mit Daumen und Zeigefinger aufspreizen und gleichzeitig das Auge nach allen Seiten bewegen lassen. Verletzte nicht auskühlen lassen. Bei Erbrechen zumindest Kopf in Seitenlage bringen. Verletzte nur liegend transportieren. Bei Gefahr der Bewußtlosigkeit Lagerung und Transport in stabiler Seitenlage.

Hinweise für den Arzt:
Symptomatische Behandlung. Augen sorgfältig spülen.

Formel:

Summen-Formel: C19–H25–Cl–N2–O–S **UN-Nr. 3077 n.o.s.**

Merkblatt

2426

Gefahren-Diamant

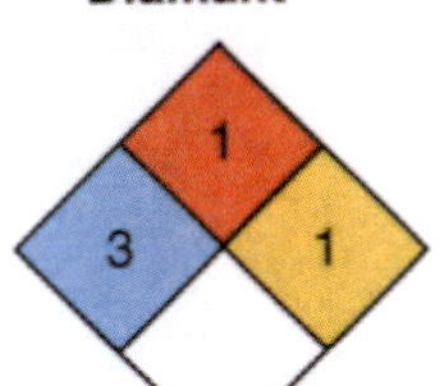

Hazchem-Code:
2X

Stoffname

Deutsch

Pyridaben
2-tert.-Butyl-5-(4-tert.-butyl-benzylthio)-4-chlorpyridazin-3(2H)-on
4-Chlor-2-(1,1-dimethyl-5-[[[4-(1,1-dimethylethyl)phenyl] methyl]thio]-3(2H)pyridazinon
Sanmite *
Nexter *

Englisch

Pyridaben
2-tert.-Butyl-5-(4-tert.-butyl benzylthio)-4-chloropyridazin-3(2H)-one
4-Chloro-2-(1,1-dimethylethyl)-5-(((4-(1,1-dimethylethyl)phenyl) methyl)thio)-3(2H)-pyridazinone
Sanmite *
Nexter *

Französisch

Pyridaben

Spanisch

Piridaben

Technische Daten

Siedepunkt	
Dampfdruck in mbar bei 20 °C	
Dampfdichteverhältnis, Luft = 1	
Schmelzpunkt	112 °C
Mischbarkeit mit Wasser	sehr geringfügig*
Spez. Gewicht, Wasser = 1	1,2
Molare Masse	364,94

Feuerbekämpfungsdaten

Flammpunkt
Zündfähiges Gemisch, Vol.-%
Zündtemperatur
} Brennbarer fester Stoff

* 0,012 mg/l bei 20 °C. Die Substanz ist jedoch dispergierbar/emulgierbar und bildet mit Wasser eine Emulsion mit fein verteilten Tröpfchen.

Gefahrgut:

	Klassifizierung:	
IMDG-Code: UN-Nr. 3077 n.o.s.	Kl. 9	Verp. Gr. III EMS: **F**-A; **S**-F
Marine pollutant		
ICAO/IATA DGR: UN-Nr. 3077 n.o.s.	Kl. 9	Verp. Gr. III
ADR/RID/ADNR: UN-Nr. 3077 n.a.g.	Kl. 9	Klassifiz. Code M7 Verp. Gr. III

Gefahrzettel (Label) Nr. 9
Richtige Versandbezeichnung (PSN):
Land/BinSch: **3077 Umweltgefährdender Stoff, fest, n.a.g. (Pyridaben)**
See/Luft: **Environmentally hazardous substance, solid, n.o.s. (Pyridaben)**

Gefahrstoff:

CAS Nr.: 96489-71-3 RTECS-Nr.: UR 6149000
EG-Nr.: 405-700-3 INDEX-Nr.: 613-149-00-7
EG-Einstufung: ja
Symbol: T, N
R-Sätze: 23/25-50/53
S-Sätze: (1/2)-36/37-45-60-61
D-Lagerklasse (VCI)-Nr.:

Erscheinungsbild: Weißes Pulver, schwacher Eigengeruch.

Verhalten bei Freiwerden und Vermischen mit Luft: Giftiger, umweltgefährlicher und brennbarer fester Stoff. Bei Aufwirbelung des Staubes bilden sich giftige, umweltgefährliche und explosionsfähige Gemische mit Luft. Bei Brand oder Erhitzung bis zur Zersetzung (z. B. durch Umgebungsbrände oder heiße Oberflächen) erfolgt Zersetzung unter Bildung von giftigen und ätzenden Gasen und Dämpfen, die im Wesentlichen aus nitrosen Gasen (Stickstoffoxiden), Chlorwasserstoff(gas) bzw. Salzsäuredämpfen sowie Schwefeldioxid(gas) bestehen und auch Kohlendioxid sowie Kohlenmonoxid enthalten.

Verhalten bei Freiwerden und Vermischen mit Wasser: Der Stoff ist schwerer als Wasser und sinkt unter. Er löst sich nur geringfügig in Wasser. Die Substanz ist jedoch dispergierbar/emulgierbar und bildet mit Wasser eine Emulsion mit fein verteilten Tröpfchen. Es bilden sich giftige und umweltgefährdende Gemische mit Wasser, die auch bei sehr starker Verdünnung noch wirksam sind.

Gesundheitsgefährdung: Die Substanz ist giftig beim Einatmen und Verschlucken, es kommt zur Ausbildung der sog. unspezifischen Vergiftungssymptome. Bei Brand oder Erhitzen bis zur Zersetzung Bildung von nitrosen Gasen (s. auch Merkblatt 150), Schwefeldioxid (s. auch Merkblatt 186) und Chlorwasserstoff (s. auch Merkblatt 63).
Symptome: Kopfschmerzen, Leibschmerzen, Übelkeit, Benommenheit, Erbrechen, Durchfall, Schläfrigkeit
Nach Einatmen oder Hautkontakt in jedem Fall – auch bei Ausbleiben der Symptome – den Arzt aufsuchen.
Nach Kontakt der Substanz mit den Augen ist in jedem Fall ein Augenarzt aufzusuchen.

Geruchsschwelle =

Luftgrenzwert =

Bemerkungen: Der Stoff ist löslich in Hexan, Ethanol, n-Octanol, Benzol, Cyclohexan, Xylol und Aceton.
Chemische Gruppenzugehörigkeit:
Verwendungszweck: Akarizide

Sicherheitsmaßnahmen für Fahrzeugbesatzung, Polizei, Feuerwehr und Rettungskräfte:
Polizei und Feuerwehr alarmieren.
Im Gefahrenbereich umluftunabhängiges (schweres) Atemschutzgerät und volle Schutzkleidung tragen. Bei Erhitzung des Stoffes oder bei Brand **im Gefahrenbereich** Maschine stoppen, Zündung abstellen, offenes Feuer löschen, nicht rauchen, kein elektrisches Gerät und keinen Schalter mit Funkenbildung betätigen.
Wasserschutzpolizei und Feuerwehr: Bei Erhitzung des Stoffes kein Boot mit Ottomotor einsetzen. Bei Dieselantrieb Sicherheitsschaltung veranlassen. Nach dem Einsatz Kühlwasserkreislauf überprüfen. Beim Retten nicht ins Wasser springen.

Schutz- und Einsatzmaßnahmen: Alle unbeteiligten Personen nach Luv (gegen den Wind) entfernen. Achtung, falls freiwerdendes Gut in die Kanalisation oder in Abwasserleitungen von Schiffen gerät, entstehen giftige und umweltgefährdende Emulsionen mit Abwasser. Experten hinzuziehen. Bei starker Erhitzung und Brand entstehen giftige und ätzende Gase bzw. Dämpfe. In diesem Fall große Sicherheitszone bilden. In Wohn- und Industriegebieten Anwohner warnen.

Bekämpfung der Unfallfolgen:
Feuer: Bei kleinem Brandherd Löschpulver, Wassersprühstrahl, Kohlensäure oder Schaum. Bei großem Brandherd Schaum oder Wassersprühstrahl. Behälter mit Wassersprühstrahl kühlen und nach Möglichkeit aus der Gefahrenzone ziehen. Achtung, das Löschwasser ist giftig und umweltgefährlich. Es muß aufgefangen werden und darf nicht unbehandelt in die Kanalisation, in Gewässer oder in das Grundwasser gelangen.
Leckage: Leck schließen, wenn ohne Risiko möglich.
Fließendes Gewässer: Trink-, Brauch- und Kühlwasserentnehmer verständigen.
Stehendes Gewässer: Absperren. Fahrzeugbesatzungen im gefährdeten Gebiet warnen.
An Land: Kanalisation abdichten. Auffangen, eindeichen und abbergen. In Wohn- und Industriegebieten alle tiefliegenden Räume abdichten. Alle Zündquellen beseitigen. Restmengen mit nicht brennbarem, saugfähigem Material wie z. B. trockener Erde, Sand, Kieselgur, Universalbinder oder Vermiculit abdecken und an sichere Deponie zur Vernichtung transportieren.

Gewässerverunreinigung:
GefStoffV/EG: Gefahrensymbol: N Umweltgefährlich, R 50/53: sehr giftig für Wasserorganismen, kann in Gewässern längerfristig schädliche Wirkungen haben.
Gesamtbewertung nach Unfall: Gruppe IV, hohe bis sehr hohe (extrem hohe) toxische Wirkung unabhängig von der Turbulenz des Gewässers (siehe auch Erläuterungen Abschnitt 16.4/5).
Einzelwerte siehe Anhang 9 der Erläuterungen.
Wassergefährdungsklasse: 3 – stark wassergefährdender Stoff

Erste Hilfe:
Verletzte an die frische Luft bringen, bequem lagern, beengende Kleidungsstücke lockern. Bei Atemstörung Sauerstoffzufuhr, ggf. Beatmung. Benetzte Kleidungsstücke, Schuhe und Strümpfe sofort ausziehen, entfernen und vernichten. Betroffene Körperstellen anhaltend mit Wasser spülen und anschließend mit sterilem Verbandmaterial abdecken. Bei Augenkontakt die Augen 15 Minuten mit Wasser spülen. Augenlider dazu mit Daumen und Zeigefinger aufspreizen und gleichzeitig das Auge nach allen Seiten bewegen lassen. Verletzte nicht auskühlen lassen. Bei Erbrechen zumindest Kopf in Seitenlage bringen. Verletzte nur liegend transportieren. Bei Gefahr der Bewußtlosigkeit Lagerung und Transport in stabiler Seitenlage.

Hinweise für den Arzt:
Symptomatische Behandlung. Nach kurz zurückliegender Ingestion größerer Mengen Magenspülung erwägen.

Formel:	Summen-Formel: C4–H5–N	UN-Nr. 1993 n.o.s.

Merkblatt

2427

Stoffname

Deutsch	*Englisch*	*Französisch*
Pyrrol	**Pyrrole**	**Pyrrole**
1-Aza-2,4-cyclopentadien	1-Aza-2,4-cyclopentadiene	
1H-Pyrrol	Divinylenimine	
Divinylenimin	1H-Pyrrole	
Azole*	Azole*	*Spanisch*
Imidole*	Imidole*	**Pirrol**

Gefahren-Diamant

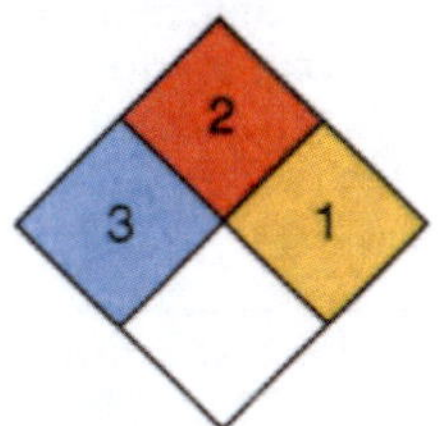

Hazchem-Code: 3Y

Technische Daten

Siedepunkt	131 °C
Dampfdruck in mbar bei 20 °C	8,7
Dampfdichteverhältnis, Luft = 1	2,32
Schmelzpunkt	–24 °C
Mischbarkeit mit Wasser	geringfügig*
Spez. Gewicht, Wasser = 1	0,968
Molare Masse	67,09

Feuerbekämpfungsdaten

Flammpunkt	33 °C
Zündfähiges Gemisch, Vol.-%	3,10–14,8
Zündtemperatur	550 °C

* 60g/l bei 20 °C.

Gefahrgut: **Klassifizierung:**

IMDG-Code: UN-Nr. 1993 n.o.s.	Kl. 3	Verp. Gr. III EMS: **F**-E; **S**-E
Marine pollutant		
ICAO/IATA DGR: UN-Nr. 1993 n.o.s.	Kl. 3	Verp. Gr. III
ADR/RID/ADNR: UN-Nr. 1993 n.a.g.	Kl. 3	Klassifiz. Code F1 Verp. Gr. III

Gefahrzettel (Label) Nr. 3
Richtige Versandbezeichnung (PSN):
Land/BinSch: **1993 Entzündbarer flüssiger Stoff, n.a.g. (Pyrrol)**
See/Luft: **Flammable liquid, n.o.s. (Pyrrole)**

Gefahrstoff:

CAS Nr.: 109-97-7 RTECS-Nr.: UX 9275000
EG-Nr.: 203-724-7 INDEX-Nr.:
EG-Einstufung: nein
Symbol: T*
R-Sätze: 10-20-25-41*
S-Sätze: 26-37/39-45*
D-Lagerklasse (VCI)-Nr.: 3A

* Herstellerangaben

Erscheinungsbild: Gelbe bis bräunliche Flüssigkeit, aminartiger Geruch.

Verhalten bei Freiwerden und Vermischen mit Luft: Giftige und brennbare Flüssigkeit. Bei starker Erhitzung bilden sich giftige und explosionsfähige Gemische mit Luft. Sie sind schwerer als Luft und kriechen am Boden entlang. Entzündung durch heiße Oberflächen, Funken oder offene Flammen. Bei Brand oder Erhitzung bis zur Zersetzung (z. B. durch Umgebungsbrände oder heiße Oberflächen) erfolgt Zersetzung unter Bildung von giftigen und ätzenden Gasen und Dämpfen, die im Wesentlichen aus nitrosen Gasen (Stickstoffoxiden) sowie Nitrosaminen bestehen und auch Kohlendioxid und Kohlenmonoxid enthalten.

Verhalten bei Freiwerden und Vermischen mit Wasser: Der Stoff ist leichter als Wasser und schwimmt auf der Oberfläche. Er löst sich nur geringfügig in Wasser. Es bilden sich giftige und umweltgefährdende Gemische mit Wasser, die auch bei starker Verdünnung noch wirksam sind.

Gesundheitsgefährdung: Die Dämpfe reizen die Augen bis zu bleibenden Augenschäden mit Verlust des Sehvermögens. Einatmen der Dämpfe kann zu Kehlkopf- und Lungenödem – auch mit Verzögerung bis zu 2 Tagen – führen. Bei Verschlucken kommt es zu Beschwerden im Magen-Darm-Trakt. Bei Brand oder Erhitzen bis zur Zersetzung Bildung von nitrosen Gasen (s. auch Merkblatt 150) und Nitrosaminen!
Symptome: Rötung, Brennen und Schmerzen der Augen, Tränenfluß, Lidkrampf, Husten- und Niesreiz, Atemnot, Übelkeit, Schwindel, Erbrechen, Durchfall, Benommenheit
Nach Einatmen oder Hautkontakt in jedem Fall – auch bei Ausbleiben der Symptome – den Arzt aufsuchen. Nach Kontakt der Substanz mit den Augen ist in jedem Fall ein Augenarzt aufzusuchen.

Geruchsschwelle = Luftgrenzwert =

Bemerkungen: Der Stoff ist löslich in Ethylalkohol und Ether. Die Substanz reagiert heftig unter starker Erwärmung bei Kontakt oder Mischung mit starken Oxidationsmitteln und Säuren. Unter speziellen Bedingungen können mit Nitriten oder salpetriger Säure Nitrosamine entstehen. Nitrosamine haben sich im Tierversuch als krebserzeugend erwiesen.

Sicherheitsmaßnahmen für Fahrzeugbesatzung, Polizei, Feuerwehr und Rettungskräfte:
Polizei und Feuerwehr alarmieren.
Im Gefahrenbereich Maschine stoppen. Sofort umluftunabhängiges (schweres) Atemschutzgerät und volle Schutzkleidung tragen. An besonders heißen Tagen und bei starker Erwärmung der Flüssigkeit Zündung abstellen, nicht rauchen, offenes Feuer löschen, kein elektrisches Gerät und keinen Schalter mit Funkenbildung betätigen.
Wasserschutzpolizei und Feuerwehr: Beim Retten nicht ins Wasser springen. An besonders heißen Tagen und bei starker Erwärmung der Flüssigkeit kein Boot mit Ottomotor einsetzen. Bei Dieselantrieb Sicherheitsschaltung veranlassen. Radar- und Kommandorufanlage nicht betätigen. Achtung: Nach dem Einsatz Bootskörper und Kühlwasserkreislauf überprüfen.

Schutz- und Einsatzmaßnahmen: Alle unbeteiligten Personen nach Luv (gegen den Wind) entfernen. Achtung, falls freiwerdendes Gut in die Kanalisation oder in Abwasserleitungen von Schiffen gerät, entstehen giftige und umweltgefährdende Gemische mit Abwasser und können sich über der Oberfläche mit heißem Abwasser explosionsfähige und giftige Gemische mit Luft bilden. In Wohn- und Industriegebieten Anwohner warnen. Große Sicherheitszone bilden. Bei größeren Mengen ausgelaufenen Gutes Katastrophenalarm prüfen.

Konzentrationsmessung explosionsfähiger bzw. giftiger Dämpfe siehe Tabelle (Anhang 6 der Erläuterungen).

Zuständige Behörden unterrichten.

Bekämpfung der Unfallfolgen:
Feuer: Bei kleinem Brandherd Löschpulver, Wassersprühstrahl, Kohlensäure oder Schaum. Bei großem Brandherd Schaum oder Wassersprühstrahl. Behälter mit Wassersprühstrahl kühlen und nach Möglichkeit aus der Gefahrenzone ziehen. Achtung, das Löschwasser ist giftig und umweltgefährlich. Es muß aufgefangen werden und darf nicht unbehandelt in die Kanalisation, in Gewässer oder in das Grundwasser gelangen.
Leckage: Leck schließen, wenn ohne Risiko möglich.
Fließendes Gewässer: Trink-, Brauch- und Kühlwasserentnehmer verständigen.
Stehendes Gewässer: Absperren. Fahrzeugbesatzungen im gefährdeten Gebiet warnen.
An Land: Kanalisation abdichten. Auffangen, eindeichen und abpumpen. In Wohn- und Industriegebieten alle tiefliegenden Räume abdichten. Alle Zündquellen beseitigen. Restmengen mit nicht brennbarem, saugfähigem Material wie z. B. trockener Erde, Sand, Kieselgur, Universalbinder oder Vermiculit abdecken und an sichere Deponie zur Vernichtung transportieren.

Gewässerverunreinigung:
GefStoffV/EG:
Gesamtbewertung nach Unfall: Gruppe III, in stehenden Gewässern sehr hohe, in fließenden Gewässern je nach Vermischung mittlere bis hohe toxische Wirkung, nach Brand Gruppe IV, hohe bis sehr hohe (extrem hohe) toxische Wirkung unabhängig von der Turbulenz des Gewässers (siehe auch Erläuterungen Abschnitt 16.4/5).
Einzelwerte siehe Anhang 9 der Erläuterungen.
Wassergefährdungsklasse: 2 – wassergefährdender Stoff

Erste Hilfe:
Verletzte an die frische Luft bringen, bequem lagern, beengende Kleidungsstücke lockern. Bei Atemstörung Sauerstoffzufuhr, ggf. Beatmung. Benetzte Kleidungsstücke, Schuhe und Strümpfe sofort ausziehen, entfernen und vernichten. Betroffene Körperstellen anhaltend mit Wasser spülen und anschließend mit sterilem Verbandmaterial abdecken. Bei Augenkontakt die Augen 15 Minuten mit Wasser spülen. Augenlider dazu mit Daumen und Zeigefinger aufspreizen und gleichzeitig das Auge nach allen Seiten bewegen lassen. Verletzte nicht auskühlen lassen. Bei Erbrechen zumindest Kopf in Seitenlage bringen. Verletzte nur liegend transportieren. Bei Gefahr der Bewußtlosigkeit Lagerung und Transport in stabiler Seitenlage.

Hinweise für den Arzt:
Symptomatische Behandlung. Augen sorgfältig spülen. Bei anhaltenden Beschwerden Augenarzt hinzuziehen! Nach kurz zurückliegender Ingestion größerer Mengen Magenspülung erwägen.

Formel: $C_6H_5CH(CH_3)NCO$ **Summen-Formel:** C9–H9-N-O **UN-Nr. 2206 n.o.s.**

Merkblatt

2428

Stoffname

Deutsch
(R)-(+)-α-Methylbenzyl-isocyanat
(R)-(+)-1-Phenylethylisocyanat

Englisch
(R)-(+)-alpha-Methylbenzyl-isocyanate
(R)-(+)-1-Phenylethylisocyanate

Französisch
Isocyanate de R-(+)-alpha-méthylbenzyle

Spanisch
Isocianato de R-(+)-α-metilbencilo

Gefahren-Diamant

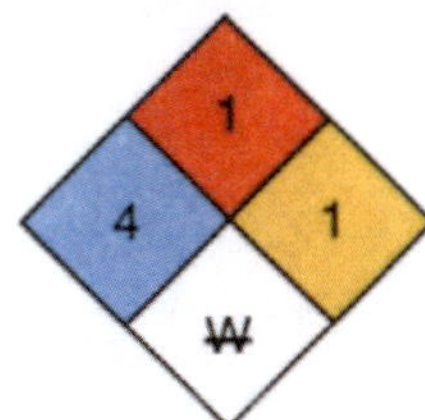

Hazchem-Code: 2X

Technische Daten	
Siedepunkt	210–211 °C
Dampfdruck in mbar bei 20 °C	
Dampfdichteverhältnis, Luft = 1	
Schmelzpunkt	
Mischbarkeit mit Wasser	reagiert*
Spez. Gewicht, Wasser = 1	1,05
Molare Masse	147,18

Feuerbekämpfungsdaten	
Flammpunkt	65 °C
Zündfähiges Gemisch, Vol.-%	
Zündtemperatur	

* Der Stoff reagiert heftig mit Wasser unter starker Erwärmung und spontaner Zersetzung mit Bildung von nitrosen Gasen und Cyanwasserstoff(gas=Blausäure).

Gefahrgut:	**Klassifizierung:**	
IMDG-Code: UN-Nr. 2206 n.o.s.	Kl. 6.1	Verp. Gr. II EMS: **F**-A; **S**-A
Marine pollutant		
ICAO/IATA DGR: UN-Nr. 2206 n.o.s.	Kl. 6.1	Verp. Gr. II
ADR/RID/ADNR: UN-Nr. 2206 n.a.g.	Kl. 6.1	Klassifiz. Code T1 Verp. Gr. II

Gefahrzettel (Label) Nr. 6.1
Richtige Versandbezeichnung (PSN):
Land/BinSch: **2206 Isocyanate, giftig, n.a.g. (Phenylethylisocyanat)**
See/Luft: **Isocyanates, toxic, n.o.s. (Phenylethylisocyanate)**

Gefahrstoff:
CAS Nr.: 33375-06-3 RTECS-Nr.:
EG-Nr.: 251-485-2 INDEX-Nr.:
EG-Einstufung: nein
Symbol: T+*
R-Sätze: 26-36/37/38-42*
S-Sätze: 23-26-28-37-45*
D-Lagerklasse (VCI)-Nr.: 3B

* Herstellerangaben

Erscheinungsbild: Farblose bis gelbliche Flüssigkeit, stechender Geruch.

Verhalten bei Freiwerden und Vermischen mit Luft: Sehr giftige, reizende und brennbare Flüssigkeit mit relativ hohem Flammpunkt von 65 °C. Bei starker Erhitzung bilden sich sehr giftige und explosionsfähige Gemische mit Luft. Sie sind schwerer als Luft und kriechen am Boden entlang. Entzündung durch heiße Oberflächen, Funken oder offene Flammen. Bei Brand oder Erhitzung bis zur Zersetzung (z. B. durch Umgebungsbrände oder heiße Oberflächen) erfolgt Zersetzung unter Bildung von giftigen und ätzenden Gasen bzw. Dämpfen, die im Wesentlichen aus nitrosen Gasen (Stickstoffoxiden) bestehen und auch Kohlenmonoxid sowie Kohlendioxid enthalten.

Verhalten bei Freiwerden und Vermischen mit Wasser: Der Stoff ist geringfügig schwerer als Wasser und sinkt langsam unter. Er reagiert heftig mit Wasser unter starker Erwärmung und Bildung von nitrosen Gasen und Cyanwasserstoff (Blausäure). Es bilden sich giftige und umweltgefährdende Gemische mit Wasser, die auch bei Verdünnung noch wirksam sind.

Gesundheitsgefährdung: Die Substanz reagiert unter Zersetzung mit der Feuchtigkeit der Haut und der Schleimhäute, dadurch kommt es zu starken lokalen Reizungen bis hin zur Verätzung. Bei massivem Einatmen besteht die Gefahr von Kehlkopf- und Lungenödem – auch mit Verzögerung bis zu 2 Tagen. Bei längerem oder wiederholtem Hautkontakt sind allergische Hautreaktionen möglich. Beim Verschlucken der Substanz treten starke Beschwerden im Magen-Darm-Trakt auf. Perforationsgefahr für Speiseröhre und Magen. Bei Brand oder Erhitzen bis zur Zersetzung Bildung von nitrosen Gasen (s. auch Merkblatt 150).
Nach Einatmen oder Hautkontakt in jedem Fall – auch bei Ausbleiben der Symptome – den Arzt aufsuchen. Nach Kontakt der Substanz mit den Augen ist in jedem Fall ein Augenarzt aufzusuchen.

Geruchsschwelle = Luftgrenzwert =

Bemerkungen: Der Stoff reagiert unter starker Erwärmung bei Kontakt oder Mischung mit Aminen, Säuren, Alkalien (Basen) und Oxidationsmitteln. Die Substanz ist löslich in den meisten organischen Lösemitteln.

Sicherheitsmaßnahmen für Fahrzeugbesatzung, Polizei, Feuerwehr und Rettungskräfte:
Polizei und Feuerwehr alarmieren.
Im Gefahrenbereich sofort umluftunabhängiges (schweres) Atemschutzgerät und volle Schutzkleidung tragen. Bei Erhitzung der Flüssigkeit Zündung abstellen, Maschine stoppen, nicht rauchen, offenes Feuer löschen, kein elektrisches Gerät und keinen Schalter mit Funkenbildung betätigen.
Wasserschutzpolizei und Feuerwehr: Bei Erhitzung des Stoffes kein Boot mit Ottomotor einsetzen. Bei Dieselantrieb Sicherheitsschaltung veranlassen. Beim Retten nicht ins Wasser springen.

Schutz- und Einsatzmaßnahmen: Alle unbeteiligten Personen nach Luv (gegen den Wind) entfernen. Achtung, falls freiwerdendes Gut in die Kanalisation oder in Abwasserleitungen von Schiffen gerät, entstehen giftige Gemische mit Abwasser und können sich über der Oberfläche explosionsfähige und giftige Gemische mit Luft bilden. In Wohn- und Industriegebieten Anwohner warnen. Große Sicherheitszone bilden.

Konzentrationsmessung explosionsfähiger bzw. giftiger Dämpfe siehe Tabelle (Anhang 6 der Erläuterungen).

Zuständige Behörden unterrichten.

Bekämpfung der Unfallfolgen:
Feuer: Bei kleinem und großem Brandherd Löschpulver oder Kohlensäure. Wegen heftiger Reaktionsgefahr kein Wasser und keinen Schaum verwenden. Behälter mit Wassersprühstrahl kühlen und nach Möglichkeit aus der Gefahrenzone ziehen. Es darf jedoch kein Wasser in den Tank gelangen, da sonst Gefahr einer explosionsartigen Reaktion.
Fließendes Gewässer: Trink-, Brauch- und Kühlwasserentnehmer verständigen. Experten hinzuziehen.
Stehendes Gewässer: Absperren. Alle Zündquellen beseitigen. Fahrzeuge im gefährdeten Gebiet räumen. Experten hinzuziehen.
An Land: Kanalisation abdichten. Auffangen, eindeichen und abpumpen. Restmengen mit nicht brennbarem, saugfähigem Material wie z. B. trockener Erde, Sand, gemahlenem Kalkstein, Kieselgur, Universalbinder oder Vermiculit abdecken und in geschlossenem Behälter an sicheren Deponieort transportieren. Alle Zündquellen beseitigen. In Wohn- und Industriegebieten alle tiefliegenden Räume abdichten. Experten hinzuziehen.

Gewässerverunreinigung:
GefStoffV/EG:
Gesamtbewertung nach Unfall: Gruppe IV, hohe bis sehr hohe (extrem hohe) toxische Wirkung unabhängig von der Turbulenz des Gewässers (siehe auch Erläuterungen Abschnitt 16.4/5).
Einzelwerte siehe Anhang 9 der Erläuterungen.
Wassergefährdungsklasse: 3 – stark wassergefährdender Stoff

Erste Hilfe:
Verletzte an die frische Luft bringen, bequem lagern, beengende Kleidungsstücke lockern. Bei Atemstörung Sauerstoffzufuhr, ggf. Beatmung. Benetzte Kleidungsstücke, Schuhe und Strümpfe sofort ausziehen, entfernen und vernichten. Betroffene Körperstellen anhaltend mit Wasser spülen und anschließend mit sterilem Verbandmaterial abdecken. Bei Augenkontakt die Augen 15 Minuten mit Wasser spülen. Augenlider dazu mit Daumen und Zeigefinger aufspreizen und gleichzeitig das Auge nach allen Seiten bewegen lassen. Verletzte nicht auskühlen lassen. Bei Erbrechen zumindest Kopf in Seitenlage bringen. Verletzte nur liegend transportieren. Bei Gefahr der Bewußtlosigkeit Transport und Lagerung in stabiler Seitenlage.

Hinweise für den Arzt:
Symptomatische Behandlung. Augen sorgfältig spülen. Bei sensibilisierten Personen möglicherweise Asthmaanfall auslösend (sensibilisierend auf die Atemwege).

Formel: $C_6H_{11}CHC(H_3)NH_2$ **Summen-Formel:** C8–H17–N **UN-Nr. 2734 n.o.s.**

Merkblatt

2429

Gefahren-Diamant

Gesundheit (blau)	Brennbarkeit (rot)	Reaktivität (gelb)	Spezielles (weiß)
2	1	1	

Hazchem-Code: 3W

Stoffname

Deutsch

(R)-(–)-1-Cyclohexylethylamin
(R)-(–)-1-Aminoethylcyclohexan
(R)-(–)-α-Methylcyclohexan-methylamin

Englisch

(R)-(–)-1-Cyclohexylethylamine
(R)-(–)-1-Aminoethylcyclohexane
(R)-(–)-alpha-Methylcyclohexane methyl amine

Französisch

(R)-α-Cyclohexane-méthylamine

Spanisch

(R)-α-Ciclohexanometilamina

Technische Daten *

Siedepunkt	177–178 °C
Dampfdruck in mbar bei 20 °C	
Dampfdichteverhältnis, Luft = 1	
Schmelzpunkt	
Mischbarkeit mit Wasser	vollständig
Spez. Gewicht, Wasser = 1	0,856
Molare Masse	127,23

Feuerbekämpfungsdaten

Flammpunkt	52 °C
Zündfähiges Gemisch, Vol.-%	
Zündtemperatur	

Gefahrgut: **Klassifizierung:**

IMDG-Code: UN-Nr. 2734 n.o.s. Kl. 8 Verp. Gr. II EMS: **F**-E; **S**-C
Marine pollutant
ICAO/IATA DGR: UN-Nr. 2734 n.o.s. Kl. 8 Verp. Gr. II
ADR/RID/ADNR: UN-Nr. 2734 n.a.g. Kl. 8 Klassifiz. Code CF1 Verp. Gr. II
Gefahrzettel (Label) Nr. 8+3
Richtige Versandbezeichnung (PSN):
Land/BinSch: **2734 Amine, flüssig, ätzend, entzündbar, n.a.g. ((R)-(–)-1-Cyclohexylethylamin)**
See/Luft: **Amines liquid corrosive, flammable, n.o.s. ((R)-(–)-1-Cyclohexylethylamine)**

Gefahrstoff:

CAS Nr.: 5913-13-3
RTECS-Nr.:
EG-Nr.: 227-634-2
INDEX-Nr.:
EG-Einstufung: nein
Symbol: C*
R-Sätze: 10-34*
S-Sätze: 26-36/37/39-45*
D-Lagerklasse (VCI)-Nr.: 8

* Herstellerangaben

Erscheinungsbild: Farblose Flüssigkeit. Stechender Geruch.

Verhalten bei Freiwerden und Vermischen mit Luft: Ätzende und brennbare Flüssigkeit. An besonders heißen Tagen und bei starker Erwärmung der Flüssigkeit bilden sich ätzende, explosionsfähige Gemische mit Luft. Sie sind schwerer als Luft und kriechen am Boden entlang. Entzündung durch heiße Oberflächen, Funken oder offene Flammen. Bei Brand oder Erhitzung bis zur Zersetzung (zum Beispiel durch Umgebungsbrände oder heiße Oberflächen) bilden sich giftige und ätzende Gase bzw. Dämpfe, die im Wesentlichen aus nitrosen Gasen (Stickstoffoxiden) bestehen und auch Kohlenmonoxid sowie Kohlendioxid enthalten.

Verhalten bei Freiwerden und Vermischen mit Wasser: Der Stoff ist leichter als Wasser und schwimmt auf der Oberfläche. Er löst sich vollständig in Wasser. Es bilden sich ätzende Gemische mit Wasser, die auch bei Verdünnung noch wirksam sind.

Gesundheitsgefährdung: Die Flüssigkeit und ihre Dämpfe bewirken bei direktem Kontakt Verätzungen der Augen, der Schleimhäute und der Haut. Massives Einatmen der Dämpfe kann zum Lungen- und Kehlkopfödem – auch mit Verzögerung bis zu 2 Tagen – führen. Nach Verschlucken treten starke Beschwerden im Magen-Darm-Trakt auf mit Gefahr der Perforation von Speiseröhre und Magen. Bei Brand oder Erhitzen bis zur Zersetzung Bildung von nitrosen Gasen (s. auch Merkblatt 150).
Symptome: Husten, Atemnot, Rötung, Brennen und Schmerzen der Augen, Lidkrampf, Tränenfluß, starke Schmerzen im Magen-Darm-Trakt, Übelkeit, Erbrechen, Durchfall, Schwindel, Kopfschmerzen
Nach Einatmen oder Hautkontakt in jedem Fall – auch bei Ausbleiben der Symptome – den Arzt aufsuchen. Nach Kontakt der Substanz mit den Augen ist in jedem Fall ein Augenarzt aufzusuchen.

Geruchsschwelle = Luftgrenzwert =

Bemerkungen: .

Sicherheitsmaßnahmen für Fahrzeugbesatzung, Polizei, Feuerwehr und Rettungskräfte:
Polizei und Feuerwehr alarmieren.
Im Gefahrenbereich Maschine stoppen. Sofort umluftunabhängiges (schweres) Atemschutzgerät und volle Schutzkleidung tragen. An besonders heißen Tagen und bei starker Erwärmung der Flüssigkeit Zündung abstellen, nicht rauchen, offenes Feuer löschen, kein elektrisches Gerät und keinen Schalter mit Funkenbildung betätigen.
Wasserschutzpolizei und Feuerwehr: Beim Retten nicht ins Wasser springen. An besonders heißen Tagen und bei starker Erwärmung der Flüssigkeit kein Boot mit Ottomotor einsetzen. Bei Dieselantrieb Sicherheitsschaltung veranlassen. Radar- und Kommandorufanlage nicht betätigen.

Schutz- und Einsatzmaßnahmen: Alle unbeteiligten Personen nach Luv (gegen den Wind) entfernen. Achtung, falls freiwerdendes Gut in die Kanalisation oder in Abwasserleitungen von Schiffen gerät, bilden sich ätzende Gemische mit Abwasser und kann bei heißem Abwasser über der Oberfläche Explosions- und Verätzungsgefahr entstehen. Experten hinzuziehen. Auf Wasserstraßen Schiffahrtssperre. An Land gefährdetes Gebiet absperren. Große Sicherheitszone bilden. In Wohn- und Industriegebieten Anwohner warnen. Gefährdetes Gebiet ggf. evakuieren.

Konzentrationsmessung explosionsfähiger bzw. giftiger Dämpfe siehe Tabelle (Anhang 6 der Erläuterungen).

Zuständige Behörden unterrichten.

Bekämpfung der Unfallfolgen:
Feuer: Bei kleinem Brandherd Löschpulver, Wassersprühstrahl, Kohlensäure oder Schaum. Bei großem Brandherd Schaum oder Wassersprühstrahl. Behälter mit Wassersprühstrahl kühlen und nach Möglichkeit aus der Gefahrenzone ziehen. Achtung, das Löschwasser ist giftig und umweltgefährlich. Es muß aufgefangen werden und darf nicht unbehandelt in die Kanalisation, in Gewässer oder in das Grundwasser gelangen.
Leckage: Leck schließen, wenn ohne Risiko möglich.
Fließendes Gewässer: Trink-, Brauch- und Kühlwasserentnehmer verständigen.
Stehendes Gewässer: Absperren. Fahrzeugbesatzungen im gefährdeten Gebiet warnen.
An Land: Kanalisation abdichten. Auffangen, eindeichen und abpumpen. In Wohn- und Industriegebieten alle tiefliegenden Räume abdichten. Alle Zündquellen beseitigen. Restmengen mit nicht brennbarem, saugfähigem Material wie z. B. trockener Erde, Sand, Kieselgur, Universalbinder oder Vermiculit abdecken und an sichere Deponie zur Vernichtung transportieren.

Gewässerverunreinigung:
GefStoffV/EG:
Gesamtbewertung nach Unfall: Nach Brand Gruppe IV, hohe bis sehr hohe (extrem hohe) toxische Wirkung unabhängig von der Turbulenz des Gewässers (siehe auch Erläuterungen Abschnitt 16.4/5).
Einzelwerte siehe Anhang 9 der Erläuterungen.
Wassergefährdungsklasse:

Erste Hilfe:
Verletzte an die frische Luft bringen, bequem lagern, beengende Kleidungsstücke lockern. Bei Atemstörung Sauerstoffzufuhr, ggf. Beatmung. Benetzte Kleidungsstücke, Schuhe und Strümpfe sofort ausziehen, entfernen und vernichten. Betroffene Körperstellen anhaltend mit Wasser spülen und anschließend mit sterilem Verbandmaterial abdecken. Bei Augenkontakt die Augen 15 Minuten mit Wasser spülen. Augenlider dazu mit Daumen und Zeigefinger aufspreizen und gleichzeitig das Auge nach allen Seiten bewegen lassen. Verletzte nicht auskühlen lassen. Bei Erbrechen zumindest Kopf in Seitenlage bringen. Verletzte nur liegend transportieren. Bei Gefahr der Bewußtlosigkeit Transport und Lagerung in stabiler Seitenlage.

Hinweise für den Arzt:
Symptomatische Behandlung. Augen sorgfältig spülen. Bei anhaltenden Beschwerden Augenarzt hinzuziehen!

Formel: $C_6H_4(OCH_3)_2$ **Summen-Formel:** C8–H10–O2 **UN-Nr.**

Merkblatt

2430

Stoffname

Deutsch	*Englisch*	*Französisch*
1,3-Dimethoxybenzol	**1,3-Dimethoxybenzene**	**1,3-Diméthoxybenzène**
Resorcindimethylether	m-Dimethoxybenzene	
m-Dimethoxybenzol	3-Methoxyanisole	
Dimethylresorcin	Resorcinol dimethyl ether	*Spanisch*
	Dimethyl resorcinol	**1,3-Dimetoxibenceno**

Gefahren-Diamant

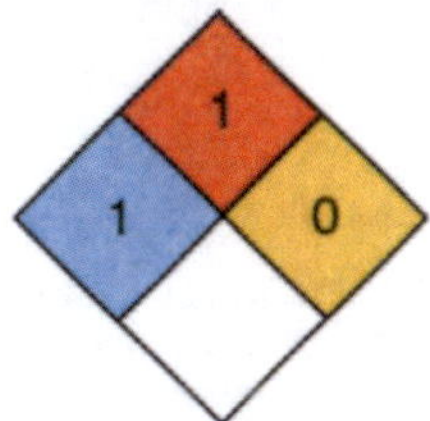

Hazchem-Code:

Technische Daten

Siedepunkt	217 °C
Dampfdruck in mbar bei 20 °C	
Dampfdichteverhältnis, Luft = 1	4,77
Schmelzpunkt	
Mischbarkeit mit Wasser	geringfügig
Spez. Gewicht, Wasser = 1	1,068
Molare Masse	138,17

Feuerbekämpfungsdaten

Flammpunkt	87 °C
Zündfähiges Gemisch, Vol.-%	
Zündtemperatur	

Gefahrgut: **Klassifizierung:**

IMDG-Code: UN-Nr. * Kl. Verp. Gr. EMS: **F-** ; **S-**
ICAO/IATA DGR: UN-Nr. * Kl. Verp. Gr.
ADR/RID/ADNR: UN-Nr. * Kl. Klassifiz. Code Verp. Gr.
Gefahrzettel (Label) Nr.
Richtige Versandbezeichnung (PSN):
Land/BinSch:
See/Luft:

* Kein Gefahrgut im Sinne der Vorschriften.

Gefahrstoff:

CAS Nr.: 151-10-0 RTECS-Nr.: CZ 6474000
EG-Nr.: 205-783-4 INDEX-Nr.:
EG-Einstufung: nein
Symbol: Xi*
R-Sätze: 36/37/38*
S-Sätze: 24/25*
D-Lagerklasse (VCI)-Nr.:

* Herstellerangaben

Erscheinungsbild: Gelbliche, schwach strohfarbene Flüssigkeit.

Verhalten bei Freiwerden und Vermischen mit Luft: Reizende und brennbare Flüssigkeit mit relativ hohem Flammpunkt. Bei starker Erhitzung bilden sich reizende und explosionsfähige Gemische mit Luft. Sie sind schwerer als Luft und kriechen am Boden entlang. Entzündung durch heiße Oberflächen, Funken oder offene Flammen. Bei Erhitzung bis zur Zersetzung (z. B. durch Umgebungsbrände oder heiße Oberflächen) und bei Brand bilden sich giftige und ätzende Gase bzw. Dämpfe, die im Wesentlichen aus reizenden Dämpfen bestehen und auch Kohlenmonoxid(gas) sowie Kohlendioxid(gas) enthalten.

Verhalten bei Freiwerden und Vermischen mit Wasser: Der Stoff ist schwerer als Wasser und sinkt unter. Er löst sich nur geringfügig in Wasser. Es können sich schädliche Gemische mit Wasser bilden.

Gesundheitsgefährdung: Die Substanz und ihre Stäube reizen die Augen, die Atemwege und die Haut. Beim Einatmen hoher Konzentrationen besteht Gefahr von Lungen- und Kehlkopfödem – auch mit Verzögerung bis zu 2 Tage. Die Substanz hat dämpfende Wirkung auf die Funktion des Zentralen Nervensystems. Bei Brand oder Erhitzen bis zur Zersetzung Bildung von Ruß.
Symptome: Brennen, Rötung, Juckreiz an Haut und Augen, Tränenfluß, Nies- und Hustenreiz, Atemnot, Benommenheit, Übelkeit, Schwindelgefühl, Gleichgewichtsstörungen
Nach Kontakt der Substanz mit den Augen ist in jedem Fall ein Augenarzt aufzusuchen.

Geruchsschwelle = Luftgrenzwert =

Bemerkungen: Der Stoff reagiert bei Kontakt oder Mischung mit Oxidationsmitteln.

Sicherheitsmaßnahmen für Fahrzeugbesatzung, Polizei, Feuerwehr und Rettungskräfte:
Polizei und Feuerwehr alarmieren.
Im Gefahrenbereich Maschine stoppen, umluftunabhängiges (schweres) Atemschutzgerät und volle Schutzkleidung tragen. Bei Brand oder starker Erhitzung des Stoffes Zündung abstellen, nicht rauchen, offenes Feuer löschen, kein elektrisches Gerät und keinen Schalter mit Funkenbildung betätigen.
Wasserschutzpolizei und Feuerwehr: Beim Retten nicht ins Wasser springen. Bei starker Erhitzung des Stoffes und bei Brand kein Boot mit Ottomotor einsetzen. Bei Dieselantrieb Sicherheitsschaltung veranlassen.

Schutz- und Einsatzmaßnahmen: Alle unbeteiligten Personen nach Luv (gegen den Wind) entfernen. Achtung, falls freiwerdendes Gut in die Kanalisation oder in Abwasserleitungen von Schiffen gerät, entstehen schädliche Gemische mit Abwasser. Auf Wasserstraßen Schiffahrtssperre. An Land gefährdetes Gebiet absperren. In Wohn- und Industriegebieten Anwohner warnen. Bei größeren Mengen freigewordenen Gutes große Sicherheitszone bilden. Achtung, die Dämpfe bleiben am Boden. Flammen können bei Zündung über weite Strecken zurückschlagen.

Konzentrationsmessung explosionsfähiger bzw. giftiger Dämpfe siehe Tabelle (Anhang 6 der Erläuterungen).

Zuständige Behörden unterrichten.

Bekämpfung der Unfallfolgen:
Feuer: Bei kleinem Brandherd Löschpulver, Wassersprühstrahl, Kohlensäure oder Schaum. Bei großem Brandherd Schaum oder Wassersprühstrahl. Behälter mit Wassersprühstrahl kühlen und nach Möglichkeit aus der Gefahrenzone ziehen.
Leckage: Leck schließen, wenn ohne Risiko möglich.
Fließendes Gewässer: Trink-, Brauch- und Kühlwasserentnehmer verständigen.
Stehendes Gewässer: Absperren. Fahrzeugbesatzungen im gefährdeten Gebiet warnen.
An Land: Kanalisation abdichten. Auffangen, eindeichen und abpumpen. In Wohn- und Industriegebieten alle tiefliegenden Räume abdichten. Alle Zündquellen beseitigen. Restmengen mit nicht brennbarem, saugfähigem Material wie z. B. trockener Erde, Sand, Kieselgur, Universalbinder oder Vermiculit abdecken und an sichere Deponie zur Vernichtung transportieren.

Gewässerverunreinigung:
GefStoffV/EG:
Gesamtbewertung nach Unfall:
Einzelwerte siehe Anhang 9 der Erläuterungen.
Wassergefährdungsklasse:

Erste Hilfe:
Verletzte an die frische Luft bringen, bequem lagern, beengende Kleidungsstücke lockern. Bei Atemstörung Sauerstoffzufuhr, ggf. Beatmung. Benetzte Kleidungsstücke, Schuhe und Strümpfe sofort ausziehen und entfernen. Betroffene Körperstellen anhaltend mit Wasser spülen und anschließend mit sterilem Verbandmaterial abdecken. Bei Augenkontakt die Augen 15 Minuten mit Wasser spülen. Augenlider dazu mit Daumen und Zeigefinger aufspreizen und gleichzeitig das Auge nach allen Seiten bewegen lassen. Verletzte nicht auskühlen lassen. Bei Erbrechen zumindest Kopf in Seitenlage bringen. Verletzte nur liegend transportieren. Bei Gefahr der Bewußtlosigkeit Lagerung und Transport in stabiler Seitenlage.

Hinweise für den Arzt:
Symptomatische Behandlung. Augen sorgfältig spülen. Codein gegen Reizhusten. Bei Reizung der Atemwege 5–10 Hübe oder mehr/h eines Dosier-Aerosols mit Beclometason (z. B. Sanasthmyl Glaxo oder Viarox Essex Pharma) oder mit Dexamethason (z. B. Auxiloson Thomae).

Formel: $C_6H_5CH(OH)CH(NHCH_3)CH_3$	**Summen-Formel:** C10–H15–N–O	**UN-Nr. 3259 n.o.s.**

Merkblatt

2431

Gefahren-Diamant

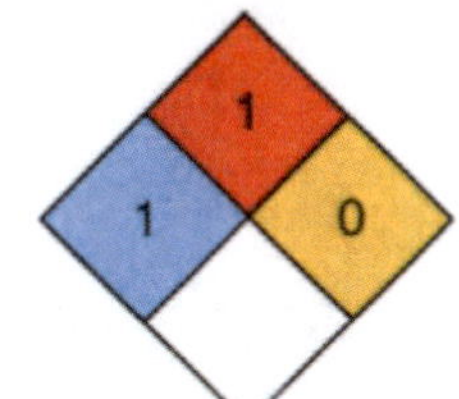

Hazchem-Code:
2X

Stoffname

Deutsch

D-(–)-Ephedrin
(1R,2S)-(–)-Ephedrin
(1R,2S)-(–)-2-Methylamino-1-phenyl-1-propanol
L-erythro-2-Methylamino-1-phenylpropanol-1
[R-(R*,S*)]-α-[1-(Methylamino)ethyl]benzol methanol
[R-(R*,S*)]-α-[1-Methylamino)ethyl]benzyl-alkohol

Englisch

L-(–)-Ephedrine
(–)-alpha-(1-Methylamino-ethyl)benzyl alcohol
1-Hydroxy-2-methylamino-1-phenylpropane
1-Phenyl-2-methylamino-propanol
(R-(R*,S*))-alpha-(1-methylamino)ethyl)-benzenemehanol
alpha-Hydroxy-beta-methyl amine propylbenzene
(1R,2S)-2-Methylamino-1-phenyl-1-propanol

Französisch

L-(–)-Ephedrine

Spanisch

L-(–)-Efedrina

Technische Daten

Siedepunkt	255 °C (Zersetzung)
Dampfdruck in mbar bei 20 °C	
Dampfdichteverhältnis, Luft = 1	5,71
Schmelzpunkt	40,5–42,5 °C
Mischbarkeit mit Wasser	geringfügig*
Spez. Gewicht, Wasser = 1	
Molare Masse	165,24

Feuerbekämpfungsdaten

Flammpunkt	85 °C
Zündfähiges Gemisch, Vol.-%	
Zündtemperatur	

* 50 g/l bei 20 °C.

Gefahrgut:

	Klassifizierung:	
IMDG-Code: UN-Nr. 3259 n.o.s.	Kl. 8	Verp. Gr. II EMS: **F**-A; **S**-B
ICAO/IATA DGR: UN-Nr. 3259 n.o.s.	Kl. 8	Verp. Gr. II
ADR/RID/ADNR: UN-Nr. 3259 n.a.g.	Kl. 8	Klassifiz. Code C8 Verp. Gr. II

Gefahrzettel (Label) Nr. 8
Richtige Versandbezeichnung (PSN):
Land/BinSch: **3259 Amine, fest, ätzend, n.a.g. (D-(–)-Ephedrin)**
See/Luft: **Amines, solid, corrosive, n.o.s. (L-(–)-Ephedrine)**

Gefahrstoff:
CAS Nr.: 299-42-3 RTECS-Nr.: KB 0700000
EG-Nr.: 206-080-5 INDEX-Nr.: 614-023-00-4
EG-Einstufung: ja
Symbol: Xn
R-Sätze: 22
S-Sätze: (2)-22-25
D-Lagerklasse (VCI)-Nr.: 8

Erscheinungsbild: Weißer kristalliner fester Stoff oder Pulver, schwacher Geruch.

Verhalten bei Freiwerden und Vermischen mit Luft: Gesundheitsschädlicher und brennbarer fester Stoff. Bei Aufwirbelung des Staubes bilden sich gesundheitsschädliche und explosionsfähige Gemische mit Luft. Bei Brand oder Erhitzung bis zur Zersetzung (z. B. durch Umgebungsbrände oder heiße Oberflächen) erfolgt Zersetzung unter Bildung von giftigen und ätzenden Gasen und Dämpfen, die im Wesentlichen aus nitrosen Gasen (Stickstoffoxiden) bestehen und auch Kohlendioxid sowie Kohlenmonoxid enthalten.

Verhalten bei Freiwerden und Vermischen mit Wasser: Der Stoff ist leichter als Wasser und schwimmt auf der Oberfläche. Er löst sich nur geringfügig in Wasser. Es bilden sich gesundheitsschädliche Gemische mit Wasser.

Gesundheitsgefährdung: Die Substanz und ihre Stäube wirken stark reizend bis ätzend auf die Schleimhäute der Augen, der Atemwege und der Haut. Gefahr bleibender Augenschäden; Gefahr von Kehlkopf- und Lungenödem – auch mit Verzögerung bis zu 2 Tagen. Im Organismus wirkt die Substanz blutdrucksteigernd, herzstimulierend, bronchienerweiternd und appetithemmend. LD Mensch 1–2 g; Kinder ca. 200 mg. Bei Brand oder Erhitzen bis zur Zersetzung Bildung von nitrosen Gasen (s. auch Merkblatt 150).
Symptome: Brennen, Rötung und Schmerzen der Haut, Tränenfluß, Lidkrampf, Atembeschwerden, Blässe, Schwitzen, Angstgefühl, Pupillenerweiterung, Blauverfärbung von Lippen und Fingernägeln (Cyanose).
Nach Einatmen oder Hautkontakt in jedem Fall – auch bei Ausbleiben der Symptome – den Arzt aufsuchen. Nach Kontakt der Substanz mit den Augen ist in jedem Fall ein Augenarzt aufzusuchen.

Geruchsschwelle = Luftgrenzwert =

Bemerkungen: Der Stoff ist löslich in Alkohol, Ether und vielen Ölen.

Sicherheitsmaßnahmen für Fahrzeugbesatzung, Polizei, Feuerwehr und Rettungskräfte:
Polizei und Feuerwehr alarmieren.
Im Gefahrenbereich umluftunabhängiges (schweres) Atemschutzgerät und volle Schutzkleidung tragen. Bei Erhitzung des Stoffes oder bei Brand **im Gefahrenbereich** Maschine stoppen, Zündung abstellen, offenes Feuer löschen, nicht rauchen, kein elektrisches Gerät und keinen Schalter mit Funkenbildung betätigen.
Wasserschutzpolizei und Feuerwehr: Bei Erhitzung des Stoffes kein Boot mit Ottomotor einsetzen. Bei Dieselantrieb Sicherheitsschaltung veranlassen. Beim Retten nicht ins Wasser springen.

Schutz- und Einsatzmaßnahmen: Alle unbeteiligten Personen nach Luv (gegen den Wind) entfernen. Achtung, falls freiwerdendes Gut in die Kanalisation oder in Abwasserleitungen von Schiffen gerät, entstehen gesundheitsschädliche Gemische mit Abwasser. Experten hinzuziehen. Auf Wasserstraßen Schiffahrtssperre. An Land gefährdetes Gebiet absperren. Bei Brand oder starker Erhitzung entstehen giftige Gase und Dämpfe bzw. Dampf-/Luftgemische. In diesem Fall große Sicherheitszone bilden. In Wohn- und Industriegebieten Anwohner warnen.

Konzentrationsmessung explosionsfähiger bzw. giftiger Dämpfe siehe Tabelle (Anhang 6 der Erläuterungen).

Zuständige Behörden unterrichten.

Bekämpfung der Unfallfolgen:
Feuer: Bei kleinem Brandherd Löschpulver, Wassersprühstrahl, Kohlensäure oder Schaum. Bei großem Brandherd Schaum oder Wassersprühstrahl. Behälter mit Wassersprühstrahl kühlen und nach Möglichkeit aus der Gefahrenzone ziehen.
Leckage: Leck schließen, wenn ohne Risiko möglich.
Fließendes Gewässer: Trink-, Brauch- und Kühlwasserentnehmer verständigen.
Stehendes Gewässer: Absperren. Fahrzeugbesatzungen im gefährdeten Gebiet warnen.
An Land: Kanalisation abdichten. Auffangen, eindeichen und abbergen. In Wohn- und Industriegebieten alle tiefliegenden Räume abdichten. Alle Zündquellen beseitigen. Restmengen mit nicht brennbarem, saugfähigem Material wie z. B. trockener Erde, Sand, Kieselgur, Universalbinder oder Vermiculit abdecken und an sichere Deponie zur Vernichtung transportieren.

Gewässerverunreinigung:
GefStoffV/EG:
Gesamtbewertung nach Unfall: Nach Brand Gruppe IV, hohe bis sehr hohe (extrem hohe) toxische Wirkung unabhängig von der Turbulenz des Gewässers (siehe auch Erläuterungen Abschnitt 16.4/5).
Einzelwerte siehe Anhang 9 der Erläuterungen.
Wassergefährdungsklasse:

Erste Hilfe:
Verletzte an die frische Luft bringen, bequem lagern, beengende Kleidungsstücke lockern. Bei Atemstörung Sauerstoffzufuhr, ggf. Beatmung. Benetzte Kleidungsstücke, Schuhe und Strümpfe sofort ausziehen, entfernen und vernichten. Betroffene Körperstellen anhaltend mit Wasser spülen und anschließend mit sterilem Verbandmaterial abdecken. Bei Augenkontakt die Augen 15 Minuten mit Wasser spülen. Augenlider dazu mit Daumen und Zeigefinger aufspreizen und gleichzeitig das Auge nach allen Seiten bewegen lassen. Verletzte nicht auskühlen lassen. Bei Erbrechen zumindest Kopf in Seitenlage bringen. Verletzte nur liegend transportieren. Bei Gefahr der Bewußtlosigkeit Lagerung und Transport in stabiler Seitenlage.

Hinweise für den Arzt:
Symptomatische Behandlung. Nach kurz zurückliegender Ingestion Magenspülung.

Formel: $C_6H_5CH(OH)CH(CH_3)NH_2$ **Summen-Formel:** C9–H13–N–O **UN-Nr. 2923 n.o.s.**

Merkblatt

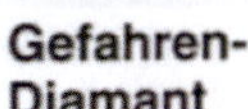

2432

Gefahren-Diamant

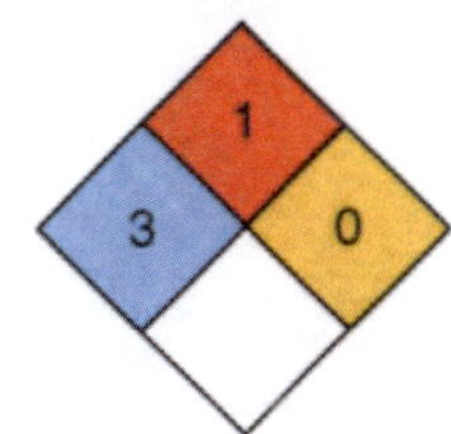

Hazchem-Code: 2X

Stoffname

Deutsch

1-Phenylpropanolamin
(1R,2S)-(–)-Norephedrin
[R-[(R*,S*)]-Norephedrin
[R-(R*,S*)]-α-(1Aminoethyl)-benzolmethanol
(1R,2S)-(–)-erythro-α-(1-aminoethyl)benzylalkohol
(1R,2S)-(–)-erythro-2-Amino-1-phenylpropanol
(–)-Norephedrin

Englisch

1-Phenylpropanolamine
(1R,2S)-(–)-Norephedrine
(–)-Norephedrine
2-Amino-1-phenyl-1-propanol
(R-(R*,S*)-alpha-(1-aminoethyl-benzene methanol
(–)-alpha-(1-Aminoethyl)-benzyl alcohol

Französisch

Phénylpropanolamine

Spanisch

Fenilpropanolamina

Technische Daten

Siedepunkt	
Dampfdruck in mbar bei 20 °C	
Dampfdichteverhältnis, Luft = 1	
Schmelzpunkt	47–51 °C
Mischbarkeit mit Wasser	geringfügig
Spez. Gewicht, Wasser = 1	
Molare Masse	151,21

Feuerbekämpfungsdaten

Flammpunkt	>110 °C
Zündfähiges Gemisch, Vol.-%	
Zündtemperatur	

* 11,60 g/l bei 20 °C.

Gefahrgut:
IMDG-Code: UN-Nr. 2923 n.o.s.
ICAO/IATA DGR: UN-Nr. 2923 n.o.s.
ADR/RID/ADNR: UN-Nr. 2923 n.a.g.
Gefahrzettel (Label) Nr. 8+6.1
Richtige Versandbezeichnung (PSN):
Land/BinSch: **2923 Ätzender, fester Stoff, giftig, n.a.g. (1-Phenyl-1-propanolamin)**
See/Luft: **Corrosive solid, toxic, n.o.s. (1-Phenylpropanolamine)**

Klassifizierung:
Kl. 8 Verp. Gr. III EMS: **F**-A; **S**-B
Kl. 8 Verp. Gr. III
Kl. 8 Klassifiz. Code CT2 Verp. Gr. III

Gefahrstoff:
CAS Nr.: 492-41-1 RTECS-Nr.: RC 2275000
EG-Nr.: 207-755-7 INDEX-Nr.:
EG-Einstufung: nein
Symbol: T*
R-Sätze: 25-34*
S-Sätze: 22-26-36/37/39-45*
D-Lagerklasse (VCI)-Nr.: 8

* Herstellerangaben

Erscheinungsbild: Farbloser kristalliner fester Stoff oder Pulver, geruchlos.

Verhalten bei Freiwerden und Vermischen mit Luft: Giftiger, ätzender und brennbarer fester Stoff. Bei Aufwirbelung des Staubes bilden sich giftige, ätzende und explosionsfähige Gemische mit Luft. Bei Brand oder Erhitzung bis zur Zersetzung (z. B. durch Umgebungsbrände oder heiße Oberflächen) erfolgt Zersetzung unter Bildung von giftigen und ätzenden Gasen und Dämpfen, die im Wesentlichen aus nitrosen Gasen (Stickstoffoxiden) bestehen und auch Kohlendioxid sowie Kohlenmonoxid enthalten.

Verhalten bei Freiwerden und Vermischen mit Wasser: Der Stoff ist leichter als Wasser und schwimmt auf der Oberfläche. Er löst sich nur geringfügig in Wasser. Es bilden sich giftige und ätzende Gemische mit Wasser, die auch bei starker Verdünnung noch wirksam sind.

Gesundheitsgefährdung: Die Substanz bewirkt Verätzungen der Schleimhäute der Augen, der Atmungsorgane und der Haut. Nach Einatmen Gefahr von Kehlkopf- und Lungenödem – auch mit Verzögerung bis zu 2 Tagen. Gefahr bleibender Augenschäden. Im Organismus wirkt die Substanz blutdrucksteigernd, herzstimulierend, bronchienerweiternd und appetithemmend. Bei Brand oder Erhitzen bis zur Zersetzung Bildung von nitrosen Gasen (s. auch Merkblatt 150).
Symptome: Brennen, Rötung und Schmerzen der Haut, Tränenfluß, Lidkrampf, Atembeschwerden, Blässe, Schwitzen, Angstgefühl, Pupillenerweiterung, Blauverfärbung von Lippen und Fingernägeln (Cyanose)
Nach Einatmen oder Hautkontakt in jedem Fall – auch bei Ausbleiben der Symptome – den Arzt aufsuchen. Nach Kontakt der Substanz mit den Augen ist in jedem Fall ein Augenarzt aufzusuchen.

Geruchsschwelle = Luftgrenzwert =

Bemerkungen:

Sicherheitsmaßnahmen für Fahrzeugbesatzung, Polizei, Feuerwehr und Rettungskräfte:
Polizei und Feuerwehr alarmieren.
Im Gefahrenbereich umluftunabhängiges (schweres) Atemschutzgerät und volle Schutzkleidung tragen. Bei Erhitzung des Stoffes oder bei Brand **im Gefahrenbereich** Maschine stoppen, Zündung abstellen, offenes Feuer löschen, nicht rauchen, kein elektrisches Gerät und keinen Schalter mit Funkenbildung betätigen.
Wasserschutzpolizei und Feuerwehr: Bei Erhitzung des Stoffes kein Boot mit Ottomotor einsetzen. Bei Dieselantrieb Sicherheitsschaltung veranlassen. Beim Retten nicht ins Wasser springen.

Schutz- und Einsatzmaßnahmen: Alle unbeteiligten Personen nach Luv (gegen den Wind) entfernen. Achtung, falls freiwerdendes Gut in die Kanalisation oder in Abwasserleitungen von Schiffen gerät, entstehen giftige und ätzende Gemische mit Abwasser. Experten hinzuziehen. Auf Wasserstraßen Schiffahrtssperre. An Land gefährdetes Gebiet absperren. Bei Brand oder starker Erhitzung entstehen giftige Gase und Dämpfe bzw. Dampf-/Luftgemische. In diesem Fall große Sicherheitszone bilden. In Wohn- und Industriegebieten Anwohner warnen.

Konzentrationsmessung explosionsfähiger bzw. giftiger Dämpfe siehe Tabelle (Anhang 6 der Erläuterungen).

Zuständige Behörden unterrichten.

Bekämpfung der Unfallfolgen:
Feuer: Bei kleinem Brandherd Löschpulver, Wassersprühstrahl, Kohlensäure oder Schaum. Bei großem Brandherd Schaum oder Wassersprühstrahl. Behälter mit Wassersprühstrahl kühlen und nach Möglichkeit aus der Gefahrenzone ziehen. Achtung, das Löschwasser ist giftig und umweltgefährlich. Es muß aufgefangen werden und darf nicht unbehandelt in die Kanalisation, in Gewässer oder in das Grundwasser gelangen.
Leckage: Leck schließen, wenn ohne Risiko möglich.
Fließendes Gewässer: Trink-, Brauch- und Kühlwasserentnehmer verständigen.
Stehendes Gewässer: Absperren. Fahrzeugbesatzungen im gefährdeten Gebiet warnen.
An Land: Kanalisation abdichten. Auffangen, eindeichen und abbergen. In Wohn- und Industriegebieten alle tiefliegenden Räume abdichten. Alle Zündquellen beseitigen. Restmengen mit nicht brennbarem, saugfähigem Material wie z. B. trockener Erde, Sand, Kieselgur, Universalbinder oder Vermiculit abdecken und an sichere Deponie zur Vernichtung transportieren.

Gewässerverunreinigung:
GefStoffV/EG:
Gesamtbewertung nach Unfall: Nach Brand Gruppe IV, hohe bis sehr hohe (extrem hohe) toxische Wirkung unabhängig von der Turbulenz des Gewässers (siehe Erläuterungen Abschnitt 16.4/5).
Einzelwerte siehe Anhang 9 der Erläuterungen.
Wassergefährdungsklasse:

Erste Hilfe:
Verletzte an die frische Luft bringen, bequem lagern, beengende Kleidungsstücke lockern. Bei Atemstörung Sauerstoffzufuhr, ggf. Beatmung. Benetzte Kleidungsstücke, Schuhe und Strümpfe sofort ausziehen, entfernen und vernichten. Betroffene Körperstellen anhaltend mit Wasser spülen und anschließend mit sterilem Verbandmaterial abdecken. Bei Augenkontakt die Augen 15 Minuten mit Wasser spülen. Augenlider dazu mit Daumen und Zeigefinger aufspreizen und gleichzeitig das Auge nach allen Seiten bewegen lassen. Verletzte nicht auskühlen lassen. Bei Erbrechen zumindest Kopf in Seitenlage bringen. Verletzte nur liegend transportieren. Bei Gefahr der Bewußtlosigkeit Lagerung und Tranport in stabiler Seitenlage.

Hinweise für den Arzt:
Symptomatische Behandlung. Augen sorgfältig spülen. Nach kurz zurückliegender Ingestion größerer Mengen Magenspülung erwägen.

Formel: $C_6H_5CH[CH(NHCH_3)CH_3]OH$ **Summen-Formel:** C10–H15–N–O **UN-Nr.**

Merkblatt

2433

Stoffname

Deutsch

[R-(R*,R*)]-α-[1-Methylamino) ethyl]benzolmethanol
(–)-Pseudoephedrin
(–)-γ-Ephedrin
[R-(R*,R*)]-α-[1-Methylamino)ethyl]benzylalkohol
(1R,2R)-2-Methylamino-1-phenylpropanol

Englisch

(R-(R*,R*))-alpha-(1-Methylamino) ethyl)-benzene-methanol
(–)-Pseudoephedrine
(–)-γ-Ephedrine
(1R,2R)-Ephedrine

Französisch

Alcool[R-(R*,R*)]-α-[1-méthyl-amino)éthyl]benzylique

Spanisch

Alcohol[R-(R*,R*)]-α-[metilamino)etil]bencílico

Gefahren-Diamant

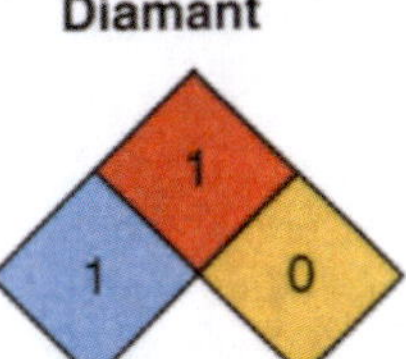

Hazchem-Code:

Technische Daten

Siedepunkt	
Dampfdruck in mbar bei 20 °C	
Dampfdichteverhältnis, Luft = 1	5,71
Schmelzpunkt	116–119 °C
Mischbarkeit mit Wasser	
Spez. Gewicht, Wasser = 1	
Molare Masse	165,24

Feuerbekämpfungsdaten

Flammpunkt	Brennbarer fester Stoff
Zündfähiges Gemisch, Vol.-%	
Zündtemperatur	

Gefahrgut:
IMDG-Code: UN-Nr. *
ICAO/IATA DGR: UN-Nr. *
ADR/RID/ADNR: UN-Nr. *
Gefahrzettel (Label) Nr.
Richtige Versandbezeichnung (PSN):
Land/BinSch:
See/Luft:

Klassifizierung:
Kl. Verp. Gr. EMS: **F-** ; **S-**
Kl. Verp. Gr.
Kl. Klassifiz. Code Verp. Gr.

Gefahrstoff:
CAS Nr.: 321-97-1
EG-Nr.: 206-292-8
EG-Einstufung: ja
Symbol: Xn
R-Sätze: 22
S-Sätze: (2)-22-25
D-Lagerklasse (VCI)-Nr.:
RTECS-Nr.: UL 5750500
INDEX-Nr.: 614-023-00-4

* Kein Gefahrgut im Sinne der Vorschriften.

Erscheinungsbild: Farbloser kristalliner fester Stoff oder Pulver, schwacher Geruch.

Verhalten bei Freiwerden und Vermischen mit Luft: Gesundheitsschädlicher und brennbarer fester Stoff. Bei Aufwirbelung des Staubes bilden sich gesundheitsschädliche und explosionsfähige Gemische mit Luft. Bei Brand oder Erhitzung bis zur Zersetzung (z. B. durch Umgebungsbrände oder heiße Oberflächen) erfolgt Zersetzung unter Bildung von giftigen und ätzenden Gasen und Dämpfen, die im Wesentlichen aus nitrosen Gasen (Stickstoffoxiden) bestehen und auch Kohlendioxid sowie Kohlenmonoxid enthalten.

Verhalten bei Freiwerden und Vermischen mit Wasser: Der Stoff ist leichter als Wasser und schwimmt auf der Oberfläche. Er löst sich nur geringfügig in Wasser. Es bilden sich gesundheitsschädliche Gemische mit Wasser.

Gesundheitsgefährdung: Die Substanz und ihre Stäube wirken stark reizend bis ätzend auf die Schleimhäute der Augen, der Atemwege und der Haut. Gefahr bleibender Augenschäden; Gefahr von Kehlkopf- und Lungenödem – auch mit Verzögerung bis zu 2 Tagen. Im Organismus wirkt die Substanz blutdrucksteigernd, herzstimulierend, bronchienerweiternd und appetithemmend. Bei Brand oder Erhitzen bis zur Zersetzung Bildung von nitrosen Gasen (s. auch Merkblatt 150).
Symptome: Brennen, Rötung und Schmerzen der Haut, Tränenfluß, Lidkrampf, Atembeschwerden, Blässe, Schwitzen, Angstgefühl, Pupillenerweiterung, Blauverfärbung von Lippen und Fingernägeln (Cyanose)
Nach Einatmen oder Hautkontakt in jedem Fall – auch bei Ausbleiben der Symptome – den Arzt aufsuchen.

Geruchsschwelle = Luftgrenzwert =

Bemerkungen: Der Stoff ist lichtempfindlich. Er reagiert bei Kontakt oder Mischung mit Oxidationsmitteln.

Sicherheitsmaßnahmen für Fahrzeugbesatzung, Polizei, Feuerwehr und Rettungskräfte:
Polizei und Feuerwehr alarmieren.
Im Gefahrenbereich umluftunabhängiges (schweres) Atemschutzgerät und volle Schutzkleidung tragen. Bei Erhitzung des Stoffes oder bei Brand **im Gefahrenbereich** Maschine stoppen, Zündung abstellen, offenes Feuer löschen, nicht rauchen, kein elektrisches Gerät und keinen Schalter mit Funkenbildung betätigen.
Wasserschutzpolizei und Feuerwehr: Bei Erhitzung des Stoffes kein Boot mit Ottomotor einsetzen. Bei Dieselantrieb Sicherheitsschaltung veranlassen. Beim Retten nicht ins Wasser springen.

Schutz- und Einsatzmaßnahmen: Alle unbeteiligten Personen nach Luv (gegen den Wind) entfernen. Achtung, falls freiwerdendes Gut in die Kanalisation oder in Abwasserleitungen von Schiffen gerät, entstehen gesundheitsschädliche Gemische mit Abwasser. Experten hinzuziehen. Auf Wasserstraßen Schiffahrtssperre. An Land gefährdetes Gebiet absperren. In Wohn- und Industriegebieten Anwohner warnen. Bei Brand oder starker Erhitzung bilden sich giftige und ätzende Gase und Dämpfe bzw. Dampf-/Luftgemische. In diesem Fall große Sicherheitszone bilden.

Konzentrationsmessung explosionsfähiger bzw. giftiger Dämpfe siehe Tabelle (Anhang 6 der Erläuterungen).

Zuständige Behörden unterrichten.

Bekämpfung der Unfallfolgen:
Feuer: Bei kleinem Brandherd Löschpulver, Wassersprühstrahl, Kohlensäure oder Schaum. Bei großem Brandherd Schaum oder Wassersprühstrahl. Behälter mit Wassersprühstrahl kühlen und nach Möglichkeit aus der Gefahrenzone ziehen. Achtung, das Löschwasser ist giftig und umweltgefährlich. Es muß aufgefangen werden und darf nicht unbehandelt in die Kanalisation, in Gewässer oder in das Grundwasser gelangen.
Leckage: Leck schließen, wenn ohne Risiko möglich.
Fließendes Gewässer: Trink-, Brauch- und Kühlwasserentnehmer verständigen.
Stehendes Gewässer: Absperren. Fahrzeugbesatzungen im gefährdeten Gebiet warnen.
An Land: Kanalisation abdichten. Auffangen, eindeichen und abbergen. In Wohn- und Industriegebieten alle tiefliegenden Räume abdichten. Alle Zündquellen beseitigen. Restmengen mit nicht brennbarem, saugfähigem Material wie z. B. trockener Erde, Sand, Kieselgur, Universalbinder oder Vermiculit abdecken und an sichere Deponie zur Vernichtung transportieren.

Gewässerverunreinigung:
GefStoffV/EG:
Gesamtbewertung nach Unfall: Nach Brand Gruppe IV, hohe bis sehr hohe (extrem hohe) toxische Wirkung unabhängig von der Turbulenz des Gewässers (siehe auch Erläuterungen Abschnitt 16.4/5).
Einzelwerte siehe Anhang 9 der Erläuterungen.
Wassergefährdungsklasse:

Erste Hilfe:
Verletzte an die frische Luft bringen, bequem lagern, beengende Kleidungsstücke lockern. Bei Atemstörung Sauerstoffzufuhr, ggf. Beatmung. Benetzte Kleidungsstücke, Schuhe und Strümpfe sofort ausziehen, entfernen und vernichten. Betroffene Körperstellen anhaltend mit Wasser spülen und anschließend mit sterilem Verbandmaterial abdecken. Bei Augenkontakt die Augen 15 Minuten mit Wasser spülen. Augenlider dazu mit Daumen und Zeigefinger aufspreizen und gleichzeitig das Auge nach allen Seiten bewegen lassen. Verletzte nicht auskühlen lassen. Bei Erbrechen zumindest Kopf in Seitenlage bringen. Verletzte nur liegend transportieren. Bei Gefahr der Bewußtlosigkeit Lagerung und Transport in stabiler Seitenlage.

Hinweise für den Arzt:
Symptomatische Behandlung. Nach kurz zurückliegender Ingestion größerer Mengen Magenspülung erwägen.

Formel: | **Summen-Formel:** C10–H15–N–O | **UN-Nr. 3259 n.o.s.**

Merkblatt

2434

Stoffname

Deutsch	*Englisch*	*Französisch*
D-2-Methylamino-1-phenyl-1-propanol D-Ephedrin (+)-2-Methylamino-1-phenylpropan-1-ol [S-(R*,S*)]-α-[1-Methylamino)ethyl]benzolmethanol [S-(R*,S*)]-α-[1-Methylamino)ethyl]benzylalkohol (1S,2R)-2-Methylamino-1-phenyl-1-propanol-hemihydrat	**D-2-Methylamino-1-phenylpropan-1-ol** d-Ephedrine (+)-Ephedrine L-(+)-Ephedrine (+)-(1S,2R)-Ephedrine (S-(R*,S*))-alpha-(1-(Methylamino)ethyl)-benzenemethanol (1S,2R)-2-Methylamino-1-phenyl-1-propanol-hemihydrate	**2-Methylamino-1-phénylpropane-1-ol** *Spanisch* **2-Metilamino-1-fenilpropan-1-ol**

Gefahren-Diamant

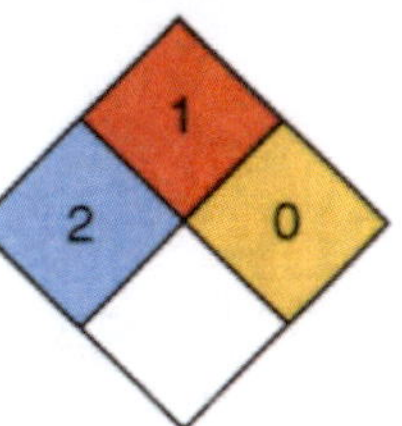

Hazchem-Code: 2X

Technische Daten	
Siedepunkt	225 °C
Dampfdruck in mbar bei 20 °C	
Dampfdichteverhältnis, Luft = 1	5,71
Schmelzpunkt	40,5–42,5 °C
Mischbarkeit mit Wasser	vollständig
Spez. Gewicht, Wasser = 1	
Molare Masse	165,24

Feuerbekämpfungsdaten	
Flammpunkt	>110 °C
Zündfähiges Gemisch, Vol.-%	
Zündtemperatur	

Gefahrgut:	**Klassifizierung:**	
IMDG-Code: UN-Nr. 3259 n.o.s.	Kl. 8	Verp. Gr. II EMS: **F**-A; **S**-B
ICAO/IATA DGR: UN-Nr. 3259 n.o.s.	Kl. 8	Verp. Gr. II
ADR/RID/ADNR: UN-Nr. 3259 n.a.g.	Kl. 8	Klassifiz. Code C8 Verp. Gr. II

Gefahrzettel (Label) Nr. 8
Richtige Versandbezeichnung (PSN):
Land/BinSch: **3259 Amine, fest, ätzend, n.a.g. (Ephedrin)**
See/Luft: **Amines, solid, corrosive, n.o.s. (Ephedrine)**

Gefahrstoff:
CAS Nr.: 321-98-2 RTECS-Nr.: KB 0600000
EG-Nr.: 206-293-3 INDEX-Nr.: 614-023-00-4
EG-Einstufung: ja
Symbol: C
R-Sätze: 22-34
S-Sätze: (2)-22-25
D-Lagerklasse (VCI)-Nr.: 8

Erscheinungsbild: Weißer, kristalliner, fester Stoff oder Pulver, schwacher Geruch.

Verhalten bei Freiwerden und Vermischen mit Luft: Ätzender, gesundheitsschädlicher und brennbarer fester Stoff. Bei Aufwirbelung des Staubes bilden sich ätzende, gesundheitsschädliche und explosionsfähige Gemische mit Luft. Bei Brand oder Erhitzung bis zur Zersetzung (z. B. durch Umgebungsbrände oder heiße Oberflächen) erfolgt Zersetzung unter Bildung von giftigen und ätzenden Gasen und Dämpfen, die im Wesentlichen aus nitrosen Gasen (Stickstoffoxiden) bestehen und auch Kohlendioxid und Kohlenmonoxid enthalten.

Verhalten bei Freiwerden und Vermischen mit Wasser: Der Stoff ist leichter als Wasser und schwimmt auf der Oberfläche. Er löst sich vollständig in Wasser. Es bilden sich ätzende und gesundheitsschädliche Gemische mit Wasser.

Gesundheitsgefährdung: Die Substanz bewirkt Verätzungen der Schleimhäute der Augen, der Atmungsorgane und der Haut. Nach Einatmen Gefahr von Kehlkopf- und Lungenödem – auch mit Verzögerung bis zu 2 Tagen. Gefahr bleibender Augenschäden. Im Organismus wirkt die Substanz blutdrucksteigernd, herzstimulierend, bronchienerweiternd und appetithemmend. Bei Brand oder Erhitzen bis zur Zersetzung Bildung von nitrosen Gasen (s. auch Merkblatt 150).
Symptome: Brennen, Rötung und Schmerzen der Haut, Tränenfluß, Lidkrampf, Atembeschwerden, Blässe, Schwitzen, Angstgefühl, Pupillenerweiterung, Blauverfärbung von Lippen und Fingernägeln (Cyanose)
Nach Einatmen oder Hautkontakt in jedem Fall – auch bei Ausbleiben der Symptome – den Arzt aufsuchen.

Geruchsschwelle = Luftgrenzwert =

Bemerkungen: Der Stoff reagiert bei Kontakt mit starken Oxidationsmitteln, starken Säuren, Säurechloriden und Säureanhydriden.

Sicherheitsmaßnahmen für Fahrzeugbesatzung, Polizei, Feuerwehr und Rettungskräfte:
Polizei und Feuerwehr alarmieren.
Im Gefahrenbereich umluftunabhängiges (schweres) Atemschutzgerät und volle Schutzkleidung tragen. Bei Erhitzung des Stoffes oder bei Brand **im Gefahrenbereich** Maschine stoppen, Zündung abstellen, offenes Feuer löschen, nicht rauchen, kein elektrisches Gerät und keinen Schalter mit Funkenbildung betätigen.
Wasserschutzpolizei und Feuerwehr: Bei Erhitzung des Stoffes kein Boot mit Ottomotor einsetzen. Bei Dieselantrieb Sicherheitsschaltung veranlassen. Beim Retten nicht ins Wasser springen.

Schutz- und Einsatzmaßnahmen: Alle unbeteiligten Personen nach Luv (gegen den Wind) entfernen. Achtung, falls freiwerdendes Gut in die Kanalisation oder in Abwasserleitungen von Schiffen gerät, entstehen ätzende, gesundheitsschädliche Gemische mit Abwasser. Experten hinzuziehen. Auf Wasserstraßen Schiffahrtssperre. An Land gefährdetes Gebiet absperren. Bei Brand oder starker Erhitzung entstehen giftige Gase und Dämpfe bzw. Dampf-/Luftgemische. In diesem Fall große Sicherheitszone bilden. In Wohn- und Industriegebieten Anwohner warnen.

Konzentrationsmessung explosionsfähiger bzw. giftiger Dämpfe siehe Tabelle (Anhang 6 der Erläuterungen).

Zuständige Behörden unterrichten.

Bekämpfung der Unfallfolgen:
Feuer: Bei kleinem Brandherd Löschpulver, Wassersprühstrahl, Kohlensäure oder Schaum. Bei großem Brandherd Schaum oder Wassersprühstrahl. Behälter mit Wassersprühstrahl kühlen und nach Möglichkeit aus der Gefahrenzone ziehen. Achtung, das Löschwasser ist giftig und umweltgefährlich. Es muß aufgefangen werden und darf nicht unbehandelt in die Kanalisation, in Gewässer oder in das Grundwasser gelangen.
Leckage: Leck schließen, wenn ohne Risiko möglich.
Fließendes Gewässer: Trink-, Brauch- und Kühlwasserentnehmer verständigen.
Stehendes Gewässer: Absperren. Fahrzeugbesatzungen im gefährdeten Gebiet warnen.
An Land: Kanalisation abdichten. Auffangen, eindeichen und abbergen. In Wohn- und Industriegebieten alle tiefliegenden Räume abdichten. Alle Zündquellen beseitigen. Restmengen mit nicht brennbarem, saugfähigem Material wie z. B. trockener Erde, Sand, Kieselgur, Universalbinder oder Vermiculit abdecken und an sichere Deponie zur Vernichtung transportieren.

Gewässerverunreinigung:
GefStoffV/EG:
Gesamtbewertung nach Unfall: Nach Brand Gruppe IV, hohe bis sehr hohe (extrem hohe) toxische Wirkung, unabhängig von der Turbulenz des Gewässers (siehe auch Erläuterungen Abschnitt 16.4/5).
Einzelwerte siehe Anhang 9 der Erläuterungen.
Wassergefährdungsklasse:

Erste Hilfe:
Verletzte an die frische Luft bringen, bequem lagern, beengende Kleidungsstücke lockern. Bei Atemstörung Sauerstoffzufuhr, ggf. Beatmung. Benetzte Kleidungsstücke, Schuhe und Strümpfe sofort ausziehen, entfernen und vernichten. Betroffene Körperstellen anhaltend mit Wasser spülen und anschließend mit sterilem Verbandmaterial abdecken. Bei Augenkontakt die Augen 15 Minuten mit Wasser spülen. Augenlider dazu mit Daumen und Zeigefinger aufspreizen und gleichzeitig das Auge nach allen Seiten bewegen lassen. Verletzte nicht auskühlen lassen. Bei Erbrechen zumindest Kopf in Seitenlage bringen. Verletzte nur liegend transportieren. Bei Gefahr der Bewußtlosigkeit Lagerung und Transport in stabiler Seitenlage.

Hinweise für den Arzt:
Symptomatische Behandlung. Augen sorgfältig spülen. Nach kurz zurückliegender Ingestion größerer Mengen Magenspülung erwägen.

Formel: **Summen-Formel:** C10–H15–Cl–N–O **UN-Nr.**

Merkblatt 2435

Stoffname

Deutsch	*Englisch*	*Französisch*
(1S,2S)-(+)-Pseudoephedrinhydrochlorid (+)-φ-Ephedrinhydrochlorid (+)-Pseudoephedrin [S-(R*, R*)]-α-[1-(Methylamino)ethyl]benzolmethanolhydrochlorid (1S,2S)-2-Methylamino-1-phenylpropanolhydrochlorid Pseudoephedrinhydrochlorid-staub	**(1S,2S)-(+)-Pseudoephedrine hydrochloride** L-(+)-Pseudoephedrine hydrochloride alpha-(1-Methylamino)ethylbenzene methanol hydrochloride d-(alpha-(1-Methylamino)-ethyl)benzyl alcohol hydrochloride	**Pseudoephedrine, chlorhydrate** *Spanisch* **Pseudoefedrina, clorhidrato**

Gefahren-Diamant

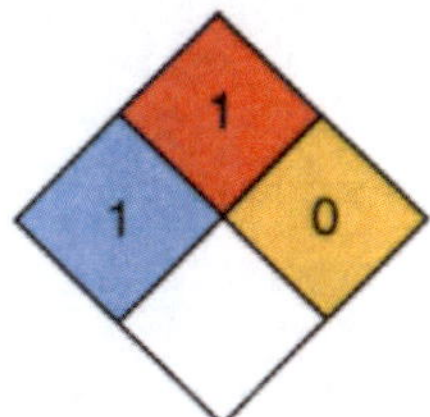

Hazchem-Code:

Technische Daten

Siedepunkt	
Dampfdruck in mbar bei 20 °C	
Dampfdichteverhältnis, Luft = 1	
Schmelzpunkt	183–186 °C
Mischbarkeit mit Wasser	vollständig *
Spez. Gewicht, Wasser = 1	
Molare Masse	201,70

Feuerbekämpfungsdaten

Flammpunkt	Brennbarer fester Stoff
Zündfähiges Gemisch, Vol.-%	30–?
Zündtemperatur	390 °C

* 1700 g/l bei 20 °C.

Gefahrgut:
IMDG-Code: UN-Nr. * — **Klassifizierung:** Kl. Verp. Gr. EMS: **F-** ; **S-**
ICAO/IATA DGR: UN-Nr. * — Kl. Verp. Gr.
ADR/RID/ADNR: UN-Nr. * — Kl. Klassifiz. Code Verp. Gr.
Gefahrzettel (Label) Nr.
Richtige Versandbezeichnung (PSN):
Land/BinSch:
See/Luft:

* Kein Gefahrgut im Sinne der Vorschriften.

Gefahrstoff:
CAS Nr.: 345-78-8 RTECS-Nr.: UL 5950000
EG-Nr.: 206-462-1 INDEX-Nr.: 614-024-00-X
EG-Einstufung: ja
Symbol: Xn
R-Sätze: 22
S-Sätze: (2)-22-25
D-Lagerklasse (VCI)-Nr.:

Erscheinungsbild: Weißes kristallines Pulver, nahezu geruchlos.

Verhalten bei Freiwerden und Vermischen mit Luft: Gesundheitsschädlicher und brennbarer fester Stoff. Bei Aufwirbelung des Staubes bilden sich gesundheitsschädliche und explosionsfähige Gemische mit Luft. Bei Brand oder Erhitzung bis zur Zersetzung (z. B. durch Umgebungsbrände oder heiße Oberflächen) erfolgt Zersetzung unter Bildung von giftigen und ätzenden Gasen und Dämpfen, die im Wesentlichen aus nitrosen Gasen (Stickstoffoxiden) sowie Chlorwasserstoff(gas) bzw. Salzsäuredämpfen bestehen und auch Kohlendioxid und Kohlenmonoxid enthalten.

Verhalten bei Freiwerden und Vermischen mit Wasser: Der Stoff ist schwerer als Wasser und sinkt unter. Er löst sich vollständig in Wasser. Es bilden sich gesundheitsschädliche Gemische und Wasser.

Gesundheitsgefährdung: Die Substanz und ihre Stäube reizen die Schleimhäute der Atmungsorgane und der Augen. Bei massiver Einatmung besteht die Gefahr von Kehlkopf- und Lungenödem – auch mit Verzögerung bis zu 2 Tagen. Im Organismus wirkt die Substanz blutdrucksteigernd, herzstimulierend, bronchienerweiternd und appetithemmend. Bei Brand oder Erhitzen bis zur Zersetzung Bildung von nitrosen Gasen (s. auch Merkblatt 150) und Chlorwasserstoff (s. auch Merkblatt 63).
Symptom: Brennen und Rötung der Augen, Tränenfluß, Atembeschwerden, Blässe, Schwitzen, Angstgefühl, Pupillenerweiterung, Blauverfärbung von Lippen und Fingernägeln (Cyanose)
Nach Einatmen oder Hautkontakt in jedem Fall – auch bei Ausbleiben der Symptome – den Arzt aufsuchen.

Geruchsschwelle = Luftgrenzwert =

Bemerkungen: Der Stoff reagiert bei Kontakt oder Mischung mit starken Oxidationsmitteln.

Sicherheitsmaßnahmen für Fahrzeugbesatzung, Polizei, Feuerwehr und Rettungskräfte:
Polizei und Feuerwehr alarmieren.
Im Gefahrenbereich umluftunabhängiges (schweres) Atemschutzgerät und volle Schutzkleidung tragen. Bei Erhitzung des Stoffes oder bei Brand **im Gefahrenbereich** Maschine stoppen, Zündung abstellen, offenes Feuer löschen, nicht rauchen, kein elektrisches Gerät und keinen Schalter mit Funkenbildung betätigen.
Wasserschutzpolizei und Feuerwehr: Bei Erhitzung des Stoffes kein Boot mit Ottomotor einsetzen. Bei Dieselantrieb Sicherheitsschaltung veranlassen. Nach dem Einsatz Kühlwasserkreislauf überprüfen. Beim Retten nicht ins Wasser springen.

Schutz- und Einsatzmaßnahmen: Alle unbeteiligten Personen nach Luv (gegen den Wind) entfernen. Achtung, falls freiwerdendes Gut in die Kanalisation oder in Abwasserleitungen von Schiffen gerät, entstehen gesundheitsschädliche Gemische mit Abwasser. Experten hinzuziehen. Auf Wasserstraßen Schiffahrtssperre. An Land gefährdetes Gebiet absperren. Bei Brand oder starker Erhitzung entstehen giftige Gase und Dämpfe bzw. Dampf-/Luftgemische. In diesem Fall große Sicherheitszone bilden. In Wohn- und Industriegebieten Anwohner warnen.

Konzentrationsmessung explosionsfähiger bzw. giftiger Dämpfe siehe Tabelle (Anhang 6 der Erläuterungen).

Zuständige Behörden unterrichten.

Bekämpfung der Unfallfolgen:
Feuer: Bei kleinem Brandherd Löschpulver, Wassersprühstrahl, Kohlensäure oder Schaum. Bei großem Brandherd Schaum oder Wassersprühstrahl. Behälter mit Wassersprühstrahl kühlen und nach Möglichkeit aus der Gefahrenzone ziehen. Achtung, das Löschwasser ist giftig und umweltgefährlich. Es muß aufgefangen werden und darf nicht unbehandelt in die Kanalisation, in Gewässer oder in das Grundwasser gelangen.
Leckage: Leck schließen, wenn ohne Risiko möglich.
Fließendes Gewässer: Trink-, Brauch- und Kühlwasserentnehmer verständigen.
Stehendes Gewässer: Absperren. Fahrzeugbesatzungen im gefährdeten Gebiet warnen.
An Land: Kanalisation abdichten. Auffangen, eindeichen und abbergen. In Wohn- und Industriegebieten alle tiefliegenden Räume abdichten. Alle Zündquellen beseitigen. Restmengen mit nicht brennbarem, saugfähigem Material wie z. B. trockener Erde, Sand, Kieselgur, Universalbinder oder Vermiculit abdecken und an sichere Deponie zur Vernichtung transportieren.

Gewässerverunreinigung:
GefStoffV/EG:
Gesamtbewertung nach Unfall: Gruppe II, in stehenden Gewässern mittlere bis hohe, in fließenden Gewässern mittlere toxische Wirkung, nach Brand Gruppe III, in stehenden Gewässern sehr hohe, in fließenden Gewässern je nach Vermischung mittlere bis hohe toxische Wirkung (siehe auch Erläuterungen Abschnitt 16.4/5).
Einzelwerte siehe Anhang 9 der Erläuterungen.
Wassergefährdungsklasse: 1 – schwach wassergefährdender Stoff

Erste Hilfe:
Verletzte an die frische Luft bringen, bequem lagern, beengende Kleidungsstücke lockern. Bei Atemstörung Sauerstoffzufuhr, ggf. Beatmung. Benetzte Kleidungsstücke, Schuhe und Strümpfe sofort ausziehen, entfernen und vernichten. Betroffene Körperstellen anhaltend mit Wasser spülen und anschließend mit sterilem Verbandmaterial abdecken. Bei Augenkontakt die Augen 15 Minuten mit Wasser spülen. Augenlider dazu mit Daumen und Zeigefinger aufspreizen und gleichzeitig das Auge nach allen Seiten bewegen lassen. Verletzte nicht auskühlen lassen. Bei Erbrechen zumindest Kopf in Seitenlage bringen. Verletzte nur liegend transportieren. Bei Gefahr der Bewußtlosigkeit Lagerung und Transport in stabiler Seitenlage.

Hinweise für den Arzt:
Symptomatische Behandlung. Augen sorgfältig spülen. Nach kurz zurückliegender Ingestion größerer Mengen Magenspülung erwägen.

Formel: | **Summen-Formel:** C8–H8–O | **UN-Nr. 2810 n.o.s.**

Merkblatt

2436

Stoffname

Deutsch	*Englisch*	*Französisch*
(R)-(+)-Styroloxid	**(R)-Styrene oxide**	**(R)-Oxyde de styrène**
(R)-(+)-Phenylethylenoxid	(R)-(Epoxyethyl)benzene	
(R)-(+)-Phenyloxiran	(R)-Phenyloxyrane	
(R)-(+)-Epoxyethylbenzol	(2R)-(9Cl) Phenyl oxyrane	
(R)-(+)-Styrenoxid		*Spanisch*
(2R)-(9Cl) Phenyloxirane		**(R)-Oxido de estireno**

Gefahren-Diamant

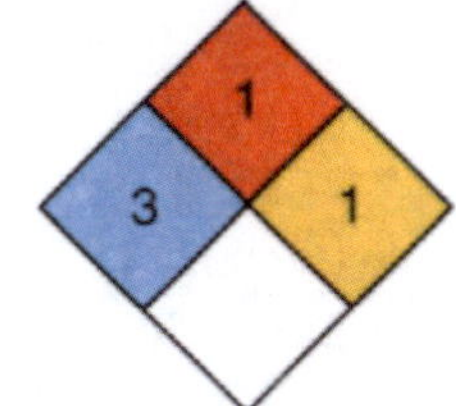

Hazchem-Code: 2XE

Technische Daten	
Siedepunkt	192–194 °C
Dampfdruck in mbar bei 20 °C	0,4
Dampfdichteverhältnis, Luft = 1	4,15
Schmelzpunkt	
Mischbarkeit mit Wasser	sehr geringfügig
Spez. Gewicht, Wasser = 1	1,051
Molare Masse	120,15

Feuerbekämpfungsdaten	
Flammpunkt	79 °C
Zündfähiges Gemisch, Vol.-%	1,1–22
Zündtemperatur	435 °C

Gefahrgut: | **Klassifizierung:**

IMDG-Code: UN-Nr. 2810 n.o.s. | Kl. 6.1 | Verp. Gr. I EMS: **F**-A; **S**-A
Marine pollutant
ICAO/IATA DGR: UN-Nr. 2810 n.o.s. | Kl. 6.1 | Verp. Gr. I
ADR/RID/ADNR: UN-Nr. 2810 n.a.g. | Kl. 6.1 | Klassifiz. Code T1 Verp. Gr. I
Gefahrzettel (Label) Nr. 6.1
Richtige Versandbezeichnung (PSN):
Land/BinSch: **2810 Giftiger, organischer, flüssiger Stoff, n.a.g. ((R)-Styroloxid)**
See/Luft: **Toxid liquid, organic, n.o.s. ((R)-Styrene oxide)**

Gefahrstoff:

CAS Nr.: 20780-53-4 | RTECS-Nr.: CZ 9625010
EG-Nr.: | INDEX-Nr.: 603-084-00-2
EG-Einstufung: ja
Symbol: T
R-Sätze: 45-21-36
S-Sätze: 53-45
D-Lagerklasse (VCI)-Nr.:

Erscheinungsbild: Farblose Flüssigkeit, stechender Geruch.

Verhalten bei Freiwerden und Vermischen mit Luft: Giftige und brennbare Flüssigkeit mit relativ hohem Flammpunkt von 79 °C. Bei Erhitzung bilden sich giftige und explosionsfähige Gemische mit Luft. Sie sind schwerer als Luft und kriechen am Boden entlang. Entzündung durch heiße Oberflächen, Funken oder offene Flammen.

Verhalten bei Freiwerden und Vermischen mit Wasser: Der Stoff ist etwas schwerer als Wasser und sinkt langsam unter. Er löst sich nur geringfügig in Wasser. Es bilden sich giftige Gemische mit Wasser, die auch bei starker Verdünnung noch wirksam sind.

Gesundheitsgefährdung: Die Dämpfe reizen die Schleimhäute der Augen bis hin zur Verätzung und die Atemwege, Hautreizung gering. Gefahr bleibender Augenschäden und nach Einatmen Gefahr von Kehlkopf- und Lungenödem – auch mit Verzögerung bis zu 2 Tagen. Mögliche krebserzeugende Wirkung. Bei Brand oder Erhitzen bis zur Zersetzung Bildung von Ruß.
Symptome: Rötung, Brennen und Schmerzen der Augen, der Nasen- und Rachenschleimhäute und in geringerem Maße der Haut, Atembeschwerden, Kopfschmerzen, Übelkeit, Benommenheit, Trunkenheitsgefühl, Muskelschwäche.
Nach Einatmen oder Hautkontakt in jedem Fall – auch bei Ausbleiben der Symptome – den Arzt aufsuchen.
Nach Kontakt der Substanz mit den Augen ist in jedem Fall ein Augenarzt aufzusuchen.

Geruchsschwelle = | Luftgrenzwert =

Bemerkungen: Der Stoff reagiert bei Kontakt oder Mischung mit Säuren, Alkalien (Basen) und Oxidationsmitteln. Geeignete Materialien für Behälter sind Stahl mit PE-Einlage. Die Substanz ist löslich in Ethylalkohol und Aceton.

Sicherheitsmaßnahmen für Fahrzeugbesatzung, Polizei, Feuerwehr und Rettungskräfte:
Polizei und Feuerwehr alarmieren.
Im Gefahrenbereich sofort umluftunabhängiges (schweres) Atemschutzgerät und volle Schutzkleidung tragen. Bei Erhitzung der Flüssigkeit Zündung abstellen, Maschine stoppen, nicht rauchen, offenes Feuer löschen, kein elektrisches Gerät und keinen Schalter mit Funkenbildung betätigen.
Wasserschutzpolizei und Feuerwehr: Bei Erhitzung des Stoffes kein Boot mit Ottomotor einsetzen. Bei Dieselantrieb Sicherheitsschaltung veranlassen. Beim Retten nicht ins Wasser springen.

Schutz- und Einsatzmaßnahmen: Alle unbeteiligten Personen nach Luv (gegen den Wind) entfernen. Achtung, falls freiwerdendes Gut in die Kanalisation oder in Abwasserleitungen von Schiffen gerät, entstehen giftige Gemische mit Abwasser und können bei heißem Abwasser sich über der Oberfläche explosionsfähige und giftige Gemische mit Luft bilden. In Wohn- und Industriegebieten Anwohner warnen. Große Sicherheitszone bilden. Bei größeren Mengen ausgelaufenen Gutes Katastrophenalarm prüfen.

Konzentrationsmessung explosionsfähiger bzw. giftiger Dämpfe siehe Tabelle (Anhang 6 der Erläuterungen).

Zuständige Behörden unterrichten.

Bekämpfung der Unfallfolgen:
Feuer: Bei kleinem Brandherd Löschpulver, Wassersprühstrahl, Kohlensäure oder Schaum. Bei großem Brandherd Schaum oder Wassersprühstrahl. Behälter mit Wassersprühstrahl kühlen und nach Möglichkeit aus der Gefahrenzone ziehen. Achtung, das Löschwasser ist giftig und umweltgefährlich. Es muß aufgefangen werden und darf nicht unbehandelt in die Kanalisation, in Gewässer oder in das Grundwasser gelangen.
Leckage: Leck schließen, wenn ohne Risiko möglich.
Fließendes Gewässer: Trink-, Brauch- und Kühlwasserentnehmer verständigen.
Stehendes Gewässer: Absperren. Fahrzeugbesatzungen im gefährdeten Gebiet warnen.
An Land: Kanalisation abdichten. Auffangen, eindeichen und abpumpen. In Wohn- und Industriegebieten alle tiefliegenden Räume abdichten. Alle Zündquellen beseitigen. Restmengen mit nicht brennbarem, saugfähigem Material wie z. B. trockener Erde, Sand, Kieselgur, Universalbinder oder Vermiculit abdecken und an sichere Deponie zur Vernichtung transportieren.

Gewässerverunreinigung:
GefStoffV/EG:
Gesamtbewertung nach Unfall:
Wassergefährdungsklasse:

Erste Hilfe:
Verletzte an die frische Luft bringen, bequem lagern, beengende Kleidungsstücke lockern. Bei Atemstörung Sauerstoffzufuhr, ggf. Beatmung. Benetzte Kleidungsstücke, Schuhe und Strümpfe sofort ausziehen, entfernen und vernichten. Betroffene Körperstellen anhaltend mit Wasser spülen und anschließend mit sterilem Verbandmaterial abdecken. Bei Augenkontakt die Augen 15 Minuten mit Wasser spülen. Augenlider dazu mit Daumen und Zeigefinger aufspreizen und gleichzeitig das Auge nach allen Seiten bewegen lassen. Helferschutz beachten. Stoff kann Krebs auslösen. Verletzte nicht auskühlen lassen. Bei Erbrechen zumindest Kopf in Seitenlage bringen. Verletzte nur liegend transportieren. Bei Gefahr der Bewußtlosigkeit Lagerung und Transport in stabiler Seitenlage.

Hinweise für den Arzt:
Symptomatische Behandlung. Augen sorgfältig spülen.

Formel: | **Summen-Formel:** C8–H11–N | **UN-Nr. 2735 n.o.s.**

Merkblatt

2437

Gefahren-Diamant

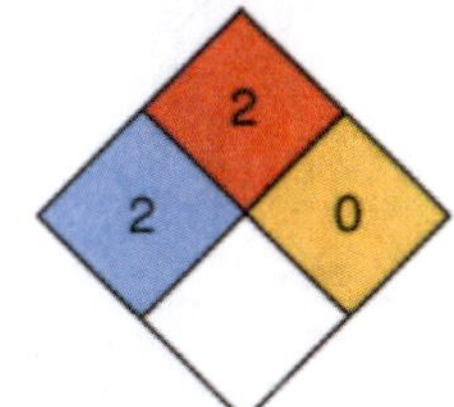

Hazchem-Code: **3X**

Stoffname

Deutsch

D-α-Methylbenzylamin
(R)-(+)-1-Phenylethylamin
(R)-(+)-1-Aminophenylethan
D-α-Aminoethylbenzol

Englisch

D-alpha-Methylbenzene amine
(R)-(+)-1-Phenylethylamine
(R)-(+)-1-Aminophenylethane
D-alpha-Aminoethylbenzene
(R)-(+)alpha Methylbenzylamine

Französisch

D-alpha-Méthylbenzylamine

Spanisch

D-alfa-metilbencilamina

Technische Daten

Siedepunkt	180–181 °C
Dampfdruck in mbar bei 20 °C	0,7
Dampfdichteverhältnis, Luft = 1	4,19
Schmelzpunkt	–65 °C
Mischbarkeit mit Wasser	geringfügig*
Spez. Gewicht, Wasser = 1	0,95
Molare Masse	121,18

Feuerbekämpfungsdaten

Flammpunkt	75 °C
Zündfähiges Gemisch, Vol.-%	
Zündtemperatur	340 °C

* 40 g/l bei 20 °C.

Gefahrgut: / **Klassifizierung:**

IMDG-Code: UN-Nr. 2735 n.o.s. — Kl. 8 — Verp. Gr. II EMS: **F**-A; **S**-A
Marine pollutant
ICAO/IATA DGR: UN-Nr. 2735 n.o.s. — Kl. 8 — Verp. Gr. II
ADR/RID/ADNR: UN-Nr. 2735 n.a.g. — Kl. 8 — Klassifiz. Code C7 Verp. Gr. II
Gefahrzettel (Label) Nr. 8
Richtige Versandbezeichnung (PSN):
Land/BinSch: **2735 Amine flüssig, ätzend, n.a.g. (1-Phenylethylamin)**
See/Luft: **Amines liquid, corrosive, n.o.s. (1-Phenylethylamine)**

Gefahrstoff:

CAS Nr.: 3886-69-9 — RTECS-Nr.:
EG-Nr.: 223-423-4 — INDEX-Nr.:
EG-Einstufung: nein
Symbol: C*
R-Sätze: 21/22-34*
S-Sätze: (1/2)-26-28-36/37/39-45*
D-Lagerklasse (VCI)-Nr.: 3B

* Herstellerangaben

Erscheinungsbild: Farblose bis gelbliche Flüssigkeit, aminartiger Geruch.

Verhalten bei Freiwerden und Vermischen mit Luft: Ätzende und brennbare Flüssigkeit mit relativ hohem Flammpunkt von 75 °C. Bei starker Erhitzung bilden sich ätzende und explosionsfähige Gemische mit Luft. Sie sind schwerer als Luft und kriechen am Boden entlang. Entzündung durch heiße Oberflächen, Funken oder offene Flammen. Bei Erhitzung bis zur Zersetzung (z. B. durch Umgebungsbrände oder heiße Oberflächen) und bei Brand bilden sich giftige und ätzende Gase und Dämpfe, die im Wesentlichen aus nitrosen Gasen bestehen und auch Kohlenmonoxid(gas) sowie Kohlendioxid(gas) enthalten.

Verhalten bei Freiwerden und Vermischen mit Wasser: Der Stoff ist leichter als Wasser und schwimmt auf der Oberfläche. Er löst sich nur geringfügig in Wasser. Es bilden sich ätzende Gemische mit Wasser, die auch bei starker Verdünnung noch wirksam sind.

Gesundheitsgefährdung: Die Substanz und ihre Dämpfe bewirken Verätzungen der Haut und der Augen sowie starke Reizungen der Atemwege. Gefahr bleibender Augenschäden, auch Erblindung. Nach Einatmen der Dämpfe besteht Gefahr von Kehlkopf- und Lungenödem – auch mit Verzögerung bis zu 2 Tagen. Nach Verschlucken kommt es zur Verätzung der Mund- und Rachenschleimhaut, der Speiseröhre und des Magen-Darm-Traktes, Magenperforation möglich. Hautaufnahme! Bei Brand oder Erhitzen bis zur Zersetzung Bildung von nitrosen Gasen (s. auch Merkblatt 150).
Symptome: Rötung, Brennen und Schmerzen der Augen sowie der Haut, Lidkrampf, Tränenfluß, Atemnot mit Erstickungsanfällen, Kopfschmerzen, Leibschmerzen, Übelkeit, Erbrechen, Durchfall, Schwindel, Schockgefahr.
Nach Einatmen oder Hautkontakt in jedem Fall – auch bei Ausbleiben der Symptome – den Arzt aufsuchen. Nach Kontakt der Substanz mit den Augen ist in jedem Fall ein Augenarzt aufzusuchen.

Geruchsschwelle = | Luftgrenzwert =

Bemerkungen: Der Stoff reagiert bei Kontakt oder Mischung mit Säuren, Säurechloriden, Säureanhydriden und Kohlendioxid. Er ist löslich in den meisten organischen Lösemitteln.

Sicherheitsmaßnahmen für Fahrzeugbesatzung, Polizei, Feuerwehr und Rettungskräfte:
Polizei und Feuerwehr alarmieren.
Im Gefahrenbereich sofort umluftunabhängiges (schweres) Atemschutzgerät und volle Schutzkleidung tragen. Bei Erhitzung der Flüssigkeit Zündung abstellen, Maschine stoppen, nicht rauchen, offenes Feuer löschen, kein elektrisches Gerät und keinen Schalter mit Funkenbildung betätigen.
Wasserschutzpolizei und Feuerwehr: Bei Erhitzung des Stoffes kein Boot mit Ottomotor einsetzen. Bei Dieselantrieb Sicherheitsschaltung veranlassen. Beim Retten nicht ins Wasser springen.

Schutz- und Einsatzmaßnahmen: Alle unbeteiligten Personen nach Luv (gegen den Wind) entfernen. Achtung, falls freiwerdendes Gut in die Kanalisation oder in Abwasserleitungen von Schiffen gerät, bilden sich ätzende Gemische mit Abwasser und kann mit heißem Abwasser über der Oberfläche Explosions- und Verätzungsgefahr entstehen. Experten hinzuziehen. Auf Wasserstraßen Schiffahrtssperre. An Land gefährdetes Gebiet absperren. Große Sicherheitszone bilden. In Wohn- und Industriegebieten Anwohner warnen.

Konzentrationsmessung explosionsfähiger bzw. giftiger Dämpfe siehe Tabelle (Anhang 6 der Erläuterungen).

Zuständige Behörden unterrichten.

Bekämpfung der Unfallfolgen:
Feuer: Bei kleinem Brandherd Löschpulver, Wassersprühstrahl oder Schaum. Bei großem Brandherd Schaum oder Wassersprühstrahl. Behälter mit Wassersprühstrahl kühlen und nach Möglichkeit aus der Gefahrenzone ziehen. Achtung, wegen Reaktionsgefahr darf kein Kohlendioxid zum Einsatz kommen. Achtung, das Löschwasser ist giftig und umweltgefährlich. Es muß aufgefangen werden und darf nicht unbehandelt in die Kanalisation, in Gewässer oder in das Grundwasser gelangen.
Leckage: Leck schließen, wenn ohne Risiko möglich.
Fließendes Gewässer: Trink-, Brauch- und Kühlwasserentnehmer verständigen.
Stehendes Gewässer: Absperren. Fahrzeugbesatzungen im gefährdeten Gebiet warnen.
An Land: Kanalisation abdichten. Auffangen, eindeichen und abpumpen. In Wohn- und Industriegebieten alle tiefliegenden Räume abdichten. Alle Zündquellen beseitigen. Restmengen mit nicht brennbarem, saugfähigem Material wie z. B. trockener Erde, Sand, Kieselgur, Universalbinder oder Vermiculit abdecken und an sichere Deponie zur Vernichtung transportieren.

Gewässerverunreinigung:
GefStoffV/EG:
Gesamtbewertung nach Unfall: Gruppe III, in stehenden Gewässern sehr hohe, in fließenden Gewässern je nach Vermischung mittlere bis hohe toxische Wirkung, nach Brand Gruppe IV, hohe bis sehr hohe (extrem hohe), toxische Wirkung unabhängig von der Turbulenz des Gewässers (siehe auch Erläuterungen Abschnitt 16.4/5).
Einzelwerte siehe Anhang 9 der Erläuterungen.
Wassergefährdungsklasse: 2 – wassergefährdender Stoff.

Erste Hilfe:
Verletzte an die frische Luft bringen, bequem lagern, beengende Kleidungsstücke lockern. Bei Atemstörung Sauerstoffzufuhr, ggf Beatmung. Benetzte Kleidungsstücke, Schuhe und Strümpfe sofort ausziehen, entfernen und vernichten. Betroffene Körperstellen anhaltend mit Wasser spülen und anschließend mit sterilem Verbandmaterial abdecken. Bei Augenkontakt die Augen 15 Minuten mit Wasser spülen. Augenlider dazu mit Daumen und Zeigefinger aufspreizen und gleichzeitig das Auge nach allen Seiten bewegen lassen. Verletzte nicht auskühlen lassen. Bei Erbrechen zumindest Kopf in Seitenlage bringen. Verletzte nur liegend transportieren. Bei Gefahr der Bewußtlosigkeit Lagerung und Transport in stabiler Seitenlage.

Hinweise für den Arzt:
Symptomatische Behandlung. Augen sorgfältig spülen. Bei anhaltenden Beschwerden Augenarzt hinzuziehen!

Formel: $C_6H_5CH(CH_3)NH_2$ **Summen-Formel:** C8–H11–N **UN-Nr. 2735 n.o.s.**

Merkblatt

2438

Stoffname

Deutsch

S-(–)-1-Phenylethylamin
L-α-Methylbenzylamin
S-(–)-1-Aminophenylethan
L-α-Aminethylbenzol

Englisch

S-(–)-1-Phenylethylamine
L-alpha-Methylbenzene amine
S-(–)-1-Aminophenylethane
L-alpha-Aminoethylbenzene

Französisch

L-alpha-Méthylbenzylamine

Spanisch

L-alfa-metilbencilamina

Gefahren-Diamant

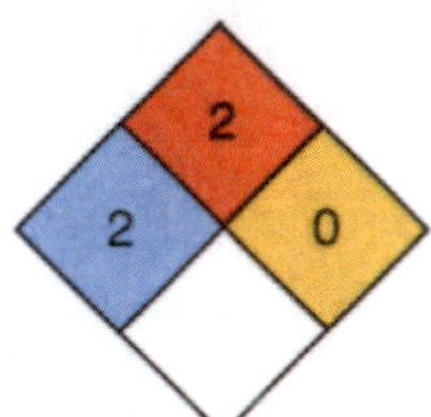

Hazchem-Code: 3X

Technische Daten	
Siedepunkt	187 °C
Dampfdruck in mbar bei 20 °C	0,4
Dampfdichteverhältnis, Luft = 1	4,19
Schmelzpunkt	–10 °C
Mischbarkeit mit Wasser	teilweise*
Spez. Gewicht, Wasser = 1	0,94
Molare Masse	121,18

Feuerbekämpfungsdaten	
Flammpunkt	71 °C
Zündfähiges Gemisch, Vol.-%	
Zündtemperatur	355 °C

* 42 g/l bei 20 °C.

Gefahrgut: **Klassifizierung:**
IMDG-Code: UN-Nr. 2735 n.o.s. Kl. 8 Verp. Gr. II EMS: **F**-A; **S**-A
ICAO/IATA DGR: UN-Nr. 2735 n.o.s. Kl. 8 Verp. Gr. II
ADR/RID/ADNR: UN-Nr. 2735 n.a.g. Kl. 8 Klassifiz. Code C7 Verp. Gr. II
Gefahrzettel (Label) Nr. 8
Richtige Versandbezeichnung (PSN):
Land/BinSch: **2735 Amine, flüssig, ätzend, n.a.g. (1-Phenylethylamin)**
See/Luft: **Amines liquid, corrosive, n.o.s. (1-Phenylethylamine)**

Gefahrstoff:
CAS Nr.: 2627-86-3 RTECS-Nr.:
EG-Nr.: 220-098-0 INDEX-Nr.: 612-107-00-5
EG-Einstufung: ja
Symbol: C
R-Sätze: 21/22-34
S-Sätze: (1/2)-26-28-36/37/39-45
D-Lagerklasse (VCI)-Nr.: 3B

Erscheinungsbild: Farblose bis gelbliche Flüssigkeit, aminartiger Geruch.

Verhalten bei Freiwerden und Vermischen mit Luft: Ätzende und brennbare Flüssigkeit mit relativ hohem Flammpunkt von 71 °C. Bei starker Erhitzung bilden sich ätzende und explosionsfähige Gemische mit Luft. Sie sind schwerer als Luft und kriechen am Boden entlang. Entzündung durch heiße Oberflächen, Funken oder offene Flammen. Bei Erhitzung bis zur Zersetzung (z. B. durch Umgebungsbrände oder heiße Oberflächen) und bei Brand bilden sich giftige und ätzende Gase bzw. Dämpfe, die im Wesentlichen aus nitrosen Gasen bestehen und auch Kohlenmonoxid(gas) sowie Kohlendioxid(gas) enthalten.

Verhalten bei Freiwerden und Vermischen mit Wasser: Der Stoff ist leichter als Wasser und schwimmt auf der Oberfläche. Er löst sich teilweise in Wasser. Es bilden sich ätzende Gemische mit Wasser, die auch bei Verdünnung noch wirksam sind.

Gesundheitsgefährdung: Die Substanz und ihre Dämpfe bewirken Verätzungen der Haut und der Augen sowie starke Reizungen der Atemwege. Gefahr bleibender Augenschäden, auch Erblindung. Nach Einatmen der Dämpfe besteht Gefahr von Kehlkopf- und Lungenödem – auch mit Verzögerung bis zu 2 Tagen. Nach Verschlucken kommt es zur Verätzung der Mund- und Rachenschleimhaut, der Speiseröhre und des Magen-Darm-Traktes, Magenperforation möglich. Hautaufnahme! Bei Brand oder Erhitzen bis zur Zersetzung Bildung von nitrosen Gasen (s. auch Merkblatt 150).
Symptome: Rötung, Brennen und Schmerzen der Augen sowie der Haut, Lidkrampf, Tränenfluß, Atemnot mit Erstickungsanfällen, Kopfschmerzen, Leibschmerzen, Übelkeit, Erbrechen, Durchfall, Schwindel, Schockgefahr.
Nach Einatmen oder Hautkontakt in jedem Fall – auch bei Ausbleiben der Symptome – den Arzt aufsuchen. Nach Kontakt der Substanz mit den Augen ist in jedem Fall ein Augenarzt aufzusuchen.

Geruchsschwelle = Luftgrenzwert =

Bemerkungen: Der Stoff reagiert bei Kontakt oder Mischung mit Säuren, Säurechloriden, Säureanhydriden und Kohlendioxid. Er ist löslich in den meisten organischen Lösemitteln.

Sicherheitsmaßnahmen für Fahrzeugbesatzung, Polizei, Feuerwehr und Rettungskräfte:
Polizei und Feuerwehr alarmieren.
Im Gefahrenbereich sofort umluftunabhängiges (schweres) Atemschutzgerät und volle Schutzkleidung tragen. Bei Erhitzung der Flüssigkeit Zündung abstellen, Maschine stoppen, nicht rauchen, offenes Feuer löschen, kein elektrisches Gerät und keinen Schalter mit Funkenbildung betätigen.
Wasserschutzpolizei und Feuerwehr: Bei Erhitzung des Stoffes kein Boot mit Ottomotor einsetzen. Bei Dieselantrieb Sicherheitsschaltung veranlassen. Beim Retten nicht ins Wasser springen.

Schutz- und Einsatzmaßnahmen: Alle unbeteiligten Personen nach Luv (gegen den Wind) entfernen. Achtung, falls freiwerdendes Gut in die Kanalisation oder in Abwasserleitungen von Schiffen gerät, bilden sich ätzende Gemische mit Abwasser und kann mit heißem Abwasser über der Oberfläche Explosions- und Verätzungsgefahr entstehen. Experten hinzuziehen. Auf Wasserstraßen Schiffahrtssperre. An Land gefährdetes Gebiet absperren. Große Sicherheitszone bilden. In Wohn- und Industriegebieten Anwohner warnen.

Konzentrationsmessung explosionsfähiger bzw. giftiger Dämpfe siehe Tabelle (Anhang 6 der Erläuterungen).

Zuständige Behörden unterrichten.

Bekämpfung der Unfallfolgen:
Feuer: Bei kleinem Brandherd Löschpulver, Wassersprühstrahl oder Schaum. Bei großem Brandherd Schaum oder Wassersprühstrahl. Behälter mit Wassersprühstrahl kühlen und nach Möglichkeit aus der Gefahrenzone ziehen. Achtung, wegen Reaktionsgefahr darf kein Kohlendioxid zum Einsatz kommen. Achtung, das Löschwasser ist giftig und umweltgefährlich. Es muß aufgefangen werden und darf nicht unbehandelt in die Kanalisation, in Gewässer oder in das Grundwasser gelangen.
Leckage: Leck schließen, wenn ohne Risiko möglich.
Fließendes Gewässer: Trink-, Brauch- und Kühlwasserentnehmer verständigen.
Stehendes Gewässer: Absperren. Fahrzeugbesatzungen im gefährdeten Gebiet warnen.
An Land: Kanalisation abdichten. Auffangen, eindeichen und abpumpen. In Wohn- und Industriegebieten alle tiefliegenden Räume abdichten. Alle Zündquellen beseitigen. Restmengen mit nicht brennbarem, saugfähigem Material wie z. B. trockener Erde, Sand, Kieselgur, Universalbinder oder Vermiculit abdecken und an sichere Deponie zur Vernichtung transportieren.

Gewässerverunreinigung:
GefStoffV/EG:
Gesamtbewertung nach Unfall: Gruppe III, in stehenden Gewässern sehr hohe, in fließenden Gewässern je nach Vermischung mittlere bis hohe toxische Wirkung, nach Brand Gruppe IV, hohe bis sehr hohe (extrem hohe), toxische Wirkung unabhängig von der Turbulenz des Gewässers (siehe auch Erläuterungen Abschnitt 16.4/5).
Einzelwerte siehe Anhang 9 der Erläuterungen.
Wassergefährdungsklasse: 1 – schwach wassergefährdender Stoff.

Erste Hilfe:
Verletzte an die frische Luft bringen, bequem lagern, beengende Kleidungsstücke lockern. Bei Atemstörung Sauerstoffzufuhr, ggf, Beatmung. Benetzte Kleidungsstücke, Schuhe und Strümpfe sofort ausziehen, entfernen und vernichten. Betroffene Körperstellen anhaltend mit Wasser spülen und anschließend mit sterilem Verbandmaterial abdecken. Bei Augenkontakt die Augen 15 Minuten mit Wasser spülen. Augenlider dazu mit Daumen und Zeigefinger aufspreizen und gleichzeitig das Auge nach allen Seiten bewegen lassen. Verletzte nicht auskühlen lassen. Bei Erbrechen zumindest Kopf in Seitenlage bringen. Verletzte nur liegend transportieren. Bei Gefahr der Bewußtlosigkeit Lagerung und Transport in stabiler Seitenlage.

Hinweise für den Arzt:
Symptomatische Behandlung. Augen sorgfältig spülen.

Formel: $C_6H_{11}CH(CH_3)NH_2$ **Summen-Formel:** C8–H17–N **UN-Nr. 2734 n.o.s.**

Merkblatt

2439

Stoffname

Deutsch	*Englisch*	*Französisch*
(S)-(+)-1-Cyclohexylethylamin (S)-(+)-1-Aminoethylcyclohexan (S)-(+)-α-Methylcyclohexan-methylamin	**(S)-(+)-1-Cyclohexylethylamine** (S)-(+)-1-Aminoethyl-cyclohexane (S)-(+)-alpha-Methylcyclo-hexane methylamine	**(S)-(+)-1-Cyclohexyl-éthylamine**

Spanisch

(S)-(+)-1-Ciclohexiletilamina

Gefahren-Diamant

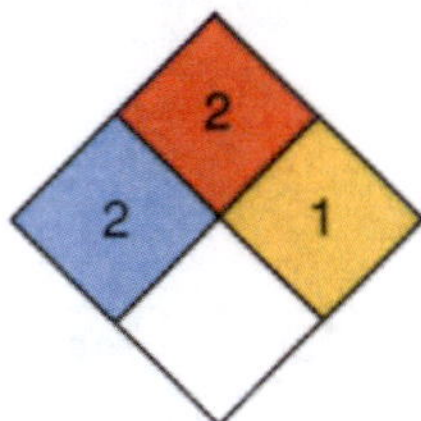

Hazchem-Code: 3W

Technische Daten

Siedepunkt	177–178 °C
Dampfdruck in mbar bei 20 °C	
Dampfdichteverhältnis, Luft = 1	
Schmelzpunkt	
Mischbarkeit mit Wasser	geringfügig
Spez. Gewicht, Wasser = 1	0,866
Molare Masse	127,23

Feuerbekämpfungsdaten

Flammpunkt	52 °C
Zündfähiges Gemisch, Vol.-%	
Zündtemperatur	

Gefahrgut: **Klassifizierung:**

IMDG-Code: UN-Nr. 2734 n.o.s. Kl. 8 Verp. Gr. II EMS: **F**-E; **S**-C
Marine pollutant
ICAO/IATA DGR: UN-Nr. 2734 n.o.s. Kl. 8 Verp. Gr. II
ADR/RID/ADNR: UN-Nr. 2734 n.a.g. Kl. 8 Klassifiz. Code CF1 Verp. Gr. II
Gefahrzettel (Label) Nr. 8+3
Richtige Versandbezeichnung (PSN):
Land/BinSch: **2734 Amine, flüssig, ätzend, entzündbar, n.a.g. ((S)-(+)-1-Cyclohexylethylamin)**
See/Luft: **Amines, liquid, corrosive, flammable, n.o.s. ((S)-(+)-1-Cyclohexylethylamine)**

Gefahrstoff:

CAS Nr.: 17430-98-7 RTECS-Nr.:
EG-Nr.: INDEX-Nr.:
EG-Einstufung: nein
Symbol: C*
R-Sätze: 10-34*
S-Sätze: 26-36/37/39-45*
D-Lagerklasse (VCI)-Nr.: 8

* Herstellerangaben

Erscheinungsbild: Farblose Flüssigkeit, aminartiger Geruch.

Verhalten bei Freiwerden und Vermischen mit Luft: Ätzende und brennbare Flüssigkeit mit relativ hohem Flammpunkt von 52 °C. Bei starker Erhitzung bilden sich ätzende und explosionsfähige Gemische mit Luft. Sie sind schwerer als Luft und kriechen am Boden entlang. Entzündung durch heiße Oberflächen, Funken oder offene Flammen. Bei Erhitzung bis zur Zersetzung (z. B. durch Umgebungsbrände oder heiße Oberflächen) und bei Brand bilden sich giftige und ätzende Gase bzw. Dämpfe, die im Wesentlichen aus nitrosen Gasen bestehen und auch Kohlenmonoxid(gas) sowie Kohlendioxid(gas) enthalten.

Verhalten bei Freiwerden und Vermischen mit Wasser: Der Stoff ist leichter als Wasser und schwimmt auf der Oberfläche. Er löst sich nur geringfügig in Wasser. Es bilden sich ätzende Gemische mit Wasser, die auch bei Verdünnung noch wirksam sind.

Gesundheitsgefährdung: Die Substanz und ihre Dämpfe bewirken Verätzungen der Haut und der Augen sowie starke Reizungen der Atemwege. Gefahr bleibender Augenschäden, auch Erblindung. Nach Einatmen der Dämpfe besteht Gefahr von Kehlkopf- und Lungenödem – auch mit Verzögerung bis zu 2 Tagen. Nach Verschlucken kommt es zur Verätzung der Mund- und Rachenschleimhaut, der Speiseröhre und des Magen-Darm-Traktes, Magenperforation möglich. Hautaufnahme! Bei Brand oder Erhitzen bis zur Zersetzung Bildung von nitrosen Gasen (s. auch Merkblatt 150).
Symptome: Rötung, Brennen und Schmerzen der Augen sowie der Haut, Lidkrampf, Tränenfluß, Atemnot mit Erstickungsanfällen, Kopfschmerzen, Leibschmerzen, Übelkeit, Erbrechen, Durchfall, Schwindel, Schockgefahr.
Nach Einatmen oder Hautkontakt in jedem Fall – auch bei Ausbleiben der Symptome – den Arzt aufsuchen. Nach Kontakt der Substanz mit den Augen ist in jedem Fall ein Augenarzt aufzusuchen.

Geruchsschwelle = Luftgrenzwert =

Bemerkungen: Der Stoff ist löslich in den meisten organischen Lösemitteln. Er reagiert bei Kontakt oder Mischung mit Säuren.

Sicherheitsmaßnahmen für Fahrzeugbesatzung, Polizei, Feuerwehr und Rettungskräfte:
Polizei und Feuerwehr alarmieren.
Im Gefahrenbereich sofort umluftunabhängiges (schweres) Atemschutzgerät und volle Schutzkleidung tragen. Bei Erhitzung der Flüssigkeit Zündung abstellen, Maschine stoppen, nicht rauchen, offenes Feuer löschen, kein elektrisches Gerät und keinen Schalter mit Funkenbildung betätigen.
Wasserschutzpolizei und Feuerwehr: Bei Erhitzung des Stoffes kein Boot mit Ottomotor einsetzen. Bei Dieselantrieb Sicherheitsschaltung veranlassen. Beim Retten nicht ins Wasser springen.

Schutz- und Einsatzmaßnahmen: Alle unbeteiligten Personen nach Luv (gegen den Wind) entfernen. Achtung, falls freiwerdendes Gut in die Kanalisation oder in Abwasserleitungen von Schiffen gerät, bilden sich ätzende Gemische mit Abwasser und kann mit heißem Abwasser über der Oberfläche Explosions- und Verätzungsgefahr entstehen. Experten hinzuziehen. Auf Wasserstraßen Schiffahrtssperre. An Land gefährdetes Gebiet absperren. Große Sicherheitszone bilden. In Wohn- und Industriegebieten Anwohner warnen.

Konzentrationsmessung explosionsfähiger bzw. giftiger Dämpfe siehe Tabelle (Anhang 6 der Erläuterungen).

Zuständige Behörden unterrichten.

Bekämpfung der Unfallfolgen:
Feuer: Bei kleinem Brandherd Löschpulver, Wassersprühstrahl, Kohlensäure oder Schaum. Bei großem Brandherd Schaum oder Wassersprühstrahl. Behälter mit Wassersprühstrahl kühlen und nach Möglichkeit aus der Gefahrenzone ziehen. Achtung, das Löschwasser ist giftig und umweltgefährlich. Es muß aufgefangen werden und darf nicht unbehandelt in die Kanalisation, in Gewässer oder in das Grundwasser gelangen.
Leckage: Leck schließen, wenn ohne Risiko möglich.
Fließendes Gewässer: Trink-, Brauch- und Kühlwasserentnehmer verständigen.
Stehendes Gewässer: Absperren. Fahrzeugbesatzungen im gefährdeten Gebiet warnen.
An Land: Kanalisation abdichten. Auffangen, eindeichen und abpumpen. In Wohn- und Industriegebieten alle tiefliegenden Räume abdichten. Alle Zündquellen beseitigen. Restmengen mit nicht brennbarem, saugfähigem Material wie z. B. trockener Erde, Sand, Kieselgur, Universalbinder oder Vermiculit abdecken und an sichere Deponie zur Vernichtung transportieren.

Gewässerverunreinigung:
GefStoffV/EG:
Gesamtbewertung nach Unfall: Nach Brand Gruppe IV, hohe bis sehr hohe (extrem hohe), toxische Wirkung unabhängig von der Turbulenz des Gewässers (siehe auch Erläuterungen Abschnitt 16.4/5).
Einzelwerte siehe Anhang 9 der Erläuterungen.
Wassergefährdungsklasse:

Erste Hilfe:
Verletzte an die frische Luft bringen, bequem lagern, beengende Kleidungsstücke lockern. Bei Atemstörung Sauerstoffzufuhr, ggf. Beatmung. Benetzte Kleidungsstücke, Schuhe und Strümpfe sofort ausziehen, entfernen und vernichten. Betroffene Körperstellen anhaltend mit Wasser spülen und anschließend mit sterilem Verbandmaterial abdecken. Bei Augenkontakt die Augen 15 Minuten mit Wasser spülen. Augenlider dazu mit Daumen und Zeigefinger aufspreizen und gleichzeitig das Auge nach allen Seiten bewegen lassen. Verletzte nicht auskühlen lassen. Bei Erbrechen zumindest Kopf in Seitenlage bringen. Verletzte nur liegend transportieren. Bei Gefahr der Bewußtlosigkeit Lagerung und Transport in stabiler Seitenlage.

Hinweise für den Arzt:
Symptomatische Behandlung. Augen sorgfältig spülen.

Formel:	Summen-Formel:	UN-Nr.	Merkblatt **2440**

Stoffname

Deutsch	*Englisch*	*Französisch*
Tetradecylchlorformiat	**Tetradexylchloroformate**	**Chloroformiate de tétradécycle**
Myristylchlorformiat	Myristylchloroformate	

Spanisch

Cloroformiato de tetradecilo

Gefahren-Diamant

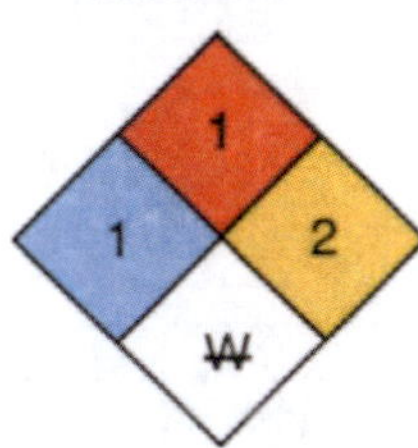

Hazchem-Code:

Technische Daten

Siedepunkt	
Dampfdruck in mbar bei 20 °C	<0,1
Dampfdichteverhältnis, Luft = 1	
Schmelzpunkt	4 °C
Mischbarkeit mit Wasser	sehr geringfügig*
Spez. Gewicht, Wasser = 1	0,94
Molare Masse	

Feuerbekämpfungsdaten

Flammpunkt	Brennbare Flüssigkeit
Zündfähiges Gemisch, Vol.-%	
Zündtemperatur	225°C

* Das Produkt ist in Wasser instabil und neigt unter Erwärmung zur Zersetzung. Dabei bildet sich Chlorwasserstoff(gas) bzw. Salzsäuredämpfe.

Gefahrgut: | **Klassifizierung:**

IMDG-Code: UN-Nr.*	Kl.	Verp. Gr. EMS: **F**- ; **S**-
ICAO/IATA DGR: UN-Nr.*	Kl.	Verp. Gr.
ADR/RID/ADNR: UN-Nr.*	Kl.	Klassifiz. Code Verp. Gr.

Gefahrzettel (Label) Nr.
Richtige Versandbezeichnung (PSN):
Land/BinSch:
See/Luft:

* Kein Gefahrgut im Sinne der Vorschriften.

Gefahrstoff:

CAS Nr.: 56677-60-2 RTECS-Nr.:
EG-Nr.: 260-330-8 INDEX-Nr.:
EG-Einstufung: nein
Symbol: Xi*
R-Sätze: 38*
S-Sätze: 37*
D-Lagerklasse (VCI)-Nr.:

* Herstellerangaben

Erscheinungsbild: Farblose bis gelbe Flüssigkeit, stechender Geruch.

Verhalten bei Freiwerden und Vermischen mit Luft: Reizende und brennbare Flüssigkeit mit relativ hohem Flammpunkt. Bei starker Erhitzung bilden sich reizende und explosionsfähige Gemische mit Luft. Sie sind schwerer als Luft und kriechen am Boden entlang. Entzündung durch heiße Oberflächen, Funken oder offene Flammen. Bei Erhitzung bis zur Zersetzung (z. B. durch Umgebungsbrände oder heiße Oberflächen) und bei Brand bilden sich giftige und ätzende Gase bzw. Dämpfe, die im Wesentlichen aus Chlorwasserstoff(gas) bzw. Salzsäuredämpfen bestehen und auch Kohlenmonoxid(gas) sowie Kohlendioxid(gas) enthalten.

Verhalten bei Freiwerden und Vermischen mit Wasser: Der Stoff ist leichter als Wasser und schwimmt auf der Oberfläche. Er löst sich nur geringfügig in Wasser. Es bilden sich reizende und gesundheitsschädliche Gemische mit Wasser. Achtung, das Produkt ist in Wasser instabil und neigt unter Erwärmung zur Zersetzung. Dabei bildet sich Chorwasserstoff(gas) bzw. Salzsäuredämpfe.

Gesundheitsgefährdung: Die Substanz reagiert mit der Feuchtigkeit der Haut und der Schleimhäute, die entstehenden Zersetzungsprodukte führen lokal zu starken Reizungen bis hin zur Verätzung. Die Dämpfe reizen sehr stark die Schleimhäute der Augen und der Atemwege. Gefahr bleibender Augenschäden. Nach massivem Einatmen Gefahr von Kehlkopf- und Lungenödem – auch mit Verzögerung bis zu 2 Tagen – möglich. Bei Brand oder Erhitzen bis zur Zersetzung Bildung von Chlorwasserstoff (s. auch Merkblatt 63).
Symptome: Rötung und Brennen der Augen und der Haut, Tränenfluß, Atembeschwerden, Kopfschmerzen, Leibschmerzen, Übelkeit, Erbrechen, Schwindel, Durchfall, Wärmegefühl, Schläfrigkeit.
Nach Einatmen oder Hautkontakt in jedem Fall – auch bei Ausbleiben der Symptome – den Arzt aufsuchen. Nach Kontakt der Substanz mit den Augen ist in jedem Fall ein Augenarzt aufzusuchen.

Geruchsschwelle = Luftgrenzwert =

Bemerkungen: Der Stoff reagiert bei Kontakt oder Mischung mit Peroxiden.

Sicherheitsmaßnahmen für Fahrzeugbesatzung, Polizei, Feuerwehr und Rettungskräfte:
Polizei und Feuerwehr alarmieren.
Im Gefahrenbereich sofort umluftunabhängiges (schweres) Atemschutzgerät und volle Schutzkleidung tragen. Bei Erhitzung der Flüssigkeit Zündung abstellen, Maschine stoppen, nicht rauchen, offenes Feuer löschen, kein elektrisches Gerät und keinen Schalter mit Funkenbildung betätigen.
Wasserschutzpolizei und Feuerwehr: Bei Erhitzung des Stoffes kein Boot mit Ottomotor einsetzen. Bei Dieselantrieb Sicherheitsschaltung veranlassen. Beim Retten nicht ins Wasser springen.

Schutz- und Einsatzmaßnahmen: Alle unbeteiligten Personen nach Luv (gegen den Wind) entfernen. Achtung, falls freiwerdendes Gut in die Kanalisation oder in Abwasserleitungen von Schiffen gerät, entstehen reizende, gesundheitsschädliche Gemische mit Abwasser. Das Produkt ist in Wasser instalbil und neigt zur Zersetzung unter Erwärmung. Dabei bilden sich Chlorwasserstoff(gas) bzw. Salzsäuredämpfe. In Wohn- und Industriegebieten Anwohner warnen. Große Sicherheitszone bilden. Bei größeren Mengen ausgelaufenen Gutes Katastrophenalarm prüfen.

Konzentrationsmessung explosionsfähiger bzw. giftiger Dämpfe siehe Tabelle (Anhang 6 der Erläuterungen).

Zuständige Behörden unterrichten.

Bekämpfung der Unfallfolgen:
Feuer: Bei kleinem Brandherd Löschpulver, Wassersprühstrahl, Kohlensäure oder Schaum. Bei großem Brandherd Schaum oder Wassersprühstrahl. Behälter mit Wassersprühstrahl kühlen und nach Möglichkeit aus der Gefahrenzone ziehen. Es darf jedoch kein Wasser in den Tank gelangen, da wegen der Reaktionsgefahr Berstgefahr für Behälter entstehen kann. Das Produkt ist in Wasser instabil und neigt zur Zersetzung unter Bildung von Chlorwasserstoff(gas) bzw. Salzsäuredämpfen. Wasser als Löschmittel sollte daher nur im Notfall eingesetzt werden. Achtung, das Löschwasser ist giftig und umweltgefährlich. Es muß aufgefangen werden und darf nicht unbehandelt in die Kanalisation, in Gewässer oder in das Grundwasser gelangen.
Leckage: Leck schließen, wenn ohne Risiko möglich.
Fließendes Gewässer: Trink-, Brauch- und Kühlwasserentnehmer verständigen.
Stehendes Gewässer: Absperren. Fahrzeugbesatzungen im gefährdeten Gebiet warnen.
An Land: Kanalisation abdichten. Auffangen, eindeichen und abpumpen. In Wohn- und Industriegebieten alle tiefliegenden Räume abdichten. Alle Zündquellen beseitigen. Restmengen mit nicht brennbarem, saugfähigem Material wie z. B. trockener Erde, Sand, Kieselgur, Universalbinder oder Vermiculit abdecken und an sichere Deponie zur Vernichtung transportieren.

Gewässerverunreinigung:
GefStoffV/EG: Gefahrensymbol: N Umweltgefährlich, R 51/53: giftig für Wasserorganismen, kann in Gewässern längerfristig schädliche Wirkungen haben.
Gesamtbewertung nach Unfall: Gruppe III, in stehenden Gewässern sehr hohe, in fließenden Gewässern je nach Vermischung mittere bis hohe toxische Wirkung (siehe auch Erläuterungen Abschnitt 16.4/5).
Einzelwerte siehe Anhang 9 der Erläuterungen.
Wassergefährdungsklasse: 1 – schwach wassergefährdender Stoff.

Erste Hilfe:
Verletzte an die frische Luft bringen, bequem lagern, beengende Kleidungsstücke lockern. Bei Atemstörung Sauerstoffzufuhr, ggf. Beatmung. Benetzte Kleidungsstücke, Schuhe und Strümpfe sofort ausziehen, entfernen und vernichten. Betroffene Körperstellen anhaltend mit Wasser spülen und anschließend mit sterilem Verbandmaterial abdecken. Bei Augenkontakt die Augen 15 Minuten mit Wasser spülen. Augenlider dazu mit Daumen und Zeigefinger aufspreizen und gleichzeitig das Auge nach allen Seiten bewegen lassen. Verletzte nicht auskühlen lassen. Bei Erbrechen zumindest Kopf in Seitenlage bringen. Verletzte nur liegend transportieren. Bei Gefahr der Bewußtlosigkeit Lagerung und Transport in stabiler Seitenlage.

Hinweise für den Arzt:
Symptomatische Behandlung. Augen sorgfältig spülen.

Formel: $(CH_3O)_2CHCH_2CH(OCH_3)_2$ **Summen-Formel:** C7–H16–O4 **UN-Nr. 1993 n.o.s.**

Merkblatt

2441

Stoffname

Deutsch	*Englisch*	*Französisch*
1,1,3,3,-Tetramethoxypropan Malonaldehydtetramethylacetal Malondialdehyd-bis(dimethylacetal) Malondialdehydtetramethylacetal Malonaldehyd-bis(dimethyl-acetal)	**1,1,3,3,-Tetramethoxypropane** Malonaldehyde tetramethylene acetal Malondialdehyde-bis(dimethyl acetal) Malondialdehyde tetramethylene acetal Malonaldehyde bis (dimethyl acetal)	**1,1,3,3-Tétraméthoxypropane** *Spanisch* **1,1,3,3-Tetrametoxipropano**

Gefahren-Diamant

Gesundheit: 1, Brennbarkeit: 2, Reaktivität: 0

Hazchem-Code: 3Y

Technische Daten

Siedepunkt	183 °C
Dampfdruck in mbar bei 20 °	1,7
Dampfdichteverhältnis, Luft = 1	
Schmelzpunkt	
Mischbarkeit mit Wasser	geringfügig
Spez. Gewicht, Wasser = 1	0,997
Molare Masse	164,2

Feuerbekämpfungsdaten

Flammpunkt	57 °C
Zündfähiges Gemisch, Vol.-%	
Zündtemperatur	

Gefahrgut: / **Klassifizierung:**

IMDG-Code: UN-Nr. 1993 n.o.s.	Kl. 3	Verp. Gr. I EMS: **F**-E; **S**-E
Marine pollutant		
ICAO/IATA DGR: UN-Nr. 1993 n.o.s.	Kl. 3	Verp. Gr. I
ADR/RID/ADNR: UN-Nr. 1993 n.a.g.	Kl. 3	Klassifiz. Code F1 Verp. Gr. I

Gefahrzettel (Label) Nr. 3

Richtige Versandbezeichnung (PSN):

Land/BinSch: **1993 Entzündbarer flüssiger Stoff, n.a.g. (1,1,3,3,-Tetramethoxypropan)**

See/Luft: **Flammable liquid, n.o.s. (1,1,3,3-Tetramethoxypropane)**

Gefahrstoff:

CAS Nr.: 102-52-3 RTECS-Nr.:
EG-Nr.: 203-037-2 INDEX-Nr.:
EG-Einstufung: nein
Symbol: Xi*
R-Sätze: 36/37/38*
S-Sätze: 26-36/37/39*
D-Lagerklasse (VCI)-Nr.: 3B

* Herstellerangaben

Erscheinungsbild: Farblose Flüssigkeit, fruchtiger Geruch.

Verhalten bei Freiwerden und Vermischen mit Luft: Reizende und brennbare Flüssigkeit. An besonders heißen Tagen und bei starker Erwärmung der Flüssigkeit bilden sich reizende, explosionsfähige Gemische mit Luft. Sie sind schwerer als Luft und kriechen am Boden entlang. Entzündung durch heiße Oberflächen, Funken oder offene Flammen. Bei Brand oder Erhitzung bis zur Zersetzung (zum Beispiel durch Umgebungsbrände oder heiße Oberflächen) bilden sich giftige und ätzende Gase, die im Wesentlichen aus Methylakohol bestehen und auch Kohlenmonoxid sowie Kohlendioxid enthalten.

Verhalten bei Freiwerden und Vermischen mit Wasser: Der Stoff ist leichter als Wasser und schwimmt auf der Oberfläche. Er löst sich nur geringfügig in Wasser. Es bilden sich reizende und wassergefährdende Gemische mit Wasser, die auch bei starker Verdünnung noch wirksam sind.

Gesundheitsgefährdung: Die Substanz und ihre Dämpfe reizen die Schleimhäute der Augen, der Atmungsorgane und der Haut. Bei massivem Kontakt mit der Flüssigkeit kann es zur Entfettung der Haut kommen, nachfolgend Hautentzündungen möglich. Die Dämpfe wirken narkotisch. Bei Brand oder Erhitzen bis zur Zersetzung Bildung von Methanol.
Symptome: Brennen, Rötung, Juckreiz der Haut und der Augen, Atembeschwerden, Kopfschmerzen, Übelkeit, Schwindel, Erbrechen, Durchfall, Benommenheit.
Nach Kontakt der Substanz mit den Augen ist in jedem Fall ein Augenarzt aufzusuchen.

Geruchsschwelle = Luftgrenzwert =

Bemerkungen: Der Stoff reagiert bei Kontakt oder Mischung mit Säuren und starken Oxidationsmitteln unter Zersetzung und Bildung von giftigem und brennbarem Methylalkohol.

Sicherheitsmaßnahmen für Fahrzeugbesatzung, Polizei, Feuerwehr und Rettungskräfte:
Polizei und Feuerwehr alarmieren.
Im Gefahrenbereich Maschine stoppen. Sofort umluftunabhängiges (schweres) Atemschutzgerät und volle Schutzkleidung tragen. An besonders heißen Tagen und bei starker Erwärmung der Flüssigkeit Zündung abstellen, nicht rauchen, offenes Feuer löschen, kein elektrisches Gerät und keinen Schalter mit Funkenbildung betätigen.
Wasserschutzpolizei und Feuerwehr: Beim Retten nicht ins Wasser springen. An besonders heißen Tagen und bei starker Erwärmung der Flüssigkeit kein Boot mit Ottomotor einsetzen. Bei Dieselantrieb Sicherheitsschaltung veranlassen. Radar- und Kommandorufanlage nicht betätigen.

Schutz- und Einsatzmaßnahmen: Alle unbeteiligten Personen nach Luv (gegen den Wind) entfernen. Achtung, falls freiwerdendes Gut in die Kanalisation oder in Abwasserleitungen von Schiffen gerät, können sich reizende und wassergefährdende Gemische mit Abwasser bilden. Auf Wasserstraßen Schiffahrtssperre. An Land gefährdetes Gebiet absperren.Große Sicherheitszone bilden. In Wohn- und Industriegebieten Anwohner warnen.

Konzentrationsmessung explosionsfähiger bzw. giftiger Dämpfe siehe Tabelle (Anhang 6 der Erläuterungen).

Zuständige Behörden unterrichten.

Bekämpfung der Unfallfolgen:
Feuer: Bei kleinem Brandherd Löschpulver, Wassersprühstrahl, Kohlensäure oder Schaum. Bei großem Brandherd Schaum oder Wassersprühstrahl. Behälter mit Wassersprühstrahl kühlen und nach Möglichkeit aus der Gefahrenzone ziehen. Achtung, das Löschwasser ist giftig und umweltgefährlich. Es muß aufgefangen werden und darf nicht unbehandelt in die Kanalisation, in Gewässer oder in das Grundwasser gelangen.
Leckage: Leck schließen, wenn ohne Risiko möglich.
Fließendes Gewässer: Trink-, Brauch- und Kühlwasserentnehmer verständigen.
Stehendes Gewässer: Absperren. Fahrzeugbesatzungen im gefährdeten Gebiet warnen.
An Land: Kanalisation abdichten. Auffangen, eindeichen und abpumpen. In Wohn- und Industriegebieten alle tiefliegenden Räume abdichten. Alle Zündquellen beseitigen. Restmengen mit nicht brennbarem, saugfähigem Material wie z. B. trockener Erde, Sand, Kieselgur, Universalbinder oder Vermiculit abdecken und an sichere Deponie zur Vernichtung transportieren.

Gewässerverunreinigung:
GefStoffV/EG:
Gesamtbewertung nach Unfall: Gruppe III, in stehenden Gewässern sehr hohe, in fließenden Gewässern je nach Vermischung mittlere bis hohe toxische Wirkung (siehe auch Erläuterungen Abschnitt 16.4/5).
Einzelwerte siehe Anhang 9 der Erläuterungen.
Wassergefährdungsklasse: 2 – wassergefährdender Stoff.

Erste Hilfe:
Verletzte an die frische Luft bringen, bequem lagern, beengende Kleidungsstücke lockern. Bei Atemstörung Sauerstoffzufuhr, ggf. Beatmung. Benetzte Kleidungsstücke, Schuhe und Strümpfe sofort ausziehen, entfernen und vernichten. Betroffene Körperstellen anhaltend mit Wasser spülen und anschließend mit sterilem Verbandmaterial abdecken. Bei Augenkontakt die Augen 15 Minuten mit Wasser spülen. Augenlider dazu mit Daumen und Zeigefinger aufspreizen und gleichzeitig das Auge nach allen Seiten bewegen lassen. Verletzte nicht auskühlen lassen. Bei Erbrechen zumindest Kopf in Seitenlage bringen. Verletzte nur liegend transportieren. Bei Gefahr der Bewußtlosigkeit Lagerung und Transport in stabiler Seitenlage.

Hinweise für den Arzt:
Symptomatische Behandlung.

Formel: $Ti[OCH(CH_3)_2]_4$ **Summen-Formel:** C12–H28–O4–Ti **UN-Nr. 1993 n.o.s.**

Merkblatt

2442

Stoffname

Deutsch

Titantetraisopropanolat
Titansäuretetraisopropylester
Titan-IV-isopropylat
Orthotitansäuretetraiso-propylester
Isopropyltitanat-IV
Titantetraisopropylat
Tetraisopropylorthotitanat
Tetraisopropyltitanat
TPT

Englisch

Titanium tetraisopropanolate
Isopropyl orthotitanate
Isopropyl titanate-IV
Tetraisopropoxy titanium
Tetraisopropyl orthotitanate
Tetraisopropyl titanate
Titanium (4+) isopropoxide
Titanium isopropylate
Titanium tetraisopropylate
Titanium tetraisopropoxide
Titanium tetra-n-propoxide

Französisch

Tétraisopropanolate de titane

Spanisch

Tetraisopropanolato de titanio
Titianato tetraisopropilico

Gefahren-Diamant

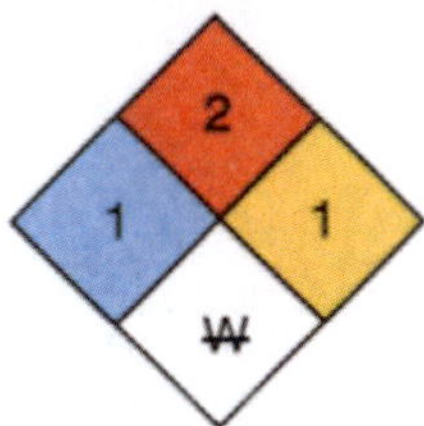

Hazchem-Code: 3Y

Technische Daten

Siedepunkt	232 °C
Dampfdruck in mbar bei 20 °C	
Dampfdichteverhältnis, Luft = 1	9,8
Schmelzpunkt	18–20 °C
Mischbarkeit mit Wasser	hydrolysiert*
Spez. Gewicht, Wasser = 1	0,95
Molare Masse	284,25

Feuerbekämpfungsdaten

Flammpunkt	60 °C**
Zündfähiges Gemisch, Vol.-%	
Zündtemperatur	

* Hydrolyse setzt Alkohole frei, die den Flammpunkt herabsetzen. Flammpunkte von 23 °C sind gemessen worden.
** Nach Aldrich Chemie 22 °C für das chemisch reine Produkt.

Gefahrgut: **Klassifizierung:**

IMDG-Code: UN-Nr. 1993 n.o.s. Kl. 3 Verp. Gr. III EMS: **F**-E; **S**-E
Marine pollutant
ICAO/IATA DGR: UN-Nr. 1993 n.o.s. Kl. 3 Verp. Gr. III
ADR/RID/ADNR: UN-Nr. 1993 n.a.g. Kl. 3 Klassifiz. Code F1 Verp. Gr. III
Gefahrzettel (Label) Nr. 3
Richtige Versandbezeichnung (PSN):
Land/BinSch: **1993 Entzündbarer flüssiger Stoff, n.a.g. (Titantetraisopropanolat)**
See/Luft: **Flammable liquid, n.o.s. (Titanium tetraisopropanolate)**

Gefahrstoff:

CAS Nr.: 546-68-9 RTECS-Nr.: NT 8060000
EG-Nr.: 208-909-6 INDEX-Nr.:
EG-Einstufung: nein
Symbol: Xi*
R-Sätze: 10-36*
S-Sätze: 16-26-36/37/39*
D-Lagerklasse (VCI)-Nr.: 3

* Herstellerangaben

Erscheinungsbild: Hellgelbe Flüssigkeit, alkoholischer Geruch.

Verhalten bei Freiwerden und Vermischen mit Luft: Reizende und brennbare Flüssigkeit mit relativ hohem Flammpunkt von 60 °C. Bei Erhitzung bilden sich reizende, explosionsfähige Gemische mit Luft. Sie sind schwerer als Luft und kriechen am Boden entlang. Entzündung durch heiße Oberflächen, Funken oder offene Flammen. Achtung, bei Einwirkung von feuchter Luft, Nebel, Feuchtigkeit oder Wasserdampf erfolgt Hydrolyse unter Bildung von leicht brennbarem Isopropylalkohol. Flammpunkte von 23 °C sind schon gemessen worden. Im zutreffenden Fall wird die Bildung von explosionsfähigen Gemischen mit Luft erheblich gefördert.

Verhalten bei Freiwerden und Vermischen mit Wasser: Der Stoff ist leichter als Wasser und schwimmt auf der Oberfläche. Er hydrolysiert mit Wasser unter Erwärmung und Bildung von leicht brennbarem Isopropylalkohol. Es können sich über der Wasseroberfläche explosionsfähige Gemische mit Luft bilden. Es bilden sich wassergefährdende Gemische mit Wasser.

Gesundheitsgefährdung: Die Flüssigkeit und ihre Dämpfe/Aerosole reizen die Haut und die Schleimhäute der Augen und der oberen Atemwege. Eine Überexposition kann zu den sog. unspezifischen Vergiftungssymptomen führen. Hautaufnahme möglich.
Symptome: Rötung und Brennen der Augen und der betroffenen Körperpartien, Unwohlsein, Ausschlag, übermäßiger Tränenfluß, verschwommenes Sehvermögen, Übelkeit, Kopfschmerzen, Schwäche
Nach Einatmen oder Hautkontakt in jedem Fall – auch bei Ausbleiben der Symptome – den Arzt aufsuchen.

Geruchsschwelle = Luftgrenzwert =

Bemerkungen: Metallbehälter werden angegriffen und können daher nur verwendet werden, wenn sie beschichtet sind. Behälter aus Polyethylen sind beständig.

Sicherheitsmaßnahmen für Fahrzeugbesatzung, Polizei, Feuerwehr und Rettungskräfte:
Polizei und Feuerwehr alarmieren.
Im Gefahrenbereich sofort umluftunabhängiges (schweres) Atemschutzgerät und volle Schutzkleidung tragen. Bei Erhitzung der Flüssigkeit Zündung abstellen, Maschine stoppen, nicht rauchen, offenes Feuer löschen, kein elektrisches Gerät und keinen Schalter mit Funkenbildung betätigen.
Wasserschutzpolizei und Feuerwehr: Bei Erhitzung des Stoffes kein Boot mit Ottomotor einsetzen. Bei Dieselantrieb Sicherheitsschaltung veranlassen. Beim Retten nicht ins Wasser springen.

Schutz- und Einsatzmaßnahmen: Alle unbeteiligten Personen nach Luv (gegen den Wind) entfernen. Achtung, falls freiwerdendes Gut in die Kanalisation oder in Abwasserleitungen von Schiffen gerät, entstehen reizende und schwach wassergefährdende Gemische mit Abwasser. Die Substanz hydrolysiert mit Wasser unter starker Erwärmung und Bildung von Isopropylalkohol. Über der Wasseroberfläche können sich daher explosionsfähige Gemische mit Luft bilden. In Wohn- und Industriegebieten Anwohner warnen. Große Sicherheitszone bilden. Bei größeren Mengen ausgelaufenen Gutes Katastrophenalarm prüfen.

Konzentrationsmessung explosionsfähiger bzw. giftiger Dämpfe siehe Tabelle (Anhang 6 der Erläuterungen).

Zuständige Behörden unterrichten.

Bekämpfung der Unfallfolgen:
Feuer: Bei kleinem Brandherd Löschpulver, Kohlensäure oder alkoholbeständiger Schaum. Bei großem Brandherd alkoholbeständiger Schaum. Behälter mit Wassersprühstrahl kühlen und nach Möglichkeit aus der Gefahrenzone ziehen. Es darf jedoch kein Wasser in die Behälter gelangen, da sonst wegen der einsetzenden Hydrolyse Berstgefahr entstehen kann. Achtung, das Löschwasser ist giftig und umweltgefährlich. Es muß aufgefangen werden und darf nicht unbehandelt in die Kanalisation, in Gewässer oder in das Grundwasser gelangen.
Leckage: Leck schließen, wenn ohne Risiko möglich.
Fließendes Gewässer: Trink-, Brauch- und Kühlwasserentnehmer verständigen.
Stehendes Gewässer: Absperren. Fahrzeugbesatzungen im gefährdeten Gebiet warnen.
An Land: Kanalisation abdichten. Auffangen, eindeichen und abbergen. In Wohn- und Industriegebieten alle tiefliegenden Räume abdichten. Alle Zündquellen beseitigen. Restmengen mit nicht brennbarem, saugfähigem Material wie z. B. trockener Erde, Sand, Kieselgur, Universalbinder oder Vermiculit abdecken und an sichere Deponie zur Vernichtung transportieren.

Gewässerverunreinigung:
GefStoffV/EG:
Gesamtbewertung nach Unfall: Gruppe II, in stehenden Gewässern mittlere bis hohe, in fließenden Gewässern mittlere toxische Wirkung (siehe auch Erläuterungen Abschnitt 16.4/5).
Einzelwerte siehe Anhang 9 der Erläuterungen.
Wassergefährdungsklasse: 2 – wassergefährdender Stoff

Erste Hilfe:
Verletzte an die frische Luft bringen, bequem lagern, beengende Kleidungsstücke lockern. Bei Atemstörung Sauerstoffzufuhr, ggf. Beatmung. Benetzte Kleidungsstücke, Schuhe und Strümpfe sofort ausziehen, entfernen und vernichten. Betroffene Körperstellen anhaltend mit Wasser spülen und anschließend mit sterilen Verbandmaterial abdecken. Bei Augenkontakt die Augen 15 Minuten mit Wasser spülen. Augenlider dazu mit Daumen und Zeigefinger aufspreizen und gleichzeitig das Auge nach allen Seiten bewegen lassen. Verletzte nicht auskühlen lassen. Bei Erbrechen zumindest Kopf in Seitenlage bringen. Verletzte nur liegend transportieren. Bei Gefahr der Bewußtlosigkeit Lagerung und Transport in stabiler Seitenlage.

Hinweise für den Arzt:
Symptomatische Behandlung. Augen sorgfältig spülen. Bei anhaltenden Beschwerden Augenarzt hinzuziehen!

Formel: | **Summen-Formel:** C5–H8–N2 | **UN-Nr. 1759 n.o.s.**

Merkblatt

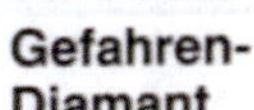

2443

Stoffname

Deutsch	*Englisch*	*Französisch*
1,2-Dimethylimidazol	**1,2-Dimethylimidazole**	**1,2-Diméthylimidazole**
1,2-Dimethyl-1H-imidazol	N,2-Dimethylimidazole	
N,2-Dimethylimidazol	1,2-Dimethyl-1H-imidazole	

Spanisch

1,2-Dimetilimidazol

Gefahren-Diamant

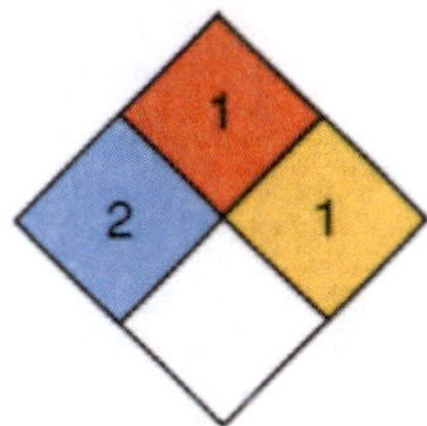

Hazchem-Code:

Technische Daten

Siedepunkt	205 °C
Dampfdruck in mbar bei 20 °C	1
Dampfdichteverhältnis, Luft = 1	
Schmelzpunkt	38 °C
Mischbarkeit mit Wasser	vollständig
Spez. Gewicht, Wasser = 1	1,084
Molare Masse	96,13

Feuerbekämpfungsdaten

Flammpunkt	93 °C
Zündfähiges Gemisch, Vol.-%	
Zündtemperatur	480 °C

Gefahrgut:

	Klassifizierung:	
IMDG-Code: UN-Nr. 1759 n.o.s.	Kl. 8	Verp. Gr. II EMS: **F**-A; **S**-B
Marine pollutant		
ICAO/IATA DGR: 1759 n.o.s.	Kl. 8	Verp. Gr. II
ADR/RID/ADNR: 1759 n.a.g.	Kl. 8	Klassifiz. Code C10 Verp. Gr. II

Gefahrzettel (Label) Nr. 8
Richtige Versandbezeichnung (PSN):
Land/BinSch: **1759 Ätzender fester Stoff, n.a.g. (1,2-Dimethylimidazol)**
See/Luft: **Corrosive solid, n.o.s. (1,2-Dimethylimidazole)**

Gefahrstoff:
CAS Nr.: 1739-84-0 RTECS-Nr.: NI 4838854
EG-Nr.: 217-101-2 INDEX-Nr.:613-034-00-1
EG-Einstufung: ja
Symbol: Xn
R-Sätze: 22-38-41
S-Sätze: (2)-24-26
D-Lagerklasse (VCI)-Nr.: 10–13

Erscheinungsbild: Farblose bis gelbliche Kristalle, aminartiger Geruch.

Verhalten bei Freiwerden und Vermischen mit Luft: Gesundheitsschädlicher, reizender und brennbarer fester Stoff. Bei Aufwirbelung des Staubes bilden sich gesundheitsschädliche, reizende und explosionsfähige Gemische mit Luft. Bei Brand oder Erhitzung bis zur Zersetzung (z. B. durch Umgebungsbrände oder heiße Oberflächen) erfolgt Zersetzung unter Bildung von giftigen und ätzenden Gasen und Dämpfen, die im Wesentlichen aus nitrosen Gasen (Stickstoffoxiden) bestehen und auch Kohlendioxid sowie Kohlenmonoxid enthalten.

Verhalten bei Freiwerden und Vermischen mit Wasser: Der Stoff ist schwerer als Wasser und sinkt unter. Er löst sich vollständig in Wasser. Es bilden sich gesundheitsschädliche und wassergefährdende Gemische mit Wasser.

Gesundheitsgefährdung: Der feste Stoff und seine Stäube verätzen bei direktem Kontakt die Haut und die Schleimhäute der Augen. Gefahr bleibender Augenschäden, auch Erblindung. Die Dämpfe reizen die Augen stark, Gefahr von Lungen- und Kehlkopfödem – auch mit Verzögerung bis zu 2 Tagen – möglich. Nach Verschlucken starke Beschwerden im Magen-Darm-Trakt. Bei Brand oder Erhitzen bis zur Zersetzung Bildung von nitrosen Gasen (s. auch Merkblatt 150).
Symptome: Lidkrampf, Tränenfluß, Schmerzen der Augen, Rötung, Blasenbildung auf der Haut, Husten, Atemnot, starke Leibschmerzen, Erbrechen, Übelkeit.
Nach Einatmen oder Hautkontakt in jedem Fall – auch bei Ausbleiben der Symptome – den Arzt aufsuchen.
Nach Kontakt der Substanz mit den Augen ist in jedem Fall ein Augenarzt aufzusuchen.

Geruchsschwelle = Luftgrenzwert =

Bemerkungen: Der Stoff reagiert bei Kontakt oder Mischung mit starken Oxidationsmitteln. Die Substanz reagiert heftig unter starker Erwärmung bei Kontakt oder Mischung mit Säuren und Säureanhydriden.

Sicherheitsmaßnahmen für Fahrzeugbesatzung, Polizei, Feuerwehr und Rettungskräfte:
Polizei und Feuerwehr alarmieren.
Im Gefahrenbereich umluftunabhängiges (schweres) Atemschutzgerät und volle Schutzkleidung tragen. Bei Erhitzung des Stoffes oder bei Brand Maschine stoppen, Zündung abstellen, offenes Feuer löschen, nicht rauchen, kein elektrisches Gerät und keinen Schalter mit Funkenbildung betätigen.
Wasserschutzpolizei und Feuerwehr: Bei Erhitzung des Stoffes kein Boot mit Ottomotor einsetzen. Bei Dieselantrieb Sicherheitsschaltung veranlassen.

Schutz- und Einsatzmaßnahmen: Alle unbeteiligten Personen nach Luv (gegen den Wind) entfernen. Achtung, falls freiwerdendes Gut in die Kanalisation oder in Abwasserleitungen von Schiffen gerät, entstehen gesundheitsschädliche, wassergefährdende Gemische mit Abwasser. Experten hinzuziehen. Auf Wasserstraßen Schiffahrtssperre. An Land gefährdetes Gebiet absperren. Bei Brand oder starker Erhitzung entstehen giftige Gase und Dämpfe bzw. Dampf-/Luftgemische. In diesem Fall große Sicherheitszone bilden. In Wohn- und Industriegebieten Anwohner warnen.

Konzentrationsmessung explosionsfähiger bzw. giftiger Dämpfe siehe Tabelle (Anhang 6 der Erläuterungen).

Zuständige Behörden unterrichten.

Bekämpfung der Unfallfolgen:
Feuer: Bei kleinem Brandherd Löschpulver, Wassersprühstrahl, Kohlensäure oder Schaum. Bei großem Brandherd Schaum oder Wassersprühstrahl. Behälter mit Wassersprühstrahl kühlen und nach Möglichkeit aus der Gefahrenzone ziehen. Achtung, das Löschwasser ist giftig und umweltgefährlich. Es muß aufgefangen werden und darf nicht unbehandelt in die Kanalisation, in Gewässer oder in das Grundwasser gelangen.
Leckage: Leck schließen, wenn ohne Risiko möglich.
Fließendes Gewässer: Trink-, Brauch- und Kühlwasserentnehmer verständigen.
Stehendes Gewässer: Absperren. Fahrzeugbesatzungen im gefährdeten Gebiet warnen.
An Land: Kanalisation abdichten. Auffangen, eindeichen und abbergen. In Wohn- und Industriegebieten alle tiefliegenden Räume abdichten. Alle Zündquellen beseitigen. Restmengen mit nicht brennbarem, saugfähigem Material wie z. B. trockener Erde, Sand, Kieselgur, Universalbinder oder Vermiculit abdecken und an sichere Deponie zur Vernichtung transportieren.

Gewässerverunreinigung:
GefStoffV/EG:
Gesamtbewertung nach Unfall: Gruppe III, in stehenden Gewässern sehr hohe, in fließenden Gewässern je nach Vermischung mittlere bis hohe toxische Wirkung, nach Brand Gruppe IV, hohe bis sehr hohe (extrem hohe), toxische Wirkung unabhängig von der Turbulenz des Gewässers (siehe auch Erläuterungen Abschnitt 16.4/5).
Einzelwerte siehe Anhang 9 der Erläuterungen.
Wassergefährdungsklasse: 2 – wassergefährdender Stoff.

Erste Hilfe:
Verletzte an die frische Luft bringen, bequem lagern, beengende Kleidungsstücke lockern. Bei Atemstörung Sauerstoffzufuhr, ggf. Beatmung. Benetzte Kleidungsstücke, Schuhe und Strümpfe sofort ausziehen, entfernen und vernichten. Betroffene Körperstellen anhaltend mit Wasser spülen und anschließend mit sterilem Verbandmaterial abdecken. Bei Augenkontakt die Augen 15 Minuten mit Wasser spülen. Augenlider dazu mit Daumen und Zeigefinger aufspreizen und gleichzeitig das Auge nach allen Seiten bewegen lassen. Verletzte nicht auskühlen lassen. Bei Erbrechen zumindest Kopf in Seitenlage bringen. Verletzte nur liegend transportieren. Bei Gefahr der Bewußtlosigkeit Lagerung und Transport in stabiler Seitenlage.

Hinweise für den Arzt:
Symptomatische Behandlung. Augen sorgfältig spülen. Bei anhaltenden Beschwerden Augenarzt hinzuziehen!

Formel: $(CH_2CH_2OCH{=}CH_2)_2$ **Summen-Formel:** C8–H14–O2 **UN-Nr. 1993 n.o.s.**

Merkblatt

2444

Stoffname

Deutsch	*Englisch*	*Französisch*
1,4-Butandioldivinylether	**1,4-Butandiol divinyl ether**	**1,4-Bis(vinyloxy)butane**
1,4-Divinyloxybutan	1,4-Divinyloxybutane	

Spanisch

1,4-Bis(viniloxi)butano

Gefahren-Diamant

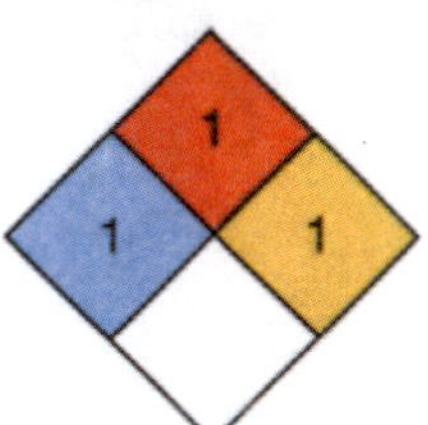

Hazchem-Code: 3Y

Technische Daten

Siedepunkt	166 °C
Dampfdruck in mbar bei 20 °C	1,5
Dampfdichteverhältnis, Luft = 1	4,91
Schmelzpunkt	–8 °C
Mischbarkeit mit Wasser	sehr geringfügig*
Spez. Gewicht, Wasser = 1	0,898
Molare Masse	142,20

Feuerbekämpfungsdaten

Flammpunkt	58 °C
Zündfähiges Gemisch, Vol.-%	0,9–13,9
Zündtemperatur	205° C

* <0,002 g/l bei 20 °C.

Gefahrgut: **Klassifizierung:**

IMDG-Code: UN-Nr. 1993 n.o.s. Kl. 3 Verp. Gr. III EMS: **F**-E; **S**-E

Marine pollutant

ICAO/IATA DGR: UN-Nr. 1993 n.o.s. Kl. 3 Verp. Gr. III

ADR/RID/ADNR: UN-Nr. 1993 n.a.g. Kl. 3 Klassifiz. Code F1 Verp. Gr. III

Gefahrzettel (Label) Nr. 3

Richtige Versandbezeichnung (PSN):

Land/BinSch: **1993 Entzündbarer flüssiger Stoff, n.a.g. (1,4-Butandioldivinylether)**

See/Luft: **Flammable liquid, n.o.s., (1,4-Butandiol divinylether)**

Gefahrstoff:

CAS Nr.: 3891-33-6 RTECS-Nr.:

EG-Nr.: 223-437-0 INDEX-Nr.:

EG-Einstufung: nein

Symbol: N*

R-Sätze: 52/53*

S-Sätze: 61*

D-Lagerklasse (VCI)-Nr.: 3B

* Herstellerangaben

Erscheinungsbild: Farblose bis gelbliche Flüssigkeit, charakteristischer Geruch.

Verhalten bei Freiwerden und Vermischen mit Luft: Umweltschädliche und brennbare Flüssigkeit. An besonders heißen Tagen und bei starker Erwärmung der Flüssigkeit bilden sich reizende, explosionsfähige Gemische mit Luft. Sie sind schwerer als Luft und kriechen am Boden entlang. Entzündung durch heiße Oberflächen, Funken oder offene Flammen. Achtung, der Stoff neigt zur Polymerisation mit starker Wärmeentwicklung. Sie wird bei Erhitzung ausgelöst. Für Behälter und Container entsteht dann Berstgefahr. Bei Brand oder Erhitzung bis zur Zersetzung (zum Beispiel durch Umgebungsbrände oder heiße Oberflächen) bilden sich giftige und ätzende Gase, die im Wesentlichen aus Kohlenmonoxid sowie Kohlendioxid bestehen.

Verhalten bei Freiwerden und Vermischen mit Wasser: Der Stoff ist leichter als Wasser und schwimmt auf der Oberfläche. Er löst sich nur geringfügig in Wasser. Es bilden sich reizende und schwach wassergefährdende Gemische mit Wasser.

Gesundheitsgefährdung: Die Substanz hat reizende und narkotische Eigenschaften. Sie wirkt entfettend auf die Haut, nachfolgend Hautentzündungen möglich.
Symptome: Übelkeit, Benommenheit, Schläfrigkeit, Erbrechen, Schwindel, Schmerzen bzw. Rötung und Brennen der Haut.
Nach Einatmen oder Hautkontakt in jedem Fall – auch bei Ausbleiben der Symptome – den Arzt aufsuchen.

Geruchsschwelle = Luftgrenzwert =

Bemerkungen: Achtung, der Stoff neigt zur Polymerisation mit erheblicher Wärmeentwicklug. Durch Erhitzung wird Polymerisation ausgelöst. Bei Kontakt oder Mischung mit Bortrifluorid wird ebenfalls Polymerisation ausgelöst. In geschlossenen Behältern und Containern entsteht Berstgefahr. Als Stabilisator wird Kaliumhydroxid eingesetzt. Die Substanz reagiert bei Kontakt oder Mischung mit starken Säuren.

Sicherheitsmaßnahmen für Fahrzeugbesatzung, Polizei, Feuerwehr und Rettungskräfte:
Polizei und Feuerwehr alarmieren.
Im Gefahrenbereich Maschine stoppen. Sofort umluftunabhängiges (schweres) Atemschutzgerät und volle Schutzkleidung tragen. An besonders heißen Tagen und bei starker Erwärmung der Flüssigkeit Zündung abstellen, nicht rauchen, offenes Feuer löschen, kein elektrisches Gerät und keinen Schalter mit Funkenbildung betätigen.
Wasserschutzpolizei und Feuerwehr: Beim Retten nicht ins Wasser springen. An besonders heißen Tagen und bei starker Erwärmung der Flüssigkeit kein Boot mit Ottomotor einsetzen. Bei Dieselantrieb Sicherheitsschaltung veranlassen. Radar- und Kommandorufanlage nicht betätigen.

Schutz- und Einsatzmaßnahmen: Alle unbeteiligten Personen nach Luv (gegen den Wind) entfernen. Achtung, falls freiwerdendes Gut in die Kanalisation oder in Abwasserleitungen von Schiffen gerät, können sich reizende, schwach wassergefährdende Gemische mit Abwasser bilden. Über der Oberfläche entsteht Explosions- und Verätzungsgefahr. Experten hinzuziehen. Auf Wasserstraßen Schiffahrtssperre. An Land gefährdetes Gebiet absperren. Große Sicherheitszone bilden. In Wohn- und Industriegebieten Anwohner warnen.

Konzentrationsmessung explosionsfähiger bzw. giftiger Dämpfe siehe Tabelle (Anhang 6 der Erläuterungen).

Zuständige Behörden unterrichten.

Bekämpfung der Unfallfolgen:
Feuer: Bei kleinem Brandherd Löschpulver, Wassersprühstrahl, Kohlensäure oder Schaum. Bei großem Brandherd Schaum oder Wassersprühstrahl. Behälter mit Wassersprühstrahl kühlen und nach Möglichkeit aus der Gefahrenzone ziehen. Achtung, das Löschwasser ist giftig und umweltgefährlich. Es muß aufgefangen werden und darf nicht unbehandelt in die Kanalisation, in Gewässer oder in das Grundwasser gelangen.
Leckage: Leck schließen, wenn ohne Risiko möglich.
Fließendes Gewässer: Trink-, Brauch- und Kühlwasserentnehmer verständigen.
Stehendes Gewässer: Absperren. Fahrzeugbesatzungen im gefährdeten Gebiet warnen.
An Land: Kanalisation abdichten. Auffangen, eindeichen und abpumpen. In Wohn- und Industriegebieten alle tiefliegenden Räume abdichten. Alle Zündquellen beseitigen. Restmengen mit nicht brennbarem, saugfähigem Material wie z. B. trockener Erde, Sand, Kieselgur, Universalbinder oder Vermiculit abdecken und an sichere Deponie zur Vernichtung transportieren.

Gewässerverunreinigung:
GefStoffV/EG: R 52/53: schädlich für Wasserorganismen, kann in Gewässern längerfristig schädliche Wirkungen haben.
Gesamtbewertung nach Unfall: Gruppe III, in stehenden Gewässern sehr hohe, in fließenden Gewässern je nach Vermischung mittlere bis hohe toxische Wirkung (siehe auch Erläuterungen Abschnitt 16.4/5).
Einzelwerte siehe Anhang 9 der Erläuterungen.
Wassergefährdungsklasse: 1 – schwach wassergefährdender Stoff.

Erste Hilfe:
Verletzte an die frische Luft bringen, bequem lagern, beengende Kleidungsstücke lockern. Bei Atemstörung Sauerstoffzufuhr, ggf. Beatmung. Benetzte Kleidungsstücke, Schuhe und Strümpfe sofort ausziehen, entfernen und vernichten. Betroffene Körperstellen anhaltend mit Wasser spülen und anschließend mit sterilem Verbandmaterial abdecken. Bei Augenkontakt die Augen 15 Minuten mit Wasser spülen. Augenlider dazu mit Daumen und Zeigefinger aufspreizen und gleichzeitig das Auge nach allen Seiten bewegen lassen. Verletzte nicht auskühlen lassen. Bei Erbrechen zumindest Kopf in Seitenlage bringen. Verletzte nur liegend transportieren. Bei Gefahr der Bewußtlosigkeit Lagerung und Transport in stabiler Seitenlage.

Hinweise für den Arzt:
Symptomatische Behandlung.

Formel: $C_6H_{10}(CH_2OCH{=}CH_2)_2$ **Summen-Formel:** C12–H20–O2 **UN-Nr. 3082 n.o.s.**

Merkblatt

2445

Stoffname

Deutsch

1,4-Bis-(hydroxymetyl)-cyclohexan-divinylether
1,4-Bis[vinyloxy)methyl] cyclohexan
1,4-Bis[(ethenyloxy)methyl] cyclohexan
Bis(hydroxymethyl)cyclohexan-dimethanoldivinylether
1,4-Cyclohexandimethanol-divinylether
Rapi-Cure CHVE

Englisch

1,4-Bis(hydroxymethyl)-cyclohexane divinylether
1,4-Bis((vinyloxy)methyl) cyclohexane
1,4-Bis-((ethenyloxy)methyl) cyclohexane
1,4-Dimethanolcyclohexane divinyl ether
1,4-Cyclohexanedimethanol divinylether
Rapi-cure CHVE

Französisch

1,4-Bis((vinyloxy)méthyl) cyclohexane

Spanisch

1,4-Bis-((viniloxi)metil) ciclohexano

Gefahren-Diamant

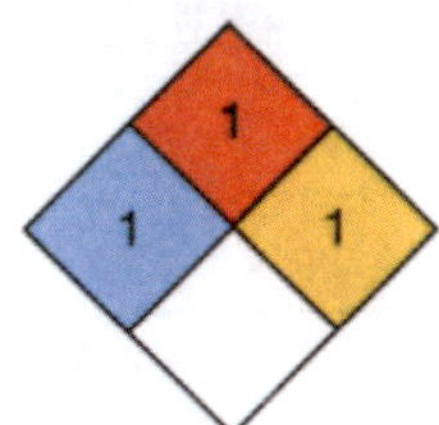

Hazchem-Code: 2X

Technische Daten

Siedepunkt	253 °C
Dampfdruck in mbar bei 20 °C	0,014
Dampfdichteverhältnis, Luft = 1	
Schmelzpunkt	5,8 °C
Mischbarkeit mit Wasser	sehr geringfügig*
Spez. Gewicht, Wasser = 1	0,92
Molare Masse	196,29

Feuerbekämpfungsdaten

Flammpunkt	111 °C
Zündfähiges Gemisch, Vol.-%	
Zündtemperatur	215 °C

* 0,022 g/l bei 25 °C.

Gefahrgut:

	Klassifizierung:	
IMDG-Code: UN-Nr. 3082 n.o.s.	Kl. 9	Verp. Gr. III EMS: **F**-A; **S**-F
Marine pollutant		
ICAO/IATA DGR: UN-Nr. 3082 n.o.s.	Kl. 9	Verp. Gr. III
ADR/RID/ADNR: UN-Nr. 3082 n.a.g.	Kl. 9	Klassifiz. Code M6 Verp. Gr. III

Gefahrzettel (Label) Nr. 9
Richtige Versandbezeichnung (PSN):
Land/BinSch: **3082 Umweltgefährdender Stoff, flüssig, n.a.g. (1,4-Cyclohexandimethanoldivinylether)**
See/Luft: **Environmentally hazardous liquid, n.o.s. (1,4-Cyclohexanedimethanoldivinyl ether)**

Gefahrstoff:
CAS Nr.: 17351-75-6 RTECS-Nr.: GV 5170000
EG-Nr.: 413-370-7 INDEX-Nr.: 603-148-00-X
EG-Einstufung: ja
Symbol: Xi, N
R-Sätze: 43-51/53
S-Sätze: (2)-24-37-61
D-Lagerklasse (VCI)-Nr.: 10–13

Erscheinungsbild: Farblose Flüssigkeit, charakteristischer Geruch.

Verhalten bei Freiwerden und Vermischen mit Luft: Reizende, umweltgefährliche und brennbare Flüssigkeit mit relativ hohem Flammpunkt von 111 °C. Bei starker Erhitzung bilden sich reizende, umweltgefährliche und explosionsfähige Gemische mit Luft. Sie sind schwerer als Luft und kriechen am Boden entlang. Entzündung durch heiße Oberflächen, Funken oder offene Flammen. Achtung, der Stoff neigt zur Polymerisation mit starker Wärmeentwicklung. Sie wird bei Erhitzung ausgelöst. Für Behälter und Container entsteht dann Berstgefahr. Bei Brand oder Erhitzung bis zur Zersetzung (z. B. durch Umgebungsbrände oder heiße Oberflächen) bilden sich giftige und ätzende Gase, die im Wesentlichen aus Kohlenmonoxid sowie Kohlendioxid bestehen.

Verhalten bei Freiwerden und Vermischen mit Wasser: Der Stoff ist leichter als Wasser und schwimmt auf der Oberfläche. Er löst sich nur geringfügig in Wasser. Es bilden sich reizende und umweltgefährliche Gemische mit Wasser.

Gesundheitsgefährdung: Das Einatmen der Dämpfe/Aerosole hat narkotische Wirkungen. Der direkte Kontakt der Flüssigkeit mit der Haut führt zur Entfettung der Haut, längerer oder wiederholter Hautkontakt bewirkt allergische Hautreaktionen.
Symptome: Übelkeit, Schwindel, Erbrechen, Atembeschwerden, Juckreiz und Rötung betroffener Körperpartien.
Nach Einatmen oder Hautkontakt in jedem Fall – auch bei Ausbleiben der Symptome – den Arzt aufsuchen. Nach Kontakt der Substanz mit den Augen ist in jedem Fall ein Augenarzt aufzusuchen.

Geruchsschwelle = Luftgrenzwert =

Bemerkungen: Der Stoff ist löslich in den meisten organischen Lösemitteln. Achtung, der Stoff neigt zur Polymerisation mit erheblicher Wärmeentwicklung. Sie wird durch Erhitzung ausgelöst. Bei Kontakt oder Mischung mit Säuren wird ebenfalls Polymerisation ausgelöst. In geschlossenen Behältern und Containern entsteht Berstgefahr.

Sicherheitsmaßnahmen für Fahrzeugbesatzung, Polizei, Feuerwehr und Rettungskräfte:
Polizei und Feuerwehr alarmieren.
Im Gefahrenbereich Maschine stoppen. Sofort umluftunabhängiges (schweres) Atemschutzgerät und volle Schutzkleidung tragen. An besonders heißen Tagen und bei starker Erwärmung der Flüssigkeit Zündung abstellen, nicht rauchen, offenes Feuer löschen, kein elektrisches Gerät und keinen Schalter mit Funkenbildung betätigen.
Wasserschutzpolizei und Feuerwehr: Beim Retten nicht ins Wasser springen. An besonders heißen Tagen und bei starker Erwärmung der Flüssigkeit kein Boot mit Ottomotor einsetzen. Bei Dieselantrieb Sicherheitsschaltung veranlassen. Radar- und Kommandorufanlage nicht betätigen.

Schutz- und Einsatzmaßnahmen: Alle unbeteiligten Personen nach Luv (gegen den Wind) entfernen. Achtung, falls freiwerdendes Gut in die Kanalisation oder in Abwasserleitungen von Schiffen gerät, können sich reizende und umweltgefährliche Gemische mit Abwasser bilden. Über der Oberfläche entsteht Explosions- und Verätzungsgefahr. Experten hinzuziehen. Auf Wasserstraßen Schiffahrtssperre. An Land gefährdetes Gebiet absperren. Große Sicherheitszone bilden. In Wohn- und Industriegebieten Anwohner warnen.

Konzentrationsmessung explosionsfähiger bzw. giftiger Dämpfe siehe Tabelle (Anhang 6 der Erläuterungen).

Zuständige Behörden unterrichten.

Bekämpfung der Unfallfolgen:
Feuer: Bei kleinem Brandherd Löschpulver, Wassersprühstrahl, Kohlensäure oder Schaum. Bei großem Brandherd Schaum oder Wassersprühstrahl. Behälter mit Wassersprühstrahl kühlen und nach Möglichkeit aus der Gefahrenzone ziehen. Achtung, das Löschwasser ist giftig und umweltgefährlich. Es muß aufgefangen werden und darf nicht unbehandelt in die Kanalisation, in Gewässer oder in das Grundwasser gelangen.
Leckage: Leck schließen, wenn ohne Risiko möglich.
Fließendes Gewässer: Trink-, Brauch- und Kühlwasserentnehmer verständigen.
Stehendes Gewässer: Absperren. Fahrzeugbesatzungen im gefährdeten Gebiet warnen.
An Land: Kanalisation abdichten. Auffangen, eindeichen und abpumpen. In Wohn- und Industriegebieten alle tiefliegenden Räume abdichten. Alle Zündquellen beseitigen. Restmengen mit nicht brennbarem, saugfähigem Material wie z. B. trockener Erde, Sand, Kieselgur, Universalbinder oder Vermiculit abdecken und an sichere Deponie zur Vernichtung transportieren.

Gewässerverunreinigung:
GefStoffV/EG: Gefahrensymbol: N Umweltgefährlich, R 51/53: Giftig für Wasserorganismen, kann in Gewässern längerfristig schädliche Wirkungen haben.
Gesamtbewertung nach Unfall: Gruppe III, in stehenden Gewässern sehr hohe, in fließenden Gewässern je nach Vermischung mittlere bis hohe toxische Wirkung (siehe auch Erläuterungen Abschnitt 16.4/5).
Einzelwerte siehe Anhang 9 der Erläuterungen.
Wassergefährdungsklasse: 2 – wassergefährdender Stoff.

Erste Hilfe:
Verletzte an die frische Luft bringen, bequem lagern, beengende Kleidungsstücke lockern. Bei Atemstörung Sauerstoffzufuhr, ggf. Beatmung. Benetzte Kleidungsstücke, Schuhe und Strümpfe sofort ausziehen, entfernen und vernichten. Betroffene Körperstellen anhaltend mit Wasser spülen und anschließend mit sterilem Verbandmaterial abdecken. Bei Augenkontakt die Augen 15 Minuten mit Wasser spülen. Augenlider dazu mit Daumen und Zeigefinger aufspreizen und gleichzeitig das Auge nach allen Seiten bewegen lassen. Verletzte nicht auskühlen lassen. Bei Erbrechen zumindest Kopf in Seitenlage bringen. Verletzte nur liegend transportieren. Bei Gefahr der Bewußtlosigkeit Lagerung und Transport in stabiler Seitenlage.

Hinweise für den Arzt:
Symptomatische Behandlung. Augen sorgfältig spülen.

Formel: | **Summen-Formel:** C6–H14–N2 | **UN-Nr. 2733 n.o.s.**

Merkblatt

2446

Stoffname

Deutsch	*Englisch*	*Französisch*
1,4-Dimethylpiperazin	**1,4-Dimethylpiperazine**	**1,4-Diméthylpipérazine**
N,N-Dimethylpiperazin	N,N-Dimethylpiperazine	
sym.-Dimethylpiperazin		

Spanisch

1,4-Dimetilpiperazina

Gefahren-Diamant

2 (rot), 2 (blau), 1 (gelb)

Hazchem-Code:
3W

Technische Daten

Siedepunkt	130–133 °C
Dampfdruck in mbar bei 20 °C	20
Dampfdichteverhältnis, Luft = 1	3,94
Schmelzpunkt	ca. –1 °C
Mischbarkeit mit Wasser	vollständig
Spez. Gewicht, Wasser = 1	ca. 0,852
Molare Masse	114,19

Feuerbekämpfungsdaten

Flammpunkt	22 °C
Zündfähiges Gemisch, Vol.-%	1,8–9,6
Zündtemperatur	180 °C

Gefahrgut: **Klassifizierung:**

IMDG-Code: UN-Nr. 2733 n.o.s. Kl. 3 Verp. Gr. II EMS: **F**-E; **S**-C
ICAO/IATA DGR: UN-Nr. 2733 n.o.s. Kl. 3 Verp. Gr. II
ADR/RID/ADNR: UN-Nr. 2733 n.a.g. Kl. 3 Klassifiz. Code FC Verp. Gr. II
Gefahrzettel (Label) Nr. 3+8
Richtige Versandbezeichnung (PSN):
Land/BinSch: **2733 Amine, entzündbar, ätzend, n.a.g. (1,4-Dimethylpiperazin)**
See/Luft: **Amines, flammable, corrosive, n.o.s. (N,N-Dimethylpiperazine)**

Gefahrstoff:

CAS Nr.: 106-58-1 RTECS-Nr.: TL 5945000
EG-Nr.: 203-412-0 INDEX-Nr.:
EG-Einstufung: nein
Symbol: C*
R-Sätze: 10-34*
S-Sätze: 23-26-36/37/39-45*
D-Lagerklasse (VCI)-Nr.: 3A

* Herstellerangaben

Erscheinungsbild: Farblose bis gelbliche Flüssigkeit, aminartiger Geruch.

Verhalten bei Freiwerden und Vermischen mit Luft: Ätzende und brennbare Flüssigkeit. An warmen Tagen und bei Erwärmung der Flüssigkeit bilden sich ätzende, explosionsfähige Gemische mit Luft. Sie sind schwerer als Luft, kriechen am Boden entlang und können bei Zündung über weite Strecken zurückschlagen. Entzündung durch heiße Oberflächen, Funken oder offene Flammen. Bei Brand oder Erhitzung bis zur Zersetzung (z.B. durch Umgebungsbrände oder heiße Oberflächen) bilden sich giftige und ätzende Gase sowie Dämpfe, die im Wesentlichen aus nitrosen Gasen (Stickstoffoxiden) bestehen und auch Kohlenmonoxid sowie Kohlendioxid enthalten.

Verhalten bei Freiwerden und Vermischen mit Wasser: Der Stoff ist leichter als Wasser und schwimmt auf der Oberfläche. Er löst sich vollständig in Wasser. Es bilden sich ätzende Gemische mit Wasser, die auch bei starker Verdünnung noch wirksam sind.

Gesundheitsgefährdung: Die Substanz und ihre Dämpfe verätzen die Haut und die Schleimhäute der Augen und der Atemwege. Gefahr bleibender Augenschäden und Gefahr von Kehlkopf- und Lungenödem – auch mit Verzögerung bis zu 2 Tagen. Verschlucken der Substanz fürt zu Verätzungen der Speiseröhre und des Magens. Allergische Reaktionen sind möglich. Bei Brand oder Erhitzen bis zur Zersetzung Bildung von nitrosen Gasen (s. auch Merkblatt 150).
Symptome: Lidkrampf, Tränenfluß, Schmerzen der Augen, Rötung, Blasenbildung auf der Haut, Husten, Atemnot; starke Leibschmerzen, Erbrechen, Übelkeit.
Nach Einatmen oder Hautkontakt in jedem Fall – auch bei Ausbleiben der Symptome – den Arzt aufsuchen. Nach Kontakt der Substanz mit den Augen ist in jedem Fall ein Augenarzt aufzusuchen.

Geruchsschwelle = Luftgrenzwert =

Bemerkungen: Der Stoff ist löslich in Ethylalkohol und Ether. Die Substanz reagiert heftig unter starker Erwärmung bei Kontakt oder Mischung mit Säuren und starken Oxidationsmitteln. Mit Nitriten bzw. salpetriger Säure können sich unter speziellen Bedingungen durch Dealkylierung Nitrosamine bilden; Nitrosamine haben sich im Tierversuch als krebserzeugend erwiesen.

Sicherheitsmaßnahmen für Fahrzeugbesatzung, Polizei, Feuerwehr und Rettungskräfte:
Polizei und Feuerwehr alarmieren.
Im Gefahrenbereich Maschine stoppen, Zündung abstellen, nicht rauchen, offenes Feuer löschen, kein elektrisches Gerät und keinen Schalter mit Funkenbildung betätigen. Nur exgeschützte Geräte einsetzen. Sofort umluftunabhängiges (schweres) Atemschutzgerät und volle Schutzkleidung tragen.
Wasserschutzpolizei und Feuerwehr: Kein Boot mit Ottomotor einsetzen. Bei Dieselantrieb Sicherheitsschaltung veranlassen. Radar- und Kommandorufanlage nicht benutzen. Beim Retten nicht ins Wasser springen.

Schutz- und Einsatzmaßnahmen: Alle unbeteiligten Personen nach Luv (gegen den Wind) entfernen. Achtung, falls freiwerdendes Gut in die Kanalisation oder in Abwasserleitungen von Schiffen gerät, entstehen ätzende Gemische mit Abwasser und kann über der Oberfläche Explosions- und Verätzungsgefahr entstehen. Experten hinzuziehen. Auf Wasserstraßen Schiffahrtssperre. An Land gefährdetes Gebiet absperren. Große Sicherheitszone bilden. In Wohn- und Industriegebieten Anwohner warnen.

Konzentrationsmessung explosionsfähiger bzw. giftiger Dämpfe siehe Tabelle (Anhang 6 der Erläuterungen).

Zuständige Behörden unterrichten.

Bekämpfung der Unfallfolgen:
Feuer: Bei kleinem Brandherd Löschpulver, Wassersprühstrahl, Kohlensäure oder Schaum. Bei großem Brandherd Schaum oder Wassersprühstrahl. Behälter mit Wassersprühstrahl kühlen und nach Möglichkeit aus der Gefahrenzone ziehen. Achtung, das Löschwasser ist giftig und umweltgefährlich. Es muß aufgefangen werden und darf nicht unbehandelt in die Kanalisation, in Gewässer oder in das Grundwasser gelangen.
Leckage: Leck schließen, wenn ohne Risiko möglich.
Fließendes Gewässer: Trink-, Brauch- und Kühlwasserentnehmer verständigen.
Stehendes Gewässer: Absperren. Fahrzeugbesatzungen im gefährdeten Gebiet warnen.
An Land: Kanalisation abdichten. Auffangen, eindeichen und abpumpen. In Wohn- und Industriegebieten alle tiefliegenden Räume abdichten. Alle Zündquellen beseitigen. Restmengen mit nicht brennbarem, saugfähigem Material wie z. B. trockener Erde, Sand, Kieselgur, Universalbinder oder Vermiculit abdecken und an sichere Deponie zur Vernichtung transportieren.

Gewässerverunreinigung:
GefStoffV/EG:
Gesamtbewertung nach Unfall: Gruppe III, in stehenden Gewässern sehr hohe, in fließenden Gewässern je nach Vermischung mittlere bis hohe toxische Wirkung, nach Brand Gruppe IV, hohe bis sehr hohe (extrem hohe) toxische Wirkung unabhängig von der Turbulenz des Gewässers (siehe auch Erläuterungen Abschnitt 16.4/5).
Einzelwerte siehe Anhang 9 der Erläuterungen.
Wassergefährdungsklasse: 1 – schwach wassergefährdender Stoff.

Erste Hilfe:
Verletzte an die frische Luft bringen, bequem lagern, beengende Kleidungsstücke lockern. Bei Atemstörung Sauerstoffzufuhr, ggf. Beatmung. Benetzte Kleidungsstücke, Schuhe und Strümpfe sofort ausziehen, entfernen und vernichten. Betroffene Körperstellen anhaltend mit Wasser spülen und anschließend mit sterilem Verbandmaterial abdecken. Bei Augenkontakt die Augen 15 Minuten mit Wasser spülen. Augenlider dazu mit Daumen und Zeigefinger aufspreizen und gleichzeitig das Auge nach allen Seiten bewegen lassen. Verletzte nicht auskühlen lassen. Bei Erbrechen zumindest Kopf in Seitenlage bringen. Verletzte nur liegend transportieren. Bei Gefahr der Bewußtlosigkeit Lagerung und Transport in stabiler Seitenlage.

Hinweise für den Arzt:
Symptomatische Behandlung. Augen sorgfältig spülen. Bei anhaltenden Beschwerden Augenarzt hinzuziehen!

Formel: $H_2N(CH_2)_8NH_2$ **Summen-Formel:** C8–H20–N2 **UN-Nr. 3259 n.o.s.**

Merkblatt

2447

Stoffname

Deutsch	*Englisch*	*Französisch*
Octamethylendiamin	**Octamethylenediamine**	**Octaméthylènediamine**
1,8-Octamethylendiamin	1,8-Octanediamine	
Octandiamin-1,8	1,8-Octamethylene diamine	
1,8-Diaminooctan	1,8-Diaminooctane	
	1,8-Octylene diamine	*Spanisch*
		Octametilendiamina

Gefahren-Diamant

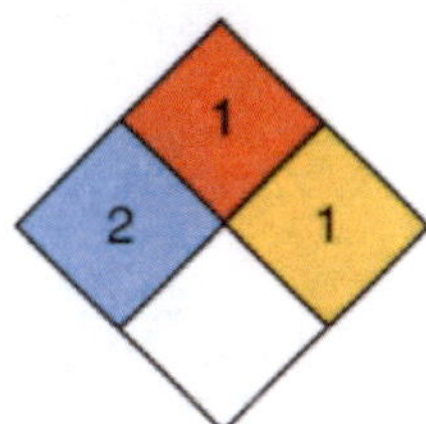

Hazchem-Code: 2X

Technische Daten

Siedepunkt	237–238 °C
Dampfdruck in mbar	1 bei 67,8 °C
Dampfdichteverhältnis, Luft = 1	
Schmelzpunkt	51 °C
Mischbarkeit mit Wasser	vollständig
Spez. Gewicht, Wasser = 1	0,800 bei 100 °C
Molare Masse	144,26

Feuerbekämpfungsdaten

Flammpunkt	115 °C
Zündfähiges Gemisch, Vol.-%	1,1–6,8
Zündtemperatur	280 °C

Gefahrgut: / **Klassifizierung:**

IMDG-Code: UN-Nr. 3259 n.o.s. Kl. 8 Verp. Gr. II EMS: **F**-A; **S**-B
Marine pollutant
ICAO/IATA DGR: UN-Nr. 3259 n.o.s. Kl. 8 Verp. Gr. II
ADR/RID/ADNR: UN-Nr. 3259 n.a.g. Kl. 8 Klassifiz. Code C8 Verp. Gr. II
Gefahrzettel (Label) Nr. 8
Richtige Versandbezeichnung (PSN):
Land/BinSch: **3259 Amine, fest, ätzend, n.a.g. (Octamethylendiamin)**
See/Luft: **Amines, solid, corrosive, n.o.s. (Octamethylenediamine)**

Gefahrstoff:

CAS Nr.: 373-44-4 RTECS-Nr.: RG 8841500
EG-Nr.: 206-764-3 INDEX-Nr.:
EG-Einstufung: nein
Symbol: C*
R-Sätze: 22-34-43*
S-Sätze: 26-28-36/37/39-45*
D-Lagerklasse (VCI)-Nr.: 8

* Herstellerangaben

Erscheinungsbild: Farblose erstarrte Masse, aminartiger Geruch oder farblose Kristalle bzw. kristallines Pulver. Schwacher Geruch.

Verhalten bei Freiwerden und Vermischen mit Luft: Ätzender, gesundheitsschädlicher und brennbarer fester Stoff mit relativ hohem Flammpunkt von 115 °C. Bei Aufwirbelung des Staubes bilden sich ätzende, gesundheitsschädliche und explosionsfähige Gemische mit Luft. Bei Brand oder Erhitzung bis zur Zersetzung (z. B. durch Umgebungsbrände oder heiße Oberflächen) erfolgt Zersetzung unter Bildung von giftigen und ätzenden Gasen und Dämpfen, die im Wesentlichen aus nitrosen Gasen (Stickstoffoxiden) bestehen und auch Kohlendioxid und Kohlenmonoxid enthalten.

Verhalten bei Freiwerden und Vermischen mit Wasser: Der Stoff ist leichter als Wasser und schwimmt auf der Oberfläche. Er löst sich vollständig in Wasser. Es bilden sich ätzende und gesundheitsschädliche Gemische mit Wasser, die auch bei Verdünnung noch wirksam sind.

Gesundheitsgefährdung: Die Substanz und ihre Stäube reizen und verätzen die Schleimhäute der Augen, der Atemwege und die Haut. Lungenödem – auch mit Verzögerung bis zu 2 Tagen – möglich. Bei direktem längerem Augenkontakt besteht die Gefahr bleibender Augenschäden bzw. Erblindung. Bei wiederholtem oder langandauerndem Kontakt sind allergische Reaktionen der Haut möglich. Bei Brand oder Erhitzen bis zur Zersetzung Bildung von nitrosen Gasen (s. auch Merkblatt 150).
Symptome: Schmerzen, Brennen bzw. Rötung der Augen bzw. der betroffenen Körperstellen, schlecht heilende Ätzwunden. Übelkeit, Benommenheit, Schwindel, Erbrechen, Durchfall, Schockgefahr
Nach Einatmen oder Hautkontakt in jedem Fall – auch bei Ausbleiben der Symptome – den Arzt aufsuchen. Nach Kontakt der Substanz mit den Augen ist in jedem Fall ein Augenarzt aufzusuchen.

Geruchsschwelle = Luftgrenzwert =

Bemerkungen: Der Stoff ist wasseranziehend und luftempfindlich. Er ist löslich in Ethylalkohol und Ether. Die Substanz reagiert heftig unter starker Erwärmung bei Kontakt oder Mischung mit Säuren.

Sicherheitsmaßnahmen für Fahrzeugbesatzung, Polizei, Feuerwehr und Rettungskräfte:
Polizei und Feuerwehr alarmieren.
Im Gefahrenbereich umluftunabhängiges (schweres) Atemschutzgerät und volle Schutzkleidung tragen. Bei Erhitzung des Stoffes oder bei Brand im Gefahrenbereich Maschine stoppen, Zündung abstellen, offenes Feuer löschen, nicht rauchen, kein elektrisches Gerät und keinen Schalter mit Funkenbildung betätigen.
Wasserschutzpolizei und Feuerwehr: Bei Erhitzung des Stoffes kein Boot mit Ottomotor einsetzen. Bei Dieselantrieb Sicherheitsschaltung veranlassen. Nach dem Einsatz Kühlwasserkreislauf überprüfen. Beim Retten nicht ins Wasser springen.

Schutz- und Einsatzmaßnahmen: Alle unbeteiligten Personen nach Luv (gegen den Wind) entfernen. Achtung, falls freiwerdendes Gut in die Kanalisation oder in Abwasserleitungen von Schiffen gerät, bilden sich ätzende Gemische mit Abwasser. Auf Wasserstraßen Schiffahrtssperre. An Land gefährdetes Gebiet absperren. Große Sicherheitszone bilden. In Wohn- und Industriegebieten Anwohner warnen.

Konzentrationsmessung explosionsfähiger bzw. giftiger Dämpfe siehe Tabelle (Anhang 6 der Erläuterungen).

Zuständige Behörden unterrichten.

Bekämpfung der Unfallfolgen:
Feuer: Bei kleinem Brandherd Löschpulver, Wassersprühstrahl, Kohlensäure oder Schaum. Bei großem Brandherd Schaum oder Wassersprühstrahl. Behälter mit Wassersprühstrahl kühlen und nach Möglichkeit aus der Gefahrenzone ziehen. Achtung, das Löschwasser ist giftig und umweltgefährlich. Es muß aufgefangen werden und darf nicht unbehandelt in die Kanalisation, in Gewässer oder in das Grundwasser gelangen.
Leckage: Leck schließen, wenn ohne Risiko möglich.
Fließendes Gewässer: Trink-, Brauch- und Kühlwasserentnehmer verständigen.
Stehendes Gewässer: Absperren. Fahrzeugbesatzungen im gefährdeten Gebiet warnen.
An Land: Kanalisation abdichten. Auffangen, eindeichen und abbergen. In Wohn- und Industriegebieten alle tiefliegenden Räume abdichten. Alle Zündquellen beseitigen. Restmengen mit nicht brennbarem, saugfähigem Material wie z. B. trockener Erde, Sand, Kieselgur, Universalbinder oder Vermiculit abdecken und an sichere Deponie zur Vernichtung transportieren.

Gewässerverunreinigung:
GefStoffV/EG:
Gesamtbewertung nach Unfall: Gruppe III, in stehenden Gewässern sehr hohe, in fließenden Gewässern je nach Vermischung mittlere bis hohe toxische Wirkung, nach Brand Gruppe IV, hohe bis sehr hohe (extrem hohe) toxische Wirkung unabhängig von der Turbulenz des Gewässers (siehe auch Erläuterungen Abschnitt 16.4/5).
Einzelwerte siehe Anhang 9 der Erläuterungen.
Wassergefährdungsklasse: 2 – wassergefährdender Stoff

Erste Hilfe:
Verletzte an die frische Luft bringen, bequem lagern, beengende Kleidungsstücke lockern. Bei Atemstörung Sauerstoffzufuhr, ggf. Beatmung. Benetzte Kleidungsstücke, Schuhe und Strümpfe sofort ausziehen, entfernen und vernichten. Betroffene Körperstellen anhaltend mit Wasser spülen und anschließend mit sterilem Verbandmaterial abdecken. Bei Augenkontakt die Augen 15 Minuten mit Wasser spülen. Augenlider dazu mit Daumen und Zeigefinger aufspreizen und gleichzeitig das Auge nach allen Seiten bewegen lassen. Verletzte nicht auskühlen lassen. Bei Erbrechen zumindest Kopf in Seitenlage bringen. Verletzte nur liegend transportieren. Bei Gefahr der Bewußtlosigkeit Lagerung und Transport in stabiler Seitenlage.

Hinweise für den Arzt:
Symptomatische Behandlung. Augen sorgfältig spülen. Nach kurz zurückliegender Ingestion größerer Mengen Magenspülung erwägen.

Formel: $HC{\equiv}CC_6H_{10}OH$ **Summen-Formel:** C8–H12–O **UN-Nr. 2811 n.o.s.**

Merkblatt

2448

Stoffname

Deutsch	*Englisch*	*Französisch*
1-Ethinylcyclohexanol	**1-Ethynylcyclohexanol**	**1-Ethynylcyclohexanol**
1-Ethinyl-1-cyclohexanol	1-Ethynyl-1-cyclohexanol	
1-Ethinylcyclohexan-1-ol	1-Ethynylcyclohexan-1-ol	
(Hydroxycyclohexyl)-ethyne	(1-Hydroxycyclohexyl)ethyne	

Spanisch

1-Etinilciclohexanol

Gefahren-Diamant

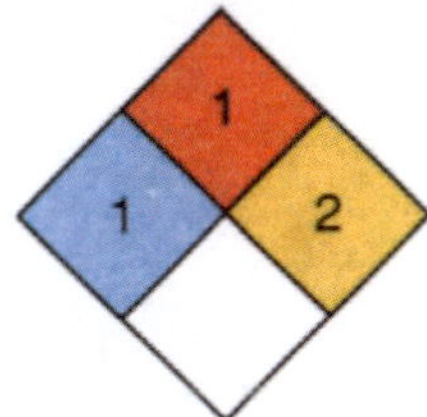

Hazchem-Code: 2XE

Technische Daten

Siedepunkt	180 °C
Dampfdruck in mbar	1 bei 50 °C
Dampfdichteverhältnis, Luft = 1	3,73
Schmelzpunkt	32 °C
Mischbarkeit mit Wasser	sehr geringfügig*
Spez. Gewicht, Wasser = 1	0,9763
Molare Masse	124,2

Feuerbekämpfungsdaten

Flammpunkt	73 °C
Zündfähiges Gemisch, Vol.-%	1,3–8,7
Zündtemperatur	365 °C

* 10 g/l bei 20 °C.

Gefahrgut: **Klassifizierung:**

IMDG-Code: UN-Nr. 2811 n.o.s. Kl. 6.1 Verp. Gr. III EMS: **F**-A; **S**-A

Marine pollutant

ICAO/IATA DGR: UN-Nr. 2811 n.o.s. Kl. 6.1 Verp. Gr. III

ADR/RID/ADNR: UN-Nr. 2811 n.a.g. Kl. 6.1 Klassifiz. Code T2 Verp. Gr. III

Gefahrzettel (Label) Nr. 6.1

Richtige Versandbezeichnung (PSN):

Land/BinSch: **2811 Giftiger organischer fester Stoff, n.a.g. (Ethinylcyclohexanol)**

See/Luft: **Toxic solid, organic, n.o.s. (Ethynylcyclohexanol)**

Gefahrstoff:

CAS Nr.: 78-27-3 RTECS-Nr.: GV 9100000

EG-Nr.: 201-100-9 INDEX-Nr.:

EG-Einstufung: nein

Symbol: Xn*

R-Sätze: 21/22-36*

S-Sätze: 23-36/37*

D-Lagerklasse (VCI)-Nr.: 3B

* Herstellerangaben

Erscheinungsbild: Farblose erstarrte Masse, schwacher Eigengeruch oder bei Temperaturen >32 °C farblose Flüssigkeit. Schwacher Geruch.

Verhalten bei Freiwerden und Vermischen mit Luft: Gesundheitsschädlicher, reizender und brennbarer fester Stoff mit relativ hohem Flammpunkt von 73 °C. Bei Aufwirbelung des Staubes bilden sich gesundheitsschädliche, reizende und explosionsfähige Gemische mit Luft. Bei Brand oder Erhitzung bis zur Zersetzung (z. B. durch Umgebungsbrände oder heiße Oberflächen) erfolgt Zersetzung unter Bildung von giftigen und ätzenden Gasen und Dämpfen, die im Wesentlichen aus Acetylen(gas) bestehen und auch Kohlendioxid und Kohlenmonoxid enthalten.

Verhalten bei Freiwerden und Vermischen mit Wasser: Der Stoff ist leichter als Wasser und schwimmt auf der Oberfläche. Er löst sich nur geringfügig in Wasser. Es bilden sich gesundheitsschädliche Gemische mit Wasser, die auch bei Verdünnung noch wirksam sind.

Gesundheitsgefährdung: Die Substanz und ihre Dämpfe/Aerosole reizen die Schleimhäute der Augen und des Nasen-Rachen-Raumes. Nach Verschlucken, Hautaufnahme oder Einatmen kommt es zu narkotischen Wirkungen.
Symptome: Rötung und Brennen der Augen, Husten- und Niesreiz, Übelkeit, Benommenheit, Schläfrigkeit, Erbrechen, Durchfall, Schwindel
Nach Kontakt der Substanz mit den Augen ist in jedem Fall ein Augenarzt aufzusuchen.

Geruchsschwelle = Luftgrenzwert =

Bemerkungen: Der Stoff reagiert bei Kontakt oder Mischung mit Oxidationsmitteln. Er reagiert heftig unter starker Erwärmung bei Kontakt oder Mischung mit starken Basen und Schwermetallsalzen.

Sicherheitsmaßnahmen für Fahrzeugbesatzung, Polizei, Feuerwehr und Rettungskräfte:
Polizei und Feuerwehr alarmieren.
Im Gefahrenbereich umluftunabhängiges (schweres) Atemschutzgerät und volle Schutzkleidung tragen. Bei Erhitzung des Stoffes oder bei Brand im Gefahrenbereich Maschine stoppen, Zündung abstellen, offenes Feuer löschen, nicht rauchen, kein elektrisches Gerät und keinen Schalter mit Funkenbildung betätigen.
Wasserschutzpolizei und Feuerwehr: Bei Erhitzung des Stoffes kein Boot mit Ottomotor einsetzen. Bei Dieselantrieb Sicherheitsschaltung veranlassen. Nach dem Einsatz Kühlwasserkreislauf überprüfen. Beim Retten nicht ins Wasser springen.

Schutz- und Einsatzmaßnahmen: Alle unbeteiligten Personen nach Luv (gegen den Wind) entfernen. Achtung, falls freiwerdendes Gut in die Kanalisation oder in Abwasserleitungen von Schiffen gerät, entstehen gesundheitsschädliche Gemische mit Abwasser und können sich mit heißem Abwasser über der Oberfläche explosionsfähige und giftige Gemische mit Luft bilden. In Wohn- und Industriegebieten Anwohner warnen. Große Sicherheitszone bilden.

Konzentrationsmessung explosionsfähiger bzw. giftiger Dämpfe siehe Tabelle (Anhang 6 der Erläuterungen).

Zuständige Behörden unterrichten.

Bekämpfung der Unfallfolgen:
Feuer: Bei kleinem Brandherd Löschpulver, Wassersprühstrahl, Kohlensäure oder Schaum. Bei großem Brandherd Schaum oder Wassersprühstrahl. Behälter mit Wassersprühstrahl kühlen und nach Möglichkeit aus der Gefahrenzone ziehen. Achtung, das Löschwasser ist giftig und umweltgefährlich. Es muß aufgefangen werden und darf nicht unbehandelt in die Kanalisation, in Gewässer oder in das Grundwasser gelangen.
Leckage: Leck schließen, wenn ohne Risiko möglich.
Fließendes Gewässer: Trink-, Brauch- und Kühlwasserentnehmer verständigen.
Stehendes Gewässer: Absperren. Fahrzeugbesatzungen im gefährdeten Gebiet warnen.
An Land: Kanalisation abdichten. Auffangen, eindeichen und abbergen. In Wohn- und Industriegebieten alle tiefliegenden Räume abdichten. Alle Zündquellen beseitigen. Restmengen mit nicht brennbarem, saugfähigem Material wie z. B. trockener Erde, Sand, Kieselgur, Universalbinder oder Vermiculit abdecken und an sichere Deponie zur Vernichtung transportieren.

Gewässerverunreinigung:
GefStoffV/EG:
Gesamtbewertung nach Unfall: Gruppe III, in stehenden Gewässern sehr hohe, in fließenden Gewässern je nach Vermischung mittlere bis hohe toxische Wirkung (siehe auch Erläuterungen Abschnitt 16.4/5).
Einzelwerte siehe Anhang 9 der Erläuterungen.
Wassergefährdungsklasse: 1 – schwach wassergefährdender Stoff

Erste Hilfe:
Verletzte an die frische Luft bringen, bequem lagern, beengende Kleidungsstücke lockern. Bei Atemstörung Sauerstoffzufuhr, ggf. Beatmung. Benetzte Kleidungsstücke, Schuhe und Strümpfe sofort ausziehen, entfernen und vernichten. Betroffene Körperstellen anhaltend mit Wasser spülen und anschließend mit sterilem Verbandmaterial abdecken. Bei Augenkontakt die Augen 15 Minuten mit Wasser spülen. Augenlider dazu mit Daumen und Zeigefinger aufspreizen und gleichzeitig das Auge nach allen Seiten bewegen lassen. Verletzte nicht auskühlen lassen. Bei Erbrechen zumindest Kopf in Seitenlage bringen. Verletzte nur liegend transportieren. Bei Gefahr der Bewußtlosigkeit Lagerung und Transport in stabiler Seitenlage.

Hinweise für den Arzt:
Symptomatische Behandlung. Augen sorgfältig spülen. Bei anhaltenden Beschwerden Augenarzt hinzuziehen! Nach kurz zurückliegender Ingestion größerer Mengen Magenspülung erwägen.

Formel: | **Summen-Formel:** C6–H11–N–O | **UN-Nr.**

Merkblatt

2449

Gefahren-Diamant

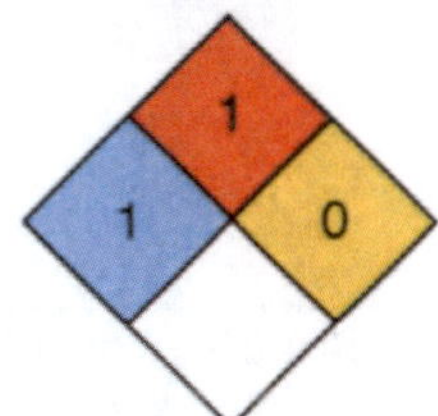

Hazchem-Code:

Stoffname

Deutsch

1-Ethyl-2-pyrrolidon
N-Ethyl-2-pyrrolidon

Englisch

1-Ethyl-2-pyrrolidinone
N-Ethylpyrrolidinone
N-Ethylpyrrolidone

Französisch

1-Ethylpyrrolidine-2-one

Spanisch

1-Etilpirrolidin-2-ona

Technische Daten

Siedepunkt	212–213 °C
Dampfdruck in mbar	0,5 bei 32 °C
Dampfdichteverhältnis, Luft = 1	
Schmelzpunkt	<–75 °C
Mischbarkeit mit Wasser	vollständig
Spez. Gewicht, Wasser = 1	0,998
Molare Masse	113,16

Feuerbekämpfungsdaten

Flammpunkt	91 °C
Zündfähiges Gemisch, Vol.-%	1,3-7,7
Zündtemperatur	250 °C

Gefahrgut:

IMDG-Code: UN-Nr. *
ICAO/IATA DGR: UN-Nr. *
ADR/RID/ADNR: UN-Nr. *
Gefahrzettel (Label) Nr.
Richtige Versandbezeichnung (PSN):
Land/BinSch:
See/Luft:

Klassifizierung:

Kl. Verp. Gr. EMS: **F**- ; **S**-

Kl. Verp. Gr.

Kl. Klassifiz. Code Verp. Gr.

* Kein Gefahrgut im Sinne der Vorschriften.

Gefahrstoff:

CAS Nr.: 2687-91-4 RTECS-Nr.: UY 5769250
EG-Nr.: 220-250-6 INDEX-Nr.:
EG-Einstufung: nein
Symbol: Xn*
R-Sätze: 22-36*
S-Sätze: 26-36*
D-Lagerklasse (VCI)-Nr.:

* Herstellerangaben

Erscheinungsbild: Farblose bis gelbe Flüssigkeit, aminartiger Geruch.

Verhalten bei Freiwerden und Vermischen mit Luft: Gesundheitsschädliche, reizende und brennbare Flüssigkeit mit relativ hohem Flammpunkt von 91 °C. Bei starker Erhitzung bilden sich gesundheitsschädliche, reizende und explosionsfähige Gemische mit Luft. Sie sind schwerer als Luft und kriechen am Boden entlang. Entzündung durch heiße Oberflächen, Funken oder offene Flammen. Bei Erhitzung bis zur Zersetzung (z. B. durch Umgebungsbrände oder heiße Oberflächen) und bei Brand bilden sich giftige und ätzende Gase und Dämpfe, die im Wesentlichen aus nitrosen Gasen bestehen und auch Kohlenmonoxid(gas) sowie Kohlendioxid(gas) enthalten.

Verhalten bei Freiwerden und Vermischen mit Wasser: Der Stoff ist leichter als Wasser und schwimmt auf der Oberfläche. Er löst sich vollständig in Wasser. Es bilden sich gesundheitsschädliche, schwach wassergefährdende Gemische mit Wasser.

Gesundheitsgefährdung: Die Flüssigkeit und ihre Dämpfe/Aerosole reizen die Augen und die Schleimhäute der oberen Atemwege. Nach Verschlucken: Beschwerden im Magen-Darm-Trakt. Bei Brand oder Erhitzen bis zur Zersetzung Bildung von nitrosen Gasen (s. auch Merkblatt 150).
Symptome: Brennen, Rötung und Juckreiz der Augen, Tränenfluß, Husten- und Niesreiz, Übelkeit, Benommenheit, Schwindel, Erbrechen, Durchfall
Nach Kontakt der Substanz mit den Augen ist in jedem Fall ein Augenarzt aufzusuchen.

Geruchsschwelle = Luftgrenzwert =

Bemerkungen: Der Stoff ist löslich in vielen organischen Lösemitteln.

Sicherheitsmaßnahmen für Fahrzeugbesatzung, Polizei, Feuerwehr und Rettungskräfte:
Polizei und Feuerwehr alarmieren.
Im Gefahrenbereich sofort umluftunabhängiges (schweres) Atemschutzgerät und volle Schutzkleidung tragen. Bei Erhitzung der Flüssigkeit Zündung abstellen, Maschine stoppen, nicht rauchen, offenes Feuer löschen, kein elektrisches Gerät und keinen Schalter mit Funkenbildung betätigen.
Wasserschutzpolizei und Feuerwehr: Bei Erhitzung des Stoffes kein Boot mit Ottomotor einsetzen. Bei Dieselantrieb Sicherheitsschaltung veranlassen. Beim Retten nicht ins Wasser springen.

Schutz- und Einsatzmaßnahmen: Alle unbeteiligten Personen nach Luv (gegen den Wind) entfernen. Achtung, falls freiwerdendes Gut in die Kanalisation oder in Abwasserleitungen von Schiffen gerät, entstehen gesundheitsschädliche Gemische mit Abwasser. In Wohn- und Industriegebieten Anwohner warnen. Große Sicherheitszone bilden.

Konzentrationsmessung explosionsfähiger bzw. giftiger Dämpfe siehe Tabelle (Anhang 6 der Erläuterungen).

Zuständige Behörden unterrichten.

Bekämpfung der Unfallfolgen:
Feuer: Bei kleinem Brandherd Löschpulver, Wassersprühstrahl, Kohlensäure oder Schaum. Bei großem Brandherd Schaum oder Wassersprühstrahl. Behälter mit Wassersprühstrahl kühlen und nach Möglichkeit aus der Gefahrenzone ziehen. Achtung, das Löschwasser ist giftig und umweltgefährlich. Es muß aufgefangen werden und darf nicht unbehandelt in die Kanalisation, in Gewässer oder in das Grundwasser gelangen.
Leckage: Leck schließen, wenn ohne Risiko möglich.
Fließendes Gewässer: Trink-, Brauch- und Kühlwasserentnehmer verständigen.
Stehendes Gewässer: Absperren. Fahrzeugbesatzungen im gefährdeten Gebiet warnen.
An Land: Kanalisation abdichten. Auffangen, eindeichen und abpumpen. In Wohn- und Industriegebieten alle tiefliegenden Räume abdichten. Alle Zündquellen beseitigen. Restmengen mit nicht brennbarem, saugfähigem Material wie z. B. trockener Erde, Sand, Kieselgur, Universalbinder oder Vermiculit abdecken und an sichere Deponie zur Vernichtung transportieren.

Gewässerverunreinigung:
GefStoffV/EG:
Gesamtbewertung nach Unfall: Gruppe II, in stehenden Gewässern mittlere bis hohe, in fließenden Gewässern mittlere toxische Wirkung, nach Brand Gruppe IV, hohe bis sehr hohe (extrem hohe) toxische Wirkung unabhängig von der Turbulenz des Gewässers (siehe auch Erläuterungen Abschnitt 16.4/5).
Einzelwerte siehe Anhang 9 der Erläuterungen.
Wassergefährdungsklasse: 1 – schwach wassergefährdender Stoff

Erste Hilfe:
Verletzte an die frische Luft bringen, bequem lagern, beengende Kleidungsstücke lockern. Bei Atemstörung Sauerstoffzufuhr, ggf. Beatmung. Benetzte Kleidungsstücke, Schuhe und Strümpfe sofort ausziehen, entfernen und vernichten. Betroffene Körperstellen anhaltend mit Wasser spülen und anschließend mit sterilem Verbandmaterial abdecken. Bei Augenkontakt die Augen 15 Minuten mit Wasser spülen. Augenlider dazu mit Daumen und Zeigefinger aufspreizen und gleichzeitig das Auge nach allen Seiten bewegen lassen. Verletzte nicht auskühlen lassen. Bei Erbrechen zumindest Kopf in Seitenlage bringen. Verletzte nur liegend transportieren. Bei Gefahr der Bewußtlosigkeit Lagerung und Transport in stabiler Seitenlage.

Hinweise für den Arzt:
Symptomatische Behandlung.

Formel: $C_6H_5CH_2CH_2CH(CH_3)NH_2$ **Summen-Formel:** C10–H15–N **UN-Nr. 2735 n.o.s.**

Merkblatt

2450

Stoffname

Deutsch	*Englisch*	*Französisch*
3-Amino-1-phenylbutan	**alpha-Methyl-benzenepropan-amine**	**1-Méthyl-3-phénylpropylamine**
4-Phenyl-2-butylamin	(+–)-alpha-Methylbenzenepropanamine	
1-Phenyl-3-aminobutan	alpha-Methyl-gamma-phenyl-n-propylamine	*Spanisch*
2-Amino-4-phenylbutan	1-Phenyl-3-aminobutane	**3-Fenil-1-metilpropilamina**
1-Methyl-3-phenylpropylamin	3-Amino-1-phenylbutane	
α-Methylbenzolpropanamin		
α-Methyl-3-phenylpropylamin		

Gefahren-Diamant

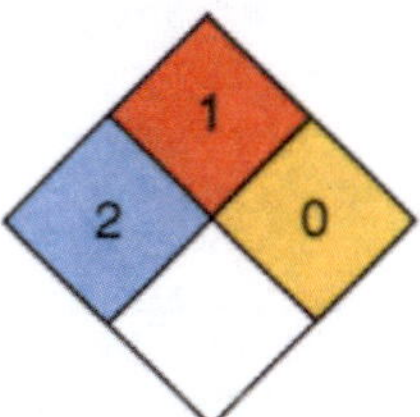

Hazchem-Code: 3X

Technische Daten

Siedepunkt	220–222 °C
Dampfdruck in mbar bei 20 °C	
Dampfdichteverhältnis, Luft = 1	5,16
Schmelzpunkt	–50 °C
Mischbarkeit mit Wasser	
Spez. Gewicht, Wasser = 1	0,928
Molare Masse	149,26

Feuerbekämpfungsdaten

Flammpunkt	95 °C
Zündfähiges Gemisch, Vol.-%	
Zündtemperatur	330 °C

Gefahrgut: **Klassifizierung:**

IMDG-Code: UN-Nr. 2735 n.o.s. — Kl. 8 — Verp. Gr. I EMS: **F**-A; **S**-B

Marine pollutant

ICAO/IATA DGR: UN-Nr. 2735 n.o.s. — Kl. 8 — Verp. Gr. I

ADR/RID/ADNR: UN-Nr. 2735 n.a.g. — Kl. 8 — Klassifiz. Code C7 Verp. Gr. I

Gefahrzettel (Label) Nr. 8

Richtige Versandbezeichnung (PSN):

Land/BinSch: **2735 Amine, flüssig, ätzend, n.a.g. (3-Amino-1-phenylbutan)**

See/Luft: **Amines, liquid, corrosive, n.o.s. (3-Amino-1-phenylbutane)**

Gefahrstoff:

CAS Nr.: 22374-89-6 — RTECS-Nr.: UI 3920000

EG-Nr.: 244-942-2 — INDEX-Nr.:

EG-Einstufung: nein

Symbol: C*

R-Sätze: 34*

S-Sätze: 26-36/37/39-45*

D-Lagerklasse (VCI)-Nr.: 8

* Herstellerangaben

Erscheinungsbild: Farblose Flüssigkeit.

Verhalten bei Freiwerden und Vermischen mit Luft: Ätzende und brennbare Flüssigkeit mit relativ hohem Flammpunkt von 95 °C. Bei starker Erhitzung bilden sich ätzende, explosionsfähige Gemische mit Luft. Sie sind schwerer als Luft und kriechen am Boden entlang. Entzündung durch heiße Oberflächen, Funken oder offene Flammen. Bei Brand oder Erhitzung bis zur Zersetzung (z. B. durch Umgebungsbrände oder heiße Oberflächen) erfolgt Zersetzung unter Bildung von giftigen und ätzenden Gasen und Dämpfe, die im Wesentlichen aus nitrosen Gasen (Stickstoffoxiden) bestehen und auch Kohlenmonoxid sowie Kohlendioxid enthalten.

Verhalten bei Freiwerden und Vermischen mit Wasser: Der Stoff ist leichter als Wasser und schwimmt auf der Oberfläche. Er löst sich nur geringfügig in Wasser. Es bilden sich ätzende Gemische mit Wasser, die auch bei Verdünnung noch wirksam sind.

Gesundheitsgefährdung: Die Substanz, ihre Dämpfe und Aerosole reizen die Schleimhäute der Augen, der Atemwege und die Haut, bei massivem Kontakt bis hin zur Verätzung, Gefahr bleibender Augenschäden. Gefahr von Kehlkopf- und Lungenödem – auch mit Verzögerung bis zu 2 Tagen. Nach Verschlucken: Schleimhautreizungen im Mund, Rachen, Speiseröhre und im Magen-Darm-Trakt. Bei Brand oder Erhitzen bis zur Zersetzung Bildung von Ammoniak (s. auch Merkblatt 27) und nitrosen Gasen (s. auch Merkblatt 150).
Symptome: Lidkrampf, Tränenfluß, Schmerzen der Augen, Rötung, Blasenbildung auf der Haut, Husten, Atemnot, starke Leibschmerzen, Erbrechen, Übelkeit.
Nach Einatmen oder Hautkontakt in jedem Fall – auch bei Ausbleiben der Symptome – den Arzt aufsuchen. Nach Kontakt der Substanz mit den Augen ist in jedem Fall ein Augenarzt aufzusuchen.

Geruchsschwelle = Luftgrenzwert =

Bemerkungen: Der Stoff reagiert bei Kontakt oder Mischung mit Säuren und Oxidationsmitteln.

Sicherheitsmaßnahmen für Fahrzeugbesatzung, Polizei, Feuerwehr und Rettungskräfte:
Polizei und Feuerwehr alarmieren.
Im Gefahrenbereich sofort umluftunabhängiges (schweres) Atemschutzgerät und volle Schutzkleidung tragen. Bei Erhitzung der Flüssigkeit Zündung abstellen, Maschine stoppen, nicht rauchen, offenes Feuer löschen, kein elektrisches Gerät und keinen Schalter mit Funkenbildung betätigen.
Wasserschutzpolizei und Feuerwehr: Bei Erhitzung des Stoffes kein Boot mit Ottomotor einsetzen. Bei Dieselantrieb Sicherheitsschaltung veranlassen. Beim Retten nicht ins Wasser springen.

Schutz- und Einsatzmaßnahmen: Alle unbeteiligten Personen nach Luv (gegen den Wind) entfernen. Achtung, falls freiwerdendes Gut in die Kanalisation oder in Abwasserleitungen von Schiffen gerät, entstehen ätzende Gemische mit Abwasser. In Wohn- und Industriegebieten Anwohner warnen. Große Sicherheitszone bilden.

Konzentrationsmessung explosionsfähiger bzw. giftiger Dämpfe siehe Tabelle (Anhang 6 der Erläuterungen).

Zuständige Behörden unterrichten.

Bekämpfung der Unfallfolgen:
Feuer: Bei kleinem Brandherd Löschpulver, Wassersprühstrahl, Kohlensäure oder Schaum. Bei großem Brandherd Schaum oder Wassersprühstrahl. Behälter mit Wassersprühstrahl kühlen und nach Möglichkeit aus der Gefahrenzone ziehen. Achtung, das Löschwasser ist giftig und umweltgefährlich. Es muß aufgefangen werden und darf nicht unbehandelt in die Kanalisation, in Gewässer oder in das Grundwasser gelangen.
Leckage: Leck schließen, wenn ohne Risiko möglich.
Fließendes Gewässer: Trink-, Brauch- und Kühlwasserentnehmer verständigen.
Stehendes Gewässer: Absperren. Fahrzeugbesatzungen im gefährdeten Gebiet warnen.
An Land: Kanalisation abdichten. Auffangen, eindeichen und abpumpen. In Wohn- und Industriegebieten alle tiefliegenden Räume abdichten. Alle Zündquellen beseitigen. Restmengen mit nicht brennbarem, saugfähigem Material wie z. B. trockener Erde, Sand, Kieselgur, Universalbinder oder Vermiculit abdecken und an sichere Deponie zur Vernichtung transportieren.

Gewässerverunreinigung:
GefStoffV/EG:
Gesamtbewertung nach Unfall: Gruppe III, in stehenden Gewässern sehr hohe, in fließenden je nach Vermischung mittlere bis hohe toxische Wirkung, nach Brand Gruppe IV, hohe bis sehr hohe (extrem hohe) toxische Wirkung unabhängig von der Turbulenz des Gewässers (siehe auch Erläuterungen Abschnitt 16.4/5).
Einzelwerte siehe Anhang 9 der Erläuterungen.
Wassergefährdungsklasse: 2 – wassergefährdender Stoff

Erste Hilfe:
Verletzte an die frische Luft bringen, bequem lagern, beengende Kleidungsstücke lockern. Bei Atemstörung Sauerstoffzufuhr, ggf. Beatmung. Benetzte Kleidungsstücke, Schuhe und Strümpfe sofort ausziehen, entfernen und vernichten. Betroffene Körperstellen anhaltend mit Wasser spülen und anschließend mit sterilem Verbandmaterial abdecken. Bei Augenkontakt die Augen 15 Minuten mit Wasser spülen. Augenlider dazu mit Daumen und Zeigefinger aufspreizen und gleichzeitig das Auge nach allen Seiten bewegen lassen. Verletzte nicht auskühlen lassen. Bei Erbrechen zumindest Kopf in Seitenlage bringen. Verletzte nur liegend transportieren. Bei Gefahr der Bewußtlosigkeit Lagerung und Transport in stabiler Seitenlage.

Hinweise für den Arzt:
Symptomatische Behandlung. Augen sorgfältig spülen. Bei anhaltenden Beschwerden Augenarzt hinzuziehen!

Formel: **Summen-Formel:** C8–H11–N **UN-Nr. 2735 n.o.s.**

Merkblatt

2451

Stoffname

Deutsch	*Englisch*	*Französisch*
1-Phenylethylamin 1-Aminophenylethan α-Methylbenzylamin α-Aminoethylbenzol	**1-Phenylethylamine** alpha-Amino-1-phenylethane alpha-Methylbenzene-methanamine alpha-Methylbenzylamine alpha-Phenethylamine	**1-Phényléthylamine** *Spanisch* **1-Feniletilamina**

Gefahren-Diamant

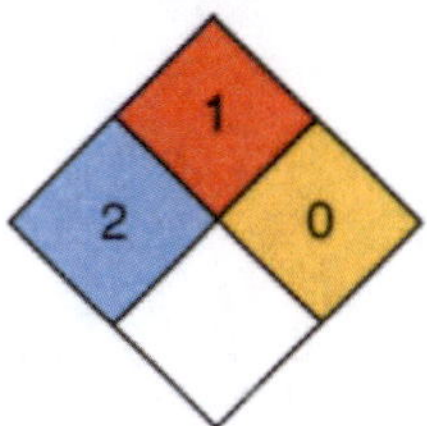

Hazchem-Code: 3X

Technische Daten	
Siedepunkt	189 °C
Dampfdruck in mbar bei 20 °C	0,67
Dampfdichteverhältnis, Luft = 1	4,19
Schmelzpunkt	–65 °C
Mischbarkeit mit Wasser	geringfügig*
Spez. Gewicht, Wasser = 1	0,952
Molare Masse	121,18

Feuerbekämpfungsdaten	
Flammpunkt	74 °C
Zündfähiges Gemisch, Vol.-%	
Zündtemperatur	340 °C

* 0,42 g/l bei 20 °C.

Gefahrgut:
IMDG-Code: UN-Nr. 2735 n.o.s. — **Klassifizierung:** Kl. 8 Verp. Gr. I EMS: **F**-A; **S**-B
Marine pollutant
ICAO/IATA DGR: UN-Nr. 2735 n.o.s. — Kl. 8 Verp. Gr. I
ADR/RID/ADNR: UN-Nr. 2735 n.a.g. — Kl. 8 Klassifiz. Code C7 Verp. Gr. I
Gefahrzettel (Label) Nr. 8
Richtige Versandbezeichnung (PSN):
Land/BinSch: **2735 Amine, flüssig, ätzend, n.a.g. (1-Phenylethylamin)**
See/Luft: **Amines, liquid, corrosive, n.o.s. (1-Phenylethylamine)**

Gefahrstoff:
CAS Nr.: 98-84-0 RTECS-Nr.: DP 5775000
EG-Nr.: 202-706-6 INDEX-Nr.: 612-107-00-5
EG-Einstufung: ja
Symbol: C
R-Sätze: 21/22-34
S-Sätze: (1/2)-26-28-36/37/39-45
D-Lagerklasse (VCI)-Nr.: 8

Erscheinungsbild: Farblose Flüssigkeit, schwacher, aromatischer Geruch.

Verhalten bei Freiwerden und Vermischen mit Luft: Gesundheitsschädliche, ätzende und brennbare Flüssigkeit mit relativ hohem Flammpunkt von 74 °C. Bei starker Erhitzung bilden sich gesundheitsschädliche, ätzende und explosionsfähige Gemische mit Luft. Sie sind schwerer als Luft und kriechen am Boden entlang. Entzündung durch heiße Oberflächen, Funken oder offene Flammen. Bei Brand oder Erhitzung bis zur Zersetzung (z. B. durch Umgebungsbrände oder heiße Oberflächen) erfolgt Zersetzung unter Bildung von giftigen und ätzenden Gasen und Dämpfen, die im Wesentlichen aus nitrosen Gasen (Stickstoffoxiden) bestehen und auch Kohlenmonoxid sowie Kohlendioxid enthalten.

Verhalten bei Freiwerden und Vermischen mit Wasser: Der Stoff ist leichter als Wasser und schwimmt auf der Oberfläche. Er löst sich nur geringfügig in Wasser. Es bilden sich ätzende, gesundheitsschädliche und schwach wassergefährdende Gemische mit Wasser, die auch bei Verdünnung noch wirksam sind.

Gesundheitsgefährdung: Die Substanz, ihre Dämpfe und Aerosole reizen die Schleimhäute der Augen, der Atemwege und die Haut, bei massivem Kontakt bis hin zur Verätzung, Gefahr bleibender Augenschäden. Gefahr von Kehlkopf- und Lungenödem – auch mit Verzögerung bis zu 2 Tagen. Nach Verschlucken: Schleimhautreizungen im Mund, Rachen, Speiseröhre und im Magen-Darm-Trakt. Bei Brand oder Erhitzen bis zur Zersetzung Bildung von nitrosen Gasen (s. auch Merkblatt 150).
Symptome: Lidkrampf, Tränenfluß, Schmerzen der Augen, Rötung, Blasenbildung auf der Haut, Husten, Atemnot, starke Leibschmerzen, Erbrechen, Übelkeit
Nach Einatmen oder Hautkontakt in jedem Fall – auch bei Ausbleiben der Symptome – den Arzt aufsuchen. Nach Kontakt der Substanz mit den Augen ist in jedem Fall ein Augenarzt aufzusuchen.

Geruchsschwelle = Luftgrenzwert =

Bemerkungen: Der Stoff ist löslich in den meisten organischen Lösemitteln.

Sicherheitsmaßnahmen für Fahrzeugbesatzung, Polizei, Feuerwehr und Rettungskräfte:
Polizei und Feuerwehr alarmieren.
Im Gefahrenbereich umluftunabhängiges (schweres) Atemschutzgerät und volle Schutzkleidung tragen. Bei Erhitzung der Flüssigkeit Zündung abstellen, Maschine stoppen, nicht rauchen, offenes Feuer löschen, kein elektrisches Gerät und keinen Schalter mit Funkenbildung betätigen.
Wasserschutzpolizei und Feuerwehr: Bei Erhitzung des Stoffes kein Boot mit Ottomotor einsetzen. Bei Dieselantrieb Sicherheitsschaltung veranlassen. Beim Retten nicht ins Wasser springen.

Schutz- und Einsatzmaßnahmen: Alle unbeteiligten Personen nach Luv (gegen den Wind) entfernen. Achtung, falls freiwerdendes Gut in die Kanalisation oder in Abwasserleitungen von Schiffen gerät, entstehen ätzende und gesundheitsschädliche Gemische mit Abwasser. In Wohn- und Industriegebieten Anwohner warnen. Große Sicherheitszone bilden.

Konzentrationsmessung explosionsfähiger bzw. giftiger Dämpfe siehe Tabelle (Anhang 6 der Erläuterungen).

Zuständige Behörden unterrichten.

Bekämpfung der Unfallfolgen:
Feuer: Bei kleinem Brandherd Löschpulver, Wassersprühstrahl, Kohlensäure oder Schaum. Bei großem Brandherd Schaum oder Wassersprühstrahl. Behälter mit Wassersprühstrahl kühlen und nach Möglichkeit aus der Gefahrenzone ziehen. Achtung, das Löschwasser ist giftig und umweltgefährlich. Es muß aufgefangen werden und darf nicht unbehandelt in die Kanalisation, in Gewässer oder in das Grundwasser gelangen.
Leckage: Leck schließen, wenn ohne Risiko möglich.
Fließendes Gewässer: Trink-, Brauch- und Kühlwasserentnehmer verständigen.
Stehendes Gewässer: Absperren. Fahrzeugbesatzungen im gefährdeten Gebiet warnen.
An Land: Kanalisation abdichten. Auffangen, eindeichen und abpumpen. In Wohn- und Industriegebieten alle tiefliegenden Räume abdichten. Alle Zündquellen beseitigen. Restmengen mit nicht brennbarem, saugfähigem Material wie z. B. trockener Erde, Sand, Kieselgur, Universalbinder oder Vermiculit abdecken und an sichere Deponie zur Vernichtung transportieren.

Gewässerverunreinigung:
GefStoffV/EG:
Gesamtbewertung nach Unfall: Gruppe II, in stehenden Gewässern mittlere bis hohe, in fließenden Gewässern mittlere toxische Wirkung, nach Brand Gruppe IV, hohe bis sehr hohe (extrem hohe) toxische Wirkung unabhängig von der Turbulenz des Gewässers (siehe auch Erläuterungen Abschnitt 16.4/5).
Einzelwerte siehe Anhang 9 der Erläuterungen.
Wassergefährdungsklasse: 1 – schwach wassergefährdender Stoff

Erste Hilfe:
Verletzte an die frische Luft bringen, bequem lagern, beengende Kleidungsstücke lockern. Bei Atemstörung Sauerstoffzufuhr, ggf. Beatmung. Benetzte Kleidungsstücke, Schuhe und Strümpfe sofort ausziehen, entfernen und vernichten. Betroffene Körperstellen anhaltend mit Wasser spülen und anschließend mit sterilem Verbandmaterial abdecken. Bei Augenkontakt die Augen 15 Minuten mit Wasser spülen. Augenlider dazu mit Daumen und Zeigefinger aufspreizen und gleichzeitig das Auge nach allen Seiten bewegen lassen. Verletzte nicht auskühlen lassen. Bei Erbrechen zumindest Kopf in Seitenlage bringen. Verletzte nur liegend transportieren. Bei Gefahr der Bewußtlosigkeit Lagerung und Transport in stabiler Seitenlage.

Hinweise für den Arzt:
Symptomatische Behandlung. Augen sorgfältig spülen. Bei anhaltenden Beschwerden Augenarzt hinzuziehen!

Formel:	Summen-Formel: C5–H6–N_2	UN-Nr. 3263 n.o.s.

Merkblatt

2452

Stoffname

Deutsch	*Englisch*	*Französisch*
1-Vinylimidazol	**1-Vinyl-imidazole**	**1-Vinylimidazole**
N-Vinylimidazol	N-Vinyl imidazole	
1-Ethenyl-1H-imidazol	1-Ethenyl-1H-imidazole	
Vinilimidazol		

Spanisch

1-Vinilimidazol

Gefahren-Diamant

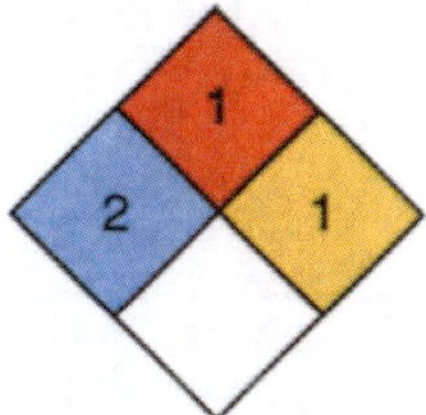

Hazchem-Code:
2X

Technische Daten		**Feuerbekämpfungsdaten**	
Siedepunkt	192 °C	Flammpunkt	84 °C
Dampfdruck in mbar bei 20 °C	0,5	Zündfähiges Gemisch, Vol.-%	
Dampfdichteverhältnis, Luft = 1		Zündtemperatur	415 °C
Schmelzpunkt	<–50 °C		
Mischbarkeit mit Wasser	vollständig		
Spez. Gewicht, Wasser = 1	1,039		
Molare Masse	94,12		

Gefahrgut: **Klassifizierung:**
IMDG-Code: UN-Nr. 3263 n.o.s.* Kl. 8 Verp. Gr. I EMS: **F**-A; **S**-B
Marine pollutant
ICAO/IATA DGR: UN-Nr. 3263 n.o.s.* Kl. 8 Verp. Gr. I
ADR/RID/ADNR: UN-Nr. 3263 n.a.g.* Kl. 8 Klassifiz. Code C8 Verp. Gr. I
Gefahrzettel (Label) Nr. 8
Richtige Versandbezeichnung (PSN):
Land/BinSch: **3263 Ätzender, basischer, organischer fester Stoff, n.a.g. (1-Vinylimidazol)**
See/Luft: **Corrosive solid, basic, organic, n.o.s. (1-Vinylimidazole)**
* Nach BASF AG kein Gefahrgut im Sinne der Vorschriften.

Gefahrstoff:
CAS Nr.: 1072-63-5 RTECS-Nr.: –
EG-Nr.: 214-012-0 INDEX-Nr.:
EG-Einstufung: nein
Symbol: C*
R-Sätze: 22-34*
S-Sätze: 26-45-36/37/39*
D-Lagerklasse (VCI)-Nr.: 8L

* Herstellerangaben

Erscheinungsbild: Gelbe Flüssigkeit, aminartiger Geruch.

Verhalten bei Freiwerden und Vermischen mit Luft: Gesundheitsschädliche, ätzende und brennbare Flüssigkeit mit relativ hohem Flammpunkt von 84 °C. Bei starker Erhitzung bilden sich gesundheitsschädliche, ätzende und explosionsfähige Gemische mit Luft. Sie sind schwerer als Luft und kriechen am Boden entlang. Entzündung durch heiße Oberflächen, Funken oder offene Flammen. Bei Brand oder Erhitzung bis zur Zersetzung (z. B. durch Umgebungsbrände oder heiße Oberflächen) erfolgt Zersetzung unter Bildung von giftigen und ätzenden Gasen und Dämpfen, die im Wesentlichen aus nitrosen Gasen (Stickstoffoxiden) bestehen und auch Kohlenmonoxid sowie Kohlendioxid enthalten.

Verhalten bei Freiwerden und Vermischen mit Wasser: Der Stoff ist schwerer als Wasser und sinkt unter. Er mischt sich vollständig mit Wasser. Es bilden sich ätzende und gesundheitsschädliche Gemische mit Wasser, die auch bei Verdünnung noch wirksam sind.

Gesundheitsgefährdung: Die Substanz, ihre Dämpfe und Aerosole reizen die Schleimhäute der Augen, der Atemwege und die Haut, bei massivem Kontakt bis hin zur Verätzung, Gefahr bleibender Augenschäden. Gefahr von Kehlkopf- und Lungenödem – auch mit Verzögerung bis zu 2 Tagen. Nach Verschlucken: Schleimhautreizungen im Mund, Rachen, Speiseröhre und im Magen-Darm-Trakt. Bei Brand oder Erhitzen bis zur Zersetzung Bildung von nitrosen Gasen (s. auch Merkblatt 150).
Symptome: Lidkrampf, Tränenfluß, Schmerzen der Augen, Rötung, Blasenbildung auf der Haut, Husten, Atemnot, starke Leibschmerzen, Erbrechen, Übelkeit.
Nach Einatmen oder Hautkontakt in jedem Fall – auch bei Ausbleiben der Symptome – den Arzt aufsuchen. Nach Kontakt der Substanz mit den Augen ist in jedem Fall ein Augenarzt aufzusuchen.

Geruchsschwelle = Luftgrenzwert =

Bemerkungen: Der Stoff reagiert heftig unter starker Erwärmung bei Kontakt mit Säuren und starken Oxidationsmitteln.

Sicherheitsmaßnahmen für Fahrzeugbesatzung, Polizei, Feuerwehr und Rettungskräfte:
Polizei und Feuerwehr alarmieren.
Im Gefahrenbereich sofort umluftunabhängiges (schweres) Atemschutzgerät und volle Schutzkleidung tragen. Bei Erhitzung der Flüssigkeit Zündung abstellen, Maschine stoppen, nicht rauchen, offenes Feuer löschen, kein elektrisches Gerät und keinen Schalter mit Funkenbildung betätigen.
Wasserschutzpolizei und Feuerwehr: Bei Erhitzung des Stoffes kein Boot mit Ottomotor einsetzen. Bei Dieselantrieb Sicherheitsschaltung veranlassen. Beim Retten nicht ins Wasser springen.

Schutz- und Einsatzmaßnahmen: Alle unbeteiligten Personen nach Luv (gegen den Wind) entfernen. Achtung, falls freiwerdendes Gut in die Kanalisation oder in Abwasserleitungen von Schiffen gerät, entstehen ätzende und gesundheitsschädliche Gemische mit Abwasser. In Wohn- und Industriegebieten Anwohner warnen. Große Sicherheitszone bilden.

Konzentrationsmessung explosionsfähiger bzw. giftiger Dämpfe siehe Tabelle (Anhang 6 der Erläuterungen).

Zuständige Behörden unterrichten.

Bekämpfung der Unfallfolgen:
Feuer: Bei kleinem Brandherd Löschpulver, Wassersprühstrahl, Kohlensäure oder Schaum. Bei großem Brandherd Schaum oder Wassersprühstrahl. Behälter mit Wassersprühstrahl kühlen und nach Möglichkeit aus der Gefahrenzone ziehen. Achtung, das Löschwasser ist giftig und umweltgefährlich. Es muß aufgefangen werden und darf nicht unbehandelt in die Kanalisation, in Gewässer oder in das Grundwasser gelangen.
Leckage: Leck schließen, wenn ohne Risiko möglich.
Fließendes Gewässer: Trink-, Brauch- und Kühlwasserentnehmer verständigen.
Stehendes Gewässer: Absperren. Fahrzeugbesatzungen im gefährdeten Gebiet warnen.
An Land: Kanalisation abdichten. Auffangen, eindeichen und abpumpen. In Wohn- und Industriegebieten alle tiefliegenden Räume abdichten. Alle Zündquellen beseitigen. Restmengen mit nicht brennbarem, saugfähigem Material wie z. B. trockener Erde, Sand, Kieselgur, Universalbinder oder Vermiculit abdecken und an sichere Deponie zur Vernichtung transportieren.

Gewässerverunreinigung:
GefStoffV/EG:
Gesamtbewertung nach Unfall: Gruppe II, in stehenden Gewässern mittlere bis hohe, in fließenden Gewässern mittlere toxische Wirkung, nach Brand Gruppe IV, hohe bis sehr hohe (extrem hohe) toxische Wirkung unabhängig von der Turbulenz des Gewässers (siehe auch Erläuterungen Abschnitt 16.4/5).
Einzelwerte siehe Anhang 9 der Erläuterungen.
Wassergefährdungsklasse: 2 – wassergefährdender Stoff

Erste Hilfe:
Verletzte an die frische Luft bringen, bequem lagern, beengende Kleidungsstücke lockern. Bei Atemstörung Sauerstoffzufuhr, ggf. Beatmung. Benetzte Kleidungsstücke, Schuhe und Strümpfe sofort ausziehen, entfernen und vernichten. Betroffene Körperstellen anhaltend mit Wasser spülen und anschließend mit sterilem Verbandmaterial abdecken. Bei Augenkontakt die Augen 15 Minuten mit Wasser spülen. Augenlider dazu mit Daumen und Zeigefinger aufspreizen und gleichzeitig das Auge nach allen Seiten bewegen lassen. Verletzte nicht auskühlen lassen. Bei Erbrechen zumindest Kopf in Seitenlage bringen. Verletzte nur liegend transportieren. Bei Gefahr der Bewußtlosigkeit Lagerung und Transport in stabiler Seitenlage.

Hinweise für den Arzt:
Symptomatische Behandlung. Augen sorgfältig spülen. Unverzüglich Augenarzt hinzuziehen!

Formel: $ClCH_2CH_2OCH_2CH_2OH$ **Summen-Formel:** C4–H9–Cl–O2 **UN-Nr.**

Merkblatt

2453

Stoffname

Deutsch	*Englisch*	*Französisch*
2-(2-Chlorethoxy)-ethanol	**2-(2-Chloroethoxy)-ethanol**	**2-(2-Chloroéthoxy)éthanol**
Diglykolchlorhydrin	Diglycol chlorohydrine	
Diethylenglykolchlorhydrin	5-Chloro-3-oxa-1-pentanol	
5-Chlor-3-oxa-1-pentanol	Diethylene glycol monochloro hydrine	*Spanisch*
Diethylenglykolmonochlorhydrin		**2-(2-Cloroetoxi)etanol**

Gefahren-Diamant

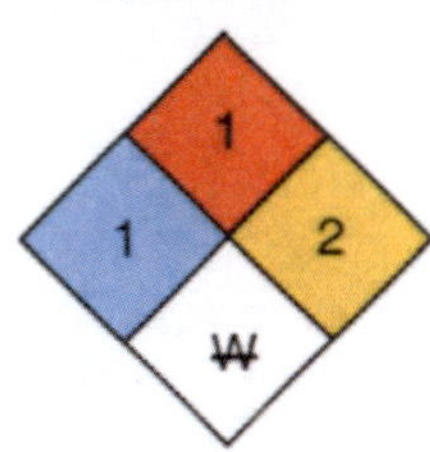

Hazchem-Code:

Technische Daten

Siedepunkt	197 °C
Dampfdruck in mbar bei 20 °C	0,17
Dampfdichteverhältnis, Luft = 1	4,30
Schmelzpunkt	
Mischbarkeit mit Wasser	reagiert*
Spez. Gewicht, Wasser = 1	1,179 °C
Molare Masse	124,57

Feuerbekämpfungsdaten

Flammpunkt	90 °C
Zündfähiges Gemisch, Vol.-%	
Zündtemperatur	

* Reagiert heftig mit Wasser unter starker Erwärmung und Zersetzung unter Bildung von Chlorwasserstoff(gas) bzw. Salzsäuredämpfen.

Gefahrgut: **Klassifizierung:**

IMDG-Code: UN-Nr. * Kl. Verp. Gr. EMS: **F-** ; **S-**

Marine pollutant

ICAO/IATA DGR: UN-Nr. * Kl. Verp. Gr.

ADR/RID/ADNR: UN-Nr. * Kl. Klassifiz. Code Verp. Gr.

Gefahrzettel (Label) Nr. *

Richtige Versandbezeichnung (PSN): *

Land/BinSch:

See/Luft:

* Kein Gefahrgut im Sinne der Vorschriften.

Gefahrstoff:

CAS Nr.: 628-89-7 RTECS-Nr.: KK 1350000

EG-Nr.: 211-059-9 INDEX-Nr.:

EG-Einstufung: nein

Symbol: Xi*

R-Sätze: 36/37/38*

S-Sätze: 26-36*

D-Lagerklasse (VCI)-Nr.:

* Herstellerangaben

Erscheinungsbild: Farblose Flüssigkeit.

Verhalten bei Freiwerden und Vermischen mit Luft: Reizende und brennbare Flüssigkeit mit relativ hohem Flammpunkt von 90 °C. Bei starker Erhitzung bilden sich reizende und explosionsfähige Gemische mit Luft. Sie sind schwerer als Luft und kriechen am Boden entlang. Entzündung durch heiße Oberflächen, Funken oder offene Flammen. Bei Erhitzung bis zur Zersetzung (z. B. durch Umgebungsbrände oder heiße Oberflächen) und bei Brand bilden sich giftige und ätzende Gase bzw. Dämpfe, die im Wesentlichen Chlorwasserstoff(gas) bzw. Salzsäuredämpfe bestehen und auch Kohlenmonoxid(gas) sowie Kohlendioxid(gas) enthalten.

Verhalten bei Freiwerden und Vermischen mit Wasser: Der Stoff ist schwerer als Wasser und sinkt unter. Er reagiert heftig mit Wasser unter Erwärmung und Bildung von Chlorwasserstoff(gas) bzw. Salzsäuredämpfen. Es bilden sich ätzende Gemische mit Wasser.

Gesundheitsgefährdung: Die Substanz und ihre Dämpfe/Aerosole reizen die Schleimhäute der Augen, der Atemwege und die Haut. Bei massiver Einwirkung besteht die Gefahr bleibender Augenschäden, Gefahr von Kehlkopf- und Lungenödem – auch mit Verzögerung bis zu 2 Tagen. Allergische Reaktionen sind möglich. Bei Brand oder Erhitzen bis zur Zersetzung Bildung von Chlorwasserstoff (s. auch Merkblatt 63).
Symptome: Brennen, Rötung, Juckreiz der Haut und der Augen, Atembeschwerden, Kopfschmerzen, Übelkeit, Schwindel, Erbrechen, Durchfall, Benommenheit.
Nach Kontakt der Substanz mit den Augen ist in jedem Fall ein Augenarzt aufzusuchen.

Geruchsschwelle = Luftgrenzwert =

Bemerkungen: Der Stoff reagiert bei Kontakt oder Mischung mit starken Oxidationsmitteln

Sicherheitsmaßnahmen für Fahrzeugbesatzung, Polizei, Feuerwehr und Rettungskräfte:
Polizei und Feuerwehr alarmieren.
Im Gefahrenbereich sofort umluftunabhängiges (schweres) Atemschutzgerät und volle Schutzkleidung tragen. Bei Erhitzung der Flüssigkeit Zündung abstellen, Maschine stoppen, nicht rauchen, offenes Feuer löschen, kein elektrisches Gerät und keinen Schalter mit Funkenbildung betätigen.
Wasserschutzpolizei und Feuerwehr: Bei Erhitzung des Stoffes kein Boot mit Ottomotor einsetzen. Bei Dieselantrieb Sicherheitsschaltung veranlassen. Beim Retten nicht ins Wasser springen.

Schutz- und Einsatzmaßnahmen: Alle unbeteiligten Personen nach Luv (gegen den Wind) entfernen. Achtung, falls freiwerdendes Gut in die Kanalisation oder in Abwasserleitungen von Schiffen gerät, bilden sich ätzende Gemische mit Abwasser und kann über der Oberfläche Verätzungsgefahr entstehen. Experten hinzuziehen. Auf Wasserstraßen Schiffahrtssperre. An Land gefährdetes Gebiet absperren. Große Sicherheitszone bilden. In Wohn- und Industriegebieten Anwohner warnen.

Konzentrationsmessung explosionsfähiger bzw. giftiger Dämpfe siehe Tabelle (Anhang 6 der Erläuterungen).

Zuständige Behörden unterrichten.

Bekämpfung der Unfallfolgen:
Feuer: Bei kleinem und großem Brandherd Löschpulver, Sand, Zement, gemahlenem Kalkstein; alkoholbeständiger Schaum oder Kohlensäure. Wegen heftiger Reaktionsgefahr kein Wasser verwenden. Behälter mit Wassersprühstrahl kühlen und nach Möglichkeit aus der Gefahrenzone ziehen. Es darf jedoch kein Wasser in den Tank gelangen, da sonst Gefahr einer heftigen Reaktion und Berstgefahr entstehen kann.
Leckage: Leck schließen, wenn ohne Risiko möglich.
Fließendes Gewässer: Trink-, Brauch- und Kühlwasserentnehmer verständigen.
Stehendes Gewässer: Absperren. Alle Zündquellen beseitigen. Fahrzeugbesatzungen im gefährdeten Gebiet warnen.
An Land: Kanalisation abdichten. Auffangen, eindeichen und abpumpen. Restmengen mit nicht brennbarem, saugfähigem Material wie z. B. trockener Erde, Sand, gemahlenem Kalkstein, Kieselgur, Universalbinder oder Vermiculit abdecken und in geschlossenem Behälter an sicheren Deponieort transportieren. Alle Zündquellen beseitigen. In Wohn- und Industriegebieten alle tiefliegenden Räumen abdichten.

Gewässerverunreinigung:
GefStoffV/EG:
Gesamtbewertung nach Unfall: Gruppe III, in stehenden Gewässern sehr hohe, in fließenden Gewässern je nach Vermischung mittlere bis hohe toxische Wirkung (siehe auch Erläuterungen Abschnitt 16.4/5).
Einzelwerte siehe Anhang 9 der Erläuterungen.
Wassergefährdungsklasse:

Erste Hilfe:
Verletzte an die frische Luft bringen, bequem lagern, beengende Kleidungsstücke lockern. Bei Atemstörung Sauerstoffzufuhr, ggf. Beatmung. Benetzte Kleidungsstücke, Schuhe und Strümpfe sofort ausziehen, entfernen und vernichten. Betroffene Körperstellen anhaltend mit Wasser spülen und anschließend mit sterilem Verbandmaterial abdecken. Bei Augenkontakt die Augen 15 Minuten mit Wasser spülen. Augenlider dazu mit Daumen und Zeigefinger aufspreizen und gleichzeitig das Auge nach allen Seiten bewegen lassen. Verletzte nicht auskühlen lassen. Bei Erbrechen zumindest Kopf in Seitenlage bringen. Verletzte nur liegend transportieren. Bei Gefahr der Bewußtlosigkeit Lagerung und Transport in stabiler Seitenlage.

Hinweise für den Arzt:
Symptomatische Behandlung. Augen sorgfältig spülen. Unverzüglich Augenarzt hinzuziehen!

Formel: | **Summen-Formel:** C8–H20–N2 | **UN-Nr. 2734 n.o.s.**

Merkblatt

2454

Stoffname

Deutsch

N, N-Diisopropyl-ethylendiamin
2-Diisopropylaminoethylamin
N,N-Diisopropylenethylendiamin
2-Aminoethyldiisopropylamin

Englisch

N,N-Diisopropyl-ethylenediamine
2-Diisopropylaminoethylamine
2-Aminoethyl diisopropyl amine

Französisch

2-Aminoéthyldiisopropylamine

Spanisch

2-Aminoetildiisopropilamina

Gefahren-Diamant

1 / 2 / 1

Hazchem-Code:
3W

Technische Daten

Siedepunkt	179–180 °C
Dampfdruck in mbar bei 20 °C	1
Dampfdichteverhältnis, Luft = 1	
Schmelzpunkt	–30 °C
Mischbarkeit mit Wasser	vollständig
Spez. Gewicht, Wasser = 1	0,825
Molare Masse	144,26

Feuerbekämpfungsdaten

Flammpunkt	56 °C
Zündfähiges Gemisch, Vol.-%	0,3–5,4
Zündtemperatur	270 °C

Gefahrgut:

	Klassifizierung:	
IMDG-Code: UN-Nr. 2734 n.o.s.	Kl. 8	Verp. Gr. II EMS: **F**-E; **S**-C
ICAO/IATA DGR: UN-Nr. 2734 n.o.s.	Kl. 8	Verp. Gr. II
ADR/RID/ADNR: UN-Nr. 2734 n.a.g.	Kl. 8	Klassifiz. Code CF1 Verp. Gr. II

Gefahrzettel (Label) Nr. 8+3
Richtige Versandbezeichnung (PSN):
Land/BinSch: **2734 Amine, flüssig, ätzend, entzündbar, n.a.g. (2-Diisoproylaminoethylamin)**
See/Luft: **Amines, liquid, corrosive, flammable, n.o.s. (2-Diisopropylaminoethylamine)**

Gefahrstoff:

CAS Nr.: 121-05-1 RTECS-Nr.: KY 4200000
EG-Nr.: 204-447-4 INDEX-Nr.:
EG-Einstufung: nein
Symbol: C*
R-Sätze: 10-34-22-52/53*
S-Sätze: 23-36/37/39-26-45-61*
D-Lagerklasse (VCI)-Nr.:

* Herstellerangaben

Erscheinungsbild: Farblose bis gelbliche Flüssigkeit, aminartiger Geruch.

Verhalten bei Freiwerden und Vermischen mit Luft: Gesundheitsschädliche, ätzende und brennbare Flüssigkeit. An besonders heißen Tagen und bei starker Erwärmung der Flüssigkeit bilden sich gesundheitsschädliche, ätzende und explosionsfähige Gemische mit Luft. Sie sind schwerer als Luft und kriechen am Boden entlang. Entzündung durch heiße Oberflächen, Funken oder offene Flammen. Bei Brand oder Erhitzung bis zur Zersetzung (zum Beispiel durch Umgebungsbrände oder heiße Oberflächen) bilden sich giftige und ätzende Gase, die im Wesentlichen aus nitrosen Gasen (Stickstoffoxiden) bestehen und auch Kohlenmonoxid sowie Kohlendioxid enthalten.

Verhalten bei Freiwerden und Vermischen mit Wasser: Der Stoff ist leichter als Wasser und schwimmt auf der Oberfläche. Er mischt sich vollständig mit Wasser. Es bilden sich ätzende, gesundheitsschädliche und wassergefährdende Gemische mit Wasser.

Gesundheitsgefährdung: Die Substanz und ihre Dämpfe/Aerosole verursachen Verätzungen der Schleimhäute, der Augen, der Atemwege und der Haut. Gefahr bleibender Augenschäden, auch Erblindung. Gefahr von Kehlkopf- und Lungenödem – auch mit Verzögerung bis zu 2 Tagen. Bei Verschlucken Verätzungen der Mund- und Rachenschleimhaut, der Speiseröhre und des Magens. Bei Brand oder Erhitzen bis zur Zersetzung Bildung von nitrosen Gasen (s. auch Merkblatt 150).
Symptome: Schmerzen, Brennen und Rötung der Augen und der Haut, schlecht heilende Ätzwunden, Lidkrampf, Husten und Niesanfälle, Atemnot, Leibschmerzen, Übelkeit, Schwindel, Benommenheit, Erbrechen, Durchfall, Schockgefahr
Nach Einatmen oder Hautkontakt in jedem Fall – auch bei Ausbleiben der Symptome – den Arzt aufsuchen.
Nach Kontakt der Substanz mit den Augen ist in jedem Fall ein Augenarzt aufzusuchen.

Geruchsschwelle = Luftgrenzwert =

Bemerkungen: Der Stoff reagiert heftig mit starker Erwärmung bei Kontakt oder Mischung mit Säuren.

Sicherheitsmaßnahmen für Fahrzeugbesatzung, Polizei, Feuerwehr und Rettungskräfte:
Polizei und Feuerwehr alarmieren.
Im Gefahrenbereich Maschine stoppen. Sofort umluftunabhängiges (schweres) Atemschutzgerät und volle Schutzkleidung tragen. An besonders heißen Tagen und bei starker Erwärmung der Flüssigkeit Zündung abstellen, nicht rauchen, offenes Feuer löschen, kein elektrisches Gerät und keinen Schalter mit Funkenbildung betätigen.
Wasserschutzpolizei und Feuerwehr: Beim Retten nicht ins Wasser springen. An besonders heißen Tagen und bei starker Erwärmung der Flüssigkeit kein Boot mit Ottomotor einsetzen. Bei Dieselantrieb Sicherheitsschaltung veranlassen. Radar- und Kommandorufanlage nicht betätigen.

Schutz- und Einsatzmaßnahmen: Alle unbeteiligten Personen nach Luv (gegen den Wind) entfernen. Achtung, falls freiwerdendes Gut in die Kanalisation oder in Abwasserleitungen von Schiffen gerät, bilden sich ätzende, gesundheitsschädliche und wassergefährdende Gemische mit Abwasser und kann bei heißem Abwasser über der Oberfläche Explosions- und Verätzungsgefahr entstehen. Experten hinzuziehen. Auf Wasserstraßen Schiffahrtssperre. An Land gefährdetes Gebiet absperren. Große Sicherheitszone bilden. In Wohn- und Industriegebieten Anwohner warnen.

Konzentrationsmessung explosionsfähiger bzw. giftiger Dämpfe siehe Tabelle (Anhang 6 der Erläuterungen).

Zuständige Behörden unterrichten.

Bekämpfung der Unfallfolgen:
Feuer: Bei kleinem Brandherd Löschpulver, Wassersprühstrahl, Kohlensäure oder Schaum. Bei großem Brandherd Schaum oder Wassersprühstrahl. Behälter mit Wassersprühstrahl kühlen und nach Möglichkeit aus der Gefahrenzone ziehen. Achtung, das Löschwasser ist giftig und umweltgefährlich. Es muß aufgefangen werden und darf nicht unbehandelt in die Kanalisation, in Gewässer oder in das Grundwasser gelangen.
Leckage: Leck schließen, wenn ohne Risiko möglich.
Fließendes Gewässer: Trink-, Brauch- und Kühlwasserentnehmer verständigen.
Stehendes Gewässer: Absperren. Fahrzeugbesatzungen im gefährdeten Gebiet warnen.
An Land: Kanalisation abdichten. Auffangen, eindeichen und abpumpen. In Wohn- und Industriegebieten alle tiefliegenden Räume abdichten. Alle Zündquellen beseitigen. Restmengen mit nicht brennbarem, saugfähigem Material wie z. B. trockener Erde, Sand, Kieselgur, Universalbinder oder Vermiculit abdecken und an sichere Deponie zur Vernichtung transportieren.

Gewässerverunreinigung:
GefStoffV/EG: R 52/53: Schädlich für Wasserorganismen, kann in Gewässern längerfristig schädliche Wirkungen haben.
Gesamtbewertung nach Unfall: Gruppe III, in stehenden Gewässern sehr hohe, in fließenden Gewässern je nach Vermischung mittlere bis hohe toxische Wirkung, nach Brand Gruppe IV, hohe bis sehr hohe (extrem hohe) toxische Wirkung, unabhängig von der Turbulenz des Gewässers (siehe auch Erläuterungen Abschnitt 16.4/5).
Einzelwerte siehe Anhang 9 der Erläuterungen.
Wassergefährdungsklasse: 2 – wassergefährdender Stoff

Erste Hilfe:
Verletzte an die frische Luft bringen, bequem lagern, beengende Kleidungsstücke lockern. Bei Atemstörung Sauerstoffzufuhr, ggf. Beatmung. Benetzte Kleidungsstücke, Schuhe und Strümpfe sofort ausziehen, entfernen und vernichten. Betroffene Körperstellen anhaltend mit Wasser spülen und anschließend mit sterilem Verbandmaterial abdecken. Bei Augenkontakt die Augen 15 Minuten mit Wasser spülen. Augenlider dazu mit Daumen und Zeigefinger aufspreizen und gleichzeitig das Auge nach allen Seiten bewegen lassen. Verletzte nicht auskühlen lassen. Bei Erbrechen zumindest Kopf in Seitenlage bringen. Verletzte nur liegend transportieren. Bei Gefahr der Bewußtlosigkeit Lagerung und Transport in stabiler Seitenlage.

Hinweise für den Arzt:
Symptomatische Behandlung. Augen sorgfältig spülen. Bei anhaltenden Beschwerden Augenarzt hinzuziehen!

Formel: $C_2H_5NHCH_2CH_2NH_2$ **Summen-Formel:** C4–H12–N2 **UN-Nr. 2733 n.o.s.**

Merkblatt

2455

Stoffname

Deutsch	*Englisch*	*Französisch*
N-Ethylethylendiamin	**N-Ethylethylene diamine**	**2-Aminoéthyl(éthyl)amine**
2-Ethylaminoethylamin	2-Ethylaminoethylamine	

Spanisch

2-Aminoetil(etil)amina

Gefahren-Diamant

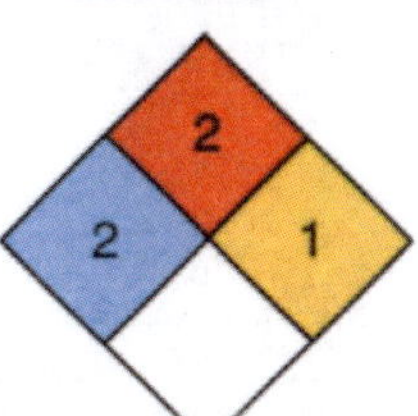

Hazchem-Code: 3W

Technische Daten

Siedepunkt	128–130 °C
Dampfdruck in mbar bei 20 °C	
Dampfdichteverhältnis, Luft = 1	
Schmelzpunkt	
Mischbarkeit mit Wasser	geringfügig
Spez. Gewicht, Wasser = 1	0,837
Molare Masse	88,15

Feuerbekämpfungsdaten

Flammpunkt	34 °C
Zündfähiges Gemisch, Vol.-%	
Zündtemperatur	

Gefahrgut: **Klassifizierung:**

IMDG-Code: UN-Nr. 2733 n.o.s. Kl. 3 Verp. Gr. II EMS: **F**-E; **S**-C

Marine pollutant

ICAO/IATA DGR: UN-Nr. 2733 n.o.s. Kl. 3 Verp. Gr. II

ADR/RID/ADNR: UN-Nr. 2733 n.a.g. Kl. 3 Klassifiz. Code FC Verp. Gr. II

Gefahrzettel (Label) Nr. 3+8

Richtige Versandbezeichnung (PSN):

Land/BinSch: **2733 Amine, entzündbar, ätzend, n.a.g. (N-Ehylethylendiamin)**

See/Luft: **Amines, flammable, corrosive, n.o.s. (N-Ethylethylene diamine)**

Gefahrstoff:

CAS Nr.: 110-72-5 RTECS-Nr.:

EG-Nr.: 203-795-4 INDEX-Nr.:

EG-Einstufung: nein

Symbol: C*

R-Sätze: 10-34-43*

S-Sätze: 24-26-36/37/39-45*

D-Lagerklasse (VCI)-Nr.: 3

* Herstellerangaben

Erscheinungsbild: Farblose Flüssigkeit.

Verhalten bei Freiwerden und Vermischen mit Luft: Ätzende und brennbare Flüssigkeit. Dämpfe leicht entzündbar, Flüssigkeit verdunstet schnell. Dämpfe bilden mit Luft ätzende und explosionsfähige Gemische. Sie sind schwerer als Luft, kriechen am Boden entlang und können bei Zündung über weite Strecken zurückschlagen. Entzündung durch heiße Oberflächen, Funken oder offene Flammen. Bei Brand oder Erhitzung bis zur Zersetzung (zum Beispiel durch Umgebungsbrände oder heiße Oberflächen) bilden sich giftige und ätzende Gase und Dämpfe, die im Wesentlichen aus nitrosen Gasen (Stickstoffoxiden) bestehen und auch Kohlenmonoxid sowie Kohlendioxid enthalten.

Verhalten bei Freiwerden und Vermischen mit Wasser: Der Stoff ist leichter als Wasser und schwimmt auf der Oberfläche. Er löst sich nur geringfügig in Wasser. Es bilden sich ätzende Gemische mit Wasser. Über der Wasseroberfläche können sich ätzende und explosionsfähige Gemische mit Luft bilden.

Gesundheitsgefährdung: Die Substanz und ihre Dämpfe/Aerosole verursachen Verätzungen der Schleimhäute der Augen, der Atemwege und der Haut. Gefahr bleibender Augenschäden, auch Erblindung. Gefahr von Kehlkopf- und Lungenödem – auch mit Verzögerung bis zu 2 Tagen. Bei Verschlucken Verätzungen der Mund- und Rachenschleimhaut, der Speiseröhre und des Magens. Bei wiederholtem oder langandauernden Kontakt sind allergische Reaktionen der Haut möglich. Bei Brand oder Erhitzen bis zur Zersetzung Bildung von nitrosen Gasen (s. auch Merkblatt 150).

Symptome: Schmerzen, Brennen und Rötung der Augen und der Haut, schlecht heilende Ätzwunden, Lidkrampf, Husten und Niesanfällen, Atemnot, Leibschmerzen, Übelkeit, Schwindel, Benommenheit, Erbrechen, Durchfall, Schockgefahr

Nach Einatmen oder Hautkontakt in jedem Fall – auch bei Ausbleiben der Symptome – den Arzt aufsuchen.
Nach Kontakt der Substanz mit den Augen ist in jedem Fall ein Augenarzt aufzusuchen.

Geruchsschwelle = Luftgrenzwert =

Bemerkungen: Der Stoff reagiert unter Erwärmung bei Kontakt mit Säuren, Säurechloriden, Säureanhydriden und Kohlendioxid.

Sicherheitsmaßnahmen für Fahrzeugbesatzung, Polizei, Feuerwehr und Rettungskräfte:
Polizei und Feuerwehr alarmieren.
Im Gefahrenbereich Maschine stoppen, Zündung abstellen, nicht rauchen, offenes Feuer löschen, kein elektrisches Gerät und keinen Schalter mit Funkenbildung betätigen. Umluftunabhängiges (schweres) Atemschutzgerät und volle Schutzkleidung tragen.
Wasserschutzpolizei und Feuerwehr: Kein Boot mit Ottomotor einsetzen. Bei Dieselantrieb Sicherheitsschaltung veranlassen. Radar- und Kommandorufanlage nicht betätigen. Beim Retten nicht ins Wasser springen.

Schutz- und Einsatzmaßnahmen: Alle unbeteiligten Personen nach Luv (gegen den Wind) entfernen. Achtung, falls freiwerdendes Gut in die Kanalisation oder in Abwasserleitungen von Schiffen gerät, können sich ätzende Gemische mit Abwasser bilden. Über der Oberfläche entsteht Explosions- und Verätzungsgefahr. Experten hinzuziehen. Auf Wasserstraßen Schiffahrtssperre. An Land gefährdetes Gebiet absperren. Große Sicherheitszone bilden. In Wohn- und Industriegebieten Anwohner warnen, ggf. gefährdetes Gebiet evakuieren.

Konzentrationsmessung explosionsfähiger bzw. giftiger Dämpfe siehe Tabelle (Anhang 6 der Erläuterungen).

Zuständige Behörden unterrichten.

Bekämpfung der Unfallfolgen:
Feuer: Bei kleinem Brandherd Löschpulver, Wassersprühstrahl, Kohlensäure oder Schaum. Bei großem Brandherd Schaum oder Wassersprühstrahl. Behälter mit Wassersprühstrahl kühlen und nach Möglichkeit aus der Gefahrenzone ziehen. Achtung, das Löschwasser ist giftig und umweltgefährlich. Es muß aufgefangen werden und darf nicht unbehandelt in die Kanalisation, in Gewässer oder in das Grundwasser gelangen.
Leckage: Leck schließen, wenn ohne Risiko möglich.
Fließendes Gewässer: Trink-, Brauch- und Kühlwasserentnehmer verständigen.
Stehendes Gewässer: Absperren. Fahrzeugbesatzungen im gefährdeten Gebiet warnen.
An Land: Kanalisation abdichten. Auffangen, eindeichen und abpumpen. In Wohn- und Industriegebieten alle tiefliegenden Räume abdichten. Alle Zündquellen beseitigen. Restmengen mit nicht brennbarem, saugfähigem Material wie z. B. trockener Erde, Sand, Kieselgur, Universalbinder oder Vermiculit abdecken und an sichere Deponie zur Vernichtung transportieren.

Gewässerverunreinigung:
GefStoffV/EG:
Gesamtbewertung nach Unfall: Gruppe III, in stehenden Gewässern sehr hohe, in fließenden Gewässern je nach Vermischung mittlere bis hohe toxische Wirkung, nach Brand Gruppe IV, hohe bis sehr hohe, (extrem hohe) toxische Wirkung unabhängig von der Turbulenz des Gewässers (siehe auch Erläuterungen Abschnitt 16.4/5)
Einzelwerte siehe Anhang 9 der Erläuterungen.
Wassergefährdungsklasse: 2 – wassergefährdender Stoff

Erste Hilfe:
Verletzte an die frische Luft bringen, bequem lagern, beengende Kleidungsstücke lockern. Bei Atemstörung Sauerstoffzufuhr, ggf. Beatmung. Benetzte Kleidungsstücke, Schuhe und Strümpfe sofort ausziehen, entfernen und vernichten. Betroffene Körperstellen anhaltend mit Wasser spülen und anschließend mit sterilem Verbandmaterial abdecken. Bei Augenkontakt die Augen 15 Minuten mit Wasser spülen. Augenlider dazu mit Daumen und Zeigefinger aufspreizen und gleichzeitig das Auge nach allen Seiten bewegen lassen. Verletzte nicht auskühlen lassen. Bei Erbrechen zumindest Kopf in Seitenlage bringen. Verletzte nur liegend transportieren. Bei Gefahr der Bewußtlosigkeit Lagerung und Transport in stabiler Seitenlage.

Hinweise für den Arzt:
Symptomatische Behandlung. Augen sorgfältig spülen.

Formel: $(CH_3)_2C(OCH_3)_2$	Summen-Formel: C5-H12-02	UN-Nr. 1993 n.o.s.

Merkblatt

2456

Stoffname

Deutsch	*Englisch*	*Französisch*
Acetondimethylacetal	**Acetone dimethyl acetal**	**Acetone-diméthylacetal**
2,2-Dimethoxypropan	2,2-Dimethoxypropane	
Acetondimethylketal	Acetone dimethyl cetal	

Spanisch

Acetona-dimetilacetal

Gefahren-Diamant

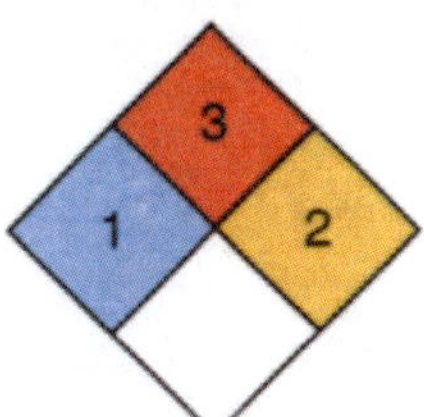

Hazchem-Code:
3Y

Technische Daten

Siedepunkt	80–83 °C
Dampfdruck in mbar	33 bei 26 °C
Dampfdichteverhältnis, Luft = 1	3,53
Schmelzpunkt	–47 °C
Mischbarkeit mit Wasser	geringfügig**
Spez. Gewicht, Wasser = 1	0,85
Molare Masse	104,15

Feuerbekämpfungsdaten

Flammpunkt	–5 °C*
Zündfähiges Gemisch, Vol.-%	6–31
Zündtemperatur	

* Nach Aldrich Chemie und anderen Quellen –11 °C.
** 150g/l bei 20 °C.

Gefahrgut:	**Klassifizierung:**	
IMDG-Code: UN-Nr. 1993 n.o.s.	Kl. 3	Verp. Gr. III EMS: **F**-E; **S**-E
Marine pollutant		
ICAO/IATA DGR: UN-Nr. 1993 n.o.s.	Kl. 3	Verp. Gr. III
ADR/RID/ADNR: UN-Nr. 1993 n.a.g.	Kl. 3	Klassifiz. Code F1 Verp. Gr. III
Gefahrzettel (Label) Nr. 3		

Richtige Versandbezeichnung (PSN):
Land/BinSch: **1993 Entzündbarer flüssiger Stoff, n.a.g. (2,2-Dimethoxypropan)**
See/Luft: **Flammable liquid, n.o.s. (2,2-Dimethoxypropane)**

Gefahrstoff:

CAS Nr.: 77-76-9	RTECS-Nr.:
EG-Nr.: 201-056-0	INDEX-Nr.:

EG-Einstufung: nein
Symbol: F, Xi*
R-Sätze: 11-36-66*
S-Sätze: 9-16-26*
D-Lagerklasse (VCI)-Nr.: 3A

* Herstellerangaben

Erscheinungsbild: Farblose Flüssigkeit, aromatischer Geruch.

Verhalten bei Freiwerden und Vermischen mit Luft: Reizende und leicht entzündliche Flüssigkeit. Dämpfe sehr leicht entzündbar, Flüssigkeit verdunstet sehr schnell. Dämpfe bilden mit Luft reizende und explosionsfähige Gemische. Sie sind schwerer als Luft, kriechen am Boden entlang und können bei Zündung über weite Strecken zurückschlagen. Entzündung duch heiße Oberflächen, Funken oder offene Flammen.

Verhalten bei Freiwerden und Vermischen mit Wasser: Der Stoff ist leichter als Wasser und schwimmt auf der Oberfläche. Er löst sich nur geringfügig in Wasser. Es bilden sich reizende und wassergefährdende Gemische mit Wasser. Über der Wasseroberfläche können sich reizende und explosionsfähige Gemische mit Luft bilden.

Gesundheitsgefährdung: Die Substanz und ihre Dämpfe reizen die Schleimhäute der Augen, der Atmungsorgane und der Haut. Bei massivem Kontakt mit der Flüssigkeit kann es zur Entfettung der Haut kommen, nachfolgend Hautentzündungen möglich. Die Dämpfe wirken narkotisch. Bei Brand oder Erhitzen bis zur Zersetzung Bildung von Methanol (s. auch Merkblatt 123).
Symptome: Brennen, Rötung, Juckreiz der Haut und der Augen, Atembeschwerden, Kopfschmerzen, Übelkeit, Schwindel, Erbrechen, Durchfall, Benommenheit
Nach Kontakt der Substanz mit den Augen ist in jedem Fall ein Augenarzt aufzusuchen.

Geruchsschwelle = Luftgrenzwert =

Bemerkungen: Der Stoff reagiert bei Kontakt mit Säuren. Er reagiert sehr heftig bei Kontakt mit starken Oxidationsmitteln. Durch die Reaktionshitze kann Entzündung eintreten und können sich gefährliche Peroxide bilden. Die Substanz reagiert sehr heftig bis explosionsartig bei Kontakt mit Metallperchloraten wie z. B. Mangan(II)-perchlorat und Nickelperchlorat. Bei Erhitzung auf Temperaturen >210 °C brennt der Stoff mit kalter Flamme und kann explodieren.

Sicherheitsmaßnahmen für Fahrzeugbesatzung, Polizei, Feuerwehr und Rettungskräfte:
Polizei und Feuerwehr alarmieren.
Im Gefahrenbereich Maschine stoppen, Zündung abstellen, nicht rauchen, offenes Feuer löschen, kein elektrisches Gerät, keinen Schalter mit Funkenbildung betätigen. Nur exgeschützte Geräte einsetzen. Umluftunabhängiges (schweres) Atemschutzgerät und volle Schutzkleidung tragen.
Wasserschutzpolizei und Feuerwehr: Kein Boot mit Ottomotor einsetzen. Bei Dieselantrieb Sicherheitsschaltung veranlassen. Radar- und Kommandorufanlage nicht benutzen. Beim Retten nicht ins Wasser springen.

Schutz- und Einsatzmaßnahmen: Alle unbeteiligten Personen nach Luv (gegen den Wind) entfernen. Achtung, falls freiwerdendes Gut in die Kanalisation oder in Abwasserleitungen von Schiffen gerät, entstehen reizende und wassergefährdende Gemische mit Abwasser und kann über der Oberfläche Explosions- und Gesundheitsgefahr entstehen. Experten hinzuziehen. Auf Wasserstraßen Schiffahrtssperre. An Land gefährdetes Gebiet absperren. Große Sicherheitszone bilden. In Wohn- und Industriegebieten Anwohner warnen. Bei großen Mengen freiwerdenden Gutes gefährdetes Gebiet evakuieren und Katastrophenalarm prüfen.

Konzentrationsmessung explosionsfähiger bzw. giftiger Dämpfe siehe Tabelle (Anhang 6 der Erläuterungen).

Zuständige Behörden unterrichten.

Bekämpfung der Unfallfolgen:
Feuer: Bei kleinem Brandherd Löschpulver, Wassersprühstrahl, Kohlensäure oder Schaum. Bei großem Brandherd Schaum oder Wassersprühstrahl. Behälter mit Wassersprühstrahl kühlen und nach Möglichkeit aus der Gefahrenzone ziehen. Achtung, das Löschwasser ist giftig und umweltgefährlich. Es muß aufgefangen werden und darf nicht unbehandelt in die Kanalisation, in Gewässer oder in das Grundwasser gelangen.
Leckage: Leck schließen, wenn ohne Risiko möglich.
Fließendes Gewässer: Trink-, Brauch- und Kühlwasserentnehmer verständigen.
Stehendes Gewässer: Absperren. Fahrzeugbesatzungen im gefährdeten Gebiet warnen.
An Land: Kanalisation abdichten. Auffangen, eindeichen und abpumpen. In Wohn- und Industriegebieten alle tiefliegenden Räume abdichten. Alle Zündquellen beseitigen. Restmengen mit nicht brennbarem, saugfähigem Material wie z. B. trockener Erde, Sand, Kieselgur, Universalbinder oder Vermiculit abdecken und an sichere Deponie zur Vernichtung transportieren.

Gewässerverunreinigung:
GefStoffV/EG:
Gesamtbewertung nach Unfall: Gruppe III, in stehenden Gewässern sehr hohe, in fließenden Gewässern je nach Vermischung mittlere bis hohe toxische Wirkung (siehe auch Erläuterungen Abschnitt 16.4/5).
Einzelwerte siehe Anhang 9 der Erläuterungen.
Wassergefährdungsklasse: 2 – wassergefährdender Stoff

Erste Hilfe:
Verletzte an die frische Luft bringen, bequem lagern, beengende Kleidungsstücke lockern. Bei Atemstörung Sauerstoffzufuhr, ggf. Beatmung. Benetzte Kleidungsstücke, Schuhe und Strümpfe sofort ausziehen und entfernen und vernichten. Betroffene Körperstellen anhaltend mit Wasser spülen und anschließend mit sterilem Verbandmaterial abdecken. Bei Augenkontakt die Augen 15 Minuten mit Wasser spülen. Augenlider dazu mit Daumen und Zeigefinger aufspreizen und gleichzeitig das Auge nach allen Seiten bewegen lassen. Verletzte nicht auskühlen lassen. Bei Erbrechen zumindest Kopf in Seitenlage bringen. Verletzte nur liegend transportieren. Bei Gefahr der Bewußtlosigkeit Lagerung und Transport in stabiler Seitenlage.

Hinweise für den Arzt:
Symptomatische Behandlung. Augen sorgfältig spülen.

Formel: **Summen-Formel:** C_6H_5NS (C6–H5–N–S) **UN-Nr. 3276 n.o.s.**

Merkblatt

2457

Gefahren-Diamant

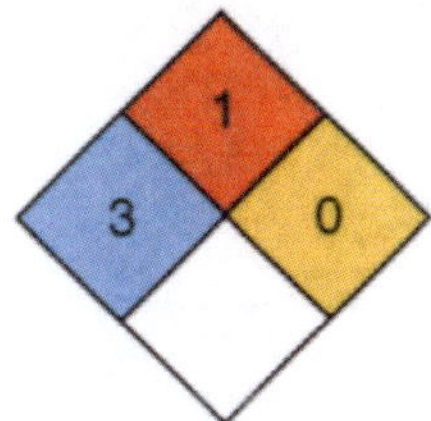

Hazchem-Code: **3X**

Stoffname

Deutsch	*Englisch*	*Französisch*
2-Thienylacetonitril	**2-Thienylacetonitrile**	**2-Thienylacetonitrile**
2-Thiophenacetonitril	2-Thiophenacetonitrile	
2-(Cyanmethyl)thiophen	2-(Cyanmethyl)thiophene	

Spanisch

2-Tienilacetonitrilo

Technische Daten		**Feuerbekämpfungsdaten**	
Siedepunkt	235–238 °C	Flammpunkt	ca. 108 °C
Dampfdruck in mbar bei 20 °C		Zündfähiges Gemisch, Vol.-%	
Dampfdichteverhältnis, Luft = 1		Zündtemperatur	
Schmelzpunkt			
Mischbarkeit mit Wasser	sehr geringfügig*		
Spez. Gewicht, Wasser = 1	1,157		
Molare Masse	123,18	* <0,1 g/l bei 23,5 °C.	

Gefahrgut:

	Klassifizierung:	
IMDG-Code: UN-Nr. 3276 n.o.s.	Kl. 6.1	Verp. Gr. III EMS: **F**-A; **S**-A
Marine pollutant		
ICAO/IATA DGR: UN-Nr. 3276 n.o.s.	Kl. 6.1	Verp. Gr. III
ADR/RID/ADNR: UN-Nr. 3276 n.a.g.	Kl. 6.1	Klassifiz. Code T1 Verp. Gr. III

Gefahrzettel (Label) Nr. 6.1

Richtige Versandbezeichnung (PSN):

Land/BinSch: **3276 Nitrile, giftig, n.a.g. (2-Thienylacetonitril)**

See/Luft: **Nitriles, toxic, n.o.s. (2-Thienylacetonitrile)**

Gefahrstoff:

CAS Nr.: 20893-30-5 RTECS-Nr.:

EG-Nr.: 244-104-6 INDEX-Nr.:

EG-Einstufung: nein

Symbol: T*

R-Sätze: 23/24/25*

S-Sätze: 36/37/39-45*

D-Lagerklasse (VCI)-Nr.: 6.1

* Herstellerangaben

Erscheinungsbild: Hellbraune Flüssigkeit, charakteristischer Geruch.

Verhalten bei Freiwerden und Vermischen mit Luft: Giftige und brennbare Flüssigkeit mit relativ hohem Flammpunkt von 108 °C. Bei starker Erhitzung bilden sich giftige und explosionsfähige Gemische mit Luft. Sie sind schwerer als Luft und kriechen am Boden entlang. Entzündung durch heiße Oberflächen, Funken oder offene Flammen. Bei Erhitzung bis zur Zersetzung (z. B. durch Umgebungsbrände oder heiße Oberflächen) und bei Brand bilden sich giftige und ätzende Gase bzw. Dämpfe, die im Wesentlichen aus nitrosen Gasen, Cyanwasserstoff(gas = Blausäure) und Schwefeldioxid(gas) bestehen und auch Kohlenmonoxid(gas) sowie Kohlendioxid(gas) enthalten.

Verhalten bei Freiwerden und Vermischen mit Wasser: Der Stoff ist schwerer als Wasser und sinkt unter. Er löst sich nur geringfügig in Wasser. Es bilden sich giftige Gemische mit Wasser, die auch bei starker Verdünnung noch wirksam sind.

Gesundheitsgefährdung: Die Substanz ist giftig durch verzögerte Blausäurefreisetzung (s. auch Merkblatt 42). Hautaufnahme! Die Substanz reizt die Schleimhäute der oberen Atemwege und der Augen. Nach Aufnahme in den Körper kommt es zur langsamen Erstickung. Bei Brand oder Erhitzen bis zur Zersetzung Bildung von Blausäure (s. auch Merkblatt 42) und nitrosen Gasen (s. auch Merkblatt 150).
Symptome: Schwindel, Kopfschmerzen, Schwindelgefühl, Lichtscheu, Tränen- und Speichelfluß, Übelkeit, Erbrechen, Atemnot, Krämpfe, Blauverfärbung von Lippen und Fingernägeln (Cyanose), Bewußtlosigkeit, Tod
Nach Einatmen oder Hautkontakt in jedem Fall – auch bei Ausbleiben der Symptome – den Arzt aufsuchen. Nach Kontakt der Substanz mit den Augen ist in jedem Fall ein Augenarzt aufzusuchen.

Geruchsschwelle = Luftgrenzwert =

Bemerkungen: Der Stoff reagiert bei Kontakt oder Mischung mit Säuren, starken Basen, starken Oxidationsmitteln und starken Reduktionsmitteln unter Bildung von Cyanwasserstoff(gas = Blausäure).

Sicherheitsmaßnahmen für Fahrzeugbesatzung, Polizei, Feuerwehr und Rettungskräfte:
Polizei und Feuerwehr alarmieren.
Im Gefahrenbereich Maschine stoppen, umluftunabhängiges (schweres) Atemschutzgerät und volle Schutzkleidung tragen. Bei Brand oder starker Erhitzung des Stoffes Zündung abstellen, nicht rauchen, offenes Feuer löschen, kein elektrisches Gerät und keinen Schalter mit Funkenbildung betätigen.
Wasserschutzpolizei und Feuerwehr: Beim Retten nicht ins Wasser springen. Bei starker Erhitzung des Stoffes und bei Brand kein Boot mit Ottomotor einsetzen. Bei Dieselantrieb Sicherheitsschaltung veranlassen.

Schutz- und Einsatzmaßnahmen: Alle unbeteiligten Personen nach Luv (gegen den Wind) entfernen. Achtung, falls freiwerdendes Gut in die Kanalisation oder in Abwasserleitungen von Schiffen gerät, entstehen giftige Gemische mit Abwasser. In Wohn- und Industriegebieten Anwohner warnen. Große Sicherheitszone bilden.

Konzentrationsmessung explosionsfähiger bzw. giftiger Dämpfe siehe Tabelle (Anhang 6 der Erläuterungen).

Zuständige Behörden unterrichten.

Bekämpfung der Unfallfolgen:
Feuer: Bei kleinem Brandherd Löschpulver, Wassersprühstrahl, Kohlensäure oder Schaum. Bei großem Brandherd Schaum oder Wassersprühstrahl. Behälter mit Wassersprühstrahl kühlen und nach Möglichkeit aus der Gefahrenzone ziehen. Achtung, das Löschwasser ist giftig und umweltgefährlich. Es muß aufgefangen werden und darf nicht unbehandelt in die Kanalisation, in Gewässer oder in das Grundwasser gelangen.
Leckage: Leck schließen, wenn ohne Risiko möglich.
Fließendes Gewässer: Trink-, Brauch- und Kühlwasserentnehmer verständigen.
Stehendes Gewässer: Absperren. Fahrzeugbesatzungen im gefährdeten Gebiet warnen.
An Land: Kanalisation abdichten. Auffangen, eindeichen und abpumpen. In Wohn- und Industriegebieten alle tiefliegenden Räume abdichten. Alle Zündquellen beseitigen. Restmengen mit nicht brennbarem, saugfähigem Material wie z. B. trockener Erde, Sand, Kieselgur, Universalbinder oder Vermiculit abdecken und an sichere Deponie zur Vernichtung transportieren.

Gewässerverunreinigung:
GefStoffV/EG:
Gesamtbewertung nach Unfall: – Nach Brand Gruppe IV, hohe bis sehr hohe (extrem hohe) toxische Wirkung unabhängig von der Turbulenz des Gewässers (siehe auch Erläuterungen Abschnitt 16.4/5).
Einzelwerte siehe Anhang 9 der Erläuterungen.
Wassergefährdungsklasse:

Erste Hilfe:
Verletzte an die frische Luft bringen, bequem lagern, beengende Kleidungsstücke lockern. Bei Atemstörung Sauerstoffzufuhr, ggf. Beatmung. Benetzte Kleidungsstücke, Schuhe und Strümpfe sofort ausziehen, entfernen und vernichten. Betroffene Körperstellen anhaltend mit Wasser spülen und anschließend mit sterilem Verbandmaterial abdecken. Bei Augenkontakt die Augen 15 Minuten mit Wasser spülen. Augenlider dazu mit Daumen und Zeigefinger aufspreizen und gleichzeitig das Auge nach allen Seiten bewegen lassen. Verletzte nicht auskühlen lassen. Bei Erbrechen zumindest Kopf in Seitenlage bringen. Verletzte nur liegend transportieren. Bei Gefahr der Bewußtlosigkeit Lagerung und Transport in stabiler Seitenlage.

Hinweise für den Arzt:
Symptomatische Behandlung. Augen sorgfältig spülen. Unklar, ob protrahiert verlaufende Blausäurevergiftung. Nach kurzer zurückliegender Ingestion größerer Mengen Magenspülung erwägen.

Formel: $CH_3CH_2CH_2COCOCH_3$ **Summen-Formel:** C6–H10–O2 **UN-Nr. 1224 n.o.s.**

Merkblatt

2458

Stoffname

Deutsch	*Englisch*	*Französisch*
2,3-Hexandion	**2,3-Hexanedione**	**Hexane-2,3-dione**
Acetylbutyryl	Acetylbutyryl	
Methylpropyldiketon	Methyl propyl diketone	

Spanisch

Hexano-2,3-diona

Gefahren-Diamant

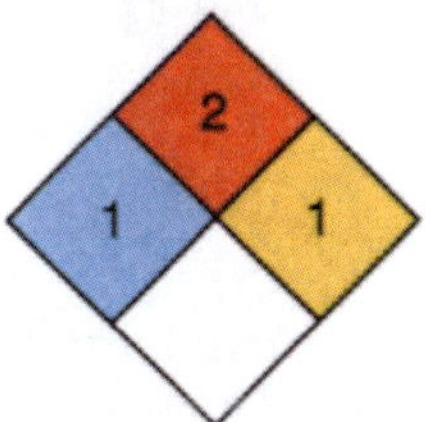

Hazchem-Code: **3Y**

Technische Daten

Siedepunkt	130 °C*
Dampfdruck in mbar bei 20 °C	9,9
Dampfdichteverhältnis, Luft = 1	
Schmelzpunkt	–10 °C
Mischbarkeit mit Wasser	geringfügig**
Spez. Gewicht, Wasser = 1	0,941
Molare Masse	114,14

Feuerbekämpfungsdaten

Flammpunkt	29 °C
Zündfähiges Gemisch, Vol.-%	1,2–5,9
Zündtemperatur	245 °C

* Heftige Polymerisation ab Temperaturen >130 °C.
** 31 g/l bei 20 °C.

Gefahrgut: | **Klassifizierung:**

IMDG-Code: UN-Nr. 1224 n.o.s. — Kl. 3 — Verp. Gr. II EMS: **F**-E; **S**-D
Marine pollutant
ICAO/IATA DGR: UN-Nr. 1224 n.o.s. — Kl. 3 — Verp. Gr. II
ADR/RID/ADNR: UN-Nr. 1224 n.a.g. — Kl. 3 — Klassifiz. Code F1 Verp. Gr. II
Gefahrzettel (Label) Nr. 3
Richtige Versandbezeichnung (PSN):
Land/BinSch: **1224 Ketone flüssig, n.a.g. (2,3-Hexandion)**
See/Luft: **Ketones liquid, n.o.s. (2,3-Hexane dione)**

Gefahrstoff:

CAS Nr.: 3848-24-6 RTECS-Nr.: MO 3140000
EG-Nr.: 223-350-8 INDEX-Nr.:
EG-Einstufung: nein
Symbol: Xn*
R-Sätze: 10-20-36/38*
S-Sätze: 51*
D-Lagerklasse (VCI)-Nr.: 3A

* Herstellerangaben

Erscheinungsbild: Gelbe Flüssigkeit, charakteristischer Geruch (stark ölähnlich).

Verhalten bei Freiwerden und Vermischen mit Luft: Gesundheitsschädliche, reizende und brennbare Flüssigkeit. An besonders heißen Tagen und bei starker Erwärmung der Flüssigkeit bilden sich gesundheitsschädliche, reizende, explosionsfähige Gemische mit Luft. Sie sind schwerer als Luft und kriechen am Boden entlang. Entzündung durch heiße Oberflächen, Funken oder offene Flammen. Bei Brand oder Erhitzung bis zur Zersetzung (zum Beispiel durch Umgebungsbrände oder heiße Oberflächen) bilden sich giftige und ätzende Gase, die im Wesentlichen aus Rauch und sauren Dämpfen bestehen und auch Kohlenmonoxid sowie Kohlendioxid enthalten.

Verhalten bei Freiwerden und Vermischen mit Wasser: Der Stoff ist leichter als Wasser und schwimmt auf der Oberfläche. Er löst sich nur geringfügig in Wasser. Es bilden sich gesundheitsschädliche Gemische mit Wasser.

Gesundheitsgefährdung: Die Dämpfe/Aerosole haben narkotische Wirkung, der Kontakt mit der Flüssigkeit führt zu Hautreizungen und zur Entfettung der Haut, nachfolgend Hautentzündungen möglich.
Symptome: Benommenheit, Schläfrigkeit, Schwindel, Übelkeit, Erbrechen, Durchfall, Kopfschmerzen, Hautrötung, Brennen, Juckreiz.
Nach Kontakt der Substanz mit den Augen ist in jedem Fall ein Augenarzt aufzusuchen.

Geruchsschwelle = Luftgrenzwert =

Bemerkungen: Der Stoff ist löslich in Ethylalkohol, 1,2-Propandiol sowie tierischen und pflanzlichen Ölen. Er reagiert bei Kontakt mit Säuren und vielen Metallen. Die Substanz reagiert heftig bei Kontakt oder Mischung mit Alkalien (Basen) insbesondere mit Alkalihydroxiden. Achtung, der Stoff neigt zur Polymerisation unter starker Wärmeentwicklung. Sie wird duch Hitzeeinwirkung ausgelöst. Für Behälter und Container entsteht dann Berstgefahr.

Sicherheitsmaßnahmen für Fahrzeugbesatzung, Polizei, Feuerwehr und Rettungskräfte:
Polizei und Feuerwehr alarmieren.
Im Gefahrenbereich Maschine stoppen. Sofort umluftunabhängiges (schweres) Atemschutzgerät und volle Schutzkleidung tragen. An besonders heißen Tagen und bei starker Erwärmung der Flüssigkeit Zündung abstellen, nicht rauchen, offenes Feuer löschen, kein elektrisches Gerät und keinen Schalter mit Funkenbildung betätigen.
Wasserschutzpolizei und Feuerwehr: Beim Retten nicht ins Wasser springen. An besonders heißen Tagen und bei starker Erwärmung der Flüssigkeit kein Boot mit Ottomotor einsetzen. Bei Dieselantrieb Sicherheitsschaltung veranlassen. Radar- und Kommandorufanlage nicht betätigen.

Schutz- und Einsatzmaßnahmen: Alle unbeteiligten Personen nach Luv (gegen den Wind) entfernen. Achtung, falls freiwerdendes Gut in die Kanalisation oder in Abwasserleitungen von Schiffen gerät, entstehen schädliche Gemische mit Abwasser und kann mit heißem Abwasser Explosionsgefahr bestehen. Experten hinzuziehen. Auf Wasserstraßen Schiffahrtssperre. An Land gefährdetes Gebiet absperren. Große Sicherheitszone bilden. In Wohn- und Industriegebieten Anwohner warnen.

Konzentrationsmessung explosionsfähiger bzw. giftiger Dämpfe siehe Tabelle (Anhang 6 der Erläuterungen).

Zuständige Behörden unterrichten.

Bekämpfung der Unfallfolgen:
Feuer: Bei kleinem Brandherd Löschpulver, Wassersprühstrahl, Kohlensäure oder Schaum. Bei großem Brandherd Schaum oder Wassersprühstrahl. Behälter mit Wassersprühstrahl kühlen und nach Möglichkeit aus der Gefahrenzone ziehen. Achtung, das Löschwasser ist giftig und umweltgefährlich. Es muß aufgefangen werden und darf nicht unbehandelt in die Kanalisation, in Gewässer oder in das Grundwasser gelangen.
Leckage: Leck schließen, wenn ohne Risiko möglich.
Fließendes Gewässer: Trink-, Brauch- und Kühlwasserentnehmer verständigen.
Stehendes Gewässer: Absperren. Fahrzeugbesatzungen im gefährdeten Gebiet warnen.
An Land: Kanalisation abdichten. Auffangen, eindeichen und abpumpen. In Wohn- und Industriegebieten alle tiefliegenden Räume abdichten. Alle Zündquellen beseitigen. Restmengen mit nicht brennbarem, saugfähigem Material wie z. B. trockener Erde, Sand, Kieselgur, Universalbinder oder Vermiculit abdecken und an sichere Deponie zur Vernichtung transportieren.

Gewässerverunreinigung:
GefStoffV/EG:
Gesamtbewertung nach Unfall: Gruppe II, in stehenden Gewässern mittlere bis hohe, in fließenden Gewässern mittlere toxische Wirkung (siehe auch Erläuterungen Abschnitt 16.4/5)
Einzelwerte siehe Anhang 9 der Erläuterungen.
Wassergefährdungsklasse: 2 – wassergefährdender Stoff

Erste Hilfe:
Verletzte an die frische Luft bringen, bequem lagern, beengende Kleidungsstücke lockern. Bei Atemstörung Sauerstoffzufuhr, ggf. Beatmung. Benetzte Kleidungsstücke, Schuhe und Strümpfe sofort ausziehen, entfernen und vernichten. Betroffene Körperstellen anhaltend mit Wasser spülen und anschließend mit sterilem Verbandmaterial abdecken. Bei Augenkontakt die Augen 15 Minuten mit Wasser spülen. Augenlider dazu mit Daumen und Zeigefinger aufspreizen und gleichzeitig das Auge nach allen Seiten bewegen lassen. Verletzte nicht auskühlen lassen. Bei Erbrechen zumindest Kopf in Seitenlage bringen. Verletzte nur liegend transportieren. Bei Gefahr der Bewußtlosigkeit Lagerung und Transport in stabiler Seitenlage.

Hinweise für den Arzt:
Symptomatische Behandlung. Augen sorgfältig spülen.

Formel: | Summen-Formel: C9–H14–O | UN-Nr. 1993 n.o.s.

Merkblatt

2459

Stoffname

Deutsch

2,5,6-Trimethyl-2-cyclohexen-1-on

2-Cyclohexen-1-on,2,5,6-Trimethylcyclohexen-1-on

Englisch

2,5,6-Trimethyl-2-cyclohexen-1-one

Französisch

2,5,6-Triméthylcyclohex-2-ène-1-one

Spanisch

2,5,6-Trimetilciclohex-2-en-1-ona

Gefahren-Diamant

1 / 1 / 1

Hazchem-Code: 3Y

Technische Daten	
Siedepunkt	198 °C
Dampfdruck in mbar bei 20 °C	1
Dampfdichteverhältnis, Luft = 1	4,77
Schmelzpunkt	
Mischbarkeit mit Wasser	sehr geringfügig*
Spez. Gewicht, Wasser = 1	0,933
Molare Masse	138,21

Feuerbekämpfungsdaten	
Flammpunkt	50,7 C°
Zündfähiges Gemisch, Vol.-%	0,8–7
Zündtemperatur	335 °C

* 1,80g/l bei 25 °C.

Gefahrgut:

	Klassifizierung:	
IMDG-Code: UN-Nr. 1993 n.o.s.	Kl. 3	Verp. Gr. III EMS: **F**-E; **S**-E
Marine pollutant		
ICAO/IATA DGR: UN-Nr. 1993 n.o.s.	Kl. 3	Verp. Gr. III
ADR/RID/ADNR: UN-Nr. 1993 n.a.g.	Kl. 3	Klassifiz. Code F1 Verp. Gr. III

Gefahrzettel (Label) Nr. 3

Richtige Versandbezeichnung (PSN):

Land/BinSch: **1993 Entzündbarer flüssiger Stoff, n.a.g. (2,5,6-Trimethyl-2-cyclohexen-1-on)**

See/Luft: **Flammable liquid, n.o.s. (2,5,6-Trimethyl-2-cyclohexen-1-one)**

Gefahrstoff:

CAS Nr.: 20030-30-2 | RTECS-Nr.:

EG-Nr.: 243-473-0 | INDEX-Nr.:

EG-Einstufung: nein

Symbol: Xn*

R-Sätze: 10-22-38*

S-Sätze:

D-Lagerklasse (VCI)-Nr.:

* Herstellerangaben

Erscheinungsbild: Hellgelbe Flüssigkeit, starker Geruch.

Verhalten bei Freiwerden und Vermischen mit Luft: Gesundheitsschädliche, reizende und brennbare Flüssigkeit. An besonders heißen Tagen und bei starker Erwärmung der Flüssigkeit bilden sich gesundheitsschädliche, reizende, explosionsfähige Gemische mit Luft. Sie sind schwerer als Luft und kriechen am Boden entlang. Entzündung durch heiße Oberflächen, Funken oder offene Flammen. Bei Brand oder Erhitzung bis zur Zersetzung (zum Beispiel durch Umgebungsbrände oder heiße Oberflächen) bilden sich giftige und ätzende Gase, die im Wesentlichen aus saurem Rauch und Dämpfen bestehen und auch Kohlenmonixed sowie Kohlendioxid enthalten.

Verhalten bei Freiwerden und Vermischen mit Wasser: Der Stoff ist leichter als Wasser und schwimmt auf der Oberfläche. Er löst sich nur geringfügig in Wasser. Es bilden sich gesundheitsschädliche und schwach wassergefährdende Gemische mit Wasser.

Gesundheitsgefährdung: Die Substanz ist gesundheitsschädlich und reizt bei direktem Kontakt die Haut, die Dämpfe/Aerosole können bei massiver Einwirkung zu Reizungen der Schleimhäute der Augen und der oberen Atemwege führen. Narkotische Effekte sind nicht auszuschließen.
Symptome: Rötung, Brennen und Juckreiz der Haut, Benommenheit, Übelkeit, Schwindel, Erbrechen, Durchfall
Nach Kontakt der Substanz mit den Augen ist in jedem Fall ein Augenarzt aufzusuchen.

Geruchsschwelle =

Luftgrenzwert =

Bemerkungen: Der Stoff ist löslich in den meisten organischen Lösemitteln.

Sicherheitsmaßnahmen für Fahrzeugbesatzung, Polizei, Feuerwehr und Rettungskräfte:
Polizei und Feuerwehr alarmieren.
Im Gefahrenbereich an besonders heißen Tagen und bei starker Erwärmung der Flüssigkeit im Gefahrenbereich Maschine stoppen, Zündung abstellen, offenes Feuer löschen, nicht rauchen, keinen Schalter mit Funkenbildung und kein elektrisches Gerät betätigen. Umluftunabhängiges (schweres) Atemschutzgerät und volle Schutzkleidung tragen.
Wasserschutzpolizei und Feuerwehr: An besonders heißen Tagen und bei Erwärmung der Flüssigkeit kein Boot mit Ottomotor einsetzen. Kein Kunststoffboot verwenden. Bei Dieselantrieb Sicherheitsschaltung veranlassen. Beim Retten nicht ins Wasser springen.

Schutz- und Einsatzmaßnahmen: Alle unbeteiligten Personen nach Luv (gegen den Wind) entfernen. Achtung, falls freiwerdendes Gut in die Kanalisation oder in Abwasserleitungen von Schiffen gerät, entstehen schädliche Gemische mit Abwasser und kann mit heißem Abwasser Explosionsgefahr entstehen. Experten hinzuziehen. Auf Wasserstraßen Schiffahrtssperre. An Land gefährdetes Gebiet absperren. In Wohn- und Industriegebieten Anwohner warnen. Bei größeren Mengen freigewordenen Gutes große Sicherheitszone bilden. Achtung, die Dämpfe bleiben am Boden. Flammen können bei Zündung über weite Strecken zurückschlagen.

Konzentrationsmessung explosionsfähiger bzw. giftiger Dämpfe siehe Tabelle (Anhang 6 der Erläuterungen).

Zuständige Behörden unterrichten.

Bekämpfung der Unfallfolgen:
Feuer: Bei kleinem Brandherd Löschpulver, trockener Sand, Zement, gemahlener Kalksetin, Kohlensäure oder Schaum. Wasser ist ineffektiv und sollte nur im Notfall eingesetzt werden. Bei großem Brandherd Schaum oder Wassersprühstrahl. Behälter mit Wassersprühstrahl kühlen und nach Möglichkeit aus der Gefahrenzone ziehen. Achtung, das Löschwasser ist giftig und umweltgefährlich. Es muß aufgefangen werden und darf nicht unbehandelt in die Kanalisation, in Gewässer oder in das Grundwasser gelangen.
Leckage: Leck schließen, wenn ohne Risiko möglich.
Fließendes Gewässer: Trink-, Brauch- und Kühlwasserentnehmer verständigen.
Stehendes Gewässer: Absperren. Fahrzeugbesatzungen im gefährdeten Gebiet warnen.
An Land: Kanalisation abdichten. Auffangen, eindeichen und abpumpen. In Wohn- und Industriegebieten alle tiefliegenden Räume abdichten. Alle Zündquellen beseitigen. Restmengen mit nicht brennbarem, saugfähigem Material wie z. B. trockener Erde, Sand, Kieselgur, Universalbinder oder Vermiculit abdecken und an sichere Deponie zur Vernichtung transportieren.

Gewässerverunreinigung:
GefStoffV/EG:
Gesamtbewertung nach Unfall: Gruppe III, in stehenden Gewässern sehr hohe, in fließenden Gewässern je nach Vermischung mittlere bis hohe toxische Wirkung (siehe auch Erläuterungen Abschnitt 16.4/5).
Einzelwerte siehe Anhang 9 der Erläuterungen.
Wassergefährdungsklasse: 1 – schwach wassergefährdender Stoff

Erste Hilfe:
Verletzte an die frische Luft bringen, bequem lagern, beengende Kleidungsstücke lockern. Bei Atemstörung Sauerstoffzufuhr, ggf. Beatmung. Benetzte Kleidungsstücke, Schuhe und Strümpfe sofort ausziehen, entfernen und vernichten. Betroffene Körperstellen anhaltend mit Wasser spülen und anschließend mit sterilem Verbandmaterial abdecken. Bei Augenkontakt die Augen 15 Minuten mit Wasser spülen. Augenlider dazu mit Daumen und Zeigefinger aufspreizen und gleichzeitig das Auge nach allen Seiten bewegen lassen. Verletzte nicht auskühlen lassen. Bei Erbrechen zumindest Kopf in Seitenlage bringen. Verletzte nur liegend transportieren. Bei Gefahr der Bewußtlosigkeit Lagerung und Transport in stabiler Seitenlage.

Hinweise für den Arzt:
Symptomatische Behandlung. Augen sorgfältig spülen.

Formel: | **Summen-Formel:** C6–H10–O3 | **UN-Nr. 1993 n.o.s.**

Merkblatt

2460

Stoffname

Deutsch

2,5-Dihydro-2,5-dimethoxyfuran, cis und trans-, Isomeren-Gemisch
2,5-Dimethoxy-2,5-dihydrofuran, cis, -trans, Isomeren-Gemisch
DMDF

Englisch

2,5-Dihydro-2,5-dimethoxyfurane, mixtures of cis and trans isomeres
2,5-Dimethoxy-2,5-dihydrofurane, mixtures of cis and trans isomeres

Französisch

2,5-Dihydro-2,5-dimethoxyfuranne, mixture isomères cis/trans

Spanisch

2,5-Dihidro-2,5-dimethoxifurano, mezclas de cis/trans isómeros

Gefahren-Diamant

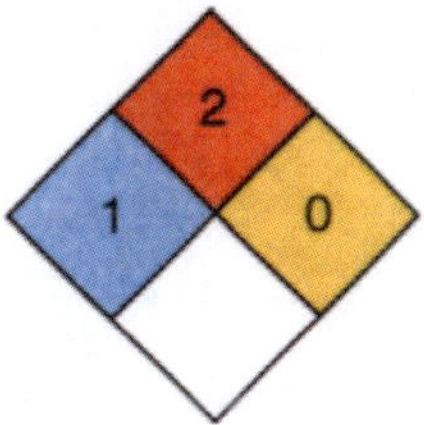

Hazchem-Code:
3YE

Technische Daten

Siedepunkt	160–162 °C
Dampfdruck in mbar bei 20 °C	
Dampfdichteverhältnis, Luft = 1	4,50
Schmelzpunkt	<–40 °C
Mischbarkeit mit Wasser	vollständig
Spez. Gewicht, Wasser = 1	1,071
Molare Masse	130,14

Feuerbekämpfungsdaten

Flammpunkt	47 °C
Zündfähiges Gemisch, Vol.-%	1,1–18,3
Zündtemperatur	285 °C

Gefahrgut: | **Klassifizierung:**

IMDG-Code: UN-Nr. 1993 n.o.s. | Kl. 3 | Verp. Gr. I EMS: **F**-E; **S**-E
Marine pollutant
ICAO/IATA DGR: UN-Nr. 1993 n.o.s. | Kl. 3 | Verp. Gr. I
ADR/RID/ADNR: UN-Nr. 1993 n.a.g. | Kl. 3 | Klassifiz. Code F1 Verp. Gr. I
Gefahrzettel (Label) Nr. 3
Richtige Versandbezeichnung (PSN):
Land/BinSch: **1993 Entzündbarer flüssiger Stoff, n.a.g. (2,5-Dihydro-2,5-dimethoxyfuran)**
See/Luft: **Flammable liquid, n.o.s. (2,5-Dihydro-2,5-dimethoxyfurane)**

Gefahrstoff:
CAS Nr.: 332-77-4 | RTECS-Nr.:
EG-Nr.: 206-367-5 | INDEX-Nr.:
EG-Einstufung: nein
Symbol: Xn*
R-Sätze: 10-20/22*
S-Sätze: 24-25*
D-Lagerklasse (VCI)-Nr.: 3A

* Herstellerangaben

Erscheinungsbild: Farblose Flüssigkeit.

Verhalten bei Freiwerden und Vermischen mit Luft: Gesundheitsschädliche und brennbare Flüssigkeit. An besonders heißen Tagen und bei starker Erwärmung der Flüssigkeit bilden sich gesundheitsschädliche, explosionsfähige Gemische mit Luft. Sie sind schwerer als Luft und kriechen am Boden entlang. Entzündung durch heiße Oberflächen, Funken oder offene Flammen. Bei Brand oder Erhitzung bis zur Zersetzung (zum Beispiel durch Umgebungsbrände oder heiße Oberflächen) bilden sich giftige und ätzende Gase, die im Wesentlichen aus saurem Rauch und Dämpfen bestehen und auch Kohlenmonoxid sowie Kohlendioxid enthalten.

Verhalten bei Freiwerden und Vermischen mit Wasser: Der Stoff ist schwerer als Wasser und sinkt unter. Er löst sich vollständig in Wasser. Es bilden sich gesundheitsschädliche, schwach wassergefährdende Gemische mit Wasser.

Gesundheitsgefährdung: Die Substanz und ihre Dämpfe wirken nach Aufnahme in den Körper narkotisch. Die Substanz reizt die Augen und die Schleimhäute der oberen Atemwege. Entfettung der Haut möglich, nachfolgend Hautentzündungen.
Symptome: Benommenheit, Übelkeit, Schwindel, Erbrechen, Durchfall, Atembeschwerden, Kopfschmerzen, Rötung und Brennen der Augen, Husten- und Niesanfälle

Geruchsschwelle = | Luftgrenzwert =

Bemerkungen: Der Stoff ist löslich in den meisten organischen Lösemitteln. Der Stoff reagiert bei Kontakt oder Mischung mit Säuren und starken Oxidationsmitteln.

Sicherheitsmaßnahmen für Fahrzeugbesatzung, Polizei, Feuerwehr und Rettungskräfte:
Polizei und Feuerwehr alarmieren.
Im Gefahrenbereich an besonders heißen Tagen und bei starker Erwärmung der Flüssigkeit Maschine stoppen, Zündung abstellen, offenes Feuer löschen, nicht rauchen, keinen Schalter mit Funkenbildung und kein elektrisches Gerät betätigen. Umluftunabhängiges (schweres) Atemschutzgerät und volle Schutzkleidung tragen.
Wasserschutzpolizei und Feuerwehr: An besonders heißen Tagen und bei Erwärmung der Flüssigkeit kein Boot mit Ottomotor einsetzen. Bei Dieselantrieb Sicherheitsschaltung veranlassen. Beim Retten nicht ins Wasser springen.

Schutz- und Einsatzmaßnahmen: Alle unbeteiligten Personen nach Luv (gegen den Wind) entfernen. Achtung, falls freiwerdendes Gut in die Kanalisation oder in Abwasserleitungen von Schiffen gerät, entstehen schädliche Gemische mit Abwasser und kann mit heißem Abwasser Explosionsgefahr entstehen. Experten hinzuziehen. Auf Wasserstraßen Schiffahrtssperre. An Land gefährdetes Gebiet absperren. In Wohn- und Industriegebieten Anwohner warnen. Bei größeren Mengen freigewordenen Gutes große Sicherheitszone bilden. Achtung, die Dämpfe bleiben am Boden. Flammen können bei Zündung über weite Strecken zurückschlagen.

Konzentrationsmessung explosionsfähiger bzw. giftiger Dämpfe siehe Tabelle (Anhang 6 der Erläuterungen).

Zuständige Behörden unterrichten.

Bekämpfung der Unfallfolgen:
Feuer: Bei kleinem Brandherd Löschpulver, Wassersprühstrahl, Kohlensäure oder Schaum. Bei großem Brandherd Schaum oder Wassersprühstrahl. Behälter mit Wassersprühstrahl kühlen und nach Möglichkeit aus der Gefahrenzone ziehen. Achtung, das Löschwasser ist giftig und umweltgefährlich. Es muß aufgefangen werden und darf nicht unbehandelt in die Kanalisation, in Gewässer oder in das Grundwasser gelangen.
Leckage: Leck schließen, wenn ohne Risiko möglich.
Fließendes Gewässer: Trink-, Brauch- und Kühlwasserentnehmer verständigen.
Stehendes Gewässer: Absperren. Fahrzeugbesatzungen im gefährdeten Gebiet warnen.
An Land: Kanalisation abdichten. Auffangen, eindeichen und abpumpen. In Wohn- und Industriegebieten alle tiefliegenden Räume abdichten. Alle Zündquellen beseitigen. Restmengen mit nicht brennbarem, saugfähigem Material wie z. B. trockener Erde, Sand, Kieselgur, Universalbinder oder Vermiculit abdecken und an sichere Deponie zur Vernichtung transportieren.

Gewässerverunreinigung:
GefStoffV/EG:
Gesamtbewertung nach Unfall: Gruppe II, in stehenden Gewässern mittlere bis hohe, in fließenden Gewässern mittlere toxische Wirkung (siehe auch Erläuterungen Abschnitt 16.4/5).
Einzelwerte siehe Anhang 9 der Erläuterungen.
Wassergefährdungsklasse: 1 – schwach wassergefährdender Stoff

Erste Hilfe:
Verletzte an die frische Luft bringen, bequem lagern, beengende Kleidungsstücke lockern. Bei Atemstörung Sauerstoffzufuhr, ggf. Beatmung. Benetzte Kleidungsstücke, Schuhe und Strümpfe sofort ausziehen, entfernen und vernichten. Betroffene Körperstellen anhaltend mit Wasser spülen und anschließend mit sterilem Verbandmaterial abdecken. Bei Augenkontakt die Augen 15 Minuten mit Wasser spülen. Augenlider dazu mit Daumen und Zeigefinger aufspreizen und gleichzeitig das Auge nach allen Seiten bewegen lassen. Verletzte nicht auskühlen lassen. Bei Erbrechen zumindest Kopf in Seitenlage bringen. Verletzte nur liegend transportieren. Bei Gefahr der Bewußtlosigkeit Lagerung und Transport in stabiler Seitenlage.

Hinweise für den Arzt:
Symptomatische Behandlung. Nach kurz zurückliegender Ingestion in größeren Mengen: Magenspülung erwägen.

Formel:	Summen-Formel: $C_6H_{12}O_3$	UN-Nr. 1993 n.o.s.	Merkblatt **2461**

Stoffname

Deutsch

2,5-Dimethoxy-tetrahydrofuran
2,5-Dimethoxytetrahydro-furan, cis/trans, Gemisch
Bernsteinsäuredialdehyd-dimethylacetal
Bernsteindialdehyd-dimethylacetal

Englisch

2,5-Dimethoxytetrahydro-furan
2,5-Dimethoxytetrahydro-furan mixed isomeres cis/trans

Französisch

Tetrahydro-2,5-dimethoxy-furanne
Tetrahydro-2,5-dimethoxy-furanne, mixture isomères cis/trans

Spanisch

Tetrahidro-2,5-dimetoxi-furano

Gefahren-Diamant

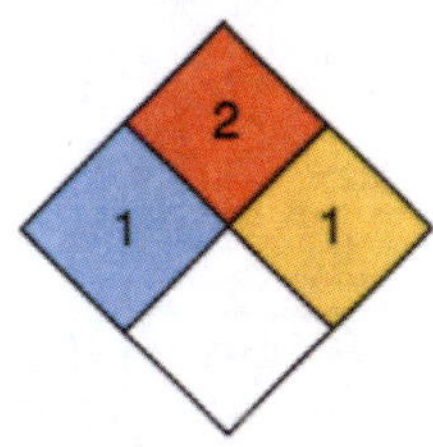

Hazchem-Code: 3Y

Technische Daten

Siedepunkt	145–148 °C
Dampfdruck in mbar bei 20 °C	5
Dampfdichteverhältnis, Luft = 1	4,57
Schmelzpunkt	–45 °C
Mischbarkeit mit Wasser	teilweise*
Spez. Gewicht, Wasser = 1	1,023
Molare Masse	132,16

Feuerbekämpfungsdaten

Flammpunkt	35 °C
Zündfähiges Gemisch, Vol.-%	2–12,3
Zündtemperatur	205 °C

* 300 g/l bei 20 °C.

Gefahrgut:

	Klassifizierung:	
IMDG-Code: UN-Nr. 1993 n.o.s.	Kl. 3	Verp. Gr. III EMS: **F**-E; **S**-E
Marine pollutant		
ICAO/IATA DGR: UN-Nr. 1993 n.o.s.	Kl. 3	Verp. Gr. III
ADR/RID/ADNR: UN-Nr. 1993 n.a.g.	Kl. 3	Klassifiz. Code F1 Verp. Gr. III

Gefahrzettel (Label) Nr. 3
Richtige Versandbezeichnung (PSN):
Land/BinSch: **1993 Entzündbarer flüssiger Stoff, n.a.g. (2,5-Dimethoxytetrahydrofuran)**
See/Luft: **Flammable liquid, n.o.s. (2,5-Dimethoxytetrahydrofuran)**

Gefahrstoff:

CAS Nr.: 696-59-3 RTECS-Nr.:
EG-Nr.: 211-797-1 INDEX-Nr.:
EG-Einstufung: nein
Symbol: Xn*
R-Sätze: 10-20-36*
S-Sätze: 26-36*
D-Lagerklasse (VCI)-Nr.: 3A

* Herstellerangaben

Erscheinungsbild: Farblose Flüssigkeit, wahrnehmbarer Geruch.

Verhalten bei Freiwerden und Vermischen mit Luft: Gesundheitsschädliche und brennbare Flüssigkeit. An besonders heißen Tagen und bei starker Erwärmung der Flüssigkeit bilden sich gesundheitsschädliche, explosionsfähige Gemische mit Luft. Sie sind schwerer als Luft und kriechen am Boden entlang. Entzündung durch heiße Oberflächen, Funken oder offene Flammen. Bei Brand oder Erhitzung bis zur Zersetzung (zum Beispiel durch Umgebungsbrände oder heiße Oberflächen) bilden sich giftige und ätzende Gase, die im Wesentlichen aus saurem Rauch und Dämpfen bestehen und auch Kohlenmonoxid sowie Kohlendioxid enthalten.

Verhalten bei Freiwerden und Vermischen mit Wasser: Der Stoff ist schwerer als Wasser und sinkt unter. Er löst sich teilweise in Wasser. Es bilden sich gesundheitsschädliche und schwach wassergefährdende Gemische mit Wasser.

Gesundheitsgefährdung: Die Substanz und ihre Dämpfe wirken nach Aufnahme in den Körper narkotisch. Die Substanz reizt die Augen und die Schleimhäute der oberen Atemwege. Entfettung der Haut möglich, nachfolgend Hautentzündungen.
Symptome: Benommenheit, Übelkeit, Schwindel, Erbrechen, Durchfall, Atembeschwerden, Kopfschmerzen, Rötung und Brennen der Augen, Husten- und Niesanfälle

Geruchsschwelle = Luftgrenzwert =

Bemerkungen: Der Stoff ist löslich in Ethylalkohol. Er reagiert bei Kontakt mit Oxidationsmitteln und starken Säuren.

Sicherheitsmaßnahmen für Fahrzeugbesatzung, Polizei, Feuerwehr und Rettungskräfte:
Polizei und Feuerwehr alarmieren.
Im Gefahrenbereich Maschine stoppen, Zündung abstellen, nicht rauchen, offenes Feuer löschen, kein elektrisches Gerät und keinen Schalter mit Funkenbildung betätigen. Sofort umluftunabhängiges (schweres) Atemschutzgerät und volle Schutzkleidung tragen.
Wasserschutzpolizei und Feuerwehr: Kein Boot mit Ottomotor einsetzen. Bei Dieselantrieb Sicherheitsschaltung veranlassen. Radar- und Kommandorufanlage nicht benutzen. Beim Retten nicht ins Wasser springen.

Schutz- und Einsatzmaßnahmen: Alle unbeteiligten Personen nach Luv (gegen den Wind) entfernen. Achtung, falls freiwerdendes Gut in die Kanalisation oder in Abwasserleitungen von Schiffen gerät, entstehen gesundheitsschädliche Gemische mit Abwasser und können sich mit heißem Abwasser über der Oberfläche explosionsfähige und gesundheitsschädliche Gemische mit Luft bilden. In Wohn- und Industriegebieten Anwohner warnen. Große Sicherheitszone bilden. Bei größeren Mengen ausgelaufenen Gutes Katastrophenalarm prüfen.

Konzentrationsmessung explosionsfähiger bzw. giftiger Dämpfe siehe Tabelle (Anhang 6 der Erläuterungen).

Zuständige Behörden unterrichten.

Bekämpfung der Unfallfolgen:
Feuer: Bei kleinem Brandherd Löschpulver, Wassersprühstrahl, Kohlensäure oder Schaum. Bei großem Brandherd Schaum oder Wassersprühstrahl. Behälter mit Wassersprühstrahl kühlen und nach Möglichkeit aus der Gefahrenzone ziehen. Achtung, das Löschwasser ist giftig und umweltgefährlich. Es muß aufgefangen werden und darf nicht unbehandelt in die Kanalisation, in Gewässer oder in das Grundwasser gelangen.
Leckage: Leck schließen, wenn ohne Risiko möglich.
Fließendes Gewässer: Trink-, Brauch- und Kühlwasserentnehmer verständigen.
Stehendes Gewässer: Absperren. Fahrzeugbesatzungen im gefährdeten Gebiet warnen.
An Land: Kanalisation abdichten. Auffangen, eindeichen und abpumpen. In Wohn- und Industriegebieten alle tiefliegenden Räume abdichten. Alle Zündquellen beseitigen. Restmengen mit nicht brennbarem, saugfähigem Material wie z. B. trockener Erde, Sand, Kieselgur, Universalbinder oder Vermiculit abdecken und an sichere Deponie zur Vernichtung transportieren.

Gewässerverunreinigung:
GefStoffV/EG:
Gesamtbewertung nach Unfall: Gruppe II, in stehenden Gewässern mittlere bis hohe, in fließenden Gewässern mittlere toxische Wirkung (siehe auch Erläuterungen Abschnitt 16.4/5).
Einzelwerte siehe Anhang 9 der Erläuterungen.
Wassergefährdungsklasse: 1 – schwach wassergefährdender Stoff

Erste Hilfe:
Verletzte an die frische Luft bringen, bequem lagern, beengende Kleidungsstücke lockern. Bei Atemstörung Sauerstoffzufuhr, ggf. Beatmung. Benetzte Kleidungsstücke, Schuhe und Strümpfe sofort ausziehen, entfernen und vernichten. Betroffene Körperstellen anhaltend mit Wasser spülen und anschließend mit sterilem Verbandmaterial abdecken. Bei Augenkontakt die Augen 15 Minuten mit Wasser spülen. Augenlider dazu mit Daumen und Zeigefinger aufspreizen und gleichzeitig das Auge nach allen Seiten bewegen lassen. Verletzte nicht auskühlen lassen. Bei Erbrechen zumindest Kopf in Seitenlage bringen. Verletzte nur liegend transportieren. Bei Gefahr der Bewußtlosigkeit Lagerung und Transport in stabiler Seitenlage.

Hinweise für den Arzt:
Symptomatische Behandlung. Augen sorgfältig spülen. Nach Ingestion: Mund ausspülen lassen; nach kurz zurückliegender Ingestion größerer Mengen: Magenabsaugung erwägen. Ggf. endoskopische Kontrolle des Ausmaßes der Verätzungen der Speiseröhre.

Formel: $(CH_3)_2C_6H_9OH$	Summen-Formel: C8–H16–O	UN-Nr. 1987 n.o.s.	Merkblatt **2462**

Stoffname

Deutsch	*Englisch*	*Französisch*
2,6-Dimethylcyclohexanol 2,6-Dimethylhexan-1-ol	**2,6-Dimethylcyclohexanole** 2,6-Dimethylhexan-1-ole	**2,6-Diméthylcyclohexane-1-ol**

Spanisch

2,6-Dimetilciclohexan-1-ol

Gefahren-Diamant

1 / 1 / 0

Hazchem-Code: 3Y

Technische Daten

Siedepunkt	174,5 °C
Dampfdruck in mbar bei 20 °C	
Dampfdichteverhältnis, Luft = 1	4,43
Schmelzpunkt	
Mischbarkeit mit Wasser	sehr geringfügig
Spez. Gewicht, Wasser = 1	0,920
Molare Masse	128,21

Feuerbekämpfungsdaten

Flammpunkt	55 °C
Zündfähiges Gemisch, Vol.-%	
Zündtemperatur	

Gefahrgut:

	Klassifizierung:	
IMDG-Code: UN-Nr. 1987 n.o.s.	Kl. 3	Verp. Gr. III EMS: **F**-E; **S**-D
ICAO/IATA DGR: UN-Nr. 1987 n.o.s.	Kl. 3	Verp. Gr. III
ADR/RID/ADNR: UN-Nr. 1987 n.a.g.	Kl. 3	Klassifiz. Code F1 Verp. Gr. III

Gefahrzettel (Label) Nr. 3

Richtige Versandbezeichnung (PSN):

Land/BinSch: **1987 Alkohole, n.a.g. (2,6-Dimethylcyclohexanol)**

See/Luft: **Alcohols n.o.s. (2,6-Dimethylcyclohexanole)**

Gefahrstoff:

CAS Nr.: 5337-72-4 RTECS-Nr.:

EG-Nr.: 226-264-9 INDEX-Nr.:

EG-Einstufung: nein

Symbol: Xn*

R-Sätze: 22*

S-Sätze: 23-24-25*

D-Lagerklasse (VCI)-Nr.: 3L

* Herstellerangaben

Erscheinungsbild: Farblose Flüssigkeit. Geruch nach Alkohol.

Verhalten bei Freiwerden und Vermischen mit Luft: Gesundheitsschädliche und brennbare Flüssigkeit mit relativ hohem Flammpunkt von 55 °C. Bei Erhitzung bilden sich gesundheitsschädliche und explosionsfähige Gemische mit Luft. Sie sind schwerer als Luft und kriechen am Boden entlang. Entzündung durch heiße Oberflächen, Funken oder offene Flammen. Bei Erhitzung bis zur Zersetzung (z. B. durch Umgebungsbrände oder heiße Oberflächen) und bei Brand bilden sich schädliche Gase bzw. Dämpfe, die im Wesentlichen aus reizendem Rauch und Dämpfen bestehen und auch Kohlenmonoxid(gas) sowie Kohlendioxid(gas) enthalten.

Verhalten bei Freiwerden und Vermischen mit Wasser: Der Stoff ist leichter als Wasser und schwimmt auf der Oberfläche. Er löst sich nur geringfügig in Wasser. Es bilden sich gesundheitsschädliche und wassergefährdende Gemische mit Wasser, die auch bei Verdünnung noch wirksam sind.

Gesundheitsgefährdung: Die Substanz ist gesundheitsschädlich und ihre Dämpfe/Aerosole reizen die Schleimhäute der Augen und des Nasen-Rachen-Raumes. Nach Verschlucken, Hautaufnahme oder Einatmen kommt es zu narkotischen Wirkungen.
Symptome: Rötung und Brennen der Augen, Husten- und Niesreiz, Übelkeit, Benommenheit, Schläfrigkeit, Erbrechen, Durchfall, Schwindel
Nach Kontakt der Substanz mit den Augen ist in jedem Fall ein Augenarzt aufzusuchen.

Geruchsschwelle = Luftgrenzwert =

Bemerkungen: Der Stoff reagiert bei Kontakt oder Mischung mit starken Säuren, starken Oxidationsmitteln, starken Reduktionsmitteln, Säurechloriden und Säureanhydriden.

Sicherheitsmaßnahmen für Fahrzeugbesatzung, Polizei, Feuerwehr und Rettungskräfte:
Polizei und Feuerwehr alarmieren.
Im Gefahrenbereich sofort umluftunabhängiges (schweres) Atemschutzgerät und volle Schutzkleidung tragen. Bei Erhitzung der Flüssigkeit Zündung abstellen, Maschine stoppen, nicht rauchen, offenes Feuer löschen, kein elektrisches Gerät und keinen Schalter mit Funkenbildung betätigen.
Wasserschutzpolizei und Feuerwehr: Bei Erhitzung des Stoffes kein Boot mit Ottomotor einsetzen. Bei Dieselantrieb Sicherheitsschaltung veranlassen. Beim Retten nicht ins Wasser springen.

Schutz- und Einsatzmaßnahmen: Alle unbeteiligten Personen nach Luv (gegen den Wind) entfernen. Achtung, falls freiwerdendes Gut in die Kanalisation oder in Abwasserleitungen von Schiffen gerät, entstehen gesundheitsschädliche und wassergefährdende Gemische mit Abwasser und können sich mit heißem Abwasser über der Oberfläche explosionsfähige Gemische mit Luft bilden. In Wohn- und Industriegebieten Anwohner warnen. Große Sicherheitszone bilden. Bei größeren Mengen ausgelaufenen Gutes Katastrophenalarm prüfen.

Konzentrationsmessung explosionsfähiger bzw. giftiger Dämpfe siehe Tabelle (Anhang 6 der Erläuterungen).

Zuständige Behörden unterrichten.

Bekämpfung der Unfallfolgen:
Feuer: Bei kleinem Brandherd Löschpulver, Wassersprühstrahl, Kohlensäure oder Schaum. Bei großem Brandherd Schaum oder Wassersprühstrahl. Behälter mit Wassersprühstrahl kühlen und nach Möglichkeit aus der Gefahrenzone ziehen. Achtung, das Löschwasser ist giftig und umweltgefährlich. Es muß aufgefangen werden und darf nicht unbehandelt in die Kanalisation, in Gewässer oder in das Grundwasser gelangen.
Leckage: Leck schließen, wenn ohne Risiko möglich.
Fließendes Gewässer: Trink-, Brauch- und Kühlwasserentnehmer verständigen.
Stehendes Gewässer: Absperren. Fahrzeugbesatzungen im gefährdeten Gebiet warnen.
An Land: Kanalisation abdichten. Auffangen, eindeichen und abpumpen. In Wohn- und Industriegebieten alle tiefliegenden Räume abdichten. Alle Zündquellen beseitigen. Restmengen mit nicht brennbarem, saugfähigem Material wie z. B. trockener Erde, Sand, Kieselgur, Universalbinder oder Vermiculit abdecken und an sichere Deponie zur Vernichtung transportieren.

Gewässerverunreinigung:
GefStoffV/EG:
Gesamtbewertung nach Unfall:
Einzelwerte siehe Anhang 9 der Erläuterungen.
Wassergefährdungsklasse:

Erste Hilfe:
Verletzte an die frische Luft bringen, bequem lagern, beengende Kleidungsstücke lockern. Bei Atemstörung Sauerstoffzufuhr, ggf. Beatmung. Benetzte Kleidungsstücke, Schuhe und Strümpfe sofort ausziehen, entfernen und vernichten. Betroffene Körperstellen anhaltend mit Wasser spülen und anschließend mit sterilem Verbandmaterial abdecken. Bei Augenkontakt die Augen 15 Minuten mit Wasser spülen. Augenlider dazu mit Daumen und Zeigefinger aufspreizen und gleichzeitig das Auge nach allen Seiten bewegen lassen. Verletzte nicht auskühlen lassen. Bei Erbrechen zumindest Kopf in Seitenlage bringen. Verletzte nur liegend transportieren. Bei Gefahr der Bewußtlosigkeit Lagerung und Transport in stabiler Seitenlage.

Hinweise für den Arzt:
Symptomatische Behandlung.

Formel: $H_2NC_6H_3(NO_2)OH$ **Summen-Formel:** C6–H6–N2–O3 **UN-Nr. 2512**

Merkblatt

2463

Stoffname

Deutsch	*Englisch*	*Französisch*
2-Amino-5-nitrophenol	**2-Amino-5-nitrophenol**	**2-Amino-5-nitrophénol**
2-Hydroxy-4-nitroanilin	2-Hydroxy-4-nitroaniline	
3-Hydroxy-4-aminonitrobenzol	3-Hydroxy-4-aminonitrobenzene	
3-Nitro-6-aminophenol	3-Nitro-6-aminophenol	*Spanisch*
5-Nitro-2-aminophenol	5-Nitro-2-aminophenol	**2-Amino-5-nitrofenol**

Gefahren-Diamant

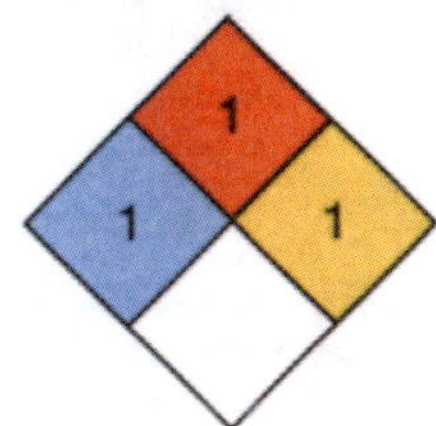

Hazchem-Code: 2X

Technische Daten

Siedepunkt	
Dampfdruck in mbar bei 20 °C	
Dampfdichteverhältnis, Luft = 1	
Schmelzpunkt	200 °C (Zersetzung)**
Mischbarkeit mit Wasser	sehr geringfügig*
Spez. Gewicht, Wasser = 1	
Molare Masse	154,13

Feuerbekämpfungsdaten

Flammpunkt, Zündfähiges Gemisch, Vol.-%, Zündtemperatur: Brennbarer fester Stoff

* 0,5 g/l bei 20 °C.
** Thermische Zersetzung >200 °C unter Bildung von nitrosen Gasen, Salpetersäure und Cyanwasserstoff (Blausäure).

Gefahrgut:

	Klassifizierung:	
IMDG-Code: UN-Nr. 2512	Kl. 6.1	Verp. Gr. III EMS: **F**-A; **S**-A
Marine pollutant		
ICAO/IATA DGR: UN-Nr. 2512	Kl. 6.1	Verp. Gr. III
ADR/RID/ADNR: UN-Nr. 2512	Kl. 6.1	Klassifiz. Code T2 Verp. Gr. III

Gefahrzettel (Label) Nr. 6.1
Richtige Versandbezeichnung (PSN):
Land/BinSch: **2512 Aminophenole**
See/Luft: **Aminophenols**

Gefahrstoff:

CAS Nr.: 121-88-0 RTECS-Nr.: SJ 6302500
EG-Nr.: 204-503-8 INDEX-Nr.:
EG-Einstufung: nein
Symbol: Xn*
R-Sätze: 20/21/22-36/37/38-40*
S-Sätze: 26-27-45-36/37/39*
D-Lagerklasse (VCI)-Nr.: 6.1

* Herstellerangaben

Erscheinungsbild: Gelbbraunes Pulver.

Verhalten bei Freiwerden und Vermischen mit Luft: Gesundheitsschädlicher und brennbarer fester Stoff. Bei Aufwirbelung des Staubes bilden sich gesundheitsschädliche und explosionsfähige Gemische mit Luft. Bei Brand oder Erhitzung bis zur Zersetzung (z. B. durch Umgebungsbrände oder heiße Oberflächen) erfolgt Zersetzung unter Bildung von giftigen und ätzenden Gasen und Dämpfen, die im Wesentlichen aus nitrosen Gasen (Stickstoffoxiden), Salpetersäure und Cyanwasserstoff(gas=Blausäure) bestehen und auch Kohlendioxid und Kohlenmonoxid enthalten.

Verhalten bei Freiwerden und Vermischen mit Wasser: Der Stoff ist leichter als Wasser und schwimmt auf der Oberfläche. Er löst sich nur geringfügig in Wasser. Es bilden sich gesundheitsschädliche und wassergefährdende Gemische mit Wasser, die auch bei Verdünnung noch wirksam sind.

Gesundheitsgefährdung: Die Substanz und ihre Dämpfe/Aerosole sind gesundheitsschädlich, reizen die Haut und die Schleimhäute der Augen und der Atmungsorgane. Nach massivem Einatmen besteht die Gefahr von Kehlkopf- und Lungenödem – auch mit einer Verzögerung bis zu 2 Tagen. Hautaufnahme! Verdacht auf krebserzeugende Wirkung. Bei Brand oder Erhitzen bis zur Zersetzung Bildung von Ammoniak (s. auch Merkblatt 27) und nitrosen Gasen (s. auch Merkblatt 150)
Symptome: Brennen, Rötung und Juckreiz von Haut und Augen, Tränen-, Nies- und Hustenreiz, Übelkeit, Benommenheit, Schwindel, Erbrechen, Durchfall
Nach Einatmen oder Hautkontakt in jedem Fall – auch bei Ausbleiben der Symptome – den Arzt aufsuchen. Nach Kontakt der Substanz mit den Augen ist in jedem Fall ein Augenarzt aufzusuchen.

Geruchsschwelle = Luftgrenzwert =

Bemerkungen: Der Stoff ist löslich in Alkoholen und Benzol. Er reagiert heftig bei Kontakt oder Mischung mit starken Basen und starken Oxidationsmitteln.

Sicherheitsmaßnahmen für Fahrzeugbesatzung, Polizei, Feuerwehr und Rettungskräfte:
Polizei und Feuerwehr alarmieren.
Im Gefahrenbereich umluftunabhängiges (schweres) Atemschutzgerät und volle Schutzkleidung tragen. Bei Erhitzung des Stoffes oder Brand im Gefahrenbereich Maschine stoppen, Zündung abstellen, offenes Feuer löschen, nicht rauchen, kein elektrisches Gerät und keinen Schalter mit Funkenbildung betätigen.
Wasserschutzpolizei und Feuerwehr: Bei Erhitzung des Stoffes kein Boot mit Ottomotor einsetzen. Bei Dieselantrieb Sicherheitsschaltung veranlassen. Nach dem Einsatz Kühlwasserkreislauf überprüfen. Beim Retten nicht ins Wasser springen.

Schutz- und Einsatzmaßnahmen: Alle unbeteiligten Personen nach Luv (gegen den Wind) entfernen. Achtung, falls freiwerdendes Gut in die Kanalisation oder in Abwasserleitungen von Schiffen gerät, entstehen schädliche Gemische mit Abwasser. Auf Wasserstraßen Schiffahrtssperre. An Land gefährdetes Gebiet absperren. In Wohn- und Industriegebieten Anwohner warnen. Bei größeren Mengen freigewordenen Gutes große Sicherheitszone bilden. Achtung, die Dämpfe bleiben am Boden. Flammen können bei Zündung über weite Strecken zurückschlagen.

Konzentrationsmessung explosionsfähiger bzw. giftiger Dämpfe siehe Tabelle (Anhang 6 der Erläuterungen).

Zuständige Behörden unterrichten.

Bekämpfung der Unfallfolgen:
Feuer: Bei kleinem Brandherd Löschpulver, Wassersprühstrahl, Kohlensäure oder Schaum. Bei großem Brandherd Schaum oder Wassersprühstrahl. Behälter mit Wassersprühstrahl kühlen und nach Möglichkeit aus der Gefahrenzone ziehen. Achtung, das Löschwasser ist giftig und umweltgefährlich. Es muß aufgefangen werden und darf nicht unbehandelt in die Kanalisation, in Gewässer oder in das Grundwasser gelangen.
Leckage: Leck schließen, wenn ohne Risiko möglich.
Fließendes Gewässer: Trink-, Brauch- und Kühlwasserentnehmer verständigen.
Stehendes Gewässer: Absperren. Fahrzeugbesatzungen im gefährdeten Gebiet warnen.
An Land: Kanalisation abdichten. Auffangen, eindeichen und abbergen. In Wohn- und Industriegebieten alle tiefliegenden Räume abdichten. Alle Zündquellen beseitigen. Restmengen mit nicht brennbarem, saugfähigem Material wie z. B. trockener Erde, Sand, Kieselgur, Universalbinder oder Vermiculit abdecken und an sichere Deponie zur Vernichtung transportieren.

Gewässerverunreinigung:
GefStoffV/EG:
Gesamtbewertung nach Unfall: Gruppe III, in stehenden Gewässern sehr hohe, in fließenden Gewässern je nach Vermischung mittlere bis hohe toxische Wirkung, nach Brand Gruppe IV, hohe bis sehr hohe (extrem hohe) toxische Wirkung unabhänig von der Turbulenz des Gewässers (siehe auch Erläuterungen Abschnitt 16.4/5).
Einzelwerte siehe Anhang 9 der Erläuterungen.
Wassergefährdungsklasse: 2 – wassergefährdender Stoff

Erste Hilfe:
Verletzte an die frische Luft bringen, bequem lagern, beengende Kleidungsstücke lockern. Bei Atemstörung Sauerstoffzufuhr, ggf. Beatmung. Benetzte Kleidungsstücke, Schuhe und Strümpfe sofort ausziehen, entfernen und vernichten. Betroffene Körperstellen anhaltend mit Wasser spülen und anschließend mit sterilem Verbandmaterial abdecken. Bei Augenkontakt die Augen 15 Minuten mit Wasser spülen. Augenlider dazu mit Daumen und Zeigefinger aufspreizen und gleichzeitig das Auge nach allen Seiten bewegen lassen. Verletzte nicht auskühlen lassen. Bei Erbrechen zumindest Kopf in Seitenlage bringen. Verletzte nur liegend transportieren. Bei Gefahr der Bewußtlosigkeit Lagerung und Transport in stabiler Seitenlage.

Hinweise für den Arzt:
Symptomatische Behandlung. Augen sorgfältig spülen. Nicht genau bekannt, ob Methämoglobinbildung möglich; bei Methämoglobinbildung: Bei cyanotischen Patienten oder wenn die Methämoglobinkonzentration mehr als 30% beträgt, wird 1 bis 2 mg/kg 1% Methylenblaulösung injiziert. Weitere Dosen können erforderlich sein.

Formel: $C_6H(OH)_2CH_3$ **Summen-Formel:** C9–H12–O2 **UN-Nr. 3077 n.o.s.**

Merkblatt

2464

Stoffname

Deutsch

Trimethylhydrochinon
3,6-Dihydroxypseudocumol
1,4-Dihydroxy-2,3,5-trimethylbenzol
Pseudocumohydroquinone
2,3,5-Trimethylhydrochinon

Englisch

Trimethylhydroquinone
2,3,5-Trimethyl-1,4-benzenediol
psi-Cumohydroquinone
3,6-Dihydroxypseudocumol
1,4-Dihydroxy-2,3,5-trimethylbenzene

Französisch

2,3,5-Triméthylhydroquinone

Spanisch

2,3,5-Trimetilhidroquinona

Gefahren-Diamant

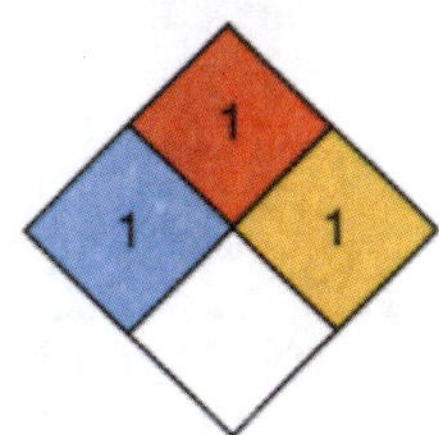

Hazchem-Code: 2X

Technische Daten

Siedepunkt	
Dampfdruck in mbar bei 20 °C	0,01
Dampfdichteverhältnis, Luft = 1	5,62
Schmelzpunkt	169–172 °C
Mischbarkeit mit Wasser	sehr geringfügig
Spez. Gewicht, Wasser = 1	0,45
Molare Masse	152,19

Feuerbekämpfungsdaten

Flammpunkt	191 °C c.c.
Zündfähiges Gemisch, Vol.-%	
Zündtemperatur	

Gefahrgut:
IMDG-Code: UN-Nr. 3077 n.o.s. Marine pollutant
ICAO/IATA DGR: UN-Nr. 3077 n.o.s.
ADR/RID/ADNR: UN-Nr. 3077 n.a.g.
Gefahrzettel (Label) Nr. 9
Richtige Versandbezeichnung (PSN):
Land/BinSch: **3077 Umweltgefährdender Stoff, fest, n.a.g. (Trimethylhydrochinon)**
See/Luft: **Environmentally hazardous substance, solid, n.o.s. (Trimethylhydroquinone)**

Klassifizierung:
Kl. 9 Verp. Gr. III EMS: **F**-A; **S**-F
Kl. 9 Verp. Gr. III
Kl. 9 Klassifiz. Code M7 Verp. Gr. III

Gefahrstoff:
CAS Nr.: 700-13-0 RTECS-Nr.: MX 7820000
EG-Nr.: 211-838-3 INDEX-Nr.: 604-045-00-2
EG-Einstufung: ja
Symbol: Xn, N
R-Sätze: 20-37/38-41-43-50/53
S-Sätze: (2)-24-26-37/39-60-61
D-Lagerklasse (VCI)-Nr.:

Erscheinungsbild: Farbloser bis hellgelber fester Stoff, geruchlos.

Verhalten bei Freiwerden und Vermischen mit Luft: Gesundheitsschädlicher, umweltgefährlicher und brennbarer fester Stoff. Bei Aufwirbelung des Staubes bilden sich gesundheitsschädliche, umweltgefährliche und explosionsfähige Gemische mit Luft. Bei Brand oder Erhitzung bis zur Zersetzung (z. B. durch Umgebungsbrände oder heiße Oberflächen) erfolgt Zersetzung unter Bildung von giftigen und ätzenden Gasen und Dämpfen, die im Wesentlichen aus Kohlendioxid und Kohlenmonoxid bestehen.

Verhalten bei Freiwerden und Vermischen mit Wasser: Der Stoff ist leichter als Wasser und schwimmt auf der Oberfläche. Er löst sich nur geringfügig in Wasser. Es bilden sich gesundheitsschädliche und umweltgefährdende Gemische mit Wasser, die auch bei Verdünnung noch wirksam sind.

Gesundheitsgefährdung: Die Substanz und ihre Stäube/Aerosole sind gesundheitsschädlich, reizen die Haut und die Schleimhäute der Augen und der Atmungsorgane, Gefahr von bleibenden Augenschäden durch Hornhautverletzungen (bis zur Erblindung). Nach Einatmen Gefahr von Kehlkopf- und Lungenödem – auch mit Verzögerung bis zu 2 Tagen. Längerer oder wiederholter Hautkontakt kann zu allergischen Hautreaktionen führen.
Symptome: Brennen und Rötung der Augen, unscharfes Sehen, Hautrötung. Juckreiz, Bläschenbildung
Nach Kontakt der Substanz mit den Augen ist in jedem Fall ein Augenarzt aufzusuchen.

Geruchsschwelle = Luftgrenzwert =

Bemerkungen: Der Stoff ist löslich in den meisten organischen Lösemitteln.

Sicherheitsmaßnahmen für Fahrzeugbesatzung, Polizei, Feuerwehr und Rettungskräfte:
Polizei und Feuerwehr alarmieren.
Im Gefahrenbereich umluftunabhängiges (schweres) Atemschutzgerät und volle Schutzkleidung tragen. Bei Erhitzung des Stoffes oder bei Brand **im Gefahrenbereich** Maschine stoppen, Zündung abstellen, offenes Feuer löschen, nicht rauchen, kein elektrisches Gerät und keinen Schalter mit Funkenbildung betätigen.
Wasserschutzpolizei und Feuerwehr: Bei Erhitzung des Stoffes kein Boot mit Ottomotor einsetzen. Bei Dieselantrieb Sicherheitsschaltung veranlassen. Nach dem Einsatz Kühlwasserkreislauf überprüfen. Beim Retten nicht ins Wasser springen.

Schutz- und Einsatzmaßnahmen: Alle unbeteiligten Personen nach Luv (gegen den Wind) entfernen. Achtung, falls freiwerdendes Gut in die Kanalisation oder in Abwasserleitungen von Schiffen gerät, entstehen gesundheitsschädliche und umweltgefährdende Gemische mit Abwasser. Experten hinzuziehen. Auf Wasserstraßen Schifffahrtssperre. An Land gefährdetes Gebiet absperren. Bei Brand oder starker Erhitzung entstehen gesundheitsschädliche und umweltgefährdende Gase und Dämpfe bzw. Dampf-/Luftgemische. In diesem Fall große Sicherheitszone bilden. In Wohn- und Industriegebieten Anwohner warnen.

Konzentrationsmessung explosionsfähiger bzw. giftiger Dämpfe siehe Tabelle (Anhang 6 der Erläuterungen).

Zuständige Behörden unterrichten.

Bekämpfung der Unfallfolgen:
Feuer: Bei kleinem Brandherd Löschpulver, Wassersprühstrahl, Kohlensäure oder Schaum. Bei großem Brandherd Schaum oder Wassersprühstrahl. Behälter mit Wassersprühstrahl kühlen und nach Möglichkeit aus der Gefahrenzone ziehen. Achtung, das Löschwasser ist giftig und umweltgefährlich. Es muß aufgefangen werden und darf nicht unbehandelt in die Kanalisation, in Gewässer oder in das Grundwasser gelangen.
Leckage: Leck schließen, wenn ohne Risiko möglich.
Fließendes Gewässer: Trink-, Brauch- und Kühlwasserentnehmer verständigen.
Stehendes Gewässer: Absperren. Fahrzeugbesatzungen im gefährdeten Gebiet warnen.
An Land: Kanalisation abdichten. Auffangen, eindeichen und abbergen. In Wohn- und Industriegebieten alle tiefliegenden Räume abdichten. Alle Zündquellen beseitigen. Restmengen mit nicht brennbarem, saugfähigem Material wie z. B. trockener Erde, Sand, Kieselgur, Universalbinder oder Vermiculit abdecken und an sichere Deponie zur Vernichtung transportieren.

Gewässerverunreinigung:
GefStoffV/EG: Gefahrensymbol: N Umweltgefährlich, R 50/53: sehr giftig für Wasserorganismen, kann in Gewässern längerfristig schädliche Wirkungen haben.
Gesamtbewertung nach Unfall: Gruppe IV, hohe bis sehr hohe (extrem hohe) toxische Wirkung unabhängig von der Turbulenz des Gewässers (siehe auch Erläuterungen Abschnitt 16.4/5).
Einzelwerte siehe Anhang 9 der Erläuterungen.
Wassergefährdungsklasse: 2 – wassergefährdender Stoff.

Erste Hilfe:
Verletzte an die frische Luft bringen, bequem lagern, beengende Kleidungsstücke lockern. Bei Atemstörung Sauerstoffzufuhr, ggf. Beatmung. Benetzte Kleidungsstücke, Schuhe und Strümpfe sofort ausziehen, entfernen und vernichten. Betroffene Körperstellen anhaltend mit Wasser spülen und anschließend mit sterilem Verbandmaterial abdecken. Bei Augenkontakt die Augen 15 Minuten mit Wasser spülen. Augenlider dazu mit Daumen und Zeigefinger aufspreizen und gleichzeitig das Auge nach allen Seiten bewegen lassen. Verletzte nicht auskühlen lassen. Bei Erbrechen zumindest Kopf in Seitenlage bringen. Verletzte nur liegend transportieren. Bei Gefahr der Bewußtlosigkeit Lagerung und Transport in stabiler Seitenlage.

Hinweise für den Arzt:
Symptomatische Behandlung. Augen sorgfältig spülen. Codein gegen Reizhusten. Bei Reizung der Atemwege 5–10 Hübe oder mehr/h eines Dosier-Aerosols mit Beclometason (z. B. Sanasthmyl Glaxo oder Viarox Essex Pharma) oder mit Dexamethason (z. B. Auxiloson Thomae).

Formel: $H_2NC_6H_4CN$ **Summen-Formel:** C7–H6–N2 **UN-Nr. 3276 n.o.s.**

Merkblatt

2465

Stoffname

Deutsch	*Englisch*	*Französisch*
Anthranilonitril	**Anthranilonitrile**	**Anthranilonitrile**
2-Aminobenzonitril	2-Aminobenzonitrile	
Anthranilsäurenitril	2-Cyanoaniline	
2-Aminobenzoesäurenitril	o-Cyanoaniline	*Spanisch*
2-Cyananilin	o-Aminobenzonitrile	**Antranilonitrilo**
o-Cyananilin		

Gefahren-Diamant

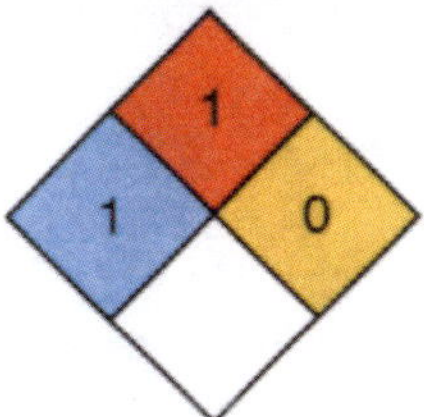

Hazchem-Code: 3X

Technische Daten

Siedepunkt	268 °C
Dampfdruck in mbar bei 20 °C	
Dampfdichteverhältnis, Luft = 1	
Schmelzpunkt	51 °C
Mischbarkeit mit Wasser	sehr geringfügig
Spez. Gewicht, Wasser = 1	1,11
Molare Masse	118,14

Feuerbekämpfungsdaten

Flammpunkt	145 °C
Zündfähiges Gemisch, Vol.-%	
Zündtemperatur	>200 °C

Gefahrgut: **Klassifizierung:**

IMDG-Code: UN-Nr. 3276 n.o.s. Kl. 6.1 Verp. Gr. II EMS: **F**-A; **S**-A
Marine pollutant
ICAO/IATA DGR: UN-Nr. 3276 n.o.s. Kl. 6.1 Verp. Gr. II
ADR/RID/ADNR: UN-Nr. 3276 n.a.g. Kl. 6.1 Klassifiz. Code T1 Verp. Gr. II
Gefahrzettel (Label) Nr. 6.1
Richtige Versandbezeichnung (PSN):
Land/BinSch: **3276 Nitrile, giftig, n.a.g. (2-Aminobenzonitril)**
See/Luft: **Nitriles, toxic, n.o.s. (2-Aminobenzonitrile)**

Gefahrstoff:
CAS Nr.: 1885-29-6 RTECS-Nr.: CB 4575000
EG-Nr.: 217-549-9 INDEX-Nr.:
EG-Einstufung: nein
Symbol: Xi*
R-Sätze: 36/37/38*
S-Sätze: 26-36*
D-Lagerklasse (VCI)-Nr.: 6.1

* Herstellerangaben

Erscheinungsbild: Farbloser fester Stoff, fast geruchlos.

Verhalten bei Freiwerden und Vermischen mit Luft: Reizender und brennbarer fester Stoff mit relativ hohem Flammpunkt von 145 °C. Bei Aufwirbelung des Staubes bilden sich reizende und explosionsfähige Gemische mit Luft. Bei Brand oder Erhitzung bis zur Zersetzung (z. B. durch Umgebungsbrände oder heiße Oberflächen) erfolgt Zersetzung unter Bildung von giftigen und ätzenden Gasen und Dämpfen, die im Wesentlichen aus nitrosen Gasen (Stickstoffoxiden), Ammonik(gas) und Cyanwasserstoff(gas=Blausäure) bestehen und auch Kohlendioxid und Kohlenmonoxid enthalten.

Verhalten bei Freiwerden und Vermischen mit Wasser: Der Stoff ist schwerer als Wasser und sinkt unter. Er löst sich nur geringfügig in Wasser. Es bilden sich reizende und schädliche Gemische mit Wasser.

Gesundheitsgefährdung: Die Substanz und ihre Stäube reizen die Haut und die Schleimhäute der Augen und der Atmungsorgane, bei massivem Einatmen Gefahr von Kehlkopf- und Lungenödem – auch mit Verzögerung bis zu 2 Tagen. Nach Aufnahme in den Körper kann es zu Blausäurefreisetzung kommen, die zur Blockade der Zellatmung und zu Herz-Kreislauf-Störungen führen kann. Bei Brand oder Erhitzen bis zur Zersetzung Bildung von Blausäure (s. auch Merkblatt 42), Ammoniak (s. auch Merkblatt 27) und nitrosen Gasen (s. auch Merkblatt 150).
Symptome: Rötung, Brennen der Augen und der Haut, Tränen-, Nies- und Hustenreiz
Nach Einatmen oder Hautkontakt in jedem Fall – auch bei Ausbleiben der Symptome – den Arzt aufsuchen.
Nach Kontakt der Substanz mit den Augen ist in jedem Fall ein Augenarzt aufzusuchen.

Geruchsschwelle = Luftgrenzwert =

Bemerkungen: Der Stoff ist löslich in Ethylalkohol und Ether. Er reagiert bei Kontakt oder Mischung mit starken Säuren, starken Basen, starken Oxidationsmitteln und starken Reduktionsmitteln.

Sicherheitsmaßnahmen für Fahrzeugbesatzung, Polizei, Feuerwehr und Rettungskräfte:
Polizei und Feuerwehr alarmieren.
Im Gefahrenbereich umluftunabhängiges (schweres) Atemschutzgerät und volle Schutzkleidung tragen. Bei Erhitzung des Stoffes oder bei Brand **im Gefahrenbereich** Maschine stoppen, Zündung abstellen, offenes Feuer löschen, nicht rauchen, kein elektrisches Gerät und keinen Schalter mit Funkenbildung betätigen.
Wasserschutzpolizei und Feuerwehr: Bei Erhitzung des Stoffes kein Boot mit Ottomotor einsetzen. Bei Dieselantrieb Sicherheitsschaltung veranlassen. Nach dem Einsatz Kühlwasserkreislauf überprüfen. Beim Retten nicht ins Wasser springen.

Schutz- und Einsatzmaßnahmen: Alle unbeteiligten Personen nach Luv (gegen den Wind) entfernen. Achtung, falls freiwerdendes Gut in die Kanalisation oder in Abwasserleitungen von Schiffen gerät, entstehen schädliche Gemische mit Abwasser. Auf Wasserstraßen Schiffahrtssperre. An Land gefährdetes Gebiet absperren. In Wohn- und Industriegebieten Anwohner warnen. Bei größeren Mengen freigewordenen Gutes große Sicherheitszone bilden. Achtung, die Dämpfe bleiben am Boden. Flammen können bei Zündung über weite Strecken zurückschlagen.

Konzentrationsmessung explosionsfähiger bzw. giftiger Dämpfe siehe Tabelle (Anhang 6 der Erläuterungen).

Zuständige Behörden unterrichten.

Bekämpfung der Unfallfolgen:
Feuer: Bei kleinem Brandherd Löschpulver, Wassersprühstrahl, Kohlensäure oder Schaum. Bei großem Brandherd Schaum oder Wassersprühstrahl. Behälter mit Wassersprühstrahl kühlen und nach Möglichkeit aus der Gefahrenzone ziehen. Achtung, das Löschwasser ist giftig und umweltgefährlich. Es muß aufgefangen werden und darf nicht unbehandelt in die Kanalisation, in Gewässer oder in das Grundwasser gelangen.
Leckage: Leck schließen, wenn ohne Risiko möglich.
Fließendes Gewässer: Trink-, Brauch- und Kühlwasserentnehmer verständigen.
Stehendes Gewässer: Absperren. Fahrzeugbesatzungen im gefährdeten Gebiet warnen.
An Land: Kanalisation abdichten. Auffangen, eindeichen und abbergen. In Wohn- und Industriegebieten alle tiefliegenden Räume abdichten. Alle Zündquellen beseitigen. Restmengen mit nicht brennbarem, saugfähigem Material wie z. B. trockener Erde, Sand, Kieselgur, Universalbinder oder Vermiculit abdecken und an sichere Deponie zur Vernichtung transportieren.

Gewässerverunreinigung:
GefStoffV/EG:
Gesamtbewertung nach Unfall: Nach Brand Gruppe IV, hohe bis sehr hohe (extrem hohe) toxische Wirkung unabhängig von der Turbulenz des Gewässers (siehe auch Erläuterungen Abschnitt 16.4/5).
Einzelwerte siehe Anhang 9 der Erläuterungen.
Wassergefährdungsklasse:

Erste Hilfe:
Verletzte an die frische Luft bringen, bequem lagern, beengende Kleidungsstücke lockern. Bei Atemstörung Sauerstoffzufuhr, ggf. Beatmung. Benetzte Kleidungsstücke, Schuhe und Strümpfe sofort ausziehen, entfernen und vernichten. Betroffene Körperstellen anhaltend mit Wasser spülen und anschließend mit sterilem Verbandmaterial abdecken. Bei Augenkontakt die Augen 15 Minuten mit Wasser spülen. Augenlider dazu mit Daumen und Zeigefinger aufspreizen und gleichzeitig das Auge nach allen Seiten bewegen lassen. Helferschutz beachten. Verletzte nicht auskühlen lassen. Bei Erbrechen zumindest Kopf in Seitenlage bringen. Verletzte nur liegend transportieren. Bei Gefahr der Bewußtlosigkeit Lagerung und Transport in stabiler Seitenlage.

Hinweise für den Arzt:
Symptomatische Behandlung. Augen sorgfältig spülen. Wegen der Nitrilgruppe Blausäurefreisetzung aus dem Molekül nicht ausgeschlossen. Dann protrahiert verlaufende Blausäurevergiftung. Deshalb Natriumthiosulfatlösung (NA2S2O3-Lösung 10% Köhler oder S-hydril, Laves Arzneimittel) intravenös verabreichen; Richtwert für die initiale Gabe: 100 mg/kg; bis zu insgesamt maximal 500 mg/kg. Siehe ggf. auch Merkblatt 317 Natriumcyanid.

Formel: $C_6H_5OC_6H_4NH_2$ **Summen-Formel:** C12–H11–N–O **UN-Nr.**

Merkblatt

2466

Gefahren-Diamant

Hazchem-Code:

Stoffname

Deutsch

2-Phenoxyanilin
2-Aminophenyl-phenylether
2-Aminodiphenylether

Englisch

2-Phenoxyaniline
2-Aminophenyl phenyl ether
2-Phenoxybenzenamine

Französisch

2-Phénoxyaniline

Spanisch

2-Fenoxianilina

Technische Daten

Siedepunkt	168 °C bei 24 mbar
Dampfdruck in mbar bei 20 °C	
Dampfdichteverhältnis, Luft = 1	
Schmelzpunkt	47–49 °C
Mischbarkeit mit Wasser	sehr geringfügig
Spez. Gewicht, Wasser = 1	1,1 bei 60 °C
Molare Masse	185,23

Feuerbekämpfungsdaten

Flammpunkt	>110 °C
Zündfähiges Gemisch, Vol.-%	
Zündtemperatur	

Gefahrgut:

	Klassifizierung:		
IMDG-Code: UN-Nr. *	Kl.	Verp. Gr.	EMS: **F-** ; **S-**
ICAO/IATA DGR: UN-Nr. *	Kl.	Verp. Gr.	
ADR/RID/ADNR: UN-Nr. *	Kl.	Klassifiz. Code	Verp. Gr.

Gefahrzettel (Label) Nr.
Richtige Versandbezeichnung (PSN):
Land/BinSch:
See/Luft:

* Kein Gefahrgut im Sinne der Vorschriften

Gefahrstoff:
CAS Nr.: 2688-84-8 RTECS-Nr.: BY 7940000
EG-Nr.: 220-254-8 INDEX-Nr.:
EG-Einstufung: nein
Symbol: Xn*
R-Sätze: 21-38*
S-Sätze: 23-37*
D-Lagerklasse (VCI)-Nr.:

* Herstellerangaben

Erscheinungsbild: Farblose Flüssigkeit

Verhalten bei Freiwerden und Vermischen mit Luft: Gesundheitsschädliche und brennbare Flüssigkeit mit relativ hohem Flammpunkt von >110 °C. Bei starker Erhitzung bilden sich gesundheitsschädliche und explosionsfähige Gemische mit Luft. Sie sind schwerer als Luft und kriechen am Boden entlang. Entzündung durch heiße Oberflächen, Funken oder offene Flammen. Bei Erhitzung bis zur Zersetzung (z. B. durch Umgebungsbrände oder heiße Oberflächen) und bei Brand bilden sich giftige und ätzende Gas bzw. Dämpfe, die im Wesentlichen aus nitrosen Gasen und Ammoniak bestehen und auch Kohlenmonoxid(gas) sowie Kohlendioxid(gas) enthalten.

Verhalten bei Freiwerden und Vermischen mit Wasser: Der Stoff ist schwerer als Wasser und sinkt unter. Er löst sich nur geringfügig in Wasser. Es bilden sich gesundheitsschädliche und wassergefährdende Gemische mit Wasser, die auch bei Verdünnung noch wirksam sind.

Gesundheitsgefährdung: Bei intensivem Kontakt mit der Flüssigkeit und ihren Dämpfen können Hautreizungen bzw. Reizungen an den Augen und den oberen Atemwegen auftreten. Nach dem Verschlucken kommt es zu starken Beschwerden im Magen-Darm-Trakt. Die Substanz hat auch narkotische Wirkung. Bei Brand oder Erhitzen bis zur Zersetzung Bildung von Ammoniak (s. auch Merkblatt 27) und nitrosen Gasen (s. auch Merkblatt 150).
Symptome: Rötung der Augen und der Haut, Juckreiz; Übelkeit, Benommenheit, Schläfrigkeit, Erbrechen, Durchfall, vorübergehende Krämpfe, Leibschmerzen.
Nach Kontakt der Substanz mit den Augen ist in jedem Fall ein Augenarzt aufzusuchen.

Geruchsschwelle = Luftgrenzwert =

Bemerkungen:

Sicherheitsmaßnahmen für Fahrzeugbesatzung, Polizei, Feuerwehr und Rettungskräfte:
Polizei und Feuerwehr alarmieren.
Im Gefahrenbereich Maschine stoppen umluftunabhängiges (schweres) Atemschutzgerät und volle Schutzkleidung tragen. Bei Brand oder starker Erhitzung des Stoffes Zündung abstellen, nicht rauchen, offenes Feuer löschen, kein elektrisches Gerät und keinen Schalter mit Funkenbildung betätigen.
Wasserschutzpolizei und Feuerwehr: Beim Retten nicht ins Wasser springen. Bei starker Erhitzung des Stoffes und bei Brand kein Boot mit Ottomotor einsetzen. Bei Dieselantrieb Sicherheitsschaltung veranlassen.

Schutz- und Einsatzmaßnahmen: Alle unbeteiligten Personen nach Luv (gegen den Wind) entfernen. Achtung, falls freiwerdendes Gut in die Kanalisation oder in Abwasserleitungen von Schiffen gerät, entstehen gesundheitsschädliche und wassergefährdende Gemische mit Abwasser. In Wohn- und Industriegebieten Anwohner warnen. Große Sicherheitszone bilden.

Konzentrationsmessung explosionsfähiger bzw. giftiger Dämpfe siehe Tabelle (Anhang 6 der Erläuterungen).

Zuständige Behörden unterrichten.

Bekämpfung der Unfallfolgen:
Feuer: Bei kleinem Brandherd Löschpulver, Wassersprühstrahl, Kohlensäure oder Schaum. Bei großem Brandherd Schaum oder Wassersprühstrahl. Behälter mit Wassersprühstrahl kühlen und nach Möglichkeit aus der Gefahrenzone ziehen. Achtung, das Löschwasser ist giftig und umweltgefährlich. Es muß aufgefangen werden und darf nicht unbehandelt in die Kanalisation, in Gewässer oder in das Grundwasser gelangen.
Leckage: Leck schließen, wenn ohne Risiko möglich.
Fließendes Gewässer: Trink-, Brauch- und Kühlwasserentnehmer verständigen.
Stehendes Gewässer: Absperren. Fahrzeugbesatzungen im gefährdeten Gebiet warnen.
An Land: Kanalisation abdichten. Auffangen, eindeichen und abpumpen. In Wohn- und Industriegebieten alle tiefliegenden Räume abdichten. Alle Zündquellen beseitigen. Restmengen mit nicht brennbarem, saugfähigem Material wie z. B. trockener Erde, Sand, Kieselgur, Universalbinder oder Vermiculit abdecken und an sichere Deponie zur Vernichtung transportieren.

Gewässerverunreinigung:
GefStoffV/EG:
Gesamtbewertung nach Unfall: – Nach Brand Gruppe IV, hohe bis sehr hohe (extrem hohe) toxische Wirkung unabhängig von der Turbulenz des Gewässers (siehe auch Erläuterungen Abschnitt 16.4/5).
Einzelwerte siehe Anhang 9 der Erläuterungen.
Wassergefährdungsklasse:

Erste Hilfe:
Verletzte an die frische Luft bringen, bequem lagern, beengende Kleidungsstücke lockern. Bei Atemstörung Sauerstoffzufuhr, ggf. Beatmung. Benetzte Kleidungsstücke, Schuhe und Strümpfe sofort ausziehen, entfernen und vernichten. Betroffene Körperstellen anhaltend mit Wasser spülen und anschließend mit sterilem Verbandmaterial abdecken. Bei Augenkontakt die Augen 15 Minuten mit Wasser spülen. Augenlider dazu mit Daumen und Zeigefinger aufspreizen und gleichzeitig das Auge nach allen Seiten bewegen lassen. Verletzte nicht auskühlen lassen. Bei Erbrechen zumindest Kopf in Seitenlage bringen. Verletzte nur liegend transportieren. Bei Gefahr der Bewußtlosigkeit Lagerung und Transport in stabiler Seitenlage.

Hinweise für den Arzt:
Symptomatische Behandlung. Nach kurz zurückliegender Ingestion in größeren Mengen: Magenspülung erwägen.

Formel: $[CH_3(CH_2)_5]_3N$ **Summen-Formel:** C18–H39–N **UN-Nr. 3082 n.o.s.**

Merkblatt

2467

Stoffname

Deutsch	*Englisch*	*Französisch*
Trihexylamin	**Trihexylamine**	**Trihexylamine**
N,N-Dihexyl-1-hexanamin	N,N-Dihexyl-1-hexanamine	

Spanisch

Trihexilamina

Gefahren-Diamant

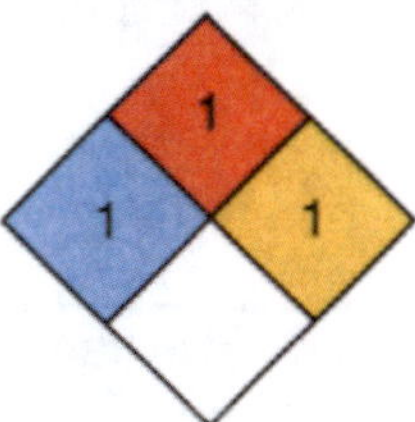

Hazchem-Code: **2X**

Technische Daten

Siedepunkt	180–182 °C bei 27 mbar
Dampfdruck in mbar	0,49 bei 100 °C
Dampfdichteverhältnis, Luft = 1	
Schmelzpunkt	<–75 °C
Mischbarkeit mit Wasser	sehr geringfügig*
Spez. Gewicht, Wasser = 1	0,798
Molare Masse	269,52

Feuerbekämpfungsdaten

Flammpunkt	144 °C
Zündfähiges Gemisch, Vol.-%	0,2–2,4
Zündtemperatur	230 °C

* <0,1 g/l bei 20 °C.

Gefahrgut:	**Klassifizierung:**	
IMDG-Code: UN-Nr. 3082 n.o.s.	Kl. 9	Verp. Gr. III EMS: **F**-A; **S**-F
Marine pollutant		
ICAO/IATA DGR: UN-Nr. 3082 n.o.s.	Kl. 9	Verp. Gr. III
ADR/RID/ADNR: UN-Nr. 3082 n.a.g.	Kl. 9	Klassifiz. Code M6 Verp. Gr. III

Gefahrzettel (Label) Nr. 9

Richtige Versandbezeichnung (PSN):

Land/BinSch: **3082 Umweltgefährdender Stoff, flüssig, n.a.g. (Trihexylamin)**

See/Luft: **Environmentally hazardous substance, liquid, n.o.s. (Trihexylamine)**

Gefahrstoff:

CAS Nr.: 102-86-3 RTECS-Nr.:
EG-Nr.: 203-062-9 INDEX-Nr.:
EG-Einstufung: nein
Symbol: Xn, N*
R-Sätze: 22-36/37/38-51/53*
S-Sätze: 26-36-61*
D-Lagerklasse (VCI)-Nr.:

* Herstellerangaben

Erscheinungsbild: Farblose bis gelbe Flüssigkeit, aminartiger Geruch.

Verhalten bei Freiwerden und Vermischen mit Luft: Gesundheitsschädliche, reizende, umweltgefährliche und brennbare Flüssigkeit mit hohem Flammpunkt von 144 °C. Bei starker Erhitzung bilden sich gesundheitsschädliche, reizende, umweltgefährliche und explosionsfähige Gemische mit Luft. Bei Brand oder Erhitzung bis zur Zersetzung (z. B. durch Umgebungsbrände oder heiße Oberflächen) erfolgt Zersetzung unter Bildung von giftigen und ätzenden Gasen und Dämpfen, die im Wesentlichen aus nitrosen Gasen (Stickstoffoxiden) bestehen und auch Kohlendioxid und Kohlenmonoxid enthalten.

Verhalten bei Freiwerden und Vermischen mit Wasser: Der Stoff ist leichter als Wasser und schwimmt auf der Oberfläche. Er löst sich nur geringfügig in Wasser. Es bilden sich gesundheitsschädliche und umweltgefährliche Gemische mit Wasser, die auch bei starker Verdünnung noch wirksam sind.

Gesundheitsgefährdung: Die Substanz und ihre Dämpfe/Aerosole reizen die Haut und die Schleimhäute der Augen und der Atmungsorgane; Gefahr von Kehlkopf- und Lungenödem – auch mit Verzögerung bis zu 2 Tagen. Nach Verschlucken starke Schmerzen im Magen-Darm-Trakt. Bei Brand oder Erhitzen bis zur Zersetzung Bildung von nitrosen Gasen (s. auch Merkblatt 150).
Symptome: Rötung, Brennen und Schmerzen der Augen und der Haut, Nies- und Hustenreiz, Atembeschwerden, Übelkeit, Benommenheit, Schwindel, Leibschmerzen, Erbrechen, Durchfall
Nach Kontakt der Substanz mit den Augen ist in jedem Fall ein Augenarzt aufzusuchen.

Geruchsschwelle = Luftgrenzwert =

Bemerkungen: Der Stoff reagiert heftig unter starker Erwärmung bei Kontakt oder Mischung mit Säuren. Mit nitrosierenden Agenzien (z. B. Nitriten, Stickstoffoxiden) können sich unter speziellen Bedingungen Nitrosamine bilden. Nitrosamine haben sich im Tierversuch als krebserzeugend erwiesen.

Sicherheitsmaßnahmen für Fahrzeugbesatzung, Polizei, Feuerwehr und Rettungskräfte:
Polizei und Feuerwehr alarmieren.
Im Gefahrenbereich umluftunabhängiges (schweres) Atemschutzgerät und volle Schutzkleidung tragen. Bei Erhitzung des Stoffes oder bei Brand im Gefahrenbereich Maschine stoppen, Zündung abstellen, offenes Feuer löschen, nicht rauchen, kein elektrisches Gerät und keinen Schalter mit Funkenbildung betätigen.
Wasserschutzpolizei und Feuerwehr: Bei Erhitzung des Stoffes kein Boot mit Ottomotor einsetzen. Bei Dieselantrieb Sicherheitsschaltung veranlassen. Nach dem Einsatz Kühlwasserkreislauf überprüfen. Beim Retten nicht ins Wasser springen.

Schutz- und Einsatzmaßnahmen: Alle unbeteiligten Personen nach Luv (gegen den Wind) entfernen. Achtung, falls freiwerdendes Gut in die Kanalisation oder in Abwasserleitungen von Schiffen gerät, entstehen gesundheitsschädliche und umweltgefährdende Gemische mit Abwasser. Auf Wasserstraßen Schiffahrtssperre. An Land gefährdetes Gebiet absperren. Bei starker Erhitzung oder Brand entstehen giftige Gase und Dämpfe bzw. Dampf-/Luftgemische. In diesem Fall große Sicherheitszone bilden. In Wohn- und Industriegebieten Anwohner warnen.

Bekämpfung der Unfallfolgen:
Feuer: Bei kleinem Brandherd Löschpulver, Wassersprühstrahl, Kohlensäure oder Schaum. Bei großem Brandherd Schaum oder Wassersprühstrahl. Behälter mit Wassersprühstrahl kühlen und nach Möglichkeit aus der Gefahrenzone ziehen. Achtung, das Löschwasser ist giftig und umweltgefährlich. Es muß aufgefangen werden und darf nicht unbehandelt in die Kanalisation, in Gewässer oder in das Grundwasser gelangen.
Leckage: Leck schließen, wenn ohne Risiko möglich.
Fließendes Gewässer: Trink-, Brauch- und Kühlwasserentnehmer verständigen.
Stehendes Gewässer: Absperren. Fahrzeugbesatzungen im gefährdeten Gebiet warnen.
An Land: Kanalisation abdichten. Auffangen, eindeichen und abpumpen. In Wohn- und Industriegebieten alle tiefliegenden Räume abdichten. Alle Zündquellen beseitigen. Restmengen mit nicht brennbarem, saugfähigem Material wie z. B. trockener Erde, Sand, Kieselgur, Universalbinder oder Vermiculit abdecken und an sichere Deponie zur Vernichtung transportieren.

Gewässerverunreinigung:
GefStoffV/EG: Gefahrensymbol: N Umweltgefährlich, R 51/53: giftig für Wasserorganismen, kann in Gewässern längerfristig schädliche Wirkungen haben.
Gesamtbewertung nach Unfall: Gruppe III, in stehenden Gewässern sehr hohe, in fließenden Gewässern je nach Vermischung mittlere bis hohe toxische Wirkung, nach Brand Gruppe IV, hohe bis sehr hohe (extrem hohe) toxische Wirkung unabhängig von der Turbulenz des Gewässers (siehe auch Erläuterungen Abschnitt 16.4/5).
Einzelwerte siehe Anhang 9 der Erläuterungen.
Wassergefährdungsklasse: 2 – wassergefährdender Stoff

Erste Hilfe:
Verletzte an die frische Luft bringen, bequem lagern, beengende Kleidungsstücke lockern. Bei Atemstörung Sauerstoffzufuhr, ggf. Beatmung. Benetzte Kleidungsstücke, Schuhe und Strümpfe sofort ausziehen, entfernen und vernichten. Betroffene Körperstellen anhaltend mit Wasser spülen und anschließend mit sterilem Verbandmaterial abdecken. Bei Augenkontakt die Augen 15 Minuten mit Wasser spülen. Augenlider dazu mit Daumen und Zeigefinger aufspreizen und gleichzeitig das Auge nach allen Seiten bewegen lassen. Verletzte nicht auskühlen lassen. Bei Erbrechen zumindest Kopf in Seitenlage bringen. Verletzte nur liegend transportieren. Bei Gefahr der Bewußtlosigkeit Lagerung und Transport in stabiler Seitenlage.

Hinweise für den Arzt:
Symptomatische Behandlung. Augen sorgfältig spülen. Bei nitrosierenden Stoffen können sich unter speziellen Bedingungen Nitrosamine bilden, die sich im Tierversuch als krebserzeugend erwiesen haben. Daher nach kurz zurückliegender Ingestion in größeren Mengen: Magenspülung erwägen.

Formel: $ClCO_2CH_2CH_2Cl$ **Summen-Formel:** C3–H4–Cl2–O2 **UN-Nr. 3277 n.o.s.**

Merkblatt

2468

Stoffname

Deutsch

2-(Chlorethyl)chlorformiat
Chlorameisensäure-2-chlorethylester
Chlorethylester
2-Chlorethoxycarbonylchlorid

Englisch

2-Chloroethyl chloroformate
Chloroethyl chloroformate
Chloroformic acid 2-chloroethyl ester

Französisch

Chloroformiate de 2-chloroéthyle

Spanisch

Cloroformiato de 2-cloroetilo

Gefahren-Diamant

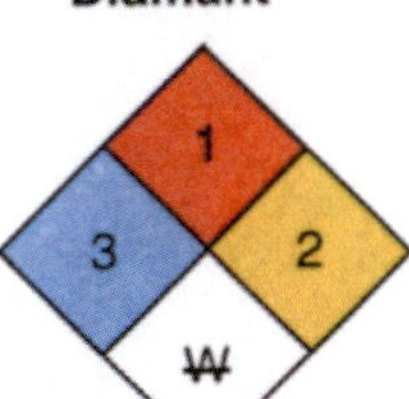

Hazchem-Code: 2X

Technische Daten

Siedepunkt	155–156 °C
Dampfdruck in mbar bei 20 °C	2
Dampfdichteverhältnis, Luft = 1	4,94
Schmelzpunkt	–70 °C
Mischbarkeit mit Wasser	Hydrolyse*
Spez. Gewicht, Wasser = 1	1,39
Molare Masse	142,97

Feuerbekämpfungsdaten

Flammpunkt	79 °C*
Zündfähiges Gemisch, Vol.-%	
Zündtemperatur	470 °C Nach Aldrich Chemie 70 °C

* Unter Bildung wasserunlöslicher Verbindungen.

Gefahrgut:
IMDG-Code: UN-Nr. 3277 n.o.s. — Kl. 6.1 Verp. Gr. II EMS: **F**-A; **S**-B
Marine pollutant
ICAO/IATA DGR: UN-Nr. 3277 n.o.s. — Kl. 6.1 Verp. Gr. II
ADR/RID/ADNR: UN-Nr. 3277 n.a.g. — Kl. 6.1 Klassifiz. Code TC1 Verp. Gr. II
Gefahrzettel (Label) Nr. 6.1+8
Richtige Versandbezeichnung (PSN):
Land/BinSch: **3277 Chloroformiate, giftig, ätzend, n.a.g. (2-Chlorethylchlorformiat)**
See/Luft: **Chloroformates toxic, corrosive, n.o.s. (2-Chloroethylchloroformate)**

Klassifizierung:

Gefahrstoff:
CAS Nr.: 627-11-2 — RTECS-Nr.: LQ 5950000
EG-Nr.: 210-982-4 — INDEX-Nr.:
EG-Einstufung: nein
Symbol: T, N*
R-Sätze: 23-36/38-51/53*
S-Sätze: 37-45-51-61*
D-Lagerklasse (VCI)-Nr.: 6.1

* Herstellerangaben

Erscheinungsbild: Farblose bis gelbliche Flüssigkeit, stechender Geruch.

Verhalten bei Freiwerden und Vermischen mit Luft: Giftige, umweltgefährliche und brennbare Flüssigkeit mit relativ hohem Flammpunkt von 79 °C. Bei starker Erhitzung bilden sich giftige, umweltgefährliche und explosionsfähige Gemische mit Luft. Sie sind schwerer als Luft und kriechen am Boden entlang. Entzündung durch heiße Oberflächen, Funken oder offene Flammen. Bei Erhitzung bis zur Zersetzung (z. B. durch Umgebungsbrände oder heiße Oberflächen) und bei Brand bilden sich giftige und ätzende Gase bzw. Dämpfe, die im Wesentlichen aus Chlorwasserstoff(gas) bzw. Salzsäuredämpfen bestehen und auch Kohlenmonoxid(gas) sowie Kohlendioxid(gas) enthalten.

Verhalten bei Freiwerden und Vermischen mit Wasser: Der Stoff ist schwerer als Wasser und sinkt unter. Er hydrolisiert und bildet wasserunlösliche Verbindungen. Es bilden sich wassergefährdende Gemische mit Wasser.

Gesundheitsgefährdung: Die Substanz und ihre Dämpfe sind giftig beim Einatmen. Die Substanz reagiert mit der Feuchtigkeit der Haut und der Schleimhäute der Augen und der Atmungsorgane, wobei es lokal zu starken Reizungen bis hin zu Verätzung kommt. Es besteht daher die Gefahr bleibender Augenschäden sowie von Kehlkopf- und Lungenödem – auch mit einer Verögerung bis zu 2 Tagen. Bei Brand oder Erhitzen bis zur Zersetzung Bildung von Chlorwasserstoff (s. auch Merkblatt 63).
Symptome: Brennen, Schmerzen und Rötung von Haut und Augen, Tränen-, Husten- und Niesreiz, Übelkeit, Benommenheit, Kopfschmerzen, Erbrechen, Durchfall, Schwindel
Nach Einatmen oder Hautkontakt in jedem Fall – auch bei Ausbleiben der Symptome – den Arzt aufsuchen. Nach Kontakt der Substanz mit den Augen ist in jedem Fall ein Augenarzt aufzusuchen.

Geruchsschwelle = Luftgrenzwert =

Bemerkungen: Der Stoff reagiert heftig unter starker Wärmeentwicklung bei Kontakt oder Mischung mit Alkalien (Laugen) und Aminen. Es bilden sich Chlorwasserstoff(gas) bzw. Salzsäuredämpfe

Sicherheitsmaßnahmen für Fahrzeugbesatzung, Polizei, Feuerwehr und Rettungskräfte:
Polizei und Feuerwehr alarmieren.
Im Gefahrenbereich sofort umluftunabhängiges (schweres) Atemschutzgerät und volle Schutzkleidung tragen. Bei Erhitzung der Flüssigkeit Zündung abstellen, Maschine stoppen, nicht rauchen, offenes Feuer löschen, kein elektrisches Gerät und keinen Schalter mit Funkenbildung betätigen.
Wasserschutzpolizei und Feuerwehr: Bei Erhitzung des Stoffes kein Boot mit Ottomotor einsetzen. Bei Dieselantrieb Sicherheitsschaltung veranlassen. Beim Retten nicht ins Wasser springen.

Schutz- und Einsatzmaßnahmen: Alle unbeteiligten Personen nach Luv (gegen den Wind) entfernen. Achtung, falls freiwerdendes Gut in die Kanalisation oder in Abwasserleitungen von Schiffen gerät, entstehen durch Hydrolyse schädliche Gemische mit Abwasser. In Wohn- und Industriegebieten Anwohner warnen. Große Sicherheitszone bilden. Bei größeren Mengen ausgelaufenen Gutes Katastrophenalarm prüfen.

Konzentrationsmessung explosionsfähiger bzw. giftiger Dämpfe siehe Tabelle (Anhang 6 der Erläuterungen).

Zuständige Behörden unterrichten.

Bekämpfung der Unfallfolgen:
Feuer: Bei kleinem Brandherd Löschpulver, Sand, Zement, gemahlener Kalkstein, Kohlensäure oder Schaum. Bei großem Brandherd Schaum oder Sand, Zement, gemahlener Kalkstein. Behälter mit Wassersprühstrahl kühlen und nach Möglichkeit aus der Gefahrenzone ziehen. Wasser sollte wegen der einsetzenden Hydolyse nicht eingesetzt werden. Achtung, das Löschwasser ist giftig und umweltgefährlich. Es muß aufgefangen werden und darf nicht unbehandelt in die Kanalisation, in Gewässer oder in das Grundwasser gelangen.
Leckage: Leck schließen, wenn ohne Risiko möglich.
Fließendes Gewässer: Trink-, Brauch- und Kühlwasserentnehmer verständigen.
Stehendes Gewässer: Absperren. Fahrzeugbesatzungen im gefährdeten Gebiet warnen.
An Land: Kanalisation abdichten. Auffangen, eindeichen und abpumpen. In Wohn- und Industriegebieten alle tiefliegenden Räume abdichten. Alle Zündquellen beseitigen. Restmengen mit nicht brennbarem, saugfähigem Material wie z. B. trockener Erde, Sand, Kieselgur, Universalbinder oder Vermiculit abdecken und an sichere Deponie zur Vernichtung transportieren.

Gewässerverunreinigung:
GefStoffV/EG: Gefahrensymbol: N Umweltgefährlich, R 51/53: giftig für Wasserorganismen, kann in Gewässern längerfristig schädliche Wirkungen haben.
Gesamtbewertung nach Unfall: Gruppe III, in stehenden Gewässern sehr hohe, in fließenden Gewässern je nach Vermischung mittlere bis hohe toxische Wirkung (siehe auch Erläuterungen Abschnitt 16.4/5).
Einzelwerte siehe Anhang 9 der Erläuterungen.
Wassergefährdungsklasse: 2 – wassergefährdender Stoff

Erste Hilfe:
Verletzte an die frische Luft bringen, bequem lagern, beengende Kleidungsstücke lockern. Bei Atemstörung Sauerstoffzufuhr, ggf. Beatmung. Benetzte Kleidungsstücke, Schuhe und Strümpfe sofort ausziehen, entfernen und vernichten. Betroffene Körperstellen anhaltend mit Wasser spülen und anschließend mit sterilem Verbandmaterial abdecken. Bei Augenkontakt die Augen 15 Minuten mit Wasser spülen. Augenlider dazu mit Daumen und Zeigefinger aufspreizen und gleichzeitig das Auge nach allen Seiten bewegen lassen. Verletzte nicht auskühlen lassen. Bei Erbrechen zumindest Kopf in Seitenlage bringen. Verletzte nur liegend transportieren. Bei Gefahr der Bewußtlosigkeit Lagerung und Transport in stabiler Seitenlage.

Hinweise für den Arzt:
Symptomatische Behandlung. Augen sorgfältig spülen. Bei anhaltenden Beschwerden Augenarzt hinzuziehen! Nach Ingestion: Mund ausspülen lassen; nach kurz zurückliegender Ingestion größerer Mengen: Magenabsaugung erwägen. Ggf. endoskopische Kontrolle des Ausmaßes der Verätzungen der Speiseröhre. Bei Reizung der Atemwege 5–10 Hübe oder mehr/h eines Dosier-Aerosols mit Beclometason (z.B. Sanasthmyl Glaxo oder Viarox Essex Pharma) oder mit Dexamethason (z.B. Auxiloson Thomae).

Formel: $CH_3(CH_2)_3CH(C_2H_5)CH_2OCH{=}CH_2$ Summen-Formel: C10–H20–O UN-Nr. 1993 n.o.s.

Merkblatt

2469

Stoffname

Deutsch	*Englisch*	*Französisch*
Vinyl-2-ethylhexylether	**Vinyl-2 ethylhexyl ether**	**Oxyde de 2-éthylhexyle et de vinyle**
2-Ethylhexylvinylether	2-Ethylhexyl vinyl ether	
1-Ethenoxy-2-ethylhexan	3-((Ethenyloxy)methyl)-heptane	
3-((Ethenyloxy)methyl)-heptan	1-Ethenoxy-2-ethylhexane	

Spanisch

2-Etilhexil vinil éter

Gefahren-Diamant

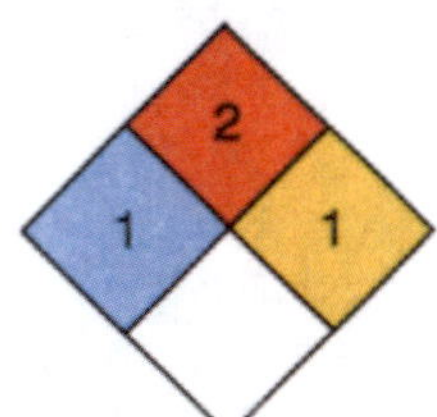

Hazchem-Code: 3Y

Technische Daten	
Siedepunkt	173 °C
Dampfdruck in mbar bei 20 °C	0,9
Dampfdichteverhältnis, Luft = 1	5,4
Schmelzpunkt	–85 °C
Mischbarkeit mit Wasser	geringfügig
Spez. Gewicht, Wasser = 1	0,809
Molare Masse	156,30

Feuerbekämpfungsdaten	
Flammpunkt	55 °C
Zündfähiges Gemisch, Vol.-%	
Zündtemperatur	202 °C

Gefahrgut: **Klassifizierung:**

IMDG-Code: UN-Nr. 1993 n.o.s. Kl. 3 Verp. Gr. III EMS: **F**-E; **S**-E

Marine pollutant

ICAO/IATA DGR: UN-Nr. 1993 n.o.s. Kl. 3 Verp. Gr. III

ADR/RID/ADNR: UN-Nr. 1993 n.a.g. Kl. 3 Klassifiz. Code F1 Verp. Gr. III

Gefahrzettel (Label) Nr. 3

Richtige Versandbezeichnung (PSN):

Land/BinSch: **1993 Entzündbare Flüssigkeit, n.a.g. (Ethylhexylvinylether)**

See/Luft: **Flammable liquid, n.o.s. (Ethylhexylvinylether)**

Gefahrstoff:

CAS Nr.: 103-44-6 RTECS-Nr.: KO-0175000

EG-Nr.: 203-111-4 INDEX-Nr.:

EG-Einstufung: nein

Symbol: Xn*

R-Sätze: 10-22-38*

S-Sätze: 16-36*

D-Lagerklasse (VCI)-Nr.:

* Herstellerangaben

Erscheinungsbild: Farblose bis gelbliche Flüssigkeit, etherähnlicher Geruch.

Verhalten bei Freiwerden und Vermischen mit Luft: Gesundheitsschädliche, reizende und brennbare Flüssigkeit. An besonders heißen Tagen und bei starker Erwärmung der Flüssigkeit bilden sich gesundheitsschädliche, explosionsfähige Gemische mit Luft. Sie sind schwerer als Luft und kriechen am Boden entlang. Entzündung durch heiße Oberflächen, Funken oder offene Flammen. Bei Brand oder Erhitzung bis zur Zersetzung (z. B. durch Umgebungsbrände oder heiße Oberflächen) bilden sich giftige und ätzende Gase, die im Wesentlichen aus saurem Rauch und reizenden Dämpfen bestehen und auch Kohlenmonoxid sowie Kohlendioxid enthalten.

Verhalten bei Freiwerden und Vermischen mit Wasser: Der Stoff ist leichter als Wasser und schwimmt auf der Oberfläche. Er vermischt sich nur geringfügig mit Wasser. Es können sich schädliche Gemische mit Wasser bilden.

Gesundheitsgefährdung: In hohen Konzentrationen wirkt die Substanz narkotisch. Bei Kontakt mit den Augen und der Haut kommt es zu starken Reizungen, nach Verschlucken starke Beschwerden im Magen-Darm-Trakt. Nach Einatmen besteht die Gefahr von Kehlkopf- und Lungenödem – auch mit Verzögerung bis zu 2 Tagen.
Symptome: Rötung und Brennen der Haut und der Augen, Tränen-, Nies- und Hustenreiz, Benommenheit, Schläfrigkeit, Übelkeit, Leibschmerzen, Kopfschmerzen, Erbrechen, Durchfall.
Nach Kontakt der Substanz mit den Augen ist in jedem Fall ein Augenarzt aufzusuchen.

Geruchsschwelle = Luftgrenzwert =

Bemerkungen: Der Stoff kann heftig bis sehr heftig reagieren bei Kontakt oder Mischung mit Oxidationsmitteln. Achtung, der Stoff neigt zur Polymerisation mit starker Hitzeentwicklung. Sie wird ausgelöst durch Hitzeeinwirkung oder durch Kontakt mit Säuren. Für Behälter und Container kann dabei Berstgefahr entstehen.

Sicherheitsmaßnahmen für Fahrzeugbesatzung, Polizei, Feuerwehr und Rettungskräfte:
Polizei und Feuerwehr alarmieren.
Im Gefahrenbereich Maschine stoppen. Sofort umluftunabhängiges (schweres) Atemschutzgerät und volle Schutzkleidung tragen. An besonders heißen Tagen und bei starker Erwärmung der Flüssigkeit Zündung abstellen, nicht rauchen, offenes Feuer löschen, kein elektrisches Gerät und keinen Schalter mit Funkenbildung betätigen.
Wasserschutzpolizei und Feuerwehr: Beim Retten nicht ins Wasser springen. An besonders heißen Tagen und bei starker Erwärmung der Flüssigkeit kein Boot mit Ottomotor einsetzen. Bei Dieselantrieb Sicherheitsschaltung veranlassen. Radar- und Kommandorufanlage nicht betätigen.

Schutz- und Einsatzmaßnahmen: Alle unbeteiligten Personen nach Luv (gegen den Wind) entfernen. Achtung, falls freiwerdendes Gut in die Kanalisation oder in Abwasserleitungen von Schiffen gerät, können sich schädliche Gemische mit Abwasser bilden. Auf Wasserstraßen Schiffahrtssperre. An Land gefährdetes Gebiet absperren. In Wohn- und Industriegebieten Anwohner warnen. Bei größeren Mengen freigewordenen Gutes große Sicherheitszone bilden. Achtung, die Dämpfe bleiben am Boden. Flammen können bei Zündung über weite Strecken zurückschlagen.

Konzentrationsmessung explosionsfähiger bzw. giftiger Dämpfe siehe Tabelle (Anhang 6 der Erläuterungen).

Zuständige Behörden unterrichten.

Bekämpfung der Unfallfolgen:
Feuer: Bei kleinem Brandherd Löschpulver, Wassersprühstrahl, Kohlensäure oder Schaum. Bei großem Brandherd Schaum oder Wassersprühstrahl. Behälter mit Wassersprühstrahl kühlen und nach Möglichkeit aus der Gefahrenzone ziehen. Achtung, das Löschwasser ist giftig und umweltgefährlich. Es muß aufgefangen werden und darf nicht unbehandelt in die Kanalisation, in Gewässer oder in das Grundwasser gelangen.
Leckage: Leck schließen, wenn ohne Risiko möglich.
Fließendes Gewässer: Trink-, Brauch- und Kühlwasserentnehmer verständigen.
Stehendes Gewässer: Absperren. Fahrzeugbesatzungen im gefährdeten Gebiet warnen.
An Land: Kanalisation abdichten. Auffangen, eindeichen und abpumpen. In Wohn- und Industriegebieten alle tiefliegenden Räume abdichten. Alle Zündquellen beseitigen. Restmengen mit nicht brennbarem, saugfähigem Material wie z. B. trockener Erde, Sand, Kieselgur, Universalbinder oder Vermiculit abdecken und an sichere Deponie zur Vernichtung transportieren.

Gewässerverunreinigung:
GefStoffV/EG:
Gesamtbewertung nach Unfall: Gruppe II, in stehenden Gewässern mittlere bis hohe, in fließenden Gewässern mittlere toxische Wirkung (siehe auch Erläuterungen Abschnitt 16.4/5).
Einzelwerte siehe Anhang 9 der Erläuterungen.
Wassergefährdungsklasse:

Erste Hilfe:
Verletzte an die frische Luft bringen, bequem lagern, beengende Kleidungsstücke lockern. Bei Atemstörung Sauerstoffzufuhr, ggf. Beatmung. Benetzte Kleidungsstücke, Schuhe und Strümpfe sofort ausziehen, entfernen und vernichten. Betroffene Körperstellen anhaltend mit Wasser spülen und anschließend mit sterilem Verbandmaterial abdecken. Bei Augenkontakt die Augen 15 Minuten mit Wasser spülen. Augenlider dazu mit Daumen und Zeigefinger aufspreizen und gleichzeitig das Auge nach allen Seiten bewegen lassen. Verletzte nicht auskühlen lassen. Bei Erbrechen zumindest Kopf in Seitenlage bringen. Verletzte nur liegend transportieren. Bei Gefahr der Bewußtlosigkeit Lagerung und Transport in stabiler Seitenlage.

Hinweise für den Arzt:
Symptomatische Behandlung. Narkotischer Effekt bei Einatmung hoher Konzentrationen. Bei Atemstörung Sauerstoffzufuhr, ggf. Beatmung.

Formel: $CH_3OC_6H_4CH_2CN$ **Summen-Formel:** C9–H9–N–O **UN-Nr. 3276 n.o.s.**

Merkblatt

2470

Stoffname

Deutsch	*Englisch*	*Französisch*
2-Methoxyphenylacetonitril 2-Methoxybenzylcyanid	**2-Methoxyphenylacetonitrile** 2-Methoxybenzenecyanide	**(2-Méthoxyphényl)acétonitrile**

Spanisch

(2-Metoxifenil)acetonitrilo

Gefahren-Diamant

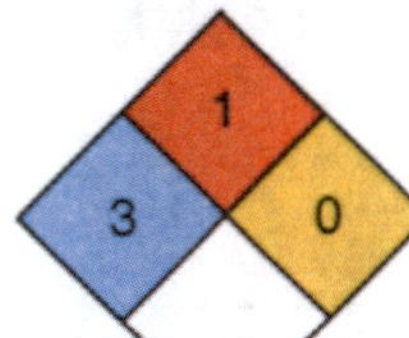

Hazchem-Code: **3X**

Technische Daten

Siedepunkt	141–143 °C
Dampfdruck in mbar bei 20 °C	
Dampfdichteverhältnis, Luft = 1	
Schmelzpunkt	63–66 °C
Mischbarkeit mit Wasser	sehr geringfügig*
Spez. Gewicht, Wasser = 1	
Molare Masse	147,18

Feuerbekämpfungsdaten

Flammpunkt	129 °C
Zündfähiges Gemisch, Vol.-%	
Zündtemperatur	460 °C

* 0,01 g/l bei 20 °C.

Gefahrgut: **Klassifizierung:**

IMDG-Code: UN-Nr. 3276 n.o.s. — Kl. 6.1 Verp. Gr. III EMS: **F**-A; **S**-A

Marine pollutant

ICAO/IATA DGR: UN-Nr. 3276 n.o.s. — Kl. 6.1 Verp. Gr. III

ADR/RID/ADNR: UN-Nr. 3276 n.a.g. — Kl. 6.1 Klassifiz. Code T1 Verp. Gr. III

Gefahrzettel (Label) Nr. 6.1

Richtige Versandbezeichnung (PSN):

Land/BinSch: **3276 Nitrile, giftig, n.a.g. (2-Methoxyphenylacetonitril)**

See/Luft: **Nitriles toxic, n.o.s. (2-Methoxyphenylacetonitrile)**

Gefahrstoff:

CAS Nr.: 7035-03-2 RTECS-Nr.:

EG-Nr.: 230-314-5 INDEX-Nr.:

EG-Einstufung:

Symbol: T*

R-Sätze: 23/24*

S-Sätze: 24/25-45*

D-Lagerklasse (VCI)-Nr.: 10-13

* Herstellerangaben

Erscheinungsbild: Gelbliche Kristalle oder kristallines Pulver.

Verhalten bei Freiwerden und Vermischen mit Luft: Giftiger und brennbarer fester Stoff. Bei Aufwirbelung des Staubes bilden sich giftige und explosionsfähige Gemische mit Luft. Bei Brand oder Erhitzung bis zur Zersetzung (z. B. durch Umgebungsbrände oder heiße Oberflächen) erfolgt Zersetzung unter Bildung von giftigen und ätzenden Gasen und Dämpfen, die im Wesentlichen aus nitrosen Gasen (Stickstoffoxiden) und Cyanwasserstoff(gas = Blausäure) bestehen und auch Kohlendioxid sowie Kohlenmonoxid enthalten.

Verhalten bei Freiwerden und Vermischen mit Wasser: Der Stoff ist leichter als Wasser und schwimmt auf der Oberfläche. Er löst sich nur geringfügig in Wasser. Es bilden sich giftige und wassergefährdende Gemische mit Wasser, die auch bei starker Verdünnung noch wirksam sind.

Gesundheitsgefährdung: Die Substanz und ihre Stäube reizen die Schleimhäute der Augen und der Atmungsorgane. Nach Aufnahme in den Körper langsame Cyanidabspaltung: Folge langsame Erstickung, Tod. Bei Brand oder Erhitzen bis zur Zersetzung Bildung von Blausäure (s. auch Merkblatt 42) und nitrosen Gasen (s. auch Merkblatt 150).
Symptome: Rötung und Brennen der Augen, Husten-, Nies- und Tränenreiz, Krämpfe, Blauverfärbung von Lippen und Fingernägeln (Cyanose)
Nach Einatmen oder Hautkontakt in jedem Fall – auch bei Ausbleiben der Symptome – den Arzt aufsuchen.
Nach Kontakt der Substanz mit den Augen ist in jedem Fall ein Augenarzt aufzusuchen.

Geruchsschwelle = Luftgrenzwert =

Bemerkungen: Der Stoff reagiert bei Kontakt oder Mischung mit starken Säuren, starken Basen, starken Oxidationsmitteln und starken Reduktionsmitteln unter Freisetzung von Cyanwasserstoff(gas = Blausäure).

Sicherheitsmaßnahmen für Fahrzeugbesatzung, Polizei, Feuerwehr und Rettungskräfte:
Polizei und Feuerwehr alarmieren.
Im Gefahrenbereich umluftunabhängiges (schweres) Atemschutzgerät und volle Schutzkleidung tragen. Bei Erhitzung des Stoffes oder bei Brand im Gefahrenbereich Maschine stoppen, Zündung abstellen, offenes Feuer löschen, nicht rauchen, kein elektrisches Gerät und keinen Schalter mit Funkenbildung betätigen.
Wasserschutzpolizei und Feuerwehr: Bei Erhitzung des Stoffes kein Boot mit Ottomotor einsetzen. Bei Dieselantrieb Sicherheitsschaltung veranlassen. Nach dem Einsatz Kühlwasserkreislauf überprüfen. Beim Retten nicht ins Wasser springen.

Schutz- und Einsatzmaßnahmen: Alle unbeteiligten Personen nach Luv (gegen den Wind) entfernen. Achtung, falls freiwerdendes Gut in die Kanalisation oder in Abwasserleitungen von Schiffen gerät, entstehen giftige und wassergefährdende Gemische mit Abwasser. In Wohn- und Industriegebieten Anwohner warnen. Große Sicherheitszone bilden.

Konzentrationsmessung explosionsfähiger bzw. giftiger Dämpfe siehe Tabelle (Anhang 6 der Erläuterungen).

Zuständige Behörden unterrichten.

Bekämpfung der Unfallfolgen:
Feuer: Bei kleinem Brandherd Löschpulver, Wassersprühstrahl, Kohlensäure oder Schaum. Bei großem Brandherd Schaum oder Wassersprühstrahl. Behälter mit Wassersprühstrahl kühlen und nach Möglichkeit aus der Gefahrenzone ziehen. Achtung, das Löschwasser ist giftig und umweltgefährlich. Es muß aufgefangen werden und darf nicht unbehandelt in die Kanalisation, in Gewässer oder in das Grundwasser gelangen.
Leckage: Leck schließen, wenn ohne Risiko möglich.
Fließendes Gewässer: Trink-, Brauch- und Kühlwasserentnehmer verständigen.
Stehendes Gewässer: Absperren. Fahrzeugbesatzungen im gefährdeten Gebiet warnen.
An Land: Kanalisation abdichten. Auffangen, eindeichen und abbergen. In Wohn- und Industriegebieten alle tiefliegenden Räume abdichten. Alle Zündquellen beseitigen. Restmengen mit nicht brennbarem, saugfähigem Material wie z. B. trockener Erde, Sand, Kieselgur, Universalbinder oder Vermiculit abdecken und an sichere Deponie zur Vernichtung transportieren.

Gewässerverunreinigung:
GefStoffV/EG:
Gesamtbewertung nach Unfall: Gruppe III, in stehenden Gewässern sehr hohe, in fließenden Gewässern je nach Vermischung mittlere bis hohe toxische Wirkung, nach Brand Gruppe IV, hohe bis sehr hohe (extrem hohe) toxische Wirkung unabhängig von der Turbulenz des Gewässers (siehe auch Erläuterungen Abschnitt 16.4/5).
Einzelwerte siehe Anhang 9 der Erläuterungen.
Wassergefährdungsklasse: 2 – wassergefährdender Stoff

Erste Hilfe:
Verletzte an die frische Luft bringen, bequem lagern, beengende Kleidungsstücke lockern. Bei Atemstörung Sauerstoffzufuhr, ggf. Beatmung. Benetzte Kleidungsstücke, Schuhe und Strümpfe sofort ausziehen, entfernen und vernichten. Betroffene Körperstellen anhaltend mit Wasser spülen und anschließend mit sterilem Verbandmaterial abdecken. Bei Augenkontakt die Augen 15 Minuten mit Wasser spülen. Augenlider dazu mit Daumen und Zeigefinger aufspreizen und gleichzeitig das Auge nach allen Seiten bewegen lassen. Verletzte nicht auskühlen lassen. Bei Erbrechen zumindest Kopf in Seitenlage bringen. Verletzte nur liegend transportieren. Bei Gefahr der Bewußtlosigkeit Lagerung und Transport in stabiler Seitenlage.

Hinweise für den Arzt:
Symptomatische Behandlung. Augen sorgfältig spülen. Wegen der Cyanidgruppe Blausäurefreisetzung aus dem Molekül nicht ausgeschlossen. Dann protrahiert verlaufende Blausäurevergiftung. Deshalb Natriumthiosulfatlösung(Na2S2O3-Lösung 10% Köhler oder S-hydril, Laves Arzneimittel) intravenös verabreichen; Richtwert für die initiale Gabe; 100 mg/kg; bis zu insgesamt maximal 500 mg/kg. Siehe ggf. auch Merkblatt 317 Natriumcyanid.

Formel: **Summen-Formel:** C4–H6–N2 **UN-Nr. 3263 n.o.s.**

Merkblatt

2471

Gefahren-Diamant

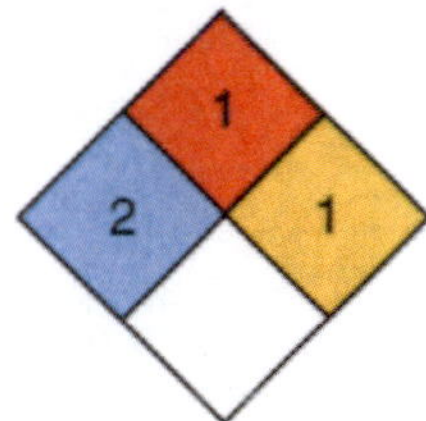

Hazchem-Code: **2X**

Stoffname

Deutsch	*Englisch*	*Französisch*
2-Methylimidazol	**2-Methylimidazole**	**2-Methylimidazole**
2-Methylglyoxalin	2-Methylglyoxaline	
2-Methyl-1H-imidazol	2-Methyl-1H-imidazole	

Spanisch

2-Metilimidazol

Technische Daten

Siedepunkt	268 °C
Dampfdruck in mbar bei 20 °C	<1
Dampfdichteverhältnis, Luft = 1	
Schmelzpunkt	136–138 °C
Mischbarkeit mit Wasser	teilweise*
Spez. Gewicht, Wasser = 1	
Molare Masse	82,1

Feuerbekämpfungsdaten

Flammpunkt	155 °C
Zündfähiges Gemisch, Vol.-%	60–?
Zündtemperatur	>600 °C

* 540 g/l bei 20 °C.

Gefahrgut: **Klassifizierung:**

IMDG-Code: UN-Nr. 3263 n.o.s.	Kl. 8	Verp. Gr. I EMS: **F**-A; **S**-B
ICAO/IATA DGR: UN-Nr. 3263 n.o.s.	Kl. 8	Verp. Gr. I
ADR/RID/ADNR: UN-Nr. 3263 n.a.g.	Kl. 8	Klassifiz. Code C8 Verp. Gr. I

Gefahrzettel (Label) Nr. 8

Richtige Versandbezeichnung (PSN):

Land/BinSch: **3263 Ätzender basischer organischer fester Stoff, n.a.g. (2-Methylimidazol)**

See/Luft: **Corrosive solid, basic, organic, n.o.s. (2-Methylimidazole)**

Gefahrstoff:

CAS Nr.: 693-98-1 RTECS-Nr.: NI 7175000

EG-Nr.: 211-765-7 INDEX-Nr.:

EG-Einstufung: nein

Symbol: C*

R-Sätze: 22-34*

S-Sätze: 22-26-36/37/39-45*

D-Lagerklasse (VCI)-Nr.:

* Herstellerangaben

Erscheinungsbild: Farblose bis gelbe Flocken, Kristalle oder kristallines Pulver, leichter aminartiger Geruch.

Verhalten bei Freiwerden und Vermischen mit Luft: Ätzender, gesundheitsschädlicher und brennbarer fester Stoff. Bei Aufwirbelung des Staubes bilden sich ätzende, gesundheitsschädliche Gemische mit Luft. Bei Brand oder Erhitzung bis zur Zersetzung (z. B. durch Umgebungsbrände oder heiße Oberflächen) erfolgt Zersetzung unter Bildung von giftigen und ätzenden Gasen und Dämpfen, die im Wesentlichen aus nitrosen Gasen (Stickstoffoxiden) bestehen und auch Kohlendioxid sowie Kohlenmonoxid enthalten.

Verhalten bei Freiwerden und Vermischen mit Wasser: Der Stoff ist leichter als Wasser und schwimmt auf der Oberfläche. Er löst sich in ca. der doppelten Wassermenge. Es bilden sich ätzende und gesundheitsschädliche Gemische mit Wasser, die auch bei starker Verdünnung noch wirksam sind.

Gesundheitsgefährdung: Die Substanz und ihre Stäube reizen die Schleimhäute der Augen, der Atemwege und die Haut, bei massivem Kontakt bis hin zur Verätzung, Gefahr bleibender Augenschäden. Gefahr von Kehlkopf- und Lungenödem – auch mit Verzögerung bis zu 2 Tagen. Nach Verschlucken: Schleimhautreizungen im Mund, Rachen, Speiseröhre und im Magen-Darm-Trakt. Bei Brand oder Erhitzen bis zur Zersetzung Bildung von nitrosen Gasen (s. auch Merkblatt 150).
Symptome: Lidkrampf, Tränenfluß, Schmerzen der Augen, Rötung, Blasenbildung auf der Haut, Husten, Atemnot, starke Leibschmerzen, Erbrechen, Übelkeit.
Nach Einatmen oder Hautkontakt in jedem Fall – auch bei Ausbleiben der Symptome – den Arzt aufsuchen. Nach Kontakt der Substanz mit den Augen ist in jedem Fall ein Augenarzt aufzusuchen.

Geruchsschwelle = Luftgrenzwert =

Bemerkungen: Der Stoff ist löslich in Ethylalkohol. Er reagiert heftig unter starker Erwärmung bei Kontakt oder Mischung mit Säuren und säurebildenden Substanzen, Säurechloriden, Säureanhydriden und starken Oxidationsmitteln.

Sicherheitsmaßnahmen für Fahrzeugbesatzung, Polizei, Feuerwehr und Rettungskräfte:
Polizei und Feuerwehr alarmieren.
Im Gefahrenbereich umluftunabhängiges (schweres) Atemschutzgerät und volle Schutzkleidung tragen. Bei Erhitzung des Stoffes oder bei Brand im Gefahrenbereich Maschine stoppen, Zündung abstellen, offenes Feuer löschen, nicht rauchen, kein elektrisches Gerät und keinen Schalter mit Funkenbildung betätigen.
Wasserschutzpolizei und Feuerwehr: Bei Erhitzung des Stoffes kein Boot mit Ottomotor einsetzen. Bei Dieselantrieb Sicherheitsschaltung veranlassen. Beim Retten nicht ins Wasser springen.

Schutz- und Einsatzmaßnahmen: Alle unbeteiligten Personen nach Luv (gegen den Wind) entfernen. Achtung, falls freiwerdendes Gut in die Kanalisation oder in Abwasserleitungen von Schiffen gerät, bilden sich ätzende Gemische mit Abwasser. Auf Wasserstraßen Schiffahrtssperre. An Land gefährdetes Gebiet absperren. Große Sicherheitszone bilden. In Wohn- und Industriegebieten Anwohner warnen.

Konzentrationsmessung explosionsfähiger bzw. giftiger Dämpfe siehe Tabelle (Anhang 6 der Erläuterungen).

Zuständige Behörden unterrichten.

Bekämpfung der Unfallfolgen:
Feuer: Bei kleinem Brandherd Löschpulver, Wassersprühstrahl, Kohlensäure oder Schaum. Bei großem Brandherd Schaum oder Wassersprühstrahl. Behälter mit Wassersprühstrahl kühlen und nach Möglichkeit aus der Gefahrenzone ziehen. Achtung, das Löschwasser ist giftig und umweltgefährlich. Es muß aufgefangen werden und darf nicht unbehandelt in die Kanalisation, in Gewässer oder in das Grundwasser gelangen.
Leckage: Leck schließen, wenn ohne Risiko möglich.
Fließendes Gewässer: Trink-, Brauch- und Kühlwasserentnehmer verständigen.
Stehendes Gewässer: Absperren. Fahrzeugbesatzungen im gefährdeten Gebiet warnen.
An Land: Kanalisation abdichten. Auffangen, eindeichen und abbergen. In Wohn- und Industriegebieten alle tiefliegenden Räume abdichten. Alle Zündquellen beseitigen. Restmengen mit nicht brennbarem, saugfähigem Material wie z. B. trockener Erde, Sand, Kieselgur, Universalbinder oder Vermiculit abdecken und an sichere Deponie zur Vernichtung transportieren.

Gewässerverunreinigung:
GefStoffV/EG:
Gesamtbewertung nach Unfall: Gruppe II, in stehenden Gewässern mittlere bis hohe, in fließenden Gewässern mittlere toxische Wirkung, nach Brand Gruppe IV, hohe bis sehr hohe (extrem hohe) toxische Wirkung unabhängig von der Turbulenz des Gewässers (siehe auch Erläuterungen Abschnitt 16.4/5).
Einzelwerte siehe Anhang 9 der Erläuterungen.
Wassergefährdungsklasse: 1 – schwach wassergefährdender Stoff

Erste Hilfe:
Verletzte an die frische Luft bringen, bequem lagern, beengende Kleidungsstücke lockern. Bei Atemstörung Sauerstoffzufuhr, ggf. Beatmung. Benetzte Kleidungsstücke, Schuhe und Strümpfe sofort ausziehen, entfernen und vernichten. Betroffene Körperstellen anhaltend mit Wasser spülen und anschließend mit sterilem Verbandmaterial abdecken. Bei Augenkontakt die Augen 15 Minuten mit Wasser spülen. Augenlider dazu mit Daumen und Zeigefinger aufspreizen und gleichzeitig das Auge nach allen Seiten bewegen lassen. Verletzte nicht auskühlen lassen. Bei Erbrechen zumindest Kopf in Seitenlage bringen. Verletzte nur liegend transportieren. Bei Gefahr der Bewußtlosigkeit Lagerung und Transport in stabiler Seitenlage.

Hinweise für den Arzt:
Symptomatische Behandlung. Augen sorgfältig spülen. Unverzüglich Augenarzt hinzuziehen! Nach kurz zurückliegender Ingestion größerer Mengen: Magenabsaugung erwägen. Ggf. endoskopische Kontrolle des Ausmaßes der Verätzungen der Speiseröhre. Nach Aufnahme größerer Mengen: Krampfanfälle möglich: Diazepam.

Formel: $(C_6H_5)_2PCl$ **Summen-Formel:** C12–H10–Cl–P **UN-Nr. 3265 n.o.s.**

Merkblatt

2372

Stoffname

Deutsch	*Englisch*	*Französisch*
Chlordiphenylphosphin	**Chlorodiphenylphosphine**	**Chlorodiphénylphosphine**
Diphenylphosphonigsäurechlorid	Diphenylchlorophosphine	
Diphenylchlorphosphin	Diphenylphosphonic acid chloride	
p-Chlordiphenylphosphin		

Spanisch

Clorodifenilfosfina

Gefahren-Diamant

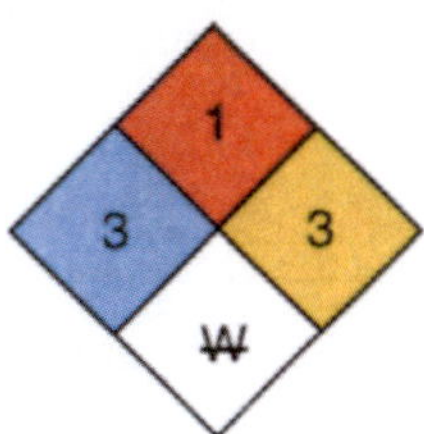

Hazchem-Code: 2X

Technische Daten

Siedepunkt	320 °C
Dampfdruck in mbar bei 20 °C	1,3
Dampfdichteverhältnis, Luft = 1	
Schmelzpunkt	14–16 °C
Mischbarkeit mit Wasser	reagiert*
Spez. Gewicht, Wasser = 1	1,229
Molare Masse	220,64

Feuerbekämpfungsdaten

Flammpunkt	138 °C
Zündfähiges Gemisch, Vol.-%	
Zündtemperatur	320 °C

* Reagiert heftig unter starker Erwärmung und Zersetzung sowie Bildung von Chlorwasserstoff(gas) bzw. Salzsäurelösungen, Phosphoroxid, Phosphorsäure, Phosphorwasserstoff und Phosphorhaliden.

Gefahrgut:

	Klassifizierung:	
IMDG-Code: UN-Nr. 3265 n.o.s.	Kl. 8	Verp. Gr. II EMS: **F-A** ; **S-B**
Marine pollutant		
ICAO/IATA DGR: UN-Nr. 3265 n.o.s.	Kl. 8	Verp. Gr. II
ADR/RID/ADNR: UN-Nr. 3265 n.a.g.	Kl. 8	Klassifiz. Code C3 Verp. Gr. II

Gefahrzettel (Label) Nr. 8

Richtige Versandbezeichnung (PSN):

Land/BinSch: **3265 Ätzender saurer organischer flüssiger Stoff, n.a.g. (Chlordiphenylphosphin)**

See/Luft: **Corrosive liquid, acidic, organic, n.o.s. (Chlorodiphenylphosphine)**

Gefahrstoff:

CAS Nr.: 1079-66-9 RTECS-Nr.:
EG-Nr.: 214-093-2 INDEX-Nr.:
EG-Einstufung: nein
Symbol: C*
R-Sätze: 14-22-34*
S-Sätze: 26-36/37/39-45*
D-Lagerklasse (VCI)-Nr.: 8A

* Herstellerangaben

Erscheinungsbild: Farblose bis gelbliche Flüssigkeit, unangenehmer Geruch.

Verhalten bei Freiwerden und Vermischen mit Luft: Gesundheitsschädliche, ätzende und brennbare Flüssigkeit mit relativ hohem Flammpunkt von 138 °C. Bei starker Erhitzung bilden sich gesundheitsschädliche, ätzende und explosionsfähige Gemische mit Luft. Sie sind schwerer als Luft und kriechen am Boden entlang. Entzündung durch heiße Oberflächen, Funken oder offene Flammen. Bei Brand oder Erhitzung bis zur Zersetzung (z. B. durch Umgebungsbrände oder heiße Oberflächen) erfolgt Zersetzung unter Bildung von giftigen und ätzenden Gasen bzw. Dämpfen, die im Wesentlichen aus Chlorwasserstoff(gas) bzw. Salzsäuredämpfen, Phosphinen, Phosphoroxiden, Phosphorsäure sowie Phosphorhaliden bestehen und auch Kohlenmonoxid sowie Kohlendioxid enthalten.

Verhalten bei Freiwerden und Vermischen mit Wasser: Der Stoff reagiert heftig mit Wasser unter starker Erwärmung und Zersetzung. Dabei entstehen Chlorwasserstoff(gas) bzw. Salzsäurelösungen, Phosphoroxid, Phosphorsäure, Phosphine und Phosphorhalide. Es bilden sich giftige und ätzende Gemische mit Wasser, die auch bei sehr starker Verdünnung noch wirksam sind. Über der Wasseroberfläche können sich giftige und ätzende Dämpfe oder Nebel bilden.

Gesundheitsgefährdung: Die Substanz und ihre Dämpfe/Aerosole führen zur Verätzung der Haut, der Schleimhäute der Augen und der oberen Atemwege. Gefahr bleibender Augenschäden. Lungen- und Kehlkopfödem – auch mit Verzögerung bis zu 2 Tagen – möglich. Bei Brand oder Erhitzen bis zur Zersetzung Bildung von Phosphoroxiden (s. auch Merkblatt 673), Chlorwasserstoff (s. auch Merkblatt 63), Phosphin (s. auch Merkblatt 163), Phosphorsäure (s. auch Merkblatt 160) und Phosphorhalide.
Symptome: Rötung, Brennen und Schmerzen der Augen und der betroffenen Körperpartien, Juckreiz, schwer heilende Ätzwunden, Tränenreiz, Hustenreiz, Atemnot, Übelkeit, Schwindel, Erbrechen, Störungen im Magen-Darm-Trakt.
Nach Einatmen oder Hautkontakt in jedem Fall – auch bei Ausbleiben der Symptome – den Arzt aufsuchen. Nach Kontakt der Substanz mit den Augen ist in jedem Fall ein Augenarzt aufzusuchen.

Geruchsschwelle = Luftgrenzwert =

Bemerkungen: Der Stoff reagiert heftig unter starker Erwärmung bei Kontakt oder Mischung mit starken Oxidationsmitteln, Alkoholen und Aminen. Dabei können entstehen: Phosphoroxide, Chlorwasserstoff(gas) bzw. Salzsäuredämpfe, Phosphine, Phosphorsäure und Phosphorhalide.

Sicherheitsmaßnahmen für Fahrzeugbesatzung, Polizei, Feuerwehr und Rettungskräfte:
Polizei und Feuerwehr alarmieren.
Im Gefahrenbereich sofort umluftunabhängiges (schweres) Atemschutzgerät und volle Schutzkleidung tragen. Bei Erhitzung der Flüssigkeit Zündung abstellen, Maschine stoppen, nicht rauchen, offenes Feuer löschen, kein elektrisches Gerät und keinen Schalter mit Funkenbildung betätigen.
Wasserschutzpolizei und Feuerwehr: Bei Erhitzung des Stoffes kein Boot mit Ottomotor einsetzen. Bei Dieselantrieb Sicherheitsschaltung veranlassen. Beim Retten nicht ins Wasser springen.

Schutz- und Einsatzmaßnahmen: Alle unbeteiligten Personen nach Luv (gegen den Wind) entfernen. Achtung, falls freiwerdendes Gut in die Kanalisation oder in Abwasserleitungen von Schiffen gerät, entstehen ätzende und giftige Gemische mit Abwasser und können sich über der Oberfläche ätzende und giftige Gemische mit Luft bilden. In Wohn- und Industriegebieten Anwohner warnen. Große Sicherheitszone bilden. Bei größeren Mengen ausgelaufenen Gutes Katastrophenalarm prüfen.

Konzentrationsmessung explosionsfähiger bzw. giftiger Dämpfe siehe Tabelle (Anhang 6 der Erläuterungen).

Zuständige Behörden unterrichten.

Bekämpfung der Unfallfolgen:
Feuer: Bei kleinem und großem Brandherd Löschpulver, trockener Sand, Zement oder Kohlensäure. Wegen heftiger Reaktionsgefahr kein Wasser und keinen Schaum verwenden. Behälter mit Wassersprühstrahl kühlen und nach Möglichkeit aus der Gefahrenzone ziehen. Es darf jedoch kein Wasser in den Tank gelangen, da sonst Gefahr einer explosionsartigen Reaktion.
Leckage: Leck schließen, wenn ohne Risiko möglich.
Fließendes Gewässer: Trink-, Brauch- und Kühlwasserentnehmer verständigen. Experten hinzuziehen.
Stehendes Gewässer: Absperren. Alle Zündquellen beseitigen. Fahrzeuge im gefährdeten Gebiet räumen. Experten hinzuziehen.
An Land: Kanalisation abdichten. Auffangen, eindeichen und abpumpen. Restmengen mit nicht brennbarem, saugfähigem Material wie z. B. trockener Erde, Sand, gemahlenem Kalkstein, Kieselgur, Universalbinder oder Vermiculit abdecken und in geschlossenem Behälter an sicheren Deponieort transportieren. Alle Zündquellen beseitigen. In Wohn- und Industriegebieten alle tiefliegenden Räume abdichten. Experten hinzuziehen.

Gewässerverunreinigung:
GefStoffV/EG:
Gesamtbewertung nach Unfall: Gruppe III, in stehenden Gewässern sehr hohe, in fließenden Gewässern je nach Vermischung mittlere bis hohe toxische Wirkung (siehe auch Erläuterungen Abschnitt 16.4/5).
Einzelwerte siehe Anhang 9 der Erläuterungen.
Wassergefährdungsklasse: 2 – wassergefährdender Stoff

Erste Hilfe:
Verletzte an die frische Luft bringen, bequem lagern, beengende Kleidungsstücke lockern. Bei Atemstörung Sauerstoffzufuhr, ggf. Beatmung. Benetzte Kleidungsstücke, Schuhe und Strümpfe sofort ausziehen, entfernen und vernichten. Betroffene Körperstellen anhaltend mit Wasser spülen und anschließend mit sterilem Verbandmaterial abdecken. Bei Augenkontakt die Augen 15 Minuten mit Wasser spülen. Augenlider dazu mit Daumen und Zeigefinger aufspreizen und gleichzeitig das Auge nach allen Seiten bewegen lassen. Verletzte nicht auskühlen lassen. Bei Erbrechen zumindest Kopf in Seitenlage bringen. Verletzte nur liegend transportieren. Bei Gefahr der Bewußtlosigkeit Lagerung und Transport in stabiler Seitenlage.

Hinweise für den Arzt:
Symptomatische Behandlung. Bei Reizung der Augen sofort kräftig spülen. Bei thermischer Zersetzung der Substanz cave das Entstehen von Lungenödem durch freiwerdenden Phosphorwasserstoff (siehe Merkblatt 163)!

Formel:	Summen-Formel: C7–H6–N2	UN-Nr. 3276 n.o.s.	Merkblatt **2473**

Stoffname

Deutsch	*Englisch*	*Französisch*
Pyridin-2-acetonitril	**Pyridin-2-acetonitrile**	**Pyridine-2-acétonitrile**
Pyridin-2-essigsäurenitril	2-Pyridil acetic acid nitrile	
2-Pyridylessigsäurenitril	2-Pyridylacetonitrile	
2-Pyridylacetonitril		

Spanisch

Piridina-2-acetonitrilo

Gefahren-Diamant

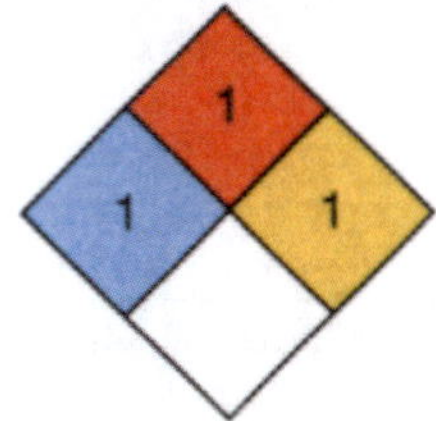

Hazchem-Code: 3X

Technische Daten

Siedepunkt	248–250 °C
Dampfdruck in mbar bei 20 °C	
Dampfdichteverhältnis, Luft = 1	
Schmelzpunkt	23–25 °C
Mischbarkeit mit Wasser	
Spez. Gewicht, Wasser = 1	1,084
Molare Masse	118,14

Feuerbekämpfungsdaten

Flammpunkt	>100 °C*
Zündfähiges Gemisch, Vol.-%	
Zündtemperatur	

* Nach Aldrich Chemie 93 °C.

Gefahrgut:

	Klassifizierung:	
IMDG-Code: UN-Nr. 3276 n.o.s.	Kl. 6.1	Verp. Gr. III EMS: **F**-A; **S**-A
Marine pollutant		
ICAO/IATA DGR: UN-Nr. 3276 n.o.s.	Kl. 6.1	Verp. Gr. III
ADR/RID/ADNR: UN-Nr. 3276 n.a.g.	Kl. 6.1	Klassifiz. Code T1 Verp. Gr. III

Gefahrzettel (Label) Nr. 6.1
Richtige Versandbezeichnung (PSN):
Land/BinSch: **3276 Nitrile, giftig, n.a.g. (Pyridin-2-essigsäurenitril)**
See/Luft: **Nitriles, toxic, n.o.s. (Pyridin-2-acetonitrile)**

Gefahrstoff:

CAS Nr.: 2739-97-1 RTECS-Nr.:
EG-Nr.: 220-364-6 INDEX-Nr.:
EG-Einstufung: nein
Symbol: Xi*
R-Sätze: 36/37/38*
S-Sätze: 26-36*
D-Lagerklasse (VCI)-Nr.: 6.1

* Herstellerangaben

Erscheinungsbild: Rötliche bis orangefarbene Flüssigkeit.

Verhalten bei Freiwerden und Vermischen mit Luft: Reizende und brennbare Flüssigkeit mit relativ hohem Flammpunkt von >100 °C. Bei starker Erhitzung bilden sich reizende und explosionsfähige Gemische mit Luft. Sie sind schwerer als Luft und kriechen am Boden entlang. Entzündung durch heiße Oberflächen, Funken oder offene Flammen. Bei Erhitzung bis zur Zersetzung (z. B. durch Umgebungsbrände oder heiße Oberflächen) und bei Brand bilden sich giftige und ätzende Gase bzw. Dämpfe, die im Wesentlichen aus nitrosen Gasen, Pyridin, Essigsäure und Cyanwasserstoff (Blausäure) bestehen und auch Kohlenmonoxid(gas) sowie Kohlendioxid(gas) enthalten.

Verhalten bei Freiwerden und Vermischen mit Wasser: Der Stoff ist geringfügig schwerer als Wasser und sinkt langsam unter. Er löst sich nur geringfügig in Wasser. Es bilden sich reizende und wassergefährdende Gemische mit Wasser.

Gesundheitsgefährdung: Die Substanz und ihre Dämpfe/Aerosole reizen die Augen, die Atmungsorgane und die Haut. Nach Aufnahme in den Körper besteht die Gefahr der Abspaltung von Blausäure (s. auch Merkblatt 42) mit langsamer innerer Erstickung. Giftwirkung tritt verzögert auf. Bei Brand oder Erhitzen bis zur Zersetzung Bildung von sehr giftigen und stark reizenden Brandgasen, die Pyridin (s. auch Merkblatt 314), Essigsäure (s. auch Merkblatt 90), Blausäure (s. auch Merkblatt 42) und nitrose Gase (s. auch Merkblatt 150) enthalten können.
Symptome: Brennen, Rötung und Schmerzen der Augen, Husten-, Tränen- und Niesreiz, Atembeschwerden und Beklemmung, Unwohlsein, Übelkeit, Lähmungen, Blauverfärbung von Fingernägeln und Lippen (Cyanose), Krämpfe, Tod

Geruchsschwelle = Luftgrenzwert =

Bemerkungen: Der Stoff reagiert bei Kontakt oder Mischung mit starken Oxidationsmitteln und starken Basen unter Freisetzung von Cyanwasserstoff(gas = Blausäure).

Sicherheitsmaßnahmen für Fahrzeugbesatzung, Polizei, Feuerwehr und Rettungskräfte:
Polizei und Feuerwehr alarmieren.
Im Gefahrenbereich sofort umluftunabhängiges (schweres) Atemschutzgerät und volle Schutzkleidung tragen. Bei Erhitzung der Flüssigkeit Zündung abstellen, Maschine stoppen, nicht rauchen, offenes Feuer löschen, kein elektrisches Gerät und keinen Schalter mit Funkenbildung betätigen.
Wasserschutzpolizei und Feuerwehr: Bei Erhitzung des Stoffes kein Boot mit Ottomotor einsetzen. Bei Dieselantrieb Sicherheitsschaltung veranlassen. Beim Retten nicht ins Wasser springen.

Schutz- und Einsatzmaßnahmen: Alle unbeteiligten Personen nach Luv (gegen den Wind) entfernen. Achtung, falls freiwerdendes Gut in die Kanalisation oder in Abwasserleitungen von Schiffen gerät, können sich reizende und wassergefährdende Gemische mit Abwasser bilden. Experten hinzuziehen. Auf Wasserstraßen Schiffahrtssperre. An Land gefährdetes Gebiet absperren. Große Sicherheitszone bilden. In Wohn- und Industriegebieten Anwohner warnen.

Konzentrationsmessung explosionsfähiger bzw. giftiger Dämpfe siehe Tabelle (Anhang 6 der Erläuterungen).

Zuständige Behörden unterrichten.

Bekämpfung der Unfallfolgen:
Feuer: Bei kleinem Brandherd Löschpulver, Wassersprühstrahl, Kohlensäure oder Schaum. Bei großem Brandherd Schaum oder Wassersprühstrahl. Behälter mit Wassersprühstrahl kühlen und nach Möglichkeit aus der Gefahrenzone ziehen. Achtung, das Löschwasser ist giftig und umweltgefährlich. Es muß aufgefangen werden und darf nicht unbehandelt in die Kanalisation, in Gewässer oder in das Grundwasser gelangen.
Leckage: Leck schließen, wenn ohne Risiko möglich.
Fließendes Gewässer: Trink-, Brauch- und Kühlwasserentnehmer verständigen.
Stehendes Gewässer: Absperren. Fahrzeugbesatzungen im gefährdeten Gebiet warnen.
An Land: Kanalisation abdichten. Auffangen, eindeichen und abpumpen. In Wohn- und Industriegebieten alle tiefliegenden Räume abdichten. Alle Zündquellen beseitigen. Restmengen mit nicht brennbarem, saugfähigem Material wie z. B. trockener Erde, Sand, Kieselgur, Universalbinder oder Vermiculit abdecken und an sichere Deponie zur Vernichtung transportieren.

Gewässerverunreinigung:
GefStoffV/EG:
Gesamtbewertung nach Unfall: Gruppe III, in stehenden Gewässern je nach Vermischung sehr hohe, in fließenden Gewässern je nach Vermischung mittlere bis hohe toxische Wirkung, nach Brand Gruppe IV, hohe bis sehr hohe (extrem hohe) toxische Wirkung, unabhängig von der Turbulenz des Gewässers (siehe auch Erläuterungen Abschnitt 16.4/5).
Einzelwerte siehe Anhang 9 der Erläuterungen.
Wassergefährdungsklasse: 2 – wassergefährdender Stoff

Erste Hilfe:
Verletzte an die frische Luft bringen, bequem lagern, beengende Kleidungsstücke lockern. Bei Atemstörung Sauerstoffzufuhr, ggf. Beatmung. Benetzte Kleidungsstücke, Schuhe und Strümpfe sofort ausziehen, entfernen und vernichten. Betroffene Körperstellen anhaltend mit Wasser spülen und anschließend mit sterilem Verbandmaterial abdecken. Bei Augenkontakt die Augen 15 Minuten mit Wasser spülen. Augenlider dazu mit Daumen und Zeigefinger aufspreizen und gleichzeitig das Auge nach allen Seiten bewegen lassen. Verletzte nicht auskühlen lassen. Bei Erbrechen zumindest Kopf in Seitenlage bringen. Verletzte nur liegend transportieren. Bei Gefahr der Bewußtlosigkeit Lagerung und Transport in stabiler Seitenlage.

Hinweise für den Arzt:
Symptomatische Behandlung. Augen sorgfältig ausspülen.

Formel: $(CH_3)_2N(CH_2)_3N(CH_3)_2$ **Summen-Formel:** C7–H18–N2 **UN-Nr. 2733 n.o.s.**

Merkblatt

2474

Stoffname

Deutsch

N,N,N',N'-Tetramethyl trimethylendi-amin
1,3-Bis-(dimethylamino)propan
N,N,N',N'-Tetramethyl-1,3-diaminopropan
Tetramethylpropylendiamin
N,N,N',N'-Tetramethyl-1,3-propan diamin

Englisch

N,N,N',N'-Tetramethyl trimethylene- diamine
Bis((dimethylamino)methyl) methane
1,3-Bis-(dimethylamino)propane
N,N,N',N'-Tetramethyl-1,3-diaminopropane
N,N,N',N'-Tetramethyl-1,3-propanediamine
Tetramethyltrimethylenediamine

Französisch

N,N,N',N'-Tétraméthyl triméthylénedi-amine

Spanisch

N,N,N',N'-Tetrametil trimetilendiamina

Gefahren-Diamant

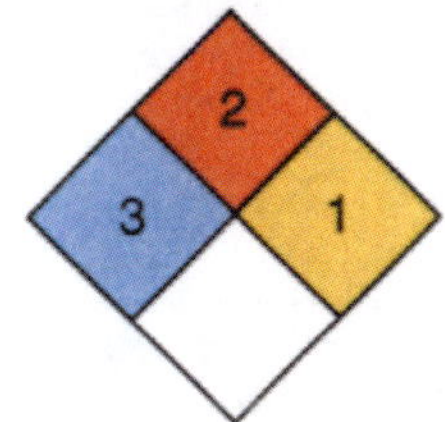

Hazchem-Code: 3W

Technische Daten

Siedepunkt	145 °C
Dampfdruck in mbar bei 20 °C	6,5
Dampfdichteverhältnis, Luft = 1	4,48
Schmelzpunkt	<–70 °C
Mischbarkeit mit Wasser	vollständig bei 20 °C
Spez. Gewicht, Wasser = 1	0,779
Molare Masse	130,23

Feuerbekämpfungsdaten

Flammpunkt	31 °C c.c.
Zündfähiges Gemisch, Vol.-%	2,9–22,5
Zündtemperatur	180 °C

Gefahrgut: **Klassifizierung:**

IMDG-Code: UN-Nr. 2733 n.o.s. Kl. 3 Verp. Gr. III EMS: **F**-E; **S**-C
Marine pollutant
ICAO/IATA DGR: UN-Nr. 2733 n.o.s. Kl. 3 Verp. Gr. III
ADR/RID/ADNR: UN-Nr. 2733 n.a.g. Kl. 3 Klassifiz. Code FC Verp. Gr. III
Gefahrzettel (Label) Nr. 3+8
Richtige Versandbezeichnung (PSN):
Land/BinSch: **2733 Amine entzündbar ätzend, n.a.g. (Tetramethylpropylendiamin)**
See/Luft: **Amines flammable corrosive, n.o.s.(Tetramethyltrimethylenediamine)**

Gefahrstoff:

CAS Nr.: 110-95-2 RTECS-Nr.: TX 8400000
EG-Nr.: 203-818-8 INDEX-Nr.:
EG-Einstufung: nein
Symbol: T, N*
R-Sätze: 10-20/22-24-34-51/53*
S-Sätze: 26-36/37/39-45-61*
D-Lagerklasse (VCI)-Nr.:

* Herstellerangaben

Erscheinungsbild: Farblose Flüssigkeit, Geruch nach Ammoniak.

Verhalten bei Freiwerden und Vermischen mit Luft: Giftige, ätzende, umweltgefährliche und brennbare Flüssigkeit. An besonders heißen Tagen und bei starker Erwärmung der Flüssigkeit bilden sich giftige, ätzende, umweltgefährliche und explosionsfähige Gemische mit Luft. Sie sind schwerer als Luft und kriechen am Boden entlang. Entzündung durch heiße Oberflächen, Funken oder offene Flammen. Bei Brand oder Erhitzung bis zur Zersetzung (zum Beispiel durch Umgebungsbrände oder heiße Oberflächen) bilden sich giftige und ätzende Gase, die im Wesentlichen aus nitrosen Gasen (Stickstoffoxiden) sowie Ammoniak(gas) bestehen und auch Kohlenmonoxid sowie Kohlendioxid enthalten. Bei Schwelbränden kann sich Cyanwasserstoff(gas = Blausäure) bilden.

Verhalten bei Freiwerden und Vermischen mit Wasser: Der Stoff ist leichter als Wasser und schwimmt auf der Oberfläche. Er vermischt sich vollständig mit Wasser. Es bilden sich giftige, ätzende und umweltgefährliche Gemische mit Wasser, die auch bei Verdünnung noch wirksam sind.

Gesundheitsgefährdung: Die Flüssigkeit und ihre Dämpfe/Aerosole verursachen Verätzungen der Haut und der Schleimhäute der Augen und der oberen Atemwege sowie des Mundes, des Rachens und des Magen-Darm-Traktes. Gefahr bleibender Augenschäden, auch Erblindung. Lungen- und Kehlkopfödem – auch mit Verzögerung bis zu 2 Tagen – möglich. Hautaufnahme. Bei Brand oder Erhitzen bis zur Zersetzung Bildung von Blausäure (s. auch Merkblatt 42) und nitrosen Gasen (s. auch Merkblatt 150), Ammoniak (s. auch Merkblatt 26), bei Schwelbränden Blausäure (s. auch Merkblatt 42).
Symptome: Rötung, Brennen und Schmerzen der Augen und betroffenen Körperpartien, schlecht heilende Ätzwunden, Tränenfluß, Blausehen, Husten, Atemnot, Kopfschmerzen, Magen-Darm-Störungen
Nach Einatmen oder Hautkontakt in jedem Fall – auch bei Ausbleiben der Symptome – den Arzt aufsuchen.
Nach Kontakt der Substanz mit den Augen ist in jedem Fall ein Augenarzt aufzusuchen.

Geruchsschwelle = Luftgrenzwert =

Bemerkungen: Der Stoff reagiert heftig bis sehr heftig unter starker Erwärmung bei Kontakt mit Säure und säurebildenden Stoffen. Die Substanz reagiert unter Erwärmung bei Kontakt oder Mischung mit starken Oxidationsmitteln, Perchloraten, Nitraten, Nitriten und Sauerstoff. Leichtmetalle und Legierungen werden angegriffen und sind daher als Behältermaterial ungeeignet. Normaler Stahl und rostfreier Stahl sind beständig.

Sicherheitsmaßnahmen für Fahrzeugbesatzung, Polizei, Feuerwehr und Rettungskräfte:
Polizei und Feuerwehr alarmieren.
Im Gefahrenbereich Maschine stoppen. Sofort umluftunabhängiges (schweres) Atemschutzgerät und volle Schutzkleidung tragen. An besonders heißen Tagen und bei starker Erwärmung der Flüssigkeit Zündung abstellen, nicht rauchen, offenes Feuer löschen, kein elektrisches Gerät und keinen Schalter mit Funkenbildung betätigen.
Wasserschutzpolizei und Feuerwehr: Beim Retten nicht ins Wasser springen. An besonders heißen Tagen und bei starker Erwärmung der Flüssigkeit kein Boot mit Ottomotor einsetzen. Bei Dieselantrieb Sicherheitsschaltung veranlassen. Radar- und Kommandorufanlage nicht betätigen. Achtung: Nach dem Einsatz Bootskörper und Kühlwasserkreislauf überprüfen.

Schutz- und Einsatzmaßnahmen: Alle unbeteiligten Personen nach Luv (gegen den Wind) entfernen. Achtung, falls freiwerdendes Gut in die Kanalisation oder in Abwasserleitungen von Schiffen gerät, entstehen ätzende, giftige Gemische mit Abwasser und kann mit warmem Abwasser über der Oberfläche Explosions-, Verätzungs- und Vergiftungsgefahr entstehen. Experten hinzuziehen. Auf Wasserstraßen Schiffahrtssperre. An Land gefährdetes Gebiet absperren. Große Sicherheitszone bilden. In Wohn- und Industriegebieten Anwohner warnen.

Konzentrationsmessung explosionsfähiger bzw. giftiger Dämpfe siehe Tabelle (Anhang 6 der Erläuterungen).

Zuständige Behörden unterrichten.

Bekämpfung der Unfallfolgen:
Feuer: Bei kleinem Brandherd Löschpulver, Wassersprühstrahl, Kohlensäure oder Schaum. Bei großem Brandherd Schaum oder Wassersprühstrahl. Behälter mit Wassersprühstrahl kühlen und nach Möglichkeit aus der Gefahrenzone ziehen. Achtung, das Löschwasser ist giftig und umweltgefährlich. Es muß aufgefangen werden und darf nicht unbehandelt in die Kanalisation, in Gewässer oder in das Grundwasser gelangen.
Leckage: Leck schließen, wenn ohne Risiko möglich.
Fließendes Gewässer: Trink-, Brauch- und Kühlwasserentnehmer verständigen.
Stehendes Gewässer: Absperren. Fahrzeugbesatzungen im gefährdeten Gebiet warnen.
An Land: Kanalisation abdichten. Auffangen, eindeichen und abpumpen. In Wohn- und Industriegebieten alle tiefliegenden Räume abdichten. Alle Zündquellen beseitigen. Restmengen mit nicht brennbarem, saugfähigem Material wie z. B. trockener Erde, Sand, Kieselgur, Universalbinder oder Vermiculit abdecken und an sichere Deponie zur Vernichtung transportieren.

Gewässerverunreinigung:
GefStoffV/EG: Gefahrensymbol: N Umweltgefährlich, R 51/53: giftig für Wasserorganismen, kann in Gewässern längerfristig schädliche Wirkungen haben.
Gesamtbewertung nach Unfall: Gruppe III, in stehenden Gewässern sehr hohe, in fließenden Gewässern je nach Vermischung mittlere bis hohe toxische Wirkung, bei Brand Gruppe IV, hohe bis sehr hohe (extrem hohe) toxische Wirkung unabhängig von der Turbulenz des Gewässers (siehe auch Erläuterungen Abschnitt 16.4/5).
Einzelwerte siehe Anhang 9 der Erläuterungen.
Wassergefährdungsklasse: 2 – wassergefährdender Stoff

Erste Hilfe:
Verletzte an die frische Luft bringen, bequem lagern, beengende Kleidungsstücke lockern. Bei Atemstörung Sauerstoffzufuhr, ggf. Beatmung. Benetzte Kleidungsstücke, Schuhe und Strümpfe sofort ausziehen, entfernen und vernichten. Betroffene Körperstellen anhaltend mit Wasser spülen und anschließend mit sterilem Verbandmaterial abdecken. Bei Augenkontakt die Augen 15 Minuten mit Wasser spülen. Augenlider dazu mit Daumen und Zeigefinger aufspreizen und gleichzeitig das Auge nach allen Seiten bewegen lassen. Verletzte nicht auskühlen lassen. Bei Erbrechen zumindest Kopf in Seitenlage bringen. Verletzte nur liegend transportieren. Bei Gefahr der Bewußtlosigkeit Lagerung und Transport in stabiler Seitenlage.

Hinweise für den Arzt:
Symptomatische Behandlung. Augen sofort spülen. Bei anhaltenden Beschwerden Augenarzt hinzuziehen! Bei nitrosierenden Stoffen können sich unter speziellen Bedingungen Nitrosamine bilden, die sich im Tierversuch als krebserzeugend erwiesen haben. Daher und wegen unspezifischer toxischer Symptome nach kurz zurückliegender Ingestion in größeren Mengen: Magenspülung erwägen.

Formel: $(CH_3O)_3C_6H_2CH_2CN$ **Summen-Formel:** C11–H13–N–O3 **UN-Nr.**

Merkblatt

2475

Stoffname

Deutsch

3,4,5-Trimethoxy phenylacetonitril
3,4,5-Trimethoxyxbenzylcyanid
3,4,5-Trimethoxy benzolacetonitril

Englisch

(3,4,5-Trimethoxyphenyl)-acetonitrile
3,4,5-Trimethoxy benzeneacetonitrile
3,4,5-Trimethoxybenzyl cyanide
3,4,5-Trimethoxy phenylacetonitrile

Französisch

3,4,5-Triméthoxy phénylacétonitrile

Spanisch

3,4,5-Trimetoxifenilacetonitrilo

Gefahren-Diamant

1 / 1 / 1

Hazchem-Code:

Technische Daten

Siedepunkt	
Dampfdruck in mbar bei 20 °C	
Dampfdichteverhältnis, Luft = 1	
Schmelzpunkt	76–79 °C
Mischbarkeit mit Wasser	sehr geringfügig
Spez. Gewicht, Wasser = 1	
Molare Masse	207,23

Feuerbekämpfungsdaten

Flammpunkt	Brennbarer fester Stoff
Zündfähiges Gemisch, Vol.-%	
Zündtemperatur	

Gefahrgut:

	Klassifizierung:	
IMDG-Code: UN-Nr. *	Kl.	Verp. Gr. EMS: **F-** ; **S-**
ICAO/IATA DGR: UN-Nr. *	Kl.	Verp. Gr.
ADR/RID/ADNR: UN-Nr. *	Kl.	Klassifiz. Code Verp. Gr.

Gefahrzettel (Label) Nr.
Richtige Versandbezeichnung (PSN):
Land/BinSch:
See/Luft:

* Kein Gefahrgut im Sinne der Vorschriften.

Gefahrstoff:

CAS Nr.: 13338-63-1 RTECS-Nr.: AM 2475000
EG-Nr.: 236-388-5 INDEX-Nr.:
EG-Einstufung: nein
Symbol: Xn*
R-Sätze: 22*
S-Sätze: 37/39*
D-Lagerklasse (VCI)-Nr.:

* Herstellerangaben

Erscheinungsbild: Gelbliche bis bräunliche Kristalle oder kristallines Pulver, geruchlos.

Verhalten bei Freiwerden und Vermischen mit Luft: Gesundheitsschädlicher und brennbarer fester Stoff. Bei Aufwirbelung des Staubes bilden sich gesundheitsschädliche und explosionsfähige Gemische mit Luft. Bei Brand oder Erhitzung bis zur Zersetzung (z.B. durch Umgebungsbrände oder heiße Oberflächen) bilden sich giftige und ätzende Gase bzw. Dämpfe, die im Wesentlichen aus nitrosen Gasen und bei Schwelbränden auch aus Cyanwasserstoff(gas = Blausäure) bestehen und auch Kohlenmonoxid(gas) sowie Kohlendioxid(gas) enthalten.

Verhalten bei Freiwerden und Vermischen mit Wasser: Der Stoff ist leichter als Wasser und schwimmt auf der Oberfläche. Er löst sich nur geringfügig in Wasser. Es bilden sich gesundheitsschädliche und wassergefährdende Gemische mit Wasser.

Gesundheitsgefährdung: Der Stoff und seine Stäube sind gesundheitsschädlich beim Verschlucken. Nach Aufnahme der Substanz in den Körper kann es zur Freisetzung von Blausäure kommen, die zur Blockade der Zellatmung und zu Herz-Kreislauf-Störungen führt. Der direkte Kontakt mit der Substanz kann zu leichten Reizungen der Haut und der Schleimhäute der Augen und der oberen Atemwege führen. Bei Brand oder Erhitzen bis zur Zersetzung Bildung von nitrosen Gasen (s. auch Merkblatt 150), bei Schwelbränden Blausäure (s. auch Merkblatt 42).
Symptome: Rötung und Brennen der Haut und betroffener Körperpartien, Übelkeit, Schwindel, Erbrechen, Atemnot, Bewußtlosigkeit

Geruchsschwelle = Luftgrenzwert =

Bemerkungen:

Sicherheitsmaßnahmen für Fahrzeugbesatzung, Polizei, Feuerwehr und Rettungskräfte:
Polizei und Feuerwehr alarmieren.
Im Gefahrenbereich umluftunabhängiges (schweres) Atemschutzgerät und volle Schutzkleidung tragen. Bei Erhitzung des Stoffes oder bei Brand im Gefahrenbereich Maschine stoppen, Zündung abstellen, offenes Feuer löschen, nicht rauchen, kein elektrisches Gerät und keinen Schalter mit Funkenbildung betätigen.
Wasserschutzpolizei und Feuerwehr: Bei Erhitzung des Stoffes kein Boot mit Ottomotor einsetzen. Bei Dieselantrieb Sicherheitsschaltung veranlassen. Beim Retten nicht ins Wasser springen.

Schutz- und Einsatzmaßnahmen: Alle unbeteiligten Personen nach Luv (gegen den Wind) entfernen. Achtung, falls freiwerdendes Gut in die Kanalisation oder in Abwasserleitungen von Schiffen gerät, entstehen gesundheitsschädliche, wassergefährdende Gemische mit Abwasser. In Wohn- und Industriegebieten Anwohner warnen. Große Sicherheitszone bilden.

Konzentrationsmessung explosionsfähiger bzw. giftiger Dämpfe siehe Tabelle (Anhang 6 der Erläuterungen).

Zuständige Behörden unterrichten.

Bekämpfung der Unfallfolgen:
Feuer: Bei kleinem Brandherd Löschpulver, Wassersprühstrahl, Kohlensäure oder Schaum. Bei großem Brandherd Schaum oder Wassersprühstrahl. Behälter mit Wassersprühstrahl kühlen und nach Möglichkeit aus der Gefahrenzone ziehen. Achtung, das Löschwasser ist giftig und umweltgefährlich. Es muß aufgefangen werden und darf nicht unbehandelt in die Kanalisation, in Gewässer oder in das Grundwasser gelangen.
Leckage: Leck schließen, wenn ohne Risiko möglich.
Fließendes Gewässer: Trink-, Brauch- und Kühlwasserentnehmer verständigen.
Stehendes Gewässer: Absperren. Fahrzeugbesatzungen im gefährdeten Gebiet warnen.
An Land: Kanalisation abdichten. Auffangen, eindeichen und abbergen. In Wohn- und Industriegebieten alle tiefliegenden Räume abdichten. Alle Zündquellen beseitigen. Restmengen mit nicht brennbarem, saugfähigem Material wie z. B. trockener Erde, Sand, Kieselgur, Universalbinder oder Vermiculit abdecken und an sichere Deponie zur Vernichtung transportieren.

Gewässerverunreinigung:
GefStoffV/EG:
Gesamtbewertung nach Unfall: Gruppe III, in stehenden Gewässern sehr hohe, in fließenden Gewässern je nach Vermischung mittlere bis hohe toxische Wirkung, nach Brand Gruppe IV hohe bis sehr hohe (extrem hohe) toxische Wirkung, unabhängig von der Turbulenz des Gewässers (siehe auch Erläuterungen Abschnitt 16.4/5).
Einzelwerte siehe Anhang 9 der Erläuterungen.
Wassergefährdungsklasse: 2 – wassergefährdender Stoff

Erste Hilfe:
Verletzte an die frische Luft bringen, bequem lagern, beengende Kleidungsstücke lockern. Bei Atemstörung Sauerstoffzufuhr, ggf. Beatmung. Benetzte Kleidungsstücke, Schuhe und Strümpfe sofort ausziehen, entfernen und vernichten. Betroffene Körperstellen anhaltend mit Wasser spülen und anschließend mit sterilem Verbandmaterial abdecken. Bei Augenkontakt die Augen 15 Minuten mit Wasser spülen. Augenlider dazu mit Daumen und Zeigefinger aufspreizen und gleichzeitig das Auge nach allen Seiten bewegen lassen. Verletzte nicht auskühlen lassen. Bei Erbrechen zumindest Kopf in Seitenlage bringen. Verletzte nur liegend transportieren. Bei Gefahr der Bewußtlosigkeit Lagerung und Transport in stabiler Seitenlage.

Hinweise für den Arzt:
Symptomatische Behandlung. Nach kurz zurückliegender Ingestion in größeren Mengen: Magenspülung erwägen.

Formel: $CH_3NH(CH_2)_3NH_2$ **Summen-Formel:** C4–H12–N2 **UN-Nr. 2734 n.o.s.**

Merkblatt

2476

Stoffname

Deutsch

3-Methylaminopropylamin
N-Methyltrimethylendiamin
N-Methylpropan-1,3-diamin
N-Methyl-1,3-diaminopropan
3-Aminopropylmethylamin

Englisch

3-(Methylamino)propylamine
N-Methyl-1,3-propanediamine
N-Methyltrimethylenediamine
3-Aminopropylmethylamine

Französisch

3-Aminopropylméthylamine

Spanisch

3-Aminopropilmetilamina

Gefahren-Diamant

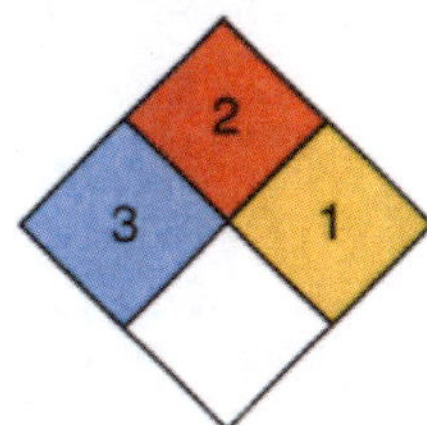

Hazchem-Code: 3W

Technische Daten

Siedepunkt	140–141 °C
Dampfdruck in mbar bei 20 °C	5,3
Dampfdichteverhältnis, Luft = 1	
Schmelzpunkt	–72 °C
Mischbarkeit mit Wasser	vollständig bei 20 °C
Spez. Gewicht, Wasser = 1	0,85
Molare Masse	88,15

Feuerbekämpfungsdaten

Flammpunkt	42 °C
Zündfähiges Gemisch, Vol.-%	1,8–12,8
Zündtemperatur	305 °C

Gefahrgut: **Klassifizierung:**

IMDG-Code: UN-Nr. 2734 n.o.s. Kl. 8 Verp. Gr. II EMS: F-E; S-C
ICAO/IATA DGR: UN-Nr. 2734 n.o.s. Kl. 8 Verp. Gr. II
ADR/RID/ADNR: UN-Nr. 2734 n.a.g. Kl. 8 Klassifiz. Code CF1 Verp. Gr. II
Gefahrzettel (Label) Nr. 8+3
Richtige Versandbezeichnung (PSN):
Land/BinSch: **2734 Amine, flüssig, ätzend, entzündbar, n.a.g. (3-Methylaminopropylamin)**
See/Luft: **Amines, liquid, corrosive, flammable, n.o.s. (3-Methylaminopropylamine)**

Gefahrstoff:

CAS Nr.: 6291-84-5 RTECS-Nr.: TX 8242500
EG-Nr.: 228-544-6 INDEX-Nr.:
EG-Einstufung: nein
Symbol: C*
R-Sätze: 10-22-35*
S-Sätze: 23-26-28-36/37/39-45*
D-Lagerklasse (VCI)-Nr.:

* Herstellerangaben

Erscheinungsbild: Farblose bis gelbliche Flüssigkeit, aminartiger Geruch.

Verhalten bei Freiwerden und Vermischen mit Luft: Gesundheitsschädliche, ätzende und brennbare Flüssigkeit. An besonders heißen Tagen und bei starker Erwärmung der Flüssigkeit bilden sich gesundheitsschädliche, ätzende und explosionsfähige Gemische mit Luft. Sie sind schwerer als Luft und kriechen am Boden entlang. Entzündung durch heiße Oberflächen, Funken oder offene Flammen. Bei Brand oder Erhitzung bis zur Zersetzung (zum Beispiel durch Umgebungsbrände oder heiße Oberflächen) bilden sich giftige und ätzende Gase, die im Wesentlichen aus nitrosen Gasen (Stickstoffoxiden) bestehen und auch Kohlenmonoxid sowie Kohlendioxid enthalten.

Verhalten bei Freiwerden und Vermischen mit Wasser: Der Stoff ist leichter als Wasser und schwimmt auf der Oberfläche. Er löst sich vollständig in Wasser. Es bilden sich ätzende und gesundheitsschädliche Gemische mit Wasser, die auch bei Verdünnung noch wirksam sind.

Gesundheitsgefährdung: Die Substanz und ihre Dämpfe verätzen die Haut und die Augen und reizen sehr stark die Schleimhäute der Atmungsorgane, Gefahr bleibender Augenschäden, auch Erblindung. Lungen- und Kehlkopfödem – auch mit Verzögerung bis zu 2 Tagen – möglich. Bei Verschlucken kommt es zu Verätzungen der Mund- und Rachenschleimhaut, der Speiseröhre und des Magens mit äußerst starken Beschwerden im Magen-Darm-Trakt. Gefahr der Magenperforation! Bei Brand oder Erhitzen bis zur Zersetzung Bildung von nitrosen Gasen (s. auch Merkblatt 150).
Symptome: Schmerzen der Augen und betroffener Körperpartien, Lidkrampf, schlecht heilende Ätzwunden, Erstickungsanfälle, Speichelfluss, Übelkeit, starke Leibschmerzen, Erbrechen, Durchfall, Schwindel, Benommenheit, Schockgefahr.
Nach Einatmen oder Hautkontakt in jedem Fall – auch bei Ausbleiben der Symptome – den Arzt aufsuchen.
Nach Kontakt der Substanz mit den Augen ist in jedem Fall ein Augenarzt aufzusuchen.

Geruchsschwelle = Luftgrenzwert =

Bemerkungen: Der Stoff reagiert heftig unter starker Wärmeentwicklung bei Kontakt oder Mischung mit Säuren.

Sicherheitsmaßnahmen für Fahrzeugbesatzung, Polizei, Feuerwehr und Rettungskräfte:
Polizei und Feuerwehr alarmieren.
Im Gefahrenbereich Maschine stoppen. Sofort umluftunabhängiges (schweres) Atemschutzgerät und volle Schutzkleidung tragen. An besonders heißen Tagen und bei starker Erwärmung der Flüssigkeit Zündung abstellen, nicht rauchen, offenes Feuer löschen, kein elektrisches Gerät und keinen Schalter mit Funkenbildung betätigen.
Wasserschutzpolizei und Feuerwehr: Beim Retten nicht ins Wasser springen. An besonders heißen Tagen und bei starker Erwärmung der Flüssigkeit kein Boot mit Ottomotor einsetzen. Bei Dieselantrieb Sicherheitsschaltung veranlassen. Radar- und Kommandorufanlage nicht betätigen.

Schutz- und Einsatzmaßnahmen: Alle unbeteiligten Personen nach Luv (gegen den Wind) entfernen. Achtung, falls freiwerdendes Gut in die Kanalisation oder in Abwasserleitungen von Schiffen gerät, entstehen ätzende Gemische mit Abwasser und kann mit heißem Abwasser über der Oberfläche Explosions- und Verätzungsgefahr entstehen. Experten hinzuziehen. Auf Wasserstraßen Schiffahrtssperre. An Land gefährdetes Gebiet absperren. Große Sicherheitszone bilden. In Wohn- und Industriegebieten Anwohner warnen. Bei großen Mengen freiwerdenden Gutes gefährdetes Gebiet evakuieren und Katastrophenalarm prüfen.

Konzentrationsmessung explosionsfähiger bzw. giftiger Dämpfe siehe Tabelle (Anhang 6 der Erläuterungen).

Zuständige Behörden unterrichten.

Bekämpfung der Unfallfolgen:
Feuer: Bei kleinem Brandherd Löschpulver, Wassersprühstrahl, Kohlensäure oder Schaum. Bei großem Brandherd Schaum oder Wassersprühstrahl. Behälter mit Wassersprühstrahl kühlen und nach Möglichkeit aus der Gefahrenzone ziehen. Achtung, das Löschwasser ist giftig und umweltgefährlich. Es muß aufgefangen werden und darf nicht unbehandelt in die Kanalisation, in Gewässer oder in das Grundwasser gelangen.
Leckage: Leck schließen, wenn ohne Risiko möglich.
Fließendes Gewässer: Trink-, Brauch- und Kühlwasserentnehmer verständigen.
Stehendes Gewässer: Absperren. Fahrzeugbesatzungen im gefährdeten Gebiet warnen.
An Land: Kanalisation abdichten. Auffangen, eindeichen und abpumpen. In Wohn- und Industriegebieten alle tiefliegenden Räume abdichten. Alle Zündquellen beseitigen. Restmengen mit nicht brennbarem, saugfähigem Material wie z. B. trockener Erde, Sand, Kieselgur, Universalbinder oder Vermiculit abdecken und an sichere Deponie zur Vernichtung transportieren.

Gewässerverunreinigung:
GefStoffV/EG:
Gesamtbewertung nach Unfall: Gruppe III, in stehenden Gewässern sehr hohe, in fließenden Gewässern je nach Vermischung mittlere bis hohe toxische Wirkung. Nach Brand Gruppe IV, hohe bis sehr hohe (extrem hohe) toxische Wirkung unabhängig von der Turbulenz des Gewässers (siehe auch Erläuterungen Abschnitt 16.4/5).
Einzelwerte siehe Anhang 9 der Erläuterungen.
Wassergefährdungsklasse: 1 – schwach wassergefährdender Stoff

Erste Hilfe:
Verletzte an die frische Luft bringen, bequem lagern, beengende Kleidungsstücke lockern. Bei Atemstörung Sauerstoffzufuhr, ggf. Beatmung. Benetzte Kleidungsstücke, Schuhe und Strümpfe sofort ausziehen, entfernen und vernichten. Betroffene Körperstellen anhaltend mit Wasser spülen und anschließend mit sterilem Verbandmaterial abdecken. Bei Augenkontakt die Augen 15 Minuten mit Wasser spülen. Augenlider dazu mit Daumen und Zeigefinger aufspreizen und gleichzeitig das Auge nach allen Seiten bewegen lassen. Verletzte nicht auskühlen lassen. Bei Erbrechen zumindest Kopf in Seitenlage bringen. Verletzte nur liegend transportieren. Bei Gefahr der Bewußtlosigkeit Lagerung und Transport in stabiler Seitenlage.

Hinweise für den Arzt:
Symptomatische Behandlung. Augen sorgfältig spülen. Bei nitrosierenden Stoffen können sich unter speziellen Bedingungen Nitrosamine bilden, die sich im Tierversuch als krebserzeugend erwiesen haben. Daher nach kurz zurückliegender Ingestion in größeren Mengen: Magenspülung erwägen.

Formel: $Cl_2C_6H_3CF_3$ **Summen-Formel:** C7–H3–Cl2–F3 **UN-Nr. 3082 n.o.s.**

Merkblatt

2477

Stoffname

Deutsch

3,4-Dichlor-α,α,α,-trifluortoluol
3,4-Dichlorbenzotrifluorid
1,2-Dichlor-4-(trifluortoluol methyl)-benzol

Englisch

3,4-Dichloro-alpha,alpha, alpha-trifluorotoluene
3,4-Dichlorobenzotrifluoride
1,2-Dichloro-4-(trifluoromethyl) benzene

Französisch

3,4-Dichloro-alpha,alpha, alpha-trifluorotoluene

Spanisch

3,4-Dicloro-alfa,alfa,alfa-trifluorotolueno

Gefahren-Diamant

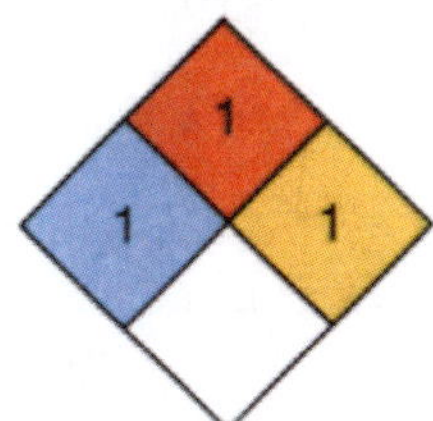

Hazchem-Code: 2X

Technische Daten

Siedepunkt	174,1 °C
Dampfdruck in mbar bei 20 °C	2,2
Dampfdichteverhältnis, Luft = 1	
Schmelzpunkt	–12 °C
Mischbarkeit mit Wasser	sehr geringfügig
Spez. Gewicht, Wasser = 1	1,475
Molare Masse	215

Feuerbekämpfungsdaten

Flammpunkt	73 °C
Zündfähiges Gemisch, Vol.-%	
Zündtemperatur	>650 °C
Thermische Zersetzung	ab 500 °C

Gefahrgut: **Klassifizierung:**

IMDG-Code: UN-Nr. 3082 n.o.s. Kl. 9 Verp. Gr. III EMS: **F**-A; **S**-F
Marine pollutant
ICAO/IATA DGR: UN-Nr. 3082 n.o.s. Kl. 9 Verp. Gr. III
ADR/RID/ADNR: UN-Nr. 3082 n.a.g. Kl. 9 Klassifiz. Code M6 Verp. Gr. III
Gefahrzettel (Label) Nr. 9
Richtige Versandbezeichnung (PSN):
Land/BinSch: **3082 Umweltgefährdender Stoff, flüssig, n.a.g. (3,4-Dichlorbenzotrifluorid)**
See/Luft: **Environmentally hazardous substance, liquid, n.o.s. (3,4-Dichlorobenzotrifluoride)**

Gefahrstoff:

CAS Nr.: 328-84-7 RTECS-Nr.: CZ 5527510
EG-Nr.: 206-337-1 INDEX-Nr.:
EG-Einstufung: nein
Symbol: Xi, N*
R-Sätze: 38-51/53*
S-Sätze: 37/39-61*
D-Lagerklasse (VCI)-Nr.: 3B

* Herstellerangaben

Erscheinungsbild: Farblose Flüssigkeit, stechender Geruch.

Verhalten bei Freiwerden und Vermischen mit Luft: Reizende, umweltgefährliche und brennbare Flüssigkeit mit relativ hohem Flammpunkt von 73 °C. Bei Erhitzung bilden sich reizende, umweltgefährliche und explosionsfähige Gemische mit Luft. Sie sind schwerer als Luft und kriechen am Boden entlang. Entzündung durch heiße Oberflächen, Funken oder offene Flammen. Bei Erhitzung bis zur Zersetzung (z. B. durch Umgebungsbrände oder heiße Oberflächen) und bei Brand bilden sich giftige und ätzende Gase bzw. Dämpfe, die im Wesentlichen aus Fluorwasserstoff(gas) und Chlorwasserstoff(gas) bzw. Salzsäuredämpfen bestehen und auch Kohlenmonoxid(gas) sowie Kohlendioxid(gas) enthalten.

Verhalten bei Freiwerden und Vermischen mit Wasser: Der Stoff ist schwerer als Wasser und sinkt unter. Er löst sich nur geringfügig in Wasser. Es bilden sich reizende und umweltgefährdende Gemische mit Wasser, die auch bei starker Verdünnung noch wirksam sind.

Gesundheitsgefährdung: Die Substanz, ihre Dämpfe und Aerosole reizen die Haut, die Atmungsorgane und die Augen. Bei Überexposition kann es zur Ausbildung der sog. unspezifischen Vergiftungssymptome kommen. Bei Brand oder Erhitzen bis zur Zersetzung Bildung Chlorwasserstoff (s. auch Merkblatt 63) und Fluorwasserstoff (s. auch Merkblatt 92).
Symptome: Rötung und Brennen von Haut und Augen, Tränenfluß, Atembeschwerden, Übelkeit, Benommenheit, Schwindel, Erbrechen, Durchfall
Nach Kontakt der Substanz mit den Augen ist in jedem Fall ein Augenarzt aufzusuchen.

Geruchsschwelle = Luftgrenzwert =

Bemerkungen: Der Stoff reagiert unter Wärmeentwicklung bei Kontakt oder Mischung mit starken Oxidationsmitteln und starken Laugen (Basen).

Sicherheitsmaßnahmen für Fahrzeugbesatzung, Polizei, Feuerwehr und Rettungskräfte:
Polizei und Feuerwehr alarmieren.
Im Gefahrenbereich sofort umluftunabhängiges (schweres) Atemschutzgerät und volle Schutzkleidung tragen. Bei Erhitzung der Flüssigkeit Zündung abstellen, Maschine stoppen, nicht rauchen, offenes Feuer löschen, kein elektrisches Gerät und keinen Schalter mit Funkenbildung betätigen.
Wasserschutzpolizei und Feuerwehr: Bei Erhitzung des Stoffes kein Boot mit Ottomotor einsetzen. Bei Dieselantrieb Sicherheitsschaltung veranlassen. Beim Retten nicht ins Wasser springen.

Schutz- und Einsatzmaßnahmen: Alle unbeteiligten Personen nach Luv (gegen den Wind) entfernen. Achtung, falls freiwerdendes Gut in die Kanalisation oder in Abwasserleitungen von Schiffen gerät, entstehen reizende und umweltgefährdende Gemische mit Abwasser. Auf Wasserstraßen Schiffahrtssperre. An Land gefährdetes Gebiet absperren. In Wohn- und Industriegebieten Anwohner warnen. Bei größeren Mengen freigewordenen Gutes große Sicherheitszone bilden. Achtung, die Dämpfe bleiben am Boden. Flammen können bei Zündung über weite Strecken zurückschlagen.

Konzentrationsmessung explosionsfähiger bzw. giftiger Dämpfe siehe Tabelle (Anhang 6 der Erläuterungen).

Zuständige Behörden unterrichten.

Bekämpfung der Unfallfolgen:
Feuer: Bei kleinem Brandherd Löschpulver, Wassersprühstrahl, Kohlensäure oder Schaum. Bei großem Brandherd Schaum oder Wassersprühstrahl. Behälter mit Wassersprühstrahl kühlen und nach Möglichkeit aus der Gefahrenzone ziehen. Achtung, das Löschwasser ist giftig und umweltgefährlich. Es muß aufgefangen werden und darf nicht unbehandelt in die Kanalisation, in Gewässer oder in das Grundwasser gelangen.
Leckage: Leck schließen, wenn ohne Risiko möglich.
Fließendes Gewässer: Trink-, Brauch- und Kühlwasserentnehmer verständigen.
Stehendes Gewässer: Absperren. Fahrzeugbesatzungen im gefährdeten Gebiet warnen.
An Land: Kanalisation abdichten. Auffangen, eindeichen und abpumpen. In Wohn- und Industriegebieten alle tiefliegenden Räume abdichten. Alle Zündquellen beseitigen. Restmengen mit nicht brennbarem, saugfähigem Material wie z. B. trockener Erde, Sand, Kieselgur, Universalbinder oder Vermiculit abdecken und an sichere Deponie zur Vernichtung transportieren.

Gewässerverunreinigung:
GefStoffV/EG: Gefahrensymbol: N Umweltgefährlich, R 51/53: giftig für Wasserorganismen, kann in Gewässern längerfristig schädliche Wirkungen haben.
Gesamtbewertung nach Unfall: Gruppe III, in stehenden Gewässern sehr hohe, in fließenden Gewässern je nach Vermischung mittlere bis hohe toxische Wirkung. (siehe auch Erläuterungen Abschnitt 16.4/5).
Einzelwerte siehe Anhang 9 der Erläuterungen.
Wassergefährdungsklasse: 2 – wassergefährdender Stoff

Erste Hilfe:
Verletzte an die frische Luft bringen, bequem lagern, beengende Kleidungsstücke lockern. Bei Atemstörung Sauerstoffzufuhr, ggf. Beatmung. Benetzte Kleidungsstücke, Schuhe und Strümpfe sofort ausziehen, entfernen und vernichten. Betroffene Körperstellen anhaltend mit Wasser spülen und anschließend mit sterilem Verbandmaterial abdecken. Bei Augenkontakt die Augen 15 Minuten mit Wasser spülen. Augenlider dazu mit Daumen und Zeigefinger aufspreizen und gleichzeitig das Auge nach allen Seiten bewegen lassen. Verletzte nicht auskühlen lassen. Bei Erbrechen zumindest Kopf in Seitenlage bringen. Verletzte nur liegend transportieren. Bei Gefahr der Bewußtlosigkeit Lagerung und Transport in stabiler Seitenlage.

Hinweise für den Arzt:
Symptomatische Behandlung. Augen sorgfältig spülen. Nach kurz zurückliegender Ingestion größerer Mengen: Magenabsaugung erwägen. Ggf. endoskopische Kontrolle des Ausmaßes der Verätzungen der Speiseröhre.

Formel:	Summen-Formel: $C_{18}H_{26}O_2$	UN-Nr. 3082 n.o.s.	Merkblatt **2478**

Stoffname

Deutsch

Cinmethylin
exo-(±)-1,4-Epoxy-p-menth-2-yl-2-methylbenzylether
exo-(±)-1-Methyl-2-(2-methylbenzyloxy)-4-isopropyl-7-oxabicyclo[2.2.1]heptan
exo-(±)-1-Methyl-4-(1-methylethyl)-2-(2-methylphenyl)methoxy]-7-oxabicyclo[2.2.1]heptan
Argold

Englisch

Cinmethylin
(±)-exo-1-Methyl-4-(1-methylethyl)-2-((2-methylphenyl)methoxy)-7-oxabicyclo(2.2.1)heptane

Französisch

Cinméthyline

Spanisch

Cinmetilin

Gefahren-Diamant: 1 / 1 / 1

Hazchem-Code: 2X

Technische Daten	
Siedepunkt	313 °C
Dampfdruck in mbar bei 20 °C	
Dampfdichteverhältnis, Luft = 1	
Schmelzpunkt	
Mischbarkeit mit Wasser	sehr geringfügig*
Spez. Gewicht, Wasser = 1	1,014
Molare Masse	274,40

Feuerbekämpfungsdaten	
Flammpunkt	147 °C
Zündfähiges Gemisch, Vol.-%	
Zündtemperatur	

* 63 mg/l bei 20 °C.

Gefahrgut: / **Klassifizierung:**

IMDG-Code: UN-Nr. 3082 n.o.s. — Kl. 9 — Verp. Gr. III EMS: **F**-A; **S**-F
Marine pollutant
ICAO/IATA DGR: UN-Nr. 3082 n.o.s. — Kl. 9 — Verp. Gr. III
ADR/RID/ADNR: UN-Nr. 3082 n.a.g. — Kl. 9 — Klassifiz. Code M6 Verp. Gr. III
Gefahrzettel (Label) Nr. 9
Richtige Versandbezeichnung (PSN):
Land/BinSch: **3082 Umweltgefährdender Stoff, flüssig, n.a.g. (Cinmethylin)**
See/Luft: **Environmentally hazardous liquid, n.o.s. (Cinmethylin)**

Gefahrstoff:

CAS Nr.: 87818-31-3 — RTECS-Nr.: RN 8762000
EG-Nr.: 402-410-9 — INDEX-Nr.: 603-093-00-1
EG-Einstufung: ja
Symbol: Xn, N
R-Sätze: 20-51/53
S-Sätze: (2)-23-61
D-Lagerklasse (VCI)-Nr.:

Erscheinungsbild: Farblose Flüssigkeit. Geruchlos.

Verhalten bei Freiwerden und Vermischen mit Luft: Gesundheitsschädliche, umweltgefährliche und brennbare Flüssigkeit mit hohem Flammpunkt von 147 °C. Bei starker Erhitzung bilden sich gesundheitsschädliche, umweltgefährliche und explosionsfähige Gemische mit Luft. Sie sind schwerer als Luft und kriechen am Boden entlang. Entzündung durch heiße Oberflächen, Funken oder offene Flammen. Bei Erhitzung bis zur Zersetzung (z. B. durch Umgebungsbrände oder heiße Oberflächen) und bei Brand bilden sich giftige und ätzende Gase bzw. Dämpfe, die im Wesentlichen aus saurem Rauch und gesundheitsschädlichen und umweltgefährdenden Dämpfen bestehen und auch Kohlenmonoxid(gas) sowie Kohlendioxid(gas) enthalten.

Verhalten bei Freiwerden und Vermischen mit Wasser: Der Stoff ist schwerer als Wasser und sinkt unter. Er löst sich nur geringfügig in Wasser. Es bilden sich gesundheitsschädliche und umweltgefährliche Gemische mit Wasser.

Gesundheitsgefährdung: Spezifische Gesundheitsgefahren sind für den Menschen nicht bekannt, bei Aufnahme großer Mengen kann es zur Ausbildung der sog. unspezifischen Vergiftungssymptome kommen. Bei Brand oder Erhitzen bis zur Zersetzung Bildung von Ruß.
Symptome: Übelkeit, Benommenheit, Schwindel, Schläfrigkeit, Leibschmerzen, Erbrechen, Durchfall
Nach Einatmen oder Hautkontakt in jedem Fall – auch bei Ausbleiben der Symptome – den Arzt aufsuchen.

Geruchsschwelle = Luftgrenzwert =

Bemerkungen:

Sicherheitsmaßnahmen für Fahrzeugbesatzung, Polizei, Feuerwehr und Rettungskräfte:
Polizei und Feuerwehr alarmieren.
Im Gefahrenbereich bei starker Erhitzung der Flüssigkeit Maschine stoppen, Zündung abstellen, nicht rauchen, offenes Feuer löschen, kein elektrisches Gerät und keinen Schalter mit Funkenbildung betätigen. Umluftunabhängiges (schweres) Atemschutzgerät und volle Schutzkleidung tragen.
Wasserschutzpolizei und Feuerwehr: Beim Retten nicht ins Wasser springen. Bei starker Erhitzung der Flüssigkeit oder Brand auf Wasserstraßen kein Boot mit Ottomotor einsetzen. Bei Dieselantrieb Sicherheitsschaltung veranlassen.

Schutz- und Einsatzmaßnahmen: Alle unbeteiligten Personen nach Luv (gegen den Wind) entfernen. Achtung, falls freiwerdendes Gut in die Kanalisation oder in Abwasserleitungen von Schiffen gerät, entstehen gesundheitsschädliche und umweltgefährdende Gemische mit Abwasser. In Wohn- und Industriegebieten Anwohner warnen. Große Sicherheitszone bilden.

Konzentrationsmessung explosionsfähiger bzw. giftiger Dämpfe siehe Tabelle (Anhang 6 der Erläuterungen).

Zuständige Behörden unterrichten.

Bekämpfung der Unfallfolgen:
Feuer: Bei kleinem Brandherd Löschpulver, Wassersprühstrahl, Kohlensäure oder Schaum. Bei großem Brandherd Schaum oder Wassersprühstrahl. Behälter mit Wassersprühstrahl kühlen und nach Möglichkeit aus der Gefahrenzone ziehen. Achtung, das Löschwasser ist giftig und umweltgefährlich. Es muß aufgefangen werden und darf nicht unbehandelt in die Kanalisation, in Gewässer oder in das Grundwasser gelangen.
Leckage: Leck schließen, wenn ohne Risiko möglich.
Fließendes Gewässer: Trink-, Brauch- und Kühlwasserentnehmer verständigen.
Stehendes Gewässer: Absperren. Fahrzeugbesatzungen im gefährdeten Gebiet warnen.
An Land: Kanalisation abdichten. Auffangen, eindeichen und abpumpen. In Wohn- und Industriegebieten alle tiefliegenden Räume abdichten. Alle Zündquellen beseitigen. Restmengen mit nicht brennbarem, saugfähigem Material wie z. B. trockener Erde, Sand, Kieselgur, Universalbinder oder Vermiculit abdecken und an sichere Deponie zur Vernichtung transportieren.

Gewässerverunreinigung:
GefStoffV/EG: Gefahrensymbol: N Umweltgefährlich, R 51/53: giftig für Wasserorganismen, kann in Gewässern längerfristig schädliche Wirkungen haben.
Gesamtbewertung nach Unfall: Gruppe III, in stehenden Gewässern sehr hohe, in fließenden Gewässern je nach Vermischung mittlere bis hohe toxische Wirkung (siehe auch Erläuterungen Abschnitt 16.4/5).
Einzelwerte siehe Anhang 9 der Erläuterungen.
Wassergefährdungsklasse: 2 – wassergefährdender Stoff.

Erste Hilfe:
Verletzte an die frische Luft bringen, bequem lagern, beengende Kleidungsstücke lockern. Bei Atemstörung Sauerstoffzufuhr, ggf. Beatmung. Benetzte Kleidungsstücke, Schuhe und Strümpfe sofort ausziehen, entfernen und vernichten. Betroffene Körperstellen anhaltend mit Wasser spülen und anschließend mit sterilem Verbandmaterial abdecken. Bei Augenkontakt die Augen 15 Minuten mit Wasser spülen und anschließend mit sterilem Verbandmaterial abdecken. Augenlider dazu mit Daumen und Zeigefinger aufspreizen und gleichzeitig das Auge nach allen Seiten bewegen lassen. Verletzte nicht auskühlen lassen. Bei Erbrechen zumindest Kopf in Seitenlage bringen. Verletzte nur liegend transportieren. Bei Gefahr der Bewußtlosigkeit Lagerung und Transport in stabiler Seitenlage.

Hinweise für den Arzt:
Symptomatische Behandlung.

Formel: HC≡CCH(OH) **Summen-Formel:** C4–H6–O **UN-Nr. 2929 n.o.s.**

Merkblatt

2479

Stoffname

Deutsch

3-Butin-2-ol, 55%ige Lösung in Wasser
1-Butin-3-ol (55%ige Lösung in Wasser)
Ethinylmethylcarbinol (55%ige Lösung in Wasser)
1-Ethinylethanol (55%ige Lösung in Wasser)

Englisch

1-Butyn-3-ol, 55% solution in water
1-Ethynylethanol, 55% solution in water
1-Butin-3-ol, 55% solution in water
Ethinyl methylcarbinol, 55% solution in water

Französisch

But-3-yne-2-ol, 55% solution d'eau

Spanisch

But-3-in-2-ol, 55% solución en agua

Gefahren-Diamant

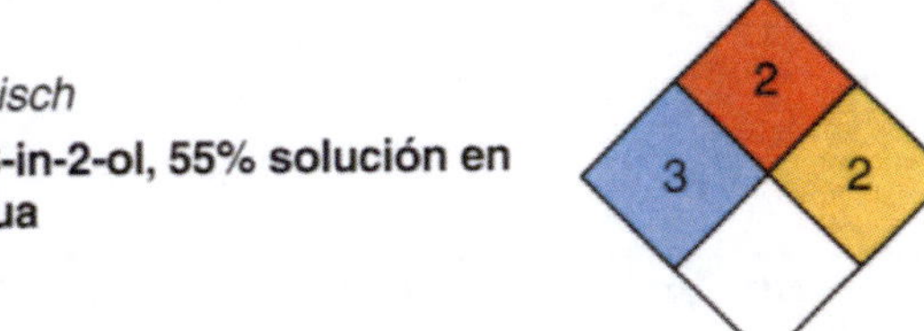

Hazchem-Code: 3WE

Technische Daten	
Siedepunkt	95–96 °C
Dampfdruck in mbar bei 20 °C	30
Dampfdichteverhältnis, Luft = 1	2,42
Schmelzpunkt	–12 °C
Mischbarkeit mit Wasser	vollständig
Spez. Gewicht, Wasser = 1	0,95
Molare Masse	70, 09

Feuerbekämpfungsdaten	
Flammpunkt	44 °C
Zündfähiges Gemisch, Vol.-%	5–46
Zündtemperatur	340 °C

Gefahrgut: **Klassifizierung:**

IMDG-Code: UN-Nr. 2929 n.o.s. Kl. 6.1 Verp. Gr. II EMS: **F**-E; **S**-D
ICAO/IATA DGR: UN-Nr. 2929 n.o.s. Kl. 6.1 Verp. Gr. II
ADR/RID/ADNR: UN-Nr. 2929 n.a.g. Kl. 6.1 Klassifiz. Code TF1 Verp. Gr. II
Gefahrzettel (Label) Nr. 6.1+3
Richtige Versandbezeichnung (PSN):
Land/BinSch: **2929 Giftiger organischer flüssiger Stoff, entzündbar, n.a.g. (1-Butin-3-ol)**
See/Luft: **Toxic liquid, flammable, organic, n.o.s. (Butin-1-ol-3)**

Gefahrstoff:

CAS Nr.: 2028-63-9 RTECS-Nr.: ES 0703800
EG-Nr.: 217-978-1 INDEX-Nr.:
EG-Einstufung: nein
Symbol: T*
R-Sätze: 10-23/24/25*
S-Sätze: 26-28-36/37-45*
D-Lagerklasse (VCI)-Nr.:

* Herstellerangaben

Erscheinungsbild: Farblose bis gelbe Flüssigkeit, stechender Geruch.

Verhalten bei Freiwerden und Vermischen mit Luft: Giftige und brennbare Flüssigkeit. An besonders heißen Tagen und bei starker Erwärmung der Flüssigkeit bilden sich giftige, explosionsfähige Gemische mit Luft. Sie sind schwerer als Luft und kriechen am Boden entlang. Entzündung durch heiße Oberflächen, Funken oder offene Flammen. Bei Brand oder Erhitzung bis zur Zersetzung (zum Beispiel durch Umgebungsbrände oder heiße Oberflächen) bilden sich giftige und ätzende Gase, die im Wesentlichen aus schädlichem Rauch und Dämpfen bestehen und auch Kohlenmonoxid sowie Kohlendioxid enthalten.

Verhalten bei Freiwerden und Vermischen mit Wasser: Der Stoff ist leichter als Wasser und schwimmt auf der Oberfläche. Er löst sich vollständig in Wasser. Es bilden sich giftige Gemische mit Wasser, die auch bei Verdünnung noch wirksam sind.

Gesundheitsgefährdung: Die Substanz ist giftig beim Einatmen, beim Verschlucken und bei Berührung mit der Haut. Die Substanz und ihre Dämpfe/Aerosole reizen die Haut und die Schleimhäute der Augen und der Atmungsorgane. Hautaufnahme! Bei Selbstzersetzung der Substanz: lokale Brandverletzungen möglich.
Symptome: Brennen und Rötung der Haut und der Augen, Tränenfluß, Nies- und Hustenreiz, Atembeschwerden, Übelkeit, Benommenheit, Schwindel, Erbrechen, Durchfall
Nach Einatmen oder Hautkontakt in jedem Fall – auch bei Ausbleiben der Symptome – den Arzt aufsuchen.
Nach Kontakt der Substanz mit den Augen ist in jedem Fall ein Augenarzt aufzusuchen.

Geruchsschwelle = Luftgrenzwert =

Bemerkungen: Der Stoff reagiert heftig unter starker Wärmeentwicklung bei Kontakt oder Mischung mit starken Säuren, starken Alkalien (Basen) und Schwermetallsalzen. Die Substanz ist selbstzersetzungsfähig.

Sicherheitsmaßnahmen für Fahrzeugbesatzung, Polizei, Feuerwehr und Rettungskräfte:
Polizei und Feuerwehr alarmieren.
Im Gefahrenbereich Maschine stoppen. Sofort umluftunabhängiges (schweres) Atemschutzgerät und volle Schutzkleidung tragen. An besonders heißen Tagen und bei starker Erwärmung der Flüssigkeit Zündung abstellen, nicht rauchen, offenes Feuer löschen, kein elektrisches Gerät und keinen Schalter mit Funkenbildung betätigen.
Wasserschutzpolizei und Feuerwehr: Beim Retten nicht ins Wasser springen. An besonders heißen Tagen und bei starker Erwärmung der Flüssigkeit kein Boot mit Ottomotor einsetzen. Bei Dieselantrieb Sicherheitsschaltung veranlassen. Radar- und Kommandorufanlage nicht betätigen.

Schutz- und Einsatzmaßnahmen: Alle unbeteiligten Personen nach Luv (gegen den Wind) entfernen. Achtung, falls freiwerdendes Gut in die Kanalisation oder in Abwasserleitungen von Schiffen gerät, entstehen gesundheitsschädliche Gemische mit Abwasser und kann mit heißem Abwasser über der Oberfläche Explosions- und Gesundheitsgefahr entstehen. Auf Wasserstraßen Schiffahrtssperre. An Land gefährdetes Gebiet absperren. Große Sicherheitszone bilden. In Wohn- und Industriegebieten Anwohner warnen.

Konzentrationsmessung explosionsfähiger bzw. giftiger Dämpfe siehe Tabelle (Anhang 6 der Erläuterungen).

Zuständige Behörden unterrichten.

Bekämpfung der Unfallfolgen:
Feuer: Bei kleinem Brandherd Löschpulver, Wassersprühstrahl, Kohlensäure oder Schaum. Bei großem Brandherd Schaum oder Wassersprühstrahl. Behälter mit Wassersprühstrahl kühlen und nach Möglichkeit aus der Gefahrenzone ziehen. Achtung, das Löschwasser ist giftig und umweltgefährlich. Es muß aufgefangen werden und darf nicht unbehandelt in die Kanalisation, in Gewässer oder in das Grundwasser gelangen.
Leckage: Leck schließen, wenn ohne Risiko möglich.
Fließendes Gewässer: Trink-, Brauch- und Kühlwasserentnehmer verständigen.
Stehendes Gewässer: Absperren. Fahrzeugbesatzungen im gefährdeten Gebiet warnen.
An Land: Kanalisation abdichten. Auffangen, eindeichen und abpumpen. In Wohn- und Industriegebieten alle tiefliegenden Räume abdichten. Alle Zündquellen beseitigen. Restmengen mit nicht brennbarem, saugfähigem Material wie z. B. trockener Erde, Sand, Kieselgur, Universalbinder oder Vermiculit abdecken und an sichere Deponie zur Vernichtung transportieren.

Gewässerverunreinigung:
GefStoffV/EG:
Gesamtbewertung nach Unfall: Gruppe III, in stehenden Gewässern sehr hohe, in fließenden Gewässern je nach Vermischung mittlere bis hohe toxische Wirkung (siehe auch Erläuterungen Abschnitt 16.4/5).
Einzelwerte siehe Anhang 9 der Erläuterungen.
Wassergefährdungsklasse: 1 – schwach wassergefährdender Stoff

Erste Hilfe:
Verletzte an die frische Luft bringen, bequem lagern, beengende Kleidungsstücke lockern. Bei Atemstörung Sauerstoffzufuhr, ggf. Beatmung. Benetzte Kleidungsstücke, Schuhe und Strümpfe sofort ausziehen, entfernen und vernichten. Betroffene Körperstellen anhaltend mit Wasser spülen und anschließend mit sterilem Verbandmaterial abdecken. Bei Augenkontakt die Augen 15 Minuten mit Wasser spülen. Augenlider dazu mit Daumen und Zeigefinger aufspreizen und gleichzeitig das Auge nach allen Seiten bewegen lassen. Verletzte nicht auskühlen lassen. Bei Erbrechen zumindest Kopf in Seitenlage bringen. Verletzte nur liegend transportieren. Bei Gefahr der Bewußtlosigkeit Lagerung und Transport in stabiler Seitenlage.

Hinweise für den Arzt:
Symptomatische Behandlung. Augen sorgfältig spülen. Nach kurz zurückliegender Ingestion: Magenspülung erwägen. Systemische Toxizität auch nach dermaler und inhalativer Exposition.

Formel: | **Summen-Formel:** C5–H8–O2 | **UN-Nr.**

Merkblatt

2480

Stoffname

Deutsch

delta-Valerolacton
Tetrahydro-2H-pyran-2-on
Tetrahydropyran-2-on
5-Hydroxyvaleriansäurelacton

Englisch

delta-Valerolactone
Tetrahydropyran-2-one
Tetrahydropyran-2H-2-one

Französisch

delta-Valérolactone

Spanisch

delta-Valerolactona

Gefahren-Diamant

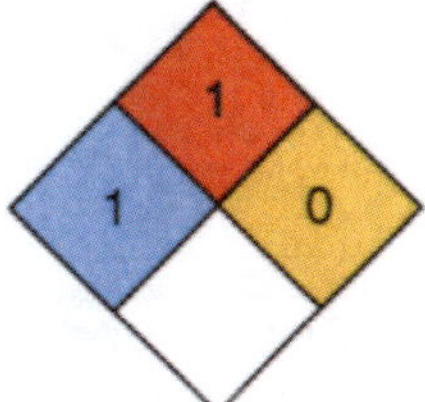

Hazchem-Code:

Technische Daten

Siedepunkt	230 °C
Dampfdruck in mbar	0,84 bei 50 °C
Dampfdichteverhältnis, Luft = 1	
Schmelzpunkt	–12,5 °C
Mischbarkeit mit Wasser	vollständig
Spez. Gewicht, Wasser = 1	1,107
Molare Masse	100,12

Feuerbekämpfungsdaten

Flammpunkt	112 °C
Zündfähiges Gemisch, Vol.-%	1,7–9,0
Zündtemperatur	390 °C

Gefahrgut:
IMDG-Code: UN-Nr. *
ICAO/IATA DGR: UN-Nr. *
ADR/RID/ADNR: UN-Nr. *
Gefahrzettel (Label) Nr.
Richtige Versandbezeichnung (PSN):
Land/BinSch:
See/Luft:

Klassifizierung:
Kl. Verp. Gr. EMS: **F- ;S-**
Kl. Verp. Gr.
Kl. Klassifiz. Code Verp. Gr.

* Kein Gefahrgut im Sinne der Vorschriften.

Gefahrstoff:
CAS Nr.: 542-28-9
RTECS-Nr.:
EG-Nr.: 208-807-1
INDEX-Nr.:
EG-Einstufung: nein
Symbol: Xi*
R-Sätze: 41*
S-Sätze: 39-26*
D-Lagerklasse (VCI)-Nr.:

* Herstellerangaben

Erscheinungsbild: Farblose bis gelbliche Flüssigkeit, esterähnlicher Geruch.

Verhalten bei Freiwerden und Vermischen mit Luft: Reizende und brennbare Flüssigkeit mit relativ hohem Flammpunkt von 112 °C. Bei starker Erhitzung bilden sich reizende, explosionsfähige Gemische mit Luft. Sie sind schwerer als Luft und kriechen am Boden entlang. Entzündung durch heiße Oberflächen, Funken oder offene Flammen. Bei Brand oder Erhitzung bis zur Zersetzung (z. B. durch Umgebungsbrände oder heiße Oberflächen) erfolgt Zersetzung unter Bildung von giftigen und ätzenden Gasen bzw. Dämpfen, die im Wesentlichen aus schädlichem Rauch und Dämpfen bestehen und auch Kohlenmonoxid sowie Kohlendioxid enthalten.

Verhalten bei Freiwerden und Vermischen mit Wasser: Der Stoff ist schwerer als Wasser und sinkt unter. Er löst sich vollständig in Wasser. Es bilden sich reizende und schwach wassergefährdende Gemische mit Wasser.

Gesundheitsgefährdung: Die Substanz und ihre Dämpfe reizen die Augen bis hin zur Verätzung, Gefahr bleibender Augenschäden, auch Erblindung. Nach Einatmen der Substanzdämpfe/-aerosole kann es zu Kehlkopf- und Lungenödem – auch mit Verzögerung bis zu 2 Tagen – kommen.
Symptome: Brennen, Schmerzen und Rötung der Haut und der Augen, Lidkrampf, Tränenfluß, Husten- und Niesreiz, Atemnot, Übelkeit, Schwindel, Benommenheit, Erbrechen, Durchfall, Sehstörungen
Nach Einatmen oder Hautkontakt in jedem Fall – auch bei Ausbleiben der Symptome – den Arzt aufsuchen.
Nach Kontakt der Substanz mit den Augen ist in jedem Fall ein Augenarzt aufzusuchen.

Geruchsschwelle =

Luftgrenzwert =

Bemerkungen: Der Stoff ist löslich in den meisten organischen Lösemitteln.

Sicherheitsmaßnahmen für Fahrzeugbesatzung, Polizei, Feuerwehr und Rettungskräfte:
Polizei und Feuerwehr alarmieren.
Im Gefahrenbereich Maschine stoppen, umluftunabhängiges (schweres) Atemschutzgerät und volle Schutzkleidung tragen. Bei Brand oder starker Erhitzung des Stoffes Zündung abstellen, nicht rauchen, offenes Feuer löschen, kein elektrisches Gerät und keinen Schalter mit Funkenbildung betätigen.
Wasserschutzpolizei und Feuerwehr: Beim Retten nicht ins Wasser springen. Bei starker Erhitzung des Stoffes und bei Brand kein Boot mit Ottomotor einsetzen. Bei Dieselantrieb Sicherheitsschaltung veranlassen.

Schutz- und Einsatzmaßnahmen: Alle unbeteiligten Personen nach Luv (gegen den Wind) entfernen. Achtung, falls freiwerdendes Gut in die Kanalisation oder in Abwasserleitungen von Schiffen gerät, können sich reizende und schwach wassergefährdende Gemische mit Abwasser bilden. Auf Wasserstraßen Schiffahrtssperre. An Land gefährdetes Gebiet absperren. Große Sicherheitszone bilden. In Wohn- und Industriegebieten Anwohner warnen, ggf. gefährdetes Gebiet evakuieren.

Konzentrationsmessung explosionsfähiger bzw. giftiger Dämpfe siehe Tabelle (Anhang 6 der Erläuterungen).

Zuständige Behörden unterrichten.

Bekämpfung der Unfallfolgen:
Feuer: Bei kleinem Brandherd Löschpulver, Wassersprühstrahl, Kohlensäure oder Schaum. Bei großem Brandherd Schaum oder Wassersprühstrahl. Behälter mit Wassersprühstrahl kühlen und nach Möglichkeit aus der Gefahrenzone ziehen. Achtung, das Löschwasser ist giftig und umweltgefährlich. Es muß aufgefangen werden und darf nicht unbehandelt in die Kanalisation, in Gewässer oder in das Grundwasser gelangen.
Leckage: Leck schließen, wenn ohne Risiko möglich.
Fließendes Gewässer: Trink-, Brauch- und Kühlwasserentnehmer verständigen.
Stehendes Gewässer: Absperren. Fahrzeugbesatzungen im gefährdeten Gebiet warnen.
An Land: Kanalisation abdichten. Auffangen, eindeichen und abpumpen. In Wohn- und Industriegebieten alle tiefliegenden Räume abdichten. Alle Zündquellen beseitigen. Restmengen mit nicht brennbarem, saugfähigem Material wie z. B. trockener Erde, Sand, Kieselgur, Universalbinder oder Vermiculit abdecken und an sichere Deponie zur Vernichtung transportieren.

Gewässerverunreinigung:
GefStoffV/EG:
Gesamtbewertung nach Unfall: Gruppe III, in stehenden Gewässern sehr hohe, in fließenden Gewässern je nach Vermischung mittlere bis hohe toxische Wirkung (siehe auch Erläuterungen Abschnitt 16.4/5).
Einzelwerte siehe Anhang 9 der Erläuterungen.
Wassergefährdungsklasse: 1 – schwach wassergefährdender Stoff

Erste Hilfe:
Verletzte an die frische Luft bringen, bequem lagern, beengende Kleidungsstücke lockern. Bei Atemstörung Sauerstoffzufuhr, ggf. Beatmung. Benetzte Kleidungsstücke, Schuhe und Strümpfe sofort ausziehen, entfernen und vernichten. Betroffene Körperstellen anhaltend mit Wasser spülen und anschließend mit sterilem Verbandmaterial abdecken. Bei Augenkontakt die Augen 15 Minuten mit Wasser spülen. Augenlider dazu mit Daumen und Zeigefinger aufspreizen und gleichzeitig das Auge nach allen Seiten bewegen lassen. Verletzte nicht auskühlen lassen. Bei Erbrechen zumindest Kopf in Seitenlage bringen. Verletzte nur liegend transportieren. Bei Gefahr der Bewußtlosigkeit Lagerung und Transport in stabiler Seitenlage.

Hinweise für den Arzt:
Symptomatische Behandlung. Augen sorgfältig spülen. Unverzüglich Augenarzt hinzuziehen!

Formel: $HCONHCH=CH_2$ **Summen-Formel:** C3–H5–N–O **UN-Nr.**

Merkblatt

2481

Stoffname

Deutsch	*Englisch*	*Französisch*	*Spanisch*
N-Vinylformamid	**N-Vinylformamide**	**N-Vinylformamide**	**N-Vinilformamida**

Gefahren-Diamant

Hazchem-Code:

Technische Daten

Siedepunkt	70 °C bei 5 mbar*
Dampfdruck in mbar	0,4 bei 30 °C
Dampfdichteverhältnis, Luft = 1	
Schmelzpunkt	–8,9 °C
Mischbarkeit mit Wasser	vollständig
Spez. Gewicht, Wasser = 1	1,017
Molare Masse	71,079

Feuerbekämpfungsdaten

Flammpunkt	103 °C
Zündfähiges Gemisch, Vol.-%	2,6–17,2
Zündtemperatur	316 °C

* Bei Temperaturen >35 °C kann spontane Polymerisation mit Hitzeentwicklung ausgelöst werden.

Gefahrgut:

IMDG-Code: UN-Nr. * — Kl. Verp. Gr. EMS: **F-** ; **S-**

ICAO/IATA DGR: UN-Nr. * — Kl. Verp. Gr.

ADR/RID/ADNR: UN-Nr. * — Kl. Klassifiz. Code Verp. Gr.

Gefahrzettel (Label) Nr.

Richtige Versandbezeichnung (PSN):

Land/BinSch:

See/Luft:

* Kein Gefahrgut im Sinne der Vorschriften.

Klassifizierung:

Gefahrstoff:

CAS Nr.: 13162-05-5 RTECS-Nr.:

EG-Nr.: 236-102-9 INDEX-Nr.:

EG-Einstufung: nein

Symbol: Xn*

R-Sätze: 22-41*

S-Sätze: 24-26-39*

D-Lagerklasse (VCI)-Nr.:

* Herstellerangaben

Erscheinungsbild: Farblose bis gelbliche Flüssigkeit, geruchlos.

Verhalten bei Freiwerden und Vermischen mit Luft: Gesundheitsschädliche und brennbare Flüssigkeit. An besonders heißen Tagen und bei starker Erwärmung der Flüssigkeit bilden sich gesundheitsschädliche, explosionsfähige Gemische mit Luft. Sie sind schwerer als Luft und kriechen am Boden entlang. Entzündung durch heiße Oberflächen, Funken oder offene Flammen. Bei Brand oder Erhitzung bis zur Zersetzung (zum Beispiel durch Umgebungsbrände oder heiße Oberflächen) bilden sich giftige und ätzende Gase, die im Wesentlichen aus nitrosen Gasen (Stickstoffoxiden) bestehen und auch Kohlenmonoxid sowie Kohlendioxid enthalten. Achtung, der Stoff neigt zur Polymerisation. Bei Erhitzung der Flüssigkeit über 35 °C entsteht die Gefahr einer spontanen Polymerisation mit sich selbst steigender Erhitzung bis zur Zersetzung unter Bildung von Acetaldehyd und Formamid. Für geschlossene Behälter und Container entsteht dann Berstgefahr.

Verhalten bei Freiwerden und Vermischen mit Wasser: Der Stoff ist schwerer als Wasser und sinkt unter. Er löst sich vollständig in Wasser. Es bilden sich gesundheitsschädliche und schwach wassergefährdende Gemische mit Wasser.

Gesundheitsgefährdung: Die Substanz und ihre Dämpfe sind gesundheitsschädlich beim Verschlucken. Die Substanz wirkt reizend auf die Haut und die Augen. Gefahr bleibender Augenschäden. Hautaufnahme möglich. Die Inhalation der Dämpfe kann zum Lungenödem – auch mit Verzögerung bis zu 2 Tagen – führen. Bei Brand oder Erhitzen bis zur Zersetzung Bildung von nitrosen Gasen (s. auch Merkblatt 150), Acetaldehyd (s. auch Merkblatt 1) und Formamid (s. auch Merkblatt 1243.)

Symptome: Rötung, Brennen der Augen und der Haut; Übelkeit, Schwindel, Erbrechen

Nach Einatmen oder Hautkontakt in jedem Fall – auch bei Ausbleiben der Symptome – den Arzt aufsuchen. Nach Kontakt der Substanz mit den Augen ist in jedem Fall ein Augenarzt aufzusuchen.

Geruchsschwelle = Luftgrenzwert =

Bemerkungen: Der Stoff neigt zur Polymerisation. Bei Kontakt oder Mischung mit starken Säuren, Basen und Peroxiden entsteht die Gefahr einer heftigen spontanen Polymerisation mit starker Wärmeentwicklung und Bildung von Acetaldehyd und Formamid. Für geschlossene Behälter und Container entsteht dann Berstgefahr. Vor Beginn des Transports muß das Produkt gegen spontane Polymerisation stabilisiert werden.

Sicherheitsmaßnahmen für Fahrzeugbesatzung, Polizei, Feuerwehr und Rettungskräfte:
Polizei und Feuerwehr alarmieren.
Im Gefahrenbereich Maschine stoppen. Sofort umluftunabhängiges (schweres) Atemschutzgerät und volle Schutzkleidung tragen. An besonders heißen Tagen und bei starker Erwärmung der Flüssigkeit Zündung abstellen, nicht rauchen, offenes Feuer löschen, kein elektrisches Gerät und keinen Schalter mit Funkenbildung betätigen.
Wasserschutzpolizei und Feuerwehr: Beim Retten nicht ins Wasser springen. An besonders heißen Tagen und bei starker Erwärmung der Flüssigkeit kein Boot mit Ottomotor einsetzen. Bei Dieselantrieb Sicherheitsschaltung veranlassen. Radar- und Kommandorufanlage nicht betätigen. Achtung, bei Temperaturen >35 °C kann spontane Polymerisation mit starker Hitzebildung eintreten. Die Wirkung des Stabilisators wird dann aufgehoben.

Schutz- und Einsatzmaßnahmen: Alle unbeteiligten Personen nach Luv (gegen den Wind) entfernen. Achtung, falls freiwerdendes Gut in die Kanalisation oder in Abwasserleitungen von Schiffen gerät, bilden sich gesundheitsschädliche und schwach wassergefährdende Gemische mit Abwasser. Auf Wasserstraßen Schiffahrtssperre. An Land gefährdetes Gebiet absperren. Große Sicherheitszone bilden. In Wohn- und Industriegebieten Anwohner warnen.

Konzentrationsmessung explosionsfähiger bzw. giftiger Dämpfe siehe Tabelle (Anhang 6 der Erläuterungen).

Zuständige Behörden unterrichten.

Bekämpfung der Unfallfolgen:
Feuer: Bei kleinem Brandherd Löschpulver, Wassersprühstrahl, Kohlensäure oder Schaum. Bei großem Brandherd Schaum oder Wassersprühstrahl. Behälter mit Wassersprühstrahl kühlen und nach Möglichkeit aus der Gefahrenzone ziehen. Achtung, der Stoff neigt zur Polymerisation. Diese kann bei Erhitzung ausgelöst werden. In diesem Fall Brandbekämpfung nur aus sicherer Deckung, größerer Entfernung oder unbemannten Monitoren. Achtung, das Löschwasser ist giftig und umweltgefährlich. Es muß aufgefangen werden und darf nicht unbehandelt in die Kanalisation, in Gewässer oder in das Grundwasser gelangen.
Leckage: Leck schließen, wenn ohne Risiko möglich.
Fließendes Gewässer: Trink-, Brauch- und Kühlwasserentnehmer verständigen.
Stehendes Gewässer: Absperren. Fahrzeugbesatzungen im gefährdeten Gebiet warnen.
An Land: Kanalisation abdichten. Auffangen, eindeichen und abpumpen. In Wohn- und Industriegebieten alle tiefliegenden Räume abdichten. Alle Zündquellen beseitigen. Restmengen mit nicht brennbarem, saugfähigem Material wie z. B. trockener Erde, Sand, Kieselgur, Universalbinder oder Vermiculit abdecken und an sichere Deponie zur Vernichtung transportieren.

Gewässerverunreinigung:
GefStoffV/EG:
Gesamtbewertung nach Unfall: Gruppe III, in stehenden Gewässern sehr hohe, in fließenden Gewässern je nach Vermischung mittlere bis hohe toxische Wirkung, nach Brand Gruppe IV, hohe bis sehr hohe (extrem hohe) toxische Wirkung unabhängig von der Turbulenz des Gewässers (siehe auch Erläuterungen Abschnitt 16.4/5).
Einzelwerte siehe Anhang 9 der Erläuterungen.
Wassergefährdungsklasse: 1 – schwach wassergefährdender Stoff

Erste Hilfe:
Verletzte an die frische Luft bringen, bequem lagern, beengende Kleidungsstücke lockern. Bei Atemstörung Sauerstoffzufuhr, ggf. Beatmung. Benetzte Kleidungsstücke, Schuhe und Strümpfe sofort ausziehen, entfernen und vernichten. Betroffene Körperstellen anhaltend mit Wasser spülen und anschließend mit sterilem Verbandmaterial abdecken. Bei Augenkontakt die Augen 15 Minuten mit Wasser spülen. Augenlider dazu mit Daumen und Zeigefinger aufspreizen und gleichzeitig das Auge nach allen Seiten bewegen lassen. Verletzte nicht auskühlen lassen. Bei Erbrechen zumindest Kopf in Seitenlage bringen. Verletzte nur liegend transportieren. Bei Gefahr der Bewußtlosigkeit Lagerung und Transport in stabiler Seitenlage.

Hinweise für den Arzt:
Symptomatische Behandlung. Augen sorgfältig spülen. Nach kurz zurückliegender Ingestion in größeren Mengen: Magenspülung erwägen.

Formel: $(CH_3)_2N(CH_2)_3OH$ **Summen-Formel:** C5–H13–N–O **UN-Nr. 2734 n.o.s.**

Merkblatt

2482

Stoffname

Deutsch

3-Dimethylamino-1-propanol
N,N-Dimethylpropanolamin
3-Dimethylaminopropanol

Englisch

3-(Dimethylamino)-1-propanol
gamma-(Dimethylamino)-1-propanol
Dimethylpropanolamine
N,N-Dimethylpropanolamine

Französisch

3-Diméthylaminopropane-1-ol

Spanisch

3-Dimetilaminopropan-1-ol

Gefahren-Diamant

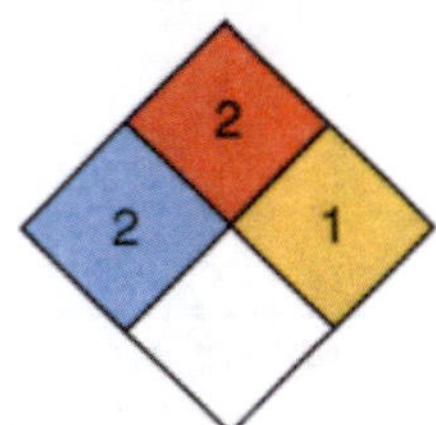

Hazchem-Code: 3W

Technische Daten

Siedepunkt	159 °C
Dampfdruck in mbar bei 20 °C	3,9
Dampfdichteverhältnis, Luft = 1	
Schmelzpunkt	–35 °C
Mischbarkeit mit Wasser	vollständig
Spez. Gewicht, Wasser = 1	0,886
Molare Masse	79,142

Feuerbekämpfungsdaten

Flammpunkt	54 °C
Zündfähiges Gemisch, Vol.-%	0,9–11,2
Zündtemperatur	235 °C

Gefahrgut: **Klassifizierung:**

IMDG-Code: UN-Nr. 2734 n.o.s. Kl. 8 Verp. Gr. II EMS: **F**-E; **S**-C
ICAO/IATA DGR: UN-Nr. 2734 n.o.s. Kl. 8 Verp. Gr. II
ADR/RID/ADNR: UN-Nr. 2734 n.a.g. Kl. 8 Klassifiz. Code CF1 Verp. Gr. II
Gefahrzettel (Label) Nr. 8+3
Richtige Versandbezeichnung (PSN):
Land/BinSch: **2734 Amine, flüssig, ätzend, entzündbar, n.a.g. (Dimethylaminopropanol)**
See/Luft: **Amines, liquid, corrosive, flammable, n.o.s. (Dimethylaminopropanol)**

Gefahrstoff:

CAS Nr.: 3179-63-3 RTECS-Nr.: UB 3155000
EG-Nr.: 221-659-2 INDEX-Nr.:
EG-Einstufung: nein
Symbol: C*
R-Sätze: 22-34*
S-Sätze: 23-26-36/37/39-45*
D-Lagerklasse (VCI)-Nr.: 3A

* Herstellerangaben

Erscheinungsbild: Farblose bis gelbliche Flüssigkeit, aminartiger Geruch.

Verhalten bei Freiwerden und Vermischen mit Luft: Gesundheitsschädliche, ätzende und brennbare Flüssigkeit. An besonders heißen Tagen und bei starker Erwärmung der Flüssigkeit bilden sich gesundheitsschädliche, ätzende und explosionsfähige Gemische mit Luft. Sie sind schwerer als Luft und kriechen am Boden entlang. Entzündung durch heiße Oberflächen, Funken oder offene Flammen. Bei Brand oder Erhitzung bis zur Zersetzung (zum Beispiel durch Umgebungsbrände oder heiße Oberflächen) bilden sich giftige und ätzende Gase, die im Wesemtlichen aus nitrosen Gasen (Stickstoffoxiden) bestehen und auch Kohlenmonoxid sowie Kohlendioxid enthalten.

Verhalten bei Freiwerden und Vermischen mit Wasser: Der Stoff ist ist leichter als Wasser und schwimmt auf der Oberfläche. Er löst sich vollständig in Wasser. Es bilden sich gesundheitsschädliche und ätzende Gemische mit Wasser, die auch bei Verdünnung noch wirksam sind.

Gesundheitsgefährdung: Die Flüssigkeit und ihre Dämpfe/Aerosole verursachen Verätzungen an der Haut und den Schleimhäuten der Augen und der oberen Atemwege. Gefahr bleibender Augenschäden, auch Erblindung. Nach Inhalation der Dämpfe kann es zum Lungen- und Kehlkopfödem – auch mit Verzögerung von bis zu 2 Tagen – kommen. Das Verschlucken der Substanz führt zu Verätzungen im Mund, Rachen und Speiseröhre sowie zu Störungen im Magen-Darm-Trakt. Bei Brand oder Erhitzen bis zur Zersetzung Bildung von nitrosen Gasen (s. auch Merkblatt 150).
Symptome: Rötung, Brennen und Schmerzen der Augen und betroffener Körperpartien, Husten, Atemnot, schlecht heilende Ätzwunden; Übelkeit, Schwindel, Erbrechen, Leibschmerzen
Nach Einatmen oder Hautkontakt in jedem Fall – auch bei Ausbleiben der Symptome – den Arzt aufsuchen.
Nach Kontakt der Substanz mit den Augen ist in jedem Fall ein Augenarzt aufzusuchen.

Geruchsschwelle = Luftgrenzwert =

Bemerkungen: Der Stoff reagiert heftig unter starker Erwärmung bei Kontakt oder Mischung mit Säuren.

Sicherheitsmaßnahmen für Fahrzeugbesatzung, Polizei, Feuerwehr und Rettungskräfte:
Polizei und Feuerwehr alarmieren.
An besonders heißen Tagen und bei starker Erwärmung der Flüssigkeit im Gefahrenbereich Maschine stoppen, Zündung abstellen, nicht rauchen, offenes Feuer löschen, keinen Schalter mit Funkenbildung und kein elektrisches Gerät betätigen. Umluftunabhänigiges (schweres) Atemschutzgerät und Schutzkleidung tragen.
Wasserschutzpolizei und Feuerwehr: An besonders heißen Tagen und bei Erwärmung der Flüssigkeit kein Boot mit Ottomotor einsetzen. Bei Dieselantrieb Sicherheitsschaltung veranlassen. Beim Retten nicht ins Wasser springen.

Schutz- und Einsatzmaßnahmen: Alle unbeteiligten Personen nach Luv (gegen den Wind) entfernen. Achtung, falls freiwerdendes Gut in die Kanalisation oder in Abwasserleitungen von Schiffen gerät, bilden sich ätzende Gemische mit Abwasser und kann mit heißem Wasser über der Oberfläche Explosions- und Verätzungsgefahr entstehen. Auf Wasserstraßen Schiffahrtssperre. An Land gefährdetes Gebiet absperren. Große Sicherheitszone bilden. In Wohn- und Industriegebieten Anwohner warnen.

Konzentrationsmessung explosionsfähiger bzw. giftiger Dämpfe siehe Tabelle (Anhang 6 der Erläuterungen).

Zuständige Behörden unterrichten.

Bekämpfung der Unfallfolgen:
Feuer: Bei kleinem Brandherd Löschpulver, Wassersprühstrahl, Kohlensäure oder Schaum. Bei großem Brandherd Schaum oder Wassersprühstrahl. Behälter mit Wassersprühstrahl kühlen und nach Möglichkeit aus der Gefahrenzone ziehen. Achtung, das Löschwasser ist giftig und umweltgefährlich. Es muß aufgefangen werden und darf nicht unbehandelt in die Kanalisation, in Gewässer oder in das Grundwasser gelangen.
Leckage: Leck schließen, wenn ohne Risiko möglich.
Fließendes Gewässer: Trink-, Brauch- und Kühlwasserentnehmer verständigen.
Stehendes Gewässer: Absperren. Fahrzeugbesatzungen im gefährdeten Gebiet warnen.
An Land: Kanalisation abdichten. Auffangen, eindeichen und abpumpen. In Wohn- und Industriegebieten alle tiefliegenden Räume abdichten. Alle Zündquellen beseitigen. Restmengen mit nicht brennbarem, saugfähigem Material wie z. B. trockener Erde, Sand, Kieselgur, Universalbinder oder Vermiculit abdecken und an sichere Deponie zur Vernichtung transportieren.

Gewässerverunreinigung:
GefStoffV/EG:
Gesamtbewertung nach Unfall: Gruppe III, in stehenden Gewässern sehr hohe, in fließenden Gewässern je nach Vermischung mittlere bis hohe toxische Wirkung, nach Brand Gruppe IV, hohe bis sehr hohe (extrem hohe) toxische Wirkung, unabhängig von der Turbulenz des Gewässers (siehe auch Erläuterungen Abschnitt 16.4/5).
Einzelwerte siehe Anhang 9 der Erläuterungen.
Wassergefährdungsklasse: 1 – schwach wassergefährdender Stoff

Erste Hilfe:
Verletzte an die frische Luft bringen, bequem lagern, beengende Kleidungsstücke lockern. Bei Atemstörung Sauerstoffzufuhr, ggf. Beatmung. Benetzte Kleidungsstücke, Schuhe und Strümpfe sofort ausziehen, entfernen und vernichten. Betroffene Körperstellen anhaltend mit Wasser spülen und anschließend mit sterilem Verbandmaterial abdecken. Bei Augenkontakt die Augen 15 Minuten mit Wasser spülen. Augenlider dazu mit Daumen und Zeigefinger aufspreizen und gleichzeitig das Auge nach allen Seiten bewegen lassen. Verletzte nicht auskühlen lassen. Bei Erbrechen zumindest Kopf in Seitenlage bringen. Verletzte nur liegend transportieren. Bei Gefahr der Bewußtlosigkeit Lagerung und Transport in stabiler Seitenlage.

Hinweise für den Arzt:
Symptomatische Behandlung. Augen sorgfältig spülen. Bei nitrosierenden Stoffen können sich unter speziellen Bedingungen Nitrosamine bilden, die sich im Tierversuch als krebserzeugend erwiesen haben. Daher nach kurz zurückliegender Ingestion in größeren Mengen: Magenspülung erwägen.

Formel: $CH_3CH_2OCH_2CH_2CN$ **Summen-Formel:** C5-H9-N-O **UN-Nr. 3276 n.o.s.**

Merkblatt

2483

Stoffname

Deutsch	*Englisch*	*Französisch*
3-Ethoxypropionitril	**3-Ethoxypropionitrile**	**3-Ethoxypropionitrile**
3-Ethoxypropionsäurenitril	3-Ethoxy-propane nitrile	
beta-Ethoxypropionitril	beta Ethoxypropionitril	
3-Ethoxypropannitril	3-Ethoxypropionic acid nitrile	

Spanisch

3-Etoxipropionitrilo

Gefahren-Diamant

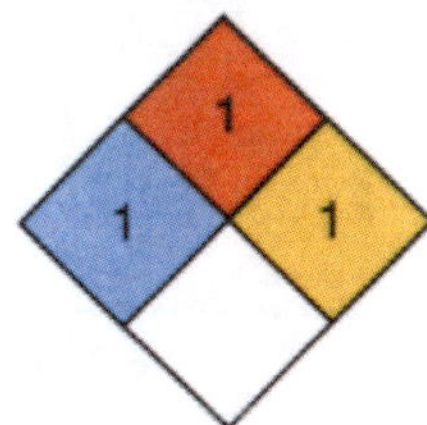

Hazchem-Code: 3X

Technische Daten

Siedepunkt	172 °C
Dampfdruck in mbar	20 bei 65 °C
Dampfdichteverhältnis, Luft = 1	3,42
Schmelzpunkt	
Mischbarkeit mit Wasser	
Spez. Gewicht, Wasser = 1	0,9285
Molare Masse	99,13

Feuerbekämpfungsdaten

Flammpunkt	66 °C
Zündfähiges Gemisch, Vol.-%	
Zündtemperatur	

Gefahrgut:

	Klassifizierung:	
IMDG-Code: UN-Nr. 3276 n.o.s.	Kl. 6.1	Verp. Gr. III EMS: **F**-A; **S**-A
Marine pollutant		
ICAO/IATA DGR: UN-Nr. 3276 n.o.s.	Kl. 6.1	Verp. Gr. III
ADR/RID/ADNR: UN-Nr. 3276 n.a.g.	Kl. 6.1	Klassifiz. Code T1 Verp. Gr. III

Gefahrzettel (Label) Nr. 6.1

Richtige Versandbezeichnung (PSN):

Land/BinSch: **3276 Nitrile, giftig, n.a.g. (3-Ethoxypropionitril)**

See/Luft: **Nitriles, toxic, n.o.s. (3-Ethoxy-propionitrile)**

Gefahrstoff:

CAS Nr.: 2141-62-0 RTECS-Nr.: TZ 4680000

EG-Nr.: 218-393-4 INDEX-Nr.:

EG-Einstufung: nein

Symbol: Xi*

R-Sätze: 36/37/38*

S-Sätze: 26-36*

D-Lagerklasse (VCI)-Nr.:

* Herstellerangaben

Erscheinungsbild: Farblose Flüssigkeit, aminartiger Geruch.

Verhalten bei Freiwerden und Vermischen mit Luft: Reizende und brennbare Flüssigkeit mit relativ hohem Flammpunkt von 66 °C. Bei Erhitzung bilden sich reizende und explosionsfähige Gemische mit Luft. Sie sind schwerer als Luft und kriechen am Boden entlang. Entzündung durch heiße Oberflächen, Funken oder offene Flammen. Bei Erhitzung bis zur Zersetzung (z. B durch Umgebungsbrände oder heiße Oberflächen) und bei Brand bilden sich giftige und ätzende Gase bzw. Dämpfe, die im Wesentlichen aus nitrosen Gasen und Cyanwasserstoff(gas = Blausäure) bestehen und auch Kohlenmonoxid(gas) sowie Kohlendioxid(gas) enthalten.

Verhalten bei Freiwerden und Vermischen mit Wasser: Der Stoff ist leichter als Wasser und schwimmt auf der Oberfläche. Er löst sich teilweise in Wasser. Es bilden sich reizende und schwach wassergefährdende Gemische mit Wasser.

Gesundheitsgefährdung: Die Substanz führt zu Reizungen der Schleimhäute der Augen und der oberen Atemwege, bei massivem Kontakt auch der Haut. Nach Aufnahme in den Körper kann es mit Verzögerung zu Blausäureabspaltung kommen (s. auch Merkblatt 42) mit langsamer Erstickung. Bei Brand oder Erhitzen bis zur Zersetzung Bildung von nitrosen Gasen (s. auch Merkblatt 150) und Blausäure (s. auch Merkblatt 42).

Symptome: Husten, Nies- und Tränenreiz, Blauverfärbung von Lippen und Fingernägeln (Cyanose)

Nach Einatmen oder Hautkontakt in jedem Fall – auch bei Ausbleiben der Symptome – den Arzt aufsuchen. Nach Kontakt der Substanz mit den Augen ist in jedem Fall ein Augenarzt aufzusuchen.

Geruchsschwelle = Luftgrenzwert =

Bemerkungen: Der Stoff ist löslich in Alkohol und Ether. Die Substanz reagiert unter Wärmeentwicklung bei Kontakt oder Mischung mit starken Oxidationsmitteln, starken Säuren und starken Basen, unter Freisetzung von Cyanwasserstoff(gas = Blausäure).

Sicherheitsmaßnahmen für Fahrzeugbesatzung, Polizei, Feuerwehr und Rettungskräfte:
Polizei und Feuerwehr alarmieren.
Im Gefahrenbereich Maschine stoppen. Umluftunabhängiges (schweres) Atemschutzgerät und volle Schutzkleidung tragen. Bei Erhitzung der Flüssigkeit Zündung abstellen, nicht rauchen, offenes Feuer löschen.
Wasserschutzpolizei und Feuerwehr: Beim Retten nicht ins Wasser springen. Bei Erhitzung der Flüssigkeit im Nahbereich kein Boot mit Ottomotor einsetzen. Bei Dieselantrieb Sicherheitsschaltung veranlassen.

Schutz- und Einsatzmaßnahmen: Alle unbeteiligten Personen nach Luv (gegen den Wind) entfernen. Achtung, falls freiwerdendes Gut in die Kanalisation oder in Abwasserleitungen von Schiffen gerät, entstehen reizende und wassergefährdende Gemische mit Abwasser und kann mit heißem Abwasser über der Oberfläche Explosions- und Reizungsgefahr entstehen. Auf Wasserstraßen Schiffahrtssperre. An Land gefährdetes Gebiet absperren. Große Sicherheitszone bilden. In Wohn- und Industriegebieten Anwohner warnen.

Konzentrationsmessung explosionsfähiger bzw. giftiger Dämpfe siehe Tabelle (Anhang 6 der Erläuterungen).

Zuständige Behörden unterrichten.

Bekämpfung der Unfallfolgen:
Feuer: Bei kleinem Brandherd Löschpulver, Wassersprühstrahl, Kohlensäure oder Schaum. Bei großem Brandherd Schaum oder Wassersprühstrahl. Behälter mit Wassersprühstrahl kühlen und nach Möglichkeit aus der Gefahrenzone ziehen. Achtung, das Löschwasser ist giftig und umweltgefährlich. Es muß aufgefangen werden und darf nicht unbehandelt in die Kanalisation, in Gewässer oder in das Grundwasser gelangen.
Leckage: Leck schließen, wenn ohne Risiko möglich.
Fließendes Gewässer: Trink-, Brauch- und Kühlwasserentnehmer verständigen.
Stehendes Gewässer: Absperren. Fahrzeugbesatzungen im gefährdeten Gebiet warnen.
An Land: Kanalisation abdichten. Auffangen, eindeichen und abpumpen. In Wohn- und Industriegebieten alle tiefliegenden Räume abdichten. Alle Zündquellen beseitigen. Restmengen mit nicht brennbarem, saugfähigem Material wie z. B. trockener Erde, Sand, Kieselgur, Universalbinder oder Vermiculit abdecken und an sichere Deponie zur Vernichtung transportieren.

Gewässerverunreinigung:
GefStoffV/EG:
Gesamtbewertung nach Unfall: Gruppe III, in stehenden Gewässern sehr hohe, in fließenden Gewässern je nach Vermischung mittlere bis hohe toxische Wirkung nach Brand Gruppe IV, hohe bis sehr hohe (extrem hohe) toxische Wirkung unabhänig von der Turbulenz des Gewässers (siehe auch Erläuterung Abschnitt 16.4/5).
Einzelwerte siehe Anhang 9 der Erläuterungen.
Wassergefährdungsklasse: 1 – schwach wassergefährdender Stoff

Erste Hilfe:
Verletzte an die frische Luft bringen, bequem lagern, beengende Kleidungsstücke lockern. Bei Atemstörung Sauerstoffzufuhr, ggf. Beatmung. Benetzte Kleidungsstücke, Schuhe und Strümpfe sofort ausziehen, entfernen und vernichten. Betroffene Körperstellen anhaltend mit Wasser spülen und anschließend mit sterilem Verbandmaterial abdecken. Bei Augenkontakt die Augen 15 Minuten mit Wasser spülen. Augenlider dazu mit Daumen und Zeigefinger aufspreizen und gleichzeitig das Auge nach allen Seiten bewegen lassen. Verletzte nicht auskühlen lassen. Bei Erbrechen zumindest Kopf in Seitenlage bringen. Verletzte nur liegend transportieren. Bei Gefahr der Bewußtlosigkeit Lagerung und Transport in stabiler Seitenlage.

Hinweise für den Arzt:
Symptomatische Behandlung. Augen sorgfältig spülen. Wegen der Nitrilgruppe protrahiert verlaufende Blausäurevergiftung möglich. Deshalb Natriumthiosulfatlösung (Na2S203-Lösung 10% Köhler oder S-hydril, Laves Arzneimittel) intravenös verabreichen; Richtwert für die initiale Gabe: 100 mg/kg; bis zu insgesamt maximal 500 mg/kg (siehe auch Merkblatt 317 Natriumcyanid).

Formel: $C_2H_5O(CH_2)_3NH_2$ **Summen-Formel:** C5–H13–N–0 **UN-Nr. 2734 n.o.s.**

Merkblatt

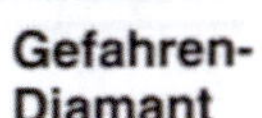

Gefahren-Diamant

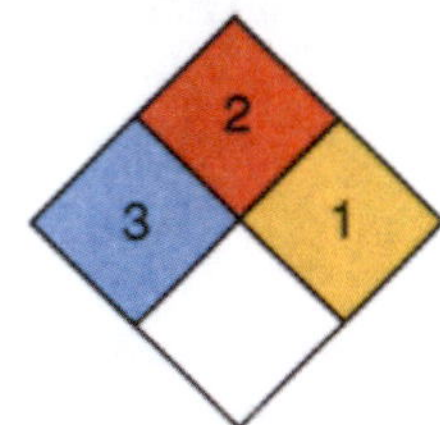

Hazchem-Code: 3W

Stoffname

Deutsch	*Englisch*	*Französisch*
3-Ethoxypropylamin-1	**3-Ethoxypropylamine-1**	**3-Ethoxypropylamine-1**
1-Ethoxy-3-aminopropan	3-Ethoxypropylamine	
3-Ethoxypropylamin	1-Ethoxy-3-aminopropane	
3-Amino-1-ethoxypropan	3-Amino-1-ethoxypropane	

Spanisch

3-Etoxipropilamina-1

Technische Daten

Siedepunkt	130–135 °C
Dampfdruck in mbar bei 20 °C	6,93
Dampfdichteverhältnis, Luft = 1	
Schmelzpunkt	<–70 °C
Mischbarkeit mit Wasser	vollständig
Spez. Gewicht, Wasser = 1	0,861
Molare Masse	103,16

Feuerbekämpfungsdaten

Flammpunkt	33,7 °C
Zündfähiges Gemisch, Vol.-%	0,8–8,1
Zündtemperatur	245 °C

Gefahrgut: / **Klassifizierung:**

IMDG-Code: UN-Nr. 2734 n.o.s.	Kl. 8	Verp. Gr. II EMS: **F**-E; **S**-C
ICAO/IATA DGR: UN-Nr. 2734 n.o.s.	Kl. 8	Verp. Gr. II
ADR/RID/ADNR: UN-Nr. 2734 n.a.g.	Kl. 8	Klassifiz. Code CF1 Verp. Gr. II

Gefahrzettel (Label) Nr. 8+3

Richtige Versandbezeichnung (PSN):

Land/BinSch: **2734 Amine, flüssig, ätzend, entzündbar, n.a.g. (3-Ethoxypropylamin-1)**

See/Luft: **Amines, liquid, corrosive, flammable, n.o.s. (3-Ethoxypropylamine-1)**

Gefahrstoff:

CAS Nr.: 6291-85-6 RTECS-Nr.: UI 2700000

EG-Nr.: 228-451-1 INDEX-Nr.:

EG-Einstufung: nein

Symbol: C*

R-Sätze: 10-35-22*

S-Sätze: 23-36/37/39-26-28-45*

D-Lagerklasse (VCI)-Nr.: 8

* Herstellerangaben

Erscheinungsbild: Farblose bis gelbliche Flüssigkeit, aminartiger Geruch.

Verhalten bei Freiwerden und Vermischen mit Luft: Gesundheitsschädliche, stark ätzende und brennbare Flüssigkeit. An besonders heißen Tagen und bei starker Erwärmung der Flüssigkeit bilden sich gesundheitsschädliche, ätzende und explosionsfähige Gemische mit Luft. Sie sind schwerer als Luft und kriechen am Boden entlang. Entzündung durch heiße Oberflächen, Funken oder offene Flammen. Bei Brand oder Erhitzung bis zur Zersetzung (zum Beispiel durch Umgebungsbrände oder heiße Oberflächen) bilden sich giftige und ätzende Gase, die im Wesentlichen aus nitrosen Gasen (Stickstoffoxiden) bestehen und auch Kohlenmonoxid sowie Kohlendioxid enthalten.

Verhalten bei Freiwerden und Vermischen mit Wasser: Der Stoff ist leichter als Wasser und schwimmt auf der Oberfläche. Er löst sich vollständig in Wasser. Es bilden sich gesundheitsschädliche und ätzende Gemische mit Wasser.

Gesundheitsgefährdung: Die Flüssigkeit und ihre Dämpfe/Aerosole verursachen Verätzungen an der Haut und den Schleimhäuten der Augen und der oberen Atemwege. Gefahr bleibender Augenschäden, auch Erblindung. Nach Inhalation der Dämpfe kann es zum Lungen- und Kehlkopfödem – auch mit Verzögerung bis zu 2 Tagen – kommen. Das Verschlucken der Substanz führt zu Verätzungen im Mund, Rachen und Speiseröhre sowie zu Störungen im Magen-Darm-Trakt. Bei Brand oder Erhitzen bis zur Zersetzung Bildung von nitrosen Gasen (s. auch Merkblatt 150).
Symptome: Rötung, Brennen und Schmerzen der Augen und betroffener Körperpartien, Husten, Atemnot, schlecht heilende Ätzwunden; Übelkeit, Schwindel, Erbrechen, Leibschmerzen
Nach Einatmen oder Hautkontakt in jedem Fall – auch bei Ausbleiben der Symptome – den Arzt aufsuchen. Nach Kontakt der Substanz mit den Augen ist in jedem Fall ein Augenarzt aufzusuchen.

Geruchsschwelle = Luftgrenzwert =

Bemerkungen: Der Stoff reagiert unter Wärmeentwicklung bei Kontakt oder Mischung mit Säuren, Säurechloriden, Säureanhydriden und starken Oxidationsmitteln.

Sicherheitsmaßnahmen für Fahrzeugbesatzung, Polizei, Feuerwehr und Rettungskräfte:
Polizei und Feuerwehr alarmieren.
Im Gefahrenbereich Maschine stoppen. Sofort umluftunabhängiges (schweres) Atemschutzgerät und volle Schutzkleidung tragen. An besonders heißen Tagen und bei starker Erwärmung der Flüssigkeit Zündung abstellen, nicht rauchen, offenes Feuer löschen, kein elektrisches Gerät und keinen Schalter mit Funkenbildung betätigen.
Wasserschutzpolizei und Feuerwehr: Beim Retten nicht ins Wasser springen. An besonders heißen Tagen und bei starker Erwärmung der Flüssigkeit kein Boot mit Ottomotor einsetzen. Bei Dieselantrieb Sicherheitsschaltung veranlassen. Radar- und Kommandorufanlage nicht betätigen.

Schutz- und Einsatzmaßnahmen: Alle unbeteiligten Personen nach Luv (gegen den Wind) entfernen. Achtung, falls freiwerdendes Gut in die Kanalisation oder in Abwasserleitungen von Schiffen gerät, entstehen ätzende Gemische mit Abwasser und kann mit heißem Abwasser über der Oberfläche Explosions- und Verätzungsgefahr entstehen. Auf Wasserstraßen Schiffahrtssperre. An Land gefährdetes Gebiet absperren. Große Sicherheitszone bilden. In Wohn- und Industriegebieten Anwohner warnen.

Konzentrationsmessung explosionsfähiger bzw. giftiger Dämpfe siehe Tabelle (Anhang 6 der Erläuterungen).

Zuständige Behörden unterrichten.

Bekämpfung der Unfallfolgen:
Feuer: Bei kleinem Brandherd Löschpulver, Wassersprühstrahl, Kohlensäure oder Schaum. Bei großem Brandherd Schaum oder Wassersprühstrahl. Behälter mit Wassersprühstrahl kühlen und nach Möglichkeit aus der Gefahrenzone ziehen. Achtung, das Löschwasser ist giftig und umweltgefährlich. Es muß aufgefangen werden und darf nicht unbehandelt in die Kanalisation, in Gewässer oder in das Grundwasser gelangen.
Leckage: Leck schließen, wenn ohne Risiko möglich.
Fließendes Gewässer: Trink-, Brauch- und Kühlwasserentnehmer verständigen.
Stehendes Gewässer: Absperren. Fahrzeugbesatzungen im gefährdeten Gebiet warnen.
An Land: Kanalisation abdichten. Auffangen, eindeichen und abpumpen. In Wohn- und Industriegebieten alle tiefliegenden Räume abdichten. Alle Zündquellen beseitigen. Restmengen mit nicht brennbarem, saugfähigem Material wie z. B. trockener Erde, Sand, Kieselgur, Universalbinder oder Vermiculit abdecken und an sichere Deponie zur Vernichtung transportieren.

Gewässerverunreinigung:
GefStoffV/EG:
Gesamtbewertung nach Unfall: Gruppe III, in stehenden Gewässern sehr hohe, in fließenden Gewässern je nach Vermischung mittlere bis hohe toxische Wirkung nach Brand Gruppe IV, hohe bis sehr hohe (extrem hohe) toxische Wirkung unabhängig von der Turbulenz des Gewässers (siehe auch Erläuterungen Abschnitt 16.4/5).
Einzelwerte siehe Anhang 9 der Erläuterungen.
Wassergefährdungsklasse: 1 – schwach wassergefährdender Stoff.

Erste Hilfe:
Verletzte an die frische Luft bringen, bequem lagern, beengende Kleidungsstücke lockern. Bei Atemstörung Sauerstoffzufuhr, ggf. Beatmung. Benetzte Kleidungsstücke, Schuhe und Strümpfe sofort ausziehen, entfernen und vernichten. Betroffene Körperstellen anhaltend mit Wasser spülen und anschließend mit sterilem Verbandmaterial abdecken. Bei Augenkontakt die Augen 15 Minuten mit Wasser spülen. Augenlider dazu mit Daumen und Zeigefinger aufspreizen und gleichzeitig das Auge nach allen Seiten bewegen lassen. Verletzte nicht auskühlen lassen. Bei Erbrechen zumindest Kopf in Seitenlage bringen. Verletzte nur liegend transportieren. Bei Gefahr der Bewußtlosigkeit Lagerung und Transport in stabiler Seitenlage.

Hinweise für den Arzt:
Symptomatische Behandlung. Augen sorgfältig spülen.

Formel: $CH_3OCH_2CH_2CN$ **Summen-Formel:** C4–H7–N–O **UN-Nr.**

Merkblatt 2485

Stoffname

Deutsch	*Englisch*	*Französisch*
3-Methoxypropionitril	**3-Methoxypropionitrile**	**3-Méthoxypropiononitrile**
2-Methoxyethylcyanid	3-Methoxypropanenitrile	
3-Methoxypropionsäurenitril	1-Cyano-2-methoxy ethane	
3-Methoxypropannitril	Methyl-beta-cyanoethyl ether	
beta-Methoxypropionitril	beta Methoxypropionitril	*Spanisch*
Methyl beta cyanoethylether	3-Methoxypropionic acid nitrile	**3-Metoxipropiononitrilo**

Gefahren-Diamant

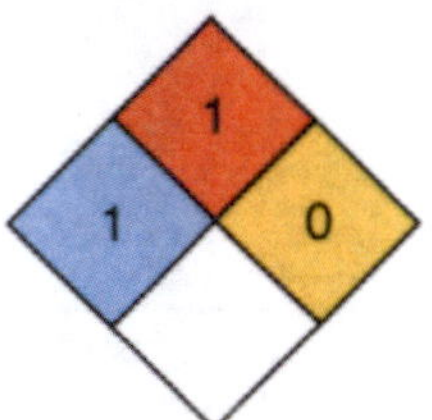

Hazchem-Code:

Technische Daten

Siedepunkt	166 °C**
Dampfdruck in mbar	2,3 bei 30 °C
Dampfdichteverhältnis, Luft = 1	
Schmelzpunkt	<–50 °C
Mischbarkeit mit Wasser	teilweise*
Spez. Gewicht, Wasser = 1	0,94
Molare Masse	85,15

Feuerbekämpfungsdaten

Flammpunkt	66 °C
Zündfähiges Gemisch, Vol.-%	1,9–15,3
Zündtemperatur	390 °C
**Thermische Zersetzung	>240 °C

* 540 g/l bei 25 °C.

Gefahrgut:
IMDG-Code: UN-Nr. *
Marine pollutant
ICAO/IATA DGR: UN-Nr. *
ADR/RID/ADNR: UN-Nr. *
Gefahrzettel (Label) Nr.
Richtige Versandbezeichnung (PSN):
Land/BinSch:
See/Luft:
* Kein Gefahrgut im Sinne der Vorschriften.

Klassifizierung:
Kl. Verp. Gr. EMS: **F**- ; **S**-
Kl. Verp. Gr.
Kl. Klassifiz. Code Verp. Gr.

Gefahrstoff:
CAS Nr.: 110-67-8 RTECS-Nr.: UG 3150000
EG-Nr.: 203-790-7 INDEX-Nr.:
EG-Einstufung: nein
Symbol: Xi*
R-Sätze: 36/37/38*
S-Sätze: 26-36*
D-Lagerklasse (VCI)-Nr.: 3B

* Herstellerangaben

Erscheinungsbild: Farblose bis gelbliche Flüssigkeit, geruchlos.

Verhalten bei Freiwerden und Vermischen mit Luft: Reizende und brennbare Flüssigkeit mit relativ hohem Flammpunkt von 66 °C. Bei Erhitzung bilden sich reizende und explosionsfähige Gemische mit Luft. Sie sind schwerer als Luft und kriechen am Boden entlang. Entzündung durch heiße Oberflächen, Funken oder offene Flammen. Bei Erhitzung bis zur Zersetzung (z. B. durch Umgebungsbrände oder heiße Oberflächen) und bei Brand bilden sich giftige und ätzende Gase und Dämpfe, die im Wesentlichen aus nitrosen Gasen bestehen und auch Kohlenmonoxid(gas) sowie Kohlendioxid(gas) enthalten. Bei Schwelbränden kann sich Cyanwasserstoff(gas = Blausäure) bilden.

Verhalten bei Freiwerden und Vermischen mit Wasser: Der Stoff ist leichter als Wasser und schwimmt auf der Oberfläche. Er löst sich in ca. der doppelten Wassermenge. Es bilden sich reizende und schwach wassergefährdende Gemische mit Wasser.

Gesundheitsgefährdung: Die Flüssigkeit und ihre Dämpfe/Aerosole reizen die Haut und die Schleimhäute der Augen und der oberen Atemwege. Nach Aufnahme der Substanz in den Körper kann es zur Freisetzung von Blausäure kommen, die zur Blockade der Zellatmung und zu Herz-Kreislauf-Störungen führt. Bei Brand oder Erhitzen bis zur Zersetzung Bildung von nitrosen Gasen (s. auch Merkblatt 150), bei Schwelbränden Blausäure (s. auch Merkblatt 42).
Symptome: Rötung und Brennen der Haut und betroffener Körperpartien, Übelkeit, Schwindel, Erbrechen, Atemnot, Bewußtlosigkeit

Geruchsschwelle = Luftgrenzwert =

Bemerkungen: Der Stoff ist löslich in Alkohol und Ether. Die Substanz reagiert unter Wärmeentwicklung bei Kontakt oder Mischung mit starken Oxidationsmitteln, starken Säuren und starken Basen, unter Freisetzung von Cyanwasserstoff(gas = Blausäure).

Sicherheitsmaßnahmen für Fahrzeugbesatzung, Polizei, Feuerwehr und Rettungskräfte:
Polizei und Feuerwehr alarmieren.
Im Gefahrenbereich Maschine stoppen, umluftunabhängiges (schweres) Atemschutzgerät und volle Schutzkleidung tragen. Bei Erhitzung der Flüssigkeit offenes Feuer löschen, nicht rauchen, Zündung abstellen.
Wasserschutzpolizei und Feuerwehr: Beim Retten nicht ins Wasser springen. Bei starker Erhitzung der Flüssigkeit im Nahbereich kein Boot mit Ottomotor einsetzen. Bei Dieselantrieb Sicherheitsschaltung veranlassen.

Schutz- und Einsatzmaßnahmen: Alle unbeteiligten Personen nach Luv (gegen den Wind) entfernen. Achtung, falls freiwerdendes Gut in die Kanalisation oder in Abwasserleitungen von Schiffen gerät, entstehen reizende und schwach wassergefährdende Gemische mit Abwasser und kann mit heißem Abwasser über der Oberfläche Explosions- und Verätzungsgefahr entstehen. Auf Wasserstraßen Schiffahrtssperre. An Land gefährdetes Gebiet absperren. Große Sicherheitszone bilden. In Wohn- und Industriegebieten Anwohner warnen.

Konzentrationsmessung explosionsfähiger bzw. giftiger Dämpfe siehe Tabelle (Anhang 6 der Erläuterungen).

Zuständige Behörden unterrichten.

Bekämpfung der Unfallfolgen:
Feuer: Bei kleinem Brandherd Löschpulver, Wassersprühstrahl, Kohlensäure oder Schaum. Bei großem Brandherd Schaum oder Wassersprühstrahl. Behälter mit Wassersprühstrahl kühlen und nach Möglichkeit aus der Gefahrenzone ziehen. Achtung, das Löschwasser ist giftig und umweltgefährlich. Es muß aufgefangen werden und darf nicht unbehandelt in die Kanalisation, in Gewässer oder in das Grundwasser gelangen.
Leckage: Leck schließen, wenn ohne Risiko möglich.
Fließendes Gewässer: Trink-, Brauch- und Kühlwasserentnehmer verständigen.
Stehendes Gewässer: Absperren. Fahrzeugbesatzungen im gefährdeten Gebiet warnen.
An Land: Kanalisation abdichten. Auffangen, eindeichen und abpumpen. In Wohn- und Industriegebieten alle tiefliegenden Räume abdichten. Alle Zündquellen beseitigen. Restmengen mit nicht brennbarem, saugfähigem Material wie z. B. trockener Erde, Sand, Kieselgur, Universalbinder oder Vermiculit abdecken und an sichere Deponie zur Vernichtung transportieren.

Gewässerverunreinigung:
GefStoffV/EG:
Gesamtbewertung nach Unfall: Gruppe II, in stehenden Gewässern mittlere bis hohe, in fließenden Gewässern mittlere toxische Wirkung, nach Brand Gruppe IV, hohe bis sehr hohe (extrem hohe) toxische Wirkung unabhängig von der Turbulenz des Gewässers (siehe auch Erläuterungen Abschnitt 16.4/5).
Einzelwerte siehe Anhang 9 der Erläuterungen.
Wassergefährdungsklasse: 1 – schwach wassergefährdender Stoff

Erste Hilfe:
Verletzte an die frische Luft bringen, bequem lagern, beengende Kleidungsstücke lockern. Bei Atemstörung Sauerstoffzufuhr, ggf. Beatmung. Benetzte Kleidungsstücke, Schuhe und Strümpfe sofort ausziehen, entfernen und vernichten. Betroffene Körperstellen anhaltend mit Wasser spülen und anschließend mit sterilem Verbandmaterial abdecken. Bei Augenkontakt die Augen 15 Minuten mit Wasser spülen. Augenlider dazu mit Daumen und Zeigefinger aufspreizen und gleichzeitig das Auge nach allen Seiten bewegen lassen. Verletzte nicht auskühlen lassen. Bei Erbrechen zumindest Kopf in Seitenlage bringen. Verletzte nur liegend transportieren. Bei Gefahr der Bewußtlosigkeit Lagerung und Transport in stabiler Seitenlage.

Hinweise für den Arzt:
Symptomatische Behandlung. Augen sorgfältig spülen. Wegen der Nitrilgruppe Blausäurefreisetzung aus dem Molekül nicht ausgeschlossen. Dann protrahiert verlaufende Blausäurevergiftung. Deshalb Natriumthiosulfatlösung (Na2S2O3-Lösung 10% Köhler oder S-hydril, Laves Arzneimittel) intravenös verabreichen; Richtwert für die initiale Gabe: 100 mg/kg; bis zu insgesamt maximal 500 mg/kg. Siehe ggf. auch Merkblatt 317 Natriumcyanid.

Formel: $CF_3C_6H_4OH$	Summen-Formel: C7–H5–F3–O	UN-Nr. 2810 n.o.s.	Merkblatt **2486**

Stoffname

Deutsch

α,α,α-Trifluor-m-kresol
3-Hydroxybenzotrifluorid
3-(Trifluormethyl)phenol
m-Hydroxybenzotrifluorid
m-(Trifluormethyl)phenol

Englisch

alpha,alpha,alpha-Trifluoro-m-cresol
3-Hydroxybenzotrifluoride
3-(Trifluoromethyl)phenol
m-Hydroxybenzotrifluoride
m-(Trifluoromethyl)phenol

Französisch

alpha,alpha,alpha-Trifluoro-m-crésol

Spanisch

alfa,alfa,alfa-Trifluoro-m-cresol

Gefahren-Diamant

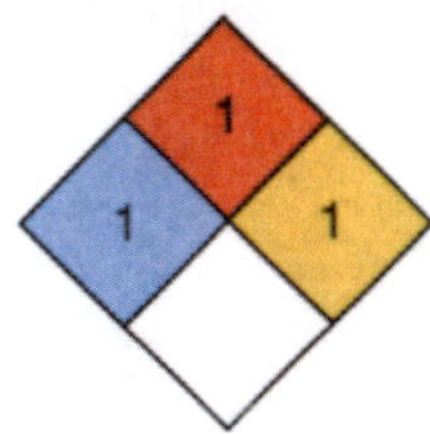

Hazchem-Code: 2XE

Technische Daten

Siedepunkt	178 °C
Dampfdruck in mbar bei 20 °C	
Dampfdichteverhältnis, Luft = 1	
Schmelzpunkt	–1,8 °C
Mischbarkeit mit Wasser	geringfügig
Spez. Gewicht, Wasser = 1	1,351
Molare Masse	162,11

Feuerbekämpfungsdaten

Flammpunkt	73 °C
Zündfähiges Gemisch, Vol.-%	
Zündtemperatur	

Gefahrgut:
IMDG-Code: UN-Nr. 2810 n.o.s.
Marine pollutant
ICAO/IATA DGR: UN-Nr. 2810 n.o.s.
ADR/RID/ADNR: UN-Nr. 2810 n.a.g.
Gefahrzettel (Label) Nr. 6.1
Richtige Versandbezeichnung (PSN):
Land/BinSch: **2810 Giftiger, organischer, flüssiger Stoff, n.a.g. (alpha,alpha,alpha-Trifluor-m-kresol)**
See/Luft: **Toxic liquid, organic, n.o.s. (alpha,alpha,alpha-Trifluoro-m-cresol)**

Klassifizierung:
Kl. 6.1 Verp. Gr. I EMS: **F**-A; **S**-A

Kl. 6.1 Verp. Gr. I
Kl. 6.1 Klassifiz. Code T1 Verp. Gr. I

Gefahrstoff:
CAS Nr.: 98-17-9 RTECS-Nr.: GP 3510000
EG-Nr.: 202-645-5 INDEX-Nr.:
EG-Einstufung: nein
Symbol: Xi*
R-Sätze: 37/38-41*
S-Sätze: 26-36/39*
D-Lagerklasse (VCI)-Nr.: 3B

* Herstellerangaben

Erscheinungsbild: Hellgelbe Flüssigkeit.

Verhalten bei Freiwerden und Vermischen mit Luft: Reizende und brennbare Flüssigkeit mit relativ hohem Flammpunkt von 73 °C. Bei Erhitzung bilden sich reizende und explosionsfähige Gemische mit Luft. Sie sind schwerer als Luft und kriechen am Boden entlang. Entzündung durch heiße Oberflächen, Funken oder offene Flammen. Bei Erhitzung bis zur Zersetzung (z. B. durch Umgebungsbrände oder heiße Oberflächen) und bei Brand bilden sich giftige und ätzende Gase bzw. Dämpfe, die im Wesentlichen aus Fluorwasserstoff(gas) bestehen und auch Kohlenmonoxid(gas) sowie Kohlendioxid(gas) enthalten.

Verhalten bei Freiwerden und Vermischen mit Wasser: Der Stoff ist schwerer als Wasser und sinkt unter. Er löst sich nur geringfügig in Wasser. Es bilden sich reizende und stark wassergefährdende Gemische mit Wasser, die auch bei starker Verdünnung noch wirksam sind.

Gesundheitsgefährdung: Der direkte Kontakt der Flüssigkeit mit der Haut und den Schleimhäuten der Augen führt zu Reizungen bis hin zur Verätzung. Gefahr bleibender Augenschäden. Nach Inhalation der Dämpfe/Aerosole kommt es zu Schleimhautreizungen im Mund, Rachen, Speiseröhre und im Magen-Darm-Trakt. Bei Brand oder Erhitzen bis zur Zersetzung Bildung von Fluorwasserstoff (s. auch Merkblatt 92).
Symptome: Rötung und Brennen der Augen und betroffener Körperpartien, Tränenfluß, Husten, Atemnot
Nach Einatmen oder Hautkontakt in jedem Fall – auch bei Ausbleiben der Symptome – den Arzt aufsuchen. Nach Kontakt der Substanz mit den Augen ist in jedem Fall ein Augenarzt aufzusuchen.

Geruchsschwelle = Luftgrenzwert =

Bemerkungen: Der Stoff reagiert bei Kontakt oder Mischung mit Oxidationsmitteln, Säurechloriden und Säureanhydriden.

Sicherheitsmaßnahmen für Fahrzeugbesatzung, Polizei, Feuerwehr und Rettungskräfte:
Polizei und Feuerwehr alarmieren.
Im Gefahrenbereich sofort umluftunabhängiges (schweres) Atemschutzgerät und volle Schutzkleidung tragen. Bei Erhitzung der Flüssigkeit Zündung abstellen, Maschine stoppen, nicht rauchen, offenes Feuer löschen, kein elektrisches Gerät und keinen Schalter mit Funkenbildung betätigen.
Wasserschutzpolizei und Feuerwehr: Bei Erhitzung des Stoffes kein Boot mit Ottomotor einsetzen. Bei Dieselantrieb Sicherheitsschaltung veranlassen. Beim Retten nicht ins Wasser springen.

Schutz- und Einsatzmaßnahmen: Alle unbeteiligten Personen nach Luv (gegen den Wind) entfernen. Achtung, falls freiwerdendes Gut in die Kanalisation oder in Abwasserleitungen von Schiffen gerät, bilden sich reizende Gemische mit Abwasser. Auf Wasserstraßen Schiffahrtssperre. An Land gefährdetes Gebiet absperren. Große Sicherheitszone bilden. In Wohn- und Industriegebieten Anwohner warnen.

Konzentrationsmessung explosionsfähiger bzw. giftiger Dämpfe siehe Tabelle (Anhang 6 der Erläuterungen).

Zuständige Behörden unterrichten.

Bekämpfung der Unfallfolgen:
Feuer: Bei kleinem Brandherd Löschpulver, Wassersprühstrahl, Kohlensäure oder Schaum. Bei großem Brandherd Schaum oder Wassersprühstrahl. Behälter mit Wassersprühstrahl kühlen und nach Möglichkeit aus der Gefahrenzone ziehen. Achtung, das Löschwasser ist giftig und umweltgefährlich. Es muß aufgefangen werden und darf nicht unbehandelt in die Kanalisation, in Gewässer oder in das Grundwasser gelangen.
Leckage: Leck schließen, wenn ohne Risiko möglich.
Fließendes Gewässer: Trink-, Brauch- und Kühlwasserentnehmer verständigen.
Stehendes Gewässer: Absperren. Fahrzeugbesatzungen im gefährdeten Gebiet warnen.
An Land: Kanalisation abdichten. Auffangen, eindeichen und abpumpen. In Wohn- und Industriegebieten alle tiefliegenden Räume abdichten. Alle Zündquellen beseitigen. Restmengen mit nicht brennbarem, saugfähigem Material wie z. B. trockener Erde, Sand, Kieselgur, Universalbinder oder Vermiculit abdecken und an sichere Deponie zur Vernichtung transportieren.

Gewässerverunreinigung:
GefStoffV/EG:
Gesamtbewertung nach Unfall: Gruppe IV, hohe bis sehr hohe (extrem hohe) toxische Wirkung unabhängig von der Turbulenz des Gewässers (siehe auch Erläuterungen Abschnitt 16.4/5).
Einzelwerte siehe Anhang 9 der Erläuterungen.
Wassergefährdungsklasse: 3 – stark wassergefährdender Stoff

Erste Hilfe:
Verletzte an die frische Luft bringen, bequem lagern, beengende Kleidungsstücke lockern. Bei Atemstörung Sauerstoffzufuhr, ggf. Beatmung. Benetzte Kleidungsstücke, Schuhe und Strümpfe sofort ausziehen, entfernen und vernichten. Betroffene Körperstellen anhaltend mit Wasser spülen und anschließend mit sterilem Verbandmaterial abdecken. Bei Augenkontakt die Augen 15 Minuten mit Wasser spülen. Augenlider dazu mit Daumen und Zeigefinger aufspreizen und gleichzeitig das Auge nach allen Seiten bewegen lassen. Verletzte nicht auskühlen lassen. Bei Erbrechen zumindest Kopf in Seitenlage bringen. Verletzte nur liegend transportieren. Bei Gefahr der Bewußtlosigkeit Lagerung und Transport in stabiler Seitenlage.

Hinweise für den Arzt:
Symptomatische Behandlung. Augen sorgfältig spülen. Bei anhaltenden Beschwerden Augenarzt hinzuziehen! Codein gegen Reizhusten. Bei Reizung der Atemwege 5–10 Hübe oder mehr/h eines Dosier-Aerosols mit Beclometason (z. B. Sanasthmyl Glaxo oder Viarox Essex Pharma) oder mit Dexamethason (z. B. Auxiloson Thomae).

Formel: | **Summen-Formel:** C7–H10–N2 | **UN-Nr. 2811 n.o.s.**

Merkblatt

2487

Stoffname

Deutsch	*Englisch*	*Französisch*
N,N-Dimethylpyridin-4-amin	**N,N-Dimethylpyridine-4-amine**	**N,N-Diméthylpyridine-4-amine**
4-Dimethylaminopyridin	4-(Dimethylamino)pyridine	
gamma-(Dimethylamino)pyridin	gamma-(Dimethylamino)pyridine	
p-Dimethylaminopyridin	p-Dimethylaminopyridine	
DMAP		

Spanisch

N,N-Dimetilpiridin-4-amina

Gefahren-Diamant

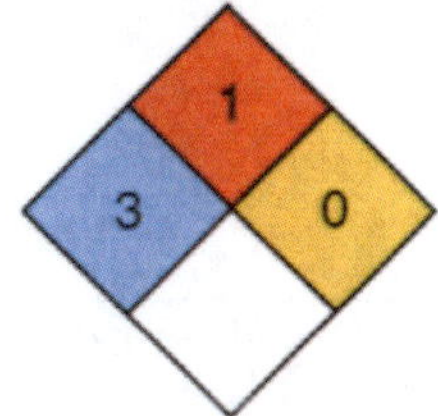

Hazchem-Code: 2XE

Technische Daten		**Feuerbekämpfungsdaten**	
Siedepunkt	162 °C bei 52 mbar	Flammpunkt	124 °C
Dampfdruck in mbar bei 20 °C		Zündfähiges Gemisch, Vol.-%	
Dampfdichteverhältnis, Luft = 1	4,22	Zündtemperatur	
Schmelzpunkt	112 °C		
Mischbarkeit mit Wasser	geringfügig*		
Spez. Gewicht, Wasser = 1			
Molare Masse	122,0		

* 76 g/l bei 25 °C, vollständig nach Merck.

Gefahrgut: | **Klassifizierung:**

IMDG-Code: UN-Nr. 2811 n.o.s. | Kl. 6.1 | Verp. Gr. III EMS: **F**-A; **S**-A

Marine pollutant

ICAO/IATA DGR: UN-Nr. 2811 n.o.s. | Kl. 6.1 | Verp. Gr. III

ADR/RID/ADNR: UN-Nr. 2811 n.a.g. | Kl. 6.1 | Klassifiz. Code T2 Verp. Gr. III

Gefahrzettel (Label) Nr. 6.1

Richtige Versandbezeichnung (PSN):

Land/BinSch: **2811 Giftiger organischer fester Stoff, n.a.g. (4-Dimethylaminopyridin)**

See/Luft: **Toxic, solid, organic, n.o.s. (4-(Dimethylamino)pyridine)**

Gefahrstoff:

CAS Nr.: 1122-58-3 | RTECS-Nr.: US 9230000

EG-Nr.: 214-353-5 | INDEX-Nr.:

EG-Einstufung: nein

Symbol: T*

R-Sätze: 24/25-36/38*

S-Sätze: 22-36/37-45*

D-Lagerklasse (VCI)-Nr.: 6.1A

* Herstellerangaben

Erscheinungsbild: Weiße bis gelbliche Kristalle oder kristallines Pulver. Unangenehmer schwacher aminartiger Geruch.

Verhalten bei Freiwerden und Vermischen mit Luft: Giftiger und brennbarer fester Stoff. Bei Aufwirbelung des Staubes bilden sich giftige und explosionsfähige Gemische mit Luft. Bei Brand oder Erhitzung bis zur Zersetzung (z. B. durch Umgebungsbrände oder heiße Oberflächen) erfolgt Zersetzung unter Bildung von giftigen und ätzenden Gasen und Dämpfen, die im Wesentlichen aus nitrosen Gasen (Stickstoffoxiden) und Cyanwasserstoff(gas = Blausäure) bestehen und auch Kohlendioxid und Kohlenmonoxid enthalten.

Verhalten bei Freiwerden und Vermischen mit Wasser: Der Stoff ist leichter als Wasser und schwimmt auf der Oberfläche. Er löst sich nur geringfügig in Wasser. Es bilden sich giftige und stark wassergefährdende Gemische mit Wasser, die auch bei starker Verdünnung noch wirksam sind.

Gesundheitsgefährdung: Die Substanz und ihre Stäube sind giftig beim Verschlucken und bei Berührung mit der Haut. Hautaufnahme. Die Stäube reizen die Haut und die Schleimhäute der Augen und der oberen Atemwege. Lungenödem – auch mit Verzögerung bis zu 2 Tagen – möglich. Bei Brand oder Erhitzen bis zur Zersetzung Bildung von Cyanwasserstoff (s. auch Merkblatt 42) und nitrosen Gasen (s. auch Merkblatt 150).
Symptome: Rötung und Brennen der Augen und betroffener Körperpartien; nach Einatmen: Kopfschmerzen, Übelkeit, Benommenheit, Schläfrigkeit; nach Verschlucken: Übelkeit, Erbrechen, Durchfall
Nach Einatmen oder Hautkontakt in jedem Fall – auch bei Ausbleiben der Symptome – den Arzt aufsuchen. Nach Kontakt der Substanz mit den Augen ist in jedem Fall ein Augenarzt aufzusuchen.

Geruchsschwelle = | Luftgrenzwert =

Bemerkungen: Der Stoff ist löslich in Methylalkohol und Aceton. Er kann heftig reagieren unter Wärmeentwicklung bei Kontakt mit Säuren und starken Oxydationsmitteln.

Sicherheitsmaßnahmen für Fahrzeugbesatzung, Polizei, Feuerwehr und Rettungskräfte:
Polizei und Feuerwehr alarmieren.
Im Gefahrenbereich bei starker Erhitzung des Stoffes Maschine stoppen, Zündung abstellen, nicht rauchen, offenes Feuer löschen, kein elektrisches Gerät und keinen Schalter mit Funkenbildung betätigen. Umluftunabhängiges (schweres) Atemschutzgerät und volle Schutzkleidung tragen.
Wasserschutzpolizei und Feuerwehr: Beim Retten nicht ins Wasser springen. Bei starker Erhitzung des Stoffes oder Brand auf Wasserstraßen kein Boot mit Ottomotor einsetzen. Bei Dieselantrieb Sicherheitsschaltung veranlassen.

Schutz- und Einsatzmaßnahmen: Alle unbeteiligten Personen nach Luv (gegen den Wind) entfernen. Achtung, falls freiwerdendes Gut in die Kanalisation oder in Abwasserleitungen von Schiffen gerät, entstehen giftige Gemische mit Abwasser. Auf Wasserstraßen Schiffahrtssperre. An Land gefährdetes Gebiet absperren. Große Sicherheitszone bilden. In Wohn- und Industriegebieten Anwohner warnen.

Konzentrationsmessung explosionsfähiger bzw. giftiger Dämpfe siehe Tabelle (Anhang 6 der Erläuterungen).

Zuständige Behörden unterrichten.

Bekämpfung der Unfallfolgen:
Feuer: Bei kleinem Brandherd Löschpulver, Wassersprühstrahl, Kohlensäure oder Schaum. Bei großem Brandherd Schaum oder Wassersprühstrahl. Behälter mit Wassersprühstrahl kühlen und nach Möglichkeit aus der Gefahrenzone ziehen. Achtung, das Löschwasser ist giftig und umweltgefährlich. Es muß aufgefangen werden und darf nicht unbehandelt in die Kanalisation, in Gewässer oder in das Grundwasser gelangen.
Leckage: Leck schließen, wenn ohne Risiko möglich.
Fließendes Gewässer: Trink-, Brauch- und Kühlwasserentnehmer verständigen.
Stehendes Gewässer: Absperren. Fahrzeugbesatzungen im gefährdeten Gebiet warnen.
An Land: Kanalisation abdichten. Auffangen, eindeichen und abbergen. In Wohn- und Industriegebieten alle tiefliegenden Räume abdichten. Alle Zündquellen beseitigen. Restmengen mit nicht brennbarem, saugfähigem Material wie z. B. trockener Erde, Sand, Kieselgur, Universalbinder oder Vermiculit abdecken und an sichere Deponie zur Vernichtung transportieren.

Gewässerverunreinigung:
GefStoffV/EG:
Gesamtbewertung nach Unfall: Gruppe IV, hohe bis sehr hohe (extrem hohe) toxische Wirkung unabhängig von der Turbulenz des Gewässers (siehe auch Erläuterungen Abschnitt 16.4/5).
Einzelwerte siehe Anhang 9 der Erläuterungen.
Wassergefährdungsklasse: 3 – stark wassergefährdender Stoff

Erste Hilfe:
Verletzte an die frische Luft bringen, bequem lagern, beengende Kleidungsstücke lockern. Bei Atemstörung Sauerstoffzufuhr, ggf. Beatmung. Benetzte Kleidungsstücke, Schuhe und Strümpfe sofort ausziehen, entfernen und vernichten. Betroffene Körperstellen anhaltend mit Wasser spülen und anschließend mit sterilem Verbandmaterial abdecken. Bei Augenkontakt die Augen 15 Minuten mit Wasser spülen. Augenlider dazu mit Daumen und Zeigefinger aufspreizen und gleichzeitig das Auge nach allen Seiten bewegen lassen. Verletzte nicht auskühlen lassen. Bei Erbrechen zumindest Kopf in Seitenlage bringen. Verletzte nur liegend transportieren. Bei Gefahr der Bewußtlosigkeit Lagerung und Transport in stabiler Seitenlage.

Hinweise für den Arzt:
Symptomatische Behandlung. Augen sorgfältig spülen. Unverzüglich Augenarzt hinzuziehen. Nach Ingestion: Mund ausspülen lassen; nach kurz zurückliegender Ingestion größerer Mengen: Magenabsaugung erwägen. Ggf. endoskopische Kontrolle des Ausmaßes der Verätzungen der Speiseröhre. Bei Ingestion größerer Mengen: Krampfanfälle. Diazepamgaben.

Formel: $CH_2(C_6H_{10}NH_2)_2$ **Summen-Formel:** C13–H26–N2 **UN-Nr. 3259 n.o.s.**

Merkblatt

2488

Stoffname

Deutsch

4,4'-Methylenbiscyclohexylamin
4,4'-Diaminodicyclohexylmethan
4,4'-Methylen-bis(cyclohexanamin)
Methylen-bis(cyclohexylamin)
Dicykan
Bis-(4-aminocyclohexyl)-methan

Englisch

4,4'-Methylenebiscyclohexylamine
Bis-(p-aminocyclohexyl)methane
Bis-(4-aminocyclohexyl)methane
1,4-Bis(aminocyclohexyl)-methane
Di(p-aminocyclohexyl)methane
p,p'-Diaminodicyclohexylmethane
4,4'-Diaminodicyclohexylmethane
4,4-Methylenedicyclohexanamine

Französisch

4,4'-Méthylenbis(cyclohexylamine)

Spanisch

4,4'-Metilenbis(ciclohexilamina)

Gefahren-Diamant

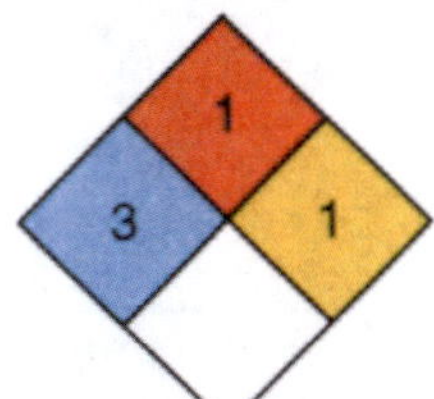

Hazchem-Code: 2X

Technische Daten

Siedepunkt	326°C
Dampfdruck in mbar	0,2 bei 101°C
Dampfdichteverhältnis, Luft = 1	7,13
Schmelzpunkt	33,5–44 °C
Mischbarkeit mit Wasser	geringfügig*
Spez. Gewicht, Wasser = 1	0,93 bei 60 °C
Molare Masse	210,36

Feuerbekämpfungsdaten

Flammpunkt	159°C
Zündfähiges Gemisch, Vol.-%	0,9–4,4
Zündtemperatur	305°C

* 5 g/l bei 20 °C.

Gefahrgut:

	Klassifizierung:	
IMDG-Code: UN-Nr. 3259 n.o.s.	Kl. 8	Verp. Gr. II EMS: **F**-A; **S**-B
ICAO/IATA DGR: UN-Nr. 3259 n.o.s.	Kl. 8	Verp. Gr. II
ADR/RID/ADNR: UN-Nr. 3259 n.a.g.	Kl. 8	Klassifiz. Code C8 Verp. Gr. II

Gefahrzettel (Label) Nr. 8
Richtige Versandbezeichnung (PSN):
Land/BinSch: **3259 Amine, fest, ätzend, n.a.g. (4,4-Diaminodicyclohexylmethan)**
See/Luft: **Amines, solid, corrosive, n.o.s. (4,4-Diaminodicyclohexylmethane)**

Gefahrstoff:

CAS Nr.: 1761-71-3 RTECS-Nr.: GX 1530000
EG-Nr.: 217-168-8 INDEX-Nr.:
EG-Einstufung: nein
Symbol: C, N*
R-Sätze: 34-22-51/53*
S-Sätze: 36/37/39-26-45-61*
D-Lagerklasse (VCI)-Nr.: 8

* Herstellerangaben

Erscheinungsbild: Farblose bis gelbe erstarrte Masse, aminartiger Geruch.

Verhalten bei Freiwerden und Vermischen mit Luft: Ätzender, umweltgefährdender und brennbarer fester Stoff. Bei Aufwirbelung des Staubes bilden sich ätzende, umweltgefährdende und explosionsfähige Gemische mit Luft. Sie sind schwerer als Luft und kriechen am Boden entlang. Entzündung durch heiße Oberflächen, Funken oder offene Flammen. Bei Brand oder Erhitzung bis zur Zersetzung (z. B. durch Umgebungsbrände oder heiße Oberflächen) erfolgt Zersetzung unter Bildung von giftigen und ätzenden Gasen und Dämpfen, die im Wesentlichen aus nitrosen Gasen (Stickstoffoxiden) bestehen und auch Kohlenmonoxid(gas) sowie Kohlendioxid(gas) enthalten.

Verhalten bei Freiwerden und Vermischen mit Wasser: Der Stoff ist leichter als Wasser und schwimmt auf der Oberfläche. Er löst sich nur geringfügig in Wasser. Es bilden sich ätzende und umweltgefährdende Gemische mit Wasser, die auch bei starker Verdünnung noch wirksam sind.

Gesundheitsgefährdung: Die feste Substanz ist gesundheitsschädlich beim Verschlucken und führt zu Reizungen im Magen-Darm-Trakt. Die Substanz verursacht im direkten Kontakt mit den Augen oder Haut Verätzungen. Gefahr bleibender Augenschäden, auch Erblindung. Bei Brand oder Erhitzen bis zur Zersetzung Bildung von nitrosen Gasen (s. auch Merkblatt 150).
Symptome: Rötung, Brennen und Schmerzen der Augen und betroffener Körperpartien, schlecht heilende Ätzwunden, Tränenfluss, Husten- und Niesreiz, Übelkeit, Erbrechen, Durchfall
Nach Einatmen oder Hautkontakt in jedem Fall – auch bei Ausbleiben der Symptome – den Arzt aufsuchen.
Nach Kontakt der Substanz mit den Augen ist in jedem Fall ein Augenarzt aufzusuchen.

Geruchsschwelle = Luftgrenzwert =

Bemerkungen: Der Stoff ist löslich in vielen organischen Lösemitteln. Die Substanz reagiert heftig unter Wärmeentwicklung bei Kontakt oder Mischung mit Säuren, Säurechloriden, Säureanhydriden und starken Oxidationsmitteln.

Sicherheitsmaßnahmen für Fahrzeugbesatzung, Polizei, Feuerwehr und Rettungskräfte:
Polizei und Feuerwehr alarmieren.
Im Gefahrenbereich Maschine stoppen, umluftunabhängiges (schweres) Atemschutzgerät und volle Schutzkleidung tragen. Bei Brand oder starker Erhitzung des Stoffes Zündung abstellen, nicht rauchen, offenes Feuer löschen, kein elektrisches Gerät und keinen Schalter mit Funkenbildung betätigen.
Wasserschutzpolizei und Feuerwehr: Beim Retten nicht ins Wasser springen. Bei starker Erhitzung des Stoffes und bei Brand kein Boot mit Ottomotor einsetzen. Bei Dieselantrieb Sicherheitsschaltung veranlassen.

Schutz- und Einsatzmaßnahmen: Alle unbeteiligten Personen nach Luv (gegen den Wind) entfernen. Achtung, falls freiwerdendes Gut in die Kanalisation oder in Abwasserleitungen von Schiffen gerät, bilden sich ätzende und umweltgefährdende Gemische mit Abwasser. Auf Wasserstraßen Schiffahrtssperre. An Land gefährdetes Gebiet absperren. Große Sicherheitszone bilden. In Wohn- und Industriegebieten Anwohner warnen.

Konzentrationsmessung explosionsfähiger bzw. giftiger Dämpfe siehe Tabelle (Anhang 6 der Erläuterungen).

Zuständige Behörden unterrichten.

Bekämpfung der Unfallfolgen:
Feuer: Bei kleinem Brandherd Löschpulver, Wassersprühstrahl, Kohlensäure oder Schaum. Bei großem Brandherd Schaum oder Wassersprühstrahl. Behälter mit Wassersprühstrahl kühlen und nach Möglichkeit aus der Gefahrenzone ziehen. Achtung, das Löschwasser ist giftig und umweltgefährlich. Es muß aufgefangen werden und darf nicht unbehandelt in die Kanalisation, in Gewässer oder in das Grundwasser gelangen.
Leckage: Leck schließen, wenn ohne Risiko möglich.
Fließendes Gewässer: Trink-, Brauch- und Kühlwasserentnehmer verständigen.
Stehendes Gewässer: Absperren. Fahrzeugbesatzungen im gefährdeten Gebiet warnen.
An Land: Kanalisation abdichten. Auffangen, eindeichen und abbergen. In Wohn- und Industriegebieten alle tiefliegenden Räume abdichten. Alle Zündquellen beseitigen. Restmengen mit nicht brennbarem, saugfähigem Material wie z. B. trockener Erde, Sand, Kieselgur, Universalbinder oder Vermiculit abdecken und an sichere Deponie zur Vernichtung transportieren.

Gewässerverunreinigung:
GefStoffV/EG: Gefahrensymbol: N Umweltgefährlich, R 51/53: giftig für Wasserorganismen, kann in Gewässern längerfristig schädliche Wirkungen haben.
Gesamtbewertung nach Unfall: Gruppe III, in stehenden Gewässern sehr hohe, in fließenden Gewässern je nach Vermischung mittlere bis hohe toxische Wirkung, nach Brand Gruppe IV, hohe bis sehr hohe (extrem hohe) toxische Wirkung unabhängig von der Turbulenz des Gewässers (siehe auch Erläuterungen Abschnitt 16.4/5).
Einzelwerte siehe Anhang 9 der Erläuterungen.
Wassergefährdungsklasse: 2 – wassergefährdender Stoff.

Erste Hilfe:
Verletzte an die frische Luft bringen, bequem lagern, beengende Kleidungsstücke lockern. Bei Atemstörung Sauerstoffzufuhr, ggf. Beatmung. Benetzte Kleidungsstücke, Schuhe und Strümpfe sofort ausziehen, entfernen und vernichten. Betroffene Körperstellen anhaltend mit Wasser spülen und anschließend mit sterilem Verbandmaterial abdecken. Bei Augenkontakt die Augen 15 Minuten mit Wasser spülen. Augenlider dazu mit Daumen und Zeigefinger aufspreizen und gleichzeitig das Auge nach allen Seiten bewegen lassen. Verletzte nicht auskühlen lassen. Bei Erbrechen zumindest Kopf in Seitenlage bringen. Verletzte nur liegend transportieren. Bei Gefahr der Bewußtlosigkeit Lagerung und Transport in stabiler Seitenlage.

Hinweise für den Arzt:
Symptomatische Behandlung. Augen sorgfältig spülen. Bei anhaltenden Beschwerden Augenarzt hinzuziehen! Nach Ingestion: Mund ausspülen lassen; nach kurz zurückliegender Ingestion größerer Mengen: Magenabsaugung erwägen. Ggf. endoskopische Kontrolle des Ausmaßes der Verätzungen der Speiseröhre.

Formel: $(CH_3)_2NC_6H_4CHO$ **Summen-Formel:** C9–H11–N–O **UN-Nr.**

Merkblatt

2489

Stoffname

Deutsch	*Englisch*	*Französisch*
4-Dimethylaminobenzaldehyd Ehrlich´s Reagenz p-Dimethylaminobenzaldehyd 4-Dimethylaminobenzolcarbonal p-Formyldimethylanilin	**4-(Dimethylamino) benzaldehyde** p-(Dimethylamino)benzaldehyde 4-Dimethylamino-benzenecarbonal Ehrlich´s reagent p-Formyldimethylaniline	**4-Dimethylaminobenzaldéhyde** *Spanisch* **4-Dimetilaminobenzaldehído**

Gefahren-Diamant

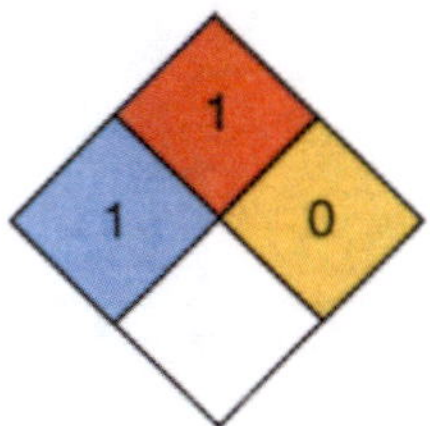

Hazchem-Code:

Technische Daten

Siedepunkt	164–166 °C bei 20 mbar
Dampfdruck in mbar bei 20°C	
Dampfdichteverhältnis, Luft = 1	5,14
Schmelzpunkt	68–69 °C
Mischbarkeit mit Wasser	sehr geringfügig
Spez. Gewicht, Wasser = 1	
Molare Masse	149,19

Feuerbekämpfungsdaten

Flammpunkt	164 °C
Zündfähiges Gemisch, Vol.-%	
Zündtemperatur	445 °C

Gefahrgut:
IMDG-Code: UN-Nr. *
ICAO/IATA DGR: UN-Nr. *
ADR/RID/ADNR: UN-Nr. *
Gefahrzettel (Label) Nr.
Richtige Versandbezeichnung (PSN):
Land/BinSch:
See/Luft:

Klassifizierung:
Kl. Verp. Gr. EMS: **F**- ; **S**-
Kl. Verp. Gr.
Kl. Klassifiz. Code Verp. Gr.

* Kein Gefahrgut im Sinne der Transportvorschriften.

Gefahrstoff:
CAS Nr.: 100-10-7 RTECS-Nr.: CU 5775000
EG-Nr.: 202-819-0 INDEX-Nr.:
EG-Einstufung: nein
Symbol: Xn*
R-Sätze: 22-52/53*
S-Sätze: 61*
D-Lagerklasse (VCI)-Nr.:

* Herstellerangaben

Erscheinungsbild: Gelbliches bis kristallines Pulver, schwacher Geruch.

Verhalten bei Freiwerden und Vermischen mit Luft: Gesundheitsschädliche, umweltgefährdende und brennbare Flüssigkeit mit relativ hohem Flammpunkt von 164 °C. Bei starker Erhitzung bilden sich gesundheitsschädliche, umweltgefährdende und explosionsfähige Gemische mit Luft. Sie sind schwerer als Luft und kriechen am Boden entlang. Entzündung durch heiße Oberflächen, Funken oder offene Flammen. Bei Erhitzung bis zur Zersetzung (z. B. durch Umgebungsbrände oder heiße Oberflächen) und bei Brand bilden sich giftige und ätzende Gase bzw. Dämpfe, die im Wesentlichen aus nitrosen Gasen bestehen und auch Kohlenmonoxid(gas) sowie Kohlendioxid(gas) enthalten.

Verhalten bei Freiwerden und Vermischen mit Wasser: Der Stoff ist leichter als Wasser und schwimmt auf der Oberfläche. Er löst sich nur geringfügig in Wasser. Es bilden sich gesundheitsschädliche und umweltgefährdende Gemische mit Wasser, die auch bei starker Verdünnung noch wirksam sind.

Gesundheitsgefährdung: Die feste Substanz ist beim Verschlucken gesundheitsschädlich. Nach Aufnahme in den Körper kann es zu Veränderungen im Blutbild kommen (Methämoglobinbildung), nachfolgend Leber- und Nierenschäden möglich. Bei direktem Kontakt reizt die Substanz die Haut und die Schleimhäute der Augen. Bei Brand oder Erhitzen bis zur Zersetzung Bildung von nitrosen Gasen (s. auch Merkblatt 150).
Symptome: Rötung und Brennen der Augen und betroffener Körperpartien
Nach Einatmen oder Hautkontakt in jedem Fall – auch bei Ausbleiben der Symptome – den Arzt aufsuchen.

Geruchsschwelle = Luftgrenzwert =

Bemerkungen: Der Stoff ist löslich in den meisten organischen Lösemitteln. Die Substanz reagiert bei Kontakt oder Mischung mit starken Oxydationsmitteln und starken Basen.

Sicherheitsmaßnahmen für Fahrzeugbesatzung, Polizei, Feuerwehr und Rettungskräfte:
Polizei und Feuerwehr alarmieren.
Im Gefahrenbereich Maschine stoppen, umluftunabhängiges (schweres) Atemschutzgerät und volle Schutzkleidung tragen. Bei Brand oder starker Erhitzung des Stoffes Zündung abstellen, nicht rauchen, offenes Feuer löschen, kein elektrisches Gerät und keinen Schalter mit Funkenbildung betätigen.
Wasserschutzpolizei und Feuerwehr: Beim Retten nicht ins Wasser springen. Bei starker Erhitzung des Stoffes und bei Brand kein Boot mit Ottomotor einsetzen. Bei Dieselantrieb Sicherheitsschaltung veranlassen.

Schutz- und Einsatzmaßnahmen: Alle unbeteiligten Personen nach Luv (gegen den Wind) entfernen. Achtung, falls freiwerdendes Gut in die Kanalisation oder in Abwasserleitungen von Schiffen gerät, entstehen gesundheitsschädliche und umweltgefährliche Gemische mit Abwasser. Auf Wasserstraßen Schiffahrtssperre. An Land gefährdetes Gebiet absperren. Bei starker Erhitzung oder Brand entstehen giftige Gase und Dämpfe bzw. Dampf-/Luftgemische. In diesem Fall große Sicherheitszone bilden. In Wohn- und Industriegebieten Anwohner warnen.

Bekämpfung der Unfallfolgen:
Feuer: Bei kleinem Brandherd Löschpulver, Wassersprühstrahl, Kohlensäure oder Schaum. Bei großem Brandherd Schaum oder Wassersprühstrahl. Behälter mit Wassersprühstrahl kühlen und nach Möglichkeit aus der Gefahrenzone ziehen. Achtung, das Löschwasser ist giftig und umweltgefährlich. Es muß aufgefangen werden und darf nicht unbehandelt in die Kanalisation, in Gewässer oder in das Grundwasser gelangen.
Leckage: Leck schließen, wenn ohne Risiko möglich.
Fließendes Gewässer: Trink-, Brauch- und Kühlwasserentnehmer verständigen.
Stehendes Gewässer: Absperren. Fahrzeugbesatzungen im gefährdeten Gebiet warnen.
An Land: Kanalisation abdichten. Auffangen, eindeichen und abbergen. In Wohn- und Industriegebieten alle tiefliegenden Räume abdichten. Alle Zündquellen beseitigen. Restmengen mit nicht brennbarem, saugfähigem Material wie z. B. trockener Erde, Sand, Kieselgur, Universalbinder oder Vermiculit abdecken und an sichere Deponie zur Vernichtung transportieren.

Gewässerverunreinigung:
GefStoffV/EG: Gefahrensymbol: R 52/53: schädlich für Wasserorganismen, kann in Gewässern längerfristig schädliche Wirkungen haben.
Gesamtbewertung nach Unfall: Gruppe III, in stehenden Gewässern sehr hohe, in fließenden Gewässern je nach Vermischung mittlere bis hohe toxische Wirkung, nach Brand Gruppe IV, hohe bis sehr hohe (extrem hohe) toxische Wirkung unabhängig von der Turbulenz des Gewässers (siehe auch Erläuterungen Abschnitt 16.4/5).
Einzelwerte siehe Anhang 9 der Erläuterungen.
Wassergefährdungsklasse: 2 – wassergefährdender Stoff.

Erste Hilfe:
Verletzte an die frische Luft bringen, bequem lagern, beengende Kleidungsstücke lockern. Bei Atemstörung Sauerstoffzufuhr, ggf. Beatmung. Benetzte Kleidungsstücke, Schuhe und Strümpfe sofort ausziehen, entfernen und vernichten. Betroffene Körperstellen anhaltend mit Wasser spülen und anschließend mit sterilem Verbandmaterial abdecken. Bei Augenkontakt die Augen 15 Minuten mit Wasser spülen. Augenlider dazu mit Daumen und Zeigefinger aufspreizen und gleichzeitig das Auge nach allen Seiten bewegen lassen. Verletzte nicht auskühlen lassen. Bei Erbrechen zumindest Kopf in Seitenlage bringen. Verletzte nur liegend transportieren. Bei Gefahr der Bewußtlosigkeit Lagerung und Transport in stabiler Seitenlage.

Hinweise für den Arzt:
Symptomatische Behandlung. Bei Methämoglobinbildung: Bei cyanotischen Patienten oder wenn die Methämoglobinkonzentration mehr als 30% beträgt, wird 1 bis 2 mg/kg 1% Methylenblaulösung injiziert. Weitere Dosen können erforderlich sein.

Formel: $O[CH_2CH_2O(CH_2)_3NH_2]_2$	**Summen-Formel:** C10–H24–N2–O3	**UN-Nr. 2735 n.o.s.**

Merkblatt

2490

Stoffname

Deutsch

3,3'-Oxy-bis(ethylenoxy)-bis(propylamin)
4,7,10-Trioxa-1,13-tridecanamin
0,0'-Bis(3-aminopropyl)-diethylenglykol
Diethylenglykoldi-(3-amino-propyl)ether

Englisch

3,3'-(Oxybis(2,1-ethane-diyloxy)bis-1-propylamine
Di(3-aminopropyl)ether of diethylene glycol
Diethylene glycol di(3-amino-propyl)ether

Französisch

3,3'-Oxybis(éthylèneoxy)bis-(propylamine)

Spanisch

3,3'-Oxibis(etilenoxi)bis-(propilamina)

Gefahren-Diamant

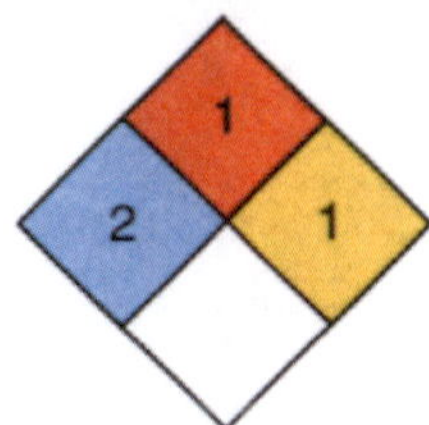

Hazchem-Code: 3X

Technische Daten

Siedepunkt	146–148 °C bei 1 mbar
Dampfdruck in mbar bei 20 °C	<0,001
Dampfdichteverhältnis, Luft = 1	
Schmelzpunkt	–32 °C
Mischbarkeit mit Wasser	vollständig
Spez. Gewicht, Wasser = 1	1,01
Molare Masse	220,31

Feuerbekämpfungsdaten

Flammpunkt	139 °C
Zündfähiges Gemisch, Vol.-%	1,1–4,5
Zündtemperatur	260 °C

Gefahrgut: / **Klassifizierung:**

IMDG-Code: UN-Nr. 2735 n.o.s.	Kl. 8	Verp. Gr. II EMS: **F**-A; **S**-B
ICAO/IATA DGR: UN-Nr. 2735 n.o.s.	Kl. 8	Verp. Gr. II
ADR/RID/ADNR: UN-Nr. 2735 n.a.g.	Kl. 8	Klassifiz. Code C7 Verp. Gr. II

Gefahrzettel (Label) Nr. 8
Richtige Versandbezeichnung (PSN):
Land/BinSch: **2735 Amine, flüssig, ätzend, n.a.g. (4,7,10-Trioxatridecan-1,13-diamin)**
See/Luft: **Amines, liquid, corrosive, n.o.s. (4,7,10-Trioxatridecan-1,13-diamine)**

Gefahrstoff:

CAS Nr.: 4246-51-9 RTECS-Nr.: ID 6475000
EG-Nr.: 224-207-2 INDEX-Nr.:
EG-Einstufung: nein
Symbol: C*
R-Sätze: 34-52/53*
S-Sätze: 36/37/39-26-28-45-61*
D-Lagerklasse (VCI)-Nr.: 8A

* Herstellerangaben

Erscheinungsbild: Farblose bis gelbe Flüssigkeit, aminartiger Geruch.

Verhalten bei Freiwerden und Vermischen mit Luft: Ätzende, umweltgefährdende und brennbare Flüssigkeit mit relativ hohem Flammpunkt von 139 °C. Bei starker Erhitzung bilden sich ätzende, umweltgefährdende und explosionsfähige Gemische mit Luft. Sie sind schwerer als Luft und kriechen am Boden entlang. Entzündung durch heiße Oberflächen, Funken oder offene Flammen. Bei Erhitzung bis zur Zersetzung (z. B. durch Umgebungsbrände oder heiße Oberflächen) und bei Brand bilden sich giftige und ätzende Gase bzw. Dämpfe, die im Wesentlichen aus nitrosen Gasen bestehen und auch Kohlenmonoxid(gas) sowie Kohlendioxid(gas) enthalten.

Verhalten bei Freiwerden und Vermischen mit Wasser: Der Stoff ist geringfügig schwerer als Wasser und sinkt langsam unter. Er vermischt sich vollständig mit Wasser. Es bilden sich ätzende und wassergefährdende Gemische mit Wasser.

Gesundheitsgefährdung: Die Flüssigkeit führt bei direktem Kontakt mit der Haut und den Augen zu Verätzungen. Gefahr bleibender Augenschäden, auch Erblindung. Nach Inhalation der Dämpfe/Aerosole kommt es zu Schleimhautreizungen des Mundes, des Rachens, der Speiseröhre und des Magen-Darm-Traktes. Kehlkopf- und Lungenödem – auch mit Verzögerung bis zu 2 Tagen – möglich. Hautaufnahme möglich. Bei Brand oder Erhitzen bis zur Zersetzung Bildung von nitrosen Gasen (s. auch Merkblatt 150).
Symptome: Rötung, Brennen und Schmerzen der Augen und der Haut, schlecht heilende Ätzwunden, Tränenfluß, Lidkrampf, Husten, Atemnot; Übelkeit, Erbrechen, Schwindel, Durchfall
Nach Einatmen oder Hautkontakt in jedem Fall – auch bei Ausbleiben der Symptome – den Arzt aufsuchen. Nach Kontakt der Substanz mit den Augen ist in jedem Fall ein Augenarzt aufzusuchen.

Geruchsschwelle = Luftgrenzwert =

Bemerkungen: Der Stoff reagiert heftig unter starker Wärmebildung bei Kontakt oder Mischung mit Säuren.

Sicherheitsmaßnahmen für Fahrzeugbesatzung, Polizei, Feuerwehr und Rettungskräfte:
Polizei und Feuerwehr alarmieren.
Im Gefahrenbereich Maschine stoppen, umluftunabhängiges (schweres) Atemschutzgerät und volle Schutzkleidung tragen. Bei Brand oder starker Erhitzung des Stoffes Zündung abstellen, nicht rauchen, offenes Feuer löschen, kein elektrisches Gerät und keinen Schalter mit Funkenbildung betätigen.
Wasserschutzpolizei und Feuerwehr: Beim Retten nicht ins Wasser springen. Bei starker Erhitzung des Stoffes und bei Brand kein Boot mit Ottomotor einsetzen. Bei Dieselantrieb Sicherheitsschaltung veranlassen.

Schutz- und Einsatzmaßnahmen: Alle unbeteiligten Personen nach Luv (gegen den Wind) entfernen. Achtung, falls freiwerdendes Gut in die Kanalisation oder in Abwasserleitungen von Schiffen gerät, bilden sich ätzende Gemische mit Abwasser. Auf Wasserstraßen Schiffahrtssperre. An Land gefährdetes Gebiet absperren. Große Sicherheitszone bilden. In Wohn- und Industriegebieten Anwohner warnen.

Konzentrationsmessung explosionsfähiger bzw. giftiger Dämpfe siehe Tabelle (Anhang 6 der Erläuterungen).

Zuständige Behörden unterrichten.

Bekämpfung der Unfallfolgen:
Feuer: Bei kleinem Brandherd Löschpulver, Wassersprühstrahl, Kohlensäure oder Schaum. Bei großem Brandherd Schaum oder Wassersprühstrahl. Behälter mit Wassersprühstrahl kühlen und nach Möglichkeit aus der Gefahrenzone ziehen. Achtung, das Löschwasser ist giftig und umweltgefährlich. Es muß aufgefangen werden und darf nicht unbehandelt in die Kanalisation, in Gewässer oder in das Grundwasser gelangen.
Leckage: Leck schließen, wenn ohne Risiko möglich.
Fließendes Gewässer: Trink-, Brauch- und Kühlwasserentnehmer verständigen.
Stehendes Gewässer: Absperren. Fahrzeugbesatzungen im gefährdeten Gebiet warnen.
An Land: Kanalisation abdichten. Auffangen, eindeichen und abpumpen. In Wohn- und Industriegebieten alle tiefliegenden Räume abdichten. Alle Zündquellen beseitigen. Restmengen mit nicht brennbarem, saugfähigem Material wie z. B. trockener Erde, Sand, Kieselgur, Universalbinder oder Vermiculit abdecken und an sichere Deponie zur Vernichtung transportieren.

Gewässerverunreinigung:
GefStoffV/EG: Gefahrensymbol: R 52/53: schädlich für Wasserorganismen, kann in Gewässern längerfristig schädliche Wirkungen haben.
Gesamtbewertung nach Unfall: Gruppe III, in stehenden Gewässern sehr hohe, in fließenden Gewässern je nach Vermischung mittlere bis hohe toxische Wirkung, nach Brand Gruppe IV, hohe bis sehr hohe (extrem hohe) toxische Wirkung unabhängig von der Turbulenz des Gewässers (siehe auch Erläuterungen Abschnitt 16.4/5).
Einzelwerte siehe Anhang 9 der Erläuterungen.
Wassergefährdungsklasse: 1 – schwach wassergefährdender Stoff.

Erste Hilfe:
Verletzte an die frische Luft bringen, bequem lagern, beengende Kleidungsstücke lockern. Bei Atemstörung Sauerstoffzufuhr, ggf. Beatmung. Benetzte Kleidungsstücke, Schuhe und Strümpfe sofort ausziehen, entfernen und vernichten. Betroffene Körperstellen anhaltend mit Wasser spülen und anschließend mit sterilem Verbandmaterial abdecken. Bei Augenkontakt die Augen 15 Minuten mit Wasser spülen. Augenlider dazu mit Daumen und Zeigefinger aufspreizen und gleichzeitig das Auge nach allen Seiten bewegen lassen. Verletzte nicht auskühlen lassen. Bei Erbrechen zumindest Kopf in Seitenlage bringen. Verletzte nur liegend transportieren. Bei Gefahr der Bewußtlosigkeit Lagerung und Transport in stabiler Seitenlage.

Hinweise für den Arzt:
Symptomatische Behandlung. Augen sorgfältig spülen. Nach Ingestion: Mund ausspülen lassen; nach kurz zurückliegender Ingestion größerer Mengen: Magenabsaugung erwägen. Ggf. endoskopische Kontrolle des Ausmaßes der Verätzungen der Speiseröhre.

Formel: $H_2N(CH_2)_3O(CH_2)_4O(CH_2)_3NH_2$ **Summen-Formel:** C10–H24–N2–O2 **UN-Nr. 2735 n.o.s.**

Merkblatt

2491

Stoffname

Deutsch

3,3´[Butan-1,4-diylbis(oxy)] bispropanamin
1,12-Diamino-4,9-dioxadodecan
1,4-Bis(3-aminopropoxy)-butan
4,9-Dioxa-1,12-dodecandiamin
1,4-Bis(3-aminopropyloxy)butan
4,9-Dioxadodecandiamin

Englisch

3,3´[Butane-1,4-diylbis(oxy)] bispropane-amine
1,12-Diamino-4,9-dioxadodecane
1,4-Bis(3-aminopropoxy)butane
4,9-Dioxa-1,12-diaminododecane
4,9-Dioxadodecane-1,12-diamine
3,3´-(Tetramethylenedioxy)bis (propylamine)
3,3´-(Tetramethylenedioxy)di (propanamine)

Französisch

3,3´-[Butane-1,4-diylbis(oxy)] bispropanamine

Spanisch

3,3´-[Butano-1,4-diilbis(oxi)] bispropanamina

Gefahren-Diamant

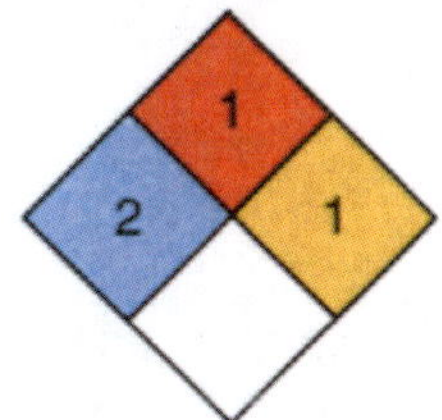

Hazchem-Code: 3X

Technische Daten

Siedepunkt	298 °C
Dampfdruck in mbar	1 bei 50 °C
Dampfdichteverhältnis, Luft = 1	
Schmelzpunkt	4,5 °C
Mischbarkeit mit Wasser	vollständig
Spez. Gewicht, Wasser = 1	0,956
Molare Masse	204,32

Feuerbekämpfungsdaten

Flammpunkt	159 °C
Zündfähiges Gemisch, Vol.-%	1,3–4,9
Zündtemperatur	245 °C

Gefahrgut: **Klassifizierung:**

IMDG-Code: UN-Nr. 2735 n.o.s.	Kl. 8	Verp. Gr. II EMS: **F**-A; **S**-B
ICAO/IATA DGR: UN-Nr. 2735 n.o.s.	Kl. 8	Verp. Gr. II
ADR/RID/ADNR: UN-Nr. 2735 n.a.g.	Kl. 8	Klassifiz. Code C7 Verp. Gr. II

Gefahrzettel (Label) Nr. 8
Richtige Versandbezeichnung (PSN):
Land/BinSch: **2735 Amine, flüssig, ätzend, n.a.g. (4,9-Dioxadodecandiamin)**
See/Luft: **Amines, liquid, corrosive, n.o.s. (4,9-Dioxadodecan-1,12-diamin)**

Gefahrstoff:
CAS Nr.: 7300-34-7 RTECS-Nr.: TX 1515087
EG-Nr.: 230-745-9 INDEX-Nr.:
EG-Einstufung: nein
Symbol: C*
R-Sätze: 34-20*
S-Sätze: 36/37/39-23-26-28-45*
D-Lagerklasse (VCI)-Nr.: 8A

* Herstellerangaben

Erscheinungsbild: Farblose bis gelbe Flüssigkeit, aminartiger Geruch.

Verhalten bei Freiwerden und Vermischen mit Luft: Gesundheitsschädliche, ätzende und brennbare Flüssigkeit mit relativ hohem Flammpunkt von 159 °C. Bei starker Erhitzung bilden sich gesundheitsschädliche, ätzende und explosionsfähige Gemische mit Luft. Sie sind schwerer als Luft und kriechen am Boden entlang. Entzündung durch heiße Oberflächen, Funken oder offene Flammen. Bei Erhitzung bis zur Zersetzung (z. B. durch Umgebungsbrände oder heiße Oberflächen) und bei Brand bilden sich giftige und ätzende Gase bzw. Dämpfe, die im Wesentlichen aus nitrosen Gasen bestehen und auch Kohlenmonoxid(gas) sowie Kohlendixod(gas) enthalten.

Verhalten bei Freiwerden und Vermischen mit Wasser: Der Stoff ist leichter als Wasser und schwimmt auf der Oberfläche. Er löst sich vollständig in Wasser. Es bilden sich gesundheitsschädliche, ätzende und schwach wassergefährdende Gemische mit Wasser.

Gesundheitsgefährdung: Die Flüssigkeit und ihre Dämpfe/Aerosole verursachen Verätzungen an der Haut und den Schleimhäuten der Augen und der oberen Atemwege. Gefahr bleibender Augenschäden, auch Erblindung. Nach Inhalation der Dämpfe kann es zum Lungen- und Kehlkopfödem – auch mit Verzögerung bis zu 2 Tagen – kommen. Bei Brand oder Erhitzen bis zur Zersetzung Bildung von nitrosen Gasen (s. auch Merkblatt 150).
Symptome: Rötung, Brennen und Schmerzen der Augen und betroffener Körperpartien, Husten, Atemnot, schlecht heilende Ätzwunden; Übelkeit, Schwindel, Erbrechen, Leibschmerzen.
Nach Einatmen oder Hautkontakt in jedem Fall – auch bei Ausbleiben der Symptome – den Arzt aufsuchen. Nach Kontakt der Substanz mit den Augen ist in jedem Fall ein Augenarzt aufzusuchen.

Geruchsschwelle = Luftgrenzwert =

Bemerkungen: Der Stoff reagiert heftig unter starker Wärmeentwicklung bei Kontakt oder Mischung mit Säuren.

Sicherheitsmaßnahmen für Fahrzeugbesatzung, Polizei, Feuerwehr und Rettungskräfte:
Polizei und Feuerwehr alarmieren.
Im Gefahrenbereich Maschine stoppen, umluftunabhängiges (schweres) Atemschutzgerät und volle Schutzkleidung tragen. Bei Brand oder starker Erhitzung des Stoffes Zündung abstellen, nicht rauchen, offenes Feuer löschen, kein elektrisches Gerät und keinen Schalter mit Funkenbildung betätigen.
Wasserschutzpolizei und Feuerwehr: Beim Retten nicht ins Wasser springen. Bei starker Erhitzung des Stoffes und bei Brand kein Boot mit Ottomotor einsetzen. Bei Dieselantrieb Sicherheitsschaltung veranlassen.

Schutz- und Einsatzmaßnahmen: Alle unbeteiligten Personen nach Luv (gegen den Wind) entfernen. Achtung, falls freiwerdendes Gut in die Kanalisation oder in Abwasserleitungen von Schiffen gerät, bilden sich gesundheitsgefährdende und ätzende Gemische mit Abwasser. Auf Wasserstraßen Schiffahrtssperre. An Land gefährdetes Gebiet absperren. In Wohn- und Industriegebieten Anwohner warnen. Große Sicherheitszone bilden. Auf Windstärke und umspringenden Wind achten.

Konzentrationsmessung explosionsfähiger bzw. giftiger Dämpfe siehe Tabelle (Anhang 6 der Erläuterungen).

Zuständige Behörden unterrichten.

Bekämpfung der Unfallfolgen:
Feuer: Bei kleinem Brandherd Löschpulver, Wassersprühstrahl, Kohlensäure oder Schaum. Bei großem Brandherd, Schaum oder Wassersprühstrahl. Behälter mit Wassersprühstrahl kühlen und nach Möglichkeit aus der Gefahrenzone ziehen. Achtung, das Löschwasser ist giftig und umweltgefährlich. Es muß aufgefangen werden und darf nicht unbehandelt in die Kanalisation, in Gewässer oder in das Grundwasser gelangen.
Leckage: Leck schließen, wenn ohne Risiko möglich.
Fließendes Gewässer: Trink-, Brauch- und Kühlwasserentnehmer verständigen.
Stehendes Gewässer: Absperren. Fahrzeugbesatzungen im gefährdeten Gebiet warnen.
An Land: Kanalisation abdichten. Auffangen, eindeichen und abpumpen. In Wohn- und Industriegebieten alle tiefliegenden Räume abdichten. Alle Zündquellen beseitigen. Restmengen mit nicht brennbarem, saugfähigem Material wie z. B. trockener Erde, Sand, Kieselgur, Universalbinder oder Vermiculit abdecken und an sichere Deponie zur Vernichtung transportieren.

Gewässerverunreinigung:
GefStoffV/EG:
Gesamtbewertung nach Unfall: Gruppe II, in stehenden Gewässern mittlere bis hohe, in fließenden Gewässern mittlere toxische Wirkung, nach Brand Gruppe IV hohe bis sehr hohe (extrem hohe), toxische Wirkung unabhängig von der Turbulenz des Gewässers (siehe auch Erläuterungen Abschnitt 16.4/5).
Einzelwerte siehe Anhang 9 der Erläuterungen.
Wassergefährdungsklasse: 1 – schwach wassergefährdender Stoff.

Erste Hilfe:
Verletzte an die frische Luft bringen, bequem lagern, beengende Kleidungsstücke lockern. Bei Atemstörung Sauerstoffzufuhr, ggf. Beatmung. Benetzte Kleidungsstücke, Schuhe und Strümpfe sofort ausziehen, entfernen und vernichten. Betroffene Körperstellen anhaltend mit Wasser spülen und anschließend mit sterilem Verbandmaterial abdecken. Bei Augenkontakt die Augen 15 Minuten mit Wasser spülen. Augenlider dazu mit Daumen und Zeigefinger aufspreizen und gleichzeitig das Auge nach allen Seiten bewegen lassen. Verletzte nicht auskühlen lassen. Bei Erbrechen zumindest Kopf in Seitenlage bringen. Verletzte nur liegend transportieren. Bei Gefahr der Bewußtlosigkeit Lagerung und Transport in stabiler Seitenlage.

Hinweise für den Arzt:
Symptomatische Behandlung. Augen sorgfältig spülen. Bei anhaltenden Beschwerden Augenarzt hinzuziehen!

Formel: $H_2N-CH_2-CH_2-CH_2-CH_2-OH$ **Summen-Formel:** C4–H11–N–O **UN-Nr. 2735 n.o.s.**

Merkblatt

2492

Gefahren-Diamant

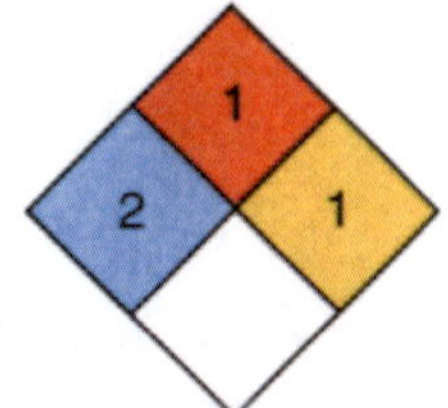

Hazchem-Code: 3X

Stoffname

Deutsch	*Englisch*	*Französisch*
4-Amino-1-butanol	**4-Amino-1-butanol**	**4-Amino-1-butanol**
4-Aminobutanol	4-Aminobutanol	
4-Hydroxybutanamin	4-Hydroxybutanamine	
4-Hydroxybutylamin	4-Hydroxybutylamine	
4-Aminobutan-1-ol	4-Amino-butan-1-ol	

Spanisch

4-Amino-1-butanol

Technische Daten

Siedepunkt	206 °C
Dampfdruck in mbar bei 20 °C	
Dampfdichteverhältnis, Luft = 1	3,08
Schmelzpunkt	16–18 °C
Mischbarkeit mit Wasser	vollständig
Spez. Gewicht, Wasser = 1	0,967
Molare Masse	89,14

Feuerbekämpfungsdaten

Flammpunkt	104 °C
Zündfähiges Gemisch, Vol.-%	
Zündtemperatur	

Gefahrgut:

	Klassifizierung:	
IMDG-Code: UN-Nr. 2735 n.o.s.	Kl. 8	Verp. Gr. I EMS: **F**-A; **S**-B
ICAO/IATA DGR: UN-Nr. 2735 n.o.s.	Kl. 8	Verp. Gr. I
ADR/RID/ADNR: UN-Nr. 2735 n.a.g.	Kl. 8	Klassifiz. Code C7 Verp. Gr. I

Gefahrzettel (Label) Nr. 8

Richtige Versandbezeichnung (PSN):

Land/BinSch: **2735 Amine, flüssig, ätzend, n.a.g. (4-Amino-1-butanol)**

See/Luft: **Amines, liquid, corrosive, n.o.s. (4-Amino-1-butanol)**

Gefahrstoff:

CAS Nr.: 13325-10-5 RTECS-Nr.:
EG-Nr.: 236-364-0 INDEX-Nr.:
EG-Einstufung: nein
Symbol: C*
R-Sätze: 22-34*
S-Sätze: 26-36/37/39-45*
D-Lagerklasse (VCI)-Nr.: 8A

* Herstellerangaben

Erscheinungsbild: Farblose Flüssigkeit.

Verhalten bei Freiwerden und Vermischen mit Luft: Gesundheitsschädliche, ätzende und brennbare Flüssigkeit mit relativ hohem Flammpunkt von 104 °C. Bei starker Erhitzung bilden sich gesundheitsschädliche, ätzende und explosionsfähige Gemische mit Luft. Sie sind schwerer als Luft und kriechen am Boden entlang. Entzündung durch heiße Oberflächen, Funken oder offene Flammen. Bei Erhitzung bis zur Zersetzung (z. B. durch Umgebungsbrände oder heiße Oberflächen) und bei Brand bilden sich giftige und ätzende Gase bzw. Dämpfe, die im Wesentlichen aus nitrosen Gasen bestehen und auch Kohlenmonoxid(gas) sowie Kohlendioxid(gas) enthalten.

Verhalten bei Freiwerden und Vermischen mit Wasser: Der Stoff ist leichter als Wasser und schwimmt auf der Oberfläche. Er löst sich vollständig in Wasser. Es bilden sich gesundheitsschädliche, ätzende und schwach wassergefährdende Gemische mit Wasser.

Gesundheitsgefährdung: Die Flüssigkeit und ihre Dämpfe/Aerosole verursachen Verätzungen an der Haut und den Schleimhäuten der Augen und der oberen Atemwege. Gefahr bleibender Augenschäden, auch Erblindung. Nach Inhalation der Dämpfe kann es zum Lungen- und Kehlkopfödem – auch mit Verzögerung bis zu 2 Tagen – kommen. Das Verschlucken der Substanz ist gesundheitsschädlich, es führt zu Verätzungen im Mund, Rachen und Speiseröhre sowie zu Störungen im Magen-Darm-Trakt. Bei Brand oder Erhitzen bis zur Zersetzung Bildung von nitrosen Gasen (s. auch Merkblatt 150).

Symptome: Rötung, Brennen und Schmerzen der Augen und betroffener Körperpartien, Husten, Atemnot, schlecht heilende Ätzwunden, Übelkeit, Schwindel, Erbrechen, Leibschmerzen

Nach Einatmen oder Hautkontakt in jedem Fall – auch bei Ausbleiben der Symptome – den Arzt aufsuchen.
Nach Kontakt der Substanz mit den Augen ist in jedem Fall ein Augenarzt aufzusuchen.

Geruchsschwelle = Luftgrenzwert =

Bemerkungen: Der Stoff reagiert heftig unter Wärmeentwicklung bei Kontakt mit Säuren und starken Oxidationsmitteln. Er ist löslich in Ethylalkohol. Die Substanz absorbiert Kohlendioxid und Feuchtigkeit aus der Luft. Sie greift Aluminium, Kupfer, Messing und Bronze an. Sie sind daher als Behältermaterial nicht geeignet.

Sicherheitsmaßnahmen für Fahrzeugbesatzung, Polizei, Feuerwehr und Rettungskräfte:
Polizei und Feuerwehr alarmieren.
Im Gefahrenbereich Maschine stoppen, umluftunabhängiges (schweres) Atemschutzgerät und volle Schutzkleidung tragen. Bei Brand oder starker Erhitzung des Stoffes Zündung abstellen, nicht rauchen, offenes Feuer löschen, kein elektrisches Gerät und keinen Schalter mit Funkenbildung betätigen.
Wasserschutzpolizei und Feuerwehr: Beim Retten nicht ins Wasser springen. Bei starker Erhitzung des Stoffes und bei Brand kein Boot mit Ottomotor einsetzen. Bei Dieselantrieb Sicherheitsschaltung veranlassen.

Schutz- und Einsatzmaßnahmen: Alle unbeteiligten Personen nach Luv (gegen den Wind) entfernen. Achtung, falls freiwerdendes Gut in die Kanalisation oder in Abwasserleitungen von Schiffen gerät, bilden sich gesundheitsgefährdende und ätzende Gemische mit Abwasser. Auf Wasserstraßen Schiffahrtssperre. An Land gefährdetes Gebiet absperren. In Wohn- und Industriegebieten Anwohner warnen. Große Sicherheitszone bilden, Auf Windstärke und umspringenden Wind achten.

Konzentrationsmessung explosionsfähiger bzw. giftiger Dämpfe siehe Tabelle (Anhang 6 der Erläuterungen).

Zuständige Behörden unterrichten.

Bekämpfung der Unfallfolgen:
Feuer: Bei kleinem Brandherd Löschpulver, Wassersprühstrahl, Kohlensäure oder Schaum. Bei großem Brandherd Schaum oder Wassersprühstrahl. Behälter mit Wassersprühstrahl kühlen und nach Möglichkeit aus der Gefahrenzone ziehen. Achtung, das Löschwasser ist giftig und umweltgefährlich. Es muß aufgefangen werden und darf nicht unbehandelt in die Kanalisation, in Gewässer oder in das Grundwasser gelangen.
Leckage: Leck schließen, wenn ohne Risiko möglich.
Fließendes Gewässer: Trink-, Brauch- und Kühlwasserentnehmer verständigen.
Stehendes Gewässer: Absperren. Fahrzeugbesatzungen im gefährdeten Gebiet warnen.
An Land: Kanalisation abdichten. Auffangen, eindeichen und abpumpen. In Wohn- und Industriegebieten alle tiefliegenden Räume abdichten. Alle Zündquellen beseitigen. Restmengen mit nicht brennbarem, saugfähigem Material wie z. B. trockener Erde, Sand, Kieselgur, Universalbinder oder Vermiculit abdecken und an sichere Deponie zur Vernichtung transportieren.

Gewässerverunreinigung:
GefStoffV/EG:
Gesamtbewertung nach Unfall: Gruppe II, in stehenden Gewässern mittlere bis hohe, in fließenden Gewässern mittlere toxische Wirkung, nach Brand Gruppe IV, hohe bis sehr hohe (extrem hohe) toxische Wirkung, unabhängig von der Turbulenz des Gewässers (siehe auch Erläuterungen Abschnitt 16.4/5).
Einzelwerte siehe Anhang 9 der Erläuterungen.
Wassergefährdungsklasse: 1 – schwach wassergefährdender Stoff.

Erste Hilfe:
Verletzte an die frische Luft bringen, bequem lagern, beengende Kleidungsstücke lockern. Bei Atemstörung Sauerstoffzufuhr, ggf. Beatmung. Benetzte Kleidungsstücke, Schuhe und Strümpfe sofort ausziehen, entfernen und vernichten. Betroffene Körperstellen anhaltend mit Wasser spülen und anschließend mit sterilem Verbandmaterial abdecken. Bei Augenkontakt die Augen 15 Minuten mit Wasser spülen. Augenlider dazu mit Daumen und Zeigefinger aufspreizen und gleichzeitig das Auge nach allen Seiten bewegen lassen. Verletzte nicht auskühlen lassen. Bei Erbrechen zumindest Kopf in Seitenlage bringen. Verletzte nur liegend transportieren. Bei Gefahr der Bewußtlosigkeit Lagerung und Transport in stabiler Seitenlage.

Hinweise für den Arzt:
Symptomatische Behandlung. Augen sorgfältig spülen. Bei anhaltenden Beschwerden Augenarzt hinzuziehen! Nach Ingestion: Mund ausspülen lassen, nach kurz zurückliegender Ingestion größerer Mengen: Magenabsaugung erwägen. Ggf. endoskopische Kontrolle des Ausmaßes der Verätzungen der Speiseröhre!

Formel: ClC_6H_4COCl **Summen-Formel:** C7–H4–Cl2-O **UN-Nr. 3265 n.o.s.**

Merkblatt

2493

Stoffname

Deutsch	*Englisch*	*Französisch*
4-Chlorbenzoylchlorid	**4-Chlorobenzoyl chloride**	**Chlorure de 4-chlorobenzoyle**
4-Chlorbenzoesäurechlorid	p-Chlorobenzoyl chloride	
p-Chlorbenzoylchlorid	4-Chlorobenzole acide chloride	

Spanisch

Cloruro de 4-clorobenzoílo

Gefahren-Diamant

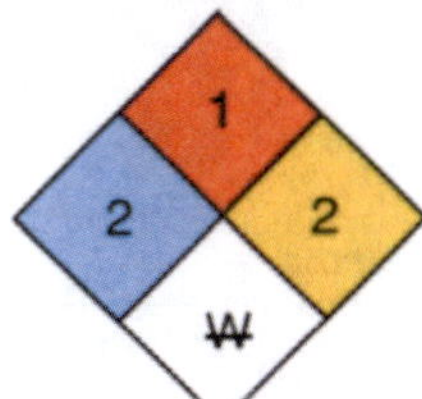

Hazchem-Code: 2X

Technische Daten

Siedepunkt	222 °C
Dampfdruck in mbar bei 20 °C	
Dampfdichteverhältnis, Luft = 1	5,55
Schmelzpunkt	12–15 °C
Mischbarkeit mit Wasser	Zersetzung*
Spez. Gewicht, Wasser = 1	1,365
Molare Masse	175,02

Feuerbekämpfungsdaten

Flammpunkt	110 °C
Zündfähiges Gemisch, Vol.-%	1,5–15
Zündtemperatur	595 °C

* Zersetzung unter Erwärmung und Bildung von Chlorwasserstoff(gas) bzw. Salzsäuredämpfen.

Gefahrgut:

	Klassifizierung:	
IMDG-Code: UN-Nr. 3265 n.o.s.	Kl. 8	Verp. Gr. I EMS: **F**-A; **S**-B
Marine pollutant		
ICAO/IATA DGR: UN-Nr. 3265 n.o.s.	Kl. 8	Verp. Gr. I
ADR/RID/ADNR: UN-Nr. 3265 n.a.g.	Kl. 8	Klassifiz. Code C3 Verp. Gr. I

Gefahrzettel (Label) Nr. 8
Richtige Versandbezeichnung (PSN):
Land/BinSch: **3265 Ätzender saurer organischer flüssiger Stoff, n.a.g. (4-Chlorbenzoylchlorid)**
See/Luft: **Corrosive liquid, acidic, organic, n.o.s. (4-Chlorbenzoylchloride)**

Gefahrstoff:

CAS Nr.: 122-01-0 RTECS-Nr.: DM 6635510
EG-Nr.: 204-515-3 INDEX-Nr.:
EG-Einstufung: nein
Symbol: C*
R-Sätze: 34-36/37*
S-Sätze: 26-36/37/39-45*
D-Lagerklasse (VCI)-Nr.: 8

* Herstellerangaben

Erscheinungsbild: Farblose bis leicht gelbliche Flüssigkeit oder nadelähnliche Kristalle. Scharfer Geruch. Stark tränenreizend.

Verhalten bei Freiwerden und Vermischen mit Luft: Ätzende, tränenreizende und brennbare Flüssigkeit mit relativ hohem Flammpunkt von 110 °C. Bei starker Erhitzung bilden sich ätzende, tränenreizende und explosionsfähige Gemische mit Luft. Sie sind schwerer als Luft und kriechen am Boden entlang. Entzündung durch heiße Oberflächen, Funken oder offene Flammen. Bei Erhitzung bis zur Zersetzung (z. B. durch Umgebungsbrände oder heiße Oberflächen) und bei Brand bilden sich giftige und ätzende Gase bzw. Dämpfe, die im Wesentlichen aus Phosgen(gas) und Chlorwasserstoff(gas) bzw. Salzsäuredämpfen bestehen und auch Kohlenmonoxid(gas) sowie Kohlendioxid(gas) enthalten.

Verhalten bei Freiwerden und Vermischen mit Wasser: Der Stoff ist schwerer als Wasser und sinkt unter. Er reagiert heftig mit Wasser unter Erwärmung und Zersetzung. Dabei werden Chlorwasserstoff(gas) bzw. Salzsäuredämpfe gebildet, die als weiße Nebel sichtbar werden können. Es bilden sich ätzende Gemische mit Wasser, die auch bei Verdünnung noch wirksam sind.

Gesundheitsgefährdung: Die Flüssigkeit und ihre Dämpfe/Aerosole führen zur Verätzung der Haut und der Schleimhäute der Augen und der Atemwege. Gefahr bleibender Augenschäden, auch Erblindung. Nach Einatmen der Dämpfe Lungen- und Kehlkopfödem – auch mit Verzögerung bis zu 2 Tagen – möglich. Bei Brand oder Erhitzen bis zur Zersetzung Bildung von Chlorwasserstoff (s. auch Merkblatt 63).
Symptome: Rötung, Brennen und Schmerzen der Augen und betroffener Körperpartien, schlecht heilende Ätzwunden, Tränenfluß, Husten- und Niesreiz, Übelkeit, Erbrechen, Schwindel.
Nach Einatmen oder Hautkontakt in jedem Fall – auch bei Ausbleiben der Symptome – den Arzt aufsuchen. Nach Kontakt der Substanz mit den Augen ist in jedem Fall ein Augenarzt aufzusuchen.

Geruchsschwelle = Luftgrenzwert =

Bemerkungen: Der Stoff reagiert heftig unter Wärmeentwicklung bei Kontakt oder Mischung mit starken Basen, Alkoholen und Oxidationsmitteln. Bei Kontakt mit feuchter Luft, Feuchtigkeit, Wasserdampf oder Wasser erfolgt Zersetzung unter Bildung von Chlorwasserstoff(gas) bzw. Salzsäuredämpfen.

Sicherheitsmaßnahmen für Fahrzeugbesatzung, Polizei, Feuerwehr und Rettungskräfte:
Polizei und Feuerwehr alarmieren.
Im Gefahrenbereich Maschine stoppen. Sofort volle Schutzkleidung und umluftunabhängiges (schweres) Atemschutzgerät tragen. Bei starker Erhitzung oder Brand nicht rauchen, offenes Feuer löschen, kein elektrisches Gerät und keinen Schalter mit Funkenbildung betätigen.
Wasserschutzpolizei und Feuerwehr: Beim Retten nicht ins Wasser springen. Bei starker Erhitzung kein Boot mit Ottomotor einsetzen. Bei Dieselantrieb Sicherheitsschaltung veranlassen. Nach dem Einsatz Kühlwasserkreislauf überprüfen.

Schutz- und Einsatzmaßnahmen: Alle unbeteiligten Personen nach Luv (gegen den Wind) entfernen. Achtung, falls freiwerdendes Gut in die Kanalisation oder in Abwasserleitungen von Schiffen gerät, entstehen ätzende Gemische mit Abwasser und kann über der Oberfläche Explosions- und Verätzungsgefahr entstehen. Experten hinzuziehen. Auf Wasserstraßen Schiffahrtssperre. An Land gefährdetes Gebiet absperren. Große Sicherheitszone bilden. In Wohn- und Industriegebieten Anwohner warnen. Bei großen Mengen freiwerdenden Gutes gefährdetes Gebiet evakuieren und Katastrophenalarm prüfen.

Konzentrationsmessung explosionsfähiger bzw. giftiger Dämpfe siehe Tabelle (Anhang 6 der Erläuterungen).

Zuständige Behörden unterrichten.

Bekämpfung der Unfallfolgen:
Feuer: Bei kleinem und großem Brandherd Löschpulver, trockener Sand, Zement, gemahlener Kalkstein oder Kohlensäure. Wegen heftiger Reaktionsgefahr kein Wasser und keinen Schaum verwenden. Behälter mit Wassersprühstrahl kühlen und nach Möglichkeit aus der Gefahrenzone ziehen. Es darf jedoch kein Wasser in den Tank gelangen, da sonst Gefahr einer explosionsartigen Reaktion.
Leckage: Leck schließen, wenn ohne Risiko möglich.
Fließendes Gewässer: Trink-, Brauch- und Kühlwasserentnehmer verständigen. Experten hinzuziehen.
Stehendes Gewässer: Absperren. Alle Zündquellen beseitigen. Fahrzeuge im gefährdeten Gebiet räumen. Experten hinzuziehen.
An Land: Kanalisation abdichten. Auffangen, eindeichen und abpumpen. Restmengen mit nicht brennbarem, saugfähigem Material wie z. B. trockener Erde, Sand, Kieselgur, Universalbinder oder Vermiculit abdecken und in geschlossenem Behälter an sicheren Deponieort transportieren. Alle Zündquellen beseitigen. In Wohn- und Industriegebieten alle tiefliegenden Räume abdichten. Experten hinzuziehen.

Gewässerverunreinigung:
GefStoffV/EG:
Gesamtbewertung nach Unfall: Gruppe III, in stehenden Gewässern sehr hohe, in fließenden Gewässern je nach Vermischung mittlere bis hohe toxische Wirkung (siehe auch Erläuterungen Abschnitt 16.4/5).
Einzelwerte siehe Anhang 9 der Erläuterungen.
Wassergefährdungsklasse: 1 – schwach wassergefährdender Stoff.

Erste Hilfe:
Verletzte an die frische Luft bringen, bequem lagern, beengende Kleidungsstücke lockern. Bei Atemstörung Sauerstoffzufuhr, ggf. Beatmung. Benetzte Kleidungsstücke, Schuhe und Strümpfe sofort ausziehen, entfernen und vernichten. Betroffene Körperstellen anhaltend mit Wasser spülen und anschließend mit sterilem Verbandmaterial abdecken. Bei Augenkontakt die Augen 15 Minuten mit Wasser spülen. Augenlider dazu mit Daumen und Zeigefinger aufspreizen und gleichzeitig das Auge nach allen Seiten bewegen lassen. Verletzte nicht auskühlen lassen. Bei Erbrechen zumindest Kopf in Seitenlage bringen. Verletzte nur liegend transportieren. Bei Gefahr der Bewußtlosigkeit Lagerung und Transport in stabiler Seitenlage.

Hinweise für den Arzt:
Symptomatische Behandlung. Augen sorgfältig spülen. Bei anhaltenden Beschwerden Augenarzt hinzuziehen! Codein gegen Reizhusten. Bei Reizung der Atemwege 5–10 Hübe oder mehr/h eines Dosier-Aerosols mit Beclometason (z.B. Sanasthmyl Glaxo oder Viarox Essex Pharma) oder mit Dexamethason (z.B. Auxiloson Thomae).

Formel: $Cl(CH_2)_3COCl$ | Summen-Formel: C4–H6–Cl2–O | UN-Nr. 2927 n.o.s.

Merkblatt

2494

Stoffname

Deutsch	*Englisch*	*Französisch*
4-Chlorbutyrylchlorid	**4-Chlorobutyrylchloride**	**Chlorure de 4-chlorobutyryle**
4-Chlorbuttersäurechlorid	4-Chlorobutyric acid chloride	
γ-Chlorbutyrylchlorid	4-Chlorobutanoic acid chloride	
4-Chlorbutanoylchlorid	4-Chlorobutanoyl chloride	
4-Chlorbutyroylchlorid	gamma-Chlorobutyroyl chloride	*Spanisch*
	4-Chlorobutyroyl chloride	**Cloruro de 4-clorobutirilo**
	gamma-Chlorobutyryl chloride	
	4-Chlorobutyryl chloride	

Gefahren-Diamant

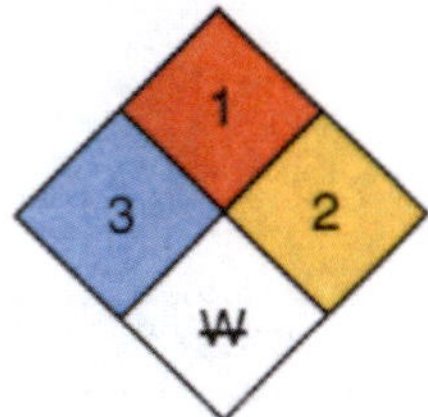

Hazchem-Code: 2XE

Technische Daten

Siedepunkt	173–174 °C*
Dampfdruck in mbar bei 20 °C	4
Dampfdichteverhältnis, Luft = 1	
Schmelzpunkt	–49 °C
Mischbarkeit mit Wasser	Hydrolyse**
Spez. Gewicht, Wasser = 1	1,26
Molare Masse	141,00

Feuerbekämpfungsdaten

Flammpunkt	85 °C
Zündfähiges Gemisch, Vol.-%	5,5–11,7
Zündtemperatur	440 °C

* Thermische Zersetzung >120 °C unter Bildung von Chlorwasserstoff(gas) bzw. Salzsäuredämpfen.
** Zu wasserunlöslichen Verbindungen.

Gefahrgut:

	Klassifizierung:	
IMDG-Code: UN-Nr. 2927 n.o.s.	Kl. 6.1	Verp. Gr. II EMS: **F**-A; **S**-B
ICAO/IATA DGR: UN-Nr. 2927 n.o.s.	Kl. 6.1	Verp. Gr. II
ADR/RID/ADNR: UN-Nr. 2927 n.a.g.	Kl. 6.1	Klassifiz. Code TC1 Verp. Gr. II

Gefahrzettel (Label) Nr. 6.1+8
Richtige Versandbezeichnung (PSN):
Land/BinSch: **2927 Giftiger organischer flüssiger Stoff, ätzend, n.a.g. (Chlorbuttersäurechlorid)**
See/Luft: **Toxic liquid, corrosive, organic, n.o.s. (Chlorobutyryl chloride)**

Gefahrstoff:
CAS Nr.: 4635-59-0 RTECS-Nr.: EM 1406000
EG-Nr.: 225-059-1 INDEX-Nr.:
EG-Einstufung: nein
Symbol: T, C*
R-Sätze: 23-22-35*
S-Sätze: 36/37/39-28-26-45*
D-Lagerklasse (VCI)-Nr.: 3B

* Herstellerangaben

Erscheinungsbild: Farblose bis gelbe Flüssigkeit, stechender Geruch.

Verhalten bei Freiwerden und Vermischen mit Luft: Giftige, stark ätzende und brennbare Flüssigkeit mit relativ hohem Flammpunkt von 85 °C. Bei starker Erhitzung bilden sich giftige, ätzende und explosionsfähige Gemische mit Luft. Sie sind schwerer als Luft und kriechen am Boden entlang. Entzündung durch heiße Oberflächen, Funken oder offene Flammen. Bei Erhitzung bis zur Zersetzung (z. B. durch Umgebungsbrände oder heiße Oberflächen) und bei Brand bilden sich giftige und ätzende Gase bzw. Dämpfe, die im Wesentlichen aus Chlorwasserstoff(gas) bzw. Salzsäuredämpfen bestehen und auch Kohlenmonoxid(gas) sowie Kohlendioxid(gas) enthalten.

Verhalten bei Freiwerden und Vermischen mit Wasser: Der Stoff ist schwerer als Wasser und sinkt unter. Er zersetzt sich (hydrolysiert) unter Bildung von wasserunlöslichen Verbindungen und reagiert heftig bis sehr heftig mit Wasser bei starker Erhitzung und Bildung von Chlorwasserstoff(gas) bzw. Salzsäuredämpfen, die als weiße Nebel sichtbar werden können. Es bilden sich ätzende Gemische mit Wasser.

Gesundheitsgefährdung: Die Flüssigkeit und ihre Dämpfe/Aerosole sind giftig beim Einatmen und gesundheitsschädlich beim Verschlucken. Die Substanz verursacht Verätzungen im Mund, Rachen, Speiseröhre und im Magen-Darm-Trakt. Die Substanz und ihre Dämpfe verursachen schwere Verätzungen der Haut, der Schleimhäute der Augen und der oberen Atemwege. Gefahr bleibender Augenschäden, auch der Erblindung. Nach Einatmen der Dämpfe Lungen- und Kehlkopfödem – auch mit Verzögerung bis zu 2 Tagen – möglich. Bei Brand oder Erhitzen bis zur Zersetzung Bildung von Chlorwasserstoff (s. auch Merkblatt 63).
Symptome: Rötung, Brennen und Schmerzen der Augen und betroffener Körperpartien, schlecht heilende Ätzwunden, Tränenfluß, Husten, Atemnot.
Nach Einatmen oder Hautkontakt in jedem Fall – auch bei Ausbleiben der Symptome – den Arzt aufsuchen.
Nach Kontakt der Substanz mit den Augen ist in jedem Fall ein Augenarzt aufzusuchen.

Geruchsschwelle = Luftgrenzwert =

Bemerkungen: Der Stoff reagiert bei Kontakt oder Mischung mit Peroxiden und Aminen. Die Substanz reagiert heftig bis sehr heftig unter starker Erhitzung bei Kontakt oder Mischung mit Alkalien (Laugen) und Alkoholen. Als Reaktionsprodukte bilden sich Chlorwasserstoff(gas) bzw. Salzsäuredämpfe. Bei Einwirkung von Temperaturen größer als 120 °C beginnt Zersetzung unter Bildung von Chlorwasserstoff(gas) bzw. Salzsäuredämpfen.

Sicherheitsmaßnahmen für Fahrzeugbesatzung, Polizei, Feuerwehr und Rettungskräfte:
Polizei und Feuerwehr alarmieren.
Im Gefahrenbereich sofort umluftunabhängiges (schweres) Atemschutzgerät und volle Schutzkleidung tragen. Bei Erhitzung des Stoffes Zündung abstellen, Maschine stoppen, nicht rauchen, offenes Feuer löschen, kein elektrisches Gerät und keinen Schalter mit Funkenbildung betätigen.
Wasserschutzpolizei und Feuerwehr: Bei starker Erhitzung des Stoffes kein Boot mit Ottomotor einsetzen. Bei Dieselantrieb Sicherheitsschaltung veranlassen. Beim Retten nicht ins Wasser springen.

Schutz- und Einsatzmaßnahmen: Alle unbeteiligten Personen nach Luv (gegen den Wind) entfernen. Achtung, falls freiwerdendes Gut in die Kanalisation oder in Abwasserleitungen von Schiffen gerät, bilden sich ätzende Gemische mit Abwasser und kann über der Oberfläche Explosions- und Verätzungsgefahr entstehen. Experten hinzuziehen. Auf Wasserstraßen Schiffahrtssperre. An Land gefährdetes Gebiet absperren. Große Sicherheitszone bilden. In Wohn- und Industriegebieten Anwohner warnen. Gefährdetes Gebiet ggf. evakuieren.

Konzentrationsmessung explosionsfähiger bzw. giftiger Dämpfe siehe Tabelle (Anhang 6 der Erläuterungen).

Zuständige Behörden unterrichten.

Bekämpfung der Unfallfolgen:
Feuer: Bei kleinem und großem Brandherd Löschpulver, trockener Sand, Zement, gemahlener Kalkstein oder Kohlensäure. Wegen heftiger Reaktionsgefahr kein Wasser und keinen Schaum verwenden. Behälter mit Wassersprühstrahl kühlen und nach Möglichkeit aus der Gefahrenzone ziehen. Es darf jedoch kein Wasser in den Tank gelangen, da sonst Gefahr einer explosionsartigen Reaktion.
Leckage: Leck schließen, wenn ohne Risiko möglich.
Fließendes Gewässer: Trink-, Brauch- und Kühlwasserentnehmer verständigen.
Stehendes Gewässer: Absperren. Alle Zündquellen beseitigen. Fahrzeuge im gefährdeten Gebiet räumen.
An Land: Kanalisation abdichten. Auffangen, eindeichen und abpumpen. Restmengen mit nicht brennbarem, saugfähigem Material wie z. B. trockener Erde, Sand, gemahlenem Kalkstein, Kieselgur, Universalbinder oder Vermiculit abdecken und in geschlossenem Behälter an sicheren Deponieort transportieren. Alle Zündquellen beseitigen. In Wohn- und Industriegebieten alle tiefliegenden Räume abdichten.Experten hinzuziehen.

Gewässerverunreinigung:
GefStoffV/EG:
Gesamtbewertung nach Unfall: Gruppe III, in stehenden Gewässern sehr hohe, in fließenden Gewässern je nach Vermischung mittlere bis hohe toxische Wirkung (siehe auch Erläuterungen Abschnitt 16.4/5).
Einzelwerte siehe Anhang 9 der Erläuterungen.
Wassergefährdungsklasse: 1 – schwach wassergefährdender Stoff.

Erste Hilfe:
Verletzte an die frische Luft bringen, bequem lagern, beengende Kleidungsstücke lockern. Bei Atemstörung Sauerstoffzufuhr, ggf. Beatmung. Benetzte Kleidungsstücke, Schuhe und Strümpfe sofort ausziehen, entfernen und vernichten. Betroffene Körperstellen anhaltend mit Wasser spülen und anschließend mit sterilem Verbandmaterial abdecken. Bei Augenkontakt die Augen 15 Minuten mit Wasser spülen. Augenlider dazu mit Daumen und Zeigefinger aufspreizen und gleichzeitig das Auge nach allen Seiten bewegen lassen. Verletzte nicht auskühlen lassen. Bei Erbrechen zumindest Kopf in Seitenlage bringen. Verletzte nur liegend transportieren. Bei Gefahr der Bewußtlosigkeit Lagerung und Transport in stabiler Seitenlage.

Hinweise für den Arzt:
Symptomatische Behandlung. Augen sorgfältig spülen. Bei anhaltenden Beschwerden Augenarzt hinzuziehen! Codein gegen Reizhusten. Bei Reizung der Atemwege 5–10 Hübe oder mehr/h eines Dosier-Aerosols mit Beclometason (z.B. Sanasthmyl Glaxo oder Viarox Essex Pharma) oder mit Dexamethason (z.B. Auxiloson Thomae). Nach Ingestion: Mund ausspülen lassen; nach kurz zurückliegender Ingestion größerer Mengen: Magenabsaugung erwägen. Ggf. endoskopische Kontrolle des Ausmaßes der Verätzung der Speiseröhre.

Formel: $CH_3OC_6H_4CH_2NH_2$ **Summen-Formel:** C8–H11–N–O **UN-Nr. 2735 n.o.s.**

Merkblatt

2495

Stoffname

Deutsch	*Englisch*	*Französisch*
p-Anisylamin 4-Methoxybenzylamin	**p-Anisylamine** 4-Methoxybenzylamine	**p-Anisylamine**

Spanisch

p-Anisilamina

Gefahren-Diamant

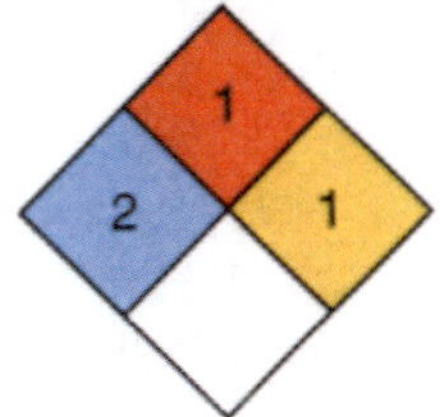

Hazchem-Code: 3X

Technische Daten

Siedepunkt	237 °C
Dampfdruck in mbar bei 20 °C	
Dampfdichteverhältnis, Luft = 1	4,74
Schmelzpunkt	
Mischbarkeit mit Wasser	sehr geringfügig
Spez. Gewicht, Wasser = 1	1,057
Molare Masse	137,18

Feuerbekämpfungsdaten

Flammpunkt	>110 °C
Zündfähiges Gemisch, Vol.-%	
Zündtemperatur	

Gefahrgut: **Klassifizierung:**

IMDG-Code: UN-Nr. 2735 n.o.s. Kl. 8 Verp. Gr. III EMS: **F**-A; **S**-B
Marine pollutant
ICAO/IATA DGR: UN-Nr. 2735 n.o.s. Kl. 8 Verp. Gr. III
ADR/RID/ADNR: UN-Nr. 2735 n.a.g. Kl. 8 Klassifiz. Code C7 Verp. Gr. III
Gefahrzettel (Label) Nr. 8
Richtige Versandbezeichnung (PSN):
Land/BinSch: **2735 Amine, flüssig, ätzend, n.a.g. (4-Methoxybenzylamin)**
See/Luft: **Amines, liquid, corrosive, n.o.s. (4-Methoxybenzylamine)**

Gefahrstoff:

CAS Nr.: 2393-23-9 RTECS-Nr.:
EG-Nr.: 219-247-2 INDEX-Nr.:
EG-Einstufung: nein
Symbol: C*
R-Sätze: 34-37*
S-Sätze: 26-36/37/39-45*
D-Lagerklasse (VCI)-Nr.: 8A

* Herstellerangaben

Erscheinungsbild: Gelbe Flüssigkeit.

Verhalten bei Freiwerden und Vermischen mit Luft: Ätzende und brennbare Flüssigkeit mit relativ hohem Flammpunkt. Bei starker Erhitzung bilden sich ätzende und explosionsfähige Gemische mit Luft, Sie sind schwerer als Luft und kriechen am Boden entlang. Entzündung durch heiße Oberflächen, Funken oder offene Flammen. Bei Erhitzung bis zur Zersetzung (z. B. durch Umgebungsbrände oder heiße Oberflächen) und bei Brand bilden sich giftige und ätzende Gase bzw. Dämpfe, die im Wesentlichen aus nitrosen Gasen und Cyanwasserstoff(gas = Blausäure) bestehen und auch Kohlenmonoxid(gas) sowie Kohlendioxid(gas) enthalten.

Verhalten bei Freiwerden und Vermischen mit Wasser: Der Stoff ist schwerer als Wasser und sinkt unter. Er löst sich nur geringfügig in Wasser. Es bilden sich ätzende und schwach wassergefährdende Gemische mit Wasser, die auch bei Verdünnung noch wirksam sind.

Gesundheitsgefährdung: Die Flüssigkeit und ihre Dämpfe/Aerosole verursachen Verätzungen der Haut und der Schleimhäute der Augen und der oberen Atemwege sowie des Magen-Darm-Traktes. Gefahr bleibender Augenschäden, auch Erblindung. Lungenödem – auch mit Verzögerung bis zu 2 Tagen – möglich. Nach Aufnahme der Substanz in den Körper kann es zur Cyanose, zur Veränderung des roten Blutfarbstoffes (Methämoglobinbildung) kommen, nachfolgend sind Leber- und Nierenschäden möglich. Bei Brand oder Erhitzen bis zur Zersetzung Bildung von Blausäure (s. auch Merkblatt 42) und nitrosen Gasen (s. auch Merkblatt 150).
Symptome: Rötung, Brennen und Schmerzen der Augen und betroffener Körperpartien, schlecht heilende Ätzwunden, Tränenfluß, Husten, Atemnot, Kopfschmerzen, Herzrythmusstörungen, Blutdruckabfall, Krämpfe, Blauverfärbung von Lippen und Fingernägeln (Cyanose).
Nach Einatmen oder Hautkontakt in jedem Fall – auch bei Ausbleiben der Symptome – den Arzt aufsuchen.
Nach Kontakt der Substanz mit den Augen ist in jedem Fall ein Augenarzt aufzusuchen.

Geruchsschwelle = Luftgrenzwert =

Bemerkungen: Der Stoff reagiert unter Erwärmung bei Kontakt oder Mischung mit Oxidationsmitteln, Säuren, Säurehalogeniden und Säurehydriden. Die Substanz ist luftempfindlich.

Sicherheitsmaßnahmen für Fahrzeugbesatzung, Polizei, Feuerwehr und Rettungskräfte:
Polizei und Feuerwehr alarmieren.
Im Gefahrenbereich Maschine stoppen, umluftunabhängiges (schweres) Atemschutzgerät und volle Schutzkleidung tragen. Bei Brand oder starker Erhitzung des Stoffes Zündung abstellen, nicht rauchen, offenes Feuer löschen, kein elektrisches Gerät und keinen Schalter mit Funkenbildung betätigen.
Wasserschutzpolizei und Feuerwehr: Beim Retten nicht ins Wasser springen. Bei starker Erhitzung des Stoffes und bei Brand kein Boot mit Ottomotor einsetzen. Bei Dieselantrieb Sicherheitsschaltung veranlassen.

Schutz- und Einsatzmaßnahmen: Alle unbeteiligten Personen nach Luv (gegen den Wind) entfernen. Achtung, falls freiwerdendes Gut in die Kanalisation oder in Abwasserleitungen von Schiffen gerät, bilden sich ätzende und schwach wassergefährdende Gemische mit Abwasser. Auf Wasserstraßen Schiffahrtssperre. An Land gefährdetes Gebiet absperren. Große Sicherheitszone bilden. In Wohn- und Industriegebieten Anwohner warnen.

Konzentrationsmessung explosionsfähiger bzw. giftiger Dämpfe siehe Tabelle (Anhang 6 der Erläuterungen).

Zuständige Behörden unterrichten.

Bekämpfung der Unfallfolgen:
Feuer: Bei kleinem Brandherd Löschpulver, Wassersprühstrahl, Kohlensäure oder Schaum. Bei großem Brandherd Schaum oder Wassersprühstrahl. Behälter mit Wassersprühstrahl kühlen und nach Möglichkeit aus der Gefahrenzone ziehen. Achtung, das Löschwasser ist giftig und umweltgefährlich. Es muß aufgefangen werden und darf nicht unbehandelt in die Kanalisation, in Gewässer oder in das Grundwasser gelangen.
Leckage: Leck schließen, wenn ohne Risiko möglich.
Fließendes Gewässer: Trink-, Brauch- und Kühlwasserentnehmer verständigen.
Stehendes Gewässer: Absperren. Fahrzeugbesatzungen im gefährdeten Gebiet warnen.
An Land: Kanalisation abdichten. Auffangen, eindeichen und abpumpen. In Wohn- und Industriegebieten alle tiefliegenden Räume abdichten. Alle Zündquellen beseitigen. Restmengen mit nicht brennbarem, saugfähigem Material wie z. B. trockener Erde, Sand, Kieselgur, Universalbinder oder Vermiculit abdecken und an sichere Deponie zur Vernichtung transportieren.

Gewässerverunreinigung:
GefStoffV/EG:
Gesamtbewertung nach Unfall: Gruppe IV, hohe bis sehr hohe (extrem hohe) toxische Wirkung unabhängig von der Turbulenz des Gewässers (siehe auch Erläuterungen Abschnitt 16.4/5).
Einzelwerte siehe Anhang 9 der Erläuterungen.
Wassergefährdungsklasse: 1 – schwach wassergefährdender Stoff.

Erste Hilfe:
Verletzte an die frische Luft bringen, bequem lagern, beengende Kleidungsstücke lockern. Bei Atemstörung Sauerstoffzufuhr, ggf. Beatmung. Benetzte Kleidungsstücke, Schuhe und Strümpfe sofort ausziehen, entfernen und vernichten. Betroffene Körperstellen anhaltend mit Wasser spülen und anschließend mit sterilem Verbandmaterial abdecken. Bei Augenkontakt die Augen 15 Minuten mit Wasser spülen. Augenlider dazu mit Daumen und Zeigefinger aufspreizen und gleichzeitig das Auge nach allen Seiten bewegen lassen. Verletzte nicht auskühlen lassen. Bei Erbrechen zumindest Kopf in Seitenlage bringen. Verletzte nur liegend transportieren. Bei Gefahr der Bewußtlosigkeit Lagerung und Transport in stabiler Seitenlage.

Hinweise für den Arzt:
Symptomatische Behandlung. Augen sorgfältig spülen. Bei anhaltenden Beschwerden Augenarzt hinzuziehen! Codein gegen Reizhusten. Bei Reizung der Atemwege 5–10 Hübe oder mehr/h eines Dosier-Aerosols mit Beclometason (z.B. Sanasthmyl Glaxo oder Viarox Essex Pharma) oder mit Dexamethason (z.B. Auxiloson Thomae). Nach Ingestion: Mund ausspülen lassen; nach kurz zurückliegender Ingestion größerer Mengen: Magenabsaugung erwägen. Ggf. endoskopische Kontrolle des Ausmaßes der Verätzungen der Speiseröhre.

Formel: $CH_3OC_6H_4CH_2CN$ **Summen-Formel:** C9–H9–N–O **UN-Nr. 3276 n.o.s.**

Merkblatt

2496

Stoffname

Deutsch	*Englisch*	*Französisch*
4-Methoxyphenylacetonitril	**4-Methoxyphenylacetonitrile**	**4-Méthoxyphénylacétonitrile**
4-Methoxybenzylcyanid	4-Methoxybenzeneacetonitrile	
p-Methoxybenzolacetonitril	p-Methoxybenzeneacetonitrile	
p-Methoxybenzolcyanid	p-Methoxybenzyl cyanide	*Spanisch*
p-Methoxyphenylacetonitril	Anisylacetonitrile	**4-Metoxifenilacetonitrilo**
Anisylacetonitril		

Gefahren-Diamant

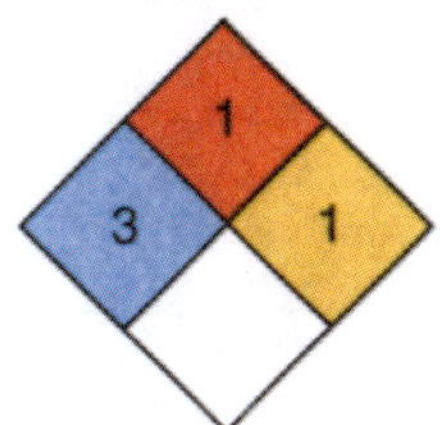

Hazchem-Code: 3X

Technische Daten

Siedepunkt	287 °C
Dampfdruck in mbar bei 20 °C	
Dampfdichteverhältnis, Luft = 1	
Schmelzpunkt	8 °C
Mischbarkeit mit Wasser	sehr geringfügig*
Spez. Gewicht, Wasser = 1	1,085
Molare Masse	147,18

Feuerbekämpfungsdaten

Flammpunkt	117 °C
Zündfähiges Gemisch, Vol.-%	1,2–9,4
Zündtemperatur	460 °C
Thermische Zersetzung	>350 °C

* 0,01 g/l bei 20 °C.

Gefahrgut:

		Klassifizierung:	
IMDG-Code:	UN-Nr. 3276 n.o.s.	Kl. 6.1	Verp. Gr. I EMS: **F**-A; **S**-A
Marine pollutant			
ICAO/IATA DGR:	UN-Nr. 3276 n.o.s.	Kl. 6.1	Verp. Gr. I
ADR/RID/ADNR:	UN-Nr. 3276 n.a.g.	Kl. 6.1	Klassifiz. Code T1 Verp. Gr. I

Gefahrzettel (Label) Nr. 6.1
Richtige Versandbezeichnung (PSN):
Land/BinSch: **3276 Nitrile giftig, n.a.g. (4-Methoxyphenylacetonitril)**
See/Luft: **Nitriles, toxic, n.o.s. (4-Methoxyphenylacetonitrile)**

Gefahrstoff:
CAS Nr.: 104-47-2 RTECS-Nr.: AM 0810000
EG-Nr.: 203-206-0 INDEX-Nr.:
EG-Einstufung: nein
Symbol: T*
R-Sätze: 25-52/53*
S-Sätze: 23-36/37-45-61*
D-Lagerklasse (VCI)-Nr.: 6.1A

* Herstellerangaben

Erscheinungsbild: Gelbliche Flüssigkeit, schwacher Geruch.

Verhalten bei Freiwerden und Vermischen mit Luft: Giftige und brennbare Flüssigkeit mit relativ hohem Flammpunkt von 117 °C. Bei starker Erhitzung bilden sich giftige und explosionsfähige Gemische mit Luft. Sie sind schwerer als Luft und kriechen am Boden entlang. Entzündung durch heiße Oberflächen, Funken oder offene Flammen. Bei Erhitzung bis zur Zersetzung (z. B. durch Umgebungsbrände oder heiße Oberflächen) und bei Brand bilden sich giftige und ätzende Gase bzw. Dämpfe, die im Wesentlichen aus nitrosen Gasen, Nitrilen und Cyanwasserstoff(gas = Blausäure) bestehen und auch Kohlenmonoxid(gas) sowie Kohlendioxid(gas) enthalten.

Verhalten bei Freiwerden und Vermischen mit Wasser: Der Stoff ist schwerer als Wasser und sinkt unter. Er löst sich nur geringfügig in Wasser. Es bilden sich giftige und wassergefährdende Gemische mit Wasser, die auch bei starker Verdünnung noch wirksam sind.

Gesundheitsgefährdung: Die Flüssigkeit und ihre Dämpfe/Aerosole sind giftig beim Verschlucken. Nach Aufnahme der Substanz in den Körper kann es zur Freisetzung von Blausäure kommen, die zur Blockade der Zellatmung und zu Herz-Kreislauf-Störungen führt. Der direkte Kontakt mit der Substanz kann zu leichten Reizungen der Haut und der Schleimhäute der Augen führen. Bei Brand oder Erhitzen bis zur Zersetzung Bildung von nitrosen Gasen (s. auch Merkblatt 150), bei Schwelbränden Blausäure (s. auch Merkblatt 42).
Symptome: Rötung und Brennen der Haut und betroffener Körperpartien; Übelkeit, Schwindel, Erbrechen, Atemnot, Bewußtlosigkeit.

Geruchsschwelle = Luftgrenzwert =

Bemerkungen: Der Stoff reagiert heftig unter Wärmeentwicklung bei Kontakt oder Mischung mit starken Oxidationsmitteln, starken Reduktionsmitteln, starken Säuren und starken Laugen. Die Substanz ist luftempfindlich unter Freisetzung von Cyanwasserstoff(gas = Blausäure).

Sicherheitsmaßnahmen für Fahrzeugbesatzung, Polizei, Feuerwehr und Rettungskräfte:
Polizei und Feuerwehr alarmieren.
Im Gefahrenbereich Maschine stoppen, umluftunabhängiges (schweres) Atemschutzgerät und volle Schutzkleidung tragen. Bei Brand oder starker Erhitzung des Stoffes Zündung abstellen, nicht rauchen, offenes Feuer löschen, kein elektrisches Gerät und keinen Schalter mit Funkenbildung betätigen.
Wasserschutzpolizei und Feuerwehr: Beim Retten nicht ins Wasser springen. Bei starker Erhitzung des Stoffes und bei Brand kein Boot mit Ottomotor einsetzen. Bei Dieselantrieb Sicherheitsschaltung veranlassen.

Schutz- und Einsatzmaßnahmen: Alle unbeteiligten Personen nach Luv (gegen den Wind) entfernen. Achtung, falls freiwerdendes Gut in die Kanalisation oder in Abwasserleitungen von Schiffen gerät, entstehen giftige und wassergefährdende Gemische mit Abwasser. In Wohn- und Industriegebieten Anwohner warnen. Große Sicherheitszone bilden.

Konzentrationsmessung explosionsfähiger bzw. giftiger Dämpfe siehe Tabelle (Anhang 6 der Erläuterungen).

Zuständige Behörden unterrichten.

Bekämpfung der Unfallfolgen:
Feuer: Bei kleinem Brandherd Löschpulver, Wassersprühstrahl, Kohlensäure oder Schaum. Bei großem Brandherd Schaum oder Wassersprühstrahl. Behälter mit Wassersprühstrahl kühlen und nach Möglichkeit aus der Gefahrenzone ziehen. Achtung, das Löschwasser ist giftig und umweltgefährlich. Es muß aufgefangen werden und darf nicht unbehandelt in die Kanalisation, in Gewässer oder in das Grundwasser gelangen.
Leckage: Leck schließen, wenn ohne Risiko möglich.
Fließendes Gewässer: Trink-, Brauch- und Kühlwasserentnehmer verständigen.
Stehendes Gewässer: Absperren. Fahrzeugbesatzungen im gefährdeten Gebiet warnen.
An Land: Kanalisation abdichten. Auffangen, eindeichen und abpumpen. In Wohn- und Industriegebieten alle tiefliegenden Räume abdichten. Alle Zündquellen beseitigen. Restmengen mit nicht brennbarem, saugfähigem Material wie z. B. trockener Erde, Sand, Kieselgur, Universalbinder oder Vermiculit abdecken und an sichere Deponie zur Vernichtung transportieren.

Gewässerverunreinigung:
GefStoffV/EG: Gefahrensymbol: R 52/53: sehr giftig für Wasserorganismen, kann in Gewässern längerfristig schädliche Wirkungen haben.
Gesamtbewertung nach Unfall: Gruppe III, in stehenden Gewassern sehr hohe, in fließenden Gewassern je nach Vermischung mittlere bis hohe toxische Wirkung, nach Brand Gruppe IV, hohe bis sehr hohe (extrem hohe) toxische Wirkung, unabhängig von der Turbulenz des Gewässers (siehe auch Erläuterungen Abschnitt 16.4/5).
Einzelwerte siehe Anhang 9 der Erläuterungen.
Wassergefährdungsklasse: 2 – wassergefährdender Stoff.

Erste Hilfe:
Verletzte an die frische Luft bringen, bequem lagern, beengende Kleidungsstücke lockern. Bei Atemstörung Sauerstoffzufuhr ggf. Beatmung. Benetzte Kleidungsstücke, Schuhe und Strümpfe sofort ausziehen und entfernen. Betroffene Körperstellen anhaltend mit Wasser spülen und anschließend mit sterilem Verbandmaterial abdecken. Bei Augenkontakt die Augen 15 Minuten mit Wasser spülen. Augenlider dazu mit Daumen und Zeigefinger aufspreizen und gleichzeitig das Auge nach allen Seiten bewegen lassen. Verletzte nicht auskühlen lassen. Bei Erbrechen zumindest Kopf in Seitenlage bringen. Verletzte nur liegend transportieren. Bei Gefahr der Bewußtlosigkeit Lagerung und Transport in stabiler Seitenlage.

Hinweise für den Arzt:
Symptomatische Behandlung. Nach kurz zurückliegender Ingestion: Magenspülung erwägen. Wegen der Cyanidgruppe Blausäurefreisetzung aus dem Molekül nicht ausgeschlossen. Dann protrahiert verlaufende Blausäurevergiftung. Deshalb Natriumthiosulfatlösung (Na2S2O3-Lösung 10% Köhler oder S-hydrid, Laves Arzeneimittel) intravenös verabreichen; Richtwert für die initiale Gabe: 100 mg/kg; bis zu insgesamt maximal 500 mg/kg. Siehe ggf. auch Merkblatt 317 Natriumcyanid.

Formel: $CF_3COCH_2CO_2C_2H_5$ **Summen-Formel:** C6–H7–F3–O3 **UN-Nr. 3272 n.o.s.**

Merkblatt

2497

Stoffname

Deutsch	*Englisch*	*Französisch*
Ethyl-4,4,4-trifluoracetoacetat 4,4,4-Trifluoracet-essigsäureethylester Ethyl-3-oxo-4,4,4-trifluorbutter-säureethylester ω,ω,ω-Trifluoracetessigsäure-ethylester	**Ethyl-4,4,4-trifluoroaceto acetate** 4,4,4-Trifluoroacetic acid ethylester	**4,4,4-Trifluoroacétoacétate d'éthyle** *Spanisch* **4,4,4-Trifluoroacetoacetato de etilo**

Gefahren-Diamant

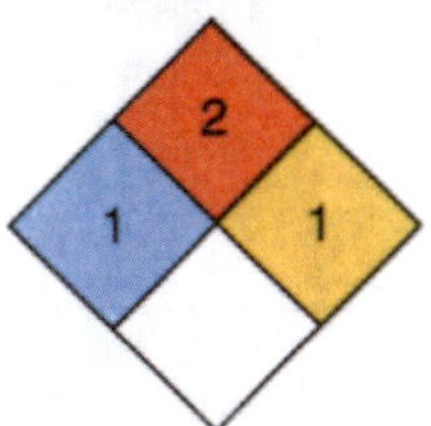

Hazchem-Code: 3Y

Technische Daten

Siedepunkt	131 °C
Dampfdruck in mbar bei 20 °C	
Dampfdichteverhältnis, Luft = 1	
Schmelzpunkt	–39 °C
Mischbarkeit mit Wasser	sehr geringfügig
Spez. Gewicht, Wasser = 1	1,252
Molare Masse	184,11

Feuerbekämpfungsdaten

Flammpunkt	29 °C
Zündfähiges Gemisch, Vol.-%	
Zündtemperatur	

Gefahrgut: / **Klassifizierung:**

IMDG-Code: UN-Nr. 3272 n.o.s. — Kl. 3 — Verp. Gr. III EMS: **F**-A; **S**-D
Marine pollutant
ICAO/IATA DGR: UN-Nr. 3272 n.o.s. — Kl. 3 — Verp. Gr. III
ADR/RID/ADNR: UN-Nr. 3272 n.a.g. — Kl. 3 — Klassifiz. Code F1 Verp. Gr. III
Gefahrzettel (Label) Nr. 3
Richtige Versandbezeichnung (PSN):
Land/BinSch: **3272 Ester, n.a.g. (4,4,4-Trifluoracetessigsäureethylester)**
See/Luft: **Esters, n.o.s. (4,4,4-Trifluoroacetic acid ethylester)**

Gefahrstoff:

CAS Nr.: 327-31-6 — RTECS-Nr.:
EG-Nr.: 206-750-7 — INDEX-Nr.:
EG-Einstufung: nein
Symbol: Xn*
R-Sätze: 10-22-36/37/38-52/53*
S-Sätze: 26-36-61*
D-Lagerklasse (VCI)-Nr.: 3A

* Herstellerangaben

Erscheinungsbild: Farblose Flüssigkeit, charakteristischer Geruch.

Verhalten bei Freiwerden und Vermischen mit Luft: Gesundheitsschädliche und brennbare Flüssigkeit. An heißen Tagen und bei starker Erwärmung der Flüssigkeit bilden sich gesundheitsschädliche, explosionsfähige Gemische mit Luft. Sie sind schwerer als Luft und kriechen am Boden entlang. Entzündung durch heiße Oberflächen, Funken und offene Flammen. Bei Brand oder Erhitzung bis zur Zersetzung (z. B. durch Umgebungsbrände oder heiße Oberflächen) bilden sich giftige und ätzende Gase, die im Wesentlichen aus Fluor, Fluorwasserstoff(gas) sowie Trifluoressigsäure bestehen und auch Kohlenmonoxid sowie Kohlendioxid enthalten.

Verhalten bei Freiwerden und Vermischen mit Wasser: Der Stoff ist schwerer als Wasser und sinkt unter. Er löst sich nur sehr geringfügig in Wasser. Es bilden sich gesundheitsschädliche und wassergefährdende Gemische mit Wasser, die auch bei starker Verdünnung noch wirksam sind.

Gesundheitsgefährdung: Nach direktem Kontakt mit der Substanz und ihren Dämpfen kommt es zu leichten Reizungen der Haut und der Schleimhäute der Augen und der oberen Atemwege. Die Substanz ist gesundheitsschädlich nach Verschlucken, es kommt zu Störungen im Magen-Darm-Trakt. Bei Brand oder Erhitzen bis zur Zersetzung Bildung von Fluorwasserstoff (s. auch Merkblatt 92), Fluor (s. auch Merkblatt 94) und Trifluoressigsäure (s. auch Merkblatt 907).
Symptome: Rötung und Brennen der Augen und der Haut, Leibschmerzen, Übelkeit, Erbrechen.
Nach Kontakt der Substanz mit den Augen ist in jedem Fall ein Augenarzt aufzusuchen.

Geruchsschwelle = — Luftgrenzwert =

Bemerkungen: Der Stoff reagiert unter Erwärmung bei Kontakt oder Mischung mit starken Säuren. Er ist feuchtigkeitsempfindlich.

Sicherheitsmaßnahmen für Fahrzeugbesatzung, Polizei, Feuerwehr und Rettungskräfte:
Polizei und Feuerwehr alarmieren.
Im Gefahrenbereich Maschine stoppen. Sofort umluftunabhängiges (schweres) Atemschutzgerät und volle Schutzkleidung tragen. An besonders heißen Tagen und bei starker Erwärmung der Flüssigkeit Zündung abstellen, nicht rauchen, offenes Feuer löschen, kein elektrisches Gerät und keinen Schalter mit Funkenbildung betätigen.
Wasserschutzpolizei und Feuerwehr: Beim Retten nicht ins Wasser springen. An besonders heißen Tagen und bei starker Erwärmung der Flüssigkeit kein Boot mit Ottomotor einsetzen. Bei Dieselantrieb Sicherheitsschaltung veranlassen. Radar- und Kommandorufanlage nicht betätigen. Achtung: Nach dem Einsatz Bootskörper und Kühlwasserkreislauf überprüfen.

Schutz- und Einsatzmaßnahmen: Alle unbeteiligten Personen nach Luv (gegen den Wind) entfernen. Achtung, falls freiwerdendes Gut in die Kanalisation oder in Abwasserleitungen von Schiffen gerät, entstehen gesundheitsschädliche und wassergefährdende Gemische mit Abwasser und können sich mit heißem Abwasser über der Oberfläche explosionsfähige und giftige Gemische mit Luft bilden. In Wohn- und Industriegebieten Anwohner warnen. Große Sicherheitszone bilden. Bei größeren Mengen ausgelaufenen Gutes Katastrophenalarm prüfen.

Konzentrationsmessung explosionsfähiger bzw. giftiger Dämpfe siehe Tabelle (Anhang 6 der Erläuterungen).

Zuständige Behörden unterrichten.

Bekämpfung der Unfallfolgen:
Feuer: Bei kleinem Brandherd Löschpulver, Wassersprühstrahl, Kohlensäure oder Schaum. Bei großem Brandherd Schaum oder Wassersprühstrahl. Behälter mit Wassersprühstrahl kühlen und nach Möglichkeit aus der Gefahrenzone ziehen. Achtung, das Löschwasser ist giftig und umweltgefährlich. Es muß aufgefangen werden und darf nicht unbehandelt in die Kanalisation, in Gewässer oder in das Grundwasser gelangen.
Leckage: Leck schließen, wenn ohne Risiko möglich.
Fließendes Gewässer: Trink-, Brauch- und Kühlwasserentnehmer verständigen.
Stehendes Gewässer: Absperren. Fahrzeugbesatzungen im gefährdeten Gebiet warnen.
An Land: Kanalisation abdichten. Auffangen, eindeichen und abpumpen. In Wohn- und Industriegebieten alle tiefliegenden Räume abdichten. Alle Zündquellen beseitigen. Restmengen mit nicht brennbarem, saugfähigem Material wie z. B. trockener Erde, Sand, Kieselgur, Universalbinder oder Vermiculit abdecken und an sichere Deponie zur Vernichtung transportieren.

Gewässerverunreinigung:
GefStoffV/EG: Gefahrensymbol: R 52/53: schädlich für Wasserorganismen, kann in Gewässern längerfristig schädliche Wirkungen haben.
Gesamtbewertung nach Unfall: Gruppe III, in stehenden Gewässern sehr hohe, in fließenden Gewässern je nach Vermischung mittlere bis hohe toxische Wirkung (siehe auch Erläuterungen Abschnitt 16.4/5).
Einzelwerte siehe Anhang 9 der Erläuterungen.
Wassergefährdungsklasse:

Erste Hilfe:
Verletzte an die frische Luft bringen, bequem lagern, beengende Kleidungsstücke lockern. Bei Atemstörung Sauerstoffzufuhr, ggf. Beatmung. Benetzte Kleidungsstücke, Schuhe und Strümpfe sofort ausziehen, entfernen und vernichten. Betroffene Körperstellen anhaltend mit Wasser spülen und anschließend mit sterilem Verbandmateriall abdecken. Bei Augenkontakt die Augen 15 Minuten mit Wasser spülen. Augenlider dazu mit Daumen und Zeigefinger aufspreizen und gleichzeitig das Auge nach allen Seiten bewegen lassen. Verletzte nicht auskühlen lassen. Bei Erbrechen zumindest Kopf in Seitenlage bringen. Verletzte nur liegend transportieren. Bei Gefahr der Bewußtlosigkeit Lagerung und Transport in stabiler Seitenlage.

Hinweise für den Arzt:
Symptomatische Behandlung. Augen sorgfältig spülen.

Formel: $H_2N(CH_2)_5OH$	**Summen-Formel:** C5–H13–N–O	**UN-Nr. 3259 n.o.s.**	**Merkblatt** **2498**

Stoffname

Deutsch

5-Amino-1-pentanol
5-Aminopentanol-1
5-Aminopentan-1-ol

Englisch

5-Amino-1-pentanol
5-Aminopentanol-1
5-Aminopentan-1-ol

Französisch

5-Aminopentane-1-ol

Spanisch

5-Aminopentan-1-ol

Gefahren-Diamant

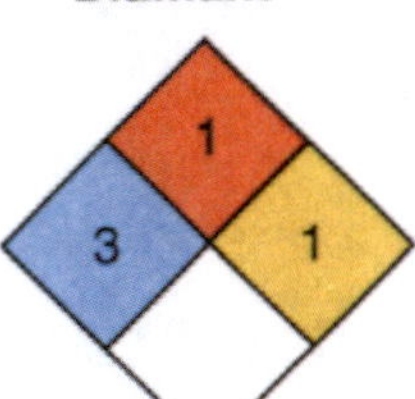

Hazchem-Code:
2X

Technische Daten

Siedepunkt	222 °C
Dampfdruck in mbar bei 20 °C	<0,1
Dampfdichteverhältnis, Luft = 1	
Schmelzpunkt	35,6 °C
Mischbarkeit mit Wasser	vollständig
Spez. Gewicht, Wasser = 1	0,9415
Molare Masse	103,16

Feuerbekämpfungsdaten

Flammpunkt	116 °C
Zündfähiges Gemisch, Vol.-%	1,8–9,2
Zündtemperatur	355 °C

Gefahrgut:	**Klassifizierung:**	
IMDG-Code: UN-Nr. 3259 n.o.s.	Kl. 8	Verp. Gr. III EMS: **F**-A; **S**-B
Marine pollutant		
ICAO/IATA DGR: UN-Nr. 3259 n.o.s.	Kl. 8	Verp. Gr. III
ADR/RID/ADNR: UN-Nr. 3259 n.a.g.	Kl. 8	Klassifiz. Code C8 Verp. Gr. III

Gefahrzettel (Label) Nr. 8
Richtige Versandbezeichnung (PSN):
Land/BinSch: **3259 Amine, fest, ätzend, n.a.g. (5-Aminopentanol-1)**
See/Luft: **Amines, solid, corrosive, n.o.s. (5-Aminopentanol-1)**

Gefahrstoff:
CAS Nr.: 2508-29-4 RTECS-Nr.:
EG-Nr.: 219-718-2 INDEX-Nr.:
EG-Einstufung: nein
Symbol: C*
R-Sätze: 34-22*
S-Sätze: 36/37/39-26-45*
D-Lagerklasse (VCI)-Nr.: 8

* Herstellerangaben

Erscheinungsbild: Farbloser bis gelber fester Stoff, aminartiger Geruch.

Verhalten bei Freiwerden und Vermischen mit Luft: Gesundheitsschädlicher, ätzender und brennbarer fester Stoff. Bei Aufwirbelung des Pulvers oder Staubes bilden sich gesundheitsschädliche, ätzende und explosionsfähige Gemische mit Luft. Bei Erhitzung bis zur Zersetzung (z. B. durch Umgebungsbrände oder heiße Oberflächen) und bei Brand erfolgt Zersetzung unter Bildung von giftigen und ätzenden Gasen bzw. Dämpfen, die im Wesentlichen aus nitrosen Gasen bestehen und auch Kohlenmonoxid(gas) sowie Kohlendioxid(gas) enthalten.

Verhalten bei Freiwerden und Vermischen mit Wasser: Der Stoff ist leichter als Wasser und schwimmt auf der Oberfläche. Er mischt sich vollständig mit Wasser. Es bilden sich ätzende und schwach wassergefährdende Gemische mit Wasser.

Gesundheitsgefährdung: Die feste Substanz und ihre Stäube verursachen Verätzungen der Haut und der Schleimhäute der Augen und der oberen Atemwege. Gefahr bleibender Augenschäden, auch Erblindung. Nach Einatmen der Stäube kann es zum Lungen- und Kehlkopfödem – auch mit Verzögerung bis zu 2 Tagen – kommen. Die Substanz ist gesundheitsschädlich beim Verschlucken und führt zu Störungen im Magen-Darm-Trakt. Bei Brand oder Erhitzen bis zur Zersetzung Bildung von nitrosen Gasen (s. auch Merkblatt 150).
Symptome: Rötung, Brennen und Schmerzen der Augen und betroffener Körperpartien, schlecht heilende Ätzwunden, Tränenfluß, Husten- und Niesreiz, Übelkeit, Schwindel, Erbrechen, Durchfall.
Nach Einatmen oder Hautkontakt in jedem Fall – auch bei Ausbleiben der Symptome – den Arzt aufsuchen. Nach Kontakt der Substanz mit den Augen ist in jedem Fall ein Augenarzt aufzusuchen.

Geruchsschwelle = Luftgrenzwert =

Bemerkungen: Der Stoff reagiert unter Wärmeentwicklung bei Kontakt oder Mischung mit Säuren und starken Oxidationsmitteln.

Sicherheitsmaßnahmen für Fahrzeugbesatzung, Polizei, Feuerwehr und Rettungskräfte:
Polizei und Feuerwehr alarmieren.
Im Gefahrenbereich Maschine stoppen, umluftunabhängiges (schweres) Atemschutzgerät und volle Schutzkleidung tragen. Bei Brand oder starker Erhitzung des Stoffes Zündung abstellen, nicht rauchen, offenes Feuer löschen, kein elektrisches Gerät und keinen Schalter mit Funkenbildung betätigen.
Wasserschutzpolizei und Feuerwehr: Beim Retten nicht ins Wasser springen. Bei starker Erhitzung des Stoffes und bei Brand kein Boot mit Ottomotor einsetzen. Bei Dieselantrieb Sicherheitsschaltung veranlassen.

Schutz- und Einsatzmaßnahmen: Alle unbeteiligten Personen nach Luv (gegen den Wind) entfernen. Achtung, falls freiwerdendes Gut in die Kanalisation oder in Abwasserleitungen von Schiffen gerät, entstehen ätzende, schwach wassergefährdende Gemische mit Abwasser. In Wohn- und Industriegebieten Anwohner warnen. Große Sicherheitszone bilden. Bei größeren Mengen freigewordenen Gutes Katastrophenalarm prüfen.

Konzentrationsmessung explosionsfähiger bzw. giftiger Dämpfe siehe Tabelle (Anhang 6 der Erläuterungen).

Zuständige Behörden unterrichten.

Bekämpfung der Unfallfolgen:
Feuer: Bei kleinem Brandherd Löschpulver, Wassersprühstrahl, Kohlensäure oder Schaum. Bei großem Brandherd Schaum oder Wassersprühstrahl. Behälter mit Wassersprühstrahl kühlen und nach Möglichkeit aus der Gefahrenzone ziehen. Achtung, das Löschwasser ist giftig und umweltgefährlich. Es muß aufgefangen werden und darf nicht unbehandelt in die Kanalisation, in Gewässer oder in das Grundwasser gelangen.
Leckage: Leck schließen, wenn ohne Risiko möglich.
Fließendes Gewässer: Trink-, Brauch- und Kühlwasserentnehmer verständigen.
Stehendes Gewässer: Absperren. Fahrzeugbesatzungen im gefährdeten Gebiet warnen.
An Land: Kanalisation abdichten. Auffangen, eindeichen und abbergen. In Wohn- und Industriegebieten alle tiefliegenden Räume abdichten. Alle Zündquellen beseitigen. Restmengen mit nicht brennbarem, saugfähigem Material wie z. B. trockener Erde, Sand, Kieselgur, Universalbinder oder Vermiculit abdecken und an sichere Deponie zur Vernichtung transportieren.

Gewässerverunreinigung:
GefStoffV/EG:
Gesamtbewertung nach Unfall: Gruppe II, in stehenden Gewässern mittlere bis hohe, in fließenden Gewässern mittlere toxische Wirkung, nach Brand Gruppe IV, hohe bis sehr hohe (extrem hohe) toxische Wirkung, unabhängig von der Turbulenz des Gewässers (siehe auch Erläuterungen Abschnitt 16.4/5).
Einzelwerte siehe Anhang 9 der Erläuterungen.
Wassergefährdungsklasse: 1 – schwach wassergefährdender Stoff

Erste Hilfe:
Verletzte an die frische Luft bringen, bequem lagern, beengende Kleidungsstücke lockern. Bei Atemstörung Sauerstoffzufuhr, ggf. Beatmung. Benetzte Kleidungsstücke, Schuhe und Strümpfe sofort ausziehen, entfernen und vernichten. Betroffene Körperstellen anhaltend mit Wasser spülen und anschließend mit sterilem Verbandmaterial abdecken. Bei Augenkontakt die Augen 15 Minuten mit Wasser spülen. Augenlider dazu mit Daumen und Zeigefinger aufspreizen und gleichzeitig das Auge nach allen Seiten bewegen lassen. Verletzte nicht auskühlen lassen. Bei Erbrechen zumindest Kopf in Seitenlage bringen. Verletzte nur liegend transportieren. Bei Gefahr der Bewußtlosigkeit Lagerung und Transport in stabiler Seitenlage.

Hinweise für den Arzt:
Symptomatische Behandlung. Augen sorgfältig spülen. Bei anhaltenden Beschwerden Augenarzt hinzuziehen! Bei Reizung der Atemwege 5–10 Hübe oder mehr/h eines Dosier-Aerosols mit Beclometason (z.B. Sanasthmyl Glaxo oder Viarox Essex Pharma) oder mit Dexamethason (z.B. Auxiloson Thomae).

Formel: $Cl(CH_2)_4COCl$ **Summen-Formel:** C5–H8–Cl2–O **UN-Nr. 3265 n.o.s.**

Merkblatt

2499

Stoffname

Deutsch

5-Chlorvalerylchlorid
5-Chlorvaleriansäurechlorid
5-Chlor-n-valeriansäurechlorid
5-Chlorpentanoylchlorid

Englisch

5-Chlorovaleryl chloride
5-Chloropentanoyl chloride
5-Chlorovaleric acid chloride

Französisch

Chlorure de 5-chlorovaleryle

Spanisch

Cloruro de 5-clorovalerio

Gefahren-Diamant

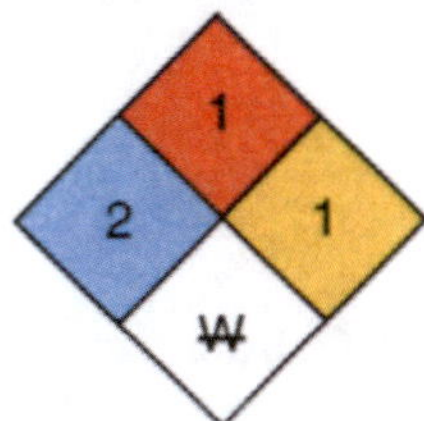

Hazchem-Code: 2X

Technische Daten

Siedepunkt	80 °C bei 15 mbar
Dampfdruck in mbar bei 20 °C	0,4
Dampfdichteverhältnis, Luft = 1	
Schmelzpunkt	–58 °C
Mischbarkeit mit Wasser	Zersetzung*
Spez. Gewicht, Wasser = 1	1,2056
Molare Masse	155,02

Feuerbekämpfungsdaten

Flammpunkt	107,5 °C
Zündfähiges Gemisch, Vol.-%	2,5–10,2
Zündtemperatur	250 °C

* Zersetzung (Hydrolyse) unter starker Erwärmung und Bildung von Chlorwasserstoff(gas) und wasserunlöslichen Verbindungen.

Gefahrgut: **Klassifizierung:**

IMDG-Code:	UN-Nr. 3265 n.o.s.	Kl. 8	Verp. Gr. II EMS: **F**-A; **S**-B
ICAO/IATA DGR:	UN-Nr. 3265 n.o.s.	Kl. 8	Verp. Gr. II
ADR/RID/ADNR:	UN-Nr. 3265 n.a.g.	Kl. 8	Klassifiz. Code C3 Verp. Gr. X

Gefahrzettel (Label) Nr. 8
Richtige Versandbezeichnung (PSN):
Land/BinSch: **3265 Ätzender saurer organischer flüssiger Stoff, n.a.g. (Chlorvaleriansäurechlorid)**
See/Luft: **Corrosive liquid, acidic, organic, n.o.s. (Chlorovaleric acid chloride)**

Gefahrstoff:
CAS Nr.: 1575-61-7 RTECS-Nr.: YV 9108000
EG-Nr.: 216-403-1 INDEX-Nr.:
EG-Einstufung: nein
Symbol: C*
R-Sätze: 34-22*
S-Sätze: 36/37/39-23-26-45*
D-Lagerklasse (VCI)-Nr.: 8

* Herstellerangaben

Erscheinungsbild: Farblose bis gelbe Flüssigkeit, stechender Geruch.

Verhalten bei Freiwerden und Vermischen mit Luft: Gesundheitsschädliche, ätzende und brennbare Flüssigkeit mit relativ hohem Flammpunkt von 107 °C. Bei starker Erhitzung bilden sich gesundheitsschädliche, ätzende und explosionsfähige Gemische mit Luft. Sie sind schwerer als Luft und kriechen am Boden entlang. Entzündung durch heiße Oberflächen, Funken und offene Flammen. Bei Erhitzung bis zur Zersetzung (z. B. durch Umgebungsbrände oder heiße Oberflächen) und bei Brand bilden sich giftige und ätzende Gase bzw. Dämpfe, die im Wesentlichen aus Chlorwasserstoff(gas) bzw. Salzsäuredämpfen sowie in kleinen Mengen Phosgen(gas) bestehen und auch Kohlenmonoxid(gas) sowie Kohlendioxid(gas) enthalten.

Verhalten bei Freiwerden und Vermischen mit Wasser: Der Stoff ist schwerer als Wasser und sinkt unter. Er zersetzt sich unter starker Erwärmung und Bildung von Chlorwasserstoff(gas) bzw. Salzsäuredämpfen und wasserunlöslichen Verbindungen. Es bilden sich ätzende und schwach wassergefährdende Gemische mit Wasser.

Gesundheitsgefährdung: Die Flüssigkeit und ihre Dämpfe/Aerosole sind gesundheitsschädlich beim Verschlucken. Die Substanz verursacht Verätzungen im Mund, Rachen, Speiseröhre und im Magen-Darm-Trakt. Die Substanz und ihre Dämpfe verursachen schwere Verätzungen der Haut, der Schleimhäute der Augen und der oberen Atemwege. Gerfahr bleibender Augenschäden, auch der Erblindung. Nach Einatmen der Dämpfe Lungen- und Kehlkopfödem – auch mit Verzögerung von bis zu 2 Tagen – möglich. Bei Brand oder Erhitzen bis zur Zersetzung Bildung von Chlorwasserstoff (s. auch Merkblatt 63).
Symptome: Rötung, Brennen und Schmerzen der Augen und betroffener Körperpartien, schlecht heilende Ätzwunden, Tränenfluß, Husten, Atemnot
Nach Einatmen oder Hautkontakt in jedem Fall – auch bei Ausbleiben der Symptome – den Arzt aufsuchen.
Nach Kontakt der Substanz mit den Augen ist in jedem Fall ein Augenarzt aufzusuchen.

Geruchsschwelle = Luftgrenzwert =

Bemerkungen: Der Stoff reagiert heftig bis sehr heftig unter starker Erhitzung bei Kontakt oder Mischung mit Basen (Laugen), Oxidationsmitteln, Aminen, Alkoholen und anderen organischen Substanzen. Dabei werden Chlorwasserstoff(gas) oder Salzsäuredämpfe gebildet.

Sicherheitsmaßnahmen für Fahrzeugbesatzung, Polizei, Feuerwehr und Rettungskräfte:
Polizei und Feuerwehr alarmieren.
Im Gefahrenbereich Maschine stoppen, umluftunabhängiges (schweres) Atemschutzgerät und volle Schutzkleidung tragen. Bei Brand oder starker Erhitzung des Stoffes Zündung abstellen, nicht rauchen, offenes Feuer löschen, kein elektrisches Gerät und keinen Schalter mit Funkenbildung betätigen.
Wasserschutzpolizei und Feuerwehr: Beim Retten nicht ins Wasser springen. Bei starker Erhitzung des Stoffes und bei Brand kein Boot mit Ottomotor einsetzen. Bei Dieselantrieb Sicherheitsschaltung veranlassen.

Schutz- und Einsatzmaßnahmen: Alle unbeteiligten Personen nach Luv (gegen den Wind) entfernen. Achtung, falls freiwerdendes Gut in die Kanalisation oder in Abwasserleitungen von Schiffen gerät, bilden sich ätzende und schwach wassergefährdende Gemische mit Abwasser und kann über der Oberfläche Explosions- und Verätzungsgefahr entstehen. Experten hinzuziehen. Auf Wasserstraßen Schiffahrtssperre. An Land gefährdetes Gebiet absperren. Große Sicherheitszone bilden. In Wohn- und Industriegebieten Anwohner warnen.

Konzentrationsmessung explosionsfähiger bzw. giftiger Dämpfe siehe Tabelle (Anhang 6 der Erläuterungen).

Zuständige Behörden unterrichten.

Bekämpfung der Unfallfolgen:
Feuer: Bei kleinem Brandherd Löschpulver, trockener Sand, Zement, gemahlener Kalkstein oder Kohlensäure. Wegen heftiger Reaktionsgefahr kein Wasser und keinen Schaum verwenden. Behälter mit Wassersprühstrahl kühlen und nach Möglichkeit aus der Gefahrenzone ziehen. Es darf jedoch kein Wasser in den Tank gelangen, da sonst Gefahr einer explosionsartigen Reaktion.
Leckage: Leck schließen, wenn ohne Risiko möglich.
Fließendes Gewässer: Trink-, Brauch- und Kühlwasserentnehmer verständigen.
Stehendes Gewässer: Absperren. Alle Zündquellen beseitigen. Fahrzeugbesatzungen im gefährdeten Gebiet warnen. Experten hinzuziehen.
An Land: Kanalisation abdichten. Auffangen, eindeichen und abpumpen. Restmengen mit nicht brennbarem, saugfähigem Material wie z. B. trockener Erde, Sand, gemahlenem Kalkstein, Kieselgur, Universalbinder oder Vermiculit abdecken und in geschlossenem Behälter an sicheren Deponieort transportieren. Alle Zündquellen beseitigen. In Wohn- und Industriegebieten alle tiefliegenden Räume abdichten. Experten hinzuziehen.

Gewässerverunreinigung:
GefStoffV/EG:
Gesamtbewertung nach Unfall: Gruppe III, in stehenden Gewässern sehr hohe, in fließenden Gewässern je nach Vermischung mittlere bis hohe toxische Wirkung (siehe auch Erläuterungen Abschnitt 16.4/5).
Einzelwerte siehe Anhang 9 der Erläuterungen.
Wassergefährdungsklasse: 1 – schwach wassergefährdender Stoff.

Erste Hilfe:
Verletzte an die frische Luft bringen, bequem lagern, beengende Kleidungsstücke lockern. Bei Atemstörung Sauerstoffzufuhr, ggf. Beatmung. Benetzte Kleidungsstücke, Schuhe und Strümpfe sofort ausziehen, entfernen und vernichten. Betroffene Körperstellen anhaltend mit Wasser spülen und anschließend mit sterilem Verbandmaterial abdecken. Bei Augenkontakt die Augen 15 Minuten mit Wasser spülen. Augenlider dazu mit Daumen und Zeigefinger aufspreizen und gleichzeitig das Auge nach allen Seiten bewegen lassen. Verletzte nicht auskühlen lassen. Bei Erbrechen zumindest Kopf in Seitenlage bringen. Verletzte nur liegend transportieren. Bei Gefahr der Bewußtlosigkeit Lagerung und Transport in stabiler Seitenlage.

Hinweise für den Arzt:
Symptomatische Behandlung. Augen sorgfältig spülen. Bei anhaltenden Beschwerden Augenarzt hinzuziehen! Nach kurz zurückliegender Ingestion größerer Mengen: Magenabsaugung erwägen. Ggf. endoskopische Kontrolle des Ausmaßes der Verätzungen der Speiseröhre.

Formel: | **Summen-Formel:** C13–H17–F3–N4–O4 | **UN-Nr. 3077 n.o.s.**

Merkblatt

2500

Stoffname

Deutsch

Prodiamine
2,4-Dinitro-N´,N´-dipropyl-6-(trifluormethyl)benzol-1,3-diamin
N^3-N^3-Dipropyl-2,4-dinitro-6-trifluormethyl-m-phenylendiamin
5-Dipropylamino-α,α,α,-trifluor-4,6-dinitro-o-toluidin
2,4-Dinitro-N^3,N^3-dipropyl-6-(trifluormethyl)-1,3-benzendiamim
Barricade
Marathon

Englisch

Prodiamine
2,4-Dinitro-N(sup 3), N(sup 3)-dipropyl-6-(trifluoromethyl)-m-phenylene diamine
5-Dipropylamino-alpha,alpha,alpha-trifluoro-4,6-dinitro-o-toluidine
N(sup 3),N(sup 3)-Dipropyl-2,4-dinitro-6-trifluoromethyl-m-phenylenediamine
Marathon
Endurance*
Sentinel*

Französisch

Prodiamine
2,4-Dinitro-N´,N´-dipropyl-6-(trifluorométhyl)benzène-1,3-diamine

Spanisch

Prodiamina
2,4-Dinitro-N´N´-dipropil-6-(trifluorometil)benceno-1,3-diamina

Gefahren-Diamant

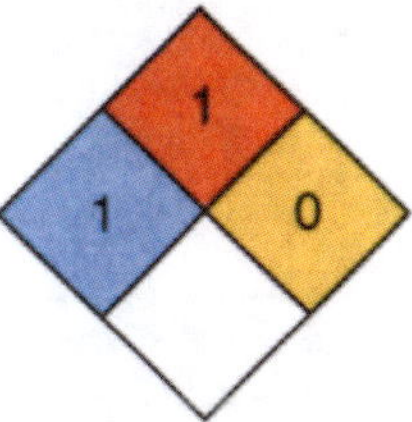

Hazchem-Code: **2X**

Technische Daten

Siedepunkt	240 °C Zersetzung
Dampfdruck in mbar	0,32 bei 25 °C
Dampfdichteverhältnis, Luft = 1	
Schmelzpunkt	124 °C
Mischbarkeit mit Wasser	sehr geringfügig*
Spez. Gewicht, Wasser = 1	1,47
Molare Masse	350,3

Feuerbekämpfungsdaten

Flammpunkt	196 °C
Zündfähiges Gemisch, Vol.-%	
Zündtemperatur	

* 0,03 mg/l bei 25 °C. Der Stoff ist jedoch dispergierbar/emulgierbar und bildet mit Wasser eine Emulsion mit fein verteilten Tröpfchen.

Gefahrgut:
IMDG-Code: UN-Nr. 3077 n.o.s.
Marine pollutant
ICAO/IATA DGR: UN-Nr. 3077 n.o.s.
ADR/RID/ADNR: UN-Nr. 3077 n.a.g.
Gefahrzettel (Label) Nr. 9
Richtige Versandbezeichnung (PSN):
Land/BinSch: **3077 Umweltgefährdender Stoff, fest, n.a.g. (Prodiamin)**
See/Luft: **3077 Environmentally hazardous substance, solid, n.o.s. (Prodiamine)**

Klassifizierung:
Kl. 9 Verp. Gr. III EMS: **F**-A; **S**-F

Kl. 9 Verp. Gr. III
Kl. 9 Klassifiz. Code M7 Verp. Gr. III

Gefahrstoff:
CAS Nr.: 29091-21-2
RTECS-Nr.: ST 2200000
EG-Nr.: 249-421-3
INDEX-Nr.:
EG-Einstufung: nein
Symbol:
R-Sätze:
S-Sätze: 22-23-24/25*
D-Lagerklasse (VCI)-Nr.:

* Herstellerangaben

Erscheinungsbild: Gelbe Kristalle oder kristallines Pulver.

Verhalten bei Freiwerden und Vermischen mit Luft: Umweltgefährdender und brennbarer fester Stoff. Bei Aufwirbelung des Pulvers oder Staubes bilden sich gesundheitsschädliche, umweltgefährdende und explosionsfähige Gemische mit Luft. Bei Brand oder Erhitzung bis zur Zersetzung (z. B. durch Umgebungsbrände oder heiße Oberflächen) erfolgt Zersetzung unter Bildung von giftigen und ätzenden Gasen und Dämpfen, die im Wesentlichen aus nitrosen Gasen (Stickstoffoxiden) und Fluor sowie Fluorwasserstoff(gas) bestehen und auch Kohlenmonoxid(gas) sowie Kohlendioxid(gas) enthalten.

Verhalten bei Freiwerden und Vermischen mit Wasser: Der Stoff ist schwerer als Wasser und sinkt unter. Er löst sich nur geringfügig in Wasser. Die Substanz ist jedoch dispergierbar/emulgierbar und bildet mit Wasser eine Emulsion mit fein verteilten Tröpfchen.

Gesundheitsgefährdung: Der Staub reizt in hohen Konzentrationen die Augen und die oberen Atemwege. Nach Aufnahme in den Körper ist eine Veränderung des roten Blutfarbstoffes (Methämoglobinbildung) nicht ausgeschlossen, nachfolgend Leber- und Nierenschäden möglich. Bei Brand oder Erhitzen bis zur Zersetzung Bildung von nitrosen Gasen (s. auch Merkblatt 150) und Fluorwasserstoff (s. auch Merkblatt 92).
Symptome: Rötung und Juckreiz der Augen, Husten- und Tränenreiz, Übelkeit, Unwohlsein, Benommenheit, Erbrechen, Durchfall.
Nach Einatmen oder Hautkontakt in jedem Fall – auch bei Ausbleiben der Symptome – den Arzt aufsuchen.
Nach Kontakt der Substanz mit den Augen ist in jedem Fall ein Augenarzt aufzusuchen.

Geruchsschwelle =

Luftgrenzwert =

Bemerkungen: Der Stoff ist löslich in Aceton, Chloroform, Benzol und Acetonitril. Er ist teilweise löslich in Xylol, Hexan und Ethylalkohlol.
Verwendungszweck: Herbizid

Sicherheitsmaßnahmen für Fahrzeugbesatzung, Polizei, Feuerwehr und Rettungskräfte:
Polizei und Feuerwehr alarmieren.
Im Gefahrenbereich Maschine stoppen, umluftunabhängiges (schweres) Atemschutzgerät und volle Schutzkleidung tragen. Bei Brand oder starker Erhitzung des Stoffes Zündung abstellen, nicht rauchen, offenes Feuer löschen, kein elektrisches Gerät und keinen Schalter mit Funkenbildung betätigen.
Wasserschutzpolizei und Feuerwehr: Beim Retten nicht ins Wasser springen. Bei starker Erhitzung des Stoffes und bei Brand kein Boot mit Ottomotor einsetzen. Bei Dieselantrieb Sicherheitsschaltung veranlassen.

Schutz- und Einsatzmaßnahmen: Alle unbeteiligten Personen nach Luv (gegen den Wind) entfernen. Achtung, falls freiwerdendes Gut in die Kanalisation oder in Abwasserleitungen von Schiffen gerät, entstehen umweltgefährdende Gemische mit Abwasser. In Wohn- und Industriegebieten Anwohner warnen. Große Sicherheitszone bilden.

Konzentrationsmessung explosionsfähiger bzw. giftiger Dämpfe siehe Tabelle (Anhang 6 der Erläuterungen).

Zuständige Behörden unterrichten.

Bekämpfung der Unfallfolgen:
Feuer: Bei kleinem Brandherd Löschpulver, Wassersprühstrahl, Kohlensäure oder Schaum. Bei großem Brandherd Schaum oder Wassersprühstrahl. Behälter mit Wassersprühstrahl kühlen und nach Möglichkeit aus der Gefahrenzone ziehen. Achtung, das Löschwasser ist giftig und umweltgefährlich. Es muß aufgefangen werden und darf nicht unbehandelt in die Kanalisation, in Gewässer oder in das Grundwasser gelangen.
Leckage: Leck schließen, wenn ohne Risiko möglich.
Fließendes Gewässer: Trink-, Brauch- und Kühlwasserentnehmer verständigen.
Stehendes Gewässer: Absperren. Fahrzeugbesatzungen im gefährdeten Gebiet warnen.
An Land: Kanalisation abdichten. Auffangen, eindeichen und abbergen. In Wohn- und Industriegebieten alle tiefliegenden Räume abdichten. Alle Zündquellen beseitigen. Restmengen mit nicht brennbarem, saugfähigem Material wie z. B. trockener Erde, Sand, Kieselgur, Universalbinder oder Vermiculit abdecken und an sichere Deponie zur Vernichtung transportieren.

Gewässerverunreinigung:
GefStoffV/EG:
Gesamtbewertung nach Unfall: Nach Brand Gruppe IV, hohe bis sehr hohe (extrem hohe), toxische Wirkung, unabhängig von der Turbulenz des Gewässers (siehe auch Erläuterungen Abschnitt 16.4/5).
Einzelwerte siehe Anhang 9 der Erläuterungen.
Wassergefährdungsklasse:

Erste Hilfe:
Verletzte an die frische Luft bringen, bequem lagern, beengende Kleidungsstücke lockern. Bei Atemstörung Sauerstoffzufuhr, ggf. Beatmung. Benetzte Kleidungsstücke, Schuhe und Strümpfe sofort ausziehen, entfernen und vernichten. Betroffene Körperstellen anhaltend mit Wasser spülen und anschließend mit sterilem Verbandmaterial abdecken. Bei Augenkontakt die Augen 15 Minuten mit Wasser spülen. Augenlider dazu mit Daumen und Zeigefinger aufspreizen und gleichzeitig das Auge nach allen Seiten bewegen lassen. Verletzte nicht auskühlen lassen. Bei Erbrechen zumindest Kopf in Seitenlage bringen. Verletzte nur liegend transportieren. Bei Gefahr der Bewußtlosigkeit Lagerung und Transport in stabiler Seitenlage.

Hinweise für den Arzt:
Symptomatische Behandlung.

Formel: $CH_3OCH_2CH(CH_3)NH_2$ **Summen-Formel:** C4–H11–N–O **UN-Nr. 2733 n.o.s.**

Merkblatt

2501

Stoffname

Deutsch

(±)-β-Methoxyisopropylamin
(±)-2-Amino-1-methoxypropan
1-Methoxy-2-propanamin
Methoxyisopropylamin
Racemat

Englisch

(±)-beta-Methoxyisopropylamine
(±)-2-Amino-1-methoxy propane
1-Methoxy-2-propane amine

Französisch

(±)-beta-Methoxyisopropylamine

Spanisch

(±)-beta-Metoxiisopropilamina

Gefahren-Diamant

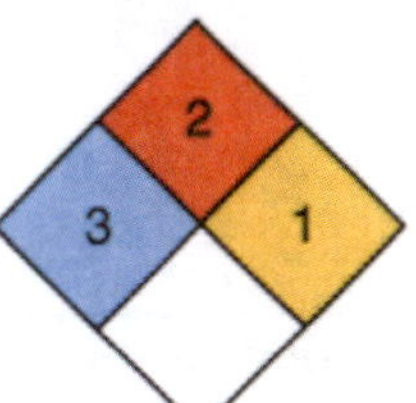

Hazchem-Code: 3W

Technische Daten

Siedepunkt	98–99 °C
Dampfdruck in mbar bei 20 °C	41,3
Dampfdichteverhältnis, Luft = 1	3,08
Schmelzpunkt	–95 °C
Mischbarkeit mit Wasser	vollständig
Spez. Gewicht, Wasser = 1	0,845
Molare Masse	89,14

Feuerbekämpfungsdaten

Flammpunkt	8,5 °C
Zündfähiges Gemisch, Vol.-%	1,6–11,3
Zündtemperatur	305 °C

Gefahrgut: / **Klassifizierung:**

IMDG-Code: UN-Nr. 2733 n.o.s. Kl. 3 Verp. Gr. II EMS: **F**-E; **S**-C
Marine pollutant
ICAO/IATA DGR: UN-Nr. 2733 n.o.s. Kl. 3 Verp. Gr. II
ADR/RID/ADNR: UN-Nr. 2733 n.a.g. Kl. 3 Klassifiz. Code FC Verp. Gr. II
Gefahrzettel (Label) Nr. 3+8
Richtige Versandbezeichnung (PSN):
Land/BinSch: **2733 Amine, entzündbar, ätzend, n.a.g. (Methoxyisopropylamin)**
See/Luft: **Amines, flammable, corrosive, n.o.s. (Methoxyisopropylamine)**

Gefahrstoff:

CAS Nr.: 37143-54-7 RTECS-Nr.:
EG-Nr.: INDEX-Nr.:
EG-Einstufung: nein
Symbol: F, C*
R-Sätze: 11-35-22*
S-Sätze: 16-23-36/37/39-28-26-45*
D-Lagerklasse (VCI)-Nr.: 3

* Herstellerangaben

Erscheinungsbild: Farblose bis gelbe Flüssigkeit, aminartiger Geruch.

Verhalten bei Freiwerden und Vermischen mit Luft: Stark ätzende, gesundheitsschädliche und brennbare Flüssigkeit. Dämpfe sehr leicht entzündbar, Flüssigkeit verdunstet sehr schnell. Dämpfe bilden mit Luft stark ätzende, gesundheitsschädliche und explosionsfähige Gemische. Sie sind schwerer als Luft, kriechen am Boden entlang und können bei Zündung über weite Strecken zurückschlagen. Entzündung durch heiße Oberflächen, Funken oder offene Flammen. Bei Brand oder Erhitzung bis zur Zersetzung (z. B. durch Umgebungsbrände oder heiße Oberflächen) bilden sich giftige und ätzende Gase und Dämpfe, die im Wesentlichen aus nitrosen Gasen (Stickstoffoxiden) sowie Cyanwasserstoff(gas = Blausäure) bestehen und auch Kohlenmonoxid sowie Kohlendioxid enthalten.

Verhalten bei Freiwerden und Vermischen mit Wasser: Der Stoff ist leichter als Wasser und schwimmt auf der Oberfläche. Er mischt sich vollständig mit Wasser. Es bilden sich ätzende, gesundheitsschädliche und schwach wassergefährdende Gemische mit Wasser. Über der Wasseroberfläche können sich, insbesondere bei erwärmtem Wasser, ätzende, gesundheitsschädliche und explosionsfähige Gemische mit Luft bilden. Entzündung durch heiße Oberflächen, Funken oder offene Flammen.

Gesundheitsgefährdung: Die Flüssigkeit und ihre Dämpfe/Aerosole verursachen schwere Verätzungen der Haut und der Schleimhäute der Augen und der oberen Atemwege sowie des Magen-Darm-Traktes. Gefahr bleibender Augenschäden, auch Erblindung. Lungen- und Kehlkopfödem – auch mit Verzögerung bis zu 2 Tagen – möglich. Nach Aufnahme der Substanz in den Körper kann es zur Erhöhung des Blutdruckes kommen. Bei Brand oder Erhitzen bis zur Zersetzung Bildung von Blausäure (s. auch Merkblatt 42) und nitrosen Gasen (s. auch Merkblatt 150).
Symptome: Rötung, Brennen und Schmerzen der Augen und betroffener Körperpartien, schlecht heilende Ätzwunden, Tränenfluß, Husten, Atemnot, Kopfschmerzen, Blutdruckerhöhung, Erregung der glatten Muskulatur.
Nach Einatmen oder Hautkontakt in jedem Fall – auch bei Ausbleiben der Symptome – den Arzt aufsuchen. Nach Kontakt der Substanz mit den Augen ist in jedem Fall ein Augenarzt aufzusuchen.

Geruchsschwelle = Luftgrenzwert =

Bemerkungen: Der Stoff reagiert unter Erwärmung bei Kontakt oder Mischung mit Säuren, Isocyanaten und Aldehyden.

Sicherheitsmaßnahmen für Fahrzeugbesatzung, Polizei, Feuerwehr und Rettungskräfte:
Polizei und Feuerwehr alarmieren.
Im Gefahrenbereich Maschine stoppen, Zündung abstellen, nicht rauchen, offenes Feuer löschen, kein elektrisches Gerät, keinen Schalter mit Funkenbildung betätigen. Exgeschützte Geräte einsetzen. Sofort umluftunabhängiges (schweres) Atemschutzgerät und volle Schutzkleidung tragen.
Wasserschutzpolizei und Feuerwehr: Kein Boot mit Ottomotor einsetzen. Bei Dieselantrieb Sicherheitsschaltung veranlassen. Radar- und Kommandorufanlage nicht benutzen. Beim Retten nicht ins Wasser springen.

Schutz- und Einsatzmaßnahmen: Alle unbeteiligten Personen nach Luv (gegen den Wind) entfernen. Achtung, falls freiwerdendes Gut in die Kanalisation oder in Abwasserleitungen von Schiffen gerät, bilden sich ätzende Gemische mit Abwasser und kann über der Oberfläche Explosions- und Verätzungsgefahr entstehen. Experten hinzuziehen. Auf Wasserstraßen Schiffahrtssperre. An Land gefährdetes Gebiet absperren. Große Sicherheitszone bilden. In Wohn- und Industriegebieten Anwohner warnen.

Konzentrationsmessung explosionsfähiger bzw. giftiger Dämpfe siehe Tabelle (Anhang 6 der Erläuterungen).

Zuständige Behörden unterrichten.

Bekämpfung der Unfallfolgen:
Feuer: Bei kleinem Brandherd Löschpulver, Wassersprühstrahl, Kohlensäure oder alkoholbeständiger Schaum. Bei großem Brandherd alkoholbeständiger Schaum oder Wassersprühstrahl. Behälter mit Wassersprühstrahl kühlen und nach Möglichkeit aus der Gefahrenzone ziehen. Achtung, das Löschwasser ist giftig und umweltgefährlich. Es muß aufgefangen werden und darf nicht unbehandelt in die Kanalisation, in Gewässer oder in das Grundwasser gelangen.
Leckage: Leck schließen, wenn ohne Risiko möglich.
Fließendes Gewässer: Trink-, Brauch- und Kühlwasserentnehmer verständigen.
Stehendes Gewässer: Absperren. Fahrzeugbesatzungen im gefährdeten Gebiet warnen.
An Land: Kanalisation abdichten. Auffangen, eindeichen und abbergen. In Wohn- und Industriegebieten alle tiefliegenden Räume abdichten. Alle Zündquellen beseitigen. Restmengen mit nicht brennbarem, saugfähigem Material wie z. B. trockener Erde, Sand, Kieselgur, Universalbinder oder Vermiculit abdecken und an sichere Deponie zur Vernichtung transportieren.

Gewässerverunreinigung:
GefStoffV/EG:
Gesamtbewertung nach Unfall: Gruppe III, in stehenden Gewässern sehr hohe, in fließenden Gewässern je nach Vermischung mittlere bis hohe toxische Wirkung, nach Brand Gruppe IV, hohe bis sehr hohe (extrem hohe) toxische Wirkung unabhängig von der Turbulenz des Gewässers (siehe auch Erläuterungen Abschnitt 16.4/5).
Einzelwerte siehe Anhang 9 der Erläuterungen.
Wassergefährdungsklasse: 1 – schwach wassergefährdender Stoff.

Erste Hilfe:
Verletzte an die frische Luft bringen, bequem lagern, beengende Kleidungsstücke lockern. Bei Atemstörung Sauerstoffzufuhr, ggf. Beatmung. Benetzte Kleidungsstücke, Schuhe und Strümpfe sofort ausziehen, entfernen und vernichten. Betroffene Körperstellen anhaltend mit Wasser spülen und anschließend mit sterilem Verbandmaterial abdecken. Bei Augenkontakt die Augen 15 Minuten mit Wasser spülen. Augenlider dazu mit Daumen und Zeigefinger aufspreizen und gleichzeitig das Auge nach allen Seiten bewegen lassen. Verletzte nicht auskühlen lassen. Bei Erbrechen zumindest Kopf in Seitenlage bringen. Verletzte nur liegend transportieren. Bei Gefahr der Bewußtlosigkeit Lagerung und Transport in stabiler Seitenlage.

Hinweise für den Arzt:
Symptomatische Behandlung. Augen sorgfältig spülen. Bei anhaltenden Beschwerden Augenarzt hinzuziehen! Nach kurz zurückliegender Ingestion größerer Mengen: Magenabsaugung erwägen. Ggf. endoskopische Kontrolle des Ausmaßes der Verätzungen der Speiseröhre.

Zeitfracht Medien GmbH
Ferdinand-Jühlke-Straße 7
99095 Erfurt, Deutschland
produktsicherheit@kolibri360.de